土工合成材料防渗排水防护设计施工指南

束一鸣 陆忠民 侯晋芳 等 编著

中国水利水电出版社
www.waterpub.com.cn
·北京·

内 容 提 要

本书共计3篇31章。防渗篇13章，排水反滤篇10章，防护篇8章，附录介绍了国内土工合成材料防渗、排水、防护各类产品及其性能。

本书重点介绍了水利水电、水陆交通、环境保护、生态维护、灾害防治等领域中20多种在工程建筑、工程设施和工程措施中发挥防渗、排水、防护重要关键作用的土工合成材料的构件或结构；着重论述了土工合成材料在整体结构中的布置、设计方法及其特点和适用条件等。本书不仅对重要的设计思想作了阐述，也对一些现行不当做法误导所形成的习惯思维进行了澄清。本书各章还详细阐述了与设计内容相关的施工流程、施工工艺、施工方法、施工技术要求及其工程实例，为读者提供了原汁原味的典型工程实践案例。

本书是从事土工合成材料防渗、排水、防护设计及施工等专业工程技术人员的重要工具书和专业进修参考书，也可为高等院校相关专业师生拓展专业技术知识提供参考。

图书在版编目（CIP）数据

土工合成材料防渗排水防护设计施工指南 / 束一鸣等编著. -- 北京 : 中国水利水电出版社, 2020.7
ISBN 978-7-5170-8671-0

Ⅰ. ①土… Ⅱ. ①束… Ⅲ. ①土木工程－合成材料－防渗材料－工程施工－指南②土木工程－合成材料－排水工程－工程施工－指南③土木工程－合成材料－防护工程－工程施工－指南 Ⅳ. ①TU53-62

中国版本图书馆CIP数据核字(2020)第119258号

书　名	**土工合成材料防渗排水防护设计施工指南** TUGONG HECHENG CAILIAO FANGSHEN PAISHUI FANGHU SHEJI SHIGONG ZHINAN
作　者	束一鸣　陆忠民　侯晋芳　等 编著
出版发行	中国水利水电出版社 （北京市海淀区玉渊潭南路1号D座　100038） 网址：www.waterpub.com.cn E-mail：sales@waterpub.com.cn 电话：（010）68367658（营销中心）
经　售	北京科水图书销售中心（零售） 电话：（010）88383994、63202643、68545874 全国各地新华书店和相关出版物销售网点
排　版	中国水利水电出版社微机排版中心
印　刷	北京印匠彩色印刷有限公司
规　格	184mm×260mm　16开本　66.75印张　1624千字
版　次	2020年7月第1版　2020年7月第1次印刷
印　数	0001—2000册
定　价	**360.00**元

序

由中国土工合成材料工程协会防渗与排水专业委员会组织编写的《土工合成材料防渗排水防护设计施工指南》(以下简称《指南》),历经4年多的努力,最近就要出版,这是土工合成材料防渗、排水、防护技术领域一件值得祝贺的事。

20世纪80年代以来,土工合成材料的防渗、排水、防护功能在我国水利水电、水陆交通、近海开发及保护、生态维护与环境保护、尾矿处理等工程领域发挥的作用日益增多,也使工程整体结构更加安全、经济和可靠。近一二十年来,我国的基础设施建设规模迅速增大,工程设计、施工工艺水平显著提升。利用土工合成材料制成防渗、排水及防护等重要构件,完成了长江口青草沙水库、长江南京以下深水航道整治、上海洋山港深水码头、黄河干流小浪底配套工程西霞院土石坝、穿越膨胀土区域的南水北调中线干渠等标志性工程,并在遍布祖国各地的高速铁路和高速公路隧道、城市地下空间、生态维护及环境保护、水土保持、风沙防护等工程中应用。《指南》以科学理论为基础,提炼、总结工程建设中出现的新理念和新技术,并以工程师熟悉的思路加以阐述,体现出科学性、先进性,同时也注重了实用性和可读性,所以,《指南》的出版将在更高层面上促进土工合成材料在工程防渗、排水、防护方面新成果的推广应用。

土工合成材料不仅在我国基础设施建设各个领域中应用广泛,工程种类繁多,而且专业知识涉及多个学科,其工程应用所包含的深刻科学与技术内涵远未被完全揭示清楚，唯有努力践行和不懈探索尚可趋近之。相信本书将成为从事该领域设计、施工等工程技术人员的良师益友，同时促进该领域的技术践行和探索。

中国科学院院士

中国土工合成材料工程协会
专家工作委员会主任

浙江大学教授

2019 年 2 月于杭州

前言

自20世纪80年代以来，土工合成材料在我国水利水电、水陆交通、近海开发及保护、生态维护与环境保护、尾矿处理等工程领域的应用日益广泛，逐渐成为大土木工程领域的重要建筑材料和结构构件，并使工程整体结构更加安全、经济和可靠。

30多年来，土工合成材料技术在工程实践中得到长足进步，创建于20世纪80年代中期的中国土工合成材料工程协会（以下简称“协会”）在土工合成材料工程技术的交流、推广、促进方面发挥了积极的引导作用，协会分别于1994年、2000年组织编写的第一、第二版《土工合成材料工程应用手册》成为土木工程各相关领域广大工程师的良师益友，在指导设计、保证施工质量方面发挥了重要作用。

最近10多年来，国内建成了以土工膜为防渗主体的黄河干流西霞院土石坝以及白鹤滩水电站围堰（高84m）等一批土工膜挡水水头40m以上的高围堰，国外建成了由我国设计的老挝南欧江六级软岩面膜堆石坝（高87m），哥伦比亚建成了高188m的土工膜裸露防渗的碾压混凝土重力坝；我国还完成了以土工织物管袋坝为主体的长江口青草沙水库、长江深水航道整治、上海洋山港深水码头等工程。以土工合成材料作为防渗及排水主要构件建成了大量的高速铁路和高速公路隧道，面广量大的环境生态保护、水土保持、风沙防护、城市地下空间等工程中土工合成材料更是发挥着重要作用。与此同时，土工合成材料工程的设计、施工水平和工程可靠性也得到了很大提升。

前言

为了梳理、提炼、总结工程建设中出现的新理念、新材料、新工艺、新技术，在更高层面上推广土工合成材料在工程防渗、排水、防护方面的新成果，中国土工合成材料工程协会防渗与排水专业委员会组织全国该领域的工程技术专家编写《土工合成材料防渗排水防护设计施工指南》（以下简称《指南》），企望以该书更具体地服务于大土木工程领域的工程技术人员。

《指南》编写秉承的原则：一是科学性和先进性，较为系统地梳理、总结最近10多年来该领域的新理念、新材料、新工艺和新技术及其创新成果，较为充分地体现我国当前该领域工程技术和科学研究的发展水平；二是实用性和可读性，结合我国国情较为深入地分析、总结国内外工程设计与施工经验，服务于今后一个时期该工程领域从事设计与施工的广大工程技术人员参阅的需要。

在本书的写作上有两点需要说明：其一，虽然“手册”的形式作为工具书更加实用，直接告知读者某事该如何做，不必说明为何如此做，但对于有些设计中并不正确的习惯做法或概念不便展开评述，加以澄清，所以选择“指南”这种形式更加合适，主要告知读者如何做，必要时说明为何如此做；其二，区别于一般专著递进式的阐述形式，《指南》以主要工程结构为阐述对象，各章独立阐述相关设计方法与工艺技术，更便于设计、施工技术人员实际使用。

《指南》分为防渗篇、排水反滤篇和防护篇共31章内容，其中防渗篇13章，排水反滤篇10章，防护篇8章；

还有介绍国内土工合成材料防渗、排水、防护各类产品及其性能的附录。本书内容未涉及固体废弃物填埋场工程的土工合成材料防渗、排水、防护技术，该内容由协会环境土力学专业委员会或有关专家负责编写。

《指南》以单独成章的形式阐述水利、水陆交通、环境保护、生态维护、尾矿处理等工程领域里20多种主要工程建筑、工程设施和工程措施中发挥防渗、排水、防护关键作用或重要作用的土工合成材料构件或结构，着重阐述土工合成材料构件在整体结构中的布置及设计方法、计算校核方法及其特点、适用条件；对于重要的设计思想或者被一些不正确的现行做法所误导而形成习惯思维的重要设计原理，也在书中作出简要阐述。防渗篇专门设置一章阐述发挥防渗主体作用的土工合成材料构件的施工方法，其余都在各章中阐述与设计内容相关的施工流程、施工工艺、施工方法以及施工技术要求。《指南》不仅在设计、施工的主体内容中包含了近10多年的宝贵工程经验，各章还专门集中介绍了相关的工程实例，为读者提供典型工程经验。

《指南》编写工作从2014年开始，参加本书编写的76位作者来自31个国家行业及省级设计院、科研院所、高等院校、工程建造企业及产品制造企业，他们在完成本职工作的前提下利用业余时间从事编写工作，经过5年多的辛勤努力，历经3次统稿修改完成终稿；协会资深专家李广信教授、包承纲教授、杨光煦教授分别主审了防渗篇、排水反滤篇和防护篇，提出了宝贵的修改意见；协会专家工作委员会主任、中国科学院院士陈云敏教授为本书的撰写给予指导，并为本书作序。

本书的编写、出版得到中央高校建设世界一流大学（学科）和特色发展引导专项资金项目——水利工程学科、江苏高校优势学科建设工程项目——河海大学水利工程、国家自然科学基金项目（51379069）、宏祥新材料股份有限公司的资助，在此表示衷心的感谢！同时感谢中国水利水电出版社前总编辑王国仪女士给予的指导！

在本书出版之际，谨向所有关心、支持和参与编写、审查、出版工作的领导、专家和同行们，表示诚挚的感谢！并祈望广大读者批评指正。

中国土工合成材料工程协会
防渗与排水专业委员会主任

2019年2月

目录

目录

目录

目录

目录

目录

目录

第7章 废水池防渗设计

目录

目录

目录

目录

第12章 土石围堰膜防渗设计

目录

目录

目录

第2篇 排水反滤篇

第14章 概述

第15章 软基排水设计与施工

目录

目录

目录

目录

目录

第 20 章 港口工程排水反滤设计与施工

第 21 章 基坑排水反滤设计与施工

目录

目录

目录

第3篇 防护篇

第24章 概述

第25章 坡面防护结构设计与施工

目录

目录

目录

目录

第29章 建筑物保温防冻结构设计与施工

第30章 浅层泥石流防护结构设计与施工

目录

目录

附录Ⅰ 产品及性能

附录Ⅱ 有关排水反滤的研究成果

第1篇

防渗篇

主　编　束一鸣
副主编　鄢　俊
主　审　李广信（清华大学）

本篇各章编写人员及单位

章序	编　写　人	编写人单位
1	束一鸣	河海大学
2	束一鸣	河海大学
3	吴海民	河海大学
4	鄢　俊　王晓东　陈　琼	水利部交通运输部国家能源局南京水利科学研究院
5	王樱畯　何世海　雷显阳	华东勘测设计研究院有限公司
6	李彦礼	矿冶科技集团有限公司
	余新洲	中蓝长化工程技术有限公司
	刘欣欣	北京矿冶科技集团有限公司
7	李维朝　蔡　红　谢定松　吴帅锋	中国水利水电科学研究院
8	严　飞　杨宏伟	上海市政工程设计研究总院（集团）有限公司
9	职承杰　黄星旻	长江勘测规划设计研究院
	陈　琼	水利部交通运输部国家能源局南京水利科学研究院
10	侍克斌	新疆农业大学
	代巧枝	黄河勘测规划设计研究院有限公司
	盛　岩	新疆水利水电学校
11	秦　峰	招商局重庆公路工程检测中心有限公司
12	周垂一　王永明	华东勘测设计研究院有限公司
13	李洪林	中国水利水电第十二工程局有限公司

第 1 章　概　　述

土工合成材料通常具有六种基本功能，即防渗、反滤、排水、防护、加筋、隔离，其中防渗是土工合成材料的一项主要基本功能。土工合成材料广泛应用于水利与水电、交通与市政、煤电与矿山、环保与生态等工程领域，采用的主要材料构件为土工膜、复合土工膜、土工合成材料膨润土垫（简称 GCL）等。

（1）在水利与水电工程中，涉及水坝、水库工程的防渗，跨流域调水工程的防渗，面广量大的堤防工程的防渗等。例如：新建土石坝包括堆石坝的主体防渗，病险土石坝的防渗加固；新建碾压混凝土坝的主体防渗或辅助防渗，病险混凝土坝的防渗加固；新建戈壁水库的库盘防渗，平原水库的库盘防渗，抽水蓄能上水库的库盘防渗（虽然这三者均为库盘防渗，但在结构设计和施工工艺方面有较大区别）；新建高坝大库的上游围堰和下游围堰工程的防渗；跨流域调水的戈壁地基上或膨润土地基的渠道防渗，调水系统中调蓄水库的防渗；江河湖海大堤的堤体防渗，浅层透水堤基的防渗处理等。

（2）在交通与市政工程中，涉及铁路与公路的路基与隧道的防渗、城市地铁隧道和场站的防渗、海绵城市地下水库的防渗、城市景观湖（池）的防渗等。

（3）在煤电与矿山工程中，涉及粉煤灰库的防渗、矿山尾矿库的防渗等。

（4）在环保与生态工程中，涉及废水池和垃圾填埋场（土工合成材料在垃圾填埋场中的防渗应用已有专著，本书不再阐述）的防渗、生态系统工程的防渗等。

本篇在阐述我国上述各项工程应用土工合成材料的进展、归纳工程应用特点的基础上，分章阐述其主要设计方法、施工工艺及部分工程实例。

1.1　土工合成材料防渗工程进展

1.1.1　水坝、围堰防渗工程

1.1.1.1　水坝防渗工程

我国用于水库大坝防渗的土工合成材料主要为聚乙烯（PE）复合土工膜和聚氯乙烯（PVC）复合土工膜（简称复合膜），早期还有一些含沥青的复合膜。工程应用起始于防渗加固，逐渐用于新建大坝。

早期有影响的加固工程可追溯到 20 世纪 60 年代。辽宁桓仁水库混凝土单支墩大头坝高 78.5m，为 1 级水工建筑物，因裂缝漏水，于 1967 年采用两层厚度为 1mm 的沥青-聚合物膜粘贴锚固在上游坝面进行防渗加固[1]。同样为混凝土坝的防渗加固工程为 1991 年建成的湖南东江混凝土双曲拱坝，高 157m，为当时我国最高的双曲拱坝；施工中死水位以下部位产生一些较为严重的裂缝，有些延伸到上游坝面，处理措施包括在拱坝上游面用氯丁胶粘贴厚1.5～2.0mm的氯丁橡胶膜和氯化丁基橡胶膜[2]，面积2239.5m^2。

用土工膜防渗加固较多的为土石坝，各个年代具有代表性的防渗加固工程为：

(1) 20世纪80年代，云南省李家菁砂质壤土均质坝因严重漏水，于1987年进行防渗处理并加高至35m，在上游坝面上铺设规格为400(g/m^2)/0.15mm/400(g/m^2)的复合膜（PET织物/PE膜/PET织物，上层织物每平方米质量/膜厚度/下层织物每平方米质量，下同)[3]；护坡为预制混凝土板，共铺设复合膜17000m^2。该工程的特点，是在膜防渗仅以加固为主的年代，结合了加高工程，具有一些新建工程的特点；而且是第一座高度超过30m以专用复合膜进行防渗加固的面膜土石坝。

(2) 20世纪90年代，河北临城水库［大(1)型］高31m的黏土斜墙土石坝坝面形成8条渗漏通道，渗漏量达0.8～0.9m^3/s。1990年在坝面铺设74000m^2的1mm/300(g/m^2) PVC一布一膜型复合膜，加固后运行正常[4]。该工程是土石坝坝面膜防渗加固型式第一次应用于大型水库土石坝工程。

(3) 21世纪，为西安市供水的石砭峪水库沥青混凝土斜墙定向爆破堆石坝（坝高85m）因蓄水后漏水严重，且沥青混凝土斜墙出现较大塌坑，修复后长期控制较低水位运行，严重影响城市供水，2001年5月完成700(g/m^2)/1mm/700(g/m^2)的PVC复合膜坝面防渗加固工程[5]，使工程实现预期目标。该工程至今仍为我国以面膜型式加固最高的堆石坝。

新建土工膜防渗土石坝中具有代表性的工程为：

(1) 广西柳州市金秀瑶族自治县和平水电站一级水库田村堆石坝，坝高48m。大坝原设计为黏土心墙堆石坝，堆石料为砂岩和风化砂岩，1989年4月填筑到10m高时，连日阴雨，6月将入主汛，心墙必须填筑到25m高度才能度汛，计划已难以实现，只能在心墙部位改填风化料，其上游侧设置土工膜防渗；具体采用了维涤织物涂聚氯乙烯的复合膜，织物厚0.6mm（此为原文献表述），涂膜厚3mm，1990年建成，缩短工期一年，至今运行正常[6]。该坝是我国第一座高于30m的芯膜堆石坝。

(2) 浙江小岭头堆石坝，坝高36m，上下游坝坡均为1∶1.3，在上游无砂混凝土垫层上铺设250(g/m^2)/0.5mm/400(g/m^2)的PVC复合膜，保护层（护坡、防护层）为10cm厚的预制混凝土板，1991年开工，1994年建成蓄水[7]。该坝是我国第一座高于30m的新建面膜堆石坝。

(3) 塘房庙水库是云南楚雄自治州空龙河梯级电站的龙头水库，为中型工程。48.5m高的堆石坝采用300(g/m^2)/0.8mm/300(g/m^2)的PVC复合膜作为坝中央防渗体，2001年建成，防渗效果佳[8]。该坝是当时我国最高的芯膜堆石坝。

(4) 陕西神木采兔沟水库是以供水为主的中型工程，大坝为面膜砂坝，坝高33.8m。工程位于毛乌素沙漠南缘、黄河支流秃尾河的中游，库区两岸为沙漠地貌，最大冻土深度146cm。坝体以附近沙漠砂料填筑，坝上游面与坝趾前200m库盆及两岸采用300(g/m^2)/0.5mm/300(g/m^2)的PE复合膜防渗；上游坝面以现浇4m×4m、厚度18cm的C25混凝土板为护坡；下游坝坡采用9.25m×9.25m的C25混凝土网格骨架的植物护坡；工程于2010年蓄水。该工程的特点是在沙漠地带就地取砂筑坝、以复合膜用作坝面、库盆及库岸防渗的供水水源工程。

(5) 进入 21 世纪，2010 年前后，接连建成了黄河干流西霞院面膜土石坝，四川仁宗海水电站面膜堆石坝和四川华山沟芯膜堆石坝，前者是我国大江大河上第一座土工膜防渗大坝，后两者分别为至今我国境内建造的最高的面膜堆石坝和芯膜堆石坝。

(6) 2016 年由我国投资和设计、由国外承包商负责防渗膜施工的老挝南欧江六级水电站面膜软岩堆石坝（高 87m）建成，土工膜实际防渗水头已名列世界前茅。

1.1.1.2　高围堰防渗工程

在 20 世纪 80 年代，有一些水利工程的低围堰采用土工膜防渗[9]。在大型水利水电工程的高围堰中采用土工膜防渗技术可追溯到 80 年代前半期，开展了三峡水利枢纽围堰工程土工膜防渗技术前期研究[10-11]。高围堰一般采用下部混凝土防渗墙与上部复合土工膜结合的防渗系统。

第一座土工膜上部防渗的高围堰是 1990 年建成的福建水口水电站二期围堰，上游围堰最大堰高 44.55m，防渗芯膜采用 PVC 两布一膜型复合膜，规格为 300(g/m^2)/0.8mm/300(g/m^2)，复合膜最大挡水水头 26.55m。

采用复合膜上部防渗规模最大的围堰工程为 1998 年建成的三峡水利枢纽二期上游围堰，最大堰高 82.5m，芯膜最大挡水水头 15m。至 2015 年，除三峡工程外，围堰高度超过 60m 采用复合膜作上部防渗体的工程还有白鹤滩水电工程上游围堰（高 83m，2015 年），糯扎渡水电工程上游围堰（高 74m，2008 年），阿海水电工程上游围堰（高 69m，2009 年），苗圩水电工程上游围堰（高 65m），景洪水电工程二期上游围堰（高 65m，2005 年），两河口水电工程上游围堰（高 64.4m，2002 年），金安桥水电工程上游围堰（高 62m，2006 年），以及小湾水电工程上游围堰（高 60.59m，2005 年）。

高围堰工程中复合膜挡水水头最大的是 2002 年建成的两河口水电工程的上游围堰，面膜最大挡水水头为 44.5m，围堰高度为 64.5m。至 2015 年，除两河口水电工程外，复合膜挡水水头超过 30m 的工程还有白鹤滩水电工程上游围堰（面膜挡水水头 43.58m，2015 年），苗圩水电工程上游围堰（芯膜挡水水头 43.5m，2013 年），紫坪铺水电工程上游围堰（芯膜挡水水头 39m，2003 年），瀑布沟水电工程上游围堰（面膜挡水水头 38.5m，2006 年），阿海水电工程上游围堰（芯膜挡水水头 38m，2009 年），大岗山水电工程上游围堰（芯膜挡水水头 36.5m，2008 年），公伯峡水电工程上游围堰（芯膜挡水水头 36.48m，2002 年），长河坝水电工程上游围堰（芯膜挡水水头 35.5m，2011 年），金安桥水电工程上游围堰（芯膜挡水水头 35.21m，2006 年），深溪沟水电工程上游围堰（面膜挡水水头 34m，2007 年），猴子岩水电工程上游围堰（面膜挡水水头 33.5m，2011 年），龙开口水电工程上游围堰（芯膜挡水水头 33.49m，2008 年），小湾水电工程上游围堰（芯膜挡水水头 33m，1995 年），以及溪洛渡水电工程上游围堰（芯膜挡水水头 32.5m，2008 年）。

从上述工程可见，大型水电工程高围堰采用复合膜防渗已经被我国工程界普遍接受，不论围堰的防渗结构型式和防渗水头大小，围堰上部均采用复合膜作为防渗体。经过不同流域工程建设以及不同设计、施工单位的设计、建造，高围堰复合膜防渗工程技术已经趋于成熟。

1.1.2 水库库盘及蓄水池防渗工程

1.1.2.1 一般山川水库库盘

对于建造在河流中上游、库盘为砂砾石覆盖层的山川水库，尤其是覆盖层深度在百米以内的高坝，一般采用混凝土防渗墙作为坝基防渗体；但对于覆盖层很深、或者坝轴线较长的中低坝，采用库盘防渗的技术经济指标较高。采用土工膜库盘防渗具有防渗性能佳、造价低、施工简便的优点，尤其适用于缺乏黏土土源或采土严重影响环境生态的情况。

防渗膜用于库盘防渗也是从防渗加固开始的。建于1958年的陕西省西骆峪水库，库区发现塌坑156个、不规则裂缝200余条，渗漏量有时达到蓄水量的近1/2。1978年库区铺设3层厚0.06mm的PE膜防渗，共铺膜25万m^2，占库底面积的50.5%，总投资78万元，1980年5月底完成，水库恢复正常运行[12]。该工程的特点是在我国尚缺乏专业土工膜的年代以农用膜作为替代品大量应用于水库库盘防渗。

甘肃酒泉夹山子水库是新建水库，坝高32.5m，坝顶长720m，坝左右两岸防渗长度1700m，库底防渗面积56.6万m^2，库盘及两岸均分别采用厚0.2～0.4mm的PE复合膜防渗，膜自下而上在坝面铺设26m长度，与黏土斜墙连接，1988年开工，1995年竣工蓄水[13]。该工程是我国第一座膜防渗面积超过50万m^2的水库，同时也标志着比较低端的玻璃丝沥青复合膜不再用于西部水库库盘防渗工程。

新疆和田地区的胜利水库是一座灌注式丘陵水库，一期工程设计库容为980万m^3，最大坝高18m，坝长1850m，采用砂砾石料填筑。整个库区处于较深厚的砂砾石戈壁地层，故采用了坝体、坝基和全库盘土工膜防渗体系[14]，共铺设土工膜365万m^2，其中一期工程铺设土工膜250万m^2。库盘防渗土工膜为厚0.5mm的光面聚乙烯膜，垫层为厚25cm的中细砂，保护层为厚40cm的砂砾石。一期工程于2003年7月建成蓄水，水库运行取得显著的节水和经济效益。

新疆于田县东方红水库主要承担于田县昆仑灌区的灌溉用水调节任务，由于“文化大革命”期间工程建设标准偏低，水库投入运行后渗漏严重，2009年6月开始进行除险加固，2010年11月完成，加固后总库容1050万m^3，最大坝高22.7m，坝长2847m，坝体、坝基及库盘采用土工膜防渗。库区铺设厚0.5mm的PE膜88.03万m^2，膜上最大水头19.5m，运行证明土工膜库盘防渗效果良好[15]。

1.1.2.2 抽水蓄能上水库库盘

我国东南沿海地区经济发达，也是用电负荷中心，且缺乏水电调峰，抽水蓄能电站应运而生。抽水蓄能电站上水库常因地形地质的局限，天然有效库容比重过低，使工程效率降低。用开挖库岸的弃渣充填死库容是有效的工程措施，但由于填渣深度大且深度变化大，库底防渗采用常规混凝土衬砌难以适应较大不均匀沉降，采用土工膜作为库底防渗体的技术经济指标值较高。

从2004年11月泰安抽水蓄能电站上水库库底铺设土工膜[16]，至2016年6月开工建设的镇江句容抽水蓄能电站，仍然采用土工膜（与黏土组合）防渗作为上库库底防渗型式。

泰安抽水蓄能电站是第一座用土工膜防渗作为上库库盘防渗体的抽水蓄能工程，电站装机容量1000MW，最大坝高99.8m，坝前最大堆渣厚度约50m，共铺设厚1.5mm的

HDPE土工膜16万m^2。库底最大总渗漏量仅为3.89L/s，上库总渗漏量仅为总库容的万分之三，防渗效果佳，不仅节省投资3200万元，缩短施工工期4～6个月，而且在防渗材料选择、下支持层、上保护层设计、土工膜周边连接方案、土工膜施工焊接工艺和无损质量检测方法等方面取得显著成果。该抽水蓄能工程在2009年10月获中国建设工程鲁班奖[17]。

2016年8月建成发电的溧阳抽水蓄能电站，上库库底填渣厚度变化大（0～70m），经计算，满蓄时库底最大沉降为129.7cm，且不均匀沉降大。库底防渗采用土工膜与黏土组合防渗型式，防渗面积达25万m^2。防渗结构布置从上至下依次为：碎石护面层（厚0.3m），黏土防渗层（厚4.5m），HDPE土工膜（厚1.0mm），砂垫层（厚0.5m），厚0.5m的第1层反滤层，厚0.5m的第2层反滤层，以及厚1.0m的过渡层。反滤层与过渡层作为膜下排气和排水层，并将库底开挖区与回填区的排水分开布置。将开挖区的排水再次分成8个区，在每个排水区铺设间距为15m的主、次排水管，排水主管与排水观测廊道相通，渗漏水下渗后经过大坝底部排水层汇集到坝脚外的量水堰[18]。溧阳抽水蓄能电站上水库是我国第一座库盘用土工膜与黏土组合防渗的工程。

1.1.2.3 平原水库及蓄水池库盘

平原水库在水资源配置中起着重要作用，我国东部平原地区较多的平原水库建造在防渗性能稍逊的地基上，地基土壤既不足以为防渗体，又不足以为排水体。所以，在平原水库库盘铺设防渗土工膜的同时，有的需要在膜下设置排水系统，以排除防渗土工膜缺陷而出现的渗漏水，保证水库水位较快降落时不会由于反向渗压而浮动失稳。

20世纪90年代以来，山东省为供水调蓄建设了多座平原水库，如德州的丁东水库[19]、济南的鹊山水库[20]、东营的纯化水库[21]等，均采用复合膜防渗。

纯化水库土坝坝面和铺盖均采用300(g/m^2)/0.3mm/200(g/m^2) PE复合膜，坝基截渗采用0.3mm厚PE膜；丁东水库坝高9m，坝面防渗膜延伸至库盘60m再连接深8.5m的垂直截渗膜，防渗膜均采用0.22mm/380(g/m^2) 一布一膜型复合膜；而鹊山水库的坝基竖向土工膜截渗深度为8～11m。此类水库采用的复合膜防渗形式与传统的黏土斜墙＋黏土铺盖或黏土心墙＋混凝土防渗墙等形式相比，具有施工简便、工期短、造价低的特点。

2013年5月，作为南水北调东线一期工程终点站的山东德州大屯平原水库工程投入蓄水运行。水库占地面积6.49km^2，库容5200万m^3，为全国最大的全库盘膜防渗平原水库。库区地下水位埋深一般1.1～1.8m，地下水位以上土层平均饱和度86.9%～94.0%，库内水位最大变幅达3～4m。围坝总长8914m，为2级建筑物，最大坝高14.15m，迎水坡1：2.75，坝面铺设200(g/m^2)/0.5mm/200(g/m^2) 的PE复合膜防渗，全库盘防渗所铺设的土工膜型式与坝面防渗膜相同，只是聚酯长丝无纺织物与PE膜分离。为防止库盘防渗膜由于气胀破坏，在膜上设置压重覆土厚0.9m，间距150m设置逆止阀，膜下间距75m设置排气盲沟[22]。该工程为全坝面、全库盘土工膜防渗的大型地上平原水库工程，以该工程为依托，对膜下土体中水气变迁影响防渗膜抗浮稳定问题开展深入研究，包括开展室内试验、现场试验、数值模拟等项研究。

20世纪90年代以来，我国许多城市建造了数量众多的蓄水池与景观人工湖。许多蓄水池和人工湖的工程特点与平原水库相仿，用土工膜防渗，其中一些需在膜下设置土工膜缺陷渗漏水的排除系统，以确保在水位较快降落时的防渗膜稳定。土工膜防渗面积超过 10 万 m^2 的人工湖工程有北京奥林匹克水上公园，北京奥林匹克森林公园，成都建信奥林匹克花园湖，甘肃嘉峪关人民公园人工湖等。

北京奥林匹克水上公园由相互平行的两条静水赛道和一个激流回旋赛道组成，原潮白河河道常年干涸无水，所以赛道为人工水体，地基渗透性大，若采用混凝土防渗墙垂直防渗，每天的渗漏量约为 12 万 m^3/d，需支出水费几十万元，这将给后奥运会的设施经营造成困难[23]。经比较采用了厚 1mm 的 HDPE 膜作为赛道底部及边坡防渗体，防渗面积为 70 万 m^2，增加了赛道的蓄水量约 210 万 m^3，同时提高了防渗的可靠性和经济性，直接经济效益超过 8000 万元。

1.1.3 堤防工程

1998 年长江特大洪水后，大江大河干堤及重要城市堤防达标工程中大量采用复合土工膜防渗，例如岳阳长江干堤、武汉市长江干堤、粑铺大堤、同马大堤、枞阳江堤、无为大堤、马鞍山江堤、赣抚大堤等。

一般大堤的加固达标工程，是将复合土工膜从堤顶沿迎水坡面铺设至堤脚，埋置在固脚槽内；当堤脚设置堤基防渗体时，则是将复合土工膜与堤基防渗体相连接。土工膜的铺设、拼接工艺与土石坝坝面铺设土工膜的工艺基本相同。

对于堤断面相对复杂的城市堤防，例如长江南京段干堤，下部为土质断面，上部为浆砌石挡墙断面，堤防加高采用迎水面浇筑混凝土防洪墙，由锚筋锚固在浆砌石挡墙迎水面上，下部土质堤身断面的迎水面铺设复合膜直到堤脚，埋置在固脚槽内，复合膜上部锚固在浆砌石挡墙迎水面上[24]。

淮河中游河段河床下 100～400m 深处优质煤炭的开采，使淮河干堤最终下沉约 15m，不断加高加固直至最终设计断面的淮河干堤高度达 20m，除随时实施裂缝充填灌浆和逐渐加高加宽堤体等工程措施外，在裂缝发生堤段的临水面铺设复合膜，成为可适应堤体大变形的第一道防渗体，发挥着重要作用[25]。1991 年该段淮河干堤的水位达 24.3m，超设计水位，时间长达两个月之久，1996 年水位达 23.5m，经测压管观测，堤体均未形成浸润线；现场观测到堤体产生裂缝，深 3m，裂缝口宽约 2cm，由于复合膜持续发挥正常挡水功能，保证了裂缝发生和裂缝处理阶段的堤体防渗安全。

堤防达标工程中，一些新建堤段因地制宜采用土工膜防渗土石坝筑坝的工艺。例如，江西景德镇填筑南河城市防洪大堤，为避免大量采土影响周边环境，采用石渣填筑堤身，在堤体迎水面铺设复合膜作为大堤防渗体。

在重要堤防隐蔽工程建设中，一些砂质粉土堤基采用垂直插塑防渗形式，与混凝土薄墙、高压喷射灌浆、多头小直径深层搅拌等防渗形式相比，技术经济指标高。垂直插塑采用锯槽机或其他抽槽机械在砂质粉土堤基上切割出窄槽，槽宽 20～30cm，切割土体时的喷水与切割下的土颗粒形成泥浆，起到泥浆固壁的作用；成卷的土工膜插到槽底后展开，形成防渗幕帘，相邻土工膜的连接采用搭接方式，土工膜贴紧槽的一面侧壁，顶端固定在槽顶后，将填土倒入槽内置换出泥浆，堤基防渗幕帘与堤体防渗土工膜连接形成防渗体系。

淮河入海水道全长 163.5km，一些堤段的堤体及堤基采用垂直插塑防渗型式，其中阜宁段北堤垂直铺设 PE 土工膜长度 3260m，面积 35496m^2，采用刮板式开槽机抽槽，PE 土工膜铺设平均深度约 10.0m。现场开挖 2 个试坑，埋设测压管一组（四根测压管），测压管长 27m。经历淮河大洪水时，膜前后的测压管水位差为 1.25m，防渗效果良好[26]。

长江干堤洪湖市燕窝段，大洪水期间多处出现管涌险情，最大管涌口直径达 40cm。防渗处理对其中 900m 长度采用垂直铺塑方案，抽槽后铺设 0.3mm 厚的 PE 土工膜，搭接宽度 3m，最大深度达 15～16m，防渗效果明显[27]。

1.1.4　渠道防渗工程

我国是水资源严重短缺的国家，又是农业灌溉大国，长期存在引水渠道水利用系数低下的问题。改革开放以来，我国的跨流域调水工程又增加了数以千公里计的输水干渠。防渗土工膜以及聚苯乙烯（EPS）保温板的应用，使处于高寒区域的输水渠道或穿过分散性土、膨润土、湿陷性黄土等不良地质地带的输水渠道保持正常运行状况，水利用系数明显提高，经济效益显著。

20 世纪 60 年代开始，河南省人民胜利渠、陕西省渭高干渠、北京京密引水渠和东北旺等渠道先后采用农用塑料膜防渗，实践了相关施工工艺、耐久性和植物穿透等工程技术[28]；90 年代初，南方各省开始推广应用渠道膜防渗技术[29-30]。实践证明土工膜用于渠道防渗可减少渗漏损失 90%～95%，具有适应变形能力强、质量轻、用量少、运输量小、施工简便、工期短、耐腐蚀性强等优点，且造价低，一般相当于混凝土防渗造价的 1/10～1/5 或浆砌卵石防渗造价的 1/10～1/4[31]。随后，南水北调中线输水工程[32]、甘肃黑河流域渠道工程[33]和陕西泾惠渠灌区[34]等渠道防渗工程都采用土工膜防渗技术。

南水北调中线一期工程总干渠郑州 1 段工程，在渗透系数大于 1×10^{-5}cm/s 的土质渠段采用厚 0.3mm 的两布一膜型复合土工膜防渗，全段渠底中心线和渠坡脚分别布置球形逆止阀和拍门逆止阀，同时膜下设置排水暗管和集水井[35]，当地下水位高于渠内水位时抽除膜下积水，确保膜体稳定。

新疆引额济克工程总干渠采用厚 0.6～0.8mm 的 PE 土工膜作为防渗体，建成后渠道水利用系数达 96.5%，防渗效果佳[36]。

黑龙江引嫩工程的北引总干渠全长 203.2km，扩建后引水量达到 145m^3/s。总干渠沿线均分布有分散性黏土，需采取措施加以治理，在数个比较方案中选择采用两布一膜型复合土工膜隔离分散土与低矿化度水的方案，造价仅为其他数个方案的 1/6～1/2[37]。

甘肃省榆中县三角城电灌工程历年最大冻土深度 118cm，地层多为风积黄土，具高压缩性和强湿陷性，湿陷层厚度为 3～5m。工程始建于 1969 年，6 条干渠总长 91.6km，对其中 15km 干渠和 8.5km 支渠采用一布一膜型复合土工膜进行防渗处理，防渗效果明显，不再发生冻胀和湿陷现象，水利用系数显著提高[38]。

1.1.5　隧道、地下空间防渗工程

1.1.5.1　隧道工程

20 世纪 90 年代至 2016 年，我国的高速公路通车里程已超过 13.0 万 km，至 2020 年高速铁路的通车里程将达到 3.0 万 km，交通隧道建设也随着同步发展，交通隧道采用土工合成材料防渗排水的技术也得到长足进步。隧道防渗材料从 90 年代采用的易破损、易

燃烧的橡胶防水板，发展到现在采用性能较好的聚乙烯（HDPE、LDPE)、乙烯-醋酸乙烯共聚物（EVA)、乙烯-醋酸乙烯与沥青共聚物（ECB）及其他性能相似的材料，增加了预铺自粘防水卷材；相应的排水材料也从90年代单一的织物型排水发展到现在的由两面织物夹一层网状排水的复合型排水。

交通隧道的大量建设和土工合成材料的大量应用，一方面促进土工合成材料防渗及排水构件不断更新，以适应其型式的多样性、应用的多选性、施工的简捷性；另一方面也促使防渗排水理念发生了较大变化，起初以排水为主，逐渐发展为先截后排、防排结合。

奥地利已在深埋交通隧道成功将土工合成材料防渗排水构件变身为同时能吸收地热、为隧道附近区域供应照明电的环保智能构件系统。这也为我国西部高山崇岭地区交通隧道低碳化建设中应用土工合成材料建造防渗排水工程的技术进步拓展了思路。

1.1.5.2 城市地下空间工程

城市地下空间利用十分广泛：交通设施包括城市地下通道、城市地铁及其站场等，商业及服务设施包括地下商城、地下公共停车场等，以及城市人民防空地下设施等。

城市地下空间建设中的防渗排水是工程的重要环节与技术。据统计，已建与新建的地下空间工程，出现渗漏的地下室、地下车库，包括地铁隧道等地下空间的渗水率在80%以上。2012年，杭州地铁一号线刚开通一周就出现大量的渗漏。2011年，北京地铁90%的地铁车站出现渗漏。

地下空间防渗排水处理历经了混凝土主体防渗、混凝土与低端防水卷材（如油毡等）合防、混凝土与性能较好的聚合物卷材合防的阶段。2009年4月1日实施的国家标准《地下工程防水技术规范》(GB 50108—2008）推荐了三元乙丙橡胶防水卷、聚氯乙烯防水卷、聚乙烯丙纶复合防水卷、高分子自粘防水卷作为地下工程的防水材料，并提出了厚度等物理指标值和抗拉强度等力学性能指标值。

在近年来的实际工程中，上述土工合成材料（即高分子聚合物）防水卷材在我国各类地下空间工程中得到广泛的应用，包括大量城市地铁盾构隧道的混凝土管片和混凝土衬砌之间设置聚合物防渗卷材。

1.1.6 尾矿（料）库、废液池防渗工程

1.1.6.1 尾矿（料）库工程

我国是一个矿业大国，至20世纪末，我国矿山产出的尾矿料总量为50.26亿t，21世纪初的前6年间，我国矿山每年排放尾矿达6亿t。数量惊人的尾矿直接造成地表径流、地下水和地下土壤的污染，此外，21世纪以来还发生了多起尾矿库溃坝事故。尾矿库的环境保护和工程安全引起社会严重关注[39]。

尾矿库是一种用以贮存金属、非金属矿山进行矿石选别后排出尾矿的场所，通常分为三种类型：山谷型、山坡型、平地型。

在选矿过程中，由于工艺需要，常需加入一定药剂，尾矿就可能成为第Ⅱ类一般工业固体废物。堆存第Ⅱ类一般工业固体废物的尾矿库为Ⅱ类库，按规范Ⅱ类库应符合环保防渗要求，防止尾矿库的尾矿及尾矿水对地下水和地表水产生污染，并防止地下水进入尾矿库。

尾矿库的防渗包括库区防渗、初期坝防渗，还有截渗坝防渗。为了防止库区渗漏，收

集堆积坝坡面雨水，可在初期坝下游一定距离设置截渗坝，一般采用坝址垂直防渗型式，利用混凝土防渗墙、帷幕灌浆或土工膜垂直防渗与库内水平防渗形成严密闭合的防渗系统。

20世纪80年代中期以前，因国产防渗膜的品种单一，尾矿库库底防渗一般采用PE农用膜，厚度尚不足0.2mm。90年代以来，随着国产的LDPE膜、HDPE膜、GCL等被用于尾矿库防渗工程，《土工合成材料应用技术规范》(GB 50290—1998)也为尾矿库防渗工艺的设计及施工提供了技术指南，使尾矿库的防渗排水工程技术有较大程度的提高。

2013年颁布的《尾矿设施设计规范》(GB 50863—2013)专门规范了尾矿设施的环保措施，在尾矿库防渗工程技术领域统一了标准，使国内尾矿库工程的环境保护和安全防护的可靠性得到进一步加强。近年来的实践显示，尾矿库的全库防渗考虑水平防渗和垂直防渗并举的措施是合适的。

1.1.6.2 *废液池工程*

在工业生产过程中，尤其是化工工业生产会产生大量废水、废液，为避免直接排放造成环境污染，需将废水、废液排入到防渗性能良好的废水池中，进行贮放或有待后续处理。其中，作为产煤大国，我国大量应用煤化工废水处理的蒸发塘设施。由于蒸发塘废水包含氰化物、酚类、醚类、煤焦油以及重金属等组分，所以蒸发塘的防渗要求十分严格[40]。随着高分子聚合物防渗材料品种增多、功能增强、质量提高，其在蒸发塘防渗系统中已成为主要防渗体。

《危险废物填埋污染控制标准》(GB 18598—2001)规定，蒸发塘场底天然基础层饱和渗透系数大于1.0×10^{-6}cm/s，应设置双层的人工防渗衬层+GCL防渗衬垫，其中，HDPE膜上层厚度不小于2.0mm，下层厚度不小于1.0mm；两层防渗膜之间应设置导排层，一般选用复合土工排水网，以提高导排层和上下防渗层的兼容性。两层土工膜之间的导排层兼做检测层，监测渗漏，每个蒸发单元的检测层连通该蒸发单元的监测井。检测层的复合土工排水网的规格不应低于1400g/m^2，其中排水网单位面积质量不应低于1000g/m^2，两侧粘接的土工织物单位面积质量不应低于200g/m^2[41-42]。

1.2　我国土工合成材料防渗工程特点

尽管20世纪80年代以前已有极少数工程使用了高分子聚合物作为防渗材料，但是，以意识觉醒为标志的工程应用始于80年代。回顾30多年的土工合成材料防渗技术的发展历程，一方面体现出工程建设者追求技术创新的澎湃热情，另一方面反映出技术进步的道路曲折艰辛。以下从工程技术角度归纳土工合成材料防渗技术的发展特点。

(1) 工程应用需要是开发研究的原始动力。从20世纪80年代前期建设的灌溉渠道工程至戈壁滩水库库盘防渗工程等，因工程条件及环境所限，需要柔性防渗材料作为工程的防渗主体，但当时尚无严格意义上的土工膜或复合土工膜，便采用玻璃丝布涂抹沥青与聚合物的混合体或农用薄膜作为防渗体。显现了工程市场前景后，国内相关企业相继引进或研发生产PVC土工膜和PE土工膜及其复合形式。在设计方面套用国外的一些规范规程，在计算方面则基于岩土力学结合工程经验开展校核计算。

（2）重要技术实践从加固工程做起。对于防渗水头较高的重要大坝工程，土工膜防渗几乎都由病险坝加固工程做起。在需要积累土工膜防渗工程经验的阶段，加固工程是十分恰当的实践对象。尽管防渗水头高，存在一定的技术风险，但由于只涉及防渗加固，大坝的位移变形经过多年运行业已完成，不会因坝体较大位移产生土工膜的较大变形而存在较大的安全风险。一批加固工程的完成与运行直接为新建工程提供经验指导。

（3）材料及构件开发始终发挥导向作用。20世纪80年代和90年代初期，真正意义上的土工膜的材质主要为PVC膜，而PE膜只有农用薄膜，所以大多数水头稍高的防渗工程都采用PVC膜，尽管当时的PVC膜由于塑化剂极易流失而导致老化的问题很突出；90年代国产的PE土工膜上市后，大部分的各类防渗工程均采用幅宽较大、造价相对较便宜的PE膜与PE复合膜。然而，当国际上开发出抗老化的高性能PVC土工膜后，由于其弹性强、柔性佳，易于施工，适于运行，在高水头防渗工程中应用迅速增多。

（4）低水头和临时工程工程应用普遍。低水头涉水工程由于其安全风险相对较低，所以采用复合土工膜防渗方案较易接受，即使有的设计机构或施工单位对此技术的熟练程度并不很高。例如，1998年长江特大洪水以后的长江干堤以及中下游主要大支流的干堤达标工程普遍采用复合土工膜及其他土工合成材料分别作为大堤的防渗体和防护设施。基于同样的考虑，最近一二十年建设的超大型水电工程的高围堰，绝大部分采用上部堰体复合土工膜防渗方案，正是因为围堰为临时工程，安全风险相对低。

（5）高水头工程应用涉及相关规范规程的修订。对于高水头涉水工程，尤其是大型工程，采用复合膜防渗方案少而难，“少”是基于惯性思维的所谓安全风险高，“难”是因为需跨越规范设置的门槛。长期以来，相关规范规定采用土工膜防渗的大坝只能是小型工程的低坝，实在因条件所限必须采用土工膜防渗方案，需经过论证和审查；然而，应用该项技术的规范修订滞后，客观上也滞后了该项技术的发展进步。尽管如此，我国已相继建成由我国投资建设并设计的老挝南欧江六级高87m的面膜软岩堆石坝、四川大渡河上游一级支流上的高69.5m的华山沟水电站芯膜堆石坝，在国际土工膜防渗的大坝中也是可圈可点的；已建的黄河西霞院面膜土石坝，虽然坝高不足30m，但这是我国大江大河干流上建成的第一座土工膜防渗大坝。

（6）土工合成材料专业知识普及不足。有关土工合成材料物理力学性能和应用原理的专业知识的传播和普及欠缺，在土工合成材料已经应用二三十年以后，仍然有不少工程技术人员和工程审查专家提出当前生产的土工膜在覆盖状态下的老化是否缩短工程服役周期的问题。这也妨碍了土工合成材料防渗技术的应用与推广。

（7）专用高端材料开发滞后。国外在20多年前已经开发了裸露使用的高分子防渗材料，而且技术指标又有较大提升，裸露使用的高坝PVC土工膜的服役期（使用期）可达100年。国内土工合成材料的材质研发相对滞后，至今尚无可完全裸露使用的PVC土工膜产品，也影响了该项工程技术的进程。

（8）理论研究不够系统、深入。由于缺乏该项技术的国际交流，国内的研究成果基本处于具体工程的经验总结阶段，一些涉及应用基础的研究也不系统、不深入，也有一些成果良莠不齐，难以指导工程设计和建设。

参 考 文 献

[1] 顾淦臣. 土工薄膜在坝工建设中的应用 [J]. 水力发电，1985，11 (10)：43-50.

[2] 顾淦臣. 复合土工膜或土工膜堤坝实例述评（续）[J]. 水利规划设计，2001 (3)：45-51.

[3] 陶同康，唐仁楠. 复合土工薄膜在李家菁土坝坝面的防渗应用 [J]. 水利水运科学研究，1991 (4)：429-434.

[4] 赵志清. 土工膜在我国水利防渗的首次应用 [J]. 中国建材防水材料，1991 (3)：16-18.

[5] 钟家驹. 石砭峪沥青混凝土面板坝除险加固 [J]. 陕西水利水电技术，2005 (1)：18-23.

[6] 顾淦臣. 复合土工膜或土工膜堤坝实例述评 [J]. 水利规划设计，2001 (2)：49-57.

[7] 王高明. 小岭头水库堆石坝复合土工膜防渗坝面的设计与施工 [J]. 防渗技术，1995，1 (2)：29-34.

[8] 顾淦臣，沈长松，朱晟，等. 塘房庙复合土工膜心墙堆石坝的设计、施工和应力应变有限元分析 [J]. 水力发电学报，2004，23 (1)：21-26.

[9] 束一鸣，顾淦臣. 土工膜防渗土石坝及围堰在我国的进展 [J]. 河海大学学报，1990，18 (12)：43-48.

[10] 顾淦臣. 土工薄膜防渗结构述评 [J]. 河海大学学报，1988，16 (增1)：11-34.

[11] 束一鸣，顾淦臣，向大润. 长江三峡二期围堰土工膜防渗结构前期研究 [J]. 河海大学学报，1997，25 (5)：71-74.

[12] 王景佑. 塑料薄膜在西骆峪水库铺盖防渗工程中的应用 [J]. 水利水电技术，1987，18 (2)：235-238.

[13] 阎兴武，周学敏. 夹山子水库塑膜防渗施工技术 [J]. 防渗技术，1996，2 (4)：35-38.

[14] 侍克斌，李玉建，马英杰，等. 土工膜全库盘防渗技术在胜利水库的应用及有关问题探讨 [J]. 水利水电技术，2005，36 (5)：143-145.

[15] 申淮伟，刘婷. 土工膜防渗技术在东方红水库除险加固中的应用 [J]. 中国水运，2013，134 (4)：178-179.

[16] 李岳军，周建平，何世海，等. 抽水蓄能电站水库土工膜防渗技术的研究和应用 [J]. 水力发电，2006，32 (3)：67-69.

[17] 何世海，吴毅谨，李洪林. 土工膜防渗技术在泰安抽水蓄能电站上水库的应用 [J]. 水利水电科技进展，2009，29 (6)：78-82.

[18] 宁永升，冯树荣，胡育林，等. 土工膜黏土组合防渗在溧阳抽水蓄能电站中的应用 [J]. 水利水电科技进展，2009，29 (6)：83-86.

[19] 李宝龙，施佩歆，商景华. 土工膜在丁东水库防渗工程中的应用 [J]. 防渗技术，1998，4 (4)：31-33.

[20] 姜克春，尹正平，刘战军. 土工膜在鹊山调蓄水库防渗工程中的应用 [J]. 山东水利，2002 (4)：22-23.

[21] 戚瑞安. 平原水库深水高坝防渗施工技术研究 [J]. 中国水利，2006 (10)：47-48.

[22] 刘霞，田汉功. 大屯水库库盘铺膜关键技术试验研究 [J]. 南水北调与水利科技，2011，9 (6)：110-152.

[23] 李广信，金焱，化建新. 北京奥林匹克水上公园的防渗工程 [J]. 岩土工程界，2007，10 (2)：69-71.

[24] LIU H L, SHU Y M, Oostveen J, et al. Dike Engineering [M]. 北京：中国水利水电出版社，2004.

[25] 束一鸣，殷宗泽，李冬田. 受采动影响淮堤的安全论证与加固 [J]. 水利水电科技进展，1998，18 (6)：28-32.

[26] 中国水利学会.2004水利水电地基与基础工程技术——中国水利学会地基与基础工程专业委员会2004年学术会议论文集 [C]. 北京，2004：676-677.

[27] 中国水利学会. 第八次水利水电地基与基础工程学术会议论文集 [C]. 北京：中国水利水电出版社，2006：565-566.

[28] 建功. 膜料渠库防渗有关技术问题的探讨 [J]. 防渗技术，1995，1 (2)：1-11.

[29] 艾树衡，陈清芬，余祥全. 混凝土及膜料复合渠道防渗技术的研究 [J]. 防渗技术，1996，2 (3)：9-12.

[30] 肖振中，陈发科. 膜料在广西渠道防渗中的应用 [J]. 防渗技术，1993 (2)：7-12.

[31] 周维博，李立新，何武权，等. 我国渠道防渗技术研究与进展 [J]. 水利水电科技进展，2004，24 (5)：60-63.

[32] 梁海涛. 南水北调中线总干渠工程渠道衬砌技术现场试验总结 [J]. 防渗技术，2002，8 (2)：16-19.

[33] 张文智. 聚苯乙烯泡沫塑料板在渠道防冻胀中的应用 [J]. 水利与建筑工程学报，2003，1 (2)：56-57.

[34] 王沪学，吴小宏. 泾惠渠渠道防渗工程防冻害问题的研究及建议 [J]. 防渗技术，2002，8 (4)：39-40.

[35] 张艳峰，侯咏梅，张婷婷. 南水北调中线郑州1段工程防渗及排水设计研究 [J]. 岩土工程学报，2016，38 (supp.1)：69-73.

[36] 杨忠告，王家庆，庄志凤，等. 引额济克总干渠塑膜防渗技术的应用及改进措施 [J]. 山东水利，2005 (8)：42-43.

[37] 王志兴，王天伟. 基于北部引嫩总干渠分散性黏土特征与治理措施 [J]. 黑龙江水利科技，2013，41 (12)：5-8.

[38] 蔡春煜. 复合土工膜在三电工程渠道防渗中的应用 [J]. 农业科技与信息，2012 (6)：39-40.

[39] 沈楼燕，罗嗣海，曾宪坤，等. 我国尾矿库防渗技术发展综述 [C]//第十一届全国渗流力学学术大会论文集，2011：430-434.

[40] 姜兴涛，姜成旭. 利用蒸发塘处置煤化工浓盐水技术 [J]. 化工进展，2012，31 (增)：276-278.

[41] 崔广宁. 蒸发塘处理煤化工浓盐水设计探讨 [J]. 工业用水与废水，2014，45 (3)：33-36.

[42] 梁斌，和慧娟. 煤化工浓盐水处理设施蒸发塘的工艺设计 [J]. 化工设计，2016，26 (2)：11-15.

第 2 章　堆石坝（土石坝）膜防渗设计

2.1 概　　述

2.1.1　堆石坝（土石坝）膜防渗技术进展

我国应用土工膜作为水库大坝防渗主体兴起于 20 世纪 80 年代，此前一二十年主要用于大坝防渗加固工程。80 年代至 90 年代上半期，土工膜以 PVC 膜为主，其后以 PE 膜为主。PE 膜具有质轻、幅宽、单价低的优势，但厚度大于 1mm 以上的呈板状，较难适应复杂运行与复杂施工条件。

与我国同样兴起于 20 世纪 80 年代、设计与建造已达到国际先进水平的混凝土面板堆石坝和碾压混凝土坝筑坝技术不同，由于国际专利保护、缺乏系统深入的国际技术交流以及国内技术研发滞后，我国土工膜防渗大坝筑坝技术在硬、软环境相对不甚完备的条件下摸索实践、持续前行。

2.1.1.1　应用原理研究

尽管我国对库坝防渗膜的应用机理研究尚未达到系统的程度，但长期以来一直从未停顿。从 20 世纪 80 年代开始，一些研究机构和学者除了对防渗膜的物理力学性能进行测试研究外，对应用原理也开展了较为深入的研究。

1. 阶段性梳理、总结

20 世纪 80 年代，结合长江三峡工程围堰的前期研究，一些研究机构和学者对当时国外土工膜防渗大坝的应用及其基本原理进行了较为系统的梳理和归纳[1-3]，为我国水库大坝土工膜防渗工程兴起提供了应用理论基础；1994 年出版了《土工合成材料应用手册》，其中关于库坝土工膜防渗工程，从理论到实践均较为贴切地反映了当时的实际技术水平[4]，2000 年又增添新内容后再版[5]；21 世纪初，对国内经过了近 20 年发展的库坝土工膜防渗工程技术进行了梳理和总结[6-7]，发挥了承前启后的作用；2015 年综述了国内外高面膜堆石坝工程技术发展，对关键技术问题进行归纳、提炼，为国内高面膜堆石坝发展提供支持[8]。

2. 土工膜材料特性研究

20 世纪 80 年代，结合长江三峡工程围堰的前期研究，对高强度的加筋合成橡胶类土工膜的物理力学性能开展试验研究[9]；90 年代，我国土工膜的品种趋多，复合土工膜（塑料类）应用普遍，一些研究机构对不同膜型的物理力学特性及其与不同接触材料的界面特性进行了试验，取得较多测试成果[10,5]；1993 年由试验获知，由于膜与织物的变形模量及特征延伸率不同，两者的复合牢固度表现出完全不同的性能，当牢固度适当时就表现出拉伸变形的“蝉脱壳”效应，即复合膜最终获得纯膜的极限伸长率，十分适合施工期和运行期不同受力变形需求[11]，且有利于现场拼接、修补时的织物与膜的分离；1998 年试验研究表明，复合土工膜中布和膜的复合紧密程度对其力学特性有显著的影响，其中对拉伸特性影响最大，顶破特性次之，而对梯形撕裂强度的影响较小；复合土工膜中膜的变形率对复合土工膜的抗液胀性能产生正相关影响，而膜的强度和厚度的相关性很小[12]。21世纪初，通过对受顶胀面积不同的土工膜与受损伤程度不同的土工膜的液胀试验，归纳了相应的经验公式[13-14]。

3. 土工膜防渗结构特性研究

21世纪前10年，研制了平面双向拉伸试验仪和筒形双向拉伸试验仪，为面膜堆石坝在运行时面膜处于双向拉伸状态的研究提供平台[15-16]，试验表明，同一应变量下，双向拉伸的变形模量大于单向拉伸值；特征应变量双向拉伸值小于单向拉伸值[17]，以单向拉伸的各项指标去评价双向拉伸的状态将逐步改变。

2015年，采用渗透、抗压、抗弯折、直剪试验及局部结构模型试验等方法对拟作为土工膜新型垫层的聚合物透水混凝土的透水性能、基本力学特性、界面抗剪强度及适应坝体变形能力等工程特性进行了研究，并与水泥无砂混凝土垫层材料的工程特性进行比对分析，结果表明，聚合物透水混凝土除具有较高强度和透水性外，还具有较低的弹性模量和显著的韧性特征，作为防渗膜垫层使用更能适应坝体变形，避免产生垫层裂缝[18]。

通过130m×80m模拟平原水库不同运行工况时库盘膜下水气状况的监测，论证了库盘防渗膜浮起失稳的可能性及其排水排气的应对措施[19]；通过研制专用气胀试验装备，用以模拟库盘膜防渗的平原水库初蓄水时土工膜缺陷渗漏引起膜下非饱和土层中孔隙气体的聚集、上升，验证了防渗膜产生局部隆起变形的气胀现象[20]；基于孔隙中水气二相流的非饱和土固结理论方程，经假设简化编制的三维有限元程序可用于进行模拟库盘防渗膜下水气变迁的计算[21]；为解决此类工程问题发生，正在尝试研制配方特殊、可疏导“气爆”现象、具有“逆止阀”功能的防渗膜；2015年研制了土工膜与逆止阀连接部位拉伸试验与整体密闭性质量检测的装置，测试表明，用于南水北调东线某调节水库防渗膜以螺栓连接逆止阀的型式是可靠的，连接部位强度大于土工膜材料本体强度[22]。

2.1.1.2 设计计算方法

1. 抗渗设计计算

20世纪90年代，对水库、土坝防渗加固中坝面铺膜延伸为铺盖的防渗型式采用较多，1993年针对复合土工薄膜坝面铺盖防渗，从铺盖和透水地基界面的接触冲刷概念出发，导出了极限铺盖长度和渗流量的计算公式，根据薄膜理论建立了复合土工薄膜在其法向应力作用下的顶破强度计算公式[23-24]，2001年在考虑坝面防渗膜覆土的基础上持续了相关研究[25-26]。

20世纪90年代至21世纪前10年，针对环境工程中低水头防渗膜缺陷渗漏建立了不同透水性垫层的渗漏量计算公式、采用非饱和渗流有限元方法分析防渗膜缺陷渗漏膜后的渗流场可供类似工况的库坝防渗膜渗漏分析借鉴[27-29]；通过水力顶破试验描述了不同垫层颗粒空隙尺寸、PE膜厚度与液胀极限荷载之间的关系[13]；不同厚度的多种PE膜和PVC膜在不同孔径、不同划痕损伤程度工况下的水力顶破试验表明，随膜的损伤程度增大，膜的液胀强度减小，膜的切线变形模量减小，而最大应变并不随之减小，从而得出不同损伤程度的土工膜液胀强度[14]。

21 世纪前 10 年，对坝面垫层上防渗膜受水力顶胀作用以概率分析方法进行风险评价展开探索[30-31]。

2. 变形计算与设计方法

基于工程力学、土力学和水力学原理考量防渗膜在结构中的性态及其评价是设计方法的核心内容，尽管我国在这方面研究还不够全面、深入，但在不断的进步中。

1988 年以前对膜防渗土石结构开展了二维有限元数值计算分析[32]；1992 年基于液胀原理建立了坝面防渗膜厚度计算方法[33]，1998 年《水利水电工程土工合成材料应用技术规范》（SL/T 225—1998）以折减系数方法给出包括土工膜在内的土工合成材料的设计强度[34]。

2004 年阐述了高水头面膜堆石坝防渗膜的夹具效应概念，防渗膜在平均意义上足以适应约为坝高 1%的坝体位移量，但在周边锚固部位，由于周边基岩或混凝土结构位移量很小，膜随坝体位移在锚固的极小空间内发生相对较大的变形，相当于两个相互靠近的夹具拉伸膜一样，极易产生破坏[35-36]；2006 年论述了防渗膜在坝面的变形量应该为膜随坝体位移产生的变形叠加上局部液胀变形的设计概念[37]；防渗膜的温度应力及应力松弛评价研究结果可供工程设计参考[38]。

21 世纪前 10 年，对夹具效应的试验论证、原理分析与措施设计研究持续进展[39]；给出了可同时考量坝面防渗膜随坝体位移产生的变形与局部液胀变形以及坝面防渗膜夹具效应的数值计算方法[40]。

3. 稳定设计计算

水库大坝防渗膜的稳定主要涉及坝面防渗膜的抗滑稳定和库盘防渗膜气液顶托抗浮稳定，主要基于极限平衡原理进行分析。

1988 年，在文献论述的基础上，建立了坝面防渗膜稳定计算方法[2]；2008 年，考虑北方寒冷地区冬季水库库面冰层对坡面防渗膜稳定产生影响，设计计算实践中计入了较大冰压力对坡面防渗膜稳定的作用[41]；2010 年，在垫层料与复合膜间剪切特性试验基础上，以数值计算方法分析探讨了考虑膜垫层的孔隙水压力对复合膜抗滑稳定性的影响[42]；2011 年，采用三维数值计算方法模拟涉及坝面防渗膜稳定的界面性态[43-44]；2012 年，开展了考虑坝面防渗膜界面应变软化特性的稳定研究[45]。

2.1.1.3　施工工艺

水库大坝膜防渗工艺具有鲜明的实践性，通过一些具体的工程取得发展，也与当前的建设水平相随而行。

1. 铺设工艺

1985 年，长江三峡围堰工程前期研究探讨了导流明渠快速建造闭气围堰的预埋整幅高强度加筋膜浮起方案的初步工艺[46]；2009 年，四川田湾河仁宗海面膜堆石坝总结提出了防渗膜非颗粒垫层（支持层）表面处理的工艺、坝基锚固膜与坝面膜幅间错开拼接的工艺、坡陡风大环境下铺膜防止膜被大风吹动的工艺措施[47]；2015 年，从国外引进的在较陡坝坡上采用间隔锚固带增稳措施铺设方法在我国投资及设计的境外工程中实施。

2. 拼接工艺

1993 年，云南毛家村土坝防渗完善工程总结了日温差较大地区 PVC 复合膜的现场焊接、现场粘接工艺，并从现场膜拼接质量控制角度明确指出，厚薄不均的膜即使厚度大于设计值也不应被允许[48]；2007年，黄河西霞院面膜土石坝工程总结提出了0.8mm和0.6mm PE膜的焊接温度与环境温度之间的关系曲线、非理想环境下膜焊接的工艺措施、非矩形拼接的复合膜生产工艺[49]。仁宗海面膜堆石坝，控制锚固于混凝土防渗墙的防渗膜与坝面防渗膜的拼接不处于同一高程[50]，以避免“十”字形拼接。

3. 锚固工艺

2005年，山东泰安抽水蓄能电站上库库盆膜防渗工程总结提出了膜与混凝土结构锚固的一整套工艺，包括合适的钻孔设备、刚性锚固材料、弹性止水材料、柔性密封材料等，并且总结了现场试验与测试方法[51]；2010年、2011年，四川华山沟芯膜堆石坝和四川仁宗海面膜堆石坝（坝高超过50m）分别采用了防渗膜与周边混凝土结构及河床混凝土防渗墙之间比较合理的锚固方式[52,50]。

2.1.1.4 原型观测技术

由于防渗膜的变形量比混凝土大得多等原因，防渗膜原型观测技术进步相对比较滞后，开展防渗膜原型观测的工程为数不多。

1. 大应变计的研制

为满足作为柔性材料的防渗膜的较大变形原型观测需求，1998年国内研制了应变量程达15%～20%的大变形应变计及相应的胶结材料[12]，为大坝水库膜防渗结构原型观测提供了相对便利的条件。

2. 防渗膜变形原型观测

1998年，长江三峡工程二期围堰埋设于上游围堰不同高程的18支土工膜应变计，有10支土工膜应变计均测得11%～19%的大应变值，埋设于桩号0+500子堰和桩号0+930的应变计，在2000年和2001年夏季汛期中及汛期后，有些监测点的应变陡增到16%～20%，防渗土工膜的应变监测结果与围堰构筑时的加载速率相关，也与围堰拆除时所发现的变形情况相吻合[53]。

1999年，汉江王甫洲膜防渗工程总结了防渗膜原型观测仪器的布设工艺，设置了8个观测断面，共布置复合膜应变计30支、复合膜膜下气压计6支。由于王甫洲水利工程属低水头工程，所以复合膜累计最大变形量在3%以内，且其中最大变形量部分并不发生在蓄水后，而产生于膜上覆盖保护层的施工期；经历过两次蓄、放水后，膜下气压计压力的增加值为1kPa[54]，王甫洲工程防渗膜原型观测的有效时段虽短，但其倡导意义较大。

2.1.2 堆石坝（土石坝）膜防渗工程的一般特点

土工膜为高分子聚合物制成的薄膜，主要有塑料类和橡胶类，实际应用绝大多数为塑料类，用于水库大坝防渗工程主要是PVC膜和PE膜，比重在0.9～1.3之间，其主要工程特点如下：

（1）膜防渗性能高。无产品缺陷和施工缺陷的PVC膜和PE膜的渗透系数均达到10^{-11}cm/s量级，透水性极小。

（2）防渗膜质量易于控制。相对于现场施工制备的防渗体（例如混凝土、黏性土等），防渗膜产品在工厂生产，质量控制的可靠性高；现场拼接及锚固的质量检测设备及技术已臻成熟，现场施工质量控制的保证率越来越高。

（3）防渗膜适应坝体平均变形的能力强。PVC 膜处于弹性阶段的应变量可达 60%～70%，HDPE 膜的弹性阶段应变量接近 15%，均足以适应约为坝高 1%的坝体位移对应的平均变形量。与混凝土面板堆石坝相仿，膜防渗的坝体堆石也可分区，尤其可采用软岩，也可建造在深覆盖层上。

（4）适应地域宽广。接近北极圈的冰岛 2005 年建成的高 196m 的 Karahnjukar 面板堆石坝[8]，坝下部面板主要接缝采用膜防渗；意大利用防渗膜加固了建于阿尔卑斯山脉的 8 座混凝土坝，有的高程在 2200m 以上，即使裸露膜也要求服役期在 50 年以上。

本章着重阐述堆石坝的膜防渗结构，标题括号中的土石坝不再做专门阐述，其土工膜防渗结构与堆石坝基本相同。

2.1.3　面膜堆石坝的特点及适用条件

防渗膜位于上游坝面的堆石坝称作“面膜堆石坝”[8]，与面板堆石坝的称谓及结构型式十分相似。

此前，人们根据黏土斜墙坝的称谓习惯称之为土工膜斜墙堆石坝，或按混凝土面板堆石坝的称谓习惯称之为土工膜面板堆石坝；进而，有些规范在编制过程中对称谓也无较新的建树。实际上，面膜与黏土斜墙或混凝土面板不仅材料不同，而且在受力结构方面差异也甚大。大坝运行中，黏土斜墙截面内因抗压和抗剪会产生压应力和剪应力，也可承受很小的拉应力；混凝土面板截面内因抗压、抗拉、抗弯及抗剪会产生压应力、拉应力和剪应力；由于面膜柔软且厚度远远小于平面尺寸，面膜截面内几乎只产生拉应力；难以如黏土斜墙或混凝土面板那样产生压应力和剪应力。这就是“膜”与“墙”或“板”较为本质的区别，也是称其为“面膜堆石坝”的原因。

2.1.3.1　面膜堆石坝的特点

（1）结构设计概念简单明了。渗透率极低的膜防渗体设置在坝面，其后的垫层、过渡层、堆石体等结构均为透水体，“前堵后排”的减渗排水基本设计思想体现充分。

（2）施工程序流畅，施工速度快，工期短，效率高。与面板堆石坝相仿，很少受气候影响的堆石体、过渡层、颗粒垫层的填筑可先行完成，然后进行防渗膜的铺设、拼接、锚固及保护层的施工，各道工序依次进行，相互间无干扰，与面板堆石坝施工相比，至少可缩短工期的 1/3。

（3）运行维护简单方便。运行过程中若发现防渗结构出现问题，由于防渗体位于坝面，检查、维修面膜相对简便。若经几十年运行后需要更换防渗膜也相对简单。

（4）高面膜堆石坝不同部位应变差异极大，需精心设计。尽管 PVC 防渗膜的弹性应变量很大，在适应绝大部分坝体变形方面具有卓越表现，但在特殊部位，例如中下部坝体周边锚固部位，常规设计仍难保证其变形安全，需做专门设计。

（5）施工质量控制要求高。需防止膜拼接缺陷、垫层表面凹坑、尖锐颗粒和多个粗颗粒聚集；此外施工需避免极端环境条件，如极高、极低气温和大风等。

2.1.3.2　面膜堆石坝的适用条件

（1）适宜建造堆石坝的坝址，均可建造面膜堆石坝。

（2）以软岩石料建造面板堆石坝可靠性不高的坝址，可建造面膜堆石坝。

（3）地震烈度Ⅷ度以上的深覆盖层坝址，宜建造面膜堆石坝。

（4）河床深覆盖层且附近无合适防渗土料或采土受生态环境保护限制，难以采用黏性土心墙（或斜心墙）堆石坝方案的坝址，可建造面膜堆石坝。

（5）高寒地域建造沥青混凝土心墙堆石坝施工质量难以控制时，可选择建造面膜堆石坝。

（6）建造面板堆石坝的造价和工期难以满足业主预期时，可选择建造面膜堆石坝。

（7）鉴于当前（2018年）的筑坝条件与经验，面膜堆石坝的建造高度在150m以内为宜。

2.1.4 芯膜堆石坝的特点及适用条件

防渗膜位于坝体中央的堆石坝称作芯膜堆石坝[8]，与心墙堆石坝的称谓及结构型式相似。

2.1.4.1 芯膜堆石坝的优缺点

（1）防渗结构无抗滑稳定问题。由于芯膜位于大坝中央部位，尽管芯膜与坝体填筑材料间的界面为抗滑稳定的薄弱面，但其位置基本不涉及坝坡可能失稳的滑裂面，所以，与面膜防渗结构相比，芯膜防渗结构与坝体填筑材料之间无抗滑稳定问题。

（2）大坝运行中芯膜局部集中变形问题不突出。施工过程中，芯膜随坝体填筑材料同步上升，同时随着坝体的沉降而变形，由于芯膜布置呈Z形，对坝体沉降相对较易适应；蓄水运行后，坝体中央部位向下游的位移较小，芯膜随坝体位移发生的变形也很小。

（3）施工干扰大。由于芯膜随坝体填筑同步上升，在芯膜两侧的填筑材料也只能依次分别填筑，同时芯膜还需完成沿坝轴线方向的拼接以及沿高度方向的拼接，不同材料、不同工艺的作业相互干扰，与面膜防渗结构施工相比，施工速度低得多。

（4）运行维护困难。由于芯膜防渗结构位于大坝中央，若运行过程中发现芯膜防渗结构漏水，采用修补和置换防渗膜的措施难以实现，只能采用其他加固措施。

2.1.4.2 芯膜堆石坝的适用条件

（1）设计、施工资质不高的机构考虑造价较低的膜防渗堆石坝方案时，可选择建造芯膜堆石坝方案。

（2）原设计为深覆盖层上黏性土心墙堆石坝方案，实际心墙土料难以落实时，可选择建造芯膜堆石坝方案。

2.1.5 膜防渗堆石坝设计相关规范

膜防渗堆石坝设计的相关规范如下：

（1）《土工合成材料　聚乙烯土工膜》（GB/T 17643—2011）。

（2）《土工合成材料　聚氯乙烯土工膜》（GB/T 17688—1999）。

（3）《聚氯乙烯（PVC）防水卷材》（GB 12952—2011）。

（4）《土工合成材料测试规程》（SL 235—2012）。

（5）《土工合成材料应用技术规范》（GB/T 50290—2014）。

（6）《水电工程土工膜防渗技术规范》（NB/T 35027—2014）。

（7）《混凝土面板堆石坝设计规范》（DL/T 5016—2011）。

（8）《混凝土面板堆石坝施工规范》（DL/T 5128—2009）。

（9）《碾压式土石坝设计规范》（DL/T 5395—2007）。

（10）《碾压式土石坝设计规范》（SL 274—2001）。

（11）《碾压式土石坝施工规范》（DL/T 5129—2013）。

2.2 面膜堆石坝防渗结构设计

2.2.1 面膜堆石坝结构型式

面膜堆石坝与面板堆石坝结构相近，只是将钢筋混凝土面板换成素混凝土护坡板，板下面铺设防渗膜，膜周边锚固。两者的最大区别是将混凝土面板防渗体转换成面膜防渗体，后者无需设缝及止水。面膜堆石坝结构可主要分为支撑体和防渗体，结构如图2.2-1所示。

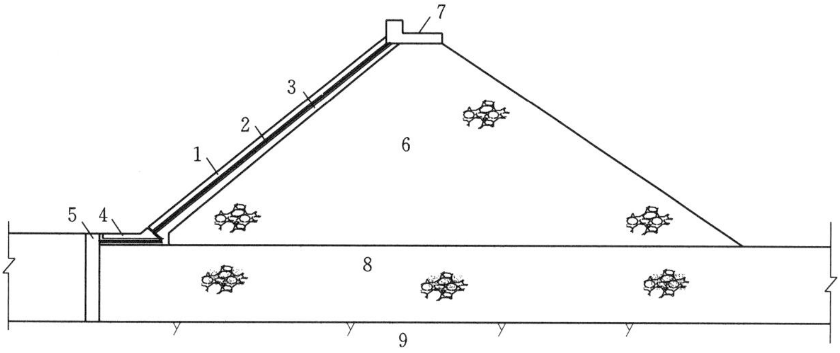

图 2.2-1 面膜堆石坝结构示意图

1—现浇混凝土护坡；2—防渗面膜；3—垫层；4—混凝土趾板；5—混凝土防渗墙；6—堆石坝体；7—混凝土坝顶及防浪墙；8—砾卵石覆盖层；9—基岩

2.2.1.1 坝体支撑结构

爆破开采的非软岩堆石坝体，可不设排水体；若采用河床砾卵石作为坝体，则需视堆石体的渗透性确定是否需设置上昂式排水-水平排水-棱体排水组合成的排水系统。下游坝坡坡比与混凝土面板堆石坝相当，上游坝坡根据面膜与垫层、保护层（护坡）型式及其界面特性而定，一般比混凝土面板堆石坝的坡度稍缓。

2.2.1.2 坝体防渗结构

对于面膜堆石坝，在堆石体上游过渡层上的即为防渗结构。防渗结构除防渗膜本身以外，通常包括膜或复合膜下部的垫层或支持层、膜或复合膜上部的保护层或护坡等。

2.2.2 防渗结构的组成与功用

2.2.2.1 防渗膜

防渗膜铺设在垫层之上，为大坝的唯一防渗体，分别与河床基岩混凝土趾板或混凝土防渗墙和两岸基岩混凝土趾板锚固连接，构成完整防渗体系。中、高面膜堆石坝采用的防渗膜的厚度应在1mm以上，应用较多的材质主要为PVC（聚氯乙烯）膜和LDPE/HDPE（低密度聚乙烯/高密度聚乙烯）膜。由于厚度1mm以上的HDPE膜材质较硬，既不便于在较陡的坡面上铺设拼接，也难以适应蓄水后垫层的变形，所以较高面膜堆石坝宜采用相对柔软的PVC膜。

膜一侧或两侧热粘针刺无纺织物，即成为一布一膜型复合膜或两布一膜型复合膜。相对于“复合膜”，未复合的膜称为“膜”或“单层膜”。

若复合工艺可保证膜的物理力学性能满足设计与规范要求，应优先采用复合膜，织物不仅可以在运输、铺设过程中保护防渗膜免受损伤，而且可提供平面排水通道，有利于膜体稳定。对于较高的面膜堆石坝，应采用规格 $400g/m^2$ 以上的针刺无纺织物。

若膜的上、下两面分别采用铺设针刺无纺织物的方式，则需校核膜与织物之间的界面稳定性。

2.2.2.2 垫层

面膜的垫层位于堆石体的过渡层上，主要为防渗膜（一般为复合膜）提供一个坚实、平整、能排除渗水且能自滤的支撑面，在巨大水压力作用下不塌陷、不裂错，避免防渗膜承受较大的顶胀变形而发生破坏或缩短服役期。

垫层分为接触垫层和非接触垫层两种。接触垫层可为混凝土挤压边墙、透水混凝土、无棱角的细砾等，前两者为非颗粒型垫层，后者为颗粒型垫层。颗粒型垫层对颗粒粒径、形状及平整度要求严格。非接触颗粒型垫层一般用作非颗粒型接触垫层的支持层。

需特别指出，高面膜堆石坝不可采用黏性土作为垫层、形成所谓组合式防渗结构，因为低透水性材料不利于膜下游侧的排水，通过防渗膜可能存在的一些细小缺陷，渗水会积聚在膜与黏性土之间，当库水下降至积水部位以下时，反向渗透压力将影响该部分防渗膜的稳定。因此，不管是非颗粒型垫层还是颗粒型垫层，均应为透水性垫层。

2.2.2.3 防护层

膜-无纺织物（或复合膜）之上即为防护层。对于较高的面膜堆石坝，趋于省略颗粒防护层，直接采用混凝土板或混凝土块，既作为坝面护坡又作为防渗膜的防护层，厚度宜在 15cm 以上。混凝土防护层可预制也可现浇，都应设置排水。

预制混凝土因需抗风浪、保持稳定，面积往往较大，搬运铺设过程中较易损伤防渗膜。由于钢筋施工同样容易损伤防渗膜，所以现浇混凝土防护层一般采用素混凝土，目前趋于采用聚丙烯纤维混凝土。

随着 PVC 膜的抗老化性能大幅度增强，越来越多的大坝采用裸露 PVC 膜防渗形式，尤其在碾压混凝土高坝中，例如 2002 年建成的哥伦比亚高 188m 的 Miel Ⅰ碾压混凝土重力坝[55]和 2003 年建成的美国加州高 97m 的 Olivenhain 碾压混凝土重力坝[56]。在我国龙滩大坝建成以前，Miel Ⅰ坝是世界上最高的碾压混凝土重力坝，该坝填筑至坝顶后，在直立上游坝面上先安装聚合物复合排水，再安装 PVC 膜，该渗控措施使碾压混凝土坝体几乎不涉及渗流，纯粹成为支撑体，设计理念具有创新意义；防渗膜不设保护层，完全裸露。与此不同，堆石坝面 PVC 膜上设置防护层并没有碾压混凝土坝直立上游面设置膜保护层的施工那样麻烦，所以，据 2010 年 ICOLD 的统计，面膜土石坝中仍有 70%设置膜防护层，以有效防止风浪、漂浮杂物、冰、温变、紫外线辐射及人为因素等对防渗膜产生的损伤。

2.2.3 防渗膜的设计

2.2.3.1 防渗膜的类型与选择

1. 防渗膜的类型

如前所述，用于堆石坝（包括土石坝）防渗的土工膜主要有两种，即聚氯乙烯膜（以下简称 PVC 膜）和聚乙烯膜（以下简称 PE 膜）。用于防渗工程的聚乙烯膜又有低密度聚乙烯 LDPE、高密度聚乙烯 HDPE、线形聚乙烯 LLDPE 之分。厚度 1mm 以下的 LDPE 膜已大量应用于我国中小型土石坝防渗加固、堤防防渗、大坝基坑围堰防渗等工程。HDPE 膜主要用于固体废弃物填埋场的防渗；厚度 1mm 以上的 HDPE 膜硬度高，较难适应较高较陡坝面上铺设要求的伏贴性和可操作性。LLDPE 膜的硬度较 HDPE 膜略低。

2. 防渗膜选择

从物理力学性能考量，对于坝高 50m 以下的中低坝，PVC 膜和 PE 膜都适用，对于 50m 以上的中高坝，宜采用 PVC 膜，主要考虑以下因素。

（1）变形性能。无回收料的 PVC 膜的拉伸极限伸长率约为 250%，应力应变曲线无明显的屈服点，4℃温度（库水温度）环境中的弹性变形阶段（卸荷后可恢复原形状尺寸）末端值为 60%～70%[21]。HDPE 膜的拉伸极限伸长率在 500%以上，弹性变形阶段约在 15%以内，拉伸屈服强度约为拉伸断裂强度的 2/3，其应力应变曲线形状与理想弹塑性曲线相仿。LLDPE 膜的弹性变形量比 HDPE 膜稍大，参见图 2.2-2[57]。经分析可知，能够适应大坝位移变形是防渗膜的安全之道，PVC 防渗膜更能适应高堆石坝面膜的复杂变形条件，更有利于自身运行安全。

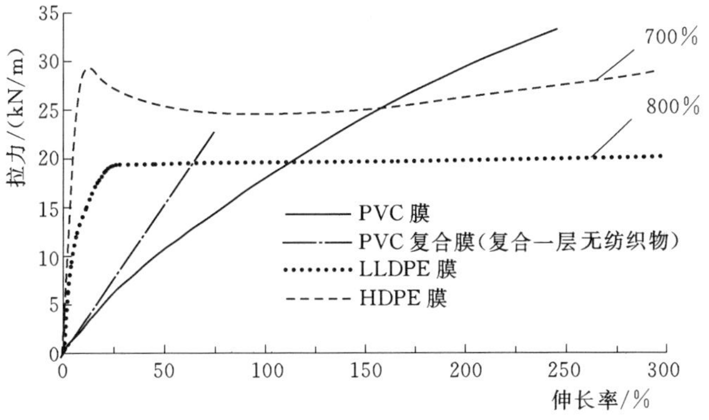

图 2.2-2 PVC 膜、HDPE 膜和 LLDPE 膜的拉伸曲线（据 Giroud）

（2）柔软性能。PVC 防渗膜的柔软优越性至少体现在以下两个方面：①对于膜的幅间和长度拼接以及在锚固件上的安装等操作都易于实施，而厚度 1mm 以上的 HDPE 膜平面呈板状，施工操作较为困难；②能自然贴合在细观相对不平整的垫层表面，该处受水压后膜内基本不产生附加张拉变形，只发生随坝体整体位移而产生的变形，而呈板状的 HDPE 膜受水压后将发生附加张拉变形。

（3）抗老化性能。近 30 多年国内外膜防渗大坝工程的实践表明，只要防渗膜上设置防护层，防渗膜在服役期内的抗环境老化性能是能满足工程要求的。20 世纪 90 年代中期以前，我国大坝防渗采用的土工膜基本以 PVC 膜为主，国内能生产厚度 0.5mm 以上的 PE 土工膜后，PVC 土工膜因其质量大（单价贵）、幅宽小（拼接量大）以及当时的材料配方问题（塑化剂易于流失、土工膜易老化）而逐渐被 PE 膜所取代。然而，90 年代中后期以后，国际上一些 PVC 膜优化配方，具有适于高水头防渗且耐恶劣环境的优良性能，已建造了多座 PVC 膜裸露防渗的高水头大坝，数年后，膜裸露防渗的预期使用期也由 50

年增加到 100 年。所以，对设计者而言，防渗膜的选择又增添了相对于传统覆盖（保护）运行的裸露防渗膜的选项。

(4) 抗损伤性能。防渗膜储存、运输、施工过程中难免会对膜产生程度不同的损伤，复合膜比纯膜的抗损伤性能高，所以，只要复合膜的质量有保证，应该优先选用复合膜。对于低水头及膜厚度小于 1mm 的工程，可根据生产企业复合工艺的可靠性选用一布一膜或两布一膜型复合土工膜；对于高水头及膜厚度 1mm 以上的工程，就当前（2018 年）的复合工艺水平而言，选择两布一膜型复合土工膜应十分慎重。

应该指出，当研制出比 PVC 膜性价比更高的防渗膜并可实现商用时，应采用性价比更高的防渗膜。

2.2.3.2 工程实施对防渗膜制造工艺的要求

各种型式规格的防渗膜都有相应的生产制造标准，本文主要从工程实施角度对防渗土工膜，特别是复合土工膜提出制造工艺方面的要求。

1. 土工膜幅宽两端（拼接边）沿长度方向的厚度误差

《土工合成材料 聚乙烯土工膜》（GB/T 17643—2011）对 PE 土工膜的厚度误差规定为－10％，对厚度正误差未做规定；《聚氯乙烯（PVC）防水卷材》（GB 12952—2011）对 PVC 土工膜厚度误差规定为－5％和＋10％。如果作为设计者，还应从防渗土工膜工程实施角度对土工膜厚度误差提出要求。

土工膜幅宽两端（拼接边）沿长度方向的厚度误差均应在－5％和＋5％以内。拼接边的误差在产品成卷储存前即可进行无损量测，操作简便，成本极小，一般均可实现。

虽然土工膜厚度越厚，对防渗越有利，但是拼接边不均匀的增厚使成卷后增厚部分的卷径增大。由于从下生产线进仓库，再运至工地仓库，直到现场施工，时间达数月，此时展开的土工膜由于卷径增大处产生的不可恢复或不能立即恢复的变形呈现裙摆边状（俗称"荷叶边"），若将其拉平，则呈弧线状，难以与相邻土工膜进行拼接。所以该项厚度误差控制十分重要。

2. 对复合土工膜首尾端布、膜分离的要求

对于复合土工膜幅边（垂直于长度方向的两端边缘）布、膜分离已成惯例，无需专门提出要求。对于高坝，顺坡向铺设的复合土工膜长度方向一般需拼接，所以复合膜的首尾端需布、膜分离；对于中低坝，长度可能无需拼接，但底部锚固处也需布、膜分离。所以，对于长度方向两端的布、膜分离还需提出要求。

特别需要指出，两岸坡面防渗膜底部锚固端相对于河床端呈斜坡状，要求每一幅复合膜的底部形状及布、膜分离边与实际地形契合。

所以，为了做到现场防渗膜拼接和锚固的无障碍实施，需要完成以下环节的工作：

(1) 由设计单位完成或由建设单位指定施工单位完成包括详细到每一幅防渗膜拼接、锚固的四周布、膜分离边形状及尺寸的施工设计文件。

(2) 由建设单位完成或由建设单位指定施工单位依据施工设计文件向复合膜生产商提出包括每一幅防渗膜拼接、锚固的四周布、膜分离边形状及尺寸的产品要求。

上述工作非常重要，但常被忽略，其后果是造价增加且工期延误。若在现场通过手工分离布、膜，则膜的厚度将损失过半甚至被刮破，从而达不到设计要求。重新按照首尾端

布、膜分离要求供货不仅造成浪费、耽误工期，而且会造成参建相关各方的责任矛盾。

2.2.3.3 防渗膜的设计指标

面膜堆石坝对面膜物理力学性能指标的一般要求是应满足相关的国家标准，如《土工合成材料　聚乙烯土工膜》（GB/T 17643—2011）和《聚氯乙烯（PVC）防水卷材》（GB 12952—2011）等，在上述国家标准的基础上需满足堆石坝（土石坝）防渗的要求，例如 GB 12952—2011 表 2“材料性能指标”中的不透水性要求（0.3MPa 3h 不透水），对于一般建筑的防水已经足够，但对于中高水头的堆石坝是不够的。因此，2.2.3 小节主要从工程设计、施工和运行的角度提出相应的物理力学指标。

1. 膜（复合膜）的材质与物理指标

（1）材质。区别于堤防等季节性挡水建筑物，堆石坝（土石坝）常年挡水，若严重渗漏将导致大坝破坏甚至失事。所以，不管是 PE 膜还是 PVC 膜，均需采用纯原料树脂作为原料，不允许添加任何回收料，以保证坝体在服役期内的安全。

同样，复合膜织物的材质需采用 PET（聚酯）或 PP（聚丙烯）纯原料树脂作为原料，不允许添加任何回收料。

（2）物理指标。

1）膜设计厚度及复合膜织物单位面积质量。

a. 膜设计厚度。

防渗膜的厚度是主要设计参数，设计厚度与防渗水头、垫层材料等密切相关，也与施工条件（装备、工艺、工期等）、运行条件（坝体变形、气温、水温等）等有关。有些因素是难以量化的，如施工受力、膜面划痕、膜体细微缺陷、复合膜内膜褶皱等。

苏联的全苏水工科学研究院、美国学者基劳德（Giroud）等先后提出的基于防渗膜在垫层上受水力顶胀（简称液胀）的应力应变计算公式，国内相关重要文献做了介绍和推荐[4]（以下简称“上述文献”），使符合适用条件的防渗膜的液胀应力应变计算校核有公式可循。然而，人们逐渐将上述文献中液胀应力应变公式用于设计防渗膜的厚度，其结果与高面膜堆石坝实际运行状态差异较大。

（a）面膜变形并非仅是液胀形式。水库蓄水后，防渗面膜变形主要有两种：最普遍的是随坝体位移而产生的变形，其次才是局部垫层存在凹凸处产生的水力顶胀变形；此外还有施工期需承受的施工操作受力变形。所以，仅以液胀变形拟定面膜厚度具有较大的局限性。

（b）厚度计算值远低于设计采用值。上述文献公式的提出背景分别针对相对粗放的垫层或固体废弃物填埋问题。对于现代高面膜堆石坝，即使采用颗粒型接触垫层，对垫层颗粒粒径控制的要求严格，一般为粗砂细砾，最大粒径约 10mm，平均粒径 4～6mm，颗粒间形成的孔隙更加微小，用上述文献的液胀计算公式得到的防渗膜厚度有的甚至不足 1mm，需人为放大若干倍才能作为设计值，而放大的倍数存在较大的任意性。

（c）计算公式应用需一膜一试验，即需通过多轴拉伸试验分别获取不同规格防渗膜的应力应变关系，而不是常规单向拉伸的应力应变关系。这部分内容将在 2.2.3.5 小节加以阐述。

除此以外，若采用《土工合成材料应用技术规范》（GB/T 50290—2014）中允许抗拉强度的计算式（3.1.3－1）作为防渗面膜厚度的设计方法，因该公式主要适用于在结构中承受拉力、发挥加筋作用的材料，将其作为防渗面膜的厚度计算公式较不适用于实际情况。

由以上讨论可知，采用上述文献中的液胀应力应变计算公式计算厚度存在局限性，实际工程中最终仍需设计者参考已建工程拟定，或者将计算安全系数放大，使设计厚度满足已建工程的经验值。

实际上，影响防渗面膜设计厚度的主要因素是大坝高度（对应挡水水头），其直接影响大坝位移、防渗面膜随位移的变形、防渗面膜水力顶胀变形、施工困难程度及防渗面膜施工受力变形、防渗面膜擦划损伤几率及程度等。由于其中较多指标难以精确量化，因此按已建工程经验、以坝高（挡水水头）拟定防渗膜厚度的方法相对比较明智。这并不是从以前定量化设计倒退到现在的定性化设计，而是选择一种更加符合现阶段不同坝高（挡水水头）对防渗面膜厚度要求的科学合理设计方法。

参照国内外已建工程，按照面膜堆石坝挡水水头拟定防护层下的 PVC 膜厚度见表 2.2－1。

表 2.2－1　　面膜堆石坝不同挡水水头所需 PVC 膜厚度

挡水水头 h/m	$15<h\leqslant30$	$30<h\leqslant70$	$70<h\leqslant100$	$100<h\leqslant150$
PVC 膜厚度/mm	1.0	1.0～2.0	2.0～3.0	3.0～4.5

b. 复合膜织物及单位面积质量。

复合膜中织物的主要作用：一是保护防渗膜免受搬运、施工中可能发生的接触机械损伤；二是在防渗膜两侧提供了排水平面，避免在防渗膜与其接触的材料层之间积水而降低防渗膜的接触稳定性；三是增强防渗膜与垫层或保护层之间的接触稳定性（织物与垫层或保护层之间的摩擦角大于防渗膜与两者之间的摩擦角）；四是在防渗膜存在细小缺陷时织物发挥一些阻水作用，减轻穿透水的冲刷作用，减少渗漏量。

根据上述分析，复合膜织物应选择长丝或短纤针刺无纺织物。

复合膜织物的单位面积质量应考虑防渗膜挡水水头、防渗膜垫层及保护层材料、运输及施工工艺等因素，其中最主要的因素还是挡水水头。以挡水水头分段要求的无纺织物单位面积质量见表 2.2－2。

表 2.2－2　　不同挡水水头所需的无纺织物单位面积质量

大坝挡水水头 h/m	$h\leqslant30$	$30<h\leqslant70$	$70<h\leqslant100$	$100<h\leqslant150$
无纺织物单位面积质量/(g/m^2)	250～350	350～450	450～550	550～750

2）厚度均匀性。根据 2.2.3.2 小节中“1.”内容的分析，防渗膜厚度误差均应在±5%范围内。

3）体积稳定性。环境温度发生变化时，防渗膜体积应保持稳定，体积随环境温度变化值应在±2.5%范围内。

4）热稳定性。防渗膜在 50℃环境放置 56d，接着在 80℃环境下干燥 24h 后，其最大质量变化不大于 2.0%。

5）低温脆性。防渗膜在－30℃环境中不发生脆性破坏。

6）抗紫外线指标。防渗膜在 350MJ/m^2 紫外线强度下持续照射 3000h 后不产生裂纹。

2. 防渗膜的力学指标

(1) 拉伸强度及极限伸长率。拉伸强度与极限伸长率是防渗膜最基本的力学指标。在一定意义上，它们也能反映出一些其他力学指标的优劣。与土工格栅等加筋材料不同，防渗膜在堆石坝中主要靠自身变形以适应坝体位移，而不是约束坝体的位移，所以理想的防渗膜应该是既具有较高的拉伸强度，以抵抗运输、施工、运行中所承受的外力，又具有适当的弹性模量（即弹性阶段的伸长率较高），以适应运行中坝体的较大位移，可以表述为：需要拉伸曲线的弹性分界点以左所包围的面积大，即防渗膜的变形余能大。

根据现阶段 PVC 膜的工业制备水平，要求拉伸强度为纵向不小于 13MPa、横向不小于 11MPa，极限伸长率 $\varepsilon_1 \geqslant 230\%/210\%$（纵向/横向）。

(2) 拼接拉伸强度及极限伸长率。大坝防渗膜的面积大，存在众多拼接接缝，一般接缝强度及其伸长率均低于母材，所以，接缝强度及其伸长率应该作为一项重要的设计指标。同时，该项指标也是对现场拼接施工质量控制的要求。

根据现阶段的现场拼接工艺水平，要求拼接接缝（包括接缝边缘处）的拉伸强度与极限伸长率分别不小于为母材的 80%和 75%。

需要指出，PVC 膜既可焊接又可粘接，由于现场粘接工艺基本为人工操作，质量控制难度较大，更重要的是粘合胶的抗老化能力较弱，所以，拼接应采用焊接工艺。

(3) 20℃/4℃弹性阶段伸长率。大坝防渗膜绝大部分处于水下及水位变动区，水库水面以下大部分区域的水温为 4～5℃，所以防渗膜大部分在较低温度下运行。4℃弹性阶段伸长率反映防渗膜实际工程中适应变形的能力，而 20℃弹性阶段伸长率反映防渗膜在常温下适应变形的能力，也可作为不同企业产品相比较的指标。

根据现阶段 PVC 膜的工业制备水平，要求 4℃弹性阶段伸长率达 60%，20℃弹性阶段伸长率达 70%。

(4) 撕裂强度。撕裂强度体现防渗膜抵抗扩大破损裂口的能力，其指标值除了与材料质地及构造有关外，也与材料的厚度有关。

(5) 刺破强度。刺破强度体现防渗膜抵抗较尖锐物体静力穿透的能力，该项指标除了与防渗膜自身材质有关外，还与防渗膜的厚度有关。

(6) 液胀强度。液胀强度（水力顶破）反映防渗膜在具有孔隙的垫层上抵抗水压力顶胀破坏的能力。实际工程中，防渗膜的垫层颗粒较大，颗粒间存在孔隙，素混凝土垫层在水压力作用下随坝体发生位移时开裂等，这些情况都符合水力顶胀的机制。所以，液胀强度是一项重要的力学指标。

需要指出的是，液胀强度是在规定直径圆孔上防渗膜顶胀破坏时的水压力强度，不能直接用来评判实际工程防渗膜的液胀安全性，各工程可根据实际工况提出对应于可能出现的最大孔隙顶胀破坏的水压力强度。

上述 (4)～(6) 项指标均与材质及厚度有关，所以设计应根据材质和厚度提出合适的指标。

综上，将 PVC 膜的几项主要力学性能指标要求列于表 2.2-3。此外，将瑞士 Carppi

公司厚度3.5mm PVC膜与我国山东宏祥公司厚度2.0mm PVC膜的力学指标分别列于表2.2-4和表2.2-5，供读者参考。

表2.2-3 PVC膜的力学性能指标要求

拉伸强度/MPa	极限伸长率/%	弹性伸长率/%		接缝拉伸强度	接缝极限伸长率	撕裂、刺破、液胀等强度
		20℃	4℃			
≥13/11	≥230/210	70	60	母材强度的80%	母材强度的75%	依据材质、厚度提出

注 “/”前后数字分别表示纵向和横向指标值。

表2.2-4 Carppi公司厚度3.5mm PVC膜（复合后剥离）的力学指标（纵向）

拉伸强度/MPa	极限伸长率/%	弹性伸长率/%		撕裂强度/kN	刺破强度/kN	液胀强度/MPa
		20℃	4℃			
35	250	70	60	0.93	0.66	

表2.2-5 山东宏祥公司厚度2.0mm PVC膜的力学指标（纵向）

拉伸强度/MPa	极限伸长率/%	弹性伸长率/%		撕裂强度/kN	刺破强度/kN	液胀强度/MPa
		20℃	4℃			
49	250	70	60	0.95	0.64	

3. 界面指标

界面指标主要指防渗膜与其相接触结构材料之间的抗剪强度指标。

（1）与防渗结构布置型式相关的界面。如前所述，防渗膜可能是膜、两布一膜型复合膜、一布一膜型复合膜。在面膜堆石坝中，与防渗结构布置型式相关的界面情况及数目见表2.2-6。

表2.2-6 与防渗结构布置型式相关的界面情况及数目

防渗结构（自上而下）	防护层/复合膜（两布一膜）/垫层	防护层/织物/复合膜（一布一膜）/垫层	防护层/复合膜（一布一膜）/织物/垫层	防护层/织物/膜/织物/垫层
界面数目	2	3	3	4

（2）界面指标条件。防渗膜界面指标是十分重要的指标，直接关系到防渗结构的安全性和经济性，设计中该项指标是抗滑稳定校核的主要参数。界面指标的确定应满足以下条件：①在拉拔试验、剪切试验、斜板仪的试验值中取最小者；②在干燥状态和潮湿状态的试验值中取小者；③与防渗膜相关的界面试验材料应该与实际工程中的界面材料一致。

（3）指标获取途径。对于重要的大中型工程或中等高度以上的大坝，应根据工程设计选用材料并通过试验取得防渗膜与接触材料的界面指标。

对于一般的小型工程或低坝，可参考文献资料或类比已建相仿工程，分析取得防渗膜与接触材料的界面指标。此处摘引参考文献［5］中的一些数据，见附录A附表A-1～附表A-4，供参考。

4. 防渗膜的水力学指标

（1）渗透系数。渗透系数是防渗膜的关键性指标，也是大坝防渗系统评价的重要指

标。要求 PVC 防渗膜的渗透系数 k 符合

$$k \leqslant 5 \times 10^{-11} \text{cm/s} \tag{2.2-1}$$

（2）抗渗强度。要求 PVC 防渗膜在 1MPa 静水压力作用 1h 不被击穿，即抗渗强度 w 符合

$$w \geqslant 1\text{MPa} \quad (1\text{h}) \tag{2.2-2}$$

2.2.3.4　防渗面膜变形安全校核[58]

1. 面膜安全校核物理量选择

（1）面膜的力学行为。面膜在大坝运行中的力学行为主要表现如下：

1）随坝体位移发生膜的伸长变形。这是由两方面因素决定的：一是材料因素，工程适用的防渗面膜的变形模量、拉伸强度及其铺设部位一般都不足以束缚坝体的位移变形；二是功能因素，防渗膜的功能是防渗而不是加筋，所以材料制备的出发点应使面膜具有适当的变形模量，而结构设计的出发点应避免面膜随坝体位移发生较大变形。

2）垫层局部凹凸、孔隙（孔洞）产生膜的液胀变形。颗粒垫层的颗粒间孔隙及非颗粒垫层的裂缝上的面膜受水压力作用顶入孔隙内产生的变形。

3）伸长变形和液胀变形叠加。

4）周边锚固细小区域内集中变形。河床与两岸坡面膜与基岩/混凝土结构（混凝土趾板或混凝土防渗墙等）的连接一般采用机械锚固型式，为确保面膜在受力变形过程中的稳定，要求锚着力大于面膜的极限抗拉强度。由于坝体在蓄水后产生相对于周边基岩/混凝土结构的较大变形，对于面膜而言，这种相对较大的差异变形主要发生在锚固处的细小区域内，对面膜变形产生安全威胁极大。

（2）校核物理量的选择。在工程结构的材料安全校核中，通常以强度及其对应的拉、压应力作为校核指标，例如混凝土的抗压强度及抗拉强度、土体的抗剪强度等。

然而，基于以上分析可知，高面膜堆石坝防渗面膜的安全校核应以拉伸应变量作为校核物理量，理由有以下几点：

1）面膜在整个坝体受力变形中主要是随着坝体位移而产生拉伸变形，局部可能发生液胀变形以及锚固处的集中变形。

2）长期持续变形后极限伸长率的损失比极限拉伸强度的损失更突出。

3）在原型观测与有限元等数值计算中，变形及应变都是直接量测或计算的物理量，而应力是通过材料试验成果由应变计算得出的。

2. 安全校核公式

（1）坝面防渗面膜拉伸应变量校核。因局部液胀应变最大值的所处位置随机分布，并无规律可循，安全校核应考虑最不利情况。所以，拟将可能产生最大液胀（水力顶胀）应变量与随坝体位移产生最大拉伸应变量相叠加后校核其变形安全：

$$\varepsilon_t = \varepsilon_f + \varepsilon_m \leqslant [\varepsilon] \tag{2.2-3}$$

式中：ε_t 为上述两种面膜变形叠加后的应变值，%；ε_f 为数值计算面膜变形等值线最密集处的应变最大值（顺坡向或沿坝轴线向），%；ε_m 为可能产生的最大液胀应变计算值，%；$[\varepsilon]$ 为防渗面膜的允许应变量值，%；若是面积应变，以 $[\varepsilon]_A$ 表示；若是线应变，以 $[\varepsilon]_l$ 表示。

（2）锚固部位变形安全校核。

1）锚固部位防渗面膜常规平面铺设时的变形安全校核公式为

$$\varepsilon_c=\frac{L_c-L_0}{L_0}\times100\%\leqslant[\varepsilon] \tag{2.2-4}$$

式中：ε_c为面膜从锚固件出口边缘至同一平面内接触大坝散粒体材料的长度内的应变量，%；L_0为面膜从锚固件出口边缘至同一平面内接触大坝散粒体材料的长度，cm；L_c为锚固部位防渗面膜从锚固件出口或刚性结构边缘至同一平面内接触大坝散粒体材料的长度内在水库初次满蓄变形后的长度，可通过数值分析或工程类比获得，cm；[ε] 为防渗面膜的允许应变量值，%。

2）锚固部位防渗面膜逆坝面位移方向铺设（参见图2.2-12）时的变形安全校核公式为

$$\varepsilon_n=0\quad L\leqslant2L_0-h_a \tag{2.2-5}$$

$$\varepsilon_n=\frac{L-2L_0+h_a}{L_0}\times100\%\leqslant[\varepsilon]\quad L>2L_0-h_a \tag{2.2-6}$$

式中：ε_n为面膜从锚固件出口边缘沿坝面位移方向变形的应变量，%；L为锚固部位坝面相对该处岸坡（或河床）基岩（或混凝土结构）的位移量，设计阶段可通过数值分析或工程类比获得，cm；L_0为面膜从锚固件出口边缘至坝面铺膜平面的间距，即从锚固件逆坝面位移方向铺设长度（参见图2.2-14中L_0与图2.2-12中2、4所在平面至1所在平面之间的垂直距离），cm；h_a为面膜锚固件的长度（参见图2.2-14，以长度替代1/2长度加锚固件水平宽度），cm；[ε] 为防渗面膜的允许应变量值，%。

3）锚固部位防渗面膜顺坝面位移方向铺设（参见图2.2-13）时的变形安全校核公式为

$$\varepsilon_f=\frac{L-L_0}{L_0}\times100\%\leqslant[\varepsilon] \tag{2.2-7}$$

式中：ε_f为面膜从锚固件出口边缘沿坝面位移方向的应变量，%；L_0为面膜从锚固件出口边缘顺坝面位移方向铺设至沟槽底部之间的直线段长度（参见图2.2-13中7所在平面与1所在平面之间的垂直距离），cm；L为坝面位移后沟槽底部至锚固件出口处距离，即面膜拉伸变形后从锚固件出口顺坝面位移方向至沟槽底部的实际长度，设计阶段可通过数值分析或工程类比获得，cm；[ε] 为防渗面膜的允许应变量值，%。

3. 安全校核指标

（1）单向拉伸应变量。当校核部位的防渗面膜明显处于单向拉伸状态时，即一个方向的应变量未达到另一个方向的应变量的10%时，按单向拉伸校核应变量。允许应变量 [ε] 为

$$[\varepsilon]=\varepsilon_{p20\%} \tag{2.2-8}$$

式中：$\varepsilon_{p20\%}$为单向拉伸试验峰值应变量的20%，%。

（2）双向拉伸应变量。当校核部位的防渗面膜明显处于双向拉伸状态时，即一个方向的应变量已达到另一个方向的应变量的10%时，应按双向拉伸校核应变量。允许应变量 [ε] 为

$$[\varepsilon]=\varepsilon_{p20\%} \tag{2.2-9}$$

式中：$\varepsilon_{p20\%}$ 为双向拉伸试验峰值应变量的 20%，%。

以上允许应变量指标取值为峰值应变量的 20%，主要考虑面膜运行变形的安全余幅，同时考虑面膜长期持续变形后力学性能的衰减对服役期的影响。

2.2.3.5 防渗面膜变形计算方法

1. 面膜随坝体位移的拉伸应变量计算

主要计算面膜随坝体位移变形产生的拉伸应变量。堆石坝为散粒体结构，设计阶段的坝面位移变形通常采用三维有限单元法或三维差分法等分析方法获得堆石坝位移的数值解，进而计算面膜的应变值。由于面膜是在坝体填筑、坝面垫层处理后再铺设的，所以不应计入坝体填筑时发生的位移，只计算初蓄水至正常蓄水位或最高水位时产生的那部分坝体位移。坝面位移量或面膜应变量若以等值线图直观表示，等值线最密集区域即为面膜应变量最大的区域。所以，安全校核［式（2.2-3）］中应选取等值线最密集处的防渗面膜应变量 ε_f。

应该指出，水库蓄水后坝面将产生锅底状位移，面膜随坝面产生变形。坝面的位移量与大坝的高度、蓄水深度、坝体变形模量、河谷形状等因素有关，一般最大值约为坝高的 0.2%，但这并不意味着该处防渗膜将产生这个数值大小的变形，其面积应变量或线应变量是很小的。

2. 垫层上面膜液胀应变量计算[58]

（1）现有校核方法相对烦琐。文献［4］中面膜水压顶胀变形计算公式，使用时需针对不同规格防渗膜通过多轴拉伸试验获取其应力应变关系，公式中的几何参数（如孔径、孔深等）需通过梳理现场垫层细节进行概化拟定，设计中应用相对繁复。具体分析如下：

1）文献［4］中未涉及防渗膜厚度的 Giroud 公式，只涉及径向水压力 p、孔隙直径 b、膜内拉力 T。同类而不同厚度的防渗膜将产生不同的挠度 h，除非对不同规格的防渗膜均分别开展多轴拉伸试验，否则难以得知面膜在水压力下的实际内力及其应力应变关系。

2）文献［4］中仅涉及膜厚度而未涉及弹性模量 E 的计算公式，应用时也需要专门针对不同规格（E 不相同）防渗膜做多轴拉伸试验获取其应力应变关系。HDPE 膜化学成分相对简单，公式易适应；对于 PVC 等化学配方较复杂的防渗膜，不同种类、不同规格的膜具有不同的弹性模量，在相同水压力作用下具有不同的变形量，将产生不同的应力应变关系。文献［4］中全苏水工科学研究院以允许应力［σ］控制的厚度计算公式中包括了防渗膜的弹性模量 E，但正如公式适用条件所述，仅适用于粒径在某一区间的垫层上的某一厚度范围的 PE 膜，并不适用于所有类型、规格的防渗面膜。

3）水压顶胀变形并不遵循单向拉伸变形规律。由于不同荷载作用下面膜顶胀变形的弧面形状（曲率）的改变遵循了多轴拉伸或双向拉伸变形的规律，其与单向拉伸变形差别较大，因此，以单向拉伸试验的变形曲线作图解难免产生很大的偏差。

4）实际水压顶胀变形并非会无限度发展直至破坏。一般防渗面膜铺设于透水混凝土垫层或透水挤压边墙垫层之上，即使铺设于颗粒垫层之上，颗粒间孔隙的孔深一般小于周围颗粒粒径厚度的一半，防渗面膜顶胀变形触底后就不可能再继续变形。

（2）本章提出的实用方法的思路。为避免对同类不同规格的防渗膜均分别开展液胀试验以复核其液胀变形安全性，可从工程实际出发，基于设计基本需要，提出可能最大有限变形（即面膜顶胀变形至孔洞底部，此项试验结果见图 2.2-3 和图2.2-4[59]）的计算公式，其目的与要求为：①计算公式应尽量反映颗粒垫层或透水无砂混凝土垫层的特征因素；②以更符合防渗面膜破坏规律的应变量作为安全校核物理量；③校核指标值应考量面膜持续长久变形对服役期的影响；④校核计算尽量简单明了，使用方便。

该计算校核方法的思路是基于设计垫层颗粒以可能最不利排列方式开展的试验，并不涉及面膜的应力应变关系，而面膜材料的本构关系只在拟定材料的允许应变值中体现。

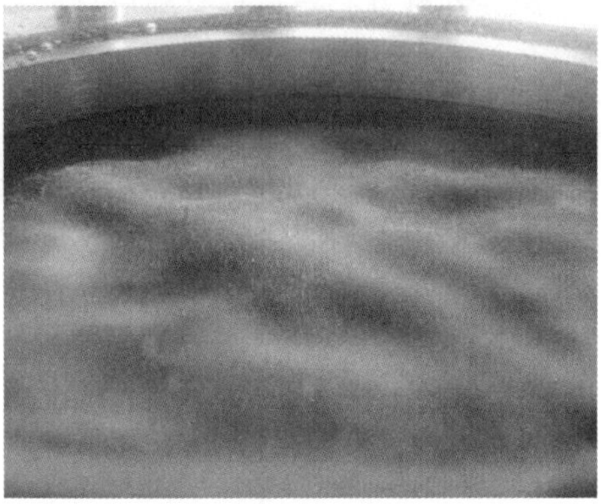

图 2.2-3 PVC 膜承受 0.2m 水头卸载后的状态

图 2.2-4 PVC 膜承受 30m 水头卸载后的状态

（3）垫层颗粒排列试验假设。颗粒垫层采用较普遍的扁圆砾，不使用角砾，级配连续，最大粒径 $d_{max} \leqslant 10mm$，渗透系数 $k \geqslant 1 \times 10^{-3} cm/s$。垫层颗粒可能最不利排列试验按最大粒径 $d_{max}=10mm$、意外混入的超常粒径 $D \approx 20mm$（半径 $R \approx 10mm$）进行，如图 2.2-5 和图 2.2-6 所示。依据工程实际，垫层表面大致平整。经量测，本次试验的超常扁圆砾的厚度 $T \approx D/4 = R/2$，写成一般表达式为

$$T = R/i \quad 或 \quad i = R/T \tag{2.2-10}$$

图 2.2-5 4个超常扁圆砾形成星形孔洞（俯视）

图 2.2-6 4个超常扁圆砾形成星形孔洞（侧视）

经量测，本次试验处于表面的超常颗粒按环形排列形成的孔隙（孔洞）深度 $h \approx T/2 = R/4$，写成一般式为

$$h = T/j \quad 或 \quad j = T/h \tag{2.2-11}$$

将式（2.2-11）代入式（2.2-10）为

$$h = R/ij = R/m \quad 或 \quad m = ij = R/h, \quad m > 2 \tag{2.2-12}$$

上述式中：i 为扁圆砾半径 R 与厚度 T 的比值；j 为扁圆砾厚度 T 与孔隙深度 h 的比值；m 为扁圆砾半径 R 与孔隙深度 h 的比值，反映颗粒间孔洞深度与超常扁圆砾粒径（孔洞直径）及厚度关系的参数，可简称孔深参数，$m>2$。

基于设计垫层颗粒可能的最不利排列方式进行试验，需对校核计算方法建立以下一些必要假设：

1）以 3 个或 4 个超常粒径的扁圆砾聚集在一起时形成的孔隙（孔洞）作为面膜水压顶胀的架空空间，其中尤以 4 个圆砾间孔隙（孔洞）面积更大，因此以 4 个圆砾聚集状态计算水压顶胀变形，如图 2.2-5 和图 2.2-6 所示。其中，O 为圆心，D 为圆砾直径、R 为圆砾半径。此处排除以 5 个以上等径颗粒环形接触形成孔隙（孔洞）的状况。

2）如图 2.2-7 所示，由圆砾间交点 C_1、C_2、C_3 和 C_4 构成的星形孔隙（孔洞）可以等面积圆（等效圆）替代表示，即当超常砾石粒径 D 一定时，如图 2.2-8（图 2.2-7 立视后倒转 180°）所示的等效圆半径 R_b（或直径 D_b）就确定。提出孔隙等效圆概念基于以下考虑：①超常颗粒任意排列，形状各异，统一将其简化以等效圆表征；②等效圆的校核结果最偏于安全，因为大变形材料在各向同等应变下最先达到屈服。

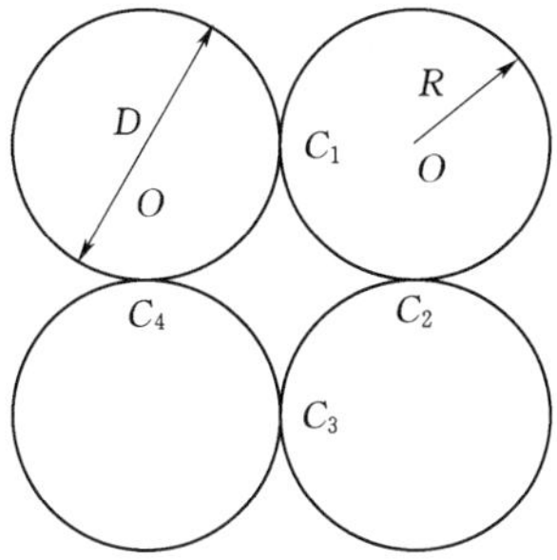

图 2.2-7　4 个扁圆砾形成星形孔洞示意图

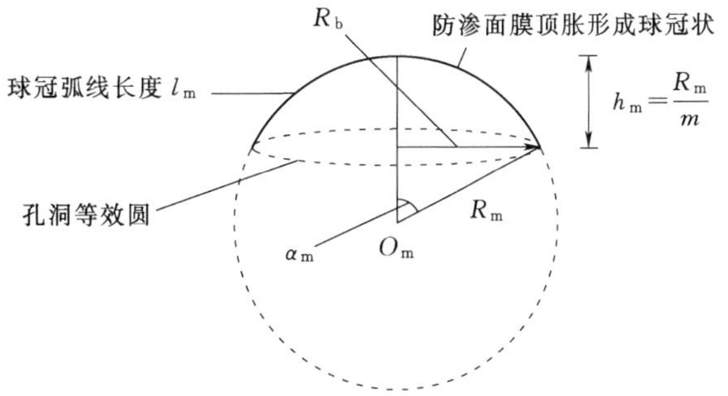

图 2.2-8　面膜顶入孔洞（等效圆半径 R_b）形成球冠状立视倒转 180°示意图

3）受水压后防渗面膜顶胀入等效圆的变形与孔隙（孔洞）内形状有关，可能为圆弧状，也可能为椭圆弧状或呈非光滑弧面状等，依据“2）②”的讨论，假定为球冠圆弧状是最合理的，其中 h_m 为球冠的弦高，R_m 为球冠所在球体的半径。

4）此处研究对象为中高面膜堆石坝，产生面膜水压顶胀变形的颗粒垫层孔隙（孔洞）位置分布是完全随机的。以可能的最不利状况考虑，即出现在所设计大坝的下部，承受大坝可能最大水头。

（4）计算校核公式。如图 2.2-8 所示孔洞等效圆上面膜液胀呈球冠状后的平均面积应变 ε_A 为

$$\varepsilon_A=\frac{\pi}{(4-\pi)m^2}-1 \tag{2.2-13}$$

面膜顶胀呈球冠状后的平均线应变 ε_1 为

$$\varepsilon_1=\frac{\pi}{180}\frac{\frac{2m}{\pi}-\frac{m}{2}+\frac{1}{2m}}{\sqrt{\frac{4}{\pi}-1}}\arcsin\frac{\sqrt{\frac{4}{\pi}-1}}{\frac{2m}{\pi}-\frac{m}{2}+\frac{1}{2m}}-1 \tag{2.2-14}$$

式（2.2－13）和式（2.2－14）的具体推导参见附录A的A.2部分。

（5）校核方法及结果分析。将 m 以不同数值代入式（2.2－13）和式（2.2－14）可得相应的平均面积应变 ε_A 和平均线应变 ε_1，见表2.2－7。

表2.2－7　　不同 m 值对应的平均面积应变 ε_A 和平均线应变 ε_1

孔深参数 $m(m=R/h)$	平均面积应变 ε_A/%	平均线应变 ε_1/%
2	91.3	43.4
3	40.6	22.3
4	22.8	12.4
5	14.6	7.5
6	10.1	4.7

液胀变形的面积应变和线应变校核公式分别为

$$\varepsilon_A\leqslant[\varepsilon]_A \tag{2.2-15}$$

$$\varepsilon_1\leqslant[\varepsilon]_1 \tag{2.2-16}$$

式中：ε_A、ε_1 分别为液胀面积应变、液胀线应变计算值；$[\varepsilon]_A$、$[\varepsilon]_1$ 分别为液胀面积应变、液胀线应变允许值。

从式（2.2－13）、式（2.2－14）与表2.2－7可知：①面膜在接触颗粒垫层上的液胀变形与形成星形孔隙（孔洞）的颗粒粒径有关；②液胀变形与孔隙（孔洞）半径 R 和空隙（孔洞）深度（即球冠高度）h 直接有关，即孔隙（孔洞）的宽深比 m 越大，应变量越小；③m 相同时，面积应变量比线应变量大得较多。

由此可得到如下结论和启示：

1）颗粒垫层上面膜液胀变形量取决于孔隙（孔洞）的宽深比。本章提出的公式的工程意义在于，设计者或施工质量控制者根据垫层可能的超常粒径极易得到面膜可能产生的最大液胀变形应变量，无需纠缠于极难合理模拟的水压力从小至大的变形过程。

2）评估考虑接触颗粒垫层时，考量是否有超常大颗粒聚集，更重要的是考量其颗粒孔洞的宽深比，这可从美国加州 Salt Spring 堆石坝混凝土面板以面膜防渗加固的工程[60]中得到印证（见图2.2－9和图2.2－10）。该坝已运行70多年，面板混凝土老化剥蚀，形成凹坑，修复时去除松动部分，将防渗面膜直接铺设于凹坑并未填平的混凝土面板上，尽管凹坑直径很大，但深度不大，即宽深比较大。运行一年后水库放空检查，变形后贴紧坑底的防渗面膜仍安全运行，若按前述文献的公式计算，面膜会因孔隙直径超大而破坏。

3）面膜液胀变形处于多轴应力状态，相同的面膜材料，由双轴或多轴拉伸与单轴拉伸的比较试验可知，双轴或多轴拉伸的极限伸长率远小于单轴拉伸的极限伸长率，即双轴或多轴拉伸允许应变量远小于单轴拉伸允许应变量，所以，用单轴拉伸试验获取的拉伸允许应变量作为液胀变形安全的校核指标是不合适的，甚至是危险的。

图 2.2-9　Salt Spring 堆石坝混凝土面板严重老化、剥落状况

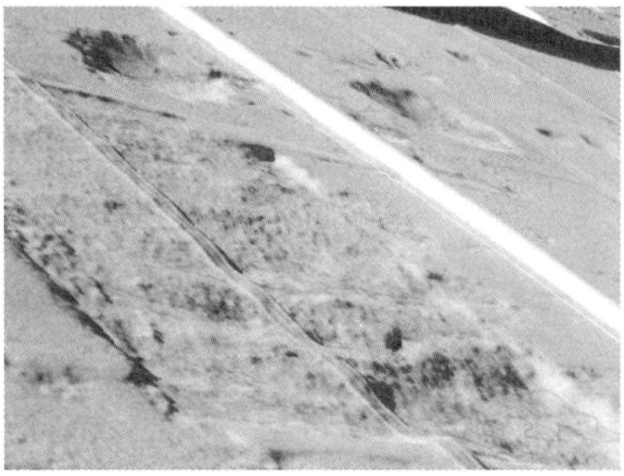

图 2.2-10　Salt Spring 堆石坝防渗修复运行一年后 PVC 膜运行状况

3. 面膜锚固处集中变形分析

面膜堆石坝中的面膜在两岸山体岩坡或其他混凝土结构物、河床基岩或混凝土防渗墙等特殊连接部位（面膜锚固部位），分别铺设于堆石体坝面与基岩或混凝土结构，变形量集中，最容易产生变形破坏（后面将专门阐述）。锚固部位的面膜应变量计算方法有以下两种：

（1）三维数值计算。由于锚固部位面膜一边为两岸或河床基岩（混凝土结构），另一边为堆石坝面，交界处尺度很小，在一个整体离散模型中计算交界处细小部位的面膜变形并不简单，需要在计算方法及技巧方面做专门处理。

（2）工程经验类比。由于面膜堆石坝与面板堆石坝的坝面位移特性相仿，所以可参照坝体高度、蓄水深度、坝体变形模量、河谷形状等因素相近的面板堆石坝蓄水后产生的周边缝位移变形量拟定面膜堆石坝的周边锚固处的面膜变形量。

2.2.3.6　防渗结构抗滑稳定校核及提高抗滑稳定性的措施

1. 抗滑稳定校核

防渗膜在坝面上的抗滑稳定校核主要考虑施工期稳定和运行期稳定。

（1）施工期的抗滑稳定。面膜在铺设、拼接、锚固、保护层覆盖过程中除了受到自身重力、位置调整外力等作用外，还可能受到风力、坝顶车辆或机械振动以及附近工地爆破震动等作用力，尽管施工工艺要求面膜铺设后应以清洁砂石袋镇压（周边密集、中间稀疏布置），但这只是防止面膜被风掀起，并不能完全消除风力对面膜的扰动。由于这些外力作用较难定量计算，且并不是长久作用，其影响在安全系数中加以适当考虑比较合适，即适当提高抗滑稳定安全系数值。抗滑稳定校核表达式为

$$K_c = \tan\varphi_m / \tan\alpha \geqslant K_s \tag{2.2-17}$$

式中：K_c 为防渗膜系统（膜与织物，复合或分离）自身及与垫层间的抗滑稳定系数；φ_m 为被校核的两种材料间的摩擦角，取干燥和潮湿状态的较小值，(°)；α 为大坝上游坝坡坡角，(°)；K_s 为设计要求的抗滑稳定安全系数，见表 2.2-8。

(2) 运行期的抗滑稳定。经历整个施工过程进入水库蓄水运行期，由于增加了法向水压力作用，防渗膜与其相接触的材料间的摩擦力随之增加，有利于防渗膜系统的稳定。不过，当水库水位骤降时，刚刚卸去水压力的那部分防渗膜系统，可能还需承受渗入膜下游侧的渗水的反向渗透压力。尽管设计要求防渗膜垫层的渗透系数大于 1×10^{-3}cm/s（见后述），但由于实际工程情况复杂，渗流量难以定量计入，此外还有水面波浪力等作用，所以，抗滑稳定校核时宜通过适当提高抗滑稳定安全系数加以考虑。

综上所述，面膜抗滑稳定安全校核的安全系数见表 2.2-8。

表 2.2-8　　面膜抗滑稳定安全校核的安全系数

建筑物级别或坝高	安全系数	
	施工期	运行期
1级或 110～150m	1.25	1.30
2级或 70～110m	1.20	1.25
3级或 30～70m	1.15	1.20
3级以下或 30m 以下	1.10	1.15

2. 提高防渗结构抗滑稳定性的措施

提高防渗结构抗滑稳定性的主要措施有：①适当放缓上游坝坡；②间距均匀地在接触垫层内埋置与面膜相同材料的锚固带，与面膜焊接在一起，增加面膜的整体稳定安全性，锚固带布置工艺见后述 2.5.4。

2.2.3.7　防渗结构渗透稳定校核

由防渗膜及其垫层和防护层构成的防渗结构应分别分析其渗透稳定性：防护层透水，故无需校核；铺设在混凝土挤压边墙上面且满足厚度设计要求的防渗膜也满足渗透稳定要求；挤压边墙下的颗粒垫层应校核其渗透稳定性。

1. 防渗膜无缺陷工况

采用渗流有限元分析方法计算典型断面防渗膜后面颗粒垫层区域的最大水力坡降 J_0，应满足：

$$J_0\leqslant[J]_c \tag{2.2-18}$$

式中：J_0 为防渗膜无缺陷工况的颗粒垫层计算最大水力坡降；$[J]_c$ 为颗粒垫层的允许水力坡降，由试验确定。

2. 防渗膜有缺陷工况

防渗膜缺陷成因一般为：①出厂产品本身存在缺陷，如细小孔洞等，在施工期的多重检测和检查中未被发现；②产品本身无缺陷，现场拼接时产生缺陷且未被质检发现；③施工中造成防渗膜损伤形成缺陷且未被质检发现。

由防渗膜缺陷成因可知，缺陷可能存在的位置是随机的，缺陷处垫层承受的水压力也难以事先确定。由于防渗膜缺陷渗流计算涉及多维、非饱和等因素，难以在设计计算中推广，实际应用作如下假定：①为安全计，假定缺陷出现在坝体下部水头较大处；②假定承受缺陷处的全水头计入颗粒垫层向上依次为透水混凝土或透水挤压边墙和复合膜中土工织物的抗渗作用。

在上述假定前提下采用典型断面渗流有限元分析方法计算防渗膜缺陷工况时颗粒垫层区域的最大水力坡降 J_i，校核其渗透稳定性：

$$J_i \leqslant [J]_c \tag{2.2-19}$$

式中：J_i 为防渗膜缺陷工况的颗粒垫层计算最大水力坡降。

2.2.4　防渗膜的垫层设计

防渗膜的垫层主要为防渗膜（一般为复合膜）提供一个坚实、平整、能排除渗水、自滤的支撑面，在巨大水压力作用下不塌陷、不裂错，避免防渗膜承受较大的顶胀变形而发生破坏或缩短服役期。防渗膜的垫层分为接触垫层和非接触垫层两种。接触垫层对平整度要求高，其下面为非接触垫层（亦称支持层）。防渗膜为复合膜时，无纺织物既可保护防渗膜，又可增大摩擦力而有利于抗滑稳定。接触垫层主要分为颗粒垫层（砂砾石）与非颗粒垫层（挤压边墙或透水混凝土）两种，见图 2.2-11。

关于接触垫层，本章主要阐述挤压边墙垫层和颗粒接触垫层，非接触垫层一般均为颗粒垫层，其对颗粒形状的棱角要求比颗粒接触垫层低。

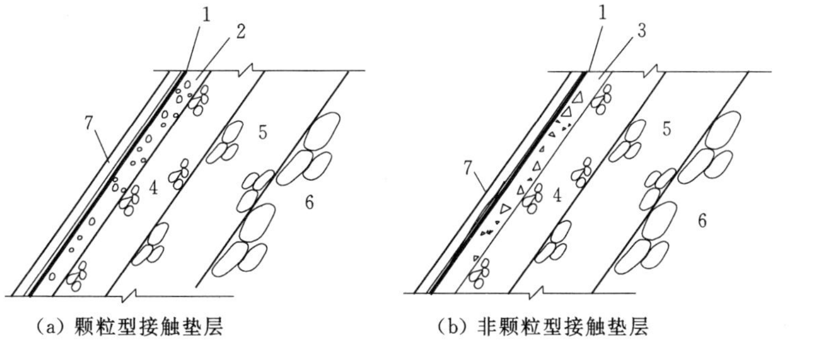

图 2.2-11　防渗膜接触垫层

1—防渗膜；2—颗粒型接触垫层；3—非颗粒型接触垫层（挤压边墙或透水无砂混凝土）；4—非接触垫层；5—过渡层；6—堆石；7—现浇混凝土防护层

2.2.4.1　接触垫层设计

1. 挤压边墙透水垫层

挤压边墙是近年来出现的一种面板堆石坝颗粒垫层料坡面施工的新技术，可提高垫层料压实质量，提高坡面防护能力，且高效节能、简单易行。面膜堆石坝与面板堆石坝相比只是防渗体不同，堆石体和颗粒垫层相仿。考虑面膜特性，对混凝土挤压边墙材料适当改进后作为防渗面膜的接触垫层也是比较合适的，技术经济指标较高。

（1）挤压边墙尺寸布置。挤压式边墙断面为梯形，以铰接的方式使边墙可适应颗粒垫层的变形，使其底部不形成空腔，有效避免运行期空腔对面膜产生的不利影响。墙高度为垫层料的设计铺填厚度，一般为 40cm；边墙上游侧坡度与面膜堆石坝的上游坝坡相同；边墙下游侧坡度可采用 8∶1；每一层边墙的顶部宽度为 10cm，宽度太大会降低边墙适应变形的能力，宽度太小会造成边墙成型困难，容易坍塌。靠近两岸端头挤压边墙机不易接近处可人工立模浇筑[61-62]。

需指出，现有挤压边墙机均为面板堆石坝专用，由于面膜堆石坝的上游坡缓于面板堆石坝，所以，需定制适于面膜堆石坝的挤压边墙机。

(2) 混凝土材料指标。挤压边墙为素混凝土，要求弹性模量较低，透水性较好，具有一定的抗压强度，表面具有一定的糙度（即表面少浆，砂粒裸露），具体指标见表2.2-9。

表2.2-9 挤压边墙混凝土技术指标

干密度 /(g/m^3)	抗压强度 /MPa	弹性模量 /MPa	渗透系数 /(cm/s)	与PVC膜摩擦角（干或湿）/(°)	与无纺织物摩擦角（干或湿）/(°)
2.1	8～10	10000	$>1\times10^{-3}$	≥15	≥35

(3) 浇筑技术要求。挤压边墙由定型挤压机挤压形成。要求边墙上游坡度与设计坝坡相同，上下层之间连接平顺，无明显凹凸处，沿坝轴线方向行走平直，两端连接完整。

挤压边墙全部完成并具有强度后，坡面应进行超欠整修，消除层间突坎、坡面凹陷及凸起，偏差δ按$\delta\leqslant\pm5$mm控制。

2. 其他非颗粒型透水垫层

除混凝土挤压边墙垫层外，其他非颗粒型透水垫层还有水泥无砂混凝土垫层、聚合物无砂混凝土垫层等。

水泥无砂混凝土垫层已有工程应用，其抗压强度高，透水性好，界面糙度高（接触摩擦系数大，即接触面稳定坡面陡），造价低，但容易压裂。

聚合物无砂混凝土垫层具有韧性，不易被压裂，整体性能好，固化时间短，施工简便，但界面糙度低（接触摩擦系数小，即接触面稳定坡面缓）；因价格较贵，目前尚未在工程中推广应用。

作者团队近期试验结果表明，透水混凝土的一级配骨料若采用有棱角的骨料，长期持续顶压防渗膜，对防渗膜的服役期会有一定影响。

3. 颗粒型接触垫层

采用河床开采的砾卵石作为大坝主体时，应比用爆破开采的块石堆石体坝坡缓，有的已建工程上游坝坡坡比采用1∶2.0。对于中低坝，坝面防渗膜的垫层也可直接采用颗粒垫层。颗粒接触垫层以下为颗粒非接触垫层，后者的粒径大于前者。

(1) 设计指标。

1) 粒径及级配。作为防渗膜的接触垫层，颗粒粒径在1～10mm之间较适宜，可经筛分得到，且无角砾及其他带有尖角的杂物。垫层颗粒粒径过大，防渗膜易产生顶胀变形；粒径过小则使渗透系数变小，不利于防渗膜缺陷渗水排除。垫层颗粒要求级配连续。

2) 相对密度与渗透系数。从有利于减小防渗膜变形和膜后渗水较易排除考虑，要求垫层的相对密度$D_r\geqslant0.80$，设计孔隙率$n\leqslant18\%$，渗透系数$k>1\times10^{-3}$cm/s。

3) 垫层厚度。颗粒型接触垫层的水平宽度不小于30cm，从利于铺料和机械碾压密实角度考虑，水平宽度也可达到80～100cm。垫层料铺筑层厚度为40cm。

(2) 碾压技术要求。按照施工规程，在振动碾压实的基础上进行整坡，再用振动平板进行坡面压实，铺设防渗膜前还需进行坡面超欠整修。

2.2.4.2 非接触垫层

非接触垫层是颗粒型垫层，为接触垫层的垫层，对上覆层提供均匀支撑，透水性、自滤性的要求与颗粒型接触垫层相同，只是对颗粒形状的要求降低。

非接触垫层的水平宽度为 2～3m，可根据接触垫层的厚（薄）作适当的厚度减小（增大）调整。其粒径级配应与颗粒型接触垫层形成反滤机制，填筑铺料厚度 40cm；相对密度、孔隙率、渗透系数等指标与颗粒型接触垫层相同。

需要指出，若接触垫层为挤压边墙，则与边墙齐平的非接触垫层的铺料表层应确保密实，以免造成上一层边墙后仰而导致接触垫层突兀。

2.2.5　防渗膜的防护层设计

防渗膜防护层一般也是大坝的上游护坡。

（1）防护层的功用包括：①使防渗膜与紫外线隔离，同时有效降低大气温度变化对防渗膜的影响，使防渗膜的服役期得以实现；②防止漂浮物撞击损伤防渗膜；③防止含悬浮质的水流长期磨损防渗膜。

（2）防护层的设计原则有：①各种型式的防护层均需满足坡面抗滑稳定，抗滑稳定校核可参见 2.2.3.6 部分的式（2.2-17）；②各种型式的防护层均需满足抗风浪稳定和抗水力侵蚀的要求，抗风浪稳定校核可参见《水工设计手册》（第二版）有关土石坝上游护坡抗风浪稳定校核内容；③各种型式的防护层均应具有足够的排水能力，在库水位下降时，能及时排除防护层与防渗膜之间的积水，避免产生朝向上游的孔隙水压力。

（3）防护层的型式。防护层一般设置于复合膜的无纺织物的上面，有现浇混凝土板、预制混凝土板（块）、连锁混凝土块等型式，已建工程也有采用砌石型式的。

工程实践显示：现浇混凝土板防护层具有机械化施工、不易损伤防渗膜、抗风浪稳定性强等优点，可优先选择；预制混凝土块防护层可半机械、半人工施工，但预制块在搬运时易因掉落而砸伤防渗膜，在放置时较易因某一边角先着地而损伤防渗膜；砌石防护层一般需先铺设厚约 20cm 的颗粒垫层再整平坡面，工序较复杂。

2.2.5.1　现浇混凝土板

现浇混凝土板可直接在复合膜的无纺织物上浇筑，一般为素混凝土，也可添加聚丙烯纤维以增强抗裂能力，厚度不小于 15cm，分缝间距 6m×10m（沿坝轴线方向×沿坡面方向），应满足抗风浪稳定要求。缝间充填材料与普通现浇混凝土护坡相同。

2.2.5.2　预制混凝土板与连锁混凝土块

对于预制混凝土板或连锁混凝土块的护坡型式，板（块）之间的连接方式等与其他土石坝的上游护坡相同。板（块）的厚度和平面尺寸由抗风浪计算确定。

预制混凝土板或连锁混凝土块护坡一并铺设在颗粒垫层上，即在防渗复合膜上需铺设一层厚度约 20cm 的颗粒垫层，其粒径及级配要求与防渗膜的接触垫层相同。在预制板（块）搬运、堆放、铺设过程中，颗粒垫层可以起到分散荷载的作用，尤其对块体落地时的冲击或振动荷载起到缓冲作用，防止防渗复合膜在护坡施工过程中受损。

需要指出的是，连锁混凝土块一般均有镂空，设计应保证颗粒垫层不会从块体空隙中被风浪淘刷而流失。

2.2.6　防渗膜铺设设计与拼接工艺

2.2.6.1　防渗膜铺设设计

对于中等高度及以上的面膜堆石坝，需要做防渗膜铺设施工设计。防渗膜铺设的施工设计是在施工图设计（技施设计）基础上开展的精确设计。在周边混凝土趾板、坝面挤压边墙或接触垫层基本完成时，应对坝面的形状尺寸做比较精确的测量，以此作为坝面防渗膜铺设施工的设计依据，设计包括以下内容。

1. 按施工图设计（技施设计）阶段上游坝面图布置防渗膜

在上游坝面图上按照防渗复合膜幅宽及搭接宽度（10～15cm）铺设布置，如同面板坝的面板编号一样，从大坝轴线桩号起始的一端开始，对每一幅防渗膜进行序号编制。

2. 确定每一幅防渗膜的长度

对于中等高度以上的面膜堆石坝，按照装卸、运输工具条件确定的一幅整卷的防渗膜长度可能不满足河床坝段从坝顶至坝底铺设长度的要求，所以需要在长度方向上进行拼接。通常按照装卸、运输工具条件确定的整卷防渗膜长度为60～80m，而处于大坝两端的防渗膜所需长度可能达不到整卷长度，此时，应由厂家按实际长度生产出厂，以免到现场裁剪后难以解决末端锚固处的膜与织物有效分离的问题。所以，需要确定每一幅复合膜的实际长度（不足整卷长度时、或拼接后长度）及其末端锚固处斜边的角度。

需要在长度方向拼接的防渗膜，相邻各幅之间的拼接缝应相互交错，不能在同一高程线上。

特别指出，长度方向需要拼接处以及每一序号复合膜的顶、底端（锚固处），膜与织物需分离，宽度为20～30cm，这可作为厂家确定生产规格的依据。

3. 周边锚固处消除夹具效应的铺设措施

对于较高的面膜堆石坝，蓄水后坝体受到巨大水压力作用，堆石材料还将产生10^2mm量级的位移变形，铺设在坝面上的防渗膜将随坝体一起位移，而膜的周边锚固在几乎不变形的岩体或混凝土体上，这将使防渗膜在岩体或混凝土体与土石坝体交界处的很小的尺度内产生相对较大的拉伸变形，如同两个靠在一起的夹具拉伸防渗膜的试样，防渗膜自身具有的很大的延伸性也难以适应，极易使防渗膜断裂破坏，此种效应称作夹具效应。

消除夹具效应的措施类似于面板堆石坝设置周边缝，即利用锚固处防渗膜的特殊铺设方式，使防渗膜随坝体位移产生的材料拉伸变形转化为几何变形，防渗膜内不产生内力或只产生很小的内力，保证实现设计服役期。

为使防渗膜以几何变形消除锚固处的夹具效应，周边应预留适当富余宽度。预留的富余宽度值随坝高增加，具体见表2.2-10。

表2.2-10　　周边锚固处防渗膜预留富余宽度值

坝高/m	30～70	70～110	110～150
富余宽度值/cm	10～15	15～20	20～25

有关夹具效应的论述与消除夹具效应的具体工艺将在2.2.7中阐述。

4. 对铺设施工设计的校核

对基本完成周边混凝土趾板、坝面接触垫层施工的坝面进行精确测量后，绘制误差$\delta \leqslant 0.1\%$的垂直于法向的上游坝面平面图，可称作铺设平面图，范围应包括防渗膜周边锚固线的混凝土防浪墙（即将施工）和混凝土趾板（已完成施工），以该图为依据对防渗膜铺设施工设计进行校核、修正，完成最终铺设施工设计。

2.2.6.2 铺设施工工艺

1. 铺设装备

除了施工必需的全站仪等测量仪器外，需要配备足够起吊最大重量膜卷的移动吊机，具有足够刚度、可作为膜卷滚铺中心轴的钢管（膜卷留有中心圆孔供钢管插入），以及能控制转速的膜卷滚摊控制设备（由钢索连接膜卷中心轴）等。

2. 坝面接触垫层超欠整修检查

在膜卷滚摊前，需对坡面进行超欠整修检查，若发现仍有挤压边墙层间突坎、坡面凹陷及凸起的现象，应立即进行整修，偏差应控制在±5mm范围内。

3. 膜卷定位

根据精确测量结果将各序号防渗膜顶部、底部的位置加以标注（沿坝轴线向的宽度，并考虑幅间搭接处的重叠）；对于一整卷膜达不到铺设长度的序号，需标注长度方向搭接的位置（沿坝面坡向）。对于坝轴线较长的大坝，为加快施工速度，可同时开设数个滚铺作业区，但需增加相应的滚铺装备。对于每个作业区内现行滚摊的序号，宜划上位置白线；坡面长度方向需要拼接的位置也需划上位置白线。

4. 膜卷滚铺

先铺设位于搭接下部位置的膜卷，后铺设位于搭接上部位置的膜卷。现行滚铺的膜卷应沿位置白线徐徐滚铺，过程由全站仪控制，发现偏离即反馈给滚铺控制装置，及时纠正。

5. 幅间搭接定位与镇压

幅间搭接定位是焊接工艺实施前的最后一个铺设施工程序。已经铺设的两幅防渗膜由人工检查是否满足设计规定的搭接宽度要求，若有不足，则应进行微调，使幅间搭接宽度满足焊接工艺要求。

搭接定位后应立即用干净的砾石袋将防渗膜周边予以镇压，以防止风力将防渗膜掀起造成移位。施工现场处于风口或冬春季节风力较大时，应加大镇压荷载，确保定位的防渗膜稳定。

2.2.6.3 拼接工艺与质量控制

应该指出，PVC膜具有相溶性胶用于胶粘拼接，PE（LDPE/HDPE/LLDPE）膜则无此类功能的胶。然而，对于大坝这样重要且长期运行的工程，在焊接和粘接这两种主要拼接工艺选择时，考虑粘接胶体存在老化与粘接质量难以有效检测等问题，故应选用焊接工艺。

1. 焊接设备

焊接设备主要有热楔型和热风型。

热楔型焊机可控速自行，焊接温度、焊接速度、焊缝镇压压力均可根据需要设置，焊接质量容易控制，焊接效率高。所以，除局部狭小区域及修补焊接外，绝大部分焊缝均采用热楔型焊机，尤其是从坝顶至坝底长度很大的焊缝。

热风型焊机的出风口温度可设定，但出风口至焊缝处膜的距离、焊接速度等只能由操作人员控制，所以，焊接质量较难控制，焊接效率不高。

选择与采购焊接设备前，应对拟选择设备进行焊接试验，以识别优劣。不少品牌焊接机的焊接温度既有设定装置又有显示装置，但是其温度控制性差，例如，设定焊接温度为300℃，实际焊接操作时温度在250～350℃之间来回振荡，使焊接质量难以控制。

2. 焊接主要流程与质量控制

（1）绘制模拟现场环境温度与焊接温度的关系曲线。由施工进度安排的焊接施工月份可查阅整个焊接施工期的现场白天施工的环境温度的变化区间，在此温度区间内设定若干个温度节点，通过逐个模拟环境温度的焊接试验，得到这些环境温度节点对应的合适焊接温度。

（2）每个施工日至少做一次现场焊接温度试验。尽管已有焊接温度和焊接温度关系曲线，但也不能完全按照此曲线直接进行焊接施工，因为现场还有日照、风力、湿度等因素影响。所以，当日焊接施工前，参照关系曲线在现场先进行焊接试验，得到当日的焊接温度值。对于白昼时间长且温差大的施工现场，应该分早晚、中午两个时间段进行焊接试验，以得到合适的焊接温度。

（3）清洁、干燥焊接表面。清洁、干燥膜面的专门操作人员的位置在焊接操作人员的前面，先于焊接操作进行。主要清除膜表面的灰尘及杂物，包括复合膜的织物纤维，同时擦干膜表面的露珠、水渍。达到清洁、干燥的要求后由焊接人员跟进焊接操作。

（4）焊接操作。焊接操作应配备长度和宽度适中的平木板作为操作平台，保证自行热楔型焊接机能匀速、平稳地前进。焊接操作前及过程中，应有辅助人员帮助，使上下两层膜平顺对齐。焊接操作人员应保证焊接机在一整条焊缝中正常行走，无意外情况不得停顿（停顿即留下焊接瑕疵），并观察焊缝状态，若发现异常应立即停机检查。在进入下一条焊接缝操作前，应清除焊机热楔头部的焊接残留物，清洁后再进行焊接操作。

（5）充气检测。完成一条焊缝后，应进行充气检测。充气检测的设备简单，操作便利。热楔型焊机完成的接缝为双焊缝，两条焊缝内边间的距离约为1cm，形成空腔。充气检测的流程为：

1）将焊缝首尾中的一端用手持式焊枪封闭，在另一端插入充气针，插入后应将充气针周边封闭。

2）充气针尾端安装压力表，后接充气管，用微型充气泵充气。

3）充气后，两条焊缝间的空腔鼓起，按现行规范，充气压力达到0.2MPa时停止充气，持续5min，若压力降低值不大于5%，则表明焊缝质量满足要求；若压力明显降低，则表明焊缝质量有问题。应对焊缝逐段检查，找出焊接瑕疵，进行修补。

若焊缝中存在停机或瑕疵修补部位，则整条焊缝间的空腔已不通，应分段进行充气检查。

（6）焊缝瑕疵修补。

1）瑕疵修补一般采用手持式热风焊机，并辅以焊条打补丁。补丁材料与防渗膜材料相同，补丁以圆形为宜，尺度约为瑕疵尺度的4倍。

2）采用真空罩装置检查补丁焊接质量，当真空罩不能将整个补丁罩住时，应沿补丁周边逐段检测。

3. 复合膜拼接

对于两布一膜型复合膜的拼接，应从下至上逐层拼接。先将下部无纺织物用手提式缝纫机缝合，再焊接中间的防渗膜，经过充气检测质量合格后，再将上部无纺织物缝合。对防渗膜焊缝下面和上面无纺织物的缝合，应与防渗膜焊缝位置为基准，保证缝合后焊缝处不起褶皱。

2.2.7　防渗膜周边锚固设计与工艺

铺设在坝面上的防渗膜，其岸坡端与坐落在山体基岩上的混凝土趾板相连接，河床端与坐落在河床基岩上的混凝土趾板或设置于河床覆盖层内的混凝土防渗墙顶端相连接，防渗膜顶端则与坝顶混凝土防浪墙相连接，主要采用锚固方式相连接。理论分析与工程实践均显示，面膜周边锚固部位均为拉伸变形集中发生之处，由于存在夹具效应[41]（夹具效应的概念参见附录 A 的 A.3 部分），常规的面膜铺设锚固将产生很大应变量，甚至超出面膜的极限应变量。所以，本节主要阐述避免或削弱夹具效应的锚固措施。

2.2.7.1　锚固设计方法

1. 岸坡及河床基岩处的防渗膜锚固

(1) 往上逆向铺设锚固方式。防渗面膜在混凝土趾板上锚固后的铺设状态见图 2.2-12，具体方法[63]如下。

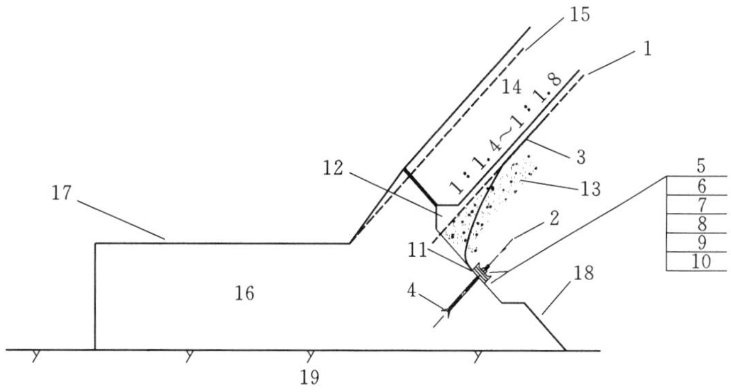

图 2.2-12　防渗膜往上逆向铺设

1—坝面膜铺线；2—防渗面膜锚固线；3—防渗面膜（包括上、下侧无纺织物）；4—不锈钢螺杆；5—不锈钢螺母；6—不锈钢槽钢（或角钢、扁钢）；7—上橡胶垫带；8—锚固件中防渗面膜；9—下橡胶垫带；10—磨平锚固基面；11—密封胶层；12—空腔；13—颗粒垫层；14—现浇混凝土防护板；15—坝面基准线；16—混凝土趾板；17—混凝土趾板平直段；18—混凝土趾板斜面；19—基岩

1) 防渗膜锚固趾板布置。常规混凝土趾板的（防渗下游侧）斜面垂直于混凝土面板长度方向，此处在坝面防渗膜防护板以下的趾板下游面做成凹入趾板的防渗膜锚固基面，凹入面方位与（防渗下游侧）斜面平行，两者间距 20cm。主要作用：一是凹入面以内的坝体材料的位移显著减小，有效削减了产生夹具效应的动因；二是凹入部分的坝面铺膜线上方形成一个小的空腔，在坝面向下位移时，即铺膜线向防渗膜锚固线靠拢时，铺膜线以上的防渗膜有了自身的位置。

2）防渗膜锚固线与坝面铺膜线的布置。将防渗膜锚固线的设置低于坝面铺膜线，两者之间的距离根据数值计算和工程经验确定，其与坝高、坝体填料、施工质量有关，参见表2.2-10。水库蓄水后，坝面铺膜线由于坝体位移而趋近于防渗膜锚固线，理想状态为两者重合，即坝体位移并未使膜随之发生拉伸变形。

3）防渗膜的锚固步骤为：①将待锚固的防渗膜放置在趾板的外侧；②防渗膜底边从趾板上面自上而下进入锚固装置进行锚固；③在锚固件以外上部的混凝土基面上涂抹10～20cm宽的柔性密封胶，将防渗膜粘在基面上，起防止水和颗粒进入的作用，因密封胶黏着力较小，在膜面线移动过程中防渗膜可从锚固基面上分离；④回填并压实趾板与坝体间的大部分欠填空间，锚固件被埋没（因锚固线低于坝面铺膜线）；⑤将趾板外侧的防渗膜移位至趾板的内侧，铺设至坝面；⑥最后将靠近锚固处防渗膜上面留下的一小部分欠填空间填实。

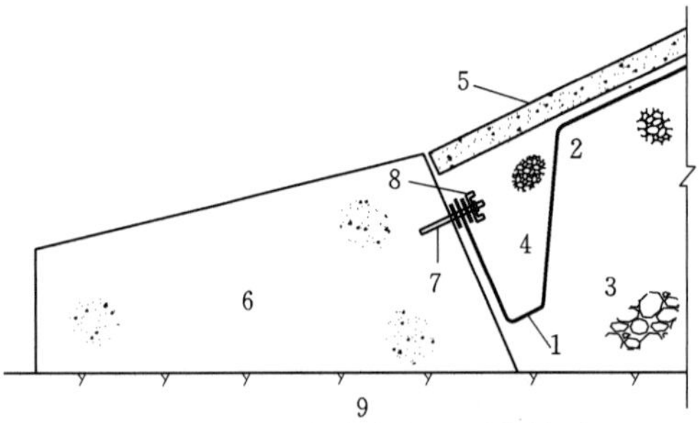

图2.2-13 防渗膜往下顺向铺设

1—防渗面膜（包括上、下侧无纺织物）；2—垫层；3—过渡料；4—沟槽及细颗粒填料；5—混凝土防护板；6—混凝土趾板；7—趾板内锚固螺栓；8—趾板外锚固件；9—基岩

4）锚固操作具体步骤：①先将锚固的混凝土基面磨平；②涂刷密封胶；③依次穿过埋置趾板内锚固螺栓的外露部分铺设橡胶带、防渗膜、橡胶带、镇压型钢；④在这些构件与螺栓之间的孔隙内注入密封胶；⑤套上金属垫圈和螺母；拧紧螺母。

（2）往下顺向铺设锚固方式。防渗面膜在混凝土趾板上锚固后的铺设状态见图2.2-13，具体方法如下：

1）防渗膜自锚固件向下顺着趾板斜边铺设到沟槽底部后，再沿沟槽另一边铺设到坝面。

2）沟槽内填入按接触垫层要求的颗粒料与坝面齐平，坝面铺设防护层。

2. 河床混凝土防渗墙处的防渗膜锚固

河床为砂砾石深覆盖层时，河床段一般设置混凝土防渗墙作为坝基防渗体，河床段的坝面防渗膜底部将与混凝土防渗墙连接，如图2.2-14所示。防渗膜锚固应注意以下几点：

（1）坝基混凝土防渗墙浇筑后，将在其上设置混凝土墙帽，可将锚固螺栓预埋在墙帽内。

（2）可采用如两岸基岩混凝土趾板上的面膜往上逆向铺设锚固方式，如图2.2-14所示。

（3）防渗面膜锚固铺设完毕后，其上设置混凝土板防护层。

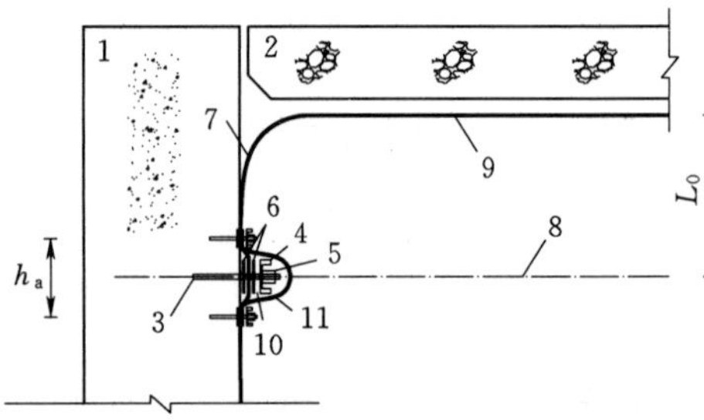

图2.2-14 防渗膜在河床混凝土防渗墙上的铺设锚固方式

1—混凝土防渗墙；2—混凝土保护板；3—锚固螺栓；4—锚固型钢；5—锚固螺母；6—膜上下橡胶垫片；7—防渗面膜；8—锚固线；9—铺膜线；10—柔性填料；11—填料密封罩

3. 坝顶防浪墙处的防渗膜锚固

（1）正常蓄水位在防浪墙底部以上。当坝顶混凝土防浪墙底部布置在水库正常蓄水位以上时，防渗面膜与坝顶混凝土防浪墙的连接可采用埋置方式，见图2.2-15。

防渗面膜顶部从坝坡斜面折向坝顶水平面，进入混凝土防浪墙底部，与整个防浪墙底部接触，接触长度应满足允许水力坡降的要求。应将防渗面膜末端埋置在矩形槽内，埋置槽尺寸不小于60cm×60cm（深×宽），埋置槽周围土体的密实程度与坝体相同。

（2）正常蓄水位在防浪墙底部以下。当坝顶混凝土防浪墙底部布置在水库正常蓄水位以下时，也可将防渗面膜顶端锚固在混凝土防浪墙底部的上游面上，坝面防护层应将面膜锚固件完全覆盖，见图2.2-16。

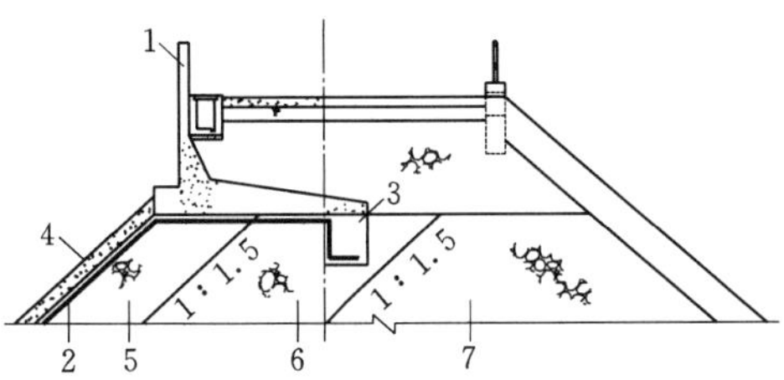

图2.2-15 防渗膜埋置在坝顶防浪墙底部

1—混凝土防浪墙；2—防渗膜；3—防渗膜埋置槽；4—防渗膜保护层（护坡）；5—垫层；6—过渡层；7—堆石

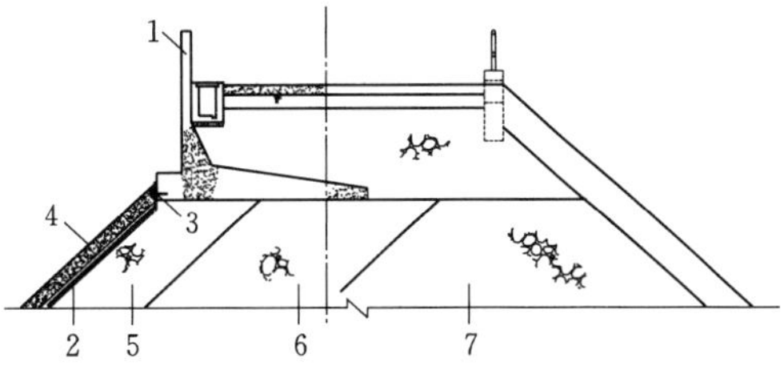

图2.2-16 防渗膜锚固在坝顶防浪墙表面

1—混凝土防浪墙；2—防渗膜；3—防渗面膜锚固于防浪墙底部上游面；4—防渗面膜保护层（护坡）；5—垫层；6—过渡层；7—堆石

2.2.7.2 锚固构件设计与工艺

1. 锚固构件材料与组成

锚固构件主要由混凝土锚固基座（混凝土趾板、混凝土防渗墙、混凝土防浪墙）、不锈钢型钢、不锈钢螺栓及螺母、弹性垫片、密封胶等组成。

2. 构件布置

在混凝土基座上穿过不锈钢螺栓（埋置在混凝土基座内）依次向上涂抹密封胶铺设弹性垫片、防渗膜、弹性垫片、镇压型钢，最后拧紧不锈钢螺母，将防渗膜锚固在混凝土趾板上。为防止锚固件间细微间隙渗水，需沿螺栓周边注入密封胶。

（1）混凝土趾板（基座）。混凝土趾板是坝面防渗膜与两端山体及河床连接的载体，防渗膜锚固在混凝土趾板上，趾板坐落在坚硬、不冲蚀和可灌浆的弱风化、弱卸荷至新鲜基岩上（当堆石坝建在覆盖层上，则河床趾板就坐落在覆盖层上）。对置于全风化及强风化、强卸荷或有地质缺陷的基岩上的趾板，应采取处理措施。趾板基础一期开挖后，宜做趾板二次定线，必要时可适当调整坝轴线位置。

浇筑在两岸山体基岩或河床基岩上的混凝土趾板，趾板宽度B应满足抗渗稳定要求：

$$B \geqslant h/[J] \qquad (2.2-20)$$

式中：B为不同高程处的混凝土趾板的宽度，m；h为趾板所在处的水头，m；$[J]$为混凝土趾板与基岩间的允许水力坡降，见表2.2-11。

趾板的最小宽度宜为3m。

表2.2-11 趾板下与基岩间的允许水力坡降

基岩风化程度	新鲜、微风化	弱风化	强风化	全风化
允许水力坡降	≥20	10～20	5～10	3～5

混凝土趾板厚度 T 除满足锚固防渗膜需要外，还应满足趾板的整体抗滑稳定要求，可设置锚筋以增强其抗滑稳定性。

趾板的防渗膜锚着部位，宽度约20cm，表面应磨平。

（2）不锈钢型钢或扁钢。不锈钢型钢或扁钢为镇压构件。

槽钢和角钢的抗弯刚度大，配相应尺寸的螺栓，可加大螺栓的间距，节省施工时间。一般可选择100号左右的不锈钢槽钢或75号左右的不锈钢角钢，重要工程可通过锚固受力及渗透试验确定不锈钢槽钢或不锈钢角钢的规格。

扁钢的抗弯刚度小，螺栓间距小，施工时间相对长一些，但扁钢轻而无翼，施工相对便利。一般可选择80号左右的不锈钢扁钢，重要工程可通过锚固受力及渗透试验确定不锈钢扁钢的规格。

（3）不锈钢螺栓。不锈钢螺栓为施压构件，沿防渗膜锚着轴线（镇压型钢中心线）布置，可在趾板完成后钻孔埋置，若能克服定位时与混凝土浇筑施工相互干扰等困难，也可在浇筑混凝土趾板时预埋。

螺栓间距、螺栓埋深、螺栓直径等设计参数应与镇压型钢的规格相匹配，即镇压型钢的抗弯刚度越大，螺栓间距、螺栓直径和螺栓埋深就大。螺栓间距、直径和埋深可参考表2.2-12选用，再作计算校核。

表2.2-12 锚固螺栓间距、直径和埋深参考值

镇压型钢规格	100号不锈钢槽钢	75号不锈钢角钢	80号不锈钢扁钢
锚固螺栓间距/cm	20～25	15～20	10～15
锚固螺栓直径/mm	M20	M16	M12
锚固螺栓埋深/cm	20	15	10

钻孔埋置不锈钢螺栓应选择黏结强度和耐久性俱佳的锚固剂。

（4）弹性垫片及密封胶。弹性垫片布置在防渗膜的上下两面，在镇压型钢或扁钢的压力下，压缩的垫片具有反弹趋势而使混凝土趾板、防渗膜、镇压型钢间相互抵紧，不留缝隙。

密封胶涂抹在混凝土趾板、弹性垫片、防渗膜、弹性垫片、镇压型钢或扁钢之间，充填各种材料间的细微间隙。

3. 锚固计算校核

以被锚固材料拉伸破坏时锚固组件仍能正常工作（即防渗膜仍能工作时不因锚固组件破坏而整体失稳）为设计准则。具体计算参照《橡胶坝工程技术规范》（GB/T 50979—2014）等文献。一些计算参数归纳如下。

（1）螺栓上拔外力 F_u。抵抗螺栓上拔外力靠的是螺栓的“锚固力”，其实，锚固力是

抗力，不是荷载。锚固螺栓运行时主要受被锚固的防渗膜在膜平面内的拉力，其作用方向偏向于与螺栓轴线垂直。为偏于安全和简化计算，就假设上拔外力与锚固螺栓轴线平行。单个螺栓上拔外力可用下式计算：

$$F_u = R_m \times b \tag{2.2-21}$$

式中：F_u 为螺栓上拔外力，kN；R_m 为被锚固的防渗膜的极限拉伸强度，kN/m；b 为锚固螺栓中心线之间的距离，m。

（2）预紧力 F_p。螺栓预紧力 F_p 是每个螺栓及螺母共同作用而施加在镇压型钢上的力，相对混凝土趾板而言，相当于作用在螺栓深度范围混凝土上的预应力。所需预紧力的数值与型钢规格、螺栓间距、防渗膜及垫片的厚度及材料特性等因素有关，需满足该预紧力作用范围（螺栓作用单元）内的锚固件基本无渗漏、无防渗膜相对于垫片或型钢或扁钢、趾板的位移的要求，具体应通过试验确定。

1）在设计水头作用下满足锚固基本无渗漏所需的预紧力 F_{pi}。所谓基本无渗漏，实际上可以比防渗膜的渗透系数增大 1～2 个数量级为评价依据，即通过锚固件的渗透试验得到的渗透系数应满足下式：

$$k_a \leqslant k_g \times 10^2 \tag{2.2-22}$$

式中：k_a 为锚固件的渗透系数，cm/s；k_g 为防渗膜的渗透系数，cm/s。

当满足上式时对应的预紧力即为符合抗渗要求所需的预紧力，即

$$F_{pi} = F_{pi}\big|_{(k_a \leqslant k_g \times 10^{-2})} \tag{2.2-23}$$

式中：F_{pi}为符合抗渗要求所需的螺栓预紧力，kN；其他符号意义同前。

2）满足防渗膜抗滑移所需预紧力 F_{pd}：

$$F_{pd} \geqslant CT/(f_u + f_d) \tag{2.2-24}$$

式中：F_{pd}为符合防渗膜抗滑移要求所需的螺栓预紧力，kN；C 为可靠性系数，通常 $C=1.2$；T 为作用单元内防渗膜拉力，kN，可以防渗膜的极限抗拉强度 R_m 作为依据，$T=R_m b$，b 为两个螺栓间的中心距，cm；f_u 为防渗膜与上面垫片、垫片与型钢间接触摩擦系数的小者；f_d 为防渗膜与下面垫片、垫片与混凝土趾板间接触摩擦系数的小者。

3）每个作用单元螺栓的预紧力 F_p：

$$F_p = \max\{F_{pi}, F_{pd}\} \tag{2.2-25}$$

（3）作用在螺栓上总拉力 F_t：

$$F_t = F_u + F_p \tag{2.2-26}$$

式中：F_t 为作用在螺栓上总拉力，kN。

（4）螺栓内径与螺栓扭紧力矩。

1）螺栓内径。对应公称直径的螺栓内径 d_i 需满足下式：

$$d_i \geqslant \sqrt{\frac{4 \times 1.3F_t}{\pi[\sigma]}} \tag{2.2-27}$$

式中：d_i 为螺栓内径，mm；F_t 为螺栓所受总拉力，kN；$[\sigma]$ 为螺栓材料的允许拉应力，MPa。

2）螺栓扭紧力矩。为防止扭紧力矩过大将螺栓扭断破坏，需计算扭紧力矩。对于标准螺纹的螺栓扭紧力矩，以下式计算：

$$M_c = 0.08 d F_p \tag{2.2-28}$$

式中：M_c 为螺栓扭紧力矩，kN·m；F_p 为每根螺栓计算荷载，kN；d 为螺栓直径，cm。

（5）螺栓的锚着深度 l 校核。螺栓表面与锚固剂间抗拔锚着深度 l_i：

$$l_i = \sqrt{\frac{F_t}{4\pi c \times 0.8R} + A_d} \tag{2.2-29}$$

式中：l_i 为螺栓锚着深度，m；F_t 为螺栓所受总拉力，kN；c 为系数，对于埋入混凝土中的锚头取0.65，若锚头超出混凝土表面钢筋，$c=0.85$；R 为C25混凝土标准抗压强度，kPa；A_d 为螺栓截面积，m^2。

2.2.7.3 锚固施工技术要求

（1）上述各种锚固方式均需在正式施工前进行现场试验，测试螺栓抗拔力、螺母预紧力、抗渗水头和渗透系数等参数。

（2）锚固螺栓埋置垂直度误差小于0.5°。

（3）锚固螺栓周围以锚固剂填充密实。

（4）混凝土表面需打磨平整后将碎屑冲洗干净，干燥后涂抹密封胶，再铺设弹性垫片。

（5）在套螺母之前，将螺栓与各层铺设料圆孔之间空隙用密封胶充填，最后拧紧螺母。

2.2.8 堆石坝其他主体区域布置与填筑概要

参见附录A的A.4部分。

2.3 芯膜堆石坝防渗结构设计

2.3.1 芯膜堆石坝的结构

作为芯膜堆石坝的防渗主体，复合土工膜设置在大坝中央位置，防渗膜即称为芯膜。芯膜堆石坝结构见图2.3-1。

2.3.1.1 坝体支撑结构

坝体支撑体材料及坝坡坡比与黏性土心墙堆石坝基本相同。筑坝材料可采用爆破开采的非软岩堆石料，也可采用软岩堆石料或河床砾卵石；前者可不设排水体，后者需设置上昂式排水-水平排水-棱体排水系统。

2.3.1.2 坝体防渗结构

芯膜堆石坝的防渗结构有两种，一种是防渗膜型式，另一种是防渗膜与黏性土心墙组合防渗型式。

2.3.2 芯膜堆石坝防渗结构布置

2.3.2.1 复合膜单独防渗型式

1. 复合膜

若复合膜制造工艺可保证膜的物理力学性能（包括水力学性能）满足设计与规范要求，应优先采用复合膜，防渗膜位于大坝中央位置。若河床为深覆盖层，则防渗膜与混凝

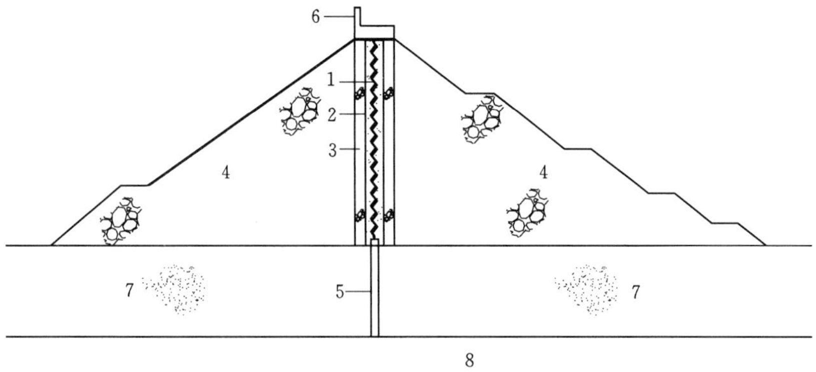

图 2.3-1　芯膜堆石坝结构示意图

1—防渗膜；2—反滤层；3—过渡层；4—堆石体；5—坝基混凝土防渗墙；
6—坝顶防浪墙；7—砂砾覆盖层；8—基岩

土防渗墙相连接；若河床无覆盖层，则防渗膜与河床基岩相连接；在大坝左右两端，防渗膜与两岸岸坡相连接，顶部与防浪墙连接。

2. 反滤层与过渡层

防渗膜的上下游两侧为砾卵石自滤反滤层与过渡层，水平厚度均不小于 3m。过渡层两侧则为坝体堆石支撑体。

2.3.2.2　防渗膜与黏性土心墙组合防渗型式

坝址附近有黏性土，但土料不完全符合防渗设计要求，此时，可考虑防渗膜与黏性土心墙组合防渗型式。

一布一膜型复合膜位于黏性土心墙的上游面，膜与下游侧砾质黏土心墙接触，织物与上游侧反滤/过渡层接触。砾质黏土心墙与膜接触部位应填筑不含砾石或碎石的黏性土。

砾质黏土心墙下游侧结构布置与心墙堆石坝相同，依次为反滤层、过渡层、下游堆石体。

2.3.3　防渗膜选择及设计指标

芯膜防渗结构在防渗膜类型选择与制造工艺要求、防渗膜设计指标等方面的内容参见 2.2 节的相关内容。

2.3.4　防渗膜的反滤层及过渡层设计

2.3.4.1　反滤层

对于芯膜防渗结构，反滤层的粒径、级配及相对密度等参数与 2.2 节中面膜防渗结构的基本相同，最大粒径可略小。

由于覆盖在防渗膜的反滤料采用振动碾压，所以应采用河床砂砾料，不可采用人工碎石，以免尖锐颗粒损伤防渗膜。

每一侧反滤层的厚度为 2～3m，或相当于一个振动碾碾辊宽度。

2.3.4.2　过渡层

芯膜防渗结构两侧的过渡层布置及参数要求与 2.2 节中面膜防渗结构相同。

2.3.4.3　与土工膜组合防渗的砾质黏土心墙

对于防渗膜与砾质黏土心墙组合防渗结构，由于一布一膜型复合膜的膜面与砾质黏土心墙相接触，所以，要求砾质黏土心墙的上游面约60cm填筑无砾石的黏性土，一方面有利于两者结合，另一方面防止损伤无织物保护的膜体。

2.3.5 防渗膜铺设与反滤层、过渡层填筑

2.3.5.1 铺设与填筑方式

柔软的防渗膜设置在坝体中央，在铺设过程中需要支撑面，而防渗膜两侧的填筑料也需基本同步上升，这就决定了防渗膜的铺设为Z字形上升形式。防渗膜铺设与反滤料填筑的基本流程如下（见图2.3-2）：

（1）在防渗膜的一侧铺设反滤料并压实，压实后厚度40～50cm，迎膜面坡角为30°～35°。

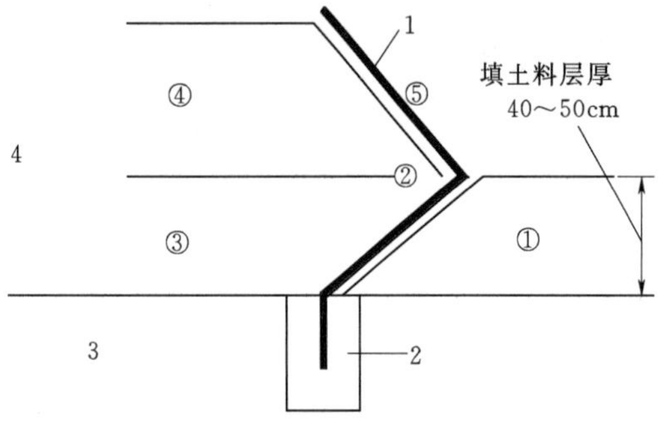

图2.3-2 防渗膜铺设流程示意

1—防渗膜；2—浇筑混凝土的锚固槽（锚固件图中未表示）；3—基岩；4—坝体填料

（图中数字①～⑤为施工流程序号）

（2）将防渗膜沿压实坡面铺设，膜卷放置在压实层顶面。

（3）在防渗膜的另一侧铺设反滤料并压实，压实后厚度40～50cm，此时，压实层已覆盖在斜坡面上防渗膜的上部。

（4）继续在该侧铺设反滤料并压实，压实后厚度40～50cm，迎膜面坡角为30°～35°，此时，该侧压实层已高于对面压实层一个层面高度。

（5）将防渗膜从低层面转向高层面，沿坡面铺设，将膜卷放置在该层面顶面。

重复（3）～（5），直至铺设上升至坝顶。

需指出，当现有膜卷铺设完毕后，需焊接下一个膜卷，并沿坝轴线方向将各幅膜焊接成整体，此时需在防渗膜一侧的压实平整的土体上完成拼接工艺。然后继续上述铺设、填筑上升过程。

2.3.5.2 铺设与填筑施工技术要求

（1）铺设、填筑正式施工前，应先做现场试验。对铺料、压实厚度及相对密度、折转角度等参数进行复核修正；覆盖填筑料对防渗膜造成的表面损伤应予评估，例如，是否有尖锐颗粒产生的划伤或嵌入等。

（2）防渗膜应始终沿中轴线呈Z字形上升，前后偏离误差不超过10cm。

（3）需采用小型压实机械保证斜坡面的密实与平整。

（4）防渗膜每上升一次，膜卷就需往相对方向挪位一次，所以，膜卷不宜过大，以免造成施工困难。

（5）膜卷每挪位一次，均需仔细检查防渗膜的质量，发现问题及时处理。

2.3.6 防渗膜的周边锚固

2.3.6.1 锚固型式

1. 锚固于混凝土构件

（1）混凝土防渗墙。芯膜堆石坝坝基为较深厚的砂砾石覆盖层时，芯膜底部可锚固在

混凝土防渗墙顶端的墙帽上，参见图 2.2-14。锚固构件及锚固工艺与面膜堆石坝防渗膜的相同。

（2）混凝土垫座。芯膜堆石坝坝基为基岩时，芯膜底部可锚固在灌浆所需的混凝土垫座上，锚固型式见图 2.3-3。

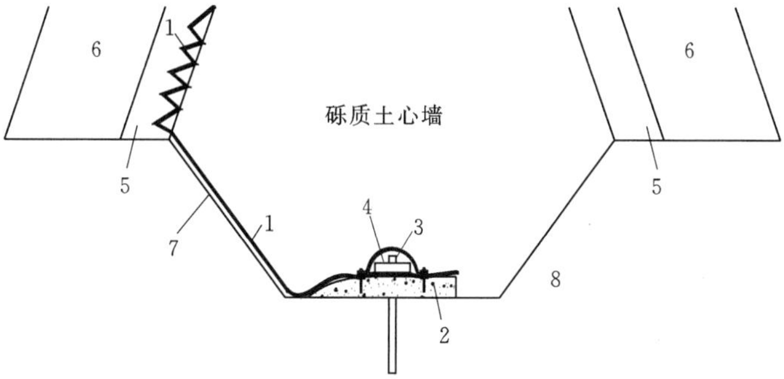

图 2.3-3　防渗膜锚固于混凝土垫座示意图

1—防渗膜；2—混凝土垫座；3—锚固件；4—密封填料；5—反滤层；6—过渡层；7—水泥砂浆抹面；8—基岩

2. 锚固于黏性土截水槽

复合膜与砾质黏性土心墙组合防渗型式，当坝基砂砾石覆盖层厚度不大，采用坝基黏性土截水槽时，防渗膜可锚固在灌浆混凝土垫座上，水平铺设至截水槽上游端，沿上游斜面向上铺设至截水槽顶部坝基面，截水槽上游面斜坡采用水泥砂浆抹面，参见图 2.3-3。

2.3.6.2　锚固技术要求

（1）前述面膜堆石坝防渗膜锚固技术要求适用于芯膜堆石坝。

（2）复合膜与砾质心墙组合防渗型式，仍以防渗膜与混凝土构件锚固评价其抗渗指标，防渗膜与黏性土之间的接触渗径为辅助指标。

（3）防渗膜出锚固槽或截水槽后向上铺设的一个弯折应折向上游面。

2.4　土工膜坝面防渗加固措施

20 世纪 50—70 年代，我国建造了数量众多的中小型水库工程，其中拦河坝大部分为土石坝。这些土石坝经过长期运行出现程度不同的老化现象，且受当时条件限制，通常在土石坝下部设置用于灌溉取水、放空水库等的涵管，大坝存在结构性缺陷，尤其在“大跃进”和“文化大革命”期间建造的工程，存在先天不足的问题。

最近 10 年中，我国实施了中小型病险水库的除险加固计划，使大量中小型病险水库重新正常运行，发挥应有的效益。

在完成防渗加固的中小型土石坝中，相当一部分采用了坝面土工膜防渗加固型式。通过实施这些加固工程，积累了一些成功的经验，同时也存在一些不完善的环节。本节将对这部分内容加以阐述梳理和分析。

2.4.1 土工膜坝面防渗加固需满足的一般条件

(1) 在坝顶高程满足规范要求的前提下，上游坝肩或防浪墙坚固，以免其破损影响防渗膜的顶端稳定。

(2) 若原坝基防渗体位置不在上游坝脚处，则该处需重新设置坝基防渗体，以便与防渗膜形成坝基和坝体的完整防渗系统。

(3) 上游坝坡不仅自身足够稳定，且满足坡面垫层与防渗膜之间的抗滑稳定要求。

(4) 左右岸两端坡面的地形、地质条件满足防渗膜锚固的要求。

2.4.2 不同坝型（坝高30m以下）的加固措施

2.4.2.1 黏土心墙砂壳坝

薄黏土心墙坝若采用上游坝面膜防渗加固方式，需始终保持防渗膜与之后的黏土心墙中的浸润线处于较低的位置。若上游坝面铺设的防渗膜缺陷极少，防渗膜下游的浸润线将保持较低位置，当上游库水位较快下降时，防渗膜的抗滑稳定仍能满足规范要求。若上游坝面铺设的防渗膜缺陷较多，通过防渗膜缺陷的渗漏水将逐渐积聚在防渗膜与原黏土心墙之间，形成较高的浸润线，当上游库水位较快下降时，防渗膜由于反向渗透压力的作用，抗滑稳定可能不满足规范要求。所以，需要在原薄心墙上游面砂砾坝壳中设置测压管或渗压计，监测防渗膜与黏土心墙之间浸润线位置，必要时需设置集水井抽除防渗膜后的渗漏积水，保持膜后较低的浸润线。

厚黏土心墙坝不宜采用防渗膜上游坝面进行防渗加固。

2.4.2.2 黏土斜墙砂壳坝

为了节省造价，黏土斜墙坝只拆除原有上游护坡，将防渗膜铺设在原黏土斜墙面上。若防渗膜与原黏土斜墙的贴合不紧密，而防渗膜缺陷较多时，通过防渗膜缺陷的渗漏水就会在防渗膜与黏土斜墙之间的空隙中积聚，逐渐形成水势，当上游库水位下降较快时，防渗膜由于反向渗透压力作用可能发生失稳。所以，应在水库死水位以下的黏土斜墙下部适当位置顺河向设置贯穿黏土斜墙的排水管，以排除膜后积聚的渗漏水，保证任何情况下防渗膜的抗滑稳定。

2.4.2.3 黏性土均质坝

需要防渗加固的黏性土均质坝一般处于防渗不满足规范要求而又不具备排水功能的状态。因此，需采取以下措施保证防渗膜的抗滑稳定：

(1) 将均质坝上游面碾压密实、整平，防渗膜铺设的坝表面无明显凹凸处；采用较柔软的防渗膜，以使防渗膜与坝表面贴合紧密。

(2) 对于施工水平难以达到上述要求、坝下有需封堵的放水洞（埋置涵管）的情况，可在坝面间隔一定距离埋置小直径塑料盲管，以便将通过防渗膜缺陷的渗漏水导引到坝脚沿坝轴线的纵向排水管内，由该管通向设置在封堵涵管内的排水管，渗漏水可由此排出坝体至下游河道。

(3) 若防渗膜下未设置透水垫层，则需在计算防渗膜与垫层间抗滑稳定时，计入防渗膜后反向渗透压力，计算方法与公式参见附录A.2节内容。

2.4.3 防渗结构设计

2.4.3.1 防渗膜规格

防渗加固前的大坝已经过长期运行，坝体变形基本完成，且坝高在 30m 以下，所以，防渗膜可根据工程具体情况选择 PVC 膜或 PE 膜，膜厚在 1mm 以内。若铺设在砂砾垫层上，可采用两布一膜型复合膜；若铺设在黏性土层上，可采用一布一膜型复合膜。

2.4.3.2 防渗膜垫层

（1）以砂砾作为垫层，垫层的布置与技术要求参见 2.2.2.2。

（2）以黏性土作为垫层，垫层的布置与技术要求参见 2.4.2.3（1）。

2.4.3.3 防渗膜防护层（护坡）

可参见 2.2.5。

2.4.4 防渗膜铺设、拼接、锚固

可参见 2.2.6 和 2.2.7。

2.5 工 程 实 例

2.5.1 Bovilla Dam（博维拉坝）

阿尔巴尼亚的 Bovilla 大坝[64,60]坝高 91m，坝顶长 130m，位于 Terzuke 河上。坝址为白云质灰岩和微晶灰岩，峡谷岸坡陡峻，坡比为 1∶0.7～1∶0.9。该坝原设计为钢筋混凝土面板堆石坝，考虑到施工工期紧，坝址又处于地震烈度Ⅸ度的强震区，施工前改为面膜堆石坝，见图 2.5-1。

图 2.5-1 Bovilla 大坝面膜堆石坝

该坝上游坝坡坡比上部 40%为 1∶1.55，下部 60%为 1∶1.6，下游坝坡坡比为 1∶1.6。防渗膜垫层为砾石，喷洒水泥砂浆后铺设一布一膜复合膜，厚 3mm 的 PVC 膜在上，质量为 700g/m^2 的聚酯针刺短纤织物在下，复合膜的 PVC 膜上铺设质量为 800g/m^2 的聚丙烯无纺织物。聚丙烯无纺织物上浇筑素混凝土板作为护坡，混凝土板沿坝坡方向长

6m，沿坝轴方向宽3m，坝趾趾板处混凝土板厚30cm，以上部分厚度均为20cm。混凝土板下铺设的无纺织物主要起两个作用：一是起保护作用，防止混凝土板浇筑时损伤PVC膜；二是无纺织物纤维浇筑在混凝土中起一些加筋作用，限制混凝土裂缝。护坡采用现浇混凝土板，而不采用预制混凝土板，主要考虑要防止预制混凝土板在铺设过程中对PVC膜的损伤。

防渗膜在河床和周边岩体的连接型式可减少由坝体位移和沉降产生的比坝面其他部位大得多的变形，参见图2.5-2，防渗膜锚固处的U形铺设和护坡混凝土板在连接处的形状都是为了满足上述连接机制的。防渗膜是通过锚固方式与混凝土趾板连接的，混凝土趾板埋置不锈钢螺栓，防渗膜铺设前，在混凝土趾板上涂抹防渗填料，穿过螺栓铺设防渗膜，同样，穿过螺栓铺设橡胶带，穿过螺栓放置不锈钢扁钢，套上不锈钢垫圈，拧上不锈钢螺母，最后在螺栓周边与防渗膜之间充填防渗填料。

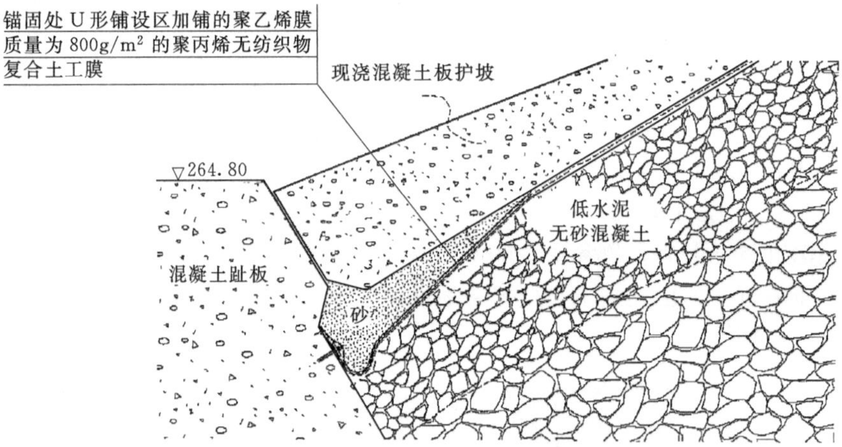

图2.5-2 Bovilla大坝防渗膜周边锚固连接型式

2.5.2 西霞院土石坝

西霞院土石坝工程位于黄河小浪底水利枢纽工程下游16km的黄河干流上，为小浪底工程的反调节水库和配套工程，为大（2）型工程。大坝由土石坝段、泄水闸段和发电厂房坝段组成（见图2.5-3），其中土石坝段长2609m，高20.2m，上游坝坡为1∶2.75，

图2.5-3 西霞院水利枢纽大坝

下游坝坡为1∶2.25。由于工程地处河南省洛阳市，若采用黏土心墙土石坝方案，需征用周围大量耕地，不仅造价高，而且会对生态环境造成破坏。由于规范规定“3级低坝经过论证可采用土工膜防渗体坝”，所以经过数次工程论证，决定采用面膜防渗形式。经过比选分别采用400(g/m^2)/0.8mm/400(g/m^2)和400(g/m^2)/0.6mm/400(g/m^2)两种PE复合膜[65-66]。复合膜垫层为砂砾石（图2.5-4），复合膜铺设后即用黑色防晒布遮盖（图2.5-5）。

为保证工程质量，业主除派驻复合膜监造外，还与供货厂商一起改进弯曲坝段复合膜的制造工艺（见图2.5-6）；在施工阶段，通过大量试验得出PE膜焊接温度与环境温度的关系曲线（见图2.5-7）。此外，对土工膜与底部混凝土防渗墙、土工膜与河床侧混凝土导墙的锚固及铺设方式进行完善，通过渗透试验（见图2.5-8）证明锚固方法有效可靠。复合膜的PE膜现场焊接施工见图2.5-9，复合膜的针刺织物现场缝接施工见图2.5-10。12.8万m^{2}的土工膜施工从2006年3月开始，于2007年12月完成。

图2.5-4 防渗膜的砂砾石垫层

图2.5-5 复合膜铺设与防晒保护

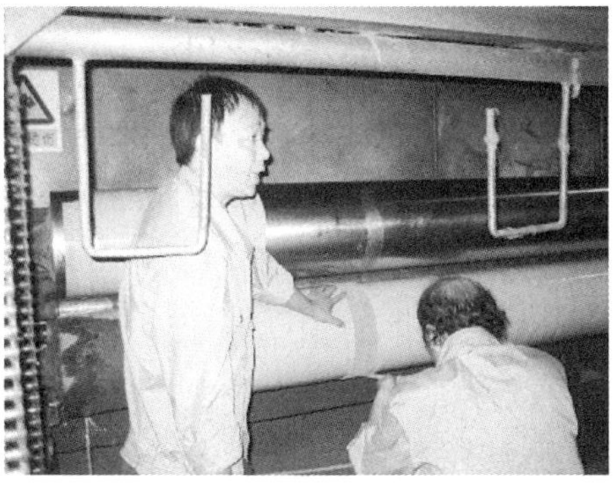

图2.5-6 弯曲坝段复合膜工艺改进

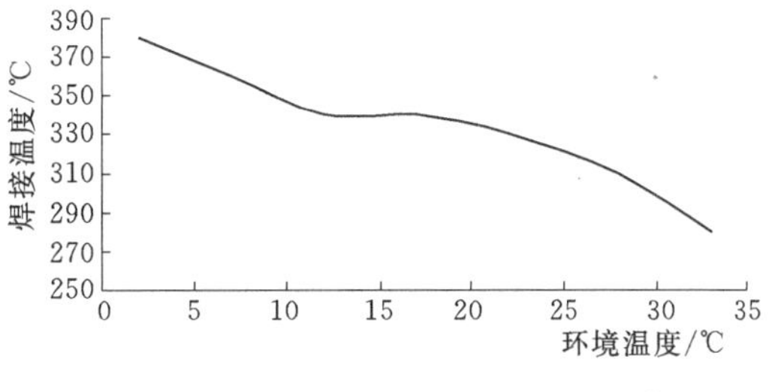

图2.5-7 焊接温度与环境温度关系曲线

蓄水运行1年后，降低水位对复合膜进行检查（见图2.5-11），结果表明土工膜运行可靠。

2.5.3 仁宗海堆石坝

四川田湾河梯级水电站仁宗海面膜堆石坝为大（2）型工程的2级建筑物。坝顶高程2934m，坝高56m，上游坝坡1∶1.8，在厚6cm的无砂混凝土垫层上铺400(g/m^2)/1.2mm/400(g/m^2)的HDPE复合膜防渗，面积6万m^2，复合膜上为面积45cm×45cm、厚12cm的互扣预制混凝土板护坡，施工中和建成后的大坝分别见图2.5-12和图2.5-13。

图2.5-8 现场锚固的模拟渗透试验

图2.5-9 复合膜的PE膜现场焊接施工

图2.5-10 复合膜的针刺织物现场缝接施工

图2.5-11 蓄水1年后检查复合膜

图2.5-12 施工中的仁宗海大坝

图2.5-13 建成后的仁宗海大坝

复合膜与坝顶混凝土防浪墙、坝基混凝土防渗墙、两岸混凝土趾板的连接采用锚固方式，与混凝土防渗墙的锚固方式为“镀锌锚栓+槽钢”（见图2.5-14）[50]，与两岸混凝土趾板的锚固方式为“镀锌膨胀螺栓+角钢”。

该工程重视施工工艺：铺膜前先将无砂混凝土垫层上的凹坑抹平、将凸点用角磨机磨平；因坡陡风大而改坝面砂袋压膜为槽钢压膜；为避免高原早晚温差影响膜的拼接质量而

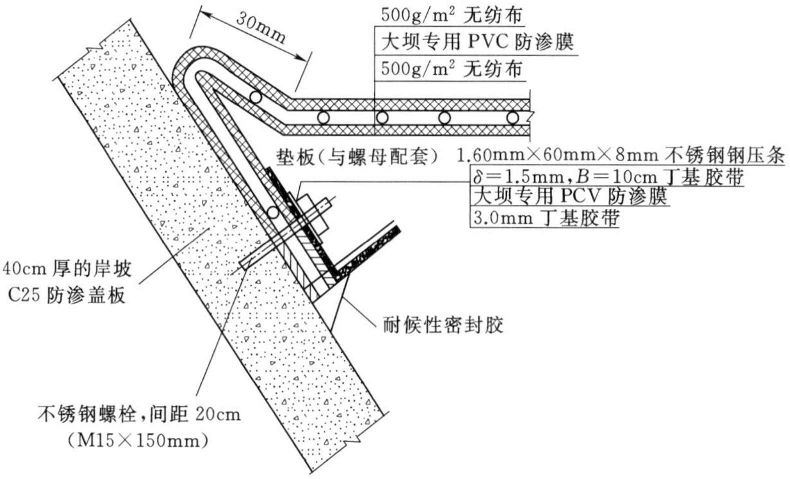

图 2.5-14　防渗膜与混凝土防渗墙的连接

限定膜焊接施工的时段；控制锚固在混凝土防渗墙上的防渗膜与坝面防渗膜的拼接不在同一高程上（见图 2.5-15）[50]。工程于 2004 年开工，于 2009 年建成蓄水。

2.5.4　老挝南欧江六级面膜（裸露）软岩堆石坝

老挝南欧江六级水电站面膜软岩堆石坝布置于南欧江主河床，建基面高程 430.00m（趾板处），坝顶高程 515.00m，大坝高 85m，坝顶轴线长 362.00m，大坝设计洪水位 510.00m，校核洪水位 511.28m。

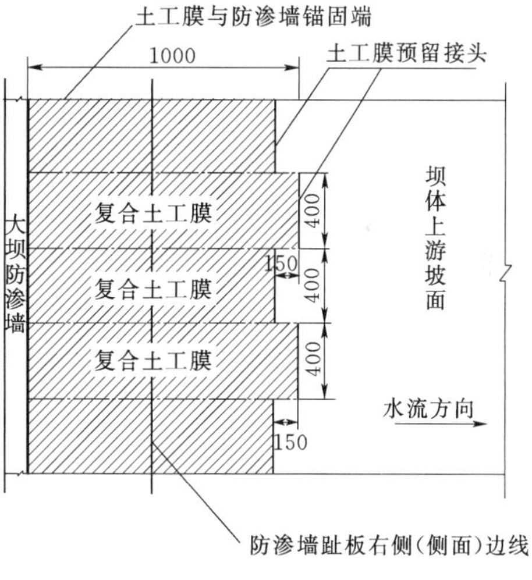

图 2.5-15　坝基锚固膜与坝面膜的幅间连接在高程上错开（单位：cm）

大坝填筑料取自 24km 之外高差约 900m 处的拉哈料场。该料场弱风化板岩湿抗压强度 11.2～30.6MPa，软化系数 0.46。大坝可利用的溢洪道开挖料（强风化板岩）湿抗压强度 9.2～19.4MPa，软化系数 0.38。大坝填筑料设计 193 万 m^3，其中弱风化板岩量 108 万 m^3，强风化板岩填筑量 49 万 m^3，板岩计 157 万 m^3，占大坝总体填筑量的 81%。可见，南欧江六级水电站缺少合格的混凝土骨料，大坝软岩填筑比例高，软岩软化系数低，均将造成大坝较大变形，对大坝防渗系统适应变形的要求更高。

由昆明勘测设计院完成了面膜防渗的软岩堆石坝设计方案。坝体自上游向下游依次分区为复合土工膜、挤压边墙、垫层体（砂岩料填筑）、过渡区（砂岩料填筑）、软岩堆石区，底部及过渡区形成坝体内的 L 形排水体。坝顶防浪墙体高 4.2m，顶高程 516.20m。上游坝坡坡比为 1∶1.6，下游坝坡坡比为 1∶1.8，堆石坝最大剖面示意图见图2.5-16。

由于堆石坝为软岩填筑，所以防渗体的延伸率是第一选择要素，在与 HDPE 和 LLDPE

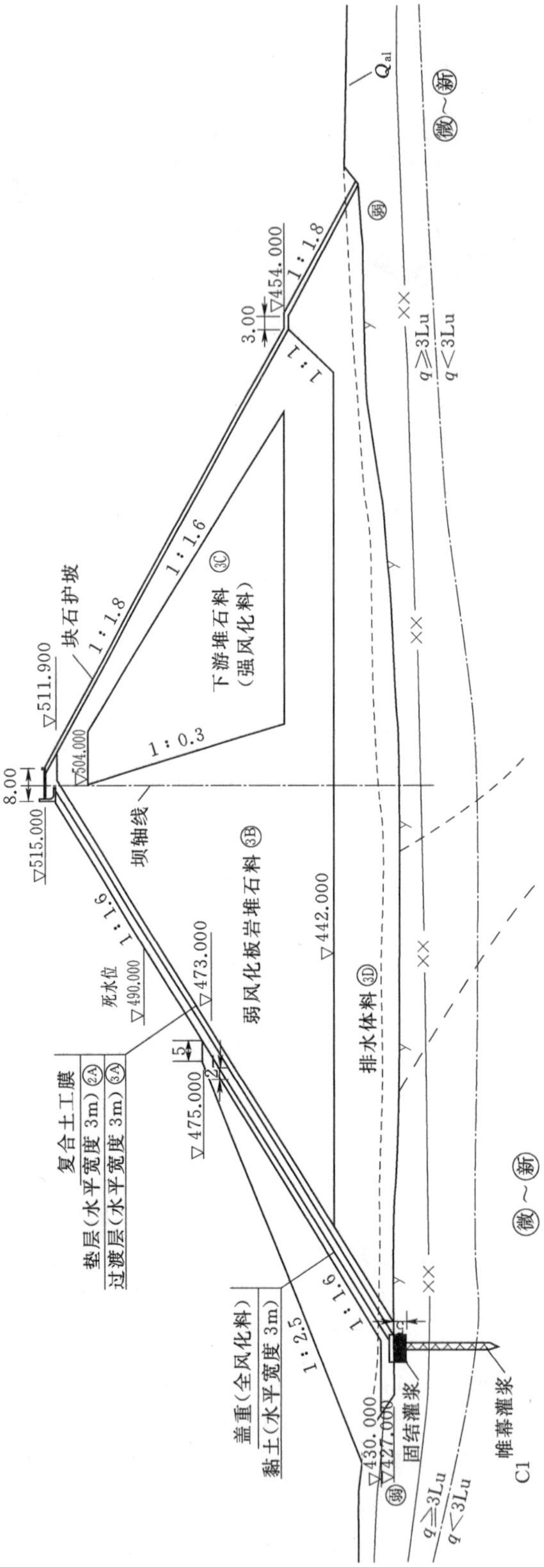

图2.5-16 老挝南欧江六级面膜软岩堆石坝最大剖面示意图（单位：m）

比较后，将 PVC 膜和 PVC 复合土工膜作为防渗体较为合适，前者的极限延伸率达 250%，后者达 70%。选择 SIBLON - CET5250 型 PVC 复合膜，即 3.5mm PVC/700(g/m^2)聚丙烯针刺土工织物，渗透系数为 1×10^{-11}cm/s，采用裸露型防渗方式，PVC 面膜上不设防护层。

在 0.1MPa、0.3MPa 和 0.5MPa 压力下，混凝土与聚丙烯土工织物之间的摩擦角为 36.7°（干燥时）和 35.3°（潮湿时），均大于大坝上游坡角 32°（1∶1.6），而多孔的挤压边墙较混凝土面更粗糙，其摩擦角更大。但综合考虑到 PVC 复合土工膜还可能受到浮托力、风力和波浪产生的拖曳力作用，在大坝周边 PVC 复合膜与挤压边墙之间采用了机械锚固，在中间分 6m 一个条带，用埋置在挤压边墙和垫层料内的土工膜带将复合土工膜连接在一起，经详细复核计算，达到欧洲有关标准。

PVC 复合膜的周边和中间条带锚固工艺如下：

(1) 大坝上游面和斜趾板在同一平面之间设一沟槽，在沟槽内和斜趾板上设两条不锈钢锚固条把复合土工膜锚固在混凝土上。

(2) 为了周边锚固的密闭性，底部混凝土与复合土工膜间铺环氧胶泥，然后用压板压紧锚固。在斜趾板面和挤压边墙面间布置沟槽，适应坝体和山体的变形差，减轻周边锚固的夹具效应。

(3) 大坝上游面挤压边墙上下之间铺上稍薄的已编号的预制复合土工膜带，在带上热黏合焊接复合土工膜。

(4) 复合土工膜长 80m，宽约 2m。焊接后对焊缝进行气密性检查。条带锚固见图 2.5 - 17。每条锚固带间距 6m，每层挤压边墙上预埋的锚固带在上游面是 71cm，高 85m 的上游面用 2×80m 复合土工膜的条带接起来。PVC 土工膜的热膨胀系数为 1×10^{-4}/℃，混凝土的热膨胀系数为 1×10^{-5}/℃。若以南欧江年气温变幅（16℃）代替水下年变幅（实际较小），80m 长的膜条带变形差 80m×16℃×($10^{-4}\sim10^{-5}$)/℃=0.115m，约为 12cm。而 71cm 的土工膜锚固带与混凝土的热变形差仅 1mm，说明此体系的热变形是稳定的，所以未预留伸长波或伸展坑等[67]。

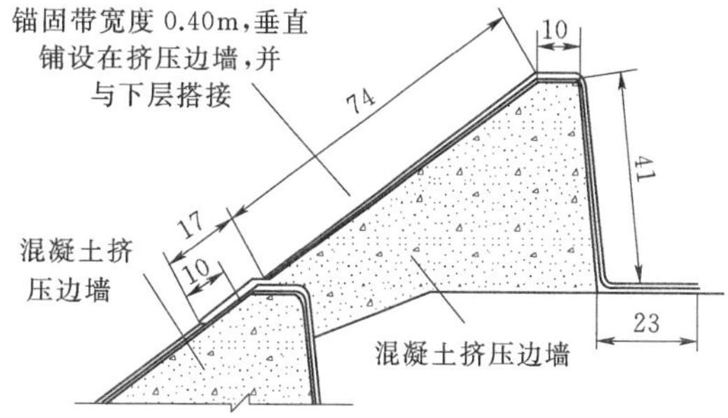

图 2.5 - 17 条带锚固（单位：cm）

水库自 2015 年 10 月初开始蓄水后，大坝最大沉降量约 21cm，变形量比常规硬岩面板堆石坝大，现场监测表明防渗膜在较大坝体位移发生后适应了较大变形，工作正常，大坝渗流量在 80L/s 以内[68]。

南欧江六级水电站面膜堆石坝防渗面积 3.75 万 m^2，EPC 总费用 300 万欧元，折合人民币 1992 万元，单位面积造价不算便宜，但裸露方式铺设与原防护方式相比是经济的[67]。

2.5.5 华山沟芯膜/砾质土心墙组合防渗堆石坝

位于四川大渡河上游右岸一级支流上的华山沟水电站是巴郎沟梯级开发的“龙头”电

站（见图 2.5-18）。水库大坝为堆石坝，坝顶高程 2705.0m，坝高 69.5m。上游坝坡上部四级为 1∶1.7，下部一级为 1∶2.0；下游坝坡上部二级为 1∶1.6，底部一级为 1∶1.8。采用复合土工膜与砾质土心墙组合防渗型式，砾质土心墙顶厚为 3m，下部厚 24m，PVC 复合土工膜为 $500(g/m^2)/2mm/500(g/m^2)$，位于心墙上游侧。防渗系统两侧设过渡层 3.0m，心墙底部坝基设钢筋混凝土垫座。坝基覆盖层厚 79～98m，覆盖层主要由粉质壤土、粉质壤土夹砂砾（卵）石、砂砾（卵）石及粉质壤土夹砾（卵）石及漂石等

图 2.5-18 四川甘孜华山沟水库

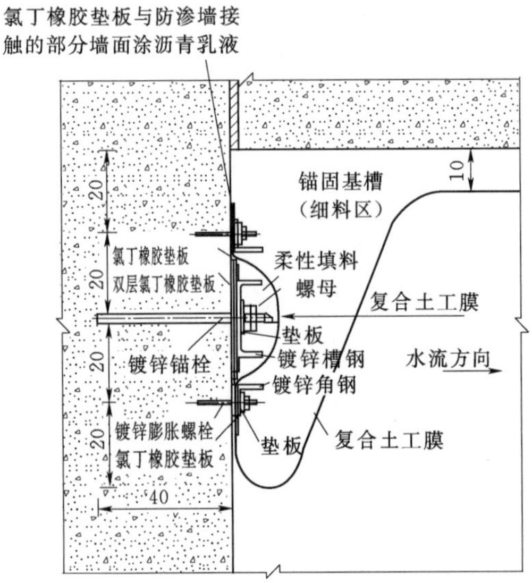

图 2.5-19 PVC 复合膜与周边混凝土结构连接锚固型式（单位：cm）

组成，下伏基岩为二叠系上统大包组蚀变玄武岩。坝区地震基本烈度为Ⅷ度，属强震地区。钢筋混凝土垫座下接混凝土防渗墙，防渗墙厚度为 1.0m，防渗墙两端嵌入基岩，河床中间部分为悬挂式防渗墙，防渗墙最大深度为 57.8m，深至相对不透水的粉质黏土层。PVC 复合膜与周边混凝土结构的连接锚固型式见图 2.5-19[52]。

大坝防渗方案曾考虑采用黏土心墙和沥青混凝土心墙。黏土料不仅运距远、跨越铁道，且需占用大量农田，雨季工期延滞；沥青混凝土冬季施工需加热保温，质量难以保证，且造价高。因地质勘探主要集中在大坝心墙部位，为避免补充上游坝趾部位的地质勘探资料，放弃了面膜堆石坝方案，采用了施工干扰大的芯膜堆石坝方案。工程于 2011 年建成，至今运行正常。

2.5.6 盐泉面板堆石坝防渗加固

美国加州盐泉钢筋混凝土面板堆石坝建成于1930年，坝高100m，是采用抛投式填筑法施工的比较成功的面板堆石坝之一。经过数十年的运行，面板混凝土老化剥落（图2.5-20），21世纪初进行面板防渗加固。对坝面剥蚀、松动的混凝土进行清除、冲洗，对坝面凹坑不再用混凝土补平，直接铺设安装PVC土工膜，膜上面不再铺设保护层，土工膜处于裸露运行状态。蓄水运行1年后降低水位检查，显示PVC膜的运行状态良好，见图2.5-21。

图2.5-20 混凝土面板严重老化、剥落

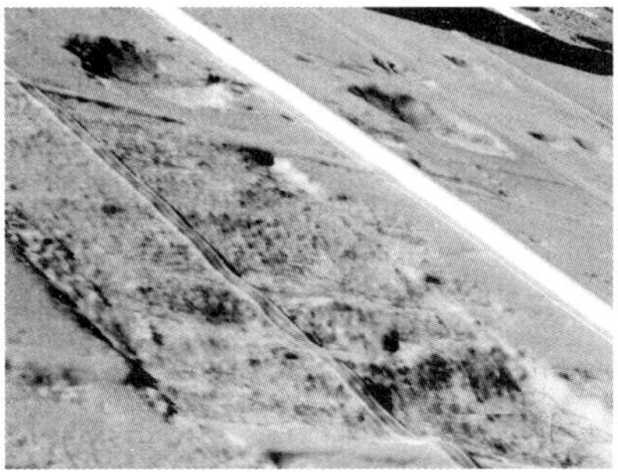

图2.5-21 运行1年后PVC膜运行良好

附录A

A.1 一些材料间的界面特性参数

一些材料间的界面特性参数见附表A-1～附表A-4。

附表A-1 一些土工膜、织物、砂、黏性土之间的摩擦角 φ(°)与黏聚力 c(kPa)

材料	山砂	河砂	土工织物	黏质粉土	砂质黏土	粉质黏土	黏土
聚氯乙烯	25/0	20/0	19/0	23/4	17/12	38/9	16/14
高密度聚乙烯	18/0	18/0	11/0	23/2	15/14	26/8	15/14
土工织物	30/0	26/0	20/0	32/0	22/10	32/4	30/14

注 表中数据“/”前为摩擦角 φ，“/”后为黏聚力 c。

附表A-2 一些土工膜、织物与砂砾、混凝土板的摩擦系数

材料	0.7mm砂	3mm砾	5mm砾	10mm砾	混凝土板
聚氯乙烯或合成橡胶	0.532～0.7	0.554～0.754	0.625～0.810	0.649～0.839	0.213～0.24
土工织物	0.488～0.531	0.488～0.554	0.510～0.577	0.532～0.625	

附表 A-3　　聚乙烯膜、针刺织物与一些垫层料间的摩擦系数

土工合成材料		黏土		砂壤土		细砂		粗砂		混凝土块		聚乙烯膜 0.05mm		聚乙烯膜 0.12mm	
		干	湿	干	湿	干	湿	干	湿	干	湿	干	湿	干	湿
聚乙烯膜	0.06mm	0.14	0.13	0.17	0.19	0.22	0.23	0.15	0.16	0.27	0.27	0.15	0.14	0.19	0.16
	0.12mm	0.14	0.12	0.22	0.24	0.34	0.37	0.28	0.30	0.27	0.27	0.15	0.14	0.14	0.13
土工织物	250g/m^2	0.45	0.41	0.40	0.43	0.35	0.37	0.35	0.37	0.39	0.41	0.15	0.14	0.14	0.13
	300g/m^2	0.48	0.45	0.47	0.46	0.54	0.55	0.44	0.43	0.40	0.41		0.10	0.15	0.14

附表 A-4　　一些土工膜与短纤针刺织物的摩擦系数

材　料	聚酯短纤针刺织物	材　料	聚酯短纤针刺织物
聚氯乙烯	0.326	合成橡胶	0.302
高密度聚乙烯	0.179		

以上附表主要引自文献［4］，其中的混凝土块为普通混凝土，与透水挤压边墙混凝土、透水无砂混凝土的表面糙度差异较大。

A.2　垫层上面膜液胀变形应变量计算公式推导

根据垫层颗粒排列试验，超常扁圆砾直径为 D，半径为 R，如附图 A-1 所示，由各超常圆砾间交点 C_1、C_2、C_3 和 C_4 构成的星形孔隙（孔洞）面积 A_s 为

$$A_s=\left(1-\frac{\pi}{4}\right)D^2 \tag{附 A-1}$$

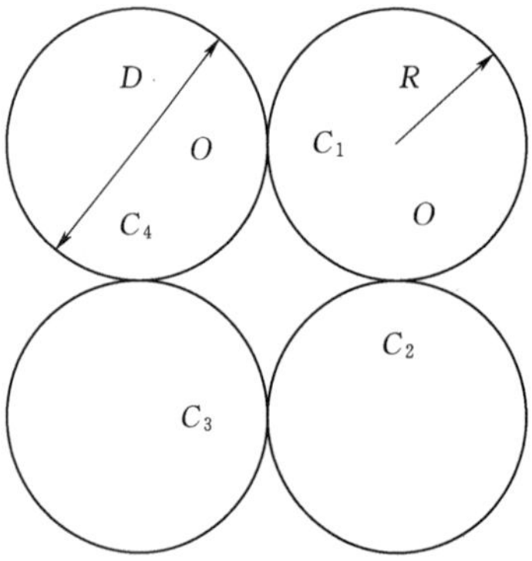

附图 A-1　4 个扁圆砾形成星形孔洞俯视

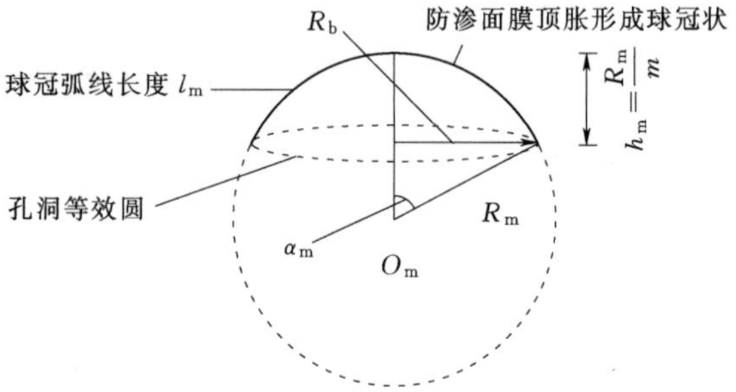

附图 A-2　面膜顶入孔洞（等效圆半径 R_b）形成球冠状立视倒转 180°示意

若将星形孔以等面积的圆形孔表示（参见附图 A-2 中所示孔洞等效圆），则该等面积圆形孔的直径 D_b 和半径 R_b 分别为

$$D_b=\sqrt{\left(\frac{4}{\pi}-1\right)}\times D \quad 和 \quad R_b=\sqrt{\left(\frac{4}{\pi}-1\right)}\times R \tag{附 A-2}$$

如附图 A-2 所示的几何关系，有

$$R_b=\sqrt{2R_m h_m-h_m^2} \tag{附 A-3}$$

由式（附 A-2）=式（附 A-3），得

$$R_m=R\left(\frac{2m}{\pi}-\frac{m}{2}+\frac{1}{2m}\right) \tag{附 A-4}$$

式中：m 为反映颗粒间孔洞深度与超常颗粒粒径（孔洞直径）及厚度关系的参数，简称孔深参数：

$$m=ij=R/h \quad m>2$$

其中 $$i=R/T,\ j=T/h$$

式中：T 为扁圆形砾石的厚度，$T\approx D/4=R/2$；h 为孔洞深度，$h\approx T/2=R/4$。

求附图 A-2 所示球冠圆心角 $2\alpha_m$：

由 $\sin\alpha_i=\dfrac{R_b}{R_m}=\dfrac{\sqrt{\dfrac{4}{\pi}-1}}{\dfrac{2m}{\pi}-\dfrac{m}{2}+\dfrac{1}{2m}}$ 得

$$2\alpha_m=\frac{\pi}{90}\arcsin\frac{\sqrt{\dfrac{4}{\pi}-1}}{\dfrac{2m}{\pi}-\dfrac{m}{2}+\dfrac{1}{2m}} \tag{附 A-5}$$

由球冠面积 $A_m=2\pi R_m h_m$ 和球冠顶线弧长：

$$l_m=R_m\times 2\alpha_m=\frac{\pi R}{90}\left(\frac{2m}{\pi}-\frac{m}{2}+\frac{1}{2m}\right)\arcsin\frac{\sqrt{\dfrac{4}{\pi}-1}}{\dfrac{2m}{\pi}-\dfrac{m}{2}+\dfrac{1}{2m}} \tag{附 A-6}$$

得面膜液胀呈球冠状后的平均面积应变 ε_A：

$$\varepsilon_A=\frac{2\pi R_m h_m-\pi R_b}{\pi R_b}=\frac{\pi}{(4-\pi)m^2}-1 \tag{附 A-7}$$

与面膜顶胀呈球冠状后的平均线应变 ε_l：

$$\varepsilon_l=\frac{l_m-2R_b}{2R_b}=\frac{\pi}{180}\frac{\dfrac{2m}{\pi}-\dfrac{m}{2}+\dfrac{1}{2m}}{\sqrt{\dfrac{4}{\pi}-1}}\arcsin\frac{\sqrt{\dfrac{4}{\pi}-1}}{\dfrac{2m}{\pi}-\dfrac{m}{2}+\dfrac{1}{2m}}-1 \tag{附 A-8}$$

A.3　面膜周边锚固夹具效应概念

A.3.1　夹具效应现象与原理

1. 锚固处两侧的“夹具”

高面膜堆石坝的面膜周边锚固在基岩或混凝土构件上，锚固设计要求锚着力产生的摩阻力大于膜的拉伸强度，相当于拉伸试验中的一端“夹具”，这是维持面膜稳定（不被拔出）所必

需的（参见附图 A－3）；而另一端夹具，位于毗邻锚着处坝面，面膜与膜下垫层之间在库水压力作用下产生的摩擦力大于面膜拉伸强度时，相当于锚着力，就形成了这一端的“夹具”[65]。为区分于实际夹具，此处称其为“面膜夹具”，此可类比面板堆石坝周边缝紫铜片止水的岸坡一端浇筑在趾板内，坝面一端浇筑在面板内，当止水浇筑于两端混凝土内的摩阻力大于紫铜片止水强度时，大坝运行时随着坝体位移增大，止水发生几何变形和材料变形直至断裂破坏，止水浇筑的两端混凝土履行了夹具的功能，否则止水的破坏形式将是从混凝土中被拔出。

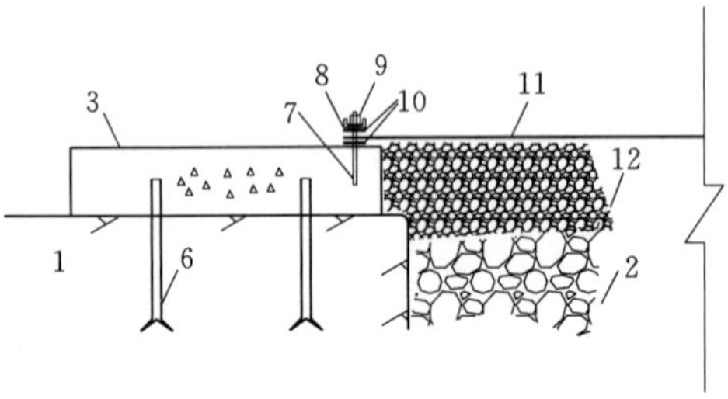

(a) 岸坡基岩处面膜锚固

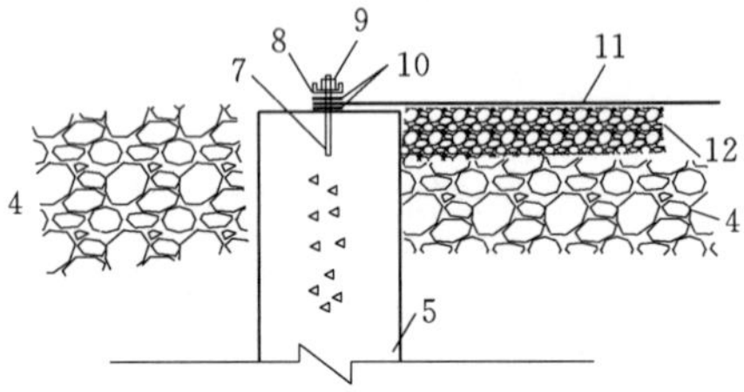

(b) 河床混凝土防渗墙处面膜锚固

附图 A－3 面膜周边常规锚固示意

1—岸坡基岩；2—大坝堆石体；3—混凝土趾板；4—河床砾卵石；5—混凝土防渗墙；6—趾板锚筋；7—锚固螺栓；8—锚固槽钢；9—锚固螺母；10—膜上下橡胶垫层；11—防渗面膜；12—垫层

2. “夹具”作用的负面效应

防渗膜拉伸试验的伸长率 ε 的表达式为

$$\varepsilon=\frac{L_i-L_0}{L_0} \qquad (附\ A-9)$$

式中：ε 为伸长率，%；L_i 为试样某一拉伸状态时的标距，cm；L_0 为试验初始标距，cm，一般为 10cm。

由于面膜的刚度在大坝整体刚度中所占比例极小，所以在大坝整体位移中面膜显现的只是自身的拉伸变形，而对坝体位移的约束作用几乎可以忽略不计。当大坝堆石体的几何尺寸和物理力学性质确定后，在一定水头作用下，大坝的位移量也就基本确定了，相当于正文式（2.2－20）中 L_i 首先是一个定值，ε 值就取决于 L_0 值，而如前所述，“面膜夹具”间的距离就是岸坡基岩与坝面垫层之间的分界线的宽度，仅以毫米量级计，面膜夹具间的距离 L_0 越小，面膜产生的应变量 ε 就越大。如附图 A－4 右图所示，当两端夹具相当接近时，膜需要极大的伸长率才能避免破坏。当设计的面膜材料选定后，其允许的应变值 [ε] 也已确定，若有 ε>[ε]，则面膜就不满足安全要求。可见，面膜周边锚固处“面膜夹具”的存在使常规设计的面膜铺设形式难以适应坝体位移变形而产生负面效应，称此负面效应为“夹具效应”。“面膜夹具”坝面端面膜受力变形示意见附图 A－5。

A.3.2 避免或削弱夹具效应的设计思路

避免周边锚固处面膜超标变形的机制可描述为：在两端夹具从基本确定的初始位置（锚固设计一定，初始位置基本确定）运动到大致确定的终了位置（河谷形状、堆石体变形模量、坝高等一定，坝面周边位移大致确定）的过程中，面膜如何避免超标变形。针对以上原理，可采用以下设计思路。

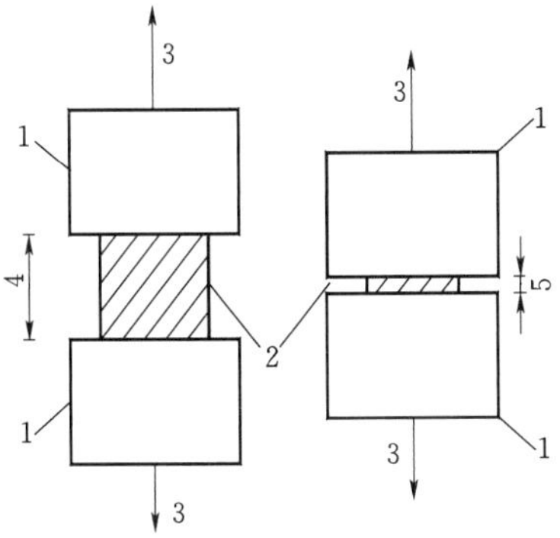

附图 A-4　夹具初始位置示意

1—夹具；2—膜试样；3—夹具运动方向

4—初始标距 100mm；5—初始标距 1mm

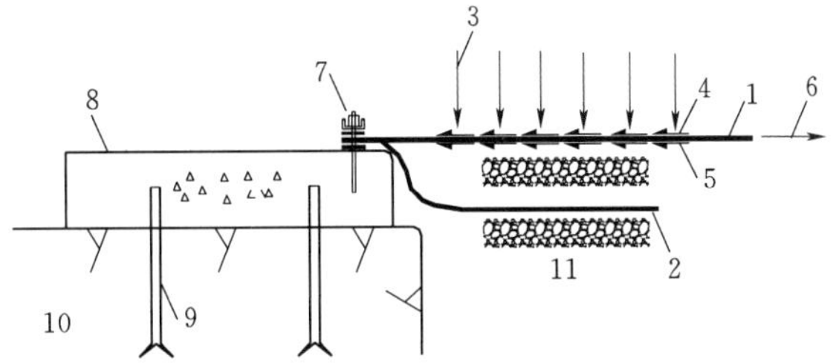

附图 A-5　面膜坝面端受力变形示意

1—面膜初始位置；2—蓄水后坝体产生位移后的面膜位置；3—水压力 p；4—膜上面摩阻力 τ_u；5—膜下面摩阻力 τ_d；6—膜内拉力 T；7—锚固件；8—混凝土趾板；9—锚杆；10—基岩；11—膜垫层

1. 以面膜的几何变形替代面膜的材料变形

铺膜坝面跟基岩的交线称作“铺膜线”，周边基岩趾板锚固面膜的截面线称作“锚固线”。按常规面膜铺设方式，铺膜线与锚固线基本处于同一平面，相当于两端夹具相互靠近，夹具效应将不可避免；若将铺膜线平面设置高于锚固线平面，高出的值为该处蓄水后的位移值（可据已建相仿工程经验或有限元计算拟定），水库满蓄坝面位移后使铺膜线回到锚固线附近，夹具效应得以消除。在空间上，面膜出了锚固件后有一段“往上逆向铺设”，再回到坝面铺设。

由于蓄水运行后的面膜随坝体位移回到与锚固线同一平面附近，面膜只产生几何变形，几乎不发生材料变形，夹具效应得以避免。

2. 增大“标距”以减少应变

与周边趾板锚固处相邻的坝面边缘留出一条浅沟槽，使出自锚固件的面膜顺着浅沟槽铺设，沟槽底部至锚固线之间的距离相当于两个夹具之间的距离，即两个夹具间标距比常规铺设明显增大，而水库满蓄后沟槽底部产生与坝面几乎相同的位移，可见，该处的面膜变形将明显减小。在空间上，面膜出了锚固件后有一段“往下顺向铺设”，再回到坝面铺设。

由于增大了两夹具的初始距离，在终距离一定情况下，明显减小了面膜的拉伸应变量，可使面膜不发生超标变形。

A.4　堆石坝其他主体设计与地基防渗处理概要

A.4.1　非接触垫层（支持层）

1. 接触垫层为非颗粒垫层情况

支持层水平厚度为 3m，垫层区宜沿基岩接触面向下游适当扩大，延伸长度视岸坡地形、地质条件及坝高确定；垫层料可采用经筛选加工的砂砾石、轧制砂石料或其掺配料。

轧制砂石料应采用坚硬和抗风化能力强的岩石加工。

支持层料应具有良好连续级配，最大粒径为80～100mm，粒径小于5mm的颗粒含量宜为35%～55%，小于0.075mm的颗粒含量宜为4%～8%。

支持层铺料厚度为40cm，孔隙率为18%；压实后应具有自身低压缩性、高抗剪强度；渗透系数约为10^{-3}cm/s；自身及与过渡层之间均满足渗透稳定性。

株树桥和天生桥一级等面板堆石坝面板开裂或止水结构破坏导致面板堆石坝渗漏的实例显示，垫层区可能会承受30%～86%的水头，因而应进行垫层料渗透变形试验测得其容许水力坡降，通过技术经济比较来确定垫层区尺寸。

2. 接触垫层为颗粒垫层情况

水平厚度为2～3m；连续级配良好，最大粒径为50～70mm，粒径小于5mm的颗粒含量宜为50%～60%，小于0.075mm的颗粒含量宜为4%～8%。

其他指标要求与“1”相同。

A.4.2 过渡层

位于支持层与主堆石区之间的过渡层起着前两者之间的力学性能和水力学性能的过渡，水平厚度4m；采用新鲜坚硬爆破料或洞挖料，也可采用天然砂砾卵石料。

过渡料应级配连续，最大粒径200～300mm，粒径0.075～2mm的颗粒含量5%～15%；过渡料的渗透系数为10^{-1}～10^{-2}cm/s。

填筑孔隙率为20%，压实后应具有低压缩性和高抗剪强度，并具有自由排水性能。

A.4.3 堆石体

1. 主堆石区

主堆石区应满足变形小、与相邻区变形协调并满足水力过渡和渗透稳定要求。应选用抗剪强度高、变形模量高、压实特性良好的筑坝材料。

填筑料应具有良好的颗粒级配，最大粒径应不超过压实层厚度，小于5mm颗粒含量不宜超过20%，小于0.075mm颗粒含量不宜超过5%。

孔隙率控制在20%～22%；压实后应具有自由排水性能、较高的抗剪强度和较低的压缩性。

当用软质岩堆石料用作中低坝上游堆石区，其渗透性不能满足排水要求时，应在坝内上游设置竖向排水区、沿底部设置水平排水区。排水区的排水能力应满足自由排水要求，必要时竖向排水区上游侧可设反滤层。排水区的坝料应坚硬，抗风化能力强。

2. 下游堆石区

为降低工程造价和缩短工期，下游堆石区尽量利用坝址料场开挖料中较差的堆石料以及尽量利用建筑物的开挖料，尽量做到挖填平衡；但高坝更应重视与主堆石区的变形协调。

下游堆石区应分为浸润线以上和以下两部分进行结构和材料设计。对下游堆石区位于浸润线以下的部分，应采用能自由排水、抗风化能力较强的石料填筑；对下游堆石区位于浸润线以上的部分，可不考虑水力过渡要求，但应满足变形协调要求。填筑孔隙率指标为20%～22%。

当用软质岩用作中低坝的堆石料时，下游堆石区与主堆石区的水平排水区一脉相承，必要时可设置下游坝趾大块石棱体，起到反滤排水作用；排水区与相邻坝体分区之间应设置反滤层，以防止排水区淤堵。

A.4.4　坝基防渗处理

1. 坝基帷幕灌浆

岩基帷幕灌浆一般设1排灌浆孔；对高坝，承受水头较大的部位，宜设2排，两岸坝肩部位，一般设1排。帷幕灌浆的排距一般为1.5m，孔距一般为2m。1、2级坝及高坝的帷幕深度应深入岩体透水率3～5Lu区域内5m，3级坝以下应深入岩体透水率为5～10Lu区域内5m，或按1/3～1/2坝高确定，并做好两岸坝肩的渗流控制。

当趾板建在岩溶地基上时，其防渗处理方法和岩溶地区坝基处理方法相同，可在趾板上设置灌浆廊道。

2. 坝基固结灌浆

为提高坝基岩体的完整性，封闭表面裂隙，几乎所有岩基趾板地基都要进行固结灌浆。

固结灌浆一般布置3～4排，将中间排与帷幕灌浆孔相结合或加深固结灌浆兼作辅助帷幕，随着坝高的增加，趾板加宽，排数也相应增加。孔距一般2～3m，孔深5～8m，排距均为2.5m。应通过现场灌浆试验确定灌浆参数与工艺。

3. 覆盖层混凝土防渗墙

趾板直接建于河床较深砂砾石覆盖层上时，地基处理宜采用混凝土防渗墙。混凝土防渗墙具有防渗性好、适应性强、施工技术成熟等优点。

混凝土防渗墙底部宜嵌入弱风化基岩0.5～1.0m，防渗墙厚度一般为0.8～1.2m。

防渗墙与岸坡的连接，可直接深入岸坡岩体，也可在岸坡处开挖齿槽，回填混凝土，形成混凝土齿墙，将防渗墙嵌入齿墙内。

参　考　文　献

[1] 顾淦臣. 土工薄膜在坝工建设中的应用 [J]. 水力发电，1985，11 (10)：43-50.
[2] 顾淦臣. 土工薄膜防渗结构述评 [J]. 河海大学学报，1988，16 (增1)：11-34.
[3] 束一鸣，顾淦臣. 土工膜防渗土石坝及围堰在中国的进展 [J]. 河海大学学报，1990，18 (水电专辑)：43-48.
[4] 《土工合成材料工程应用手册》编委会. 土工合成材料工程应用手册 [M]. 北京：中国建筑工业出版社，1994.
[5] 《土工合成材料工程应用手册》编委会. 土工合成材料工程应用手册 [M]. 北京：中国建筑工业出版社，2000：123-126.
[6] 顾淦臣. 复合土工膜或土工膜堤坝实例述评 [J]. 水利水电技术，2002，33 (12)：26-32.
[7] 包承纲. 土工合成材料应用原理与工程实践 [M]. 北京：中国水利水电出版社，2008.
[8] 束一鸣，吴海民，姜晓桢. 高面膜堆石坝发展的需求与关键技术 [J]. 水利水电科技进展，2015，35 (1)：1-9.
[9] 蔡跃波，谢年祥. 加筋氯丁橡胶力学性能及胶接工艺试验研究 [J]. 河海大学学报，1988，16

(增 1)：35 - 57.

[10] 陶同康，鄢俊，于龙. 复合土工薄膜的隔热特性 [J]. 水利水运科学研究，1997 (1)：11 - 17.

[11] 束一鸣. 防渗土工膜工程特性的探讨 [J]. 河海大学学报，1993，21 (4)：1 - 6.

[12] 任大春，张伟，吴昌瑜，等. 复合土工膜的试验技术和作用机理 [J]. 岩土工程学报，1998，20 (1)：10 - 13.

[13] 束一鸣，叶乃虎. LDPE 土工膜液胀极限荷载的工程仿真实验 [J]. 水利水电科技进展，2003，23 (5)：1 - 3.

[14] 束一鸣，潘江. 损伤土工膜液胀强度试验研究 [J]. 水利水电科技进展，2005，25 (6)：34 - 36.

[15] 束一鸣，吴海民，林刚，等. 土工合成材料双向拉伸蠕变测试仪：中国，201019026078.X [P]. 2011 - 04 - 11.

[16] 姜晓桢，束一鸣，吴海民，等. 土工膜内压薄壁圆筒试样双向拉伸试验装置及试验方法：中国，201210117437.4 [P]. 2014 - 05 - 07.

[17] 吴海民，束一鸣，曹明杰，等. 土工合成材料双向拉伸多功能试验机的研制及初步应用 [J]. 岩土工程学报，2014，36 (1)：170 - 175.

[18] 吴海民，束一鸣，滕兆明，等. 高堆石坝面膜防渗体非散粒体垫层工程特性试验 [J]. 水利水电科技进展，2015，35 (1)：29 - 37.

[19] 刘霞，田汉功. 大屯水库库盘铺膜关键技术试验研究 [J]. 南水北调与水利科技，2011，9 (6)：110 - 152.

[20] 李旺林，李志强，魏晓燕，等. 土工膜缺陷渗漏引起气胀的研究 [J]. 岩土工程学报，2013，35 (6)：1161 - 1165.

[21] 张凯，刘斯宏. 土工膜防渗平原水库膜下气场数值模拟 [J]. 南水北调与水利科技，2012，10 (5)：97 - 100.

[22] 王昊，于福春，王兴菊. PE 土工膜与逆止阀连接部位拉伸试验及质量检测 [J]. 水电能源科学，2015，33 (1)：96 - 98.

[23] 陶同康. 复合土工薄膜及其防渗设计 [J]. 岩土工程学报，1993，15 (2)：31 - 39.

[24] 顾淦臣. 关于“复合土工薄膜及其防渗设计”一文的讨论 [J]. 岩土工程学报，1994，16 (5)：97 - 100.

[25] 鄢俊，李定方，陶同康. 土工膜的架空强度 [J]. 水利水运工程学报，2001 (2)：42 - 45.

[26] 鄢俊，陶同康，李定方. 土工膜防渗层结构优化设计 [J]. 水利水运工程学报，2001 (4)：45 - 48.

[27] 吴景海，陈环. 土工膜防渗层渗漏流量的计算 [J]. 岩土工程学报，1995，17 (2)：93 - 99.

[28] 束一鸣. 土工膜连接和缺陷渗漏量计算与缺陷渗漏影响 [J]. 人民长江，2002，33 (3)：26 - 28.

[29] 沈振中，姜沆，沈长松. 复合土工膜缺陷渗漏试验的饱和-非饱和渗流有限元模拟 [J]. 水利学报，2009，40 (9)：1091 - 1095.

[30] JIANG X Z，SHU Y M. Probabilistic analysis of random contact force between geomembrane and granular material [J]. Journal of Central South University，2014，21 (8)：3309 - 3315.

[31] JIANG X Z，SHU Y M，ZHU J G. Probabilistic analysis of geomembrane puncture from granular material under liquid pressure [J]. Journal of Central South University，2013，20 (11)：3256 - 3264.

[32] 束一鸣，顾淦臣. 土工薄膜中央防渗土石坝有限元分析 [J]. 河海大学学报，1988，16 (增 1)：79 - 91.

[33] 顾淦臣. 承压土工膜厚度计算的研究 [C]//全国第三届土工合成材料学术会议论文集. 天津：天津大学出版社，1992：249 - 257.

[34] 中华人民共和国水利部. 水利水电工程土工合成材料应用技术规范：SL/T 225—1998 [S]. 北京：

中国水利水电出版社，1998.
[35] SHU Y M，LI Y H. Design principles for high head earth - rock dams with geomembranes [C]// Dam safety problems and solutions - sharing experience，ICOLD 72nd Annual meeting Proceedings，Seoul，Korea，INTERCOM Convention Services，Inc. 2004：628 - 639
[36] 花加凤，束一鸣，张贵科，等. 土石坝坝面防渗膜中的夹具效应 [J]. 水利水电科技进展，2007，27 (2)：66 - 68.
[37] 束一鸣，李永红. 较高土石坝膜防渗结构设计方法探讨 [J]. 河海大学学报，2006，34 (1)：60 - 64.
[38] 许四法，杨杨，洪波. HDPE 土工膜温度应力及其应力松弛评价 [J]. 东南大学学报，2006，36 (5)：820 - 824.
[39] 束一鸣，吴海民，姜晓桢，等. 高面膜堆石坝的夹具效应机制与消除设计方法 [J]. 水利水电科技进展，2015，35 (1)：10 - 15.
[40] 姜晓桢，束一鸣. 高面膜堆石坝防渗结构受力变形数值分析方法 [J]. 水利水电科技进展，2015，35 (1)：23 - 27.
[41] 何强，魏东，侍克斌，等. 当静冰压力很大时坝体土工膜防渗结构的稳定分析 [J]. 小水电，2008，140 (2)：20 - 21.
[42] 姜海波，侍克斌. 坝坡复合土工膜防渗体的抗滑稳定分析 [J]. 水资源与水工程学报，2010，21 (6)：15 - 18.
[43] WU H M，SHU Y M，ZHU J G. Implementation and verification of interface constitutive model in FLAC3D [J]. Water Science and Engineering，2011，4 (3)：305 - 316.
[44] WU H M，SHU Y M，CHENG F. Research and Prospect on Numerical Simulation of Geosynthetic - soil Interaction [C]// International Workshop on Architecture，Civil & Environmental Engineering，April 15 - 17，2011. Lushan，China.
[45] WU H M，SHU Y M. Stability of geomembrane surface barrier of earth dam considering strain - softening characteristic of geosynthetic interface [J]. KSCE Journal of Civil Engineering，2012，16 (7)：1123 - 1131.
[46] 束一鸣，顾淦臣，向大润. 长江三峡二期围堰土工膜防渗结构前期研究 [J]. 河海大学学报，1997，25 (5)：71 - 74.
[47] 忘海洋. 仁宗海水库电站大坝上游坡面复合土工膜防渗工程施工技术 [J]. 吉林水利，2010，343 (12)：66 - 70.
[48] 束一鸣. 用复合土工膜完善土坝防渗的实践 [J]. 人民长江，2002，33 (9)：27 - 29.
[49] 束一鸣，张利新，袁全义，等. 西霞院反调节水库土石坝膜防渗工艺 [J]. 水利水电科技进展，2009，29 (6)：70 - 73.
[50] 褚清帅. 仁宗海水库大坝 HDPE 复合土工膜施工技术 [J]. 四川水力发电，2011，30 (5)：32 - 35.
[51] 何世海，吴毅谨，李洪林. 土工膜防渗技术在泰安抽水蓄能电站上水库的应用 [J]. 水利水电科技进展，2009，29 (6)：78 - 82.
[52] 李冬凤. 浅谈华山沟水电站大坝 PVC 复合土工膜防渗心墙的施工 [C]// 全国第十二次防水材料技术交流大会论文集，2010：237 - 241.
[53] 龚履华，李青云，包承纲. 土工膜应变计的研制及其应用（Ⅱ）[J]. 岩土力学，2005，26 (12)：2035 - 2040.
[54] 冯俐. 汉江王甫洲坝堤复合土工膜防渗工程原型观测 [J]. 水电自动化与大坝监测，2003，27 (6)：59 - 62.
[55] MARULANDA A，CASTRO A，RUBIANO N R. Miel Ⅰ：a 188 m high RCC dam in Colombia

[J]. The International Journal on Hydropower &Dams，2002，9（3）：76－81.

[56] KLINE R. Design of roller－compacted concrete features for Olivenhain dam：dams，innovations for sustainable water resources [C]// Proceedings of 22nd USSD Conference. Denver，USA：United States Society on Dams，2002：23－34.

[57] GIROUD J P. Analysis of stresses and elongations in geomembranes [C]// Proceedings of the International Conference on Geomembranes，1984，Denver，CO，IFAI Publisher，Vol. 2.

[58] 束一鸣. 高面膜堆石坝防渗面膜关键设计概念与设计方法 [J]. 水利水电科技进展，2019，39（1）：46－53.

[59] 戴林军. 堆石坝面膜防渗结构聚氨酯无砂混凝土垫层工程特性 [D]. 南京：河海大学，2012.

[60] CAZZUFFI D，GIROUD J P，SCUERO A，et al. Geosynthetic barriers systems for dams，Keynote Lecture [C]// Proceeding of the 9th International Conference on Geosynthetics. Guaruj，Brazil：Brazilian Chapter of the International Geosynthetics Society，2010：115－163.

[61] 蔡斌，宣李刚，唐存军. 南欧江六级水电站大坝复合土工膜施工 [J]. 水利水电施工，2015，152（5）：26－29.

[62] 李小峰，李宜田，马文振. 南欧江六级水电站大坝混凝土挤压边墙施工 [J]. 水利水电施工，2015，152（5）：40－43.

[63] 束一鸣，吴海民，姜晓桢，等. 补偿位移消除高面膜堆石坝防渗膜锚固处夹具效应的工艺技术：201410248046.5 [P]. 2014－06－05.

[64] SEMBENELLI P，SEMBENELLI G，SCUERO A M. Geosynthetic system for Geosynthetics. Roseville，Minnesota：Industrial Fabrics Association，1998：1099－1106.

[65] 代巧枝. 西霞院水库大坝设计 [J]. 河南水利，2004（6）：46－47.

[66] 刘宗仁. 西霞院反调节水库复合土工膜斜墙砂砾石大坝防渗施工技术 [J]. 水利水电科技进展，2009，29（6）：74－77.

[67] 皇甫拴劳. 软岩堆石坝复合土工膜防渗系统研究与应用 [J]. 水利水电施工，2015，152（5）：22－25.

[68] 宁宇，喻建清，崔留杰. 软岩堆石高坝土工膜防渗技术 [J]. 水力发电，2016，42（5）：62－67.

第 3 章　混凝土坝土工膜防渗设计

3.1 概　　述

混凝土坝上游面采用土工膜进行防渗是近几十年来国际上兴起的一种新型防渗技术。据国际大坝委员会最近一次统计，截止到 2010 年，全世界采用土工膜防渗的混凝土坝有 90 余座，其中用于新建碾压混凝土坝防渗的有 40 余座，用于老混凝土坝防渗加固的有 50 余座；新建土工膜防渗碾压混凝土坝最高达 188m，土工膜防渗加固的老混凝土坝最高的达 200m。尽管土工膜防渗混凝土坝具有较多优点，是国际上最具有竞争力的坝型之一，但是国外混凝土坝土工膜防渗系统大多采用专利技术、产品及工艺，一些国外承包商申请了专利保护，从材料供应、结构设计、施工建造实行一条龙承包，具体的技术与建造经验，只做一般的报道，缺乏技术交流与推广，而我国至今尚未建造采用土工膜作为全坝面主体防渗的混凝土坝。

目前国际上采用土工膜进行防渗的混凝土坝包括碾压混凝土坝、普通混凝土坝和浆砌石坝。其中，碾压混凝土坝的防渗主要是用在新建重力坝的上游面防渗；而普通混凝土坝和浆砌石坝主要是运用土工膜防渗系统进行老坝的防渗加固，国际上只有极少数新建混凝土坝和浆砌石坝采用土工膜防渗，且近期已不再建造。所以，本章混凝土坝的土工膜防渗主要涉及新建碾压混凝土重力坝的土工膜防渗设计和老混凝土坝（包括常规混凝土坝、碾压混凝土坝和浆砌石坝，下同）的土工膜防渗加固设计。

3.1.1　混凝土坝土工膜防渗工程进展

3.1.1.1　新建碾压混凝土坝

国际上第一座碾压混凝土坝在 20 世纪 80 年代初期建成，而在 1984 年，美国 Carrol Ecton 碾压混凝土坝就采用土工膜作为上游面防渗体。随后土工膜开始大量用于新建碾压混凝土坝的上游面防渗和老旧碾压混凝土坝的防渗修补。据国际大坝委员会统计，截止到 2010 年，全世界已建成的 290 余座碾压混凝土坝中，有 40 多座采用了土工膜进行防渗，其中 36 座大坝是用于整个上游坝面的防渗，还有几座土工膜防渗的碾压混凝土坝正在建设之中；碾压混凝土坝土工膜防渗系统类型统计见表 3.1－1。目前最高的土工膜防渗混凝土坝是 2002 年哥伦比亚建成高 188m 的 MielⅠ重力坝（在我国龙滩大坝建成之前为世界最高碾压混凝土坝），还有美国于 2003 年建成的高 97m 的 Olivenhain 坝（在当时碾压混凝土方量是最大的，达 150 万 m^3）。这两座大坝均采用了较为先进的坝面"土工膜防渗＋排水"渗控系统，使碾压混凝土坝体内的渗透压力基本消失，坝体成为名副其实的支撑体。Olivenhain 坝在坝面防渗土工膜后采用了具有复合排水网的排水系统，成为排除渗入膜后重力水的"高速公路"，使渗水无法进入坝体。以上两座大坝虽然均建造在高烈度地震带上，相比其他采用传统防渗结构的碾压混凝土坝，表现出非常杰出的渗控效果和造价优势。

表 3.1-1 碾压混凝土坝土工膜防渗系统类型统计（截止到2010年）

防渗位置	类型	总数	聚氯乙烯(PVC)	高密度聚乙烯(HDPE)	线性低密度聚乙烯(LLDPE)
整个上游坝面	裸露	15	15	0	0
	带保护层	21	19	1	1
混凝土缝	裸露	3	3	0	0
	带保护层	0	0	0	0
裂缝	裸露	3	3	0	0
	带保护层	0	0	0	0
最大防渗面积/m^2		38880	38880	—	—
最大坝高/m		188	188	—	40
坝址最高海拔/m		1160	1160	—	220
最早建成年份		1984	1984	—	1992
最新建成年份		2009	2009	—	1992

目前我国尚无采用土工膜作为主要防渗体的新建碾压混凝土坝，仅有采用局部防渗加固的工程。如1994年建成的河北温泉堡碾压混凝土拱坝（坝高48m），在上游坝面底部17.5m高度范围内粘贴PVC复合土工膜进行防渗，土工膜承受最大水头46.4m，建成至今已有20余年，蓄水后检查发现土工膜防渗效果良好。

3.1.1.2 老混凝土坝

对于运行若干年后的老混凝土坝及浆砌石坝，在软水弱化、冻融循环、碱骨料反应、裂隙水冻胀等作用下，坝体上游面混凝土防渗层易出现裂缝而引起防渗失效漏水，渗水进入坝体又会进一步引起混凝土劣化，进而威胁整个坝体结构的稳定安全。对于防渗体失效的老混凝土坝，需要在其上游面进行防渗加固，以阻止库水进入坝体，保证大坝安全。

坝面土工膜防渗系统因具有防渗性能好、施工方便、造价低和工期短等优点，从20世纪70年代开始应用于重力坝、拱坝、支墩坝、连拱坝等多种混凝土坝全坝面的防渗加固和局部接缝的渗漏修补。国际上最早采用土工膜进行防渗加固的是意大利的Lago Baitone混凝土重力坝，该坝建成于1930年，坝址高程2280m，坝高37m，于1969年采用2.0mm厚的裸露聚异丁烯薄膜对大坝上游准直立面部位进行渗漏修补，于1994年又重新更换为裸露的2.0mm厚的PVC复合土工膜防渗系统。第一座采用土工膜进行全坝面渗漏修复的是意大利的Lago Miller重力坝，该坝建成于1926年，坝址高程2170m，坝高11m，于1976年采用裸露的2.0mm厚的PVC光膜对整个上游坝面进行防渗加固。第一座采用PVC复合土工膜（一布一膜）进行混凝土坝全坝面防渗加固的是位于意大利的Lago Nero重力坝，该坝建成于1929年，坝址高程2027m，坝高45.5m，于1980年采用裸露的2.0mm厚PVC复合膜对整个上游坝面进行防渗加固。Lago Nero重力坝的防渗加固是PVC复合土工膜第一次在大坝防渗中应用，此后许多新建大坝防渗和老坝防渗加固都采用了这种型式的防渗材料。

截止到2010年的老混凝土坝土工膜防渗加固系统类型统计见表3.1-2，由表中数据可知，共有 53 座混凝土坝和浆砌石坝采用了土工膜防渗系统进行了防渗加固，其中 48 座采用了没有保护层的裸露土工膜防渗系统。典型的工程有奥地利的 Kölbrein 混凝土双曲拱坝（坝高 200m）、意大利的 Alpe Gera 混凝土重力坝（坝高 174m），这两座大坝均在坝面承受最大水头处用土工膜进行渗漏修补处理，运行后防渗效果良好。

表 3.1-2　　老混凝土坝土工膜防渗加固系统类型统计（截止到 2010 年）

坝　型		总数	聚氯乙烯（PVC）	线性低密度聚乙烯（LLDPE）	氯磺化聚乙烯（CSPE）	替代型氯化聚乙烯（CPE-R）	现场涂膜
重力坝	裸露	32	31	0	0	0	1
	带保护层	1	1	0	0	0	0
支墩坝	裸露	3	3	0	0	0	0
	带保护层	0	0	0	0	0	0
拱坝	裸露	4	3	0	1	0	0
	带保护层	4	0	2	1	1	0
连拱坝	裸露	9	9	0	0	0	0
	带保护层	0	0	0	0	0	0
最大防渗面积/m^2			17000	17325	9000	400	4000
最大坝高/m			174	185	200	70	46.50
最早建成年份			1974	1981	1981	—	1979
最新建成年份			2008	—	1986		

我国用土工膜进行混凝土坝的防渗加固起步较早，但应用数量并不多。最早始于 1967 年辽宁桓仁水库混凝土坝的渗漏修补，该水库为大（1）型工程，库容 34.6 亿 m^3，坝型为混凝土单支墩大头坝，坝高 78.5m，因裂缝漏水，于 1967 年采用两层厚度为 1mm 的沥青聚合物膜粘贴锚固在上游坝面进行防渗加固。这是我国大陆第一座采用土工膜进行防渗加固的大坝，开创了土工合成材料在我国大坝工程中应用的先河。此外，湖南东江混凝土双曲拱坝高 157m，底宽 35m，厚高比 0.223，坝顶高程 294m，于 1991 年建成，为当时最高的双曲拱坝。东江大坝施工过程中死水位以下部位产生一些较为严重的裂缝，有些裂缝延伸到上游坝面，除采用结构措施处理外，还在拱坝上游面用氯丁胶粘贴面积为 2239.5m^2、厚度为 1.5～2.0mm 的氯丁橡胶膜和氯化丁基橡胶膜；防渗膜与混凝土间的抗剪切扯离应力为 0.85MPa，抗剥离应力为 0.22MPa，平均单价为 62 元/m^2，造价低，施工速度快。该工程的特点是在新建混凝土坝施工中直接采用土工膜进行防渗加固处理。

目前国际上用土工膜进行老混凝土坝防渗加固的实例已越来越多，在 2010 年之后还有数座老混凝土坝正在采用土工膜防渗系统进行防渗加固，当时工程尚未完建，故未纳入统计。现在土工膜防渗系统在国际上已成为老混凝土坝防渗加固的优选方案之一。

3.1.2　混凝土坝土工膜防渗的特点与适用条件

3.1.2.1　混凝土坝土工膜防渗的特点

1. 碾压混凝土坝土工膜防渗系统的特点

（1）防渗效率高，可降低坝体碾压混凝土性能要求，节约水泥。土工膜几乎不透水，这使坝体碾压混凝土的性能要求降低，碾压混凝土可不设防渗指标要求，通过掺加足够的石粉和外加剂来降低水泥的用量，同时也降低了大体积混凝土的水化热温升。

(2) 施工程序流畅，工期短，造价低。土工膜防渗系统可在碾压混凝土坝体填筑完成后安装，或者上部坝体进行碾压混凝土施工的同时，底部坝体的坝面可进行土工膜防渗系统的安装。这使得整个大坝的施工程序更加简单流畅。与常规碾压混凝土坝（指采用常态混凝土或变态混凝土进行防渗的碾压混凝土坝，下同）施工相比，减少了坝面防渗层混凝土与坝体碾压混凝土施工的相互干扰；省去了防渗层混凝土裂缝及其与碾压混凝土之间界面的处理；此外，碾压混凝土层面结合部位及横缝的处理要求也大大降低。因此，坝体碾压混凝土可实现快速浇筑，既加快了施工进度，又可降低施工成本。

(3) 坝面防渗系统独立工作，碾压混凝土坝体安全度更高。坝面防渗系统设有防渗膜和排水系统，即防渗膜与坝体上游面之间设置复合排水网，可将通过防渗膜缺陷的渗漏水直接排至坝踵廊道，再经过抽排水设备排向下游。膜后排水系统可以有效减小进入碾压混凝土内部的渗水和层面的渗透压力，避免或减小孔隙水压力对碾压混凝土裂缝的破坏和避免碱骨料反应等危害的发生，较大程度地增加整个坝体的稳定性和安全度。

(4) 防渗系统运行状态精准监测，修补更换方便。土工膜防渗系统的竖向锚固缝和周边锚固缝内部可分别布置竖向排水通道和集水管，并通过横向排水管与坝基的廊道相连，从而形成渗漏收集系统。由于每个坝段的防渗和排水系统相对隔离，通过在渗漏收集系统内布置相应渗漏监测系统就能准确监控土工膜防渗系统的运行状态。如发现渗漏，通过监测系统定位渗漏位置，降低水库水位后即可进行修补或更换。

2. 老混凝土坝土工膜防渗加固系统的特点

(1) 防渗加固效果好。采用坝面土工膜防渗系统既可解决老混凝土坝的渗漏问题，又起到加固大坝的作用。几乎不透水的土工膜防渗系统，可通过对上游坝面和周边缝的全覆盖来阻止渗水进入坝体，从而避免坝体混凝土和浆砌石中的水泥浆进一步劣化，同时对坝体结构起到一种间接的加固作用。

(2) 防渗系统使用寿命更长。任何一种防渗系统均会随使用时间的延长而产生新的渗漏点，当渗漏水流进入坝体后，在水压力作用下，防渗系统就会加剧损坏而失效。土工膜防渗系统一般通过在土工膜与混凝土坝面之间设置排水层，可以使通过土工膜缺陷的渗水从排水层排至坝基廊道，从而阻止入渗水压对防渗系统的进一步破坏。所以，即使在土工膜防渗层出现局部缺陷时，整个防渗系统仍不会失效，也不会导致混凝土坝和浆砌石坝坝体水泥浆的进一步劣化，故相对于灌浆或者喷涂防水材料等传统防渗加固方式，土工膜防渗系统的使用寿命更长。

(3) 施工工艺简单，工期短，造价低。只需对原有坝面稍加处理或者不处理即可安装土工膜渗漏修复系统，施工工艺简单，不需大型施工设备和太多劳力，工期很短，造价也较低。

(4) 防渗系统维修非常方便。土工膜防渗系统如出现破坏，不须拆除整个系统，在渗漏点采用同样材质的土工膜补丁进行修补即可，维修非常方便。

3.1.2.2 混凝土坝土工膜防渗的适用条件

从目前国际上的已建成工程可知，对用土工膜进行防渗的新建碾压混凝土坝、老混凝土坝和浆砌石坝的高度并没有限制。已经采用裸露土工膜作为全坝面主体防渗的新建碾压混凝土坝最大坝高达 188m（哥伦比亚的 Miel Ⅰ 坝，于 2002 年建成，当时世界最高碾压混凝土坝）；应用土工膜进行防渗加固的大坝最高达 200m（奥地利的 Kölbrein 坝，于 1981—1985 年加固）；而采用裸露的土工膜防渗系统进行整个坝面防渗加固的大坝最高达 174m（意大利的 Alpe Gera 坝，于 1994 年加固）。所以，从技术层面上讲，采用土工膜进行新建碾压混凝土坝的主体防渗和老混凝土坝防渗加固均不存在问题，而且这种防渗型式的适应地域范围也非常广。目前已建成的土工膜防渗工程中，有的位于高寒（如冰岛、蒙古地区最低运行温度－50℃）高海拔和高地震烈度区，也有的位于赤道附近高湿高热强紫外线辐射的低纬度地区（如哥伦比亚、印度尼西亚），还有的位于高温干旱的热带沙漠地区（约旦）；工程在这些复杂施工条件和极端运行环境下都建造成功，并且工期短，造价省，运行效果良好。故是否应该采取该防渗型式主要还是取决于建造成本上的比选。

3.1.3　相关规范

混凝土坝土工膜防渗设计应遵守以下标准、规程及规范：

（1）《土工合成材料　聚乙烯土工膜》（GB/T 17643—2011）。

（2）《土工合成材料　聚氯乙烯土工膜》（GB/T 17688—1999）。

（3）《聚氯乙烯（PVC）防水卷材》（GB 12952—2011）。

（4）《土工合成材料测试规程》（SL 235—2012）。

（5）《土工合成材料应用技术规范》（GB/T 50290—2014）。

（6）《水电工程土工膜防渗技术规范》（NB/T 35027—2014）。

（7）《混凝土重力坝设计规范》（SL 319—2005）。

（8）《混凝土重力坝设计规范》（NB/T 35026—2014）。

（9）《浆砌石坝设计规范》（SL 25—2006）。

（10）《混凝土拱坝设计规范》（DL/T 5346—2006）。

（11）《混凝土拱坝设计规范》（SL 282—2018）。

（12）《碾压混凝土坝设计规范》（SL 314—2018）。

（13）《水工混凝土施工规范》（DL/T 5144—2015）。

（14）《水工混凝土施工规范》（SL 677—2014）。

（15）《水工碾压混凝土施工规范》（DL/T 5112—2009）。

3.2　新建碾压混凝土坝土工膜防渗设计

3.2.1　土工膜防渗碾压混凝土坝整体结构布置

土工膜防渗碾压混凝土坝典型横断面如图 3.2-1 所示，土工膜防渗系统位于坝体上游表面，整个建筑物包括碾压混凝土坝体和坝面土工膜防渗系统两部分。

3.2.1.1　碾压混凝土坝体

碾压混凝土坝体是坝面土工膜防渗系统的支撑结构，其断面与采用常规防渗型式的碾压混凝土坝体基本相同。主坝体可采用无任何防渗指标要求的碾压混凝土，坝体碾压混凝土层只需满足抗剪和稳定方面的指标要求即可。在坝体与两岸岩体结合部位采用 15cm 厚

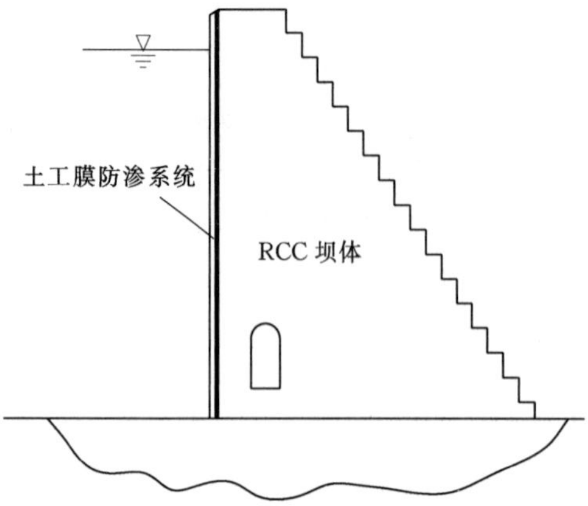

图 3.2-1 土工膜防渗碾压混凝土坝典型横断面

的一级配混凝土作为结合层。大坝上游面可采用0.4m厚的富浆碾压混凝土使其更易成型和更加平整。但国际上也有许多工程的上游坝面不采用富浆碾压混凝土，而是整个坝体均采用碾压混凝土，如洪都拉斯的Concepción和Nacaome坝、法国的Riou坝、印度尼西亚的Balambano坝、美国的Penn Forest坝和Buckhorn坝。在坝踵及岸坡部位布置混凝土趾板（灌浆平台），混凝土趾板采用准三级配钢筋混凝土，河床部位的混凝土趾板一般约3m宽，浇筑厚度1.5～3.5m，两岸坝肩的混凝土趾板约1.5m宽，浇筑厚度0.4～1.2m。

碾压混凝土坝体施工采用全断面碾压，避免了上游面防渗常态混凝土与坝体碾压混凝土施工的相互干扰。因坝体无防渗要求，可减少或省去坝体横缝的布置和止水的埋设，同时也降低了对碾压混凝土层面与缝面处理的要求，故可较大幅度地提高碾压混凝土坝体的浇筑施工速度。

因坝体无防渗要求，筑坝材料也较常规碾压混凝土坝有所区别，通常通过掺加大量石粉和外加剂来降低水泥等胶凝材料的用量并改善碾压混凝土的性能。表3.2-1为国外已建土工膜防渗碾压混凝土坝体设计胶凝材料用量统计情况。由表中数据可知，这几座大坝中水泥和火山灰等胶凝材料总量均小于120kg/m^3，因采用土工膜防渗系统，坝体碾压混凝土无防渗指标要求，大大降低了水泥等胶凝材料的用量，同时也减少水化热量，相应降低了施工过程中对坝体温度的控制标准，从而进一步缩短工期和降低造价。

表 3.2-1 国外已建土工膜防渗碾压混凝土坝体设计胶凝材料用量

大坝名称	所在国家	设计胶凝材料用量/(kg/m^3)	
		水　泥	火山灰
Winchester	美国	104	0
Urugua Ⅰ	阿根廷	60	0
Concepción	洪都拉斯	95	0
Riou	法国	0	120
Siegrist	美国	59	34
Nacaome	洪都拉斯	64	21
Big Haynes	美国	42	42
Burton Gorge	澳大利亚	85	0
Spring Hollow	美国	53	53
Balambano	印度尼西亚	78	42

3.2.1.2 坝面土工膜防渗系统

碾压混凝土坝土工膜防渗系统包括三种类型，即坝面局部防渗、裸露的全坝面防渗和带保护层的全坝面防渗。

1. 坝面局部防渗结构

坝面局部防渗结构主要用于常规碾压混凝土坝上游面常态混凝土防渗体的局部修补，如在施工和运行过程中上游防渗体出现的局部裂缝、止水失效的结构缝和周边缝的渗漏修补。坝面局部防渗一般采用一定幅宽的土工膜对渗漏处进行覆盖，并且由修补部位的边缘向外延伸一定宽度，然后四周边缘通过机械压紧锚固来实现固定和密封。如坝面存在凸起和凹坑，则需要通过打磨或者采用环氧树脂涂层找平。坝面局部防渗结构一般由土工膜、排水层、垫层、防刺破层和锚固缝组成，典型断面如图 3.2－2 所示。

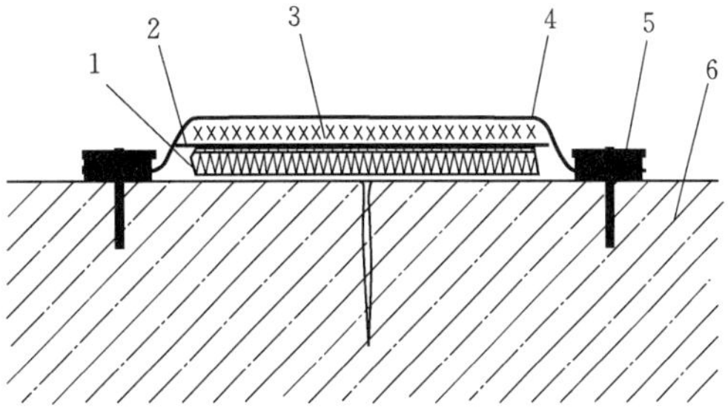

图 3.2－2　典型碾压混凝土坝面局部防渗结构
1—防刺破层；2—垫层；3—排水层；4—土工膜；5—锚固缝；6—原坝面混凝土防渗层

2. 裸露的全坝面防渗系统

高分子材料的发展使土工膜抗老化能力不断增强，目前国际上更趋于使用裸露的土工膜进行碾压混凝土坝防渗。裸露的全坝面土工膜防渗碾压混凝土坝典型断面及防渗系统布置分别如图 3.2－3 和图 3.2－4 所示。土工膜防渗系统也位于坝体上游面，并覆盖整个坝面，在坝轴线方向上通过竖向锚固缝分割成若干坝段；各坝段土工膜及膜后排水层均从坝顶铺设至坝基；相邻坝段之间通过竖向锚固缝进行锚固密封，并将坝面隔离成若干个独立防渗区；在坝踵和岸坡部位通过周边锚固缝分别固定在混凝土趾板上，从而形成一道完整封闭的防渗系统。

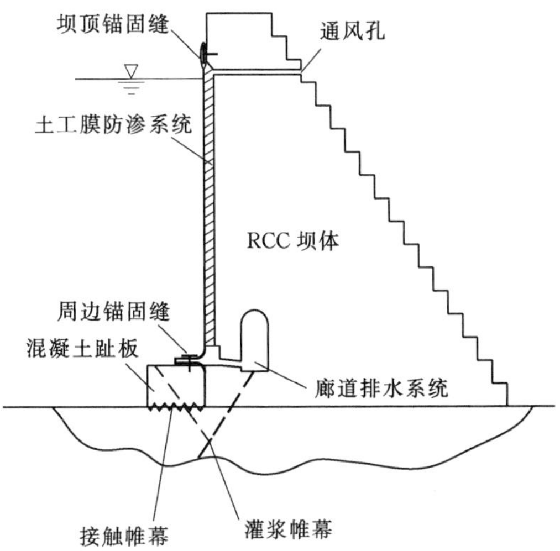

图 3.2－3　裸露的全坝面土工膜防渗碾压混凝土坝典型断面

3. 带保护层的全坝面防渗系统

带保护层的全坝面土工膜防渗系统整体结构布置如图 3.2－5 所示。

全坝面土工膜防渗系统的保护层由若干块内嵌防渗土工膜的预制混凝土模块组成，在预制混凝土模块时将土工膜提前固定在其内侧，然后通过吊装一起锚固在坝面上。在碾压混凝土坝体施工时，同时将锚固螺杆埋设在靠近坝面位置，然后将内侧装有防渗土工膜的预制混凝土保护层模块锚固在坝面，相邻两块保护层模块内嵌防渗膜之间通过与土工膜密封带焊接而连在一起，从而形成一道密闭的坝面防渗系统。

以上三种防渗结构型式中，坝面局部

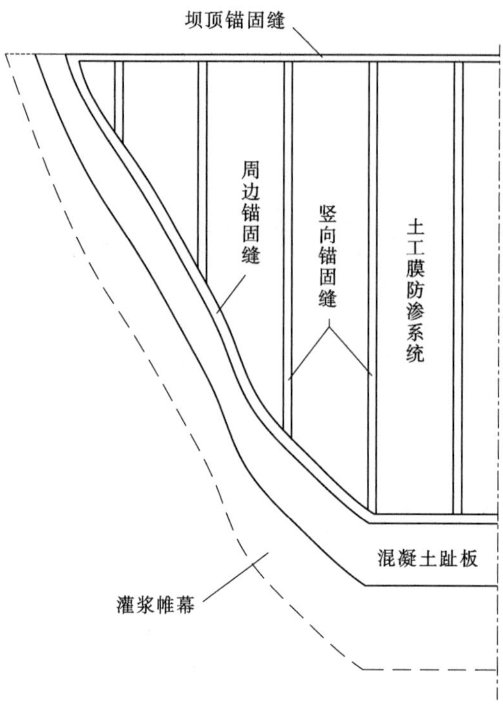

图 3.2-4 裸露的全坝面土工膜防渗系统布置

防渗结构型式较为简单，不再单独阐述其具体设计方法和施工技术要求，下文主要阐述两种全坝面土工膜防渗系统的设计方法与施工技术。局部防渗结构涉及的防渗层、支持层、锚固结构等设计及施工可参考全坝面防渗系统。

3.2.2 碾压混凝土坝土工膜防渗系统结构布置

3.2.2.1 裸露的全坝面防渗系统结构布置

裸露的全坝面土工膜防渗碾压混凝土坝典型断面及防渗系统结构布置如图 3.2-3 和图 3.2-4 所示，主要由以下几部分组成：

（1）支持层。支持层紧贴碾压混凝土坝上游面，对整个防渗系统起支撑作用。如果在上游坝面使用钢模板进行碾压施工或者在靠近上游面部位采用富浆碾压混凝土，坝面较为平整，不需要另设支持层，即上游坝面直接作为支持层；如果上游坝面较为粗糙或者存在横缝、层缝或者其他结构缝等不平整部位，需要采用土工织物等作为防刺破层，避免土工膜在水压力作用下局部应力过大而破坏。

（2）排水系统。由位于土工膜后的坝面排水层和位于坝基的集水管、横向排水管及廊道组成。

1）坝面排水层。坝面排水层位于支持层外表面，其主要作用是及时排走膜后渗水，隔断水流进入坝体的通道。坝面排水层一般采用具有高渗透性的复合排水网或土工织物。

2）集水管、横向排水管及廊道。集水管位于坝面排水层底部和边缘，并与坝面排水层相连通，主要作用是汇集排水层内的渗水。排水廊道主要位于坝基部位，通过横向排水管与集水管相连，集水管汇集的渗水通过横向排水管排至廊道，然后排至坝体下游。

（3）防渗层。防渗层即土工膜，位于排水层外表面，主要起防渗作用，阻止水流进入坝体；一般采用一布一膜型式的复合土工膜，由土工膜与较厚的非织造针刺土工织物通过热复合形成。土工膜与土工织物复合在一起，不仅可以保护土工膜在运输和安装时产生刺破损伤，同时也增强了土工膜的强度和模量，在坝面安装时，避免土工膜由于悬挂而发生过大拉伸变形或破坏。

（4）锚固密封系统。锚固密封系统包括坝面竖向缝锚固、周边锚固和坝顶锚固。全坝面裸露土工膜防渗系统，一般会沿着坝轴线方向分隔成若干长条形独立防渗区，每个防渗区由一幅或者几幅土工膜组成，各防渗区之间设置竖向锚固缝来密封并固定在坝面上，从而实现各防渗区的防渗和排水均相互独立。全坝面防渗系统在坝基、两岸岸坡及坝顶部位通过设置周边锚固缝密封固定，其中坝顶锚固处需设置通气口，以便及时排除防渗系统内部由于气温变化而产生的气体。

3.2.2.2 带保护层全坝面防渗系统结构布置

带保护层的全坝面土工膜防渗系统整体结构布置如图3.2-5所示，由坝面支持层、底座、保护层，防渗层、锚固密封系统和通风孔组成；局部结构布置如图3.2-6所示。

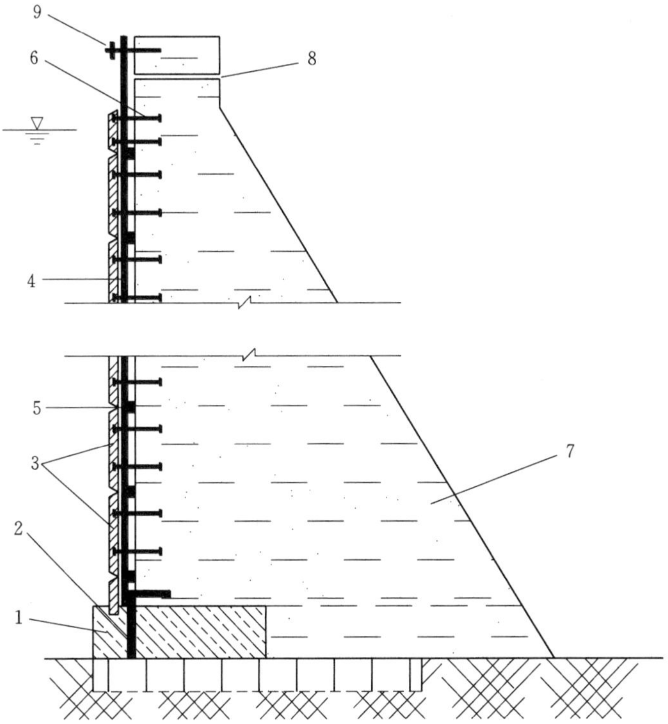

图3.2-5 带保护层的全坝面土工膜防渗系统整体结构布置

1—常态混凝土底座；2—土工膜止水；3—保护层模块；4—防渗土工膜；5—土工膜密封带；6—预埋锚固螺杆；7—碾压混凝土层；8—通风孔；9—坝顶锚固缝

对于带保护层的全坝面土工膜防渗系统，坝面支持层也是利用碾压混凝土坝的上游表面；相比裸露坝面防渗系统，坝面支持层要求更高，除了要求坝面支持层保持稳定、表面平整以外，作为坝面防渗体和保护层模块的锚固体，其强度要求更高。

底座位于坝踵部位，并伸入到碾压混凝土坝基内部，对最底部内嵌防渗膜的保护层模块起支撑作用，同时可将土工膜锚固在底座内部作为止水，使防渗系统在坝踵部位实现密封。

防渗层为一布一膜型复合土工膜，与保护层连在一起，在预制混凝土保护层模块时，直接将土工膜固定在混凝土板内侧，坝体完成浇筑后，将内嵌土工膜的保护层一起锚固在坝面上，相邻两块土工膜通过土工膜密封带将两块保护层模块内侧的土工膜连接在一起。

锚固密封系统包括坝面保护层模块的锚固，相邻两块土工膜之间的连接密封，以及坝基、岸坡和坝顶位置土工膜与坝体之间的锚固密封。

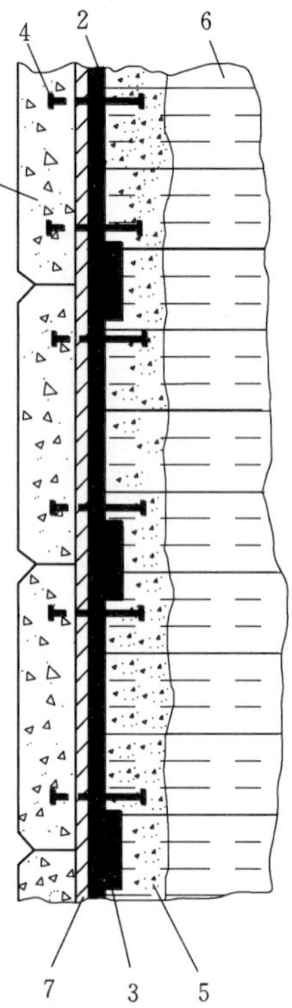

图 3.2-6 带保护层的全坝面土工膜防渗系统局部结构布置

1—保护层模块；2—防渗土工膜；3—土工膜密封条；4—预埋锚固螺杆；5—富浆碾压混凝土；6—碾压混凝土层；7—土工织物

3.2.2.3 两种全坝面土工膜防渗系统的比较

以上两种全坝面土工膜防渗系统在设计理念和结构型式上均有所区别。其中最主要的区别有两点：即有无保护层和有无膜后排水系统。裸露防渗系统不设保护层，但在土工膜与坝体之间设置了排水系统；带保护层的防渗系统在最外侧设置了保护层，但膜后一般不设置排水系统。保护层和膜后排水系统的设置与否对碾压混凝土坝的设计、施工及运行方面均有不同程度的影响。

1. 设置保护层的优缺点

(1) 优点。

1) 可以避免在大坝运行期可能会受到的人为故意破坏、坝顶或者坝肩滚石和水库水面漂浮物的撞击破坏。但从国际上目前已建土工膜防渗混凝土坝运行情况来看，出现这种破坏的情况并不多，而且一般也只发生在水位变动区，可采取安装拦污栅或加强水库管理等措施加以避免；即使出现破坏，在水位变动区修补也非常方便。

2) 可以避免紫外线照射及环境温度变化而加速土工膜老化。这类老化也主要发生在水位变动区以上部分，对常年淹没区则无影响。目前国际上的 PVC 土工膜材料已具备抗老化性能，通过对运行 30 年的大坝坝面裸露防渗土工膜进行取样分析发现，其各项性能指标变化很小，基本未影响到其使用性能，故通过对其抗老化成分流失的速率推算，目前裸露土工膜预估使用寿命可达 100 年。国内裸露土工膜尚无使用先例，在常年淹没水位以下，对老化性能无特殊要求，而在水位变动区及以上部位使用，土工膜材料抗老化性能需进行专门研究评估。

(2) 缺点。

1) 保护层主要靠穿过土工膜防渗层的预埋锚杆锚固在坝面，这些穿孔易成为潜在的渗漏通道。此外，在保护层的安装施工中，机械器具也易造成土工膜碰撞损伤，且不易发现，无法检查和修补。

2) 相对于裸露的土工膜防渗系统，设置保护层也会增加造价，同时混凝土保护层较笨重，其安装施工程序也较为复杂，工期相对较长，施工成本较高。

3) 在运行期，土工膜若出现损伤则无法检查，其修补和维护也不方便，维修成本高，对水库正常运行干扰较大。

2. 设置膜后排水的优缺点

(1) 优点。

1) 从大坝设计角度，坝面设置排水系统可及时排除膜后渗水，故可降低对坝体碾压混凝土防渗性能的要求，还可省去或减少坝体横缝和止水的设计。

2) 从大坝施工角度，坝面防渗膜后设置排水系统，坝体内部基本无水流入渗，坝体碾压混凝土采用全断面施工，可省去常规混凝土防渗层施工以及坝体内横缝和止水布置对碾压混凝土施工的干扰，同时可降低坝体缝面和碾压混凝土层面处理要求，从而节省工期。

3）从大坝运行角度，由于膜后排水系统的存在，从可能存在的膜缺陷和绕过周边缝的渗水可被及时排向坝体下游，坝体无渗透压力作用，从而提高碾压混凝土层面和坝体整体稳定安全性；此外，在库水位迅速下降时，排水系统可迅速排出膜后积水和气压，使膜内外保持平衡，从而保证防渗系统稳定安全。

4）从大坝管理维护角度，通过膜后不同部位排水系统可进行渗漏的精准监测与定位，实现快速修补和维护，从而使整个大坝安全处于可控状态。

（2）缺点。碾压混凝土坝面防渗膜后设置排水系统的设计与施工均较为简便，唯一的缺点就是设置排水系统将在一定程度上增加造价，但排水材料成本较低，在整个工程建造成本中所占比例不大。

综合以上比较与分析可以看出，带保护层和裸露土工膜防渗系统各有优缺点。国际上从 1984 年开始到 2006 年间建成的 34 座土工膜防渗碾压混凝土坝中，两种防渗系统各占 17 座。但带保护层的土工膜防渗系统多为早期建造，近期建成的多为裸露土工膜防渗系统。而随着抗老化土工膜的出现，以及水库大坝管理水平的不断提高，预计裸露土工膜防渗系统将会越来越多被采用，故实际工程中需从设计、施工、成本、运行管理与维护等多方面综合考虑选择最合适的防渗系统类型。

3.2.3　防渗层设计

3.2.3.1　防渗膜类型及选择

土工膜类型多样，性能差异也很大，对于不同类型防渗工程选择合适的土工膜类型对工程建造及运行均至关重要。美国陆军工程师兵团 1995 年组织专业研究团队对美国和欧洲 30 家企业生产的且在防渗工程中曾使用过的几种土工膜的应用案例、产品供应及性能进行了全面的调查与评估，包括热塑性塑料类土工膜和弹性橡胶类土工膜。其中，热塑性塑料类包括聚氯乙烯（PVC）、高密度聚乙烯（HDPE）、聚丙烯（PP）、氯化聚乙烯（CSPE），弹性橡胶类包括聚异戊二烯橡胶（IIB）、三元乙丙橡胶（EPDM）、氯丁橡胶（CR）。经初步调查发现，有些土工膜应用案例不多，有些虽有应用但目前已不再生产，经筛选，选择五种土工膜进行性能评估：聚氯乙烯（PVC）、高密度聚乙烯（HDPE）、聚丙烯（PP）、氯化聚乙烯（CSPE）、三元乙丙橡胶（EPDM）。经过对上述五种不同类型土工膜物理力学、水力学性能和施工性能进行全面的对比试验和综合评估，最后得到的结论是，PVC 复合土工膜（一布一膜）最适合用于大坝的防渗，而 HDPE 土工膜由于弹性变形能力差和屈服延伸率低且材质硬而最不适宜用于大坝的防渗。

图 3.2-7 为几种典型土工膜液胀试验得到的多轴拉伸应力应变关系曲线。由图可知，在液胀多轴拉伸状态下，HDPE 膜的塑性屈服延伸率不到 5%；CSPE 膜断裂延伸率约 12%；LLDPE 膜屈服延伸率约 10%；PVC 没有明显屈服点，断裂延伸率可达 100%。在大坝防渗工程中，土工膜的变形性能在与坝体及岸坡刚性结构的连接部位至关重要。

此外，在许多典型局部拉伸破坏情况下，土工膜产生的最大应力范围一般为材料许用应力的 50%～60%。土工膜的最大应力或达到稳定期的应力低于许用应力的 50%～60%

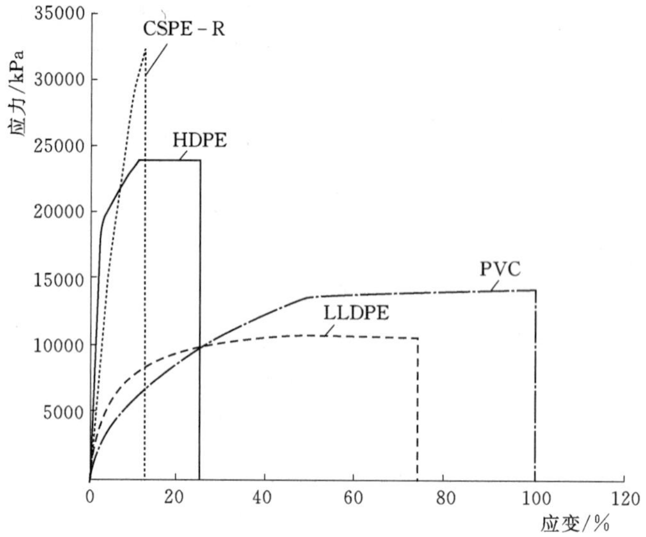

图 3.2-7 几种典型土工膜液胀多轴拉伸应力应变关系曲线

时，一旦土工膜受到刮擦，局部部位的厚度减小，就会存在过早失效（破坏）的可能性。众所周知，在安装过程中，土工膜会被刮伤，导致局部厚度减小，土工膜在应力逐步增加到材料许用应力的50%～60%的过程中具有拉伸性能；但是在拉伸应力曲线中，当土工膜的应力达到最大值或稳定值时，应力范围在材料许用应力的50%～60%之间是不能接受的。如图3.2-7所示，HDPE膜（应力最大值为材料许用应力的12%～15%）和LLDPE膜（稳定应力大约为材料许用应力的30%）的拉伸性能是不能接受的；相反，PVC土工膜及PVC土工膜随着应力逐步增加到其许用应力的50%～60%时，延伸性能非常好。

目前我国土工膜防渗的水库大坝工程应用较多的为聚氯乙烯（PVC）膜和聚乙烯（PE）膜。二者从生产工艺、力学和施工性能等各方面均有较大区别，具体可参考本篇第2章中“2.2.3.1”部分。

根据国际上已建碾压混凝土坝土工膜防渗系统所选用的土工膜类型统计结果（见表3.1-2），截止到2010年已建成的42座碾压混凝土坝土工膜防渗系统中，有40座采用了PVC膜，1座采用了LLDPE膜，1座采用了HDPE膜。综合上述几种土工膜性能的分析，考虑土工膜的材质软硬，便于在较陡的坡面上进行复杂形状的铺设拼接，以及适应坝面不平整部位的变形等综合因素，碾压混凝土坝防渗优先选用柔软且弹性变形能力较强的PVC复合膜（一布一膜）。

3.2.3.2 防渗膜性能要求

碾压混凝土坝防渗所用土工膜需满足以下几项性能要求。

1. 物理力学性能

作为碾压混凝土坝的主防渗体，虽然坝体不再发生较大变形，但土工膜必须能够在水压力作用下适应下垫层的凹凸变化，在发生一定的变形后不至于发生塑性变形而破坏，即需要具有良好的弹性变形能力；在垂直坝面安装过程中，需要承受撕裂变形，且在土工膜临时悬挂时还需具有一定的强度和模量而避免发生较大拉伸变形。此外，在高寒高海拔地区，大坝运行期会经历－20℃甚至更低的低温环境，土工膜在这种低温环境下不允许变脆。

2. 抗渗性能

土工膜在大坝高水头作用下不能发生渗漏，需要具有较低的渗透系数和良好的抗高水压渗透性能。一般要求在1.3倍库水压力作用下，土工膜放置在具有粗糙面的垫层上进行抗渗试验，经过一定时间的水压作用，其防渗性能不降低。

3. 耐久性能

在碾压混凝土坝坝面防渗系统安装施工过程中，以及裸露土工膜防渗系统水位线以上部分在运行期，土工膜均会受到紫外线的照射，这将加速土工膜老化而导致其物理力学性能降低。所以，要求土工膜在整个使用寿命周期内能够抵抗紫外线照射，要求在一定的光照条件下其主要物理力学性能不发生较大幅度的变化。此外，在设计寿命周期内，处于不同运行环境温度下其主要的物理力学性能指标也不能向不利方向变化。

4. 抗损伤性能

土工膜在安装施工过程中易遭受施工机械、石块或带尖角的其他物体碰撞而发生破损，故要求土工膜具有一定的抗刺破和抗顶破性能；可分别采用刺破试验、顶破试验和落锥试验来评价其相应性能指标。

5. 抗环境侵蚀性能

要求土工膜能抵抗化学和微生物腐蚀作用；能抵抗溶于库水的混凝土中化学成分的侵蚀作用；能够与防渗系统中其他组成材料，如土工织物、复合排水网、止水和环氧树脂基层胶等相容而不发生性能降低。

6. 施工铺设与焊接性能

（1）柔软性。土工膜施工包括铺设、拼接、锚固等环节。各施工环节对土工膜的柔软性有一定要求，比较柔软的土工膜可以给铺设施工带来方便，尤其在施工面复杂处，柔软的膜更容易铺设，也可以贴合变化复杂的地形和不平整的下垫层面；此外，在土工膜拼接和锚固施工时，其柔软性也尤为重要。

（2）可焊性。土工膜用于大坝等重要工程防渗时，其接缝主要采用热焊接方式，这就要求土工膜具有良好的可焊性能，尤其是在复杂现场施工环境下的焊接性能；同时要求焊缝具有和母材一样的物理力学性能和抗渗性能。

3.2.3.3 防渗膜设计指标及安全校核

1. 物理指标

（1）土工膜厚度及复合膜织物单位面积质量。

1）土工膜厚度。就防渗性能而言，由于具有较低的渗透系数，厚度在1mm以下的PVC土工膜也能起到较好的防渗作用，但这只适用于表面光滑、没有凹凸的支撑面，这在大坝施工中显然是不可能的。在大坝防渗施工及运行过程中，在水荷载作用下，土工膜在凸起部位的厚度会减小，在凹进部位会被拉裂。此外，土工膜越厚，抗穿透及抗撞击性能越好，延伸性能也越强；土工膜的老化程度和厚度成反比，土工膜越厚其持久性能也越好。

对于大坝防渗工程，土工膜厚度应根据防渗水头、垫层平整度、可焊接性、施工和运行条件等多种因素来计算选择。但由于影响因素复杂，很多尚无法准确定量计算，故在没有相应规范的背景下，应根据已建工程经验，按照实际最高防渗水头来确定。根据国际上已建成土工膜防渗碾压混凝土坝工程案例，一般选择土工膜的厚度范围为2.0～3.5mm。但在最近几年的工程案例中，由于对耐久性能的要求更高，故土工膜的厚度在逐步增加。综合不同挡水水头，建议选择的PVC膜厚度见表3.2-2。

表3.2-2　碾压混凝土坝不同挡水水头建议的PVC膜厚度

挡水水头 h/m	$h \leqslant 50$	$50 < h \leqslant 100$	$100 < h \leqslant 150$	$150 < h \leqslant 200$	$h > 200$
PVC膜厚度/mm	2.0	2.0～2.5	2.5～3.0	3.0～4.5	需专门论证

土工膜除了满足表中的厚度要求外，其厚度误差应在±5%范围内。

对于带保护层的土工膜防渗系统，在有保护层覆盖的区域，土工膜厚度比相同水头下的裸露土工膜可减小1.0mm，但最小厚度应不小于2.0mm。对于带保护层的土工膜，由于复合膜的土工织物与混凝土粘接在一起，故复合土工膜进行热复合时，要求土工织物和土工膜间的复合强度不能太大，即二者粘接处可用手撕开，以便减少土工织物对土工膜弹性变形能力的限制。

2）复合膜织物类型与单位面积质量。复合膜土工织物能起到保护土工膜在运输及安装施工中发生碰撞和接触损伤，同时可适当提高土工膜的强度和模量，避免在垂直坝面悬挂安装中发生较大的拉伸变形而破坏。在较低的碾压混凝土坝防渗或者带保护层的防渗系统中，如果不设置专门排水层，复合膜内侧土工织物还可兼做排水层。土工织物与土工膜通过热复合形成复合土工膜时，需避免织物发生折叠和褶皱，这样土工织物才能在粗糙支撑面上起到缓冲荷载、分散应力、增加强度和模量等作用。

土工织物应选择聚酯或聚丙烯纤维通过针刺工艺制成的非织造织物，但如果土工织物要与新浇筑的混凝土相接触，需选用聚丙烯土工织物以避免碱化学侵蚀。

在支持层表面平整的情况下，作为土工膜的防刺破层土工织物最低要求单位面积质量不小于450g/m^2，同时抗刺破强度不小于4kN。一般在法向压力荷载作用下，土工织物越厚，其防刺破能力越强，所以防渗水头是主要因素。碾压混凝土坝不同防渗水头下建议的复合膜土工织物单位面积质量见表3.2-3。

表3.2-3　碾压混凝土坝不同防渗水头下建议的复合膜土工织物单位面积质量

挡水水头 h/m	$h \leqslant 50$	$50 < h \leqslant 100$	$100 < h \leqslant 150$	$150 < h \leqslant 200$	$h > 200$
单位面积质量/(g/m^2)	250～350	350～450	450～550	550～750	750

土工织物除了满足表中的单位面积质量要求外，误差应在±5%范围内。

（2）低温脆性。土工膜在高寒高海拔地区需满足低温脆性指标，即在－30℃不发生脆性破坏。

（3）体积稳定性。土工膜在环境温度发生变化时，体积要保持稳定，其体积随环境温度变化幅度应在±2.5%范围内。

2. 力学指标

（1）极限拉伸强度及极限延伸率。拉伸强度和延伸率是体现土工膜材料性能的关键指标。作为一种柔性防渗体，土工膜在承担防渗功能的同时，主要是适应其支撑体的位移和变形，而不是约束支撑体的位移和变形，故相对于较高的拉伸强度，土工膜更需要具备较高的延伸率；但并不是强度越低越好，土工膜在安装施工时，必须具备一定的强度才能使其不发生较大的拉伸变形。故理想的土工膜应该是具有较高的弹性阶段延伸率同时又具备一定的强度和适当的模量，即应力应变关系曲线所包围的面积最大的土工膜才是适应支撑体变形能力最强的。根据已建工程经验和目前材料制造水平，典型 PVC 土工膜和复合膜织物的名义单轴极限拉伸强度和延伸率建议指标见表 3.2-4。

表 3.2-4　典型 PVC 土工膜和复合膜织物的名义单轴极限拉伸强度和延伸率建议指标

拉伸指标（测试标准：EN ISO 527-4）	2.0mm PVC 膜 $+200g/m^2$ 无纺土工织物	2.5mm PVC 膜 $+500g/m^2$ 无纺土工织物
土工膜极限拉伸强度/(kN/m)	≥20	≥28
土工膜极限延伸率/%	≥230	≥230
土工织物极限拉伸强度/(kN/m)	≥20	≥30
土工织物极限延伸率/%	≥50	≥50

（2）撕裂强度。撕裂强度体现防渗膜抵抗破损裂口扩大的能力，其指标值除了与材料质地和构造有关外，也与材料的厚度有关。2.0mm PVC 膜 $+200g/m^2$ 无纺土工织物和 2.5mm PVC 膜 $+500g/m^2$ 无纺土工织物，这两种典型复合土工膜中光膜的建议撕裂强度要求分别不小于 100N 和 140N。

（3）刺破强度。刺破强度体现防渗膜抵抗较尖锐物体静力穿透的能力，该项指标除了与防渗膜自身材质有关外，也与防渗膜的厚度有关。2.0mm PVC 膜 $+200g/m^2$ 无纺土工织物和 2.5mm PVC 膜 $+500g/m^2$ 无纺土工织物，这两种典型复合土工膜中光膜的建议刺破强度要求分别不小于 1000N 和 1700N。

3. 水力学指标

（1）渗透系数。渗透系数是防渗膜的关键性指标，也是大坝防渗系统评价的重要指标。要求 PVC 防渗膜的渗透系数 k 符合

$$k \leqslant 5\times10^{-11}\text{cm/s} \tag{3.2-1}$$

（2）抗渗强度。一般采用 1.3 倍库水压力作用下，在下层铺设粗糙面垫层条件下进行抗渗试验，通过一定时间的水压试验其防渗性不能降低。

要求 PVC 防渗膜在 1MPa 静水压力作用 1h 不被击穿，即抗渗强度 w 符合

$$w \geqslant 1\text{MPa} \quad (1\text{h}) \tag{3.2-2}$$

4. 抗老化指标

土工膜抗老化性能决定碾压混凝土坝土工膜防渗系统在施工、运行服役期内的工作性态安全，要求处于不同运行环境温度下土工膜主要的物理力学性能指标也不能向不利方向变化。

（1）热稳定指标。要求 PVC 复合土工膜热老化指标满足：在 50℃环境放置 56d，然后在 80℃环境下干燥 24h 后，其最大质量变化不大于 2.0%。

（2）抗紫外线指标。要求 PVC 复合土工膜抗紫外线指标满足：在 $350MJ/m^2$ 强度紫

外线持续照射3000h后，土工膜不产生裂纹。

3.2.4 排水系统设计

3.2.4.1 排水系统功能要求

排水系统位于防渗膜与坝体之间，主要功能是及时排走进入防渗系统内部的渗水，并能够阻止渗水进入坝体，消除作用于坝体的渗透压力。排水系统的设计需满足以下几项具体功能要求：

(1) 能及时排走通过任何可能的土工膜缺陷或者坝肩及坝基渗漏通道进入防渗层的渗水，阻止水流进入坝体。

(2) 当库水位骤降时，能够平衡防渗膜内外的水压力，避免防渗系统失稳破坏。

(3) 能够及时消散由于大气环境温度变化导致坝体干湿变化而蓄积在防渗系统内部的水汽。

(4) 在坝面防渗系统遭受大风压力作用而发生垂直于坝面的变形时，可以平衡防渗膜内外的气压。

(5) 可以通过设置各坝段相互隔离的排水分区，布设传感器来监测各坝段不同部位的渗漏量变化及异常情况，为判断渗漏量及准确定位渗漏位置提供依据。

3.2.4.2 排水系统结构布置

典型排水系统结构布置见图3.2-8，排水系统由坝面排水层、集水管和排水管、廊道及通风孔组成，必要时还可以在排水系统不同部位布置渗压和流量等渗漏监测系统。

如图3.2-8所示，通过土工膜缺陷、坝顶空隙和坝肩、坝基绕渗通道进入防渗层的渗水，在重力作用下，会沿着垂直布置的坝面排水层向下流动，并通过与坝面排水层相连的集水管汇集，然后通过与集水管相连的横向排水管进入廊道底部的集水井，最后通过抽排水设备将集水排到坝体下游。这样，在安装坝面土工膜防渗系统后，碾压混凝土坝体将避免渗水入侵，坝体可以保持较低的扬压力水平。

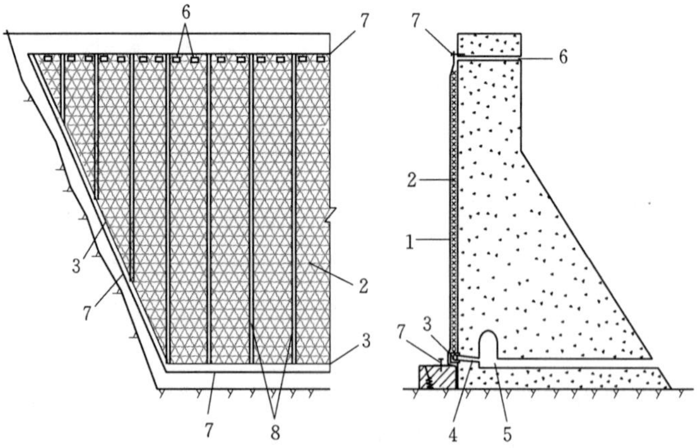

图3.2-8 典型排水系统结构布置

1—土工膜防渗层；2—坝面排水层；3—集水管；4—横向排水管；5—排水廊道；6—坝顶通风孔；7—周边锚固缝；8—竖向锚固缝

1. 坝面排水层

坝面排水层位于防渗膜后，紧贴着坝面支持层，其结构型式如图3.2-9所示，主要由膜后连续排水层和竖向锚固缝内部的排水通道组成（竖向缝锚固采用内外异性张紧板结构详见3.2.7小节，如竖向缝采用常规锚固结构型式则没有竖向排水通道）。连续排水层一般采用复合排水网或者较厚的无纺土工织物，锚固部位的排水通道即利用竖向锚固缝内的连续空间形成向下的排水通道。由于竖向锚固缝的阻隔，各防渗区内的排水层只负责排出该坝段范围内的渗水，然后汇集到该排水层末端的集水管。

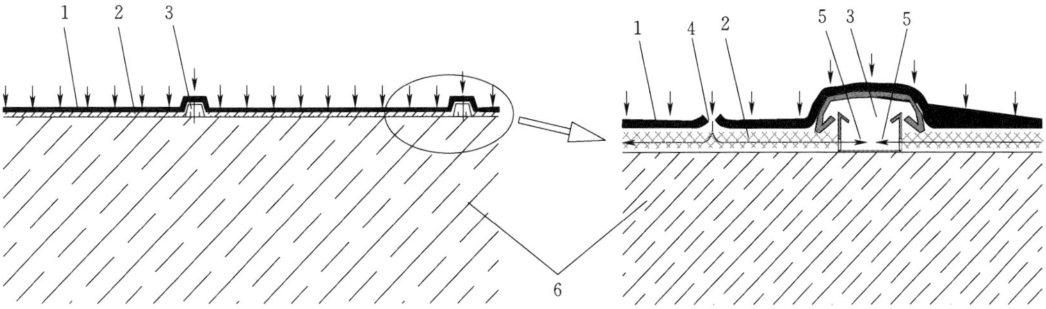

图3.2-9 坝面排水层结构

1—土工膜；2—坝面连续排水层；3—竖向缝内排水通道；4—土工膜缺陷；5—排水层内渗水扩散方向；6—坝体

2. 集水管和排水管

集水管和排水管的主要作用是收集与排出进入防渗系统的渗水，阻止水流进入坝体。如图3.2-8所示，集水管一般布置在坝面排水层的末端，即河床段坝面排水层的底部和岸坡部位坝面排水层的周边，并与坝面排水层连通以收集渗水，和原坝基廊道之间通过横向排水管连通。集水管一般为埋置在无砂混凝土槽中或包裹在土工织物里的钻孔管，也可选用塑料盲管。

碾压混凝土坝土工膜防渗系统中，集水管一般布置在靠近混凝土趾板顶部的坝体内部，也可置于靠近坝踵部位的混凝土趾板内。集水管的两种常见布置型式如图3.2-10所示。

连接集水管与廊道的横向排水管可在坝体碾压施工时预留安装孔，然后等坝面土工膜防渗系统施工时在孔内安装镀锌钢管，并在钢管与混凝土孔壁之间采用水泥灌浆封填。排水管间距2～3m，内径15～25cm，尽量采用直管，避免转弯，以便运行期检查和清理。

3. 廊道

廊道的布置和设计要求同常规碾压混凝土坝基本相同，可参考常规碾压混凝土坝的廊道设计方法。在廊道最低部位也需设置集水井，集水井的尺寸视估计的渗流量而定，一般宽4m，长4m，深4m。集水井上设抽水机室，最少要有两台抽水机，互为备用，并需有备用电源；集水由抽水机抽排，经排水管至下游坝外。如廊道高于下游最高水位，则渗水可通过水管或廊道自流排到下游坝外。在岸坡坝段，渗水可从廊道分几个高程经水管或横向廊道自流排到下游坝外。

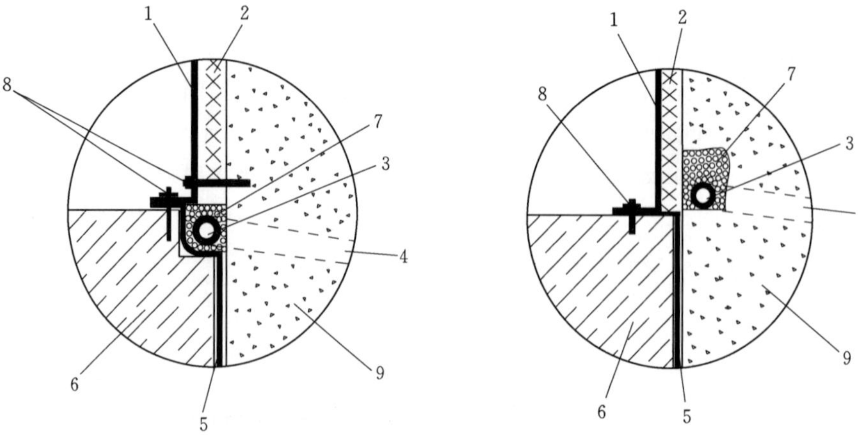

(a) 集水管在内趾板　　(b) 集水管在坝体内

图 3.2-10 集水管的两种常见布置型式

1—坝面防渗膜；2—坝面排水层；3—集水管；4—横向排水管；5—土工膜止水；6—混凝土趾板；7—无砂混凝土；8—周边锚固缝；9—坝体

4. 通风孔

为了能够及时消散由于大气温度变化导致坝体干湿变化而蓄积在防渗系统内部的水汽；以及在坝面防渗膜遭受大风压力作用而发生垂直于坝面的变形时，可以平衡防渗膜内外的气压，需在靠近坝顶位置设置横向通风孔，通风孔与坝面排水层相连，也是排水系统的一部分。横向通风孔呈水平设置（见图 3.2-5），上游端与坝面排水层相连，下游段通向坝体下游面。可采用与坝基横向排水管一样的安装方式，即坝体碾压施工时预留安装孔，内径 15～25cm，然后孔内安装镀锌钢管，钢管与混凝土孔壁之间采用水泥灌浆封填。通风孔沿坝轴线方向间距一般为 15～20m。

对于带保护层的全坝面土工膜防渗系统，一般不设置坝面排水层，但坝顶靠近锚固缝位置处需设置通风孔，以平衡防渗膜内外气压。此外，虽然坝面不设置排水层，但同常规防渗型式的碾压混凝土坝相同，坝体内部也需要设置廊道和坝基排水孔等常规排水系统。

3.2.4.3 排水层材料类型及设计指标

1. 排水层材料类型

坝面排水层一般选用复合排水网或者较厚的土工织物。从排水性能上讲，复合排水网比土工织物更优，同时也具有更好的抗压性能，即在通过防渗层传递过来的较大压力荷载下，其压缩后的排水通道会更大。故排水材料的排水能力要根据实际承受的水压力荷载来评估，对于水头较大的中高坝，优先选用复合排水网。

2. 排水层材料设计指标

在坝面排水系统中，排水材料的指标主要包括克重、厚度、拉伸强度和导水率。排水材料指标需根据估计排水量和实际上覆荷载作用下材料的排水性能来选择。在国际上已建成的碾压混凝土坝土工膜防渗系统中，坝面排水层中的复合排水网主要设计指标见表 3.2-5。需要注意的是，导水率必须是在模拟实际工况下进行透水试验得到的结果。

表 3.2-5　坝面排水层中的复合排水网主要设计指标

指标	克重/(g/m²)	厚度/mm	极限拉伸强度/(kN/m)	导水率/(m²/s)
数值	≥1000	≥7	≥10	$\geqslant 10^{-3}$

3.2.4.4　排水容量设计

碾压混凝土坝面土工膜防渗系统内部布置排水系统不仅仅是为了排出通过坝面防渗膜缺陷进入的渗水，还要能够排出从坝肩和坝基绕过防渗系统进来的渗水。在设计排水系统排水容量时需要对两种渗漏通道的渗漏量进行估算。

1. 通过坝面防渗膜缺陷的渗漏量

(1) 土工膜缺陷来源、分布及特征。坝面防渗土工膜主要缺陷一般由施工引起，而土工膜在施工中产生的施工缺陷主要包括：①土工膜接缝焊接时局部粘接不实，成为具有一定长度的窄缝；②施工搬运过程的损坏；③施工机械和工具的刺破；④基础不均匀沉降使土工膜产生了撕裂；⑤水压力将土工膜局部刺穿。合理的设计可基本消除后两项缺陷，而合理的施工可减少前三项缺陷，人力施工一般比机械施工引起的缺陷少。

施工缺陷出现的偶然性很大，且不易发现。Giroud 对国外六项工程的渗漏量实测数据进行统计分析，认为：施工产生的缺陷约每 4000m^2 出现一个；接缝不实形成的缺陷，其尺寸的等效孔径一般为 1～3mm，特殊部位（与附属建筑物的连接处）可达 5mm；其他一些偶然因素产生的土工膜缺陷的等效直径为 10mm。Giroud 还提出：缺陷的等效直径为 2mm 的孔称为小孔，可代表由接缝缺陷引起的破孔；直径为 10mm 的孔称为大孔，可代表一些偶然因素引起的破孔。可见，孔的大小与施工条件密切相关。

(2) 土工膜防渗层的缺陷渗漏量估算。Brown 等的试验结果表明，如果土工膜下垫层的渗透系数 $k_s>10^{-3}$m/s，可以假设为无限透水，对通过土工膜缺陷孔渗漏量的影响不明显。碾压混凝土坝土工膜防渗系统中，土工膜下部即为坝面排水层，一般选用复合排水网或较厚土工织物，其渗透系数 $k_s>10^{-3}$m/s，故坝面防渗膜下部介质可假定为无限透水，而土工膜外侧为库水位也属无限透水。

在土工膜上、下介质为无限透水时，由于孔尺寸大于土工膜的厚度，把通过孔的渗漏看成孔口自由出流，应用伯努利（Bernoulli）公式可得

$$Q=\mu A\sqrt{2gH_w} \tag{3.2-3}$$

式中：Q 为土工膜缺陷引起土工膜防渗层的缺陷渗漏量，m^3/s；A 为土工膜缺陷孔的面积总和，m^2；g 为重力加速度，m/s^2；H_w 为土工膜上下水头差，m；μ 为流量系数，一般 $\mu=0.60\sim0.70$。

在完成坝面土工膜各坝段分区后，即可得到各独立防渗区的面积、假定缺陷数量以及位置高程，从而可计算出各防渗区的渗漏量和整个坝面总渗漏量。

需要注意的是，土工膜下垫层按无限透水介质边界条件进行渗漏量计算是一种简化保守的估算方法。虽然排水层渗透系数 $k_s>10^{-3}$m/s，但排水层厚度很有限，其靠近坝体的边界面即为渗透性较低的混凝土坝面。故排水层虽透水但不等同于无限域，其水流主要靠重力作用向下运动，无法沿土工膜缺陷孔口流出方向扩散，即混凝土坝面对排水层内的水流扩散具有顶托抑制作用。所以，上述缺陷渗漏量估算方法是一种简化的保守计算方法，

准确的渗漏量需根据已建工程现场监测数据，并综合物理模型试验和数值分析等方法进行计算分析。

2. 绕过坝面周边缝的渗漏量

绕过坝面周边缝的渗漏量估算需要根据现场地质条件、监测数据和地质勘探等方法来综合判断与确定。

3.2.4.5 排水能力复核

排水系统的排水能力复核包括：①坝面排水层排水能力复核；②集水管、排水管以及廊道内抽排水设备的排水能力复核。集水管和排水管的排水能力可按照一般管道排水设计进行；廊道内抽排水设备的排水能力可按照一般抽水泵标定容量和扬程来选择，这两类排水能力复核属常规性设计，不再赘述。但需要注意的是，这两类排水能力复核应采用整个坝面渗漏和绕过坝面周边缝的渗漏量总和进行估算。

下面主要给出坝面排水层中复合排水网和土工织物等平面型排水材料的排水能力复核方法。

平面型排水材料的排水能力由材料的导水率决定，而导水率又与材料的厚度和渗透系数有关。故在初步选择排水材料类型及相关指标后，需根据实际运行状态下的工作条件对排水层的排水能力进行复核，其排水安全系数按下式计算：

$$FS_{sc}=\frac{\theta_{al}}{\theta_{req'd}} \tag{3.2-4}$$

式中：FS_{sc}为排水安全系数，一般取2.0～3.0；θ_{al}为排水层材料允许导水率；$\theta_{req'd}$为估算渗漏量对应的导水率，由估算渗漏量和材料有效排水通道厚度计算。

排水层材料允许导水率计算公式如下：

$$\theta_{al}=\theta_{100}\frac{1}{RF_{CR}\cdot RF_{CC}\cdot RF_{BC}} \tag{3.2-5}$$

式中：θ_{100}为模拟实际运行条件下持续100h室内透水试验测得的导水率；RF_{CR}为考虑排水材料长期蠕变的折减系数，一般取值2.0～3.0；RF_{CC}为考虑排水材料出现化学淤堵的折减系数，一般取值1.2～1.5；RF_{BC}为考虑排水材料发生生物淤堵的折减系数，一般取值1.2～1.5。

以上复核中，应对坝面各防渗区分别进行，式（3.2-4）中的估算渗漏量也应采用各防渗区的渗漏估算量。

3.2.5 支持层设计

碾压混凝土坝土工膜防渗系统的支持层即碾压混凝土坝上游面，对整个防渗系统起支撑作用。由于采用分层碾压施工，碾压混凝土坝上游坝面较常态混凝土坝面相对粗糙。所以，一般使用钢模板进行碾压施工，可以提高上游面的平整度，同时提高坝面边缘碾压混凝土的强度；也可以在靠近上游面部位采用富浆碾压混凝土，从而使表面更加平整，层面结合强度也更高，同时还使上游面还具有一定防渗性能，额外增加一道抗渗防线，从而提高坝体安全度。需要注意的是，在坝体横缝部位，需要采用土工织物等作为防刺垫层，避免土工膜在水压力作用下发生挤入液胀破坏。

对于裸露土工膜防渗系统，在保持坝面平整情况下，碾压混凝土坝面即可作为支撑层，这是因为：一方面，膜后设置有排水系统，可能出现的膜缺陷渗水可及时排走，碾压混凝土坝面不会有较高的渗透压力，坝面碾压混凝土层面抗剪稳定性较高；另一方面，裸露土工膜防渗系统不带保护层，重量轻，对锚固体强度要求相对也低一些。

对于带保护层的土工膜防渗系统，建议在坝体靠近上游面部位采用富浆碾压混凝土进行施工，一方面可以使坝面更平整，同时可提高坝体坝面的碾压质量，提高上游坝面强度，有利于混凝土保护层的锚固稳定性；另一方面，由于带保护层的土工膜防渗系统一般膜后不设置排水系统，故在土工膜产生缺陷的情况下，坝面可能会受到一定的渗透压力作用，富浆碾压混凝土可使坝面具有一定抗渗强度，额外增加一道防线，有利于坝体安全。此外，在土工膜防渗层与支持面之间，尤其是结构缝部位还可设置一层单位面积克重不小于 $450g/m^2$ 的无纺土工织物作为支持层，以避免土工膜直接与坝面接触，在水压力作用下发生刺破损伤。

3.2.6 保护层设计

保护层设计主要针对带保护层的碾压混凝土坝土工膜防渗系统，裸露土工膜防渗系统不涉及此内容。保护层结构布置参见图 3.2-6 所示，一般采用预制混凝土模块，土工膜固定在混凝土模块内侧。然后通过预埋在坝体内的螺杆锚固在坝面上。典型保护层模块长 3～5m（坝轴线方向），高 0.8～1.9m（竖直向），厚 10～15cm（垂直坝轴线方向），坝面大多数保护层模块为矩形，但靠近坝踵和岸坡位置的保护层模块需适应坝基及两岸岸坡岩体的形状，需要根据实际情况“量体裁衣”，保护层模块也可能为多边形。

土工膜与保护层模块间的固定方式一般有两种：

一种是采用带长条肋的土工膜，在进行保护层模块预制时，将土工膜带长条肋的一面铺设在新浇入模板内的混凝土表面，在混凝土终凝后，靠长条肋与混凝土间的黏结力固定在一起。但这种固定方式会约束土工膜的变形，现在已不推荐使用。

另一种是依靠复合土工膜表面的土工织物与混凝土连接，即保护层模块预制时，将复合土工膜带土工织物的一面铺设在新浇入模板内的混凝土表面，然后混凝土里的水泥浆渗入到土工织物里，终凝后即与混凝土连接起来了。

每个混凝土保护层模块靠近四个角端附近设置四个锚固孔洞，以便穿过预埋在坝体内部的螺杆，通过拧紧螺母将保护层模块锚固在坝面。保护层模块安装完成之后，保护层模块上的四个锚固孔洞需用高强砂浆进行填堵密封。

3.2.7 锚固系统设计

3.2.7.1 裸露的全坝面土工膜防渗系统锚固设计

1. 锚固密封系统结构布置

碾压混凝土坝面的土工膜防渗层主要通过锚固系统（图 3.2-11）固定在碾压混凝土坝的上游面，从而实现整个防渗系统的固定和密封。根据不同部位锚固的需要分为竖向缝锚固、周边锚固和坝顶锚固。

2. 竖向缝锚固

如图 3.2-11 所示，竖向缝锚固结构在坝面沿坝轴线方向每隔一定间距竖向布置，将整个坝面防渗系统分隔成若干长条形防渗区，相邻防渗区之间相互独立。竖向缝锚固一般采用线型锚固结构，即沿着直线方向每隔一定间距设置一个螺栓来施加比较均匀的锚固压

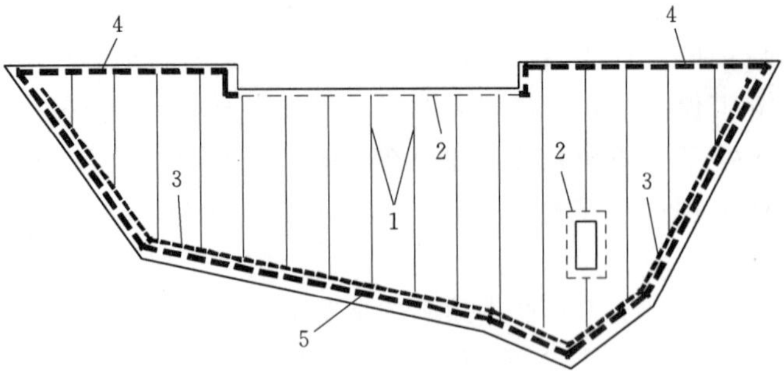

图 3.2-11 土工膜锚固系统布置

1—坝面竖向锚固缝；2—坝顶溢流及孔口边缘锚固缝；3—坝面集水管；4—坝面非淹没区锚固缝；5—周边锚固缝

力，这种锚固结构是土工膜防渗系统最普遍采用的一种锚固型式。碾压混凝土坝裸露土工膜防渗系统经常采用的竖向缝锚固分两种：一种是常规的竖向缝锚固结构，另一种是带竖向排水通道的异型张紧压板锚固结构。

（1）常规竖向缝锚固。常规的竖向缝锚固结构布置如图 3.2-12 所示，主要由镇压型钢、螺栓及螺母、弹性垫片、密封胶等组成，型钢、螺栓及螺母材质均为不锈钢。不锈钢螺栓一般提前埋置在坝面支持层预设位置，并在螺栓四周的支持层表面涂抹密封胶，然后穿过螺栓依次向上铺设弹性垫片、防渗膜、弹性垫片、镇压型钢，最后拧紧不锈钢螺母，从而将防渗膜锚固在坝面支持层上。为防止锚固结构各构件间发生细微间隙渗水，膜后的排水层需在竖向缝处截断且不锚固，此外，在锚固结构中的各种构件之间也需涂抹密封胶。

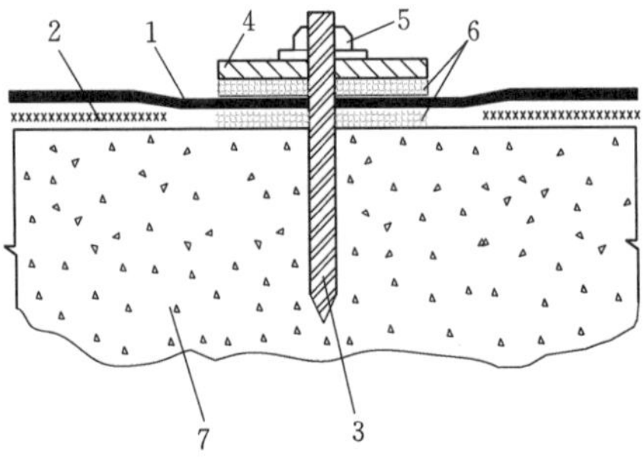

图 3.2-12 常规竖向缝锚固结构

1—防渗土工膜；2—坝面排水层；3—预埋螺栓；4—镇压型钢；5—螺母；6—橡胶垫片；7—坝体

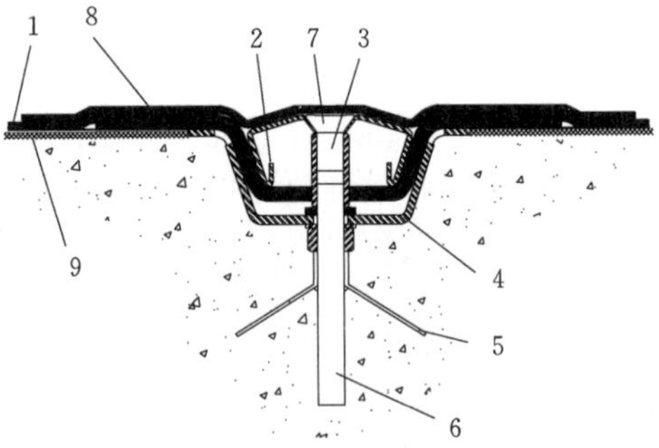

图 3.2-13 异型张紧压板锚固结构

1—防渗土工膜；2—外张紧压板；3—连接螺杆；4—内张紧压板；5—预埋螺杆侧翼；6—预埋锚固螺杆；7—螺母；8—PVC 盖条；9—坝面排水层

常规竖向缝锚固结构与第 2 章堆石坝面膜防渗周边锚固结构类似，各构件材料、型号及螺栓间距、埋深等参数的选取可参考本篇第 2 章“2.2.7.3”中的方法。

(2) 异型张紧压板锚固。异型张紧压板锚固结构为瑞士CARPI公司专利保护技术，典型型式如图3.2-13所示，由预埋锚固螺杆、橡皮垫片、内张紧压板、连接螺杆、外张紧压板、螺母以及PVC盖条组成。

该锚固结构主要利用内、外两块形状相匹配的弹性异型张紧压板来实现对土工膜的锚固，同时还可以进行坝面土工膜的收紧，避免两条竖向锚固缝间的土工膜出现波浪状褶皱而在运行期水压力作用下产生折叠、发生损伤破坏。此外，内、外两块异型压板之间的空隙正好可以形成一个竖向排水通道，从而进一步增加坝面排水层的排水能力。

图3.2-14为异型张紧压板锚固结构对坝面土工膜实施张紧的原理示意图。由图可知，在坝体碾压施工时，需将预埋锚固螺杆和内张紧压板提前埋置在准确的设计位置；在进行坝面土工膜防渗系统锚固安装时再将需锚固连接的两幅土工膜铺设至内张紧压板外侧，然后通过连接螺杆将外张紧压板安装至土工膜表面；最后通过螺母拧紧连接螺杆使外张紧压板向坝面方向移动，通过外张紧压板的张压使锚固缝两侧的土工膜向中间收拢，这样土工膜即可紧贴坝面而不产生褶皱；土工膜收紧后，用PVC盖条将外张紧压板覆盖并与两侧土工膜焊接在一起进行密封。此外，内、外张紧压板之间组成了两道连续的空隙，与两侧的坝面排水层相连，正好可以形成连续的竖向排水通道。完成锚固施工后，竖向锚固缝和坝面基本保持平齐。

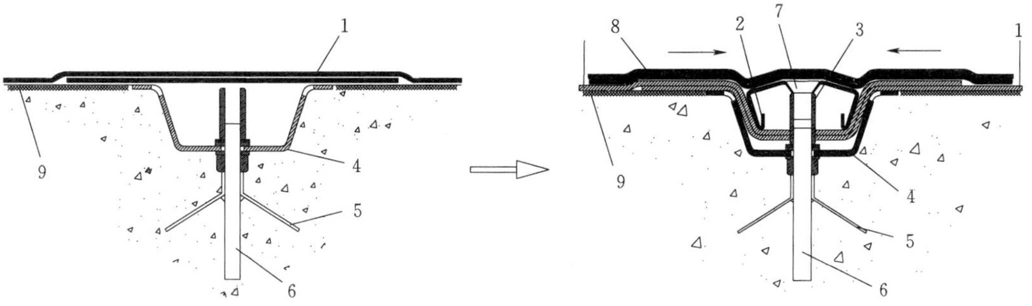

(a) 外张紧压板安装前土工膜位置　　(b) 外张紧压板安装后土工膜位置

图3.2-14　碾压混凝土坝面土工膜张紧锚固结构

1—防渗土工膜；2—外张紧压板；3—连接螺杆；4—内张紧压板；5—预埋螺杆侧翼；6—预埋锚固螺杆；7—螺母；8—PVC盖条；9—坝面排水层

3. 周边锚固

周边锚固是坝面锚固系统中最为重要的部分，除了固定土工膜防渗层外，还要起到周边密封和止水作用，阻止库水从防渗膜周边渗入坝体。周边缝锚固结构的上游端承受最大水头作用，下游端与排水系统相通，故需满足最大水力梯度下的渗透稳定要求。

为了实现固定防渗系统和阻断渗水从周边缝进入坝体的目的，碾压混凝土坝裸露土工膜防渗层边缘需锚固在坝踵及岸坡部位混凝土趾板上，并在趾板与坝面之间设置土工膜止水，并通过接触灌浆和两道帷幕灌浆实现整个防渗系统的密封。锚固和密封结构布置如图3.2-15所示。

由图3.2-15可知，该锚固系统首先将坝面防渗膜锚固在趾板上表面，并在趾板与坝面接触部位设置一层土工膜作为止水；然后在趾板与基岩的缝隙进行接触灌浆，通过趾板

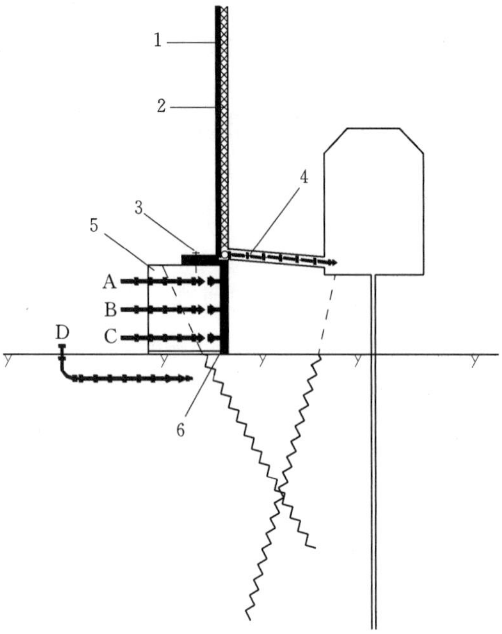

图 3.2-15 锚固和密封结构布置

1—坝面防渗膜；2—坝面排水层；3—周边锚固缝；4—横向排水管；5—混凝土趾板；6—土工膜止水

向基岩内部进行向下游倾斜的一排帷幕灌浆，与原廊道里的灌浆防渗帷幕共同实现坝面防渗层的固定和密封。根据该结构布置，可能有四条渗水通道绕过锚固缝进入坝体和基础，分别叙述如下：

(1) 通过趾板混凝土可能存在的裂缝渗入坝体。这个通道的渗水将由趾板与坝面之间的土工膜止水被隔断而无法进入坝体。

(2) 通过趾板混凝土竖向分缝渗入坝体。这个通道的渗水将由趾板与坝面之间的土工膜止水被隔断而无法进入坝体。

(3) 通过趾板混凝土与基岩之间的缝隙渗入坝体。这个通道的渗水也可直接由接触灌浆和防渗帷幕隔断而无法进入坝体。

(4) 通过上游坝基岩体内部通道渗入坝体。这个通道的渗水将由趾板底部基岩内的灌浆帷幕隔断而无法进入坝体。

故通过混凝土趾板、趾板止水、接触灌浆和灌浆帷幕，可阻止从任何可能通道绕过周边锚固缝的渗水进入坝体，从而与坝面防渗层一起形成一道密闭的防渗系统。

坝面防渗膜与趾板之间的锚固结构与常规竖向缝锚固结构设计方法相同。

4. 坝顶及溢流孔口边缘锚固

防渗膜在坝顶边缘的锚固分为两类，一类是坝顶非淹没区边缘锚固，另一类是溢流孔口边缘锚固。

(1) 坝顶非淹没区边缘锚固。坝顶非淹没区边缘锚固结构如图 3.2-16 所示。这种结构也采用类似竖向锚固缝中的常规锚固型式，只是超出锚固线以上预留一定幅度的土工膜，并反向包裹锚固螺母，然后通过与锚固线下部的坝面土工膜焊接在一起，实现对锚固结构的覆盖。这种坝顶锚固结构的主要作用是固定坝面防渗层，同时阻止坝顶降雨等少量水流渗入，但并不承受高压水头作用，故其锚固结构各构件的尺寸及要求可以相对于常规竖向缝锚固结构设计标准稍微降低。此外，在靠近锚固处需要设置通向下游的通风孔。

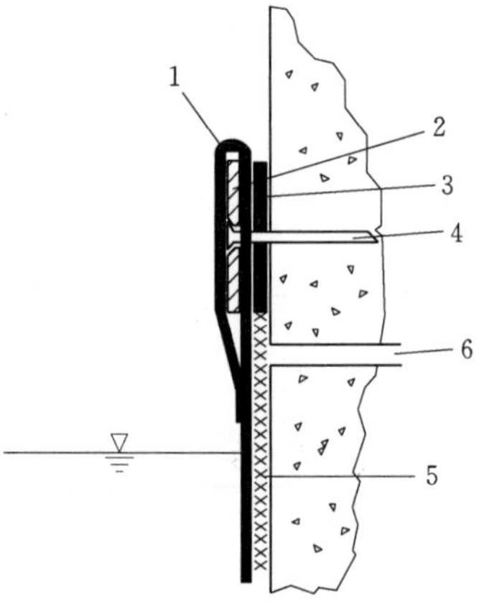

图 3.2-16 坝顶非淹没区锚固结构

1—防渗土工膜；2—镇压型钢；3—橡胶垫片；4—预埋螺杆；5—坝面排水层；6—通风孔

(2) 溢流孔口边缘锚固。溢流孔口边缘锚固主要指溢流堰和泄洪孔口边缘的锚固，其结构型式和常规竖向缝锚固结构相同，只是锚固基面需用一层环氧树脂砂浆作为基层以增强溢流区高速水流下的抗渗和抗冲能力。

5. 锚固结构的设计和校核

碾压混凝土坝裸露土工膜防渗系统锚固结构的设计和校核与堆石坝面膜防渗相同，也以被锚固材料拉伸破坏时锚固组件仍能正常工作（即防渗膜仍能工作时不因锚固组件破坏而整体失稳）为准则。锚固螺杆的上拔力、螺杆及钢条的规格、螺杆间距及埋深、螺杆扭紧力矩等结构及参数的设计和校核可参考本篇第2章中“2.2.7.2”部分内容。

3.2.7.2 带保护层的全坝面土工膜防渗系统锚固设计

带保护层的全坝面土工膜防渗系统的锚固和密封包括坝面保护层模块的锚固，防渗土工膜与坝基及岸坡底座间的锚固密封，坝顶防渗土工膜的锚固密封，以及相邻保护层模块间土工膜的连接密封。

1. 坝面保护层模块锚固

每个保护层模块通过四个预埋在碾压混凝土坝内的预埋螺杆锚固在坝面上。保护层模块预制时需预留四个锚固孔洞，内嵌土工膜相应位置也预留孔洞，然后分别穿过四根预埋螺杆，最后在孔洞内放置不锈钢螺母，拧紧螺母后用砂浆进行填堵密封。需要注意的是，锚固孔洞穿过土工膜处容易造成渗漏通道，故穿过土工膜前需放置橡胶垫和不锈钢垫圈来实现密封止水。坝面保护层模块单个锚固孔的锚固结构如图3.2-17所示。

2. 防渗土工膜与坝基和岸坡底座间的锚固密封

在坝基和岸坡部位，坝面防渗土工膜需与底座及岸坡趾板进行锚固密封，如图3.2-18所示，一般先将一定宽度的土工膜止水埋设在新浇筑的底座和岸坡趾板中，然后通过与最底部和最边缘保护层模块内侧土工膜焊接在一起，从而实现密闭的防渗系统。

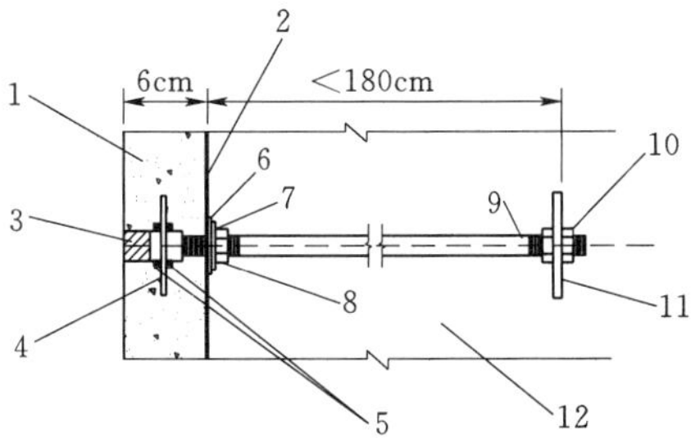

图3.2-17　坝面保护层模块单个锚固孔的锚固结构

1—预制保护层模块；2—防渗土工膜；3—锚固孔洞；4—镀锌钢板；5—角焊缝；6—橡胶垫；7—不锈钢垫圈；8—不锈钢螺母；9—镀锌螺杆；10—不锈钢螺母；11—方形不锈钢板；12—碾压混凝土坝体

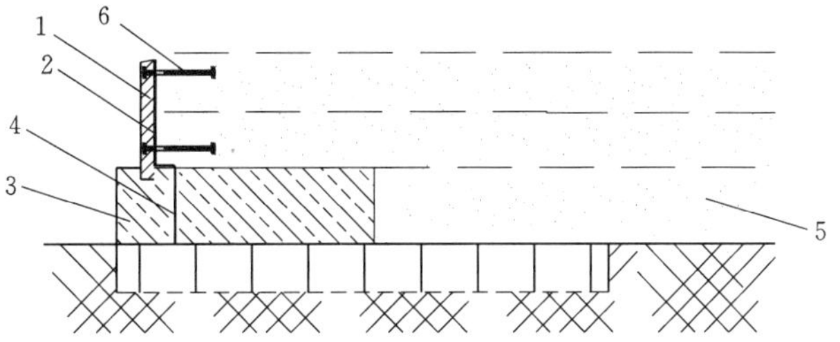

图3.2-18　坝基和岸坡土工膜锚固密封结构

1—保护层模块；2—防渗土工膜；3—常态混凝土底座；4—土工膜止水；5—碾压混凝土层；6—预埋锚固螺杆

3. 坝顶防渗土工膜的锚固密封

坝顶防渗土工膜的锚固密封主要是针对靠近坝顶的一排保护层模块上侧延伸出来的土

工膜进行锚固密封。具体锚固结构型式同裸露土工膜防渗系统的坝顶锚固结构相同，可参考本章3.2.7.1部分中的坝顶非淹没区边缘锚固。

4. 相邻保护层模块间土工膜的连接密封

坝面保护层模块之间是相互独立的，要形成完整密闭的防渗系统，需要将相邻保护层模块内侧的土工膜连接起来。相邻保护层模块间土工膜的连接方式参见图3.2－6，采用土工膜密封条将两侧防渗土工膜焊接在一起，土工膜密封条位于保护层模块的内侧，紧贴坝面支持层。

5. 坝面保护层模块锚固设计校核

坝面保护层模块锚固设计校核主要方法同本篇第2章面膜堆石坝锚固设计校核方法基本相同，即以被锚固材料拉伸破坏时锚固组件仍能正常工作为设计准则。设计校核中以保护层预制混凝土材料的抗剪强度与防渗膜极限抗拉强度之和代替防渗膜的极限拉伸强度即可。具体设计校核方法参见本篇第2章中“2.2.7.3”部分。

3.2.8 防渗系统安装施工工艺

3.2.8.1 裸露全坝面防渗系统安装施工工艺

1. 施工程序

坝体碾压施工完成后进行土工膜防渗系统的安装施工，具体包括如下几个步骤：支承层基面处理、防渗系统施工准备、排水系统安装、防渗膜安装。需要注意的是，在每个步骤完成之后，需要按照相应的质量检测及验收标准进行验收，验收合格后方可进行下一步骤的施工。

而对于需要加快施工进度的高混凝土坝，土工膜防渗系统安装也与坝体碾压施工同时进行，即上部坝体进行碾压施工，下部坝面进行土工膜防渗系统的安装。这种施工程序需要采取专门措施，以避免上部坝体施工对下部坝面已安装好的土工膜造成损坏。

2. 支持层处理

在安装土工膜防渗系统前，需要对坝面进行评估和处理，使之形成稳固平整的支持层基面。

对于新建碾压混凝土坝，如果上游面采用富浆碾压混凝土，那么一般在模板作用下，上游坝面基本保持平整，只需对模板缝隙处和结构缝部位进行打磨或者铺设土工织物垫层进行处理。

如果上游面采用碾压混凝土层，由于坝面存在碾压混凝土层间缝等不平整部位，需要进行检查和处理。首先通过外观检查与锤击，检查坝面混凝土是否存在不稳定、突出尖角或深坑等对防渗膜不利的现象，并对发现问题的部位进行标记；然后采取相应的打磨、填补等措施进行处理，支持层基面平整度偏差按$\delta \leqslant \pm 1$cm控制，保证坝面支持层基面稳定、平整。

3. 防渗系统施工准备

(1) 材料设计与准备。施工准备阶段，在参照设计施工图的基础上，在完成支持层基面施工和趾板浇筑后，按照量体裁衣的方法对坝面进行实地测绘，沿坝轴线对每个独立防渗区进行编号并准确测量和计算出所需防渗土工膜和复合排水网或土工织物的实际形状和面积，同时根据锚固结构设计计算出实际需要的螺杆、镇压型钢、螺母、橡皮垫圈、密封胶、排水管等安装配件材料的实际用量。按照计算得到的材料用量和设计要求绘制安装详图，编制防渗土工膜、复合排水网或土工织物以及安装配件等材料的加工计划表，制定相应的生产和供应计划。

需要特别注意的是，在向材料供应商提供采购计划时，需要明确要求每卷复合膜边缘20～30cm 范围内的土工膜与土工织物不复合、膜布要分离，因为此范围是现场需要拼接或者锚固的部位，复合膜的土工织物必须与土工膜分开，只需锚固土工膜，否则会形成渗漏通道。

(2) 施工装备及器具准备。正式施工前，需根据土工膜防渗系统安装施工需要准备主要施工装备和专用施工器具，如配备相应起吊吨位的土工膜卷的移动吊机、土工膜铺设定位和测量设备、土工膜焊接及锚固所需的悬挂施工平台、焊接设备等专用器具。靠近坝踵部位的坝面排水层、排水管及防渗膜焊接和锚固也可在坝基搭脚手架形成施工平台。

4. 排水系统安装

在完成坝面支承层的处理后，开始排水系统的安装施工，主要包括三部分：

(1) 锚固螺栓的埋设。按照预设位置进行竖向缝锚固、周边锚固、坝顶及孔口边缘锚固螺杆的埋设，严格按照锚固结构布置和技术要求，保证螺杆埋深、间距等参数达到设计要求。同时对锚固螺杆的抗拔力进行现场测试验证。

(2) 坝基横向排水管、集水管及坝顶通风孔的安装施工。根据施工设计图纸及技术要求，在坝体进行碾压施工时，预先将用作横向排水管和坝顶通风孔的镀锌钢管埋设在预定位置，并在管壁与坝体间缝隙进行灌浆密封。在进行排水系统安装时，在坝踵位置进行纵向集水管的安装与固定，并将集水管与横向排水管连接起来，保证排水通道连续畅通。

(3) 坝面排水层安装施工。在各坝段不同防渗区预先标定好的位置，从坝顶至坝基铺设坝面排水层，即复合排水网或者土工织物，利用预埋锚固螺杆和钢垫圈将排水层固定安装到预设位置。如竖向缝采用内外异型张紧板锚固结构，则排水层穿过预埋锚杆后，立即安装内侧异型张紧板并压住两幅相邻排水层的边缘。

在竖向缝锚固、周边锚固、坝顶及孔口边缘锚固位置处，需截断排水层，保证后续安装防渗土工膜后锚固处能够形成密封止水。坝面排水层安装到预设位置后，需专门进行坝基及岸坡两侧边缘集水管与排水层之间的连接与固定，确保形成连通的排水通道。

此外，尤其要注意的是，完成排水系统安装后需要进行通水试验，保证排水系统所有管道畅通，因为在安装完防渗膜后就无法再处理。

5. 防渗膜安装

防渗膜的安装施工分以下几个步骤进行。

(1) 土工膜铺设。按照不同坝段各防渗区编号，分别将该编号土工膜铺设位置的边缘用白线标定范围，然后将对应编号土工膜卷放置对应的坝顶位置，在土工膜卷轴中心穿插一根刚度足够大的钢管，再利用移动吊机吊住钢管两端，以匀速转动将该卷防渗膜从坝顶垂直地向下展放到底部预设高程位置。土工膜卷摊滚过程需由全站仪等观测设备全程观测、动态控制，一旦实际铺设位置与白线划定范围出现偏差，立即停止膜卷下放，并利用吊机进行位置矫正。对于坝轴线较长的大坝，为加快施工速度，可在不同坝段进行多个作业面的同时铺设。

(2) 竖向搭接定位。待相邻坝段土工膜均匀铺设好后，需要进行相邻两幅土工膜的搭接定位，搭接宽度需满足设计规定，搭接好的两幅土工膜通过每隔一定距离的局部点焊进行临时定位。

(3) 焊接密封。相邻两幅土工膜搭接定位完成后，开始两幅土工膜的焊接密封。焊接采用热焊，焊接尽量选择风速不大的天气，且要求大气温度在5～35℃范围内。具体焊接设备类型、焊接温度、焊接速度、焊缝镇压压力等工艺和参数应通过现场焊接试验确定。

(4) 竖向缝锚固收紧。完成坝面各防渗区土工膜的竖向焊接及质量验收后，就开始坝面竖向缝锚固结构的安装施工。

1) 竖向缝锚固若采用常规锚固结构，其具体步骤为：先在预埋螺杆处坝面涂抹环氧树脂胶泥，并依次穿过螺杆铺设橡胶垫片、土工膜（不带土工织物的光膜）、橡胶垫片、镇压型钢，然后在这些构件与螺栓之间的孔隙内注入密封胶，最后套上金属垫圈和螺母，并拧紧螺母。采用常规锚固结构时尤其应注意，在锚固施工前，土工膜要进行收紧，避免坝面出现土工膜波纹和褶皱。

2) 竖向缝锚固若采用内外异型张紧板结构型式，则具体锚固步骤为：先将连接螺杆拧在预埋在坝体内部的内侧异型张紧板外侧，然后再穿过连接螺杆铺设土工膜，待整个坝面各坝段都完成此步骤后，沿坝轴线某一固定方向依次安装外异型张紧板，通过拧动外异型张紧板外部的螺帽实现土工膜的收紧及固定，最后采用PVC盖板进行覆盖，并焊接在异型张紧板两侧坝面土工膜上。

(5) 周边锚固密封。在完成坝面防渗膜竖向缝的锚固后，就可进行坝面周边锚固密封，最终形成一道完整密闭的坝面防渗系统。坝面周边锚固结构的安装步骤与本篇第2章中堆石坝坝面土工膜与两岸岩坡的连接锚固施工方法与步骤相同，参见本篇第2章中“2.2.7.2”部分。

值得注意的是，埋在趾板内部的土工膜止水需要进行专门保护，避免在安装坝面土工膜防渗系统前由于坝体施工而造成损伤。

3.2.8.2 带保护层的全坝面防渗系统安装施工工艺

1. 施工顺序

带保护层的全坝面土工膜防渗系统安装施工包括如下几个步骤：混凝土底座浇筑及土工膜止水埋设、坝面预埋螺杆埋设、支持层基面处理、保护层模块预制与安装、岸坡锚固与密封。需要注意的是，在每个步骤完成之后，需要按照相应的质量检测及验收标准进行验收，验收合格后方可进行下一步骤的施工。

2. 施工方法与工艺

前三道施工步骤，即混凝土底座浇筑及土工膜止水埋设、坝面预埋螺杆埋设、支持层基面处理，其施工方法在结构布置和设计中均已简要介绍过，这里不再赘述。这里主要介绍带保护层的防渗系统所特有的保护层模块的预制与安装、岸坡和坝顶的锚固与密封施工方法与工艺。

(1) 保护层模块的预制与安装。保护层模块的安装可在整个坝体施工完成后再进行；也可与坝体填筑施工同时进行，即上部高程进行坝体填筑碾压施工，下部坝面进行保护层安装。

1) 保护层模块预制。在完成坝踵混凝土底座和岸坡趾板施工后，可根据现场测量结果，准确测量坝面保护层所覆盖的实际范围，并绘制施工详图，然后根据每个模块尺寸确定模块数量，并进行编号。尤其要注意，靠近坝基及岸坡边缘部位保护层模块的形状及尺寸需精准测量与计算，否则无法对号入座安装。再根据计算结果确定每个模块的形状后，可制定保护层模块预制生产计划表，然后在预制工厂内预制保护层模块，并按要求预留锚固孔洞和安装内侧防渗土工膜。

2）保护层模块安装。在安装保护层模块前，需根据提前绘制的施工图划定每个保护层模块的实际安装位置，并用白线准确标记出安装边界。保护层安装采用由坝踵至坝顶方向成排安装。同一排保护层模块的安装可沿河床中间部位向两岸的方向在两个工作面同时安装。靠近坝踵部位可采用位于坝基的移动吊车悬挂吊装，较高高程部位需采用位于坝顶的移动吊车悬挂吊装。最底部一排保护层模块坐落在混凝土底座上，其内侧土工膜与预埋在混凝土底座内的土工膜止水焊接在一起，从而实现坝踵部位的密封。

以从左向右方向的安装顺序为例介绍单个保护层模块安装方法：①首先通过移动吊车将需要安装的保护层模块吊至对应编号位置，带土工膜的一侧朝向坝面；②接着在锚固孔洞对应位置穿过螺杆放置不锈钢垫圈和橡皮垫圈，并在两层垫圈间隙和表面涂刷密封胶；③然后通过吊机移动调整保护层模块位置，使四个锚固孔洞穿过四个预埋螺杆；④再采用土工膜密封条使要安装的保护层模块内侧土工膜与下部和左侧的保护层模块内的土工膜焊接在一起（该模块内侧土工膜的上边缘和右边缘需将土工膜密封条提前焊接上，等待上部和右侧模块安装时连接密封用）；⑤最后采用不锈钢螺母将四个锚杆拧紧固定，并采用高强砂浆将四个锚固孔洞表面封填。

（2）岸坡和坝顶锚固与密封。待坝面保护层模块全部安装完毕后，进行周边和坝顶部位土工膜的锚固和密封。

周边岸坡部位在浇筑趾板时，已将土工膜止水预埋在趾板内，此时只需将靠近周边一侧的保护层模块内土工膜与预埋的土工膜止水进行焊接密封即可。

坝顶防渗土工膜的锚固密封实施方法与本篇第 2 章坝面土工膜与两岸岩坡的连接锚固施工方法与步骤相同，参见本篇第 2 章中“2.2.7.2”部分。

3.2.8.3　施工质量控制

1. 材料生产、运输与检验要求

土工膜材料供应商应提供每卷土工膜的质量保证文件，包括说明其材料的批号和卷数、生产日期和当批材料的材质保证书。要提前选择确定最优的运输方案，确保运输过程对土工膜等材料的破坏降低到最低程度。等材料运至现场后，需组织各方人员联合检验和核对，采取分区分类堆放，并做明显的标记。

2. 现场焊接试验

土工膜的焊接是质量控制的关键工序之一。每班至少配备一名熟练掌握土工膜焊接技术的技术人员，正式焊接前每个焊接施工人员应用同批次的土工膜试样进行试焊接，试焊接应模拟实际的现场安装条件进行。试焊焊缝应该按照相关的拉伸试验标准进行拉伸强度检验。只有材料在焊缝以外的部位断裂，试焊才被视为合格。

3. 焊接工艺标准要求

焊接应采用热焊，不允许用溶剂进行冷焊，要使用专用的可调式高温热风枪进行焊接，焊缝搭接宽度不小于80mm。焊接缺陷应是不连续的且不大于搭接宽度的1/3。

4. 质量检查与验收

施工单位质量负责人每天在核实天气状况符合施工条件后，才能批准土工膜防渗系统安装施工开始。防渗膜卷摊铺展开后要确保位置正确，排列有序，避免可能发生的整体损坏，要使用识别码来确认检查过的防渗膜。防渗膜的所有焊接和被扰动表面应在工程师在场的情况下用电动漏点检测仪或探伤仪进行检测，所有的焊接工作首先应由焊接人员和监管人员进行目视检测，包括弯曲和手拉测试。

监理方和业主方应共同安排管理人员全程参与施工监督，最终检查验收由监理工程师代表、业主方管理人员、施工单位质量负责人和承包商质量负责人组成的验收小组执行。验收小组确认待检查的区域，核实检查过的区域是否有其他损坏和不可接受的现象，如果发现有孔洞、裂口、漏焊等现象，应做上标记；施工单位质量负责人将决定相应的处理方案；修补完成后再次复查直至合格。

5. 缺陷修补

老混凝土坝土工膜防渗系统安装施工中需要修补的缺陷可能包括三种情况：

(1) 更换新防渗膜。如果检查发现防渗膜损坏范围较大，包括现场不能修复的产品缺陷，就必须更换新的防渗膜，并且必须按照审批的程序和方法进行更换。

(2)“鳄鱼嘴”修补。“鳄鱼嘴”是指局部漏焊的焊缝，其修补程序和方法比较简单，直接补焊即可。

(3) 孔洞修补。用肥皂水把损坏的土工膜表面的灰尘和缺陷区域的杂质清除干净，准备和原材料性质相同的土工膜，其尺寸应与缺陷区域周围重叠至少150mm。

3.2.9 土工膜防渗系统渗漏监测

3.2.9.1 渗漏监测系统布置

前述排水系统设计中提到，设在坝面防渗土工膜后的排水系统可用于监测土工膜防渗系统的运行状态。通过竖向锚固缝（对于较高坝，还可设置横向锚固缝）将整个坝面分割成若干隔离的独立排水区。可在各排水区底部集水管和排水管内布置测流量和渗流压力的光纤传感器来监测坝面各排水区对应部位的渗漏量和渗透压力。同时，在最底部坝基集水管和廊道也布置有常规渗流监测仪器，可进行整个坝面渗漏的监测。

通过渗漏监测系统监测不同排水区的渗水量可判断土工膜防渗系统的工作状态和准确定位渗漏位置。另外，如果某个排水区的土工膜出现缺陷渗漏点，通过该缺陷处的渗水能够被该排水区截住，并从该处将渗透水排至最近的廊道，避免其渗入坝体和其他排水区，从而保证大坝安全。

3.2.9.2 渗漏监测

经过一段时间的蓄水运行后，通过各排水区监测结果可以确定每个排水管的相对稳定的“正常”流量：一般在枯水期水库水位较低时，每月测量一次所有排水管的流量；在丰水期水位较高时每月测量两次；如果水库水位到达设计水位，则每周测量两次。除这些例行监测外，还要定期通过监测数据对渗漏量和运行性态进行分析，以判断土工膜防渗系统工作状态。

3.3　老混凝土坝土工膜防渗加固设计

3.3.1　老混凝土坝土工膜防渗加固整体结构布置

老混凝土坝土工膜防渗加固结构位于大坝的上游面，其防渗加固原理及典型断面如图 3.3－1 所示。整体结构布置包括坝体支撑结构和土工膜防渗系统两部分。

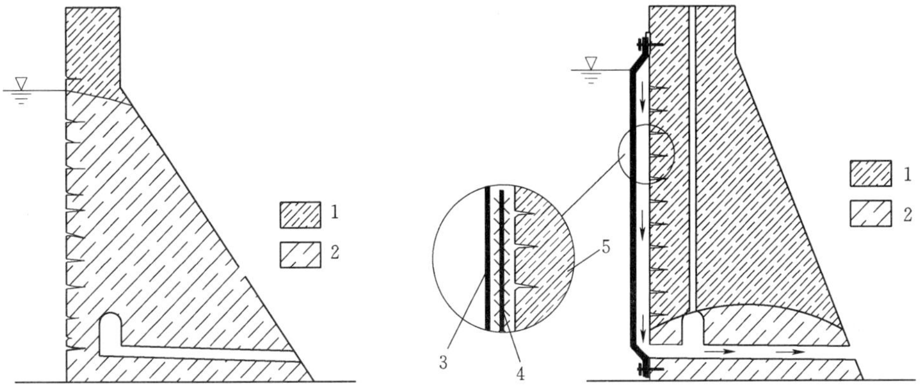

（a）防渗加固前　　（b）防渗加固后

图 3.3－1　老混凝土坝土工膜防渗加固原理及典型断面图

1—非饱和状态坝体；2—饱和状态坝体；3—防渗土工膜；4—排水层；5—坝体

3.3.1.1　坝体支撑结构

老混凝土坝体是土工膜防渗系统的支撑结构，土工膜防渗系统主要安装在坝体上游表面，坝体支撑结构承担主要荷载。

3.3.1.2　土工膜防渗加固系统

老混凝土坝上游面土工膜防渗加固系统与碾压混凝土坝类似，也包括三种类型，即坝面局部防渗加固结构、裸露的全坝面防渗加固系统、带保护层的全坝面防渗加固系统。

1. 坝面局部防渗加固结构

坝面局部防渗加固结构主要用于混凝土坝坝面局部裂缝、止水失效的结构缝和周边缝的渗漏修补。如坝面存在凸起和凹坑，则需要通过打磨或者采用环氧树脂涂层找平来使坝面尽量平整。坝面局部防渗加固结构布置与碾压混凝土坝土工膜局部防渗结构基本相同，也由土工膜、排水层、垫层、防刺破层和锚固缝组成，其结构设计可参考本章图 3.2－2。

2. 裸露的全坝面防渗加固系统

由于施工便捷、维护方便，目前国际上更趋于使用裸露的土工膜进行坝体防渗加固。裸露的全坝面防渗加固系统与碾压混凝土坝裸露全坝面防渗系统类似（图 3.3－1），也主要由支持层、排水系统、坝面防渗层和锚固密封系统组成，主要区别在于竖向缝锚固结构和周边锚固结构的布置有些差异，具体将在后面详细阐述。

3. 带保护层的全坝面防渗加固系统

带保护层的全坝面防渗加固系统与碾压混凝土坝带保护层全坝面防渗系统结构类似。由于混凝土保护层质量较重，靠穿过土工膜的锚杆固定在坝面，这些穿孔易给土工膜防渗系统造成潜在的渗漏危险；此外，保护层的安装施工也易造成土工膜损伤，同时也增加工期和造价，故这种结构在老混凝土坝的防渗加固中采用得较少。据国际大坝委员会统计，目前只有我国建于20世纪60年代的辽宁桓仁混凝土坝在防渗膜外面浇了一层60cm厚的混凝土保护层，此外，国际上另有5座大坝的坝踵处局部防渗膜采用了保护层，其他40几座案例中均没有采用保护层。

以上三种防渗结构型式中，坝面局部防渗加固结构型式较为简单，而带保护层的防渗加固型式目前国际上已不采用，故这两种结构型式的具体设计方法和施工工艺均不再单独阐述，后续内容主要阐述老混凝土坝裸露土工膜防渗加固系统的设计与施工。局部防渗加固结构涉及的防渗层、支持层以及锚固等设计可参考全坝面防渗加固系统设计方法。若受条件限制必须选用带保护层的防渗结构型式，可参考碾压混凝土坝带保护层全坝面防渗系统设计方法。

3.3.2 老混凝土坝土工膜防渗加固结构布置

和一般的大坝防渗结构类似，老混凝土坝土工膜防渗加固系统也是采用“前堵后排”的结构布置原理，也主要由坝面支持层、排水系统、防渗层和锚固密封系统组成，其中排水系统也包括坝面排水层、集水管及排水管、廊道及通风孔组成，锚固密封系统也包括坝面竖向缝锚固、周边缝锚固、坝顶非淹没区锚固和溢流孔口边缘锚固。老混凝土坝防渗加固系统的结构布置与新建碾压混凝土坝裸露土工膜防渗系统基本类似，但由于防渗功能和要求不同，在坝基及岸坡部位的锚固与连接结构布置存在一些差异。新建碾压混凝土坝裸露土工膜防渗系统在坝基和岸坡部位是锚固在新建混凝土趾板上的，而老混凝土坝的防渗加固系统可根据坝基及两岸坝肩的地质条件和渗透情况不同分为以下两种结构类型：

第一种情况，如果原混凝土坝坝基及坝肩地质条件不好，绕渗严重，则需要在坝基和岸坡部位新建混凝土趾板，将土工膜防渗层锚固在趾板上，并在趾板内设置止水，增加灌浆帷幕，从而形成完整的防渗系统。这种情况下，防渗加固系统的结构布置与新建碾压混凝土坝裸露土工膜防渗系统一样，各组成部分的具体布置和要求参见本章“3.2.2”。

第二种情况，如果原混凝土坝坝基及坝肩地质条件良好，没有绕渗。这种情况下不需新建混凝土趾板，可直接将土工膜防渗层锚固在原坝面的周边。这种类型的防渗加固系统结构布置如图3.3-1所示。由图可知，其大部分结构布置与第一种相同，主要是周边锚固和密封结构型式以及集水管的结构布置有所差异，这些将在后续章节中详述。

3.3.3 防渗层设计

老混凝土坝防渗加固结构的防渗层与碾压混凝土坝土工膜裸露防渗系统的防渗层相同，具体设计指标与要求参见本章“3.2.3”。

3.3.4 排水系统设计

老混凝土坝防渗加固排水系统的结构布置和设计与裸露全坝面土工膜防渗系统也基本相同，区别就是排水系统中的集水管结构布置不同。此外，横向排水管、坝顶通风孔和廊道等排水系统的安装并非在坝体碾压时提前预埋，而是在原来的老坝体及坝面上进行造孔和安装。老混凝土坝防渗加固系统的排水系统设计可参考本章“3.2.4”，这里不再赘述，仅着重说明一下与碾压混凝土坝不同的部分。

3.3.4.1　排水系统结构布置

1. 集水管

老混凝土坝土工膜防渗加固中，根据是否新建混凝土趾板，集水管可以置于靠近坝面的坝体内部（如法国的 Chambon 坝）或坝面外部（如瑞士的 Illsee 坝，葡萄牙的 Pracana 坝），也可以置于新建于坝踵部位的趾板内（如意大利的 Camposecco 坝）。

（1）新建混凝土趾板。对于新建趾板情况下，排水系统的集水管布置和碾压混凝土坝裸露土工膜防渗系统的集水管布置一样，具体结构布置可参见图 3.2-10。

（2）无新建混凝土趾板。在不需要新建混凝土趾板时，坝踵部位的防渗系统直接锚固在坝踵部位，集水管布置型式如图 3.3-2 所示。

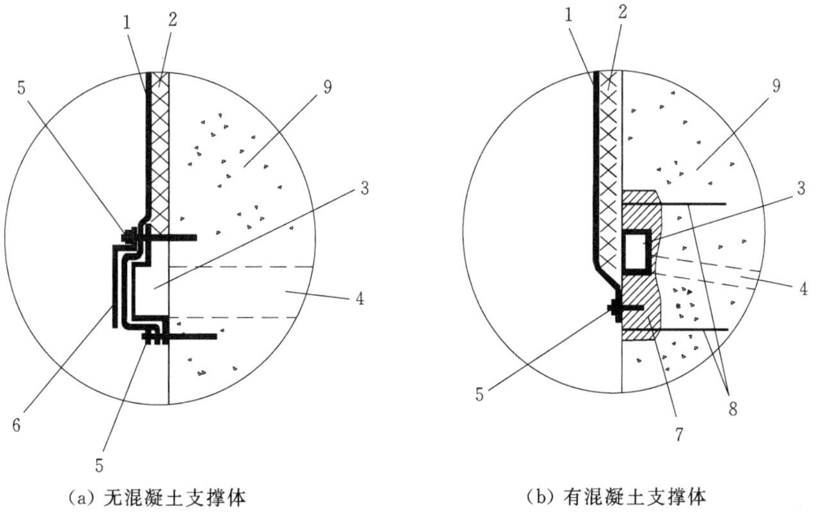

图 3.3-2　无趾板情况下集水管两种常见布置

1—坝面防渗膜；2—坝面排水层；3—集水槽（管）；4—横向排水管；5—周边锚固缝；6—覆盖板；7—混凝土支撑体；8—灌浆；9—坝体

连接集水管与廊道的横向排水管可采用地质钻孔机从上游面向廊道方向钻孔，然后孔内安装镀锌钢管，钢管与混凝土孔壁之间采用水泥灌浆封填。横向排水管间距 2～3m，内径 15～25cm，尽量采用直管，避免转弯，以便运行期检查和清理。

2. 廊道

廊道一般利用老混凝土坝修建时已经设置在原坝基内的灌浆、监测或检修廊道。

3. 通风孔

可采用与坝基横向排水管一样的安装方式，即采用地质钻孔机从上游面向廊道方向钻孔，然后孔内安装镀锌钢管。

3.3.4.2　排水容量设计

1. 排水容量设计思路

老混凝土坝土工膜防渗加固系统设置排水系统的最基本原则，是阻止渗透压力作用于老旧坝体，保证坝体稳定安全。排水系统排水容量的设计根据原混凝土坝的实际情况从以下两种工况来考虑：

（1）安装坝面土工膜防渗系统的主要目的是阻止坝体由于渗透压力作用而进一步劣化。一般适用于待加固的老混凝土坝结构无严重损害或者坝基、坝肩无连通的裂隙等渗漏通道，坝体可临时承受渗透压力作用。

在这种工况下，安装土工膜防渗加固系统后可能出现的渗漏主要来自坝面土工膜蓄水前未发现或者其他不可避免的缺陷，正常情况下土工膜缺陷渗漏量很小且较为稳定，膜后排水系统完全可以排出少量渗水，一般不需专门再次修补处理。假如防渗膜出现较严重的损坏，排水系统内监测到的渗流量或渗透压力会出现异常增大，这时可通过分析布置在各独立防渗区内不同高程位置的监测数据来判断具体渗漏点位置，然后采取相应修补措施。出现这种情况时，由于防渗膜后排水层内的水流将突然增大，超过排水容量，渗透压力会聚集而作用在坝体上，在渗漏点修补完成后渗透压力有降低恢复到正常情况。所以，这种情况下安装土工膜防渗系统的主要作用就是阻止坝体由于渗透压力作用而进一步劣化，实际上坝体能够临时承受一定的渗透压力作用，这也是目前老混凝土坝防渗加固案例中最多的情况。在这种工况下，排水系统排水容量可按照防渗膜系统正常渗漏量来估算，不考虑在出现较大渗漏情况下需要修补前膜后渗水汇集的情况，允许坝体临时承受一定的渗透压力。

（2）安装坝面土工膜防渗系统的主要目的是阻止坝体遭受任何的渗透压力作用。一般适用于坝体存在较严重损坏、坝肩及坝基存在较多贯穿裂缝，坝体混凝土或水泥浆受碱骨料反应影响较为严重或者位于高地震烈度地区的情况。在这几种情况下，膜后排水层内的渗水来自两个通道：

1）第一类通道是和前面所述一样，由土工膜不可避免的缺陷造成的流量较小且比较稳定的渗漏。而且根据目前国际上已建工程渗漏监测结果，在水面以下出现缺陷渗漏的情况基本没有，真正出现过渗漏的防渗膜一般位于水位变动区，这些部位通过监测确定其具体渗漏位置后，修补也非常方便。

2）第二类通道是通过坝肩或坝基裂缝等贯穿性通道绕过周边锚固缝进入到排水系统内的渗水。这种情况下通过渗漏监测系统进行定位后，需要在廊道内采取灌浆等其他较为复杂的修补加固措施。

在这种工况下，两类渗漏水同时汇集到排水系统内部，渗流量会比较大，且坝体不允许任何渗透压力的作用。故对这种老混凝土坝，排水系统的排水容量估计需谨慎，要按照可能发生的最大渗漏量来考虑。

2. 渗漏量估算

通过以上分析可知，在坝面土工膜防渗系统内部设计排水系统不仅仅是为了排出通过防渗膜缺陷进入的渗水，有时还要能够排出从坝肩和坝基绕过防渗系统进来的渗水。在确定老混凝土坝排水系统的设计排水容量时，需要根据原来渗漏情况判断是否需要对两种渗漏通道的渗漏量进行估算。

3.3.5 支持层设计

在老混凝土坝土工膜防渗加固设计中，一般都是以现有坝体上游面作为支持层。作为整个防渗系统的支撑和依附结构，支持层设计需遵循以下原则与要求：

（1）需清除掉原坝面防渗层不稳定的水泥浆或者将要剥落的混凝土和浆砌石，使支持层自身保持稳定。

(2) 如原坝面防渗层松动或者可能剥落部位面积较大，则需要清除已老化的整个表层混凝土防渗层（如 Camposecco 和 Lago Nero 两座坝表面的喷混凝土层全部被清除掉）。

(3) 如坝体上游面处理较为困难，也可新增面层作为支持层，如在坝面重新喷射一层混凝土作为支持层。

(4) 如果坝面存在局部凹凸不平，则首先需要将突出的石头尖角进行打磨削平，局部凹坑采用砂浆找平，或者直接采用较厚的防刺破土工织物垫层（一般要求土工织物克重不小于 1500～2000g/m^2），如 Camposecco、Illsee、Chartrain、La River、Beli Iskar、Kadamparai 等大坝均采用这种方案。

(5) 作为支持层，不仅要支撑整个防渗系统，承担防渗体传递过来的水压力荷载，同时还是防渗系统锚固结构的嵌入体。如果原坝面损坏深度较大，则需要进行加固处理，否则会影响锚固结构的稳定和整个防渗系统安全。

(6) 经过处理或者新建支持层表面要避免有凸起或者凹坑，以免使土工膜在水压力作用下承受过大应力。如果有连通的裂隙和裂缝，也需通过灌浆等措施进行处理，避免和排水层连通形成渗漏通道。

3.3.6 锚固密封系统设计

老混凝土坝防渗加固系统也分为竖向缝锚固、周边锚固和坝顶锚固。具体锚固结构与新建碾压混凝土坝裸露土工膜防渗系统基本类似，具体设计方法可参考“3.2.7.1”。但在坝基及岸坡部位的锚固与连接结构布置存在一些差异：如果需要新建混凝土趾板，将土工膜防渗层锚固在趾板上，并在趾板内设置止水，增加灌浆帷幕，从而形成完整的防渗系统；如果不需新建混凝土趾板，直接将土工膜防渗层锚固在原坝面的周边。这里主要阐述一下与新建碾压混凝土坝裸露土工膜防渗系统锚固结构不同的几点。

3.3.6.1 竖向锚固缝

老混凝土坝防渗加固系统的坝面竖向锚固缝所采用的异型张紧压板锚固不是埋在坝体内的，而是突出于坝面的。其具体结构布置和张紧原理分别如图 3.3-3 和图 3.3-4 所示，由预埋螺杆、橡皮垫片、内侧异型张紧板、连接螺杆、外侧异型张紧板、螺母以及 PVC 盖条组成。

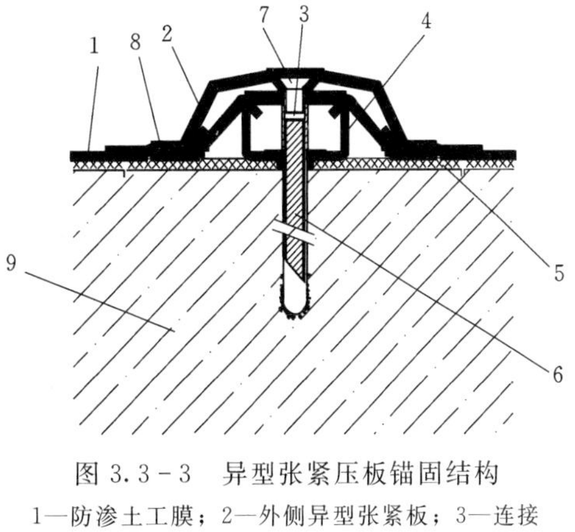

图 3.3-3 异型张紧压板锚固结构

1—防渗土工膜；2—外侧异型张紧板；3—连接螺杆；4—内侧异型张紧板；5—坝面排水层；6—预埋螺杆；7—螺母；8—PVC 盖条；9—坝体

3.3.6.2 周边锚固缝

1. 周边锚固类型及布置

根据是否新建混凝土趾板，周边锚固结构主要分两种结构型式：锚固在坝面边缘部位；锚固在新建的混凝土趾板上。两种锚固结构布置分别如图 3.3-5 所示。

2. 坝面边缘锚固

坝面边缘锚固将坝面防渗层直接锚固在坝面的四周边缘，但渗水仍会绕过周边锚固缝进入坝体和坝基，故需要在坝基增设排水来阻断

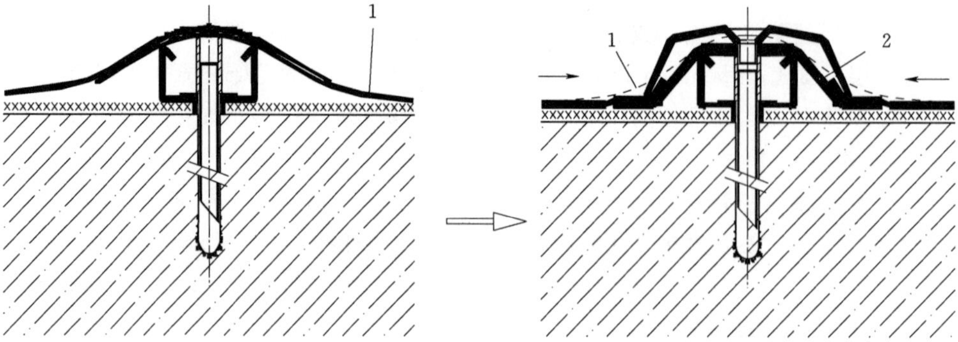

图 3.3-4 坝面土工膜锚固张紧原理

1—外侧张紧板安装前土工膜铺设位置；2—外侧张紧板安装后土工膜张紧后的位置

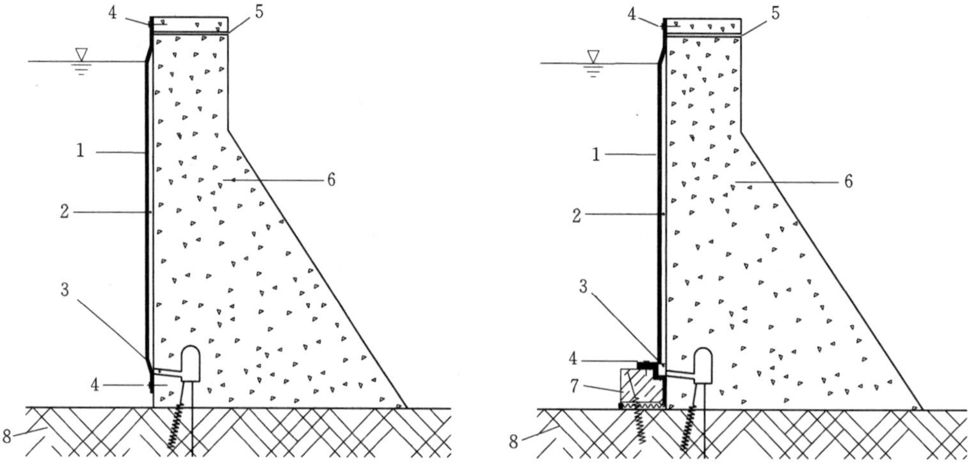

(a) 坝面边缘锚固

(b) 新建混凝土趾板锚固

图 3.3-5 周边锚固结构布置

1—坝面防渗膜；2—坝面排水层；3—集水管和排水管；4—周边锚固缝；5—通风孔；6—坝体；7—混凝土趾板；8—坝基

渗水进入坝体。坝面边缘锚固的密封原理和结构分别如图 3.3-6 和图 3.3-7 所示。

由图 3.3-6 可知，该锚固系统共设置了两道锚固缝止水、坝基集水槽、横向排水管和廊道灌浆防渗帷幕来实现坝面防渗层的固定和密封。根据该结构布置，可能有四条渗水通道绕过锚固缝进入坝体和基础，分别是：A，通过第二道锚固缝止水外侧坝面混凝土裂缝渗入坝体，这个通道的渗水正好汇入两道锚固缝止水之间的集水槽，然后通过横向排水管进入廊道；B，通过第二道锚固缝止水外侧坝面混凝土竖向分缝渗入坝体，这个通道的渗水可直接汇入横向排水管并排水入廊道；C，通过第二道锚固缝止水外侧坝面混凝土竖向分缝内失效的止水渗入坝体，这个通道的渗水也可直接汇入横向排水管并排水入廊道；D，通过上游坝基岩体内部通道渗入坝体，在廊道底部灌浆帷幕的阻止下，这部分渗水只能进入廊道或者横向排水管。

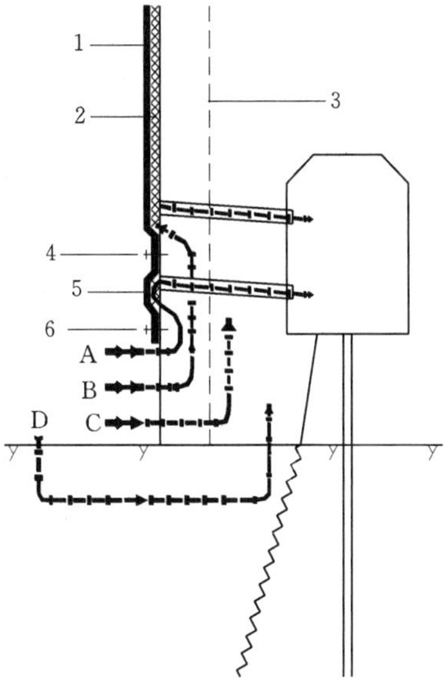

图 3.3-6　坝面边缘锚固的密封原理

1—坝面防渗膜；2—坝面排水层；3—原坝体结构缝止水；4—第一道周边锚固缝；5—横向排水管；6—第二道周边锚固缝

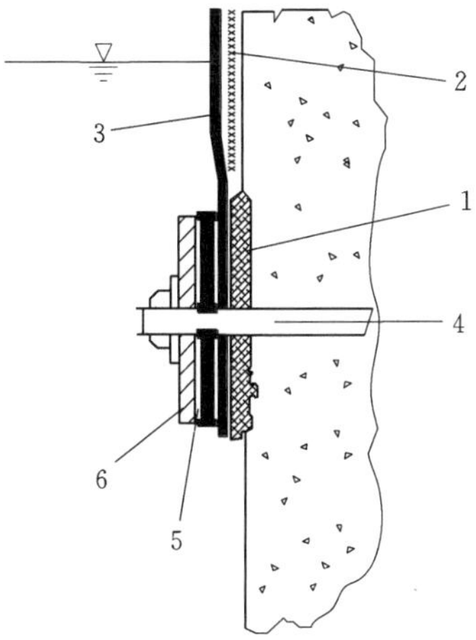

图 3.3-7　坝面边缘锚固的结构

1—密封胶层；2—坝面排水层；3—坝面防渗膜；4—预埋螺杆；5—橡胶垫片；6—镇压型钢

故通过增设灌浆帷幕和排水系统，可阻止从可能通道绕过周边锚固缝的渗水进入坝体，从而与坝面防渗层一起形成一道密闭的防渗系统。

坝面两道周边锚固缝结构同“3.2.7.1”中常规竖向缝锚固结构设计方法相同，这里不再赘述。坝基集水槽可采用矩形槽，材料选用无砂混凝土或者盲沟。横向排水管设置类似“3.2.4.2”中的横向排水管，但需采用周边带孔的透水管代替镀锌钢管，且管壁与坝体之间缝隙不需灌浆。廊道帷幕可利用原来坝基的防渗帷幕，如果原帷幕已损坏则需重新灌浆形成新的防渗帷幕。

3. 新建混凝土趾板锚固

坝面防渗膜与混凝土趾板之间的锚固密封原理和结构布置与“3.2.7.1”中的碾压混凝土坝周边锚固系统相同，设计方法可直接参考。其廊道帷幕可利用原来坝基的防渗帷幕，如果原帷幕已损坏则需重新灌浆形成新的防渗帷幕。

3.3.7　防渗系统安装施工工艺

老混凝土坝土工膜防渗加固，一般可通过泄洪底孔放空水库后再进行防渗系统的安装施工；对于一些未设置泄洪底孔、无法放空的水库，可采取在坝踵附近修筑临时围堰或者直接采取水下安装施工。故老混凝土坝土工膜防渗系统安装可分为水上安装施工工艺和水下安装施工工艺。

3.3.7.1　水上安装施工工艺

老混凝土坝防渗加固系统水上安装施工与碾压混凝土坝全坝面土工膜防渗系统基本相同，也包括如下几个步骤：支承层基面处理、防渗系统施工准备、排水系统安装、防渗膜安装。其主要施工程序及施工方法可参考本章“3.2.8”。但由于坝体支撑结构不同，也存在以下几点差异。

1. 施工程序

对于老混凝土坝，在安装土工膜防渗系统前，混凝土坝体已经存在。而对于新建碾压混凝土坝，如果在坝体碾压施工完成后进行土工膜防渗系统的安装施工，其施工程序则和老混凝土坝相同；而对于需要加快施工进度的高混凝土坝，土工膜防渗系统安装也与坝体碾压施工同时进行，即上部坝体进行碾压施工，下部坝面进行土工膜防渗系统的安装。

2. 支持层处理

对于新建碾压混凝土坝，如果上游面采用富浆碾压混凝土，一般在模板作用下，上游坝面基本保持平整，只需对模板缝隙处和结构缝部位进行打磨或者铺设土工织物垫层进行处理。如果上游面采用碾压混凝土层，才需要对坝面碾压混凝土层间缝部位进行打磨或者填补处理。

对于老混凝土坝，一般需要进行专门的处理：首先要检查原坝面是否稳定和存在突出尖角或深坑等对防渗膜不利的现象；然后采取打磨、填补或者重新喷射混凝土层等措施使之形成稳固平整的支持层。

3. 排水系统安装

对于老混凝土坝，由于坝体结构已经存在，坝踵部位上游面与坝基廊道不连通，故安装集水管和横向排水管时需要造孔，再安装不锈钢管和灌浆，坝顶通风孔也采用同样的方法。对于新建碾压混凝土坝，集水管、横向排水管以及坝顶通风孔可在坝体浇筑施工时提前预埋在里面，然后等坝体施工完成后再进行坝面排水层施工，并和集水管连接。

4. 锚固施工

锚固施工最大的区别有两点。第一，对于新建碾压混凝土坝，预埋螺杆可在坝体施工中提前埋设，而且竖向缝锚固如果采用内外异型张紧板结构，则锚固缝可以埋在坝面内侧，避免锚固缝在坝面突出；对于老混凝土坝，则是在原坝面钻孔埋设螺杆，竖向锚固缝如果采用异型张紧板，则锚固缝位于坝面外侧，是突出坝面的。第二，新建碾压混凝土坝的混凝土趾板可在坝体施工时一并浇筑，而老混凝土坝则是根据坝肩和坝基地质条件和渗透情况确定是否需要新建趾板，趾板只能重新浇筑。

3.3.7.2 水下安装施工工艺

混凝土坝土工膜防渗系统水下安装施工在国际上已有成功案例（美国 Lost Creek 坝，1997 年施工），但水下施工对潜水员队伍技术要求较高，国内尚不具备成熟技术。故在水库无法放空和无法放空修筑围堰情况下，土工膜防渗系统水下安装需进行专门的水下安装施工工艺专题研究。

老混凝土坝土工膜防渗系统水下安装，依靠潜水员潜水施工，对施工装备和材料也有特殊要求，故其施工工艺与水上安装也有几点差别：

（1）在进行防渗加固设计之前，需在原坝面设计资料基础上，通过遥控潜水器、潜水员、声呐探测器等合适的方式对坝面现状进行全面检查与记录。防渗膜一般选择密度大于水的密度的 PVC 膜。PE 膜密度小于水的密度，浮力太大，水下安装非常困难。

（2）土工膜铺设及锚固一般是由坝基至坝顶的自下而上的顺序。

（3）土工膜不能采用热焊的方式进行拼接，所有连接只能采用机械锚固。

3.4 工 程 实 例

3.4.1 新建碾压混凝土坝实例

3.4.1.1 哥伦比亚 MielⅠ碾压混凝土重力坝

1. 工程概况

MielⅠ碾压混凝土重力坝，最大坝高188m，2002年建成时为世界上最高的碾压混凝土坝。大坝的主要功能为发电，装机容量375MW，年平均发电量1460GW·h。大坝采用的混凝土水泥用量85～160kg/m^3，碾压混凝土填筑层高30cm，坝体沿坝轴线方向每18.5m设置一道竖直向伸缩缝。

该大坝原设计采用上游钢筋混凝土面板防渗，但由于无法满足合同要求的施工进度要求，故修改了防渗方案，即在碾压混凝土坝体靠近上游面0.4m厚的部位采用富浆碾压混凝土作为支持层，在该层富浆碾压混凝土坝面外侧采用裸露PVC土工膜防渗系统进行主体防渗。该大坝于2000年4月开始施工，历时26个月。

2. 防渗系统设计

（1）防渗层。MielⅠ碾压混凝土重力坝采用裸露土工膜防渗系统，防渗层选用的是PVC复合土工膜，复合膜为一布一膜，膜后织物为500g/m^2的聚丙烯无纺土工织物。整个上游面防渗面积为31500m^2，由坝基至坝顶，高程268～330m采用3.0mm厚的PVC膜，高程330～450m采用2.5mm厚的PVC膜。

（2）排水系统。防渗层后设有一个全坝面排水系统，该排水系统包括PVC复合膜内侧的无纺土工织物，竖向锚固缝内张紧板组成的竖向排水通道，埋入坝面周边的集水管，可将水排至廊道的横向排水管，以及确保在大气压力下排水的通风管道。排水系统分为4个水平段（隔室），用于将水排放至坝踵廊道。每个水平隔室又分成垂直隔间，单独排水。整个坝面总共有45个独立防渗区，通过在排水系统内部布设监测仪器可精确地监测防渗系统的运行性态。

3. 防渗系统锚固与安装施工

土工膜防渗系统通过如图3.4-1所示的异型张紧板锚固系统固定在坝面上，竖向锚固缝间距为3.7m。

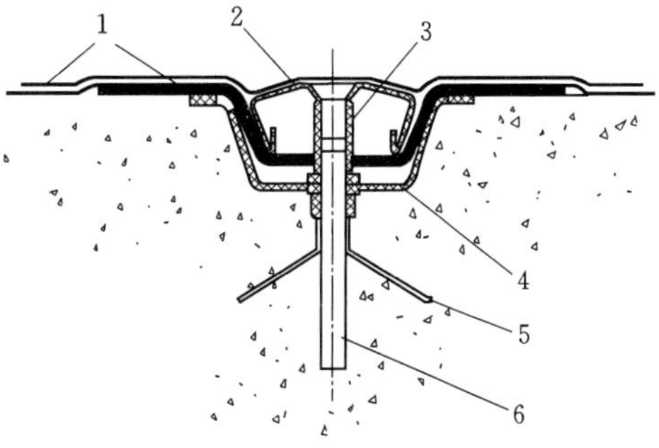

图3.4-1 坝面土工膜竖向缝锚固系统示意图

1—PVC土工膜；2—外侧异型张紧板；3—连接螺杆；4—内侧异型张紧板；5—镀锌钢锚翼；6—锚杆

图3.4-2为该竖向缝锚固系统的安装过程照片，其中图（a）为内侧异型张紧板和镀锌钢锚翼通过锚杆嵌固在RCC中，图（b）为嵌入RCC后的内侧异型张紧板，可兼作竖向排水槽，图（c）为安装完外侧异型张紧板后，采用PVC盖条进行密封防水。一般竖向锚固系统是提前预埋在RCC浇筑层中，但由于该工程原设计是钢筋混凝土面板，后改为

土工膜防渗系统，故该竖向锚固系统是在RCC浇筑施工完成后安装的，所以竖向锚固缝是突出坝面的。

(a) 异型张紧板　(b) 张紧板兼作排水　(c) 安装完毕后的张紧板

图3.4-2 竖向缝锚固系统安装施工

如图3.4-3所示，Miel Ⅰ碾压混凝土重力坝土工膜防渗系统安装在沿坝轴线方向上的6个水平段上。防渗系统的安装采用可移动轨道系统，与RCC施工同时进行，即上部坝体在进行RCC施工的同时，底部坝面进行土工膜防渗系统的安装施工[图3.4-3(b)]。在坝基上方约90m处，轨道系统与坝体连接，然后移至坝基上方约140m处。所有操作都在移动平台上实施，移动平台悬挂在轨道系统上。

(a) 坝体顶部/上部施工　(b) 坝体下部/底部施工

图3.4-3 裸露土工膜防渗系统安装施工照片

坝面周边的锚固密封构件（见图3.4-4）为80mm×8mm的不锈钢板条，将防渗土工膜压入混凝土中，土工膜底面涂抹环氧树脂密封；然后用橡胶垫片、不锈钢片、不锈钢垫圈和螺母锚固，通过调节橡胶垫圈和不锈钢片可确保锚固压力均匀分布。安装前对这种锚固密封构件进行了24MPa水压力下的抗渗试验，确保其抗渗的可靠性。坝顶土工膜锚固也采用该锚固密封构件。

整个坝面裸露土工膜防渗系统共计铺设防渗膜31453m^2，防渗系统的安装施工于2001年10月8日开始，于2002年9月7日完成。采用分期安装土工膜防渗系统的施工方法，使得大坝能够在施工期间提前蓄水（见图3.4-5），进而使设计变更能够满足合同进度，造价节省了几千万美元，同时实现了提前发电。

4. 渗漏监测系统

为了监测防渗系统的运行性态，Miel Ⅰ碾压混凝土重力坝利用坝面土工膜防渗系统内部的排水系统对防渗层的渗漏进行监测。防渗膜后的排水系统共分成45个独立排水区，各个排水区分别将水排至坝基的廊道中。由于各个排水区相互独立，所以排水系统对渗漏点定位非常精确。在大坝运行期间，如果防渗层出现渗漏，该系统不仅能够准确监测并定位到渗漏点位置，同时排水系统又可及时将渗水排至最近的廊道，避免其渗入坝体。因此，该排水系统与监测系统对渗水的控制（让渗水通过固定的路径流动）是保证大坝稳定与安全的关键。

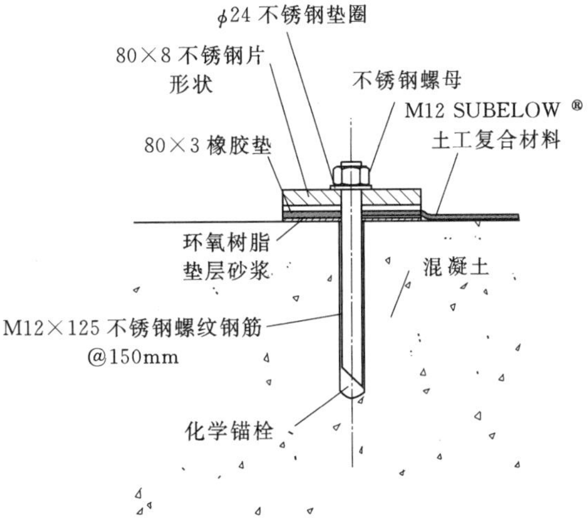

图 3.4-4　坝面周边的锚固密封构件示意图

图 3.4-5　施工过程中大坝提前蓄水前、后的照片

Miel Ⅰ碾压混凝土重力坝通过土工膜防渗层后的排水系统进行渗漏监测的具体方法为：在确定每个排水管的相对稳定"正常"流量后，在枯水期水库水位较低时，每月测量一次所有排水管的流量；在丰水期每月测量两次，如果水库水位高达439.00m时，则每周测量两次。除这些例行监测外，还要对渗流量和监测仪器的性状进行分析。

5. 大坝运行期渗漏监测结果

从2002年建成开始，工程建设单位一直对该坝防渗系统的运行状态进行监测，通过监测偏离"正常"的流量现象来判断防渗系统的渗漏情况。

2003年水库蓄水后，监测到整个土工膜防渗系统的最大渗漏量为3.89L/s（记录于2003年，对应水库水位为446.47m）。此后，整个土工膜防渗系统的平均渗漏量一直保持在2L/s，而坝肩的平均渗漏量为25L/s，这两个数值均低于设计值（前者为9.7L/s，后者为30L/s）。2002—2015年，监测系统测量的渗漏量一直保持稳定，从未超过历史最大值，也从未超过设计规定的最大允许排水值。

对于坝面土工膜防渗系统，监测到的排水流量异常并不一定意味着防渗层或其锚固密封系统出现了损坏，因为渗漏量异常可能表明土工膜出现了缺陷和损坏，也可能来自其他通道，如通过混凝土裂缝渗透的水、绕过周边密封件的水、从坝基渗透的水、从坝顶渗透的水等。所以，有可能出现排水系统内的渗水位很高，但是坝体却是干燥的这种情况。综合考虑以上问题，除了监测防渗系统的渗漏量外，工程建设单位还对防渗土工膜进行外部目视检查。每当水库水位变化超过3m，就会进行一次检查。这种目视检查能够及时发现土工膜在雨季可能遭受库水漂浮杂物冲击而导致局部损伤缺口的问题。

6. 防渗系统检查及性能评估

（1）防渗系统完整性检查。通过定期对土工膜防渗层的目视检查，截至2013年，在面积超过3.1万m^2的上游面仅发现并修复了15个小型缺口（最大的缺口宽5mm，长15cm），其中8个在水位线以上，在检查中完全可见。由于有膜后的排水系统，这些缺口没有对土工膜防渗系统安全产生危害，也没有影响其运行稳定性。

尽管如此，为了对该防渗系统的性能有更加全面的了解，在常规例行监测的基础上，建设单位决定在2013年对整个防渗系统及性能进行一次全面检查与评估。首先进行防渗层完整性检查，同时还对使用了11年的坝面防渗土工膜进行取样检测，并与同类型新生产的样品进行了对比测试分析，以评估防渗土工膜的老化及性能变化情况。

2013年9月开始进行对上游坝面裸露土工膜进行目视检查和触摸检查。执行该检查时，水库水位为428m（距离坝顶26m）。通过目视检查表明，这11年来例行检查发现的15个缺口均被有效修复，2002年安装的土工膜竖向锚固缝没有断点或热融合问题，防渗性能得到了很好的保证。在检查过程中，土工膜后的排水系统内检测到的总渗漏量为0.41L/s，这个数值远低于过去11年里监测到的平均渗漏量（2L/s）。通过对廊道状况、排水系统和下游面进行检查，发现廊道、排水系统和下游面都是干燥的（见图3.4-6），这说明几乎没有水渗入坝体。由于检查期间测到的防渗系统泄漏量很小（0.41L/s），且下游面外观干燥，所以调查者得出结论，水位428m以下没有缺损。

图3.4-6 干燥的下游面

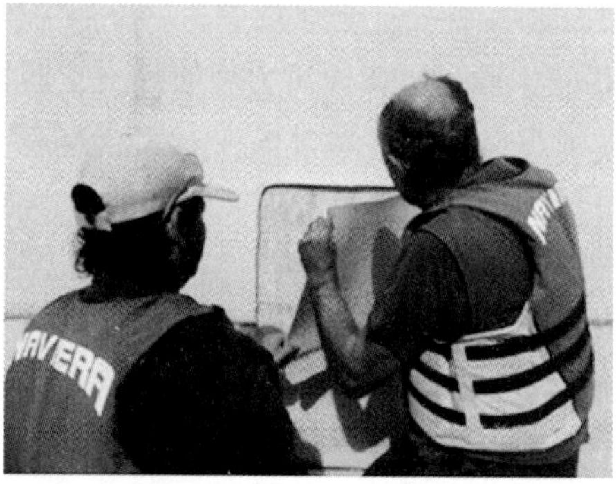

图3.4-7 上游坝面土工膜样品采集

（2）防渗层土工膜性能评估。为了评估裸露运行了11年的土工膜老化及性能变化情况，调查者在位于上游面右端侧，坝基趾板附近水面上方1m处坝面防渗层剪下一块50cm×50cm的土工膜样品用于性能测试与评估（见图3.4-7）。该部位剪下样品后，用一块同材质的土工膜焊接在原处以恢复防渗层完整性。同时也采集了安装原坝面防渗膜时留下的样品（保存在仓库内），与裸露运行11年的土工膜样品进行对比测试分析。由于在过去11年里，仓库里的样品完全没有受到紫外线照射，其性状被认为与新生产的材料相同。

两种土工膜样品在意大利CESI（前Enel Hydro公司）土工合成材料实验室进行了试验。该实验室为第三方独立检测单位，与工程建设单位及材料供应商没有任何隶属关系。两种材料测试得到的主要物理和化学性质见表3.4-1。

表3.4-1　新、老两种土工膜样品性能测试结果

测量类型	测量属性	单位	Sibelon® CNT 3750 老化样品	Sibelon® CNT 3750 新样品	标准
水蒸气渗透性	渗透量	g/(m² · d)	0.984	1.262	UNI 8202/23：1998
	渗透系数	m/s	1.38×10^{-13}	1.83×10^{-13}	
厚度	标称厚度	mm	2.61	2.71	UNI 8202/6：1998
	变化系数	%	2.48	0.43	
密度		g/cm³	1.286	1.271	UNI 27092：1972
邵氏硬度		度	86.8	81.6	UNI 4916：1984
低温弯折性	纵向	℃	−40	−40	UNI 8202/15：1984
	横向	℃	−35	−40	
尺寸稳定性	纵向重量变化	%	−2.53	−0.92	UNI 8202/23：1988
	横向重量变化	%	−1.37	0.37	
拉伸性能	纵向抗拉强度	kN/m	15.11	13.32	UNI 8202/8：1998
	纵向断裂伸长率	%	244.4	246.4	
	横向抗拉强度	kN/m	13.05	11.73	
	横向断裂伸长率	%	223.7	234.5	
增塑剂		%	25.73	29.17	UNI ISO 6427：2001

最能反映运行中PVC土工膜性能的指标为拉伸性能、增塑剂含量、邵氏硬度、渗透性、厚度和密度。由表3.4-1中的测试结果可以发现，老化样品的拉伸性能非常好，变化极小：断裂伸长率为244.4%（纵向）和223.7%（横向），新样品分别为246.4%和234.5%；老化样品的增塑剂含量略微下降（从29.17%降至25.73%），邵氏硬度相应略有增加。据其他同类产品应用约10年后的记录，增塑剂含量下降将放缓，例如：在10～23年和16～29年的使用时间内，所记录的增塑剂含量下降介于4%～7%之间。因此，在未来几年，与增塑剂含量下降相关的土工膜性能应该会更好。关于防渗性能，水蒸气渗透性试验的结果显示渗透系数略有下降，表明土工膜的防渗性能增加。厚度下降幅度很小（从2.71mm降至2.6mm），其厚度仍然超过土工膜组分的标称最小厚度（2.5mm）。密度值（从1271g/m³增至1286g/m³）也基本保持稳定。

该运行了11年的PVC土工膜材料的物理外观与预期一致，与材料老化情况最相关的属性变化与标准情况完全一致，与其他大坝的裸露土工膜性能指标的统计值也完全一致。考虑到使用年数和上游面的总面积，其损伤数量和程度都被认为是极低的，不会对该材料的使用寿命产生任何危害。关于损伤的原因，小缺口的位置和外观似乎表明，这些缺口可能由机械事件造成，例如混凝土松动部分从溢洪道跌落，或大型尖锐漂浮物的冲击；没有理由或证据表明这些缺口与该土工膜材料的显著属性变化有关。修复工作检查证实，维修人员所使用的方法完全正确，能够定位并正确修复任何缺损。

7. Miel Ⅰ碾压混凝土重力坝的现状

从2013年起，该坝未进行任何其他修复工作。廊道检查、上游面附近渗压计和其他监测仪器显示无任何渗透区域、泄漏迹象或其他问题。该工程实例进一步证实了裸露PVC土工膜防渗系统用作碾压混凝土坝防渗的优越性。

3.4.1.2 蒙古泰西尔碾压混凝土重力坝（50m高）

1. 工程概况

蒙古泰西尔水电站工程位于蒙古扎布可汗河乌兰布姆峡谷上。坝址处原河床海拔高程在1600～1700m之间，砂石覆盖层厚4～5m。

该大坝为碾压混凝土坝，最大坝高50m，坝顶长约190m，坝顶宽5m，大坝混凝土体积约20万m^3。大坝建成后形成库区面积50km^2，库容约9.3亿m^3。坝体中部设有宽75m、带有台阶状泄槽的无闸门溢洪道。坝后地面式厂房额定总装机容量11MW，包括3台3.45MW和1台650kW的混流式水轮发电机组。大坝挡水坝段顶部高程1708m，溢流坝段顶部高程1704m。大坝上游面高程1668m以上为竖直面，高程1668m以下进水塔以左为斜坡面，其坡比为1∶0.85，进水塔以右为竖直面；大坝下游面设计为台阶状，平均坡比为1∶0.725，每个台阶的宽度为0.725m，高度为1m。

坝址地区气候特点为冬季极端寒冷，夏季非常炎热，年平均气温为0℃，极端气温值为－51℃（1月）和＋39℃（7月），昼夜温差大。坝址区域的年均降水量仅为200mm，主要风向为西北风和北风，4—5月风沙大且风沙天气频繁。

2. 坝体防渗系统

大坝防渗系统布置如图3.4－8和图3.4－9所示，由单排灌浆防渗帷幕和坝面裸露土工膜防渗系统两部分组成，帷幕灌浆施工在紧靠大坝上游面浇筑的灌浆平台上进行，最大入岩深度35m。坝面土工膜防渗系统共分为A、B、C三个区域，防渗面积共计8135m^2，

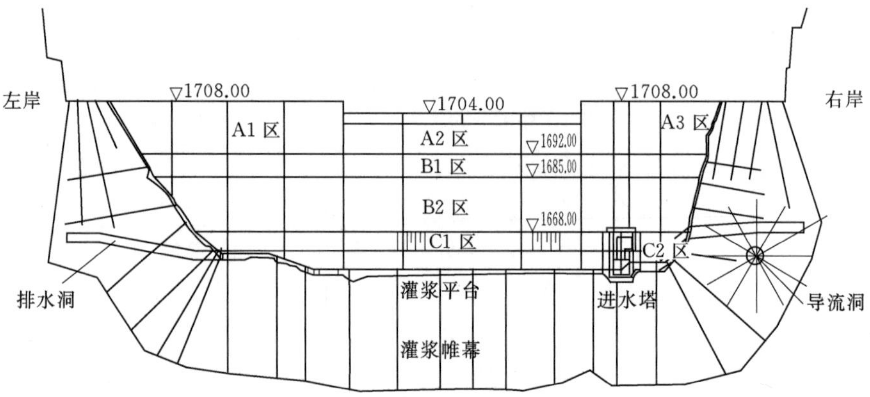

图3.4－8　大坝防渗系统布置图

其中 A 区（高程 1692.00～1707.75m）为垂直面，属于库水位起伏变化区；B 区（高程 1668.00～1692.00m）为垂直面，属于常年淹没区；C 区（高程 1668.00m 以下）为斜坡面，也属于常年淹没区，设计采用砂石料回填覆盖。

坝面防渗土工膜底端锚固在坝基及周边灌浆平台上，顶端锚固在碾压混凝土上部的常态混凝土（0.4m 厚）上，进水塔和溢流部位的防渗土工膜锚固在相应的常态混凝土上。土工膜防渗系统坝面竖向锚固缝结构和周边锚固密封结构分别如图 3.4－10 和图 3.4－11 所示。

3. 坝体混凝土主要技术性能指标

（1）碾压混凝土。坝体大体积混凝土为准三级配碾压混凝土，90d 龄期的设计抗压强度为 6MPa，维勃稠度值控制在 15～30s，通过掺加足够的石粉（1m^3 碾压混凝土掺加 146kg 人工石粉）和外加剂来降低水泥的用量（75kg/m^3）并改善混凝土的性能，坝体碾压混凝土无任何防渗指标要求。

（2）面层混凝土。主要用于坝体上下游面或与岩石的接合面，为一级配混凝土，坍落度为 1～4cm，设计厚度为 15cm，28d 龄期的设计抗压强度为 20MPa。

图 3.4－9　大坝防渗系统剖面图

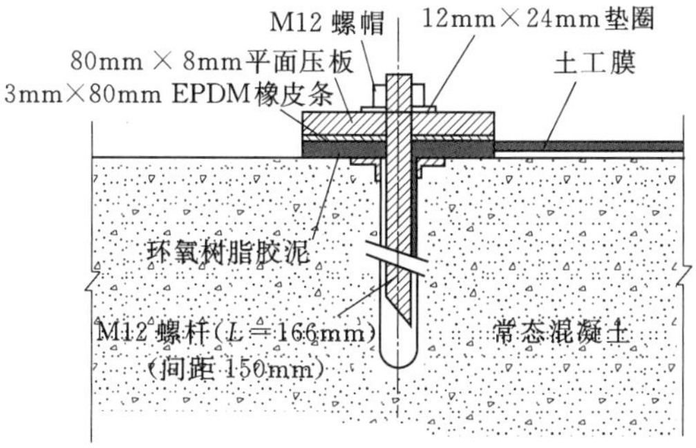

图 3.4－10　坝面竖向锚固缝结构

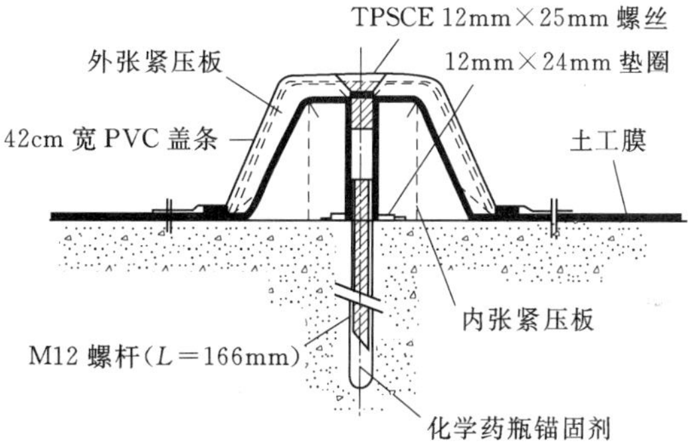

图 3.4－11　周边锚固密封结构

（3）垫层拌和物。主要用于碾压混凝土的层间结合面，为一级配混凝土，坍落度 15～25cm，90d 龄期的设计抗压强度为 25MPa。

（4）SH142。主要用于碾压混凝土仓号内无法进行碾压混凝土施工的边角部位，为三级配混凝土，坍落度1～3cm，水泥用量控制在$142kg/m^3$，龄期90d的设计抗压强度为10MPa。

(5) 灌浆平台混凝土。为准三级配钢筋混凝土，坍落度7～9cm，28d龄期的设计抗压强度为20MPa，河床部位灌浆平台宽3m，浇筑厚度1.5～3.5m，两坝肩灌浆平台1.5m宽，浇筑厚度0.4～1.2m。

4. 坝面防渗土工膜主要技术性能指标

坝面防渗层采用柔软的聚氯乙烯（PVC）土工膜与针刺无纺聚酯土工织物热复合而成的复合土工膜（一布一膜）。该复合膜具有足够的柔韧性，在高达40℃的温度下可以进行现场焊接，具有较强抗紫外线能力和坝内潮湿碱性环境抗侵蚀能力，也能够耐受有机物和细菌滋生产生的水质恶化。库水位以上的裸露部位PVC土工膜的最小厚度为2.5mm，淹没部分非裸露部位PVC土工膜的最小厚度为1.6mm，坝面防渗PVC土工膜主要技术性能指标见表3.4-2。

表3.4-2　　坝面防渗PVC土工膜主要技术性能指标

测试标准	试验内容	裸露防渗土工膜	非裸露防渗土工膜
ASTM D792	相对密度（最小值）	1.2	1.2
ASTM D882	薄膜最小断裂张力	27 (30*) kN/m	16kN/m
	土工布最小断裂张力	26kN/m	
	薄膜最小裂断伸长	250% (300%*)	200%
	土工布最小裂断伸长	45%	
ASTM D1004	撕裂强度（最小值）	200 (110*) N	125N
ASTM D1203	挥发损失（最大值）	0.3%	0.3%
ASTM D1204	体积稳定性	±2%	±2%
ASTM D1593	薄膜厚度	±10%	±10%
ASTM D1790	低温脆弱性	−18℃时不断裂	−18℃时不断裂
ASTM D3083	水萃取（最大值）	0.2%	0.2%
ASTM D3786	湿润耐破强度（最小值）	5 (2.25*) MPa	4MPa
ASTM D5261	土工布单位面积的质量	$450g/m^2$	
ASTM G53	500小时内抗紫外线能力	无负面影响	无负面影响
FTMS 101C	抗穿透性	850 (440*) N	550N
GRI-GM4（多轴抗拉试验）	应力（最小值）	280 (350*) kPa	
	应变（最小值）	20% (40%*)	

* 为竖向锚固缝PVC盖片性能指标。

5. 施工概况

坝面土工膜防渗系统安装由瑞士卡皮公司分包施工，现场共派驻7名管理和施工技术人员，大坝主体工程承包方派1名工长、1名技术员和8名劳务协同施工。土工膜防渗系统安装施工自2007年6月11日开始，于2007年9月1日竣工。先后分别完成C区防渗膜安装$1960m^2$，B区防渗膜安装$3908m^2$，A区防渗膜安装$2267m^2$，合计$8135m^2$，比合同工期提前了一个多月。C 区防渗土工膜安装及砂石料回填覆盖，6 月 11 日开工，6 月 26 日完工，工期 16 天；B 区根据施工整体进度的安排，又被分成 B1 和 B2 两个区进行施工，其中 B2 区 6 月 25 日开工，8 月 4 日完工，工期 41 天。A 区和 B1 区联合施工，7 月 17 日开工，9 月 1 日完工，工期 47 天。整个防渗系统的施工共计历时 104 天。

6. 土工膜防渗方案优点及效益

裸露 PVC 土工膜防渗系统安装施工整齐、壮观，十分理想地解决了高寒地区碾压混凝土坝体的防渗难题，截至 2007 年冬季库水位上升稳定至高程 1677.1m，达到最高蓄水位的 45%，坝后没有发现任何渗漏现象。采取裸露土工膜防渗方案，简化了 RCC 施工程序，节约了大量水泥，降低了大体积混凝土的水化热温升；取消了坝缝止水的安装；不需要对坝体施工过程中出现的冷缝、裂缝进行处理，使大坝混凝土实现了快速浇筑，既加快了施工进度，又降低了施工成本，达到了快速、经济和美观的效果。

3.4.1.3　美国 Olivenhain 碾压混凝土重力坝

Olivenhain 大坝为碾压混凝土重力坝，坝高 97m，坝顶长 788m，位于美国加利福尼亚州，于 2003 年 8 月建成，是美国最高的碾压混凝土坝。该大坝是圣迭哥水务局建造的应急供水工程的重要组成部分，水库主要功能是在地震或者干旱等紧急状态下，向圣迭哥地区应急供水。

由于工程位于圣安德烈亚斯断层地震带，其大坝防渗系统的抗震稳定和可靠性成为工程建设中首要考虑的问题，其设计安全系数按照最大值 3 来选取（设计安全系数范围为1～3）。在设计过程中，经过综合比较评估，裸露的土工膜防渗系统从 11 个备选防渗方案中胜出，最终大坝采用了与 Miel Ⅰ碾压混凝土重力坝一样的裸露土工膜防渗系统。

Olivenhain 大坝土工膜防渗系统结构型式与布置与 Miel Ⅰ坝基本相同，区别是在 PVC 复合土工膜与坝面之间增加了一层复合排水网（复合排水网安装施工见图 3.4-12），以增加膜后排水系统的排水能力。膜后排水网的存在可以快速排出膜后积水，有效降低坝体的渗透压力，有利于坝体的稳定安全。

图 3.4-12　复合排水网（黑色）安装施工

图 3.4-13　复合土工膜（灰色）安装施工

Olivenhain 大坝防渗系统采用的是 2.5mm 厚 PVC 膜与 500g/m^2 聚丙烯针刺无纺土工织物复合而成的复合膜（复合土工膜安装施工见图 3.4-13）。坝面竖向锚固缝设计间距为3.70m（复合土工膜幅宽也为3.70m），竖向锚固缝内设置有竖向通道作为膜后排水系统的竖向排水通道。竖向锚固缝将整个坝面分割成12个独立的单元，每个单元的膜后排水系统相互独立，且内部设置有渗漏监测系统，可以精准监测该单元土工膜的渗漏情况。坝面防渗系统的周边锚固缝采用的是和Miel Ⅰ大坝同样的结构型式。

Olivenhain大坝土工膜防渗系统的安装施工历时5个月，防渗系统造价为124959204美元，约占整个大坝工程造价的5%，大坝建成后于2003年8月7日开始蓄水（开始蓄水照片见图3.4-14）。Olivenhain水库蓄满后（见图3.4-15），2004年6月16日经历了5.5级地震，震中距离坝址100km，坝体监测到了振动和位移，但整个防渗系统没有出现任何异常现象。

图3.4-14 Olivenhain水库开始蓄水

图3.4-15 Olivenhain水库蓄满状态

3.4.2 老混凝土坝防渗加固实例

3.4.2.1 美国Lost Creek混凝土拱坝

1924年建成的Lost Creek混凝土拱坝位于美国，坝高36m，坝顶长134m，隶属于怀安多特灌区。20世纪90年代末，由于冻融循环导致大坝表面0.3m厚度范围内的混凝土出现损坏，渗漏严重，进而威胁坝体稳定。

工程管理部门准备对大坝进行防渗加固，设计部门拟对7个防渗加固方案进行综合评估。由于具有低碳环保、造价低、维护成本低等优点，上游坝面裸露土工膜防渗系统最终胜出，同时对裸露土工膜防渗系统的寿命进行了评估，工程使用寿命大于 50 年，综合考虑建造和运行维护成本，该方案可节省成本 280 万美元。

Lost Creek 大坝的土工膜防渗加固系统与本章介绍的裸露防渗系统结构型式基本相同，但为适应水下安装需要进行了改进，此外，在安装施工工艺方面与常规施工有较大差异。由于水库无法放空，故选择水下安装土工膜防渗系统施工方案。水下安装坝面土工膜防渗系统时，土工膜接缝不能采用焊接，全部采用机械锚固连接方式。为了减小对该大坝水电站发电效益的影响，选择在发电低谷阶段通过泄洪洞降低水库水位至设计水位的一半，以便减小水下安装土工膜防渗系统的难度和成本（水越深，水下施工难度越大，成本越高）。

Lost Creek 大坝土工膜防渗加固于 1997 年完成安装施工（水下安装施工如图 3.4－16 所示），据大坝管理部门连续 5 年的监测显示，直至 2003 年整个大坝下游面一直保持干燥状态，大坝监测到的渗流量为 2.3L/min，根据大坝上游面 $2800m^2$ 防渗面积计算，相当于 $0.05L/(h \cdot m^2)$ 的渗漏率，与其他常规防渗加固方案相比，渗漏率非常小。

图 3.4－16　Lost Creek 混凝土拱坝土工膜防渗加固系统水下安装施工

3.4.2.2　意大利 Publino 混凝土双曲拱坝

1951 年建成的意大利 Publino 混凝土双曲拱坝位于海拔 2135m 的峡谷中，大坝高 40m，坝顶长 250m。水库库容 500 万 m^3，为季节性蓄水水库，主要用于发电和灌溉。大坝交通非常不便，要穿过谷底的窄轨铁路才能到达，且有 11km 是地下隧道。1955 年的一次检查中发现大坝上游面出现部分混凝土老化。经过进一步详细勘察发现，上游面 $5500m^2$ 的混凝土层有 30％出现了表面剥落现象，经评估，认为如果不采取有效的加固处理措施，坝面防渗层的渗透系数将显著增加，进而威胁坝体稳定及安全。

由于交通不便，大型施工机械无法达到，而且坝址区高寒高海拔的恶劣气候环境，传统环氧树脂水泥浆等修补材料无法保证其可靠性和耐久性，因此，大坝管理单位决定采用在意大利重力坝渗漏修复与加固中应用过的裸露土工膜防渗系统进行大坝的防渗加固。

大坝上游面土工膜防渗系统布置见图 3.4－17，共分 27 个独立防渗区，各防渗区相互独立，相邻区间的竖向锚固缝内部布置有竖向排水通道，并与坝面周边锚固缝位置的排水管路相连，共同组成坝面排水收集系统，最后通过与坝体原有排水管道相连，将坝面积水排向坝体下游。

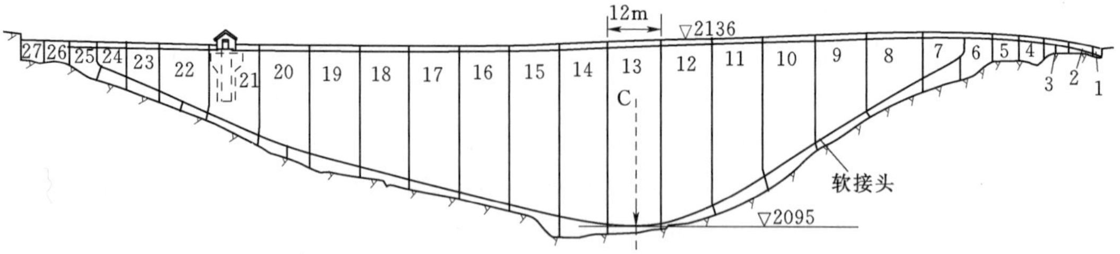

图 3.4-17 大坝上游面土工膜防渗系统布置

大坝防渗加固土工膜防渗系统选用的是 2.5mm 厚的 PVC 土工膜与 500g/m^2 的聚酯无纺土工织物热复合的一布一膜复合膜。材料选择前进行了大量的调研和室内试验，经过试验结果评估，认为该 PVC 土工膜除了具有良好的防渗能力（渗透系数 $k \leqslant 10^{-12}$cm/s）、较强变形能力（拉伸断裂延伸率达 285%）、较好的柔性及弹性变形恢复能力（断裂前大部分变形可恢复）及较优的低温脆断和耐疲劳性能外，由于材料配方中加入了抗老化添加剂，还具备抵抗高寒地区极端气候环境侵蚀的特性。

土工膜防渗系统从 1988 年 7 月开始安装施工前准备工作。安装前采用小型电动刮刀将坝面已塌落混凝土层刮掉，并对出现较大孔洞的部位用水泥浆抹平（约占整个坝面面积的 3%）。在对坝面进行简单处理后，即开始安装土工膜锚固系统。整个安装施工历时约 8 个月，正好处于大坝枯水期（非发电期），尽可能减小了对大坝正常运行发电和灌溉的影响，较常规渗漏修补方法大幅度节省了工期和造价。

图 3.4-18 为坝面裸露土工膜防渗系统安装后的竖向锚固缝，图 3.4-19 为坝面裸露土工膜防渗系统安装后坝顶锚固连接部位，图 3.4-20 为裸露土工膜防渗系统安装完成后大坝上游面的照片，图 3.4-21 为大坝上游面防渗加固完成后的概貌。

图 3.4-18 裸露土工膜防渗系统竖向锚固缝

图 3.4-19 裸露土工膜防渗系统坝顶锚固连接部位

3.4.2.3 印度 Kadamparai 浆砌石重力坝

Kadamparai 浆砌石重力坝，坝高 67m，坝顶长 478m，为 Kadamparai 抽水蓄能电站的上水库大坝。该大坝运行过程中发现渗漏严重，故选择裸露土工膜防渗系统进行防渗加固。由于浆砌石坝面原有防渗层凹凸不平，故在安装土工膜防渗系统前，在坝面先安装了一层 2000g/m^2 的无纺土工织物作为垫层，以保护土工膜防渗层不被坝面突出的尖角

图 3.4-20　裸露土工膜防渗系统安装完成后大坝上游面

刺破。

该土工膜防渗系统安装的同时，在膜后排水系统内部安装了有德国慕尼黑工业大学研发的光纤监测系统，以便对土工膜防渗系统渗漏进行监测。该光纤渗流监测系统已在德国的 Brandbach 大坝、Waldeck 大坝以及英国的 Winscar 大坝工程中成功应用。

图 3.4-21　大坝上游面防渗加固完成后的概貌

2005 年 Kadamparai 大坝上游面完成土工膜防渗加固面积共 17300m^2，浆砌石坝上游面防渗加固前后的面貌如图 3.4-22 所示。土工膜防渗加固系统安装施工历时 3 个月，比预计工期提前 6 周。在正常蓄水位运行状态下，大坝监测渗漏量从防渗加固前的 3×10^4L/min 减小到 1×10^2L/min。

(a) 防渗加固前

(b) 防渗加固后

图 3.4-22　Kadamparai 浆砌石坝防渗加固前后状态

参 考 文 献

[1] The International Commission on Large Dams. Geomembrane sealing systems for dams: design principles and return of experience [R]. Paris: International Commission on Large Dams, 2010.

[2] FANELII G G, et al. Application of PVC membrane on highest dam in Italy [J]. Hydropower and Dams, 1996, 6.

[3] MARULANDA A, CASTRO A, RUBIANO N R. Miel Ⅰ: a 188 m high RCC dam in Colombia [J]. The International Journal on Hydropower & Dams, 2002, 9 (3): 76-81.

[4] KLINE R. Design of roller-compacted concrete features for Olivenhain Dam [C]//Proceedings of 22nd USSD conference: Dams Innovations for Sustainable Water Resources. Denver: United States Society on Dams, 2002: 23-34.

[5] 杨凤臣，王义丰，高建中，等. 温泉堡水库碾压混凝土拱坝设计与运行 [C]//96'碾压混凝土筑坝技术交流会论文集. 北京，1996: 256-260.

[6] 高建中，景书达. 温泉堡水库碾压混凝土拱坝防渗设计与运行 [J]. 水利水电技术，1998，29 (7): 22-23.

[7] 姬学军，刘元广，张国如. RCC大坝坝体防渗新技术 [J]. 水利水电施工，2011 (6): 32-35.

[8] SCUERO A, VASCHETTI G, JIMENEZ M J, et al. 土工膜防渗碾压混凝土坝：运行13年的工程实例 [C] //中国大坝协会. 水电可持续发展与碾压混凝土坝建设的技术进展. 郑州：黄河水利出版社，2015.

[9] CAZZUFFI D, GIROUD J P, SCUERO A, et al. Geosynthetic barriers systems for dams, keynote lecture [C]//PALMEIRA E M. Proceedings of the 9th International Conference on Geosynthetics. Guaruja, Brazil: Brazilian Chapter of the International Geosynthetics Society, 2010: 115-163.

[10] CAZZUFFI D, SCUERO A, VASCHETTI G, et al. Geosynthetics application at Boussiaba Dam in Algeria [C] // Proceedings of Geosynthetics for Africa, Cape-Town, South Africa, CD Rom, 2009.

[11] LIBERAL O, SILVA M A, CAMELO D, et al. Aging process and rehabilitation of Pracana Dam [C]//Proceedings of ICOLD 21th International Congress, Montréal, Canada, 2003: 121-138.

[12] MARULANDA A, CASTRO A, SILVA J. Miel Ⅰ dam, seepage control and behaviour during impoundment [C]//Proceedings of the 4th International Symposium on Roller Compacted Concrete (RCC) Dams, 2003: 1161-1168.

[13] SADAGOPAN A A, KOLAPPAN V P. Rehabilitation of Kadamparai Dam to cure leakage [J]. The International Journal on Hydropower & Dams, 2005, 12 (4): 79-81.

[14] SCUERO A M, VASCHETTI G. Geosynthetic waterproofing geomembranes control seepage in dams and improve long time behavior [C]//Proceedings of the 1st International Conference on Long Time Effects and Seepage Behavior of Dams, Nanjing, China, 2008.

[15] SCUERO A M, VASCHETTI G. Use of geomembranes for new construction and rehabilitation of hydraulic structures [C]//Workshop on Advanced Methods and Materials for Dam Construction. Skopje, Firom, 2009.

[16] ZUCCOLI G, SCALABRINI C, SCUERO, A. The use of a geomembrane for an arch dam repair

[J]. Water Power and Dam Construction，1989，41：21-24.

[17] TOUZE-FOLTZ N，GIROUD J P. Empirical equations for calculating the rate of liquid flow through composite liners due to geomembranes defects [J]. Geosynthetics International，2003，10 (6)：215-233.

[18] WHITFIELD B L. Geomembrane application for a RCC dam [J]. Geotextiles & Geomembranes，1996，14 (5-6)：253-264.

第4章 平原水库（蓄水池）膜防渗设计

4.1 概述

随着我国经济社会的发展，根据供水、用水需要，陆续建成许多平原水库，尤其在北方严重缺水地区，修建平原水库起着丰蓄枯用、保证水供给的作用，一定程度上缓解了区域水资源紧张，减少了地下水开采量，合理开发和利用有限的水资源，经济社会效益明显。平原水库的设计和建设是在山区水库建设经验积累的基础上发展起来的，但又有其自身的特点，主要有以下几点：

(1) 地质条件差。平原水库多数地处河流冲积平原或丘陵山前洪积地带，如我国松嫩平原、辽河平原、黄河、淮河、海河下游平原及内蒙古、新疆等地区，地质条件普遍较差，渗透性强，多为软弱透水地基。

(2) 围坝较长。多数平原水库利用平原浅显河道甚至在地面上修建，需修筑封闭的土坝，围坝轴线为多边形，轴线较长。

(3) 坝料较差。为尽量减少耕地占用，水库内外周边多为荒坡、废河道、盐碱地等，筑坝土料多取自库内，性能指标较低，难以满足防渗要求。

(4) 水头较低。平原水库蓄水深度较浅，一般为5～15m，水面面积大，蒸发量较大。

由于平原水库主要承担蓄水功能，且建设区域多靠近农田与村庄，控制水库渗漏水量（年渗漏量宜控制在总库容的6%～10%以内），不但能减少水库蓄水损失，也对保证坝体稳定、防止渗透破坏、减小渗漏引起周围农田盐渍化等起着至关重要的作用。为减少土地占用和蒸发损失，平原水库蓄水深度逐渐加大，因此，采取何种防渗控制措施，提高平原水库蓄水标准和安全稳定性，成为水库建设的核心问题。平原水库坝轴线长，防渗在总投资中占比较大，土工膜防渗与其他防渗方式相比，具有投资省、结构简单、施工方便、防渗效果好、使用寿命长、在力学上能够改善坝体结构特性等优点，近年来在平原水库中应用日益增多，只要工程具备相应的条件，土工膜防渗就成为优先考虑的选项。

此外，20世纪90年代以来，随着城市用水与景观需要，建设了众多蓄水池与景观人工湖，尤其在缺水的北方地区，由于水资源的匮乏和节水要求的不断提高，蓄水池及人工湖防渗要求越来越高。许多蓄水池与人工湖的工程特点与平原水库相似：建设区域地质条件差，易产生渗漏，防渗要求高。防渗方案设计选用因此也具有相似性，即以不透水材料阻隔基础漏水通道，其中土工膜防渗是最为普遍和成熟的方法之一。但与平原水库有所区别的是，人工湖防渗设计需兼顾生态环境要求，而由于土工膜渗透系数很小，会阻隔人工湖水体与地下水体的交换，对环境产生一定影响。膨润土防水毯（GCL）的渗透系数既满足防渗要求，又比土工膜大几个数量级，相对比较适宜，逐渐在人工湖防渗工程中得到应用。

4.1.1 平原水库膜防渗型式及特点

平原水库库区及围坝坝基膜防渗型式包括：①垂直防渗［垂直铺塑（土工膜防渗墙）］；②水平防渗（土工膜水平铺盖）；③库区水平防渗（整个库区渗漏严重部位铺设土工膜，与围坝坝身防渗体连接，形成防渗整体）。

4.1.1.1 平原水库土工膜垂直防渗

1. 平原水库土工膜垂直防渗原理

平原水库土工膜垂直防渗是指在透水层中构筑垂直帷幕以达到防渗目的，按防渗体形成原理不同，分为防渗材料置换式和介入式。置换式是指利用防渗材料代替地基材料，介入式指采用防渗材料对原状地基直接改良。土工膜垂直防渗属于前者，需要使用机械开沟造槽及沿坝轴线形成较窄深槽，采用固壁技术稳定槽壁，在槽内铺设防渗土工膜，回填土完成作业，形成完整连续的垂直防渗体系，也称垂直铺塑。

2. 平原水库土工膜垂直防渗的适用范围

当平原水库库区有连续可靠的相对不透水层且埋深不超过 15～20m 时，可采用土工膜垂直铺塑截渗，垂直铺塑深度根据工程地质具体情况分段设计，防渗膜应嵌入不透水层。

垂直铺塑防渗在土层分布、地下水位高度等方面都有要求和适用范围（表 4.1-1），具体要求如下：

（1）有连续可靠的相对不透水层，开槽深度可达到相对不透水层埋深，一般埋深不超过 15～20m。

（2）透水层中大于 5cm 的土粒含量不超过 10%（重量），其中少量大块石的最大粒径不超过开槽设备允许尺寸。

（3）透水层水位能满足固壁技术要求，地质条件不影响成槽固壁。

表 4.1-1　垂直铺塑防渗适用条件

防渗深度/m	土 层 分 布	地下水位/m
0～10	素填土、黏土、砂砾壤土、粉土、粉砂、细砂	2～4 以下
10～15	素填土、黏土、砂粒土、粉土	2～6 以下

3. 平原水库土工膜垂直防渗的特点

（1）防渗材料性能好。垂直铺塑防渗土工膜一般选用聚乙烯（PE）土工膜、聚氯乙烯（PVC）土工膜，本身渗透系数一般小于 10^{-11}cm/s。在地下良好的保护状态下，工作寿命长。

（2）施工速度快、工程造价低。新型开槽机结构简单、操作方便，施工速度快、费用低，防渗材料的单位面积造价经济，且易于施工。

（3）土工膜帷幕防渗体的连续性和整体性较好，适应变形能力强，防渗效果好。

对于坝轴线长、要求截渗深度不大的平原水库围坝，采用土工膜垂直防渗是一种技术可行的截渗措施。

4.1.1.2 平原水库土工膜水平防渗

1. 平原水库土工膜水平防渗原理

按土工膜水平防渗的区域和范围，可将土工膜水平防渗分为坝基水平防渗和库区水平防渗两类。

土工膜坝基水平防渗主要针对坝基处渗漏问题，指用土工膜在坝前修筑水平防渗铺盖、与坝体防渗体相连接并向上游延伸至一定长度以满足防渗要求，使土工膜铺盖起到延长渗径、减小坝基渗透坡降和渗漏损失的作用。

土工膜库区水平防渗主要针对库区渗漏问题，相比坝基水平防渗，铺设土工膜范围进一步扩大，即整个库区渗漏严重部位均铺设土工膜，与围坝坝身防渗体连接，形成防渗整体。

2. 平原水库土工膜水平防渗的适用范围

当相对不透水地层埋深较大、无法采用垂直防渗措施或垂直防渗措施效果不明显，而其他防渗措施造价又较高时，可采用土工膜水平防渗。如干旱地区的平原水库，坝基透水层深度大，渗漏损失严重，随水库建成库水位上升，若渗漏量过大，将导致周围浸没、湿陷、沼泽化、盐渍化等现象发生，完善的土工膜水平防渗方式在防渗效果及经济性均优于垂直防渗。

3. 平原水库土工膜水平防渗的特点

(1) 土工膜坝基水平防渗设置土工膜铺盖，可以有效加大渗径，控制渗漏量。土工膜虽具有柔性，与透水地基接触时，接触面会存在较大孔隙通道，需合理设置土工膜水平防渗铺盖长度，减小铺盖下渗透坡降，防止下层基土颗粒冲刷破坏，坝基水平防渗无法彻底截断渗流，防渗效果一般较垂直防渗效果差。

(2) 水平防渗施工工作面大，土工膜作为水平防渗铺盖能够与地面密切配合，土工膜与水库其他建筑物连接方式简单易行，工期短，造价低。

(3) 土工膜水平防渗相比黏土防渗，可承受较大的弹性或塑性变形，以适应土体沉降、胀缩等变形，耐久性好，不易出现水位降落时露出部分产生干缩裂缝等现象。

(4) 土工膜透气性较差，大面积铺膜时水平防渗膜下会积水、积气，容易使膜漂浮、顶托，需根据工程措施排除此类不良影响。

(5) 土工膜库区水平防渗需重点关注防渗体基础处理，对可能存在的局部渗漏通道应进行封堵处理，防止局部范围不均匀沉降造成土工膜过大的不均匀变形，引起土工膜拉裂破坏。

4.1.1.3 平原水库围坝坝体防渗

当平原水库围坝坝体本身由于筑坝土料等因素不能满足防渗要求时，需进行坝体防渗设计。平原水库围坝坝体防渗主要包括土工膜坝面防渗和土工膜心墙防渗两种，由于第2章2.1.3和2.1.4已对土工膜坝面防渗及土工膜心墙防渗的特点及适用条件做了详细介绍，此处不再赘述。坝面防渗膜下设置排水系统可参见本章“4.2.2.8”相关内容。

4.1.2 平原水库膜防渗设计相关规范

平原水库膜防渗设计的相关规范如下：

(1)《土工合成材料　聚乙烯土工膜》(GB/T 17643—2011)。

（2）《土工合成材料 聚氯乙烯土工膜》（GB/T 17688—1999）。
（3）《聚氯乙烯（PVC）防水卷材》（GB 12952—2011）。
（4）《聚乙烯（PE）土工膜防渗工程技术规范》（SL/T 231—98）。
（5）《土工合成材料测试规程》（SL 235—2012）。
（6）《土工合成材料应用技术规范》（GB 50290—2014）。
（7）《平原水库工程设计规范》（DB 37/1342—2009）。
（8）《水电工程土工膜防渗技术规范》（NB/T 35027—2014）。
（9）《碾压式土石坝设计规范》（DL/T 5395—2007）。
（10）《碾压式土石坝设计规范》（SL 274—2001）。
（11）《建筑地基处理技术规范》（JGJ 79—2012）。
（12）《堤防工程施工规范》（SL 260—2014）。

4.2 平原水库、蓄水池膜防渗结构设计

4.2.1 平原水库土工膜垂直防渗结构设计

4.2.1.1 平原水库土工膜垂直防渗结构型式

围坝坝基存有相对不透水层时，可考虑采用垂直铺塑防渗。垂直铺塑截渗体嵌入相对不透水土层的深度大中型水库一般为 1.0～1.5m，当相对不透水层厚度较薄时，深度不少于 0.5m；小型水库不小于 0.5m。

平原水库垂直铺塑布置，需结合坝体防渗体位置，垂直铺塑截渗体与坝体防渗体紧密连接，形成防渗整体。例如与坝前迎水坡防渗土工膜相连，形成整体防渗体系，同时兼顾坝体施工等因素，从应用形式上可以分为两种：一是坝体迎水面截渗（图 4.2-1）；二是坝体和地基一体防渗（图 4.2-2）。

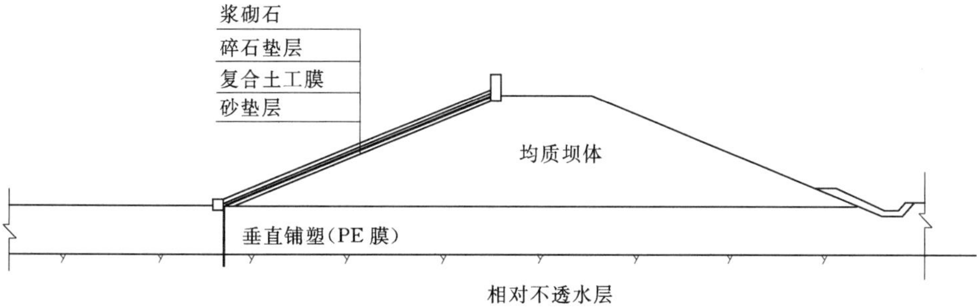

图 4.2-1 土工膜垂直防渗结构示意图（坝体迎水面截渗垂直铺塑于上游坝脚）

1. 坝体迎水面截渗

垂直铺塑布置于坝脚，坝体迎水面截渗是防渗土工膜与坝前迎水坡防渗土工膜相连接，形成堤坝整体防渗体系，土工膜施工与坝体填筑互不干扰，不受坝基沉陷的影响，与坝前迎水坡防渗土工膜连接施工简单且能保证施工质量，适合新建或加固工程。对于迎水坡面铺塑防渗的土工膜防渗体坝，垂直铺塑截渗宜布置在迎水面坝趾以外 2～10m 处。如济南鹊山水库，围坝坝基采用聚乙烯垂直铺塑截渗，位于围坝上游坡脚处，截渗深度以底

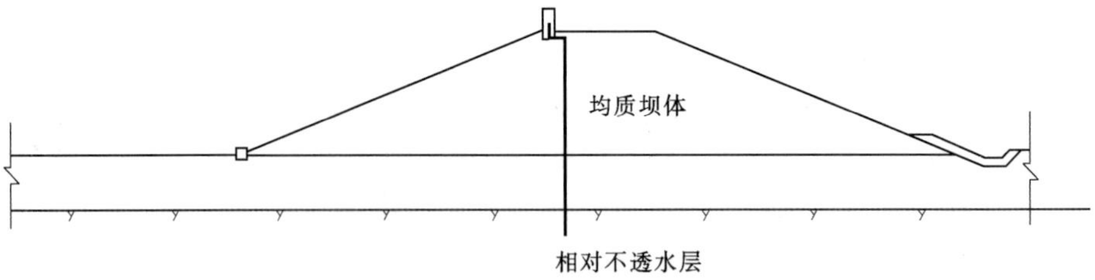

图 4.2-2 土工膜垂直防渗结构示意图（坝体和地基的联合体防渗垂直铺塑于坝体）

部插入相对不透水层为准，最小深度 6m，最大深度 19m，长度 11.6km。

2. 坝体和地基一体防渗

垂直铺塑布置于坝体，即坝体和地基一体防渗，是坝体形成之后其本身和地基部分防渗性能差、土的渗透系数达不到防渗要求而采取的防渗型式，其主要目的是延长渗径，适合加固工程。垂直铺塑截渗应布置在坝轴线至上游坝脚 1/3 坝体宽的范围内，防渗土工膜从顶部垂直铺下并沿坝体纵向铺展，深度达到地基不透水层或满足防渗设计要求。

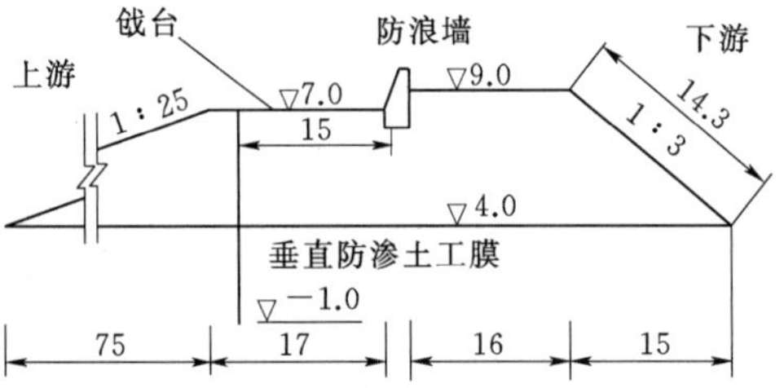

图 4.2-3 东营孤河水库围坝基本断面图（单位：m）

如东营孤河水库，围坝为粉质黏土水力充填坝，坝基坝后未设置防渗、排水工程，建成后出现砂沸和泉涌等渗透变形现象。根据地勘资料，其坝基高程－0.3m 以上为透水层，以下可视为相对不透水层，进行防渗加固工程设计时，由于当时开沟造槽最大深度为 8m，如在坝顶铺塑，透水层无法截断。将垂直铺塑位置布置在防浪墙前 1.5m 处的戗台上，高程 7m，防渗帷幕底高程－1.0m，使戗台大缓坡起铺盖作用，同时完全截断透水土层，加强防渗，防浪墙与垂直铺塑直接采用水平段土工膜连接。但是，铺膜施工过程正遇到防浪墙加固工程开工，无法按原设计进行，故将铺膜位置移至防浪墙前 15m，消除了坝体坝基可能产生的渗透破坏隐患。东营孤河水库围坝基本断面见图 4.2-3。

4.2.1.2 防渗膜设计

1. 防渗膜选材

根据平原水库的功能特性，土工膜选择应遵循以下原则：膜材对水质无污染，耐久性强，抗渗性满足设计防水要求，抗变形能力强等。平原水库采用土工膜的按原材料分主要为聚乙烯膜（PE 膜）和聚氯乙烯（PVC 膜）两种，选材主要考虑以下因素。

（1）力学性能。平原水库围坝坝体高度较低，大多在 30m 以下，从物理力学性能方面考虑，PE 膜与 PVC 膜拉伸强度都能适用平原水库工程应用。

（2）可连续性。实际使用过程需将土工膜幅与幅之间连接起来，因此幅宽直接影响接缝数量，选用宽幅土工膜可简化施工，缩短工期，减少因接缝处理不善造成的渗漏隐患。PE 膜幅宽比 PVC 膜大得多，在土工膜垂直防渗搭接方面具有优势。

（3）经济性。PE 膜的比重小于 PVC 膜，由于两种膜原材料价格大体相当，因此相同厚度情况下，每单位面积的价格PE膜较PVC膜低。

（4）施工条件。由于平原水库围坝坝高较低，挡水水头较低，对膜材本身变形要求不大，且膜厚1mm以下的PE膜在膜的硬度、柔软性及铺设伏贴性、操作性方面已可以满足平原水库的要求，选取幅宽大、经济且抗老化性能好的PE膜是可行的。

2. 防渗膜设计指标

防渗膜的设计指标主要包括物理特性指标、力学特性指标和水力学特性指标。

（1）物理特性指标。

1）膜设计厚度。由于土工膜用于平原水库垂直防渗，至今仍没有明确的膜厚度的计算公式，只有一些规范对膜最小厚度有限定要求：《土工合成材料应用技术规范》（GB/T 50290—2014）规定，水利工程防渗情况下，地下垂直防渗的土工膜厚度不宜小于0.3mm。重要工程的膜厚度不宜小于0.5mm。

以往仅以液胀变形计算土工膜的厚度，未考虑土工膜随坝体位移产生的变形施工受力、环境及应力老化等问题，此外，对于土工膜垂直防渗的铺设，需要在其底部加重吊放，应计算施工应力，所以计算结果明显偏小。实际应用时，膜的厚度确定应考虑水头、填料、垫层条件、铺设部位和施工等因素确定，同时土工膜厚度应考虑接缝的抗拉强度低于母材等问题，给予适当增加。

在条件允许时，较厚的土工膜有利于提高平原水库防渗效果和防渗设施耐久性。平原水库土工膜厚度设计，可参照已建工程经验，以挡水水头为主要因素选择防渗膜厚度。

2）单位面积质量。土工膜的单位面积质量反映土工膜的均匀程度，并与材料多方面性能相关，是主要的物理性能之一。

（2）力学特性指标。土工膜力学性能指标主要有：①抗拉强度；②撕裂强度；③顶破强度；④断裂伸长率；⑤刺破强度；⑥液胀强度等。

各力学特性指标可参照《土工合成材料　聚乙烯土工膜》（GB/T 17643—2011）及《土工合成材料　聚氯乙烯土工膜》（GB/T 17688—1999）进行设计。此处需特别指出，平原水库采用土工膜库盘防渗，土工膜下的非饱和土中孔隙气体易在膜下聚集，产生气胀现象，设计中应关注土工膜气胀及胀破问题。土工膜液胀强度在一定程度上可反映膜抵抗气胀破坏的能力。但标准的液胀试验强度不能直接用来评判实际工程土工膜液胀或气胀安全，各工程也可根据实际工况进行进一步的研究试验。

（3）水力学特性指标。土工膜的水力特性主要指其透水性能，包括渗透系数和抗渗强度，通过抗渗强度试验确定。

1）渗透系数。土工膜渗透系数应小于10^{-11}cm/s。

2）抗渗强度。土工膜抗渗强度应在1.05MPa水压下、加压时间为48h不发生破坏和渗漏现象。

由于生产土工膜的厂家很多，产品性能各异，对特定工程在大量使用土工膜前，可先根据防渗级别和防渗方案的特点对产品进行调研和检测，完成物理性能、力学性能、水力学特性等多项试验，为选材提供依据。

4.2.1.3　防渗结构连接方式

按土工膜垂直防渗结构与坝基不透水层的关系，可分为悬挂式垂直防渗和封闭式垂直防渗。选取何种防渗方式需根据坝基坝体地质条件、各土层渗透系数，通过渗流计算分析是否能够满足渗透稳定的要求，使坝基渗流量小，且不会使外围土壤产生盐渍化。

当坝基相对不透水层埋深较大时，经渗透稳定分析，可设计成悬挂式土工膜防渗，土工膜幅间接缝采用搭接方式，搭接长度按允许的接触渗径计算。

当坝基相对不透水层较浅时，设计成封闭土工膜防渗，土工膜下部插入不透水层0.5～0.8m；若垂直防渗土工膜位于上游坝脚，则垂直膜顶部预留与水平段膜焊接的长度，焊接宽度一般为10cm。

4.2.1.4 垂直铺塑流程及工艺

1. 垂直铺塑基本流程

平原水库垂直铺塑基本流程如图4.2-4所示。

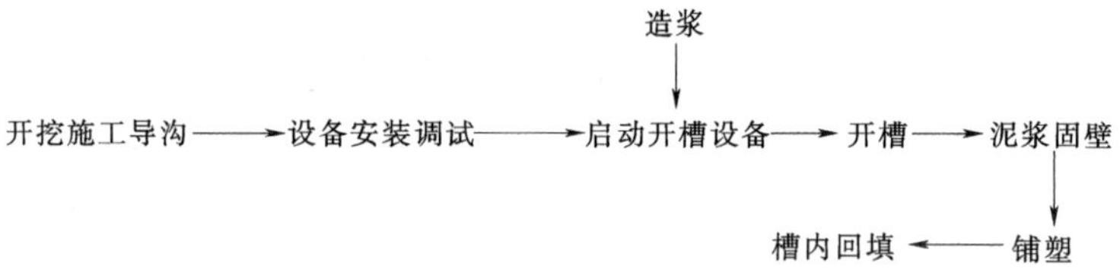

图4.2-4 平原水库垂直铺塑基本流程

用链斗式或往复式开槽机，在需布置土工膜垂直防渗帷幕的土体区域垂直开出槽孔，以泥浆固壁，将长度略长于槽身深度的卷状土工膜下入槽内，膜体至少外露0.4～0.6m倒转卷轴，使土工膜展开并进行回填，形成防渗帷幕。回填过程需先在槽底回填黏土（厚度不小于1m）以便密封接头，随后回填与坝基土质相同的土，待回填土下沉稳定后再继续填土压实。

2. 泥浆固壁

（1）泥浆材料及主要添加剂。护壁泥浆要求满足施工过程操作要求，黏度适当，析水率小，泥皮形成时间短，厚度薄，施工方便。泥浆材料及主要添加剂主要有如下几种：

1）膨润土：制备泥浆的主要原料，以蒙脱石为主要矿物成分。膨润土对掺入物的要求低，重复使用次数多，泥皮薄，韧性大，槽壁稳定，成槽效率高。

2）黏土：黏粒含量应大于50%，塑性指数大于20，含砂量小于5%，二氧化硅和三氧化二铝含量比值为3∶4。

3）外加剂：常用纯碱，能使土体水化反应充分，增加泥浆吸附能力，提高黏土造浆率。

4）增黏剂：提高泥浆黏度、降低过滤水量、改善泥皮性能，使泥浆具有良好的稳定性，降低泥浆的胶凝作用，增强泥浆的固壁效果。

5）稳定剂：降低泥浆的胶凝作用，增加泥浆固壁效果。

6）水：为一般清洁水，pH值在5.4左右。

垂直铺塑防渗施工的成槽停置时间短，对槽内液浆浓度无严格限制要求，对一般土层地质，只用膨润土和黏土即可满足要求。

（2）泥浆性能指标。护壁泥浆性能需结合地质条件及挖槽方法，通过试验确定其性能指标，在一般软土层成槽时，可参考表 4.2－1 和表 4.2－2 中的指标。

表 4.2－1　泥浆的性能指标

项　　目	性能指标	检验方法
比重	1.05～1.25	泥浆比重称
黏度	18～25s	500mL/700mL 漏斗法
含砂量	<4%	量杯法
胶体率	>98%	
失水量	<30mL/30min	失水量仪
泥皮厚度	1～3mm/30min	失水量仪
静切力 1min	$(20\sim30)\times10^{-5}$N/cm^2	静切力计
静切力 10min	$(50\sim100)\times10^{-5}$N/cm^2	
稳定性	<0.02g/cm^3	
pH 值	7～9	pH 试纸

表 4.2－2　各种土层适合的护壁泥浆黏度

土　　层	无地下水时	有地下水时
黏土	20～22	
粉质黏土砂质黏土	23～28	21～30
含有黏土的砂	25～32	30～37
砂（细～粗）	28～35	33～40
砾石	37～45	55～70

3. 下膜施工

土工膜垂直防渗膜的施工可分为连续铺设和单幅铺设两种。连续铺设是连续下膜，接缝较少。单幅铺设是将单幅土工膜置入槽中，回填黏土，继续开第二个槽、固壁、置膜、回填的循环。铺膜方式以连续铺设为宜，以减少膜间连接。下膜形式有以下两种：

（1）重力沉膜法。砂性较强的地层，开槽后由于回淤速度较快，槽孔底部高浓度浆液存量多，宜采用此方法，其工作原理如图 4.2－5 所示。

（2）膜杆铺设法。一般黏土、粉质黏土、粉质砂土等地层，回淤速度较慢，泥浆固壁效果好，可采用此法，即将土工膜卷在事先备好的膜杆上，由下膜器沉入槽孔中，在开槽机的牵引下铺设土工膜。

施工中，需要不断将膜杆上下活动，使膜杆在槽孔中处于自由松弛状态，防止卡在槽中或被淤埋，其工作原理如图 4.2－6 所示。

4. 回淤和填土

下膜后回填一般是回淤和填土相结合，首先利用开槽时砂浆泵抽出的槽中砂土料浆进行自然淤积，若不够满槽的回淤需要量，则外备土补填。回填土料不应含有石块、杂草等物质，质量符合设计要求。

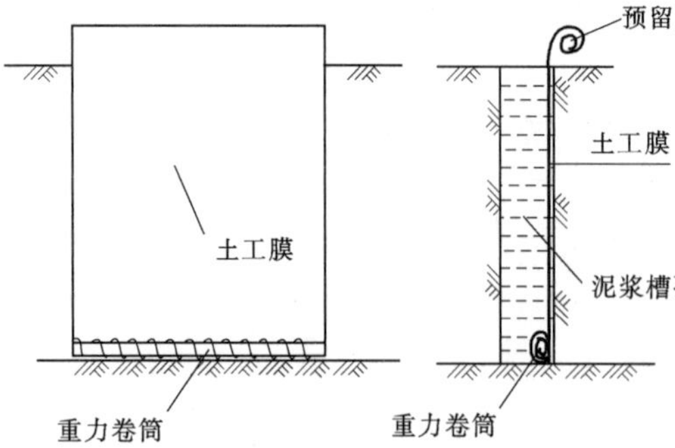

图 4.2-5 重力沉膜法工作原理

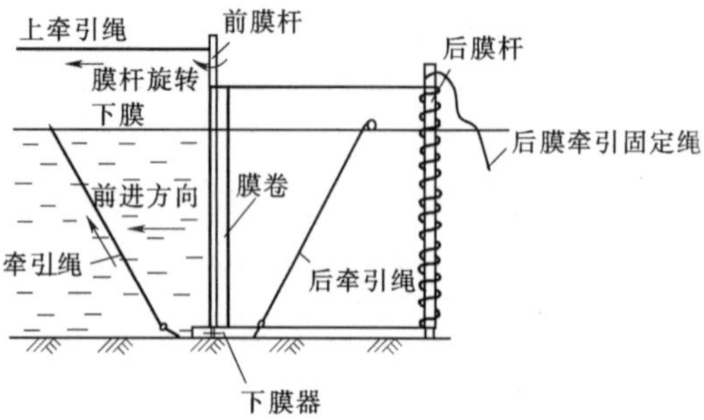

图 4.2-6 膜杆铺设法工作原理

5. 土工膜连接

由于焊接、缝合等连接方式需要在地面进行，要将土工膜卷提出槽外，刚度和施工时间受到限制，因此槽内垂直铺膜一般采用搭接方式。为保证垂直防渗的连续性，前后两卷土工膜搭接相连，两膜搭接量不宜小于 2m。每幅膜搭接应平顺、紧密，深度方向必须保证整体性，不得接长使用。搭接质量一般采用开挖后目测检查，检查搭接处的土工膜是否紧贴在一起，以及搭接长度 2m 是否满足要求。

4.2.2 平原水库土工膜水平防渗结构设计

4.2.2.1 坝基水平防渗结构型式

当相对不透水地层埋深较大时，当前的垂直铺塑截渗技术尚不适宜，通常采用土工膜坝基水平铺盖、土工膜坝基水平铺盖与悬挂式垂直铺塑联合防渗方式，达到更优的防渗效果。水平铺盖与悬挂式垂直铺塑相结合的情况下，垂直截渗墙宜布置在水平铺盖前段，见图 4.2-7。

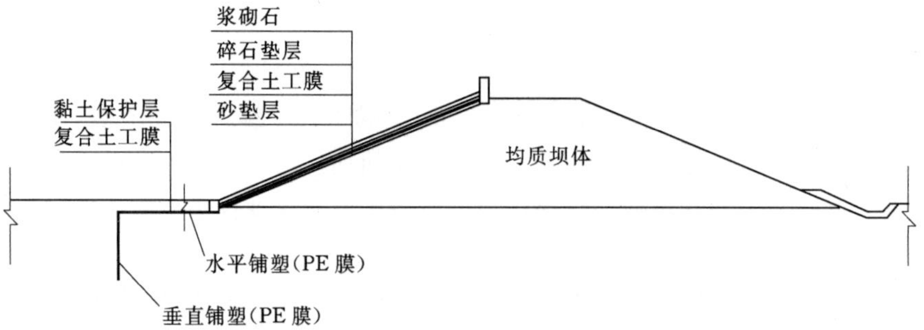

图 4.2-7 土工膜坝基水平铺盖与悬挂式垂直铺塑联合防渗示意图

(1) 防渗体。

1) 单膜。土工膜不宜和粒径较大的土石料接触，需根据需要在上下两面设置细粒垫层或下面设置垫层，上面设置保护层。若地基中含较多卵砾石，可铺砂土或中粗砂垫层，碾压密实后铺设土工膜，土工膜上设置一定厚度的中粗砂保护层；若地基是壤土和砂土，经碾压整平后，可直接在其上铺设土工膜。

2) 复合膜。经论证也可不设垫层。平原水库水平防渗一般铺设范围较大，地基土层具有不均匀性，容易造成土工膜的破坏，采用复合土工膜防渗，可以简化防渗结构。

坝基水平防渗设计时，土工膜铺盖长度需经过水力计算，使坝基渗透坡降和渗流量控制在允许范围内。

（2）底部排水排气和上部压重。由于土工膜水平防渗铺设面积大，透气性差，在水库蓄水后，为防止因压缩、置换以及库水和外水进入膜下，与膜下向上的水压力共同作用，使土工膜漂浮、被顶破，需设置排气、排水设施。常用的排气、排水方法有设置逆止阀、盲沟、有孔塑料管（花管）和压重等，可单独使用也可多种结合。

（3）上部铺盖防护层。土工膜表面需覆盖一定厚度的透水防护层，防止人畜和机械在表面行走导致土工膜损伤或土工膜因暴露于阳光而老化。

4.2.2.2 全库区水平防渗结构型式

库区水平防渗是将整个库区渗漏严重部位均铺设土工膜，与围坝坝身防渗体连接，形成防渗整体，亦被称为全库（水平）铺塑，见图 4.2-8。国内外部分工程实践证明，全库（水平）铺塑防渗效果好，质量易于控制，施工方便，施工速度快，特别是对于那些地层复杂、透水层厚度很大的情况，全库铺塑的优点更加突出。

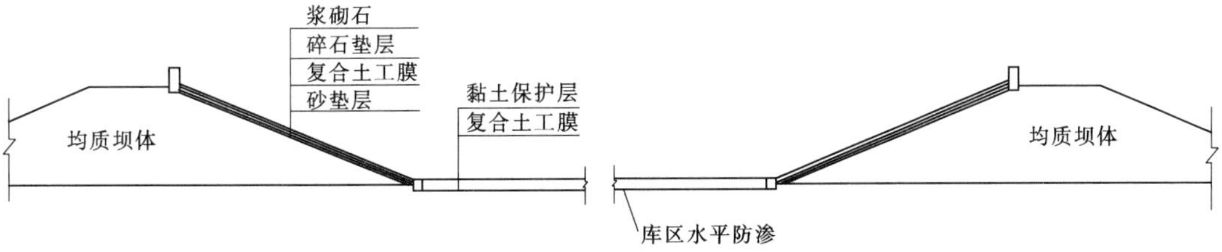

图 4.2-8 土工膜库区水平防渗（全库区水平铺膜防渗）示意图

4.2.2.3 土工膜坝基水平防渗铺盖长度设计

土工膜防渗铺盖的合理长度，应使坝基渗透坡降和渗流量限制在许可范围内，根据水力计算，一般长度为作用水头的 5～6 倍。

如采用复合土工膜作斜墙（心墙）与铺盖一体防渗时，复合土工膜应为整体结构。为避免接触冲刷，即土工膜与透水地基接触面渗透压力达到下层基土的临界水力坡降而失去平衡、被水流从接触面上的孔隙通道中带走，土工膜防渗铺盖需要足够的长度，以减小铺盖下的渗透坡降，达到渗透稳定的目的。

应按渗流计算确定，根据地基透水层的厚度、渗透系数、坝前水深，通过水力计算，使坝基平均渗流坡降和坝下游出溢坡控制在允许范围内，保证渗流满足年调节要求及供水保证率的要求，同时保证不因水库渗漏而使周围农田产生浸没。

复杂地基及重要的工程宜采用有限元法计算。此处介绍渗流计算的水力学方法。

按不透水面层及不透水铺盖计算渗流，采用达西（Darcy）定理 Dupuit 假定进行计算。铺盖进口水头损失 Δh 用增加渗径长度 $0.44T$ 替代（T 为透水地基厚度），第Ⅰ段 L_1 和第Ⅱ段 L_2 为有压渗流，第Ⅲ段 L_3 为无压渗流自由水面线。当铺盖长度 L_1 相当长，下游坝坡渗流溢出高度很小时，可以忽略不计。第Ⅲ段 L_3 的渗流可以按地基压力流及坝体无压流分别计算渗流后相加。渗流计算方法采用分段法，服从连续定理，计算模型见图 4.2-9。

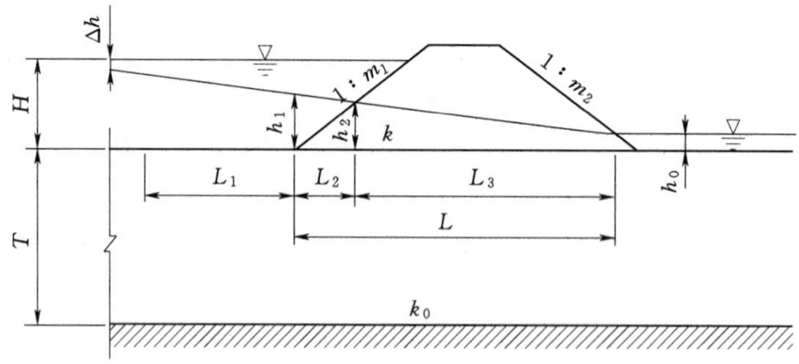

图 4.2-9 土工膜铺盖渗流计算模型

Ⅰ段：以增加渗径长度 $0.44T$ 等价于进口损失 Δh，故单宽渗流量为

$$q=k_0T\frac{H-h_1}{L_1+0.44T} \tag{4.2-1}$$

Ⅱ段：单宽渗流量为

$$q=k_0T\frac{h_1-h_2}{L_2}=k_0T\frac{h_1-h_2}{m_1h_2} \tag{4.2-2}$$

Ⅲ段：忽略下游坡渗流溢出高度，则单宽渗流量为

$$q=\frac{k}{2L_3}(h_2^2-h_0^2)+k_0T\frac{h_2-h_0}{L_3} \tag{4.2-3}$$

因

$$L_3=L-L_2=L-m_1h_2$$

故

$$q=\frac{k(h_2^2-h_0^2)}{2(L-m_1h_2)}+\frac{k_0T(h_2-h_0)}{L-m_1h_2} \tag{4.2-4}$$

式中：k 为坝体的渗透系数，m/s；k_0 为地基的渗透系数，m/s；其他符号含义见图 4.2-9，长度单位为 m，渗流量单位为 m^3/s。

以上各式中的符号 k、k_0、T、H、h_0、L_1、m_1、m_2 均为已知值，L 可由坝断面轮廓确定，所以只有 q、h_1、h_2 三个未知量，可以由式（4.2-1）、式（4.2-2）及式（4.2-4）求解。

求出 q、h_1、h_2 以后，便可核算坝基、坝体中的渗透坡降，各部位的渗透坡降还应小于该部位土的容许渗透坡降，即：

$$\frac{H-h_1}{L_1+0.44T}<[i_F] \tag{4.2-5}$$

$$\frac{h_1-h_2}{m_1h_2}<[i_F]\text{且}<[i_D] \tag{4.2-6}$$

$$\frac{h_2-h_0}{L-m_1h_2}<[i_F] \tag{4.2-7}$$

式中：$[i_F]$、$[i_D]$ 分别为坝基土及坝体土的允许渗透坡降，由试验确定。

坝体浸润区深度最小处为浸润区末端，深度为 h_0，该处渗透坡降最大，为坝体单宽渗透流量除以 kh_0，即

$$\frac{h_2^2-h_0^2}{2(L-m_1h_2)h_0}=[i_2] \tag{4.2-8}$$

式中：$[i_2]$ 为出逸坡降。

如果式（4.2－5）～式（4.2－8）的条件有一个不满足，则应加长土工膜铺盖 L_1，直至满足所有的条件为止，这样 L_1 即为土工铺盖的设计长度。应该指出，当铺盖长度达到作用水头的 6 倍而仍未能满足渗透稳定要求时，应考虑其他渗控措施。

4.2.2.4　防渗膜设计

（1）防渗膜材质选择。防渗膜材质选择参见 4.2.1.2。

（2）单膜和复合膜的选择。选用单膜还是复合膜，主要从施工条件和经济性方面考虑。

防渗方面，单膜与复合土工膜均能满足平原水库土工膜水平防渗结构的要求。然而，单膜对垫层及防护层施工要求较高，施工时土工膜容易受损。复合土工膜中的土工织物对土工膜起保护作用，提高复合膜的力学性能（如抗刺破能力），能够限制土工膜缺陷扩大并减小渗漏，可以提高膜下排水、排气能力，增加抗滑稳定。

复合良好的土工膜性能好，但生产工艺复杂，成本高于单膜与土工织物的叠加，且复合土工膜不易进行质量检查与检修，设计也可考虑膜布分离式组合。

（3）防渗膜设计指标。土工膜防渗铺盖厚度，应考虑作用水头、随地基或结构位移产生的变形、可能由地基孔隙产生的液胀变形、施工条件等因素，参考已建工程拟定，一般为 0.5～1.0mm；可用本章 4.2.1.2 中的方法校核。

4.2.2.5　垫层设计

平原水库水平防渗设计时，需重视不同地基条件对土工膜产生的影响：如地基地质条件差，膜下垫层级配不合理，则土体骨架遇水易破坏，引起地基和垫层产生不均匀沉降，使土工膜产生过大的不均匀变形。垫层设计的目的，是为防渗膜提供平整、坚实的支持面，同时排出膜下渗水。土工膜的垫层可分为接触垫层和非接触垫层（也称为支持层）。

不同地基上修建平原水库，采用水平防渗土工膜时，膜下垫层设计也应有所区别。

（1）级配优良的砂砾石地基。清除表面大颗粒，基础通过整平，经平整可直接作为垫层，在其上铺设土工膜防渗层。

（2）级配不良的砂砾石基础。若地基中含卵砾石较多，可先铺设砂土或中粗砂垫层，碾压密实后在其上铺设土工膜。如夹山子水库，施工时在库区戈壁砂砾上铺 50cm 厚的砂壤土，碾压密实后作为土工膜的垫层。

（3）细砂地基。基础按要求碾压整平后，可直接铺设土工膜。

（4）天然土质地基。在整平的基础上铺 20～40cm 厚透水料垫层，再铺设土工膜防渗层。

（5）湿陷性黄土地基。湿陷性黄土主要分布于我国陕西、山西、甘肃、宁夏、青海和新疆等地区，是一种非饱和欠压密土，在天然状态下压缩性较低，强度高，垂直节理发育且空隙大，受水浸泡后结构会迅速破坏，在自重或附加压力作用下发生湿陷性沉降变形，下沉量大、速度快，对建筑物危害极大。

在大厚度湿陷性黄土地区修建平原水库（蓄水池、景观湖）时，防渗措施的效果直接决定地基黄土是否会由于渗水影响而产生湿陷，影响水库本身以及周边建筑物的安全。土工膜因其防渗效果好、质量轻、质地柔软等特点，在适应地基变形的同时又能大大降低工程难度，减轻水库、坝基渗水湿陷及其产生的不利因素，但仍需按规范要求对基础进行特定深度的处理，膜下设置垫层，形成联合防渗结构，否则极易出现工程运行一段时期后，膜防渗层由于沉降破损开裂而失效等问题。设计中常见的垫层主要有灰土垫层、水泥土垫层等。

1）灰土垫层。灰土垫层由石灰和黏土按比例拌和均匀再分层夯实而成，体积配合比宜为2∶8或3∶7。石灰宜选用新鲜的消石灰，通常以CaO与MgO总含量达到8%左右为最佳。土料宜选用粉质黏土，不宜使用块状黏土，且不得含有松软杂质；土料过筛最大粒径不得大于15mm。石灰能够改善黏土的和易性，增加土的密实性，提高了黏土的强度和耐久性，从而提高湿陷性黄土的强度，并使其具有一定的防渗作用。垫层厚度应根据置换软弱土的深度和垫层底部下卧土层的承载力确定，可参考《建筑地基处理技术规范》（JGJ 79—2012）中的垫层设计方法。

2）水泥土垫层。水泥土垫层是由土（当地粉土、粉砂）为主要原料，外加一定比例的水泥（占总量的10%～15%）、外加剂和水拌和均匀后铺筑而成的。单纯从消除湿陷性和防渗效果来讲，相同厚度的垫层，水泥土垫层效果比灰土垫层好。但是，水泥土垫层存在早期强度低、收缩变形较大、适应冻胀变形能力差、容易干缩开裂等缺点。水泥土含水量按照最优含水率进行控制，垫层厚度参考《建筑地基处理技术规范》（JGJ 79—2012）中的垫层设计方法确定。

4.2.2.6 防护层设计

土工膜上防护层的作用主要是防止或减少不利环境因素，包括光照老化、流水、冰冻、动物损伤、施工坠物、风吹覆等的影响。防护层厚度应按施工防护、膜体稳定和清淤等要求确定。

《水电工程土工膜防渗技术规范》（NB/T 35027—2014）建议，对于平原水库水平防渗土工膜，如果死水位深度大于5m、水流流速较小，则防护层设置可简化，柔性材料垫层可采用土工织物，压覆层可采用土工砂袋、混凝土预制块、块石等间隔布置，不宜设置土、石类材料全面积压覆。

对波浪易于破坏的库盘岸坡，如水库放水涵洞进口，需加设砂砾石防护层。

4.2.2.7 防渗结构的连接方式

平原水库土工膜应与上游防渗铺盖、防渗墙、岸坡等一切其他防渗体紧密连接，构成完全封闭的体系，连接型式应根据地基土质条件和结构物类型选取。与建筑物封闭连接应遵循的原则为：相邻材料的弹性模量不能差别过大；平顺过渡；充分考虑结构物可能产生较大的位移。

防渗土工膜与土、混凝土、砌体的连接可执行《聚乙烯（PE）土工膜防渗工程技术规范》（SL/T 231—98）和《水电工程土工膜防渗技术规范》（NB/T 35027—2014）中推荐的连接方式。

（1）与黏土地基嵌固连接。土工膜直接埋入锚固槽，槽身尺寸大小根据土工膜承受拉力的大小确定，埋入长度不小于100cm。填土必须夯实并与槽的边坡和底部严密结合，见图4.2-10。

（2）与混凝土连接。

1）混凝土防渗墙。坝基防渗采用混凝土防渗墙，且设置土工膜水平防渗铺盖联合防渗时，需将水平防渗铺盖土工膜锚固在坝基防渗墙顶部，形成封闭的防渗系统。锚固方式参考《水电工程土工膜防渗技术规范》（NB/T 35027—2014）附录 D。

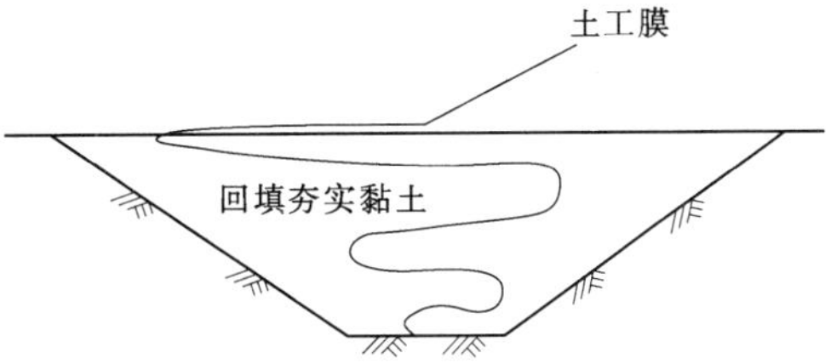

图 4.2-10　土工膜与黏土地基的锚固型式

2）坝下放水涵洞。坝下放水涵洞一般为钢筋混凝土结构，土工膜采用锚固连接。图 4.2-11 为土工膜与涵洞封闭防渗的一种锚固型式：用不锈钢管箍将土工膜锚固在涵管上，土工膜与涵管、与管箍的锚接部位中间采用橡胶止水垫层止水，也起到保护土工膜的作用，土工膜前后浇筑混凝土进行加固。

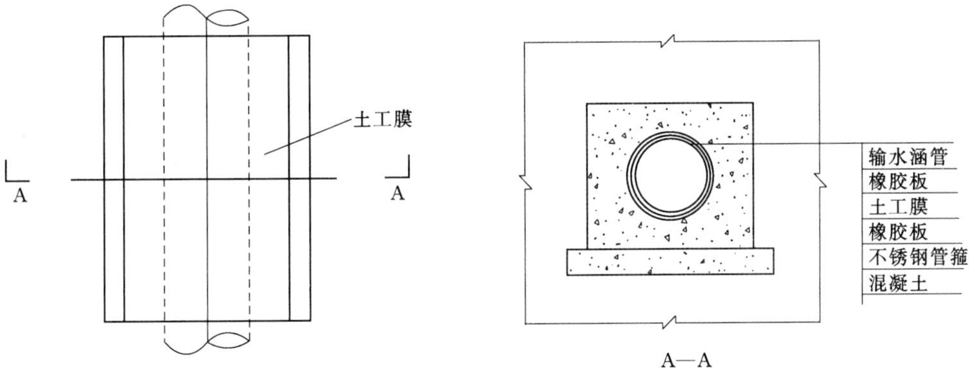

图 4.2-11　土工膜与坝下放水涵洞封闭防渗锚固型式

（3）与坝体土工膜防渗体连接。若坝体采用土工膜斜墙防渗，土工膜在上游坝脚前形成水平铺盖，并与全库盘土工膜防渗体连接，土工膜接头一般采用焊接。为使坝脚折角处土工膜不被撑起、坝坡上的保护层不向坝脚滑落，坝体底部与库盘水平土工膜连接一般固定在坡脚混凝土止滑槽（见图 4.2-12）底部。

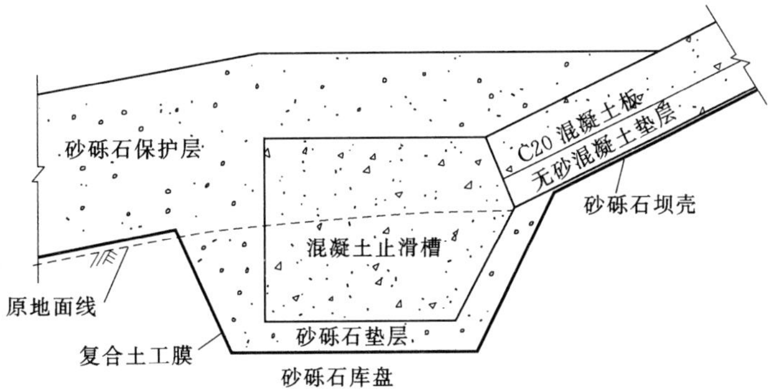

图 4.2-12　坡脚混凝土止滑槽结构示意图

4.2.2.8 排水、排气措施和上部压重

若平原水库采用全库盘防渗，在初次蓄水时，库区内地下水位的整体上升促使非饱和土中孔隙气体的聚集和上升，若膜下地基内气体来不及排出，将对土工膜造成顶托，引起土工膜产生局部隆起的气胀变形，甚至产生破损，如山东省淄博市新城水库全库铺膜约1.0km^2，因气胀破坏导致严重渗漏。如果水位降落过快，膜下地基内的渗透水无法及时排出，此时将产生较大的渗透压力并引起土工膜液胀漂浮等问题，若膜上水压力远小于上托水压力，此时极易引起土工膜的液胀破坏，此破坏多发生于铺盖中部。因此，合理设置排气、排水设施，具有至关重要的作用，常用方法有设置盲沟、逆止阀、有孔塑料管（花管）和压重等，可单独使用也可多种结合。以下重点介绍设置盲沟、逆止阀和填土压重法的方法。

1. 盲沟

土工膜铺盖底部设排水、排气盲沟（铺盖起始端一定长度不设盲沟，以免漏水），通过坝底盲沟下游排水棱体将渗水排出坝体，盲沟由土工织物滤层包裹卵石、碎石或土工织物包裹带孔管件（如塑料管、波纹管等）以及其他排水排气材料。软式透水管可以直接埋入地下排水、排气。

常见的盲沟布置主要有鱼骨状和网状等。平原水库具有库盘面积大的特点，一般布置为纵横交错的正方形网格形式，通过开挖盲沟，并在其上铺盖垫层和土工膜层，在盲沟交会结点处加装逆止阀将盲沟收集的气体排出。图4.2-13和图4.2-14分别为排气盲沟的开挖和铺设施工。

图4.2-13 某水库排气盲沟的开挖

图4.2-14 某水库排气盲沟的铺设施工

图4.2-15所示为某水库库区纵、横向排水盲沟延长到坝坡顶，兼作排气盲沟。

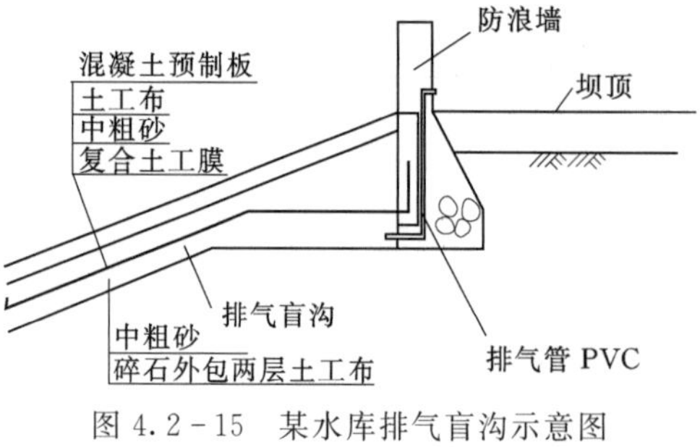

图4.2-15 某水库排气盲沟示意图

2. 逆止阀

逆止阀是一种只允许介质向一个方向流动、而阻止相反方向流动的自动阀门。在平原水库土工膜水平防渗体系中，当库底膜下水、气压力聚积高于膜上水压力时，逆止阀被顶开，并排水排气，底部水、气压力消散后逆止阀自动封闭。

南水北调中线工程使用了3种类型的逆止阀，即拍门式逆止阀（图4.2-16）、球式

逆止阀（图4.2-17）和压差放大式逆止阀（图4.2-18）。

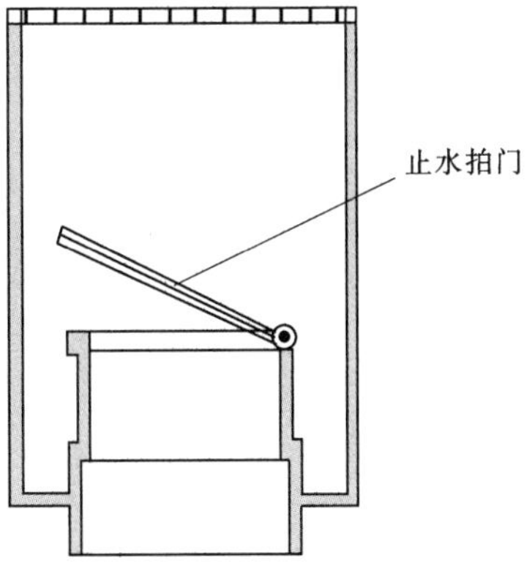

图4.2-16 拍门式逆止阀

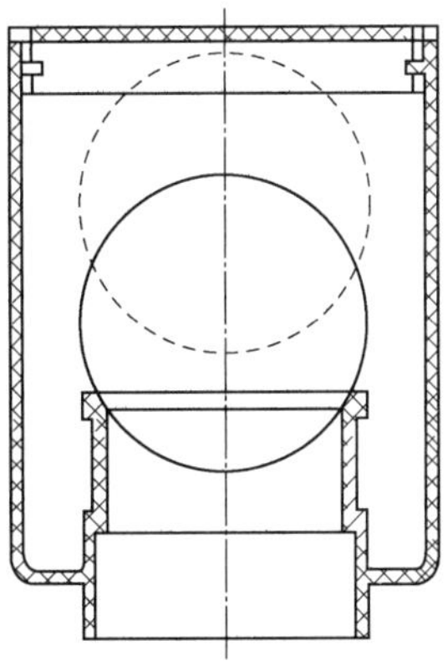

图4.2-17 球式逆止阀

拍门式逆止阀原理类似于逆止阀止水箱，通过重力和水头差控制带有止水垫的拍门开启和关闭，实现单向排水；带有转轴的圆形盖子将通水孔盖住，在水压作用下压紧橡胶垫止水，反向则是通过水压力顶开盖子实现排水。

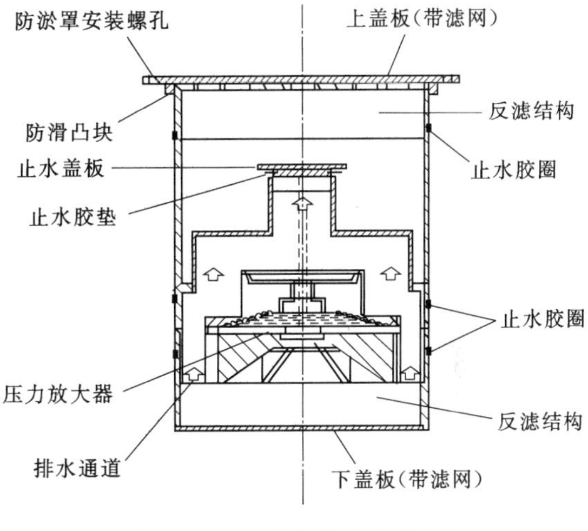

图4.2-18 压差放大式逆止阀

浮球式逆止阀主要通过一个比重略大于水的圆球（内部灌铅调节），在重力和两侧水压力的共同作用下，实现正向止水和反向排水。该产品止水和排水性能良好，但对颗粒物影响敏感，易淤堵，浮球比重精确性要求高，长期高水头差作用下橡胶易变形漏水。

压差放大式逆止阀采用弹性膜片等压力放大装置对水头差进行放大，并利用弹性膜的变形带动止水装置移动，实现阀门启闭的逆止阀。该产品有效解决了小水头差条件下开启和关闭、安装方向性、耐久性及防淤堵等问题，其原理及性能更符合平原水库膜防渗工程的实际需要。

逆止阀布置一般是在土工膜上开孔，根据土体渗透系数等差异，布设逆止阀，一般每隔30～50m设一逆止阀，选择逆止阀需考虑其产品质量可靠性。

应用逆止阀排水、排气时，逆止阀是区域空隙气体的唯一溢出通道，需合理布置逆止阀间隔，逆止阀设置过多，将增加土工膜上开孔数量，总体上不尽合理；逆止阀设置个数少，则使其排水、排气功效低而仍会产生气胀破坏。

由于平原水库库区面积较大，考虑到实际工程要求，兼顾设计与施工放样的简便，逆止阀布设应设计为简单规则的几何图形形式，常见几何排列方式为正三角形与正方形两种。为使区域每点都被逆止阀作用范围覆盖，逆止阀的作用区域必然会发生重叠。

图 4.2-19 所示为布置成正方形排列和正三角形排列的逆止阀，由图可知，不同的排列方式重叠区域的大小也不相同，相同的逆止阀作用半径下，正三角形排列的重叠区域占整体的比重比正方形排列小得多。

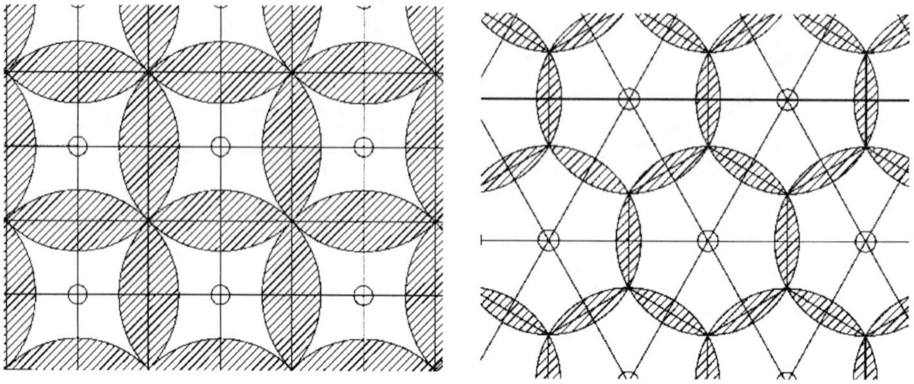

(a) 正方形排列　　(b) 正三角形排列

图 4.2-19　逆止阀排列分布形式

正三角形逆止阀排列方式重叠面积小，工程量上较为经济，但施工放样比较复杂；正方形逆止阀排列方式相比前者重叠面积大，但随之更能保证排气顺畅，且施工定位较为简单，可以有效消除气胀，减少气胀发生概率。

3. 填土压重

土工膜上设置覆盖层保护土工膜，增加上覆盖层厚度，在土工膜铺盖上填土压重，土工膜铺盖底部水压力、气压力由压重压住，可防止土工膜由于底部水、气压力而漂浮或被顶破。当采用压重法时，加在土工膜上的压重厚度需根据膜下作用水头确定，可通过水力计算求得。

在库水位降落初期，土工膜底部渗透水压力如图 4.2-20 所示，在铺盖上游端，地下水向上游排出较快，故渗透水压力与水库水深相等；在铺盖的中间部位，地下水向上下游排出均较慢，故最大渗透水压力大于库水深度。

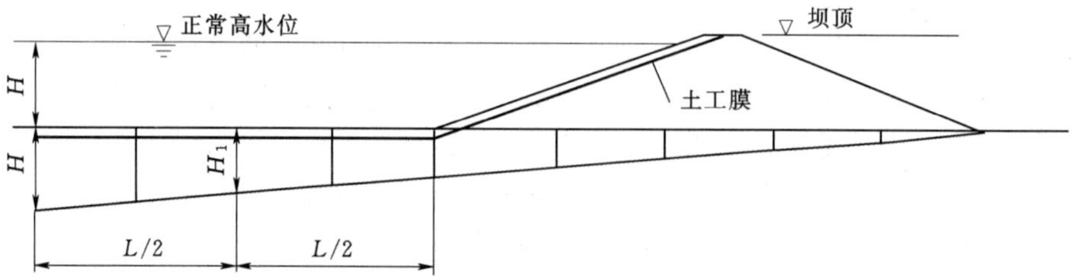

图 4.2-20　正常高水位时土工膜底部渗透水压力

在水库水位再下降至最低水位（死水位）时，铺盖下面渗透水压力在中间部位仍较高，此时 h_2-h_0 可能达到最大值，见图 4.2-21。这时渗透水压力 h_2-h_0 要靠土工膜铺盖上面的砂土压重来平衡，以免土工膜浮起。h_2 值要随着库水位降落过程逐次计算，才能得出 h_2-h_0 的最大值，也可近似假定最大值为 H_1-h_0（H_1 为水库水位未降落时铺盖中部渗透水压）。采用以上方法可以确定土工膜铺盖上面要加高填土的厚度。

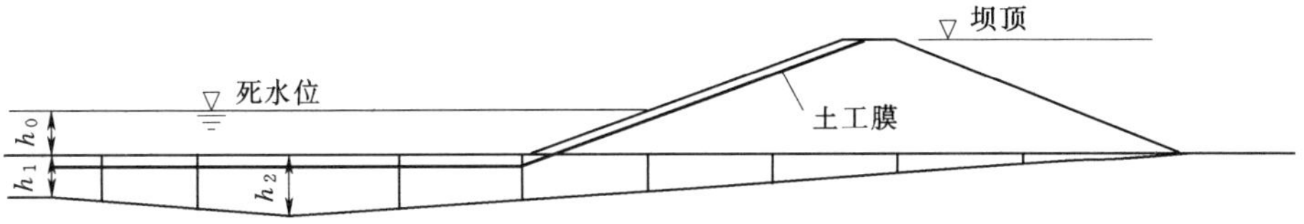

图 4.2-21　最低库水位时土工膜底部渗透水压力

单一采用填土压重措施，往往需要土工膜上覆盖层厚度较大，不经济，因此常与盲沟与逆止阀联合采用，可减小覆盖层厚度。

4.3　工　程　实　例

4.3.1　大屯水库

大屯水库位于山东省德州市武城县恩县洼东侧，距德州市德城区 25km，距武城县城区 13km。南临郑郝公路，东与六五河毗邻，北接德武公路，西侧为利民河东支。水库围坝大致呈四边形，坝轴线总长 8914m。

大屯水库围坝轴线总长 8914m，设计最高蓄水位 29.8m，相应最大库容 5209 万 m^3，设计死水位 21.0m，死库容 745 万 m^3，水库调节库容 4464 万 m^3。引江水通过水库调蓄后，向德州市德城区和武城县城区全年均匀供水，向德州市德城区供水设计流量4.0m^3/s，年供水量 10919 万 m^3，向武城县城区供水设计流量 0.6m^3/s，年供水量 1583 万 m^3。水库工程总占地面积 648.9hm^2。

主要工程内容包括围坝、入库泵站、六五河节制闸、引水闸、德州供水洞和武城供水洞、六五河改道工程等。

库区地下水位以上土层平均饱和度 86.9%～94.0%。地下水位类型为第四系孔隙潜水，贮存于砂壤土、裂隙黏土的裂隙和粉细砂、中细砂的孔隙中，地下水位埋深一般为 1.1～1.8m，库内最大变幅达 3～4m。坝址各土层渗透系数 0.089～13.6m/d，属于中等—强透水性，无相对不透水层。

大屯水库坝坡防渗采用两布一膜复合土工膜［200(g/m^2)/0.5mmPE 膜/200(g/m^2)］，土工布纺长丝土工布，防渗面积 33.3 万 m^2。针对大屯水库土工膜铺设面积大、地下水埋藏较浅的特点，设计采用排水排气盲沟、逆止阀及压重组合措施。土工膜下排水、排气盲沟间距为 75m，矩形布设，盲沟尺寸为 30cm×30cm，盲沟内布设一条直径 10cm 的软式透水管，管周回填粗砂，粗砂外包一层 300g/m^2 的短丝土工布。每隔一个盲沟交点部位设一处逆止阀，间距 150m，矩形布设。具体铺膜施工工艺见图 4.3-1。

大屯水库库盘防渗施工完成后，通过水库渗漏量、水库截渗沟的水位监测，没有发生水库地下水渗漏问题，为后续工程顺利展开提供了保障。排水排气盲沟、逆止阀、覆土压重组合措施有效解决了大面积土工膜铺设产生的气胀问题，可为今后同类工程施工提供技术参考。

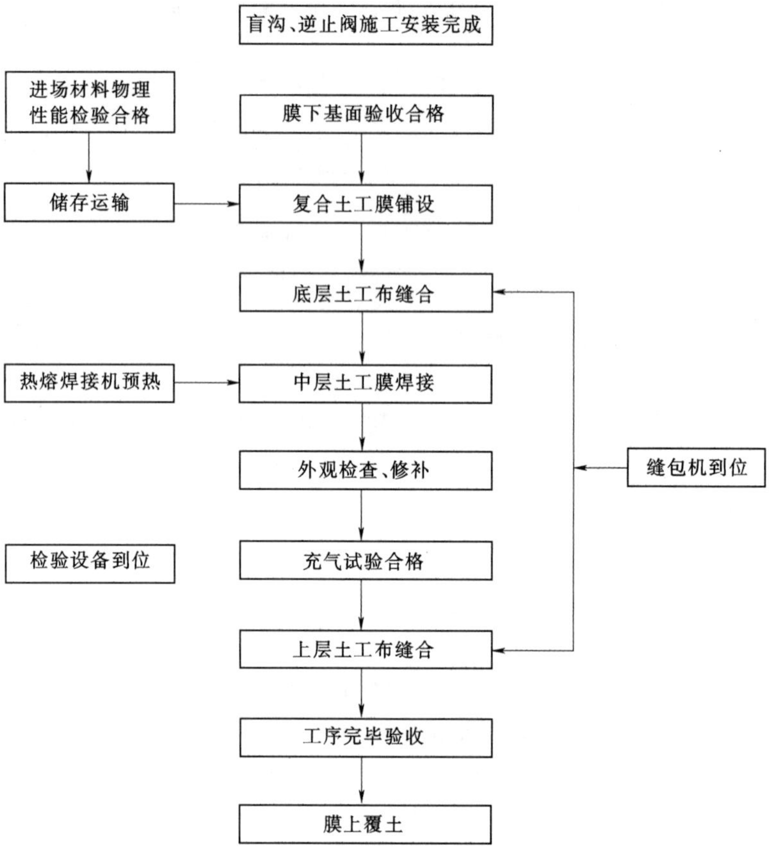

图 4.3-1 库底铺膜施工工艺图

4.3.2 奥林匹克水上公园

北京奥林匹克水上公园位于北京市顺义区潮白河向阳闸东北侧，南临白马路，北接怡生园国际会议中心，东临滨河路，南北总长近3000m，东西最宽处900m左右，整个工程占地面积1.62km^2。该项目为2008年北京奥运会水上运动项目的比赛场地，包括赛艇、静水皮划艇和激流回旋皮划艇比赛场地。场地由比赛用水域、水上比赛设施、陆上比赛设施等部分组成。建设用地总面积为140hm^2，总建筑面积为31424m^2，其中永久建筑面积18269m^2。

静水赛道有两条，一条是比赛用的正式赛道，另一条是练习赛道，长度为2272m，总宽度为280m。防渗面积为695876m^2，静水赛道水面标高32.60m，静水赛道底标高为29.10m，水深3.5m。静水赛道堤岸标高33.40m，赛道边坡坡比为1∶6。

整个场地地基土层上部为人工填土层，其下为新近沉积土层和一般第四纪沉积土层，地层由黏质粉土、砂质粉土、粉质黏土、粉细砂、细中砂及卵（砾）石构成。地基土层大致可以分为：①人工填土：层厚2.0m左右；②砂质粉土与粉细砂：层厚5.0～6.0m；③卵砾石：层厚5.0～6.0m；④黏质粉土和粉质黏土：层厚3.0m左右；⑤卵石：很厚。

场地地层整体为水平状分布，场地东侧和西侧差异较小，场地北侧和南侧差异较大。

对于 10.0～18.0m 深度位置的土层（黏质粉土和粉质黏土），在场地北侧较薄，小于 1.0m，部分地段缺失，在场地东、西、南三侧较厚一些，为 2.0～3.0m 厚，最薄为 1.5m，最厚为 5m，埋藏深度为 12.50～16.0m。

室内试验测得：黏质粉土和砂质粉土以上主要为细砂土和卵砾石层，渗透系数很大，基本上不起防渗作用。以黏质粉土和砂质粉土的空间分布分区计算，若采用垂直防渗为主的防渗方案，在 878960m^2 的面积上，在 13m 水头的作用下，每天的渗漏量约为 12 万 m^3/d，从水资源角度来看不合理。

为了防止水的渗透流失和保证水质符合奥运会的标准要求，设计选用无毒、无味、无污染和便于施工的以高密度聚乙烯树脂（HDPE）为主体制成的土工膜进行整体的防渗处理。

工程采用了以高密度聚乙烯（HDPE）土工膜，在土工膜的上面和下面分别设让采用无纺土工布作为土工膜保护层，以防膜下基层的尖锐物以及膜上的回填土料、碎石料和混凝土构件对土工膜的直接破坏和损伤。从经济角度考虑，设计图纸规定，当膜下基层满足铺设土工膜的情况时，膜下一层土工布可以取消。

根据设计要求，赛道池底采用了 0.75mm 厚光面土工膜，坡侧采用 1.00mm 厚的光曲土工膜。膜下土工布为 300g/m^2 短纤无纺土工布。为保护土工膜防渗层在施工中和运行中不受到破坏，赛道池底防渗结构由上及下依次为：400mm 厚现场土回填保护层、300g/m^2 短纤无纺土工布、0.75mm 土工膜防渗层、300g/m^2 短纤无纺土工布、压实基层，池底防渗构造如图 4.3－2 所示。

在赛道侧坡上，赛道正常水位 0.5m 以下铺设混凝土方砖至池底作为保护层：而侧坡余下部分铺设卵石消能层直至铺放到距离坡顶以下 0.5m，卵石用钢筋混凝土格栅分隔保护，以免滑落失稳。侧坡防渗结构由上及下依次为：200mm 厚卵石消能层（或水面以下为混凝土方砖保护层）、300g/m^2 短纤无纺土工布、1mm 土工膜防渗层、300g/m^2 短纤无纺土工布、压实基层，赛道侧坡防渗构造见图 4.3－3。

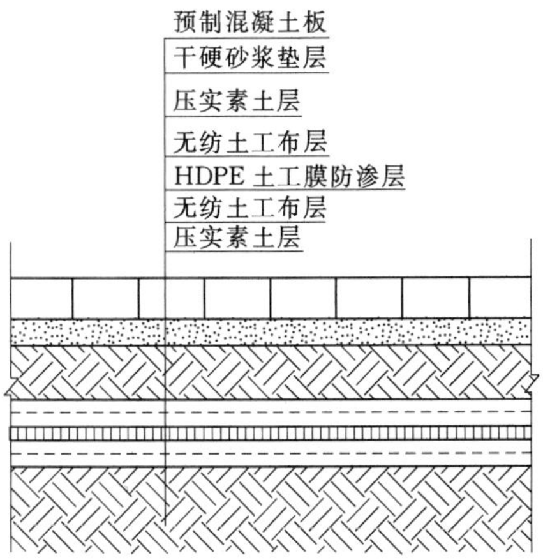

图 4.3－2　池底防渗构造示意图

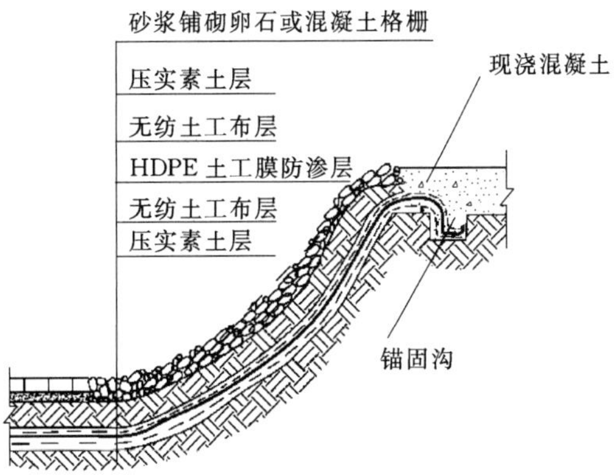

图 4.3－3　赛道侧坡防渗构造示意图

防渗工程的施工流程为：基坑开挖→池底及边坡基层处理→铺设土工布衬垫→铺设

HDPE 土工膜→土工膜接缝的焊接施工→土工膜焊缝质量检验→铺设土工布保护层→池底及边坡回填素土→池底铺砌混凝土板→边坡铺设卵石或混凝土格栅→锚固沟回填素土或浇筑混凝土→工程验收。

水上公园设计首次将静水区和动水区置于同一个区域内，这是在已往的奥运会比赛中不曾出现的。这样的设计给防渗施工提出了全新的课题，即如何保证动、静水区防渗的有机结合。为此采取了如下创新工艺：

（1）动、静水区结合构筑高台的卵石拦砂坝，既可防止静水区的粉细砂进入动水区搅浑水质，又可防止动静水结合部水流过激对边坡的冲洗，还可保证调剂两个水区之间的联通。

（2）在动水区变更了池底、边坡的做法：池底为混凝土，斜边坡为钢筋混凝土，直边坡为土工膜裸挂后用板材保护。

奥林匹克水上公园防渗工程于 2006 年 9 月完工，2006 年 11 月开始分两次蓄水；第一次蓄水至热身赛道底平，即主赛道 1.5m 水深，经观测符合设计要求；第二次蓄水至设计标高。经过近半年的观测，各项指标符合设计要求，2007 年 7 月 28 日水上公园整体通过验收并交付使用。

4.3.3 永定河减渗工程

永定河是海河水系最大的一条河流，全长 747km，其中北京段长约 170km，流经门头沟、石景山、丰台、大兴和房山五个区。永定河绿色生态走廊建设工程 2010 年开工建设的平原城市段，自三家店拦河闸至卢沟桥下游燕化管架桥，全长 18.4km，总规划占地面积 $1700hm^2$，利用现状河道砂石坑塘，分别规划建设门城湖、莲石湖、晓月湖、宛平湖等 4 湖工程。工程区域位于北京平原地下水系统中的永定河冲洪积扇地下水子系统的中上部，是北京市地下水富水地段之一，含水层为单一的砂卵砾石层，厚度 18～35m，直接裸露于地表，渗透系数为 100～300m/d，单位涌水量达 3000～$5000m^3/d$，渗透性强，补给充分。该区地下水的主要补给源为大气降水入渗、山区和上游的侧向流入、河湖入渗。设计减渗面积按照总河床面积的 20%，确定水面面积约为 $370hm^2$。采取减渗措施后，枯水期通过河道蓄水，每年可增加地下水补给量 3000 万 m^3。永定河湖区实施减渗工程后的景观见图 4.3-4。

(a) 宛平湖　　(b) 晓月湖

图 4.3-4　永定河湖区实施减渗工程后的景观

4.3.3.1 减渗方案

根据蓄水区范围、蓄水深度及水质和地形等要求，采用以下 3 种减渗方式相结合的减渗方案。

（1）土工膜减渗。湖泊中部深水区及再生水水质净化湿地底部采用土工膜减渗。渗透系数为 $1.0\times10^{-11}\sim1.0\times10^{-13}$cm/s。

（2）膨润土防水毯（GCL）减渗。湖泊浅水区、种植区等需要种植、扦插水生植物的区域及岸坡等地形变化起伏处及需设亲水平台、栈桥的港湾区，采用膨润土防水毯减渗，渗透系数为 $1.0\times10^{-7}\sim1.0\times10^{-9}$cm/s。

（3）复合土生态减渗。水深较浅的溪流主槽和岸坡均采用复合土生态减渗，渗透系数在 9.0×10^{-5}cm/s 左右。由于复合土生态减渗方式的渗透系数较其他两种减渗方式大，故溪流区属于回补地下水的入渗地区。溪流水深较浅，面积较小，采用复合土生态减渗方式，减渗层受损坏以后容易被发现并可及时修补。推荐减渗方案见表 4.3-1。

表 4.3-1　　推荐减渗方案

分区	部位	减渗做法
湖泊	湖泊中部深水区	复合土工膜减渗
	浅水湾、岸坡	膨润土防水毯减渗
溪流	主槽底	复合土生态减渗
	主槽岸坡	复合土生态减渗
湿地	湿地底部	复合土工膜减渗

采取减渗方案后，蓄水区综合渗透系数为 25mm/d（3×10^{-5}cm/s）。

4.3.3.2 减渗结构

（1）减渗上覆保护层。采用抗冲刷柔性结构作为减渗上覆保护层，对减渗层进行防护。工程中采用格栅石笼格＋砂石混料回填作为减渗层的上覆保护层。格栅石笼具有强度高，柔性好，整体性好，抗变形破坏能力强，能够随地面冲刷变形自我调整而不受损坏，且施工方便，造价低。上覆保护层具体结构为：以宽 1m、高 1m 的格栅石笼沿长度方向形成格子，然后在格子中间回填砂石混料。由于有格栅的整体成型和保护作用，减渗保护层抗水流冲刷能力强，结构示意图见图 4.3-5。

（2）减渗层的上、下垫层。工程采用 100～200mm 厚的细粒土作为减渗层的上、下垫层。

（3）结构布置。

1）溪流区。采用复合土生态减渗结构形式。减渗结构的做法自上而下为：300mm 厚的上覆保护层（石笼格＋砂石混料回填）、200mm 厚细粒土上垫层、200mm 厚的掺混料复合土减渗层、100mm 厚细粒土下垫层、基底碾压平整。

2）湖底区。采用复合土工膜减渗结构形式。减渗结构的做法自上而下为：300mm 厚的上覆保护层（石笼格＋砂石混料回填）、300mm 厚原土回填压实、100mm 厚细粒土上垫层、复合土工膜［200(g/m^2）无纺布/0.6mm 厚土工膜/200(g/m^2）无纺布］、100mm 厚细粒土下垫层、基底碾压平整。

3）岸坡及浅水湾区。采用膨润土防水毯（GCL）结构减渗。减渗结构的做法自上而下为：300mm 厚的上覆保护层（石笼格＋砂石混料回填）、200mm 厚细粒土上垫层、厚 6mm 的膨润土防水毯＋基底碾压平整。

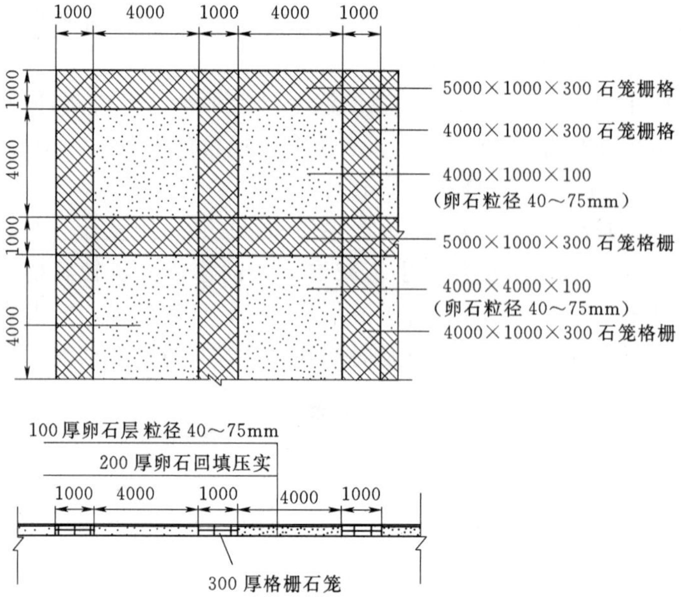

图 4.3-5 减渗保护层结构示意图（单位：mm）

门城湖、莲石湖均为湖区与溪流相结合的水面形态，减渗包含以上 3 种（复合土生态减渗、土工膜减渗、防水毯减渗）结构。晓月湖与宛平湖无溪流，减渗方式包含土工膜减渗和防水毯减渗。复合土工膜减渗结构如图 4.3-6 所示。

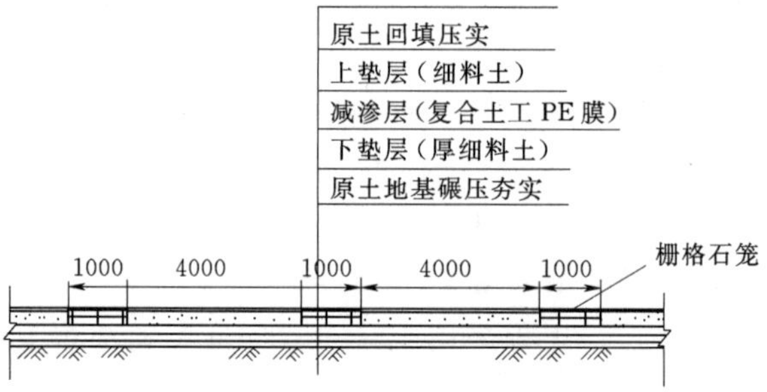

图 4.3-6 复合土工膜减渗结构图（单位：mm）

(4) 减渗结构抗冲刷计算。减渗结构抗冲刷按 10 年一遇洪水标准设计。永定河卢三段 10 年一遇洪峰流量为 $1681m^3/s$，流速 $V_{10a}=1.18\sim3.32m/s$，水深 1.6～2.9m。减渗层上覆的保护层为 300mm 厚格栅石笼格＋砂石混料回填。格栅石笼由于有格栅的整体成型和保护作用，抗水流冲刷能力很强。需进行砂石混料回填的抗冲设计，提出适合的格栅石笼格间回填砂石粒径，以满足抗冲要求。

根据非黏土渠道的允许不冲流速，水深为 2m 左右时，粒径为 40～75mm 的大卵石的允许不冲流速为 2.1～2.8m/s，考虑水力半径 R 的影响，选取 $R=2$，修正指数 $\alpha=1/4$（R^α 约为 1.2）进行估算，修正允许不冲流速为 2.52～3.36m/s，此时允许不冲流速大于 V_{10a}。因此，为满足减渗保护层抗 10 年一遇洪水冲刷的要求，砂石混料回填的粒径要求 40～75mm。为非黏土渠道的允许不冲流速见表 4.3-2。

表 4.3-2　非黏土渠道的允许不冲流速表

土质	粒径/mm	不冲流速/(m/s)			
		水深 0.4m	水深 1.0m	水深 2.0m	水深大于 3.0m
淤泥	0.005～0.050	0.12～0.17	0.15～0.21	0.17～0.24	0.19～0.26
细砂	0.050～0.250	0.17～0.27	0.21～0.32	0.24～0.37	0.26～0.40
中砂	0.250～1.000	0.27～0.47	0.32～0.57	0.37～0.65	0.40～0.70
粗砂	1.000～2.500	0.47～0.53	0.57～0.65	0.65～0.75	0.70～0.80
细砾石	2.500～5.000	0.53～0.65	0.65～0.80	0.75～0.90	0.80～0.95
中砾石	5.000～10.00	0.65～0.80	0.80～1.00	0.90～1.10	0.95～1.20
大砾石	10.00～15.00	0.80～0.95	1.00～1.20	1.10～1.30	1.20～1.40
小卵石	15.00～25.00	0.95～1.20	1.20～1.40	1.30～1.60	1.40～1.80
中卵石	25.00～40.00	1.20～1.50	1.40～1.80	1.60～2.10	1.80～2.20
大卵石	40.00～75.00	1.50～2.00	1.80～2.40	2.10～2.80	2.20～3.00
小漂石	75.00～100.0	2.00～2.30	2.40～2.80	2.80～3.20	3.00～3.40
中漂石	100.0～150.0	2.30～2.80	2.80～3.40	3.20～3.90	3.40～4.20
大漂石	150.0～200.0	2.80～3.20	3.40～3.90	3.90～4.50	4.20～4.90
顽石	＞200.0	＞3.20	＞3.90	＞4.50	＞4.90

注　表中所列允许不冲流速值为水力半径 $R=1.0$m 的情况。当 $R\neq1.0$m 时，表中所列数值应乘以 R^{α}，指数 α 值可采用 $\alpha=1/3\sim1/5$。

4.3.4　部分平原水库库区及坝基防渗设施简况

表 4.3-3 列出了部分平原水库库区及坝基防渗简况。

表 4.3-3　部分平原水库库区及坝基防渗简况

水库名称	所在省（自治区）	库容/亿 m^3	坝高/m	坝长/km	库区及坝基底层情况	库区及坝基防渗设施	施工时间
恰拉	新疆	1.61	8.3	28.3	库区出露地层主要为第四系冲积物和风积物，主要岩性为粉砂、粉细砂；坝基地层主要为粉细砂透水层	迎水面一布一膜［PE，0.5mm/200(g/m^2)］，上游库盘水平铺盖，最大延伸长度 130m	1958 年始建，2004 年除险加固
额敏	新疆	0.2	13.31	4.2	坝体土的密实度很不均匀，坝体和坝基渗透不稳定，渗漏量大，坝基地层以砾石为主，级配不良，且为深透水层；筑坝土料含砂的低液限粉土和黏土	土工膜斜墙加水平铺盖，护坡表层 0.12～0.15m 厚混凝土板，板下复合土工膜［PE，150(g/m^2)/0.4mm/150(g/m^2)］，膜下 0.4m 砂砾石垫层	1967 年始建，2003 年改建
鹊山	山东	0.46	8.24 9.44 (11.24)	11.6	第四系堆积，上部河流冲洪积层，以砂壤土为主夹黏土、粉砂，下部河湖沉积层，壤土、弱透水性，连续，相对隔水	坝面复合土工膜，下接 PE 土工膜垂直截渗，平均深度 9.17m，最大深度 19m	1999 年 12 月

续表

水库名称	所在省（自治区）	库容/亿 m^3	坝高/m	坝长/km	库区及坝基底层情况	库区及坝基防渗设施	施工时间
韩店	山东	0.45	9	8.8	第四系沉积，上部为裂隙黏土、砂壤土，中下部为黄土状壤土、壤土和少壤土，均为弱、中透水地层	坝面复合土工膜，水平铺塑30m、0.5mm PE，黏土保护层0.5m	2005年5月
东郊	山东	0.14	7	7.38	第四系黄河沉积，埋深20m内自上而下为粉质黏土、裂隙黏土、黏土和粉土；裂隙土透水性强（$k=1\times10^{-4}$ m/s），粉土透水性弱（$k=1.8\times10^{-5}$m/s）	坝面复合土工膜，PVC，其规格为200(g/m^2)/0.5mm/200(g/m^2)，膜下15m中砂，下接PE膜垂直铺塑，0.25mm厚。最大深度18m；北坝地下水河床深20m，用水泥搅拌桩墙封闭	1996年12月
丁庄	山东	0.312	8.5	9.2	第四系全新统，15m深度内，上中部为亚黏土、亚砂土，裂隙黏土，下部为粉砂；平均渗透系数为4.3×10^{-5}m/s	坝前黏土铺盖长50m，厚50cm，接垂直铺塑PE膜，厚0.22mm，深10m	1991年6月
丁东	山东	0.48	8	11.64	第四系全新统，15m深度内，上中部为砂壤土、裂隙黏土，淤泥质黏土，下部为砂壤土、粉砂；平均渗透系数为$1.35\sim11.39\times10^{-5}$m/s	均质土坝接水平铺塑60m，PE膜厚0.22mm，垂直铺塑深8m，PE膜厚0.22mm	1997年9月
宁津	山东	0.09	6.95	3.8	第四系全新统，15m深度内，上中部为砂壤土、黏土，下部为砂壤土、壤土、粉砂；平均渗透系数为5.63×10^{-5}m/s	复合土工膜坝面铺塑接36.5m PE土工膜水平铺塑厚0.2mm黏土保护层0.5m，末端PE膜垂直截渗，深4.5m，末端PE膜垂直截渗，深4.5m	2006年4月
浮岗	山东	1.042	7.5～9.5	20.4	第四系黄河冲积，上部为砂壤土、裂隙性黏土、中部为粉砂，强透水层。下部为黏土，透水性弱，相对隔水	坝面复合土工膜铺塑下接PE土工膜垂直铺塑截渗至黏土层，深10.3～16m（平均13.5m），厚0.2mm	1958年始建，1999年12月改建
纯化	山东	0.368	10.5	7.76	第四系黄河冲积，上部为黏土、粉土，中、下部为粉土、粉质黏土、细砂、粉质黏土、粉土	坝面复合土工膜下接土工膜垂直截渗至粉质黏土，深4～4.5m，水平段5m	2000
沙河	山东	0.054	8.5	5.21	第四系黄河冲积，上部为粉砂、粉质黏土、粉质亚黏土，中下部为淤泥质黏土、淤泥质粉沙、黏土，质地松软，透水性弱	坝面复合土工膜铺塑，下接垂直铺塑截渗至黏土层，深4～6m	2007年6月
新城	山东	0.101	8.5	5.26	第四系黄河冲积，上中部为裂隙黏土、黏土夹姜石、壤土夹粉细沙，透水性较大，下部埋深26～29m以下为重粉质黏土，连续、层厚，透水性弱，相对隔水	坝面复合土工膜接全库单面复合土工膜水平防渗，PE膜厚0.3mm，膜上黏土层厚0.5m，总面积148.14万m^2	2001年12月

参 考 文 献

[1] 周鑫. 平原水库渗漏成因分析及其防止对策研究 [D]. 扬州：扬州大学，2015.

[2] 王昊，于福春，王兴菊. PE 土工膜与逆止阀连接部位拉伸试验及质量检测 [J]. 水电能源科学，2015 (1)：96-98.

[3] 毛海涛，樊哲超，何华祥，等. 干旱、半干旱区平原水库对坝后盐渍化的影响 [J]. 干旱区研究，2016 (1)：74-79.

[4] 李旺林，刘占磊，孟祥涛，等. 土工膜环向约束气胀变形试验研究 [J]. 岩土工程学报，2016 (6)：1147-1151.

[5] 李旺林，魏晓燕，李志强，等. 平原水库库盘防渗土工膜气胀现场试验研究 [J]. 中国农村水利水电，2014 (10)：129-132.

[6] 袁俊平，曹雪山，和桂玲，等. 平原水库防渗膜下气胀现象产生机制现场试验研究 [J]. 岩土力学，2014 (1)：67-73.

[7] 孟祥涛. 土工膜环向约束球形鼓胀变形试验研究 [D]. 济南：济南大学，2014.

[8] 李子华. 灰土垫层与防渗膜复合地基在湿陷性黄土地区应用研究 [D]. 兰州：兰州大学，2014.

[9] 贺香. 灰土垫层与防渗膜联合处理湿陷性黄土地基 [D]. 兰州：兰州大学，2014.

[10] 文君. 湿陷性黄土场地景观湖防渗设计与施工探讨 [C]//2014 全国工程勘察学术大会. 呼和浩特，2014.

[11] 李慎宽，陶秀玉，徐金波. 垂直铺塑技术在孤河水库围坝截渗工程中的应用 [J]. 人民黄河，1992 (10)：51-53.

[12] 刘一龙. 平原水库土工膜下气体运移规律及其数值模拟研究 [D]. 济南：山东大学，2013.

[13] 程永辉，龚泉，郭鹏杰. 压差放大式逆止阀的研制及工程应用 [J]. 长江科学院院报，2017，34 (6)：149-154.

[14] 程永辉，郭鹏杰，张伟. 逆止阀性能指标及测试方法研究 [J]. 岩土工程学报，2016，38 (增 1)：114-118.

[15] 毛敏飞. 压差放大式逆止阀在南水北调中线工程中的应用 [J]. 甘肃水利水电技术，2014，50 (6)：53-56，65.

[16] 树锦，袁健. 东吉湖库区防渗处理技术初探 [J]. 城市道桥与防洪，2013 (6)：123-125.

[17] 张林明. 大屯水库库盘铺膜施工工艺 [J]. 中国水利，2013 (14)：9-11.

[18] 张国宇. 复合土工膜水平防渗的应用 [J]. 水利水电技术，2013 (10)：85-87.

[19] 高大勇，朱云飞. 南水北调中线干线工程渠道逆止阀的施工工艺和质量控制 [J]. 水电与新能源，2013 (6)：12-13.

[20] 乔剑锋. 平原水库防渗措施 [J]. 长沙铁道学院学报（社会科学版），2012 (2)：213-214.

[21] 付意成，阮本清，许凤冉，等. 永定河流域水生态补偿标准研究 [J]. 水利学报，2012 (6)：740-748.

[22] 杨琼，张敏秋，周志华，等. 永定河绿色生态走廊建设工程中减渗方案的设计与思考 [J]. 北京水务，2011 (2)：1-3.

[23] 刘霞，田汉功，马国庆，等. 大屯水库库盘铺膜关键技术试验研究 [J]. 南水北调与水利科技，2011 (6)：110-114.

[24] 田文旭，毛海涛，王晓菊. 浅析新疆平原水库的渗漏问题 [J]. 甘肃水利水电技术，2010 (2)：14-15.

[25] 毛海涛. 无限深透水地基上土石坝坝基渗流控制计算方法和防渗措施的研究 [D]. 乌鲁木齐：新疆农业大学，2010.
[26] 常江宝. 土工膜水平防渗层施工技术 [J]. 农业科技与信息，2010 (24)：23-24.
[27] 刘志勇. 奥林匹克水上公园工程 HDPE 土工膜防渗技术 [D]. 北京：中国地质大学，2009.
[28] 刘希成. 山东省西城水库防渗设计研究 [D]. 济南：山东大学，2009.
[29] 何建梅，王明刚，邓志高. 浅述湿陷性黄土地区建造人工湖的防渗施工 [J]. 山西建筑，2009 (31)：136-137.
[30] 周建. 平原水库优化设计研究 [D]. 济南：山东农业大学，2007.
[31] 何庆海，周荣星，郑佃祥. 山东省平原水库的现状及对策探讨 [J]. 山东水利，2007 (2)：23-25.
[32] 李广信，金焱，化建新. 北京奥林匹克水上公园的防渗工程 [J]. 岩土工程界，2007 (2)：69-71.
[33] 周建芬，王玉强，何晓锋. 大屯水库区域渗流场的三维动态分析 [J]. 浙江水利水电专科学校学报，2007 (4)：12-15.
[34] 叶林标. 北京"2008"奥林匹克水上公园防渗技术简介 [C]// "2008"奥运工程防水防渗技术研讨会论文集. 北京，2007.
[35] 张力平，陈江山，刘世春. 平原水库坝基防渗土工膜水平铺盖长度的确定 [C]//中国水利学会第三届青年科技论坛，中国四川成都，2007.
[36] 杜晖. 平原水库土工膜防渗技术研究与应用 [D]. 南京：河海大学，2006.
[37] 单既连. 雷泽湖水库防渗技术研究 [D]. 南京：河海大学，2006.
[38] 刘全胜，王剑峰. 土工膜水平铺盖在地基土防渗加固处理中的应用 [J]. 西部探矿工程，2006 (11)：36-38.
[39] 陈卫国，侯英杰. 瀑河水库库区防渗处理设计方案论证 [J]. 水科学与工程技术，2005 (1)：15-17.
[40] 颜承渠. 刍议新疆的平原水库 [J]. 新疆农垦科技，2001 (5)：32-33.
[41] 关志诚. 水工设计手册　第6卷　土石坝 [M]. 2版. 北京：中国水利水电出版社，2014.
[42] 殿武，本洋. 平原水库工程技术研究与实践 [M]. 北京：中国水利水电出版社，2004.
[43] 颜宏亮，于雪峰，侍克斌. 水利工程施工 [M]. 郑州：黄河水利出版社，2009.
[44] 张新蓉. 土工膜用于水库防渗工程的经验研究 [J]. 中国水运：下半月，2012 (4)：155-156.
[45] 毛敏飞. 压差放大式逆止阀在南水北调中线工程中的应用 [J]. 甘肃水利水电技术，2014，50 (6)：53-56.
[46] 程永辉，龚泉，郭鹏杰. 压差放大式逆止阀的研制及工程应用 [J]. 长江科学院院报，2017，34 (6)：149-154.
[47] 朱国胜，吴德绪，张家发，等. 逆止式排水系统对南水北调中线渠道边坡渗流控制效果研究 [J]. 岩土工程学报，2011，33 (增1)：29-33.
[48] 刘宗耀，杨灿文，王正宏. 土工合成材料工程应用手册 [M]. 北京：中国建筑工业出版社，2000.
[49] 顾淦臣. 复合土工膜土石坝的设计和计算 [J]. 水利规划与设计，2000 (4)：49-56.
[50] 顾淦臣. 复合土工膜或土工膜堤坝实例述评 [J]. 水利水电技术，2002，33 (12)：26-32.
[51] 顾淦臣. 土工膜用于水库防渗工程的经验 [J]. 水利水电科技进展，2009，29 (6)：34-38.

第 5 章 抽水蓄能电站水库防渗设计

5.1 概 述

5.1.1 抽水蓄能电站水库膜防渗技术进展

早在 20 世纪 60 年代初期，河南省人民胜利渠、陕西省人民引渭渠、北京市东北旺灌区和山西省几处灌区采用了聚氯乙烯和聚乙烯薄膜作为渠道防渗材料，效果良好，不久推广到水库、水闸和蓄水池等工程。

土工膜已大量应用于水库库盆防渗。甘肃省夹山水库于 1991 年开工，是一座从深切河道引水的旁侧水库，库底为戈壁砂卵石，厚百余米，向三面底谷漏水。库盆铺设了 50 万 m^2 聚乙烯土工膜，浅水部位膜厚 0.2mm，深水部位厚 0.4mm。膜底部铺 30cm 厚黄土类轻壤土作为垫层，上面铺 20cm 轻壤及 30cm 厚砂砾卵石保护。1980 年完工的陕西省西骆峪水库为防止库底漏水，铺了 25 万 m^2 聚乙烯膜，单层膜厚 0.06mm，共 3 层；垫层 10cm 厚的粒径为 1～5mm 的砂砾土，膜上铺设 30～50cm 厚的黏土和砂砾土。在我国北方，有许多平原和丘陵水库，这些水库多建在古河道和洼地上，渗漏情况较严重，它们不仅浪费了大量宝贵的水资源，而且抬高了库区下游灌区的地下水位，增加了土壤的无效蒸发，使盐分聚集表面，造成土壤次生盐碱化，严重危及农业生产，同时也使生态环境进一步恶化，因此，加强这类水库节水技术的研究与推广，具有重要的现实意义，而土工膜全库盆防渗技术已为此提供了具有参考价值的例证。

山东泰安抽水蓄能电站为国内大型水电工程首次采用土工膜进行水库防渗的应用实例，该工程电站装机 1000MW，上水库库底采用 1.5mm 厚 HDPE 土工膜防渗，防渗范围 16 万 m^2（约占上水库库底面积 50%），正常运行防渗水头 11～35m。根据运行 3 年的监测资料，库底防渗区总渗漏量 2～4L/s，并且主要是由库底廊道伸缩缝渗水产生，土工膜防渗区基本无渗漏。该工程在可行性研究阶段进行了防渗方案比较，土工膜防渗较混凝土面板防渗造价节省约 200 元/m^2，较沥青混凝土防渗节约投资更可观，实际施工节省工期约 4～6 个月；此外，土工膜适应地基变形能力强，泰安工程库底填渣最大厚度约 50m；其经济性和防渗效果均较好。泰安抽水蓄能电站上水库工程的建设表明：只要精心设计、精心施工，土工膜防渗技术完全可以成功地应用于高等级永久建筑物。目前国内已完成施工的江苏溧阳和江西洪屏等抽水蓄能电站均借鉴泰安工程经验，在库底采用土工膜铺盖防渗技术。抽水蓄能电站上水库多为需要采取全面防渗处理的中小型水库，防渗水头多在 50m 以内，采用土工膜防渗技术具有显著的经济性。

2017 年 7 月开工建设的以色列 K 抽水蓄能电站，由中国水电国际和通用电气组成的联合体负责施工。上、下水库均采用半挖半填方式筑坝成库，防渗型式为全库盆外露 PVC 复合土工膜。

5.1.2 抽水蓄能电站水库膜防渗特点

5.1.2.1 抽水蓄能电站水库防渗的主要型式

抽水蓄能电站在电网负荷低谷时段利用剩余电力将水从下水库抽到上水库存蓄起来，在负荷高峰时段将水从上水库放下来发电，因此必须具有上、下两个水库。两个水库之间需要足够的高差，水平距离不可太长，以便利用较短的输水道获得较大的水头差。

与常规水电站相比，大部分抽水蓄能电站的库容要小得多，水库的水位变幅及单位时间内的水位变幅均很大，而且防渗要求很高，水量的损失即是电能的损失，由于纯抽水蓄能电站上水库的水一般是由下水库抽上去的，重要性更是显而易见。如果上、下水库都基本无天然径流，而且补水困难，那么上、下水库的防渗就显得更加重要。通常认为上水库库盆渗漏量在总库容的0.2‰～0.5‰范围以下较为经济。

大部分抽水蓄能电站的水库多少总存在一些库盆渗漏问题，需要采取一定的工程措施，相应也就形成了各种防渗方案。从国内外的工程实践来看，除现成的水库外，新建水库的防渗型式不外乎采用垂直防渗型式和表面防渗型式，或者多种防渗型式的组合。

(1) 垂直防渗。在抽水蓄能电站的建设中，垂直防渗是一种较为常用的库盆防渗型式。一般来说，当工程区地质条件相对优良，水库仅存在局部渗漏问题，渗漏问题不太突出，库盆渗漏范围不大，断层及构造带不太发育，且无严重的库岸稳定问题时，尽可能采用垂直防渗方案，以节省工程造价。

(2) 表面防渗。表面防渗适用于库盆地质条件较差，库岸地下水位低于水库正常蓄水位，断层、构造带发育，全库盆存在较严重渗漏问题的水库。防渗型式多种多样，表面防渗型式主要包括混凝土面板、沥青混凝土面板、土工膜和黏土铺盖等，也是抽水蓄能电站上水库应用得较为广泛的防渗型式。

(3) 组合防渗。一些抽水蓄能电站的库盆采取两种或两种以上的防渗型式的组合称为组合防渗。国内外采用组合防渗的工程实例有很多，组合防渗方案主要有：库岸混凝土面板＋帷幕防渗体系；库岸混凝土面板＋库底土工膜防渗体系；库岸混凝土面板＋库底黏土铺盖防渗体系等型式。

5.1.2.2 抽水蓄能电站水库膜防渗特点

国内外抽水蓄能电站使用土工膜防渗的有：日本今市（Imaichi）抽水蓄能电站上水库、日本冲绳海水蓄能电站上水库、中国泰安抽水蓄能电站、溧阳及洪屏抽水蓄能电站上水库库底等。已经开工的句容抽水蓄能电站上水库库底也采用土工膜防渗。

土工膜防渗的特点主要如下。

(1) 适应变形能力强。当防渗结构基础为土基、变形较大的堆石或填渣时，其基础变形较大，采用刚性防渗结构（如混凝土面板、沥青混凝土面板等）很难适应大的变形，可能会产生裂缝，破坏防渗结构。而土工膜具有很好的拉伸性能，对于下支持层的技术要求相对较低，能很好地适应基础变形。

(2) 防渗性能好。水工防渗土工膜渗透系数一般为10^{-12}cm/s，1mm的土工膜可以起到几百米厚的普通混凝土面板的防渗效果。只要保证土工膜不破损，且与周边结构的连接以及自身的焊接质量可靠，其防渗效果是很好的。

(3) 节省工程投资。抽水蓄能电站上水库常常是流域面积小、无天然径流补给，水量从下库抽取，上水库的大量渗漏不仅是发电效益的损失，还危及地下建筑物安全，防渗处理尤其重要，处理措施往往占土建工程投资很大的比例。土工膜防渗层单位面积造价低，为混凝土防渗层的 1/2.5～1/3，其经济性显著。

（4）工期短。土工膜防渗层具有施工设备投入少、施工速度快的优点，泰安工程 16 万 m^2 的土工膜防渗层施工工期约 3 个月，而同样面积的混凝土面板施工工期约 6～8 个月。

5.1.3　相关规范

（1）《抽水蓄能电站设计规范》（NB/T 10072—2018）。

（2）《碾压式土石坝设计规范》（DL/T 5395—2007）。

（3）《碾压式土石坝施工规范》（DL/T 5129—2013）。

（4）《水电工程土工膜防渗技术规范》（NB/T 35027—2014）。

（5）《混凝土面板堆石坝设计规范》（DL/T 5016—2011）。

（6）《土工合成材料　聚氯乙烯土工膜》（GB/T 17688—2008）。

（7）《土工合成材料　聚乙烯土工膜》（GB/T 17643—2011）。

（8）《土工合成材料应用技术规范》（GB/T 50290—2014）。

（9）《土工合成材料　非织造复合土工膜》（GB/T 17642—2008）。

5.2　抽水蓄能电站库、坝设计

5.2.1　膜防渗库、坝结构型式

我国抽水蓄能电站工程综合防渗常采用库周混凝土面板＋库底土工膜防渗型式，通过土工膜与连接板或廊道混凝土锚固形成全库盆防渗结构。

当前，抽水蓄能电站上水库库盆设计一般采取组合防渗方案：即上水库岸坡采用坡比为 1∶1.4～1∶1.5 的混凝土面板防渗，库岸面板下游端与混凝土面板堆石坝防渗面板相接，混凝土面板厚度为 0.3～0.4m；库底回填石渣区采用复合土工膜水平防渗，土工膜与大坝面板及库岸面板相接，形成完整的库盆防渗型式。

国外抽水蓄能站上、下水库也有采用全库盆土工膜表面防渗的。为保持斜坡稳定性及防止大风吹覆，常在坡面设置一定间距的锚固槽或条带压覆。

5.2.2　坝下部填渣库盆膜防渗结构布置

1. 库盆土工膜

库盆土工膜防渗结构主要包括下支持层、土工膜防渗层、上保护层、排水排气系统等结构。

（1）下支持层的作用：①起支垫的作用，以均化土工膜支撑反力，改善土工膜受力状态；②避免或减轻局部尖锐结构顶刺土工膜；③起反滤和限制渗透的作用。

（2）土工膜防渗层的主要作用是防渗，其均匀性及防渗性能是选择土工膜的重要因素。

（3）上保护层的作用是保护土工膜表面避免紫外线照射、高温低温破坏、生物破坏和机械损伤等。

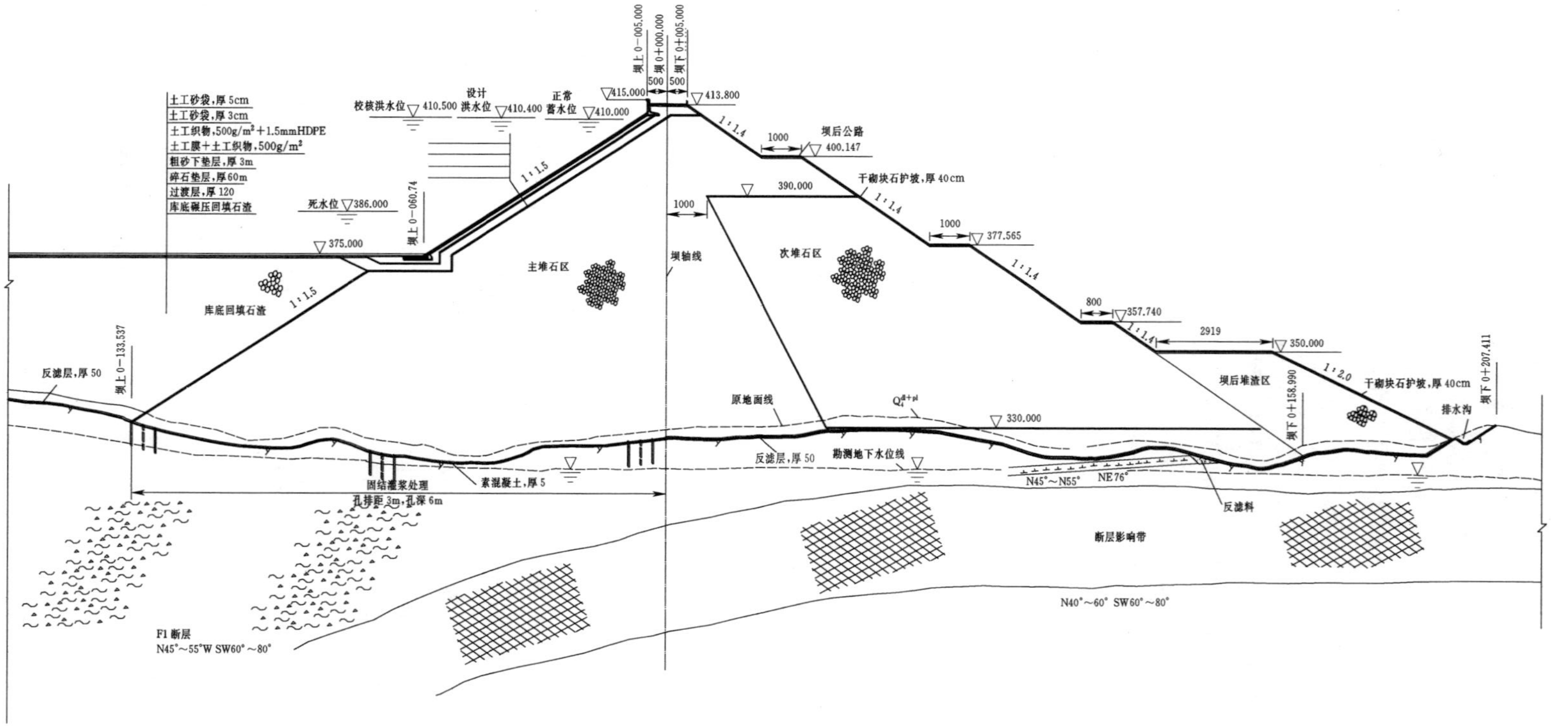

图 5.2-1 抽水蓄能电站上水库大坝及库底土工膜防渗典型结构布置图（尺寸单位：cm；高程单位：m）

(4) 排水排气系统的作用是避免在运行中，土工膜铺盖由于可能的反向空气和水压力的作用而受损。

2. 库底土工膜

通过多年抽水蓄能电站施工图阶段多次优化，库底土工膜防渗结构布置典型方案为(自上而下)：①250g/m^2 涤纶针刺无纺土工布袋包裹 30kg 砂料压覆；②400～500g/m^2 的涤纶针刺无纺土工织物；③1.0～1.5mm 厚的 HDPE 土工膜防渗层；④400～500g/m^2 涤纶针刺无纺土工织物；⑤6mm 厚土工席垫；⑥60cm 厚下支持垫层（上部 5～20cm 厚粒径小于 2cm，下部 40～55cm 厚粒径小于 4cm)；⑦120cm 厚下支持过渡层；⑧80cm 分层碾压厚的库底填渣区。具体见图 5.2-1 与图 5.2-2。

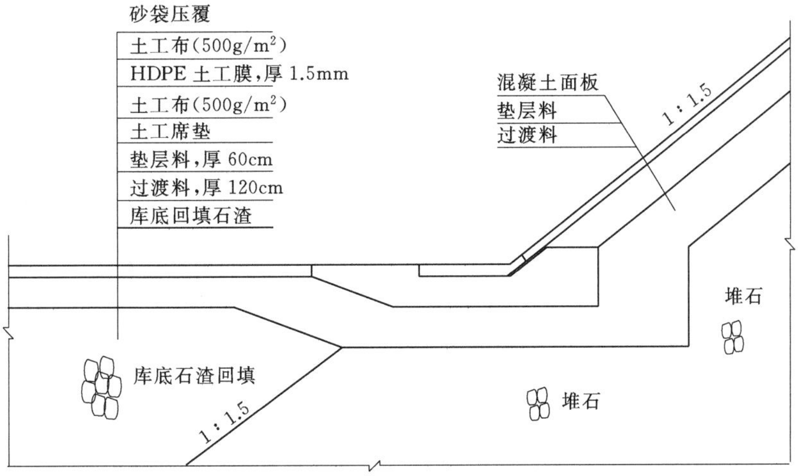

图 5.2-2　抽水蓄能电站上水库库底土工膜防渗典型结构细部图

5.3 防渗层设计

5.3.1 防渗膜选择

5.3.1.1 防渗膜材质选择

我国用于防渗工程的土工膜材料主要是 PE 土工膜和 PVC 土工膜两种。从力学特性上分析，PE 土工膜和 PVC 土工膜的拉伸强度相差不大，在只用于防渗而不作为加筋材料使用情况下，拉伸强度不是选材的重要指标。PVC 土工膜因添加有增塑剂，柔性较好，铺设施工便利，对复杂形状适应性强。与砂粒接触时可使砂粒嵌入得更深一些而不破裂，从而增加二者之间的摩擦系数，对在斜坡上铺设的土工膜稳定有利。PE 土工膜较硬，较厚的 PE 膜皱折很困难。

从 PVC、PE、EPDM 土工膜使用多年后的物理性质变化试验资料中可以看出，只要采取适当的工程措施（覆盖或水下)，或在制造过程中加炭黑或其他抗老化剂，可增强抵抗紫外线的能力，聚合物土工膜都具有较长的使用寿命。PVC 土工膜的耐久性，取决于其增塑剂的稳定性和防渗结构层的设置。PVC 土工膜对某些溶剂敏感，可采用溶剂进行粘接。PE土工膜的化学阻抗性高，对溶剂不敏感，一般不能采用溶剂进行粘接；焊接是较可靠的连接型式。

PVC土工膜出厂时的幅宽一般为1.5～2.0m，PE土工膜幅宽可达5.0～8.0m。相应PE土工膜的接缝数量就比PVC膜的要少，因而搭接的用量少，现场接缝的工作量少。

土工膜选择的关键取决于能否满足工程要求。良好的均匀性和防渗性能是选择土工膜的首要因素，具体考虑以下几方面。

(1) 目前我国修建的抽水蓄能电站装机规模一般都在百万千瓦以上，工程规模大，用于库底防渗时，水库放空检修不方便，要求防渗体安全可靠。

(2) 为使上水库施工达到较好的土石平衡，减少工程造价，一些抽水蓄能电站水库库盆采用挖填结合的方式（如国内的泰安、溧阳抽水蓄能电站），土工膜垫层下部为厚度不均匀的填渣或者是整个挖填区域，产生不均匀沉陷的可能性大，要求所选土工膜具有较好的延展性和较好的抗拉强度。

(3) 上水库土工膜防渗层上作用水头大（正常蓄水位下泰安抽水蓄能电站为35m；日本今市抽水蓄能电站超过40m；日本冲绳海水蓄能电站工作水深为20m），且属反复加载，水头变动速率较大，要求所选土工膜具有较好的抗拉强度和抗疲劳强度。

(4) 用于库底防渗的土工膜，正常情况下有一定保护水深，与常用的渠道、江堤防渗土工膜工作条件有区别。

(5) 当土工膜与其他防渗形式联合使用，需要与周边混凝土结构相连接时，材料的抗拉性能尤其重要。

5.3.1.2 防渗膜厚度拟定

以往一般仅以液胀公式计算土工膜厚度，计算厚度大多为0.1～0.2mm，明显不满足工程施工荷载和抗老化等问题的要求。所以膜厚的拟定必须考虑工程实际因素。美国、日本、欧洲工程土石坝防渗选用的土工膜一般在1mm以上，最厚可达5mm，2～4mm较为多见。国内《水电工程土工膜防渗技术规范》(NB/T 35027—2014) 规定：3级及以上防渗结构土工膜厚度应不小于0.5mm。

根据实践经验，铺在粗砂细砾土层上面的土工膜，其厚度按不同水头而定。低于25m水头，膜厚0.4mm；25～50m水头，膜厚0.8～1.0mm；50～75m水头，膜厚1.2～1.5mm；75～100m水头，膜厚1.8～2.0mm。

《水电工程土工膜防渗技术规范》(NB/T 35027—2014) 规定：土工膜厚度应根据作用水头、下垫层最大粒径、膜的应力和变形几何特征按本规范附录A的有关规定估算理论计算厚度，但计算仅考虑防渗膜的液胀变形，未涉及土工膜随结构物位移产生的拉伸变形与施工操作受力等因素，所以，计算结果需根据具体工程条件，按下式估算土工膜厚度。

$$H = K \cdot t \tag{5.3-1}$$

式中：H为土工膜设计厚度，mm；t为土工膜理论计算厚度，mm；K为土工膜膜厚安全系数，1级防渗结构取8～12；2级防渗结构6～10；3级防渗结构4～8；4级防渗结构3～6。

一般土工膜厚度增加所引起的投资增加相对整个土工膜防渗层投资是很小的（在泰安

工程中土工膜厚度增加 1 倍，土工膜的投资仅增加 15%～20%，而土工膜的投资占土工膜防渗层整个投资中的 20%～40%）。因此，在其他条件允许的情况下，采用较厚的土工膜，有利于提高防渗效果和耐久性，且不改变其特有的经济优选性。

5.3.1.3 膜布组合形式选择

土工膜直接铺设在垫层料上，在水压力作用下容易被碎石刺破，因此一般在土工膜与垫层料之间增加一层土工织物。土工织物既可以在土工膜敷设过程中起到底部防护作用，又可以在水库运行期，利用土工织物的水力阻力，当土工膜存在小破损时可以限制渗流。目前土工膜与土工织物有膜布分离和复合土工膜两种组合形式。

复合土工膜能够利用复合的土工织物保护土工膜，防止土工膜被接触的碎石刺破，也可以防止运输时损坏，而且土工织物既可起排水层的作用，以排除膜背后的渗漏水或孔隙水，防止膜被水压抬起而失稳；又可以利用土工织物的水力阻力，在土工膜发生小破损时限制渗水，减少下支持层渗透破坏可能和减少渗漏量，并且复合土工膜现场敷设施工工序相对简单。

复合土工膜防渗方案中，仍旧存在不复合区域（焊接条带区域），所以在土工膜防渗方案中，土工膜本身的性能最重要，设计方案应在考虑材料生产质量和现场施工质量的前提下合理确定。

当土工膜是用于库底的水平防渗时，对土工膜和土工织物复合与否要求不如斜面防渗高，就抗拉强度而言，单一土工膜和复合土工膜均可满足工程要求。膜布分离的布置方式可以克服目前厚膜和厚布在复合生产工艺过程中存在的还难以解决的一些生产制造缺陷，从而保证最关键的土工膜的生产和施工质量。膜下分离设置的土工织物既可以在土工膜敷设过程中起到底部防护作用，又可以在水库运行期，利用土工织物的水力阻力，在土工膜存在小破损时可以限制渗流。

5.3.2 防渗膜性能指标

土工膜具有很好的不透水性，很好的弹性和适应变形的能力，能承受不同的施工条件和工作应力，有良好的耐老化能力，处于水下、土中的土工膜的耐久性尤为突出。

防渗工程中土工膜性能包括其本身的特性和与其周边结构物相互作用的特性。

土工膜本身的特性检测包括以下主要项目：①物理性能：单位面积质量、厚度、密度；②力学性能：拉伸强度、断裂伸长率、撕裂强度、胀破强度、顶破强度、刺破强度；③水力学性能：渗透系数、抗渗强度；④耐久性：抗老化性、抗化学腐蚀性。

土工膜与其周边结构物相互作用的特性检测主要包括摩擦强度、耐水压力。

土工膜与其周边结构物相互作用的特性检测宜模拟工程实际条件进行，并应分析工程实际条件对其测定值的影响。

在《土工合成材料　聚乙烯土工膜》（GB/T 17643—2008）中将聚乙烯土工膜分为四类，即低密度聚乙烯土工膜（GL－1）、环保用线形低密度聚乙烯土工膜（GL－2）、普通高密度聚乙烯土工膜（GH－1）和环保用高密度聚乙烯土工膜（GH－2），其物理力学性能要求见附录 B.1 节。

在《土工合成材料　聚氯乙烯土工膜》（GB/T 17688—2008）将聚氯乙烯土工膜分为单层聚氯乙烯土工膜、双层聚氯乙烯复合土工膜和夹网聚氯乙烯聚氯乙烯土工膜，其物理力学性能要求见附录B.2。

复合土工膜的规格较多，性能指标也差异很大，应根据选用的复合土工膜的结构，材料的种类、规格等具体情况，选用合适的性能指标要求。《土工合成材料 非织造复合土工膜》(GB/T 17642—2008) 中对有关材料提出了参考的技术指标要求。

泰安抽水蓄能电站在对国内外土工膜防渗应用实践大量考察和土工膜选材试验后，最终采用了1.5mm厚的HDPE光面膜；日本今市抽水蓄能电站通过对塑料、合成橡胶或沥青等进行的分析比较后采用了拉伸性能好、接缝强度高且比较经济的PVC土工膜，厚度0.85mm。日本冲绳海水蓄能电站主要考虑海水中的盐分浸透对防渗体防渗性能的影响，另外考虑当地气候为亚热带气候，温差大，台风天气较频繁等因素；在土工膜的选择中分别对PVC膜和EPDM膜进行了比较，经暴露试验及耐久性能、抗海水腐蚀性能、海生生物附着性能、耐热性能测试，并经水压反复、伸缩反复试验等检测，EPDM膜的耐热性能和粘贴性能优于PVC膜，因此选择具有较柔软和较强耐久性的EPDM (Ethylene Propylene Dien Monomer，乙烯-丙烯-二烯三聚物) 作为上水库防渗层的防渗材料，膜厚2mm。

5.4 下支持层设计

5.4.1 设计原则

下支持层根据基础条件和当地建筑材料条件的不同，不同工程的设计差异较大，设计中应遵循以下原则。

(1) 作为土工膜的下支持层，要求具有合适的粒径和级配，限制其最大粒径，避免在高水压下土工膜被顶破。

(2) 土质地基、砂砾石土地基作为下支持层，应符合下列要求：①天然透水地基（砂砾石土层），清除表层大颗粒，经平整后可直接作为垫层，在其上铺设土工膜防渗层；②天然土质地基，应先在整平的基础上铺20～40cm厚透水料垫层，再铺设土工膜防渗层；③1级、2级防渗结构，应在土工膜下加铺一层非织造型土工织物，以加强防刺保护。

(3) 在库底碾压填渣和土工膜之间的填筑体，填筑料粒径应逐渐过渡，满足层间反滤关系，以保证渗透稳定。库底自下至上按填渣、过渡层、垫层三层划分，与混凝土面板堆石坝的分区基本类同。库底填渣上可取过渡层厚80～240cm，垫层厚30～80cm。

(4) 为保证土工膜下的排水通畅，需复核垫层、过渡层的排水能力。

(5) 在满足排水能力的前提下，可以设计下垫层为半透水垫层，以使其对土工膜裂缝具有自愈功能（类似于面板堆石坝的半透水垫层）。当采用复合土工膜或膜下铺设一层分离的土工织物（500g/m^2，渗透系数$1.0\times10^{-1}\sim1.0\times10^{-2}$cm/s)，土工织物对土工膜起到保护和限制渗流量及抑制裂缝扩展的作用，可以认为，膜下土工织物起到半透水垫层的作用。

(6) 1级、2级防渗结构应在土工膜下加铺一层非织造型土工织物，以加强防刺保护。

(7) 混凝土基础上设置土工膜防渗层，可不设下支持层，但应对凸起、凹坑等部位进行修平处理，修圆半径不小于50cm。根据防渗级别和处理效果可增设一层非织造型土工织物支垫。

(8) 岩石基础（库岸开挖边坡、库底基础）上的防渗层，宜设置排水垫层。

5.4.2 一些已建工程下支持层设计

土工膜下支持层设计方案较典型的工程主要有以下几种。

1. 日本今市抽水蓄能电站

（1）彻底挖除承载力低的地基土，基础要压实整平。

（2）清除基础表面大于 10mm 的砾石，以防止膜被刺破。

（3）去除垫层内的植物，防止其腐烂后产生气体，对土工膜产生顶托。

（4）为防止垫层破坏土工膜，在土工膜铺设前，先铺一层 $800g/m^2$ 无纺土工布。

2. 日本冲绳海水蓄能电站

日本冲绳海水抽水蓄能电站上水库，工作水深 20m。2mm 厚度的 EPDM 土工膜下 50cm 厚垫层采用透水性较强的砾石层，并在其中埋入塑料管，一方面作用是排放蓄水过程中防渗层下的气体，还可以避免土工膜背面受地下水的水压力；另一方面是在防渗层破坏的情况下，渗漏海水可以通过塑料管快速进入监测廊道，不至于渗入地下对周边环境造成影响。在监测廊道中设置 1 台抽水泵，将渗入廊道的地下水泵入上水库。

3. 泰安抽水蓄能电站

库底填渣区以上自上而下依次为：$500g/m^2$ 涤纶针刺无纺土工织物、6mm 厚土工席垫、60cm 厚下支持垫层、120cm 厚下支持过渡层。

（1）垫层和过渡层级配。库底填渣主要为库盆开挖的强风化混合料，最大粒径 80cm，碾压层厚 80cm，碾压后设计干密度 $20kN/m^3$，最大孔隙率 23%。根据现场试验实测成果，实测渗透系数为 $1.7\times10^{-2}\sim7.4\times10^{-3}cm/s$。

1）过渡层级配。过渡层铺筑与库底填渣，根据库盆内料源的特征，采用弱风化爆破料，渗透系数要求满足 $8\times10^{-2}\sim8\times10^{-3}cm/s$，与库底填渣区渗透系数处于同一级别，满足反滤要求。实际填筑后检测为 $(4\sim2)\times10^{-2}cm/s$。

2）垫层级配。垫层级配设计，要求与过渡料之间满足：$D_{15}/d_{85}\leqslant5$，$D_{15}/d_{15}\geqslant5$。垫层最大粒径小于 4cm，采用 0～2cm 砂、2～4cm 碎石掺配而成，渗透系数 $5\times10^{-3}\sim5\times10^{-2}cm/s$。

（2）垫层和过渡层的渗透性。设计土工膜下垫层渗透系数不小于 $5\times10^{-3}cm/s$，过渡层渗透系数不小于 $8\times10^{-3}cm/s$。

（3）垫层和过渡层厚度。垫层料厚度 60cm、过渡层厚度 120cm。

（4）填筑要求。参照大坝垫层料、过渡料填筑要求，确定土工膜下的垫层料、过渡料填筑要求，最终通过现场碾压试验调整和确定设计和施工参数。垫层料分 2 层碾压，层厚 30cm，设计孔隙率不大于 18%，设计干密度不小于 $22kN/m^3$；后由于现场掺配的垫层料存在大于 4cm 的情况（约占 10%～20%），改将垫层调整为上层 20cm、按 $d_{max}<2cm$，下层 40cm、按 $d_{max}<4cm$（实际为 $d_{max}<6cm$）。过渡层分 3 层碾压，层厚 40cm，设计孔隙率不大于 19%，设计干密度不小于 $21kN/m^3$。采用 18t 振动碾碾压 6～8 遍。垫层料应采用天然砂 0～2cm、碎石 2～4cm 掺配，级配良好。过渡料宜采用洞挖新鲜石料（施工合同文件的要求），级配良好，满足反滤要求。

4. 溧阳抽水蓄能电站

库底填渣区以上由上至下依次为：$500g/m^2$ 土工布、三维复合排水网（$1300g/m^2$）、

5cm厚砂层、0.4m厚碎石下垫层、1.3m厚过渡层。

5. 甘肃省夹山子水库防渗工程

甘肃省夹山子水库于1991年开工，是一座从深切河道引水的旁侧水库，库底为戈壁砂卵石，厚百余米，向三面底谷漏水。库盆铺设了50万m^2聚乙烯土工膜，浅水部位膜厚0.2mm，深水部位膜厚0.4mm。膜底部铺30cm厚黄土类轻壤土作为垫层，上面铺20cm厚该类土及30cm厚砂砾卵石保护。

6. 陕西省西骆峪水库防渗工程

陕西省西骆峪水库为防止库底漏水，铺了25万m^2聚乙烯膜，单层膜厚0.06mm（农用膜），共3层。垫层10cm厚的粒径为1～5mm的砂砾土，膜上铺设30～50cm厚的黏土和砂砾土，1980年完工。

5.5 上保护层设计

为使土工膜表面避免紫外线照射、高低温影响、生物破坏和机械损伤等，一般在土工膜上设置上部保护层。

保护层的结构和材料等应按工程类别、重要程度、使用条件及材料来源情况确定。一般保护层有压实黏土、砂砾石、预制或现浇混凝土板、浆砌块石或干砌块石。在预制或现浇混凝土板、浆砌块石或干砌块石与土工膜之间应设垫层，垫层可用砂浆、泡沫塑料片材或针刺土工织物等。

聚乙烯（PE）土工膜防渗工程技术规范规定：对于必须裸露、不能加盖岩土保护层的永久性防渗工程，应对PE土工膜采用深水保护并进行专项论证。

基于目前的工程经验，重叠防护层有害而无益，反而会增加衬层的损害，加之土工膜上部保护层施工较为麻烦，施工过程中的施工机械往往容易损伤下卧土工膜。根据泰安抽水蓄能电站外商咨询方国外咨询商提供的资料，大多数的破损孔都是在有泥土层覆盖的地方出现（统计占73%），而不是平常认为的在接缝处，这说明是在施工泥土层覆盖的机械施工损伤所致。若土工膜存在渗漏点，则寻找及维修非常困难，这对水库运行非常不利。

抽水蓄能电站水库库底土工膜防渗层上部可不设粗砂及填渣类保护层，而仅用土工织物覆盖，辅以沙袋作压重，这在国外工程中已有较多先例，如日本冲绳海水抽水蓄能电站上水库土工膜防渗。国内的泰安工程上保护层为土工膜上覆盖一层500g/m^2的涤纶针刺无纺土工织物，然后采用250g/m^2涤纶针刺无纺土工布袋包裹30kg砂料压覆；洪屏抽水蓄能工程土工膜上层也是采用400g/m^2土工布包裹加沙袋压覆。

国外的抽水蓄能电站如以色列K抽水蓄能电站等，上、下水库采用裸露的土工膜防渗，不设上保护层。

5.6 排水设计

考虑到在运行中，土工膜铺盖由于可能的反向空气和水压力的作用而受损。为此，我国SL/T 225—98规范中提出必要时在铺盖中设逆止阀或上覆压重，以及在铺盖周边设盲沟等措施。以下以我国已建上水库库盆防渗土工膜下设排气排水设施为依据阐述其布置设计。

(1) 设置库底排水观测廊道。在库底土工膜铺盖的周边（开挖区）设置一排水观测廊道，采用排水管将廊道与库底垫层料连通，水库渗水通过库底垫层料和排水管排入库底排水观测廊道中。同时，通过库底排水观测廊道，观测水库运行期间库底的渗压情况，及时了解防渗结构的工作性状，对水库运行安全起到积极作用。

溧阳抽水蓄能工程库周底部布置了一圈排水观测廊道，以便排走渗漏水和检测渗漏情况。在南、北两岸设出口，出口处设集水井，集水井处设泵站，用泵将渗漏水抽回库内。排水观测廊道为城门洞型，断面尺寸为 2.0m×2.5m（宽×高），为槽挖后混凝土现浇而成。在每一个排水区都有排水管通至排水廊道。

排水观测廊道还起到连接板的作用，通过廊道的连接，使库底土工膜防渗体和库岸钢筋混凝土面板形成统一的防渗体系。同时，通过库底排水观测廊道，可以观测上水库运行期间库岸及部分库底的渗压情况。

(2) 设置排水盲沟（管）网。为了更好地排出土工膜下渗漏水及气体，可在土工膜下卧过渡层顶面设置土工排水盲沟（管）网，并与库底周边排水观测廊道沟通。

泰安抽水蓄能工程为了更好地排出土工膜下渗漏水及气体，在 16.1 万 m^2 的土工膜下卧过渡层顶面高程 373.60m 设置 30m×30m 外包土工布的 ϕ150mm 土工排水盲沟网，并与库底周边观测廊道、右岸排水观测洞的排水孔连通，排出渗水和气体。

溧阳抽水蓄能工程库底开挖区，采取库底开挖区和回填区边界相同的分隔措施，在垂直库底排水观测廊道的方向按合适宽度将开挖区的排水再次分成 8 个排水小区。在每一排水区的过渡层底部，垂直排水观测廊道的方向铺设排水主管（ϕ200mm），再在垂直主管方向铺设排水支管（ϕ100mm），主、支管间距 15m。排水主管汇集开挖区的渗漏，直接排入渗水廊道。

(3) 适当优化库底平台开挖体形。库底开挖时可在一定范围内缓坡（5%左右）倾向四周的排水观测廊道或者其他有排水通道的地方，通过地形高差形成一定的渗透压力。

以上三种形式可根据结合具体的工程，择其一或其二，或者全部采用。

5.7　防渗膜施工工艺与技术要求

5.7.1　材料验收储存和运输

为避免重复，本节内容可参见本篇第 13 章。

5.7.2　防渗层铺设、拼接工艺与技术要求

本节以泰安抽水蓄能电站上水库库盘防渗土工膜施工工艺为例进行阐述。

泰安工程通过现场大量的比较试验研究，取得了较理想的针对 1.5mm 厚 HDPE 土工膜的焊接、修补、检测的施工工艺和方法。土工膜幅宽 5.1m，膜幅之间采用双焊缝连接，采用 LEISTER Comet 电热楔式自动焊机，并配套采用 Triac - drive 手持式半自动爬行热合熔焊接机、MUNSCH 手持挤出式焊机对直焊缝和 T 形接头部位进行焊接施工和缺陷修补，并用真空检测法和充气检测法对土工膜焊接质量进行检测。简要介绍如下。

1. 施工条件

（1）气候及施工现场环境要求。土工膜铺设及焊接应在现场环境温度5℃以上、35℃以下、风力3级以下，并在无雨、无雪的气候条件下进行。施工现场环境应能保证土工膜表面的清洁干燥并采取相应的防风、防尘措施，以防土工膜被阵风掀起或沙尘污染。若现场风力偶尔大于3级时，应采取挡风措施防止焊接温度波动，并加强对土工膜的防护和压覆。

（2）对现场人员的要求及规章制度。参加土工膜铺设、焊接、检查、验收的技术人员和操作工人应接受专项培训，直接操作人员须经考核合格后方可进行现场施工。进入施工现场的所有人员严禁抽烟，也不得将火种带入现场；所有人员进入土工膜施工现场时，必须穿软底鞋或棉袜。

已完成铺设的土工膜需要及时采用土工布沙袋压重，以防止阵风吹翻而损伤土工膜。土工膜铺设后应及时采取施工期临时覆盖措施，防止太阳紫外线照射损伤。

（3）对下支持层的要求。土工席垫铺设施工前，应首先检查土工膜下支持层仓面，对超径块石及可能对土工膜产生顶破作用的其他杂物进行全面清理。然后由施工、监理、设计对垫层仓面的施工质量进行全面验收，确保无超径块石及可疑杂物，并全面检查铺设表面是否坚实、平整。焊接时基底面的表面应尽量干燥，含水率宜在15%以下。

（4）土工膜质量检查。土工膜铺设前，对采购并运抵工地的土工膜应根据设计规定的指标要求进行抽样检查，经检验质量不合格或不符合设计要求的同批次土工膜，不得投入使用。运至施工现场的土工膜应在当日用完。

2. 土工膜摊铺

同向平行布置的卷幅长度要求错开一个幅宽，以避免形成“十”字形焊缝，从而减少焊接难度，提高焊缝质量保证率。摊铺时应检查土工膜的外观质量，用醒目的记号笔标记已发现的机械损伤和生产创伤、孔洞、折损等缺陷的位置，并做记录。土工膜铺设要尽量平顺、舒缓，不得绷拉过紧，并按产品说明书要求，预留出温度变化引起的伸缩变形量。摊铺完成后，对正搭齐，相邻两幅土工膜搭接100mm，根据设计图纸要求裁剪土工膜，并在土工膜的边角处或接缝处每隔1.4～2.8m放置1个30kg的砂袋作为临时压重。

3. 土工膜焊接及检测

（1）焊接准备。土工膜的焊接设备采用LEISTER Comet电热楔式自动焊机，并配套采用Triac-Drive手持式半自动爬行热合熔焊接机、MUNSCH手持挤出式焊机进行施工，应保证焊接机能对所有焊缝进行施工，包括T型接头部位。

每次焊接作业前，均应进行试焊以重新确定焊接工艺状态，试焊长度不小于1m。试焊完成后，进行现场撕拉测试，母材先于焊缝被撕裂方可认为合格，试焊结果经监理工程师认可后方可正式开始焊接。

土工膜摊铺完成后，整平土工膜和下支持层的接触面，以利于焊接机的爬行焊接施工。两土工膜焊接边应有100mm搭接，在焊接前的焊缝表面应用干纱布擦干擦净，做到无水、无尘、无垢等杂物，在施工焊接过程中或施工间隔过程中均须进行防护。

（2）焊接施工。焊机沿搭接缝面自动爬行，电热楔将搭接的上层膜和下层膜加热熔化，滚筒随即进行挤压，将搭接的两片膜熔接成一体，双焊缝总宽为5cm，单焊痕宽

1.4cm。焊接过程原理和焊缝断面见图 5.7－1。

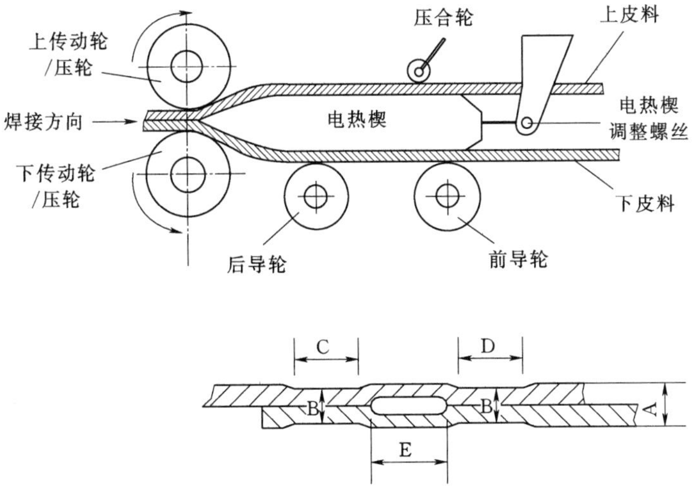

图 5.7－1　电热楔式自动焊机工作原理图

A—焊接前膜材总厚度；B—焊接后焊道上膜材总厚度；C—焊道 1 断面；D—焊道 2 断面；E—打压测试缝

每次开机焊接前，当现场实际施工温度与焊前试焊环境温度差别大于±5℃、风速变化超过 3m/s、空气湿度变化大时，应补做焊接试验及现场拉伸试验，重新确定焊接施工工艺参数。焊接过程中，应随时根据施工现场的气温、风速等施工条件调整焊接参数。

每个焊接小组 3 人，其中机手 2 人、辅助人员 1 人，焊接工作时 3 人沿焊缝成一条直线，第一个人拿干净纱布擦膜、调整搭接宽度、清除障碍；第二个人控制焊接，并根据外侧焊缝距膜边缘不少于 30mm 的要求随时调整焊机走向；第三个人牵引电缆线，对焊缝质量进行目测检查，对有怀疑的焊缝用颜色鲜明的记号笔作出标志，刚焊接完的焊缝不能进行撕裂检查。

已焊接完成尚未进行覆盖处理的土工膜范围四周应设立警示标志，严禁车辆和施工人员入内。

4. 土工膜焊缝检测

检测工作开始前，应制订检测规划，要求对所有的焊缝和铺设区域划分编号，并建立不同标记号与存在缺陷问题的对应关系，以便现场检查时一目了然。

现场施工过程中使用目测、真空检测仪、充气检测仪检测所有现场的焊缝，焊缝检测均应在焊缝完全冷却以后方可进行，具体详见 5.7.3 节内容。

(1) 目测检测。在现场检查过程中，先采用目测法检查土工膜焊接接缝。目测法分看、摸、撕三道工序。①看：先看有无熔点和明显漏焊之处，焊痕是否清晰、是否有明显的挤压痕迹、接缝是否烫损、有无褶皱、拼接是否均匀；②摸：用手摸有无漏焊之处；③撕：用力撕来检查焊缝焊接是否充分。

土工膜防渗层的所有 T 形接头、转折接头、破损和缺陷点修补、目测法有疑问处、漏焊和虚焊部位修补后以及长直焊缝的抽检均需用真空检测法检查质量。长直焊缝的常规抽检率为每 100m 抽检 2 段目测质量不佳处，每段长 1m。若均不合格，则该段长直焊缝需进行充气法检测。

（2）真空检测。真空检测程序为：将肥皂液沾湿需测试的土工膜范围内的焊缝，将真空罩放置在潮湿区，并确认真空罩周边已被压严，启动真空泵，调节真空压力大于或等于0.05MPa，保持30s后，由检查窗检查焊缝边缘的肥皂泡情况。所有出现肥皂泡的区域应做上明显标记并做好检测记录，根据缺陷修复要求进行处理。

（3）充气检测。充气检测为有损检测，主要检测目测法和真空检测法难以找到的焊缝缺陷部位，检验人员又对这些焊缝存在较大疑虑的情况下采用。正常焊缝检测应严格控制使用充气检测，尽量少用或不用充气检测，需充气检测的部位必须经多方讨论同意和监理批准才能实施。

充气检测应遵循的程序为：测试缝的长度约50m，测试前应封住测试缝的两端，将气针插入热融焊接后产生的双缝中间，将气泵加压至0.15～0.2MPa，关闭进气阀门，5min后检查压力下降情况，若压力下降值小于0.02MPa，则表明此段焊缝为合格焊缝；若压力下降值大于或等于0.02MPa，则表明此段焊缝为不合格焊缝，应根据缺陷及修复要求进行处理。检测完毕后，应立即对检测时所做的充气打压孔进行挤压焊接法封堵，并用真空检测法检测。

5. 土工膜缺陷修复

（1）缺陷的确认和修复设备。目测检查和撕裂检查发现的可疑缺陷位置均应用真空检测或充气检测方法进行试验，试验结果不合格的区域应做上标记并进行修复，修复所用材料性能应与铺设的土工膜相同。

对于经现场无损检测试验确认的土工膜焊缝或土工膜未焊区域存在的缺陷，采用MUNSCH手持挤出式塑料焊枪以及Triac-Drive手持式半自动爬行热合熔焊接机进行缺陷修补。用于修补作业的设备、材料及修补方案应由监理工程师确认，任何缺陷的修补均需监理现场旁站。

（2）表面缺陷修补工艺。土工膜表面的凹坑深度小于土工膜设计厚度的1/3，则将凹坑部位打毛后用挤出式塑料焊枪挤出HDPE焊料修补，修补直径为30～50mm。

土工膜表面的凹坑深度大于等于土工膜设计厚度的1/3，则按孔洞修补工艺执行。

（3）孔洞修补工艺。将破损部位的土工膜用角磨机适度打毛，打磨范围稍大于用于修补的HDPE土工膜，并把表面清理干净、保持干燥。将修补用的HDPE土工膜黏结面用角磨机打毛并清理干净。

用手持式半自动爬行热合熔焊接机将上下层土工膜热熔黏结。冷却1～2min后，用手持挤出式塑料焊枪沿黏结面周边用焊料挤出黏结固定，焊料要均匀连续，焊缝宽度不少于20mm。

（4）焊缝虚焊漏焊修补工艺。当虚焊漏焊长度不大于50mm时，则将漏焊部位前后100mm长范围的上层双焊缝搭接边裁剪至焊缝黏结处；将焊料黏结范围用角磨机打毛并清理干净，用手持挤出式塑料焊枪修补，焊缝宽度不少于20mm。焊缝虚焊漏焊修补成果见图5.7-2。

当虚焊漏焊长度超过50mm时，将漏焊部位前后120mm长范围的上层双焊缝搭接边裁剪至焊缝黏结处，然后采用孔洞修补工艺进行外贴HDPE土工膜修补。外贴HDPE膜片的尺寸为大于漏焊部位前后各 100mm。

(5) T 型接头缺陷修补工艺。将土工膜 T 型接头用角磨机适度打毛，打磨范围稍大于用于修补的 HDPE 土工膜，并将表面清理干净、保持干燥。将直径为 350mm 的土工膜黏结面用角磨机打毛并清理干净。用手持式半自动爬行热合熔焊接机将上下层土工膜热熔黏结。冷却 1～2min 后，用手持挤出式塑料焊枪沿黏结面周边用焊料挤出黏结固定，焊料要均匀连续，焊缝宽度不少于 20mm。

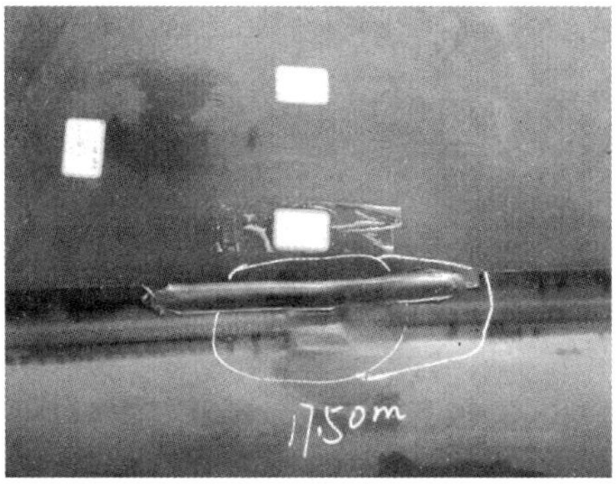

图 5.7-2　焊缝虚焊漏焊修补成果示意图

5.7.3　防渗膜质量检查和验收

现场施工质量检测是土工膜施工工艺中重要的一环，起到根据检测效果监督和反馈指导施工、发现问题及时修补的重要作用。检测方法包括目测法、人工撕裂法、充气检测法、真空检测法。

1. 目测法

目测法是通过有经验的质检人员对入仓后的材料和焊缝进行系统的观察、检查，由焊机辅助人员进行。主要检测内容是孔洞、漏焊、虚焊，从泰安工程现场检查结果分析，目测的准确性与焊缝的形态密切相关。泰安工程焊接试验中采用 TH-2 焊机焊接的焊缝，焊痕浅、无明显的挤压痕迹，目测检查基本不能判断焊接合格和虚焊部位的区别。而采用 LEISTER Comet 焊机焊接的双焊缝，焊缝宽为 5cm，单焊痕宽 1.4cm，焊痕清晰、有明显的挤压痕迹，对于漏焊、虚焊部位基本能目测检查出来。

2. 人工撕裂法

人工撕裂法检查范围包括所有的焊缝，其方法是在焊缝完成冷却后（焊后约 20～30min）检查人员左右手分别持焊接的上、下幅搭头，进行人工撕扯焊缝，能撕扯开的即为不合格。其关键技术在于检查人员施加的撕扯力要合适和均匀，为此，需要让检验人员对不同焊接质量的焊缝反复进行撕扯训练，使其掌握采用多大的力为合适，既不要因用力过大、过猛将合格的焊缝撕坏，又不要因用力过小造成不合格的焊缝误检。

3. 充气检测法

充气检测法在国内外关于土工膜焊接检测的资料中均有介绍，其原理是对双焊缝中间的空腔，通过把其两端用热风枪密封，将空腔体插入进气嘴，打气加压，检验是否漏气。其设备和方法见图 5.7-3 与图 5.7-4。

4. 真空检测法

真空检测法是一种无损检测方法，其特点是对小范围检测较准确。图 5.7-5 为 H-300型焊缝测漏真空罩等配套设备，包括半球真空罩、真空泵、真空表、放气阀、阀门等。

测试过程和标准为：将测试部位四周清理干净，沿焊缝涂抹肥皂水，扣上真空罩，开启真空泵抽真空，观测漏气点。如无漏气，至 0.05MPa 时稳压 30s 不下降即判定为合格。

真空罩直径为 38cm，由于该方法不损伤母材，因此，规定对于检测范围直径小于 35cm 的部位均采用此方法检测。如丁字形焊接接头部位、破损修补部位等。对于较长的

图 5.7-3 充气检测过程示意图（一）

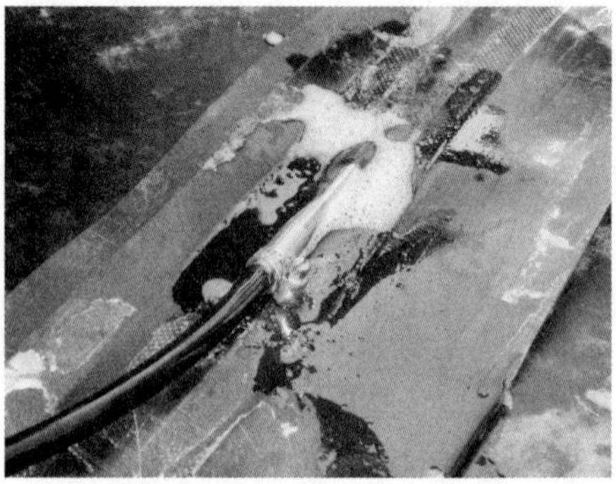

图 5.7-4 充气检测过程示意图（二）

图 5.7-5 H-300型焊缝测漏真空罩示意图

图 5.7-6 现场拉伸检测示意图

焊缝也可以采用此法进行连环检测。

5. LEISTER Examo 300F 拉力测试机检测

LEISTER Examo 300F 拉力测试机主要用于对焊接试验进行焊缝质量参数测定和大范围焊接后抽样检查所进行的检测。该设备体积小、质量轻（总重14kg）、便于携带，可现场进行土工膜材料的剪切、剥离、拉伸测试，测试成果自动记录，便于操作。极大地方便了现场检测人员对于质量检测的控制和把握。现场拉伸检测示意图见图 5.7-6。

5.8 防渗膜的周边连接

1. 黏性土中填埋

对于黏土地基，开挖锚固槽的深度可为2m左右，宽为4m左右。回填黏土时将土工膜埋置在填土内，填土应密实并与槽边和底严密结合。

2. 岩基上锚着

对于砂卵石地基，应挖除透水的砂卵石，直达基岩的弱风化或微风化层，然后浇筑混凝土底座，将土工膜以机械方式锚固在混凝土上；对于岩基，直接在岩基上浇筑混凝土底座。锚固槽混凝土底座的底宽，对于新鲜或微风化岩面应为挡水水头的1/10～1/20；对于弱风化岩面或全强风化岩面应为挡水水头的1/5～1/10，并须填塞裂隙和作固结灌浆。

3. 混凝土结构上锚着

对混凝土建筑物，一般采用机械方式直接锚固，工艺与岩基上锚着相同。对于采用埋置于混凝土内（不采用机械锚着）的方式需慎重，土工膜嵌入长度根据膜与混凝土的允许接触比降而定。

以上土工膜与周边建筑物连接见表5.8-1。

表5.8-1　　土工膜防渗结构连接方式

连接方式	示意图
土工膜与黏土地基嵌固连接	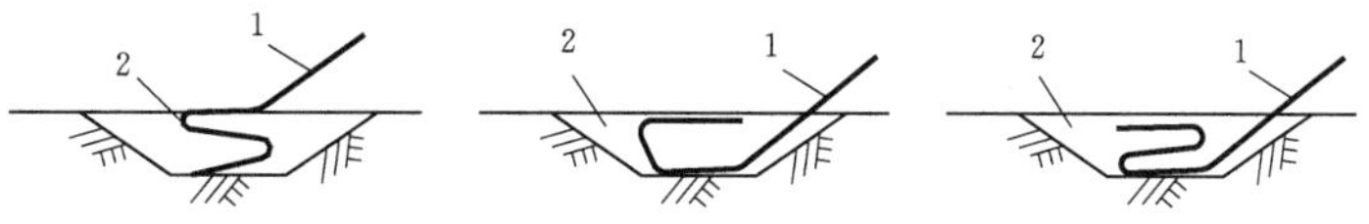 (a)　(b)　(c) 1—土工膜；2—回填黏土
土工膜与基下岩基连接	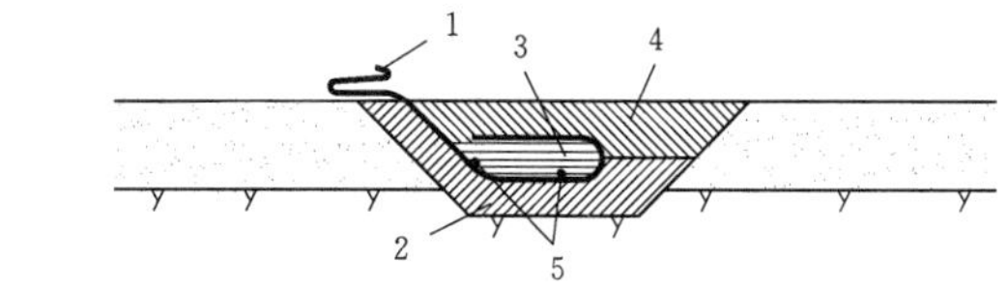 1—土工膜；2—一期混凝土；3—二期混凝土；4—三期混凝土；5—钢筋
土工膜与连接板、防渗墙的螺栓锚固连接	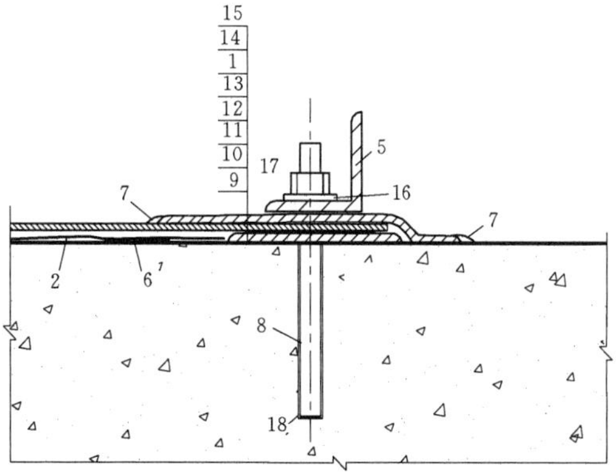 A放大 1—土工膜；2—土工布；3—土工席垫；4—粗砂；5—角钢；6—土工布与混凝土胶粘；7—封边剂；8—螺杆；9—防渗底胶2道；10—塑性止水材料找平层；11、13、14—防渗底胶2道；12—防渗胶条；15—橡胶盖片；16—弹簧垫片；17—螺母；18—锚固剂

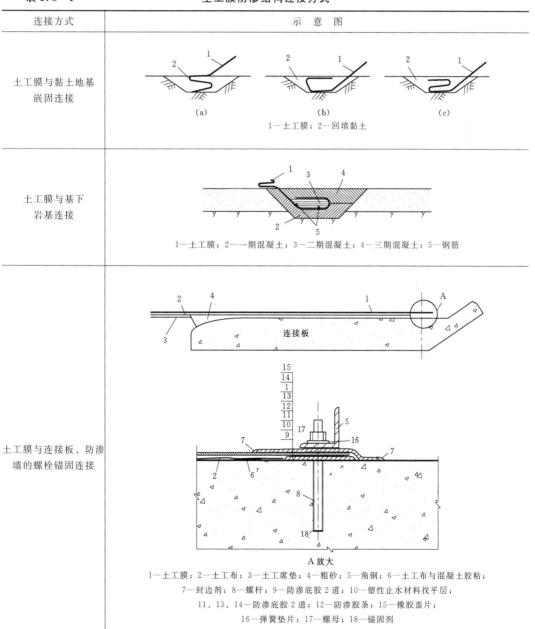

续表

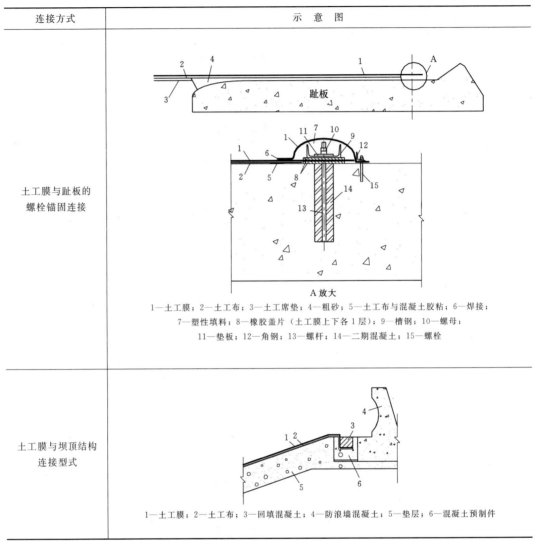

连接方式	示 意 图
土工膜与趾板的螺栓锚固连接	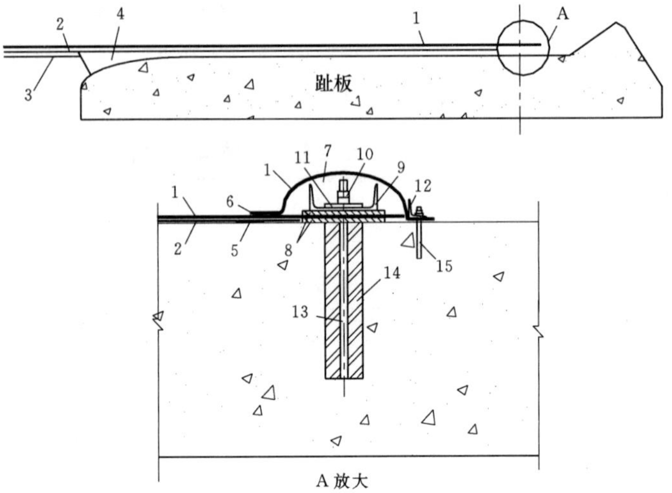 A放大 1—土工膜；2—土工布；3—土工席垫；4—粗砂；5—土工布与混凝土胶粘；6—焊接；7—塑性填料；8—橡胶盖片（土工膜上下各1层）；9—槽钢；10—螺母；11—垫板；12—角钢；13—螺杆；14—二期混凝土；15—螺栓
土工膜与坝顶结构连接型式	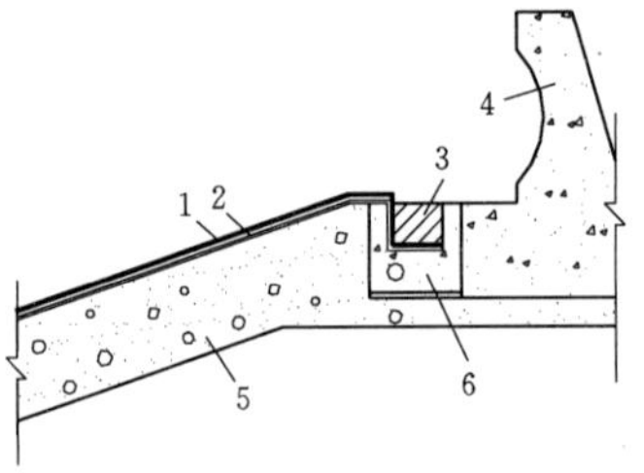 1—土工膜；2—土工布；3—回填混凝土；4—防浪墙混凝土；5—垫层；6—混凝土预制件

4. 坡面嵌固

对于受台风影响大的土工膜坡面防渗结构，可采取土工膜分幅嵌固锚结形式，以提高防渗层抗滑稳定性，方便运行期检查、维护，逐幅施工嵌固，抗风吹覆能力强，幅宽可选择9～12m。其方法是将幅与幅之间接头嵌固于一期混凝土槽内，连接处覆盖同材料土工膜，膜与膜之间进行焊接或黏接，设置土工膜结构分区。

冲绳海水蓄能电厂位于日本冲绳岛北部，为首次采用海水循环的抽水蓄能电站。上库底面及斜坡面防渗工程中，选择具有较柔软和较强耐久性的EPDM（乙烯-丙烯-二烯三聚物）作为上水库防渗层的防渗材料，EPDM膜厚2mm。斜坡面的坡度由施工要求确定为1∶2.5，由于当地台风天气较频繁，通过计算确定垂直坡向的EPDM膜的锚固宽度为8.5m，底面锚固宽度为17.0m×17.5m。采用预制混凝土构件、中间留槽、锚入防渗层后再进行混凝土回填的方式进行锚固，嵌固连接结构见图5.8-1。

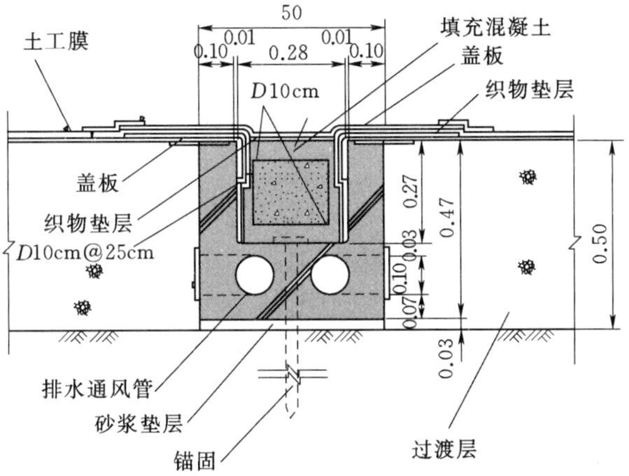

图5.8-1　嵌固连接结构示意图（单位：m）

5.9　工　程　实　例

5.9.1　山东泰安抽水蓄能电站上水库土工膜防渗技术

5.9.1.1　工程概况

泰安抽水蓄能电站位于山东省泰安市西郊的泰山西南麓，距泰安市5km，距济南市约70km，靠近山东省用电负荷中心，地理位置优越，地形、地质条件良好，技术经济指标优越。电站在山东电网中主要担负调峰、填谷作用，并兼有调频调相和紧急事故备用等功能。电站装有四台单机容量250MW的单级立轴混流可逆式水泵水轮机组和发电电动机组，总装机容量1000MW，年发电量13.382亿kW·h，年抽水用电量17.843亿kW·h。电站为日调节纯抽水蓄能电站，工程规模为Ⅰ等大（1）型工程，由上水库、输水系统、地下厂房及地面开关站、下水库等枢纽建筑物组成。上水库工程的总体布置见图5.9-1。

根据工程水文、地质条件，泰安抽水蓄能电站上水库采用表面与垂直相结合的综合防渗形式：即上水库右岸横岭距坝轴线约818m范围的岸坡采用混凝土面板防渗，岸坡面板下游侧与混凝土面板堆石坝防渗面板相接；库底回填石渣区采用土工膜表面防渗，土工膜与大坝面板及右岸岸坡面板相接；在左岸及库尾土工膜将埋入库底观测廊道的侧墙顶部混凝土中，廊道基础设锁边帷幕。这样，大坝混凝土面板、库岸防渗面板与库底土工膜、防渗帷幕等形成了完整的上水库库盆防渗系统。

5.9.1.2　防渗结构

1. 混凝土防渗面板

大坝上游坡面钢筋混凝土防渗面板和右岸横岭距坝轴线约818m范围的岸坡混凝土防渗面板承受最大水头约35m，面板厚度均采用0.30m。面板坡比均为1∶1.5。大坝面板与右岸面板均在中部设置一层双向配筋：纵向ϕ18@15cm、横向ϕ16@15cm。大坝与右岸面板混凝土均采用相同指标：28d龄期立方体抗压强度不小于25MPa，90d龄期抗压强渗标号W8，90d龄期抗冻标号F300。

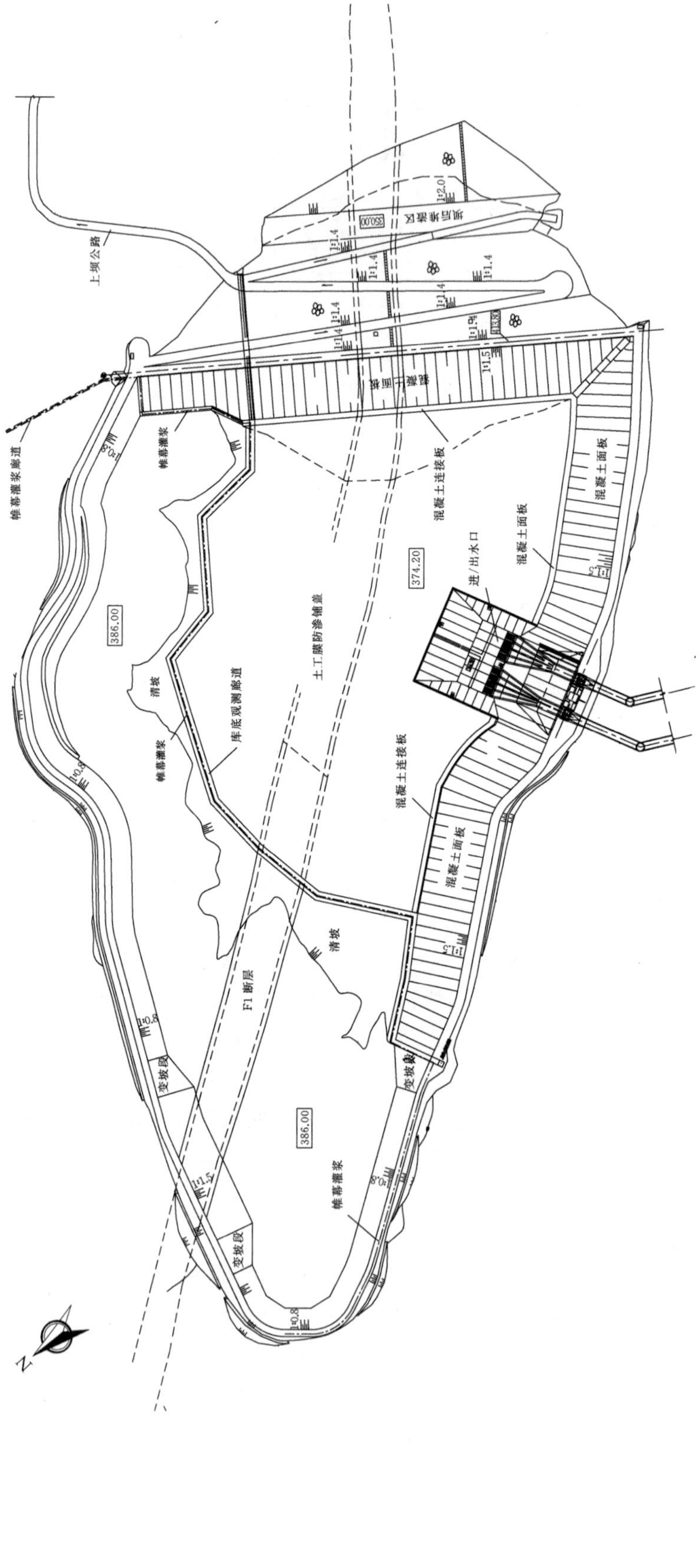

图5.9-1 泰安抽水蓄能电站上水库工程的总体布置图（单位：m）

2. 土工膜防渗体下部填渣区

为减少弃渣、降低环境影响，减少水库死库容以减小初期蓄水量，本工程利用上水库开挖弃渣料填于库底。弃渣料主要为全、强风化混合料，并混有一定量的大孤石和耕植土，弃料组成不均匀。施工中库底仅清除腐殖土和部分覆盖层，填渣厚度0～43m不等，填渣顶高程372.40m。

3. 土工膜防渗体结构

上水库土工膜防渗体结构由下支持层、土工膜防渗层、上保护层组成。

(1) 下支持层。根据泰安工程上水库的运用条件，设置土工膜下支持层自下而上依次为：120cm厚过渡层、60cm厚垫层、6mm厚土工席垫。

1) 过渡料采用上库区弱、微风化的开挖爆破料，要求级配良好，最大粒径30cm，设计干密度不小于21.1kN/m^3，设计孔隙率不大于20%，渗透系数为$8\times10^{-3}\sim2\times10^{-1}$。

2) 垫层料采用砂、小石、中石掺配而成，下部40cm厚最大粒径4cm，上部20cm厚最大粒径2cm，设计干密度不小于22kN/m^3，设计孔隙率不大于18%，渗透系数为$5\times10^{-4}\sim5\times10^{-2}$cm/s。

3) 土工席垫为在热熔状态下塑料丝条自行黏接成的三维网状材料，它具有平整的表面，较高的抗压强度和耐久性，在土工膜和碎石垫层间设置土工席垫，可以明显改善土工膜的受力情况，有效防止下垫层料中的尖角碎石或异物刺破损伤土工膜。

(2) 土工膜防渗层。通过对HDPE、LDPE、PVC、CSPE等多种土工膜在技术、经济、可靠性等方面的综合比较分析，研究认为：HDPE土工膜具有优异的物理力学性能、耐久性、可焊接性，产品幅宽大，工程经验多，能较好地适应泰安工程区的气候条件，因此设计选用压延法生产的高密度聚乙烯（HDPE）土工膜作为泰安上水库防渗膜。采用膜布分离式的一布一膜，土工膜选用1.5mm厚HDPE光膜，膜下铺设500g/m^{2}的涤纶针刺无纺土工布。

泰安工程通过现场大量的比较试验研究，取得了较理想的针对1.5mm厚HDPE土工膜的焊接、修补、检测的施工工艺和方法。土工膜幅宽5.1m，膜幅之间采用双焊缝连接，采用电热楔式自动焊机，并配套采用手持式半自动爬行热合熔焊接机、手持挤出式焊机对直焊缝和T型接头部位进行焊接施工和缺陷修补，并用真空检测法和充气检测法对土工膜焊接质量进行检测。

(3) 上保护层。由于泰安工程土工膜位于不小于11.80m深水下，设计采用膜上铺设土工布（500g/m^2）的方案，以加强施工期保护。土工布上用每只单重30kg左右的土工布沙袋（间距1.4m×1.4m）进行压覆，避免土工膜及土工布在施工期被风掀动以及在运行期受水浮力的影响漂动。

4. 土工膜周边锚固

上水库土工膜周边锚固主要包括土工膜与大坝面板的连接、与右岸面板的连接、与库底观测廊道的连接三种类型。

大坝和右岸面板底部设置混凝土连接板与土工膜连接。右岸面板底部的连接板布置于基岩上，即相当于常规面板堆石坝的趾板，不设横缝。大坝面板底部的连接板其基础条件与面板相当（下部为垫层料、过渡料、主堆石），所承受的水荷载均匀，为简化土工膜与连接板的连接型式，混凝土连接板不设结构缝，仅设钢筋穿缝的施工缝，施工缝分缝长度不超过15m，采用设后浇带施工。土工膜和连接板之间的止水连接，与混凝土面板周边缝止水结构分开布置，土工膜与连接板采用机械连接，连接方案见图5.9-2。

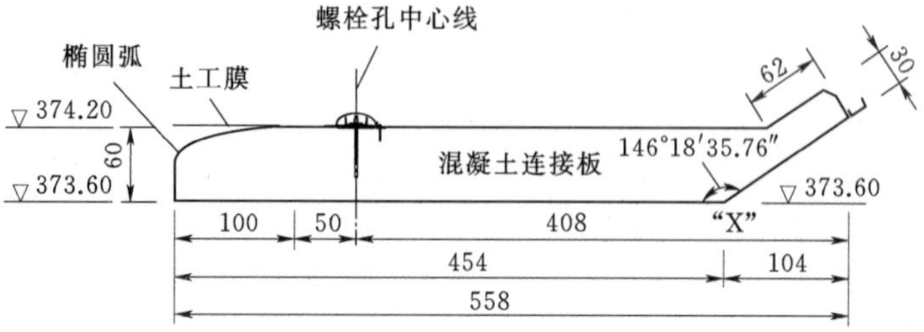

图5.9-2 泰安工程土工膜与混凝土连接板连接方案（尺寸单位：cm；高程单位：m）

土工膜与库底观测廊道的连接，先将土工膜采用机械连接的方式锚固在廊道混凝土上，锚固后浇筑二期混凝土压覆形成封闭防渗体。

土工膜与混凝土通过机械锚固压紧进行止水。土工膜与连接板、廊道混凝土的机械连接，采用先浇筑混凝土，后期在混凝土中钻设锚固孔，并在孔内放置锚固剂固定螺栓的设计方案。使用一组包含不锈钢螺栓、弹簧垫片和不锈钢螺母的紧固组件，通过紧固螺栓、不锈钢角钢压覆实现土工膜与混凝土连接板的机械连接。连接方案见图5.9-3。

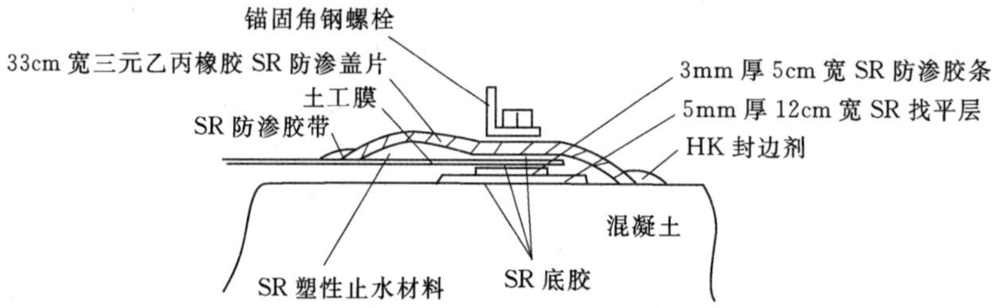

图5.9-3 泰安工程土工膜与混凝土的机械锚固连接方案

5.9.1.3 排水系统

1. 设置库底观测廊道

在库底土工膜铺盖的周边设置排水观测廊道，一端经左岸坝下通向坝后（出口高程370.00m），另一端延伸至右岸环库公路（出口高程413.80m）。该廊道主要起锁边帷幕灌浆的齿墙作用，通过该廊道的连接，使库底土工膜和锁边帷幕形成统一的防渗体系。同时，通过库底观测廊道，可以观测上水库运行期间库底的渗压情况。廊道以0.2%～0.3%的坡度将渗水排往坝后。

在土工膜左侧和库尾边界的观测廊道处设置排水管，以排除周边膜下渗水，排水管为ϕ50mm塑料排水管，间距5m。

2. 排水层

库底土工膜防渗体下部设置一层厚0.6m碎石下垫层（兼排水层作用），碎石下垫层下部设置厚1.2m排水过渡层。

3. 土工排水管网

为了更好地排出土工膜下渗漏水及气体，在 16.1 万 m^2 的土工膜下卧过渡层顶面高程 373.60m 设置 30m×30m 外包土工布的 ϕ150mm 土工排水盲沟网，并与库底周边观测廊道、右岸排水观测洞的排水孔连通。

进/出水口上游至库底观测廊道段右岸面板下的渗水从排水管经库底观测廊道排出，库尾高程 375m 以上的右岸面板区，其渗水排入库底观测廊道。

5.9.1.4　水库运行情况

上水库自 2005 年 5 月底开始蓄水，于 9 月 28 日水位达到死水位 386.00m，蓄水量为 237.25 万 m^3，到 2006 年 2 月初水位达到 391.00m，蓄水量达 384.97 万 m^3。在蓄水期间，水工运行人员加强了对水库及大坝的监测。目前，整个库盆部分（包括库周面板和库底土工膜）渗透量为 20～30L/s，在设计允许的范围之内。

5.9.2　江苏溧阳抽水蓄能电站上水库土工膜防渗技术

5.9.2.1　工程概况

溧阳抽水蓄能电站位于江苏省溧阳市境内，工程枢纽由上水库、下水库、输水系统、地下厂房及开关站等组成。上水库利用龙潭林场伍员山工区 2 条较平缓的冲沟在东面筑坝成库，主要建筑物由 1 座主坝、2 座副坝、库岸及库底防渗体系统组成。上水库正常蓄水位 291.00m，死水位 254.00m，调节库容 1195.9 万 m^3，水库面积 0.388km^2。主坝为混凝土面板堆石坝，坝顶高程 295.00m，坝顶宽度 10m，最大坝高 165.00m（坝轴线处），坝顶长度 1111.45m，上游面坡比为 1∶1.4，下游面综合坡比为 1∶1.45，2 座副坝分处水库南北两侧垭口处，均为混凝土面板堆石坝，最大坝高分别为 59.6m 和 51.6m；上水库的防渗体系由挡水大坝和库岸的钢筋混凝土面板、库底开挖和石渣回填后上覆的土工膜防渗体系组成。环库轴线总长（含坝顶部分）2417.05m。

5.9.2.2　防渗结构

1. 混凝土防渗面板

库岸采用钢筋混凝土面板防渗，面板承受最大水头约 48m，厚度 0.40m，面板下铺 0.8m 厚的碎石垫层。为保证垫层施工，确定库岸开挖边坡坡比为 1∶1.4，混凝土面板施工前，垫层表面用厚 50mm 碾压砂浆保护。

面板配筋主要是承受混凝土温度应力和干缩应力。在面板中部设置一层双向钢筋，每向配筋率 0.4%，面板混凝土含钢量约 85kg/m^3。

面板混凝土采用 C25、W8、F100，技术要求见表 5.9-1。

表 5.9-1　　库岸面板混凝土技术要求

部位	标号	最大水灰比	坍落度/cm	抗渗性(90d)	抗冻性(90d)	骨料最大粒径/mm
库岸面板	C25	0.45～0.55	4～6	W8	F150	40

面板下碎石垫层厚 80cm，其作用之一支承面板，并将其上的水荷载传递到基岩，其次是及时排走面板的渗漏水，要求采用下水库开挖的新鲜凝灰岩料加工而成。垫层按排水

料设计，最大粒径 80mm，小于 5mm 粒径的颗粒含量 25%～35%，小于 0.1mm 粒径的颗粒含量小于 5%，不均匀系数大于 30，连续级配。级配包络线、填筑标准与大坝垫层料相同。

2. 土工膜防渗体下部填渣区设计

库底回填石渣采用上水库库盆开挖的强风化石英砂岩料，要求最大粒径 800mm，分层碾压，碾压后设计干容重不小于 21.5kN/m^3，孔隙率不大于 20%，碾压层厚 80cm，洒水 10%，碾压 6～8 遍，渗透系数控制在 10^{-2}～10^{-1}cm/s。靠近大坝主堆石体 10m 范围内按下游堆石料标准填筑。在回填石渣前，应先清除库底腐殖土、覆盖层，全风化岩等，冲沟沟底部位先铺设一层 2.0m 厚的排水褥垫后再进行回填碾压。

根据蓄水期库底沉降等值线分布图，采取预留沉降超高措施，增加了土工膜的铺设长度，避免土工膜在蓄水期因沉降产生过大的拉伸变形，以及因局部不均匀沉降产生剪切破坏。

3. 土工膜防渗体结构设计

防渗体顶部高程为 248.00m，防渗体由上至下依次为：0.3m 厚碎石保护层（采用土工布袋装）、500g/m^2 土工布、1.5mm 厚 HDPE 土工膜、500g/m^2 土工布、三维复合排水网（1300g/m^2）、5cm 厚砂层、0.4m 厚碎石下垫层、1.3m 厚过渡层。

（1）土工膜选材及其基本性能。工程防渗层的面积大，参考国内外渠道防渗、海岸防护、土石坝等工程应用土工合成材料的经验，应尽量减少接缝，经向厂家了解，聚乙烯（PE）土工膜生产幅宽可达 6.1m，经比较后选用 1.5mm 的 HDPE 土工膜。

《聚乙烯（PE）土工膜防渗工程技术规范》（SL/T 231—1998）对用于防渗工程中的 PE 土工膜物理力学性能指标见表 5.9-2。

表 5.9-2　PE 土工膜物理力学性能指标

项　目	指　标	项　目	指　标
密度（ρ）	≥900kg/m^3	连接强度	大于母材强度
破坏拉应力（σ）	≥12MPa	撕裂强度	≥40N/mm
断裂伸长率（ε）	≥300%	抗渗强度	在 1.05MPa 水压下 48h 不渗水
弹性模量（E）	5℃时，≥70MPa	渗透系数	≤1×10^{-11}cm/s
抗冻性（脆性温度）	≥-60℃		

由于该工程为抽水蓄能电站，对于上水库防渗要求严格，防渗体的成功与否对于上水库和地下厂房正常运行非常重要，因此，在土工膜选材时对于物理力学性能指标的要求从严选用。

（2）土工膜厚度选择。土工膜厚度直接影响工程质量，从减少渗漏、避免施工破损、水压击穿、地基变形、撕裂土工膜等方面要求，其必须有一定厚度。

土工膜厚度增加 1 倍，土工膜的价格仅增加 15%～20%，而土工膜的投资又仅占土工膜防渗层投资中的 20%～40%。因此，在其他条件允许的情况下，采用较厚的土工膜，有利于提高防渗效果和耐久性。

根据土工膜厚度计算成果，综合考虑各种因素，选择厚度为 1.5mm 的 HDPE 膜。

(3) 土工膜防渗层结构设计。土工膜防渗结构由下支持层、土工膜防渗层、上保护层组成。

1) 下支持层。土工膜防渗体下支持层应满足以下功能：①具有一定的承载能力，以满足施工期及运行期传递荷载的要求；②有合适的粒径、形状和级配，限制其最大粒径，避免在高水压下土工膜被顶破；③保证土工膜下的排水通畅；④库底碾压石渣和土工膜之间的填筑料粒径应逐渐过渡，满足层间反滤关系，以保证渗透稳定。

根据《聚乙烯（PE）土工膜防渗工程技术规范》（SL/T 231—1998）要求，土工膜应铺设在密实的基础上，层面应平整。与膜接触的表面宜为碾压密实的细土料层、细砂层或混凝土层。根据可研阶段现场碾压试验成果，土工膜下支持层为级配砂垫层时，上部施工对土工膜的损伤相对较少，因此下部垫层推荐采用级配砂垫层。

根据以上因素，土工膜下支持层自上而下依次为：20cm 级配砂垫层、40cm 级配碎石垫层、130cm 厚过渡层。级配砂垫层过筛，不得有粒径超过 4mm 的碎石。

2) 土工膜防渗层。工程防渗要求较高，采用的土工膜厚度较大，若选用复合土工膜，在膜布热复合后，两侧未复合预留连接部位会有严重的折皱现象，从而影响土工膜的接缝焊接质量；此外，复合土工膜中膜本身的质量也不如光膜，表面缺陷也多于光膜。因此，土工膜防渗层选用厚度 1.5mm 的 HDPE 膜。土工膜宽度的选择应使膜在施工时接缝最少，尽可能选用较大的幅宽，参照泰安抽水蓄能电站经验，土工膜宽度采用 7m。

3) 上保护层。为使土工膜表面避免紫外线照射、高低温破坏、生物破坏和机械损伤等，土工膜上部应设置保护层，保护层为 0.3m 厚碎石铺盖。为减少上部保护层施工对土工膜的损伤，先在土工膜上铺设一层 $500g/m^2$ 土工布，然后在土工布上以土工布碎石袋进行压覆。

(4) 土工膜防渗层渗漏量。土工膜防渗层的渗漏量由两部分组成：由于土工膜本身渗透产生的渗漏量和施工中产生的土工膜缺陷引起的渗漏量。经计算，库底土工膜本身渗漏量约为 $62m^3/d$，土工膜缺陷渗漏量为 $726m^3/d$，土工膜总渗漏量为 $788m^3/d$，渗漏量较小。

4. 土工膜周边锚固设计

(1) 接缝及松弛量。土工膜的接缝设计应使接缝数量最少，且平行于拉应力大的方向；接缝设在平面处，避开弯角。HDPE 膜接缝采用焊接工艺连接，焊接搭接宽度宜为 12cm。焊接接缝抗拉强度应不低于母材强度，在订货时要对厂家提出留边和长度要求，以利焊接。

为协调土工膜防渗体与下库底堆渣、面板和岸坡等连接部位的变形，平面上应留有一定松弛度，且在转折处预留褶皱裕度。土工膜应松弛铺设，释放应力，避免因长期应力或反复应力作用下，使聚合物产生蠕动或疲劳而失去强度，进而变薄或破裂。

(2) 土工膜与面板连接板和库底观测廊道连接设计。土工膜与面板连接板采用锚固连接，见图 5.9-4。土工膜与库底观测廊道采用锚固连接，见图 5.9-5。

(3) 土工膜与上水库进（出）水口连接设计。土工膜与上水库进（出）水口连接采用

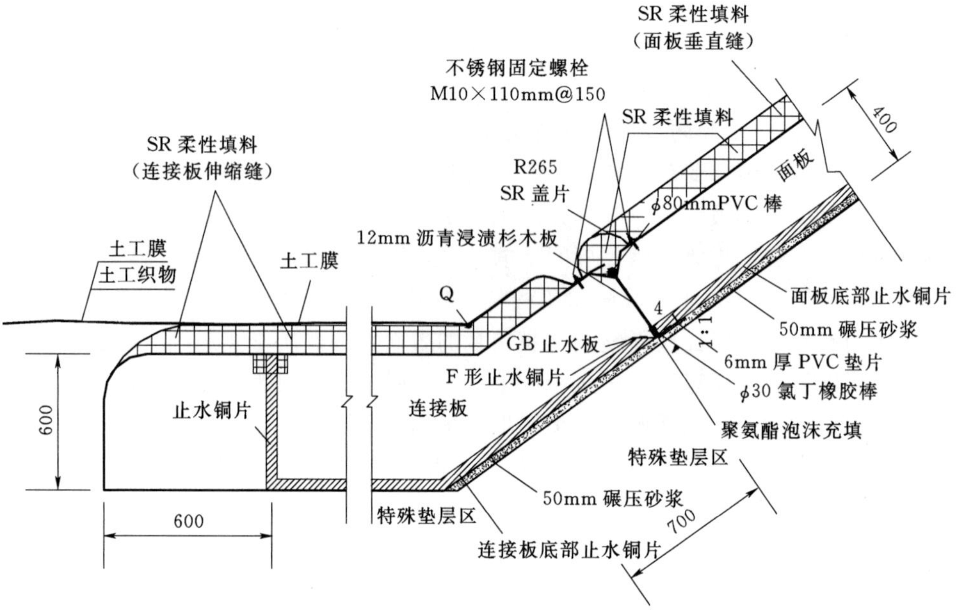

图5.9-4 土工膜与面板连接板连接示意图（单位：mm）

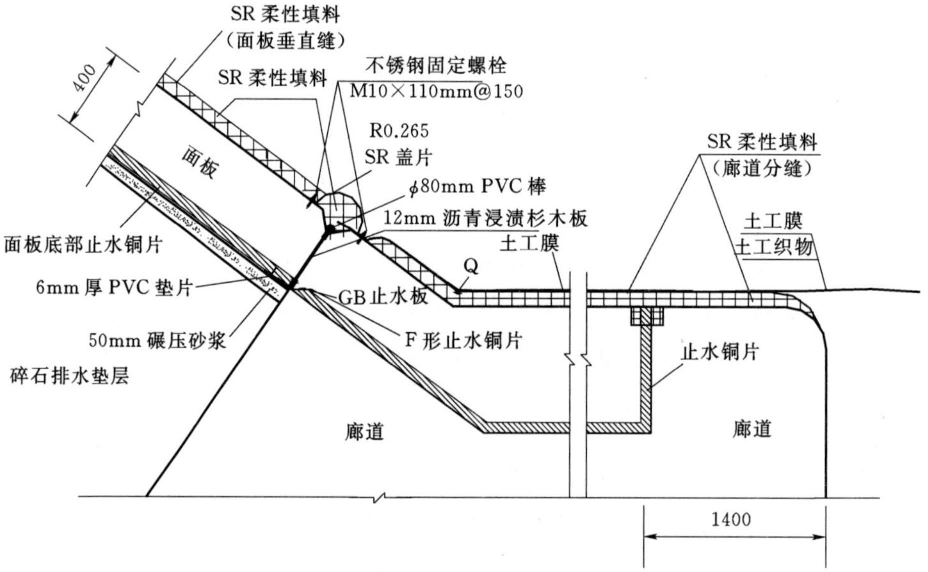

图5.9-5 土工膜与库底观测廊道连接示意图（单位：mm）

连接锁扣连接，见图5.9-6，连接锁扣大样图见图5.9-7。

5.9.2.3 排水系统

基础排水设计遵循“上截下排”的原则，为将防渗面板后和库底防渗体底部的渗漏水顺畅排走，避免面板和土工膜出现反向压力引起破坏，并便于检测渗水情况及维护，设置了完备的排水系统。

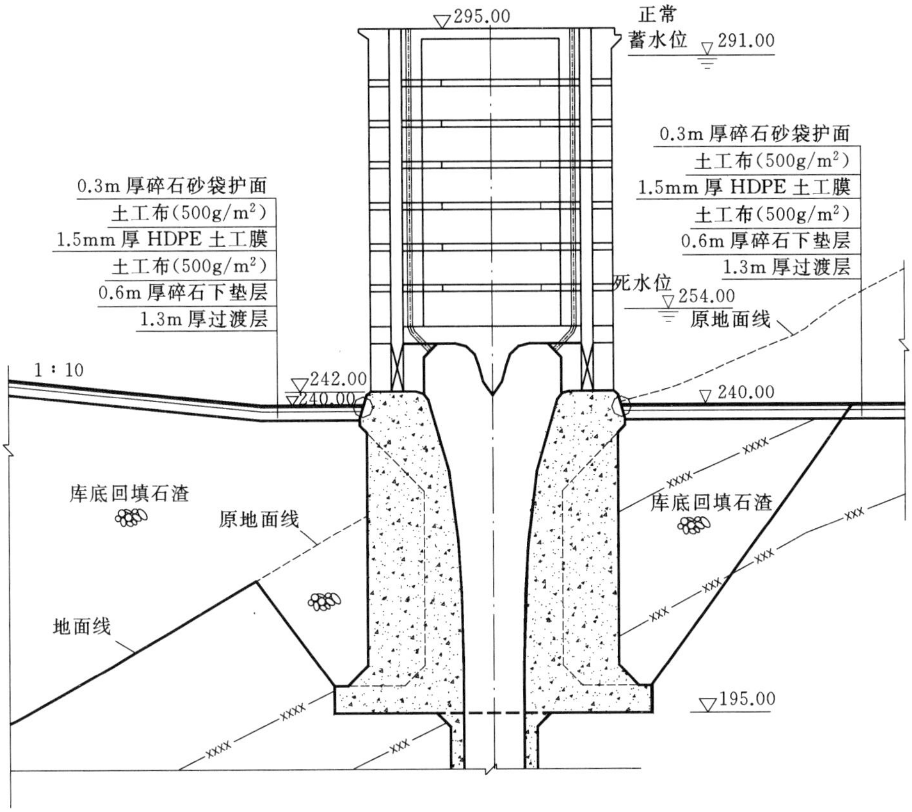

图 5.9-6 土工膜与上水库进（出）水口连接示意图（单位：m）

1. 混凝土面板下排水垫层

在堆石坝段，堆石过渡层与钢筋混凝土面板间铺设水平宽度 3m 的垫层区，在库岸岩坡段，岩坡与钢筋混凝土之间铺厚 0.8m 的碎石排水垫层，以便排走混凝土面板的渗漏水。

为了便于检测库岸面板的渗水情况和维护，将库岸渗水分区。分区方法为：按宽 50～80m 间距在开挖后的基岩面上槽挖混凝土塞，塞内预埋橡胶止水一端，将止水另一端伸至面板底部。在每个渗水区（宽 50～80m）的垫层内设 PVC 排水管，将此区渗漏水汇集至排水观测廊道。

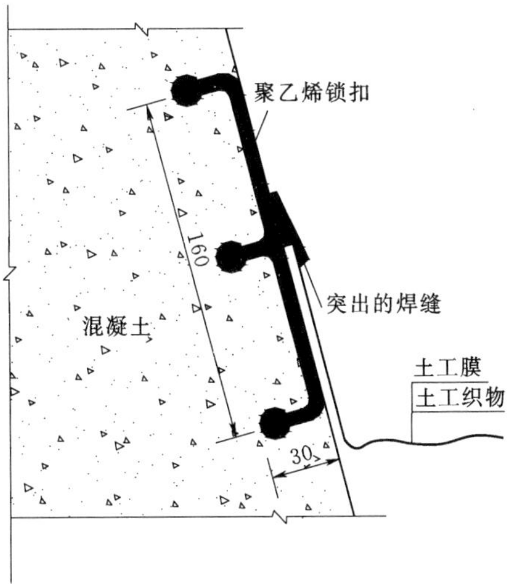

图 5.9-7 土工膜与上水库进（出）水口竖向连接锁扣大样图（单位：mm）

2. 库底土工膜防渗体下排水层

库底土工膜防渗体设置一层厚 0.6m 碎石下垫层（兼排水层作用），碎石下垫层下部设置厚 1.3m 排水过渡层。库底采取开挖区与回填区排水分开的原则进行布置，在开挖区与回填区的边界基岩面上槽挖混凝土塞，设竖向 HDPE 土工膜进行分隔，土工膜一端固接在混凝土塞上，另一端与库底防渗土工膜底部连接。

库底开挖区，采取库底开挖区和回填区边界相同的分隔措施，在垂直库底排水观测廊道的方向按合适宽度将开挖区的排水再次分成8个小区。在每一排水区的过渡层底部，垂直排水观测廊道的方向铺设排水主管（ϕ200mm），再在垂直主管方向铺设排水支管（ϕ100mm），主、支管间距15m。排水主管汇集开挖区的渗漏，直接排入渗水廊道。

库底回填区渗漏水易于垂直下渗，分区难以达到有针对检修的目的，故不再分小区。排水管设置位置、管径等同库底开挖区。渗漏水下渗后经过大坝底部排水区汇集到坝脚外量水堰。

3. 排水观测廊道

排水观测廊道沿库周底部布置，以便排走渗漏水和检测渗漏情况。在南、北两岸设出口，出口处设集水井，集水井处设泵站，用泵将渗漏水抽回库内。排水观测廊道为城门洞型，断面尺寸为2.0m×2.5m（宽×高），为槽挖后混凝土现浇而成，混凝土标号为C25、W10、F150。在每一个排水区都有排水管通至排水廊道。

5.9.2.4 水库运行情况

主体工程于2011年4月开始建设，上水库主副坝于2014年3月填筑完成，库周及库底防渗体系工程于2015年5月基本施工完成。上水库于2015年12月15日开始蓄水，2016年5月底蓄水至死水位254.00m，7月13日蓄水至270.50m；7月13日凌晨，发现上水库库水位出现明显异常降落现象，随后及时利用具备运行条件的6号机组发电过流，将上水库水下放至下水库，7月20日上水库基本放空。经对上水库放空检查，发现上水库1号进出水口塔南侧塔筒周圈存在集中渗漏点，2号进出水口塔东南侧塔筒周圈存在部分土工膜穿孔撕裂现象。经分析，井筒回填区的不均匀沉降是导致土工膜沿井筒连接板周圈撕裂破坏的主要原因。土工膜防渗结构经修复，目前运行正常。

5.9.3 日本冲绳海水抽水蓄能电站上水库膜防渗技术

5.9.3.1 工程概况

冲绳海水抽水蓄能电站位于日本冲绳岛北部，该工程由日本电源开发公司（EPDC）建设。上水库与海平面（下水库）的水位差为136m，流量为26m^3/s，最大出力3万kW，为首次采用海水的抽水蓄能电站，在上水库防渗设计中使用了较多新技术。上水库的航摄照片见图5.9-8。

上水库有效库容56万m^3，工作水深20m，斜坡面防渗面积41700m^2，底面防渗面积9400m^2。为防止海水渗漏造成水量损失并影响上水库周边的自然生态环境，因此，上水库防渗要求严格。

5.9.3.2 防渗结构

在上水库底面及斜坡面防渗工程中，主要考虑海水中的盐分浸透对防渗体防渗性能的影响，另外考虑当地亚热带气候，温差大，台风天气比较频繁等因素。在土工膜的选择时分别对PVC膜和EPDM膜进行了比较，经暴露试验及耐久性能、抗海水腐蚀性能、海生生物附着性能、耐热性能测试，并经水压反复、伸缩反复试验等检测，EPDM膜的耐热性能和粘贴性能优于PVC膜，因此选择较柔软和较强耐久性的EPDM（Ethylene Propylene Dien Monomer，乙烯-丙烯-二烯三聚物）作为上水库防渗层的材料，膜厚2mm。上水库土工膜施工照片见图5.9-9，防渗层的结构见图5.9-10。

图 5.9-8　冲绳海水抽水蓄能电站上水库航摄照片

图 5.9-9　上水库土工膜施工照片

50cm 厚的垫层采用透水性较强的砾石层，并在其中埋入塑料管，一方面是排放蓄水过程中的防渗层下的气体，还可以避免土工膜背面受地下水的水压力；另一方面是在防渗层破坏的情况下，渗漏海水可以通过管子快速进行检测廊道，不至于渗漏地下对周边环境造成影响。在检测廊道中设置 1 台抽水泵，将渗入检测廊道的地下水泵入上水库。上水库

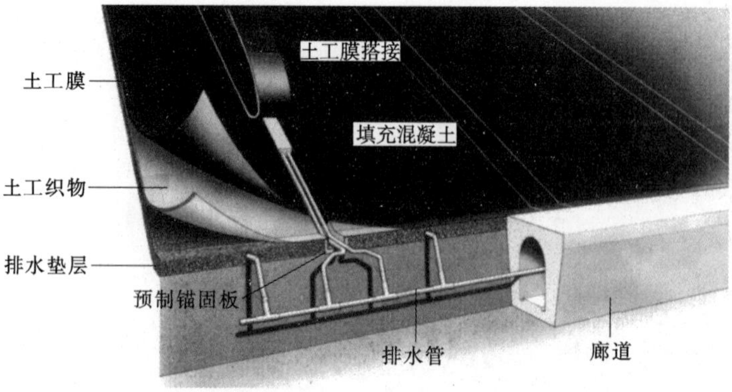

图 5.9-10 防渗层的结构图

剖面见图 5.9-11。

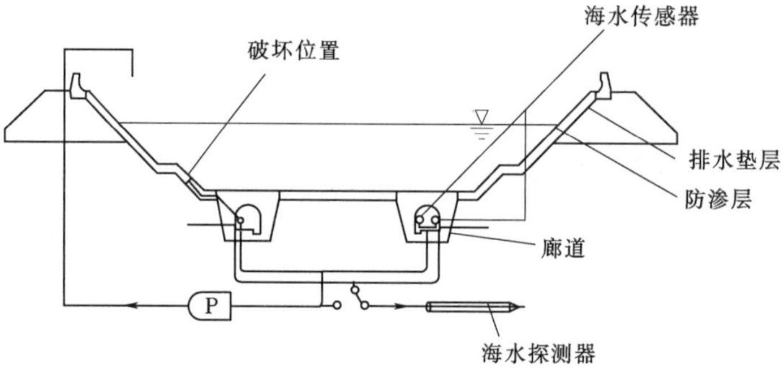

图 5.9-11 上水库剖面示意图

斜坡面的坡比由施工要求确定为 1：2.5，由于当地台风天气较频繁，通过计算确定垂直坡向的 EPDM 膜的锚固宽度为 8.5m，底面锚固宽度为 17.0m×17.5m。采用预制混凝土构件，中间留槽，锚入防渗层后再以混凝土回填的方式进行锚固，锚固结构见图 5.8-1。

防渗层下垫层材料要求严格，施工工艺精细，对预制混凝土构件附近的垫层全部采用人工振捣，中间部位采用机械碾压，经平整度检验后铺设土工织物和 EPDM 膜，并在铺设完成后在表面铺设塑料薄膜进行保护。在锚固槽上方再粘贴长条状的 EPDM 膜以封闭整个防渗系统。

在施工过程中，严禁重物上防渗面，施工人员上防渗面施工和检查时不穿硬底鞋。在 EPDM 膜接缝完成后进行全部接缝的质量检查，先进行肉眼的外观检查，再在接缝处涂肥皂水，罩上透明的方形塑料盒，用抽水泵将盒内的空气抽出，看有无气泡产生。在发现施工缺陷的地方再进行修补。

5.9.3.3 水库运行情况

工程完成后，经历了瞬间最大风速约 60m/s 的台风，没有发现破损和漏水。上水库在土工膜与基础墙连接处曾发生漏水而进行工程修补。

附录B

B.1 聚乙烯（PE）土工膜的物理力学性能

聚乙烯（PE）土工膜的物理力学性能见附表B-1。

附表B-1　　聚乙烯（PE）土工膜的物理力学性能（GB/T 17643—2011）

序号	项　目	低密度聚乙烯（LDPE）	高密度聚乙烯（HDPE）
1	密度/(g/cm³)	≤0.94	≥0.94
2	厚度极限偏差/% (0.5～2.0mm)	−10	
3	平均厚度 (0.5～2.0mm)	不小于公称厚度	
4	炭黑含量/% (黑色土工膜)	2.0～3.0	
5	拉伸断裂强度（纵、横向）/(N/mm)	膜厚0.5≥9 膜厚0.75≥14 膜厚1.0≥19 膜厚1.25≥23 膜厚1.5≥28 膜厚2.0≥37	膜厚0.5≥10 膜厚0.75≥15 膜厚1.0≥20 膜厚1.25≥25 膜厚1.5≥30 膜厚2.0≥40
6	断裂伸长率/%	≥560	≥600
7	直角撕裂负荷（纵、横向）/N	膜厚0.5≥45 膜厚0.75≥63 膜厚1.0≥90 膜厚1.25≥108 膜厚1.5≥135 膜厚2.0≥180	膜厚0.5≥56 膜厚0.75≥84 膜厚1.0≥115 膜厚1.25≥140 膜厚1.5≥170 膜厚2.0≥225
8	抗穿刺强度/N	膜厚0.5≥84 膜厚0.75≥135 膜厚1.0≥175 膜厚1.25≥220 膜厚1.5≥260 膜厚2.0≥350	膜厚0.5≥120 膜厚0.75≥180 膜厚1.0≥240 膜厚1.25≥300 膜厚1.5≥360 膜厚2.0≥480
9	常压氧化诱导时间（*OIT*）/min	≥60	≥60
10	低温冲击脆化性能	通过	
11	水蒸气渗透系数/[g·cm/(cm²·s·Pa)]	$\leq 1\times10^{-13}$	
12	尺寸稳定性/%	±2.0	

B.2 聚氯乙烯（PVC）土工膜的物理力学性能

聚氯乙烯（PVC）土工膜的物理力学性能见附表B-2。

附表B-2　聚氯乙烯（PVC）土工膜的物理力学性能（GB/T 17688—2008）

<table>
<tr><th>序号</th><th colspan="2">项　目</th><th>单层聚氯乙烯</th><th>双层聚氯乙烯</th><th>夹网聚氯乙烯</th></tr>
<tr><td>1</td><td colspan="2">密度/(g/cm³)</td><td colspan="2">1.25～1.35</td><td>1.20～1.30</td></tr>
<tr><td>2</td><td colspan="2">厚度极限偏差/%</td><td colspan="2">≤10
（厚0.3～1.5mm土工膜）</td><td>≤15
（厚0.5～2.0mm土工膜）</td></tr>
<tr><td>3</td><td colspan="2">厚度平均偏差/%</td><td colspan="2">≤6
（厚0.3～1.5mm土工膜）</td><td>≤10
（厚0.5～2.0mm土工膜）</td></tr>
<tr><td>4</td><td colspan="2">拉伸强度（纵/横）/MPa</td><td colspan="2">≥16/≥13</td><td></td></tr>
<tr><td>5</td><td colspan="2">断裂伸长率（纵/横）/%</td><td colspan="2">≥220/≥200</td><td></td></tr>
<tr><td>6</td><td colspan="2">撕裂强度（纵/横）/(N/mm)</td><td colspan="2">≥40</td><td></td></tr>
<tr><td>7</td><td colspan="2">断裂强力（纵/横）/(kN/5cm)</td><td colspan="2"></td><td>0.5～2.0</td></tr>
<tr><td>8</td><td colspan="2">撕裂负荷（纵/横）/N</td><td colspan="2"></td><td>≥40</td></tr>
<tr><td>9</td><td colspan="2">低温弯折性（－20℃）</td><td colspan="2">无裂缝</td><td>无裂缝</td></tr>
<tr><td>10</td><td colspan="2">尺寸变化率（纵/横）/%</td><td colspan="2">≤5</td><td>≤5</td></tr>
<tr><td>11</td><td colspan="2">抗渗强度/MPa</td><td>0.3mm/0.5
0.5mm/0.5
0.8mm/0.8
1.0mm/1.0
1.5mm/1.5</td><td>0.6mm/0.5
0.8mm/0.8
1.0mm/1.0
1.5mm/1.5
2.0mm/1.5</td><td>0.5mm/0.5
0.8mm/0.8
1.0mm/1.0
1.5mm/1.5
2.0mm/1.5</td></tr>
<tr><td>12</td><td colspan="2">渗透系数/(cm/s)</td><td colspan="2">≤10⁻¹¹</td><td>≤10⁻¹¹</td></tr>
<tr><td rowspan="5">13</td><td rowspan="5">热老化处理</td><td>外观</td><td colspan="2">无气泡，不黏结，无孔洞</td><td>无气泡，不黏结，无孔洞</td></tr>
<tr><td>拉伸强度相对变化率（纵/横）/%</td><td colspan="2">≤25</td><td></td></tr>
<tr><td>断裂伸长率相对变化率（纵/横）/%</td><td colspan="2">≤25</td><td></td></tr>
<tr><td>断裂强力相对变化率（纵/横）/%</td><td colspan="2"></td><td>≤25</td></tr>
<tr><td>低温弯折性（－20℃）</td><td colspan="2">无裂缝</td><td></td></tr>
</table>

参　考　文　献

[1] 邢小平. 泰安抽水蓄能电站上水库复合土工膜施工技术研究［J］. 水力发电，2003（4）：41-43.
[2] 苏虹，李岳军，万文功. 泰安抽水蓄能电站上水库土工膜防渗设计［J］. 水力发电，2001（4）：19-21.
[3] 何小军. 泰安抽水蓄能电站上水库防渗方案及其效果分析［J］. 大坝与安全，2007（3）：36-39.
[4] 何世海，吴毅谨，李洪林. 土工膜防渗技术在泰安抽水蓄能电站上水库的应用［J］. 水利水电科技

进展，2009，29（6）：78－82.
[5] 吴毅谨，陈益民，吴喜艳. 山东泰安抽水蓄能电站上水库蓄水安全鉴定设计自检报告［R］. 华东勘测设计研究院有限公司，2008.
[6] 宁永升，李国权，孙念祖. 溧阳抽水蓄能电站上水库库底防渗设计［J］. 水力发电，2013（3）：35－37.
[7] 石含鑫，胡育林，常姗姗. 土工膜在溧阳抽水蓄能工程中的应用［C］//第四届全国土工合成材料防渗排水学术研讨会，2015.
[8] 石含鑫，胡旺兴，王小平，等. 江苏溧阳抽水蓄能电站上水库蓄水验收设计自检报告［R］. 中南勘测设计研究院有限公司，2015.
[9] 孟祥科. 冲绳海水抽水蓄能电站［J］. 山东电力技术，1999（2）：75－77.

第6章 尾矿库（灰渣库）防渗设计与施工

6.1 概 述

6.1.1 尾矿库（灰渣库）膜防渗技术进展

尾矿库作为矿山企业生产的三大重要设施之一，具有环境保护、安全防护和水土保持的功能。近年来，随着我国环境保护法律法规逐渐健全，人民的环境保护意识也日益提高，建设项目对环保的要求也越来越高，尾矿库的环保防渗重要性日益凸显，成为制约矿山企业发展的一大瓶颈。加强尾矿库的防渗技术研究，精心设计、精心施工，是减少尾矿库对环境污染、切实保护环境的重要措施。

新中国成立后，我国尾矿库防渗技术大概经历了3个发展阶段。

（1）第一阶段：新中国成立至20世纪90年代。这一时期尾矿库防渗设计和施工无法可依、无章可循，认为尾矿属于“一般工业固体废物”，大部分尾矿库未采取任何防渗措施，仅对含铀、高砷等有剧毒害物质的尾矿库采取防渗措施。20世纪80年代《有色金属工业固体废物污染控制标准》（SB 5085—1985）规定：pH值超出6～9，含氰化物、含有毒物质必须采取防渗措施。限于当时行业技术发展水平，尾矿库防渗标准参照水库工程，初期坝及尾矿库地基的渗透系数$k \leqslant 10^{-5}$cm/s。此时尾矿库防渗特点：①初期坝一般为均质黏土坝、浆砌石坝等不透水坝；②尾矿库地基为第四系坡积层或者微风化的岩层；③如达不到①、②要求，则在库区铺设厚度不足0.2mm的塑料薄膜。

（2）第二阶段：20世纪90年代至21世纪初期。1991年，《选矿厂尾矿库设施设计规范》（ZBJ1-90）发布，但对尾矿库环保防渗标准没有明确。1998年，《土工合成材料应用技术规范》颁布，为尾矿库防渗工艺的设计、施工提供了标准和技术指南，相应尾矿库防渗技术标准提高，由$k \leqslant 10^{-5}$cm/s提高至$k \leqslant 10^{-7}$cm/s，达到了欧美等发达国家的环保标准。在防渗材料方面，国产土工合成防渗材料由于性能、价格等方面的优势，开始逐渐应用于尾矿库防渗工程中。

在此时期，尾矿库防渗工程逐渐规范的同时，也存在误区：①如尾矿属于“一般工业固体废弃物”，尾矿库就无需防渗，且符合环境保护要求；②全库区水平防渗优于垂直防渗。

（3）第三阶段：21世纪初至2017年。近十几年来，随着材料制造、理论研究、设计理念、施工技术的全面进步，尾矿库重视环保的理念深入人心，关于尾矿库防渗环保的法律法规及技术标准更加完善。2013年，《尾矿设施设计规范》（GB 50863—2013）颁布，由原行业规范上升为国家规范，体现了国家对尾矿库安全环保的重视，其中第13章专门论述了尾矿设施的环保设施，同时在尾矿库防渗工程技术领域也统一了以下认识。

1）一般工业固体废物分为第Ⅰ类一般工业固体废物和第Ⅱ类一般工业固体废物，如尾矿属于第Ⅰ类一般工业固体废物，其尾矿库无须采取防渗措施，如尾矿属于第Ⅱ类一般工业固体废物，其尾矿库必须采取防渗措施，渗透系数 $k \leqslant 10^{-7}$ cm/s，如采用土工膜防渗，其厚度不低于 1.5mm。

2）尾矿库可以采取水平防渗、垂直防渗或联合防渗型式，具体防渗工艺的选择需根据尾矿库所在区域的工程地质、水文地质条件进行技术、经济综合比选。

综上所述，我国尾矿库防渗技术的发展经历了 3 个阶段，从最初无法可依、无章可循，到参考借鉴水利、市政卫生行业，再到形成行业标准规范，使得尾矿库防渗技术有法可依、有章可循，走向规范化发展阶段。

6.1.2 尾矿库膜防渗适用条件与特点

尾矿库一旦发生渗漏，轻则污染河流，影响下游生态环境，重则危害人民生命财产安全。此外，对于已发生渗漏的尾矿库，查找渗漏点和采取补救措施的难度往往较大，费用颇高，因此，保障尾矿库的前期防渗方案的合理性和施工质量的可靠性至关重要。

目前，尾矿库防渗型式主要有水平防渗和垂直防渗两种，其中水平防渗采用全库盘土工膜铺设，广泛适用于各种地质条件；垂直防渗采用开槽铺设土工膜方式截断渗漏通道，适用于具有天然优良防渗地层仅需要在局部人工防渗的库区。

水平防渗型式的特点如下。

（1）地基条件复杂。尾矿库一般处于山区，库区周边很难找到符合要求的黏土，且库区砾石、石块及尖锐凸起较多，给铺膜防渗地基处理带来很大困难，有时候地基处理的费用相当高。

（2）发生渗漏概率大。矿山企业在服务年限内（一般 10 年以上）会产生大量尾矿，进入地表尾矿库堆存过程中占地面积较大（几十万平方米至上百万平方米），施工过程中出现缺陷渗漏的可能性大大增加。据统计，每平方千米土工膜渗漏点多达 500～2000 个，且渗漏点的尺寸比欧美国家的漏洞尺寸大很多。

（3）施工成本高。尾矿库面积大，水平防渗铺膜费用高昂，占尾矿库总投资比重大。例如：中国铝业股份有限公司河南分公司第五赤泥库水平防渗的投资高达 12523.30 万元，占工程费用 24221.11 万元的 51.7%；贵州锦丰金矿二期尾矿库水平防渗投资 743 万元，占工程费用 2307 万元的 32.2%；内蒙古呼伦贝尔经济开发区有色冶炼渣堆场水平防渗投资 4613 万元，占工程费用 14479 万元的 31.9%。

因此，为降低基建投资，实际工程中，根据尾矿库的服务年限和实际地形条件，尾矿库水平防渗可选择分期方式施工，例如可以先施工至某标高以下，存储 3～5 年，再开挖台阶形成二期、三期等。

相比水平防渗，尾矿库垂直防渗由于仅在局部截断渗漏通道，因此只有在尾矿库底部存在不透水层或厚的弱透水层时，方能满足环保防渗基本要求。此外，垂直防渗具有工程量小、投资省的优势。因此，在工程地质条件具备时，经充分论证，可采用垂直防渗型式。

6.1.3 相关规范

（1）《尾矿设施设计规范》（GB 50863—2013）。

（2）《土工合成材料应用技术规范》（GB/T 50290—2014）。

（3）《一般工业固体废物贮存、处置场污染控制标准》（GB 18599—2012）。

（4）《防渗系统工程施工及验收规范》（Q/SY 1—2003）。

6.2 尾矿库膜防渗结构设计

6.2.1 尾矿库膜防渗总体布置及要求

尾矿作为一种易污染环境的工业废物，尤其是有些尾矿作为Ⅱ类一般工业废弃物，必须做防渗处理。尾矿库作为一个储存尾矿的场所，其典型平面布置示意图见图 6.2-1。尾矿库防渗一般分为 3 部分：库区防渗、初期坝上游坡面防渗以及下游截渗坝防渗，见图 6.2-2。

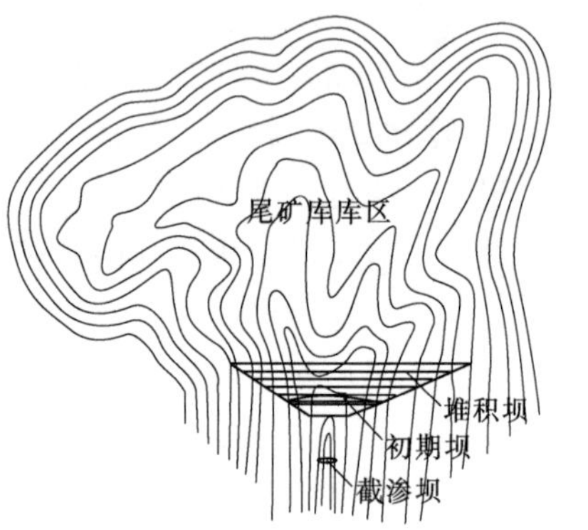

图 6.2-1 典型尾矿库平面布置示意图

（1）库区防渗。整个尾矿库库区采用水平防渗，可采用黏土、土工膜、复合土工膜、GCL 和土工膜联合防渗等。

（2）初期坝上游坡面防渗。为不透水坝，防渗型式与水利工程中土石坝上游坝面防渗类似，可以采用黏土或土工膜防渗。

（3）下游截渗坝防渗。为防止库区渗漏、收集堆积坝坝坡雨水、进一步保护环境，常在初期坝下游一定距离，设置截渗坝，截渗坝一般采用垂直防渗型式，利用混凝土防渗墙、帷幕灌浆、土工膜垂直防渗或 GCL 复合垂直防渗与库内水平防渗形成一严密闭合的防渗系统。

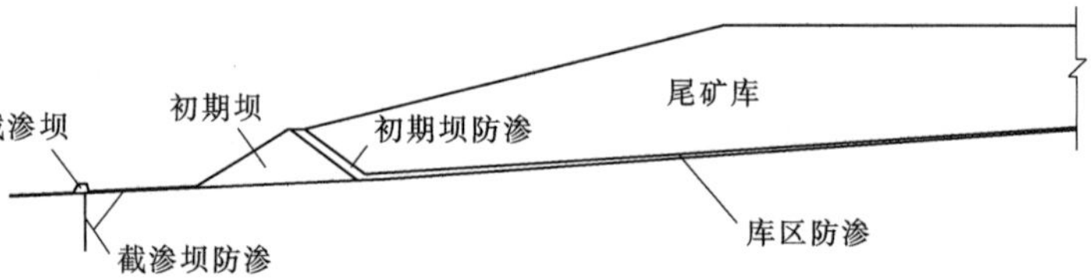

图 6.2-2 典型尾矿库防渗纵剖面图

6.2.1.1 库区防渗

尾矿库一般位于山区，且大多占地面积较大，库区防渗的地基处理一般比较复杂，施工难度大。因此需要根据排放尾矿的性质、库区的地形、工程地质及水文地质条件，按照国家规范的要求，做好相应的防渗工作。库区防渗分为全库区防渗和局部库区防渗。

全库区防渗需要考虑的因素有：①尾矿为Ⅱ类一般工业废弃物，规范要求必须防渗，使尾矿库形成一个封闭的场所；②尾矿为Ⅰ类一般工业废弃物，但当地环境保护有特殊的要求；③尾矿库所占总面积不大或者服务年限较长，防渗可以分期实施。

在一般情况下，尾矿库全库区水平防渗耗资巨大，且大多数情况尾矿属于Ⅰ类一般工业废弃物，这时可以考虑库区局部防渗。

局部防渗需要考虑的因素有：①尾矿为Ⅰ类一般工业废弃物，当地环境保护没有特殊要求；②库区两岸山体较陡，边坡防渗地基及施工难度大，适宜做库底硬化防渗处理。

6.2.1.2　初期坝防渗

初期坝作为尾矿坝的稳定支撑体，传统透水坝型式有助于降低尾矿坝的浸润线，提高尾矿坝的安全稳定性，但尾矿库内的尾矿水及雨水会通过初期坝渗透到下游，形成坝下渗水，特别是在尾矿库投入使用的初期，库内尚未形成干滩，尾矿水大量从初期坝渗出，携带尾砂造成跑混现象，对下游环境造成不利影响，严重者需停产治理，因此环境要求严格时，初期坝上游面可考虑采用防渗处理。根据尾矿特性和当地筑坝材料特性，初期坝防渗可采用全坝面防渗和局部防渗。

（1）全坝面防渗。尾矿为Ⅱ类一般工业废弃物或者含有剧毒物质，如氰化物等，必须将坝体和尾矿库整个库底库盘形成封闭的库区，不允许尾矿渗漏。此时尾矿坝的筑坝方法一般不利用尾砂筑坝，而是利用初期坝一次筑坝或一次筑坝分期实施。初期坝坝型类似于水利工程水坝，常用的有上游面防渗的土石坝、均质黏土坝等。

（2）坝面局部防渗。如尾矿为Ⅰ类一般工业废弃物，初期坝型一般为堆石坝，综合考虑当地环保要求，可考虑在初期坝的上游面 1/3～2/3 坝高位置采用土工膜防渗、库底做排渗处理，形成初期坝上部透水堆石体，有效降低浸润线，下部防渗体保护环境。

6.2.1.3　截渗坝防渗

近年来，随着国家对环保要求的提高及公众环保意识的增强，可考虑在初期坝下游一定距离设置截渗坝，以进一步拦截堆积坝坡面汇水和库内渗水，保护环境。

截渗坝一般不高，约 5～10m，坝型可采用混凝土重力坝和碾压土石坝，混凝土坝做好分缝止水，碾压土石坝上游面防渗执行《碾压式土石坝设计规范》（SL 274—2001，DL/T 5395—2009）等标准，截渗坝重点是做好坝基垂直防渗。

垂直防渗型式有防渗墙、帷幕灌浆、防渗墙＋帷幕灌浆、垂直铺膜防渗、GCL 复合垂直防渗等。防渗墙和帷幕灌浆的设计参照相关规范，这里重点论述与土工合成材料相关的垂直防渗技术。

6.2.2　尾矿库膜防渗结构

尾矿应根据国家标准《一般工业固体废物贮存、处置场污染控制标准》（GB 18599）、《危险废物鉴别标准》（GB 5085）、《国家危险废物名录》的有关规定分为第Ⅰ类一般工业固体废物、第Ⅱ类一般工业固体废物和危险废物。

在对尾矿库进行防渗设计之前，应首先对尾矿的性质进行分类，对不同的性质的尾矿库执行不同的环保防渗标准，根据《尾矿设施设计规范》（GB 50863—2013），尾矿库可划分为 3 类，堆存第Ⅰ类一般工业固体废物的尾矿库为Ⅰ类库，堆存第Ⅱ类一般工业固体废物的尾矿库为Ⅱ类库，堆存危险废物的尾矿库为危险废物库。这里主要论述Ⅱ类库的防渗设计与施工，尾矿作为危险废物较少，具体可参考危险废物相关的处置规范。

尾矿库的防渗系统设计应满足下列技术条件：①应能将尾矿及尾矿水域周围地下水及土壤隔离；②具有一定的物理力学性能；③具有抗化学腐蚀的能力；④具有抗老化的能力；⑤具有抵抗环境变化的能力；⑥覆盖尾矿库场底和四周边坡形成完整的防渗隔离屏障；⑦有效的地下水导排系统；⑧设置固定防渗材料的锚固平台和锚固沟；⑨尾矿库场底

基础及边坡应经过平整，并且确保不会因尾矿的堆载而产生不均匀沉降导致防渗膜的破坏。

《尾矿设施设计规范》(GB 50863—2013) 规范规定：Ⅱ类库应符合环保要求，防止尾矿库的尾矿及尾矿水对地下水和地表水产生污染，并防止地下水进入尾矿库。Ⅱ类库的环保防渗要求：库的底部和周边应具有一层防渗系统，并具备相当于一层饱和渗透系数不大于 1.0×10^{-7}cm/s、厚度不小于1.5m的黏土层的防渗性能。

防渗层材料要求：黏土等天然材料；土工膜、复合土工膜等土工合成材料及钠基膨润土防水毯等复合防渗材料。Ⅱ类库采用的防渗材料材质、类型及厚度的选择，应按材料上水头大小、尾矿性质及材料上堆积荷载和铺设条件等确定。

防渗层结构：单层压实天然黏土或改性黏土；土工膜与压实黏土复合防渗结构；土工膜与膨润土防渗毯复合防渗结构。

土工膜的厚度不应小于1.5mm，并满足设计要求的物理力学性能、水力学性能和耐久性能要求。

6.2.2.1 库区防渗结构

尾矿库一般处于山区，大面积及要求一定厚度的黏土层一般难以找到，库区内天然土层一般达不到防渗要求。根据规范要求，在尾矿库库区，常采用的防渗结构型式主要有两种：土工膜单层防渗结构和复合防渗结构。

(1) 土工膜单层防渗结构。从下到上依次为：平整压实后基础层、土工织物、土工膜、土工织物，具体见图6.2-3 (a)；或者从下到上依次为：平整压实后基础层、复合土工膜（两布一膜），具体见图6.2-3 (b)。

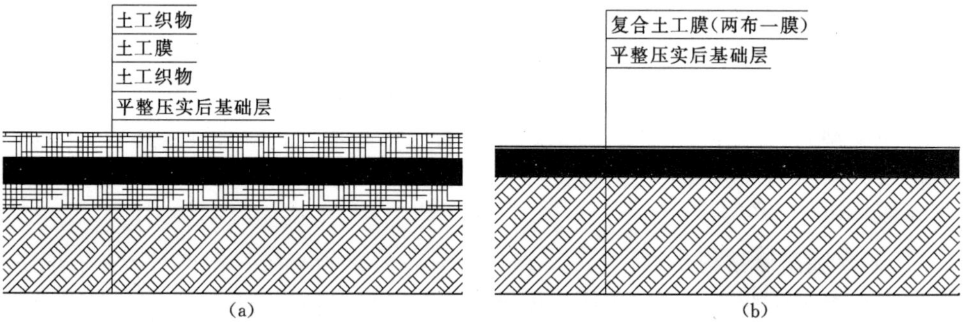

图6.2-3 库区土工膜单层防渗结构示意图

单层防渗结构适用于库区尖锐石块较少、相对黏粒土壤层丰富、地基碾压平整容易、库区周边工程地质及水文地质条件简单的情况。

(2) 复合防渗结构。为进一步防止尾矿渗漏，保护环境安全，采用土工膜与膨润土防水毯 (GCL) 复合防渗结构，具体见图6.2-4。从下到上依次为：平整压实后基础层、膨润土防水毯 (GCL)、土工膜、土工织物。

土工膜与GCL复合防渗结构适用于库区砾石较多，黏粒及土壤较少，地基碾压平整困难，库区周边工程地质及水文地质条件较复杂的情况，此防渗结构型式须在GCL下面设置排渗盲沟等导排系统。

6.2.2.2 初期坝防渗结构

(1) 透水初期坝。尾矿库（灰渣库）的初期坝一般为透水堆石坝，其透水性能好，可降低尾矿坝浸润线，加快尾矿固结，有利于尾矿坝的稳定。近年来，出于当地严格保护环境的需要，在初期坝上游面 1/3～1/2 坝高处下部设置防渗层、上部设置排水反滤层，形成初期坝上游面下部防渗上部排水反滤的型式。

初期坝土工膜防渗层包括防护层、上垫层、土工膜、下垫层、支持层，见图 6.2-5。

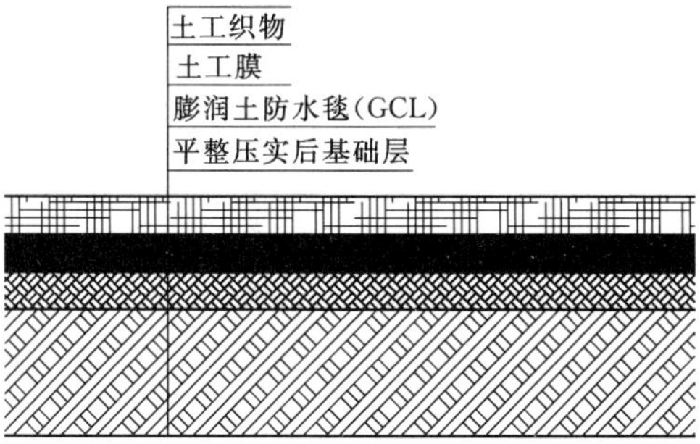

图 6.2-4　库区土工膜复合防渗结构示意图

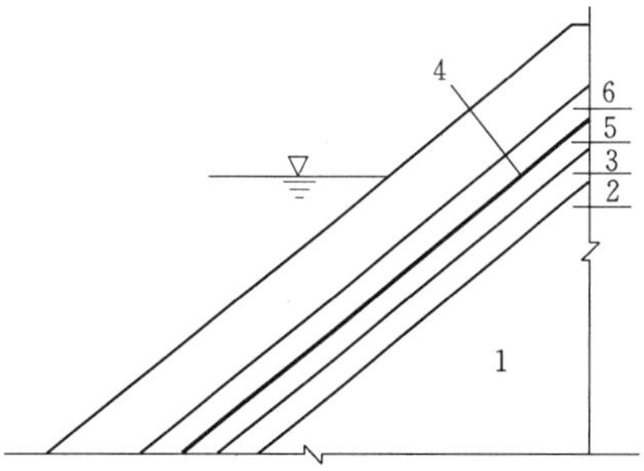

图 6.2-5　初期坝土工膜防渗结构
1—坝体；2—支持层；3—下垫层；4—土工膜；5—上垫层；6—防护层

（2）不透水初期坝。在一定条件下，初期坝也可做成不透水坝，坝型为土石坝或堆石坝，这类初期坝与水库类似，上游面防渗与库区防渗连接成一整体。防渗型式与土石坝防渗型式一样，在此不再赘述。

不透水初期坝适用条件如下：

1）尾矿颗粒太细而不能堆坝，采用库尾放矿方式较为经济时。

2）尾矿水含有有毒物质，须防止尾矿水对下游产生危害时。

3）要求尾矿库回水，而坝下回水不经济时。

6.2.2.3　截渗坝防渗结构

近年来，随着国家对环保要求的提高及公众环保意识的增强，在初期坝下游一定距离设置截渗坝，以进一步拦截堆积坝坡面汇水和库内渗水，保护环境。

1. 上游面防渗

截渗坝一般坝高较小，坝型可采用混凝土重力坝或碾压土石坝，混凝土坝做好分缝止水，碾压土石坝上游面防渗执行《碾压式土石坝设计规范》（SL 274—2001，DL/T 5395—2009）等标准，做法与初期坝上游面防渗处理相同。截渗坝重点是做好坝基垂直防渗。

2. 垂直铺膜防渗

垂直铺膜防渗已在尾矿库防渗中应用。垂直铺膜是采用机械成槽和泥浆固壁的方法，在需防渗的部位开一竖直的窄槽，宽度一般不大于 30cm，然后用铺膜机或人工方法将土工膜竖直地连续地铺入槽中，最后在膜的一侧填土（或砂）入槽并压实。

垂直铺膜防渗的适用条件如下：

（1）综合考虑透水层工程地质条件及开槽机能力。

（2）透水层厚度不宜太大，一般在 12m 以内，或通过努力开槽深度可以达到 16m。

国外有达到20m深的记录。

(3) 透水层中颗粒粒径不能太大，大于5cm的颗粒含量应不超过10%（按重量计），其中少量大石块的最大粒径为15cm，或不超过开槽设备允许的尺寸。

(4) 透水层特性及其中水位，应能满足泥浆固壁的要求。

(5) 透水层底存在岩石硬层、不透水层或厚弱透水层。

3. GCL复合垂直防渗屏障

根据天津中联格林科技发展有限公司提供的资料，GCL复合垂直防渗屏障（GCL Composite Vertical Anti-seepage Barrier）利用挖槽机械，在松散透水地基或坝（堰）体中开挖沟槽，以泥浆固壁，沿沟槽迎水侧或两侧垂直铺设GCL复合构件，然后在槽内回填黏土—膨润土泥浆或其他防渗材料筑成具有防渗功能的地下连续墙。此为一新技术，在尾矿库垂直防渗中还罕有应用。

所用GCL应具有良好的物理性能、防渗性能，涉及GCL包装、运输、存放、性能及检测等方面要求按照《钠基膨润土防水毯》(JG/T 193—2006) 的规定执行。GCL物理力学性能指标可见标准JG/T 193—2006或见附表C-1。

当特殊项目要求整个防渗系统渗透系数比特殊项105cm/s更高时，可选用粉末型GCL或覆膜型GCL。

根据沟槽深度的不同，GCL的拉伸强度不同。当沟槽深度小于15m，选用GCL拉伸强度大于8kN；当沟槽深度大于15m、小于25m，需选用加强型GCL，拉伸强度要大于10kN；当沟槽深度大于25m、小于35m，需选用加强型GCL，拉伸强度要大于15kN；当沟槽深度超过35m时，需选用特殊加强型GCL。

应用环境不同时，选用不同的GCL。应用环境为含钙镁等多价阳离子碱性土质时，应选用耐盐碱型GCL；应用环境为含重金属污染土质时，应选用抗重金属污染型GCL；应用环境为有机化学物质污染土质时，应选用耐有机污染型GCL。

6.2.2.4 顶部封场防渗结构

当尾矿库运行至终期，对于一般Ⅱ类尾矿库以及危险废弃物尾矿库，需对尾矿库滩顶以及堆积坝外坡采取防渗封场处理，防止雨水下渗，尽量减少尾矿渗滤液的产生，从而减少尾矿中重金属等有害物质的流失扩散，同时在防渗层上部进行覆土和植被恢复。

对滩顶和坝外坡进行平整压实后采取铺膜、覆土和植被措施，并设置网状排水沟，及时将地表水排出库外，防止雨水冲刷和入渗。对于湿法排放的尾矿库封场前应将库内积水排干，待晾晒干燥后方能进行平整压实，对于干堆场尾矿库可直接对滩顶和坝外坡进行平整压实后进行封场处理。

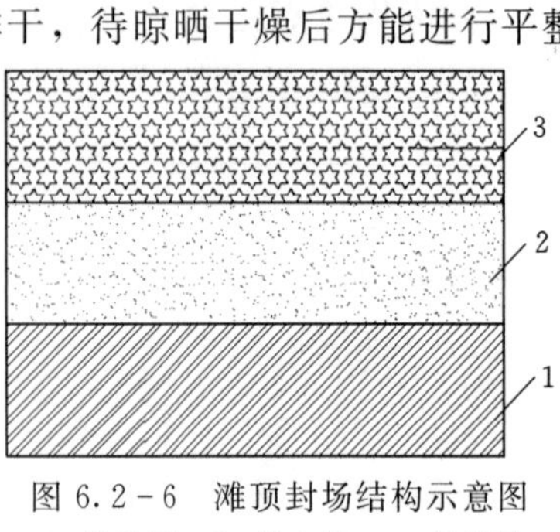

图 6.2-6 滩顶封场结构示意图
1—防渗层；2—排水层；3—植被层

尾矿库封场覆盖结构（图6.2-6）各层由下至上依次为：防渗层、排水层和植被层。尾矿库封场覆盖应符合下列规定：

(1) 防渗层。采用黑色的、加防老化添加剂的HDPE土工膜或同等防渗性能的材料作为隔水层，厚度不应小于1.0mm，膜上应敷设非织造土工织物，规格不宜小于300g/m^2，滩顶可采用光面土工膜，坝坡应采用双糙面土工膜，土工膜幅宽宜选用 6～8m。

（2）排水层。滩顶宜采用粗粒或多孔材料，厚度不宜小于 30cm。边坡宜采用土工复合排水网，厚度不应小于 5mm；也可采用加筋土工网垫，规格不宜小于 600g/m^2。

（3）植被层。应采用自然土加表层营养土，厚度应根据种植植物根系深浅确定，厚度不宜小于 50cm，其中营养土厚度不宜小于 15cm。

6.3　防渗膜设计

6.3.1　不同防渗区域的土工膜选择

6.3.1.1　库区

防渗层是尾矿库（灰渣库）防渗系统的关键部位，选择合理的防渗型式需根据库区的工程地质与水文地质条件、尾矿库最终堆高、运行方式等，考虑安全、环保、投资及施工等多方面因素综合比较得出。

1. 土工膜选择

由于 PE 膜化学性质稳定，不易遭尾矿腐蚀，因此，在尾矿库防渗设计及工程实践中应用较为广泛。此外，《水工设计手册》也指出，在物理性能、力学性能、水力学性能相当的情况下，大面积土工膜施工时，应尽量选用 PE 膜。PE 膜为热焊，施工质量较稳定，焊缝质量易于检查，施工速度快，工程费用较低。据笔者所了解，国内尾矿库（灰渣库）防渗常采用 HDPE 膜、复合土工膜，国外工程不同部位有的采用 LDPE 膜。

2. 土工膜厚度选择

关于土工膜厚度选择，目前有两种主张：①主张采用厚膜（膜厚大于 1.0mm），以欧洲国家居多；②主张采用薄膜（膜厚小于 1.0mm），以南美、北美国家居多。

在我国尾矿库防渗中，根据《尾矿设施设计规范》（GB 50863—2013）要求：单层土工膜防渗土工膜厚度应不小于 1.5mm。设计实践中多采用较厚的 HDPE 膜。如采用复合土工膜，膜厚度可适当减小，但必须满足《土工合成材料应用技术规范》（GB 50290—1998）关于“对于重要工程，选用的土工膜厚度不应小于 0.5mm”的要求。

6.3.1.2　初期坝

初期坝防渗土工膜需具有良好的均匀性和防渗性。已建工程应用较多的是 HDPE 膜，其物理力学性能、水力学性能均能满足要求，且幅宽比较宽，相应的接缝就比较少，施工质量有保证，而且速度快。

6.3.1.3　截渗坝

土工膜垂直防渗材料可选用聚乙烯土工膜、复合土工膜或塑料排水板等，膜厚不小于 0.5mm，幅间热熔法焊接。

垂直铺膜属隐蔽工程，无法直接检验铺膜质量，做好土工膜单片与单片之间接头连接，是保证工程质量的关键。一般采用搭接，搭接长度与防渗深度有关，最短不小于 1m。在 10m 深度以下搭接，有一定难度。

6.3.2 防渗膜性能指标

6.3.2.1 HDPE土工膜

在尾矿库防渗工程中，HDPE土工膜应用广泛。其特点如下：

(1) 化学稳定性。防渗层的化学稳定性对环保工程至关重要，而HDPE是所有土工膜中化学稳定性最好的，尾矿对HDPE膜基本没有腐蚀。

(2) 低渗透性。HDPE的低渗透性可确保地下水不会渗过衬垫，尾矿水也不会透过HDPE膜，保证地下水的安全。

(3) 紫外线的稳定性。HDPE膜具有良好的抗紫外线老化特性，这对于尾矿库的大面积防渗来说非常有益。

(4) 力学强度高。HDPE有较高的抗拉、抗刺破、抗顶破强度。

普通高密度聚乙烯土工膜（GH-1型）技术性能指标可见《土工合成材料　聚乙烯土工膜》(GB/T 17643—2011)，或见附表B-1。

6.3.2.2 LDPE/LLDPE土工膜

在尾矿库防渗工程中，低密聚乙烯与线性低密度聚乙烯（LDPE/LLDPE）土工膜也经常应用，LDPE/LLDPE相对HDPE有很好的柔韧性，与不均匀或不平整表面较易贴合，其特性如下：

(1) 多向拉伸特性。有较高延伸率，能适应不均匀沉降和不均匀的表面而不损害其完整性。

(2) 抗穿刺。柔韧性好，有良好抗穿刺性，能很好地适应砾石和其他不平整的地基。

(3) 抗应力裂缝。相对不受应力裂缝的影响。

(4) 化学稳定性。其化学稳定性仅次于HDPE。

(5) 低渗透性。渗透性同样非常低。

(6) 紫外线稳定性。仅次于HDPE，有良好抗紫外线性能。

低密度聚乙烯土工膜（GL-1型）技术性能指标可见《土工合成材料　聚乙烯土工膜》(GB/T 17643—2011)，或见附表B-1。

6.3.2.3 复合土工膜

复合土工膜是用土工织物与土工膜结合而成的不透水材料，其防渗性能主要取决于土工膜的防渗性能。复合土工膜有单面复合土工膜（一布一膜）和双面复合土工膜（两布一膜），还有多布多膜等复合土工膜等。

复合土工膜有如下特点：

(1) 与有纺土工布复合，可对土工膜加筋，保护膜不受运输或施工期间的外力损坏。

(2) 与无纺土工布复合，不仅可以对膜进行加筋和保护，还可起到排水排气的作用，同时提高膜面的摩擦系数，有利于边坡铺膜的稳定性。

复合土工膜在尾矿库防渗工程中应用很广，当复合土工膜两面接触介质都有棱角的粗粒料时，选用双面复合土工膜；若接触介质一面有棱角的粗粒料，另一面为粗中砂或土，则可选用单面复合土工膜。

非织造布复合土工膜基本项技术要求、耐静水压指标可见《土工合成材料　非织造布复合土工膜》(GB/T 17642—2008)，或见附表C-2和附表C-3。

6.4　防渗膜的铺设与拼接

6.4.1　防渗膜铺设工艺与技术要求

（1）铺膜前，基层要清除干净，做到无杂物，无坚硬物，做好总体规划，根据地形，做好下料顺序和裁剪。

（2）大面积铺膜时，尽量在温暖干燥天气下进行，防止土工膜低温收缩，如有条件，可在相近温度下进行，防止接缝处热胀冷缩不均产生鱼嘴形孔。

（3）大片膜材的铺设数量不得大于当天所能焊接的数量，同时要在大片边缘待接缝处，每隔 2～5m 设 20～50kg 的沙袋，成行放置，防止滑动及风吹失稳、破坏。

（4）坡面铺设，由下向上顺序铺设，土工膜应自然松弛，与支持层贴实，不宜褶皱，悬空；张弛适度，不得紧绷。

（5）土工膜铺设时要按设计规范保证搭接宽度，HDPE 土工膜热熔焊接的搭接宽度为 100mm，挤出焊接的搭接宽度为 75mm。

6.4.2　防渗膜拼接工艺与技术要求

两幅土工膜之间的接缝应采用加热焊接：热熔焊接和挤压焊接。热熔焊接通常用于长缝焊接，挤压焊接则用于修补以及一些不能用热熔焊接的地方。需要说明的是，在尾矿库大规模焊接前，试焊工作非常重要，应取约 100cm 长、20cm 宽的膜条试焊，直至确定合格的焊接参数。合格标准为剥离与拉伸强度均达到要求，且焊接宽度均匀，通过试焊得到以气温为参数的焊温-焊接速率曲线，供实际焊接时查用。

焊接质量检测要求：①对热熔焊接，每条焊缝应进行气压检测，合格率应达到 100%；②对挤压焊接，每条焊缝应进行真空检测，合格率应达到 100%；③焊缝破坏性检测，每 1000m 焊缝取 1 个 1000mm×350mm 样品做强度测试，合格率 100%。

（1）热熔焊接气压检测标准。焊缝施工完毕后，将焊缝气腔两端封堵，用气压检测设备对焊缝气腔加压至 250kPa，维持 3～5min，气压不应低于 240kPa，然后在焊缝的另一端开孔放气，气压表指针能够迅速归零视为合格。

（2）挤压焊接真空检测标准。用真空检测设备直接对焊缝待检部位施加负压，当真空罩内气压达到 25～35kPa，焊缝无任何泄露视为合格。

（3）焊缝破坏性检测。对破坏性试样进行室内实验分析（取样位置应立即修补），定量检测焊缝强度质量。焊缝强度合格标准见表 6.4-1。

表 6.4-1　热熔及挤出焊缝强度判定合格标准值

厚度/mm	剪切		剥离	
	热熔焊/(N/mm)	挤出焊/(N/mm)	热熔焊/(N/mm)	挤出焊/(N/mm)
1.5	21.2	21.2	15.7	13.7

注　测试条件：25℃，50mm/min。

6.4.3　土工膜施工后防漏控制

用于尾矿库环保防渗的土工膜是一种非常有效、质量稳定的防渗材料，但在施工过程中必然会产生破损漏洞，如果不找出漏洞并对其进行修补，则尾矿库会由环境保护工程变成一个长期的重大污染源。因此，土工膜施工必须科学规划，严格施工程序，在施工完成后，需要有相应的措施检测土工膜破损漏洞的分布及尺寸大小，以指导土工膜漏洞修补工作，确保土工膜的水力防渗性，从而提高尾矿库环保防渗的可靠性，减少或避免因尾矿、尾矿水渗漏对环境造成的破坏。

土工膜漏洞控制是库区防渗的关键，通过分析国内外资料，得出以下几点结论：

(1) 所有填埋场的防渗土工膜，由于焊接缺陷和施工机械损伤等原因，造成破损漏洞是不可避免的，即所有尾矿库的防渗土工膜都会渗漏。

(2) 造成土工膜破损孔洞的原因，早期主要是焊缝问题（69%），近期主要是石子造成（71.17%）。

(3) 孔洞位置主要在库区底部。

(4) 绝大部分孔洞是在施工过程中造成的，施工阶段土工膜破损则主要发生在铺设土工膜上碎石导流层时（73%）。

(5) 国外孔洞大小主要在20cm以下（大于85.7%）。

(6) 国内平均孔洞率与USEPA采用的数字相差不大，但是孔洞的尺寸要比USEPA采用的尺寸大，因此按照USEPA资料计算的尾矿库渗漏量比实际渗漏量偏小。

因此，可以推断：在尾矿库防渗膜施工过程中，铺设质量的科学控制以及在施工完成后进行膜漏洞检测并加以修补，是控制尾矿库渗漏关键所在，这样才能确保尾矿库整个防渗系统的防渗效果。

土工膜孔洞的检测方法，国外常用的是“电学渗漏检测法”，有的国家还有相应的技术标准（ASTM D6747）。我国也对电学渗漏检测原理和应用进行了研究，近年又引进了国外电学渗漏检测技术，并在一些填埋场成功应用，说明这项技术有了在我国推广应用的技术基础。从经济上来说，尾矿库一般单层土工膜复合防渗衬垫的造价约为150元/m^2，电学渗漏检测法检漏费用不到防渗衬垫系统费用的2%，具有经济性。

6.5 防渗膜的周边锚固

6.5.1 防渗膜周边锚固工艺

6.5.1.1 相关规范要求

库区（灰渣场）防渗设计一般根据矿山的生产情况及尾矿产量，分期设置，根据尾矿的最终堆积高度，每隔10～15m设一锚固平台，锚固平台靠库一侧设锚固沟，靠山一侧按10年或20年一遇洪水标准设截洪沟，其宽度至少为单车道宽度，考虑铺膜施工需要，一般不低于5.0m，并在山坡较缓处，设置错车平台。

锚固平台的垂直高差依山坡边坡坡度的不同而不同，参照《生活垃圾卫生填埋场防渗系统工程技术规范》（CJJ 113—2007），库区锚固沟设置应符合下列要求：①符合实际地形状况；②边坡的坡高与坡长不宜超过表6.5-1的限制要求。

锚固沟设计应符合下列要求：①锚固沟距离边坡边缘不宜小于800mm；②材料转折处不得存在直角的刚性结构，并应做成弧形结构；③锚固沟断面应根据锚固沟型式，结合

表 6.5-1　　库区边坡的坡高与坡长限制值　　单位：m

边坡坡度	>1：2	1：2～1：3	1：3～1：4	1：4～1：5	<1：5
限制坡高	10	15	15	15	12
限制坡长	22.5	40	50	55	60

实际情况加以计算，不宜小于 800mm×80mm。

当库区地质条件为岩质陡边坡，边坡开挖困难且无法按照既定坡比进行放坡，应考虑采用铆钉直接对土工膜进行锚固。土工膜锚固之前应对岩质陡边坡进行处理，对石块凸出或有凹坑，应将凸出石块挖除或将凹坑填塞密实，保持坡面平顺无大的起伏（按等高线曲率半径不小于 20m 控制），坡角原则上不陡于 1：2.5，不应有明显折坡，岩坡表面起伏高差不应大于 20cm。边坡预处理后进行喷浆处理，并保证喷浆后边坡平顺，每延米范围内起伏不超过 2cm，喷射混凝土的厚度为 10cm。对出露的石崖进行挖除，并对石崖间高低不平的沟槽、陡坎利用开挖料进行碾压回填，使坡面平顺，达到垫层铺设要求。

图 6.5-1、图 6.5-2 和图 6.5-3 分别为边坡锚固平台典型结构图、终场锚固沟典型结构图和岩质陡边坡土工膜锚固结构图。

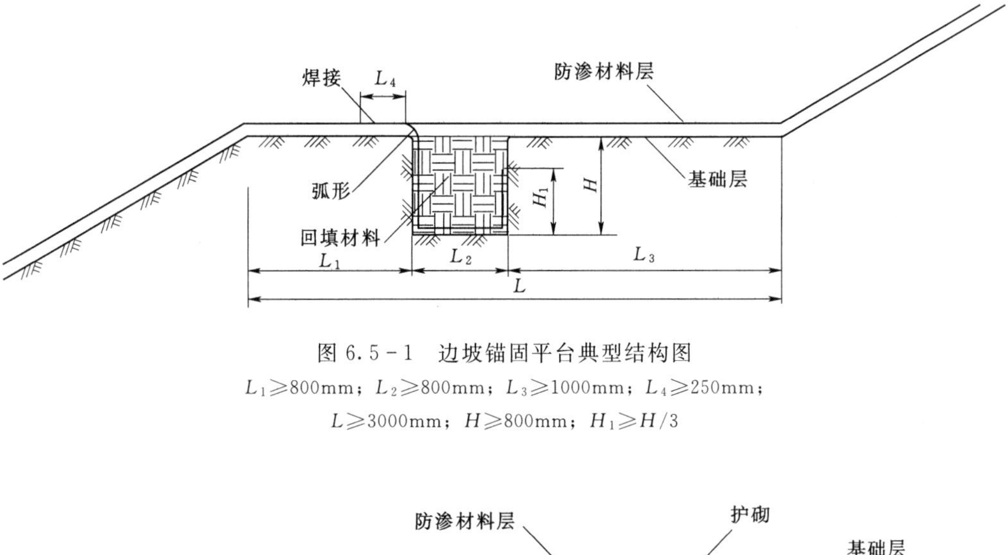

图 6.5-1　边坡锚固平台典型结构图

$L_1 \geqslant 800$mm；$L_2 \geqslant 800$mm；$L_3 \geqslant 1000$mm；$L_4 \geqslant 250$mm；$L \geqslant 3000$mm；$H \geqslant 800$mm；$H_1 \geqslant H/3$

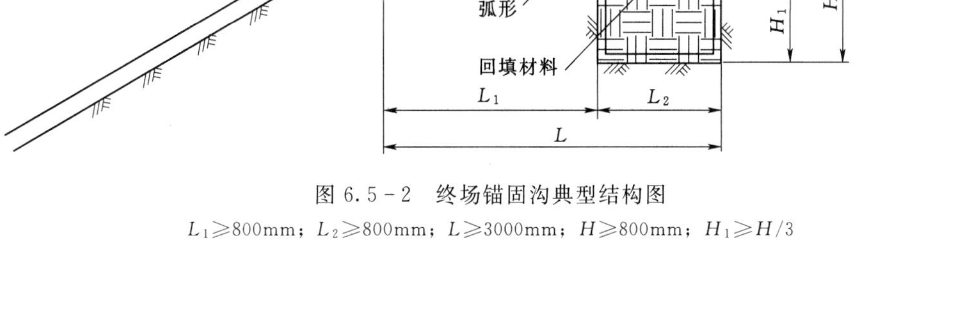

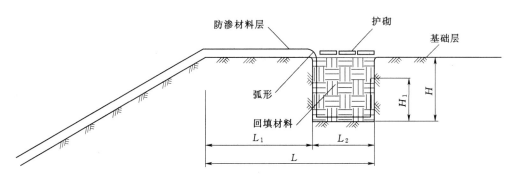

图 6.5-2　终场锚固沟典型结构图

$L_1 \geqslant 800$mm；$L_2 \geqslant 800$mm；$L \geqslant 3000$mm；$H \geqslant 800$mm；$H_1 \geqslant H/3$

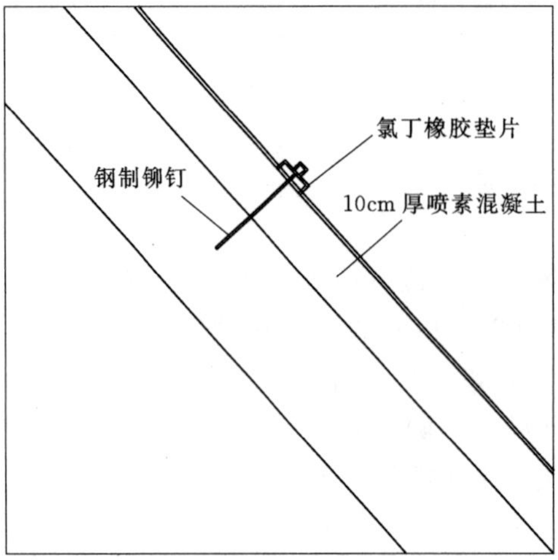

图 6.5-3 岩质陡边坡土工膜锚固结构图

6.5.1.2 锚固沟计算

位于边坡上的土工膜在末端固定时，通常在锚固平台上有一段水平伸出，然后伸进锚固沟内，锚固沟用原状土回填并适当压密。需考虑两种情况：一是只伸出不设锚固沟，二是伸出与锚固沟都考虑。伸出部分和锚固沟的稳定性取决于土工膜上的回填土，它产生了和膜之间的摩擦力。影响锚固沟稳定的关键因素包括：伸出长度、覆盖土厚度、锚固沟形状和深度、土工膜的类型和其上下土层的类型。

1. 不设锚固沟

在初期坝或拦渣坝坝高不太高时，可以考虑将土工膜自坝坡铺至坝顶，坝顶通过覆盖压重而固定土工膜，不在坝顶设锚固沟，此时土工膜的锚固计算简图见图 6.5-4。

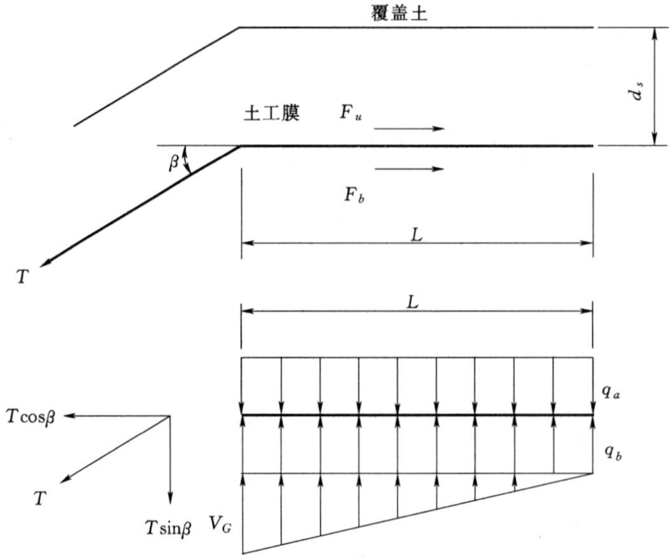

图 6.5-4 土工膜伸出长度计算简图

令

$$\sum F_x = 0 \quad \sum F_y = 0 \tag{6.5-1}$$

则

$$T\cos\beta = F_u + F_b \quad T\sin\beta = \frac{1}{2}V_G \cdot L \tag{6.5-2}$$

其中

$$
\begin{aligned}
&F_u=q_u\cdot L\cdot\tan\delta\\
&F_b=\left(q_b+\frac{1}{2}V_G\right)\cdot L\cdot\tan\delta\\
&q_u=q_b=\gamma_s\cdot d_s\\
&V_G=\frac{2\cdot T\sin\beta}{L}
\end{aligned}
\tag{6.5-3}
$$

土工膜伸出部分上表面的摩擦力 F_u 在实际计算中略去，因为上覆土层可能随着土工膜变形而移动、开裂，丧失整体性，故此部分摩擦力不应考虑。

由式（6.5-1）～式(6.5-3）得出：

$$
L=\frac{T(\cos\beta-\sin\beta\tan\delta)}{\gamma_s\cdot d_s\cdot\tan\delta}
\tag{6.5-4}
$$

$$
T=\sigma_a t,\ \sigma_a=\sigma_u/F_s
$$

式中：L 为土工膜伸出长度；T 为单位宽度土工膜允许拉力；σ_a 为土工膜的允许应力；t 为土工膜厚度；σ_u 为土工膜的极限应力；F_s 为基于土工膜强度的安全系数；β 为边坡角；δ 为土工膜与土的摩擦角；γ_s 为上覆土的单位重度；d_s 为上覆土的厚度。

2. 设锚固沟

在边坡上铺设土工膜，一般需要在锚固平台上开挖锚固沟，将土工膜锚固在锚固沟内，见图 6.5-5。

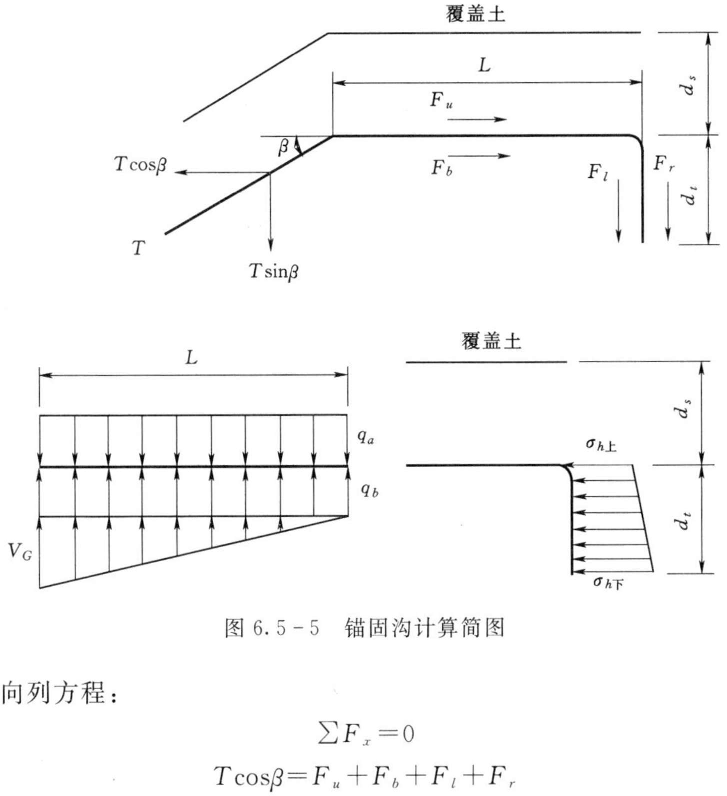

图 6.5-5　锚固沟计算简图

在水平方向列方程：

令
$$
\sum F_x=0 \tag{6.5-5}
$$
则
$$
T\cos\beta=F_u+F_b+F_l+F_r \tag{6.5-6}
$$
其中

$$F_u = 0 \tag{6.5-7}$$

$$F_b = \gamma_s d_s \cdot L \cdot \tan\delta + T\sin\beta \cdot \tan\delta \tag{6.5-8}$$

$$\begin{aligned} F_l = F_r &= K_0 \cdot \frac{1}{2}[\gamma_s d_s + \gamma_s(d_s + d_t)]d_t \cdot \tan\delta \\ &= (1-\sin\varphi)(d_s + 0.5d_t)\gamma_s d_t \cdot \tan\delta \end{aligned} \tag{6.5-9}$$

由式（6.5-6）～式(6.5-9）可得：

$$T = \frac{\gamma_s d_s \cdot L \cdot \tan\delta + 2(1-\sin\varphi)(d_s + 0.5d_t)\gamma_s d_t \cdot \tan\delta}{\cos\beta - \sin\beta \cdot \tan\delta} \tag{6.5-10}$$

式中：F_l 为土工膜左侧与锚固沟壁的摩擦力；F_r 为土工膜右侧与锚固沟壁的摩擦力；d_t 为锚固沟深度；K_0 为静止土压力系数，取 $K_0 = 1-\sin\varphi$；其他符号意义同前。

此公式需要试算，在计算过程中，其他参数一般已知，通常假定 d_t 求 L，或者假定 L，求锚固沟深度 d_t。

6.5.2 防渗膜周边锚固技术要求

初期坝上游坡面宜设置嵌固平台，高差为 10～15m，宽度不小于 1.5m，土工织物和土工膜平铺在平台上，利用块石压重嵌固或者开挖锚固沟，将土工织物和土工膜嵌固其内。另外，土工织物和土工膜嵌入坝基及坝肩的深度不应小于 0.5m，并应填塞密实。

边坡锚固沟的开挖采用机械开挖，当沟内石块突出物较多时，可以采用人工的方法敲碎或者填塞土料密实，保护土工膜；土工膜在锚固沟内应松弛，锚固沟内回填密实，回填土不应含大块砾石等凸出物。

6.5.3 防渗结构边坡稳定性分析

尾矿库初期坝、库区岸坡均采用土工膜防渗，初期坝土工膜边坡稳定分析与一般水利工程的挡水土石坝相同。由于土工膜斜墙靠近上游坝坡，土工膜与坝体之间的摩擦系数一般小于坝体填筑料的内摩擦系数，因此，需要计算校核土工膜与保护层或坝体之间的抗滑稳定性。土工膜边坡稳定分析可采用极限平衡法。

边坡上的土工膜破坏有以下两种模式。

（1）从锚固沟中脱出向下滑动。这种破坏常发生在土工膜铺设时，但通过土工膜与坡面之间摩擦能阻止土工膜在坡面上的滑移，同时土工膜与锚固沟沟壁的摩擦及锚固沟的锚固作用也可阻止土工膜的滑动。

（2）沉降过大。尾砂堆积体或地基本身的沉降过大（10%～20%），会使斜坡上的土工膜产生较大的张力，可能导致土工膜破坏。

6.6 防渗膜的垫层设计

6.6.1 垫层布置、材料及指标

6.6.1.1 初期坝垫层

1. 上垫层

上垫层有两个作用：保护土工膜不被刺破、及时排除土工膜以上的水，有利于防护层稳定。材料选择为砂砾石或土工织物。当防护层没有尖锐棱角且颗粒较细，有足够厚度或

者选用复合土工膜防渗时，可不设上垫层。

2. 下垫层

下垫层使土工膜受力均匀，避免应力集中，并兼有排水、排气作用。下垫层材料一般选用细砾石，厚度不小于10cm，且应碾压密实，或者采用土工织物、土工网等。如防渗层为复合土工膜，其下的无纺土工织物，可反滤排水，增大土工膜与坝体之间的摩擦力，保护土工膜免受损坏。

3. 支持层

初期坝一般为堆石坝，上游面铺设土工膜防渗，膜下设垫层和过渡层，合称为支持层，将堆石体上游面基本抹平，铺碎石过渡层，其最大粒径15cm左右，最小粒径5cm左右。需注意，过渡层与堆石层需满足式（6.6－1）关系：

$$\frac{D_{15}}{d_{85}}\leqslant 7\sim 10 \tag{6.6-1}$$

式中：D_{15}为堆石的计算块径，小于该块径的石料占堆石总重的15%；D_{85}为过渡层的计算块径，小于该块径的石料占过渡料总重的85%，对于粗糙多棱的料采用大值，反之采用小值。

关于下垫层粒径选择，根据土工膜厚度不同而不同，膜厚1.0mm或1.5mm，砂砾料垫层可选用粒径1.0cm或2.0cm，厚度不小于15cm。

如堆石坝上游面采用复合土工膜防渗，对垫层的要求可适当放松，即粒径可粗一些。土工织物规格为300～400g/m^{2}的复合土工膜，垫层砂砾料粒径可采用小于4.0cm。

应当注意的是：在选用堆石、过渡层、垫层的石料粒径时，垫层与过渡层之间、过渡层与堆石之间必须满足式（6.6－1）的要求。

6.6.1.2 垫层材料GCL

钠基膨润土防水毯（GCL）是一种新型的复合防水材料，由两层土工合成材料（土工布或土工膜）之间夹封膨润土粉末（或膨润土粒），通过针刺、缝合或黏合而成。在尾矿库大面积防渗中，由于黏土一般难于找到，常用GCL代替黏土作为土工膜的下垫层，组成HDPE+GCL复合防渗结构。GCL与CCL（压实性黏土衬垫）比较，有以下优点：

（1）GCL有极强的自我愈合功能，如外表面的土工织物被刺破，由于膨润土的存在，会在破损处自我愈合，且上下层土工织物在针刺或缝合线的作用下约束膨润土迁移，进一步提高了自我愈合功能。

（2）GCL具有很好的防渗性，据研究结果，厚度仅5mm的GCL，其防渗效果相当于1m厚的压实黏土层，应用于尾矿库（灰渣库）中，不仅经济、方便，且增大了尾矿库（灰渣库）容积，延长了服务年限。

（3）GCL柔性极好，抵抗变形能力强，适应不均匀沉降，在拉伸应变达20%的情况下，渗透系数不显著增大。

（4）GCL抗冻融循环能力强，试验研究发现，至少经历3次冻融循环后，其渗透系数不显著增大。

（5）GCL搭接方便，安装简易，施工速度快，缩短了工期，节约了成本。

根据《钠基膨润土防水毯》（JG/T 193—2006），膨润土分为人工钠化膨润土（用A

表示）和天然钠基膨润土（用 N 表示），膨润土防水毯单位面积质量有：4000g/m^2、4500g/m^2、5000g/m^2、5500g/m^2。外观质量要求表面平整，厚度均匀，无破洞、破边，无残留断针，针刺均匀。

6.6.2 垫层填筑技术要求

在尾矿库进行铺膜防渗施工前，需对库区进行清基、平整、碾压、检验等工作，待检验合格后，才能允许铺膜。尾矿库库区基础层作为防渗层的下垫层，应满足地基承载力要求，表面平顺、平滑、没有尖锐突起和孔洞等。基础层应做好清基、压实、排水等工作。

6.6.2.1 尾矿库（灰渣）库区的清基及平整

库区的清基及平整工作是尾矿库防渗的关键第一步，影响防渗系统能否安全有效的运行，库区土层如为黏土层、粉土层、第四系土层等，清基及平整比较容易，按设计分区清基平整即可；如尾矿库（灰渣库）为山区，库区砾石等分布广泛，库区清基平整工作就费时费力，需要抹平尖锐凸出的石块，还需铺砂或其他垫层材料，以免刺破土工膜。

库区、边坡的清基及平整一般要求如下：

（1）库底、边坡基础层、锚固平台及回填材料要平整、密实。

（2）无裂缝、无松土、无积水、无裸露泉眼。

（3）无明显凹凸不平，无石头，无树根、杂草、淤泥、腐殖土。

（4）库底、边坡及锚固平台之间平缓过渡。

6.6.2.2 尾矿库库区的压实与检验

1. 压实

尾矿库（灰渣库）库区在铺膜前应无松土，须对库区及边坡进行压实，参照《生活垃圾卫生填埋场防渗系统工程技术规范》（CJJ 113—2007）3.3 节对基础层的处理，库区底部及边坡的压实应满足如下条件：

（1）防渗系统的库底基础层向边坡基础层的压实，应过渡平缓，库底压实度不得低于 93%。

（2）库区的边坡基础层应保持结构稳定，压实度不得小于 90%。

（3）边坡坡度陡于 1∶2 时，应进行边坡稳定性分析。如边坡局部有填方且坡度较陡时，压路机等设施施工较困难，应注明须用挖掘机等拍打密实，保持边坡稳定。

2. 检验

待地基平整压实完成后，检验是一项很重要的工作，必须高度重视，是防渗膜安全运行的第一道关口。检验一般根据以下几条标准：

（1）根据《生活垃圾卫生填埋场防渗系统工程技术规范》（CJJ 113—2007）第 5.3.4 条，在安装 HDPE 膜之前，应检查其膜下保护层，平整度误差不宜超过 20mm/m^2。

（2）根据《现代卫生填埋场的设计与施工》（钱学德，等），在土工膜铺设前的地基处理，地基表面应光滑，且没有碎屑、垃圾、树根，也没有棱角或锋利的岩石，完工地基的上部 15cm 之内不应包含直径大于 4cm 的石头或碎屑。地基不应干燥裂开而出现 4cm 深或长的裂缝。

（3）设计方给出的其他检验标准。

6.6.2.3　尾矿库库区的膜下排水

为排除膜下气体及液体对土工膜的顶托作用，须在膜下设置排水排气设施。

在尾矿库（灰渣库）防渗工程中有如下几种型式：

（1）传统盲沟。用合理级配的卵石、砾石、粗砂等组成，材料用量比较大，有时库区附近难以找到合乎要求的、足够数量的石块，单纯的传统盲沟现在已较少采用。

（2）卵石、碎石外包土工布。

（3）卵石、碎石外包土工布，内置排水花管。

（4）塑料盲沟。

（5）软式透水管。

上述土工合成材料的型号及规格应根据排水量、上覆荷载等核算，满足排水及荷载要求。此部分详细内容见本书排水反滤篇。

6.6.2.4　GCL 铺设与拼接

GCL 铺设与拼接施工过程中应符合下列要求：

（1）GCL 不应在雨雪天气下施工铺设。

（2）在 GCL 铺设时，应以“品”字形分布，不得出现十字搭接。

（3）在边坡部位，不应存在水平搭接。

（4）搭接宽度（250±50)mm，局部可用膨润土粉密封。

（5）铺设应自然松弛，且与地基紧密贴实，不应褶皱、悬空。

（6）随时检查外观有无破损、孔洞等缺陷，一旦发现缺陷，应及时修补，修补范围大于破损范围 200mm。

（7）如遇管道或排洪井等构造立柱，需采取特殊处理。在圆形管道等特殊部位施工，可首先裁切以管道直径加 500mm 为边长的方块 GCL；再在其中心裁剪直径与管道直径等同的孔洞，修理边缘后使之紧密套在管道上；然后在管道周围与 GCL 的结合处均匀撒布或涂抹膨润土粉。方形构筑物采取类似方法处理。

6.7　防渗膜的防护层设计

6.7.1　防护层布置、材料及指标

6.7.1.1　防护层布置与材料

在尾矿库防渗设计中，土工织物主要作为土工膜的防护层使用，同时兼有隔离、反滤、排水作用等。

防护层包括膜上保护层和膜下垫层。在库区大面积防渗实践中，上保护层采用土工织物居多，或者采用复合土工膜防渗时，可不设上保护层。

尾矿库库区的工程地质条件随地域分布差异性较大，当库区黏土层广泛分布时，可充分利用黏土作为下垫层，辅以土工布作为垫层或直接采用复合土工膜防渗，其下设一定厚度黏土垫层，厚约 0.3～0.5m；当库区内砾石、碎石较多时，为防止土工膜被刺破，膜下常增加 GCL 垫作为垫层，相比黏土垫层具有施工速度快、工作效率高等优点。

土工织物或 GCL 垫作为土工膜的保护层，具体选择其规格型号时，应根据尾矿库实

际情况考虑，例如库区工程地质、尾矿堆高荷载及运行工况（如库内有车辆荷载）等，对土工膜保护层防刺破和防顶破能力进行复核。

6.7.1.2 透水初期坝防护层

在初期坝上游坡面防渗层未被尾矿充填覆盖之前，防止人畜破坏、冰冻损坏、风力掀动、初期放矿冲刷等，在上游设置防护层。水利工程中常用的防护面层有：预制混凝土板、现浇混凝土板、钢筋网或铁丝网钢筋混凝土板、干砌块石和浆砌块石等。

尾矿初期坝采用干砌块石防护层居多，因块石重量大且棱角尖锐，不宜与土工膜或复合土工膜直接接触。当采用复合土工膜防护时，可在复合膜上设置15cm厚粒径小于10mm的砂砾石垫层，再采用干砌块石进行保护；当采用光膜时，膜上铺设300～400g/m^{2}单层土工织物和15cm厚粒径小于10mm砂砾石垫层，再采用干砌块石进行保护。

防护层的具体要求和做法应符合规范的相关规定，如初期库容较小（约半年），采用的防渗材料有足够的强度和抗老化能力，且在施工及运营期有专门管理措施，单层土工织物也常作为土工膜的防护层。

6.7.1.3 防护层材料指标

土工织物的性能指标一般包括：产品形态、物理性质、力学性质、水力学性质、耐久性、抗拉强度等。土工织物作为土工膜防护层时，须重点关注其力学性质、抗拉强度等。

长丝纺粘针刺非织造土工布和短纤针刺非织造土工布基本技术指标要求可见《土工合成材料 长丝纺粘针刺非织造土工布》（GB/T 17639—2008）和《土工合成材料 短纤针刺非织造土工布》（GB/T 17638—1998），或见附表C-4和附表C-5。

6.7.1.4 土工膜与其接触物的界面指标

在计算库区内边坡铺膜的稳定性时，需要知道土工膜与其接触物的摩擦力。光面土工膜与土之间的摩擦力较小，常是滑动的薄弱面，在稳定计算中必须注意。在库区边坡较陡的情况下，宜选择单糙面土工膜或双糙面土工膜。另外，重要工程土工膜与土、土工膜与土工织物、土工膜与GCL等之间的摩擦力需进行专门的试验确定。引自文献［1］的一些材料界面参数可见附表A-1～附表A-4，仅供参考。

6.7.1.5 土工织物抗顶破、刺破强度验算

土工织物有一定抗拉、抗刺破强度，除作为反滤排水作用外，也作为土工膜的防护层，有防护作用。

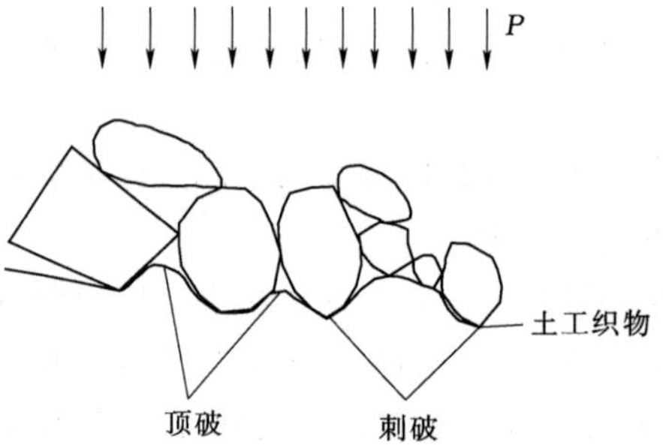

图6.7-1 顶破和刺破示意图

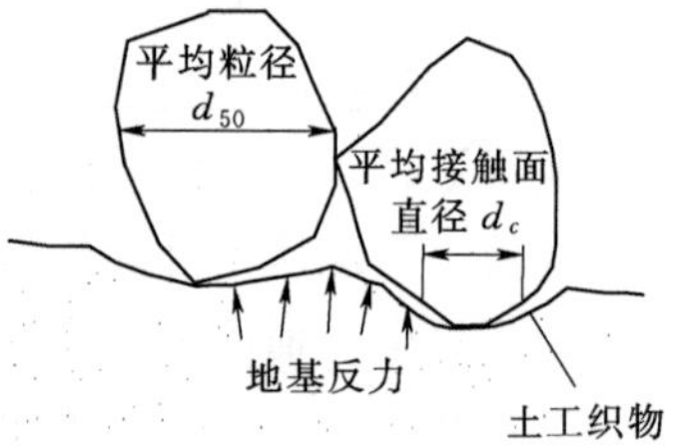

图6.7-2 土工织物顶破分析

土工织物必须具有足够的强度，以抵抗由于两种不同材料相互挤压而产生的各种应力，其中经常遇到的是顶破和刺破两种应力，具体见图 6.7-1 与图 6.7-2。

（1）顶破强度验算。计算公式为

$$F_{sd}=\frac{p_M}{q_u}\frac{d_M}{d_{50}-d_c} \tag{6.7-1}$$

其中

$$q_u=5.14c_u+\gamma h \tag{6.7-2}$$

式中：F_{sd} 为顶破强度安全系数，要求 $F_{sd}\geqslant 3.0$；p_M 为顶破强度，N/cm^2，当选择土工织物时，需对土工织物做 Mullen 胀破实验得到；q_u 为地基土的极限承载力；d_M 为 Mullen 试验的仪器孔距，mm；c_u 为地基土的不排水黏聚力，kPa；γ 为粒料有效重度，kN/m^3；h 为粒料厚度，m。

d_c 建议值如下：

1）带棱角粒料：

$$d_c=\frac{1}{4}d_{50} \tag{6.7-3}$$

2）圆钝粒料：

$$d_c=\frac{1}{2}d_{50} \tag{6.7-4}$$

（2）CBR 刺破强度验算。计算公式为

$$F_{sc}=\frac{F_{CBR}}{F_p}\frac{d_c}{d_{CBR}} \tag{6.7-5}$$

其中

$$F_p=\frac{\pi}{4}(pd_{50}^2-q_Rd_c^2) \tag{6.7-6}$$

式中：F_{sc} 为刺破强度安全系数，要求 $F_{sc}\geqslant 3.0$；p 为地面荷载通过粒料层传递到土面的压力和粒料层重量之和；q_R 为取地基极限强度 q_u 和 p 的较小者；F_{CBR} 为 CBR 刺破强度，N；d_{CBR} 为 CBR 刺破试验圆柱顶杆的直径，mm。

6.7.1.6　土工织物刺破时允许应力

根据大量的试验数据，Koerner 得出了土工织物刺破时允许应力 p_{allow} 与土工织物单位重量的经验关系，其中的修正系数见表 6.7-1。

$$p_{allow}=\left(50+450\frac{M}{H^2}\right)\frac{1}{MF_S\cdot MF_{PD}\cdot MF_A}\frac{1}{RF_{CR}\cdot RF_{CBD}} \tag{6.7-7}$$

则安全系数为

$$F_s=\frac{p_{allow}}{p_{reqd}} \tag{6.7-8}$$

式中：F_s 为安全系数，$F_s\geqslant 3$；p_{reqd} 为堆场产生的压应力，kPa；p_{allow} 为土工织物刺破时允许应力，kPa；M 为土工织物重量，g/m^2；H 为刺入突出物的高度或直径，mm；MF_S 为刺入物形状修正系数；MF_{PD} 为堆积密度修正系数；MF_A 为拱效应修正系数；RF_{CR} 为蠕变效应修正系数；RF_{CBD} 为化学和生物破坏修正系数。

表 6.7-1　　Koerner 计算土工织物防刺破修正系数表

项目	MF_S		MF_{PD}		MF_A	
1	尖角	1.0	单独的	1.0	静水压	1.0
2	亚圆形	0.5	堆积，刺入物高 38mm	0.83	土层较浅	0.75
3	圆形	0.25	堆积，刺入物高 25mm	0.67	土层厚度中等	0.50
4			堆积，刺入物高 12mm	0.50	土层深厚	0.25

项目	RF_{CR}		单位面积重量/(g/m²)	RF_{CBD}		
5						
6				刺入物高 38mm	刺入物高 25mm	刺入物高 12mm
7	渗滤液轻微	1.1	单层土工膜	不建议	不建议	不建议
8	渗滤液中等	1.3	270	不建议	不建议	>1.5
9	渗滤液严重	1.5	550	不建议	1.5	1.3
10			1100	1.3	1.2	1.1
11			>1100	≅1.2	≅1.1	≅1.0

6.7.2 防护层技术要求

为保护土工膜不被刺破，可在膜上设置防护层，除直接保护土工膜外，还可及时排除土工膜以上的水，防护材料一般采用土工织物或者砂砾料。

初期坝土工膜防渗位于上游坝面下部，通常在不到半年时间内被尾砂覆盖，可起到防护作用；通常为了简便施工，采用土工织物防护，也可以在土工织物上部砌筑块石，块石应砌筑平整、规则；对于库区大面积防渗，为避免砾石等凸出物刺破土工膜，一般采用土工织物防护，规格 150～400g/m²。

6.8 地 基 处 理

6.8.1 处理原则

尾矿库防渗膜铺设之前应对基础进行处理，以保证土工膜基础有一定平整度和密实度，包括库底和岸坡两部分，尾矿库地基处理应符合下列规定：

（1）处理后的基础在上覆尾砂荷载作用下沉降变形值在土工膜变形允许范围之内。

（2）当库区地下水位较高时，基础处理应对库区地下水和气体进行有效导排。

（3）基础处理应对可能导致尾砂泄露的通道采取有效封堵措施。

6.8.2 湿陷性土处理

当库区为湿陷性黄土时，视具体情况可采取挖除、翻压、预浸水、强夯、灰土挤密桩的方法处理。

6.8.3 软土处理

（1）当软弱土层厚度不大，且埋深较浅时，可采用挖除换填的方法处理。

（2）当软弱土厚度较大时，视具体情况可采取镇压、预压、打砂井、插排水板、抛石挤淤、爆破挤淤、振冲的方法处理。

6.8.4 采空区处理

当库区存在采空区时，视具体情况可采用强夯、水泥灌浆的方法处理地基。

6.8.5 岩溶发育区处理

（1）基础处理设计前应了解库区区域地质构造和水文地质特点，确定本库区的地下水流向和可能渗漏通道及其影响范围。

（2）基础处理设计应注意场平后各岩溶发育点高程的变化，区分需要处理的岩溶发育点和无需处理的岩溶发育点。

（3）岩溶地基处理应按从低到高的顺序逐层处理。

（4）场平后顶板埋藏深度不大于 2m 的岩溶发育点宜开挖揭露，再视其深浅宽窄，清除充填物后，依次回填块石、碎石并夯实，开挖后顶面以下 2m 则填毛石混凝土至顶面，再在表面喷覆 C15 混凝土，厚度不小于 300mm。

（5）落水洞处理后应从洞中引出通气管，连接到地下盲沟内集水管或沿地形敷设到边坡上。

（6）场平后顶板埋藏深度大于 2m 的隐伏溶洞，宜采用注浆方法进行治理。

（7）库区底部宜设置网状排渗导气盲沟，盲沟内回填块石、碎石，并在盲沟内埋设穿孔的排渗导气管，并与落水洞处理中引出的通气管连通。

（8）当库区内存在断层时，其处理方式应根据地质勘察报告确定。

6.9 工 程 实 例

6.9.1 沙特 AL MASANE 铜/锌矿选厂尾矿库工程

6.9.1.1 库区环境

该铜锌矿项目位于高山地区，海拔在 1550～2200m，距红海约 170km，矿区 70％的地质为岩石，其余覆盖着厚度不等的砂、砾石和卵石。

项目区气候炎热干旱，植被稀少，河道多石且两侧坡面陡峭。

尾矿库位于一主要沟谷内，两侧各有一支沟，主沟长约 1300m，坡度 5％～8％，汇水面积约 0.3km^2。沟底为泥沙状砾石，紧密密实，厚 1.0～6.0m，边坡为变质板岩，中等风化到强风化，强度较硬到坚硬等。尾矿库原始地形地貌见图 6.9-1。

图 6.9-1 尾矿库原始地形地貌图

6.9.1.2 设计概况

选厂规模 2000t/d，服务年限 13 年，年产尾矿约 60.91 万 t，粒度－200 目占 90％，尾矿含氰化物 0.095kg/t。

尾矿库为干排尾矿库，采用汽车运输，占地面积约 30 万 m^2，总坝高 45m，总库容 560 万 m^3，为四等尾矿库，尾矿库由库尾的两座重力式拦水坝、排洪管，截渗坝等设施组成。

尾矿库采用全库防渗处理，防渗型式为：处理后的地基＋4800g/m^2GCL＋2.0mm 单糙面 HDPE。

6.9.1.3 库区地基处理指标

本尾矿库建设的重点也是难点，即是防渗层地基处理的问题，从图6.9-1可见，库区基本为尖锐石块，且边坡较陡，存在的问题：①根据实际工程条件，具体指标如何定量控制以便使监理人员可以执行；②地基如何处理成能满足铺膜要求的平整度。

地基处理具体指标：

（1）根据《生活垃圾卫生填埋场防渗系统工程技术规范》（CJJ 113—2007）第5.3.4条，在安装HDPE膜之前，应检查其膜下保护层，平整度误差不宜超过20mm/m^2。

（2）根据《现代卫生填埋场的设计与施工》[4]，在土工膜铺设前的地基处理，地基表面应光滑且没有碎屑、垃圾、树根、有棱角或锋利的岩石，完工地基的上部15cm之内不应包含直径大于4cm的石头或碎屑。地基不应干燥裂开而出现4cm深或长的裂缝。

6.9.1.4 地基处理

地基处理分5步进行：锚固平台开挖、锚固沟开挖、边坡尖锐石块处理、边坡平整度处理、沟底处理。

（1）锚固平台开挖。平台高度距沟底10m，宽度约5.8m，在边坡坡度较缓处设错车平台，平均纵向坡度与沟底坡度一致，平台里侧边坡不陡于1：0.2。

（2）锚固沟开挖。锚固沟的开挖应先于边坡平整之前，防止锚固沟开挖石块滚落于边坡，造成返工。锚固沟宽0.8m，深0.8m，挖机开挖完成后，内壁凸出石块较多，采用人工扒犁捡拾，从沟外运送较细粒土回填侧壁，并拍打至较密实状态。锚固沟沟间部位设双层GCL垫层。

（3）边坡尖锐石块处理。此项工作较难，也关乎防渗成败。先用挖机将边坡大块石头及尖锐棱角尽量挖除，并用挖斗左右横向敲碎尖锐石块，减小凸起，使整个坡面大致平整。具体见图6.9-2。

（4）边坡平整度处理。充分利用当地材料，在凹凸不平的大致平整边坡上铺石屑，平均厚度10cm。

在铺设过程中，为防止风吹散石硝，起不到保护垫层作用，将石硝拌和一定水量，使其处于湿润状态，然后用挖掘机挖斗抹平并尽量压密，直至满足铺设GCL及土工膜的要求。边坡平整后见图6.9-3。

图6.9-2 挖机挖除边坡尖锐棱角实景图

图6.9-3 处理后边坡实景图

（5）沟底处理。沟底处理为收尾工作，清除遗落的石块，平整、碾压处理，使沟底与边坡平滑连接。

6.9.1.5　GCL 铺设及注意事项

GCL 在铺设过程中应严格遵守规范要求，并注意以下事项。

（1）GCL 整卷运至锚固平台放好，铺设时从上至下自由滚落延展，每卷打开方向放对，摆放整齐；两卷之间搭接一定宽度，约 250mm，避免再次拉伸。

（2）GCL 搭接部位应撒粉。

（3）GCL 不宜铺设过快，当天铺设的 GCL 需当天用 HDPE 膜覆盖完毕，做好防雨工作。

6.9.1.6　HDPE 焊接及注意事项

（1）HDPE 裁剪应做好规划，仔细测量，做好编号，防止接缝过多和造成土工膜浪费。

（2）在每天正式大规模焊接前最好试焊，当地温差较大，上午、下午焊接前都做。

（3）土工膜应自然松弛，尤其在坡脚部位，留够热胀冷缩伸缩余量。

（4）焊机要有备用，并具备迅速修理之能力。

6.9.1.7　尾矿库运行效果

尾矿库 2011 年年底竣工，见图 6.9-4，次年投入运行，至今运行良好。

6.9.2　伊春鹿鸣尾矿库工程

6.9.2.1　工程概况

图 6.9-4　尾矿库防渗工程竣工图

伊春鹿鸣尾矿库位于黑龙江省伊春市铁力市鹿鸣林场，是伊春鹿鸣矿业有限公司钼矿采选工程的配套尾矿库。鹿鸣钼矿选厂规模为 5 万 t/d，库区地貌分为构造剥蚀低山丘陵、山前堆积台地及堆积河漫滩。库区地势总体上东北高，西南低，地形起伏较大。库区由 2 个沟谷组成，分别为沟谷Ⅰ、沟谷Ⅱ，两沟由中间山梁隔开，山梁中部有一豁口连通两沟谷。沟谷两侧为山丘，与沟底最大高差为 215m，山丘顶部标高为 620m，主沟长度为 2.90km，平均坡降为 7.24%。尾矿库由 2 座初期坝、排洪系统、2 座截渗坝等组成，截渗坝高 6～8m。截渗坝及截渗坝区域内采取土工膜防渗措施，平面布置见图 6.9-5。

6.9.2.2　防渗设计

为避免库内尾矿渗漏和外坝坡冲刷尾砂层造成环境污染，在初期坝的下游设置了截渗坝和在初期坝与截渗坝之间设置了水平防渗层。水平防渗层由压实基础＋1.5mm HDPE 组成。距离截渗坝的内坡脚一定距离开挖宽度不小于 2.5m 的沟槽，深度大于截渗坝基础埋深 2.0m，沟槽内防渗做法为（从下到上）：中风化花岗岩＋C20 混凝土厚 300mm＋双层 1.5mm HDPE＋C20 混凝土厚 300mm；沟槽内用粗砂回填密实，压实度不低于 95%；截渗坝内坡面采用 3 层 1.5mm HDPE 防渗。截渗坝与水平防渗区连接细部见图 6.9-6。

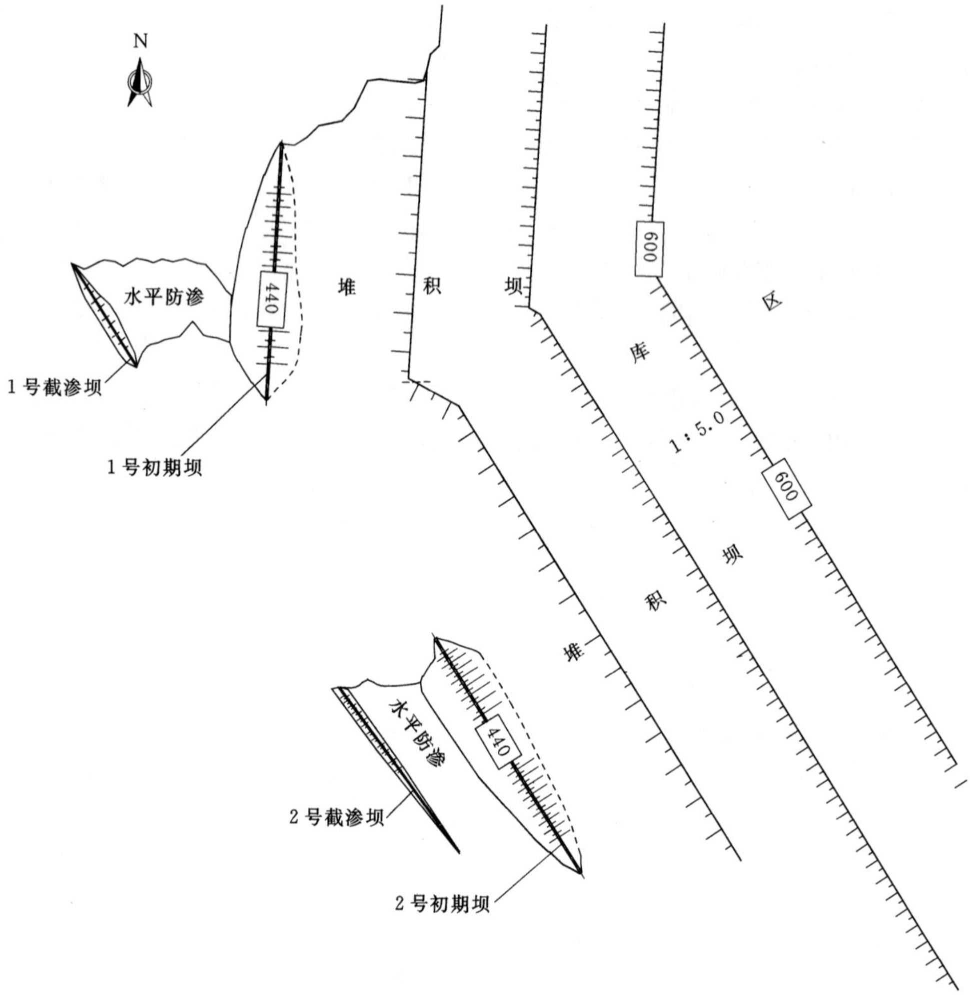

图 6.9-5 鹿鸣尾矿库坝体及截渗坝防渗平面布置图（单位：m）

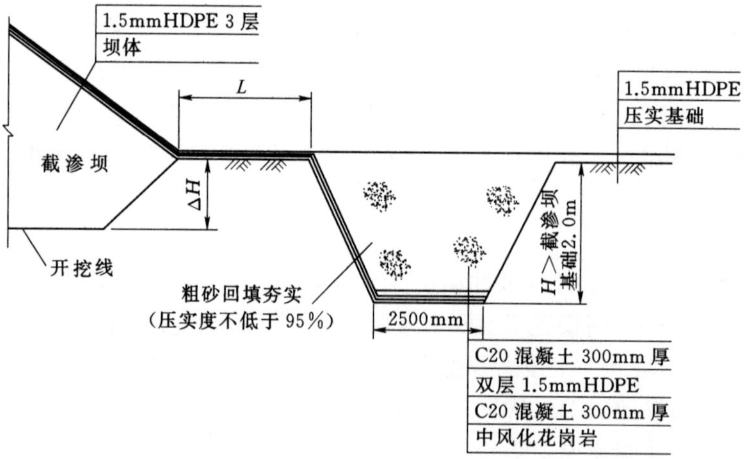

图 6.9-6 截渗坝与水平防渗区连接细部图

6.9.2.3　铺膜前场地的平整

（1）土质边坡平整。基础底面整平，修平坡面，并将坡面拍打密实，平整；清除残留的大石子、树根等；土质边坡平整完成后，应马上进行下一步防渗膜的施工，以免平整好的边坡遇到雨水的破坏；修整好的边坡如遇下雨，应及时采取临时覆盖措施，以免边坡被冲坏。

（2）岩质基础平整。底面及坡面整平，清除风化、易松动部分，保持坡面稳定。

（3）场地平整完成后，坡面应平顺圆滑，无尖锐变形或凸起，坡面不得含有尖锐石子、树根、玻璃碴等杂物；底面应碾压密实，压实度不低于 93%。

6.9.2.4　土工膜铺膜的技术要求

（1）土工膜铺设前应对现场进行确认，保证基础平整，没有凹凸不平现象，无尖刺颗粒及可能刺破 HDPE 的杂物存在，并对材料质量（性能指标，表面是否有气泡，孔洞，皱纹，破损等）确认合格后，方可进行铺设。

（2）现场堆放的土工膜不得长时间暴晒，并做好防火工作。

（3）铺设过程中，每卷材料应进行编号，按顺序进行铺设，资料交工程师存档，以便检测。

（4）工作人员不得穿对土工膜有损的靴子，不得在现场吸烟及其他可能破坏土工膜的活动。

（5）土工膜室外铺设和焊接施工应在气温 5℃以上、风力四级以下，并无雨雪天气下进行。

（6）对铺设好的土工膜应及时压放土袋，以防被风吹起。

（7）不允许任何车辆直接在土工膜上通行，不允许在土工膜上使用铁锹等金属或尖锐工具。

（8）施工中应尽量避免由于温度的变化导致材料的收缩、褶皱或使材料产生拉力。

（9）土工膜平台锚固沟内不得有树根等尖锐杂物。

（10）施工现场应有足够的焊接设备，确保焊接工作连续进行。

（11）必须对土工膜的焊接质量进行真空试验和破坏性检测。

6.9.2.5　土工膜焊接的技术要求

（1）焊接形式采用双焊缝搭焊，挤出式焊接仅用在修复（修补，覆盖）且焊接达不到的地方。

（2）两焊接土工膜的重叠部分不得小于 100mm。

（3）在焊接设备焊接的试样未通过焊接检查或监理工程师确认之前，不得开始正式焊接。

（4）焊接前必须将土工膜表面的灰尘、污物等异物清洁干净。

（5）焊缝的联接强度应大于母材强度。

（6）若环境温度低于 5℃或高于 40℃时，不得施工。

（7）边坡上土工膜搭接布置时，应使搭接缝平行于边坡方向，边坡横向搭接缝的位置应离开坡面底部边线 1.5m 以上。

（8）拐角处的接缝及不规则几何形状尽量减至最少。

6.9.2.6 运行效果

通过以上措施，避免了库内尾砂的泄漏，目前已经堆积几级子坝，雨后外坝面雨水收集在防渗区内，保护了环境。

6.9.3 山西某赤泥尾矿库

6.9.3.1 工程概况

山西某赤泥干堆场为自然山谷，四面山体合围。公司主要生产氧化铝产品，设计生产规模为氧化铝 110.00×10⁴t/a、赤泥 136.96×10⁴t/a，生产工艺为拜耳法。赤泥采用湿法渣浆输送方式，经压滤车间压滤脱水后采用干堆方式进行堆存。

该赤泥尾矿库设计最终堆积顶部标高为 746.0m，下游堆积坝分 13 级台阶堆筑，每级台阶高度为 4.0m，共计 52.0m，最终堆积顶部标高为 722.0m。尾矿干堆场总坝高为 98.0m，总库容为 1904.68×10⁴m³，服务年限为 15 年。尾矿库纵剖面图见图 6.9-7。

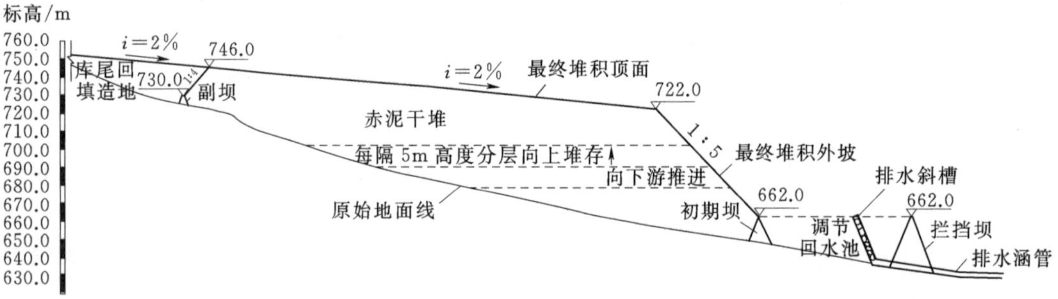

图 6.9-7 尾矿库纵剖面图

6.9.3.2 赤泥特性

赤泥的矿物组成主要取决于铝土矿、石灰等矿物的成分和氧化铝的生产工艺，拜耳法所排放的赤泥称为拜耳赤泥，拜耳赤泥的主要成分为铝硅酸钠、铝硅酸钙、钛铁铝硅酸钠、钛酸钙等。赤泥矿物粒度组成和化学成分组成分别见表 6.9-1 和表 6.9-2。

表 6.9-1 赤泥矿物粒度组成表

粒级范围/mm	分布率/%	累计率/%
>0.25	0.00	0.00
0.25～0.075	6.00	6.00
0.075～0.05	1.60	7.60
0.05～0.035	1.60	9.20
0.035～0.02	4.80	14.00
0.02～0.01	12.70	26.70
0.01～0.005	23.90	50.60
0.005～0.002	31.80	82.40
<0.001	17.60	100.00

表 6.9-2 赤泥化学成分组成表

元素名称	Al_2O_3	SiO_2	Fe_2O_3	TiO_2	CaO	Na_2O	灼碱	其他
含量/%	18.07	12.63	6.98	5.05	34.85	1.88	10.65	9.89

按照《危险废物鉴别标准》（GB 5085）的要求，用固体废物浸出液的污染物含量等指标来判别其是否危险废物，而不用固体废物本身及其输送液（附液）的指标来判别。对照《危险废物鉴别标准》（GB 5085）的规定，虽然赤泥附液的 pH 值为 12.75，超过 12.5 的标准，但赤泥浸出液的 pH 值却在 2.0～12.5 范围内，且污染物（氟化物等），都在标准之下，没有超标，因此可以将赤泥排除在危险废物之外，划为一般工业固体废物。再按照《一般工业固体废物贮存、处置场污染控制标准》（GB 18599—2001）的规定判别，赤泥浸出液的 pH 值在 6～9 范围之外，赤泥应为第Ⅱ类一般工业固体废物，赤泥库为Ⅱ类库。

6.9.3.3　防渗设计

按照《一般工业固体废物贮存、处置场污染控制标准》（GB 18599—2001）的规定设计其环保防渗措施。GB 18599 标准的第 6.2.1 条规定：当天然地基的渗透系数大于 1.0×10^{-7}cm/s 时，应当采用天然或人工材料构筑防渗层，防渗层的厚度应相当于渗透系数 1.0×10^{-7}cm/s 和厚度 1.5m 的黏土层的防渗性能。

该库区天然基础层不满足渗透系数不大于 1.0×10^{-7}cm/s 和黏土层厚度不小于 1.5m 的要求，因此需要采取人工材料进行环保防渗，并按照《土工合成材料应用技术规范》（GB 50290—2014）的规定进行设计。

参照《一般工业固体废物贮存、处置场污染控制标准》（GB 18599—2001），干堆场的水平防渗结构有单层衬里结构、复合衬里结构和双层衬里结构 3 种，结合场区现场踏勘情况，同时参考国内同类型赤泥堆场的设计经验，本项目防渗结构设计采用“0.5m 黏土保护层＋2mm 厚 HDPE 膜”复合衬里防渗结构。

6.9.3.4　库盆处理

库区位于溶蚀缓丘内，场地地貌单元属构造、剥蚀及岩溶作用形成的低中山缓丘地貌类型，场地内覆盖层分布不连续，基岩露头与覆盖层交错分布，最高点是场地东北部，狮子梁山头海拔 826.0m，最低点是下游沟口地段，海拔 635.5m，相对高差 190.5m。场区内无居民居住，基岩大部分裸露，植被较发育，斜坡地带以灌木为主，仅低谷地带有少量乔木分布。

因干堆场采用全库区铺膜防渗，为满足垫层料及 HDPE 防渗膜的铺设要求，需要对库区进行开挖处理，开挖原则如下：

（1）对整个库区浅层开挖平整处理，对凸出的岩石进行挖除；对不符合要求的覆盖层进行挖除或置换；对有溶沟、溶槽的地方需采用石渣回填、碾压夯实方式进行处理。平整处理后场地要求整体平顺（按等高线曲率半径不小于 20m 控制），坡角原则上不陡于 1∶2.5，不应有明显折坡，岩坡表面起伏高差不应大于 20cm。若受地形限制，无法将库区开挖坡角控制在缓于 1∶2.5，那么需要对陡于 1∶2.5 的边坡区域的铺膜方案进行调整。

（2）耕植土的开挖及回填。库区内若有耕植土，为了避免不均匀沉降造成对防渗膜的拉裂，应对根植土进行挖除，并根据实际地形确定是否需要换填处理。

（3）石崖出露区域开挖及回填。对出露的石崖进行挖除，并对石崖间高低不平的沟槽、陡坎利用开挖料进行碾压回填，使坡面平顺，达到垫层铺设要求。

（4）陡边坡的开挖。对于坡角陡于 1∶2.5，无法满足垫层铺设及施工要求，对此区域进行削坡处理为主。

本工程的大部分区域地形较陡，坡度大于37°，局部达到50°，若按照1∶2.5的坡比控制进行开挖，那么开挖工程量将十分巨大，为此根据实际地形情况，对不同区域采用不同的开挖方式，对于地形较缓的区域，可按1∶2.5的坡比进行控制开挖；对于较陡的坡，按1∶1的坡比进行开挖，当按1∶1进行开挖完成后，无法进行垫层施工，可采用喷射混凝土代替垫层；终了高程746.0m以上的边坡按1∶0.5的坡比进行控制开挖并进行喷锚支护处理。库底及边坡平整后，清除植物根系及石块等尖锐物，填凹修凸，再铺设土工膜，确保土工膜与库底基础层接触良好。边坡防渗系统结构见图6.9-8。

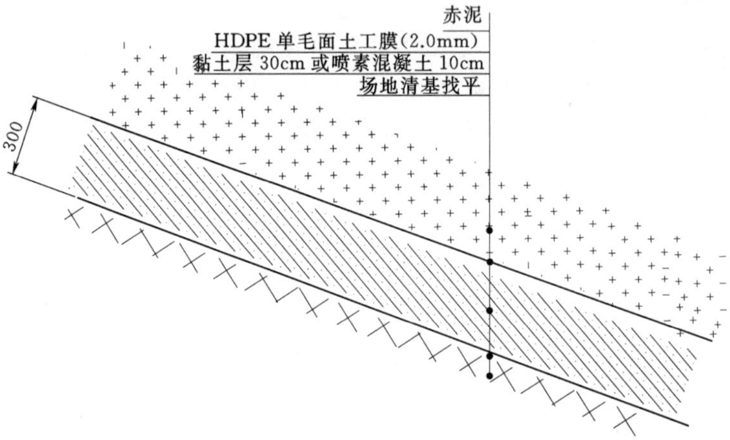

图6.9-8 边坡防渗系统结构图（单位：mm）

6.9.3.5 土工膜锚固

HDPE膜在库区边缘进行锚固，每间隔15m高差设置锚固平台，宽度为2m，HDPE膜在库区内的连接通过焊接完成，HDPE膜与混凝土通过HDPE多脚锁进行连接。在两侧陡峭山坡上铺设土工膜时，用止水橡皮和锚杆将其锚固在边坡上，以防土工膜倒卷下来。土质边坡和岩质边坡的土工膜锚固结构图分别见图6.9-9和图6.9-10。

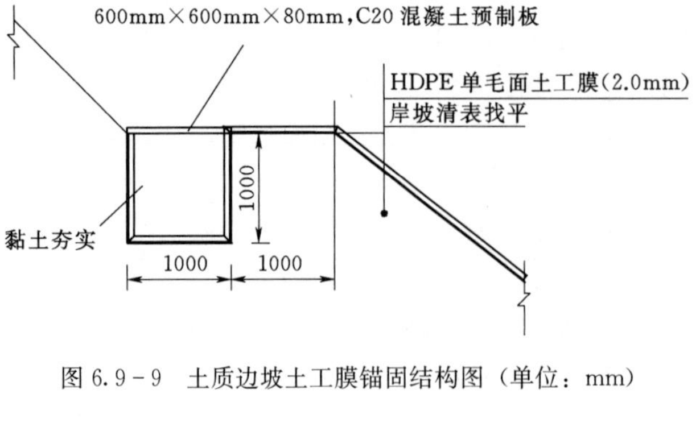

图6.9-9 土质边坡土工膜锚固结构图（单位：mm）

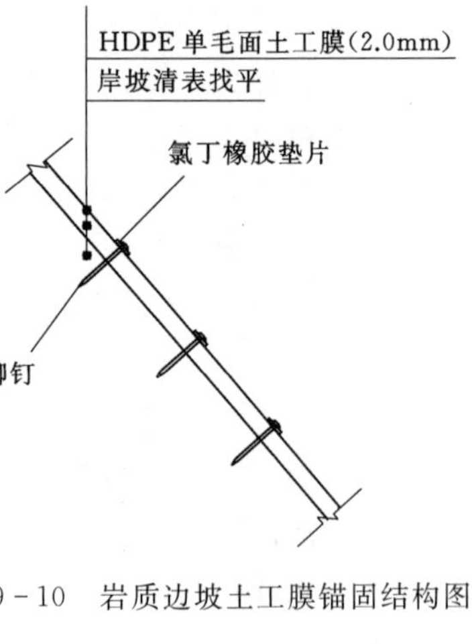

图6.9-10 岩质边坡土工膜锚固结构图

附录 C

C.1　GCL 物理力学性能指标

GCL 物理力学性能指标见附表 C-1。

附表 C-1　　GCL 物理力学性能指标（JG/T 193—2006）

序号	项目		技术指标		
			GCL-NP	GCL-OF	GCL-AH
1	膨润土防水毯单位面积质量/(g/m^2)		≥4000 且不小于规定值	≥4000 且不小于规定值	≥4000 且不小于规定值
2	膨润土膨胀指数/(mL/2g)		≥24	≥24	≥24
3	吸蓝量/(g/100g)		≥30	≥30	≥30
4	拉伸强度/(N/100mm)		≥600	≥700	≥600
5	最大负荷下的伸长率/%		≥10	≥10	≥8
6	剥离强度/(N/100mm)	非织造布与编织布	≥40	≥40	—
		PE 膜与非织造布	—	≥30	—
7	渗透系数/(cm/s)		≤5×10^{-11}	≤5×10^{-12}	≤5×10^{-12}
8	耐静水压		0.4MPa，1h，无渗漏	0.6MPa，1h，无渗漏	0.6MPa，1h，无渗漏
9	滤失量/mL		≤18	≤18	≤18
10	膨润土耐久性/(mL/2g)		≥20	≥20	≥20

注　产品类型 GCL-NP 为针刺法钠基膨润土防水毯，GCL-OF 为针刺覆膜法钠基膨润土防水毯，GCL-AH 为胶黏法钠基膨润土防水毯。

C.2　非织造布复合土工膜基本项技术要求

非织造布复合土工膜基本项技术要求见附表 C-2 和附表 C-3。

附表 C-2　　非织造布复合土工膜基本项技术要求

序号	项目	指标							
	标称断裂强度/(kN/m)	5	7.5	10	12	14	16	18	20
1	纵横向断裂强度/(kN/m)	≥5.0	≥7.5	≥10.0	≥12.0	≥14.0	≥16.0	≥18.0	≥20.0
2	纵横向标准长度对应伸长率/%	30～100							
3	CBR 顶破强力/kN	≥1.1	≥1.5	≥1.9	≥2.2	≥2.5	≥2.8	≥3.0	≥3.2
4	纵横向撕破强力/kN	≥0.15	≥0.25	≥0.32	≥0.40	≥0.48	≥0.56	≥0.62	≥0.70
5	耐静水压/MPa	见附表 C-3							
6	剥离强度/(N/cm)	6							
7	垂直渗透系数/(cm/s)	按设计或合同要求							
8	幅宽偏差/%	−1.0							

注　实际规格（标称断裂强度）介于表中相邻规格之间，线性内插法计算相应指标；超出表中范围，指标由供需方协商确定。

附表 C-3　　非织造布复合土工膜耐静水压规定值

项目		膜厚度							
		0.2	0.3	0.4	0.5	0.6	0.7	0.8	1.0
耐静水压/MPa	一布一膜	≥0.4	≥0.5	≥0.6	≥0.8	≥1.0	≥1.2	≥1.4	≥1.6
	两布一膜	≥0.5	≥0.6	≥0.8	≥1.0	≥1.2	≥1.4	≥1.6	≥1.8

注　膜厚介于表中相邻规格之间，按线性内插法计算相应的指标；超出表中范围时，指标由供需双方协商确定。

C.3 针刺非织造土工布

针刺非织造土工布基本项技术要求见附表 C-4 和附表 C-5。

附表 C-4　　针刺非织造土工布基本项技术要求

项目		指标								
标称断裂强度/(kN/m)		4.5	7.5	10	15	20	25	30	40	50
1	纵横向断裂强度/(kN/m)	≥4.5	≥7.5	≥10.0	≥15.0	≥20.0	≥25.0	≥30.0	≥40.0	≥50.0
2	纵横向标准长度对应伸长率/%	40～80								
3	CBR 顶破强力/kN	≥0.8	≥1.6	≥1.9	≥2.9	≥3.9	≥5.3	≥6.4	≥7.9	≥8.5
4	纵横向撕破强力/kN	≥0.14	≥0.21	≥0.28	≥0.42	≥0.56	≥0.70	≥0.82	≥1.10	≥1.25
5	等效孔径 $O_{90}(O_{95})$ /mm	0.05～0.20								
6	垂直渗透系数/(cm/s)	$k\times(10^{-1}\sim10^{-3})$ 其中 $k=1.0\sim9.9$								
7	厚度/mm	≥0.8	≥1.2	≥1.6	≥2.2	≥2.8	≥3.4	≥4.2	≥5.5	≥6.8
8	幅宽偏差/%	−0.5								
9	单位面积质量偏差/%	−5								

注　实际规格介于表中相邻规格之间，按线性内插法计算相应指标；超出表中范围时，其指标由供需双方确定。

附表 C-5　　短纤针刺非织造土工布基本项技术要求

项目		指标								
标称断裂强度/(kN/m)		3	5	8	10	15	20	25	30	40
1	纵横向断裂强度 /(kN/m)	≥3.0	≥5.0	≥8.0	≥10.0	≥15.0	≥20.0	≥25.0	≥30.0	≥40.0
2	标称断裂强度对应伸长率/%	20～100								
3	顶破强力/kN	0.6	1.0	1.4	1.8	2.5	3.2	4.0	5.5	7.0
4	纵横向撕破强力/kN	≥0.10	≥0.15	≥0.20	≥0.25	≥0.40	≥0.50	≥0.65	≥0.80	≥1.00
5	等效孔径 $O_{90}(O_{95})$ /mm	0.07～0.20								
6	垂直渗透系数/(cm/s)	$k\times(10^{-1}\sim10^{-3})$　其中：$k=1.0\sim9.9$								

续表

项　目		指　标
7	厚度偏差率/%	±10
8	幅宽偏差率/%	−0.5
9	单位面积质量偏差率/%	±5
10	抗酸碱性能（强力保持率）/%	≥80
11	抗氧化性能（强力保持率）/%	≥80
12	抗紫外线性能（强力保持率）/%	≥80

注　实际规格介于表中相邻规格之间，按线性内插法计算相应指标；超出表中范围时，其指标由供需双方确定。

参　考　文　献

[1]《土工合成材料工程应用手册》编写委员会. 土工合成材料工程应用手册 [M]. 第 2 版. 北京：中国建筑工业出版社，2000.
[2] Robert M. Koerner. Designing With Geosynthetics [M]. New Jersey：Prentice Hall，1990.
[3] 关志诚. 水工设计手册 第 6 卷 土石坝 [M]. 北京：中国水利水电出版社，2014.
[4] 钱学德，等. 现代卫生填埋场的设计与施工 [M]. 北京：中国建筑工业出版社，2011.
[5] 王正宏，等. 土工合成材料应用技术知识 [M]. 北京：中国水利水电出版社，2008.
[6] 王钊. 国外土工合成材料的应用研究 [M]. 北京：现代知识出版社，2002.
[7] 沈楼燕，罗嗣海，曾宪坤，等. 我国尾矿库防渗技术发展综述 [C] //全国渗流力学学术大会，2011.
[8] 李斌. 尾矿库环保防渗措施设计探讨 [J]. 有色冶金设计与研究，2009，30 (1).
[9] 卢建京. 浅析垂直防渗技术在矿山尾矿库中的应用 [J]. 有色冶金设计与研究，2009，30 (5).
[10] 水利部建设与管理司. 水利工程土工合成材料技术和应用 [M]. 北京：科学普及出版社，2000.

第7章 废水池防渗设计

7.1 概　　述

7.1.1 废水池膜防渗技术发展

在工业生产过程中常会产生一些废水、废液，为避免直接排放造成环境污染，实现废水零排放，常是将废水、废液排入到防渗性能良好的废水池中，进行贮放或有待后续处理。在使用功能上，废水池可用作沉淀池、滤池、曝气池、污泥浓缩池、消化池、蒸发池及其他贮水构筑物[1]。

我国废水池防渗技术在所用材料和方法上经历了两个发展阶段。

第一阶段为传统方法，该方法是以水泥浆作为固化剂的垂直防渗墙防渗，是过去工程中经常采用的防渗措施。在混凝土中参入高效膨胀剂，也常用于抗渗防水混凝土。施工过程中需对施工缝、对拉螺栓、伸缩缝等关键部位进行处理，以达到整体防渗的效果。除此之外，还有沥青类、浆砌石类及黏土类、灰土类等材料制作的防渗层，这种常规防渗措施不仅对施工方法、地下水侵蚀性等方面要求较高，而且投资大、施工工期长。防渗效果（渗透系数为 $10^{-6}\sim10^{-8}$cm/s）不如土工膜（渗透系数为 $10^{-11}\sim10^{-12}$cm/s）好，并且在结构上还存在防渗墙绕渗等问题[30]。

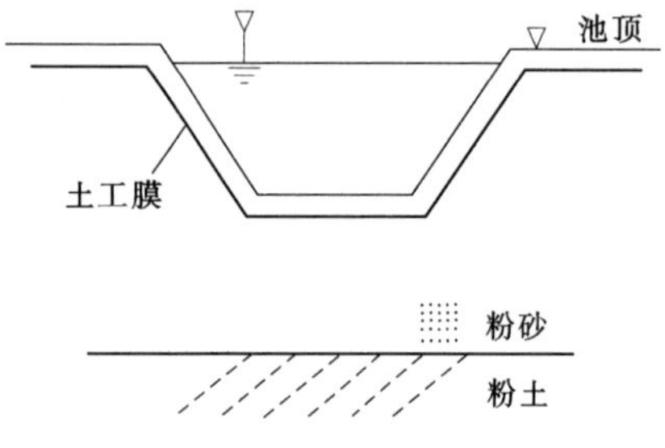

图 7.1-1　废水池铺膜防渗示意图[2]

第二阶段为土工膜防渗方法。将土工膜铺设在有防渗要求的水池基地，有水平防渗和垂直防渗两种形式。1998 年，《土工合成材料应用技术规范》（GB 50290—1998）颁布，在一定程度上为膜防渗的施工提供了标准和指南，并使膜防渗工程逐渐应用于各项工程中。废水池铺膜防渗见图 7.1-1。

综上所述，我国废水池防渗技术的发展经历了两个阶段，但是迄今为止还没有专门针对废水池颁布相关标准，更多的是参照垃圾填埋场相关防渗要求，今后期望国家相关部门能够形成行业标准规范，使得废水池防渗技术有法可依，有章可循，走向规范化发展阶段。

7.1.2 废水池膜防渗特点与适用条件

废水池一旦发生渗漏，轻则污染地下水，影响土壤生态，重则危害人民生命财产安全。此外，对于已发生渗漏的废水池，查找渗漏点难度较大。因此，做好建设期的防渗工作至关重要。目前，废水池防渗主要有垂直防渗和水平防渗两种形式[2]。

1. 垂直防渗

垂直防渗的特点如下：

（1）垂直防渗在施工时将土工膜垂直插入地下，以截断透水层的水平向渗水通道，形成环形的垂直防渗帷幕，具体见图 7.1－2。

（2）需要专门的施工设备和较高的工艺，需将土工膜插入不透水层。

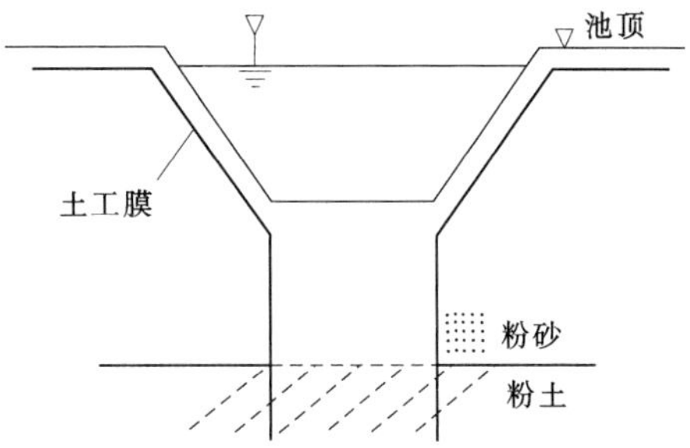

图 7.1－2　土工膜垂直防渗示意图[1]

2. 水平防渗

水平防渗的特点如下[2]：

开挖衬砌成型的水池池壁和池底上，形成完整封闭的膜防渗系统，然后在膜上覆盖一定厚度的保护层，见图 7.1－1。该方法施工简单，防渗效果好，质量容易控制，仅需解决土工膜的抗浮稳定和锚固稳定关键问题，就能达到很好的防渗效果。

废水池是与废水直接接触的构筑物，除需满足良好的抗渗性能外，还需满足强度和耐久性的要求[1]。废水池的构建材料有钢筋混凝土、砖石、钢丝网水泥、金属、土工合成材料等，本节主要介绍利用土工合成材料建造废水池的设计，不包括混凝土、金属等其他材料构建废水池的设计。

完整的废水池设计应当考虑防渗结构、锚固结构、导排层设计、反滤层设计、液体迁移评估、防渗结构的变形与稳定等[3]，本章主要介绍以贮存液体为主的废水池的防渗结构、土工膜、锚固结构和渗漏量等的计算与设计，导排层、反滤层等设计可参考垃圾填埋场等固体废弃物填埋场设计，此处不再赘述。

7.1.3　相关规范

废水池膜防渗涉及规范如下：

（1）《土工合成材料应用技术规范》（GB/T 50290—2014）。

（2）《防渗系统工程施工及验收规范》（Q/SY 1—2003）。

（3）《生活垃圾卫生填埋场防渗系统工程技术规范》（CJJ 113—2007）。

7.2　废水池防渗结构设计

7.2.1　防渗结构系统组成与作用

基于土工合成材料的废水池防渗结构与垃圾填埋场等固体废弃物填埋场相近或相同，一般由外及里由保护层、防渗层和支持层三大部分构成[4]。但两者所贮物质有本质差别，废水池内所贮物质为液体，而固体废弃物填埋场以固体为主，存在少量的液体。贮存物质的差异，导致两者在设计上既存在相似性，也存在一定的差异。特别是两者之间所贮物质对防渗结构的作用力与设计时考虑的内容有一些较大的差别，如废水池有时需考虑库水波浪、冻胀等的影响，并且库水水头较高，防渗结构缺陷相同的条件下可能会导致较大的渗漏量。

1. 保护层[4]

防渗结构中，保护层主要是保护防渗层不受自然因素和为人因素等外界因素的破坏，这些因素有：施工时机械设备和人畜破坏，波浪冲淘、冻胀、风力和阳光的影响，以下膜下水压力的顶托而浮起破坏等。同时，防渗层上的保护层也有助于斜坡上防渗层的稳定等。

保护层分面层和垫层。保护层的结构、材料和施工要求一般应针对工程的实际情况进行专门的合理的设计或论证。

保护层中常用的面层有素土、砂砾石、预制或现浇混凝土板、干砌石、浆砌石等，其类型的选取受到工程规模、工作环境等因素的影响。在浆砌块石或现浇混凝土护面上均应设排水孔，间距1.5～2.0cm。

保护层中垫层的形式有多种类型，与面层的形式有关。预制现浇的混凝土块（板）面层可直接铺设在防渗层的土工织物上，而不需另设垫层。对于干砌块石面层，若块石具有棱角，需在防渗层上铺粒径小于40mm碎石垫层10～15cm；对于浆砌块石面层，则可铺粒径小于20mm左右的小石垫层5～8cm。

但是对于膜上保护层的设置有不同的看法。意大利Sembenelli在一次报告中，多次提到不设保护层的建议，他认为，保护层的设置必将在一定程度上损坏土工膜本身，而不设保护层的好处是，施工方便，缺损容易发现和修复，又避免了保护层沿膜下滑的隐忧。Lago Miller坝位于高程2055m的山地，气候寒冷，阳光强烈，在未设保护层的条件下，PVC防渗膜自1976年使用以来运用良好，未曾维修。

2. 防渗层

防渗层是人工构筑的防止液体进入地下水的隔水层，可分为单层土工膜（或单层复合土工膜）防渗层、多层土工膜（或多层复合土工膜）防渗层[5]、土工膜复合防渗层。

（1）单层土工膜防渗层。单层土工膜防渗层见图7.2-1，只有一道渗漏防线，主要用于防渗和护坡要求都不高的工程，允许有一定的渗漏量。

（2）多层土工膜防渗层[5]。多层土工膜防渗层主要用于防渗要求较高，如防止有毒液体或气体渗漏的工程。

图7.2-2为双层土工膜防渗层结构简图，一层土工膜下面隔一层透水层后再铺一层土工膜，作为第二道防渗防线。为了减少第二层土工膜的水头，在第一层土工膜下埋设排水管，渗过第一层土工膜的水，通过排水管集中到集水井中，再用水泵排除，使之渗过第一层土工膜的水，在第二层土工膜上不能形成较大的水压力，这样可使透过第二层土工膜的水量极大地减小。如果要求再高，还可铺设第三层土工膜，绝大多数情况铺设两层土工膜已经足够，第三层只是一层多加的安全储备。

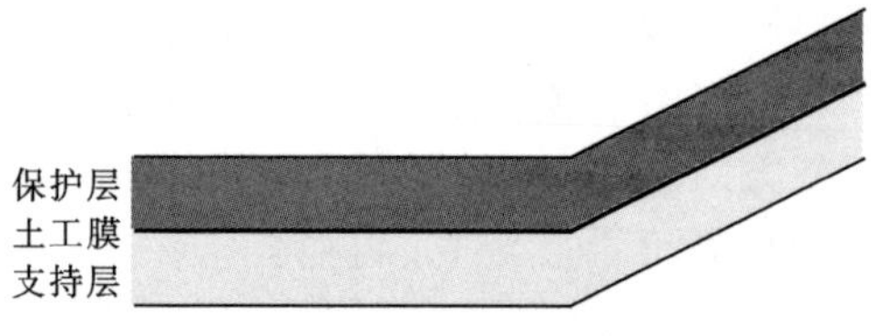

图7.2-1 单层土工膜防渗层结构简图

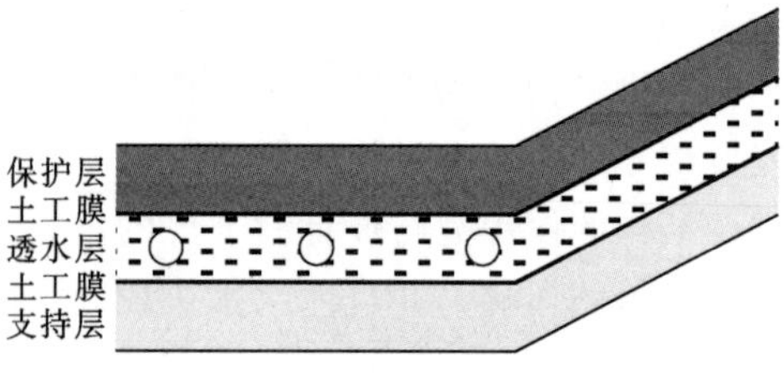

图7.2-2 双层土工膜防渗层结构简图

（3）土工膜复合防渗层[5]。土工膜复合防渗层见图7.2-3。土工膜常因制造和施工因素造成缺陷（漏水的孔洞或缝），这些缺陷成为土工膜渗漏的主要通道。若在此种土工膜下增加一个渗透性较小的土层或防水毯，则可大大减少渗漏量。

3. 支持层[4]

支持层的作用是使防渗层的受力和变形均匀化，避免应力集中或过大的局部变形造成破坏。

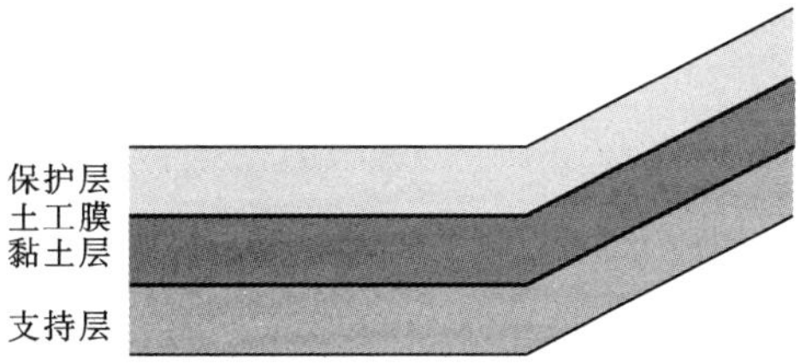

图 7.2-3 土工膜复合防渗层

支持层的设计与工程类型、周围土体性质和地下水环境等因素有关。在天然土基和级配良好的透水地基上，只要作好排水措施，消除地下水的影响，以及清除树根等杂物，经整平压实，土工膜可直接铺在其上，不设或少设专门的支持层。对于一般土基需设透水材料的支持层。

7.2.2 常用的防渗结构型式

保护层、防渗层和支持层只是防渗结构的一般型式。在工程实际应用中，防渗结构常因工程赋存环境、运行环境、储存液体、安全要求等因素，在有无保护层、不同类型的防渗层等方面进行一系列的调整，从而使最终确立的防渗结构满足工程需求。以下为工程中常用的几种防渗结构型式的优缺点[6]。

1. 土工膜+黏土层+碎石垫层

土工膜+黏土层+碎石垫层的防渗结构型式见图 7.2-4。

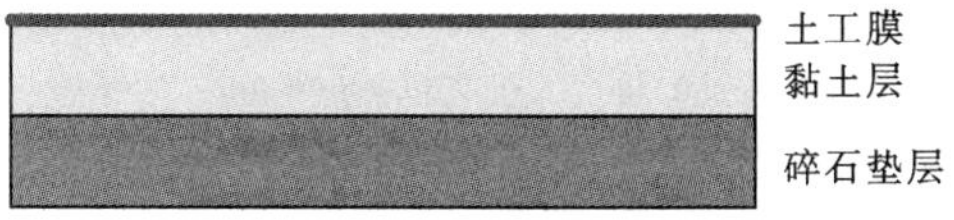

图 7.2-4 一膜一土防渗层

(1) 土工膜和黏土层的组合垫层主要用于隔水，削弱渗漏。

(2) 土工膜直接裸露在外，会直接受到紫外线、风、水波、温度、人类活动等外界环境的影响。

(3) 因土工膜和碎石垫层之间有黏土层，所以不再需要铺设土工布。

2. 土工膜+防水毯+碎石垫层

土工膜+防水毯+碎石垫层的防渗结构型式见图 7.2-5。

(1) 此结构与上一结构基本相同，土工膜和防水毯的组合垫层主要用于隔水，削弱渗漏。

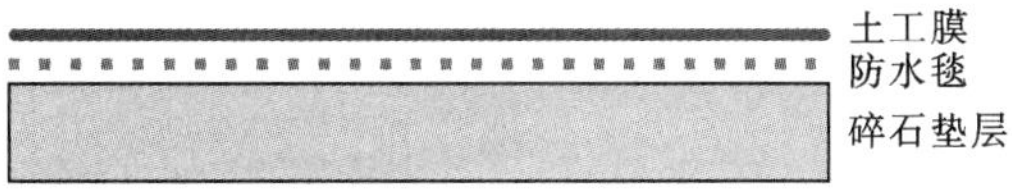

图 7.2-5 一膜一毯防渗层

(2) 土工膜直接裸露在外，会直接受到外界环境的影响，如紫外线、风、水波、温度、人类活动等。

(3) 防水毯是由上下两层土工织布夹膨润土组成，所以本结构中土工膜下方不用再另铺土工织布来保护。

3. 保护层+土工织布+土工膜+防水毯+碎石垫层

保护层+土工织布+土工膜+防水毯+碎石垫层的防渗结构型式见图 7.2-6。

(1) 该结构中的土工膜和防水毯的组合垫层主要用于隔水，削弱渗漏。

(2) 顶部保护层一般有混凝土面板等，主要用于保护土工膜，防止土工膜直接裸露在外，避免其受到外界环境的影响。

(3) 顶部保护层和土工膜之间的土工织布主要用于保护土工膜，防止被顶部保护层刺破。

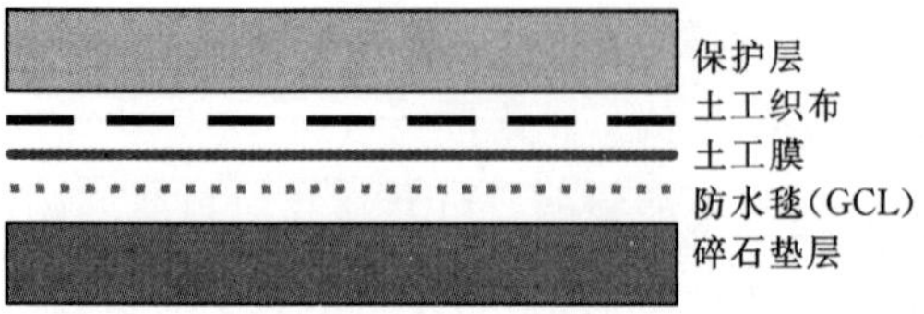

图7.2-6 带保护层的一膜一毯防渗层

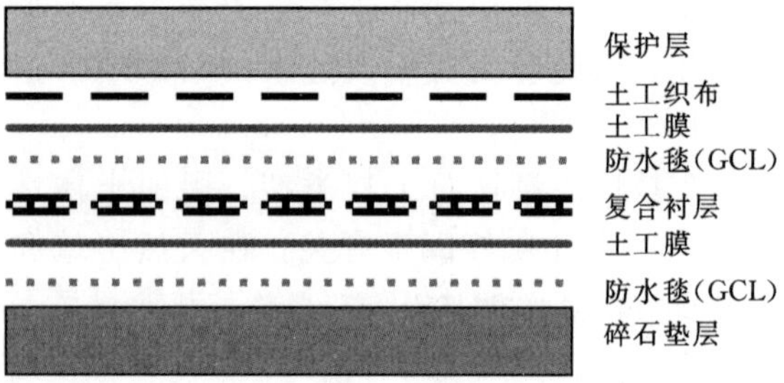

图7.2-7 带保护层和导排层的两膜两毯防渗层

4. 双重复合结构

双重复合结构的防渗型式见图7.2-7。

(1) 本结构中利用土工膜和防水毯组成双层隔水结构，第一层隔水结构主要用于隔绝或削弱下渗量，因第一层结构的阻隔，第二层土工膜上部的水头压力小，可以进一步削弱下渗量，还可以用来测量渗透速率。

(2) 对于边坡区，该结构需要分析波浪、水位骤降等条件下的边坡稳定性。

7.2.3 防渗层中各类材料的作用

通过常用防渗结构型式可知，虽然土工合成材料很多，但在防渗中主要用到的有土工布、复合排水衬垫、土工膜、防水毯四类。

1. 土工布

土工布是一种具有透水性的土工合成材料，也是目前产量最大，工程中应用最广的一种土工合成材料，可分为有纺织物和无纺织物两大类。土工布具有重量轻、整体性好、易加工、抗拉强度高、耐腐蚀和侵蚀、孔隙直径小、渗滤性好、质地柔软、施工轻便，能与土很好结合等许多优点[4]。

在防渗结构中，土工布主要有以下作用[7]：

(1) 为土工膜的焊接提供整洁场地。

(2) 当有荷载作用时，可增加抗穿刺阻力。

(3) 可增加膜土界面的摩擦力。

(4) 有利防渗层下方液体和气体从侧向和顶部逸出，防止防渗层下气液压力过高。

2. 复合排水衬垫

复合排水衬垫一般由不同形状的塑料条带排水芯材与外包的透水土工织物组成，具有反滤和排水的功能[4,27]。一般设置于两层防渗材料的中间，其主要有以下作用：

(1) 检测第一层防渗材料的完整性。

(2) 将第一层材料的渗漏水快速排除，降低第二层防渗材料的水头压力，削弱第二层防渗材料的渗漏量。

3. 土工膜

土工膜是由高分子聚合物制成的平面柔性薄膜，有的也用沥青制成的一种相对不透水的卷材[4]。在防渗结构中，土工膜是必不可少的一项，其主要有以下作用[4]：①具有很好的不透水（气）性，是防止储存液体渗漏的直接工具；②耐腐蚀性好，有较好的抗老化能力，可以储存具有腐蚀性的有毒液（气）体；③很好的弹性和适应变形的能力，能承受不同的施工条件和工作应力。

在危险废物的贮放中，最常用的是高密度聚乙烯（HDPE）土工膜，HDPE 土工膜的主要特点和优点有[8]：

（1）强度较高，延展性良好。屈服抗拉强度可达 18MPa，断裂抗拉强度可达 35MPa，剥离强度 31kN/m，剪切强度 33kN/m；屈服延伸率为 13%～16%，断裂延伸率为 700%～800%，有较好的地表适从性、耐候性，其真正破坏时，应变大约高达 1000%。

（2）防渗能力好。防渗系数小于 1×10^{-13}cm/s。

（3）化学稳定性好。HDPE 土工膜是所有土工膜材料中化学稳定性最好的材料，具有良好的防腐蚀性。

4. 防水毯

土工合成材料膨润土垫，是一种新型的复合土工合成材料，一般是由土工布或土工膜包裹一层膨润土，通过针织、化学黏合等复合到一起。在防渗结构中，防水毯具有以下特点[9]：

（1）与压实性黏土衬垫（CCL）相比，防水毯具有单位面积质量小、单位厚度抗剪强度高、冻融循环能力强、抗不均匀沉降以及在同等条件下水力渗透率低、施工方便、安装成本低的优点。

（2）大多数 GCL 产品有较佳的弹性和可塑性，它们能变形到抵抗 5%甚至更多的张应变而不会导致其水力渗透系数大幅度提高。

（3）干湿循环下 GCL 产品脱水后会出现裂缝，但是当脱水后的 GCL 产品被重新注水后，出现的裂缝会再次闭合，其水力传导系数又会回到原来的低值；对高浓度双价阳离子的渗滤液，干湿循环产生的裂缝并不一定都能自动愈合，如果出现这种情况，要进行特殊处理。

（4）GCL 产品在实际工程应用中往往存在搭接问题。GCL 夹层中膨润土水化后，在搭接处有极强的自我愈合的功能，当压应力达到 7kPa 时，试验表明搭接处的水力渗透系数与未搭接处的近似相等。

（5）GCL 有可能会与其他材料相接触而发生滑动破坏，破坏既可能发生在它的上表面，也可能发生在它的下表面，实际工程中，以前者破坏居多。

（6）在无黏土地区，可代替黏土使用。

7.2.4　防渗材料的耐久性

防渗结构的寿命既有可能小于 10 年，也有可能长过百年，这与防渗结构的设计条件、废液特征和运行模式等有关[10]。防渗结构中，防渗材料的耐久性受到温度、物质组成、赋存条件、工作环境等因素的影响，其工作性能的耐久性直接关系到防渗结构的耐久性。因此，为了了解防渗结构的长久工作性能，必须要对防渗材料的耐久性进行研究。

1. HDPE 的耐久性

土工膜在短期内工作性能良好，但其长期运行表现尚难以断定。因为在其长期运行过程中，土工膜会受到化学和应力的协同作用。防渗结构中的土工膜位于不同位置时，其接触的环境不同，从而服役寿命也会有差距[10]。顶层的土工膜会与渗滤液直接接触，并且温度也会高于第二层的土工膜。对于双层衬垫，当渗滤液通过第一层土工膜后，到达第二层时的浓度已降低。

通过对多久收集资料的总结，Rowe[10]认为 HDPE 土工膜的耐久性与以下因素相关：①所选材料；②合理保护，防止损害或应力集中；③接触液体的化学性质；④温度。

防渗材料的耐久性受到温度、溶液浓度及化学成分等的影响。Aminabhavi 和 Naik[11]研究了 25℃、50℃和 70℃条件下 HDPE 土工膜在 14 种危废溶液中的吸附与解吸附作用、扩散性、渗透性和膨胀性。这些危废溶液分别为苯、甲苯、二甲苯、三甲基色氨酸苯、茴香醚、氯苯、1-氯奈、二氯甲、1,2-二氯乙烷、丙酮、甲基乙烷酮、甲基同乙基酮、环己酮和丁醛。试验结果表明，HDPE 的渗透系数虽然会受到温度和溶液种类的影响，但整体仍能保持较低的渗透系数，从而保持其防渗功能，见表 7.2-1。

表 7.2-1　　不同液体在不同温度下的 HDPE 渗透系数[11]

液　体	渗透系数/($\times 10^7 cm^2/s$)		
	25℃	50℃	70℃
苯	0.06	0.26	0.74
甲苯	0.07	0.37	0.82
二甲苯	0.07	0.36	0.86
三甲基色氨酸苯	0.03	0.17	0.41
茴香醚	0.01	0.08	0.21
氯苯	0.07	0.29	0.92
1-氯奈	0.01	0.06	0.19
二氯甲	0.08		
1,2-二氯乙烷	0.03	0.14	0.35
丙酮	0.002		
甲基乙烷酮	0.004	0.02	0.06
甲基同乙基酮	0.002	0.02	0.06
环己酮	0.002	0.01	0.04
丁醛	0.006	0.04	0.08

因为土工膜用于环保防渗中仅 20 年左右，所以土工膜在环保工程中长期使用的耐久性数据很少，而短期的数据相对较多（表 7.2-2）。Brady 等[12]发现 30 年后样品仅有相对微小的变化，Rollin 等[13]发现 HDPE 污染土中作用 7 年后，张拉强度和断裂伸长率均降低。Hsuan 等[14]检测了在沥出液中使用 7 年的 HDPE，发现土工膜的内部结构和工程、水力属性均无显著变化。

表 7.2-2　　不同温度下 HDPE 中抗氧化剂的消失时间[11]

温度/℃	空气/年	水/年	渗沥液/年
10	510	235	50
20	235	110	25
30	110	55	15
35	80	40	10
40	55	30	8
50	30	15	5
60	15	8	3

相反，Rowe 等[15-16]在运行 14 年后的渗沥液中取出一块裸露在外的土工膜，检测发现氧化诱导系数（OIT）和张拉、断裂属性均非常低。融熔指数试验结果表明土工膜因聚合物的链式分离反应而产生了降解。土工膜严重开裂，并且在应力条件下极易开裂。对其下方第二层土工膜在 14 年后显示出较慢的抗氧化剂耗损，受到抗氧化剂的有效保护，从而避免了氧化降解。

以上数据表明，在保护良好、没有损害的条件下，埋于土下的土工膜至少可以安全服役 15 年，但当前还没有足够的数据对 HDPE 的长期服役进行评估。鉴于此，常用加速老化试验来模拟 HDPE 的长期服役表现。

Hsuan 和 Koerner[14]认为物理老化和化学老化会同时发生。在物理老化中，聚合物会从非平衡态发生趋平衡运动，在此过程中，材料的晶体状球形蛋白增加，但无原子键断裂。物理老化可能改变与球蛋白相关的属性，如扩散系数等。在化学老化中，高分子的分子键会断开，分子间的交错连接与化学反应会导致力学性能的降低，最终导致土工膜破坏。因此土工膜长期服役中的化学老化是研究的重点。

一般将化学老化分为 3 个阶段[14,17]：①抗氧化剂的损耗阶段；②聚合物降解起始降解阶段；③聚合物降解导致一些性能显著降低（如只有初始值的 50%）。

原位作用过程中的此三个阶段时长难以直接测量，因此测试中一般会提高温度来加速老化，然后通过数据插值来确定原位使用过程中的老化[9]。该老化试验的假设依据是在温度提高后氧化机理没有改变。

Hsuan 和 Koerner[14]发现聚乙烯的氧化反应在钴、锰、铜、钯、铁等金属中会增加，当溶液中含有这些金属时，土工膜会加速老化。

2. GCL 的耐久性

GCL 作为复合屏障系统的一部分，在以下条件满足的情况下可以服役上千年[10]：

(1) GCL 在铺设过程中，膨润土颗粒没有缺失或移位。在铺设过程中注意 GCL 中的膨润土颗粒不要掉入下方的排水层中，一般应在 GCL 下方设一过滤层来防止膨润土颗粒脱落。GCL 铺设过程中应当确保其中的膨润土颗粒均匀分布。不同公司的 GCL 产品中膨润土颗粒的移动性不同，因此在铺设过程中，应加以注意。

(2) GCL 水化过程中及水化过程后，膨润土颗粒不能有明显的侧向移动，否则会导致服役期中膨润土颗粒的不均匀分布。在斜坡上（特别是比较陡的斜坡上）应更加注意，防止 GCL 中的膨润土颗粒产生顺坡向的迁移。

(3) GCL 的选取和设计中，膨润土颗粒不会在水力梯度的作用下长期缺失。这种情况易于在渗滤液集排系统使用过程中及终止使用时出现。

(4) 长期服役中，GCL 中的土工合成材料部分应当优于膨润土部分，否则 GCL 的服役寿命会受到其土工合成材料部分的限制。

(5) GCL 之间的接缝必须确保紧密接触，并有一定的重叠。在设计和施工中，应当确保 GCL 接缝在废液使用前后没有产生开裂（如脱水、施工设备或差异沉降导致的剪切等开裂）。

(6) 设计的导水性应当考虑黏粒-渗沥液间的兼容性、水化条件、地下水的化学性质、使用应力、GCL 和渗沥液的特征等。

(7) GCL 不会因脱水而干裂。GCL 在以下条件下易产生干裂：①GCL 铺设后，土工膜铺设前；②土工膜铺设后，废液贮放前；③废液贮放后。

试验表明，首次水化溶化的种类、渗透液体的酸碱盐浓度及围压对 GCL 的渗透性具有重要影响。

Ruhl 和 Daniel[18] 研究了 5 种 GCL 在 7 类溶液和 3 类水化条件下的渗透性试验。试验表明水化条件对 GCL 的渗透性具有重要的影响：当 GCL 首次浸湿的液体为水时，其渗透性要远低于化学溶液；当 GCL 中渗过以下几类溶液时，往往会导致较大的渗透系数：①钙质含量高；②强酸溶液；③强碱溶液。

Petrov 和 Rowe[19] 对针织 GCL 进行了试验研究，研究发现，盐浓度的增加和围压数量级的降低都会导致导水性的增加，在高浓度盐水中水化的 GCL 渗透性高，见图7.2-8。

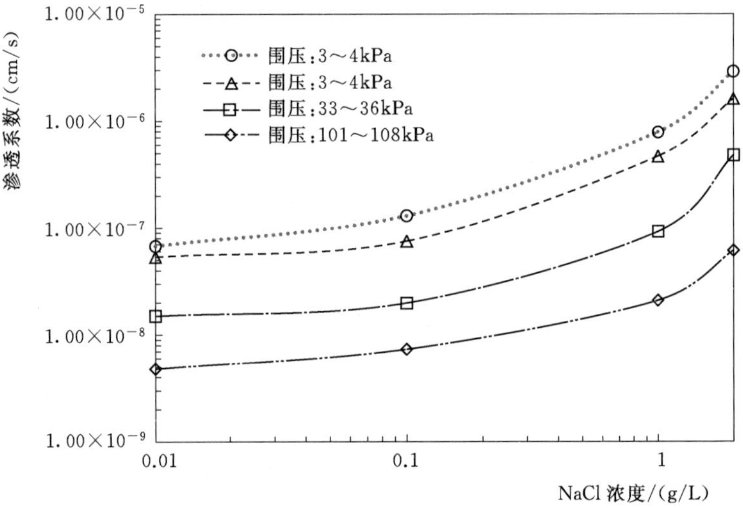

图 7.2-8 GCL 在不同浓度盐水和不同围压下的渗透系数[18]

当前国内外有关冻融循环对 GCL 渗透性影响的试验分析较少，并且冻融次数也各异。如 Rowe 等[20] 曾利用柔壁渗透仪分别进行了 0 次、6 次和 13 次冻融循环对 GCL 渗透性的影响，Rowe 等[21] 还测试了 100 次冻融循环对 GCL 的影响，介玉新等[22] 利用自行设计的渗透试验装置对 50 次冻融循环条件下的 GCL 渗透性进行了研究。

这些不同冻融循环试验的结果都表明了同一个现象，即冻融循环对 GCL 的渗透性影响较小。如 Rowe 等[21]的 100 次冻融循环试验中，冻融循环试验前 GCL 样品的平均渗透系数为 3.3×10^{-11} m/s，100 次冻融循环试验后，GCL 的渗透系数为 $2.2\times10^{-11}\sim5.3\times10^{-11}$ m/s，并没有太大变化。介玉新等[22]开展的 50 次冻融循环条件下的 GCL 渗透性研究发现，冻融循环使织物受到较大损坏，织物部分发生破坏，可以剥落，试样边缘破损，但对渗透系数影响不大。

7.3 土工膜的设计

7.3.1 土工膜选择

废水池中土工膜的选择应视废水池所贮液体而定。在废水池的全生命周期内，所选的土工膜应满足对所贮液体的耐化学性、耐久性的要求[7]，文献［7］给出了具体的选择建议。

1. 含酸、盐、重金属或通常存放的化学品废液

对于废水池中含酸、盐、重金属或通常存放的化学品废液，且所贮废液的成分已知时，可依据所贮废液的类型，参照表 7.3-1 来选择不同类型的土工膜。如果土工膜生产厂家有产品耐化学性资料时，在选取土工膜时也应参考。在膜的选择中，也应注意接缝的耐化学性，特别是采用胶粘接缝。

表 7.3-1　　不同土工膜的耐化学性[7]

化学药品	土工膜类型							
	HDPE		PVC		CSPE-R		EPDM-R	
	38℃	70℃	38℃	70℃	38℃	70℃	38℃	70℃
常规								
脂肪族烃	√	√						
芳族烃	√	√						
氯化溶剂	√	√					√	√
含氧溶剂	√	√					√	√
粗石油溶剂	√	√					√	√
醇	√	√	√	√				
酸类								
有机的	√	√	√	√	√		√	√
无机的	√	√	√	√	√		√	√
重金属	√	√	√	√	√		√	√
盐类	√	√	√	√	√		√	√

注　√表示具有对该类化学物质具有较好的耐化学性。

2. 含多种工业废水的废液

对于多种含工业废水的废水池，在土工膜的选择中，常假设不同类型的液体无协作增

腐作用，主要考虑废液中对聚合材料最具腐蚀性的液体，也可参照表 7.3-1 确定。

3. 含不明成分的废液

当在设计阶段或未投入生产，废水池中所贮废液成分不明时，应从保守的角度出发，一般选择相对惰性较强 HDPE 膜。接缝一般采用热融或挤压焊接，并且不应加其他物质或添加剂。

7.3.2 土工膜厚度计算

土工膜的厚度一般应满足[7]：

$$t=\frac{T}{1000\sigma_t} \tag{7.3-1}$$

$$\sigma_t=\frac{\sigma}{F} \tag{7.3-2}$$

式中：t 为土工膜厚度，对于重要工程应当不小于 0.5，mm；T 为土工膜使用过程中受到的拉力，kN/m；σ_t 为土工膜使用过程中的允许拉应力，kPa；σ 为极限拉应力，kPa；F 为安全系数，一般取 5。

7.4 防渗结构稳定性计算

防渗结构的稳定性共涉及 3 个方面，分别为支持层的稳定性、保护层的稳定性、防渗结构与支持层之间的界面稳定性、防渗结构内部界面前的稳定性。

7.4.1 支持层的稳定性计算

防渗结构下方支持层边坡的稳定性可参考土质边坡的稳定性，利用圆弧搜索最危滑面位置，然后利用极限平衡法，如瑞典法、毕肖普法、摩根斯坦法等计算安全系数，此处不再细述。

7.4.2 防渗结构的稳定性计算[4]

当支持层与土工膜之间无水时，稳定性一般比保护层与土工膜之间的稳定性好；若与土工膜接触的支持层交界面上有渗漏水滞留时，危险滑面多在膜与土的接触面。土工膜与支持层之间稳定性的计算方法可借鉴保护层稳定性的计算方法。

7.4.3 保护层的稳定性计算

保护层的稳定性计算方法分有限边坡和无限边坡两种，一般多用无限边坡极限平衡法进行计算[4]。

（1）当保护层等厚和透水时，安全系数：

$$FS=\tan\delta/\tan\alpha \tag{7.4-1}$$

式中：δ 为保护层与土工膜之间的摩擦角，(°)；α 为土工膜铺放坡角，(°)。

一些土工膜与不同土料间的界面特性指标可参见附录 A.1 节。

（2）当保护层等厚但透水性不良时，采用容重变化法考虑层内孔隙水压力的影响，即水位骤降前，水位以上保护层采用湿容重；在降前水位与降后水位之间，用饱和容重计算滑动力，而用浮容重计算抗滑力；降后水位以下采用浮容重。对应安全系数为

$$FS=\frac{\gamma'\tan\delta}{\gamma_{sat}\tan\alpha} \tag{7.4-2}$$

式中：γ'和γ_{sat}分别为保护层浮容重和饱和容重，kN/m³。

7.5　锚固结构的设计

7.5.1　锚固结构的作用

锚固结构的稳定性与土工合成材料的防渗结构的稳定性与长期性紧密相关。锚固结构的主要作用是将防渗结构中的土工合成材料固定在斜坡上[23]，见图 7.5-1，防止防渗结构因张拉力产生下滑、拔出等。锚固结构虽然固定了土工合成材料，但当土工合成材料产生下滑时，该锚固会导致土工合成材料内部产生拉应力，甚至导致土工合成材料产生拉破坏。这里主要讨论的是斜坡防渗中常用的重力锚固，即利用土或混凝土的压重来对防渗结构进行锚固。

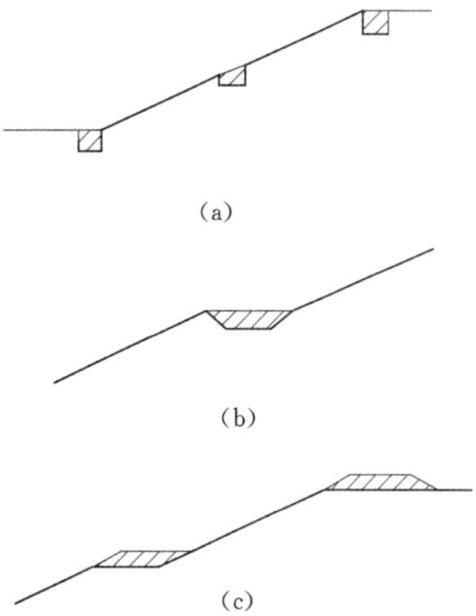

图 7.5-1　锚固形式[22]

7.5.2　锚固沟的类型

防渗结构的固定完全是靠锚固沟来实现的。依据锚固沟的形状，可以将锚固沟分为槽形锚固沟［图 7.5-2 (a)(d)］、水平锚固沟［图 7.5-2 (b)］和 V 形锚固沟［图 7.5-2 (c)］三类，其中槽形锚固沟又可细分为宽［图 7.5-2 (a)］、窄锚固沟［图 7.5-2 (d)］两类[24]。

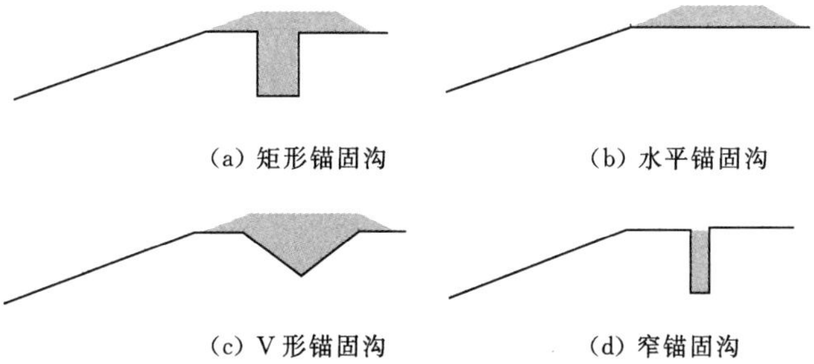

图 7.5-2　锚固沟的类型[23]

7.5.3　锚固沟的破坏方式

依据各种锚固结构设计计算方法的假设条件，可以将现有的计算方法分两类。一类是假设锚固土体为刚体，考虑防渗结构拉拔破坏的计算方法（以下简称"第一类方法"），另一类是考虑锚固土体力学性质，假设锚固土体剪切破坏的计算方法（以下简称"第二类方法"）。

在第一类方法中，将防渗结构与锚固土体之间的相对位移定义为锚固失效。该类计算方法主要建立在土工膜的基础上。这些方法主要是基于应力分析而推导出的。当土工膜受力超过锚固沟所能提供的摩阻力时，土工膜很可能不是从锚固沟中拔出，而是在锚固沟中

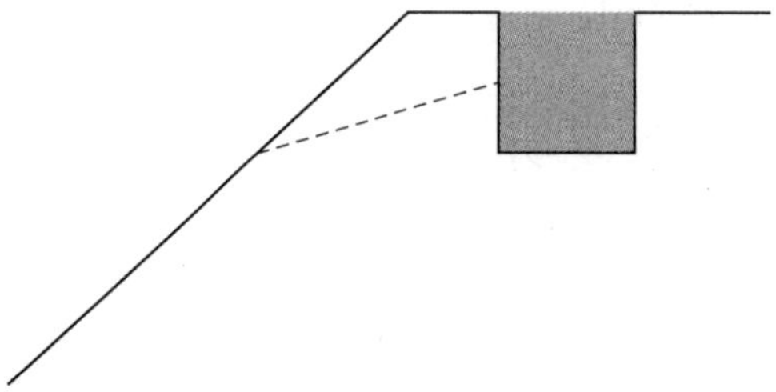

图 7.5-3 锚固沟土体剪切破坏示意图

产生滑移。该滑移在设计中并没有给予特别关注，但相对土工膜拉裂和拉出而言，该滑移也可以给予要求。但这需要从应力应变的协调性出发，给予更加详尽的分析。在实际工程应用中，当锚固产生问题时，人们更偏向于土工膜产生滑移或拉出，而不是拉裂。当锚固沟中的土工膜产生滑移时，如无特别关注，易忽视。当土工膜被拉出时，可以重新放于锚固沟中，情况严重时，也可以在斜坡的顶部进行修补。而土工膜拉裂，则不能仅进行斜坡顶部的修补[24]。

第二类方法中，锚固结构的失效是因为锚固结构的土体产生破坏。这种破坏是因为坡顶拐角处的受力，导致该位移的土体产生剪切破坏，其破坏形式见图 7.5-3。

7.5.4 假设防渗结构拉拔破坏的计算方法[24]

7.5.4.1 水平锚固沟

水平锚固沟的设计计算方法相对简单。图 7.5-4 中，T_A 为锚固沟提供的锚固力，即上部压载土的重量与界面摩擦系数的乘积。因为土工膜上部的压载土会开裂或随土工膜滑移，所以 T_A 一般通过土工膜下表面的摩擦阻力来确定，其表达公式为

$$T_A = W \cdot \tan\delta_L = L \cdot H \cdot \gamma_{soil} \cdot \tan\delta_L \tag{7.5-1}$$

式中：T_A 为锚固力；W 为压载土的重量；L 为压载土的长度；H 为压载土的高度；γ_{soil} 为压载土的单位容重；δ_L 为界面摩擦强度。

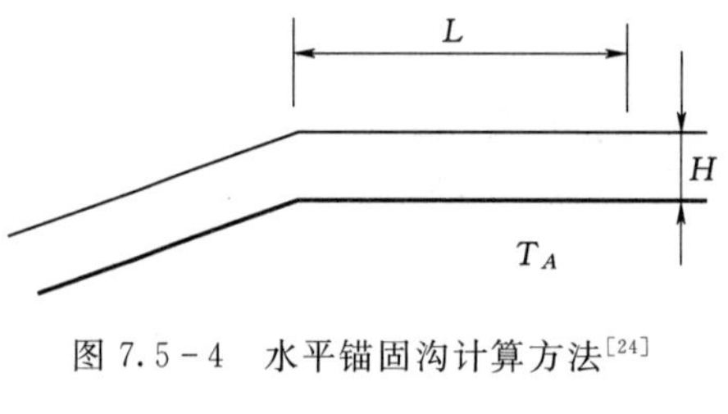

图 7.5-4 水平锚固沟计算方法[24]

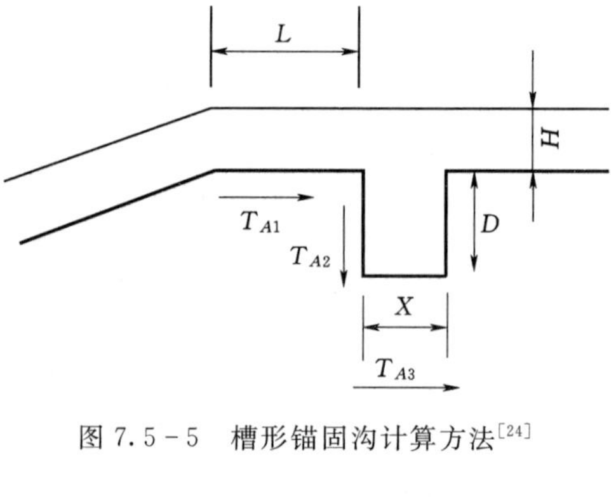

图 7.5-5 槽形锚固沟计算方法[24]

7.5.4.2 槽形锚固沟

槽形锚固沟的计算方法见图 7.5-5。

计算公式为

$$T_A = T_{A1} + T_{A2} + T_{A3} \tag{7.5-2}$$

其中

$$T_{A1} = L \cdot H \cdot \gamma_{soil} \cdot \tan\delta_L \tag{7.5-3}$$

$$T_{A2} = \sigma_{h_{avg}} (\tan\delta_L + \tan\delta_U) \cdot D \tag{7.5-4}$$

$$\sigma_{h_{avg}}=K_0\cdot\gamma_{soil}\cdot H_{avg}=(1-\sin\phi)\cdot\gamma_{soil}\cdot\left(H+\frac{D}{2}\right)\tag{7.5-5}$$

$$T_{A3}=X\cdot(H+D)\cdot\gamma_{soil}\cdot(\tan\delta_L+\tan\delta_U)\tag{7.5-6}$$

式中：ϕ 为压载土的摩擦角。

槽形锚固沟上述计算公式并非理想公式，而是基于无摩擦滑轮的假设来估算摩阻力。在该公式中，处用（$1-\sin\phi$）来表示土压力系数 K_0。锚固沟顶部压载土回填越密实，K_0 越高。

7.5.4.3　V 形锚固沟

V 形锚固沟的计算方法见图 7.5-6。

该方法与水平锚固沟的计算方法相近，其计算公式为

$$T_A=T_{A1}+T_{A2}\tag{7.5-7}$$

其中

$$T_{A1}=L\cdot H\cdot\gamma_{soil}\cdot\tan\delta_L\tag{7.5-8}$$

假设 V 形锚固沟上方压载土移动，则土工膜上表面的摩擦阻力不予考虑，但考虑土体的摩擦阻力，刚相应的计算公式为

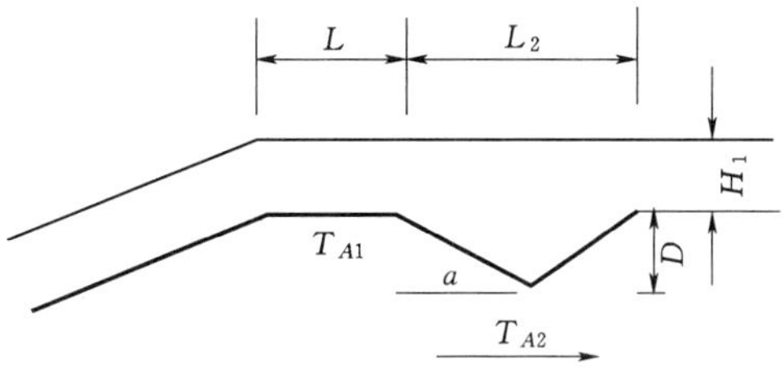

图 7.5-6　V 形锚固沟计算方法[23]

$$T_{A2}=W\cdot(\cos\alpha\cdot\tan\delta_L+\sin\alpha)\tag{7.5-9}$$

$$W=\left(L_2\cdot H_1+\frac{L_2\cdot D}{2}\right)\cdot\gamma_{soil}\tag{7.5-10}$$

$$T_{A2}=\left(L_2\cdot H_1+\frac{L_2\cdot D}{2}\right)\cdot\gamma_{soil}\cdot(\cos\alpha\cdot\tan\delta_L+\sin\alpha)\tag{7.5-11}$$

假设 V 形锚固沟上方压载土不发生移动时，压载土居于 V 形锚固沟位置，土工膜上、下表面的界面摩擦阻力均包含在内：

$$T_{A2}=W\cdot(\tan\delta_L+\tan\delta_U)=\left(L_2\cdot H_1+\frac{L_2\cdot D}{2}\right)\cdot\gamma_{soil}\cdot(\tan\delta_L+\tan\delta_U)\tag{7.5-12}$$

V 形锚固沟提供的摩阻力为上述两式中的小值。

7.5.4.4　不同锚固结构下摩阻力的对比分析

Hullings 和 Sansone[24] 对不同锚固结构下摩阻力的大小进行了对比分析，见图7.5-7。通过该图可以看出：

（1）水平锚固沟提供摩阻力最小。

（2）同一锚固结构型式下，锚固段的距离越长，提供的摩阻力也就越大。

（3）当锚固距离相同时，槽形锚固段提供的摩阻力要大于 V 形锚固沟。

（4）当锚固长度满足时，其界面摩阻力可以大于土工膜自身的抗拉强度。

7.5.5　假设锚固土体剪切破坏的计算方法

7.5.5.1　水平锚固沟[25]

当锚固土体产生前切破坏时，破坏位置往往位于斜坡顶部，且破坏范围较小。假设破

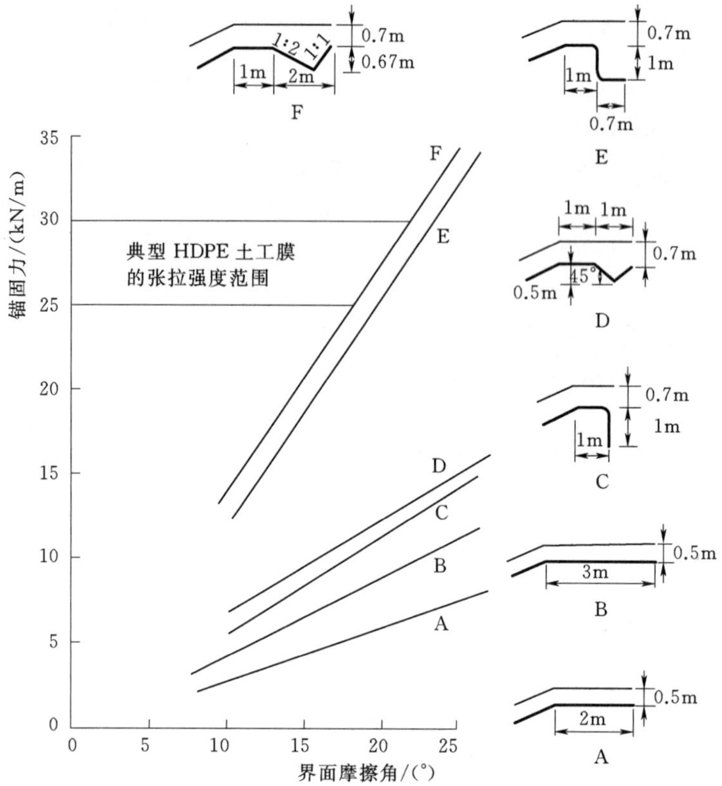

图 7.5-7 不同锚固结构下摩阻力的对比[24]

坏块体为刚体，且破坏面符合 Mohr-Coulomb 破坏准则，见图 7.5-8。

则该破坏块体的极限平衡方程表达式为[24]

X 向力平衡公式：

$$T_1 - T_1'\cos\beta - R\sin(\alpha+\phi) = 0 \tag{7.5-13}$$

Y 向力平衡公式：

$$-T_1'\sin\beta + R\cos(\alpha+\phi) = 0 \tag{7.5-14}$$

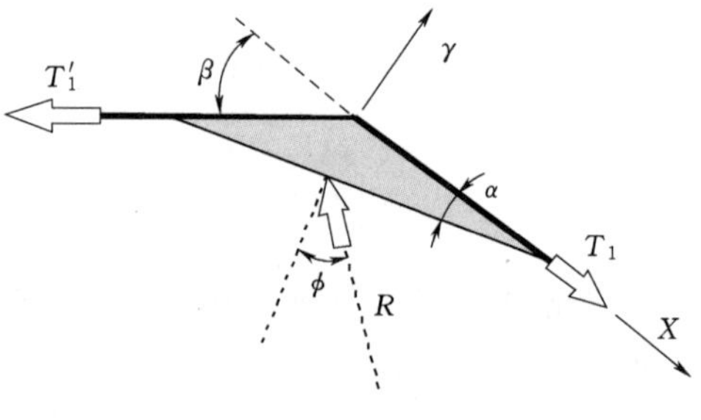

图 7.5-8 水平锚固沟锚固破坏计算示意图[24]

式中：T_1 为土工膜的下滑拉力；T_1' 为土工膜的锚固力；β 为斜坡坡角；α 为斜坡面与破坏块体滑面的交角；ϕ 为土体的摩擦角。

将上述两式合并，则：

$$T_1/T_1' = [\cos\beta + \sin\beta\tan(\alpha+\phi)] \tag{7.5-15}$$

$\alpha=0$ 时，T_1/T_1' 值最小，则上式可表示为

$$T_1/T_1' = \cos\beta + \sin\beta\tan\phi \tag{7.5-16}$$

理论上来讲，T_1/T_1' 应当不小于 1，但是从数学上分析，当 β 和 ϕ 取一定值时，该比

值有可能小于 1。该种情况下，斜坡顶部的锚固端特别不稳定，不能够提供锚固力。

7.5.5.2 槽形锚固沟[25]

图 7.5-9 和图 7.5-10 分别为槽形锚固沟的结构示意图（该结构也可称为 L 形锚固）和破坏计算示意图。该锚固结构下块 B 底部附近一般观察不到明显的破坏，但防渗结构会对此块有一个拉力：

$$T_2'=T_3+2F_h\tan\delta=\frac{2P_2K_3\tan\delta}{1+2K_3\tan\delta}+2\gamma K_0D(H+D/2)\tan\delta \tag{7.5-17}$$

式中：δ 为界面摩擦强度；P_2 为块 B 的压重；K_3 为角度变化系数，$K_3=\exp(\pi/2\tan\delta)$；$K_0$ 为侧向主动土压力系数，$K_0=\tan^2(45°-\phi/2)$。

而块 A 的底部往往有较明显的破坏痕迹，则设计破坏应力为

$$T_1=K_1\cdot T_1' \tag{7.5-18}$$

$$T_1'=\tan\varphi\left\{P_1+\tan\delta\left[\gamma K_0D(2H+D)+\frac{2\gamma K_3B(H+D)}{1+2K_3\tan\delta}\right]\right\}+R_L \tag{7.5-19}$$

$$K_1=\min[\exp(\beta\tan\delta);\cos\beta+\sin\beta\tan\phi] \tag{7.5-20}$$

式中：K_1 为重力系数；R_L 为土体的几何特征函数。

设 H 和 P_1 分别为块 A 的高度和压重，则：

（1）如果 $H\sigma_t>P_1\tan\varphi$，则块 A 强度足够大，不会与块 B 分离，土工膜为拉拔受力，$R_L=P_1\tan\varphi$。

（2）如果 $H\sigma_t<P_1\tan\varphi$，块 A 会在拐角 2 处与其他块体脱离。假设土工膜拉拔过程中锚固为渐近破坏，则在锚固失效前块 A 首先发生破坏。该情况下，只考虑土工膜与其下方土体的界面摩擦力，则 $R_L=0$。

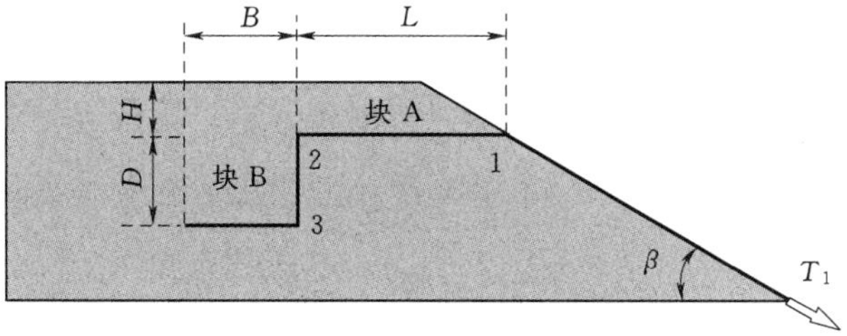

图 7.5-9 槽形锚固沟的结构示意图[24]

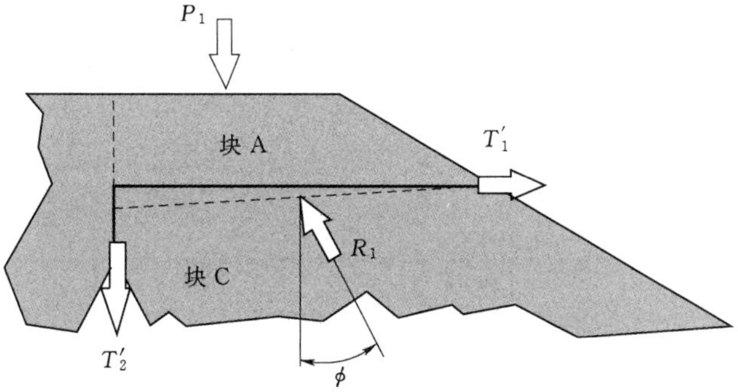

图 7.5-10 槽形锚固沟锚固破坏计算示意图[25]

7.5.5.3 V 形锚固沟[25]

图 7.5-11 为 V 形锚固沟锚固破坏计算示意图。

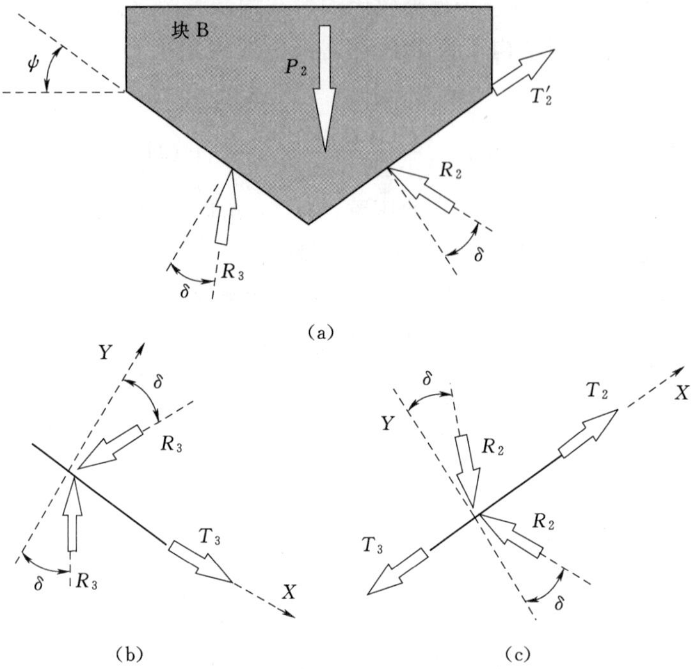

图 7.5-11 V 形锚固沟锚固破坏计算示意图[25]

据图有

$$T_1 = K_1 \cdot T_1'$$

当 $\psi \leqslant \delta$ 时 $T_1' = P_1\tan\delta + \gamma K_2 B(H + D/2) \times (\cos\psi\tan\delta + \sin\psi)$ (7.5-21)

当 $\psi \geqslant \delta$ 时 $T_1' = P_1\tan\delta + 2\gamma K_2\sin(\delta)B(H + D/2) \times [K_3\sin(\psi+\delta) + \sin(\psi-\delta)]/A$ (7.5-22)

其中

$$K_1 = \cos\delta + \sin\delta\tan\phi$$

$$K_2 = \cos\psi + \sin\psi\tan\phi$$

$$K_3 = \cos2\psi + \sin2\psi\tan\phi$$

7.5.6 安全系数计算

防渗结构锚固条件下的安全系数计算公式为

$$FOS = \frac{T}{1000\sigma t} \tag{7.5-23}$$

式中：T 为土工膜使用过程中受到的拉力，kN/m；σ 为土工膜极限拉应力，kPa；t 为土工膜厚度，对于重要工程应当不小于 0.5，mm。

在设计过程中，也可以利用 T，结合式（7.3-1）和式（7.3-2）确定土工膜的厚度。

7.6　渗漏量的估算方法

7.6.1　无损土工膜的渗漏量[4]

无损土工膜的渗透量可按孔隙介质的 Darcy 定律进行计算：

$$Q_g = K_g iA = K_g \frac{\Delta H}{T_g} A \tag{7.6-1}$$

式中：Q_g 为土工膜的渗漏量，m^3/s；K_g 为土工膜的渗透系数，m/s；i 为水力比降；ΔH 为土工膜上、下水头差，m；A 为土工膜的透水面积，m^2；T_g 为土工膜的厚度，m。

土工膜是一种无孔介质，当它与水接触时，水会在膜中扩散和渗透，产生"自扩散流量"。如果土工膜受到水头差等压力作用，会产生新的"压差流量"。由于土工膜的不均匀而产生的水流可包括在"压差流量"中，这种机理与多孔介质中的渗流机理是不同的，因此严格来说 Darcy 定律是不适用的，但实用中仍采用渗透系数来表达土工膜的渗透性能。

7.6.2　单层土工膜的缺陷渗漏量[4]

土工膜单个孔的缺陷渗漏量可用 Bernoulli 公式计算：

$$Q = \mu A \sqrt{2gh_w} \tag{7.6-2}$$

式中：μ 为流量系数，一般取 0.6～0.7；A 为缺陷孔的面积总和，m^2；h_w 为土工膜上、下表面水头压力差，m。

7.6.3　组合防渗层缺陷渗漏量[4]

组合防渗层缺陷渗漏量的计算比较复杂，可用经验公式进行计算。

（1）一般情况（$i>1.0$）。

1）土工膜与下层土接触良好时：

$$Q = 0.21 i_{avg} a^{0.1} H_w^{0.9} K_s^{0.74} \tag{7.6-3}$$

$$R = 0.26 a^{0.05} H_w^{0.45} K_s^{-0.13} \tag{7.6-4}$$

2）土工膜与下层土接触不良时：

$$Q = 1.15 i_{avg} a^{0.1} H_w^{0.9} K_s^{0.74} \tag{7.6-5}$$

$$R = 0.61 a^{0.05} H_w^{0.45} K_s^{-0.13} \tag{7.6-6}$$

3）对于圆形孔：

$$i_{avg} = 1 + \frac{H_w}{2H_s \ln\left(\frac{R}{r_0}\right)} \tag{7.6-7}$$

式中：i_{avg} 为平均水力比降；K_s 为膜下土的渗透系数，m/s；R 为土工膜下伏土内渗透区域的半径，m；a 为土工膜上孔的面积，m^2；r_0 为圆孔半径，m；H_w 为土工膜上的水头，m；H_s 为膜下土层厚度，m。

(2) 当 $H_w \ll H_s$ 时，$i \approx 1.0$。

1）土工膜与下层土接触良好时：

$$Q = 0.21 a^{0.1} H_w^{0.9} K_s^{0.74} \tag{7.6-8}$$

2）工膜与下层土接触不良时：

$$Q = 1.15 a^{0.1} H_w^{0.9} K_s^{0.74} \tag{7.6-9}$$

7.7 工 程 实 例

7.7.1 Piñon Ridge 蒸发塘[29]

Piñon Ridge 蒸发塘位于美国科罗拉多州的蒙特罗斯，主要用于贮放铀提取产生的废水。蒸发塘所在地海拔高程为 1676.00m，地形向北稍倾，基岩主要由赫莫萨组的黏土岩和石膏组成，也含有少量的砂岩和粉砂岩。当地年均蒸发量约为年均降雨量的 3 倍，风向以东和东南向为主，平均风速为 8.5km/h，最大风速可达 37.7km/h。地下水位于地表以下 104～122m，硫离子含量较高。

Piñon Ridge 蒸发塘由双层防渗结构组成，由上及下分别为主防渗层、导排层、防渗层及底部至少 0.9m 厚的渗透系数小于 1×10^{-7}cm/s 的土层。顶层主防渗层为 2mm 厚的黑色光面 HDPE 膜，无护坡，直接裸露。导排层由 HDPE 土工网构成，主要用于降低次防渗层的水头。HDPE 土工网的最小透射率为 2×10^{-3} m^2/s，厚度为 6.7mm。次防渗层同样为 2mm 厚的黑色光面 HDPE 膜，膜下铺有 GCL。GCL 厚约 12.2cm，渗透系数为 5×10^{-9}cm/s。图 7.7-1、图 7.7-2 和图 7.7-3 分别为 Piñon Ridge 蒸发塘的平面布置、锚固设计和防渗结构设计图。

2011 年 10 月 26 日项目获批建设。

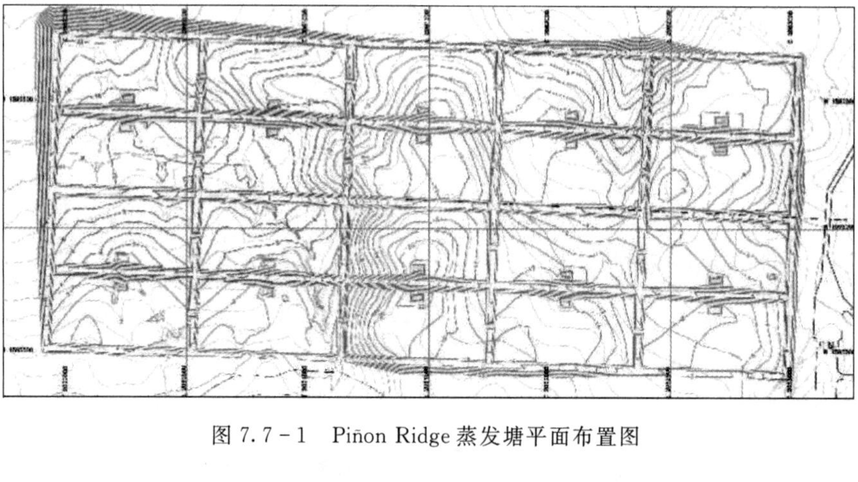

图 7.7-1 Piñon Ridge 蒸发塘平面布置图

7.7.2 唐山恒天然牧场污水池[28]

唐山恒天然牧场位于唐山市汉沽管理区，是新西兰恒天然集团与中方合资兴建的现代化牧场。牧场污水从挤奶厅排出后经简单过滤、沉淀后即被排入容积为 1 万 m^3 的污水池进行自然处理。该项目污水池要求池体具有良好的防渗性能，避免对地下水造成污染。污

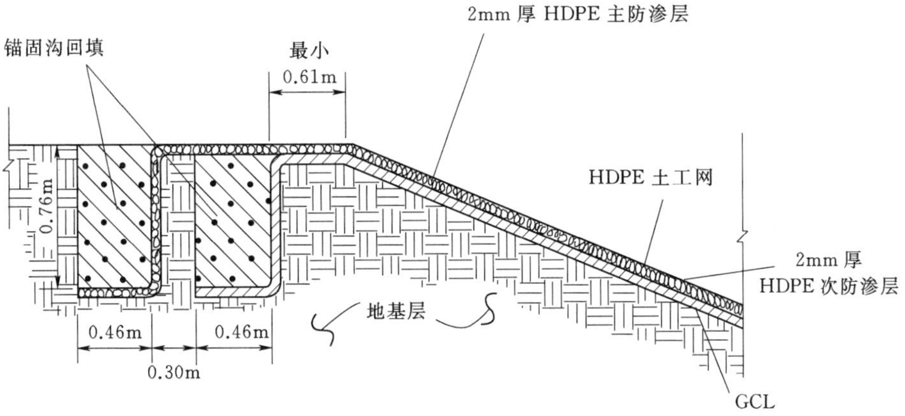

图 7.7-2　Piñon Ridge 蒸发塘锚固设计图

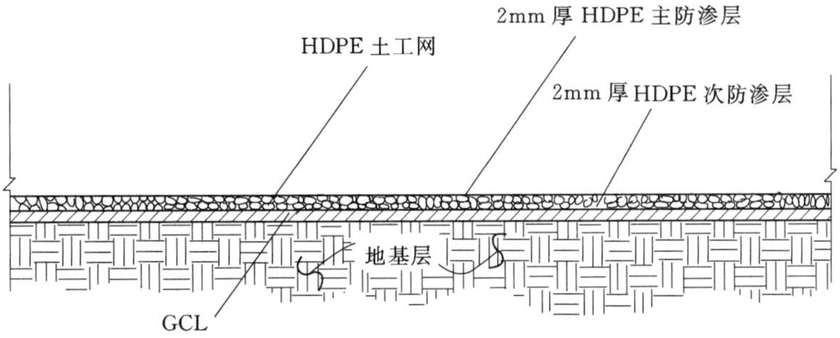

图 7.7-3　Piñon Ridge 蒸发塘防渗结构设计图

水池构造简单，无特殊工艺设置，且内表面积较大，施工所在地地质情况单一，碎砖块等尖锐杂物较少，具备防渗膜铺设的要求。

综合考虑项目要求、项目条件和项目所在地特点，该污水池选用 1.0mm 厚的 HDPE 膜。该工程铺设宽度大于 20m，为减少焊缝和施工周期，选用大于 6m 的幅宽。池体铺设面积考虑了边坡甩出部分（沿侧壁 1m 周圈），并加 7%余量（锚固、搭接及漏补焊部分），约需要 6000m²，见图 7.7-4，所选用的 HDPE 膜技术参数见表 7.7-1。

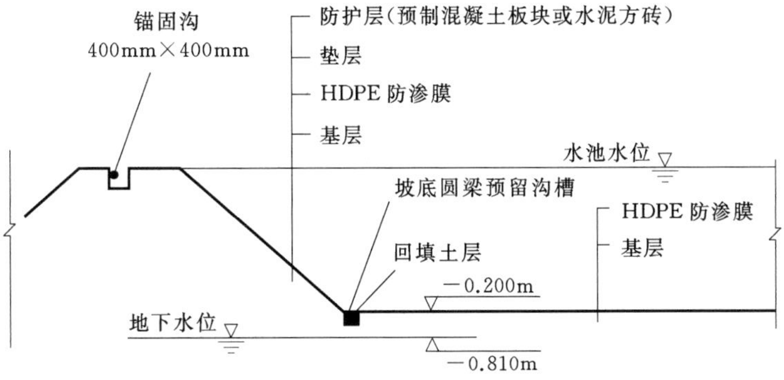

图 7.7-4　唐山恒天然牧场污水池断面示意图

表 7.7-1　　1.0mm 厚 HDPE 防渗膜技术参数

项　目	指　标
拉伸程度	≥17MPa
断裂伸长率	≥450%
直角撕裂强度	≥80N/mm
炭黑含量	2%～3%
水蒸气渗透系数	$\leqslant 10\times10^{-16}$(g·cm)/(cm²·s·Pa)
−70℃低温冲击脆化性能	通过
尺寸稳定性	±3%

因项目所在地地下水位较高，位于室外地坪以下 0.81m，故设计时采用半地上形式，污水池底部宽 21.6m、长 143.6m、深 3m，设计有效容积 10000m³，池壁为机械堆土夯实做成的堤坝形式。

恒天然牧场污水池已投入使用，见图 7.7-5，防水性能良好，施工完成面外表美观。

图 7.7-5　使用中的唐山恒天然牧场污水池实景图

参　考　文　献

[1] 独仲德，李丽珍. 地下水环境影响评价中废水池污染强度分析 [J]. 山西建筑，2013，39 (28)：196-198.

[2] 俞亚南，屠毓敏. 大型膜防渗水池的防渗和抗浮设计 [J]. 电力建设，1998，19 (12)：32-35.

[3] J. Giroud，R. Bonaparte. Geosynthetics in liquid-containing structures [M]. Geotechnical and Geo-environmental Engineering Handbook. R. K. Rowe，Springer，2001.

[4] 包承纲. 土工合成材料应用原理与工程实践 [M]. 北京：中国水利水电出版社，2008.

[5] 《土工合成材料工程应用手册》编写委员会. 土工合成材料工程应用手册 [M]. 北京：中国建筑工业出版社，1994.

[6] Bob. 关于土工膜应用的 PPT. 索玛公司.

[7] R. M. Koerner. Designing with Geosynthetics [M]. New Jersey：Pretice Hall，1990.

[8] 周敬超. HDPE 土工膜在城市生活垃圾卫生填埋场中的应用 [J]. 水利水电科技进展，2003，23

(3): 53 - 56.

[9] 周正兵，王钊，王俊奇. GCL——一种新型复合土工材料的特性及应用综述 [J]. 长江科学院院报，2002，19 (1): 35 - 38.

[10] R. Rowe. Long - Term performance of contaminant barrier systems [J]. Geotechnique，2005，55 (9): 631 - 678.

[11] T. Aminabhavi，H. Naik. Sorption/desorption，diffusion，permeation and swelling of high density polyethylene geomembrane in the presence of hazardous organic liquids [J]. Journal of hazardous materials，1999，64 (3): 251 - 262.

[12] K. Brady，W. McMahon，G. Lamming. Thirty year ageing of plastics [J]. TRL PROJECT REPORT，1994.

[13] A. Rollin，J. Mlynarek，A. Zanescu，T. Christensen. Performance changes in aged in - situ HDPE geomembrane [J]. Landfilling of wastes: Barriers (eds T. Christensen，R. Cossu and R. Stegmann)，1994: 431 - 443.

[14] Y. Hsuan，R. Koerner. Effects of outdoor exposure on a high density polyethylene geomembrane [M]. Geosynthetics，1991.

[15] R. Rowe，Y. Hsuan，C. Lake，P. Sangam，S. Usher. Evaluation of a composite (geomembrane/clay) liner for a lagoon after 14 years of use [J]. Proc. 6th Int. Conf. on Geosynthetics，Atlanta，1998: 191 - 196.

[16] R. K. Rowe，H. P. Sangam，C. B. Lake. Evaluation of an HDPE geomembrane after 14 years as a leachate lagoon liner [J]. Canadian Geotechnical Journal，2003，40 (3): 536 - 550.

[17] J. Viebke，E. Elble，M. Ifwarson，U. Gedde. Degradation of unstabilized medium-density polyethylene pipes in hot-water applications [J]. Polymer Engineering & Science，1994，34 (17): 1354 - 1361.

[18] J. L. Ruhl，D. E. Daniel. Geosynthetic clay liners permeated with chemical solutions and leachates [J]. Journal of geotechnical and geoenvironmental engineering，1997，123 (4): 369 - 381.

[19] R. J. Petrov，R. K. Rowe. Geosynthetic clay liner (GCL) - chemical compatibility by hydraulic conductivity testing and factors impacting its performance [J]. Canadian Geotechnical Journal，1997，34 (6): 863 - 885.

[20] R. K. Rowe，R. M. Quigley，R. W. Brachman，J. R. Booker，R. Brachman. Barrier systems for waste disposal facilities [M]. Spon Press，2004.

[21] R. Rowe，T. Mukunoki，R. Bathurst. Hydraulic conductivity to Jet - A1 of GCLs after up to 100 freeze - thaw cycles [J]. Geotechnique，2008，58 (6): 503 - 512.

[22] 介玉新，彭涛，傅志斌，李广信. 土工合成材料黏土衬垫的渗透性研究 [J]. 土木工程学报，2009，42 (2): 92 - 97.

[23] J. P. Giroud，M. H. Gleason，J. G. Zornberg. Design of geomembrane anchorage against wind action [J]. Geosynthetics International，1999，6 (6): 481 - 507.

[24] D. E. Hullings，L. J. Sansone. Design concerns and performance of geomembrane anchor trenches [J]. Geotextiles and Geomembranes，1997，15 (4): 403 - 417.

[25] P. Villard，B. Chareyre. Design methods for geosynthetic anchor trenches on the basis of true scale experiments and discrete element modelling [J]. Canadian Geotechnical Journal，2004，41 (6): 1193 - 1205.

[26] B. Chareyre，L. Briancon，P. Villard. Theoretical versus experimental modeling of the anchorage capacity of geotextiles in trenches [J]. Geosynthetics International，2002，9 (2): 97 - 123.

[27] 林伟岸，詹良通，陈云敏，等. 含土工复合排水网衬里的界面剪切特性研究 [J]. 岩土工程学报，2010，32 (5): 693 - 697.

[28] 彭英霞，田真，高继伟，等. HDPE防渗膜在牧场污水池上的应用——记唐山恒天然牧场污水池工程 [J]. 中国奶牛，2009 (2)：55－57.

[29] Golder Associate Inc. Evaporation pond design report [M]. Piñon Ridge Project Montrose Country，Colorado，2008.

[30] 俞亚南，解宏伟，林伶利. 大型储液池土工膜防渗设计方法探讨 [J]. 防渗技术，1998 (3)：3－5.

第 8 章　地下空间防渗排水设计与施工

8.1　概　　述

8.1.1　地下空间防渗排水技术进展

在 21 世纪，地上空间越来越紧迫，同时，人们越来越注重环保，综合各方面的因素，地下空间是一个开发利用的方向。地下空间的开发利用包括：①交通设施：城市地下通道、城市地铁、城市地下空间；②商业设施：地下商城、水下游乐馆；③地下车库：解决城市中心区的公共停车和居住区的个人停车；④市政公益管线设施：提高城市道路利用、保护地下设施稳定运转、为以后添加设施提供预留空间；⑤城市综合防灾建设：人民防空、抵御自然灾害；⑥军事工程：地下军事指挥中心、重要军事设施（军事光缆、通道、物资储备等）；⑦仓储设施：地下油库（存储量大、安全防火、质量稳定、维护容易）；⑧高层建筑地下空间。

在城市地下空间的开发过程中，存在着很多问题，面临着多种挑战。其中防渗排水是地下空间开发的关键问题之一。据统计，已建与新建的地下空间工程，出现渗漏的地下室、地下车库，包括隧洞、地下硐室等，渗水率在 80%以上。在地铁工程空间也存在渗漏问题，如 2012 年，杭州地铁 1 号线刚开通一周就出现大量的渗漏。2011 年，北京地铁 90%的地铁车站，出现了渗漏。

地下空间防渗排水存在问题有以下的特征：①混凝土主体的渗漏；②混凝土浇筑过程中，由于施工方的需要，或建筑上的需要，有很多的接口；③施工之后，由于其他的一些原因，连接的部位也会出现一些渗漏。

地下空间渗漏，主要由于地下混凝土结构可能出现的一些缺陷，随着时间的推移，这些缺陷可能会逐渐影响整个结构，带来很大的隐患。地下空间的渗漏修复非常困难，通常渗漏是个缓慢的过程，具有隐蔽性，潜在的危险大。

因此，地下防渗（市政工程中亦称防水，下同）、排水设计始终是地下空间技术研究的关键问题之一。近年来，国内外地下防水技术取得了令人瞩目的进步，防水新材料、新方法与新技术不断涌现，工程防水的一些理念也正在转变与更新。特别在我国，随着基础设施建设的飞速发展，防水工程领域呈现出一派欣欣向荣的景象。

（1）混凝土刚性防水的理念更新。在建筑工程中，混凝土的配制一直是以强度要求作为主要设计依据的，20 世纪 70 年代后期由于环境劣化，混凝土质量不良导致工程事故时有发生。于是，混凝土耐久性、安全性问题引起了国内外的关注，对有耐久性要求的混凝土结构工程提出了混凝土配制以耐久性可靠性及强度作为主要依据的理念，从而促进了我国高强度高性能混凝土技术的发展。在这种背景下，有人提出取消对混凝土抗渗性的要求，认为高标号混凝土可代替防水混凝土。通过近年的实践表明，高强度、高性能混凝土，并不等同于高抗渗等级的混凝土，因为高强度混凝土是以强度等级要求作为设计依据，防水混凝土是以抗渗等级要求作为设计依据，这是两个完全不同的设计理念。某些能提高混凝土强度的措施不一定能改善混凝土的抗渗性，甚至会对混凝土的抗渗性产生负面影响。如提高水泥标号固然能提高混凝土的强度等级，但却导致水泥水化热加大，增加了混凝土开裂和渗漏的可能性。

近年实践还表明，要获得良好的防水混凝土，适当增加矿物掺和料的比重是不容忽视的。同时防水混凝土结构还应有适宜的钢筋保护层厚度。

(2) 刚性、柔性防水材料的集成效应。早年建造的地下建筑，通常采用单一的柔性防水材料（油毡）或刚性防水材料（五层抹面）作为防水层，由于材质、施工技术等原因，工程渗漏水现象时有发生。20世纪50年代北京兴建十大建筑，曾采用过二道或三道的多道设防，但并未形成一个完整的、清晰的设计思路。直到2001年，《地下工程防水技术规范》提出刚柔并济的设计理念，才明确以混凝土本体刚性防水（即结构自防水）为依托，在迎水面全外包柔性防水层，形成一个刚柔并济的整体全封闭的防水体系。刚性、柔性防水材料各具特色，两种特性不同的防水材料取长补短，相辅相成地共用于主体结构上，理应使整个工程的防水功能得到大大提高。但实际情况并非如此，究其缘由，主要是由于柔性防水材料需要在干燥的基层上才能黏结牢固，对基层含水率要求很高，基层往往难于达到，也缺乏准确的含水率测定方法。因此，尽管柔性防水材料自身性能不断改进和提高，如出现了冷粘法粘贴合成高分子片材和热熔法粘贴高聚物改性沥青防水卷材等，但由于其与基层不能良好黏结，无法协调一致、共同抵抗结构的各种变形。若成品保护或施工不当，会在防水结构与柔性防水层间出现串水渗漏，导致工程失效。

近年来，我国包括防水材料生产企业在内的防水工程界，进一步认识到工程防水是一项系统工程，摒弃了孤立片面地追求某种柔性材料自身的高性能忽视与其相连相依的材料的相关性与相容性的做法，而将开发防水新技术的视角转移到研究各种柔性防水材料与刚性防水材料的匹配以及防水材料与主体结构的有效合成上来，以发挥工程结构的整体防水功能。通过对防水结构物与各防水材料间的有机结合与合成，提升整体防水结构的集成效应，以释放更大的整体防水能量，是今后我国工程防水技术发展的重要途径之一。

在地下空间排水技术方面，重点在排水材料的更新，在结构边墙设置波纹管、PVC管引水入排水沟，增强排水材料的耐久性。对大面积的渗漏水考虑用排水板引排等。

8.1.2 地下空间防渗排水技术特点

针对地下空间的防渗排水设计与施工，主要是防排结堵结合起来，综合处理。在地下空间防水的设计上，主要侧重四方面：

(1) 选用抗渗能力高的混凝土结构。

(2) 采用防水层，防水材料设置透水层。

(3) 设置合理的分缝，并尽量减少分缝。

(4) 合理疏导，采用排水材料收集渗水，并汇入排水沟。

8.2　地下空间防渗排水设计

8.2.1　防渗排水材料选择

8.2.1.1　防渗材料选择

防渗材料中，以下几种土工合成材料及其应用技术具有代表性。

1. 改性沥青防渗土工膜卷材（市政工程中亦称防水卷材，下同）

SBS 改性沥青防水卷材是以 SBS 橡胶改性石油沥青为浸渍覆盖层，以聚酯纤维无纺布、黄麻布、玻纤毡等分别制作为胎基，以塑料薄膜为防粘隔离层，经选材、配料、共熔、浸渍、复合成型、卷曲等工序加工制作。这种卷材具有很好的耐高温性能，可以在－25～＋100℃的温度范围内使用，有较高的弹性和耐疲劳性，以及高达 1500％的伸长率和较强的耐穿刺能力、耐撕裂冷冽。适合与寒冷地区，以及变形和振动较大的工业与民用建筑的防水工程。低温柔性好，达到－25℃不裂纹；耐热性能高，90℃不流淌。延伸性能好，使用寿命长，施工简便，污染小等特点。具体见图 8.2－1，适用于 1 级、2 级建筑的防水工程，尤其适用于低温寒冷地区和结构变形频繁的建筑防水工程。

2. 预铺式反粘卷材防水系统

预铺式反粘卷材防水系统是以特殊自粘卷材（特制的高密度聚乙烯卷材或双面自粘卷材）为主体的防水系统。采用现场预铺设方法，将自粘卷材铺在垫层或其他基面上，揭开自粘卷材上表面的隔离膜后绑扎钢筋、浇灌结构混凝土。当流态混凝土与自粘卷材表面柔软的压敏性胶粘层接触后，良好的黏结效应使两者持久地紧密咬合黏结在一起，构成完整的防水系统，见图 8.2－2。

图 8.2－1　改性沥青防水卷材

图 8.2－2　预铺式反粘卷材防水系统

预铺式反粘卷材防水系统，主要具有以下特点：

（1）柔性防水层与结构主体咬合黏结成一个不可分割的整体，大大提高了两者的集成效应。

（2）避免了一般卷材与混凝土结构之间黏结不良造成串水的弊病。

（3）防水层不与垫层黏结，可避免因垫层混凝土收缩开裂或不均匀沉降导致卷材自身的撕裂，导致地下水侵入的危害。

3. 聚乙烯丙纶卷材防水技术

聚乙烯丙纶卷材防水技术是由柔性的聚乙烯丙纶卷材（图 8.2-3）与刚性的聚合物水泥防水胶粘料共同组成的复合防水层，两者具有良好的共同作用。该技术的特点是：

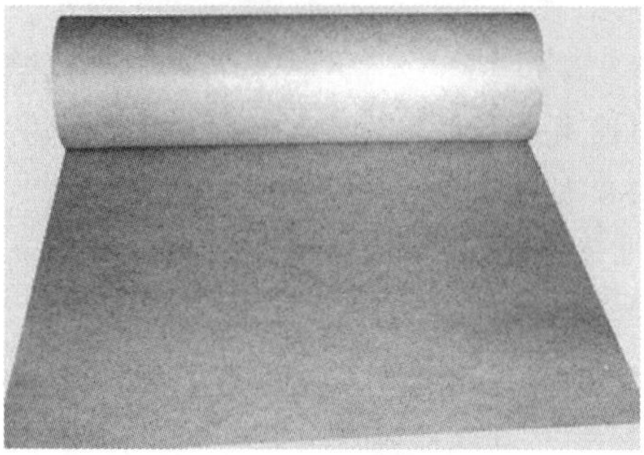

图 8.2-3 聚乙烯丙纶卷材

（1）以聚合物水泥防水胶粘料取代了传统采用的高分子胶粘剂。防水胶粘料与混凝土结构主体同属水泥基类材料，两者相容性好，黏结紧密牢固。

（2）聚合物水泥粘结剂具有较强的黏结性和良好的防水功能，自身就是一道防线。

（3）该复合防水材料施工时最后采用 5mm 的聚合物水泥满刮一遍，弥合了卷材的搭接缝，进一步提高了整体性，有利于防止串水、漏水现象发生。

4. 膨润土防水毡

膨润土防水毡是将天然钠基膨润土颗粒均匀分布在编织布表面，其上覆盖一层无纺布，用针刺方法加工而成的毡状防水卷材，见图 8.2-4。施工时，可将防水毡先干挂在侧墙及底板上，再在其上直接浇筑混凝土。膨润土防水毡具有以下特点：属无机防水材料，其耐久性能够与结构相匹配，无毒，对地下水无污染；施工简便、工期短；后浇筑的混凝土与防水毡纤维面紧密咬合，黏结强度高，并能吸收现浇混凝土中的少量水分后产生膨胀，防水毡中超细微粒进入混凝土内，形成致密的不透水层，即使防水毡局部被破坏也不会出现串水现象。

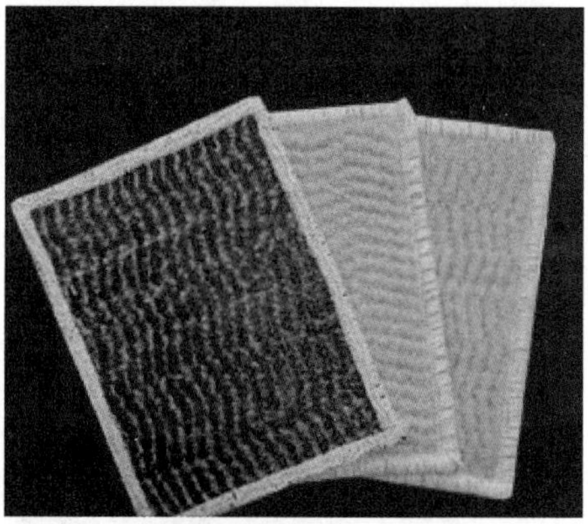

图 8.2-4 膨润土防水毡

以上土工合成材料及其应用技术，有效地提高了复合防水材料的集成效应，为充分发挥工程结构的整体防水功能，开辟了新途径。

8.2.1.2 排水材料选择

排水土工合成材料可选择排水板和软式排水管。

（1）排水板。排水板是由聚苯乙烯（HIPS）或者是聚乙烯塑胶底板经过冲压制成圆锥突台（或中空圆柱形多孔）而成。该材料本身是高分子防水材料，而且其本身构造的特性，可以起到排水、防水层柔性保护和耐根系穿刺等复合功能，能够有效抵御植物根系穿刺，无需单独设置防根系穿刺设施。圆锥突台的顶面胶接一层过滤土工布，以阻止泥土微粒通过，从而避免排水通道阻塞使孔道排水顺畅，见图 8.2-5。

（2）软式排水管。软式排水管在场地排水、降低和控制地下水位等方面得到了广泛使用。软式透水管是以防锈弹簧圈支撑管体，形成高抗压软式结构，无纺布内衬过滤，使泥

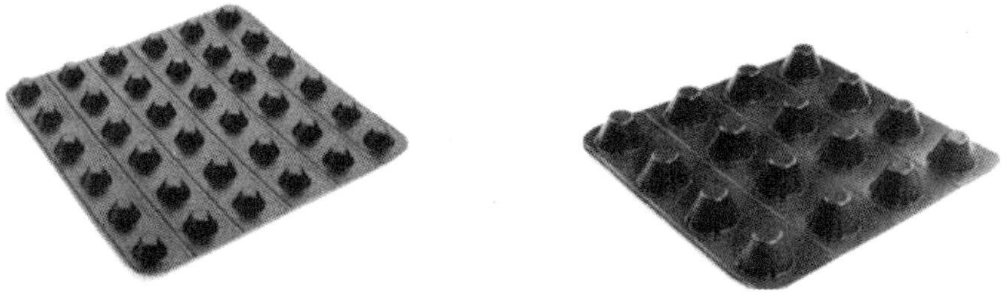

图 8.2-5　排水板示意图

沙杂质不能进入管内，从而达到净渗水的功效。丙纶丝外烧被覆层具有优良吸水性，能迅速收集土体中多余水分。橡胶筋使管壁被覆层与弹簧钢圈管体成为有机一体，具有很好的全方位透水功能，渗透水能顺利渗入管内，而泥沙杂质被阻挡在管外。

8.2.2　防渗排水结构设计

8.2.2.1　防渗结构布置

1. 基本原则

地下结构的防水、排水遵循“防、排、堵、截相结合，因地制宜，综合治理”的原则，防渗设计包括：

（1）防水等级和设防要求。

（2）防水混凝土的抗渗等级和其他技术指标、质量保证措施。

（3）其他防水层选用的材料及其技术指标、质量保证措施。

（4）工程细部构造的防水措施，选用的材料及其技术指标、质量保证措施。

（5）工程的防排水系统、地面挡水、截水系统及工程各种洞口的防倒灌措施。

2. 防水等级

（1）地下工程的防水等级应分为四级，各等级防水标准应符合表 8.2-1 的规定。

表 8.2-1　地下工程防水标准

防水等级	防水标准
一级	不允许渗水，结构表面无湿渍
二级	不允许渗水，结构表面可有少量湿渍； 工业与民用建筑：总湿渍面积不应大于总防水面积（包括顶板、墙面、地面）的 1/1000；任意 $100m^2$ 防水面积上的湿渍不超过 2 处，单个湿渍的最大面积不大于 $0.1m^2$； 其他地下工程：总湿渍面积不应大于总防水面积的 2/1000；任意 $100m^2$ 防水面积上的湿渍不超过 3 处，单个湿渍的最大面积不大于 $0.2m^2$；其中，隧道工程还要求平均渗水量不大于 $0.05L/(m^2 \cdot d)$，任意 $100m^2$ 防水面积上的渗水量不大于 $0.15L/(m^2 \cdot d)$
三级	有少量渗水点，不得有线流和漏泥沙； 任意 $100m^2$ 防水面积上的漏水或湿渍点数不超过 7 处，单个漏水点的最大漏水量不大于 2.5L/d，单个湿渍的最大面积不大于 $0.3m^2$
四级	有漏水点，不得有线流和漏泥沙； 整个工程平均漏水量不大于 $2L/(m^2 \cdot d)$；任意 $100m^2$ 防水面积上的平均漏水量不大于 $4L/(m^2 \cdot d)$

（2）地下工程不同防水等级的适用范围，应根据工程的重要性和使用中对防水的要求

按表8.2－2选定。

表8.2－2 不同防水等级的适用范围

防水等级	适用范围
一级	人员长期停留的场所；因有少量湿渍会使物品变质、失效的贮物场所及严重影响设备正常运转和危及工程安全运营的部位；极重要的战备工程、地铁车站
二级	人员经常活动的场所；在有少量湿渍的情况下不会使物品变质、失效的贮物场所及基本不影响设备正常运转和工程安全运营的部位；重要的战备工程
三级	人员临时活动的场所；一般战备工程
四级	对渗漏水无严格要求的工程

8.2.2.2 排水结构布置

1.结构布置原则

地下结构防水、排水采用"防、截、排、堵相结合，因地制宜，综合治理"的原则，达到防水可靠，经济合理，不留后患的目的。地下结构防水一般由喷射混凝土、全封闭柔性卷材防水层和二次衬砌结构自防水等组成。

2.结构布置要求

地下工程采用渗排水法时应符合下列规定：

(1) 宜用于无自流排水条件、防水要求较高且有抗浮要求的地下工程。

(2) 渗排水层应设置在工程结构底板以下，并应由粗砂过滤层与集水管组成，具体见图8.2－6。

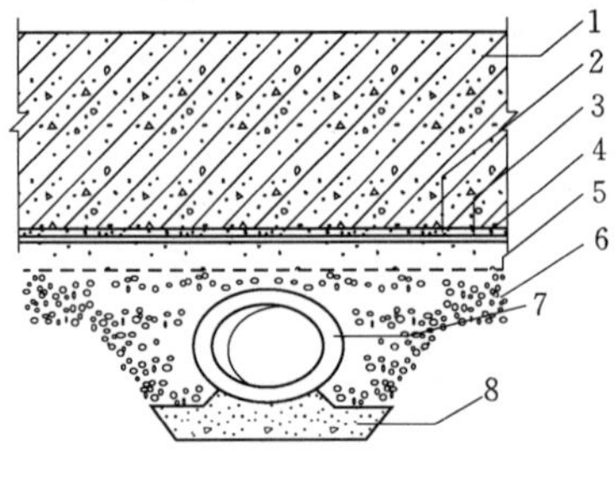

图8.2－6 渗排水层构造
1—结构底板；2—细石混凝土；3—底板防水层；4—混凝土垫层；5—隔浆层；6—粗砂过滤层；7—集水管；8—集水管座

(3) 粗砂过滤层总厚度宜为300mm，如较厚时应分层铺填，过滤层与基坑土层接触处，应采用厚度100～150mm，粒径5～10mm的石子铺填；过滤层顶面与结构底面之间，宜于铺一层卷材或30～50mm厚的1：3水泥砂浆作隔浆层。

(4) 集水管应设置在粗砂过滤层下部，坡度不宜小于1%，不能出现倒坡。集水管之间的距离宜为5～10m。渗入集水管的地下水导入集水井后应用泵排走。

(5) 盲管排水宜用于隧道结构贴壁式衬砌、复合式衬砌结构的排水，排水体系应由环向排水盲管、纵向排水盲管或明沟等组成。

(6) 环向排水盲沟（管）设置应符合下列规定：

1) 应沿隧道、坑道的周边固定于围岩或初期支护表面。

2) 纵向间距宜为5～20m，在水量较大或集中出水点应加密布置。

3) 应与纵向排水盲管相连。

4) 盲管与混凝土衬砌接触部位应外包无纺布形成隔浆层。

(7) 纵向排水盲管设置应符合下列规定：

1) 纵向盲管应设置在隧道（坑道）两侧边墙下部或底部中间。

2）应与环向盲管和导水管相连接。

3）管径应根据围岩或初期支护的渗水量确定，但不得小于 100mm。

4）纵向排水坡度应与隧道或坑道坡度一致。

（8）横向导水管宜采用带孔混凝土管或硬质塑料管，其设置应符合下列规定：

1）横向导水管应与纵向盲管、排水明沟或中心排水盲沟（管）相连。

2）横向导水管的间距宜为 5～25m，坡度宜为 2%。

3）横向导水管的直径应根据排水量大小确定，但内径不得小于 50mm。

（9）排水明沟的设置应符合下列规定：

1）排水明沟的纵向坡度应与隧道或坑道坡度一致，但不得小于 0.2%。

2）排水明沟应设置盖板和检查井。

8.3　防渗排水施工

8.3.1　施工工艺及要求

防渗排水施工工艺要求为：

（1）卷材防水层的基面应坚实、平整、清洁，阴阳角处应做圆弧或折角，并应符合所用卷材的施工要求。

（2）冷粘法、自粘法施工的环境气温不宜低于 5℃，热熔法、焊接法施工的环境气温不宜低于－10℃。

（3）不同品种防水卷材的搭接宽度，应符合表 8.3－1 的要求。

表 8.3－1　　防水卷材搭接宽度

卷材品种	搭接宽度/mm
弹性体改性沥青防水卷材	100
改性沥青聚乙烯胎防水卷材	100
自粘聚合物改性沥青防水卷材	80
三元乙丙橡胶防水卷材	100/60（胶粘剂/胶粘带）
聚氯乙烯防水卷材	60/80（单层缝/双焊缝）
	100（胶粘剂）
聚乙烯丙纶复合防水卷材	100（胶粘料）
高分子自粘胶膜防水卷材	70/80（自粘胶/胶粘带）

（4）防水卷材施工前，基面应干净、干燥，并应涂刷基层处理剂；当基面潮湿时，应涂刷湿固化型胶粘剂或潮湿界面隔离剂。基层处理剂的配制与施工应符合下列要求：

1）基层处理剂应与卷材及其粘结材料的材性相容。

2）基层处理剂喷涂或刷涂应均匀一致，不应露底，表面干燥后方可铺贴卷材。

（5）铺贴各类防水卷材应符合下列规定：

1）应铺设卷材加强层。

2）结构底板垫层混凝土部位的卷材可采用空铺法或点粘法施工，其粘结位置、点粘面积应按设计要求确定；侧墙采用外防外贴法的卷材及顶板部位的卷材应采用满粘法施工。

3）卷材与基面、卷材与卷材间的粘结应紧密、牢固；铺贴完成的卷材应平整顺直，搭接尺寸应准确，不得产生扭曲和皱折。

4）卷材搭接处和接头部位应粘贴牢固，接缝口应封严或采用材性相容的密封材料封缝。

5）铺贴立面卷材防水层时，应采取防止卷材下滑的措施。

6）铺贴双层卷材时，上下两层和相邻两幅卷材的接缝应错开1/3～1/2幅宽，且两层卷材不得相互垂直铺贴。

（6）弹性体改性沥青防水卷材和改性沥青聚乙烯胎防水卷材采用热熔法施工应加热均匀，不得加热不足或烧穿卷材，搭接缝部位应溢出热熔的改性沥青。

（7）铺贴自粘聚合物改性沥青防水卷材应符合下列规定：

1）基层表面应平整、干净、干燥、无尖锐凸起物或孔隙。

2）排除卷材下面的空气，应辊压粘贴牢固，卷材表面不得有扭曲、皱折和起泡现象。

3）立面卷材铺贴完成后，应将卷材端头固定或嵌入墙体顶部的凹槽内，并应用密封材料封严。

4）低温施工时，宜对卷材和基面适当加热，然后铺贴卷材。

（8）铺贴三元乙丙橡胶防水卷材应采用冷粘法施工，并应符合下列规定：

1）基底胶粘剂应涂刷均匀，不应露底、堆积。

2）胶粘剂涂刷与卷材铺贴的间隔时间应根据胶粘剂的性能控制。

3）铺贴卷材时，应辊压粘贴牢固。

4）搭接部位的粘合面应清理干净，并应采用接缝专用胶粘剂或胶粘带粘结。

（9）铺贴聚氯乙烯防水卷材，接缝采用焊接法施工时，应符合下列规定：

1）卷材的搭接缝可采用单焊缝或双焊缝。单焊缝搭接宽度应为60mm，有效焊接宽度不应小于30mm；双焊缝搭接宽度应为80mm，中间应留设10～20mm的空腔，有效焊接宽度不宜小于10mm。

2）焊接缝的结合面应清理干净，焊接应严密。

3）应先焊长边搭接缝，后焊短边搭接缝。

（10）铺贴聚乙烯丙纶复合防水卷材应符合下列规定：

1）应采用配套的聚合物水泥防水粘结材料。

2）卷材与基层粘贴应采用满粘法，粘结面积不应小于90%，刮涂粘结料应均匀，不应露底、堆积。

3）固化后的粘结料厚度不应小于1.3mm。

4）施工完的防水层应及时做保护层。

（11）高分子自粘胶膜防水卷材宜采用预铺反粘法施工，并应符合下列规定：

1）卷材宜单层铺设。

2）在潮湿基面铺设时，基面应平整坚固、无明显积水。

3）卷材长边应采用自粘边搭接，短边应采用胶粘带搭接，卷材端部搭接区应相互错开。

4）立面施工时，在自粘边位置距离卷材边缘 10～20mm 内，应每隔 400～600mm 进行机械固定，并应保证固定位置被卷材完全覆盖。

5）浇筑结构混凝土时不得损伤防水层。

（12）采用外防外贴法铺贴卷材防水层时，应符合下列规定：

1）应先铺平面，后铺立面，交接处应交叉搭接。

2）临时性保护墙宜采用石灰砂浆砌筑，内表面宜做找平层。

3）从底面折向立面的卷材与永久性保护墙的接触部位，应采用空铺法施工；卷材与临时性保护墙或围护结构模板的接触部位，应将卷材临时贴附在该墙上或模板上，并应将顶端临时固定。

4）当不设保护墙时，从底面折向立面的卷材接槎部位应采取可靠的保护措施。

5）混凝土结构完成，铺贴立面卷材时，应先将接槎部位的各层卷材揭开，并应将其表面清理干净，如卷材有局部损伤，应及时进行修补；卷材接槎的搭接长度，高聚物改性沥青类卷材应为 150mm，合成高分子类卷材应为 100mm；当使用两层卷材时，卷材应错槎接缝，上层卷材应盖过下层卷材。

（13）采用外防内贴法铺贴卷材防水层时，应符合下列规定：

1）混凝土结构的保护墙内表面应抹厚度为 20mm 的 1∶3 水泥砂浆找平层，然后铺贴卷材。

2）卷材宜先铺立面，后铺平面；铺贴立面时，应先铺转角，后铺大面。

（14）卷材防水层经检查合格后，应及时做保护层，保护层应符合下列规定：

1）底板卷材防水层上的细石混凝土保护层厚度不应小于 50mm。

2）侧墙卷材防水层宜采用软质保护材料或铺抹 20mm 厚 1∶2.5 水泥砂浆层。

8.3.2　质量控制与检验要求

8.3.2.1　卷材防水层

1. 主控项目

（1）卷材防水层所用卷材及其配套材料必须符合设计要求。

检验方法：检查产品合格证、产品性能检测报告和材料进场检验报告。

（2）卷材防水层在转角处、变形缝、施工缝、穿墙管等部位做法必须符合设计要求。

检验方法：观察检查和检查隐蔽工程验收记录。

2. 一般项目

（1）卷材防水层的搭接缝应粘贴或焊接牢固，密封严密，不得有扭曲、皱折、翘边和起泡等缺陷。

检验方法：观察检查。

（2）采用外防外贴法铺贴卷材防水层时，立面卷材接槎的搭接宽度，高聚物改性沥青类卷材应为 150mm，合成高分子类卷材应为 100mm，且上层卷材应盖过下层卷材。

检验方法：观察和尺量检查。

（3）墙卷材防水层的保护层与防水层应结合紧密，保护层厚度应符合设计要求。

检验方法：观察和尺量检查。

(4) 卷材搭接宽度的允许偏差应为－10mm。

检验方法：观察和尺量检查。

8.3.2.2 涂料防水层

1. 主控项目

(1) 涂料防水层所用的材料及配合比必须符合设计要求。

检验方法：检查产品合格证、产品性能检测报告、计量措施和材料进场检验报告。

(2) 涂料防水层的平均厚度应符合设计要求，最小厚度不得低于设计厚度的90%。

检验方法：用针测法检查。

(3) 涂料防水层在转角处、变形缝、施工缝、穿墙管等部位做法必须符合设计要求。

检验方法：观察检查和检查隐蔽工程验收记录。

2. 一般项目

(1) 涂料防水层应与基层粘结牢固、涂刷均匀，不得流淌、鼓泡、露槎。

检验方法：观察检查。

(2) 涂层间夹铺胎体增强材料时，应使防水涂料浸透胎体覆盖完全，不得有胎体外露现象。

检验方法：观察检查。

(3) 侧墙涂料防水层的保护层与防水层应结合紧密，保护层厚度应符合设计要求。

检验方法：观察检查。

8.3.2.3 塑料防水板防水层

1. 主控项目

(1) 塑料防水板及其配套材料必须符合设计要求。

检验方法：检查产品合格证、产品性能检测报告和材料进场检验报告。

(2) 塑料防水板的搭接缝必须采用双缝热熔焊接，每条焊缝的有效宽度不应小于10mm。

检验方法：双焊缝间空腔内充气检查和尺量检查。

2. 一般项目

(1) 塑料防水板应采用无钉孔铺设，其固定点的间距应符合规范的规定。

检验方法：观察和尺量检查。

(2) 塑料防水板与暗钉圈应焊接牢靠，不得漏焊、假焊和焊穿。

检验方法：观察检查。

(3) 塑料防水板的铺设应平顺，不得有下垂、绷紧和破损现象。

检验方法：观察检查。

(4) 塑料防水板搭接宽度的允许偏差为－10mm。

检验方法：尺量检查。

8.3.2.4 膨润土防水材料防水层

1. 主控项目

(1) 膨润土防水材料必须符合设计要求。

检验方法：检查产品合格证、产品性能检测报告、计量措施和材料进场检验报告。

（2）膨润土防水材料防水层在转角处和变形缝、施工缝、后浇带、穿墙管等部位做法必须符合设计要求。

检验方法：观察检查和检查隐蔽工程验收记录。

2. 一般项目

（1）膨润土防水毯的织布面或防水板的膨润土面，应朝向工程主体结构的迎水面。

检验方法：观察检查。

（2）立面或斜面铺设的膨润土防水材料应上层压住下层，防水层与基层、防水层与防水层之间应密贴，并应平整无折皱。

检验方法：观察检查。

（3）膨润土防水材料的搭接和收口部位应符合规范规定。

检验方法：观察检查。

（4）膨润土防水材料搭接宽度的允许偏差应为－10mm。

检验方法：观察和尺量检查。

8.4 工 程 实 例

8.4.1 某地铁车站防渗排水设计

8.4.1.1 防水设计原则及标准

1. 防水设计原则

（1）地下车站结构防水设计遵循“以防为主、刚柔结合、因地制宜、综合治理”的原则。在漏水量小于设计要求，疏排水不会引起周围地层下沉的前提下，可以进行疏排。

（2）确立钢筋混凝土结构自防水体系，即以结构自防水为根本，以诱导缝、施工缝、变形缝等特殊部位防水为重点，辅以附加防水层加强防水。

2. 防水设计标准

（1）地下车站及人行通道均按防水等级一级的要求设计，车站结构顶板不允许渗漏水，侧墙表面只允许有少量偶见湿渍，而且这类湿渍在机械通风状况下，应会消失。地下车站的风道、空调机房按防水等级二级处理。

（2）地下车站结构应采用防水混凝土，其抗渗等级不小于 S8，同时根据需要增设附加防水层（原则上都为外防水层）。

8.4.1.2 防水方案

1. 车站混凝土结构自防水

车站结构应采用高性能补偿收缩防水混凝土进行结构自防水，结构自防水混凝土的抗渗等级不得小于 S8，同时应保证补偿收缩防水混凝土的低干缩率和高耐久性，提高结构的抗渗性能。避免混凝土裂缝宽度大于 0.3mm，不允许出现贯穿裂缝。

2. 车站混凝土结构外防水

（1）车站顶板的外侧采用可以与结构密实粘贴且能够满足施工要求的高聚物改性沥青防水卷材或聚氨酯涂料等防水材料进行加强防水。结构顶板混凝土浇筑完成后，应进行二次收水压实抹平，使基面符合铺设改性沥青防水卷材或涂刷聚氨酯涂料的要求，不允许在浇注混凝土结构上施做水泥砂浆找平层。顶板外防水层铺设完毕后，应及时施做防水层的保护层。

（2）车站结构诱导缝的设置间距为24m左右。诱导缝作多道防线处理，包括缝内沿设疏排水槽。

8.4.1.3 诱导缝、施工缝的防水处理

1. 诱导缝部位的防水处理方法

诱导缝部位采用宽度为350mm的埋入式钢边橡胶止水带沿结构环向形成一道封闭的防水带。同时，底板底再设置一道外贴式止水带，顶板顶布置外防水层。为保证顶板的防水效果，在顶板的结构外侧同时预留15mm×30mm的凹槽，待顶板结构施工完成后，在凹槽内用低模量聚氨酯密封膏或双组分聚硫橡胶嵌缝密封的方法进行加强防水。

2. 施工缝部位的防水处理方法

车站的纵向施工段与诱导缝间距匹配，诱导缝与分段施工的横向施工缝应尽量合二为一，以减少缝的数量。

结构施工缝部位的防水采用断面为12mm×30mm的遇水膨胀橡胶条进行加强防水。在浇注第一段结构混凝土时，应预留凹槽，以利于安放橡胶条。施工缝与诱导缝部位的相接部位应采用搭接的方法将遇水膨胀橡胶条搭接在埋入式橡胶止水带上。

8.4.1.4 防水施工的要求及措施

根据地铁车站及通道防水施工的作业特点，必须由经资格审查合格的专业防水施工队伍及经防水施工技术培训后获得上岗证的专业施工人员进行施工。所用各种防水材料的质量必须符合设计的技术性能指标。在检测中应实行签证制度，其中包括：①样品鉴证前应由建设方、监理方等有关技术人员在检测试验委托单上签名；②鉴证人必须持证上岗；③检测单位不得对无鉴证样品进行测试试验。

8.4.1.5 耐久性设计

地铁工程按100年的使用寿命进行设计，为此结构设计时应采取下列措施确保结构具有足够的耐久性：

（1）车站结构混凝土标号选用不小于C30。

（2）车站钢筋混凝土结构具有整体密实性、防水性、抗腐蚀性，使用阶段钢筋混凝土结构没有渗水裂缝（偶尔出现渗水裂缝必须即时用环氧灌浆方法止水、补强）。

（3）结构混凝土（含保护层）达到规定的密实度，混凝土考虑采用S8。

（4）拆模以后的混凝土表面采取封闭措施进行养护。

（5）选用优质钢筋。

（6）加强使用阶段的监测、保护，定期对结构物进行保养、维修。

8.4.1.6 主要设计构造图

防渗排水设计构造见图8.4-1～图8.4-5。

8.4.2 某山区隧洞防渗排水设计

8.4.2.1 地下结构防渗、排水布置

1. 防渗布置

（1）全地下结构均采用防水混凝土，抗渗标号不低于S8。

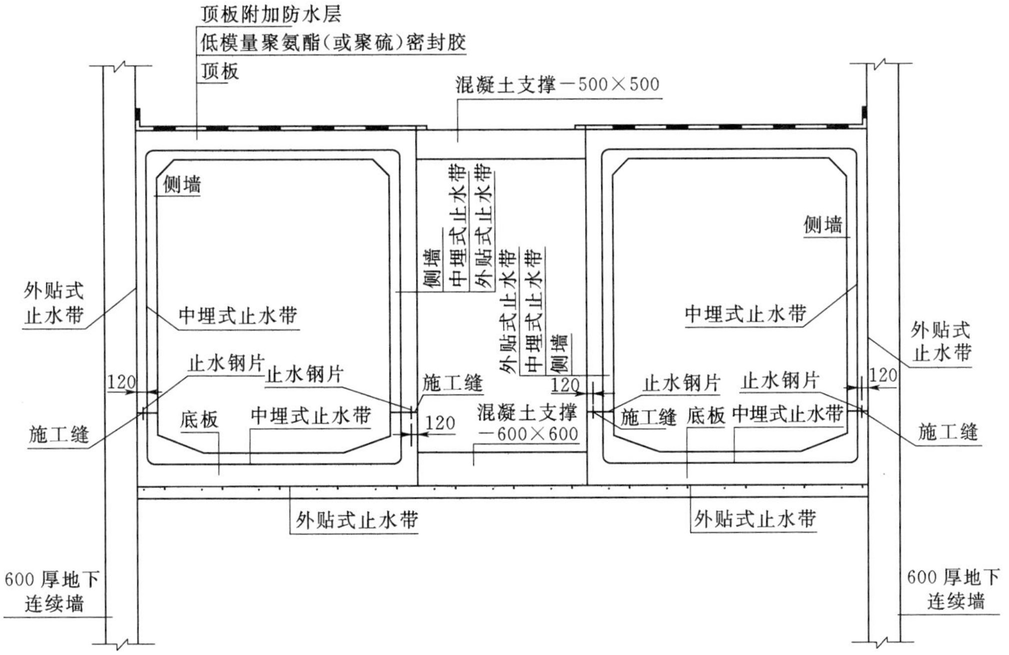

图 8.4－1　标准断面防水构造总图（单位：mm）

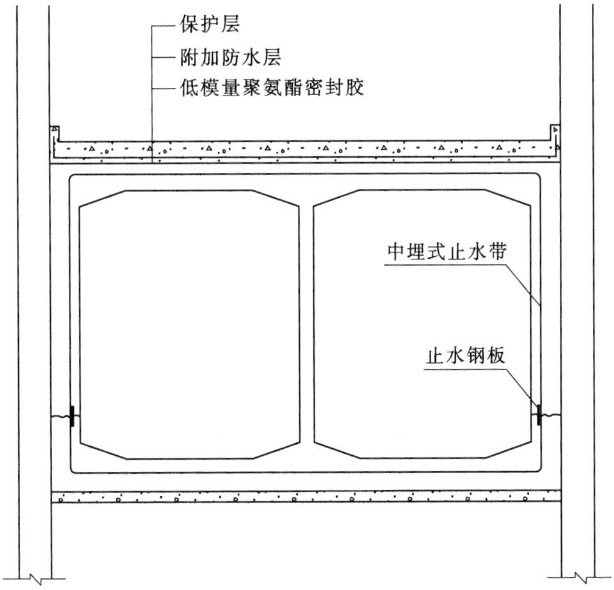

图 8.4－2　诱导缝防水构造总图

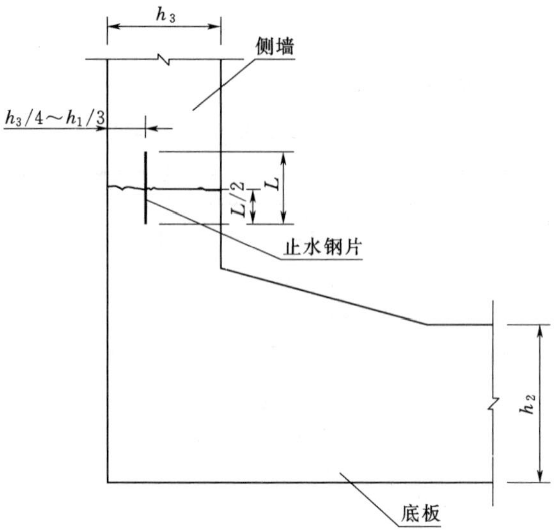

图 8.4-3 侧墙纵向施工缝防渗防水构造图

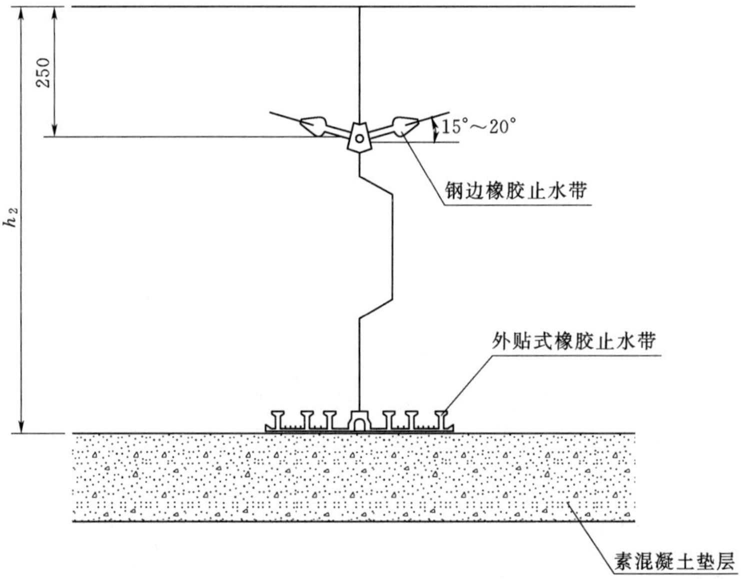

图 8.4-4 底板诱导缝防水构造图（单位：mm）

（2）初期混凝土和二次衬砌间在拱、墙部范围内满铺一层复合防水层；防水板采用1.2mm厚EVA防水板，与350g/m^{2}土工布配合使用。

（3）施工缝、沉降缝，设置橡胶止水条、橡胶止水带。

2. 排水布置

（1）合理设置截水沟，使地表水从沟中顺畅排出。

（2）在地下结构边墙两侧下部设置纵向 ϕ110mm PVC双壁单侧打孔波纹管和横向 ϕ100mm PVC管引水入排水沟，施工时，如遇地下水成股流的地段，应增设集水孔道将

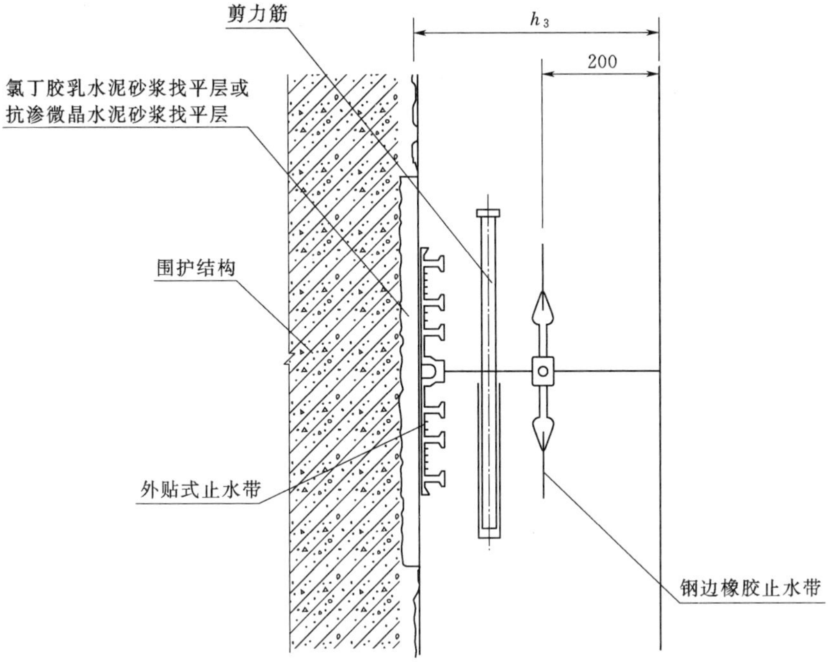

图 8.4-5　侧墙诱导缝防水构造图

其引入地下结构排水沟，如遇到溶洞，应根据具体情况采用相应的防排水措施。

（3）为减轻衬砌背后的水压力，设置环向软式排水半圆管，在围岩渗水较大处单独设置环向排水管将水引入衬砌底部的纵向排水管；大面积渗漏水采用大幅排水板引排。

（4）洞内路面设置双侧排水边沟，每 25m 一道沉砂井，单独作为排除路面水的通道。

（5）在路面基层底下设 15cm 水泥稳定碎石层作为疏通路面以下地下水的通道。

8.4.2.2　结构设计

复合式衬砌初期支护采用 C20 喷射混凝土，二次衬砌采用 C25 防水混凝土或 C25 防水钢筋混凝土，洞内沟管采用 C25 混凝土，仰供回填采用 C15 混凝土。

直径 $D<12$mm 钢筋采用Ⅰ级钢筋，$D\geqslant 12$mm 钢筋采用Ⅱ级钢筋；钢拱架采用 20a 号、18 号工字钢和 $\phi 22$ 钢筋格栅钢架；超前小导管采用外径 50mm、壁厚 4.0mm 无缝钢管，超前锚杆采用 $\phi 25$ 螺纹钢筋。Ⅱ类围岩衬砌段径向锚杆采用 D25 中空注浆锚杆，锚杆杆体外径 25mm，壁厚 5mm，其余地段采用 $\phi 22$ 药卷锚杆，杆体为 20MnSi 钢材，药卷作锚固剂。

防水层采用 1.2mm 厚 EVA 防水板及 350g/m^2 的土工布，盲沟采用软式透水管。

8.4.2.3　施工措施

1. 排水盲管施工

（1）排水盲管施工工艺流程：钻孔定位→安装锚栓→捆绑盲管→盲管纵向环向连接。

环向排水盲管施作方法：地下结构拱墙间隔 8～10m 设置直径 50～80mm 软式透水管环向盲管，并每隔 5～10m 在水沟外侧留泄水孔，并采用三通接盲管与纵向盲管相连。

（2）纵向排水盲管施作方法。纵向排水盲管沿纵向布设于左、右墙角水沟底上方，为两条直径为 80～100mm 的软式透水管盲沟。

纵向排水盲管按设计规定划线，以使盲管位置准确合理，盲管安设的坡度与线路坡度一致。

排水管采用钻孔定位，定位孔间距在30～50cm。将膨胀锚栓打入定位孔或用锚固剂将钢筋头预埋在定位孔中，固定钉安在盲管的两端。用无纺布包住盲管，用扎丝捆好，用卡子卡住盲管，然后固定在膨胀螺栓上。

采用三通与环向透水管、连接盲管相连。

(3) 边墙泄水管施作方法。模板架立后开始施作边墙泄水管，在模板对应于泄水管的位置开与泄水管直径相同的孔。泄水管一端安在模板的预留孔上，另一端安在纵向排水管上，泄水管与纵向排水管用三通连接时必须有固定措施。

(4) 排水盲管施工控制要点。

1) 纵向贯通排水盲沟安装应按设计规定划线，以使盲管位置准确合理，划线时注意盲管尽可能走基面的低凹处和有出水点的地方。

2) 盲管与支护的间距不得大于5cm，盲管与支护脱开的最大长度不得大于110cm。

3) 集中出水点沿水源方向钻孔，然后将单根集中引水盲管插入其中，并用速凝砂浆将周围封堵，以使地下水从管中集中引出。

4) 盲管上接头用无纺布的渗水材料包裹，防止混凝土或杂物进入堵塞管道。

2. 防水板施工

防水板施工采用无钉铺设工艺，其施工工艺流程如下。

(1) 施工准备。

1) 洞外准备。检验防水板质量，用铅笔划焊接线及拱顶分中线，按每循环设计长度截取，对称卷起备用。

2) 洞内准备。铺设台架行走轨道；施工时采用两个作业台架，一个用于基面处理，一个用于挂防水板，基面处理超前防水板两个循环。

3) 断面量测。测量断面，对地下结构净空进行量测检查，对个别欠挖部位进行处理，以满足净空要求；同时准确测放拱顶分中线。

(2) 基面处理。

1) 局部漏水采用注浆堵水或埋设排水管直接排水到边。

2) 钢筋网等凸出部分，先切断后用锤铆平抹砂浆素灰，见图8.4-6。有凸出的管道时，用砂浆抹平见图8.4-7。锚杆有凸出部位时，螺头顶预留5mm切断后，用塑料帽处理见图8.4-8。

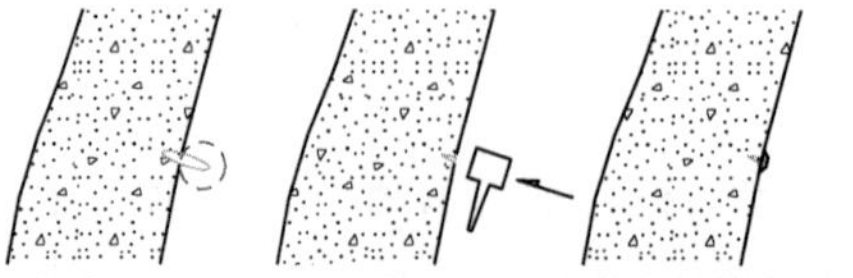

图8.4-6 钢筋网等凸出部分处理

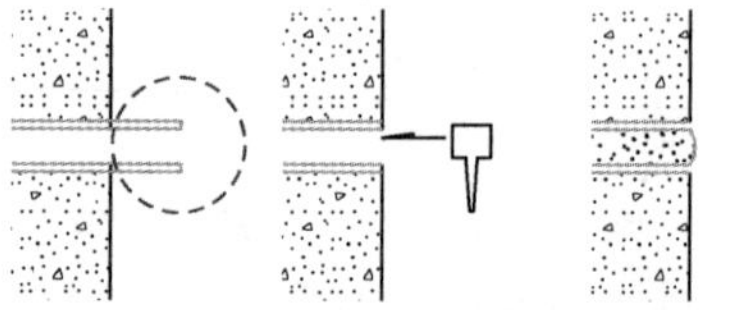

图8.4-7 凸出管道处理

3) 初期支护应无空鼓、裂缝、松酥，表面应平顺，凹凸量不得超过±5cm，见图

8.4-9。

(3) 铺设防水板。防水板超前二次衬砌10～20m施工，用自动爬行热焊机进行焊接，铺设采用专用台车进行。

1) 铺设前进行精确放样，弹出标准线进行试铺后确定防水板一环的尺寸，尽量减少接头。

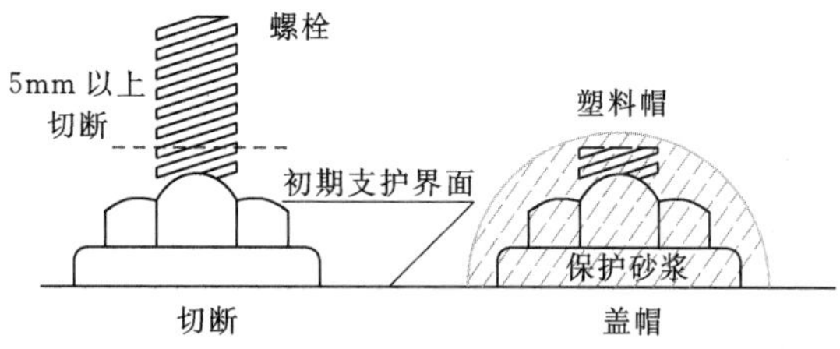

图8.4-8 锚杆有凸出部位处理

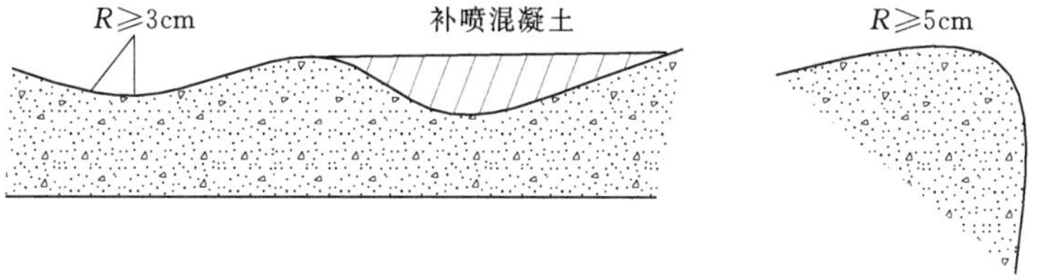

图8.4-9 支护表面处理

2) 复合式防水板铺设采用洞外大幅预制，洞内整卷起吊，无钉铺设工艺。从拱顶向两侧铺设，防水板铺设要有一定松弛量。在喷混凝土表面采用ZIC-16电锤$\phi 8$钻头钻眼，塑料膨胀螺栓固定，锚固点边墙环向间距90cm，纵向100cm；拱部环向间距60cm，纵向100cm。沿地下结构纵向在锚固点上绑扎铁丝，防水板用背带与铁丝绑紧。

3) 分离式防水板铺设采用从下向上的顺序铺设，松紧应适度并留有余量（实铺长度与弧长的比值为10∶8），检查时要保证防水板全部面积均能抵到围岩。

4) 分离式防水板铺挂前，用带热塑性圆垫圈的射钉将缓冲层平整顺直地固定在基层上，缓冲层搭接宽度50mm，可用热风焊枪点焊，每幅防水板布置适当排数垫圈，每排垫圈距防水板边缘40cm左右；垫圈间距：侧壁80cm，2～3个垫圈/m^2；顶部40cm，3～4个垫圈/m^2。

5) 两幅防水板的搭接宽度不应小于100mm。

6) 环向铺设时，下部防水板应压住上部防水板。

7) 防水板之间的搭接缝应采用双焊缝、调温、调速热楔式功能的自动爬行式热合机热熔焊接，细部处理或修补采用手持焊枪，单条焊缝的有效焊接宽度不应小于10mm，焊接严密，不得焊焦焊穿。

8) 防水板纵向搭接与环向搭接处，除按正常施工外，应再覆盖一层同类材料的防水板材，用热焊焊接。

9) 三层以上塑料防水板的搭接形式必须是T型接头。

10) 分段铺设的卷材的边缘部位预留至少60cm的搭接余量并且对预留部分边缘部位进行有效的保护。

11) 绑扎或焊接钢筋时，采取措施应避免对卷材造成破坏。

12) 混凝土振捣时，振捣棒不得接触防水板，以防防水板受到损伤。

13) 防水板的搭接缝焊接质量检查应按充气法检查，将5号注射针与压力表相接，用打气筒进行充气，当压力表达到0.25MPa时停止充气，保持15min，压力下降在10%以内，说明焊缝合格；如压力下降过快，说明有未焊好处。用肥皂水涂在焊缝上，有气泡的地方重新补焊，直到不漏气为止。

(4) 施工要点控制。

1) 防水板表面平顺，无褶皱、无气泡、无破损等现象。

2) 当基面轮廓凸凹不平时，要预留足够的松散系数，使其留有余地，并在断面变化处增加悬挂点，保证缓冲面与混凝土表面密贴。

3) 防水板搭接用热焊器进行焊接，接缝为双焊缝，焊接温度应控制在200～270℃为宜，并保持适当的温度即控制在0.1～0.15m/min范围内。太快焊缝不牢固，太慢焊缝易焊穿、烤焦。

4) 焊缝若有漏焊、假焊应予补焊；若有烤焦、焊穿处以及外露的固定点，必须用塑料片焊接覆盖。

5) 焊接钢筋时在其周围用石棉水泥板进行遮挡，以免溅出火花烧坏防水层；灌注二衬混凝土时输送泵管不得直接对着防水板，避免混凝土冲击防水板引起防水板被带滑脱，防水板下滑。

6) 所有防水材料必须采用合格厂家生产的定型产品，所有产品必须有出厂合格证和质量检验证明。

7) 详细记录各种防水材料的安放部位，做到可追溯性。

8) 防水材料在使用前应做好相应的试验、检验工作，委托有相应资质的机构对防水材料进行检测。

9) 施工中发现的问题及时与生产厂家或供应商联系，以求尽快解决，不合格的材料坚决不用于工程。

3. 止水带及止水条施工

二次衬砌的变形缝、施工缝是地下结构施工的薄弱环节，也是地下结构工程防水的重点，在施工中要高度重视。

(1) 止水带施工。

1) 止水带施工工艺流程。挡头模板钻钢筋孔→穿钢筋卡→放置止水带→下一环节止水带定位→灌注混凝土→拆挡头板→下一环止水带定位。

2) 施工操作方法。沿衬砌轴线每隔不大于0.5m钻一ϕ12的钢筋孔。将制成的钢筋卡，由待灌混凝土侧向另一侧穿过挡头模板，内侧卡进止水带一半，另一半止水带平靠在挡头板上。待混凝土凝固后拆除挡头板，将止水带拉直，然后弯钢筋卡紧止水带。

3) 施工控制要点。

a. 检查待处理的施工缝附近1m范围内围岩表面不得有明显的渗漏水，如有则采取必要的挡堵（防水板隔离）和引排措施。

b. 按断面环向长度截取止水带，使每个施工缝用一整条止水带，尽量不采取搭接，除材料长度原因外只允许有左右两侧边基上部两个接头，接头搭接长度不小于30cm，且要将搭接位置设置在大跨以下或起拱线以下边墙位置。

c. 止水带对称安装，伸入模内和外露部分宽度必须相等，沿环向每0.5m设2根ϕ6mm短钢筋夹住，以保证止水带在整个施工过程中位置的正确。止水带处混凝土表面质量应达到宽度均匀、缝身竖直、环向贯通、填塞密实、外表光洁。

4）浇筑混凝土时，注意在止水带附近振捣密实，但不得碰止水带，防止止水带走位。止水带施工中泡沫塑料对止水带进行定位，避免其在混凝土浇筑中发生移位。

（2）止水条施工。

1）止水条施工工艺流程。制作专用端头模板→浇筑先浇衬砌段时形成预留槽→浇筑下一段衬砌混凝土前安装止水条。

2）施工操作方法。水平施工缝先浇筑混凝土在初凝后、终凝前根据止水条的规格在混凝土端面中间压磨出一条平直、光滑槽。环向或竖向施工缝采用在端头模板中间固定木条或金属构件等，混凝土浇筑后形成凹槽。槽的深度为止水条厚度的一半，宽度为止水条宽度。清洗后，在灌注下循环混凝土之前，将止水条粘贴在槽中。

3）施工控制要点。

a. 二衬混凝土初凝后，拆除端头模板，将凹槽压平、抹光，凹槽的宽度略大于止水条的宽度。

b. 止水条安放前，先已浇筑混凝土端部充分凿毛、清洗干净。

c. 止水条在衬砌台车移动前 4h 左右安装，安装前最好先在凹槽内涂抹一层氯丁胶粘剂，止水条顺凹槽拉紧嵌入，确保止水条与槽底密贴，并用水泥钉固定牢固，同时在端部混凝土面上涂抹一层界面剂。

d. 止水条若有搭接，则可将止水条切成对口三角形，用氯丁胶水粘结。接口处不得有空隙。

e. 在二衬混凝土浇筑前，先在水平施工缝基面铺设 25～30mm 与浇筑混凝土同标号的水泥砂浆，经均匀、充分振捣后使基面与新浇筑混凝土有 25～30mm 水泥砂浆，新老混凝土接合牢固。

8.4.3　某城市地下车行通道防渗排水设计

地下车行通道全长 1745m，设置 4 进 5 出共 9 个出入口，出入口匝道全长 2765m，其中敞开段长 800m，暗埋段长 1965m，全线采用明挖法施工。总体方案见图 8.4-10。

1. 防水设计原则

结构防水设计遵循“以防为主，刚柔相济，因地制宜，综合治理”的原则，保证结构物和营运设备的正常使用和行车安全。

强调结构自防水首先应保证混凝土、钢筋混凝土结构的自防水能力。为此应采取有效技术措施，保证防水混凝土达到规范规定的密实性、抗渗性、抗裂性、防腐性和耐久性。加强变形缝、施工缝、穿墙管、预埋件、预留孔洞、各型接头、各种结构断面接口、桩头等细部结构的防水措施。

2. 防水设计标准

地下环路结构防水等级按二级的要求设计，结构不允许漏水，表面可有少量湿渍。结构内表面湿渍面积不大于总内表面积的 2‰，任意 $100m^2$ 内的湿渍不大于 3 点，单一湿渍的最大面积不大于 $0.2m^2$，平均渗水量不大于 $0.05L/(m^2 \cdot d)$，任意 $100m^2$ 防水面积上的渗水量不大于 $0.15L/(m^2 \cdot d)$。

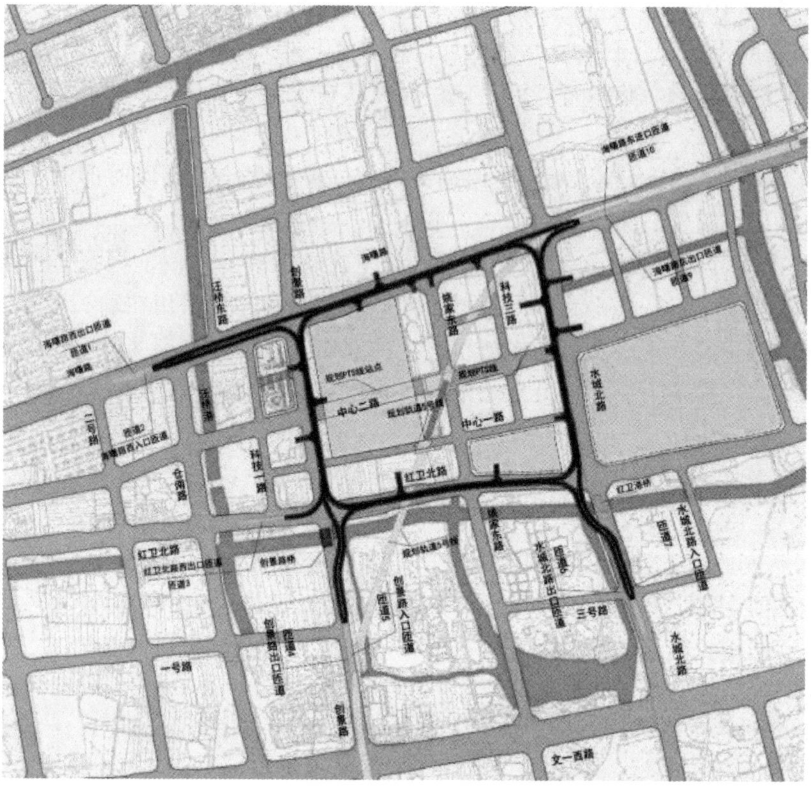

图 8.4-10 地下环路总体方案

3. 防水技术措施

（1）混凝土结构自防水。采用添加优质粉煤灰、矿渣微粉等复合超细矿物掺和料；控制胶凝材料用量、水胶比、混凝土中的含碱量、胶凝材料中氯离子的含量、加强养护等措施，来确保结构混凝土自防水性能。

（2）接缝防水。

1）变形缝。采用中埋式止水带、外贴式止水带、嵌缝密封胶构成封闭体系。中埋式止水带于顶板、底板、侧墙中兜绕形成封闭圈，外贴式止水带设置于底板素混凝土垫层上，并沿围护结构找平面上翻至顶板，与顶板迎水面嵌缝低模量密封胶相接，从而构成又一封闭圈，见图 8.4-11。

2）施工缝（主要为纵向水平施工缝）。采用钢板止水带与遇水膨胀密封胶相结合的方式，接缝面涂抹能使裂缝产生结晶自闭功效的水泥基渗透结晶防水涂料，见图 8.4-12。

3）防水层。根据《地下工程防水技术规范》相关条文，隧道主体采用防水混凝土外，结合工程场地工程地质与水文地质条件和地区经验，采用全包防水，即在底板、顶板、侧墙迎水面可采用用于潮湿面施工的卷材作为防水层，并于其上做好防水层的保护层。变形缝处、结构阴阳角处防水层需做特殊加强处理。

8.4.4 某盾构施工地下通道防渗排水设计

地下通道全长 2.8km，中间段为盾构段长 1.39km，隧道外径为 13.95m，采用单管

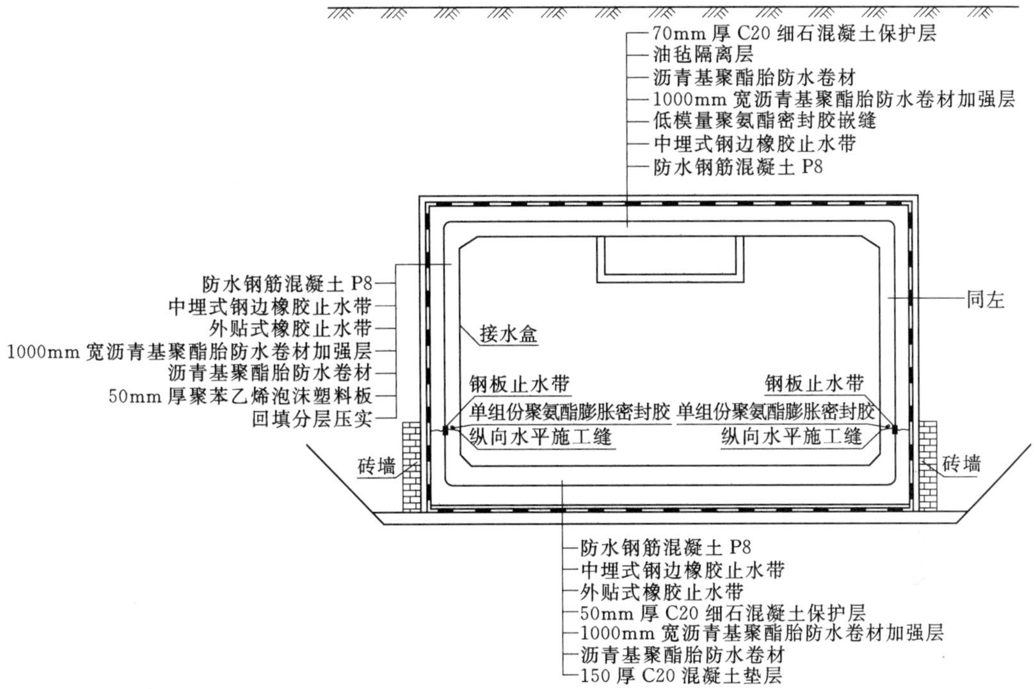

图 8.4－11　暗埋段变形缝防水构造图

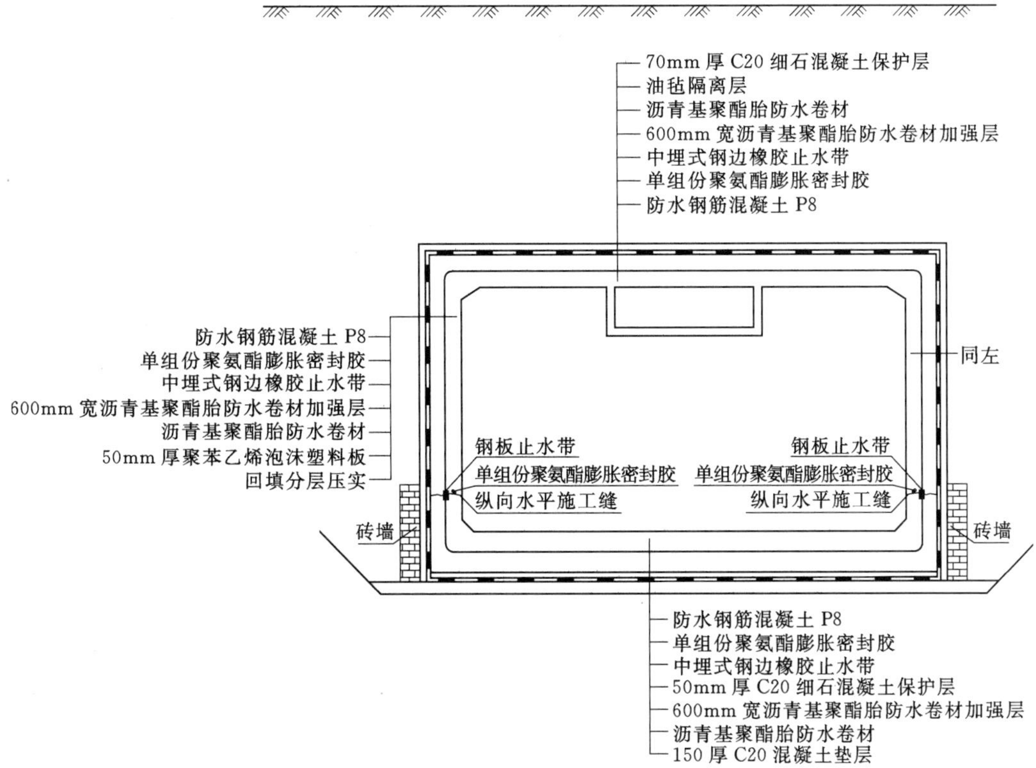

图 8.4－12　暗埋段施工缝防水构造图

盾构叠层布置，两端为明挖段及南北两个工作井，平面布置见图 8.4－13。

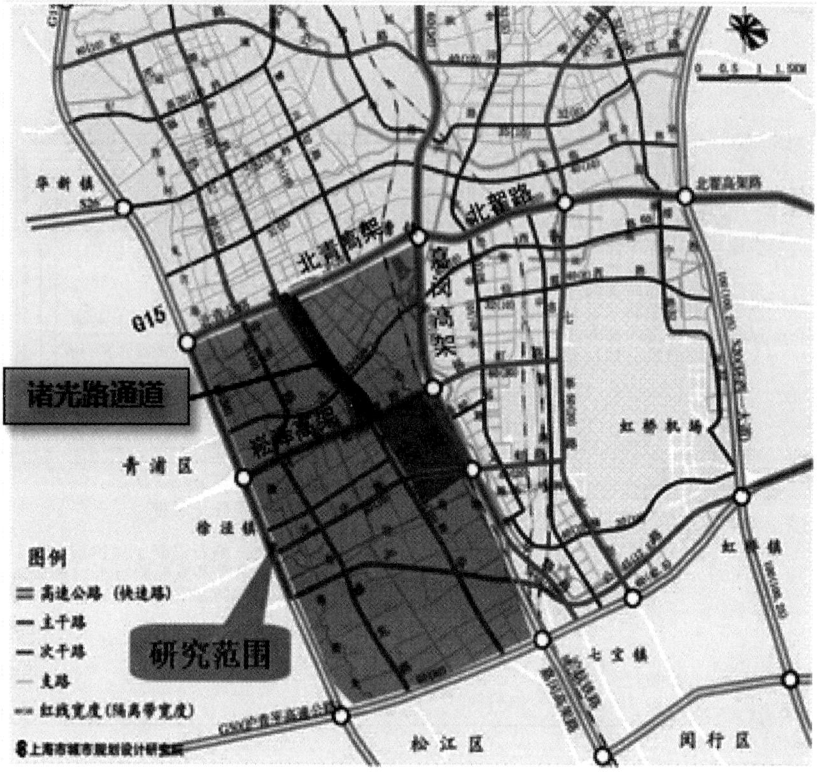

图 8.4－13　地下通道平面布置图

1. 防水原则

（1）以混凝土结构自防水为根本。

（2）以接缝防水为重点，多道设防，确保高水压下接缝张开时的长久防水性能。

（3）加强隧道与工作井接头等特殊部位防水。

2. 防水标准

按二级防水考虑。

（1）隧道平均渗漏量不大于 0.05L/(m^2·d)，任意 100m^2 平均渗流量不大于 0.15L/(m^2·d)。

（2）隧道内表面湿渍面积不大于总内表面积的 2‰，任意 100m^2 内的防水面积上的湿渍不大于 3 点，单个湿渍最大面积不大于 0.2m^2。

3. 防水技术要求

（1）混凝土管片结构自防水。

1）混凝土抗渗等级不小于 P12。

2）混凝土管片氯离子扩散系数不大于 $3.0\times10^{-12}m^2/s$（采用 RCM 方法检测，龄期为 56d）。

3）管片单块检漏标准（0.8MPa、3h）：渗水高度不大于 5cm。

(2) 管片接缝防水。

1) 应满足在 1.1MPa 水压(约相当于圆隧道最大埋深处的 2 倍水压)、接缝张开 6mm、错缝 8mm 情况下,不渗漏的要求。

2) 密封防水材料的安全使用期为 100 年。应通过弹性橡胶密封垫的橡胶材料的热老化试验,以阿累尼乌斯公式验证其耐久性;以遇水膨胀橡胶止水条反复浸水下的拉伸强度、扯断伸长率、体积膨胀倍率的变化率,来认定其耐久性。弹性密封垫的闭合压缩力不大于 60kN/m。

4. 防水技术措施

盾构法隧道结构防水由混凝土管片结构自防水、管片背面注浆防水、接缝防水三部分组成,参见图 8.4-14。

(1) 混凝土管片结构自防水。

1) 采用 C60 高性能混凝土。选用强度等级不小于 42.5MPa 的 PⅠ型或 PⅡ型水泥;限制胶凝材料用量(混凝土胶凝材料用量 450~500kg/m³)、混凝土中的含碱量(总碱量不大于 3kg/m³)、水胶比(≤0.36)、胶凝材料中氯离子的含量(不超过胶凝材料重量的 0.06%);选用坚固耐久、级配合格、粒形良好的洁净骨料为原料。

添加优质粉煤灰(≥Ⅱ级灰)等超细矿物掺和料配制成以耐久性为重点的 C60 高性

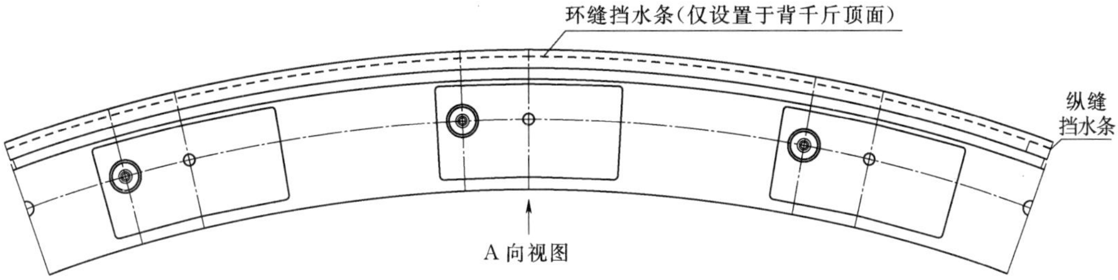

(a) L形挡水条单块管片布置图

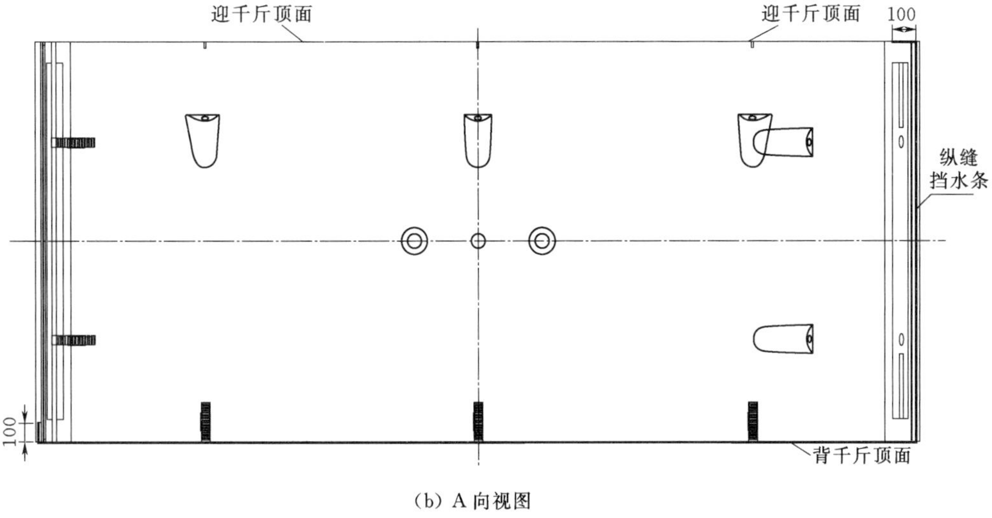

(b) A 向视图

图 8.4-14(一) 地下防水构造措施(单位:mm)

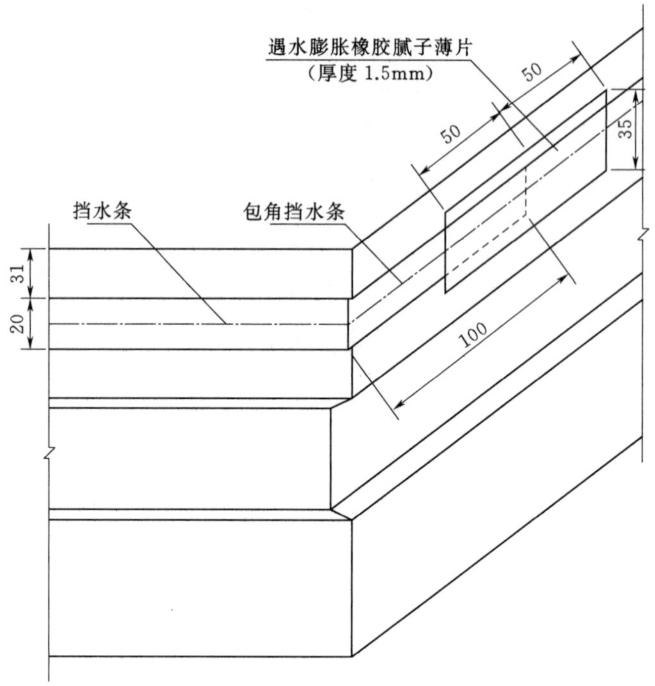

(c) 挡水条端口部收口处理图

图 8.4-14（二） 地下防水构造措施（单位：mm）

能混凝土（内外表面保护层厚度为50mm）。

2）严格控制添加剂。添加高效减水剂（减水率不小于18%）。

3）加强养护。采用蒸汽养护和水中养护等措施。

（2）衬砌外背同步注浆、补压浆防水。为进一步控制隧道沉降，应提高注浆材料的抗渗透性，使其在衬砌外背形成覆盖层，发挥辅助防水的功效。可采用流动性好、凝胶时间调整方便、抗渗性较好的可硬性浆液。

（3）管片接缝密封防水。管片设置弹性橡胶密封垫，将其作为首道也是最重要的防水线。弹性橡胶密封垫的材质为三元乙丙橡胶。

1）接缝弹性橡胶密封垫防水。以三元乙丙橡胶构成的弹性橡胶密封垫，其材质具有压缩永久变形量小、应力松弛变化率低、耐老化性能佳的特点。

2）遇水膨胀橡胶挡水条加强接缝防水。为了防止管片环纵缝的凸面造成的回填注浆液、泥水直接作用于弹性橡胶密封垫本体，提高弹性橡胶密封垫的使用耐久性，沿沟槽外侧的环纵缝空隙处设置遇水膨胀橡胶挡水条。

3）螺孔、注浆孔密封防水。注浆孔、螺孔防水是衬砌接缝防水的一项重要措施。设计采用橡胶密封圈（遇水膨胀橡胶类），利用其压密和膨胀双重作用来满足注浆孔、螺孔的防水要求。

4）变形缝密封防水。加强圆隧道变形缝处管片接缝的防水，采用专用的密封垫。

5）嵌缝、手孔密封。整条隧道贯通后，衬砌嵌缝槽采用聚合物水泥防水砂浆嵌填，手孔采用硫酸盐超早强（微膨胀）水泥封堵，以防止侵蚀性气体对弹性橡胶密封垫及螺栓的腐蚀，同时可起到疏排拱顶渗漏水的功效，且可提供拱顶涂刷防火涂料的良好基面条件。

参 考 文 献

[1] 中华人民共和国住房和城乡建设部,中华人民共和国国家质量监督检疫总局. 地下工程防水技术规范：GB 50108—2008 [S]. 北京：中国计划出版社，2009.

[2] 璩继立，杨欢，李陈财，等. 国内外地下工程防水技术新进展 [J]. 水资源与水工程学报，2012.

[3] 张玉玲. 地下工程防水的若干理念更新问题 [J]. 中国建筑防水，2006.

[4] 张玉玲.以混凝土结构自防水为主体的地下工程防水体系 [J]. 中国建筑防水，2012.

[5] 胡骏,江映，陈金友，等. 地下工程防水抗渗要求与混凝土抗渗问题研究与探讨 [J]. 中国建筑防水，2012.

第9章 堤防膜防渗设计

9.1 概 述

我国是世界上洪涝灾害频繁且严重的国家之一。防御洪涝灾害，减少灾害损失，关系到社会安定、经济发展和生态与环境的改善。

堤防工程是指沿河、渠、湖、海岸或行洪区、分洪区、围垦区边缘修筑的挡水建筑物，是我国防洪工程体系的重要组成部分。在长江、黄河等七大江河的中下游地区，堤防是防御洪水的最后屏障。根据第一次全国水利普查公报，截至2011年12月31日，全国堤防总长度为413679km。5级以上堤防长度为275495km，其中：已建堤防长度为267532km，在建堤防长度为7963km，详见表9.1-1。

表9.1-1 截至2011年年底统计的全国堤防长度

堤防级别	1级	2级	3级	4级	5级	5级以下	合计
长度/km	10739	27286	32669	95523	109278	138184	413679
比例/%	2.6	6.6	7.9	23.1	26.4	33.4	100

堤防的设计和建设有自身的特点，主要表现为如下几点。

(1) 堤防一般位于河道两岸，用于保护两岸不受洪水侵犯。除河网地区外，一般河水涨落较快，高水位持续历时一般不长，其承受高水位时的水压力时间不长，堤内浸润线往往难以发展到最高洪水位对应的稳定渗流时的位置，故断面尺寸相对较小。

(2) 堤基和堤身质量差。堤防多是顺河傍水而筑，堤线多靠近河岸且堤轴线长，投资大且分散，对堤基选择上有很大局限性，不同于水库大坝选址，需经过深入勘探，多方案选择，堤基条件一般较差，地基大多为二元结构，而且绝大部分堤防的地基基本上没有进行处理。

对于大多已有堤防，堤防多由民众岁修而成，大多数已建堤防具有很长的历史，如湖北省荆南长江干堤始建于晋代和唐代，湖北省荆江大堤始建于东晋，安徽省安庆市广济江堤始建于1803年。受当时技术、设备和社会环境等条件的限制，普遍存在用料不当、压实度不够等问题，在不同次加高加宽的结合部位及分段施工的段与段连接部位，可能成为薄弱环节，形成渗漏通道。

对于新建堤防，也不如水库那样精心设计、严格控制施工质量，堤防填土多为就近取土，土质混杂，多属砂质粉土、粉细砂，渗透系数大，若不采取合理防渗措施，洪水期极易发生渗水、流土，有些用黏土修筑的堤防，易形成干缩裂缝，特别是贯穿性横缝，易形成过水通道威胁堤防的安全。

(3) 堤后坑塘多，取土坑、塘多未做处理，覆盖薄弱。尤其是长江干堤和洞庭湖、鄱阳湖区，筑堤土料严重不足，普遍在堤后取土筑堤，江河堤防多位于河流中下游，堤防地基多为第四纪冲积层，二元或多元结构，上部或隔层为相对不透水层，下部或隔层为透水层，取土使上部相对不透水层缺失。因此当遭遇洪水时，经常发生管涌、滑坡、崩岸和漫溢等险情，渗透变形也会降低其抗滑稳定性，严重者导致大堤溃决。

随着社会经济的发展，堤防在整个防洪体系中所承担的任务越来越重。以湖北下荆江河段为例，1996 年、1998 年、1999 年的洪水水位连连突破 1954 年的最高水位纪录。堤防经受高水位考验的频率越来越高。1998 年长江、松花江、嫩江流域特大洪水后，国家加大了对堤防等防洪体系建设与完善的投入力度。其中堤基和堤身渗透稳定不容忽视，堤基和堤身的防渗措施既提高堤防本身抵抗渗透变形的能力，也降低渗流对堤防的破坏能力。土工膜作为新型的防渗材料，具有突出的防渗性能，较为有效、经济地解除堤防易形成渗水通道以致威胁堤防安全和人民群众生命财产安全问题，对解决堤身因修筑时筑堤质量不高、土质不良、蚁穴等生物洞穴引起的渗透隐患均能起到有效的遏制作用。此外，相对于取客土的高昂成本，采用土工膜作为堤防的防渗体，具有质量轻、施工简便、运输方便、价格低廉等优点，是一种更为经济合理的选择。

9.1.1　堤防土工膜防渗技术进展

9.1.1.1　堤防加固工程土工膜防渗技术进展

渗透破坏在堤防工程中是一种较为普遍的现象，漏洞、接触冲刷、散浸、跌窝主要由堤身渗透变形引起，管涌主要由堤基的渗透变形引起。因此，堤防的高度、宽度、坡度满足设防标准外，为确保安全，还应满足整体和渗流稳定的需求。首先应了解渗透破坏的类型，并分析产生渗透破坏的原因，然后进行方案比较，找出经济合理的防渗加固措施。

渗透破坏的除险加固应从两方面着手，一方面提高堤身和堤基本身抵抗渗透变形的能力；另一方面降低渗流对堤基及堤身产生渗透力，避免由此引起滑动破坏。

堤防主要防渗加固措施有“前堵、后排、中间截”三种型式。近年来，由于洪水频繁，防洪标准提高及土工膜施工技术的改进和应用的普及，“前堵、中间截”在土工膜在堤防防渗加固工程中具有明显优势。例如在长江重要堤防隐蔽工程、地基加固和防渗处理等工程中，复合土工膜的累计使用量[1]就达到 49.9 万 m^2。岳阳长江干堤、武汉市长江干堤、粑铺大堤、同马大堤、枞阳江堤、无为大堤、马鞍山江堤、赣抚大堤等堤段均应用复合土工膜进行堤身防渗加固处理。

一般大堤的加固达标工程，多采用迎水面斜铺的方式，将土工膜从堤顶沿迎水坡面铺设至堤脚，埋至固脚槽内；当堤脚设置堤基防渗体时，将土工膜与堤基防渗体相连接，该防渗加固方式效果良好。

福建闽江下游防洪堤总长 106.8km，建于 20 世纪 50 年代初期，大部分堤段地基是冲积泥沙和砾石，渗透性大，高水位时，堤段出现不同程度的漏水、冒沙，严重威胁堤防的安全。在防洪堤加固工程中采用土工膜防渗措施，土工膜按膜的长度方向顺堤从下往上铺设，上覆厚 20～30cm 土料垫层，土料垫层上填 60～130cm 砂质粉土和砂保护层，该工程防渗面积 3380m^2，经济效益显著，防洪堤结构布置见图 9.1-1。

广西梧州市长州防洪堤，长约 568m，堤顶高程 26.22～26.57m，堤顶宽约为 4～6m，堤高约 6～6.5m，初建时堤基未作处理，堤身未经碾压或碾压效果不好，当外江水

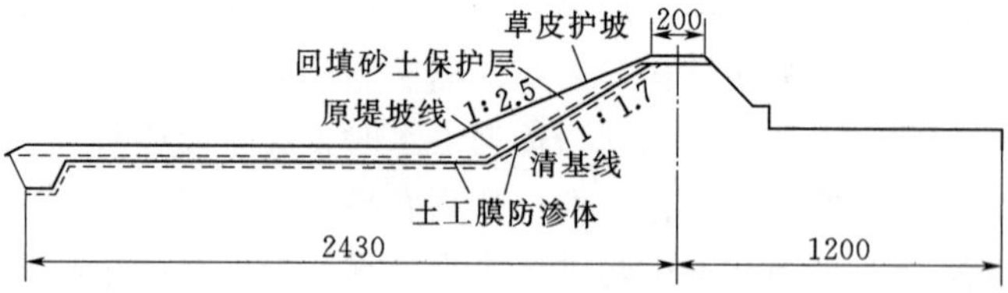

图 9.1-1 福建闽江下游防洪堤（单位：cm）

位接超过 24.00m 时，堤背水坡面及坡脚处出现渗水现象，并且渗流量逐步加大，水质浑浊，局部地区崩塌等现象，严重威胁堤防安全。该段堤防除险加固采用 PE 土工膜防渗方案，在迎水坡面加均质土培厚约 1～2m，削坡后铺设 PE 土工膜，上设干砌石护坡；工程实施后，长洲防洪堤经受了 24.00m 水位的考验，原渗水险情均被消除，PE 土工膜的防渗效果良好。

对于堤防断面相对比较复杂的城市堤防，例如长江干堤南京段，下部为土质断面，上部为浆砌石挡墙断面，堤防加高采用迎水面浇筑混凝土防洪墙，由锚筋锚固在浆砌石断面迎水面上，下部土质堤身断面的迎水面铺设复合土工膜直到堤脚，埋置在固脚槽内，复合土工膜上部锚固在浆砌石挡墙迎水面上。

垂直铺塑作为堤身、堤基的垂直防渗方式的一种型式，是最近二十多年发展起来的，先后在山东、河南、新疆、江苏、湖北等地推广应用，当前该技术已日趋成熟并广泛用于堤防防渗加固工程，铺膜深度由开始的 3～4m 发展到截渗深度 13～14m，所适用的地层由开始仅局限于砂质粉土地层到目前逐渐向各种类型地层扩展。

垂直铺塑的位置主要有迎水面堤脚处及堤身两种，这两种防渗方式在 1999—2004 年荆州长江堤防堤基、堤身防渗加固工程中应用，见表 9.1-2。

表 9.1-2 1999—2004 年荆州长江堤防堤基、堤身防渗工程表

堤别	工程项目	桩　　号	施工长度/m	备注
合计			116479	
荆江大堤	小计		8400	
	万城堤身防渗	791+000～793+000	2000	
	闵家潭综合防渗	783+700～786+000	2300	导渗沟
	沙市尹家湾堤身防渗	745+300～745+800	500	堤身防渗膜
	江陵柳口堤身防渗	699+000～700+500	1500	堤身防渗膜
	江陵木沉渊堤身防渗	744+000～744+400	400	堤身防渗膜
	监利凤凰堤身防渗	630+000～630+700	700	堤身防渗膜
洪湖监利长江干堤	监利姜家门	547+000～548+000	1000	堤外脚垂直铺塑
	洪湖王洲	494+350～496+350	2000	堤外脚垂直铺塑
	洪湖中小沙角	490+400～492+100	1700	

浙江上虞上浦联江埂标准堤工程系曹娥江中游治理重点工程，退堤段全长 1040m，因堤下地基系渗透性大的砂土，为防止丰水期河水由堤下渗透造成堤内冒水、管涌，枯水

期堤内地表水向河道渗漏，故迎水面堤脚下采用垂直铺塑黏土回填防渗墙新技术。墙厚 0.26m，0＋120～0＋420（计 300m）段深度 5m，0＋420～1＋160（计 740m）段深度 9m，总防渗帷幕达 8160m^2，是大堤防渗的地下构造部分。

1995 年江苏骆马湖南堤加固工程与 1997 年大小陆湖防渗加固工程均应用垂直铺塑技术，采用机械垂直铺膜与大堤坡面人工铺膜相结合的措施进行防渗处理，堤基选用聚乙烯膜，堤身根据坡面抗滑稳定和抗拉强度要求，设计选用以长丝土工织物为基布的一布一膜复合土工膜，工程开槽垂直铺膜 13km，总计 12.6 万 m^2，坡面人工铺复合土工膜长 9km，总计 12.27 万 m^2。

9.1.1.2　堤防新建工程土工膜防渗技术进展

新建堤防工程大部分为斜坡式土堤，少部分为直（陡）墙式土石复合堤，城市防洪还有混凝土防洪墙。江河堤防工程优先考虑就地取材，充分利用当地材料，但往往受当地建筑材料条件限制，不得不采用淤泥或自然含水率高且黏粒含量较多的黏土、粉细砂、冻土块、水稳定性差的膨胀土、分散性土等，填筑土料无法满足堤体渗透稳定的要求，或新建堤防堤基条件较差，此时可采用土工膜对堤身或堤基进行防渗。

辽宁省自 1996 年开始用土工膜类材料作为堤防垂直防渗体，已完成 20 多处工程，比较典型的是 1999 年完成的浑河张庄子砂堤防渗工程，该堤高 5m 多，堤基土为中细砂及粉土，堤身为粉土，部分堤段为中细砂。工程采用开槽机在地基中垂直开槽，槽中埋膜，作为地基防渗系统。堤身则采用齿槽接续防滑的复合土工膜防渗，并与地基防渗连成一个整体。堤基采用 PE 膜，厚 0.5mm，堤身采用 400g/m^2 的复合土工膜。工程已运用多年，情况良好，投资低廉。

景德镇市南河城防堤第一期工程全长 5.1km，一部分为河道裁弯取直新建大堤，堤高 5～10m 不等。由于从取直河段开挖出的黏土料含水量高达 40%以上，难以直接填筑。经过方案论证比较，采用以复合土工膜作为堤身防渗体，以高喷板墙作为二元结构地基防渗体的设计方案。复合土工膜中的 PE 膜厚 0.4mm，针刺织物克重为 350g/m^2。复合土工膜的支持层为厚 15cm 的砂卵石垫层，保护层为厚 15cm 的无砂混凝土和其上厚 10cm 的预制混凝土板护坡。土工膜的顶端与混凝土防浪墙底端相接，土工膜底端与堤基高喷板墙顶端通过黏土槽连接。

9.1.2　堤防土工膜防渗型式及特点

9.1.2.1　堤防加固工程土工膜防渗及特点

1. 迎水面斜铺

（1）迎水面斜坡直接在削平的坡面上面铺设，质量容易保证。

（2）一般采用复合土工膜，复合膜的土工织物可作为迎水面坡面的滤层和排水层，增大土工膜与土之间的摩擦力，同时保护土工膜免受机械损伤。

（3）迎水面斜铺必须核算坡面上土工膜的稳定性，校核通过土工织物的平面排水能力是否足够。

（4）为避免施工中碎石的尖角或其他尖锐物刺破土工膜，一般情况下使用强度较高和稍厚的土工织物。

2. 垂直铺塑

(1) 垂直铺塑适用范围。土工膜垂直防渗方案适用地基条件如下：

1) 透水层深在12m以内，或通过努力，开槽深度可以达到16m。

2) 透水层中大于5cm的颗粒含量（以重量计）不超过10%，且少量大石块的最大粒径不超过15cm，或不超过开槽设备允许的尺寸。

3) 透水层中的水位能满足泥浆固壁的要求。

4) 当透水层底为岩石硬层时，对防渗要求不很严格。

(2) 垂直铺塑特点。

1) 开槽机造槽经济适用。开槽机是垂直铺塑防渗技术施工开槽的主要设备，是根据防渗技术要求和有利于施工研制而成，槽孔的深浅、宽窄可以调节，能够满足不同工程设计要求。机械结构简单，操作方便，施工速度快，造孔经济适用。

2) 防渗性能高。土工膜的渗透系数一般小于10^{-11}cm/s，柔性好，适应变形好，易于施工，寿命长，在地下良好的保护状态下，其工作寿命至少在50年以上。

3) 施工速度快，工程造价低。土工膜施工过程便于施工管理，容易堆放、占地少、损耗小，有利于提高工效，且土工膜单位面积造价较低。

4) 垂直铺塑属于隐蔽工程，无法直接检验铺膜质量。

9.1.2.2 堤防新建工程土工膜防渗及特点

1. 堤防堤基防渗

根据堤防不同透水地基的形式，地基采取土工膜防渗的措施也有所差异，主要见表9.1-3。

表9.1-3　　不同地基采用土工膜防渗处理措施表

地层特性		处理方式	材料及措施要求
透水堤基处理	浅层薄透水堤基	土工膜垂直防渗墙	土工膜防渗墙底部应达到相对不透水层
	深层厚透水堤基	临水侧有稳定滩地	采用土工膜铺盖（复合土工膜）
		临水侧无稳定滩地	土工膜垂直防渗墙
岩石堤基防渗处理	非岩溶地区，强风化岩	砂浆或混凝土封堵	砂浆、混凝土
	岩溶地区	填塞漏水通道或设防渗铺盖	黏土、水泥

浅层透水地基可采用土工膜垂直防渗措施截渗，土工膜防渗层底部达到相对不透水层。

对于相对不透水层埋藏较深、透水层较厚且临水侧有稳定滩地的堤基宜采用土工膜铺盖防渗措施，土工膜防渗铺盖长度通过计算确定，表面应设保护层及排气排水系统。

对透水深厚、临水侧无稳定滩地，难以采用土工膜铺盖防渗的重要堤段，可设置土工膜地下垂直截渗墙，其设计深度和厚度应满足堤基和截渗墙材料允许水力坡降要求。

强风化或裂隙发育的岩石或存在岩溶，可能会使岩石或堤体受到渗透破坏、危及堤防安全时，应进行防渗处理。岩石堤基强烈风化可能使岩石堤基或堤身受到渗透破坏时，防渗体下的岩石裂隙应采用砂浆或混凝土封堵，并在防渗体下游设置滤层防止细颗粒被带出。岩溶地区，在查清情况的基础上，应根据当地材料的情况，填塞漏水通道，必要时加设土工膜防渗铺盖。

二元结构是指地层大致由两种土层组成，上层透水性较弱，其下为较厚的透水性较强的土层，当地层受深泓切割直接与江水连通时，容易出现渗透失稳状态，此种二元结构在长江、黄河等大江大河上比较常见。多层结构往往是弱、较强、强透水层的组合。研究及实践表明，对于二元结构，土工膜防渗墙进入地层的深度 h_1 小于 0.8 倍的地层总厚度 h_2 时，渗透水头削减仅 10%～20%，说明“悬挂式土工膜防渗”效果不佳，此时应采用土工膜斜墙加铺盖的防渗结构。

2. 堤防堤身防渗

新建堤防工程中，土堤一般尽可能选取均质土料填筑断面，当筑堤土料渗透性较强，不能满足渗流稳定要求是，需考虑设计防渗及排水设施。堤身防渗结构型式，应根据渗流计算及技术经济比较合理确定。堤身防渗主要是满足渗透稳定要求，防渗体顶高程应高于设计水位 0.5m。应用土工膜进行堤身防渗可采用斜墙、心墙等型式。

（1）土工膜防渗斜墙。土工膜铺设在上游堤面是新建堤防工程防渗最常用的方法。其优点主要有：施工方便，铺膜可在堤防主体工程完成后，无干扰；膜能够适应坡面变形；维修及更换容易。缺点为：存在膜与垫层和防护层结合及稳定问题。

（2）土工膜防渗心墙。土工膜置于新建堤防中部，此种布置型式由于土工膜深埋于堤防内，外界干扰小，使用寿命长，但不易检修。

对于堤防新建工程，土工膜的铺设和保护层施工应与提防填筑过程协同进行，一般铺设过程中用支架把土工膜吊起，然后两侧填筑堤体，土工膜铺设为折线型，此种铺设方式下土工膜较为松弛，能够适应堤体变形，不会产生较大的拉应力及拉应变。

9.1.3 堤防膜防渗设计相关规范

（1）《土工合成材料　聚乙烯土工膜》（GB/T 17643—2011）。

（2）《聚氯乙烯（PVC）防水卷材》（GB 12952—2011）。

（3）《聚乙烯（PE）土工膜防渗工程技术规范》（SL/T 231—1998）。

（4）《土工合成材料测试规程》（SL 235—2012）。

（5）《土工合成材料应用技术规范》（GB 50290—2014）。

（6）《堤防工程设计规范》（GB 50286—2013）。

9.2 堤防膜防渗结构设计

9.2.1 堤防加固工程土工膜防渗结构设计

9.2.1.1 堤防土工膜防渗加固型式

防渗加固是在已建大堤上进行，土工膜铺设形式通常采用迎水面斜铺和垂直插塑两种形式。

1. 迎水面斜铺

堤防迎水面一般无防浪设施，迎水面往往受到河势水流的影响，易遭受波浪（风浪）冲击破坏，对迎水面进行防渗加固通常采用迎水面斜铺，即在坚实平整的迎水面堤坡上铺设土工膜，其上铺设防护层。该型式具有整体性好、产品规格化、铺设简便、适应堤身变形的优点。

迎水面斜铺土工膜时，其底部埋置在沟槽内，可与地基防渗体粘接相连；顶部可与混凝土或浆砌石防浪墙或防洪墙相连，或做成类似于护坡的堤肩状，即土工膜在堤顶部位水平向背水侧延伸一段埋置在沟槽内，以防止雨水直接进入膜与堤面结合处而削弱他们之间的稳定性。土工膜在沿河向两端应与防渗土体有 2～3m 的搭接长度以防产生较大绕渗。迎水面斜铺防渗结构示意见图 9.2-1。

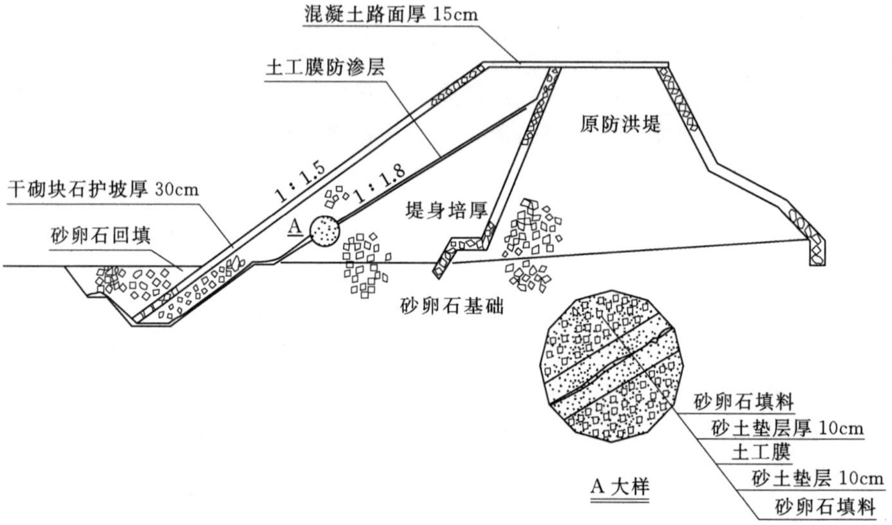

图 9.2-1 堤防加固工程土工膜迎水面斜铺防渗结构示意图

2. 垂直插塑

机械开槽处置铺膜防渗是 20 世纪 80 年代中期开始研究试验、90 年代初发展起来的新型防渗技术，具有防渗作用明确、施工速度快、防渗效果显著和造价低等特点，特别适用于已建工程存在地基渗水严重的情况。

垂直插塑是采用机械成槽和泥浆固壁的方法，在需防渗的部位采用锯槽机将堤身或堤基锯切成沟槽，深度约可达 12～15m，宽度一般不大于 30cm，然后用铺膜机或人工方法将土工膜竖直沿槽长方向紧靠一侧槽壁展开土工膜，连续铺入槽中，最后在膜的一侧填土（或砂）入槽并压实，使土工膜成为一道防渗帷幕，沿堤轴方向膜的搭接长度应达 2～3m。实践表明，垂直插塑防渗和消减水头的效果很好。

迎水面堤脚垂直铺塑防渗墙构造见图 9.2-2。

9.2.1.2 防渗膜设计

1. 迎水面斜铺

（1）一般土质堤防。对于一般土质堤防，坡度小于 1:3 且迎水面有砌石护坡，或厚度不小于 10cm 的混凝土板护坡作保护时，单膜、一布一膜和两布一膜的复合土工膜均可以选用，但从土工膜接触料选择的广泛性考虑，迎水面斜铺应优先选择复合土工膜，且优先选择两布一膜型复合土工膜。无纺布与土料的摩擦角一般大于膜与土料的摩擦角，复合土工膜有利于迎水面斜铺时的抗滑稳定，两侧无纺布不仅对中间防渗膜起保护作用，且沿其平面有一定的排水功能，具有结构布置简单，施工便利，经久耐用等特点。

（2）特殊堤防。对于特殊情况下的堤防，如堆石堤防，坡度大于 1∶1.5 时迎水面砂砾垫层与土工膜之间的摩擦阻力通常不能维持防渗结构的稳定，可选择具有针刺织物的复合土工膜，以针刺织物作为粘结对象，在砂砾石垫层上浇筑无砂混凝土，利用水泥浆液，或以间隔条状沥青涂抹与膜粘结。

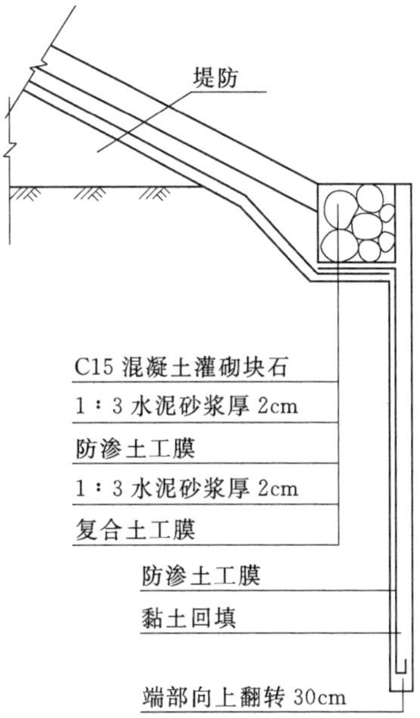

图 9.2-2　某工程迎水面堤脚垂直铺塑防渗墙构造

（3）对于采用现浇混凝土板或预制混凝土板作为护坡并兼作迎水面土工膜防渗层保护层的堤防，一般保护层厚度较薄，厚度小于 15cm。由于大多数堤防仅在汛期挡水，在非汛期迎水面不挡水时往往气温较高，薄混凝土板保护层在阳光暴晒下温度很高，极易引起下层土工膜防渗层在高温下老化，为避免此种情况发生，此时应选择复合土工膜，且一面选择较厚的针刺织物与混凝土板接触，以缓解温度对土工膜的影响，保证土工膜的使用寿命。

（4）矿区附近的堤防受地下采动影响，沉降量大，如淮河大堤淮南煤矿段，由于开采大堤下地层深处蕴藏的优质煤炭，至 1990 年大堤已累计沉降约 4.4m，大沉降往往会导致局部裂缝，淮河大堤淮南煤矿段裂缝最深约 4m。由于土工膜有较大伸长率，能够适应局部结构的较大位移，尽管堤防有的裂缝较宽，但其实际应变量大多在土工膜的弹性极限或屈服极限内，因此采用土工膜迎水面防渗结合传统充填灌浆的综合加固措施是十分有效的。为使得土工膜有较大的应变余能来适应此种特殊工作状态，应选择膜厚度 0.8mm 以上两布一膜型复合土工膜。淮河大堤淮南煤矿段，在大堤迎水面的黏土斜墙上铺设两布一膜复合土工膜，其中 PVC 膜厚 0.8mm，两侧针刺土工织物 300g/m^2。复合土工膜上以煤矸石作为保护层，其上再筑干砌石护坡，大堤断面结构见图 9.2-3[2]。

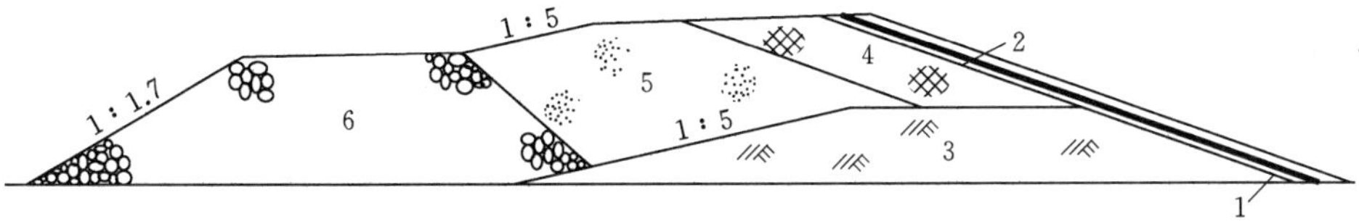

图 9.2-3　淮河大堤断面结构

1—土工膜；2—煤矸石保护层；3—老堤；4—黏土斜墙；5—冲填河沙；6—煤矸石支承体

2. 垂直插塑

（1）铺膜深度。一般根据堤防基础地层构造，各土层渗透系数，结合铺膜机械的开

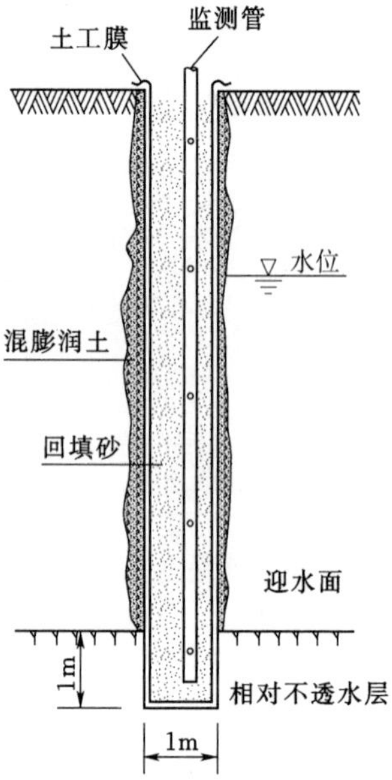

图 9.2-4 垂直插塑形成的土工膜截水墙

槽深度能力，在满足渗透稳定，可设计成悬挂式和封闭式两种防渗体系，封闭式见图 9.2-4。

当不透水层埋深较浅时，可设计成封闭式防渗体系，为达到防渗目的，垂直铺塑一般膜要插入不透水层 0.5m 以上；若透水层厚度不大，堤防不高，可以从堤顶开始垂直铺塑；若地基中透水层厚度相对较大，采用从堤顶铺塑形式会使得槽深过大，不便施工，一般从堤防上游坡脚处开槽，并在迎水面接铺土工膜，采用堤脚垂直铺塑和迎水面斜铺土工膜相结合的防渗方法。当堤基相对不透水层埋深较深，而开槽深度受限制，可设计成悬挂垂直铺塑，此时需要慎重进行渗流试验稳定分析。

铺膜可达到的深度，主要取决于开槽机具以及堤防土质和泥浆固壁的质量等，一般 10m 左右，最大可达 14～15m。

(2) 防渗膜选材。根据堤防的功能特性，对土工膜选择，应遵循：耐久性强、抗渗性满足设计防水要求、抗变形能力强等原则。堤防采用的土工膜按原材料分主要为聚乙烯膜（PE 膜）和聚氯乙烯（PVC 膜）两种。

(3) 膜厚度。土工膜厚度暂无规范公式，设计人员可考虑施工因素和地质条件影响，为确保施工安全和质量可靠，结合工程施工经验确定。膜太薄，则施工时容易受损，反之，太厚则不经济。土工膜厚度不应小于 0.5mm。重要工程可采用复合土工膜或复合防排水材料，膜厚度不应小于 0.5mm。土工膜应采用热熔法焊接。

3. 防渗膜的垫层与保护层

(1) 垫层。与土石坝不同，累筑岁修的堤防大多局限于就近取土，需作防渗加固的大多为有缺陷的黏性土，缺陷引起的渗流将引起散浸、跌窝等险情。

采用土工膜作防渗加固时，若附近有中粗砂或砂砾石，可将其铺设在土工膜下面作为垫层，厚约 10～15cm，若无砂砾料，则应以克重 250g/m^2 以上的针刺织物那一面的复合土工膜铺设在黏性土坡上，以免汛末江河水位下降时土工膜失稳。

对于堆石、石渣、煤矸石等石料堤体，迎水面用复合土工膜防渗是首选形式。若迎水面堤坡缓于 1∶1.8（具体需按摩擦系数计算）时，复合土工膜的垫层可采用砂砾石，否则，当坡陡而仅靠摩擦作用不足以维持复合土工膜的稳定时，复合土工膜的垫层可采用厚约 10cm 的无砂混凝土，借助水泥浆液或其上涂抹间隔条状的沥青与织物的粘结作用，保证复合土工膜的抗滑稳定性。

(2) 保护层。对于迎水坡土工膜防渗的堤坝，护坡即兼作土工膜的保护层，砌石护坡是天然的保护层，其厚度大多在 25～30cm，可起到使土工膜隔离紫外线和酷日灼热的作用。

然而，对于采用厚度不足 15cm 的混凝土板作为护坡的情况，若有可能，应在混凝土板下面增加厚约 10cm 的砂砾石，否则，需增加与混凝土板接触面的针刺织物的厚度。当堤坡较陡（陡于 1∶1.75），不宜采用预制混凝土板护坡，如采用预制混凝土板，应用沥青胶或胶黏剂把垫层黏结在土工膜上。

9.2.1.3　防渗结构连接方式

膜在周边与土体等材料的连接长度，应满足膜与接触材料间的允许渗透坡降，即

$$L \geqslant H/J$$

式中：L 为膜与接触材料的连接长度；H 为连接处所承受的水头；J 为膜与接触材料间的允许水力坡降。

1. 在堤防顶部土工膜锚固连接方式

（1）一般堤防。为增加复合土工膜与土体界面的抗滑稳定性，在复合土工膜铺设接近堤顶高程处设置阻滑槽，将土工膜顶部嵌于阻滑槽内。具体布置见图 9.2-5。

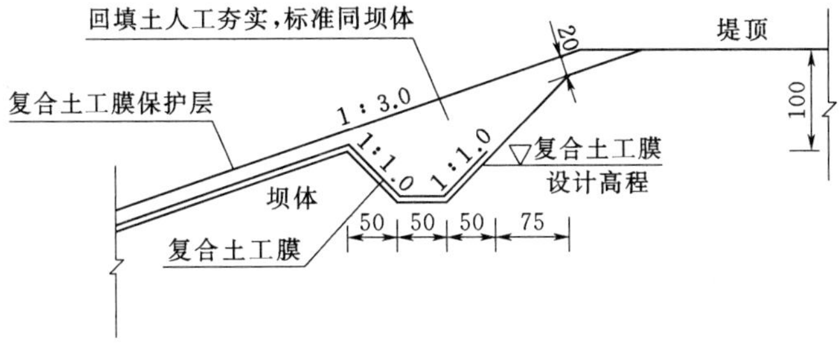

图 9.2-5　堤顶附近土工膜阻滑槽（单位：cm）

（2）防洪墙底部有浆砌平台。若防洪墙底部有浆砌石平台，复合土工膜无法直接黏接到防洪墙上，为避免拆除浆砌平台大工作量，且对防洪墙安全造成影响，可保留浆砌平台，将复合土工膜铺设黏接到浆砌平台侧面，浆砌平台整体浇筑钢筋混凝土作防渗处理，见图 9.2-6。

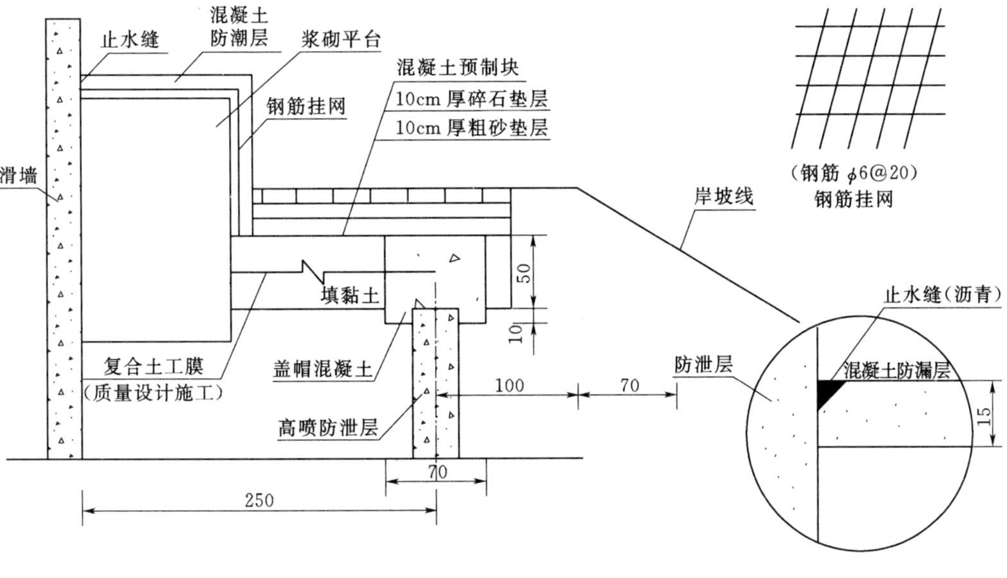

图 9.2-6　防洪墙底部土工膜与地基防渗体连接（单位：cm）

2. 堤脚土工膜锚固方式

采用堤基修截渗墙、堤身铺设复合土工膜防渗加固方案，截渗墙嵌入到地基相对不透水层，使复合土工膜和截渗墙连接在一起形成封闭的堤防防渗系统。用螺栓将复合土工膜固定在垂直截渗墙上，考虑地基不均匀沉降可能造成复合土工膜的剪切和拉伸破坏，应在连接处对复合土工膜设置 U 形伸缩槽，其上回填壤土保护层。具体连接布置见图 9.2-7。

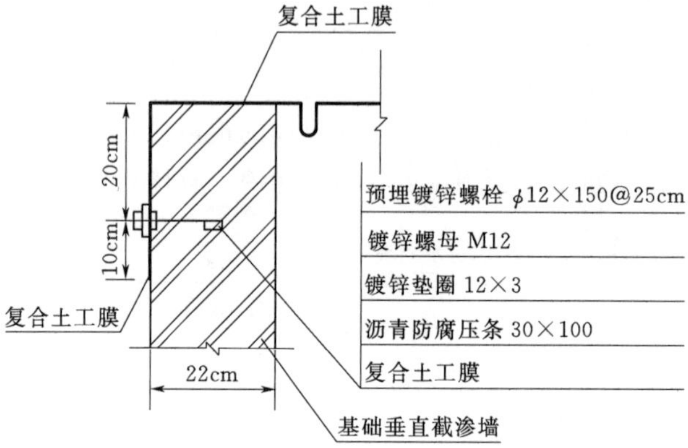

图 9.2-7 土工膜与地基截渗墙连接细部

3. 膜与膜、膜与混凝土等的胶粘工艺

(1) 将 KS 成品胶加热至 180～200℃熔化成液化状后，用金属刮板涂胶，黏合后用橡皮锤敲打，固化后进行质量检查。

(2) 采用 HK 弹性封边剂和 SR 系列止水材料进行混凝土的接缝防渗和止水，具体见图 9.2-8。

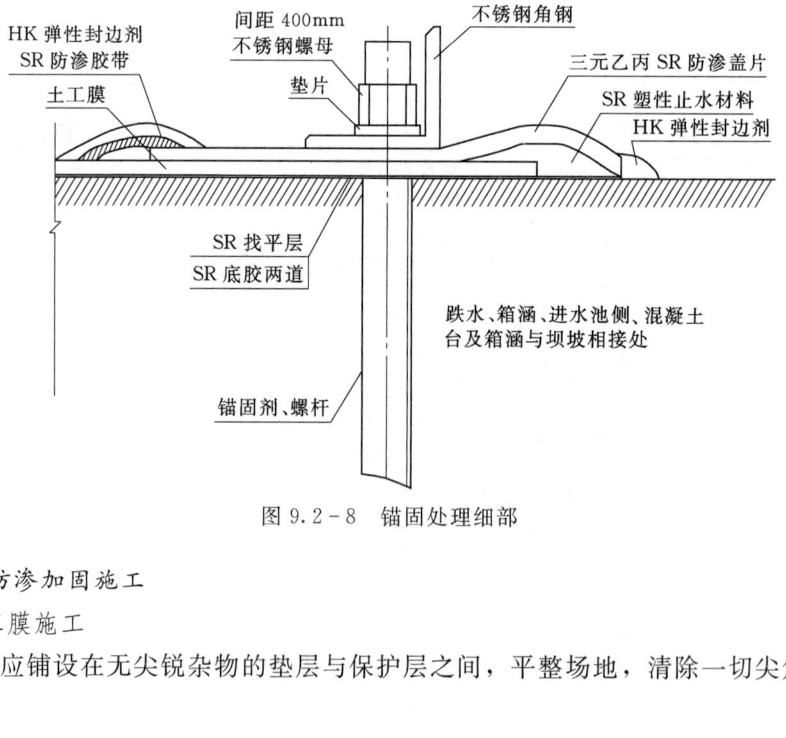

图 9.2-8 锚固处理细部

9.2.1.4 防渗加固施工

1. 土工膜施工

土工膜应铺设在无尖锐杂物的垫层与保护层之间，平整场地，清除一切尖角杂物，由于铺设在老堤坡面上，坡面经削坡后还有草根、芦苇根时，需要喷洒除草剂，以防止芦苇等植物生长顶穿土工膜；作好排渗设施，挖好固定沟。土工膜铺设应以松弛、贴妥为原则。松弛以无起伏褶皱、无绷紧张拉为度，贴妥以无间隙、无架空为度。值得指出，有以下三种情况应当避免。

（1）陡的堤坡不足以维持土工膜的稳定，需依靠土工膜在堤顶的锚固作用帮助维持稳定，这使得土工膜始终处于悬挂受拉状态，将大大缩短土工膜的有效使用寿命。

（2）利用刚性护坡（例如混凝土板、浆砌块石）的支撑帮助维持土工膜在堤坡上的稳定，一旦刚性护坡中间断裂，失去支撑作用，土工膜防渗体也将随之失去稳定。

（3）在穿堤刚性建筑物交界处，为适应不均匀沉陷，将土工膜折叠。当发生较大相对位移时，期待折叠处舒展开来而使土工膜不受张拉作用。实际上，在压力作用下，折叠土工膜不一定能伸展开来，相反，由于折叠使土工膜的抗拉强度和伸长率大打折扣。

2. 垂直插塑

（1）应根据地基土质的具体条件，选用成槽机具和固壁方法。

（2）造孔机具与方法。

1）当不含粗颗粒的砂土透水层埋深不大于 10m，其上黏土层又较薄时，可以选用高压水头造孔冲槽法成槽。

2）当地基为含粗颗粒的强透水层，上覆黏土层又较薄时，宜选用链斗式或液压式锯槽机开槽。

（3）铺膜后，应及时在膜两侧回填，最长不得延迟 24h，以免槽壁塌落。槽底填土应用黏性土，厚度应不小于 1m，防止下端绕渗；然后再填入一般土料，从上部往槽内浸水，促其下沉，经 7～10d 沉降后，往槽内补充填土，并夯实。土工膜出槽后不得外露，应与地面防渗体妥善连接。

9.2.2　堤防新建土工膜防渗结构设计

9.2.2.1　堤防新建土工膜防渗形式

在堤防新建工程中土工膜既可用于堤身防渗，也可用于堤基防渗。

堤身防渗分为堤身上游坡面防渗、斜墙防渗、心墙防渗。堤基防渗分为堤前水平铺盖防渗和堤基垂直防渗。采取何种方案应根据工程的具体特点进行综合比选后确定。

堤防新建土工膜常见的防渗结构断面见图 9.2-9。

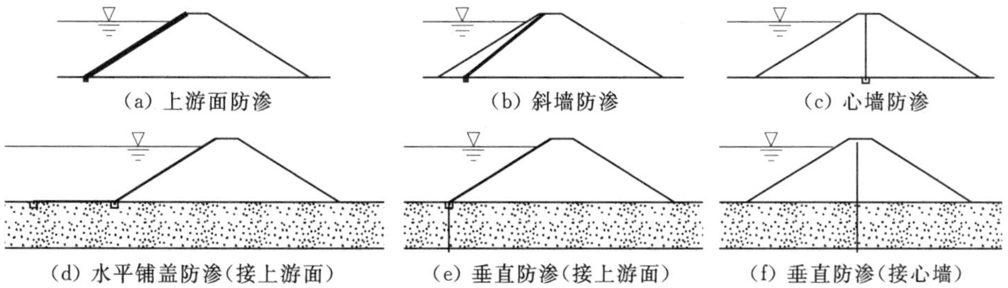

图 9.2-9　堤防新建土工膜常见的防渗结构断面

9.2.2.2 防渗膜设计

1. 堤身土工膜防渗设计

对新建堤防工程，土工膜既可以布置在堤身内作为心墙，也可以布置在堤身内近迎水面侧作为斜墙。堤身膜防渗设计除应满足堤防工程设计规范要求外，还应包括土工膜上垫层、下垫层、防护层设计，膜稳定性验算，膜后排渗能力校核等内容。

(1) 筑堤材料与填筑标准。土料、石料及砂砾料等均可以作为堤防的筑堤材料，筑堤材料应符合下列规定：

1) 均质土堤的土料宜选用黏粒含量为10%～35%、塑性指数为7～20的黏性土，且不得含植物根茎、砖瓦垃圾等杂质；填筑土料含水率与最优含水率的允许偏差为±3%；铺盖、心墙、斜墙等防渗体宜选用防渗性能好的土；堤后盖重宜选用砂性土。

2) 砌墙及护坡的石料应质地坚硬，冻融损失率应小于1%，石料外形应规整，边长比宜小于4。护坡石料粒径应满足抗冲要求，填筑石料最大粒径应满足施工要求。

3) 垫层和反滤层的砂砾料宜为连续级配、耐风化、水稳定性好。砂砾料用于反滤时含泥量宜小于10%。

土堤的填筑标准应根据堤防级别、堤身结构、土料特性、自然条件、施工机具及施工方法等因素，综合分析确定。

黏性土土堤的填筑标准应按压实度确定，压实度值应符合下列规定：①1级堤防不应小于0.95；②2级和堤身高度不低于6m的3级堤防不应小于0.93；③堤身高度低于6m的3级及3级以下堤防不应小于0.91。

无黏性土土堤的填筑标准应按相对密度确定，相对密度应符合下列规定：①1级、2级和堤身高度不低于6m的3级堤防不应小于0.65；②堤身高度低于6m的3级及3级以下堤防不应小于0.60；③有抗震要求的堤防应按现行行业标准《水工建筑物抗震设计规范》(SL 203) 的有关规定执行。

用石渣料作堤身填料时，其固体体积率宜大于76%，相对孔隙率不宜大于24%。

(2) 防渗土工膜选择。采用土工膜作为堤身防渗材料时，可用斜向或垂直铺塑形式，土工膜的使用应符合现行国家标准《土工合成材料应用技术规范》(GB 50290—2014) 的有关规定。

堤防工程中用于防渗的土工合成材料主要有土工膜和复合土工膜。对于软基地段、高填土、填挖结合处的软基处理承受较大差异变形的防渗结构，应采用弹性应变量较大的土工膜。土工膜厚度、材质及类型的选择应按水头大小、填料和铺设部位确定。对重要工程，选用的土工膜厚度不应小于0.5mm。

防渗结构应进行稳定性分析。可采取膜面加糙，按台阶形、锯齿形或褶皱形铺设等方法提高其稳定性。

斜墙、心墙等防渗材料应与坝基和岸坡防渗设施紧密连接，并应形成完整的封闭系统。

(3) 土工膜性能指标。土工膜指标包括其本身的特性指标及其与土相互作用指标（性能指标）。性能指标为土工膜与土共同作用时的反应，该指标应模拟实际工作条件，由试验测定。指标测定试验内容包括物理指标、力学指标、水力学指标、耐久性等。

物理指标包括单位面积质量、厚度等；力学指标包括拉伸强度、撕裂强度、握持强度、顶破强度、胀破强度、材料与土相互作用的界面强度等；水力学指标包括渗透系数等；耐久性包括抗老化性、抗化学腐蚀性。

（4）土工膜铺设方式及防护。上游防渗土工膜铺设通常有以下几种方式，见图 9.2-10。

1）平直坡形。斜墙，薄保护层，用于低水头堤坝，或用于已建堤坝加固，或用作心墙，见图 9.2-10（a）、（b）、（c）。

2）锯齿形或台阶形。斜墙，见图 9.2-10（d）、（e）。

3）褶坡形。斜墙，较高水头设马道的堤坝，见图 9.2-10（f）。

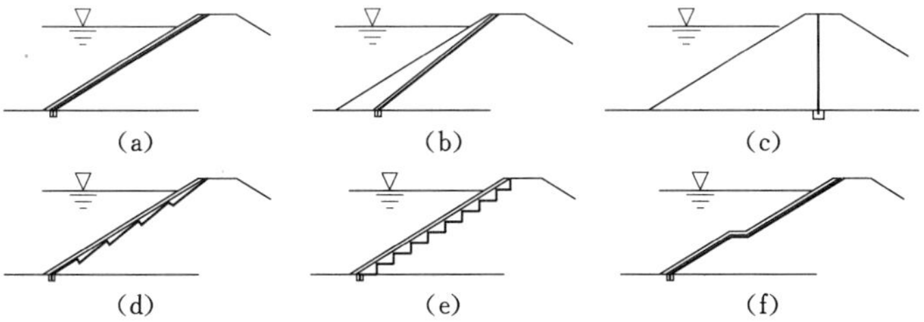

图 9.2-10　防渗土工膜铺设方式

（5）膜稳定性验算。用土工膜防渗的堤防，堤坡的整体稳定采用圆弧滑动面或折线滑动面进行抗滑稳定计算后，还要进行土工膜防渗体的计算，即土工膜保护层（防护层连同上垫层，下同）与土工膜之间接触面的抗滑稳定计算。计算的最危险工况为水位骤降。

计算采用极限平衡法。防护层不透水时，采用容重变化法计及层内孔隙水压力影响。降前水位以上土料及护坡采用湿容重。

计算滑动力时，降前水位与降后水位之间用饱和容重，降后水位以下用浮容重；计算抗滑力时，降前水位以下一律用浮容重。

土的抗剪强度采用有效强度指标 c' 和 f'。

1）透水性良好的等厚度保护层，安全系数 F_s 按式（9.2-1）计算：

$$F_s=\frac{\tan\delta}{\tan\alpha} \tag{9.2-1}$$

式中：δ 为上垫层土料与土工膜之间的摩擦角；α 为土工膜铺放坡角。

2）透水性不良的等厚度保护层，安全系数 F_s 按式（9.2-2）计算：

$$F_s=\frac{\gamma'}{\gamma_{sat}}\frac{\tan\delta}{\tan\alpha} \tag{9.2-2}$$

式中：γ'、γ_{sat} 为保护层的浮重度和重度，kN/m^3。

3）不等厚度保护层抗滑稳定安全系数 F_s 计算请见附录 D.1 节。

验算要求的最小安全系数应符合《堤防工程设计规范》（GB 50286—2013）规定，见表 9.2-1。

（6）膜后排渗能力校核。膜后排渗能力校核针对膜后无纺土工织物平面排水或砂垫层导水能力进行。其计算请见附录 D.2 节。

表 9.2-1　　土堤边坡抗滑稳定最小安全系数表

堤防级别	1	2	3	4	5
最小安全系数	1.30	1.25	1.20	1.15	1.10

2. 堤基土工膜防渗设计

（1）堤基膜防渗铺盖设计。透水层较厚且临水侧有稳定滩地的堤基，采用铺盖防渗措施从技术经济角度比较可能是合适的。当利用天然弱透水层作为防渗铺盖时，应查明天然弱透水层及下卧透水层的分布、厚度、级配、渗透系数和允许水力坡降等情况，在天然铺盖不足的部位应采取人工铺盖补强措施。缺乏铺盖土料时，可采用土工膜。土工膜应采用土工织物复合土工膜。

用土工膜作堤基防渗铺盖，施工简易，质量容易保证，不会因水位降落露出而产生黏土铺盖的干缩裂缝等问题，但存在土工膜本身的稳定问题。河道水位上涨后，进入土工膜下的水置换出堤防基础内的部分空气，与膜下的向上水压力共同作用，可能使土工膜漂浮或顶破，因此应根据情况采取防范措施。常用方法有逆止阀、盲沟及压重等。

当采用压重法时，加在土工膜上的要求压重根据膜下作用水头确定，计算时可认为土工膜不透水。当所需压重过大时，可以逆止阀、盲沟结合使用。

1）土工膜厚度。土工膜用作水平防渗铺盖时，膜厚度不应小于 0.5mm。铺盖长度的合理长度，应使堤防基础渗透坡降和渗流量限制在许可值内，通过渗流计算确定，计算方法请见附录 D.3 节。

2）逆止阀。逆止阀间距可根据堤基土砂层渗透系数不同，每隔 30～50m 设置 1 个。逆止阀孔径约 20cm，现在一般采用定型产品。

3）盲沟。在土工膜铺盖底部设纵横交错的排气盲沟，并集中成几条盲沟连通到堤防顶部，形成烟囱式排气井，可以承担膜下排气功能，防止土工膜隆起。盲沟间排距应根据堤防基础土层渗透系数确定，一般间排距为 30～50m。

4）压重。在土工膜铺盖上填土砂压重，土工膜铺盖下的水气压力由压重压住，防止土工膜漂浮，一般情况下需要较厚的填土，可能不经济，可与逆止阀、盲沟等工程措施联合采用。

（2）堤基膜垂直防渗设计。对于新建堤防工程，堤基垂直防渗工程可以在临水侧堤脚或临水侧平台上布置。

防渗墙可采用悬挂式、半封闭式或封闭式等形式。

防渗墙深度应满足渗透稳定的要求。半封闭式和封闭式防渗墙深入相对不透水层的深度不应小于 1.0m，当相对不透水层为基岩时，防渗墙深入相对不透水层的深度不宜小于 0.5m。

3. 土工膜垫层设计

（1）上垫层（与膜接触的防护层）。为了保护土工膜不被防护层刺破，当防护层为混凝土板、浆砌石、干砌石等时，需设置上垫层。

上垫层的材料及作法应根据防渗土工膜及防护层的类型确定。砂砾料（碎石）、无砂混凝土、沥青混凝土等均可作为上垫层材料。对以下情况可不设上垫层：①当防护层为压实细粒土，且有足够的厚度；②选用复合土工膜；③土工膜位于堤防主体工程内部；④土工膜有足够的强度和抗老化能力，且有专门管理措施，并不设防护层；⑤土工膜用作面层，更换面层在经济上比较合理，并不设防护层。

1）砂砾料。当采用复合土工膜作为堤防防渗材料，浆砌块石作为防护层时，复合土工膜上应铺厚约 15cm 的砂砾料或碎石作为上垫层，上垫层料最大粒径不超过 2cm，平均粒径 1cm，小于 0.1mm 的含量不超过 5%，级配良好。

当采用复合土工膜作为堤防防渗材料，干砌块石作为防护层时，复合土工膜上应铺厚约 15cm 砂砾料或碎石作为上垫层，上垫层料最大粒径不超过 4cm，平均粒径 2cm，小于 0.1mm 的含量不超过 5%，级配良好。

上垫层料要分段逐层铺设，并要求人工洒水，拍打击实，达到设计厚度。

当上垫层不均匀系数 $C_u>5$、曲率系数 $C_c=1\sim3$ 时，可判定其级配良好。

2）无砂混凝土。当采用土工膜作为堤防防渗材料，防护层采用预制混凝土板、现浇混凝土板、浆砌块石或者干砌块石时，若迎水面堤坡较陡（具体坡度需要按摩擦系数计算），仅靠摩擦不足以维持复合土工膜的稳定时，复合土工膜的垫层可采用无砂混凝土，借助水泥浆液或其上涂抹间隔条状的沥青与织物的粘结作用，保证复合土工膜的抗滑稳定性。一般情况下土工膜上可浇厚约 4～8cm 的细砾无砂混凝土作为上垫层，然后再施工防护层。

无砂混凝土是指具有良好的渗水性能、不含砂料的少级配混凝土。水泥用以覆盖骨料的表面，并起胶结作用，而不是填充空隙，因此水泥用量要比普通混凝土少，一般为 70～150kg/m³。骨料粒径 10～20mm，且宜使用颗粒均匀的砾石或碎石。

无砂混凝土采用压实的方法成型，不得用振捣器振捣。施工时应在混合料处于或大于最佳含水量时进行压实，直至达到要求的压实度和空隙率。

施工时应尽可能缩短从拌和到碾压终了的延迟时间，时间不应超过 3～4h，并应短于水泥的终凝时间。基层成型后必须保湿养护，避免其表面干燥，也不应忽干忽湿。

参照相关规范，堤防的防护层及上垫层的布置可参考表 9.2-2。

表 9.2-2　堤防的防护层及上垫层的布置

防护层型式	土工膜类型	建议上垫层型式	防护层布置
预制混凝土板	复合土工膜	不设上垫层	预制混凝土板直接铺在膜上
	土工膜	喷沥青胶砂或浇厚约 4cm 的无砂混凝土	预制混凝土板铺在上垫层上，接缝处塞防腐木条或沥青玛琋脂，或 PVC 块料等，留排水孔
现浇混凝土板	复合土工膜	不设上垫层	混凝土直接浇筑在膜上
	土工膜	浇厚约 5cm 的细砾无砂混凝土	在垫层上浇筑混凝土，分缝间距约 15m，缝间填防腐木条或沥青马蹄脂，或 PVC 块料等，留排水孔
浆砌块石	复合土工膜	铺厚约 15cm、粒径小于 2cm 的碎石	在垫层上砌石，应设排水孔，间距 1.5m
	土工膜	铺厚约 5cm 细砾混凝土	

续表

防护层型式	土工膜类型	建议上垫层型式	防护层布置
干砌块石	复合土工膜	铺厚约15cm、粒径小于4cm的碎石	在垫层上铺干砌石块
	土工膜	铺厚约8cm的细砾无砂混凝土	

(2) 下垫层（与膜接触）。因为土工膜的物理特性，土工膜需要膜下垫层及支持层的支持而存在。下垫层及支持层的作用是使土工膜受力均匀，避免因局部应力集中而损坏；另外，设置下垫层也可为土工膜提供膜下排水。

下垫层材料可采用压实细粒土、土工织物、土工网、土工格栅等。下垫层材料应按工程类别、土工膜类型和使用条件等选用。

对以下情况可不设下垫层：①基底为均匀平整细粒土体；②选用复合土工膜、土工织物膨润土垫（GCL）或防排水材料。

下垫层材料采用压实细粒土时，其粒径应根据土工膜厚度选择。膜厚为1.0mm左右，用粒径小于1.0cm的砾石或小于2.0cm砾卵石。膜厚在0.6mm左右，用粒径小于0.5cm的砾石。

土工织物是很好的透水层，膜下铺土工织物或使用复合土工膜（织物朝下）不仅可以保护土工膜避免下层具有尖角的物体刺破，还可使膜下水顺畅排除。因此，碾压式土石堤防可直接铺设无纺土工织物复合土工膜作为堤身上游坡面防渗层，而无需下垫层。

在壤土、砂壤土堤坡面铺设土工膜防渗时，应在膜与土之间铺设土工织物，导引可能由膜的接缝漏水或通过膜入渗滞留在膜与土之间的水，并汇集到管道或盲沟排出，以避免河水位下降时，膜后滞留的水反压土工膜而使防渗层失稳。在壤土、砂壤土堤坡上，也可使用复合土工膜，膜下的针刺型无纺织物，不但可起排水作用，还可增大土工膜与堤坡之间的摩阻力。

(3) 支持层（不与膜接触）。对于堤防上游面的土工膜防渗结构，碾压式堤身即可作为其支持层，按堤身的碾压要求进行施工。

对于水平铺盖防渗的土工膜防渗结构，支持层即为堤防基础，上覆土工膜下垫层，或直接上覆土工膜，此时支持层应满足土工膜变形均匀，避免因局部集中变形而损坏土工膜。

(4) 防护层。堤防工程的土工膜防渗层一般必须设置防护层，用于防御波浪的淘刷、风沙的吹蚀、人畜的破坏、冰冻的损坏、紫外线辐射、风力的掀动以及膜下水压力的顶托而浮起等。

常用防护层类型有：压实土料、砂砾料、水泥砂浆、干砌块石、浆砌块石或混凝土板块等。遇以下情况可以不设防护层：①防渗材料位于堤防主体工程内部；②防渗材料有足够的强度和抗老化能力，且有专门管理措施；③防渗材料用作面层，更换面层在经济上比较合理。

防护层采用干砌石、浆砌石、预制混凝土块、现浇的混凝土板、模袋混凝土等刚性材料时，防护层下应设置上垫层。当采用复合土工膜时可以不设上垫层。

防护层的具体要求和做法可参照《碾压式土石坝设计规范》（SL 274—2001）中护坡的相关的规定。

防护层的形式、厚度及材料粒径应根据堤防的等级、运用条件和当地材料情况，根据波浪淘刷、顺堤水流冲刷、漂浮物和冰层的撞击及冻冰的挤压等因素，经技术经济比较确定。

防护的覆盖范围应自堤顶起，如设防浪墙时应与防浪墙连接；下部至堤脚，并与堤脚防滑槽连接。

现浇混凝土、浆砌石防护坡面应设排水孔。

寒冷地区的黏性土堤坡，当有可能因冻胀引起防护坡面变形时，应设防冻垫层，其厚度不小于当地冻结深度。

1）干砌块石防护层。土工膜的防护层厚度可按《堤防工程设计规范》（GB 50286—2013）附录D护坡计算确定。砌石护坡层的厚度一般为0.25～0.30m，混凝土预制块或模袋混凝土的厚度宜为0.10～0.12m。斜坡干砌块石防护层厚度计算请见附录D.4节。

2）混凝土板防护。混凝土板作为防护面时，应满足混凝土板整体稳定所需的面板厚度计算请见附录D.5节。

9.2.2.3 防渗结构连接方式

防渗土工膜顶部应固定，埋入堤顶锚固沟内。其底部必须嵌入堤底。如为透水地基，土工膜应与迎水面防渗铺盖或截水墙紧密连接。与相邻堤段的防渗体连接，构成完全封闭体系。

土工膜封闭体系的具体结构可根据地基土质条件和结构物类型分别采用以下型式。

（1）土质地基。土工膜直接埋入锚固槽，填土应予夯实，槽深2m，宽4m，见图9.2-11（a）。

（2）砂卵石地基。应清除砂卵石，直达不透水层。浇混凝土底座，埋入土工膜。对新鲜和微风化基岩，底座宽为水头的1/10～1/20。对半风化和全风化岩，底座宽为水头的1/5～1/10，见图9.2-11（b）。当砂卵石太厚，不能开挖至不透水层时，可将土工膜向上游延伸一段，形成水平铺盖，要求长度应通过计算确定。土工膜下应设排水、排气措施。

（3）与混凝土结构物连接。图9.2-11（c）中，与相对刚性的构筑物连接，锚固处土工膜的铺设应采取能降低应变集中的方式；同时考虑结构物可能产生较大位移。

9.2.2.4 防渗加固施工技术要求

防渗膜施工包括以下工序：准备工作、铺设、拼接、质量检验和回填。

1. 施工准备

土工膜应尽量用宽幅，减少拼接量；应使在不利条件下能满意拼接，在工厂应尽量拼成要求尺寸的块体，卷在钢管上，妥善运至工地。

2. 土工膜铺设

土工膜的铺设，在河滩等平地上用机械或人工滚放；在坡面上，将卷材装在卷扬机上，自坡顶徐徐展放至坡底；坡顶、坡底处，埋入固定沟。同时应该注意以下事项。

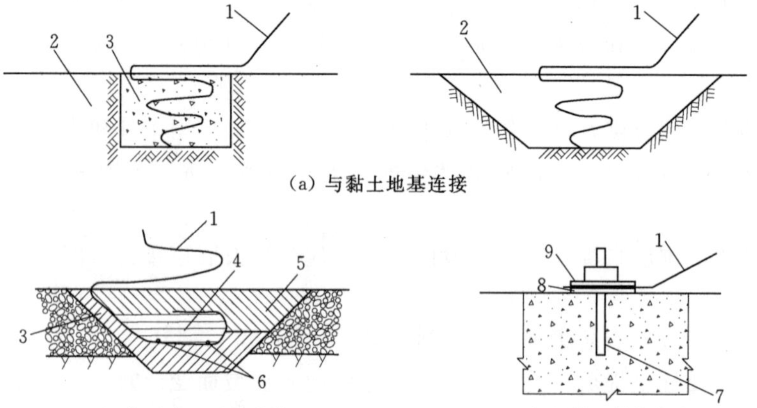

图 9.2-11 土工膜与地基的连接方式

1—土工膜；2—黏土；3—一期混凝土；4—二期混凝土；5—三期混凝土；6—钢筋；
7—锚栓或水泥钉；8—热沥青或氯丁橡胶垫片；9—氯丁橡胶盖片

（1）铺放应在干燥和暖天气进行。

（2）铺放时不应过紧，应留足够余幅（大约1.5%），以便拼接和适应气温变化。

（3）铺放时随铺随压，以防风吹失稳或变位。

（4）接缝应与最大拉力方向平行。

（5）坡面弯曲处特别注意剪裁尺寸，务使妥帖。

（6）施工时发现损伤，应及时修补。

（7）应密切注意防火，不得抽烟。

（8）施工人员应穿无钉鞋或胶底鞋。

3. 土工膜拼接与接缝检测

土工膜的拼接有热熔焊法和胶粘法，工程施工中应根据膜材种类、厚度和现有工具等优选采用。热熔焊法应用比较普遍，焊缝抗拉强度较高。胶粘法多用于局部修补，焊缝搭接宽约10cm。为保证拼接的质量，正式施工前应进行拼接试验，胶粘法应使用遇水不溶解的胶料。

土工膜接缝检测方法有目测法、现场检漏法和抽样测试法。

（1）目测法。通过观察有无漏接，接缝有无烫损、褶皱，拼接是否均匀等表观质量来初步判断土工膜拼接质量。

（2）现场检漏法。通过真空法或充气法，对全部焊缝是否漏气进行检测。

1）真空法。利用包括吸盘、真空泵和真空机的一套检测设备对焊缝是否漏气进行检测。真空至负压0.02～0.03MPa，关闭气泵后静观约30s，观察真空度有无下降。如有，表明检测部位漏气，应予补救。

2）充气法。适用焊缝为双条的拼接部位。将待测焊缝两端封死，在两条焊缝之间留有约10mm的空腔内插入气针，充气至0.05～0.20MPa（视膜厚选择），静观30s，观察真空表，如气压不下降，表明接缝不漏，否则应进行修补。

（3）抽样测试法。抽样测试法的目的在于测试拼接焊缝的强度。每约 1000m^2 取一试样，作拉伸强度试验，要求强度不低于母材的 80%，但试样断裂不得在接缝处。

4. 防渗铺盖下垫层施工

防渗铺盖下垫层施工按下列规定实施。

（1）一般土质地基，可先铺薄层透水料，压实后铺土工膜。

（2）级配良好天然透水基层，可整平土面后，直接铺土工膜。

（3）为保护土工膜和排除膜下积水，可在膜下铺设砂垫层，也可铺一层无纺土工织物，或直接铺放无纺土工织物复合膜，并与可排水至背水侧的沟（管）相连。

5. 回填保护

膜铺好后应尽快回填土保护。土料不得损伤土工膜。一般填土厚 30～40cm。寒冷地区应及时覆盖。堤面和地下水以上应有永久性防冻覆盖，冬季水位变动区要加厚保护层。

9.3 工 程 实 例

9.3.1 长江重要堤防隐蔽工程同马大堤加固工程土工膜防渗工程

1. 工程概况

同马大堤位于长江中下游左岸安徽省安庆市境内，与江岸平行的有华阳湖和武昌湖两大湖区。同马大堤现上接湖北省黄广大堤末端之段窑，下抵怀宁县官坝头，全长 173.4km，其中，沿长江段堤长 138km，沿皖河段堤长 35.4km。长江由西南向东北呈藕节状流经工程区，干流河段汇集九江以上长江中、上游约 152 万 km^2 面积上的来水。皖河发源于大别山区，位于长江下游北岸，安庆市境内，是安徽省长江北岸最大的支流，流域长度 110km，宽度 60km，总流域面积 6441km^2。

2. 地质条件

长江堤段一般修筑在长江一级阶地前缘，局部为剥蚀二级阶地前缘；皖河堤段一部分修筑在皖河漫滩上，一部分修筑在一级阶地前缘。

河流一级阶地是工程区最主要的地貌单元，阶面高程一般 10.00～16.00m（黄海高程），前缘与漫滩河流相接，后缘与湖泊或二级阶地相连，地形平坦开阔，阶面一般宽 1.2～10km。

河漫滩主要分布在长江干堤堤外堆积岸，沿江呈条带状或片状分布，滩面较为平展，滩面高程一般 10.00～18.00m，滩面宽窄不一，一般 100～300m，最窄只有 30m 左右，最宽可达 1km。

工程区基岩多被第四系覆盖，主要有二叠系下统茅口组灰岩、三叠系上统安源组砾岩、白垩系下统田板群凝灰质砂岩，仅小孤山出露有二叠系茅口组灰岩。基岩埋深一般 40m。

大堤堤基分为 3 种地质结构类型：单一结构、双层结构和多层结构。单一结构包括单一砂性土结构（包括表层黏性土厚度小于 2m）和单一黏性土结构两个亚类，双层结构可分为上部黏性土厚度 2～5m、5～10m 和大于 10m 三个亚类，多层结构包括表层为黏性土、中部为砂性土、下部为黏性土和表层为砂性土、中部为黏性土、下部为砂性土两个亚类，由于多层结构的复杂性，把表层为黏性土且黏性土厚度大于2m的归并为二元结构，表层为砂性土的则归并于单一砂性土结构类型。

根据堤基地质结构和堤外滩宽窄，并充分考虑到1998年出险位置及危害程度，将大堤划分为四类堤段：

A类，工程地质条件好，堤基为单一黏性土和黏性土厚度大于10m，且堤外滩宽度大于100m，1998年汛期基本无险情。

B类，工程地质条件较好，黏性土厚度5～10m，且堤外滩宽度50～100m，1998年汛期有轻微险情。

C类，工程地质条件较差，黏性土厚度2～5m且堤外滩宽度20～50m，1998年汛期有较多险情，但不严重。

D类，工程地质条件差，黏性土厚度小于2m，堤外滩宽度小于20m，1998年汛期有大量险情，且非常严重。

根据以上原则，同马大堤A类堤段共16段，长45.6km，占总长26.4%；B类共24段，长59.8km，占总长34.6%；C类共18段，长43.5km，占总长25.1%；D类共9段，长24.1km，占总长13.9%。

区内地下水按赋存条件可分为第四系孔隙水、基岩裂隙水。

3. 工程设计

(1) 堤身现状及险情。同马大堤堤防总长173.4km，其中长江干堤长138km，皖河堤长35.4km。堤顶高程一般20.00～23.00m（黄海高程），堤身高度一般为7～10m，堤顶宽8m左右，堤内外坡比1∶3，内坡于堤顶下2.5m设宽6.0m戗台，平台下坡比1∶5，内设压渗台宽30m。其中部分堤身已用块石护坡。

同马大堤在筑堤过程中，主要沿堤线附近取土，并是经多次洪灾后加培增厚而成，一般未经过认真清基处理，填筑碾压密实度不够，填筑质量较差。组成堤身填土主要是黏土、粉质黏土、粉质壤土、壤土，少数为砂壤土或粉细砂。局部堤身夹砖瓦碎片和植物根系、动植物孔穴，结构不均一。

由于其填筑时间的不连续性，填筑碾压不均匀，其填土取土位置的局限性，及新老堤面的结合不良等因素，堤身土的固结程度也各有差异，长江堤段堤身质量一般略好于皖河堤。

1983年洪水期出现险工险情144处，1995年洪水期险工险情100多处，1998年洪水期险工险情多达500余处。其中挡水堤段出现堤身散浸堤段长36.8km，占其挡水堤段21.3%，主要由于堤身碾压质量差而沿堤基与堤身接触面渗出，此外堤身堤内平台还出现冒水冒泡、堤身软化及堤身塌陷险情。

(2) 堤身防渗处理设计。

1) 堤身渗流稳定评价。从典型断面的浸润线计算结果可看出，部分堤段的浸润线较高，出逸比降大于填土的允许比降，因而汛期出现堤身散浸；有些堤段计算结果满足渗流稳定要求，但汛期也出现散浸，这可能是因为堤身填土不均匀、裂隙及生物洞穴存在所导致，因而堤身防渗方案应兼顾堤防险情分布。经分析，堤身需要采取渗控措施的堤段共计 56.8km。

2）防渗处理方案。堤身渗透破坏的加固措施有：临水侧斜墙防渗、堤身垂直防渗、贴坡排水等，堤身缺陷可采用回填或灌浆的方法进行处理。根据渗流稳定分析结果及地质分段情况，对同马大堤堤身分段采用不同加固措施。主要比选方案有锥探灌浆、防渗斜墙、垂直铺膜截渗墙。

a. 锥探灌浆。锥探灌浆是堤防加固的常用方法，浆液多采用土料浆，黏粒含量不小于 20%，最大深度为 10m。同马大堤原初步设计对堤身全线进行锥探灌浆设计，目前锥探灌浆已基本实施完毕，本次设计不再进行锥探灌浆设计。

b. 防渗斜墙。因同马大堤附近缺乏土料，因而采用土工膜作隔渗层建造斜墙。清除边坡和坡脚附近的杂草、树木等杂物，清除厚度 20cm，并适当整平，喷洒灭草剂，在堤身外侧铺设土工膜，然后铺筑保护层——10cm 砂石垫层及 30cm 干砌块石，土工膜为二布一膜（膜厚 0.4mm，土工布重 300g/m²）的复合土工材料。

c. 垂直铺膜截渗墙。在同马大堤已护坡堤段，采取垂直铺膜截渗墙。垂直铺膜在堤顶沿大堤走向用开槽机在堤身内垂直成槽，然后在槽内铺设土工膜并用黏土回填，土工膜厚 0.45mm。该法最大施工深度为 15m。

3）防渗方案比较。锥探灌浆属于渗入性灌浆，为不破坏土体的结构，压力一般控制在 0.1MPa 以下，泥浆渗入范围也有限，不可能保证堤身每处的裂隙都得到充填，对于堤身质量较差地段无法解决渗透稳定问题。

截渗墙方案（包括防渗斜墙方案）只要保证施工质量，可以彻底处理堤身的隐患，截渗墙深入堤基相对不透水层 1m，对堤身与堤基接触面的渗透也有较好的控制。因而同意马大堤采取截渗墙及防渗斜墙方案，以彻底解决堤身渗透稳定问题。

根据各堤段的地质条件，并结合堤基防渗整体考虑，防渗墙具体布置方案见图 9.3-1。其中截渗墙布置在距堤顶临水侧 2m 处。

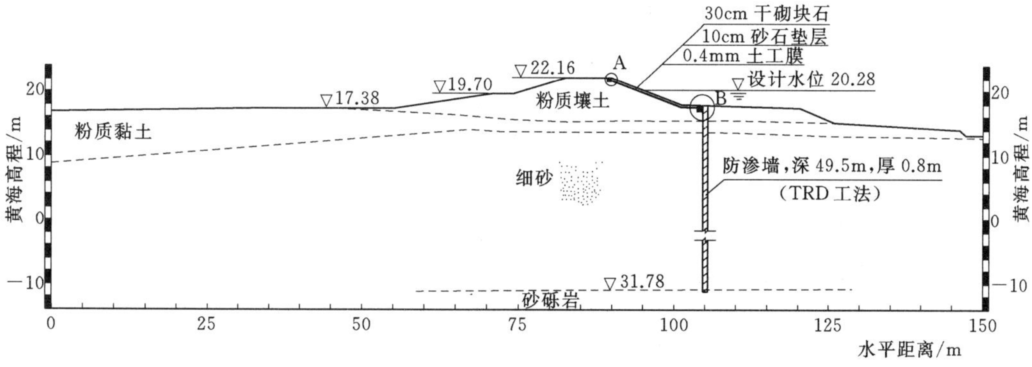

图 9.3-1　同马大堤防渗墙布置方案横断面图

4）防渗效果分析。根据不同堤段的防渗处理方案，对堤身典型断面进行防渗后渗流计算，堤身背水侧出逸点位置、出逸段的出逸比降见表 9.3-1，计算结果表明，采取防渗处理措施后，堤身渗流稳定满足要求。

表 9.3-1　　同马大堤堤身渗流稳定计算成果

断面桩号	设计洪水位/m	计算条件	出逸点高程/m	下游堤脚高程/m	出逸比降
13+218	20.26	现状	17.56	16.24	0.25
		土工膜斜墙	不出逸		0.10
23+919	20.28	现状	18.64	17.34	0.40
		土工膜斜墙	不出逸		0.10
30+770	20.14	现状	16.86	16.20	0.24
		土工膜斜墙	不出逸		0.10
45+308	19.84	现状	16.52	15.55	0.14
		土工膜斜墙	16.10		<0.1
59+274	19.50	现状	16.21	14.04	0.40
		土工膜斜墙	不出逸		<0.1
63+373	19.42	现状	16.01	14.98	0.12
		土工膜斜墙	15.40		<0.1
76+972	19.14	现状	16.01	15.08	0.33
		垂直铺膜	不出逸		<0.1
140+600	17.85	现状	14.25	12.94	0.47
		垂直铺膜	不出逸		0.10
15+000	18.63	现状	14.98	13019	0.20
		土工膜斜墙	不出逸		0.10
173+004	21.85	现状	17.34	16.69	0.22
		土工膜斜墙	不出逸		0.10

9.3.2 汉江王甫洲水利枢纽围堤防渗工程

1. 工程概况

在汉江王甫洲修筑水利枢纽工程，该枢纽位于丹江口水利枢纽下游 30km 的老河口市。枢纽建筑物包括泄水闸、船闸、电站、重力坝、土石坝和非常溢洪道等，见图 9.3-2。该枢纽中的主河床土石坝、谷城土石坝以及老河道两岸围堤都采用了土工膜防渗。其中两岸围堤长 12627.44m，采用复合土工膜作为斜墙和上游水平铺盖，膜用量 110 万 m^2。该工程被列为国家经贸委和水利部的土工合成材料示范工程。土工合成材料应用量之大，在国内名列前茅。

2. 地质条件

老河口附近的土料为膨胀性黏土，运距较远，在枢纽可行性设计时，围堤原计划采用黏土心墙加铺盖。由于运距较远，初步设计时，通过渗流计算、施工和工程投资等方案比较，最终确定了土工膜方案。

围堤位于老河道两侧的高漫滩上，地面高程 81.00～86.00m。左、右岸堤长分别为 6184.64m、6442.80m。围堤在右岸北端与泄水闸连接，南端与船闸连接。

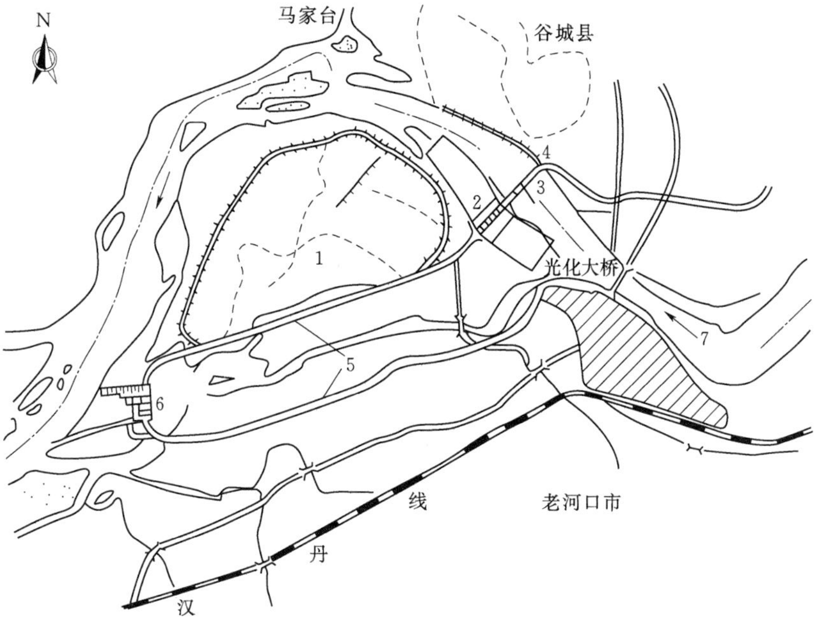

图 9.3-2　汉江王甫洲水利枢纽工程总体平面布置图
1—王甫洲；2—泄水闸；3—非常溢洪道；4—土石坝；5—引堤；
6—水利枢纽（电站、重力坝、船闸）；7—汉江

左岸南端与电站厂房连接，北端与老河口市防护堤连接。高漫滩地层自上而下为 2～7m 中细砂，渗透系数 $k=2.4\times10^{-3}$cm/s；5～7m 为砂卵料，$k=3.4\times10^{-2}$cm/s；最下为黏土岩。当地有大量砂砾料，船闸和厂房开挖料也是砂砾石，故围堤用砂砾料填筑。

3. 防渗设计

(1) 土工膜选料。1993 年年初曾选用 PVC 土工膜。当时考虑 PVC 膜既可粘接，又可热焊，且造价低。后来随生产工艺发展，PE 膜已可采用热焊，操作方便，质量有保证，加上其幅宽达到 4m，较 PVC 膜要宽，可减少接缝。同时 PE 膜的延伸率比 PVC 膜要大，均匀性好。而且随 PE 膜的广泛应用，造价低于 PVC 膜，故施工前决定改用 PE 膜。根据国内外经验，采用膜厚为 0.5mm，同时为保护土工膜不受损坏，用了复合土工膜。根据工程水头低特点，对于围堤斜墙，决定用二布一膜，规格为 200g/0.5mm/200g，水平铺盖用一布一膜，规格为 200g/0.5mm。复合料为涤纶无纺土工织物。

(2) 材料试验。选用了 6 个厂家的 13 种复合土工膜做了详细测试，包括 10 种 PE 膜和 3 种 PVC 膜，另有 3 种 PE 单膜和长短纤维无纺织物。除了物理性和力学性的 156 项试验外，还对接缝作了拉伸强度和剥离强度试验。

为评价材料是否合格，该设计部门提出了控制指标见表 9.3-2。

表 9.3-2　　王甫洲围堤复合土工膜主要控制指标表

项　目		单位	二布一膜指标	一布一膜指标
抗拉强度	纵向	kN/m	≥16.0	≥10
	横向	kN/m	≥12.8	≥8

续表

项目		单位	二布一膜指标	一布一膜指标
极限延伸率	纵向	%	≥60	≥60
	横向	%	≥60	≥60
撕裂强度		kN	≥0.5	≥0.3

试验结果表明，复合土工膜的抗拉强度和延伸率控制值较大，只有少部分样品的延伸率较低，但仍大于50%，比一般土体的极限破坏应变大得多，故可认为材料全部合格。

接缝试验表明，PE膜的焊缝强度高于母材，而剥离强度低于母材。

另外，还进行了复合土工膜与中砂、细砂的室内摩擦试验，以供确定安全坡角需要。试验结果见表9.3-3。

表9.3-3　复合土工膜与中细砂摩擦特性表

试样	界面	摩擦角/(°)					
		干砂		湿砂		饱和砂	
一布一膜 300g/0.5mm	膜/砂	29.5	28.5	28.0	28.0	26.0	25.0
两布一膜 200g/0.5mm/200g	布/砂	30.0	30.0	30.0	28.0	27.0	27.0
两布一膜 300g/0.5mm/300g	布/砂	30.5	30.0	30.0	28.5	27.0	26.0
两布一膜 200g/0.5mm/200g	布/砂	29.0	29.0	27.0	27.0	26.0	26.0

注　试样规格相同者为不同厂家产品。

(3) 土工膜厚度验算。采用的膜厚度为0.5mm，设计要求其极限抗拉强度为8kN/m，许可应变为10%。铺盖的地面高程为81.00m，设计洪水位为88.11m。假设铺盖下的裂缝宽为10mm。可按式(9.3-1)计算膜拉力T：

$$T=0.204\frac{pb}{\sqrt{\varepsilon}} \tag{9.3-1}$$

依据相关数据可得

$$T=0.204\frac{(88.11-81.00)\times10\times0.01}{\sqrt{10}}=0.046(\text{kN/m})$$

土工膜的强度安全系数 $F_{ST}=\frac{T_f}{T}=\frac{8}{0.046}=174$，远大于允许值。

(4) 围堤边坡稳定性验算。围堤采用的断面见图9.3-3。上游坡坡比1∶2.75，复合土工膜上下各有中细砂层，厚10cm。上砂层之上尚有砂卵石层和混凝土护坡。待验算的是近两层材料沿土工膜上复合织物的抗滑稳定性。抗滑安全系数按式(9.3-2)计算：

$$F_s=\frac{\tan\delta}{\tan\alpha} \tag{9.3-2}$$

式中：δ为界面摩擦角，按表9.3-3，可保守取用26°；α为坡角。

依据相关数据可得：$F_s=\frac{\tan26^\circ}{1/2.75}=1.34$，大于要求的1.2。

(5) 铺盖长度。河漫滩地面高程为81.00～86.00m，地基为中细砂，正常水位

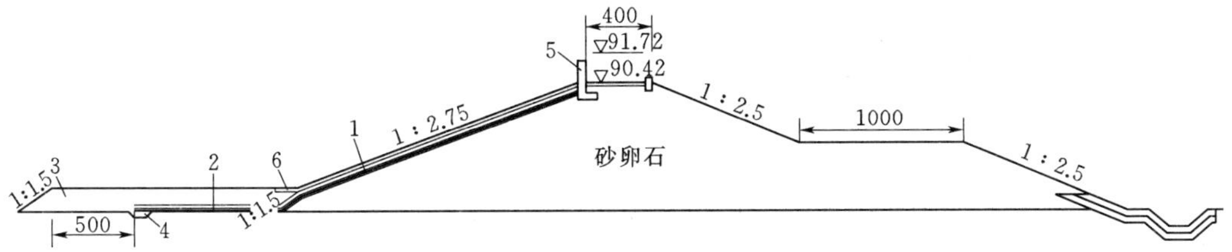

图 9.3-3　围堤典型断面（单位：cm）

1—坝面，从上到下分别为①混凝土护坡 22cm，②砂卵石保护层 22cm，③中细砂层，④复合土工膜（200g/0.5cm/200g），⑤中细砂垫层 10cm；2—水平铺盖，从上到下分别为①砂卵石保护层 22cm，②中细砂保护层，③复合土工膜（200g/0.5cm）；3—砂卵石保护层；4—铺盖首端混凝土基座；5—钢筋混凝土防浪墙；6—混凝土基座

86.23m 时铺盖上的水头为 1～5m，设计洪水位 88.11m 时的水头为 2～7m。采用了 PE 复合土工膜的一布一膜 250g/0.5mm 作为防渗料。

曾按一维问题作渗流计算，比较了长度为 7～10 倍水头时的削减水流与渗流量，发现铺盖长度大于 7 倍水头后，水平渗透比降与排水沟出逸比降的情况变化不大。由于围堤路线较长，为安全计，保守地采用长度为 10 倍水头。

（6）端部处理。围堤斜墙土工膜在堤顶处锚固在防浪墙中。斜墙土工膜与水平铺盖土工膜在堤脚处连接成整体。设置两种混凝土基座：一种是护坡基座，其用途是支承堤坡上的混凝土板护坡；另一种是铺盖上游端的基座，用途是作为铺盖裹头。铺盖上游端的基座是在端部先浇筑混凝土基座，待凝固达到一定强度后，将复合膜用压条和膨胀螺钉固定于基座。此外，在堤顶附近和铺盖上游端，土工膜稍折叠，形成伸缩节。

4. 土工膜施工

施工顺序包括：铺设→对正、搭齐→压膜、定型→擦净膜上土→焊接试验→焊接→检测→修补→复验→验收。

（1）土工膜。由堤顶向堤脚铺设，铺盖由堤脚向上游展铺。要求平整，密贴土面。水平铺盖膜的布面向上，第一幅铺好后，将需焊接的边翻叠宽约 60cm，第二幅反方向铺在第一幅上，使二膜有约 10cm 搭接，用自动爬行热焊机在铺好的膜上爬行焊接，外面一道焊缝距膜边缘 3cm。焊接后，将第二幅翻回铺，再依次焊接下一幅。

堤坡上的两布一膜的施工程序是：铺膜→焊膜→缝底层布→翻回铺好→缝面层布。

（2）焊膜。焊缝是两道各 10mm 的焊线，两线净距 16mm。焊前要洗清膜面，两膜搭接后焊接。根据环境温度调节焊温与行速。一般温度为 250～300℃，行速 2～3m/min。焊缝检查，一般目测，有怀疑处，用彩色水注入两焊线间的空腔观察，合格后缝布。

（3）缝布。缝合用手提式缝纫机，缝线为 3 股涤纶线，断裂强度为 60N，缝合线距为 6mm 左右。缝合要求松紧适度，自然平顺，确保膜、布共同受力。

5. 土工膜现场观测

在左、右岸围堤上各取一个断面在不同高程上分别设置了 18 支和 12 支大量程应变计，量程可达 15%。应变片粘贴在 PVC 土工膜上，先进行标定，然后用针线缝到预定位置的 PE 复合土工膜的无纺织物上，电缆引到堤顶施测。

此外，为了解膜下是否有水、气压顶托，在左、右岸围堤斜坡上各选择了3个断面，每个断面安装气压计各2支。

应变计观测结果表明，两岸的最大应变为2.85%，最小为1.7%，数值均不大，由于河道尚未蓄水，这些数值有参考意义；也因为无水，气压计尚未观测。

9.3.3 土工膜在武汉市堤防隐蔽工程新老混凝土搭接中的应用[3]

武汉市区建有20.36km的混凝土防洪墙，其结构为倒T形，隐蔽工程中采用垂直防渗的堤段总长62.745km，为避免防渗施工对防洪墙的安全造成影响，防渗墙轴线布置在防洪墙外侧2.5m处，且需设置水平防渗铺盖将防渗墙与防洪墙连成一体，形成连续完整的防渗体系才能达到设计防渗效果。

一般搭接处理采用黏土连接或现浇混凝土刚性连接方案。采用黏土连接，因防洪墙为光面立墙，连接不易紧密，而且填土收缩后易产生裂缝，存在漏水的可能性；采用现浇混凝土等刚性连接方式，新老混凝土界面裂缝将必然存在，同时由于防渗墙与防洪墙不在一个轴线上，需要混凝土铺盖连接，由于截面模量相差太大，易于在接头处产生裂缝，也达不到形成连续防渗体系的目的。

1. 土工膜搭接设计

土工膜具有防渗性能佳、变形性能好，采取合适的粘接方式后能较好地与刚性结构连接，满足堤防工程中防渗墙与防洪墙的连接要求，参见图9.3-4。

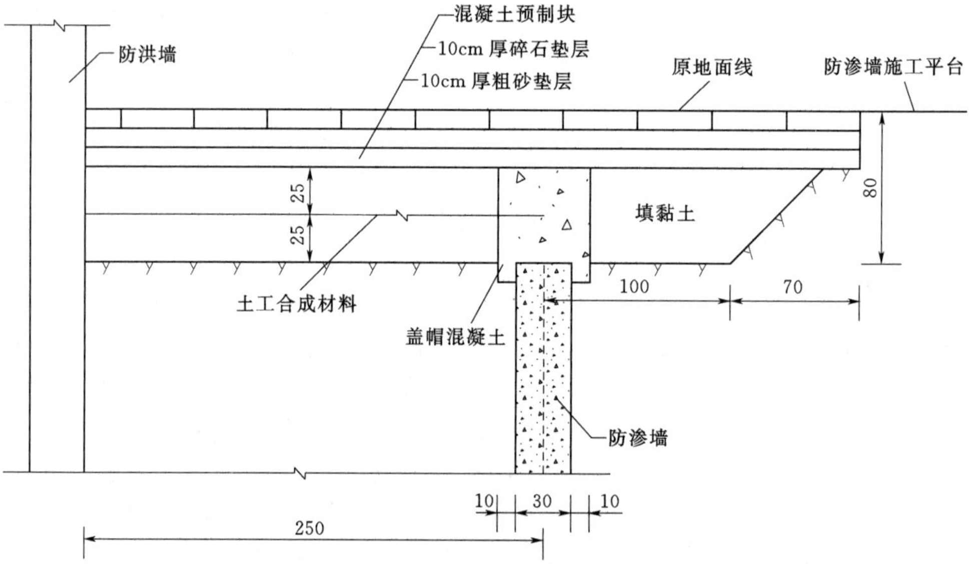

图9.3-4 防渗墙与防洪墙的连接（单位：cm）

土工膜采用复合土工膜，两布一膜型式，主膜厚度0.5mm，两侧土工布质量2×(150～200)g/m^2，抗拉强度（经、纬向)不小于15kN/m，渗透系数$k=10^{-11}\sim10^{-12}$cm/s，伸长率大于30%。

土工膜间的连接采用黏接型式，主膜与无纺布分别采用不同的黏结材料。采用黏接剂黏接后的土工膜整体强度不降低，黏结材料遇水浸泡后粘结强度不低于设计强度。

2. 土工膜搭接处理施工

(1) 土工膜的铺设。首先铺设下部黏土垫层，再进行土工膜的铺设。铺设时应注意以下几点：

1) 为缓解膜体受力条件，适应堤基变形变位，土工膜铺设过程中，沿铺设轴线每隔100m设一伸缩节，在土工膜与其他防渗体接头部位附近及铺设拐角、折线等处亦需设置伸缩节。

2) 土工膜上下两侧设厚30cm的保护层。保护层要严格控制粒径组成，一般采用黏土，黏土中不允许内含尖角碎石或块石，以防刺破膜体。

3) 施工时应规划好施工期施工道路，采取可靠的机械设备跨越土工膜和施工区的工程措施，全面协调组织好基础土方填筑、基础防渗处理和土工膜铺设施工。

4) 为防止人为损伤土工膜，施工人员禁止穿硬底鞋或带钉鞋。最后进行上部黏土、砂石垫层及混凝土预制块铺设。

(2) 土工膜的连接。

1) 自身焊接。①土工膜自身焊接必须经现场试验检验；②自身焊接缝宽度一般为10cm，并应保证最小焊接宽度不小于8cm；③土工膜焊接施工前，应将其摊开后用强光照射，检查是否有破损，发现破损应立即修缮；④焊接施工时，应准备好刨光木板，将木板预垫在土工膜下部，摊平膜体，在接口处用电吹风吹去灰尘后涂抹粘接剂，根据粘接剂的性能，待粘接剂晾干后（或立即）粘接，并不断用棉纱擦压；⑤现场焊接时，应根据不同气候条件，采取不同的施工措施，晴天需勤揩擦，防止尘土和杂物落到焊接面上，阴雨天必须架雨棚，必须保持焊接面干燥和粘胶干后（或按厂方规定的使用条件及要求）才粘，已粘好的土工膜必须用雨布盖好，防止受损。已拼接好的土工膜预留边接口，应用薄膜保护好，防止接口土工膜被污染。

2) 与垂直防渗墙上现浇盖帽混凝土的连接。为保证连接的可靠性，采用将土工膜直接埋入现浇混凝土内的方法。土工膜埋入现浇混凝土内30cm，其中端部为长10cm、剥除两侧土工布的单独主膜。①土工膜与垂直防渗墙相接，应待此段墙体施工完毕并经验收批准后方能进行接头处理施工；②防渗墙墙体附近土工膜应折叠10cm以防地基不均匀变形的影响；③已施工好的土工膜接头应妥善保护，避免人为因素或机械破坏；④伸缩节连接时，必须处理仔细，在其接头边界上另贴宽20cm土工膜条带加强结构，以防漏水。

3) 土工膜与防洪墙的连接。与防洪墙的连接系在已浇老混凝土面上的连接。为保证连接效果，土工膜与混凝土防洪墙采用热沥青连接：先将防洪墙的贴膜部位刷净晾干，同时将土工膜的预贴面采用脱膜剂脱去土工布（预贴面宽20cm），接着在防洪墙的刷净部位涂上热沥青，并将土工膜的露膜面贴在涂有热沥青的防洪墙上，最后，按上、下两排用塑料条和水泥钉将粘贴在防洪墙上的土工膜钉牢。

3. 应用中的几点体会

(1) 采用土工膜，能发挥其防渗性能佳、变形性能好的特点，采用合适的焊接方式后能较好地与刚性结构连接，可以较好地满足堤防工程中防渗墙与防洪墙的连接要求。

(2) 在进行土工膜与防渗墙顶部的盖帽混凝土连接施工时，若采用盖帽混凝土上部埋入土工膜，与盖帽混凝土的浇筑施工一并进行时，受施工场地狭小限制，搭设样架不易，混凝土浇筑施工干扰较大；改为从侧向埋入，先进行盖帽下部混凝土的施工，在混凝土初凝前铺设接头，然后浇筑上部混凝土，较好地解决了连接的难题，连接示意图见图 9.3－5。

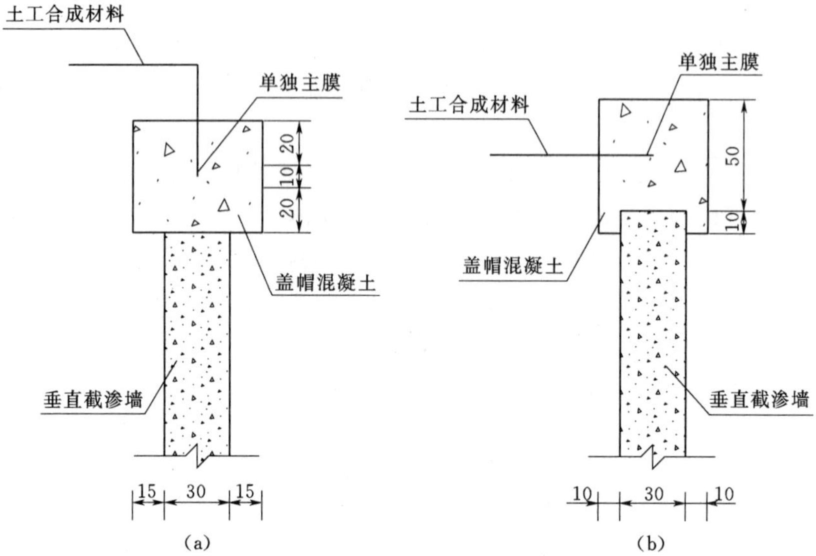

图 9.3－5　土工膜与盖帽混凝土连接示意图（单位：cm）

（3）为防止膜体破坏，应对其进行妥善保护，铺设时在其上下部（如垂直铺设则在两侧）设厚 30cm 左右的黏土，为防止生物破坏及人为破坏，顶部还可铺设一层混凝土预制块保护。

（4）进行土工膜铺设时，一定要加强施工控制，保证施工过程中的质量。上、下垫层的铺设一定要找平夯实。铺设上部黏土、砂石垫层、面层混凝土预制块及浇筑盖帽混凝土时，不可损伤土工膜。

9.3.4　辽宁省浑河砂基上土堤垂直铺膜防渗工程

1. 工程概况

浑河流经辽宁省境内，是两岸人民生活用水和工农业用水的重要来源。在位于辽阳县唐马寨境内的翟家屯险工和田家屯险工的浑河中下游左岸大堤，历年来洪水期背水坡都存在着不同程度渗透破坏险情。断面桩号分别为 1＋400～1＋900、9＋000～9＋850，两段全长 1350m。由于 1975 年的海城大地震对该段砂壤土大堤造成严重破坏，在 1995 年浑河百年一遇大水期间，发生大面积管涌和流土现象，管涌最大直径 15cm，散浸长度总计多达 1000m，堤后坡及堤脚处出现大量渗水，严重威胁大堤安全，并危及两岸人民生命财产和工农业生产。为从根本上消除该堤段的渗透破坏险情，辽宁省水利水电科学研究院采用自行研制的液压开槽埋膜机对两处堤段进行防渗处理。

2. 工程设计

（1）室内试验。

1）土工试验。辽宁省水利水电科学研究院于 1998 年 4 月对两处险工段进行了现场勘察取样试验，土工试验成果见表 9.3－4。由表可知，险工段堤身土质为低液限粉土，渗透系数较小，而堤基土质多为砂土，渗透系数较大，也正是造成大堤背水坡及坡脚出现管涌和流土等渗透破坏的原因。现场取样时地下水埋深 1.5m，钻孔出现塌孔现象。

表 9.3-4 土工试验成果表

序号	取样部位	含水量/%	容重/(kN/m³)		土粒组成/%				分类名称	渗透系数/(cm/s)	黏聚力/kPa	摩擦角/(°)
			湿	干	0.25～0.10	0.10～0.05	0.05～0.005	<0.005				
1	堤身	17.3	16.3	13.9	64	33	2	1	低液限粉土	9.53×10^{-5}	10	27
2	堤基	12.9	16.2	14.3	16	40	31	12	极细砂	2.67×10^{-4}	5	30

2）土工膜有关性能。初步选择的土工膜、复合土工膜的有关性能见表 9.3-5。

表 9.3-5 土工膜、复合土工膜有关性能检测结果表

项目	单位面积重量/(g/m²)	厚度/mm	抗拉强度/(kN/5cm)		伸长率/%		撕裂/kN		顶破强度/kN	伸长量/mm	渗透系数/(cm/s)
			纵向	横向	纵向	横向	纵向	横向			
土工膜	219.5	0.27	0.183	0.156	48.5	26.2	0.13	0.13	0.60	84.7	0.5MPa 水压 24h 不透水
复合土工膜	323.0	0.98	0.299	0.249	41.0	47.1	0.13	0.11	0.69	72.4	

3）设垂直防渗法的渗流试验。对图 9.3-6 的设计垂直防渗墙的断面进行了渗流试验，用电模拟法确定了大堤渗流流网。对下列 4 种工况作了对比试验，具体见表 9.3-6。

表 9.3-6 4 种工况下的上下游水位及浸润线起始点位置 单位：m

工况	Ⅰ	Ⅱ	Ⅲ	Ⅳ
设计水位	12.76	12.76	12.76	12.76
下游水位	6.423	6.123	5.923	5.423
浸润线起始点	10.5	10.4	10.3	10.2

在 4 种工况下，除工况Ⅰ背水坡的浸润线的出逸点在堤脚外，其他三种工况均延伸到地基中，即低于地面，在一定程度上减轻了管涌发生的可能性。4 种工况下背水坡面均无出逸点，可避免防渗处理之前背水坡面散浸现象。

试验中测得工况Ⅰ下出逸点坡降表明堤基渗径满足要求。由试验可知，80%～90%的等水头线在帷幕前，渗流水头经过帷幕绕渗以后衰减明显，帷幕后渗流水头损失均在 70%以上。

（2）渗流校核计算。堤体标准断面参见图 9.3-6（a），但校核计算未设防渗帷幕情况。

堤基的平均水力坡降用式（9.3-3）计算：

$$J=H/L \tag{9.3-3}$$

$$L=L_{水平}/3+L_{垂直} \tag{9.3-4}$$

式中：H 为设计水头，m；L 为地下轮廓线的虚拟长度，m；$L_{水平}$ 为水平渗径，m；$L_{垂直}$ 为垂直渗径，m。

根据图 9.3-6 中各参数值代入式中得：$J=0.33$。

查看有关资料，该堤段的允许坡降 $[J]=0.18$（极细砂地基）。

由于 $J>[J]$，表明堤基原有渗径不够。

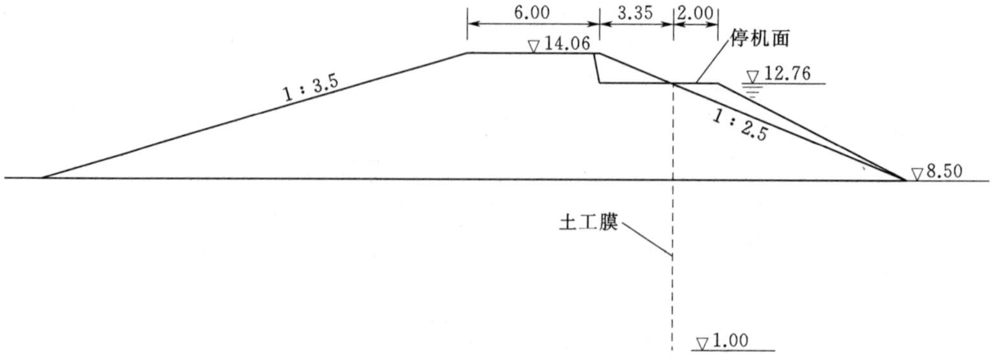

(a) 方案 1

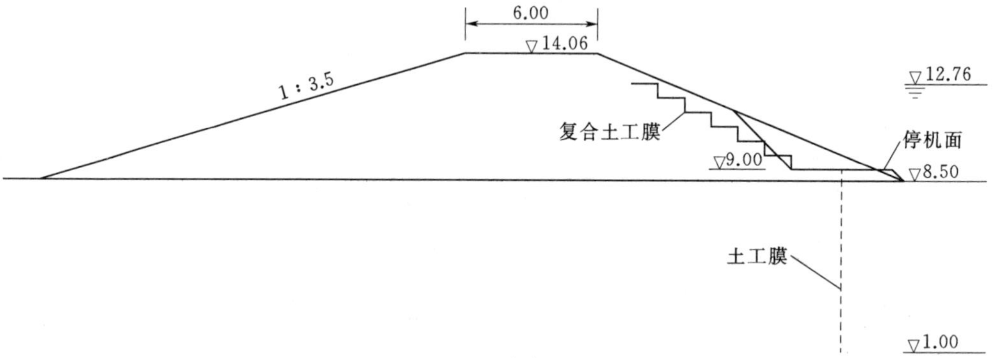

(b) 方案 2

图 9.3-6　浑河翟家屯大堤设计标准断面图（单位：m）

3. 防渗帷幕设计

通过上述计算分析，堤基原有渗径不够，需增加渗径，设置防渗帷幕。

(1) 帷幕长度。帷幕设计长度除严重渗漏段分别为 400m 和 700m 外，其上下两侧各延长 50m，以保证足够的绕渗渗径，因此两段总防渗长度为 1250m。

(2) 帷幕顶高程。由表 9.3-4 可知，堤基渗透系数为 10^{-4} cm/s，设计高水位在 12.76m 高程，考虑到灌水期历时较短，设计帷幕顶高程设在堤中部 12.76m 高程上。

(3) 帷幕深度。由公式

$$J>[J]=H/L=H/(L_{水平}/3+2S) \qquad (9.3-5)$$

推导得

$$S=(H/[J]-L_{水平}/3)/2$$

式中符号意义同前；S 为土工膜防渗帷幕深度。

将图 9.3-6 中数据代入得：$S=5.27$m；考虑其他因素和工程重要性，取 $S=7.5$m。

(4) 帷幕厚度计算。采用苏联全苏水工科学研究院提出的计算薄膜应力的经验公式计算。

由公式推导可得

$$T=0.135E^{1/2}Pd/[\sigma]^{3/2}\quad (d<22\text{mm})\qquad (9.3-6)$$

式中：T 为计算薄膜厚度，m；E 为在设计温度下薄膜的弹性模量，kg/cm^2；P 为薄膜承受的水压力，N/m^2；d 为与薄膜接触的沙卵石的最大粒径，mm；$[\sigma]$ 为薄膜容许拉应力，kg/cm^2，$[\sigma]=(1/5-1/6)\sigma$，σ 为薄膜的最大拉应力，kg/cm^2。

将数据代入式（9.3-6），得 $T=0.08$mm。

考虑土工膜有刺破的可能及在运输施工时不可避免人为损坏等因素，为安全起见取 $T=0.30$mm。

（5）防渗帷幕位置。

1）防渗帷幕设计方案。采用土工膜防渗技术，沿大堤构筑一道悬挂式防渗帷幕墙，参见图 9.3-6。根据浑河翟家险工段的实际情况，设计上考虑两种防渗实施方案，分析如下：

方案 1：防渗帷幕设置在迎水坡，距堤肩水平距离 3.35m 处。在 12.76m 设计水位与堤坡交界处垂直向下防渗至 1.0m 高程，防渗深度 11.76m。防渗帷幕采用 0.3mm 厚土工膜，施工方法采用开槽机垂直铺膜施工技术，参见图 9-6（a）。

方案 2：防渗帷幕设置在迎水坡堤脚处。堤基防渗深度 7.5m，堤身防渗采用 $300g/m^2$ 复合土工膜，沿堤坝锯齿形式防渗至设计水位 12.76m。堤身复合土工膜与堤基土工膜采用焊接，从而形成从堤身到坝基的防渗体，防渗总深度为 11.76m，参见图 9.3-6（b）。

2）方案比较。方案比较见表 9.3-7。

表 9.3-7　　方案比较表

方案	防渗深度/m	防渗面积/m^2	防渗用膜/(m^2/m)	总造价/(元/m)	施工难易程度	溢出点坡降 J	备注
方案 1	11.76	11.76	11.76	1498.89	较难	0.18	
方案 2	11.76	17.65	21.90	1265.07	较易	0.09	

注　无防渗帷幕时溢出点坡降 $J_0=0.438$，极细砂坝基允许坡降 $[J]=0.18$。

根据表 9.3-6 计算结果分析，在防渗深度及防渗效果相同的条件下，方案 2 防渗用膜量大，但造价却降低 18.48%。另外根据现场实际施工条件，开挖 11.76m 深槽比开挖 7.5m 深槽增加了很大难度，锯进速度减慢，各系统运行负荷增大，护壁难度加大等。通过比较计算分析，并考虑到现场实际情况，推荐方案 2 为优选方案。堤基防渗采用垂直开槽铺膜施工技术。堤身采用锯齿形式的贴坡防渗，可增加土工膜与坝体的结合稳定性，并同基础防渗连为一整体，形成从地基到堤坡中部的防渗层。

（6）帷幕体的防渗系数。根据表 9.3-4 试验结果，在 0.5MPa 水压力作用下 0.25mm 厚聚乙烯膜 24h 不渗水，说明土工膜防渗效果非常理想，如在运输、贮存、施工中注意避免人为损坏，防渗效果是有保证的。

4. 工程施工

工程施工采用分段交叉流水，段内自行流水的作业方法，其流程见图 9.3-7。

（1）三通一平，通电、通水，修建进出场施工道路及施工平台和贮浆池、沉淀池。

（2）开挖施工导槽。

（3）设备安装调试。

（4）启动搅浆机、砂泵、水泵，启动开槽机开槽。

（5）启动铺膜并回填。

（6）进行坡面防渗施工。

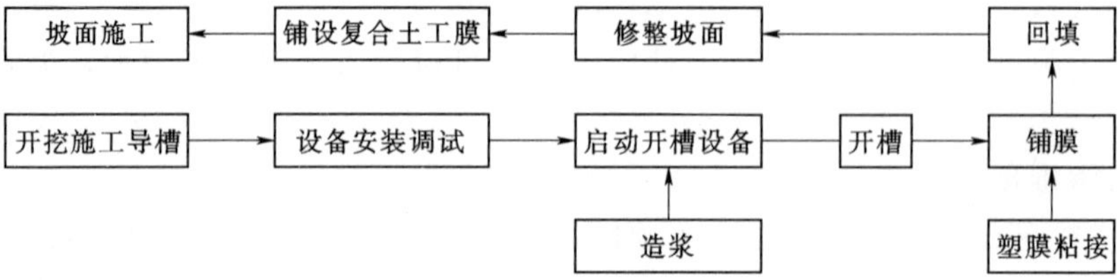

图9.3-7 砂堤防渗工程施工流程图

5. 工程观测

（1）观测内容。①堤内、外水位观测；②浸润线观测；③渗透量观测；④堤后变形观测；⑤坑探观测。

（2）观测结果分析。砂堤采用防渗处理后，观测堤内、外水位差，比防渗前明显增大。浸润线在防渗帷幕前后形成较大的水位差，帷幕前水位壅高，而在堤后未发现管涌和流土现象，也未发现坡面散浸。通过坑探，槽内土工膜平顺整齐、搭接良好。

6. 工程运行效果及评价

工程竣工后，经过两次洪水考验，大堤后坡未发现处理前的管涌、流土及坡面散浸现象。

（1）通过采用土工膜对砂堤进行垂直防渗处理，效果比较明显，是一种很好的防渗形式，具有良好的发展前景。

（2）开发并研制的液压开槽垂直铺膜机达到了设计要求，设备已正常运行了上千小时。具有施工操作简便、性能稳定、功效高、速度快、劳动强度低、机械化程度高等优点。

（3）具有良好的经济效益，造价只有60～100元/m^2。

（4）从防渗角度上分析，垂直铺入槽中的土工膜连接是关键问题，连接处理不好，很可能影响整体防渗效果，因而在接头部位施工必需加倍仔细。

9.3.5 复合土工膜在江苏省骆马湖南堤上的应用[4]

1. 工程概况

骆马湖位于江苏省宿迁市境内，是沂沭泗洪水的重要调蓄水库之一，其南堤紧临中运河，西起皂河枢纽，东至马陵山麓小王庄，全长18.3km，堤身断面为：堤顶平均高程25.80m，顶宽6m左右，堤身高5～6m，内坡（迎湖面）坡比1：2.5～1：3.0，外坡（迎中运河面）坡比1：3.0～1：4.0。该堤系20世纪50年代初修建，1958年蓄水运用，历史上曾多次发生决口，最严重的一次是1971年当湖水位为23.08m、中运河水位为19.4m时，在桩号4+200处背水坡脚（中运河左堤）出现管涌、砂沸，随后发生决堤，决堤长度达100m。1995年南水北调要求骆马湖常年水位从目前23.00m提高到23.50m，中运河水位则从目前19.50m降至18.50m，在南堤上、下游水位差加大情况下，该堤必须进行防渗加固处理。铺膜施工自1995年9月20日至1996年4月24日全部完工，工期共 218d，完成铺膜面积 12.8 万 m^2。

2. 地质条件

堤身土质以砂壤土、轻粉质壤土、黏土、重粉质壤土为主，个别堤段土类混杂，堤段中尚埋有涵洞、块石等障碍物，在埋深 6.7～10.2m 处有一黏土、粉质黏土层，透水性较小，渗透系数在 10^{-6}～10^{-7}cm/s，可视为相对不透水层。

3. 土工膜设计

从防渗效果及大堤安全考虑，土工膜防渗帷幕中心线确定在堤中心线上游侧 1.5m，并使土工膜紧贴沟槽上游侧，开槽宽度 0.18～0.20m，其底部插入相对不透水层 0.5m，铺膜深度一般为 6～12m。由于工程地质条件复杂，地下障碍物较多（如涵洞、液水坝、堆石等），施工时如遇不可克服工段，采用高压喷射灌浆帷幕与塑料薄膜帷幕连接。经开挖检验，两者粘结牢固，整体防渗效果良好。

4. 防渗效果分析

（1）表面观测。骆马湖南堤在未进行垂直铺膜防渗加固以前，有些堤段渗漏比较严重，如位于下游堤坡滩地处的骆马湖乡中学篮球场，经常被渗出的湖水浸泡，无法使用；1＋900 堤后贴坡排水管常年流淌。垂直铺膜后，骆马湖乡中学篮球场地面干燥，贴坡排水管断流，这些都说明垂直铺膜截渗效果明显。

（2）0－350～0＋000 堤段地质勘探结果。在桩号 0－140～0－350 土体渗透系数为 2×10^{-5}cm/s；未铺膜段渗透系数为 3×10^{-3}cm/s。可见，垂直铺膜不仅有显著的防渗效果，同时还对堤（坝）土体有一定的湿陷、密实作用。

（3）与混凝土连续墙比较。为验证土工膜防渗帷幕截渗效果，施工前在桩号 11＋700 的垂直铺膜与 11＋430 的混凝土地下连续墙两断面安置了测压管，由于两断面几何形状接近，地质条件相似，其观测资料具有可比性，在骆马湖水位 22.30m、中运河水位 19.55m 时，江苏省骆马湖南堤加固工程验收委员会对两断面测压管进行了现场观测，结果垂直铺膜上、下游测压管水位差为 2.49m，混凝土连续墙为 2.43m。垂直铺膜 4 个月后与几年前建造的地下混凝土连续墙相比，虽堤身浸润线尚在回落中，但已达到了混凝土连续墙的效果，随着时间的推移，浸润线还会继续降低。

附录 D

D.1　不等厚度保护层抗滑稳定安全系数 F_s 计算

1. 透水性良好的不等厚度保护层

抗滑稳定安全系数 F_s 计算公式为

$$F_s=\frac{W_1\cos^2\alpha\tan\varphi_1+W_2\tan(\beta+\varphi_2)+c_1l_1\cos\alpha+c_2l_2\cos\alpha}{W_1\sin\alpha\cos\alpha}\tag{D-1}$$

式中：W_1、W_2 分别为主动楔 $ABCD$ 和被动楔 CDE 的单宽重量，kN/m；c_1 为沿 BC 面保护层土料与土工膜之间的黏着力，kPa；φ_1 为沿 BC 面保护层土料与土工膜之间的摩擦

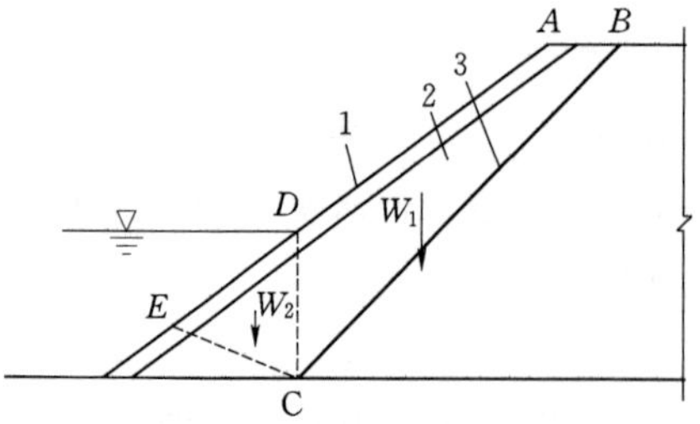

附图 D-1 不等厚保护层

1—防护层；2—上垫层；3—土工膜

角，(°)；c_2 为保护层土料黏聚力，kPa；φ_2 为保护层土料的摩擦角，(°)；α、β 分别为坡角；l_1、l_2 分别为 BC 和 CE 的长度。

保护层如为透水性材料，$c_1=c_1=0$。

2. 透水性不良的不等厚度保护层

按透水性良好的不等厚度保护层安全系数计算公式，但公式中分子上的 W 按浮容重计，分母上的 W 按浮容重计。降后水位至渗附图 D-1 中的 D 点时，属最危险状况。

验算要求的最小安全系数应符合《堤防工程设计规范》(GB 50286—2013) 规定，见附表 D-1。

附表 D-1　　土堤边坡抗滑稳定安全系数

堤防级别	1	2	3	4	5
安全系数	1.30	1.25	1.20	1.15	1.10

D.2 膜后排渗能力校核

膜后排渗能力核算针对膜后无纺土工织物平面排水或砂垫层导水能力进行。

堤防内水位骤降时，堤防中部分水量将流向堤坝内侧方向，对于内侧设置防渗土工膜的堤防来说，部分水量将沿土工织物顺流至坡底，经堤坝下排水管或导水沟导向堤防外侧排走。按要求应先估算来水量，校核自上而下各段土工织物的导水率，并考虑一定的安全系数。

从堤防断面浸润线最高点自上而下分为若干层，见附图 D-2。

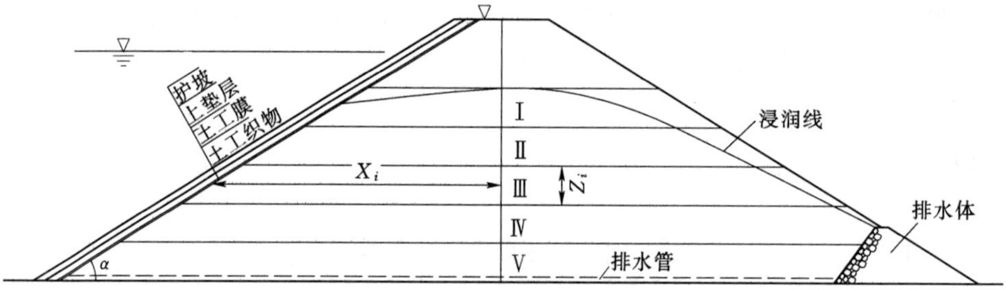

附图 D-2 土工织物排水计算图

设第 i 层厚度为 Z_i，由该层流入土工织物的水量按式 (附 D-2) 计算：

$$\Delta q_i = kJ_iZ_i \tag{附 D-2}$$

$$J_i = h_i/l_i \tag{附 D-3}$$

式中：k 为堤防土料的渗透系数，m/s；J_i 为第 i 层的平均水力梯度；h_i 为第 i 层中点处的水头，m；l_i 为渗水流程，m。

第 i 层土工织物接受的来水量 q_i 为该层以上各层来水量之和，即

$$q_i=\sum_1^i \Delta q_i \qquad (附 D-4)$$

要求土工织物的导水率 θ_r 按下式计算：

$$\theta_r=q_i/J_g \qquad (附 D-5)$$

$$J_g=\sin\alpha \qquad (附 D-6)$$

式中：q_i 为单宽流量，由式（附 D-4）算得，$m^3/(s/m)$；J_g 为沿土工织物渗流的水力梯度；α 为堤坝上游坡角。

土工织物实际导水率 θ_a 按式（附 D-7）计算：

$$\theta_a=k_p/\delta \qquad (附 D-7)$$

式中：k_p 为土工织物沿平面的渗透系数，m/s；δ 为土工织物厚度，m。

比较各层的 θ_r 与 θ_a，进行排水能力评价，要求每层 $\theta_a/\theta_r \geqslant 3$，如不满足，可以增加织物的层数，或采用其他复合排水材料，直至满足要求。

D.3 铺盖长度计算

假定垂直土工膜膜面方向是不透水的。一般长度为作用水头的 5～6 倍。堤防轮廓见附图 D-3。

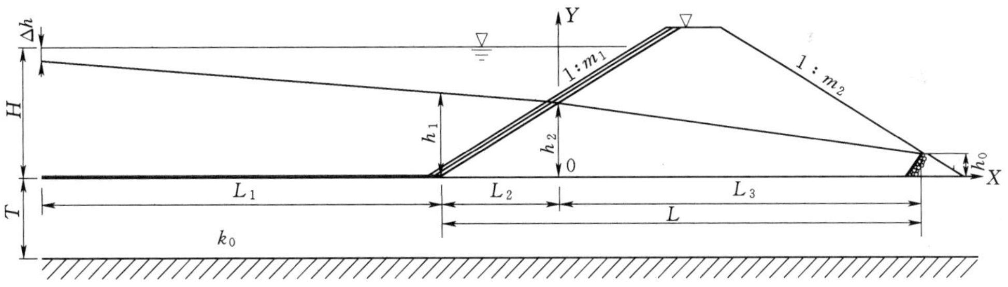

附图 D-3 土工膜铺盖渗流计算图

渗流计算采用分段法，并服从连续定理。

Ⅰ段，以增加渗径长度 $0.44T$ 等价进口损失 Δh，故单宽渗流量为

$$q=k_0T\frac{H-h_1}{L_1+0.44T} \qquad (附 D-8)$$

Ⅱ段，单宽渗流量为

$$q=k_0T\frac{h_1-h_2}{L_2}=k_0T\frac{h_1-h_2}{m_1h_2} \qquad (附 D-9)$$

Ⅲ段，单宽渗流量为

$$q=\frac{k}{2L_3}(h_2^2-h_0^2)+k_0T\frac{h_2-h_0}{L_3} \qquad (附 D-10)$$

因

$$L_3=L-L_2=L-m_1h_2$$

故
$$q=\frac{k(h_2^2-h_0^2)}{2(L-m_1h_2)}+\frac{k_0T(h_2-h_0)}{L-m_1h_2} \tag{附 D-11}$$

由式（附 D-8）、式（附 D-9）、式（附 D-11）可计算出 q、h_1、h_2，然后再核算堤防基础、堤防中的渗透比降，各部位的渗透比降应小于该部位土砂的允许渗透比降，即

$$\frac{H-h_1}{L_1+0.44T}<[i_F] \tag{附 D-12}$$

$$\frac{h_1-h_2}{m_1h_2}<[i_F]且<[i_D] \tag{附 D-13}$$

$$\frac{h_2-h_0}{L-m_1h_2}<[i_F] \tag{附 D-14}$$

$$\frac{h_2^2-h_0^2}{2(L-m_1h_2)}<[i_2] \tag{附 D-15}$$

式中：$[i_F]$、$[i_D]$ 为堤基、堤身的允许渗透比降；$[i_2]$ 为堤身出逸坡降。如果式（附 D-12）～式（附 D-15）有一个不能满足条件，就应加长土工膜铺盖长度 L_1，直至所有各式的条件均能满足为止。这样的 L_1 即为土工膜的设计长度。

D.4 斜坡干砌块石防护层厚度计算

1. 块体厚度

斜坡干砌块石防护的斜坡坡率为 1.5～5.0 时，防护层厚度按下式计算：

$$t=K_1\frac{\gamma}{\gamma_b-\gamma}\frac{H}{\sqrt{m}}\sqrt[3]{\frac{L}{H}} \tag{附 D-16}$$

$$m=\cot\alpha \tag{附 D-17}$$

式中：t 为斜坡干砌块石厚度，m；K_1 为系数，一般干砌石取 0.266，砌方石、条石取 0.255；γ_b 为块石的容重，kN/m^3；γ 为水的容重，kN/m^3；H 为计算波高，m，采用《堤防工程设计规范》附录 C 中公式计算；当 $d/L\geqslant0.125$，取 $H_{4\%}$，当 $d/L<0.125$，取 $H_{13\%}$，d 为堤前水深，m；L 为波长，m；采用《堤防工程设计规范》附录 C 中公式计算；m 为斜坡坡率。

2. 块体质量

采用人工块体或经过分选的块石作为斜坡堤的防护面层，且斜坡坡率为 1.5～5.0 时，波浪作用下单个块体、块石的质量 Q 及护面层厚度，可按下式计算：

$$Q=0.1\frac{\gamma_bH^3}{K_D\left(\frac{\gamma_b}{\gamma}-1\right)^3m} \tag{附 D-18}$$

$$t=nc\left(\frac{Q}{0.1\gamma_b}\right)^{\frac{1}{3}} \qquad (附 D-19)$$

式中：Q 为防护面的块体、块石个体质量，t，当护面由两层块石组成，则块石质量可在 $0.75Q\sim1.25Q$ 范围内，但应有50%以上的块石质量大于 Q；γ_b 为人工块体或块石的容重，kN/m^3；γ 为水的容重，kN/m^3；H 为设计波高，m，采用《堤防工程设计规范》附录C中公式计算；当平均波高与水深的比值 $\overline{H}/d<0.3$ 时，设计波高宜采用 $H_{5\%}$；当 $\overline{H}/d\geqslant0.3$ 时，设计波高宜采用 $H_{13\%}$；K_D 为稳定系数，可按附表D-2确定；t 为块体或块石护面层厚度，m；n 为护面块体或块石的层数；c 为系数，可按附表D-3确定。

附表 D-2　　稳定系数 K_D

护面类型	构造型式	K_D	备注
块石	抛填二层	4.0	
块石	安放（立放）一层	5.5	
方块	抛填二层	5.0	
四脚锥体	安放二层	8.5	
四脚空心方块	安放二层	14	
扭工字块体	安放二层	18	$H\geqslant7.5m$
扭工字块体	安放二层	24	$H<7.5m$

附表 D-3　　系数 c

护面类型	构造型式	c	备注
块石	抛填二层	1.0	
块石	安放（立放）一层	1.3～1.4	
四脚锥体	安放二层	1.0	
扭工字块体	安放二层	1.2	定点随机安放
扭工字块体	安放二层	1.1	规则安放

D.5 混凝土板厚度计算

满足混凝土板整体稳定所需的面板厚度可按下式确定：

$$t=\eta H\sqrt{\frac{\gamma}{\gamma_b-\gamma}\frac{L}{Bm}} \qquad (附 D-20)$$

式中：t 为混凝土护面板厚度，m；η 为系数，对开缝板可取0.075；对上部为开缝板，下部为闭缝板可取0.10；H 为计算波高，采用《堤防工程设计规范》附录C中公式计算，取 $H_{1\%}$，m；γ_b 为混凝土板的容重，kN/m^3；γ 为水的容重，kN/m^3；L 为波长，m，采用《堤防工程设计规范》附录C中公式计算；B 为沿斜坡方向（垂直于水边线）的护面板长度，m。

在水流作用下，防护工程护坡、护脚块石保持稳定的抗冲粒径（折算粒径）可按下列公式计算：

$$d=\frac{V^2}{C^2 2g\frac{\gamma_s-\gamma}{\gamma}} \tag{附 D-21}$$

$$W=\frac{\pi}{6}\gamma_s d^3 \tag{附 D-22}$$

式中：d 为折算粒径，m，按球型折算；W 为石块重量，kN；V 为水流流速，m/s；g 为重力加速度，m/s^2；C 为石块运动的稳定系数，水平底坡 $C=1.2$，倾斜底坡 $C=0.9$；γ_s 为石块的容重，kN/m^3；γ 为水的容重，kN/m^3。

参考文献

[1] 王满兴，蒋成林. 复合土工膜在长江重要堤防隐蔽工程中的应用 [J]. 水利水电快报，2005，26 (12)：28-29.

[2] 東一鸣，殷宗泽，李冬田. 受采动影响淮堤的安全论证与加固 [J]. 水利水电科技进展，1998，18 (6)：28-32.

[3] 黄为，王章立. 土工膜在武汉市堤防隐蔽工程新老混凝土搭接中的应用 [J]. 水利水电快报，2002，23 (6)：28-29.

[4] 张遵永. 复合土工膜在堤防建设中的应用 [J]. 安徽水利水电职业技术学院学报，2007，7 (1)：40-42.

第10章 渠道防渗设计

10.1 概 述

渠道防渗常用的土工膜是一种土工合成材料，土工膜具有很好的不透水性，其渗透系数约为 $1\times10^{-11}\sim1\times10^{-13}$cm/s，是理想的防渗材料。渠道防渗所用的土工膜厚度一般为0.2～0.8mm，它具有重量轻、运输量小、铺设方便、节省造价、缩短工期等优点，也存在施工不当易受损伤、运行中因保护层设计不当而被破坏等安全方面的问题。

10.1.1 渠道土工膜防渗工程进展

美国垦务局1953年在渠道上首先应用聚乙烯薄膜，1957年开始应用聚氯乙烯膜。原苏联在渠道上使用低密度聚乙烯膜的历史也较长。

1998年末至1999年初，我国制定并颁布了第一个土工合成材料应用技术国家标准《土工合成材料应用技术规范》(GB 50290—98)，同时水利部也颁布了《水利水电工程土工合成材料应用技术规范》(SL/T 225—98) 和《土工合成材料测试规程》(SL/T 235—1999) 两个行业标准，总结了国内外土工合成材料工程技术的经验教训，为水利水电工程及渠道防渗工程推广应用该项技术提供了设计依据。

目前，渠道土工膜防渗技术已在我国普遍推广应用。已建成的新疆“JKJW”大型引水工程，明渠总长度578km，全部采用土工膜防渗，见图10.1-1；近期通水的南水北调中线大型引水工程，明渠总长度1273km，也采用土工膜防渗，见图10.1-2；近期完工的新疆北疆大型输水明渠工程，全长112km，见图10.1-3。渠道土工膜防渗技术在干旱区更是备受青睐，如新疆地方系统（不含兵团）灌溉渠道总长34.6万km（已防渗16.9万km)，其中，干、支、斗三级渠道18.82万km（已防渗13.92万km，防渗率达73.96%)，采用土工膜防渗的干、支、斗三级渠道约9.35万km。

图10.1-1 建成的“JKJW”工程沙漠段

图10.1-2 南水北调中线大型引水渠明渠

10.1.2 渠道土工膜防渗结构型式及特点

按土工膜在渠道的防渗布置型式及位置，可以将土工膜防渗体分为三种类型：全铺式、半铺式和底铺式。半铺式和底铺式多用于宽浅式渠道，或渠道边坡上有树木的改建渠道。仅有土工膜是不能实现其防渗功能的，土工膜防渗体结构一般还应包括防渗材料的上垫层、下垫层、上垫层上部的保护层、下垫层下部的支持层，见图10.1-4。当然，设计中也可根据实际情况增加或省略，以下是几种不同型式的渠道土工膜防渗结构横断面示意图，见图10.1-5～图10.1-8。

图10.1-3 采用机械化施工的新疆北疆大型输水明渠

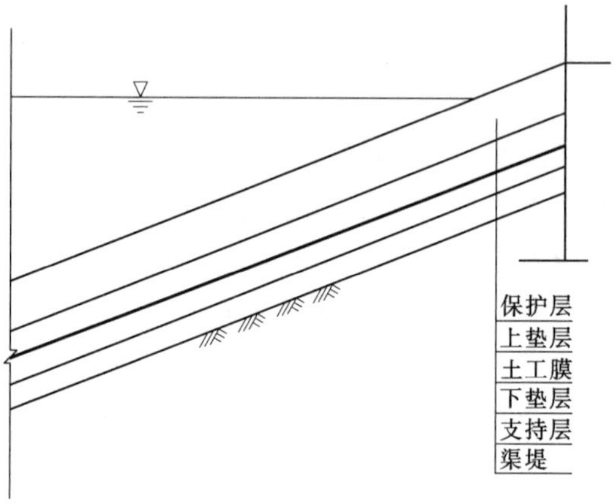

图10.1-4 渠道土工膜防渗结构型式示意图

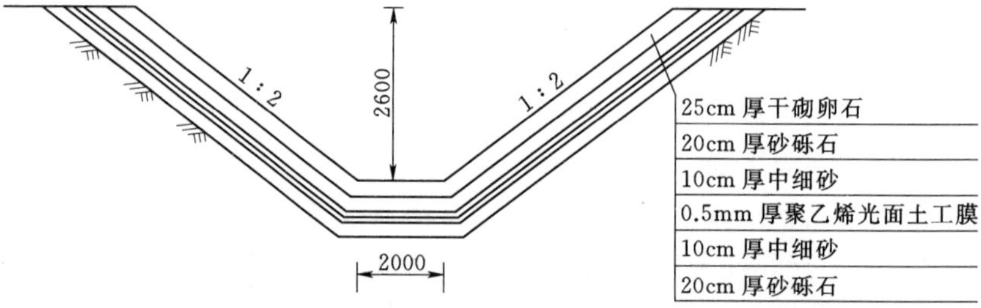

图10.1-5 新疆胜利水库放水渠典型断面示意图（单位：mm）

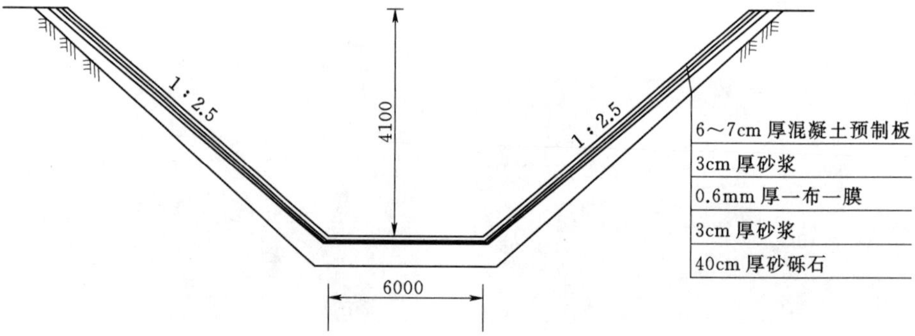

图10.1-6 新疆“JW”沙漠明渠典型断面示意图（单位：mm）

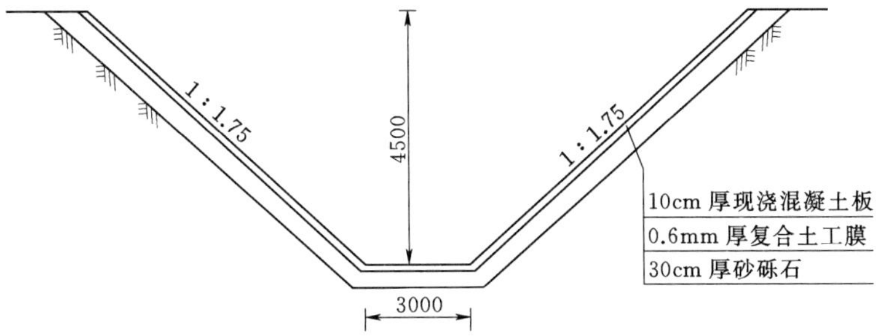

图 10.1-7　新疆“JK”引水干渠典型断面示意图（单位：mm）

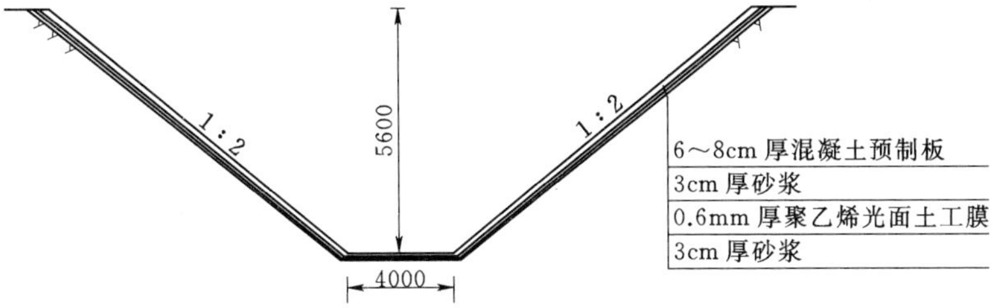

图 10.1-8　新疆“JKJW”总干渠典型断面示意图（单位：mm）

土工膜是防渗结构的主体，它是一种薄型连续、柔软的防渗材料。其防渗体结构与传统渠道防渗体结构相比，具有防渗性能好、适应地基变形能力强、能更好地抵抗侵蚀和冻胀破坏、施工速度快等特点。

10.1.3　渠道土工膜防渗设计相关规范

用于渠道的土工膜防渗结构设计应遵守以下规范：

(1)《渠道防渗工程技术规范》(SL 18—2004)。

(2)《渠道防渗工程技术规范》(GB/T 50600—2010)。

(3)《土工合成材料应用技术规范》(GB/T 50290—2014)。

(4)《土工合成材料测试规程》(SL 235—2012)。

(5)《聚乙烯（PE）土工膜防渗工程技术规范》(SL/T 231—1998)。

10.2　土工膜防渗渠道断面设计

10.2.1　防渗膜的类型、特点及设计指标

10.2.1.1　土工膜的类型及特点

用于渠道防渗的土工膜一般为聚合物膜，目前在渠道防渗工程中大多选用塑料类土工膜。

塑料类土工膜型式又可分为光面土工膜和复合土工膜。复合土工膜是将纯膜与土工织物（多为针刺无纺织物）复合在一起。复合土工膜一般为一布一膜型和二布一膜型。

复合土工膜的工程特性与两种材料性质和复合程度相关，与光面土工膜相比有以下优点：①提高了土工薄膜的抗拉、抗撕裂、抗顶破和抗刺穿等力学指标；②在相同的应力条件下，延伸率有所减少；③趋于各向同性，能避免在物理条件和温度变化时产

生某个方向上的过量收缩和移动；④易于避免下层土体冻融时对土工薄膜的损坏；⑤促使压力均匀分布，避免应力集中；⑥可以改善土工膜与土体之间的摩擦特性，增加其稳定性。

10.2.1.2 土工膜的设计指标

渠道工程中更重视土工膜的防渗性能、摩擦特性、耐久性等。大量工程实践表明，土工膜不仅具有很好的抗渗透性，同时具有较好的弹性和适应变形的能力，能承受不同的施工条件和工作应力，在覆盖条件下具有良好的耐老化性能。根据设计规范，防渗工程设计中最常用的PE土工膜材料的物理力学性能指标应符合下列要求：

（1）密度（ρ）不应低于900kg/m^3。

（2）破坏拉应力（σ）不应低于12MPa。

（3）断裂伸长率（ε）不应低于300%。

（4）弹性模量（E）在5℃不应低于70MPa。

（5）抗冻性（脆性温度）不应高于−60℃。

（6）焊接处强度应大于母材强度。

（7）撕裂强度应大于或等于40N/mm。

（8）抗渗强度应在1.05MPa水压下48h不渗水。

（9）无保护层或保护层较薄的工程宜选用较厚的黑色（加炭黑）或加防老化（抗氧剂、光稳定剂等）添加剂的土工膜。

1. 物理性质

土工膜的物理性质指标主要包括：单位面积重度、厚度。

（1）单位面积重度是土工膜重要的物理性质指标之一，反映了土工膜的拉伸强度、顶破强度等力学性能，以及孔隙率、渗透性等水力学性质。土工膜的单位面积重度一般为100～600g/m^2，其计算方法见参考文献［9］。土工膜单位面积重度受原料密度的影响，同时受厚度、外加剂和含水量的影响。

（2）土工膜的厚度是指在承受一定压力的情况下，土工膜的实际厚度，单位为mm。渠道防渗土工膜的厚度可根据《土工合成材料工程应用手册》（参考文献［8］），采用耐水压力击破方法计算［式（10.2-1）］，并考虑其他因素确定膜厚。

$$t=0.0065E^{1/2}\frac{\rho d^{1.03}}{[\sigma]^{3/2}} \tag{10.2-1}$$

式中：t 为土工膜的厚度mm；$[\sigma]$ 为土工膜的容许拉应力，kg/cm^2；ρ 为土工膜承受的水压力，t/m^2；d 为与土工膜接触的土、砂、卵石的最大粒径，mm；E 为在设计温度下土工膜的弹性模量，kg/cm^2（式中为20世纪70年代的国际计量单位）。

表10.2-1为某渠道防渗土工膜厚度采用了《土工合成材料工程应用手册》推荐的方法的计算结果。

表10.2-1 膜厚度计算结果

t/mm	$[\sigma]$/(kg/cm^2)	ρ/(t/m^2)	d/mm	E/(kg/cm^2)
0.258	28.600	23.000	20	146.000

经理论计算土工膜厚度为 0.258mm，在此参照已建工程进行类比后实际确定为：渠道坡面选用 0.5mm 厚的两布一膜复合土工膜作为防渗层，单层土工织物规格采用 $150g/m^2$；渠道底部防渗膜采用 0.5mm 厚的一布一膜复合土工膜作为防渗层，单层土工织物的规格采用 $150g/m^2$。

2. 力学性质

反映土工膜力学特性的指标主要有：抗拉强度、梯形撕裂强度等。此外，土工膜的蠕变特性及与土的交界面摩擦特性也是土工膜的重要力学性质。由于土工膜是柔性材料，只能承受拉力，并且在受力过程中厚度是变化的，而厚度的变化又难以精确地测量出来，故土工膜是以与单位宽度上的拉力来表示“拉应力”的，并非单位截面积上的真应力。

3. 水力学特性

土工膜的水力学特性主要是各类土工膜的透水性能，影响土工膜水力学特性的主要指标是渗透系数和透水率，试验计算方法见参考文献［9］。要求土工膜的渗透系数不大于 1×10^{-10}cm/s。

4. 其他工程特性

（1）摩擦特性。当在渠道边坡上铺设土工膜时，土工膜与其他材料（包括土类）之间的摩擦特性，是设计上一个重要的控制指标。土工膜表面较为光滑，它与其他材料之间的摩擦角比土的摩擦角小，很容易沿界面产生滑动。

土工膜的摩擦特性也可以在现场进行摩擦试验，如进行类似于无黏性土的休止角的斜板试验，即将土工膜铺在平板上，然后在土工膜上堆放实际的材料（土），逐步抬高板的一端，则可以测得开始产生滑动时的坡角。根据一些研究成果，土工膜的摩擦特性有以下 4 个特点：①界面上的剪切应力与位移之间为非线性的关系，受所接触土料变形的影响，在峰值点以前的应力与位移关系基本上符合双曲线关系；②界面峰值摩擦阻力与正应力呈直线关系（通过原点），其斜率为 $\tan\varphi$，φ 为土工膜与该材料的摩擦角；③摩擦角的大小与膜、材料的界面特性有关，光面膜与土之间的摩擦系数最小，是产生滑动的薄弱面；④一般情况下，水下的摩擦角要比干燥时小 $2°\sim5°$。在设计时，需要慎重考虑。

（2）耐久性。土工膜的耐久性也是其重要特性之一。影响其耐久性的主要因素是老化和蠕变。土工膜的老化，主要是受热、光、氧、化学物质和应力的影响；土工膜的蠕变是指其受力大小不变，变形随时间的增长而逐渐加大的现象，蠕变的大小取决于原材料的性质和生产工艺。

为了提高土工膜的抗老化能力，绝大部分土工膜防渗渠道都设计了保护层，避免土工膜裸露应用。

10.2.2　渠道断面形式与参数

10.2.2.1　断面形式

土工膜防渗渠道的横断面形式主要为梯形、弧形底梯形和弧形坡角梯形，纵断面形式同一般渠道。

10.2.2.2　断面参数

土工膜防渗渠道的横断面参数主要是边坡坡度的确定。由于土工膜防渗层与其上下垫层的摩擦角往往最小，因此坡度的确定应注重这两个接触面，要考虑土工膜自身的糙率、垫层的粗细程度和渠道规模大小等，由试验和计算确定。一般土工膜防渗渠道横断面的边坡坡比为1∶1～1∶3。土工膜防渗渠道的纵、横断面的其他参数确定同一般渠道。

近些年来，一些大型渠道工程都采用了土工膜防渗结构，如新疆的“JKJW”引水总干渠，采用的土工膜防渗结构梯形横断面的底宽为4.0m，边坡比为1∶2.0，渠深为5.4～5.6m；新疆的“JW”沙漠引水明渠，采用的土工膜防渗结构梯形横断面的底宽为6.0m，边坡比为1∶2.5，渠深为4.1m。

10.2.3 土工膜防渗结构设计

土工膜是柔性、较薄的防渗材料，在运行中如果不加以保护，就容易破损而削弱防渗功能。因此，在设计中要加垫层和保护层等，以形成土工膜防渗结构。典型的土工膜防渗结构见图10.2-1，在实际设计中，可根据防渗渠道的规模、渠床地质、气象条件、土工膜质量和建材供应等情况调整和取舍。例如，选用的土工膜是复合土工膜，设计中就可省略垫层。

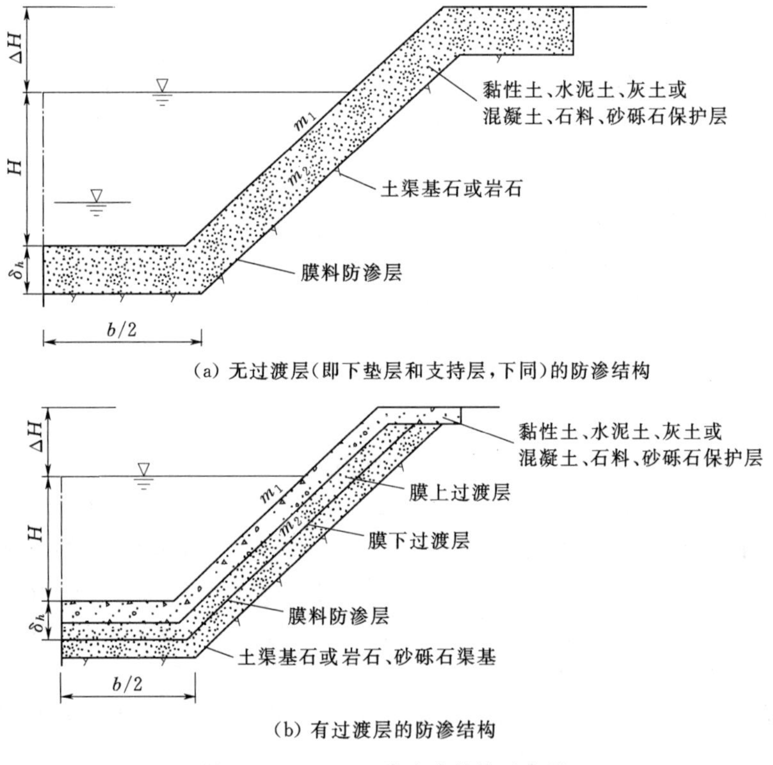

(a) 无过渡层(即下垫层和支持层，下同)的防渗结构

(b) 有过渡层的防渗结构

图10.2-1 土工膜防渗结构示意图

10.2.3.1 土工膜防渗结构下垫层和支持层的设计

土工膜下过渡层包括下垫层和支持层，有时根据工程规模、渠基地质条件、建材供应和运行工况，也可设计成一层或多层（同膜上过渡层）。

土工膜的下垫层是直接用来保护土工膜的，同时还起到排水和保温的作用。垫层材料一般选用砂料，渗透系数宜大于1×10^{-4}cm/s，厚度取3～10cm，设计相对密度应大于0.65。

土工膜的支持层可使土工膜防渗结构所承受的外力均匀传递给渠床，同时也起到排水和保温的作用。支持层材料一般选用砂砾料，最大粒径小于 150mm，渗透系数宜大于1×10^{-2}cm/s，厚度取 20～60cm，设计相对密度应大于 0.7。

若设计选用复合土工膜，渠床为级配良好的透水性砂砾石，可省略下垫层与支持层，或在渠床上铺设 M7.5～M10、2～5cm 厚的砂浆找平层，然后直接铺设复合土工膜。

10.2.3.2　土工膜防渗结构上垫（过渡）层和保护层的设计

土工膜的上垫（过渡）层也是直接用来保护土工膜的，同时还起到排水和保温的作用。垫层材料一般选用砂，渗透系数宜大于 1×10^{-4}cm/s，厚度取 3～10cm。

设保护层的作用是防止土工膜防渗层受到水流的冲刷、风沙的吹蚀、风力的掀动、冰冻的损坏、人畜的破坏、紫外线的辐射及膜下水压力的顶托等，有些保护层同时也起到与土工膜联合防渗的作用（此时便不需要设置起排水作用的上垫层）。保护层的材料可采用土（包括黏性土、水泥土、灰土、沙土等）或砂砾石料、水泥砂浆、预制或现浇素混凝土板、钢丝网混凝土板、干砌石、浆砌石等。一般，土或砂砾石保护层设计厚度为 25～70cm，最大粒径宜小于 150mm，土的设计干密度应大于 1.4g/cm^3，砂砾石料的设计相对密度应大于 0.6；水泥砂浆保护层的设计厚度为 3～8cm，强度标号为 M7.5～M10；预制或现浇素混凝土板、钢丝网混凝土板保护层设计厚度为 4～15cm，强度标号为 C10～C20；干砌石、浆砌石保护层设计厚度为 20～30cm，干砌石应用细石子填缝，浆砌石应用强度标号为 M7.5～M10 的砂浆或 C10～C20 的细石混凝土砌筑。

需要指出，对规模较大的土工膜防渗渠道护坡，在预制或现浇素混凝土板、水泥砂浆、浆砌石、钢丝网混凝土板保护层上还应该适当的设计排水孔，以免渠道内水位骤降时，土工膜与护板之间的积水来不及排除，造成护板因受内水压力顶托而失稳；对与土工膜联合防渗的预制或现浇素混凝土板、水泥砂浆、浆砌石、钢丝网混凝土板保护层，混凝土与水泥砂浆的防渗标号应按 W4～W6 设计；在寒冷与严寒地区，预制或现浇素混凝土板、水泥砂浆、浆砌石、钢丝网混凝土板保护层，混凝土与水泥砂浆的抗冻标号应按 F50～F200 设计。

如果设计选用复合土工膜，也可省略上垫层，在复合土工膜上直接铺设土或砂砾石料、水泥砂浆或现浇混凝土保护层，或在复合土工膜上铺设 M7.5～M10、2～5cm 厚的砂浆找平层，然后砌筑预制混凝土板或石料保护层。

10.2.4　土工膜防渗层的铺设、拼接与锚固技术要求

土工膜防渗体施工流程见图 10.2-2。

图 10.2-2 中各流程具体内容说明如下：

（1）施工准备工作：土工膜铺设前，应对土工膜的物理、力学、水力学等特性进行复测，保证膜料的规格尺寸符合施工要求；有的需要预先裁剪或拼接、卷叠等工序，以满足铺设的要求。

（2）压实支持层、摊铺下垫层工作：压实支持层，再将砂料摊铺平整形成满足设计要求的下垫层，下垫层上应无积水、无杂草、无碎石、无空陷，防止土工膜架空。

（3）土工膜的铺设：土工膜的铺设，一般是按施工设计的方向铺设，土工膜铺放在下垫层上时，要留有富余量，不宜绷紧，以适应温度变化及微小的变形。土工膜展开后，由

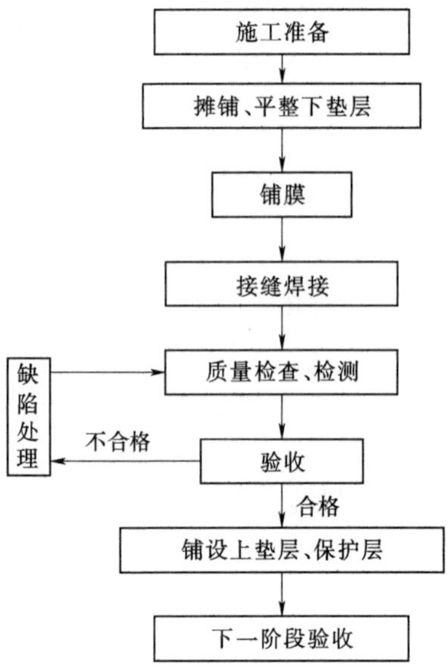

图 10.2-2 土工膜防渗体施工流程图

人工拉铺，将土工膜中部绷紧，然后将两边抬起，排除土工膜下部的空气，这样就可将膜料铺好。

(4) 土工膜的焊接：土工膜料是塑料材料时，可采用热熔焊接。土工膜的焊缝处理是关键工序。根据技术和质量要求，结合现场的施工条件和特点，采用双缝焊接，在铺好土工膜的接头处，焊头沿着接缝移动即可。在焊接时为确保土工膜的平整及焊缝处的清洁，可先用干净毛巾擦净土工膜后连续焊接，直至该焊接段完成。

(5) 质量检查检测：焊缝质量控制，一般采用充气法对每条焊缝进行检测。将每条焊缝间约 1cm 宽的空腔一端插入气针，使用小气泵（气筒）对空腔进行充气加压。按照设计和规范要求，将空腔内气压增至 0.1MPa 的压力，静观 30s，如果空腔内气压不下降，表明不漏气，焊缝合格。否则焊缝不合格，当即查找焊缝缺陷并进行修补，然后再次进行检测，直至合格。

(6) 上垫层、保护层的施工：先按设计厚度铺设上垫层，然后在铺筑保护层。对颗粒上垫层要逐层铺设压实。上垫层、保护层的施工人员应穿胶底鞋或软底鞋，谨慎施工。

10.2.4.1 土工膜的铺设工艺与技术要求

1. 运输及储存

(1) 若采用折叠装箱运输土工膜材料，不得使用带钉子的木箱，以防运输中受损；若采用卷材运输，应注意防止在装卸过程中造成卷材表面的损害。

(2) 土工膜运输过程中、运抵工地后应避免日晒、高温，防止黏结成块，并应将其储存在不受损坏和方便取用的地方，尽量减少装卸次数。

2. 铺设

(1) 土工膜材料铺设前，应通过基础面的验收，并按施工图纸要求铺填支持面。

(2) 铺设面上应清除杂草物，保证铺设面平整，不允许出现凸出凹陷的部位，排除铺设工作范围内的积水。

(3) 土工膜的铺设应根据要求以及尽量减少接缝的数量等因素确定，并应符合施工图纸的要求。

(4) 按先下游后上游的顺序，上游幅压下游幅，接缝垂直于水流方向铺设膜层。土工膜铺设应保持松弛状，以适应变形。

(5) 土工膜与基础及支持层之间压平贴紧，顶部锚固长度（见 10.2.4.3 节）应符合施工图纸的要求，避免架空。

(6) 铺设过程中，作业人员不得穿硬底皮鞋及带钉的鞋，不准直接在土工膜上卸放混凝土护坡块体，不准用带尖头的钢筋作撬动工具，严禁在土工膜上敲打石料和一切可能引起土工膜损坏的施工作业。

(7) 为防止大风吹损，在铺设期间所有土工膜均应用沙袋或软性重物压住，直至保护层施工完为止。当天铺设的土工膜应在当天全部拼接完成。

(8) 采用现场黏结方式进行土工膜的拼接，应保证有足够的搭接长度，做到黏结剂涂抹均匀。采用热熔焊接方式进行材料拼接时，应保证有足够的焊接宽度，防止发生漏焊、烫伤和褶皱等缺陷。

(9) 土工膜防渗体施工时，应规划好施工道路，车辆、设备等不得直接在土工膜上行驶或作业。

(10) 进行土工膜上的上垫层和保护层施工时，应从坡脚处开始铺设，沿渠坡向上推进。铺筑上垫层和保护层的施工速度应与铺土工膜的速度相匹配，避免膜层裸露时间过长。任何时候施工设备均不得直接在土工膜上行驶或作业。

(11) 对施工过程中遭受损坏的土工膜，应及时按监理人的指示进行修补，在修补土工膜前，应将保护层破坏的部位下不符合要求的料物清除干净，补充填入合格料物，并予整平，对受损的土工膜，应按监理人指示进行拼接处理。

10.2.4.2 土工膜的拼接工艺与技术要求

(1) 土工膜的拼接应采用焊接方式。

(2) 土工膜的拼接由供膜厂家派专业人员完成。承包人应充分配合，做好拼接前、拼接后的铺设、整平等工作。

(3) 当日平均气温低于－3℃或出现大风天气时，土工膜在露天环境下不允许焊接。

(4) 土工膜的现场拼接每道焊缝搭接长度10cm，焊接工艺应满足有关规程规范或施工图纸的要求。

(5) 焊接前必须对焊接面进行清扫，焊接面上不得有油污、灰尘并保持黏（搭）结面干燥。

(6) 土工膜的现场拼接接头应确保其具有可靠的防渗效果。在拼接过程中和拼接后24h内，拼接面不得承受任何拉力，严禁焊接面发生错动。土工膜接缝抗拉强度不应低于母材。

(7) 土工膜应剪裁整齐，保证足够的拼接宽度。当施工中出现脱空、收缩起皱等扭曲鼓包现象时，应将其剔除后重新进行焊接。

(8) 在斜坡上搭接时，应将高处的膜搭接在低处的膜面上进行焊接。

(9) 用干净纱布擦拭焊缝搭接处，做到无水、无尘、无垢，土工膜应平行对正，搭接长度不小于100mm。

(10) 根据现场气候条件，调节焊接设备至最佳工作状态。

(11) 在调节好的工作状态下，做小样焊接试验。试焊接不小于长1.0m的土工膜样品。

(12) 采用现场撕拉检验试样，焊缝不被撕拉破坏、母材被撕裂认为合格。

(13) 现场撕拉试验合格后，用已调节好工作状态的热合机逐幅进行正式焊接。

(14) 根据现场气温和材料性能，随时调整和控制焊机工作温度、速度。

(15) 焊缝处土工膜应熔接为一个整体，不得出现虚焊、漏焊或超量焊。

(16) 出现虚焊、漏焊时，必须切开焊缝，使用热熔挤压机对切开损伤部位用大于破损直径一倍以上的母材补焊。

(17) 焊缝双缝宽度宜采用2×10mm。

(18) 横向焊缝间错位尺寸应大于500mm。

(19) T字形接头宜采用母材补疤，补疤尺寸可以为300mm×300mm，疤的直角应修圆。

10.2.4.3 土工膜的锚固工艺与技术要求

土工膜的锚固主要指土工膜防渗层与渠道建筑物如水闸、桥、跌水等及渠堤顶部的连接。

土工膜防渗层与渠道建筑物如水闸、桥、跌水等连接时，可直接插入现浇混凝土隔墙中，插入深度应大于20cm，见图10.2-3；也可用粘接剂与已硬化的混凝土隔墙粘接牢，见图10.2-4。

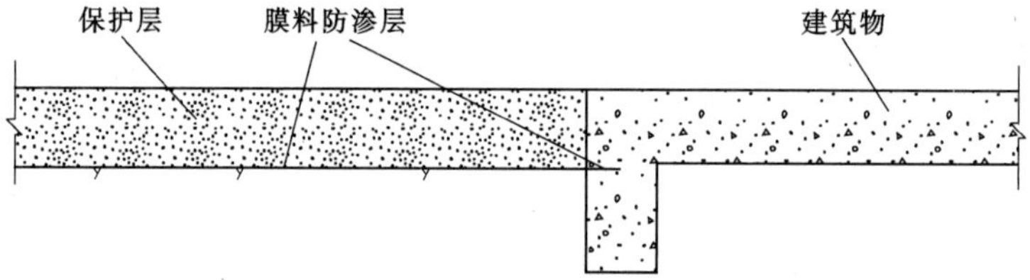

图10.2-3 膜料防渗层与建筑物的连接

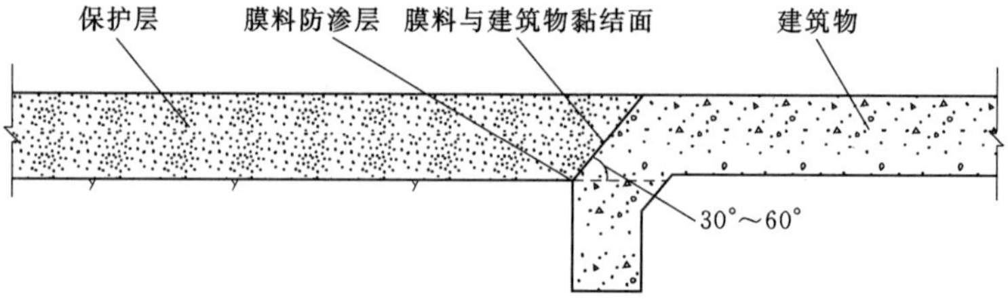

图10.2-4 膜料防渗层与建筑物的连接

土工膜防渗层与渠堤顶部连接可采用三角形锚固槽的形式处理，见图10.2-5。

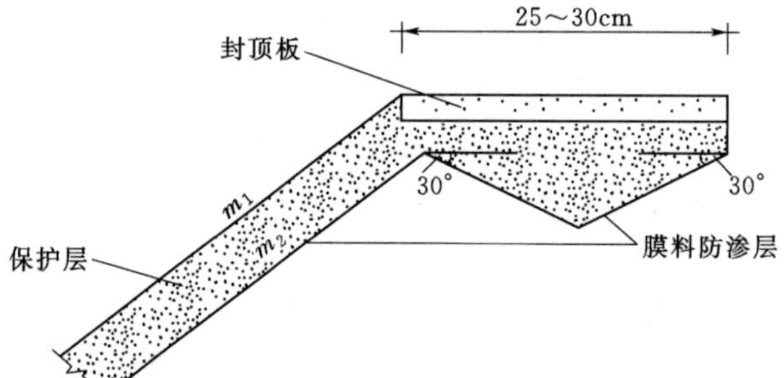

图10.2-5 膜料与渠堤顶部连接形式

10.2.5 土工膜防渗保护层伸缩缝、砌筑缝及堤顶设计

10.2.5.1 土工膜防渗保护层伸缩缝

渠道防渗土工膜的保护层若为刚性结构，就应设置伸缩缝。伸缩缝的间距应依据渠基情况、保护层材料和施工方式确定，一般纵缝间距取3～8m，横缝间距取2～8m。伸缩

缝的宽度应根据缝的间距、气温变幅、填料性能和施工要求，采用 1～3cm。伸缩缝宜采用黏结力强、变形大、耐老化、在当地最高气温下不流淌、最低气温下仍具有弹塑性的填缝材料，如用焦油塑料胶泥填筑，或缝下部填焦油塑料胶泥，上部用沥青砂浆封盖，还可用制品性焦油塑料胶泥填筑。对于有特殊要求的伸缩缝，宜采用高分子止水带和止水管等。近些年来，填缝材料又有一些新品种，如聚氨酯、聚硫密封膏、树脂油膏、BW 密封自粘胶泥、高压聚乙烯闭孔泡沫塑料、制品型遇水膨胀止水条、橡胶止水带等，也可根据工程实际情况选用。

结合新疆大型干渠的运行经验，土工膜防渗渠道伸缩缝填料设计应寻求性能好、施工技术简便且性价比较高的填缝材料。伸缩缝填料设计原则如下。

（1）常温下冷作业，可灌性好，操作简单，施工快速。

（2）无毒无害，与混凝土等刚性结构黏结性好，回弹性优良。

（3）不溶于水、不渗水，高温不溢出，低温不脆裂，耐老化性能好。

（4）适应夏季高温炎热、冬季寒冷的气候条件。

（5）接近混凝土等刚性结构的本色，美观，经济。

根据"JK"总干渠工程伸缩缝采用沥青砂浆、焦油塑料胶泥、聚氨酯防水涂料、聚氨酯砂浆等多种形式的对比试验结果表明，沥青砂浆适应变形能力较差，焦油塑料胶泥稍好，而聚氨酯防水涂料与砂子配制而成的聚氨酯砂浆则填缝效果更好。聚氨酯防水涂料主要技术性能指标见表 10.2-2。

表 10.2-2　聚氨酯防水涂料主要技术性能指标

序号	试验项目	指标要求	技术指标
1	拉伸强度/MPa	无处理	1.65
		加热处理	不小于无处理值的 80%
		紫外线处理	不小于无处理值的 80%
		碱处理	不小于无处理值的 60%
		酸处理	不小于无处理值的 80%
2	断裂时的延伸率/%	无处理	>350
		加热处理	>200
		紫外线处理	>200
		碱处理	>200
		酸处理	>200
3	加热伸缩率/%	伸长	<1
		缩短	<6
4	拉伸时的老化	加热老化	无裂缝及变形
		紫外线老化	无裂缝及变形

续表

序号	试验项目	指标要求	技术指标
5	低温柔性/℃	无处理	−30 无裂纹
		加热处理	−25 无裂纹
		紫外线处理	−25 无裂纹
		碱处理	−25 无裂纹
		酸处理	−25 无裂纹
6	不透水性	0.3MPa 30min	不渗漏
7	固体含量/%		≥94
8	使用时间/min		≥20 黏度不大于 10^5MPa·s
9	涂膜表干时间/h		≤6 不黏手
10	涂膜实干时间/h		≤12 无黏着

根据南水北调渠道工程的实际应用情况，一期工程采用全断面混凝土衬砌，采用专用渠道衬砌机施工，人工留缝（2cm 宽）、切缝（1cm 宽），填缝材料采用双组分聚硫密封胶，其设计基本要求见表 10.2-3。

表 10.2-3　双组分聚硫密封胶设计的基本要求指标

序号	指标内容	基本要求
1	密度	规定值±0.1g/cm^3
2	表干时间	≤24h
3	适用期	≥2h
4	下垂度	≤3mm
5	弹性恢复率	≥70%
6	拉伸模量（23℃，−20℃）	≤0.4MPa 和≤0.6MPa（考虑按−50℃）
7	定伸黏结性	无破坏
8	浸水后定伸黏结性	无破坏
9	冷拉一热压后黏结性	无破坏
10	质量损失率	≤5%

10.2.5.2 土工膜防渗渠道砌筑缝设计

土工膜防渗渠道的保护层若为水泥土、混凝土预制板和浆砌石，应用水泥砂浆或水泥混合砂浆砌筑，水泥砂浆勾缝。浆砌石还可用细石混凝土砌筑。在温和地区，砌筑砂浆的强度等级取 5～10MPa，勾缝砂浆的强度等级取 7.5～15MPa；在严寒和寒冷地区，砌筑砂浆的强度等级取 7.5～20MPa，勾缝砂浆的强度等级取 10～20MPa。细石混凝土的强度等级应不低于 C15，最大粒径应不大于 10mm。

10.2.5.3 土工膜防渗渠道堤顶设计

土工膜防渗渠道在边坡上采用现浇混凝土、预制混凝土、浆砌石、水泥土等刚性保护层结构时，其顶部应设置水平混凝土封顶板，封顶板的宽度宜取 15～30cm，厚度宜取 3～

6cm，每隔 30～60cm 设一道沉陷缝，缝宽宜取 1.2～2.5cm，用强度等级 7.5～10MPa 的砂浆勾缝，混凝土封顶板的强度等级宜取 C10～C15。

土工膜防渗渠道的堤顶宽度应根据设计流量的大小，宜取 0.5～4m，当渠堤兼做公路时，应按公路要求确定。堤顶应设计成向外倾斜 1%～2%的斜坡。

10.2.6　土工膜防渗渠道保护层边坡稳定计算

10.2.6.1　普遍条分法（简化简布法）计算

此法适用于埋铺式土工膜防渗渠道土保护层边坡的稳定分析计算。当土保护层失稳时，假定沿图 10.2-6 所示的 *abcd* 线滑动，对黏性土，*ab*、*bc* 为直线，*cd* 为弧线；对非黏性土，*ab*、*bc* 及 *cd* 为直线。*c* 点为最小安全系数时，降落后水位的水平延长线与膜层的交点，通过试算决定。

土保护层边坡稳定分析的控制时期为渠水位骤降期。采用简化简布法计算渗透压力，即：最高水位以上的土重按湿重度计算；计算滑动力时，最高水位至骤降后的水位间的土重按饱和重度计算，骤降水位以下的土重按浮重度计算；计算抗滑力时，最高水位以下的土重均按浮重度计算。

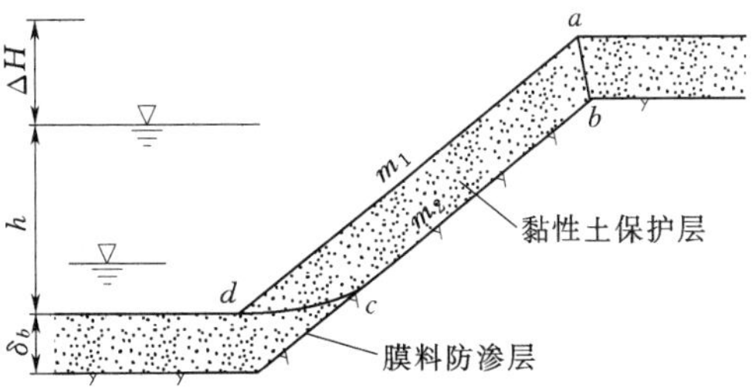

图 10.2-6　土保护层失稳示意图

计算示意图见图 10.2-7，保护层边坡抗滑稳定安全系数分析计算见式（10.2-2）和式（10.2-3）。

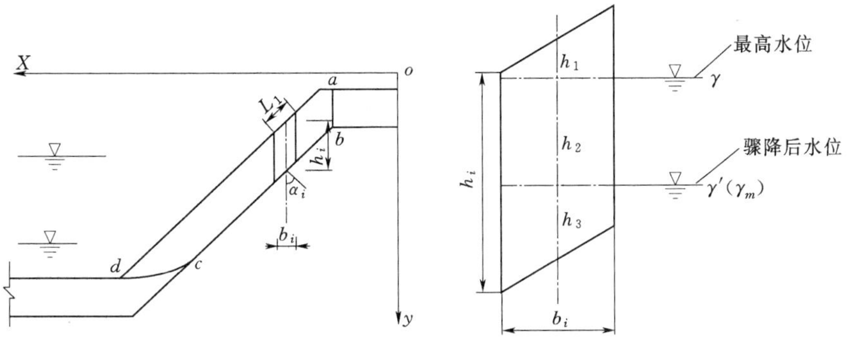

图 10.2-7　简化简布法示意图

$$F_s=\frac{\sum(C_ib_i+W_i'\tan\varphi_i)\dfrac{\sec^2\alpha_i}{1+\tan\varphi_i\tan\alpha_i/F_s}}{\sum W_i''\tan\alpha_i} \tag{10.2-2}$$

或

$$F_s=\frac{\sum[C_ib_i+b_i(h_{i1}\gamma+h_{i2}\gamma'+h_{i3}\gamma')\tan\varphi_i]\dfrac{\sec^2\alpha_i}{1+\tan\varphi_i\tan\alpha_i/F_s}}{\sum b_i(h_{i1}\gamma+h_{i2}\gamma_m+h_{i3}\gamma')\tan\alpha_i} \tag{10.2-3}$$

$$b_i=L_i\cos\alpha_i$$

式中：b_i 为土条分条的宽度，m；α_i 为土条垂直坡面的分力与铅垂线的夹角，(°)；φ_i 为滑动面上土或土与膜料间的内摩擦角，（°）；C_i 为滑动面上土或土与膜料间的黏聚力，kPa；W_i'为按湿重度和浮重度计算的土条重力，kN；W_i''为按湿重度、饱和重度和浮重度计算的土条重力，kN；F_s 为边坡稳定安全系数；L_i 为土条分条的顶底斜长，m；γ、γ'、γ_m 分别为土条的湿重度、浮重度和饱和重度，kN/m^3；h_{i1}、h_{i2}、h_{i3}分别为相应于 γ、γ'、γ_m 的土柱高度，m。

计算中抗剪强度指标 φ、C 值的选用应与采用有效应力法，或总应力法的计算方法相对应，即采用有效应力法简化简布法计算时，应采用有效应力情况下实测的 φ、C 值（采用直剪仪试验时，应采用饱和慢剪法测定；采用三轴仪试验时，应采用饱和不排水剪，同时测孔隙水压力，确定有效应力下的 φ、C 值）；如采用总应力法计算时，应采用总应力下实测的 φ、C 值（用直剪仪试验时，采用饱和快剪法测定；用三轴仪试验时，采用饱和不排水剪法测定）。计算中，滑动面的 ab 和 cd 段应采用土的 φ、C 值；在 bc 段应采用土与膜料之间的 φ、C 值。因 ab 段很小，且土体在滑动前，往往先在 ab 段产生裂缝，所以计算时，略去 ab 段的抗滑力。

土工膜与垫层料之间的 φ、C 值可用直剪仪或三轴仪试验测定。

用直剪仪试验测定时，可将膜料夹在剪切面部位，在相应设计密度下，采用前述相应方法试验。以下是用直剪仪试验测定的土工膜与垫层料之间的 φ、C 值（表 10.2-4），可供设计中参考。

关于水位骤降下的稳定请参考《碾压式土石坝设计规范》(SL 274—2001) 附录 C 和附录 D。

表 10.2-4　　土工膜与垫层料之间的 φ、C 值

土工膜类型	垫层类型	含水率/%	φ/(°)	C/kPa
光面土工膜	细砂	0	18.04	3.26
		5	21.76	2.40
		10	24.28	1.59
	粗砂	0	21.10	2.15
		5	21.60	3.39
		10	24.24	2.27
复合土工膜	细砂	0	27.97	5.78
		5	28.27	10.40
		10	31.37	11.16
	粗砂	0	27.59	6.52
		5	28.77	7.28
		10	33.18	7.91
	粗粒料（粒径为 0.1～20mm；C_u=112）	0	26.71	15.90
		3	27.59	18.76
		6	28.87	22.95
		8.5	32.32	26.14

在寒冷地区的冻胀地基上修建土工膜防渗渠道时，往往在土工膜下铺设苯板层以防冻害。以下是用直剪仪试验测定的苯板与土工膜、上下垫层料之间的 φ、C 值，见表 10.2-5，可供设计中参考。

表 10.2-5　　苯板与土工膜、上下垫层料之间的 φ、C 值

	膜、垫层类型	含水率/%	φ/(°)	C/kPa
苯板	光面土工膜		18.92	0.84
	复合土工膜		19.53	9.87
	黏土	10	14.36	1.37
		18.5	11.53	3.75
		25	9.59	8.25
	细砂	0	20.66	3.5
		5	18.08	6.25
		10	28.41	6.53
	粗砂	0	24.03	7.14
		5	18.66	5.64
		10	32.08	5.02

用三轴仪试验测定时，可根据不同土质和不同密度按表 10.2-6 选用膜料在试样中近似的置放夹角（α）。将膜料放入试样中，在相应密度及方法下测定 φ、C 值。因在极限平衡条件下，$\alpha=45+\varphi/2$，因此，如采用近似 α 角求得的 φ 值与式（10.2-2）或式（10.2-3）相差过大时，可改变 α 角，重新试验和测定 φ、C 值。

表 10.2-6　　膜料在三轴试验试样中的夹角 α　　单位：(°)

土壤类别	土壤干密度/(g/cm³)		
	1.35	1.5	1.7
砂壤土	52	55	56
壤土	46	47	48
黏土	45	46	47

10.2.6.2 简易计算法

采用此法进行土工膜防渗渠道稳定边坡计算的最不利运行工况是渠道水位骤降时，其计算分两种情况：

当黏聚力为 0 时，边坡抗滑稳定安全系数 F_s 的计算公式为

$$F_s=\frac{\rho_s gA\cos\alpha f}{\rho_s gA\sin\alpha}=\frac{f}{\tan\alpha} \tag{10.2-4}$$

式中：ρ_s 为土工膜上护坡的饱和密度，t/m³；g 为重力加速度，m/s²；A 为护坡的面积，m²；α 为渠道边坡的坡脚，(°)；f 为土工膜与垫层的摩擦系数。

当黏聚力不为 0 时采用泰勒图表法求解。

土工膜防渗渠道土保护层边坡稳定的最小安全系数为：3 级、4 级、5 级渠道采用

1.2，1级、2级渠道采用1.3。

10.3 膨胀土渠基土工膜防渗结构设计

如果土工膜防渗渠段地基为失陷性黄土、软弱土、沙土、分散性土、膨胀土、冻胀土等非一般性渠基，或具有裂隙、断层、滑坡体、溶（空）洞以及地下水位较高时，应结合实际情况联合采用工程措施，如换填、改性、排水、保温、采用化学添加剂等，以确保渠基稳定。

在选择渠基设计方案时，应根据工程要求、气象、工程地质和水文地质条件，并考虑土工膜防渗结构与渠基的共同作用、地形地貌、环境情况及对邻近工程的影响等因素，进行综合分析，经过技术经济比较确定。

对大型土工膜防渗渠道，应在有代表性的渠段上，对已选定的渠基设计方案，进行相应的现场试验或试验性施工，并进行必要的测试，检验设计参数和效果，如果达不到设计要求，应查明原因，修改设计参数。

本节主要结合膨胀土渠基的土工膜防渗结构设计与应用作较为详尽的阐述。

10.3.1 膨胀土的特性

膨胀土按自由膨胀率（烘干土在水中增加的体积与原体积之比）判断和分类，自由膨胀率小于40%为非膨胀土，膨胀率大于40%小于65%为弱膨胀土，膨胀率大于65%小于90%为中膨胀土，膨胀率大于90%为强膨胀土。

膨胀土具有吸水膨胀、失水收缩和反复胀缩变形、浸水承载力衰减、干缩裂隙发育等特性，性质极不稳定。

10.3.2 膨胀土的处理

膨胀土的胀缩性、裂隙性及超固结性是造成膨胀土边坡失稳的主要原因。膨胀土的处理常用方法有换土、土性改良、灰土桩、水泥桩加固和防止地基土含水量变化等工程措施。

（1）换土。膨胀土的处理可采用非膨胀性材料或灰土，换土厚度需能够抑制其膨胀潜势，换土厚度可通过变形和稳定计算确定。

（2）改良土质。膨胀土改良是在膨胀土中添加石灰、水泥等非膨胀材料或添加化学剂使膨胀土失去或降低膨胀性；此外，有机和无机的化学剂也已经在膨胀土改良中得到应用，可以降低膨胀土的塑性指数和膨胀潜势。

（3）采用桩基。膨胀土层较厚时，可采用桩基，桩尖支承在非膨胀土层上，或支承在大气影响层以下的稳定层上，可阻止深层滑动。

（4）预湿膨胀。施工前使土加水变湿而膨胀，并在土中维持高含水率，则土将基本上保持体积不变，因而不会导致结构破坏。

根据膨胀土的特性，土体含水率的变化是膨胀土产生危害的根本条件。工程措施有时单独采用，有时需综合采用，切断基底下外界渗水条件，保证地基的稳定性。

10.3.3 膨胀土地基土工膜防渗结构设计

水分的迁移是控制土胀、缩特性的关键外在因素。只要土中存在着可能产生水分迁移的水力梯度和进行水分迁移的途径，就可能引起土的膨胀或收缩。

鉴于膨胀土的特性，需防止其频繁干湿交替，从而造成强度降低。

膨胀土地区渠道断面形式一般采用梯形，以利于采取处理措施保证边坡的稳定。

膨胀土地基的土工膜防渗结构一般自下而上为：换填保护层、下垫层、土工膜、上垫层、防护层。

（1）换填保护层。换填保护层可采用非膨胀性材料或灰土，换填厚度根据膨胀土的特性及边坡稳定要求确定。灰土可掺加水泥和石灰，掺加量需根据膨胀土的膨胀性经试验确定，使其能够降低膨胀土的膨胀性，达到工程要求。

（2）下垫层。土工膜是柔性的，需要垫层的支持。下垫层的作用是使土工膜受力均匀，免受局部集中应力的损坏，并且有排水、排气作用。下垫层材料可采用10cm左右、碾压密实的级配砂砾料或中粗砂、土工网等。复合土工膜的无纺土工织物，可作为坡面的滤层和排水层，增大土工膜与土之间的摩擦力，保护土工膜免受损坏。

膨胀土地基换填下垫层一般为非膨胀性土料或灰土，下垫层起到找平及排水作用，可将由膜的接缝渗漏或通过膜入渗的滞留水汇集到管道或盲沟排出，避免渠道水位下降时，膜后滞留的水反压土工膜而使防渗层失稳。

（3）土工膜。土工膜铺设在临水侧，优点主要有：施工方便；膜能适应坡面变形，不致破裂；维修或更换容易。缺点主要有：为防外界因素（紫外线、水力、人为破坏）的影响，需设防护层；存在膜与垫层和防护层结合及稳定问题。

土工膜厚度直接影响工程质量，根据水压大小用理论计算的膜厚一般较薄，使用时需留有较大的安全系数，结合渠基处理、施工及运行条件，大型渠道防渗土工膜厚度宜采用0.6～1.0mm；对于次要工程也不宜小于0.5mm。

复合土工膜可采用一布一膜和两布一膜，当复合土工膜两面接触介质都是有棱角的粗粒料时，则应选用两布一膜复合土工膜。

用于复合土工膜的土工织物，有短纤和长纤之分。长纤的力学性能和耐久性要优于短纤，渗透性相仿，因此对于应力较大的部位及重要建筑物应选用长纤。

常用土工膜有聚氯乙烯（PVC）和聚乙烯（PE）两种，PVC密度大于$1g/cm^3$，PE密度小于$1g/cm^3$，相同厚度；PE较硬，PVC中有增塑剂，较软；PE价格低于PVC；二者防渗性能相当；PVC可采用热焊或胶粘，PE只能热焊；PVC和PE还有一个突出差别，就是膜的幅宽，PVC复合土工膜一般为2m，PE复合土工膜可达7m，相应接缝PE比PVC少得多。

聚氯乙烯（PVC）和聚乙烯（PE）在国内工程中均有应用，在物理性能、力学性能、水力学性能相当的情况下，大面积土工膜施工，应尽量选用PE膜。而且PE膜热焊，施工质量较稳定，焊缝质量易于检查，施工速度快，工程费用较低。

（4）上垫层。为保护土工膜不被刺破，在有些防护层下设垫层。透水垫层除直接保护土工膜外，还可及时排除土工膜以上的水，对防护层稳定有利。上垫层材料可采用无砂混凝土、土工织物或土工网等。选用复合土工膜可不设上垫层。

（5）防护层。防护层可防御波浪淘刷、人为破坏、冰冻损坏、紫外线辐射、风力掀动以及膜下水压力顶托而浮起等。

渠道输水以降低糙率及防渗为目的，防护层一般采用预制混凝土板或现浇混凝土板。

混凝土板可铺设在复合土工膜的土工织物上。对于非复合土工膜，上面没有土工织物，可先喷沥青砂胶，或浇筑薄层（厚度 4cm 左右）无砂混凝土作为垫层，然后铺混凝土板。

混凝土板分块面积和厚度，可根据渠道规模大小及渠基性质确定，大型渠道混凝土板厚度可加大，渠基变形较大的或地基岩性不均一的混凝土板分块面积需减少。混凝土板之间的拼装缝，应填塞闭孔板、经防腐处理木条或沥青玛蹄脂、聚硫密封胶，以免日光由缝隙照射土工膜。

10.4 工程实例

10.4.1 新疆“JKJW”总干渠工程

“JKJW”工程总干渠北起“LSW”水利枢纽左岸副坝上的总干进水闸，南至顶山分水枢纽，全长 136km，设计流量为 $120m^3/s$，其中位于第三纪砂岩、泥岩地基上的明渠段总长为 133km，输水明渠为梯形断面，采用全铺式光面土工膜防渗体结构防渗。输水明渠边坡的陡缓，对工程投资有较大的影响，边坡的稳定与否，对工程安全运行关系紧密，因此，初设阶段为了确保工程结构安全和投资控制，对土工膜与垫层料之间 φ、C 值进行了测定，测定成果及边坡稳定计算结果见表 10.4-1。

表 10.4-1 “JKJW”总干渠输水明渠光面土工膜与垫层料之间的 φ、C 值及边坡稳定计算结果

土样及编号	干密度 /(g/cm³)	摩擦角 φ/(°) 天然/饱和	摩擦系数 f 天然/饱和	临界坡度系数 m 天然/饱和	安全系数 $F_s=1.2$ 时的 m 值 天然/饱和
石英砂岩 51+250	1.70	25.0/21.2	0.47/0.38	2.1/2.6	2.6/3.1
砂质泥岩 63+000	1.70	23.2/3.0	0.43/0.31	2.3/3.3	2.8/3.9
亚砂土 64+150	1.70	23.2/20.8	0.43/0.38	2.3/2.6	2.8/3.2
砂砾岩 49+024	1.80	21.8/19.3	0.40/0.35	2.5/2.9	3.0/3.4
泥岩 64+450	1.70	24.3/5.5	0.45/0.36	2.2/2.7	2.7/3.3
泥质砂岩 64+450	1.80	17.6/17.0	0.32/0.31	3.1/3.3	3.8/3.9
砂浆体		27.9/29.4	0.53/0.57	1.9/1.8	2.3/2.1

注 砂质泥岩饱和状态黏聚力为 10kPa；泥岩天然状态和饱和状态的黏聚力分别为 2kPa 和 10kPa。

从试验结果中可以看出：①土工膜与砂浆体摩擦角明显大于其与垫层的摩擦角，这说明渠道边坡表层滑动的危险主要来自于土工膜与垫层料之间；②饱和状态下的摩擦角小于自然状态下的摩擦角，说明饱和状态下土工膜与垫层之间滑动的危险更大；③砂浆体在自然状态下与土工膜的摩擦角小于其在饱和状态下与土工膜的摩擦角，这个试验反复做了多次，都是此种结果，估计是在饱和状态下水分子的静力作用，使得表面光滑的土工膜与砂浆体的摩擦角增大；④泥岩在自然状态下与土工膜的摩擦角增大，在饱和状态下摩擦角很小。这主要是自然状态下泥岩粗颗粒较多，不易破碎，故摩擦角增大。在饱和情况下粗颗粒潮解成细颗粒，并成泥状，故摩擦角大减，但黏聚力上升。总之，从现场采集的试验料来看，石英砂岩和泥岩的粗颗粒含量较多，而泥质砂岩的粗颗粒含量最少，因此，对照试验结果，基本符合细颗粒含量越多，与土工膜之间的摩擦角越小这一规律。

从表 10.4-1 计算出的满足抗滑稳定要求的渠道边坡很缓，对此情况，设计采用光面膜上下铺设砂浆层保护的方法，并加强了渠道底部的阻滑结构设计，即主要渠段均采用在渠床地基上直接铺 3cm 厚、强度标号为 M10 的砂浆找平层，然后铺设 0.6mm 厚的聚乙烯光面土工膜，再在土工膜上铺 3cm 厚、强度标号为 M10 的砂浆层，并直接砌筑 6～8cm 厚、边长 25cm 的六边形混凝土预制板防冲保护层，混凝土预制板的设计指标为 C20W6F200，用 M10 砂浆勾缝。渠道边坡设计为 1∶2.0（图 10.2-7），每隔 6m 设计一道横缝。

10.4.2 新疆“JK”西干渠工程

“JK”西干渠工程东起顶山总干渠尾部分水闸，西至 FC 调节水库，由西干渠、黄旗坝安全水库和尾部的 FC 调节水库组成，全长 210km，其中输水明渠长 198km，五段无压隧洞总长 10.02km。西干渠全线设有五个分水退水闸，全线分四个设计流量段，最大设计流量为 $73m^3/s$，输水明渠以挖为主，但有较长的高填方、填方段和半挖半填方渠段。

西干渠全线通过的地层有第三系砂岩、砂砾石、泥岩。凡遇砂岩、泥岩、壤土和地下水位高的渠段，地基均置换为 30cm 厚的戈壁砂砾石层，输水明渠为梯形断面，采用全铺式复合土工膜防渗体结构防渗，复合土工膜厚 0.6mm，上有针刺痕迹并粘有白色纤维，表面较粗糙。初设阶段对土工膜与垫层料之间 φ、C 值进行了测定，测定成果及边坡稳定计算结果见表 10.4-2。

表 10.4-2 “JK”西干渠输水明渠复合土工膜与垫层料之间的 φ、C 值及边坡稳定计算结果

土样及编号	干密度 /(g/cm³)	饱和密度 /(g/cm³)	摩擦角 φ/(°) 天然/饱和	摩擦系数 f 天然/饱和	临界坡度系数 m 天然/饱和	安全系数 F_s=1.2 时的 m 值 天然/饱和
砂岩 Ho+000	1.77	2.05	34.0/29.7	0.68/0.57	1.5/1.8	1.8/2.1
砂岩含少量泥岩 79+000	1.81	2.04	33.0/26.6	0.65/0.5	1.5/2.0	1.8/2.4
顶山料场 Tk_9 混合料	1.81	2.11	35.8/28.8	0.72/0.55	1.4/1.8	1.7/2.2
一八四料场 Tk_{11} 混合料	1.77	2.10	37.6/28.9	0.77/0.55	1.3/1.8	1.6/2.2
砂浆体	—	—	34.3/30.1	0.68/0.58	1.5/1.7	1.8/2.1

注 表中各种状态下的黏聚力测试均为 0。

从试验结果中可以看出：①各种垫层料、砂浆体在饱和状态下与土工膜的摩擦角均小于其在自然状态下与土工膜的摩擦角，这说明饱和状态下土工膜与垫层料、砂浆体之间滑动的危险性大；②土工膜与砂浆体之间的摩擦角大于其与垫层料之间的摩擦角（饱和状态），说明渠道边坡表层滑动的危险来自于土工膜与垫层料之间；③在自然状态下，土工膜与砂浆体之间的摩擦角介于其与各种垫层料的摩擦角之间；但在饱和状态下，土工膜与砂浆体之间的摩擦角却大于其与所有垫层料的摩擦角。这主要是因为在饱和状态下，砂浆体的结构并没有发生变化，因而在两种状态下摩擦角相差 4°左右，但垫层料在饱和后有一部分粗颗粒会潮解为细颗粒，故在两种状态下摩擦角相差 4°～9°；④无论在何种状态下，所测的力学参数黏聚力均为零，这说明垫层和渠床料的黏粒含量很少。总之，从现场采集的试验料来看，一八四料场的粗颗粒含量最多，而桩号 79+000 探坑砂岩（含少量泥岩）的细颗粒含量最多。因此，对照试验结果，完全符合细颗粒含量越多，与土工膜之间的摩擦角越小这一规律。

从表10.4-2中试验及计算的结果还可看出，聚乙烯复合土工膜与其下部垫层料的摩擦角较小，因而所计算出的满足抗滑稳定要求的渠道边坡较缓，但这并不意味着一定要选取较缓的边坡，由于渠道两边坡上的混凝土护板为对称的刚性结构，即便是边坡取的较陡，引起土工膜及其上部的混凝土护板护坡下滑，也会受到渠底混凝土板的约束而又趋于稳定，因此，在满足结构安全、材料供应及施工方便的前提下，为了尽最大可能地节省投资，在加强渠道底部阻滑结构设计的情况下，渠道边坡最终定到1∶1.75（见图10.2-6）。主要渠段土工膜防渗体结构的设计为：渠基置换为30cm厚的戈壁砂砾石垫层，在上直接铺设复合土工膜，复合土工膜上现浇10cm厚的混凝土护板。

10.4.3 新疆“JW”南干渠（沙漠明渠）工程

“JW”南干渠（沙漠明渠）工程沙漠明渠段是“JW”一期一步工程的重要组成部分，穿越古尔班通古特沙漠腹地，全长168.4km，设计流量为47.5m^3/s，加大流量为55m^3/s。渠床地基主要是沙漠沙，拟置换为40cm厚的戈壁砂砾石层。渠线以挖为主，渠道纵坡为1/5000～1/8000。输水明渠为梯形断面，底宽6m，采用全铺式土工膜防渗体结构防渗。初设阶段选择了三种土工膜：聚乙烯光面土工膜、加糙聚乙烯土工膜和聚乙烯复合土工膜（两布一膜）。聚乙烯光面土工膜厚0.6mm，黑色，表面光滑；复合膜厚0.6mm，上有针刺痕迹并粘有白色纤维，表面较粗糙；加糙膜厚0.6mm，是在黑色光膜的基础上作了一些加糙处理，但不均匀，有些地方粗糙程度大，有些地方小。然后对其与渠床、垫层料之间的φ、C值进行了测定，测定成果及边坡稳定计算结果见表10.4-3和表10.4-4。

表10.4-3 “JW”一期一步工程南干渠土工膜与垫层料之间的φ、C值及边坡稳定计算结果1

土样位置及编号	土样接触物料	干密度/(g/cm³)	摩擦角φ/(°) 天然/饱和	摩擦系数f 天然/饱和	临界坡度系数m 天然/饱和	安全系数F_s=1.2时的m值 天然/饱和
三个泉	复合膜与渠床料	1.78	30.7/30.2	0.59/0.58	1.7/1.7	2.0/2.1
	光膜与渠床料	1.78	18.5/16.2	0.34/0.29	2.1/3.4	3.6/4.1
	加糙膜与渠床料	1.78	29.3/27.9	0.56/0.53	1.8/1.9	2.1/2.3
	饱和砂浆体与渠床料	1.78	25.0/23.6	0.47/0.44	2.1/2.3	2.6/2.7
	天然砂浆体与渠床料	1.78	27.1/24.9	0.51/0.46	2.0/2.2	2.3/2.6
	干燥砂浆体与渠床料	1.78	27.8/25.4	0.53/0.48	1.9/2.1	2.3/2.5
3+000（一号料场）	复合膜与渠床料	1.55	34.8/26.7	0.69/0.50	1.4/2.0	1.7/2.4
	光膜与渠床料	1.55	18.3/17.0	0.33/0.31	3.0/3.3	3.6/3.9
	加糙膜与渠床料	1.55	29.2/25.8	0.56/0.48	1.8/2.1	2.1/2.5
	饱和砂浆体与渠床料	1.55	27.6/26.9	0.52/0.51	1.9/2.0	2.3/2.4
	天然砂浆体与渠床料	1.55	29.4/28.0	0.56/0.53	1.8/1.9	2.1/2.3
	干燥砂浆体与渠床料	1.55	29.3/28.7	0.56/0.55	1.8/1.8	2.1/2.2

续表

土样位置及编号	土样接触物料	干密度 /(g/cm³)	摩擦角 φ/(°) 天然/饱和	摩擦系数 f 天然/饱和	临界坡度系数 m 天然/饱和	安全系数 $F_s=1.2$ 时的 m 值 天然/饱和
E28+000	复合膜与渠床料	1.55	32.6/27.5	0.64/0.52	1.6/1.9	1.9/2.3
	光膜与渠床料	1.55	19.2/19.1	0.35/0.35	2.9/2.9	3.4/3.5
	加糙膜与渠床料	1.55	27.4/26.5	0.52/0.45	1.9/2.0	2.3/2.4
	饱和砂浆体与渠床料	1.55	27.5/27	0.52/0.51	1.9/2.0	2.3/2.4
	天然砂浆体与渠床料	1.55	28.1/27.6	0.53/0.52	1.9/1.9	2.2/2.3
	干燥砂浆体与渠床料	1.55	28.2/28.1	0.54/0.54	1.9/1.9	2.2/2.2
E54+300	复合膜与渠床料	1.55	33.8/29.8	0.67/0.57	1.5/1.7	1.8/2.1
	光膜与渠床料	1.55	19.2/18.7	0.34/0.34	2.9/3.0	3.4/3.5
	加糙膜与渠床料	1.55	29.3/26.1	0.56/0.49	1.8/2.0	2.1/2.4
	饱和砂浆体与渠床料	1.55	27.7/26.5	0.53/0.50	1.9/2.0	2.3/2.4
	天然砂浆体与渠床料	1.55	28.9/28.2	0.55/5.54	1.8/1.9	2.2/2.2
	干燥砂浆体与渠床料	1.55	29.1/28.7	0.56/0.55	1.8/1.8	2.2/2.2
42+000 石西路	复合膜与渠床料	1.70	26.7/25.4	0.50/0.48	2.0/2.1	2.4/2.5
	光膜与渠床料	1.70	18.2/16.0	0.33/0.29	3.0/3.5	3.6/4.2
	加糙膜与渠床料	1.70	30.0/29.4	0.58/0.56	1.7/1.8	2.1/2.1
	饱和砂浆体与渠床料	1.69	27.8/24.3	0.53/0.45	1.9/2.2	2.3/2.7
	天然砂浆体与渠床料	1.69	25.0/23.8	0.47/0.44	2.1/2.3	2.6/2.7
	干燥砂浆体与渠床料	1.69	28.2/25.0	0.54/0.47	1.9/2.1	2.2/2.6
92+000 2号 试验段	复合膜与渠床料	1.70	27.1/26.3	0.50/0.49	2.0/2.0	2.4/2.4
	光膜与渠床料	1.70	17.6/16.5	0.32/0.30	3.2/3.4	3.8/4.1
	加糙膜与渠床料	1.70	28.2/28.7	0.54/0.55	1.9/1.8	2.2/2.2
	饱和砂浆体与渠床料	1.69	24.8/23.6	0.46/0.44	2.2/2.3	2.6/2.7
	天然砂浆体与渠床料	1.69	27.8/27.0	0.53/0.51	1.9/2.0	2.3/2.4
	干燥砂浆体与渠床料	1.69	28.1/27.5	0.53/0.52	1.9/1.9	2.2/2.3
戈壁料 C_a	复合膜与渠床料	1.77	29.4/31.5	0.56/0.61	1.8/1.6	2.1/2.0
	光膜与渠床料	1.77	23.8/23.3	0.44/0.43	2.3/2.3	2.7/2.8
	加糙膜与渠床料	1.77	31.1/30.7	0.60/0.59	1.7/1.7	2.0/2.0
	饱和砂浆体与渠床料	1.77	31.0/28.1	0.60/0.53	1.7/1.9	2.0/2.2
	天然砂浆体与渠床料	1.77	29.4/26.9	0.56/0.51	1.8/2.0	2.1/2.4
	干燥砂浆体与渠床料	1.77	30.7/25.2	0.59/0.47	1.7/2.1	2.0/2.5

续表

土样位置及编号	土样接触物料	干密度/(g/cm³)	摩擦角 φ/(°) 天然/饱和	摩擦系数 f 天然/饱和	临界坡度系数 m 天然/饱和	安全系数 $F_s=1.2$ 时的 m 值 天然/饱和
复合膜	复合膜与砂浆体		31.0/30.8	0.60/0.60	1.7/1.7	2.0/2.0
	复合膜与干燥浆体		32.6	0.64	1.6	1.9
光膜	光膜与砂浆体		26.4/26.0	0.50/0.49	2.0/2.1	2.4/2.5
	光膜与干燥浆体		26.7	0.50	2.0	2.4
加糙膜	加糙膜与渠床料		30.1/29.4	0.58/0.56	1.7/1.8	2.1/2.1

注 表中各种状态下的黏聚力测试均为0。

表10.4-4 "JW"一期一步工程南干渠土工膜与垫层料之间的φ、C值及边坡稳定计算结果2

土样位置及编号	土样接触物料	干密度/(g/cm³)	摩擦角 φ/(°)		黏聚力 C/kPa		摩擦系数 f		临界稳定坡度系数 m		当安全系数 $F_s=1.2$ 时的 m 值	
			天然	饱和	天然	饱和	天然	饱和	天然	饱和	天然	饱和
141+600(2.5m以下砂质泥岩)	复合膜与渠床料	1.85	26.7	10.9	1.6	4.9	0.754	0.577	1.3	1.7	1.6	2.1
	光膜与渠床料	1.85	12.5	3.7	3.2	6.5	0.510	0.364	2.0	2.7	2.4	3.3
	加糙膜与渠床料	1.85	27.2	6.6	1.5	7.0	0.781	0.510	1.3	2.0	1.5	2.4
	饱和砂浆体与渠床料	1.85	22.3	14.9	2.0	3.0	0.675	0.554	1.5	1.8	1.8	2.2
	天然砂浆体与渠床料	1.85	29.0	25.2	1.5	2.0	0.781	0.754	1.3	1.3	1.5	1.6
	干燥砂浆体与渠床料	1.85	31.9	20.0	1.2	2.5	0.839	0.70	1.2	1.4	1.4	1.7
141+600(1.60～2.2m以下砂质泥岩)	复合膜与渠床料	1.85	29.9	18.8	1.5	3.2	0.863	0.675	1.2	1.5	1.4	1.8
	光膜与渠床料	1.85	16.1	6.7	4.0	6.0	0.727	0.424	1.4	2.4	1.7	2.8
	加糙膜与渠床料	1.85	28.2	8.2	1.3	6.2	0.781	0.601	1.3	1.7	1.5	2.0
	饱和砂浆体与渠床料	1.85	21.3	16.7	3.0	3.6	0.754	0.649	1.3	1.5	1.6	1.8
	天然砂浆体与渠床料	1.85	30.6	16.5	1.8	3.4	0.933	0.649	1.1	1.5	1.3	1.8
	干燥砂浆体与渠床料	1.85	31.0	18.8	1.2	3.8	0.916	0.781	1.1	1.3	1.3	1.5

从试验结果中可以看出：①土工膜和砂浆体的摩擦角一般大于其与渠床料的摩擦角，垫层料和渠床料的摩擦角一般大于砂浆体与渠床料的摩擦角，这说明渠道边坡表层滑动的危险主要来自于土工膜与渠床料之间和砂浆体与渠床料之间（此结论偏于保守，因为试验砂浆体均在光面土工膜上成型，表面比在渠床料的成型情况光滑）；②自然和干燥状态下各种材料间的摩擦角大于饱和状态下的摩擦角，这说明在饱和状态下渠道边坡表层滑动的可能性更大；③对砂浆体本身来说，在饱和、天然、干燥的情况下基本上遵循越干燥其摩擦角越大的规律，但天然与干燥情况的差别不大；④加糙膜从表面上看，加糙程度不均匀，故造成在相近情况下摩擦角有时有相差很大的情况。

从“JKJW”总干渠工程可知，光面土工膜夹在两层钢性砂浆体之间，明显可增加糙率，从而获得较陡的渠道边坡，但这种结构有可能在砂浆体开裂的情况下，使受到变形约束的土工膜出现断裂，破坏防渗体功能。经过反复比较，设计最终选择了聚乙烯复合土工膜（一布一膜）防渗结构，膜厚 0.6mm，布厚 $150g/m^2$，主要渠段的渠道边坡定为 1∶2.5（图 10.2－5），每隔 6m 设计一道横缝。土工膜防渗结构从下向上具体设计为：置换渠床沙漠沙 40cm 厚，换填戈壁砂砾石垫层，再铺设 3cm 厚、强度标号为 M10 的砂浆（沙漠沙）找平层，然后上铺复合土工膜（一布一膜），光面朝下，再在膜上铺设 3cm 厚的 M10 砂浆（水洗砂）层，并直接砌筑 6～7cm 厚的六边形混凝土预制板防冲保护层，混凝土预制板的边长为 25cm，设计指标为 C20W6F200，用 M10 砂浆勾缝。

土工膜的应用较好地解决了上述“JKJW”总干渠、“JK”西干渠和“JW”南干渠（沙漠明渠）工程的防渗问题，为节省工程投资和安全运行提供了保证，工程已从 2001 年分别投入使用，运行情况良好，取得了巨大的经济、社会和环境效益。

10.4.4 南水北调中线一期工程

10.4.4.1 工程概况

南水北调中线工程从丹江口水库陶岔闸引水，经长江流域与淮河流域的分水岭方城垭口，沿唐白河流域和黄淮海平原西部边缘开挖渠道，在河南省郑州市附近通过隧道穿过黄河，沿京广铁路西侧北上，自流到北京、天津。输水干渠全长 1273km，向天津输水干渠长 154km。中线工程主要向河南、河北、北京及天津四省（直辖市）供水。每年可输送 95 亿 m^3 的水量，缓解北方严重缺水局面。

南水北调中线某渠段设计流量为 $320m^3/s$，加大流量为 $380m^3/s$。

南水北调中线一期工程为Ⅰ等工程，总干渠及其交叉建筑物等主要建筑物为 1 级建筑物。

渠道和建筑物地震设计烈度为 6 度。

渠道采用明渠自流输水形式，为梯形断面。渠道断面形式按渠底与地面的关系分为全挖方、全填方和半挖半填。渠道设计底宽为 19.5～24.5m，渠道临水边坡坡比为 1∶2～1∶3，渠堤填筑外边坡坡比为 1∶1.75～1∶2，渠道纵坡为 1/25000，设计水深为 7m，一级马道（堤顶）宽 5.0m。

渠道采用现浇混凝土衬砌下铺复合土工膜防渗的形式，渠底衬砌混凝土厚 8cm，边坡衬砌混凝土厚 10cm；复合土工膜规格为不小于 $576g/m^2$。

10.4.4.2 工程地质

渠道沿线土（岩）层结构相对简单，边坡的岩性主要为黏性土和黏土岩，多具有膨胀性，局部具有强膨胀性。存在有中—强透水层，地下水位较高。

强膨胀渠段岩性为黏土岩和泥灰质黏土岩，黏土岩自由膨胀率为 38%～118%，泥灰质黏土岩自由膨胀率为 30%～99%。以半挖半填为主，局部为全挖方段。

强膨胀岩中存在着大量的软弱结构面及长大裂隙，结构面光滑，长大裂隙有一定的方向性。短小的裂隙非常发育，无方向性，当其在失水—饱水—失水的一次循环后，边坡出现大量的垮塌或滑坡，裂隙面相互贯通成长大裂隙面。

中膨胀渠段岩性为中更新统（$dl-plQ_2$）棕黄色粉质黏土、黏土和上第三系（N）黏土岩、泥灰质黏土岩等。粉质黏土（dl－plQ_2）：棕黄色，土体裂隙呈网状发育，裂隙充填灰白—灰绿色黏土，裂隙宽度为1～3mm。土颗粒半定向排列，含钙质结核，裂隙中灰白色黏土失水干裂，遇水膨胀，干缩湿胀效应明显，其自由膨胀率平均值为77%。黏土岩、泥灰质黏土岩（N）：灰白色、灰绿色，失水干裂，遇水易崩解，干缩湿胀效应明显，其自由膨胀率为67%～80%。

弱膨胀渠段岩性为上更新统（alQ_3）褐黄色、褐色粉质黏土，各小段膨胀土的自由膨胀率范围值为20%～69%。

地层本身膨胀强弱分布非常不均。

渠道沿线地下水从埋藏特征划分，大多为上层滞水，为孔隙裂隙含水层，接受大气降水补给。地下水年变幅为1～3m。

工程沿线分布有赋存于N砂砾岩、砂岩中的裂隙—孔隙潜水、承压水；赋存于Q_3、Q_4砂砾石中的孔隙潜水、承压水；赋存于Q_2、Q_3黏性土中的上层滞水，地下水是影响渠道边坡稳定性的重要因素之一。

工程建设之前地下水位埋深1.0m左右。

10.4.4.3 渠基膨胀土处理

挖方渠段膨胀土渠基处理采用水泥改性土换填，局部设抗滑桩。

换填厚度根据渠基膨胀性、裂隙发育情况、挖方高度、边坡坡率通过稳定计算确定。

强膨胀渠段渠道边坡为1∶3，渠底和渠坡换填厚度均为3.5m，一级马道以上边坡为1∶2，换填厚度为2m，抗滑桩径为2m，间距为5.5m，长18m。

中膨胀渠段挖深大于15m的渠道边坡为1∶2.5，渠底换填厚度为3.5m，渠坡换填厚度为2.5m。局部设置抗滑桩，桩径为1m，间距为5m，长11m。

中膨胀渠段挖深小于15m的渠道边坡为1∶2.5，换填厚度渠底和渠坡均为1.5m。局部设置抗滑桩，桩径为1m，间距为4.0m，长12.5m。

弱膨胀土渠段渠道边坡为1∶2，换填厚度为1.0m。

抗滑桩位置均位于一级马道临水侧。

工程区膨胀土分布广，土料场土料具有膨胀性，自由膨胀率为22%～60%，土料场土料膨胀率较高，不能直接用作换填土，换填土采用掺加4%水泥进行改性。改性后土料膨胀率为17%左右。

10.4.4.4 土工膜防护

渠道土工膜防护采用现浇混凝土衬砌板，其作用还可以减糙。混凝土衬砌板采用混凝土衬砌机浇筑，直接浇筑在复合土工膜上。混凝土衬砌板渠坡厚0.10m，渠底厚0.08m（工程施工后期也有少部分渠段渠底混凝土衬砌板厚变更为0.15m）。衬砌板4m左右设伸缩缝，缝宽1cm，伸缩缝表层填塞2cm厚聚硫密封胶，伸缩缝下部采用聚乙烯泡沫塑料板嵌缝。

10.4.4.5 垫层

工程区地下水位较高，在渠道土工膜下设20cm的级配砂砾料垫层，起排水和反滤作用，汇集地下水或渗水，通过逆止阀排出。垫层还可起到找平作用。

10.4.4.6　土工膜防渗设计

（1）土工膜的铺设范围。渠道衬砌范围为全断面衬砌，包括渠道的边坡和渠底，填方渠道边坡衬砌至堤顶，挖方渠道边坡衬砌至一级马道。

复合土工膜采用埋藏式铺设，坡底压在坡脚齿墙下，顶部压在混凝土封顶板下的黏土槽中。

（2）土工膜的设计标准。渠道土工膜用量大，采用宽幅并能焊接的 PE 膜。渠道防渗土工膜规格为大于 576g/m^2（150g/m^2～0.3mm～150g/m^2）两布一膜复合土工膜，布为宽幅（幅宽大于 5m）聚酯长丝针刺非织造土工布。复合土工膜膜间连接采用双缝焊接方式，搭接宽度不小于 10cm。

为提高复合土工膜与上下接触面之间的摩擦系数，膜两侧的土工织物进行加糙处理。

复合土工膜应采用全新原料，不得添加再生料，聚乙烯膜应为无色透明、无毒性、对水质无污染。

复合土工膜技术指标满足表 10.4-5 的要求。

表 10.4-5　　复合土工膜技术指标

序号	聚乙烯膜	技术指标	复合土工膜	技术指标
1	膜厚/mm	≥0.3	复合体厚度/mm	≥2.7
2	密度/(kg/m^3)	＞920	断裂伸长率/%	＞50
3	破坏拉应力/MPa	＞17	断裂强力/(kN/m)	≥14
4	断裂伸长率/%	＞450	CBR 顶破强力/kN	≥2.8
5	弹性模量在 5℃/MPa	＞70	撕破强力/(kN/m)	≥0.4
6	抗冻性（脆性温度）/℃	＜−70	剥离强度/(N/cm)	≥6.0
7	联结强度	＞母材强度	耐静水压力/MPa	≥0.6
8	撕裂强度/(N/mm)	＞60	垂直渗透系数/(cm/s)	＜10^{-11}
9	抗渗强度应在 1.05MPa 水压力下	48h 不渗水		
10	渗透系数/(cm/s)	＜1×10^{-11}		
11	标准氧化诱导期（OIT）/min	＞100		

10.4.4.7　土工膜的锚固及与周围建筑物的连接

土工膜的锚固包含渠道坡顶及坡脚的锚固。

渠道线路一般较长，不可避免地穿越现有公路、河流等，为保持公路畅通及不阻断河道，需在渠道上修建交叉建筑物。交叉建筑物型式为跨渠桥梁、倒虹吸或渡槽。大型渠道顶部开口宽度较宽，跨渠桥及渡槽跨度大，墩柱位于渠道过水断面范围内。渠道防渗土工膜需与墩柱、倒虹吸等建筑物密封连接。

（1）渠道坡顶及坡脚的锚固。土工膜在渠道坡顶锚固在黏土槽中，坡底锚固在衬砌板坡脚趾墙下。

（2）与周围建筑物的连接。与渠道倒虹吸进出口连接采用锚接的方式。跨渠桥根据不同的岩层、跨度和荷载等级，桥墩可采用圆形和方形柱。对于小直径圆形柱，可采用钢箍将土工膜固定在桥墩柱上。土工膜与其他型式的桥墩柱采用锚栓连接，并在桥墩周围填筑黏性土，加强防渗（图10.4-1）。混凝土衬砌板与桥墩之间的缝隙表面采用聚硫密封胶填塞。

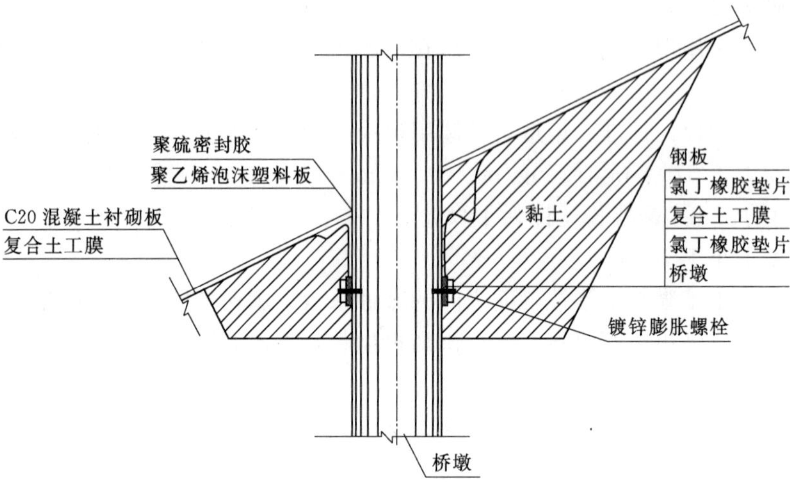

图10.4-1 土工膜与桥墩的连接

（3）与逆止阀的连接。渠道衬砌板较薄，为防止渠道衬砌板在渠道水位下降时由于地下水位的顶托而被浮起，在渠道两侧坡脚底部和渠底中心线设置逆止阀，以排除土工膜下的积水。逆止阀与土工膜接触部位设了一个圆盘作为黏结垫，采用KS胶将土工膜与逆止阀连接，逆止阀端部的橡胶止水环嵌入混凝土内，形成两道止水。

10.4.4.8 土工膜下的排水

（1）土工膜下排水设置。挖方渠道既要防渗，又要排除其防渗土工膜下的水，否则地下水位高于渠道水位时，土工膜将受到浮力的顶托而浮起，影响渠道输水及安全。

工程区地下水位较高，在渠道土工膜下设20cm的级配砂砾料垫层，起排水和反滤作用，汇集地下水或渗水，通过逆止阀排出。

土工膜下的渗水采用逆止阀内排，在渠道土工膜下部渠底两侧坡脚和渠道中心线位置设ϕ250mm纵向软式透水管，每隔15m设横向软式透水管，渠底两侧坡脚和渠道中心线位置每隔15m设一逆止阀，逆止阀与软式透水管采用三通管相连（图10.4-2）。当地下水位高于渠内水位时，逆止阀门自动开启，将地下水排入渠内，降低地下水位，减小扬压力；当地下水位低于渠内水位时，逆止阀关闭，渠水不会外渗。

逆止阀穿过混凝土衬砌板和复合土工膜，逆止阀与混凝土板之间采用聚硫密封胶充填，与土工膜采用KS胶粘接，做好防渗措施。

（2）换填层下排水布置。对于地下水位或上层滞水高于渠道底板高程、渠道边坡岩层渗透系数大于换填层时，为使换填层满足抗浮稳定性，在渠坡与换填层之间增设排水系统，或使换填层的厚度满足盖重要求。

盖重厚度计算采用《水闸设计规范》（SL 265—2001）中闸室抗浮稳定计算公式：

$$K=\frac{\sum V}{\sum U} \tag{10.4-1}$$

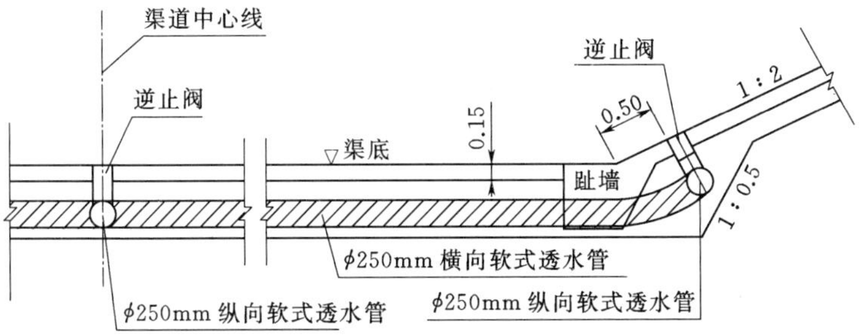

图 10.4-2　衬砌板下排水布置

式中：$\sum V$ 为作用在铺盖上垂直向下作用力之和；$\sum U$ 为作用在铺盖上垂直向上作用力之和。

渠道在完建期和检修期为最不利工况，其抗浮安全系数采用 1.05。

工程区地下水位较高，完全依靠盖重厚度满足抗浮稳定要求，盖重厚度需要很厚，因此需辅助一定的排水综合措施。

排水计算主要包括地下水渗出量、排水设施的出流量，从而确定排水设施的规格和规模。

1）计算条件。选择对工程最不利的水位组合，即地下水位为预测水位，渠内无水，此时内外水位差及暗管集水量为最大。

2）暗管集水流量计算公式。采用中国地质大学出版社 1977 年版《供水水文地质手册》（第二册　水文地质计算）中适用于在潜水含水层、集取地下水的完整式（直接埋设在基岩上）或非完整式（埋设未达到基岩面上）管状渗渠计算公式。

a. 集取地下潜水的完整式渗渠出水量计算公式：

$$Q=Lk\ \frac{H^2-h_0^2}{R}\text{（若单侧进水时除以 2）} \tag{10.4-2}$$

式中：Q 为渗渠出水量，m^3/d；L 为渗渠长度，m；k 为渗透系数，m/d，层状土渗透系数转化为各向同性土的等效渗透系数；H 为含水层厚度，m；h_0 为渗渠内水深（即动水位的水深），m，一般可取（0.15～0.3）H；R 为影响半径，m。

b. 集取地下潜水的非完整式渗渠出水量计算公式：

$$Q=2LK\left(\frac{H_1^2-h_0^2}{2R}+sq_r\right)\text{（若单侧进水时除以 2）} \tag{10.4-3}$$

式中：s 为水位降深，m；H_1 为渗渠底至静水位的距离，m；q_r 为根据 α、β 值由“手册”中图 2-7-7 及图 2-7-8 查得。

其中

$$\alpha=\frac{R}{R+C}\quad \beta=\frac{R}{T}$$

式中：T 为渗渠底至基岩的距离，m；C 为渗渠宽度之半，m。

影响半径 R 参照《供水水文地质手册》（第二册　水文地质计算）中的经验公式：

$$R=2s\sqrt{HK} \tag{10.4-4}$$

式中：R 为影响半径，m；H 为静止水位高度或潜水层厚度，本次采用渠底以上的含水层厚度，m。

c. 集水暗管过流能力计算。集水暗管过流能力按均匀流公式计算：

$$Q=\frac{1}{n}\times\omega\times R^{2/3}\times i^{1/2} \tag{10.4-5}$$

$$R=\omega/x$$

式中：n 为暗管糙率，$n=0.02$；ω 为过水断面面积，管内水深以 2/3 管径计；R 为水力半径；x 为湿周；i 为水力坡降，$i=1/25000$。

（3）移动泵抽排。换填层下排水采用集水井集中抽排，集水井内集水量为分段长度范围内的集水管集水流量之和。采用移动泵抽排，使换填层下与土工膜下的排水系统相对独立，不连通，换填层下的水抽排至渠外截流沟，见图 10.4-3。

在渠道换填层下两侧坡脚设 ϕ250mm 纵向软式透水管，每隔 20m 设横向软式透水管，透水管周围设 0.20m 厚砂砾料。沿纵向集水管每 200～400m 设一集水井，汇集纵向集水管内的渗水。集水井为钢筋混凝土结构，尺寸为 1.0m×1.0m×1.5m（长×宽×高），井壁厚 0.2m；在渠坡上设直径 600mm 的 PVC 斜管与集水井相连，通向渠顶，可供移动式潜水泵沿斜井滑入集水井抽排积水。移动泵不固定安装，仅在渠道水位下降或渠道放空检修时，运至现场，抽排地下水。

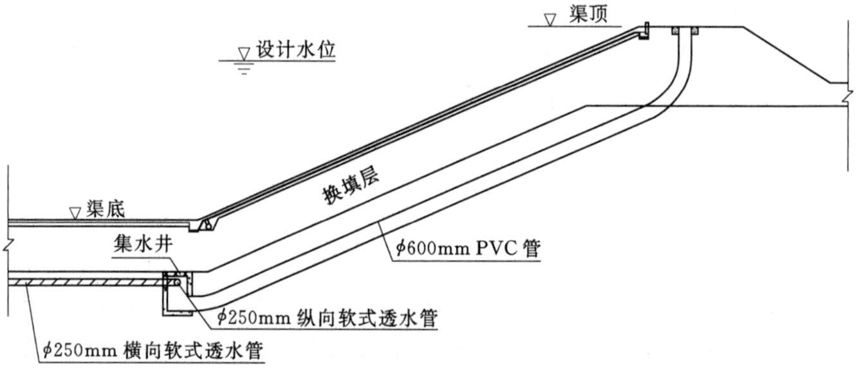

图 10.4-3　换填层下排水布置

10.4.4.9　土工膜防渗层的施工技术要求

（1）施工工艺流程。铺设、剪裁→对正、搭齐→压膜定型→擦拭尘土→焊接试验→试样检测→焊接→检测→修补→复检→验收。

（2）准备工作。

1）铺设前应清除地面一切可能损伤土工膜的带棱硬物，填平坑凹，平整压实土面或修好坡面。

2）复合土工膜不允许有针眼、疵点和厚薄不均匀；应按材料的技术指标进行购买，并在厂家和施工现场严加检验，严格控制复合土工膜的质量，决不允许不合格的残、次品用于施工。

3）必须培养一支熟练的技术工人队伍，并在现场进行室内外试验，确定合理科学的操作方法及程序，要充分明确施工质量的重要性和不合格的危害性，建立可靠的质量保证体系。

4）复合土工膜运至工地后，应存入仓库妥善保管，严禁露天堆放，仅在施工前运至施工现场，其数量以不影响当天施工为原则。

（3）复合土工膜铺设。渠坡复合土工膜垂直于渠道中心线方向铺设，由坡肩自上而下滚铺至坡脚，按先下游后上游的顺序铺设，上游幅压下游幅，搭接缝方向垂直于水流方向。只可出现垂直于渠轴线的横向连接缝，不应出现平行于渠轴线的纵向连接缝。

渠底复合土工膜平行于渠道中心线铺设，接缝应与渠坡土工膜接缝错开。

复合土工膜应错缝连接，只可出现“T”字缝，不应出现“十”字缝。

复合土工膜铺设应力求平顺，松紧适度，不得绷拉过紧；布应与土面密贴，不留空隙。

对施工过程中遭受损坏的土工合成材料，应及时进行修理。

应根据混凝土衬砌浇筑的长度铺设复合土工膜，一次铺设长度不宜超过 20m。当施工中出现脱空、收缩起皱及扭曲鼓包等现象时，应将其剔除后重新进行拼结。复合土工膜与基础及支持层之间应压平贴紧，避免架空，清除气泡，以保证安全。

（4）复合土工膜拼接。连接顺序：缝合底层土工布、热熔焊接或黏结土工膜、缝合上层土工布。

土工膜热熔焊接：施工前均应作工艺试验，确定焊机的温度、速度等施工参数。施工时根据天气情况适时调整。

土工膜黏结：应进行黏结剂比较、黏结后的抗拉强度、延伸率以及施工工艺等试验。

土工膜焊接采用双缝焊接，搭接宽度不小于 10cm。

拼接前必须对黏结面进行清扫，黏结面上不得有油污、灰尘。阴雨天应在雨棚下做业，以保持黏（搭）结面干燥。

复合土工膜的拼接头应确保其具有可靠的防渗效果。采用现场黏结方式进行土工合成材料的拼接，应保证有足够的搭接长度，涂胶时，必须使其均匀布满黏结面，不过厚、不漏涂。在黏结过程和黏结后 2h 内，黏结面不得承受任何拉力，严禁粘结面发生错动。土工膜接缝黏结强度不低于母材的 80%，土工布缝合强度不低于母材的 70%。采用热熔焊接方式进行材料拼接时，应保证有足够的焊接宽度，防止发生漏焊、烫伤和折皱等缺陷。

斜坡上搭接时，应将高处的膜搭接在低处的膜面上。土工合成材料顶部应锚固于封顶板的混凝土中，并压在路缘石下土层中，以形成整体防渗，其锚固长度应符合施工图纸的要求。

土工合成材料应剪裁整齐，保证足够的黏（搭）结宽度。当施工中出现脱空、收缩起皱及扭曲鼓包等现象时，应将其剔除后重新进行黏结。

（5）复合土工膜的保护。复合土工膜完成铺设和拼接后，应及时保护，采取必要的措施如铺油毛毡或其他类似物品覆盖保护，防止阳光直射复合土工膜，以防受损。

混凝土施工时应采取可靠的保护措施，确保复合土工膜不受损坏。

铺设过程中，作业人员不得穿硬底皮鞋及带钉的鞋。不准直接在土工合成材料上卸放混凝土护坡块体，不准用带尖头的钢筋作撬动工具，严禁在土工合成材料上敲打石料和一切可能引起土工合成材料损坏的施工作业。

为防止大风吹损，在铺设期间所有的土工合成材料均应用沙袋或软性重物压住，直至保护层施工完为止。

(6) 土工膜施工控制。

1) 用钢尺控制复合土工膜的搭接宽度。

2) 对每条焊缝进行外观目测检查，焊缝应均匀、平直，无漏焊、虚焊、烫伤、皱褶、空洞。

3) 对每条焊缝进行充气检验，气压为0.15～0.20MPa，稳压保持1～5min，压力无明显下降为合格。否则应及时检查、补焊。

4) 对黏结缝进行外观目测检查，涂胶应均匀、黏结面平整，无漏黏结，并用手撕法检查黏结面的牢固。

参考文献

[1] 中国灌溉排水发展中心．渠道防渗工程技术规范：SL 18—2004 [S]. 北京：中国水利水电出版社，2004.

[2] 侍克斌，姜海波，王健，等．土石坝坝体和库区土工膜防渗体的力学特性、结构稳定及施工技术研究 [M]. 北京：中国水利水电出版社，2013.

[3] 朱诗鳌．土工织物应用与计算 [M]. 武汉：中国地质大学出版社，1989.

[4] 侍克斌，刘厚森，邱秀云，等．"JKJW"工程总干渠结构及水力学试验研究 [J]. 西安矿业学院学报，1998，18 (3)：24-28.

[5] 侍克斌，刘厚森，邱秀云，等．"JK"工程西干渠结构及水力学模型试验研究 [J]. 工程力学（增刊），1999 (9)：255-259.

[6] 中国灌溉排水发展中心．渠道防渗工程技术规范：GB/T 50600—2010 [S]. 北京：中国计划出版社，2011.

[7] 水利部水利水电规划设计总院，中国水利水电科学研究院．土工合成材料应用技术规范：GB/T 50290—2014 [S]. 北京：中国计划出版社，2014.

[8] 土工合成材料工程应用手册编写委员会．土工合成材料工程应用手册 [M]. 2版．北京：中国建筑工业出版社，2000.

[9] 南京水利科学研究院．土工合成材料测试规程：SL 235—2012 [S]. 北京：中国水利水电出版社，2012.

[10] 北京市水利科学研究所．聚乙烯 (PE) 土工膜防渗工程技术规范：SL/T 231—1998 [S]. 北京：中国水利水电出版社，1998.

第 11 章　交通隧道防渗排水设计

11.1　概　　述

11.1.1　交通隧道防渗排水技术进展

中国对地下空间的开发利用历史源远流长，从远古到现代，中国的许多隧道及地下工程在人类文明史上都占有重要地位。半个世纪以来，随着新奥法理念的推广，采用钻爆法开挖的隧道在公路、铁路、城市地下空间等领域的应用取得了令世界瞩目的成就，中国已成为了世界上隧道工程最多的国家。

在隧道建设技术取得长足进步的同时，隧道防渗排水（以下简称“防排水”）技术也在发生着悄然的变化。

首先是隧道防排水理念的变化：以公路隧道设计规范规定为例，从 1990 年版的“排为主，防、排、截、堵相结合”，到 2004 年版变化为“防、排、截、堵相结合，因地制宜，综合治理”。不仅仅是字面的差距，而是从建设理念发生了重大的变革，从原来的考虑建设费用、建设功能为主，上升到环境保护与建设功能并重，这是巨大的进步。

其次是防排水方式的变化：从传统的从围岩、结构和附加防水层入手，体现以防为主的水密型防水（又称全包式防水），和从疏水、泄水着手，体现以排为主的泄水型或引流自排型防水（又称半包式防水），发展到防排结合的控制型防排水。这种变化，是隧道工程适应各种复杂建设、地质条件下的必然产物。

再次是防排水材料的更新：更耐用、更便于施工、效果更好的各种防排水土工材料得到了广泛应用。如：隧道防水从最初只靠衬砌混凝土自防水，到 20 世纪 90 年代采用的易破损、易燃烧的橡胶防水板，再发展到采用性能更好的聚乙烯［PE（HDPE、LDPE）］、乙烯-醋酸乙烯共聚物（EVA）、乙烯-醋酸乙烯与沥青共聚物（ECB）及其他性能相似的材料，更增加了预铺反粘类防水卷材或立体防排水板等新型防水材料。

隧道防排水的技术进步，有力地支撑了我国交通隧道建设的飞速发展。

11.1.2　交通隧道防排水技术特点

与水工工程不同的是，交通隧道防排水是不可分割的统一体。防水层是排水系统的边界，排水是为了更好地防水。防水层的破损，会导致排水通道的改变，引起防排水体系作用失效，而排水通道的堵塞，也会直接或间接地导致防水层的破坏与失效。

常用半包式防水的隧道防排水基本结构见图 11.1-1 和图 11.1-2。

从以上两图中可以看出，常用的半包式防水隧道的防排水主要采用了防水卷材、无纺织布、PVC 打孔或无孔波纹管等土工材料，组成了隧道防排水系统。

全包式防水和控制型防水采用的土工材料基本与半包式防水隧道相同。

在隧道防排水系统中，无纺织布不仅起排水、反滤作用，同时作为防水层与围岩或初

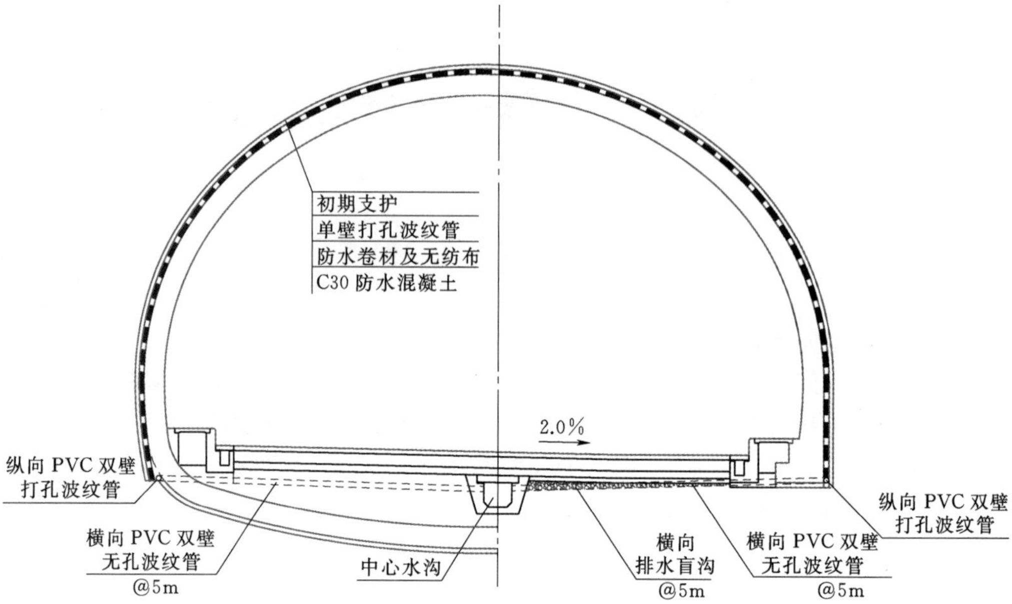

图 11.1-1 半包式防排水断面图

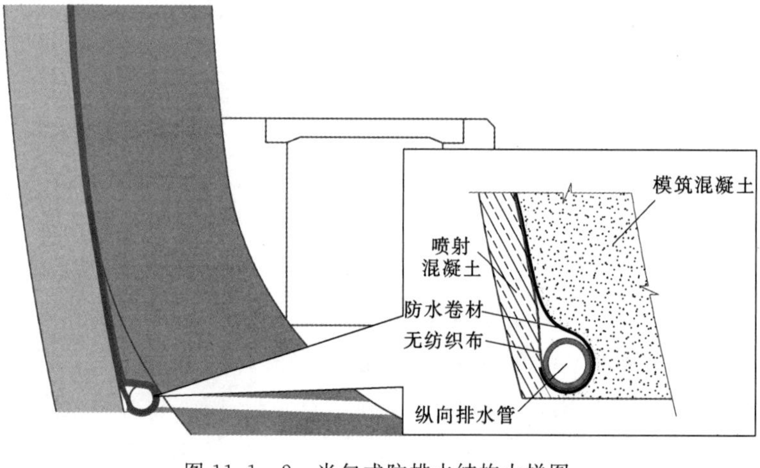

图 11.1-2 半包式防排水结构大样图

期支护接触的缓冲层，起到保护防水层的作用，这也是交通隧道防排水体系中的又一个技术特点。

11.1.3 交通隧道防排水相关规范

交通隧道防排水设计涉及的规范众多，主要分为两大类。

第一类是关于隧道土建结构设计的规范，包含隧道防排水方式的选择，防排水材料的基本要求等规范，如：《公路隧道设计规范》《铁路隧道设计规范》《地铁设计规范》《地下工程防水技术规范》等。

第二类是针对各种类型的防排水材料的基本参数要求及试验方法的规范，如《土工合成材料 长丝纺粘针刺非织造土工布》(GB/T 17639—2008)、《高分子防水材料 第2部

分　止水带》(GB 18173.2—2000)、《铁路隧道防水材料　第 1 部分：防水板》(TB/T 3360.1—2014)、《聚氯乙烯（PVC）防水卷材》(GB 12952—2011）等。

由于交通隧道类型的不同，第一类规范所规定采用的土工材料的性能指标要求有所不同。由于交通隧道防排水质量要求在日趋提高，因此，从发展趋势来看，交通隧道内采用的土工材料性能指标要求也在日趋提高，公路隧道与铁路隧道采用的相关的指标趋近一致。

11.2　交通隧道防排水设计

11.2.1　设计概述

交通隧道防排水设计首先是要确认隧道采用的防排水方式，其基本依据是隧道所处地理、地质环境。

根据隧道排水对环境、对衬砌结构稳定性的影响来确定防排水方式。如，在灰岩地区的山岭隧道，采用注浆封堵岩溶管道工程量大、难度大、还易产生高水压引起施工和运营危害，因此，多数情况下会选择以排为主的半包式防水。而在水下隧道环境或水环境敏感区（自然保护区、居民用水保护区等）的隧道排水不仅会对隧道工程本身带来灾害，也会严重影响自然环境或人民群众生存条件，因此，必须采用全包式防水。在部分城市地区，隧道排水引起地下水位大幅降低，可能引发地表沉降继而引起影响区域房屋沉降、损坏，而采用全包式防水工程造价过高而使工程无法实施，因此，可采用防排结合的控制型防排水方式。

防排水方式确定后的主要工作是防排水材料的选择。

交通隧道防排水材料主要依据相关规范《公路隧道设计规范　第一册　土建工程》(JTG 3370.1—2018)、《铁路隧道设计规范》(TB 10003—2016）确定，其中铁路隧道通过《铁路隧道防水材料　第 1 部分：防水板》(TB/T 3360.1—2014）及《铁路隧道防水材料　第 2 部分：止水带》(TB/T 3360.2—2014)，专门对防排水材料的使用做了进一步的要求。

11.2.2　排水材料选择及技术指标

交通隧道中，常用的排水材料有无纺织物（土工布)、排水管等，它们的基本参数与选择如下。

11.2.2.1　土工布类型及技术指标

如前所述，在隧道防排水系统中，使用的无纺织物不仅起排水、反滤作用，同时作为防水层与围岩或初期支护接触的缓冲层，起到保护防水层的作用。因此，交通隧道用土工织物单位面积质量是最主要的指标。

2004 年以前，公路隧道内采用的无纺织物单位面积质量一般为 200～250g/m^2。《公路隧道设计规范　第一册　土建工程》(JTG 3370.1—2018)、《铁路隧道设计规范》(TB 10003—2016）均规定，隧道排水层内使用无纺织物单位面积不小于 300g/m^2，但从目前多数公路隧道实例工程设计来看，均已用到了 350g/m^2，而从国外发达国家或地区实用情况来看，无纺织物的单位面积有的已用到 700g/m^2，如德国、中国台湾等。

除了单位面积指标外，无纺织物的其他参数要求见表 11.2-1。

表 11.2-1 隧道内用无纺织物技术指标

项目		单位	指标			备注
单位面积质量		g/m^2	300	400	500	偏差为−5%
断裂强度	纵/横向	kN/m	≥15	≥20	≥25	
断裂延伸率	纵/横向	%	≥40			
CBR 顶破强力		kN	≥2.9	≥3.9	≥5.3	
撕破强力	纵/横向	kN	≥0.42	≥0.56	≥0.70	
等效孔径 O_{90} (O_{95})		mm	0.05～0.2			
垂直渗透系数		cm/s	$k\times(10^{-1}\sim10^{-2})$			$k=1.0\sim9.9$
厚度		mm	≥2.2	≥2.8	≥3.4	

国内外有关研究表明，聚丙烯经抗氧化处理制成纤维后，可在任何酸碱条件下长期使用。所以从隧道长寿命使用出发，交通隧道内宜使用聚丙烯材料制成的针刺非织造土工织物。此外，考虑在隧道环境内使用的目的与作用，使用时应提高垂直渗透系数指标要求。

11.2.2.2 排水管类型及技术指标

隧道内使用的排水管主要有软式透水管、塑料盲沟、打孔波纹管三类。

（1）软式透水管。软式透水管又称为弹簧排水管，是由高碳钢丝、无纺织物过滤层、合成聚酯纤维共同组成的排水管，具有渗透性好、抗拉、压强度高、耐腐蚀和抗微生物侵蚀性好；接头少，质地柔软，与围岩结合性好等优点。

软式透水管按外径（mm）分为50、80、100、150、200、250、300等多种规格，其性能指标主要有尺寸偏差、构造要求、滤布性能。软式透水管的构造见图11.2-1和图11.2-2。

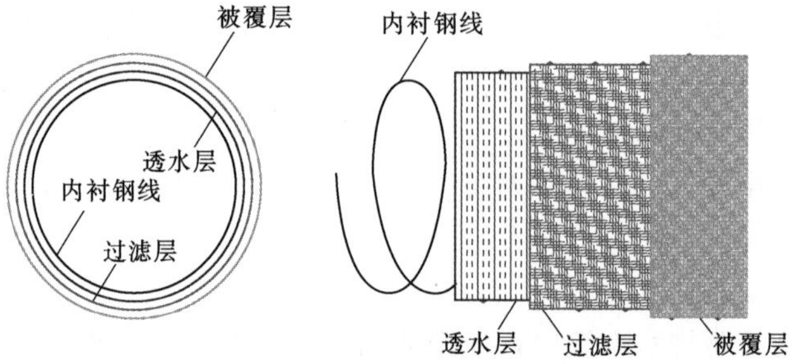

图 11.2-1 软式透水管一般构造示意图

一些新型式的软式透水管，如半圆形软式透水管等，因其施工方便，也开始在隧道内使用。

（2）塑料盲沟。塑料盲沟也称乱丝盲沟、三维排水板，国际上也称为复合土工排水体（Geocomposite Drainage Systems，GDS），是将热塑性合成树脂加热溶化后通过喷嘴挤压出纤维丝重叠置在一起，并将其相接点熔结而成的三维立体多孔材料，见图11.2-3。

（3）打孔波纹管。打孔波纹管，见图11.2-4，是由高密度聚乙烯（HDPE）添加其

图 11.2-2　软式透水管实物照片

图 11.2-3　塑料盲沟实物照片

他助剂而形成的外形呈波纹状的新型渗排水塑料管材，在管壁凹槽处打孔以达到渗、排水的目的。根据波纹管类型可分为单壁打孔波纹管和双壁打孔波纹管。由于管孔在波谷中且为长条形，有效地克服了平面圆孔产品易被堵塞而影响排水效果的弊端，针对不同的排水要求，管孔的大小可为10mm×1mm～30mm×3mm，并且可以在360°、270°、180°、90°等范围内均匀分布。

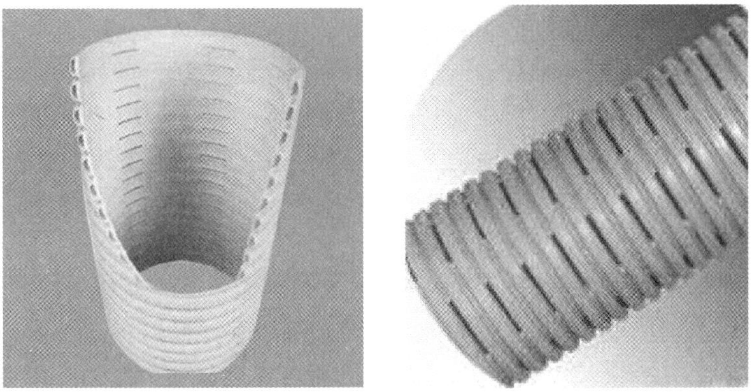

图 11.2-4　打孔波纹管实物照片

软式透水管的技术指标应符合建材行业标准《软式透水管》（JC 937—2004）的要求，

其主要指标有外观及外径尺寸、构造要求、滤布性能、耐压扁平率，其中，滤布性能与耐压扁平率指标要求详见表11.2-2和表11.2-3。

表11.2-2　软式透水管滤布性能指标

项　目	性能指标						
	FH 50	FH 80	FH 100	FH 150	FH 200	FH 250	FH 300
纵向抗拉强度/(kN/5cm)	≥1.0						
纵向伸长率/%	≥12						
横向抗拉强度/(kN/5cm)	≥0.8						
横向伸长率/%	≥12						
圆球顶破强度/kN	≥1.1						
CBR顶破强力/kN	≥2.8						
渗透系数 k_{20}/(cm/s)	≥0.1						
等效孔径 O_{95}/mm	0.06～0.25						

注　圆球顶破强度试验及CBR顶破强力试验只需进行其中的一项，FH 50由于滤布面积较小，应采用圆球顶破强度试验；FH 80及以上的建议采用CBR顶破强力试验。

表11.2-3　耐压扁平率　单位：N/m

规格		FH 50	FH 80	FH 100	FH 150	FH 200	FH 250	FH 300
耐压扁平率	1%	≥400	≥720	≥1600	≥3120	≥4000	≥4800	≥5600
	2%	≥720	≥1600	≥3120	≥4000	≥4800	≥5600	≥6400
	3%	≥1480	≥3120	≥4800	≥6400	≥6800	≥7200	≥7600
	4%	≥2640	≥4800	≥6000	≥7200	≥8400	≥8800	≥9600
	5%	≥4400	≥6000	≥7200	≥8000	≥9200	≥10400	≥12000

塑料盲沟、打孔波纹管由于形式多样，目前还有没统一的国家或行业标准，在设计使用时除了外形及尺寸外，还应提出抗压强度及耐压扁平率等指标要求。

11.2.3 防水材料类型及技术指标

交通隧道常用的防水材料有防水卷材、止水带、止水条等，它们的基本参数与选择如下。

11.2.3.1 防水卷材类型及技术指标

防水卷材在隧道内铺设于二次衬砌与初期支护之间，防止围岩中渗出的地下水通过二次衬砌渗到隧道内部，影响隧道交通功能的正常发挥。《公路隧道设计规范　第一册　土建工程》(JTG 3370.1—2018) 规定，防水卷材厚度不小于1.0mm，幅度宜为2～4m。

隧道内使用的防水卷材种类较多，常用的有乙烯-醋酸乙烯共聚物（EVA）、乙烯-醋酸乙烯与沥青共聚物（ECB）、聚乙烯（PE）或其他性能相似的材料制成的膜式卷材，此外，还有预铺反粘类防水卷材或立体防排水板等新型防水材料。

(1) EVA、ECB、PE（含HDPE、LDPE）类防水卷材在公路隧道中应用较为普遍，防水质量也得到众多工程的检验。常用防水卷材实物照片见图11.2-5。

(2) 预铺反粘类（通常称为自粘式）卷材因其质软、施工简便、可有效防止结构与卷材间窜水等的防水特性，逐渐被隧道工程采用。

预铺反粘类卷材主要有以下三种：

1）高聚物改性沥青防水卷材，表面涂覆高聚物改性沥青类自粘胶料的自粘式改性沥青防水卷材。

2）以合成高分子片材为底膜，单面涂覆高聚物改性沥青类自粘胶料的防水卷材。

3）以合成高分子片材为底膜，单面覆有高分子自粘胶膜层（高分子树脂塑性凝胶层），高分子自粘胶膜层与后浇衬砌混凝土通过物理化学作用，生成一层粘附于混凝土表面的塑性凝胶层。

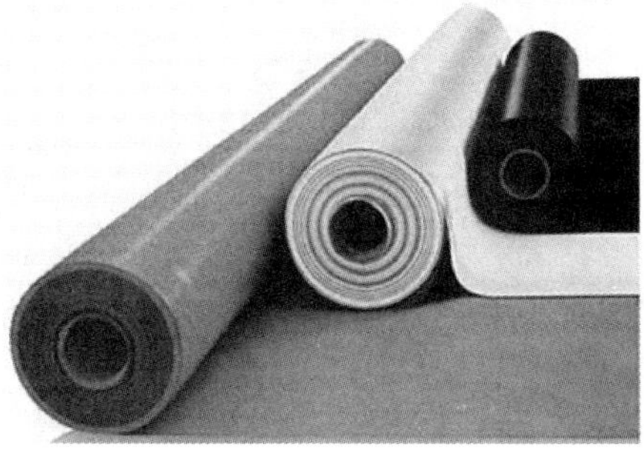

图 11.2－5　常用防水卷材实物照片

第一种卷材材质指标一般不满足隧道施工需求，所以隧道内通常采用的是第二种及第三种预铺反粘类卷材。

高聚物改性沥青类自粘胶料预铺反粘卷材及高分子自粘胶膜层预铺反粘卷材构成示意图及效果试验照片详见图 11.2－6 及图 11.2－7，从中可以看出，高分子自粘胶膜层预铺反粘卷材与混凝土粘合效果大大优于高聚物改性沥青类自粘胶料预铺反粘卷材。

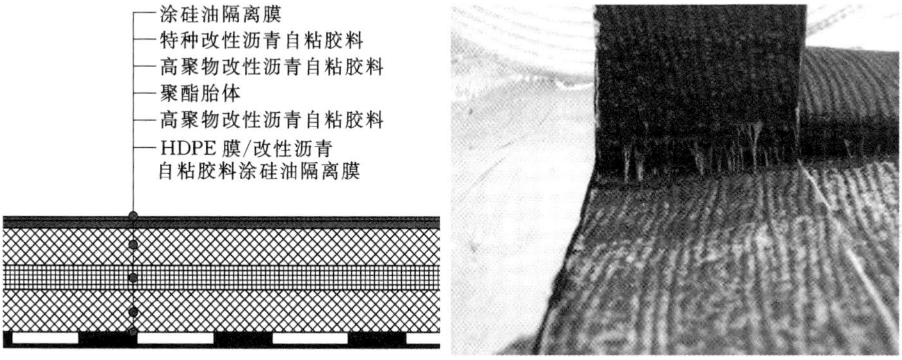

图 11.2－6　高聚物改性沥青类自粘胶料预铺反粘卷材构成示意及效果试验

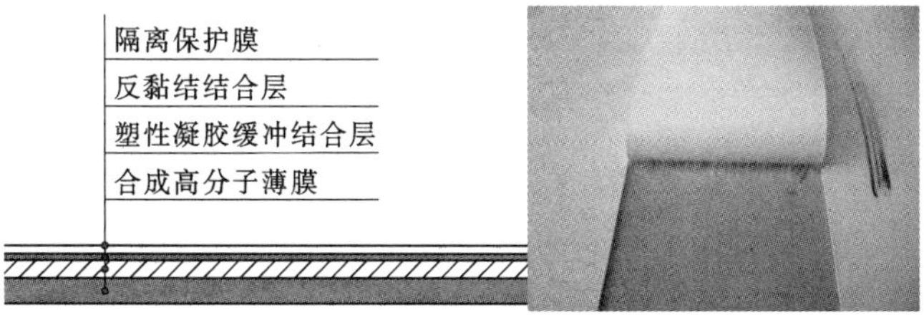

图 11.2－7　高分子自粘胶膜层预铺反粘卷材构成示意及效果试验

（3）立体防排水板也称凸壳（点）式防排水板，因其既有排水作用，又有防水作用，可单独作为防水卷材使用，在渗水量较大的隧道也可与防水卷材配合使用，以增强防排水效果，见图 11.2－8。

常用防水卷材、预铺反粘类防水卷材分别见表 11.2－4 和表 11.2－5。

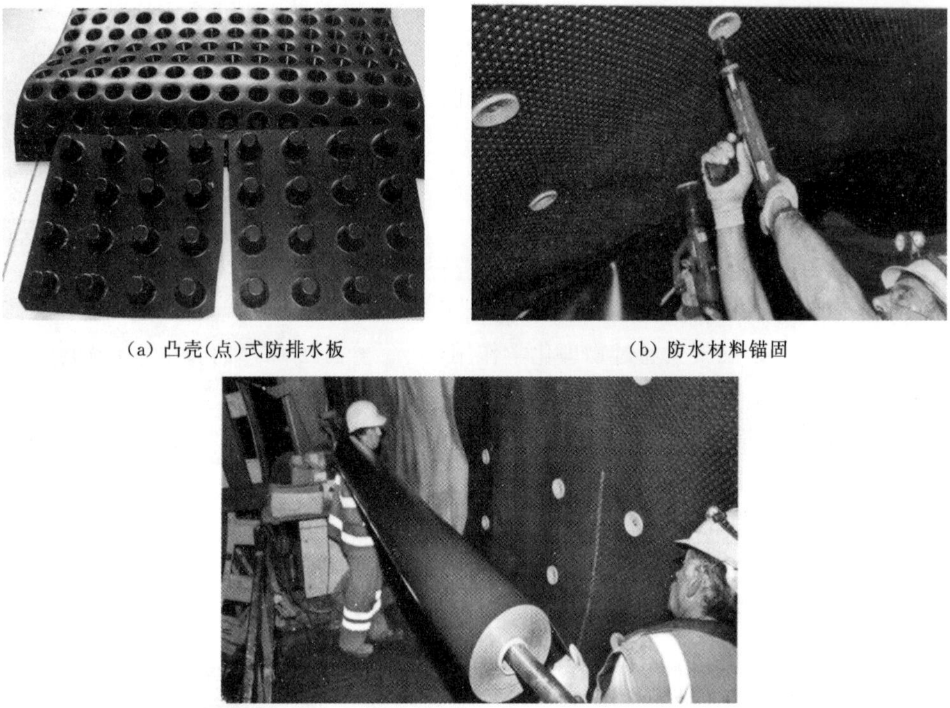

(a) 凸壳(点)式防排水板　(b) 防水材料锚固

(c) 防水材料铺设

图 11.2-8　立体防排水板与施工

表 11.2-4　常用防水卷材技术指标

项　目		单位	指　标	
			聚乙烯（PK）	乙烯-醋酸乙烯共聚物（EVA）
断裂拉伸强度		MPa	≥18	≥18
扯断伸长率		%	≥600	≥650
撕裂强度		kN/m	≥95	≥100
不透水性（0.3MPa，24h）			无渗漏	无渗漏
低温弯折性			−35℃，无裂缝	−35℃，无裂缝
加热伸缩量	延伸	mm	≤2	≤2
	收缩	mm	≤6	≤6
热空气老化（80℃，168h）	断裂拉伸强度	MPa	≥15	≥16
	扯断伸长率	%	≥550	≥600
耐碱性 $Ca(OH)_2$（饱和溶液×168h）	断裂拉伸强度	MPa	≥16	≥17
	扯断伸长率	%	≥550	≥600
人工候化	断裂拉伸强度保持率	%	≥80	≥80
	扯断伸长率保持率	%	≥70	≥70
刺破强度		N	≥300	≥300

表 11.2-5　　预铺反粘类防水卷材技术指标

项目		单位	指标	
			P 类	PY 类
可溶物含量		g/m^2		≥2900
拉力		N/50mm	≥500	≥800
膜断裂伸长率		%	≥400	—
最大拉力时伸长率		%	—	≥40
钉杆撕裂强度		N	≥400	≥200
冲击性能			直径（10±0.1）mm，无渗漏	
静态荷载			20kg，无渗漏	
耐热性			70℃，2h 无位移、流淌、滴落	
热老化（70℃，168h）	拉力保持率	%	≥90	
	伸长率保持率	%	≥80	
低温弯折性			−25℃，无裂纹	—
低温柔性			—	−25℃，无裂纹
渗油性		张数	—	≤2
防窜水性			0.6MPa，不窜水	
与后浇混凝土剥离强度	无处理	N/mm	≥2.0	
	水泥粉污染表面		≥1.5	
	泥沙污染表面		≥1.5	
	紫外线老化		≥1.5	
	热老化		≥1.5	
与后浇混凝土浸水后剥离强度		N/mm	≥1.5	

注　P 类产品高分子主体材料厚度不小于 0.7mm，卷材全厚度不小于 1.2mm；PY 类厚度不得小于 4mm。

立体防排水板也称凸壳（点）式防排水板目前没有建立明确的行业标准，可参照表 11.2-6 的参数选择使用。

表 11.2-6　　立体防排水板推荐技术参数

序号	项目		数值
1	HDPE 膜厚/mm		≥1.00
2	重量/(g/m^2)		≥1050
3	抗拉强度/(N/4cm)	纵向	350
		横向	300
4	抗压负荷/kPa		≥400
5	断裂伸长率/%	纵向	≥200
		横向	≥250
6	尺寸稳定性/%		±2

11.2.3.2　止水带类型及技术指标

隧道用止水带按埋设方式分为背贴式止水带（见图 11.2-9）。按材质可分为橡胶止水带、塑料止水带、钢边止水带等。

图 11.2-9　背贴式止水带

背贴式止水带常与止水条等应用于衬砌沉降缝。中埋式止水带多用于衬砌施工缝。橡胶止水带技术指标见表 11.2-7，塑料止水带技术指标见表 11.2-8。

表 11.2-7　　橡胶止水带技术指标

项　目		B、S 型指标
硬度（邵尔 A)/度		60±5
拉伸强度/MPa		≥10
扯断伸长率/%		≥380
压缩永久变形/%	70℃×24h，25%	≤35
	23℃×168h，25%	≤20
撕裂强度/(kN/m)		≥30
脆性强度/℃		≤−45
热空气老化（70℃×168h）	硬度变化（邵尔 A）/度	≤+8
	拉伸强度/MPa	≥9
	扯断伸长率/%	≥300
臭氧老化 50×10^{-8}：20%，(40±2)℃×48h		无裂纹
橡胶与金属粘合		橡胶间破坏

注　B 型止水带适用于变形缝，S 型止水带适用于施工缝；仅钢边止水带检测橡胶与金属粘合项目。

表 11.2-8　　塑料止水带技术指标

项　目		单位	指　标	
			EVA	ECB
拉伸强度		MPa	≥16	≥16
扯断伸长率		%	≥600	≥600
撕裂强度		kN/m	≥60	≥60
低温弯折性		℃	≤−40	≤−40
热空气老化（80℃×168h）	100%伸长率外观		无裂纹	无裂纹
	拉伸强度保持率	%	≥80	≥80
	扯断伸长率保持率	%	≥70	≥70
耐碱性 $Ca(OH)_2$（饱和溶液×168h）	拉伸强度保持率	%	≥80	≥80
	扯断伸长率保持率	%	≥90	≥90

各型止水带埋设方式见图 11.2－10。

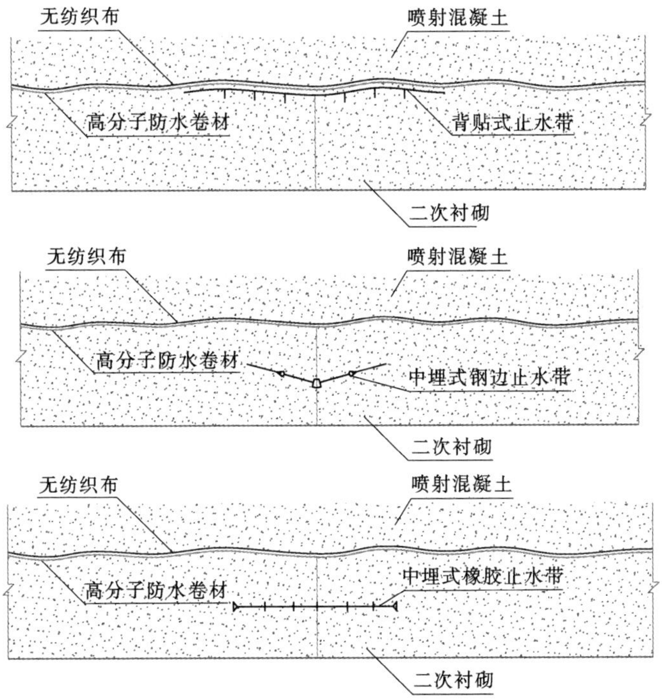

图 11.2－10　各型止水带埋设示意图

11.2.3.3　止水条类型及技术指标

止水条由高分子无机吸水膨胀材料和橡胶或其他物质混合制造，具有一定弹性及吸水膨胀效果，安设在隧道衬砌施工缝处，在遇水时膨胀，达到止水效果。一般用为衬砌沉降缝，也可与背贴式止水带、中埋式止水带等配合使用以加强止水效果。止水条埋设见图 11.2－11。

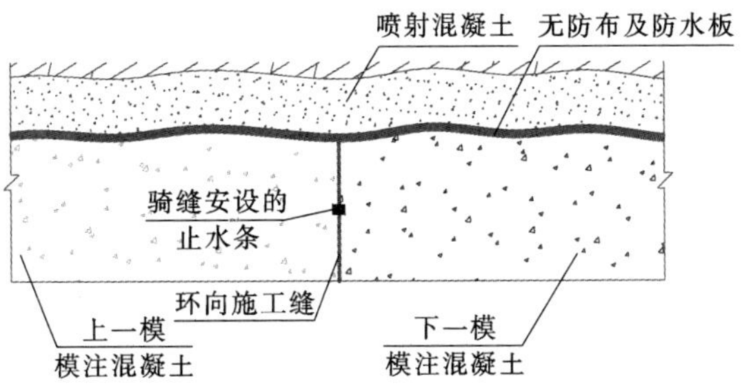

图 11.2－11　止水条埋设示意图

达到以上止水作用的止水条产品类型较多，但通常情况下，止水条宜选用制品型遇水膨胀橡胶止水条。根据目前的相关规范，其物理力学性能应符合表 11.2－9 的规定。

表 11.2-9 制品型遇水膨胀橡胶止水条技术指标

项目		单位	指标
硬度		邵尔A度*	42±7
拉伸强度		MPa	≥3.5
扯断伸长率		%	≥450
体积膨胀率		%	≥200
反复浸水试验	拉伸强度	MPa	≥3
	扯断伸长率	%	≥350
	体积膨胀率	%	≥200
低温弯折（−20℃×2h）			无裂纹
防霉等级			≥2级

* 表示硬度为推荐采用项目，其余为强制执行项目；成品切片测试应达到表中性能指标的80%；接头部位的拉伸强度不得低于表中性能指标的50%；体积膨胀率是浸泡后的试样质量与浸泡前的试样质量的比率。

11.3 交通隧道防排水层施工工艺与技术要求

11.3.1 工艺流程

隧道拱墙防排水施工的基本工艺流程见图11.3-1。

11.3.1.1 基面处理及施工准备

（1）铺设防水、排水层前对初期支护表面进行锤击声检查，同时辅以其他物探手段，发现空洞及时进行注浆回填处理。对初期支护的渗漏水情况进行检查，根据渗漏水处的大水，采用注浆堵水或铺设排水盲管、立体防排水板等将水引到墙脚侧沟，保持基面无明显渗漏水。

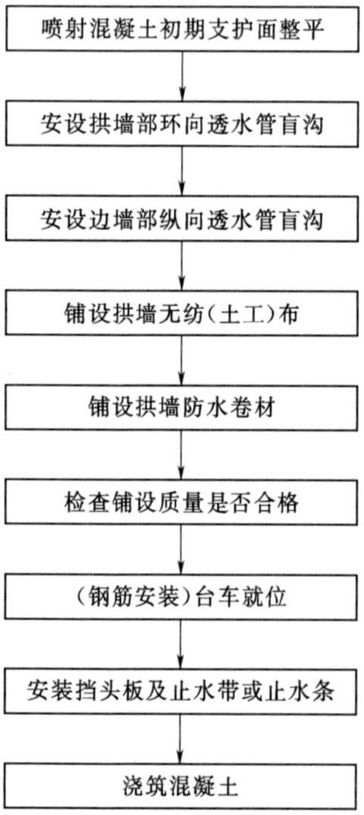

图11.3-1 隧道拱墙防排水施工的基本工艺流程

（2）铺设时初期支护表面应平整，不能出现酥松、起砂、无大的明显的凹凸起伏。表面平整度应符合式（11.3-1）的要求，否则应进行喷射混凝土或抹水泥砂浆找平处理。

$$D/L \leqslant 1/10 \qquad (11.3-1)$$

式中：L 为基面相邻两凸面间的距离（$L \leqslant 1\text{m}$）；D 为基面相邻凸面间凹进去的深度。

喷射混凝土面凹凸部处理见图11.3-2。

对于初期支护面存在的钢筋头、锚管头等尖锐物，应切断、锤平并用砂浆封填平整，见图11.3-3。

对于要保存螺帽的锚杆头凸出部位，螺头顶预留5mm切断后，用专用塑料帽封盖，见图11.3-4。

（3）清除作业面附近地面各种尖锐物体，并且清除路面积水。

（4）根据实际拱墙标高尺寸，定好基准线，准确无误

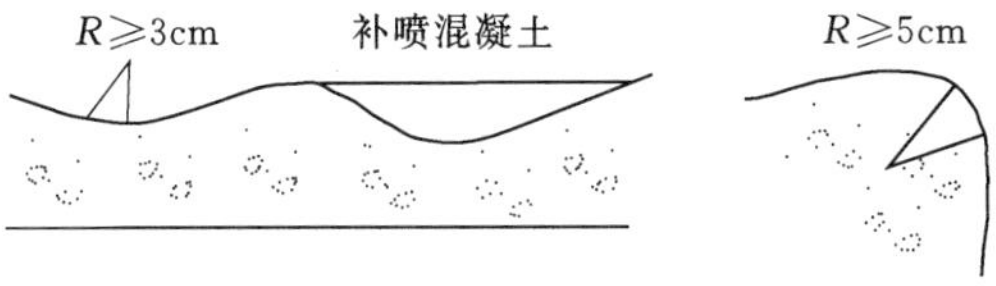

图 11.3-2　喷射混凝土面凹凸部的处理

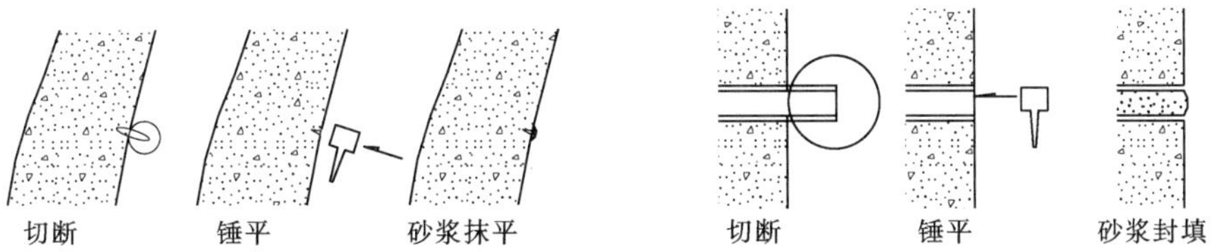

图 11.3-3　钢筋头、锚管头等尖锐物的处理

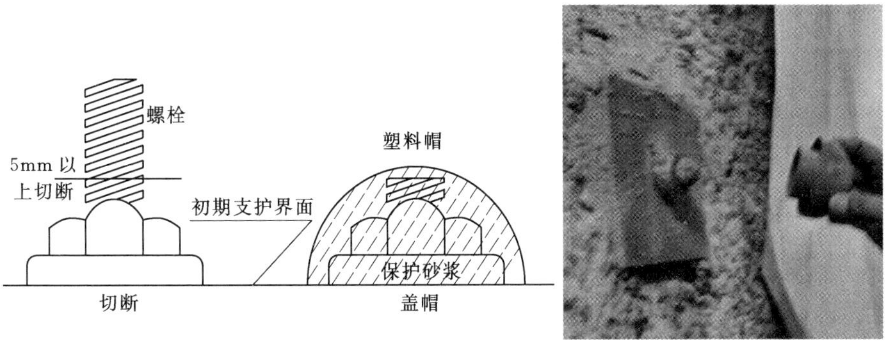

图 11.3-4　锚杆头的处理

地按线下料。

(5) 施工设备如电热压焊器、热融固定爬行式热合机、检漏器、电闸箱等，在工作前要做好检查和调整。确保设备正常运行，在新材料进场前，应进行防水卷材焊接工艺性试验，得出防水卷材与焊接爬行速度、温度等最佳参数，保证防排水工程质量。

11.3.1.2　安设环向、纵向排水管

防排水层施工作业台车就位后，首先根据设计要求及现场衬砌支护衬砌渗漏水状况，安设拱墙环向排水管（或称环向排水盲沟）。环向排水管一般每 5m 一道，水量大时，也可根据设计或实际，按需设置。环向排水管一般采用圆形软式透水管（盲沟）或半圆形软式透水管。

隧道内在两侧墙脚处一般各设置一道纵向排水管（或称纵向排水盲沟），汇集无纺织布及环向排水管流入的水，使之纵向流动至横向排水管（或称横向排水盲沟），并继而流入路基下方（中央）排水沟。安设纵向排水管前，应注意清除欠挖。

软式排水管可采用细铁丝或无纺织布条绑扎并用射钉钉在初期支护喷射混凝土面上，随初期支护面起伏，使排水管与围岩面密贴。

11.3.1.3　铺设拱墙无纺织物

环向排水管、纵向排水管安设完成后，可进行拱墙无纺织物层铺设。

首先在拱顶正确标出隧道纵向的中心线，再使无纺布的横向中心线与拱顶的标志重合，从拱顶开始向两侧下垂铺设。

无纺织物应平整顺直地铺设在初期支护面上，搭接宽度不得小于5cm，用气枪将带防水卷材垫片的射钉将土工物固定在初期支护面上，每排垫片距待铺防水卷材边缘40cm左右，垫片间距：底部为1.0～1.5m，边墙为0.8～1.0m，顶部为0.5～0.8m。呈梅花形布置，基面凹凸较大处应增加固定点，使缓冲层与初期支护面密贴。特别是当射钉凸出热熔衬垫时，必须用工具将其钉入衬垫以下，严防射钉损伤将要再铺设的防水卷材。无纺织物铺设方法及完成效果见图11.3-5。

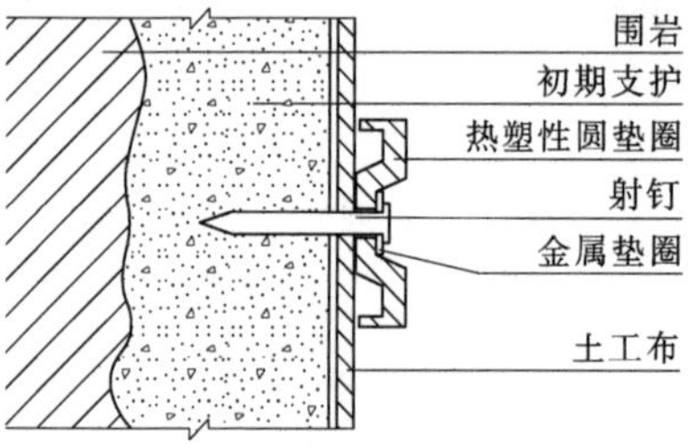

图11.3-5　无纺织物铺设方法及完成效果示意图

11.3.1.4　铺设防水层

防水卷材（即土工膜）铺设一般超前二次衬砌施工1～2个衬砌段长度，以便于施工作业流水进行。

防水卷材铺设时，应先在隧道拱顶部的土工物上标出隧道纵向的中心线，再使防水卷材的横向中心线与这一标志相重合，再将拱顶部的防水卷材与热融衬垫片焊接。焊接采用防水卷材专用融热器对准热融衬垫所在位置同防水卷材进行热合，一般5s即可。每焊接完后不得马上松手，并用湿毛巾按住冷却后方可松手，否则焊接处在高温未退下易被扯坏，焊接好后两者黏结剥离强度不得小于防水卷材的抗拉强度。与土工物垫层一样从拱顶开始向两侧下垂铺设，边铺边与热融衬垫焊接。

防水卷材铺设松紧应适度并留有余量。实际长度与初期支护基面弧长的比值为10∶8，以确保混凝土浇筑后防水卷材表面与基面密贴。防水卷材焊接、固定方法见图11.3-6。

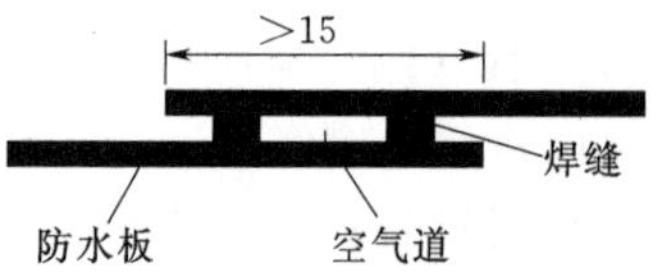

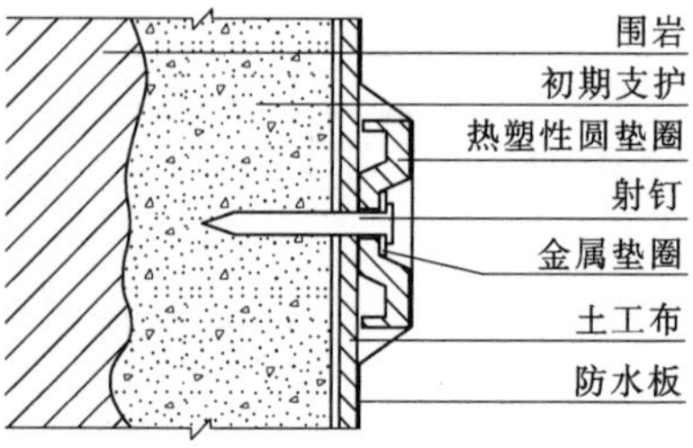

图11.3-6　防水卷材焊接、固定方法示意图（单位：cm）

相邻两幅防水卷材铺挂时，应先定位，将端头预留 20cm 左右重叠部分进行铺挂，铺挂完成后，再进行相邻两幅防水卷材焊接。

焊接可采用自动爬焊机焊接，部分部位需人工焊接时，由一人在焊机前方约 50cm 处将两端防水卷材扶正，另一人手握焊机，将焊机保持在离基面 5～10cm 的空中进行焊接。

防水卷材纵向搭接与环向搭接处，除按正常施工外应再覆盖一层同类材料的防水卷材，用热熔焊接法焊接；环向搭接时，下层防水卷材应压住上层防水卷材进行焊接。防水卷材搭接方法见图 11.3-7。

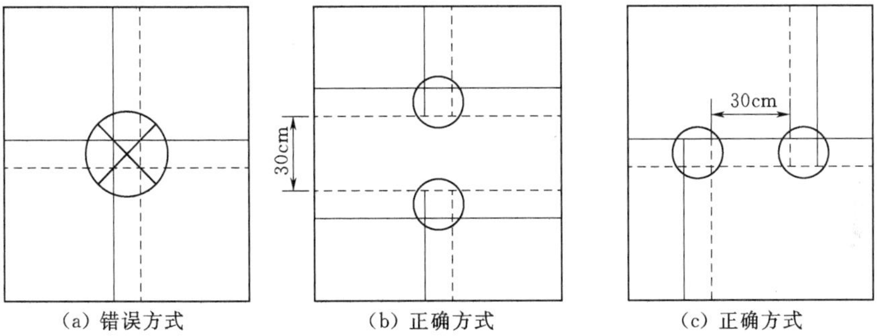

图 11.3-7　防水卷材搭接示意图

在焊缝搭接的部位焊缝必须错开，不允许有三层以上的接缝重叠。焊缝搭接处必须用刀刮成缓角后拼接，使其不出现错台。

隧道与综合洞室、电压器洞室相交处会出现曲线阳角，洞室与后墙相交处会出现曲线阴角，应先按照附属洞室的大小和形状加工防水卷材，并与边墙防水卷材焊接成一个整体。如附属洞室成形不好，须用同级混凝土使其外观平顺后，方可铺设防水卷材，见图 11.3-8。

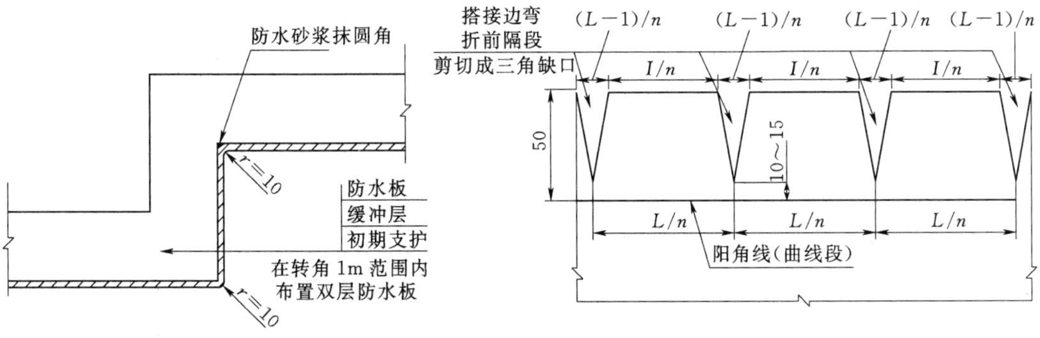

图 11.3-8　防水卷材在洞室处的阳角、阴角处理示意图（单位：cm）

阴角时防水层施作：防水卷材弯折前的搭接边 L 大于弯折后的焊贴边 I，为使弯折后搭接平展，可在弯折前分成 n 段并于分段处剪成口宽为 $(L-n)/n$ 的三角形缺口，则弯折后缺口能平展闭合，达到平顺焊接防水卷材的目的，见图 11.3-8。图 11.3-9 为阳角、阴角处理工程实例照片。

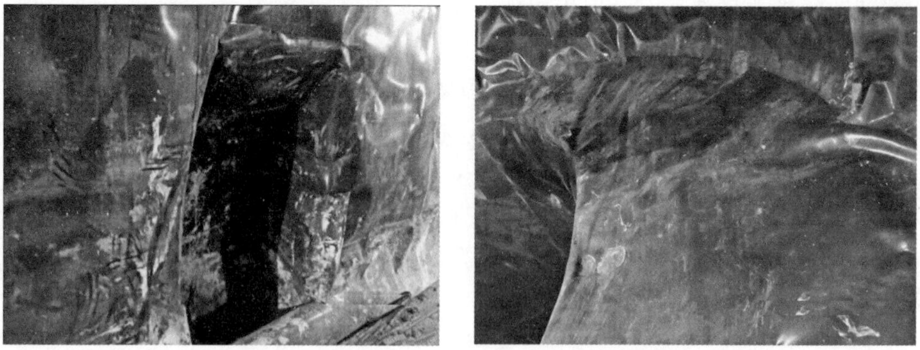

图 11.3-9 阳角、阴角处理工程实例

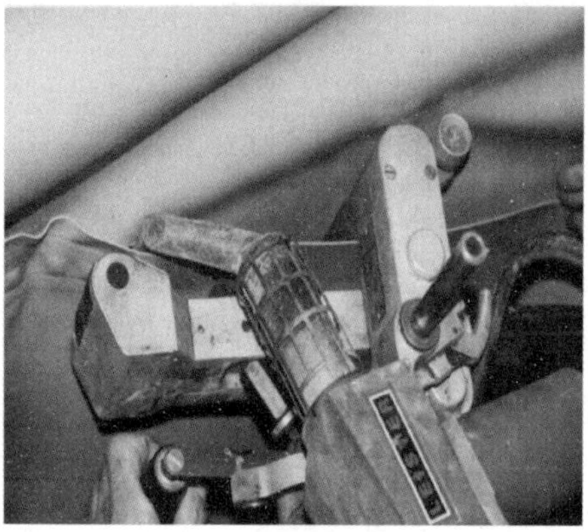

图 11.3-10 自动爬行式热合（焊）机焊接防水卷材

在焊接前必须将接缝处擦洗干净，且焊缝接头应平整，不得有气泡褶皱及空隙。防水卷材采用双焊缝，单条焊缝的有效焊接宽度不应小于15mm。用调温、调速热楔式自动爬行式热合机热熔焊接，细部处理或修补可采用手持焊枪焊接。自动爬行式热合（焊）机（图11.3-10）有“温度”和“速度”两个控制因素，焊楔温度高时，焊机行走速度应快，焊楔温度低时，焊机行走速度应慢。在焊接前应依据板材的厚度和自然环境的温差调整好焊接机的速度和焊接温度进行焊接。焊接完后的卷材表面留有空气道，用以检测焊接质量，图11.3-11为防水卷材成型焊缝及焊接质量充气检测。

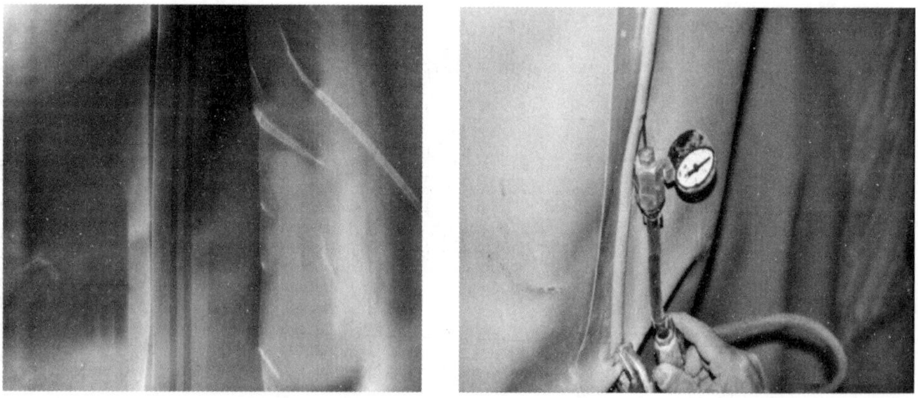

图 11.3-11 防水卷材成型焊缝及焊接质量充气检测

图 11.3-12 为防水卷材铺设完成后的全景。

11.3.1.5 止水带安装

二次衬砌环向施工缝、底板施工缝设中埋式橡胶止水带，沉降缝设置钢边止水带和背贴式止水带。

(1) 中埋式止水带的定位安装。中埋式止水带安设位置应准确，其中间空心圆环应与施工缝及变形缝重合。

中埋式止水带安设采用安设钢筋卡工艺施工：止水带应固定在挡头模板上，先安装一端，浇筑混凝土时另一端应用附加钢筋固定。沿设计衬砌轴线，在挡头木模上，每隔不大于 0.5m 钻一直径为 12mm 的钢筋孔；将制成的钢筋卡由待灌混凝土侧向另一侧穿入，内侧卡紧止水带的一半，另一半止水带平靠在挡头板上；待混凝土凝固后拆除挡头板，将止水带靠钢筋拉直、拉平，然后弯钢筋卡套上止水带。中埋式止水带固定方法见图 11.3-13 和图 11.3-14。

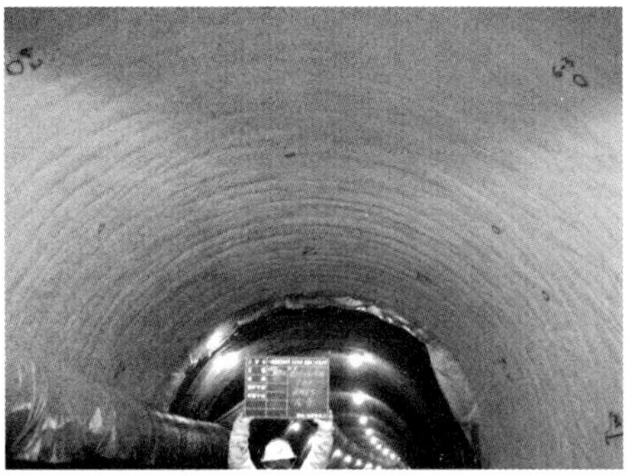

图 11.3-12　防水卷材铺设完成全景

固定止水带时，应防止止水带偏移，以免单侧缩短，影响止水效果。止水带定位时，应使其在界面部位保持平展，如发现有扭结不展现象应及时进行调整。

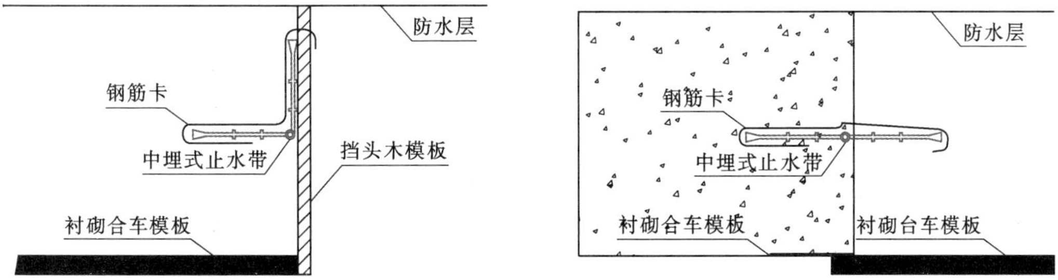

(a) 上一循环衬砌浇筑前　　(b) 下一循环衬砌浇筑前

图 11.3-13　中埋式止水带定位安设示意图

止水带的连接：

止水带的长度根据施工要求事先向生产厂家定制(一环长)，尽量避免接头。如确需接头，应采取以下方式及要求。

如需搭接，搭接前应做好接头表面的清刷与打毛，接头处选在衬砌结构应力较小的部位，搭接采用热硫化连接的方法，宜用对接或复合接方式，搭接长度不得小于 10cm，焊接缝宽不小于 50mm。止水带常用接头形式见图 11.3-15。

当衬砌台车采用定型钢制挡头模时，中埋式止水带安装与定位十分方便，即在挡头模就位时，将中埋式止水带安入挡头模卡口中即可，见图 11.3-16。

冷接法应采用专用黏结剂，冷接法搭接长度不得小于 20cm。

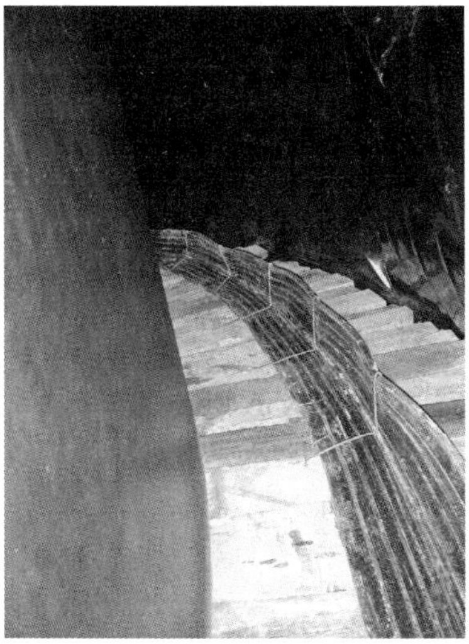

图 11.3-14　中埋式止水带安设实例

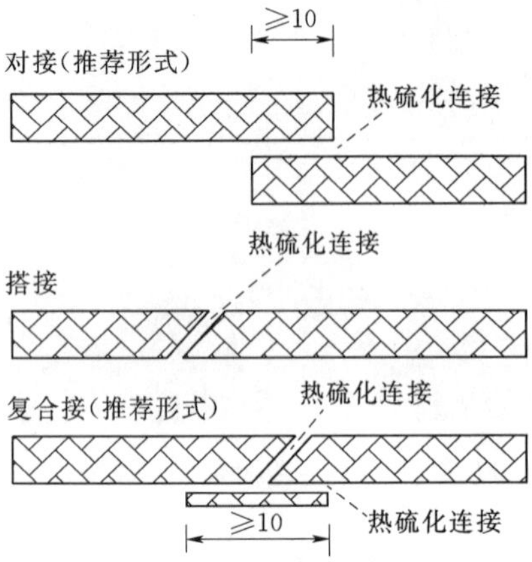

图 11.3-15 止水带常用接头形式
(单位:cm)

设置止水带接头时，应尽量避开容易形成壁后积水的部位，宜留设在起拱线上下。

衬砌脱模后，若检查发现施工中有走模现象发生，致使止水带过分偏离中心，则应适当凿除或填补部分混凝土，对止水带进行纠偏。

(2) 背贴式止水带的定位安装。在预定的施工缝位置，采用止水带自带的粘胶，将止水带粘在防水板上，或可直接使用挡头板将背贴式止水带顶住，以确定安装位置的准确性。背贴式止水带安装应注意不能将其正反面方向弄反，见图 11.3-17。

11.3.1.6 止水条安装

为了发挥止水条的功效，应在先浇混凝土接缝处预留上止水条安放槽，具体做法：在每块施工缝挡头模板中部钉与止水条宽度相同，高度一半的木条，浇筑衬砌并拆模后，将木条取出，

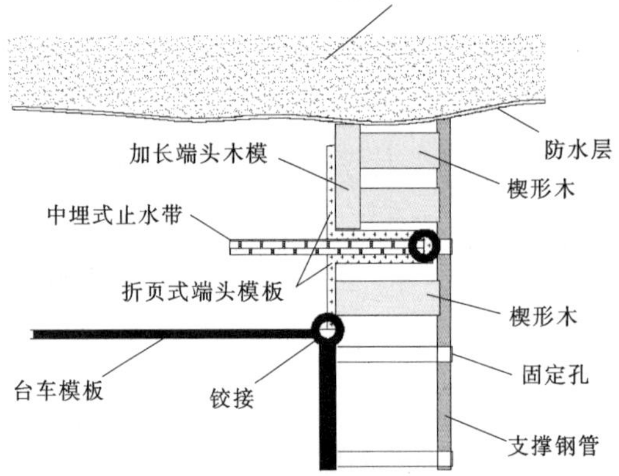

(a) 剖面图

(b) 安装完成实例

图 11.3-16 采用钢制挡头模安设中埋式止水带剖面及实例

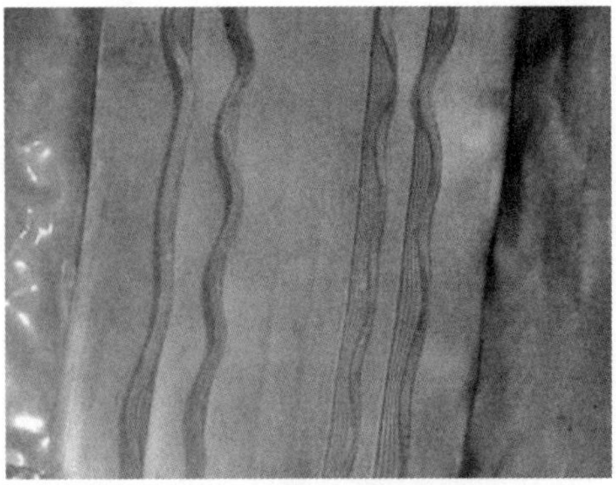
(a) 正确的安装,齿口朝向衬砌混凝土

(b) 错误的安装,齿口背向衬砌混凝土

图 11.3-17 背贴式止水带安设实例

就形成了安设止水条的安放槽，见图 11.3-18 和图 11.3-19。

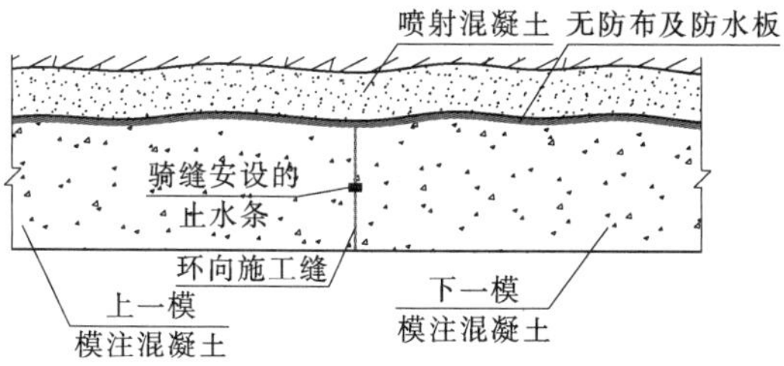

图 11.3-18　止水条安设位置示意图

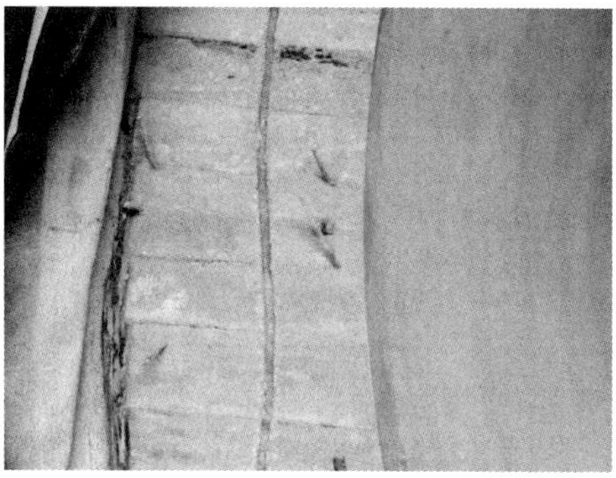

图 11.3-19　预留形成的止水条安放槽

安设止水条前，应清除安放槽表面，使缝面无水、干净、无杂物后，再将止水条嵌入预留槽内，并用水泥钉固定止水条。

在安装粘贴过程中，应避免遇水膨胀止水条受污染和受水的作用膨胀而影响使用效果。止水条安设后，应尽快浇筑混凝土。

11.3.2　施工质量要求及检验标准

（1）防水卷材、土工复合材料的材质、性能、规格必须符合设计要求。按进场批次检验，检查产品合格证、质量证明文件，并对防水卷材的厚度、密度、抗拉强度、断裂延伸率、抗渗性和土工复合材料单位面积的重量等性能指标进行试验。

（2）防水卷材必须按设计要求进行双焊缝焊接，焊接应牢固，不得有渗漏，每一单焊缝的宽度不应小于 15mm，采用空气检测器（检漏器）往两道焊缝间（两端封堵）打气，气压达到 0.25MPa，保持 15min 以上，压力下降在 10%以下为合格，并不得少于 3 条焊缝。

（3）防水卷材铺设及铺挂方式应为无钉铺设方式。铺设时防水卷材应留有一定的余量，挂吊点设置的数量应合理。环向铺设时应先拱后墙，下部防水卷材应压住上部防水卷材，并全部检查。

（4）应对铺设防水卷材的基面进行检查，基面外露的锚杆头、钢筋头等尖硬物应割除，凹凸不平处应补喷、抹平；局部渗水处需先进行处理。

（5）防水层表面平顺，无折皱、无气泡、无破损等现象，与洞壁密贴，松弛适度，无紧绷现象。

（6）接缝、补眼粘贴密实饱满，不得有气泡、空隙。

（7）防水卷材焊缝无漏焊、假焊、焊焦、焊穿等现象。

防水层施工质量检测项目及要求见表 11.3-1。

（8）施工缝所用止水条的品种、规格、性能等必须符合设计要求。应按进场批次检验，检查产品合格证、出厂检验报告并进行止水带的拉伸强度、扯断伸长率、撕裂强度、压缩永久变形率和止水条的硬度、拉伸强度、扯断伸长率、体积膨胀倍率、膨胀性能等性能指标试验。

表 11.3-1　　防水层施工质量检测项目及要求

项次	检测项目		规定值或允许偏差	检测方法和频率	权值
1	搭接宽度/mm		≥100	尺量：每个搭接检查3处	2
2	缝宽/mm	焊接	焊缝宽≥10	尺量：每个搭接抽查3处	3
		粘接	粘缝宽≥50		
3	固定点间距/m		符合设计	尺量：每20m检查5处	1
4	双焊缝充气检查		压力达到0.25MPa时停止充气，保持15min，压力下降在10%以内	每20m抽查2处焊缝，不足20m时抽查1处	2

（9）止水带的宽度、厚度应符合设计要求，厚度不得有负偏差。止水带的表面不得有开裂、缺胶和海绵状等影响使用的缺陷。止水带施工质量检测项目及要求见表11.3-2。

表 11.3-2　　止水带施工质量检测项目及要求

项次	检测项目	规定值或允许偏差	检测方法和频率	权值
1	纵向偏离/mm	±50	尺量：每环3处	1
2	偏离衬砌中线/mm	≤30	尺量：每环3处	1
3	固定点间距	符合设计要求	每处止水带检查5点	3

（10）盲管材料的质量、布置应符合设计要求，按进场批次检验或安装，进行试验，衬砌背后设置的排水盲管应结合衬砌一次施工，施工中应防止混凝土或压浆浆液浸入盲管堵塞水路，应全部检查。

（11）洞内水沟布置、结构型式、沟底高程、纵向坡度应符合设计要求，应全部检查。水沟断面尺寸检测方法及要求见表11.3-3。

表 11.3-3　　水沟断面尺寸检测方法及要求

序号	项　目	允许偏差/mm	检验方法
1	断面尺寸	±10	尺量
2	壁厚	±5	
3	高度	±20	
4	沟底高程	±20	仪器测量

（12）进水孔、泄水孔、泄水槽的位置和间距符合设计要求，应全部检查，其水沟断面尺寸应每100m随机检查3处。墙背泄水孔必须伸入盲沟内，泄水孔进口标高以下超挖部分应用同级混凝土或不透水材料回填密实。

（13）排水管接头应密封牢固，不得出现松动。

（14）严寒地区保温水沟施工时应有防潮措施。修筑的深埋渗水沟，回填材料除应满足保温、透水性好的要求外，水沟周侧应用级配骨料分层回填，不得让石屑泥沙渗入沟内。排水设施应设置在冻胀线以下。

11.4　工　程　实　例

11.4.1　大西铁路马家庄隧道工程

铁路大同至西安客运专线马家庄隧道位于陕西省渭南市合阳县马家庄乡境内，为大断面双线黄土隧道，全长 9362m。该隧道工程具有高、特、长、大、紧等特点。隧道穿越黄河西岸黄土台塬和黄河湿地国家级自然保护区，下穿大量灌溉农田、公路、村庄，村庄最小埋深仅 13m，下穿总长度共约 1860m，在国内工程界罕见，环保要求、技术标准、沉降控制要求、安全风险等均高；地质地形复杂，洞口地形偏压，洞身穿过砂质、湿陷性黄土地层等不良地质，以及浅埋沟谷、Ⅴ级浅埋、下穿村庄、隧道与斜井交叉口等复杂地段；本隧道是目前“世界最长高铁黄土隧道”，被原铁道部定为“Ⅰ级风险隧道工程”；洞身最大开挖断面 161.64m^2，是世界上开通运营的断面最大高铁黄土隧道，施工难度大；建设总工期为 46 个月，因受指导性施工组织设计限制，该隧道实际工期仅 32 个月。图 11.4－1 为隧道防排水横断面布置图。

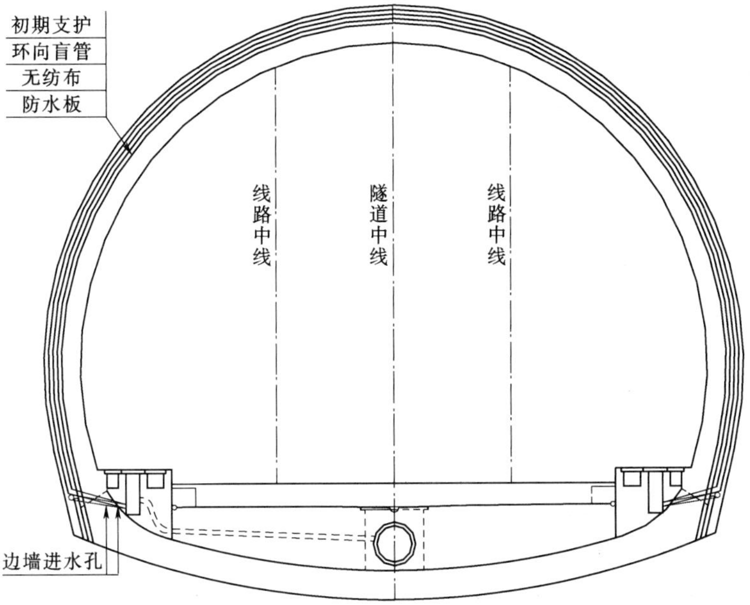

图 11.4－1　隧道防排水横断面布置图

隧道采用半包式防水结构，衬砌混凝土采用防水混凝土，暗洞衬砌混凝土一般地段抗渗等级不低于 P10，明洞及地下水发育地段抗渗等级不低于 P12。

明洞结构外及暗洞拱墙初期支护与二次衬砌间铺设 EVA 防水卷材加土工布的分离式防水层，其中 EVA 防水卷材的厚度为 1.5mm，土工布重量不小于 400g/m^2。

防水卷材采用无钉铺设工艺，土工布采用射钉固定在初支表面，防水卷材通过热熔焊接与射钉表面的橡胶焊接，无纺布铺设基层平整度不应大于 1/10（凹槽深度与宽度之比）。

隧道内环向施工缝设置中埋式橡胶止水带＋背贴式橡胶止水带；仰拱设置中埋式橡胶止水带；环向变形缝设置中埋式橡胶止水带＋背贴式橡胶止水带，变形缝处衬砌外缘与防水卷材结合部位以聚硫密封胶封堵，衬砌内缘 3cm 范围内以聚硫密封胶封堵，其余空隙采用填缝料填塞密实。

隧道仰拱与拱墙衬砌结合部的纵向施工缝处设置钢边橡胶止水带，每侧一条。隧道于 2013 年 12 月 31 日胜利竣工，通过中国铁路总公司初步验收委员会验收合格，满足动车组运行 250km/h 的条件。2014 年 7 月 1 日，正式通车运营。该工程先后荣获 2013—2014 年度铁路优质工程奖。图 11.4-2 和图 11.4-3 分别为隧道衬砌完成后与通车后洞口实景。

图 11.4-2 隧道衬砌完成后实景

图 11.4-3 隧道通车后洞口实景

11.4.2 深圳南坪快速雅宝隧道工程

雅宝隧道为城市快速公路隧道，左线长 262.5m、右线长 225.5m，为双洞八车道隧道，按上下行分离式形式布置。隧道内轮廓最大跨度为 18.80m，净高为 9.16m，扁平率为 0.45，隧道净空面积为 136.42m^2。

隧道穿越场地地貌属高丘陵，山脉近南北向展布，山顶最大高程为 200m，隧道沿线基本被第四系坡洪积层覆盖，植被茂盛，仅隧道南端见有基岩出露，轴线经过地带仅穿越 1 个山头。

隧道的防排水遵循“防、排、截、堵结合，因地制宜，综合治理”的原则，断面防排水布置见图 11.4-4。在喷射混凝土和二次衬砌之间设 SLQ-PVC 复合防水卷材作为隧道衬砌防水层。沉降缝采用沥青木丝板夹 E 型橡胶止水带防水，施工缝采用钢板腻子止水带防水。衬砌混凝土设计防水等级为 P8，通过在混凝土中添加 ZY 型膨胀剂实现。

衬砌排水是在喷射混凝土与防水层之间设 ϕ116 单壁打孔波纹排水管作纵、环向盲沟。纵向盲沟设在边墙基脚部位，标高稍高于侧沟沟底，在隧道两侧均应布设；环向盲沟沿拱背布设，并下伸与纵向盲沟连通；横向盲沟每 10m 设一道，在集中出水地段可适当增加；在检修道下设电缆沟和排水沟，在纵向盲沟与排水沟之间设直径为 50mm 的排水管将纵、环向盲沟中的水排入排水沟直接排出洞外。

路面排水是在路缘内设预制 C20 钢筋混凝土整体式边沟，边沟中部开槽，路面水可直接流入沟中，最后排出洞外。

洞口明洞防水层是在衬砌外壁抹 2cm 厚的 10 号水泥砂浆，刷一层热沥青后再铺 PVC

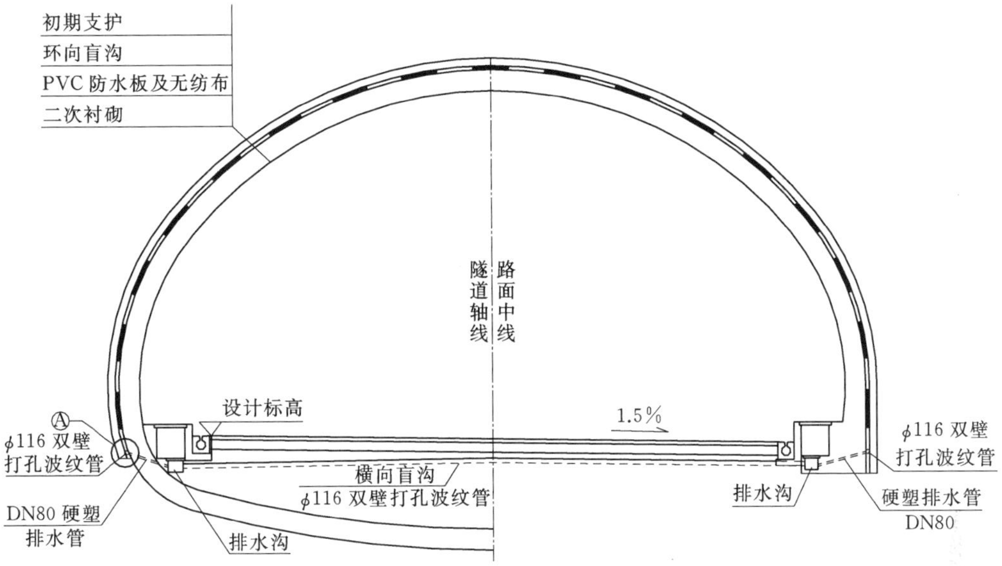

图 11.4-4　隧道防排水横断面设计图

防水卷材和无纺布防水层，防水层要求与洞内相同。明洞顶设排水沟，洞顶开挖线以外 5m 设洞顶截水沟。

雅宝隧道于 2003 年 10 月开工，2006 年 7 月完工，建成时是国内最早建成通车的双洞八车道隧道。图 11.4-5 和图 11.4-6 分别为隧道开挖及支护施工和通车后洞口实景。

图 11.4-5　隧道开挖及支护施工中

图 11.4-6　隧道通车后洞口实景

参 考 文 献

[1]　重庆交通科研设计院. 公路隧道设计规范　第一部分　土建工程：JTG 3370.1—2018 [S]. 北京：人民交通出版社，2004.

[2]　铁道第二勘察设计院. 铁路隧道设计规范：TB 10003—2016 [S]. 北京：中国铁道出版社，2005.

[3] 北京市化工产品质量监督检验站，胜利油田大明新型建筑防水材料有限责任公司，哈高科绥棱二塑有限公司，等. 高分子防水材料 第1部分：片材：GB 18173.1—2006 [S]. 北京：中国标准出版社，2014.

[4] 北京市橡胶制品设计研究院. 高分子防水材料 第2部分：止水带：GB 18173.2—2000 [S]. 北京：中国标准出版社，2014.

[5] 中国铁道科学研究院金属及化学研究所，铁道部标准计量研究所，铁道部经济规划研究院. 铁路隧道防水材料 第1部分：防水板：TB/T 3360.1—2014 [S]. 北京：中国铁道出版社，2015.

[6] 中国铁道科学研究院金属及化学研究所，铁道部标准计量研究所，铁道部经济规划研究院. 铁路隧道防水材料 第2部分：止水带：TB/T 3360.2—2014 [S]. 北京：中国铁道出版社，2015.

第 12 章　土石围堰膜防渗设计

12.1　概　　述

12.1.1　土工膜防渗土石围堰的特点

土石围堰防渗体的水上施工部位宜优先选用土工膜（或复合土工膜）防渗。土工膜具有性能可靠、适应变形能力强、施工方便、造价低廉等优点，还可以避免防渗土料开采对当地土地的侵占和环境的破坏。近年来被广泛地应用于水电工程的土石围堰中，图 12.1-1 示出了国内主要土石围堰的高度发展历程，其中超过 90%的围堰采用斜墙式（面膜）或心墙式（芯膜）复合土工膜防渗。

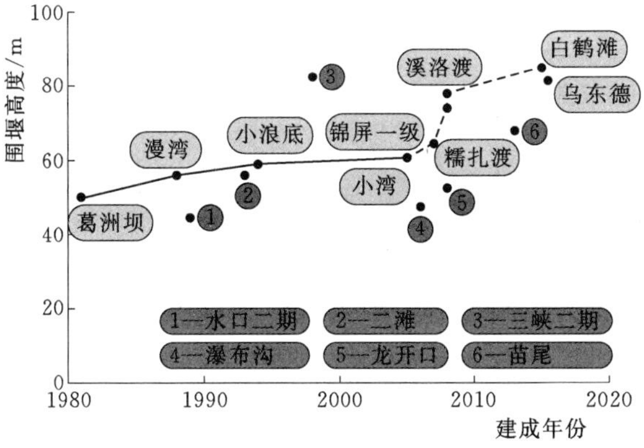

图 12.1-1　复合土工膜防渗的高土石围堰高度发展进程

围堰作为临时工程，具有施工期短、质量保证率低等特点，堰体对土工膜（或复合土工膜）的支撑条件不如永久性堤坝，挡水水头不宜太高，大部分在 40m 以下，《水电工程围堰设计导则》（NB/T 35006—2013）规定超过 35m 时应经过论证。与一般采用土工膜防渗的土石坝相比，土石围堰具有如下典型特点。

1. 水下抛填体松散

土石围堰前期往往通过截流形成戗堤，再在戗堤上下游迅速将土层抛填培厚形成堰体，在抛填过程中，水下堰体无法通过有效碾压获得密实的能量，水下抛填堰体较为松散，低密度土石料无法达到较高的模量与强度。复合土工膜斜墙或心墙体虽在堰体填筑出水面后施工，但是其下伏水下抛填体过于松散将导致复合土工膜随堰体产生较大的变形，致使复合土工膜与防渗墙及岸边锚固处发生拉脱或撕裂。

由于无法直接获知水下抛填土石料密度情况，三峡二期围堰采用离心模型试验，试验结果见图 12.1-2，试验结果表明 60m 深的水下堰体的干密度约为 1.65～1.85t/m³，

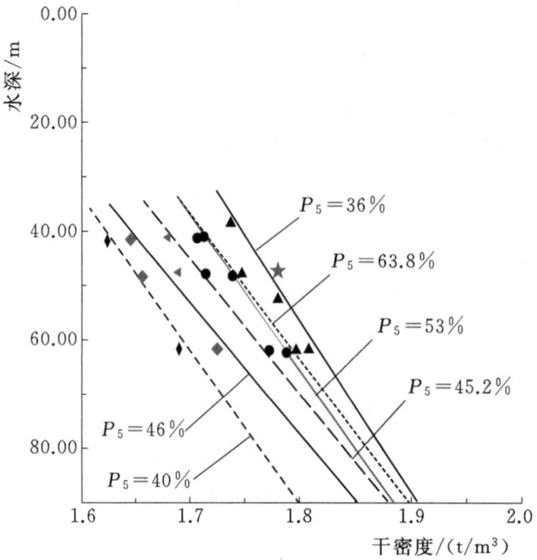

图 12.1-2 三峡二期围堰水下抛填干密度与水深的关系

对应的孔隙率达39%～29%。而经过振动碾碾压施工时，土石料较易达到24%以下的孔隙率。

白鹤滩大坝围堰亦采用离心模型试验获取了不同抛填材料的水下密实度，见图12.1-3，离心模型BTH-1试验的10m水深下的干密度值为$1.868g/cm^3$，对应孔隙率为30.8%，离心模型BTH-2试验的10m水深下的干密度值为$1.779g/cm^3$，对应孔隙率为34.1%；离心模型试验BTH-1、BTH-2成果得到的30m水深的干密度值约为$1.80～1.90g/cm^3$，由此得到的孔隙率约为29.7%～33.5%；离心模型试验BTH-3抛填砂砾料对应的相对密度值仅为0.37～0.63，而依经验相对密度$D_r=0.75$为一般砂砾料力学性能的转折点，所以围堰水下抛填体较为松散，难以达到一般土石坝填筑密实度标准。

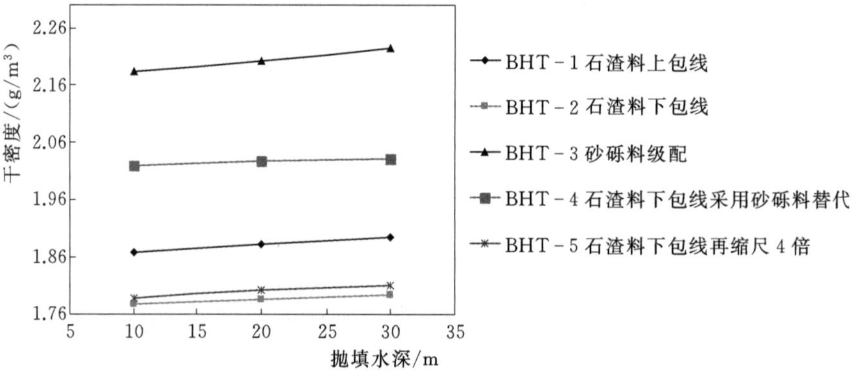

图 12.1-3 白鹤滩围堰各填料抛填体密度与水深的关系曲线

2. 填料性质复杂

围堰属于临时性建筑物，其填料一般采用土石开挖料，料源条件远不如一般土石坝，实际施工控制也达不到土石坝要求。

三峡二期围堰主要填料为风化砂，系三斗坪坝址区花岗岩风化壳中的全、强风化层，其他填料包括风化砂、石渣、风化砂与黏土混合料、反滤材料等，风化砂是工程开挖出来的废料，用于围堰填筑就地取材，造价低廉，且废物利用有利于环保，但其具有易碎性和不稳定性等不利物理力学特性。

苗尾围堰设计要求围堰堆石料采用工程弱风化开挖料进行填筑。在围堰填筑初期，由于工程弃渣场距离相对较远且征地移民问题导致受阻，相对距离较近的大坝上下游围堰填筑工作面成为工程开挖料弃运的便利场地，一些不合格的开挖料甚至土料被直接运输至围堰进行填筑。

3. 施工工期紧凑

全年断流围堰多需在一个枯水期填筑完成，施工项目繁多，工期安排紧凑，填筑施工质量难以达到一般土石坝的标准，表 12.1－1 和表 12.1－2 分别统计了国内部分围堰及土石坝的填筑强度及平均填筑上升速度，可见围堰上升速度为 8～9m/月，而土石坝为 4～6m/月，可见同类型的面板堆石坝或心墙堆石坝的上升速度则要慢得多，且面板坝施工面板前还需预留 2 个月左右的预沉降期。

表 12.1－1　国内部分工程围堰填筑强度指标表

序号	工程名称	堰高/m	填筑总量/万 m^3	施工时段	平均填筑强度/(万 m^3/月)	堰体平均升高速度/(m/月)
1	漫湾	56.0	78.33	12 月 20 日至次年 6 月 20 日	13.10	9.3
2	二滩	56.0	124.00	12 月 10 日至次年 6 月 30 日	18.50	8.4
3	小湾	58.6	111.46	11 月 20 日至次年 6 月 30 日	15.30	8.0
4	溪洛渡	上游围堰 78.0；下游围堰 52.0	262.38	11 月 8 日至次年 6 月 25 日	39.75	上游围堰 11.82；下游围堰 7.88
5	糯扎渡	84.0	135	2008 年 3 月 20 日至 5 月 31 日	42	实际 1.16m/d
6	苗尾	上游围堰 65.0	129.96	11 月 1 日至次年 5 月 30 日	18.57	9.14
7	白鹤滩	上游围堰 83.0	200	11 月 27 日至次年 6 月 7 日	33.1	13.83

表 12.1－2　国内部分高土石坝填筑强度指标表

序号	工程名称	最大坝高/m	填筑体积/万 m^3	填筑工期/月	填筑强度最大/平均/(万 m^3/月)	月平均上升高度/m
1	石头河	114.0	835.0	61	26/14	1.86
2	黑河	127.5	771.6	30	60/26	4.25
3	小浪底	154.0	2685.0	24	158/112	6.33
4	硗碛	125.5	730.0	19	58/38	6.60
5	瀑布沟	186.0	1999.5	37	84/54	5.02
6	糯扎渡	261.5	3415.2	63	75/54	4.15

4. 围堰对土工膜材料的耐久性要求不高

土工膜的耐久性也是值得关注的问题。聚合物土工膜的损坏原因如下：①反聚合作用和分子断裂使聚合物分子分解，聚合物的物理性能发生变化；②土工膜失去增塑剂和辅助成分使聚合物发脆；③液体浸润膨胀甚至溶解，因而降低力学性质增大渗透性。围堰的使用周期一般不超过 5 年，复合土工膜（PE 膜）及其他复合土工材料寿命通常达到数十年，可见土工膜在做好紫外线保护的情况下，其耐久性并不会成为在围堰中使用的限制性因素。

12.1.2 土工膜防渗土石围堰的主要设计型式

复合土工膜防渗土石围堰的防渗体型式类似于常规土石坝的型式，主要有心墙式（芯膜）、斜墙式（面膜）、斜心墙式（斜芯膜）。心墙式围堰断面尺寸较斜墙式围堰小，但地基防渗处理和堰体填筑不能同步进行，心墙式或斜心墙式与堰壳填筑干扰大，施工进度较慢，施工强度不均衡，对规模不大、施工工期较宽松的土石围堰宜采用此种型式，以利于降低造价。

斜墙式与堰体施工干扰较少，基础防渗处理与堰体填筑可同时进行，有利于围堰均衡施工，增加围堰工期保证度，但由于稳定性要求，防渗体迎水面坡度较缓，围堰断面较大，往往增加泄水建筑物的长度和导流工程投资。鉴于工期要求，目前规模较大的土石围堰采用斜墙型式较多，而土工膜心墙由于防渗轴线短、岸坡处理简单且布置紧凑成为围堰选型主流。本章共对国内外87座典型围堰进行了统计分析，其各类占比见图12.1-4，各级别围堰高度分布见图12.1-5。

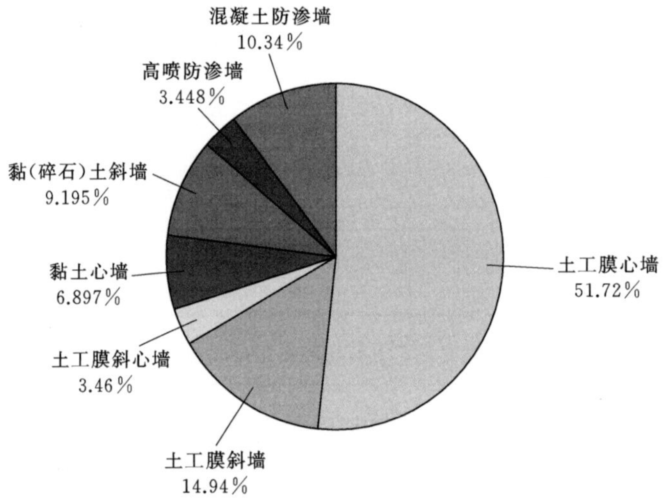

图12.1-4　各类堰体防渗围堰比例图

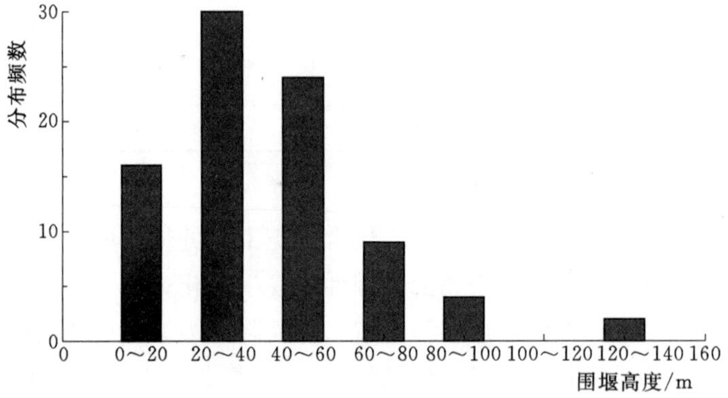

图12.1-5　各级别围堰高度分布

12.1.3 国内外典型围堰建造概况

本章对国内外 87 座典型围堰进行了统计分析，从年代顺序大致可了解土工膜主体防渗围堰建造工程的进展。各工程主要几何体型、堰体及堰基防渗特性见表 12.1-3 和表 12.1-4。

表 12.1-3　　芯膜型式围堰汇总表

序号	施工年份	围堰名称	围堰规模			堰体防渗			堰基防渗		
			围堰级别	最大堰高/m	堰顶宽度/m	防渗型式	挡水水头/m	防渗参数	防渗型式	挡水水头/m	防渗墙深度/m
1	1990	水口上游围堰	4	44.55	10	芯膜	26.55	两布一膜 300g/PVC 0.8mm/300g	塑性混凝土防渗墙	70.15	43.6
2	1990	水口下游围堰	4	31.9	12	芯膜	9.9	两布一膜 175g/0.16mm/175g	塑性混凝土防渗墙	46.6	36.7
3	1992	李家峡上游围堰		45		芯膜	25.25	复合土工膜 300g/0.8mmPVC/300g			
4	1998	珊溪上游围堰	4	20	10	芯膜	13	两布一膜 300g/0.8mm/300g	塑性混凝土防渗墙	40	28.1
5	1998	三峡二期上游横向围堰	2	82.5	15	芯膜	15	双排	塑性混凝土防渗墙		74
6	2002	水布垭上游围堰		27		芯膜	6.9				31.3
7	2002	公伯峡上游围堰	4	38	10	芯膜	36.48	两布一膜 300g/0.8mm/300g	混凝土防渗墙	45.48	15
8	2003	紫坪铺上游围堰		48		芯膜	39		塑性混凝土防渗墙		33
9	2005	小湾上游围堰	3	60.59	8	芯膜	33		塑性混凝土防渗墙	80	47
10	2005	小湾下游围堰	3	38	8	芯膜	13		可控帷幕灌浆	58	45
11	2005	景洪二期上游围堰	3	65	12	芯膜	27.83	两布一膜 300g/0.75mm/300g	高压旋喷灌浆	64.37	36.54
12	2005	景洪二期下游围堰	3	42.5	10	芯膜	16.16	两布一膜 300g/0.75mm/300g	高压旋喷灌浆	54.52	38.36
13	2005	滩坑上游围堰	4	23.5	8	芯膜	17	两布一膜 300g/0.8mm/300g	混凝土防渗墙	45	26
14	2005	喜河二期上游横向围堰	4	21.5	7	芯膜	12	—	黏土心墙下接水泥黏土灌浆	33.5	13
15	2006	察汗乌苏上游围堰	4	31.88	7	芯膜	15.88	两布一膜 600g/0.8mm/600g	悬挂式高压旋喷	45.88	30
16	2006	金安桥上游围堰	3	62	15	芯膜	35.21	两布一膜 300g/0.5mm/300g	混凝土防渗墙	66.7	33.7
17	2007	锦屏一级下游围堰	3	23	10	芯膜	10.53		塑性混凝土防渗墙	75.03	54

续表

序号	施工年份	围堰名称	围堰规模			堰体防渗			堰基防渗		
			围堰级别	最大堰高/m	堰顶宽度/m	防渗型式	挡水水头/m	防渗参数	防渗型式	挡水水头/m	防渗墙深度/m
18	2007	浪石滩电站上游围堰	4			黏土心墙上接复合土工膜	8	150g/0.3mmHDPE/150g	黏土心墙		
19	2008	溪洛渡下游围堰	3	52	12	芯膜	32.5	两布一膜 350g/0.8mm/350g	塑性混凝土防渗墙	79	46.5
20	2008	大岗山上游围堰	3	50.53	10	芯膜	36.5	两布一膜 350g/0.8mm/350g	混凝土防渗墙	61	25.1
21	2008	大岗山下游围堰	3	32	10	芯膜	11.5	两布一膜 350g/0.8mm/350g	混凝土防渗墙		21
22	2008	糯扎渡下游围堰	3	42	12	芯膜	9.85		塑性混凝土防渗墙	49.85	40
23	2008	龙开口二期上游围堰	4	55	10	芯膜	33.49	两布一膜 350g/0.5mm/350g	混凝土防渗墙	61.3	33.5
24	2008	龙开口二期下游围堰	4	30	10	芯膜	12.89	两布一膜 350g/0.5mm/350g	混凝土防渗墙	40.69	27.5
25	2008	天花板上游围堰	4	40.5	8	芯膜	28.54	两布一膜 900g/0.5mm/900g	帷幕灌浆	50.04	23
26	2009	功果桥上游围堰	4	22.5	10	芯膜	12.5		C20 混凝土防渗墙	54.5	48.3
27	2009	阿海上游围堰	4	69	15	芯膜	38	两布一膜 300g/0.75mm/300g	混凝土防渗墙	72	34
28	2009	阿海下游围堰	4	30	15	芯膜	17.2	两布一膜 300g/0.75mm/300g	混凝土防渗墙	42	24.8
29	2009	苗家坝上游围堰	4	25.8	10	芯膜	20	250g/0.3mmHDPE/250g	C20 混凝土防渗墙		44.1
30	2009	苗家坝下游围堰	4	14.5	8	芯膜	5	250g/0.3mmHDPE/250g	C20 混凝土防渗墙		26.2
31	2011	观音岩上游围堰	3	52	12	芯膜	18		混凝土防渗墙	62	43
32	2011	藏木下游围堰	4	16	10	芯膜	10	350g/0.8mmHDPE/350g	塑性混凝土防渗墙		48
33	2011	长河坝上游围堰	3	54	13.5	芯膜	35.5	350g/0.8mmHDPE/350g	混凝土防渗墙		83.23
34	2011	猴子岩下游围堰		25		芯膜	10	350g/0.8mmHDPE/350g	塑性混凝土防渗墙		80
35	2012	仙居	4	41.3		芯膜			塑性混凝土防渗墙		26
36	2013	埃塞俄比亚吉贝Ⅲ上游围堰		50		芯膜		1200g/3.5mmPVC/1200g	黏土截水槽		

续表

序号	施工年份	围堰名称	围堰规模			堰体防渗			堰基防渗		
			围堰级别	最大堰高/m	堰顶宽度/m	防渗型式	挡水水头/m	防渗参数	防渗型式	挡水水头/m	防渗墙深度/m
37	2013	苗尾上游围堰	3	65	15	芯膜	43.5	350g/0.8mmHDPE/350g	C20 混凝土防渗墙		38
38	2013	苗尾下游围堰	3	28.5	10	芯膜	7.5	350g/0.8mmHDPE/350g	C20 混凝土防渗墙		25
39	2014	沙坪二级下游围堰	4	25	10	芯膜	5	350g/0.8mmHDPE/350g	塑性混凝土防渗墙		39.5
40	2015	白鹤滩下游围堰	3	53	12	芯膜	21	350g/1.0mmHDPE/350g	塑性混凝土防渗墙		45
41	2008	糯扎渡上游围堰	3	74	15	斜芯膜	29.85	350g/0.8mmHDPE/350g	塑性混凝土防渗墙	79.85	50
42	2009	向家坝二期上游围堰	3	59	10	斜芯膜	28.56	两布一膜 350g/0.5mm/350g	混凝土防渗墙	90.56	62
43	2009	向家坝二期下游围堰	3	45	10	斜芯膜	19.5	两布一膜 350g/0.5mm/350g	混凝土防渗墙	64.5	45

表 12.1-4　面膜型式围堰汇总表

序号	施工年份	围堰名称	围堰规模			堰体防渗			堰基防渗		
			围堰级别	最大堰高/m	堰顶宽度/m	防渗型式	挡水水头/m	防渗参数	防渗型式	挡水水头/m	防渗墙深度/m
1	1970	努列克工程上游围堰		125		面膜	50	厚 1.0mm 聚乙烯膜			
2	1992	宝珠寺上游二期围堰		31		面膜	25.5	复合土工膜 300g/0.8mmPVC/300g	塑性混凝土防渗墙		16.5
3	2016	两河口上游围堰	3	64.5	12	面膜	44.5		混凝土防渗墙	70	24
4	2002	引子渡上游围堰	4	23.5	10	面膜	5	—	高喷防渗墙	40	35
5	2004	拉西瓦上游围堰	4	45.3	15	面膜	24		混凝土防渗墙	69	45
6	2004	土卡河二期上游横向围堰	4	17.5	8	面膜下接黏土斜墙	15	两布一膜 200g/0.5mm/200g	高压旋喷灌浆	26	13.5
7	2005	光照上游围堰	4	22	15	面膜	12.5	—	高喷防渗墙	38.5	26
8	2006	瀑布沟上游围堰	3	47.5	10	面膜	38.5	两布一膜 350g/0.8mm/350g	悬挂式塑性混凝土	79.5	41
9	2006	瀑布沟下游围堰	3	18	10	面膜	7	两布一膜 350g/0.8mm/350g	悬挂式塑性混凝土	26.5	19.5
10	2007	深溪沟上游围堰	4	45		面膜	34	300g/1.0mm/300g	塑性混凝土防渗墙		34

续表

序号	施工年份	围堰名称	围堰规模			堰体防渗			堰基防渗		
			围堰级别	最大堰高/m	堰顶宽度/m	防渗型式	挡水水头/m	防渗参数	防渗型式	挡水水头/m	防渗墙深度/m
11	2007	锦屏一级上游围堰	3	64.5	10	面膜	39.25	350g/0.8mmHDPE/350g	塑性混凝土防渗墙	75.03	53.15
12	2009	泸定水电站上游围堰		42	10	面膜	26	300g/1.0mmHDPE/300g	塑性混凝土防渗墙		40
13	2011	藏木上游围堰	4	40	10	面膜	21.4	350g/0.8mmHDPE/350g	塑性混凝土防渗墙		55
14	2011	猴子岩上游围堰		55		面膜	33.5	350g/0.8mmHDPE/350g	塑性混凝土防渗墙		80
15	2014	沙坪二级上游围堰	4	34	12	面膜	7	350g/0.8mmHDPE/350g	塑性混凝土防渗墙		43
16	2015	白鹤滩上游围堰	3	83	12	面膜	40.58	350g/1.0mmHDPE/350g	塑性混凝土防渗墙		45

12.2 防渗膜材料选择

12.2.1 防渗膜材料选型

工程常用土工膜有聚氯乙烯（PVC）和聚乙烯（PE）两种材质，二者防渗性能相当，二者主要差异如下：PVC膜比重大于PE膜；PE膜弹性应变量小于PVC膜；PE膜成本低于PVC膜；PVC膜可采用热焊或胶粘，PE膜适合热焊；PVC膜和PE膜还有一个突出的差别，就是膜的幅宽，PVC复合土工膜一般为1.5～2.0m，PE复合土工膜可达4.0～6.0m，相应地接缝PE膜可以比PVC膜减少一半以上。

考虑到PE膜接缝采用热焊，施工质量稳定，焊缝质量易于检查，施工速度快，工程费用低，从表12.1-3和表12.1-4可以看出，近期修建的围堰工程基本采用PE膜防渗材料。

12.2.2 防渗膜设计指标

土工膜（复合土工膜）性能包括：

（1）物理指标：膜设计厚度、无纺织物单位面积质量。

（2）力学指标：拉伸强度、断裂伸长率、撕裂强度、胀破强度、顶破强度、刺破强度。

（3）水力学性能：渗透系数、抗渗强度。

（4）耐久性：抗老化性、抗化学腐蚀性。

（5）可操作性：幅宽、布膜分离要求。

依据围堰高度及防渗水头高低，按照抗水压顶张及抗变形复核厚度后适当选取土工膜

（复合土工膜）的厚度。其经验厚度及土工织物的选取见表 12.2-1 和表 12.2-2。

表 12.2-1　　不同挡水水头所需膜厚度

膜挡水水头/m	$H<20$	$20<H<30$	$30<H<40$	$H>40$
HDPE 膜厚度/mm	0.5～0.6	0.6～0.8	0.8～1.0	需专门论证

表 12.2-2　　不同挡水水头所需无纺织物单位面积质量

膜挡水水头/m	$H<20$	$20<H<30$	$30<H<40$	$H>40$
单位面积质量/(g/mm^2)	200～250	250～300	300～350	350～400

1. 物理指标

（1）膜设计厚度及无纺织物单位面积质量。

（2）厚度均匀性。《土工合成材料　聚乙烯土工膜》（GB/T 17643—2000）规定防渗膜厚度偏差应控制在－10%，复合土工膜端部布膜分离部位常由于均匀性问题出现“荷叶边”现象，导致焊接效果较差，建议该部位厚度偏差控制在－5%～＋5%以内。

2. 力学指标

高土石围堰防渗膜一般采用如表 12.2-3 所示的物理力学指标，依据围堰高度及防渗水头高低。

表 12.2-3　　复合土工膜常用性能指标汇总表

序号	项　目	单　位	指　标	备　注
1	抗拉强度	kN/m	≥14～20	纵横向
2	延伸率	%	≥60～100	纵横向
3	CBR 顶破强度	kN	≥2.5～3.2	
4	梯形撕裂强度	kN	≥0.48～0.70	
5	渗透系数	cm/s	$\leqslant 1\times10^{-11}$	
6	抗渗强度	MPa	≥1.5	
7	耐化学性能	在 5%的酸（H_2SO_4）、碱（NaOH）、盐（NaCl）溶液中浸泡 24h，抗拉能力基本不变		

注　土工膜的性能要求应同时符合 GB/T 17643 的要求。

3. 界面摩擦指标

界面指标主要是指防渗膜与其接触材料之间的抗剪强度指标。对于斜墙型防渗的围堰而言，主要包括防渗膜与垫层之间、防渗膜与保护层之间的界面指标。

对于斜墙型防渗的围堰型式而言，防渗膜界面指标是十分重要的指标，直接关系到围堰的安全性与经济性，是围堰坡面抗滑稳定校核的重要依据，对于小型工程，可通过类比已建工程或参考文献确定，参见渗附表 1.1-1～附表 1.1-4，可供设计参考。界面摩擦指标一般与相互接触的材料性质、材料密实度、材料干湿程度等相关。

白鹤滩上游围堰曾采用美国 Geocomp 公司生产的大型土-土工合成材料直剪仪进行

过 400g/1.0mm HDPE/400g 复合土工膜与两种级配砂砾料垫层间的直剪试验，试验结果表明当垫层料相对密度达到 0.7 以上时，两者摩擦系数取值范围为 0.404～0.598。两种砂砾料垫层的级配见表 12.2-4，其试验结果见表 12.2-5。

表 12.2-4　直剪摩擦试验砂砾料的模拟材料粒径组成

编号	模拟材料类型	粒组（mm）含量/%							
		20～10	10～5	5～2	2～0.5	0.5～0.25	0.25～0.075	0.075～0.005	<0.005
1	砂砾料级配 M1	24	24	12	18	8	8	3	3
2	砂砾料级配 M2	32	26	12	14	6	5	2	3

表 12.2-5　砂砾料与复合土工膜直剪摩擦试验成果表

填料	界面材料	备样条件				界面摩擦系数	界面摩擦强度指标	
		最大密度/(g/cm³)	最小密度/(g/cm³)	试验控制相对密度	试样密度/(g/cm³)		c/kPa	ϕ/(°)
M1（砂砾料级配 1）	复合土工膜	2.345	2.018	0.7	2.236	0.404	24.5	22
M2（砂砾料级配 2）	复合土工膜	2.353	1.997	0.7	2.234	0.579	21.5	30.1
		2.353	1.997	0.75	2.253	0.598	24.5	30.9
		2.353	1.997	0.7	2.324（湿）	0.593	19.0	30.7

12.2.3 土工膜安全复核

依据经验选择土工膜（复合土工膜）的指标后，还要对土工膜进行安全复核。以心墙式复合土工膜围堰为例，复合土工膜心墙在运行过程中将受到三种主要荷载的作用：①复合土工膜在水压力作用下被压入颗粒之间的孔隙，主要为水压局部顶张作用；②复合土工膜在施工铺设及碾压过程中受到周围填料颗粒的局部作用，主要包括刺破、穿透、顶破等作用；③施工及运行过程中围堰堰体存在大范围的竖直沉降及水平变形，而复合土工膜因刚度不足随堰体一起变形。

1. 变形安全复核

围堰防渗膜的变形主要为：随堰体位移产生的拉伸变形；膜后垫层孔隙引起防渗膜的水力顶张变形；周边锚固处产生集中变形。防渗膜变形安全校核方法可参见本篇第 2 章 2.2.2.4～2.2.2.5 节。

白鹤滩上游围堰防渗膜锚固处相对变形计算中，将“周边膜单元”力学模型植入三维有限元程序，计算满蓄期各部位的变位计算量值见图 12.2-1，其中左、右岸的变位形态与水平膜和防渗墙连接段存在差异，左、右岸以张拉及顺趾板向错切为主，而复合土工膜水平段与防渗墙接头部位以顺防渗墙沉陷为主。左岸段最大为 18mm，右岸为 25mm，水平膜与防渗墙连接段为 8mm。

蓄水后，在水压和自重作用下垫层料与趾板之间存在剪切、拉压变形，则应变公式的分母则为垫层料沿岸边潜在错动带的宽度，围堰砂砾料垫层料的最大粒径 $D_{max}=40$mm，砾料的平均粒径 $D_{50}=10$mm，依据直接剪切试验中剪切带的一般宽度 $L_0/D_{50}\approx 11\sim 12$，

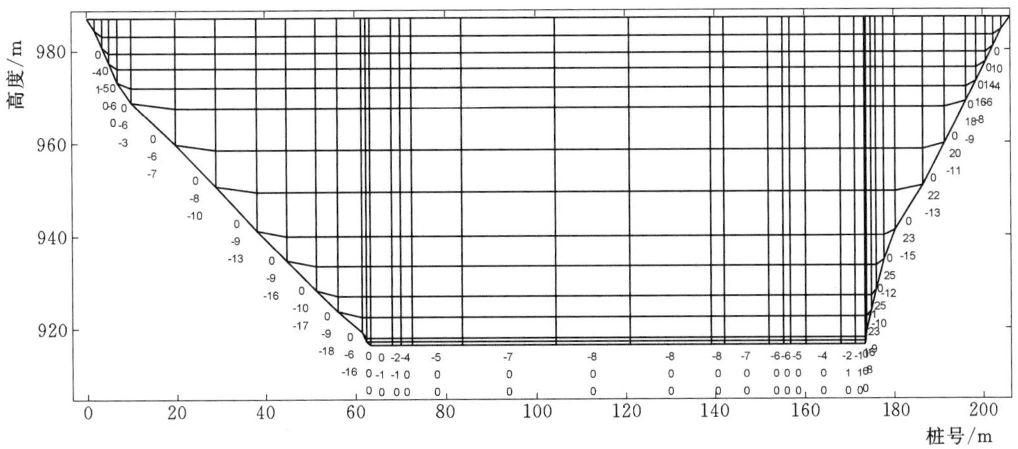

图12.2-1 蓄水后复合土工膜与周边接头段相对变位分布

注：图中每列数字的顺序依次为垂直缝长方向的沉陷变形、沿缝长方向的错动、拉压量。

则可推断剪切带 $L_0 \approx 110 \sim 120$mm。

实际上，围堰防渗膜发生水力顶张的某些部位同时发生随堰体变形或锚固相对变形，因此，变形安全复核应该是以上应变叠加后的应变与土工膜材料允许应变相比较。

以往以水力顶胀变形计算得到的厚度比实际所需小得多，主要因公式未考虑其他形式的变形以及施工影响等因素，工程实践中应结合工程经验确定膜厚。

2. 防渗结构的抗滑稳定复核

(1) 施工期的抗滑稳定校核。土工膜在铺设、拼接、锚固及保护层施工过程中承受自重、风力、位置调整、爆破振动等影响，需对土工膜进行施工期的抗滑稳定复核。

(2) 运行期的抗滑稳定。蓄水后，由于增加法向水压力作用，有利于防渗膜系统的稳定。当水位水库骤降时，由于失去了水压力，抗滑稳定性将降低，需复核运行期的抗滑稳定。

斜墙围堰抗滑安全校核工况与安全系数一般采用表12.2-6的数值。

表12.2-6　　抗滑稳定最小安全系数

围堰级别	安全系数	围堰级别	安全系数
3	1.3	4～5	1.15

12.3 土石围堰面膜防渗设计

12.3.1 典型土石围堰面膜防渗断面型式设计

根据以往类似围堰工程的成功经验及相关规范规定，依据施工条件及填料所需承担的功能不同，将围堰断面分区为水上碾压石渣料区、水下抛填石渣料区、截流戗堤、垫层、膜上保护层、复合土工膜防渗层等主要分区，各主要分区见图12.3-1。

面膜防渗土石围堰一般采用单层防渗结构，单层防渗结构包括下支持层、防渗层、上

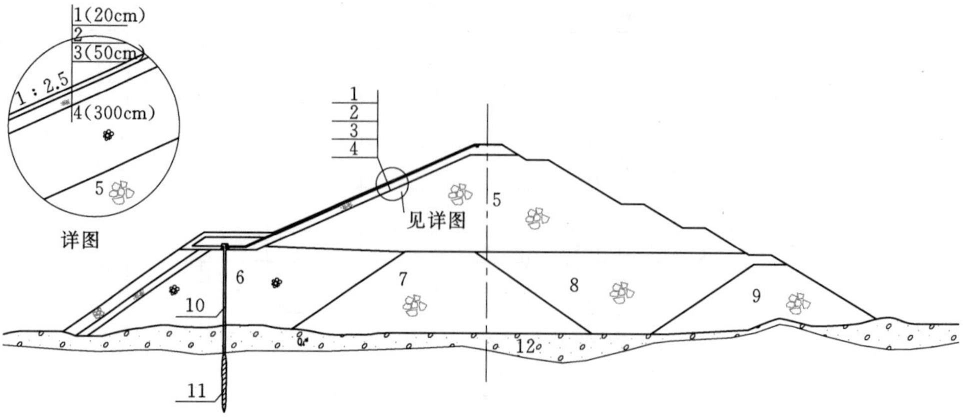

图 12.3-1 面膜防渗土石围堰填筑主要分区图

1—喷混凝土保护层；2—复合土工膜防渗层；3—垫层；4—过渡层；5—碾压石渣料；6—抛填细石渣料；7—截流戗堤；8—抛填石渣；9—排水棱体；10—防渗墙；11—帷幕灌浆；12—堰基覆盖层

保护层，防渗结构见图 12.3-1。下支持层主要包括垫层及其下过渡层，防渗层主要是复合土工膜，上保护层主要包括混凝土保护层、颗粒保护层及袋装填料保护层等类型。以下分节叙述过渡层至保护层的设计要点。

12.3.2 过渡层设计

在复合土工膜膜下垫层与堰体石渣料间一般设置颗粒材料过渡层，保证垫层料与石渣料的力学性能与水力性能过渡。

过渡层厚度要求：过渡层一般厚度为 2.5～3.0m，可依据现场围堰规模、施工条件、料源情况做局部调整。

过渡层颗粒粒径与级配要求：过渡料最大粒径为 15～30cm，过渡料和石渣料颗粒粒径需满足以下层间系数要求，即

$$\frac{D_{15}}{d_{85}} \leqslant 7 \sim 10 \tag{12.3-1}$$

式中：D_{15}为石渣料的计算粒径，表示小于该粒径的料按重量计占石渣料总量的 15%；d_{85}为过渡料的计算粒径，表示小于该块径的料按重量计占过渡料总量的 85%。

过渡料上、下包线形态应尽量符合满足级配优良、密度最大的 Talbot 曲线线型。小于 5mm 的颗粒含量不超过 20%，小于 0.075mm 的颗粒含量不超过 5%。建议过渡料级配包络线可参照图 12.3-2。

过渡层母岩材料要求：可采用弱风化—微风化或新鲜的开挖石渣料，石块饱和抗压强度大于 35MPa 为宜。

过渡层压实指标要求：孔隙率不大于 20%，渗透系数不小于 1×10^{-3}cm/s。

12.3.3 膜下垫层设计

12.3.3.1 颗粒垫层

在复合土工膜与过渡层间一般设置颗粒材料垫层，垫层材料应具有较好适应堰体变形能力，保证土工膜具有良好的支撑条件，同时具有一定透水能力，保证能及时排除膜后

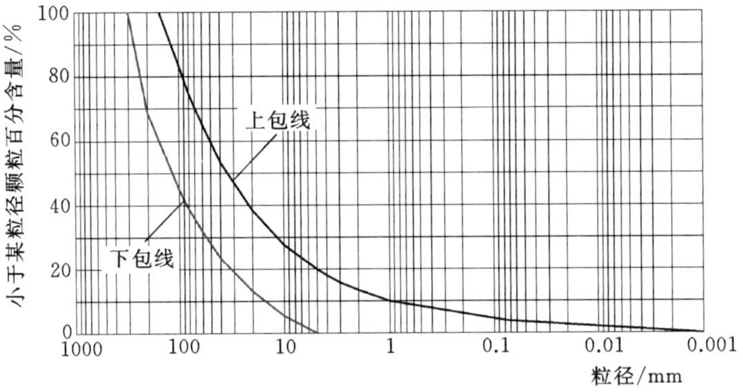

图 12.3-2　建议过渡料级配包络线

渗水。

垫层厚度要求：垫层一般厚度为 0.5～1.0m，可依据现场围堰规模、施工条件、料源情况可做局部调整。

垫层颗粒粒径与级配要求：垫层最大粒径为 2～4cm，垫层料与过渡料颗粒粒径同样需满足与式（12.3-1）类似的层间系数要求。

垫层料上、下包线形态应尽量符合满足级配优良、密度最大的 Talbot 曲线线型。小于 5mm 的颗粒含量宜为 30%～50%，小于 0.075mm 的颗粒含量不超过 5%。建议垫层料级配包络线可参照图 12.3-3。

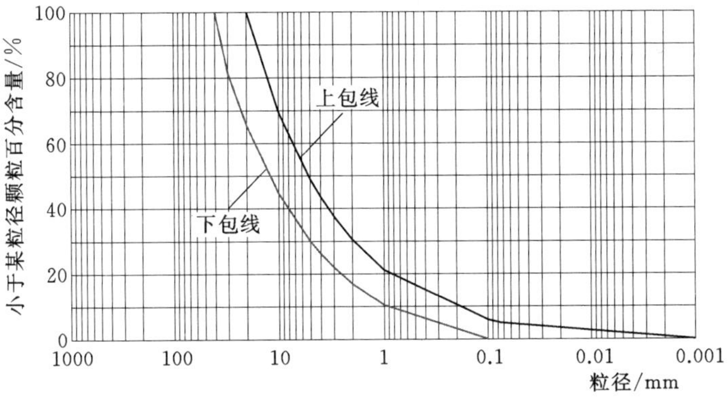

图 12.3-3　建议垫层料级配包络线

垫层料母岩材料要求：可采用天然砂砾料或天然砂砾料掺人工砂，避免采用片状、针状等棱角形颗粒。为保证垫层料在施工过程中不刺破土工膜，应安排生产性试验进行验证。尽可能利用天然砂砾料作为垫层料，如果采购不到或总量不足，垫层料可部分掺和人工砂。

垫层压实指标要求：孔隙率不大于 18%，渗透系数不小于$(5\sim10)\times10^{-4}$cm/s。

12.3.3.2　*无砂混凝土垫层*

无砂混凝土是近年发展起来的一种新型的集支撑（承重）、透水、反滤三种用途为一体的新型工程材料，它由粗骨料、水泥和水拌制而成的一种多孔混凝土，不含细骨料，由粗骨料表面包覆一薄层水泥浆相互粘结而形成孔穴均匀分布的蜂窝状结构，具有一定的强度和渗透性。在公路、铁路、水工建筑物中，可用无砂混凝土作为透水的渗沟、渗管、挡墙等需要排水或反滤的结构，以代替施工浮渣的反滤层和透水结构，并可承受适当的荷载，具有透水性、过滤性和稳定性好、施工简便、省料等优点。

鉴于无砂混凝土具备以上优点，其支撑、透水及过滤等材料特性非常符合土工膜垫层料的要求，锦屏一级土工膜斜墙围堰采用10cm厚无砂混凝土作为垫层，其表面平整，利于复合土工膜的铺设且不会产生棱角刺破等问题，围堰运行情况良好。但无砂混凝土作为垫层料使用仍存在一定缺点，如土工膜垫层需具备一定的柔韧性以协调膜和堰体之间变形，但无砂混凝土表现出一定刚性和脆性，所以锦屏一级上游围堰不仅采用10cm厚无砂混凝土垫层，膜下还设置了20cm厚颗粒垫层。一些专家在选择无砂混凝土作为高围堰土工膜垫层时仍持谨慎态度。

12.3.3.3 快速施工薄层贫水泥砂浆垫层

高土石围堰一般采用无黏性颗粒垫层料，垫层料施工时临近雨季，夜晚降雨会对垫层料表面产生明显冲刷，施工人员的反复行走也会导致垫层料表面产生大量凹坑，且难以修复密实平整，见图12.3-4。为解决该问题，通过现场配合比和施工试验，在垫层料表面增加了1cm厚薄层贫水泥砂浆（10%水泥含量）固坡护面，该护面可采用人工宽木槌拍打夯实的方法快速施工，见图12.3-5。该垫层料固坡护面为复合土工膜提供了一个平整基面，利于土工膜焊接，且对土工膜约束性较小。此外，简易渗透试验表明其透水性良好，不会在土工膜与护面之间形成滞留水层影响土工膜的抗滑稳定。

图12.3-4 颗粒垫层表层冲刷

图12.3-5 薄层贫水泥砂浆垫层施工

12.3.4 防渗层设计

土工膜斜墙围堰防渗层的设计包括土工膜铺设坡比设计，土工膜与上、下相邻层间抗滑稳定复核，土工膜的抗顶张、抗拉复核等。

1. 铺设坡比

国内较高斜墙围堰防渗土工膜的铺设坡比见表12.3-1，经统计其上游坡比多为1：2.0～1：2.5，铺设坡度的选择依据类比经验及垫层材料性质选择，铺设坡比影响土工膜与上、下相邻层间的抗滑稳定性及土工膜的受力变形。

表 12.3-1　　国内较高斜墙围堰防渗土工膜的铺设坡比

工程名称	最大堰高/m	挡水水头/m	上游坡
深溪沟上游围堰	45	34	1：2.5（水上）
泸定水电站上游围堰	42	26	1：2.25（水上）
藏木上游围堰	40	21.4	1：2.5（水上）
猴子岩上游围堰	55	33.5	1：2.0（水上）
白鹤滩上游围堰	83	40.58	1：2.3（水上）
锦屏一级上游围堰	64.5	39.25	1：2.0（水上）

2. 抗滑稳定复核

根据《水利水电工程土工合成材料应用技术规范》（SL/T 225—98）的规定，斜墙式土工膜应对沿土工膜和堰体的接触带进行抗滑稳定验算。与土工膜抗滑稳定有关的是两个可能的滑动面：一是膜上保护层与土工膜之间的滑动面；二是土工膜与膜下垫层之间的滑动面。

（1）保护层透水性良好。保护层透水性良好，若不计保护层与土工合成材料交界面黏聚力，安全系数 F_s 应按式（12.3-2）计算：

$$F_s=\frac{\tan\delta}{\tan\alpha} \tag{12.3-2}$$

式中：δ 为保护层与复合土工膜之间的摩擦角；α 为土工膜铺放倾角。

（2）保护层透水性不良。保护层透水性不良，若不计保护层与土工合成材料交界面黏聚力，安全系数 F_s 应按式（12.3-3）计算：

$$F_s=\frac{\gamma'}{\gamma_{sat}}\cdot\frac{\tan\delta}{\tan\alpha} \tag{12.3-3}$$

式中：γ'、γ_{sat}分别为保护层的浮容重和饱和重度，kN/m^3。

土工膜与膜下垫层抗滑稳定复核方法与以上方法类似。

12.3.5　膜上保护层设计

防护层可采用砂土、碎（卵）石土、混凝土板、浆砌块石、干砌块石、土工砂袋等。

土工膜的保护层主要做法可参考表 12.3-2，国内外类似工程的保护层采用类型见表 12.3-3。由表 12.3-3 分析可知，表 12.3-2 中针对复合土工膜所采用的 4 种防护层型式在类似工程中均有成功实例，高土石围堰中以采用施工简便、快速的现浇（喷）混凝土板进行防护者居多。

表 12.3-2　　斜墙式复合土工膜防护层

防护层型式	土工膜类型	建议上垫层型式	防护层做法
预制混凝土板（适应于缓于 1：1.75 的堰坡）	复合土工膜	不设上垫层	混凝土板直接铺在复合膜上（厚 20cm 以上）
	土工膜	喷沥青胶砂或浇厚约 4cm 的无砂混凝土	板铺在垫层上，接缝处塞防腐土条或沥青玛瑺脂

续表

防护层型式	土工膜类型	建议上垫层型式	防护层做法
现浇混凝土板或钢筋网混凝土	复合土工膜	不设上垫层	板直接浇在膜上（厚15cm以上）
	土工膜	先浇厚约5cm的细砾无砂混凝土	在垫层上布置钢筋，再浇混凝土，分缝间距15m，接缝处塞防腐土条或沥青玛瑞脂
浆砌块石	复合土工膜	铺厚约15cm、粒径小于2cm的碎石垫层	在垫层上砌石，应设排水孔，间距1.5m
	土工膜	铺厚约5cm、细砾混凝土垫层	
干砌块石（适应于缓于1：1.75的堰坡）	复合土工膜	铺厚约15cm、粒径小于4cm的碎石垫层	在垫层上铺干砌块石
	土工膜	铺厚约8cm的细砾混凝土垫层或无砂沥青混凝土垫层	

表12.3-3　国内外类似工程斜墙式复合土工膜防护层及垫层型式

工程名称	堰高/m	土工膜结构型式	土工膜材质	防护层及垫层型式
Poze de Los Ramos坝（西班牙）1984年完成	94（后加高至134）	斜墙	下部厚2.0mm聚乙烯膜 上部厚1.0mm聚乙烯膜	钢筋网混凝土护坡； 不分块、无止水； 水泥砂浆垫层
Bovilla坝（阿尔巴尼亚）1996年完成	91	斜墙	3.0mm聚氯乙烯膜 下复合700g/m^{2}的涤纶织物 上复合800g/m^{2}的聚丙烯织物	预制混凝土板置于浇筑的混凝土横梁上
钟吕坝（江西婺源）	51	斜墙	复合土工膜350g/0.6mmPVC/350g， 复合土工膜350g/0.4mmPVC/350g， 复合土工膜350g/0.8mmPVC/350g，	现浇C9混凝土护坡；无砂混凝土涂抹水泥浆垫层
Jibiya（尼日利亚）1989年完成	23.5	斜墙	2.1mm厚复合土工膜 0.7mm厚PVC膜	现浇厚8cm混凝土护坡
锦屏一级上游围堰	64.5	斜墙	复合土工膜350g/0.8mmHDPE/350g	喷20cm厚混凝土防护层、上抛袋装厚1m石渣料；20cm厚人工碎石垫层料、上喷10cm厚无砂混凝土
深溪沟上游围堰	45.0	斜墙	复合土工膜300g/0.8mmHDPE/300g	表面采用ϕ6@20×20cm的钢筋网、喷5cm厚的C20混凝土进行封闭。 备注：受“5·12”汶川大地震影响，混凝土护面出现两条长裂缝，但下部膜完好，坡面也未发生滑动（1：2.5）；采用挂网喷混凝土措施基本成功，“5·12”地震造成山上飞石坠落堰面，复合土工膜轻微受损

续表

工程名称	堰高/m	土工膜结构型式	土工膜材质	防护层及垫层型式
宝珠寺水电站二期上游围堰	31.0	斜墙	复合土工膜 300g/0.8mmPVC/300g	喷水泥砂浆防护层厚 5～10cm；喷水泥砂浆垫层厚 5cm
糯扎渡上游围堰	82	斜墙	复合土工膜 300g/0.8mmPE/300g	上游大块石护坡，复合膜上游侧铺 4.6m 厚过渡料Ⅱ，7.65m 厚过渡料Ⅰ
向家坝二期上游围堰	59	斜心墙	复合土工膜 300g/0.5mmPE/300g	上、下游各设 0.5m 厚的砂垫层及 1.0m 厚的砂砾石过渡料，过渡料上为碾压石渣
狮子坪上游围堰	17	斜心墙	复合土工膜 300g/0.5mmPE/300g	上、下各 30cm 厚粗砂垫层、砂垫层上铺任意料铺盖压重后抛大块石护坡
白鹤滩上游围堰	83.0	斜墙	复合土工膜 350g/1.0mmPE/350g	保护层采用挂钢丝网喷 20cm 厚混凝土，垫层 50cm 厚天然砂砾料

12.3.5.1 现浇混凝土保护层

现浇混凝土板或钢筋混凝土板，可在复合土工膜的土工织物上浇筑。对于非复合式土工膜，应在土工膜上先浇 5cm 左右薄层细砾混凝土垫层，然后绑扎钢筋，再浇混凝土，分缝间距约 15m。如果滑膜浇筑，可不设横缝。缝内填塞经防腐处理得木条或玛瑺脂，并留有一些排水孔。为防止土工膜老化，现浇混凝土板的厚度不小于 15cm。

12.3.5.2 喷混凝土保护层

围堰复合土工膜表面可采用“喷混凝土＋铺机编网”的方式进行保护。初喷 C25 混凝土 10cm、铺设机编钢丝网、复喷 C25 混凝土 10cm。喷混凝土沿纵横方向每隔 5m 设一道伸缩缝，分缝垂直于坡面，两层分缝需对齐。其中横缝（顺围堰轴线方向）缝宽 2cm，缝内填充土工织物（$350g/m^2$）包裹的沥青木板，纵缝（垂直围堰轴线方向）缝宽 5cm，缝内填充土工织物（$350g/m^2$）包裹的泡沫板。机编钢丝网采用性能优良的低碳镀锌钢丝，编织成网状结构，网孔 80mm×100mm，网丝 ϕ2.6mm，网目均匀；采用过缝布置，过缝部位涂刷沥青防锈漆，接头错开混凝土分缝 40cm 以上。

喷射作业时，必须保持喷头和受喷面夹角为 75°～90°，喷头角度过小，粗骨料不宜嵌入砂浆中，易造成回弹料增加。喷头与受喷面距离一般要求为 0.6～1.2m，前期喷混凝土试验时，采用喷射距离约为 1～1.2m，喷射效果较好，因此，喷射距离拟采用 1～1.2m。喷射混凝土施工时，操作手应抓紧喷头，换肩操作时，应保证喷头角度不发生较大变化。每块喷混凝土喷射时，喷射顺序自下而上，保持缓慢而匀速的顺时针转动，将喷射面喷射至设计厚度后，紧挨着该喷射面缓慢移动到下一喷射面，不得出现漏喷。禁止大幅度或快速转动喷头，也禁止采用上下滑动喷头的方式喷射。必须正确地选择喷射风压，如果风压或风量不足，混凝土在高压管内的运动速度缓慢，容易造成堵管，也会减弱冲击振实力量，造成混凝土的密实性差。根据白鹤滩上游围堰喷混凝土试验结果，高压管长不大于 50m 时，选择 0.4MPa 风压喷射效果较好，超过 50m 时，每延长 10m，建议增加风压0.1MPa，但风压高于0.6MPa时，应通过工艺性试验确定风压。

12.3.5.3 预制混凝土板保护层

预制混凝土板可铺设在复合式土工膜的土工织物上。对于非复合式土工膜，上面没有土工织物，可先喷沥青胶砂，或浇筑薄层（厚约4cm）无砂混凝土作为垫层，然后铺预制混凝土层。预制混凝土板的面积和厚度，根据堰坡坡率及波浪高度计算确定。为防止土工膜老化，混凝土板厚度至少在20cm以上，混凝土板之间的拼接缝，应填塞经防腐处理的木条或沥青玛琋脂，以免日光由缝隙照射土工膜。填塞木条或玛琋脂时应留有一些排水孔。

12.3.5.4 颗粒保护层

干砌块石面层，因块石重量大且棱角尖锐，不宜与土工膜或复合土工膜直接接触。在复合式土工膜的土工织物上可铺粒径小于4cm的碎石垫层，厚度15cm左右，再在其上做干砌块石。在非复合土工膜上，可浇筑细砾无砂水泥混凝土或细砾无砂沥青混凝土做垫层，厚约8cm，再在其上做干砌石面层。

浆砌块石面层可在复合式土工膜的土工织物上先铺粒径小于2cm的碎石垫层，厚约5cm，在其上砌筑浆砌块石。在非复合土工膜上，可先铺设厚约5cm的细砾混凝土垫层，再在其上砌筑浆砌块石。浆砌块石面层应设排水孔，间距约1.5m×1.5m。

12.3.5.5 袋装石渣

袋装石渣属于堆叠式柔性保护层，一般要求编织袋单位面积质量不小于130g/m^2，极限抗拉强度不小于18kN/m。装填石渣的最大粒径不大于100mm，装填石渣量不超过编织袋容积的70%。当堰肩两岸高程存在危岩体或落石风险时可采用该柔性保护层。选用袋装石渣作为保护层需保证编织袋的裸露使用有效寿命长于围堰使用期。

12.3.6 防渗膜的连接锚固设计

根据类似工程经验教训，土工膜防渗边界处理至关重要，为形成一个完整封闭的防渗体系，土工膜与混凝土防渗墙和堰坡混凝土趾板需要采用可靠有效的方法进行连接，同时需保证施工简便。

12.3.6.1 与防渗墙连接锚固

1. 预埋式锚固

土工膜与下部混凝土防渗墙连接：在混凝土防渗墙顶部设置盖帽混凝土，将土工膜埋入盖帽混凝土内，土工膜埋入二期混凝土的长度根据膜与混凝土的允许接触比降（允许接触比降根据试验得到）确定，一般不小于0.8m，典型连接锚固型式见图12.3-6，其锚固接头具体形状及尺寸可依据围堰规模和施工条件调整。该锚固方式构造简单，但主要存在两方面的不足：①对于防渗墙而言，直接将复合土工膜埋设于盖帽混凝土中，在混凝土浇筑振捣过程中容易发生移位，引起土工膜褶皱等；②若盖帽混凝土上游面发生局部裂缝可能会产生渗漏。

2. 螺栓机械式锚固

若围堰防渗要求较高或施工存在困难时可采用机械式锚栓法先将土工膜沿盖帽混凝土轴线固定后再浇筑二期混凝土，见图12.3-7。一方面满足了复合土工膜固定与连接要求；另一方面对土工膜采用了SR等高分子材料对复合土工膜及接触面进行了找平、预紧与封边处理，对截断渗漏水流能起到较好的封闭作用。

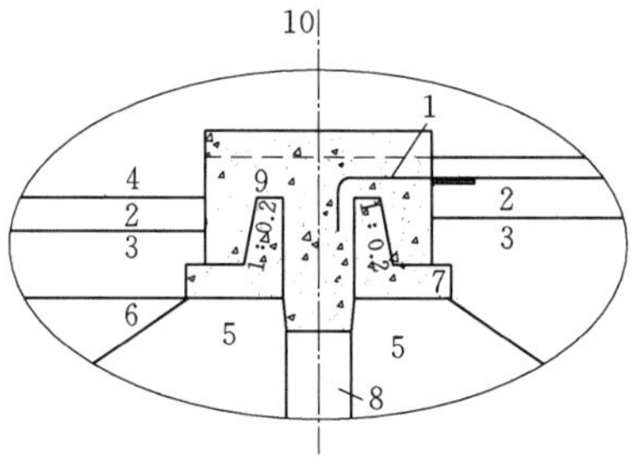

图 12.3-6 土工膜预埋方式

1—复合土工膜；2—垫层；3—过渡料；4—碎石土；5—细石渣料；6—抛填石渣；7—导向槽；8—防渗墙；9—盖帽混凝土；10—防渗墙轴线

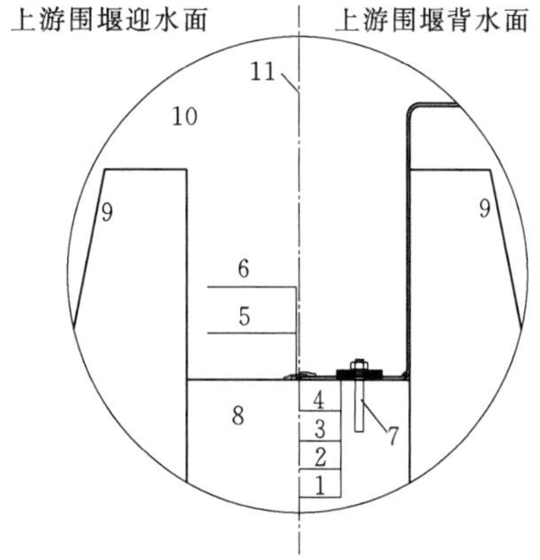

图 12.3-7 防渗墙盖帽混凝土内土工膜的螺栓固定与封边

1—SR 找平层；2—复合土工膜防渗层；3—橡胶垫片；4—扁钢；5—SR 防渗胶带；6—聚氨酯弹性材料；7—镀锌螺栓；8—一期混凝土；9—导向墙；10—二期混凝土；11—防渗墙轴线

12.3.6.2 与周边盖板（趾板）连接锚固

1. 预埋式锚固

两岸岸坡处设有趾板混凝土，一方面作为帷幕灌浆施工的盖板；另一方面将土工膜埋进混凝土，形成土工膜和堰肩帷幕灌浆的防渗体系。盖板混凝土底宽应为挡水水头的1/10～1/20，厚1.5m。土工膜埋入二期混凝土的长度根据膜与混凝土的允许接触比降（允许接触比降根据试验得到）确定，并不小于0.8m。见图12.3-8，其锚固接头具体形状及尺寸可依据围堰规模和施工条件调整。

2. 螺栓机械式锚固

若围堰防渗要求较高或施工存在困难时可采用机械式锚栓法。先将土工膜沿趾板轴线固定后再浇筑二期混凝土，见图12.3-9和图12.3-10。一方面满足了复合土工膜固定与连接要求；另一方面对土工膜及接触面采用了SR等高分子材料对复合土工膜进行了找平、预紧与封边处理，对截断渗漏水流能起到较好的封闭作用。

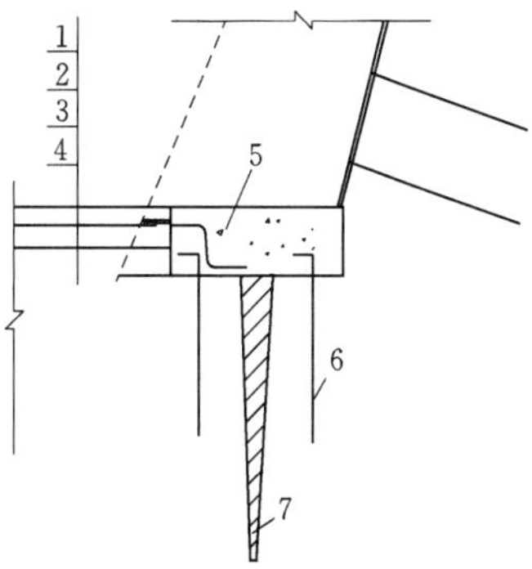

图 12.3-8 土工膜与趾板混凝土预埋式锚固

1—混凝土保护层；2—复合土工膜防渗层；3—砂砾石垫层；4—过渡料；5—趾板；6—锚筋；7—帷幕灌浆

12.3.7 施工工艺流程与技术要求

大面积土工膜采用焊接方式，边角及破损修补采用KS黏结，土工布采用手提式缝包机缝合。复合土工膜工艺流程如下：

复合土工膜施工工艺流程为：施工准备→放样→铺膜、裁剪→对正、搭齐→压膜、定型→擦拭尘土→焊接试验→焊接→检测（包括目测、检漏、抽样做抗拉试验）→

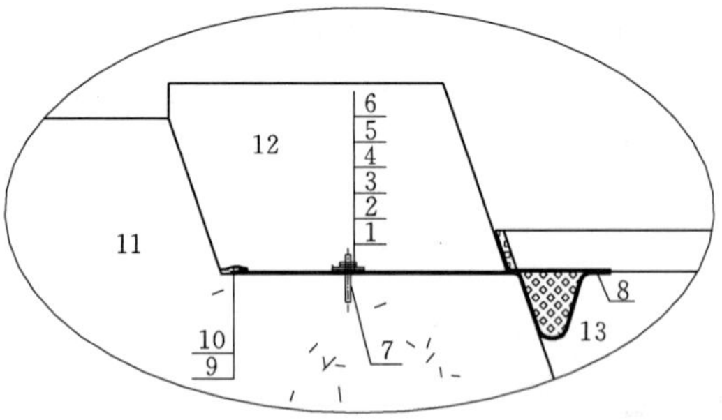

图 12.3-9 土工膜与趾板混凝土螺栓机械式锚固（横剖面）

1—沥青找平层；2—复合土工膜防渗层；3—橡胶垫片；4—扁钢；5—弹簧垫圈；6—镀锌螺母；7—镀锌螺杆；8—伸缩节；9—SR 防渗胶带；10—聚氨酯弹性材料；11——期混凝土；12—二期混凝土；13—垫层料

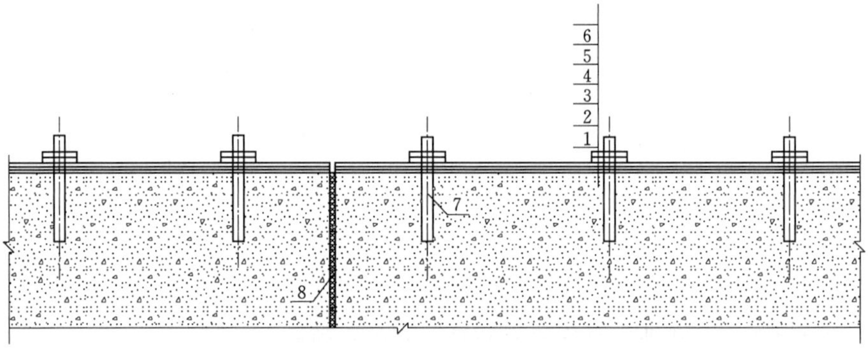

图 12.3-10 土工膜与趾板混凝土螺栓机械式锚固（纵剖面）

1—趾板混凝土；2—沥青找平层；3—复合土工膜防渗层；4—橡胶垫片；5—扁钢；6—弹簧垫圈；7—镀锌螺母；8—趾板伸缩缝

修补→缝下层布→检测→翻面铺设→缝上层布→下道工序。复合土工膜施工工艺流程示意见图 12.3-11。

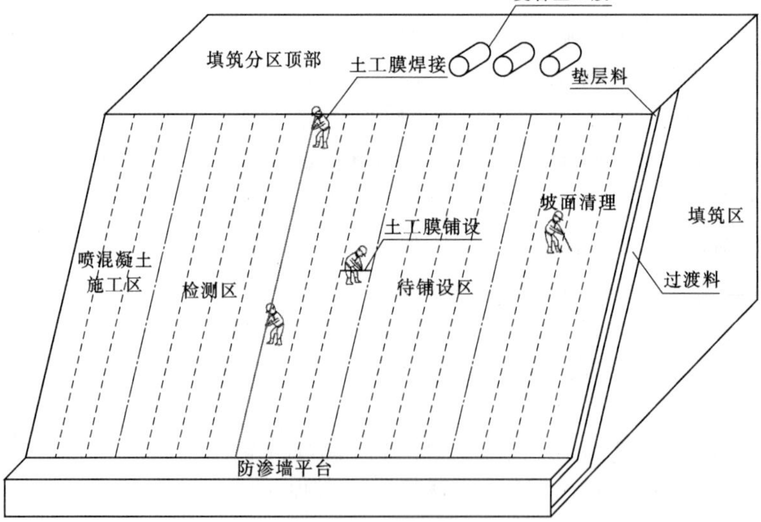

图 12.3-11 复合土工膜施工工艺流程示意图

12.3.7.1　铺设

（1）复合土工膜在使用前委托专业检测机构对产品的各项技术指标进行检测，各项指标均应符合标准规定和设计要求方可用于施工。

（2）土工膜铺设前，应按设计图纸要求在基础铺筑 300cm 厚过渡料和 60cm 厚垫层料，基础垫层必须采用平板夯将坡面碾压密实、平整，清除一切尖角杂物，欠坡回填夯实、富坡削坡挖平，为复合土工膜铺设提供合格工作面。

（3）施工前应根据复合土工膜分区规划和下料设计图要求下料，按编号一一对应地将土工膜运至现场。考虑土工膜单卷较重，采用 25t 汽车吊吊装至载重汽车内，运至工作面后，采用汽车吊卸车。土工膜在运输过程中不得拖拉、硬拽，避免尖锐物刺伤。

（4）土工膜铺设面上应清除树根、杂草和尖石，保证铺设砂砾石垫层面平整，不允许出现凸出及凹陷的部位，并应碾压密实。排除铺设工作范围内的所有积水。

（5）土工膜铺设前，先对铺设区域进行复检，再将编号区域对应的土工膜搬运到工作面，铺设时根据现场实际条件，采取从上往下“推铺”的方式铺设，铺设前，采用 ϕ48 钢管作为滚轴，滚轴两端设置拉绳，人工自坡顶沿坡面下放翻滚推铺，拖拉平顺，松紧适度，并注意预留幅间接头与锚固接头，保证土工膜整体受力性能。

（6）铺设土工膜时应对正、搭齐，同时做到压膜、定型，铺设到位后用沙袋或软性重物压住土工膜，防止被风吹起，直至保护层施工完毕为止。当天铺设的土工膜应在当天全部拼接完成。

（7）铺设过程中，作业人员穿平底胶鞋，不得穿硬质皮鞋及带钉的鞋。不准采用带尖头的钢筋作撬动工具，严禁在复合土工膜上敲打石料和一切可能引起膜料破损的施工作业。

（8）复合土工膜与基础垫层之间应压平贴紧，避免架空，清除气泡，以保证安全。

（9）对施工过程中遭受损坏的土工膜，应及时进行修理，在修理土工膜前，应将保护层破坏部位不符合要求的料物清除干净，事后补充填入合格料物，并予以平整。对受损的土工合成材料应另铺一层合格的土工合成材料在破损部位之上，其各边长度应至少大于受损部位的 1.0m 以上，并将两者进行拼接处理。

（10）施工过程中应采取有效措施防止大石块在坡面上滚滑，以及防止机械搬运损伤已铺设完成的土工膜。

12.3.7.2　拼接

（1）复合土工膜接缝采用焊接工艺连接，搭接长度为 10cm；局部无法焊接或焊接有问题的部位采用粘接方式，搭接长度为 20cm。

（2）土工膜拼接采用如下施工工艺参数应根据现场生产性试验确定，如：

1）土工膜焊接：焊机行走速度为 2m/min、施焊温度为 320℃，搭接长度为 10cm，分 2 道焊缝，焊缝宽度为 10mm，2 道焊缝间的距离为 12mm。

2）土工膜粘接：采用 KS 胶，双面均匀涂抹，搭接长度为 20cm。

（3）拼接前必须对焊接面进行清扫，焊接面不得有油污、灰尘。阴雨天应停止施工或在雨棚下作业，以保持焊接面干燥。焊接时在焊接部分的底部垫一条平整的长木板，以便焊机在平整的基面上行走，保证焊接质量。

(4) 在斜坡上搭接时，应将高处的膜搭接在低处的膜面上。

(5) 膜块间的接头应为T型，不得为“十”字形，T型接头宜采用母材补丁，补丁尺寸为300mm×300mm，补丁的直角应修圆。

(6) 土工膜的拼接接头应确保具有可靠的防渗效果。在拼接过程中和拼接后2h内，拼接面不得承受任何拉力，严禁拼接面发生错动。

(7) 土工膜按照下料设计图剪裁整齐，保证足够的搭接宽度，接缝应平整、牢固、美观。当施工中出现脱空、收缩起皱及扭曲鼓包等现象时，应将其剔除后重新焊接。

(8) 土工膜焊接、粘接好后，必须妥善保护，避免阳光直晒，以防受损。

12.3.7.3 缺陷修补

(1) 对焊接检验切除样件部位、铺焊后发现的材料破损与缺陷、焊接缺陷以及检验时发现的不合格部位等，均应进行修补。

(2) 修补的程序是：对随时发现的缺陷部位用特制的白笔标注，并加编号记入施工记录，以免修补时漏掉；修补处的编号规则如 X_1，X_2，X_3，…连续排列；修补后应对成品抽样做检漏试验（充气法或真空法）。

(3) 各种空洞的修补：根据洞的大小而定，当洞大于5mm时，应用10cm圆形或椭圆形的衬垫修补。对于小的针眼或空洞，可以用点焊修补。

12.3.7.4 土工膜与周边连接施工

(1) 土工膜应通过混凝土趾板、锚固槽与河床或岸坡的不透水基岩紧密连接，顶部应锚固于堰顶路面中，以形成整体防渗，其锚固长度应符合施工图纸的要求。

(2) 土工膜与周边的连接形式应符合施工图纸的要求，结构尖角处应倒角圆润。

(3) 在趾板转弯处，土工膜与趾板的连接应平顺过渡。

12.4 土石围堰芯膜防渗设计

12.4.1 典型土石围堰芯膜防渗断面型式设计

根据以往类似围堰工程的成功经验及相关规范规定，依据施工条件及填料所需承担的功能不同，将土工膜心墙（芯膜）围堰断面分区为水上填筑料、水下抛填料、过渡料、垫层料及防渗层，各主要分区见图12.4-1。

心墙式（芯膜）土石围堰土工膜的防渗一般采用单层防渗，心墙式单层防渗结构包括土工膜防渗层、垫层及过渡层，见图12.4-1。为了方便施工及缓解土工膜应变以适应堰体变形，常将土工膜心墙设计成“之”字形薄层转折。

12.4.2 过渡层设计

过渡层厚度要求：过渡层一般厚度3.0m，可依据现场围堰规模、施工条件、料源情况可做局部调整。

过渡层颗粒粒径与级配要求：最大粒径为10～20cm，小于5mm的颗粒含量不超过20%，小于0.075mm的颗粒含量不超过5%，其上包线、下包线形态应尽量符合满足级配优良、密度最大的Talbot曲线线型。过渡料和石渣料颗粒粒径还需满足7～10的层间系数要求。建议的芯膜围堰过渡料级配包络线可参照图12.4-2。

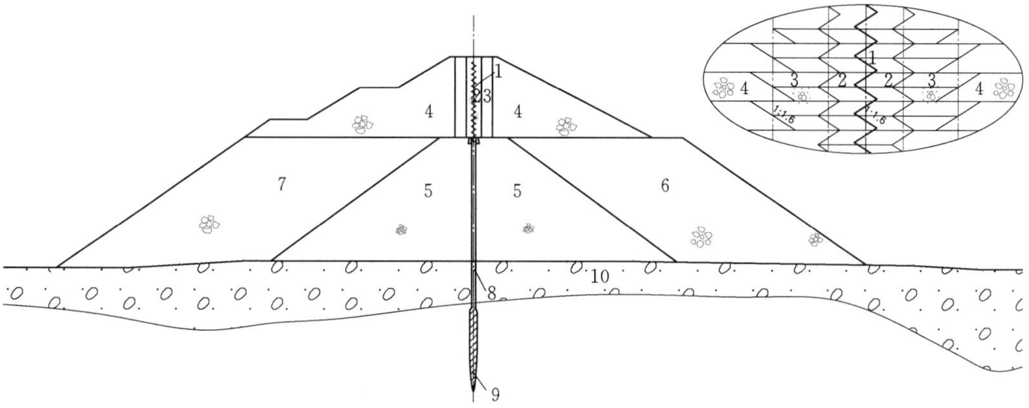

图 12.4-1　心墙土工膜围堰填筑主要分区图

1—复合土工膜防渗层；2—垫层；3—过渡层；4—碾压石渣料；5—抛填细石渣料；6—抛填石渣；7—排水棱体；8—防渗墙；9—帷幕灌浆；10—堰基覆盖层

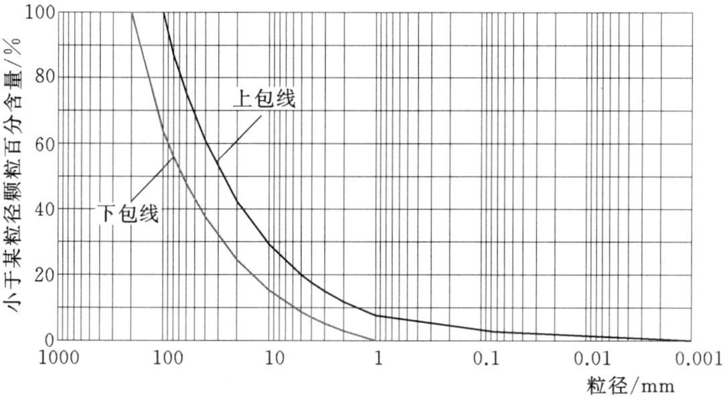

图 12.4-2　建议的芯膜围堰过渡料级配包络线

过渡层母岩材料要求：可采用弱风化—微风化或新鲜的开挖石渣料，石块饱和抗压强度大于 35MPa 为宜。

过渡层压实指标要求：填筑设计指标要求：孔隙率不大于 20%，渗透系数不小于 1×10^{-3}cm/s。

12.4.3　垫层设计

理想的垫层料应当是符合级配要求的颗粒圆滑的天然砂砾料，但当工区缺少该类型垫层材料时只能外购，为了控制成本，也需采用砂石加工系统人工砂与小石掺合料，但人工砂和小石颗粒锐角突出，在施工碾压过程中可能对土工膜产生上述的顶破、刺破或穿透破坏，为了研究真实的现场施工条件下人工砂石垫层料对土工膜安全性的影响，需按照真实的围堰施工工艺、施工工序进行土工膜与垫层料的现场碾压试验，从而客观评价土工膜的施工安全性。

12.4.3.1　天然砂砾料垫层

在复合土工膜与过渡层间一般设置天然砂砾料颗粒材料垫层，垫层材料应具有较好的适应堰体变形的能力，保证土工膜具有良好的支撑条件，同时具有一定的透水能力，保证能及时排除膜后渗水。

垫层厚度要求：垫层一般厚度为2.0m，可依据现场围堰规模、施工条件、料源情况可做局部调整。

垫层层颗粒粒径与级配要求：垫层最大粒径为2cm，垫层料与过渡料颗粒粒径同样需满足与式（12.3－1）类似的层间系数要求。

垫层料上、下包线形态应尽量符合满足级配优良、密度最大的Talbot曲线线型。小于5mm的颗粒含量不少于50%，小于0.075mm的颗粒含量不超过5%。建议的垫层料级配包络线见图12.4－3。

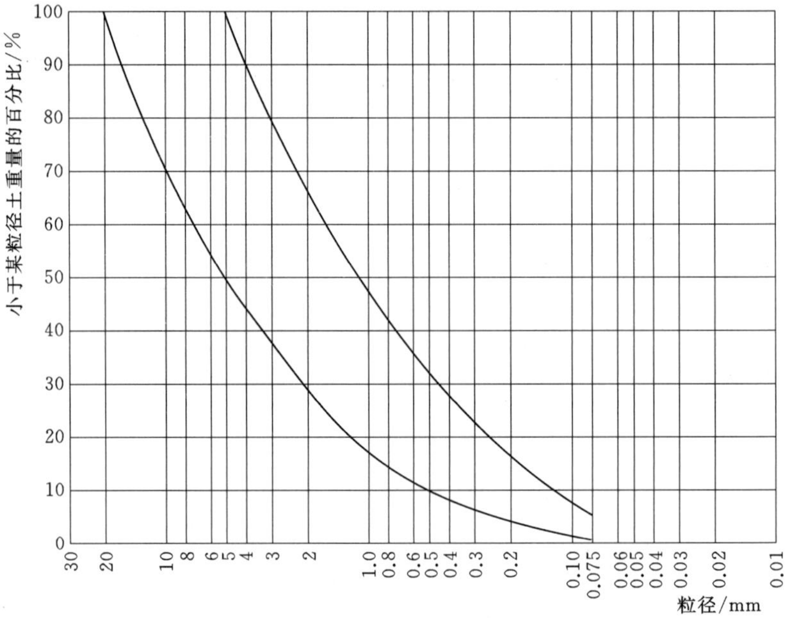

图12.4－3 垫层料级配包络线

垫层压实指标要求：相对密度不小于0.8，渗透系数不小于(5～10)×10^{-4}cm/s。

12.4.3.2 人工砂石垫层

在心墙土工膜土石围堰施工与运行过程中，复合土工膜被置于其中，起到防渗、加筋作用。在施工期，土工织物将受到填筑土石料引起的法向载荷的作用。法向荷载可能是静力的、也可能是动力或两者的组合。填筑物可能是圆钝的卵石，也可能是有尖角的碎石，也有可能是掺杂在填筑物中的树桩、断枝等杂物。顶破试验、刺破试验和穿透试验便是模拟工程实际而制定的试验项目。诚然，通过圆球顶破试验、CBR顶破试验、刺破试验及落坠可获得土工膜的相关定量指标，但难以建立垫层料实际颗粒受力状态与土工膜的破坏相关关系，其最直接的评价土工膜施工前后性态变化的试验仍是现场碾压试验。以某心墙土工膜围堰填料碾压试验为例说明人工砂石料垫层的适应性。

1. 土工膜混合碾压试验方案

为了检验埋设于土体中的复合土工膜随土体受压变形时（如施工碾压荷载），土工膜是否会受到损伤，以及选择合适的垫层料，现场进行了碾压试验。其后小心剥去上层土样，取出复合土工膜进行外观检查，并加做大型渗透试验，以准确检验和评价膜的损伤情况，试验目的如下：

（1）根据垫层料级配要求，通过试验确定人工砂与小石的掺和比例，核实垫层料的设计填筑标准的合理性和可行性。

（2）通过现场碾压试验检验人工砂与小石掺和垫层料是否会破坏土工及 PE 膜。

（3）研究达到设计填筑标准的压实方法，通过试验和比较确定合适的碾压施工参数，包括铺料厚度和碾压遍数等。

具体试验内容见表 12.4－1；试验场地布置见图 12.4－4；土工膜铺设方式见图12.4－5。

表 12.4－1　　现场碾压试验场次及试验内容表

场次	试验内容	垫层料砂石比例（质量比）/%	土工膜 PE 膜	碾压机具	碾压遍数 n	每遍数布取样点	铺料厚度/cm	试验项目、数量		
								级配试验	渗透试验	比重试验
1	垫层料土工膜现场碾压试验	50：50	两种规格土工膜及 PE 膜	20t 振动碾	4、6	3	45/50	各 2 组	各 2 组	各 2 组
2		60：40	两种规格土工膜及 PE 膜			3				
3		65：35	两种规格土工膜及 PE 膜			3				
4		70：30	两种规格土工膜及 PE 膜			3				
5		100：0	—			3				

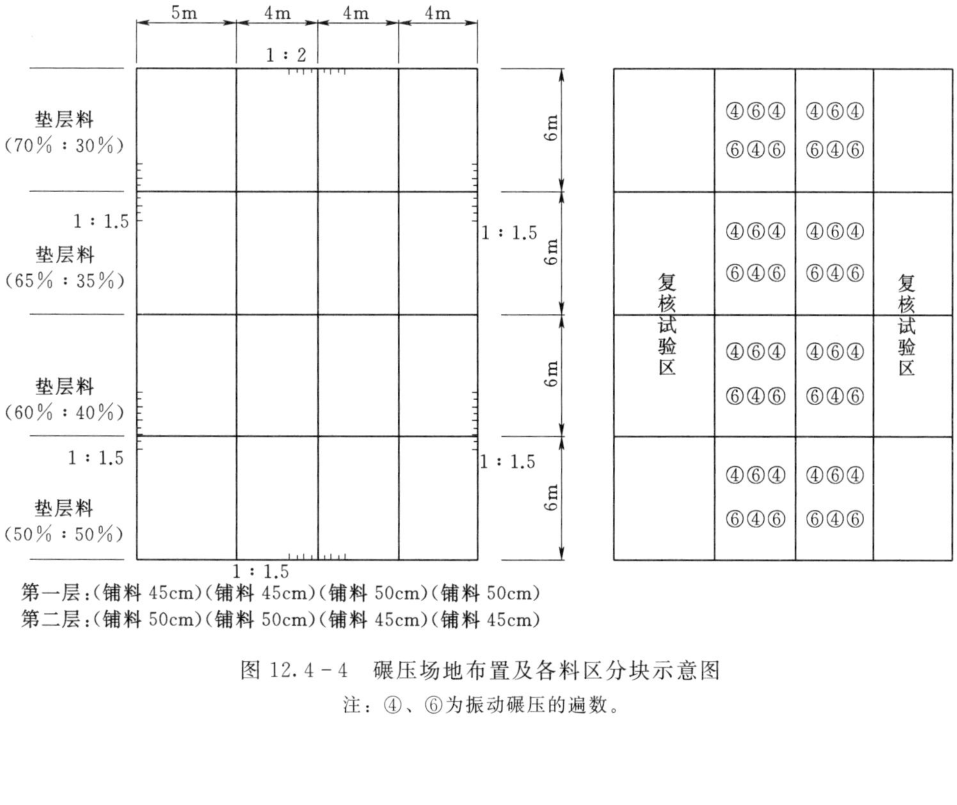

图 12.4－4　碾压场地布置及各料区分块示意图

注：④、⑥为振动碾压的遍数。

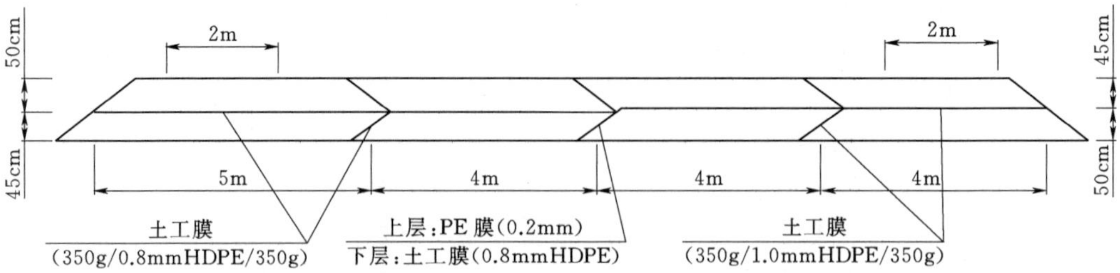

图 12.4-5 土工膜及PE膜布置示意图

2. 土工膜碾压试验成果与结论

为了评价真实施工工艺条件下复合土工膜的抗施工破坏安全性，试验后小心将土工膜上覆垫层料剥离，对每类试验裁取不少于3个试验样本，检测了不同砂石掺配比例垫层条件下的土工膜力学指标，复合土工膜的抗施工破坏安全性通过“综合评定”来评价，统计多个试验样本的特征值，如果所有检测项目的最大值、最小值和平均值均合格，则判定为合格，否则判定为不合格。不同砂石掺配比例下，土工膜检测成果统计分析见表12.4-2。

土工膜与垫层料混合碾压试验表明：

(1) 通过圆球顶破试验、CBR顶破试验、刺破试验及落坠可获得土工膜的相关定量指标，但难以建立垫层料实际颗粒受力状态与土工膜的破坏相关关系，其最直接的评价土工膜施工前后性态变化的试验仍是现场碾压试验。

(2) 通过砂石掺配比例为50：50～70：30等不同掺配比例下的碾压试验可知：掺合料颗粒级配曲线基本处于设计包络线内，但小于0.075mm颗粒含量稍偏多；各种掺配比例下振压6遍压实干密度和渗透系数均符合设计要求。

(3) 对碾压后土工膜各物理力学指标重新检测并统计分析，对各指标特征值综合评定后可知：在各种掺配比例下振压6遍，除掺配比例为65：35布置于斜向和60：40布置于水平方向膜厚为1.0mm的土工膜渗透系数稍偏大外，其余布置于斜向和水平方向膜厚为0.8～1.0mm的土工膜各项检测指标均合格。

(4) 碾压试验表明采用人工砂石料比例配比垫层具有较好的级配特性、压实特性，其施工过程中对水平铺置的复合土工膜破坏作用稍大，对斜铺式土工膜的破坏作用在可接受的范围内。

12.4.3.3 *碎石土料垫层*

当施工区范围内没有合适的河床砂砾料，生产人工砂成本过高时，可以寻找到合适的碎石土料亦可以充当垫层料。采用碎石土垫层时需经过论证，保证其模量及水力学性质满足围堰要求，应严格控制碎石的最大颗粒粒径及黏粒含量。

12.4.4 防渗层设计

为缓解心墙式（芯膜）土工膜施工期及运行期的应变，心墙土工膜铺设成“之”字形折皱状，心墙土工膜典型结构布置见图12.4-6。考虑到施工便利性，折皱高度一般为45cm（工期紧张时可采用90cm），依据水口水电站围堰经验，折皱角为32°时施工适应性及土工膜应力状态较好。其具体分区形状及尺寸可依据围堰规模和施工条件调整。

表 12.4-2　不同掺配比例下土工膜检测结果统计分析表

掺配比例/%	膜厚/mm	铺填方式	检测项目																		综合评定
			CBR 顶破强力（≥3kN）						渗透系数（$\leqslant 10\times10^{-12}$cm/s）						耐静水压（≥1.2MPa）						
			最大值		最小值		平均值		最大值		最小值		平均值		最大值		最小值		平均值		
70∶30	0.8	斜向	4.349	合格	3.487	合格	3.767	合格	25.30	不合格	16.50	不合格	21.87	不合格	1.74	合格	1.02	不合格	1.46	合格	不合格
	0.8+PE 膜	斜向	4.306	合格	3.553	合格	3.942	合格	11.40	不合格	8.50	合格	9.78	合格	1.51	合格	1.02	不合格	1.25	合格	不合格
	1.0	斜向	5.977	合格	4.955	合格	5.559	合格	6.72	合格	2.72	合格	4.38	合格	2.21	合格	1.89	合格	2.00	合格	合格
	0.8	水平					4.299	合格	10.80	不合格	7.58	合格	8.81	合格	1.71	合格	1.53	合格	1.64	合格	不合格
	1.0	水平					6.721	合格	6.87	合格	2.67	合格	4.39	合格	2.21	合格	1.80	合格	2.07	合格	合格
65∶35	0.8	斜向	4.507	合格	3.869	合格	4.137	合格	12.90	不合格	7.57	合格	9.41	合格	1.51	合格	1.12	不合格	1.28	合格	不合格
	0.8+PE 膜	斜向	4.014	合格	3.351	合格	3.724	合格	29.60	不合格	6.28	合格	15.18	不合格	1.82	合格	0.88	不合格	1.34	合格	不合格
	1.0	斜向	6.036	合格	4.798	合格	5.200	合格	12.80	不合格	5.02	合格	9.71	合格	1.89	合格	1.31	合格	1.67	合格	不合格
	0.8	水平	4.412	合格	3.915	合格	4.189	合格	16.40	不合格	5.54	合格	10.91	不合格	1.74	合格	1.02	不合格	1.46	合格	不合格
	1.0	水平	5.579	合格	4.715	合格	5.032	合格	8.76	合格	5.17	合格	7.44	合格	1.82	合格	1.21	合格	1.48	合格	合格
60∶40	0.8	斜向	4.524	合格	3.842	合格	4.174	合格	14.00	不合格	8.47	合格	10.48	不合格	1.73	合格	1.60	合格	1.65	合格	不合格
	0.8+PE 膜	斜向	4.408	合格	3.269	合格	3.740	合格	31.10	不合格	9.28	合格	19.69	不合格	1.91	合格	0.92	不合格	1.52	合格	不合格
	1.0	斜向	5.634	合格	4.718	合格	5.115	合格	9.54	合格	6.86	合格	7.97	合格	1.92	合格	1.28	合格	1.54	合格	合格
	0.8	水平	4.564	合格	4.148	合格	4.302	合格	9.39	合格	7.43	合格	8.49	合格	1.68	合格	1.42	合格	1.57	合格	合格
	1.0	水平	6.409	合格	4.816	合格	5.838	合格	11.80	不合格	0.32	合格	4.18	合格	2.01	合格	1.61	合格	1.85	合格	不合格
50∶50	0.8	斜向	3.979	合格	3.428	合格	3.731	合格	19.10	不合格	6.87	合格	14.52	不合格	1.71	合格	0.78	不合格	1.30	合格	不合格
	0.8+PE 膜	斜向	4.087	合格	3.472	合格	3.747	合格	16.00	不合格	7.69	合格	11.43	不合格	1.82	合格	1.31	合格	1.64	合格	不合格
	1.0	斜向	5.212	合格	4.365	合格	4.826	合格	9.71	合格	5.03	合格	7.19	合格	1.92	合格	1.62	合格	1.79	合格	合格
	0.8	水平	4.182	合格	3.506	合格	3.812	合格	12.30	不合格	9.00	合格	10.30	不合格	1.72	合格	0.93	不合格	1.41	合格	不合格
	1.0	水平	5.912	合格	5.414	合格	5.681	合格	6.40	合格	3.59	合格	5.31	合格	2.01	合格	1.87	合格	1.93	合格	合格

说明　“综合评定”栏如果所有检测项目的最大值、最小值和平均值均合格，那么判定为合格，否则判定为不合格。

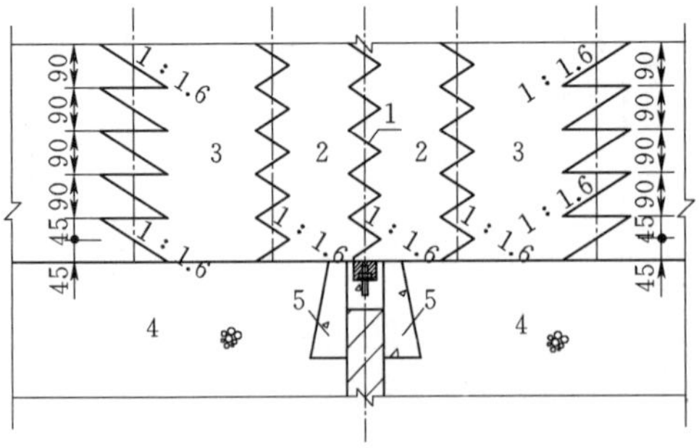

(a) 芯膜结构布置图

(b) 芯膜铺设施工

图 12.4-6 心墙土工膜典型结构布置图（单位：cm）

1—复合土工膜；2—垫层料；3—过渡料；4—细堆石料；5—C20 混凝土防渗墙

12.4.5 防渗膜的连接锚固设计

根据类似工程经验教训，心墙土工膜防渗边界处理至关重要，土工膜与混凝土防渗墙和堰端需要采用严密可靠的方法进行连接。

12.4.5.1 与防渗墙连接锚固

土工膜与下端防渗墙连接采用在防渗墙盖帽混凝土顶部预留槽，土工膜通过螺栓固定于盖帽混凝土的预留槽内，后浇筑二期混凝土封闭预留槽，防渗土工膜与防渗墙连接形成封闭整体。盖帽混凝土中预留槽一般宽 0.5m，深 0.4m。土工膜嵌入混凝土的长度根据膜与混凝土的允许接触比降（允许接触比降根据试验得到）确定，一般不小于 0.8m。其锚固接头具体形状及尺寸可依据围堰规模和施工条件调整。

心墙土工膜与防渗墙接头结构见图 12.4-7。

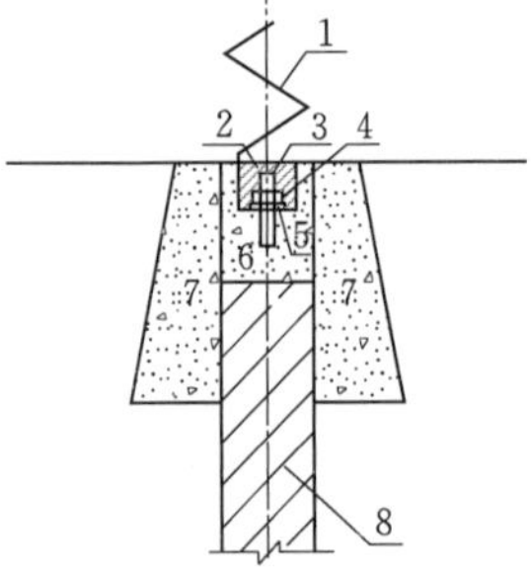

(a) 芯膜与混凝土防渗墙连接

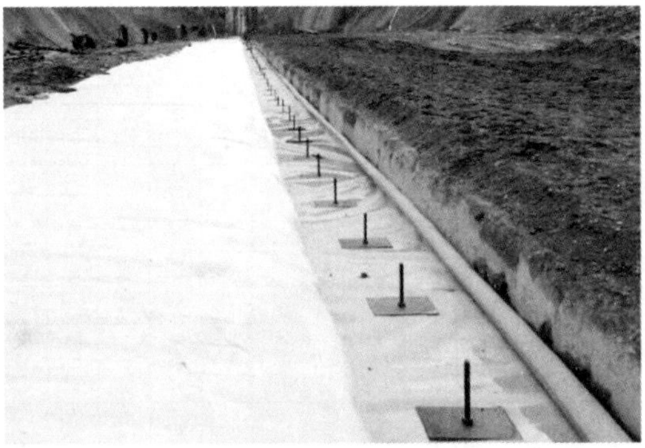

(b) 芯膜与混凝土防渗墙连接状况

图 12.4-7 心墙土工膜与防渗墙接头结构

1—复合土工膜；2—二期混凝土；3—锚栓；4—螺母 AM20；5—钢板垫片；
6—盖帽混凝土；7—导向槽混凝土；8—C20 混凝土防渗墙

12.4.5.2 与周边盖板（趾板）连接锚固

土工膜与堰肩连接时先开挖堰肩基础，后浇筑盖板混凝土，盖板混凝土顶部预留槽，土工膜通过螺栓固定于盖板混凝土的预留槽内，后浇筑二期混凝土封闭预留槽，防渗土工膜与堰肩连接形成封闭整体。盖板混凝土底宽应为挡水水头的 1/10～1/20，一般取 4.0m 宽，预留槽宽度 2.0m，深 0.4m。土工膜埋入二期混凝土的长度根据膜与混凝土的允许接触比降（允许接触比降根据试验得到）确定，并不小于 0.8m。心墙土工膜与接头结构见图 12.4-8。

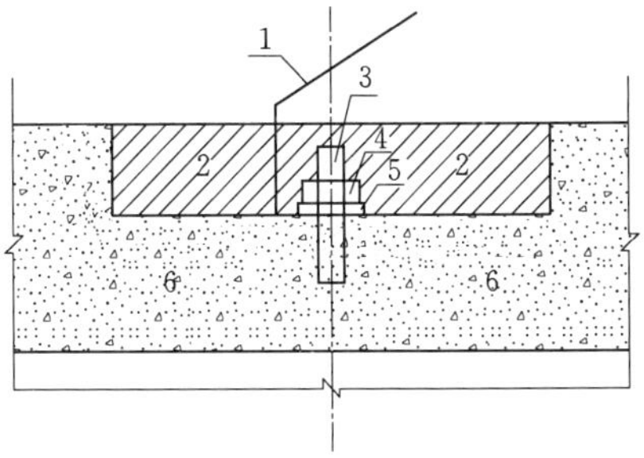

(a) 芯膜与混凝土趾板的连接

(b) 河床与岸坡交界处状况

图 12.4-8　心墙土工膜与趾板接头结构

1—复合土工膜；2—二期混凝土；3—锚栓；4—螺母 AM20；5—钢板垫片；6—盖板混凝土

12.4.6　相关施工工艺流程与技术要求

1. 工艺流程

芯膜施工的基本流程为：铺设→裁剪→基面平整→压膜定型→对正搭接→粘接检测→验收→成品保护。基本类似于斜墙围堰，此处不再赘述，仅针对芯膜施工特点叙述如下：

芯膜围堰复合土工膜一般采用“之”字形向上铺设形式，折叠坡比为 1∶1.6，“之”字形每层折叠高度为 45cm 或 90cm（折叠高度按照两层垫层料的压实厚度确定）。土工膜两侧采用垫层料保护层，单侧宽 2m。

芯膜施工工艺流程见图 12.4-9。

2. 流程说明与技术要求

(1) 图 12.4-9 为不包含提前填筑区域的施工流程。提前填筑区域主要为石渣料及干砌石护坡填筑，每一循环石渣料均先填筑最下游侧石渣料条带（10～15m 宽），以保证干砌石护坡连续施工。

(2) 提前填筑区域除了可缩短每层填筑施工时间外，中间形成的沟槽还可起到挡风作用，方便土工膜的铺设、焊接及翻折，故一层至十层填筑均可采用提前填筑上下游侧方式施工（十层以上围堰下游侧石渣料宽度不足 20m）。提前填筑区域与中间沟槽高差不宜大于 5m，否则应暂缓提前填筑区域施工。

(3) 石渣料、过渡料及垫层料松铺层厚、加水量、碾压遍数等均以碾压试验确定的施工参数为准；土工膜焊接温度及焊机行走速度以焊接试验确定的施工参数为准。

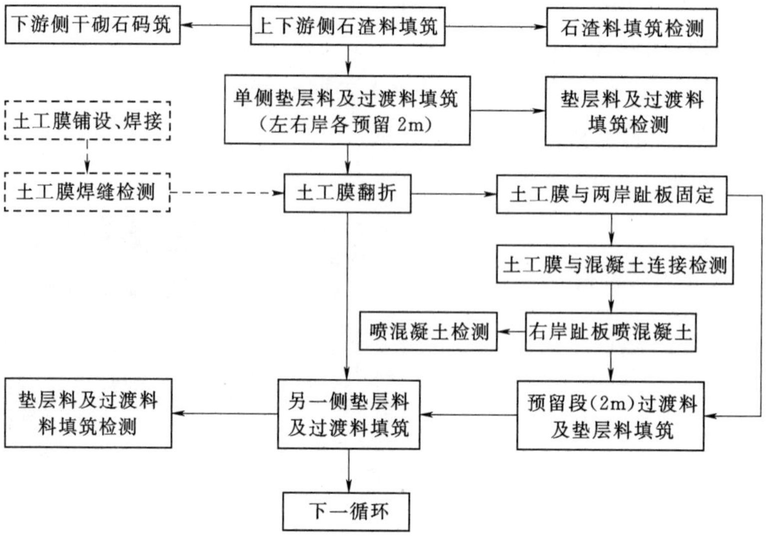

图12.4-9 芯膜施工工艺流程图

(4) 土工膜横向铺设，大面焊接采用热楔式爬行焊接，T型结点补强焊接及个别区域可采用挤压式热焊接；焊接完成后通长翻折；采用光面膜（膜布分离）部位，在土工膜连接完成后立即粘贴土工布，以防土工膜破坏。

(5) 若围堰下游侧无对外施工道路，故围堰下游侧施工材料、设备均通过跨土工膜钢栈桥从围堰上游侧运输至作业位置。

12.5 工程经验与教训

12.5.1 三峡二期围堰工程经验

三峡工程位于长江西陵峡中的湖北省宜昌市三斗坪，下游距葛洲坝工程38km。坝址处山势低缓，河谷宽阔，右侧有中堡岛顺河分布，将长江分为主河道和后河。三峡工程施工采用三期导流方案。第一期围右岸，在后河上、下游及沿中堡岛左侧修筑一期土石围堰，形成一期基坑，在围堰保护下开挖导流明渠，修筑纵向混凝土围堰和三期上游碾压混凝土围堰位于明渠断面以下部分，一期围堰束窄河床30%；第二期围左岸，截断长江主河道，修筑二期上、下游土石围堰与纵向混凝土围堰共同形成二期基坑。第三期再围右岸，修筑三期土石围堰，形成三期基坑。

三峡工程二期深水高土石围堰，按2级临时建筑物设计，设计洪水标准为100年一遇洪水流量为83700m^3/s，相应上游水位为85.00m，拦蓄洪量达20亿m^3。二期下游围堰按3级临时建筑物设计，设计洪水标准50年一遇洪水流量为79000m^3/s。二期围堰施工水深达60m，堰体80%填料在水下施工，其关键技术问题历经多年研究，取得很多创新成果，在围堰实施过程中采取了很多新技术、新材料和新工艺。

二期围堰于1996年11月22日开始两岸预进占，1997年5月进占至设计桩号，1997年11月6日大江合龙，1998年9月15日上游围堰全线加高至设计高程，二期下游围堰8

月 15 日全线加高至设计高程，9 月 12 日基坑积水抽干。2001 年 11 月 18 日开始拆除，经过 4 年的运行（期内经历了 1998 年和 1999 年大洪水的考验），2002 年 5 月和 7 月，二期上下游围堰先后拆除，上下游先后基坑进水，标志着二期围堰胜利完成历史任务。在 1998—2002 年汛期前的四年多的运行期中，二期围堰没有出现过危及安全的问题，很好地完成了保证左岸基坑主体工程的顺利施工和坝址下游安全的重任，达到了设计的要求，它是三峡工程中质量最好的单项工程之一。正如著名的水利水电专家、三峡公司技术委员会主任潘家铮院士所评价的“从众多因素综合分析，三峡工程二期围堰建设就总体而言无疑已达到国际领先水平”，在极其严峻的水文、地质、工期条件下，二期围堰的建成标志着中国水利水电建设又登上新的台阶。

三峡二期围堰包括上游围堰和下游土石围堰。上游土石围堰采用低双塑性混凝土墙接土工膜防渗，风化砂壳堰体，堰顶全长 1238m，堰顶高程 88.50m，最大堰高 88.6m，位于基岩 40m 以上的两岸漫滩部位为单墙，河床槽段为长约 150m 的双墙，两道墙中心距离 6m。防渗墙顶高程 73.00m，墙顶以上接土工膜防渗。二期围堰最大填筑水深达 60m，挡水水头超过 85m。

上游围堰基本断面为石渣夹风化砂复式断面，防渗体为 1～2 排塑柔性混凝土防渗墙，上接复合土工膜，基岩防渗采用帷幕灌浆并与防渗墙相接。三峡二期土石围堰双墙段典型剖面见图 12.5-1。二期上游围堰深槽段采用双排塑性混凝土防渗墙上接土工合成材料防渗心墙结构，防渗墙施工平台高程 73.00m，设计采取上游墙完建后，于上游侧墙筑子堰临时度汛，采用 20 年一遇洪水标准，子堰顶高程 83.50m，采用复合土工膜防渗，土工膜厚度不小于 0.5mm，抗拉强度不小于 20kN/m，土工膜子堰结构见图 12.5-2。

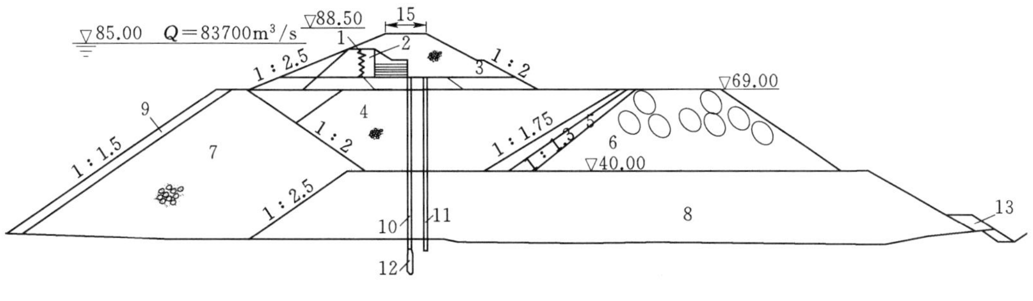

图 12.5-1　三峡二期土石围堰双墙段典型剖面图（单位：m）

1—复合土工膜防渗层；2—风化砂垫层；3—过渡层；4—风化砂；5—过渡层；6—截流戗堤；7—石渣；8—平抛垫底；9—堆石；10—上游防渗墙；11—下游防渗墙；12—帷幕灌浆；13—砂卵石压坡体

在三峡工程二期深水高土石围堰拆除过程中，对堰体和防渗墙进行了调查、取样和相关参数的测试，在围堰拆除中专门安排了围堰工程的实录和性状验证。根据观测项目特点和围堰的拆除程序，对现场观测、调查和取样进行了布置，见图 12.5-3。

在此基础上，就人们关注的一些技术问题进行了分析和讨论，获得了以下认识。

(1) 风化砂堰体的密度有所增大，增幅约 30%。

(2) 防渗墙墙体材料的抗压强度和初始切线模量均有一定的增长，模量和强度的比值基本不变，渗透系数也有降低的趋势。

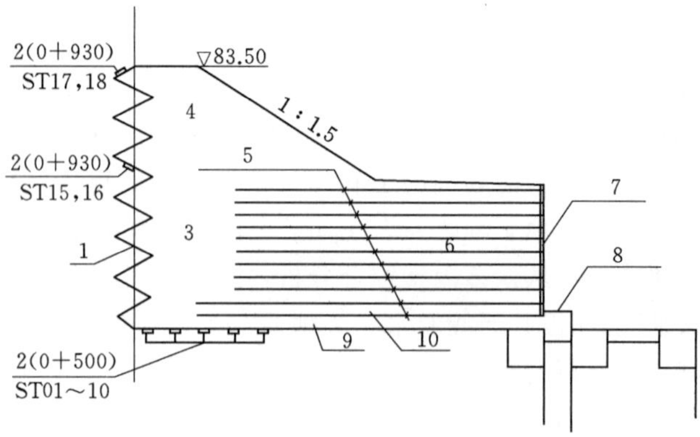

图 12.5-2 三峡二期土石围堰子堰土工膜结构

1—复合土工膜防渗层；2—土工膜应变计；3—风化砂；4—石渣混合料；5—CAT30020B筋带；6—石屑料；7—面板；8—上游防渗墙轴线；9—风化砂；10—砂卵石料

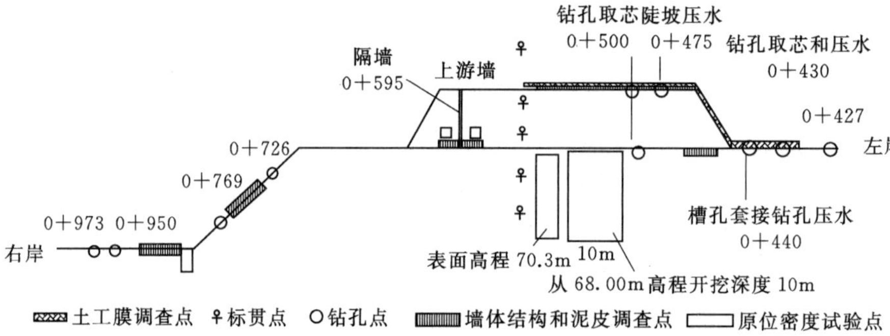

图 12.5-3 二期围堰拆除中各项调查位置布置示意图

(3) 防渗墙各槽段之间存在套接缝，缝宽为 2～3mm，抗渗透破坏性能良好。但它是防渗墙中抗渗透破坏的薄弱部位。

(4) 防渗墙和风化砂之间普遍存在薄膜型泥皮，厚度为 2～3cm，风化砂-泥皮-防渗墙三者之间分界明显。

(5) 防渗墙顶部所接土工膜整体完整性完好，土工膜之间的搭接良好，但土工膜与防渗墙顶部混凝土的连接处，局部有不同程度的老化或拉破现象。土工膜具体性状如下：

1) 土工膜整体完整性较好，土工膜之间搭接总体性状良好，对拆除下来的土工膜进行了相关指标的检测，10 组土工膜检测结果表明，其主要性能指标抗拉伸强度除局部小于 20kN/m 外，一般大于设计值，表明经过 4 年的运行期考验，土工膜老化程度较轻，性能良好。

2) 拆除后发现复合土工膜与防渗墙顶部混凝土盖帽搭接处有不同程度的损坏，其损坏情况见图 12.5-4。在桩号 0+463～0+463.5 附近出现了复合土工膜的“拉破”现象，长度范围为 30～50cm；在复合土工膜与墙体之间的双墙上游墙 0+460 处，有长 1m 左右一段与墙体脱落，堰体相对防渗墙沉陷变形达 30cm 左右。在这些部位，堰体与防渗墙存在较大的相对变位，而这些相对变位却由连接处局部复合土工膜承担，难以传递到较大范围的复合土工膜内，变形的集中导致复合土工膜损坏。

白鹤滩上游围堰复合土工膜与防渗墙连接处吸取了三峡二期围堰的经验教训，为了缓解白鹤滩上游围堰斜墙土工膜的应变集中，对土工膜与防渗墙接头部位、土工膜与岸边趾板接头部位、水平土工膜的起坡点均设置了槽型伸缩节，见图 12.5-5。

图 12.5-4　二期围堰复合土工膜与混凝土防渗墙连接处的拉破现象

图 12.5-5　槽型伸缩节现场施工图

12.5.2　西藏某水电站围堰渗水工程教训

西藏某水电站是雅鲁藏布江中游规划建设的一座大型电站，位于西藏中部电网负荷中心，工程场址位于西藏自治区山南地区加查县境内。该水电站为大（2）型二等工程，开发任务为发电，本工程导流建筑物级别为Ⅳ级。导流采用左岸明渠导流、主体工程分三期、基坑全年施工的方式。

二期上、下游围堰导流设计标准选取 20 年一遇洪水重现期，相应全年设计流量为 $8870m^3/s$。

二期上游围堰为碾压式斜墙堆石围堰，采用复合土工膜斜墙与混凝土防渗墙防渗，最大堰高为 40m，堰顶宽度为 10m。堰体采用 350g/0.8mm/350g 的复合土工膜斜墙防渗，最大防渗高度为 21.4m，底部采用 30cm 厚碎石垫层和 200cm 过渡料进行保护；表面采用 10cm 厚喷混凝土 C20 进行保护。堰基防渗采用全封闭式塑性混凝土＋墙下帷幕结构，防渗墙嵌入基岩 1m，最大深度约 55.0m，墙厚为 0.8m。

下游围堰为碾压式心墙堆石围堰，采用复合土工膜心墙与混凝土防渗墙防渗，堰体采用 350g/0.8mm/350g 的复合土工膜心墙防渗，最大防渗高度为 10m，上、下游均设过渡层与堰体填筑料连接。基础采用混凝土防渗墙，最大深度约 48m，墙厚为 0.8m，对堰基部分进行了单排帷幕灌浆。

二期上、下游围堰由于防渗墙未入岩及复合土工膜拉裂而致防渗体封闭不完全，围堰防渗体系在施工基本完成后渗流量为 $1600m^3/h$，而雅鲁藏布江过流洪水达 $4580m^3/s$ 时，基坑产生大量渗水无法控制而淹没。

1. 基坑渗水情况及抽水情况简况

第一阶段是 2011 年 7 月 10 日前。雅鲁藏布江流量为 $2470m^3/s$ 以下，二期围堰上游水位在3257.00m以下，下游水位为3250.50m以下，基坑渗水不超过2500m^3/h，水位均在土工膜底座以下。主要渗水点有三个：上游围堰堰脚右侧约3235.00m高程处、上游围堰堰脚中部3245.00m高程处、下游围堰齿槽右侧处。

第二阶段是2011年7月11—31日。雅鲁藏布江流量为2260～4390m^3/s，其中最大流量发生在2011年7月26日，上游围堰迎水面水位上升至约3264.00m，下游围堰迎水面水位上升至约3252.50m，水位已经抬升至底座以上，土工膜防渗高程范围。基坑渗水约4000m^3/h，主要增加了部分渗水点，可见渗水点为上游围堰脚桩号0+189.5～0+240、高程为3245.00～3248.00m。

第三阶段是2011年8月1日以后。流量继续增加至6060m^3/s，上游围堰迎水侧水位上升至3267.80m，下游水位上升至3253.95m。基坑渗水量估计达到7000m^3/h左右。其中在8月1日，流量达到4500m^3/s以上时，在基坑上游左侧增加多处渗水点（检查发现上游围堰3266m平台左侧靠底座附近钢筋笼发生较大沉降，约1m，底座处土工膜水面以上发现沉降20cm以上，可见水向围堰顶部钢筋石笼内流动），第二阶段新增加的渗水点渗水流量继续增大；当天凌晨，基坑渗水流量超过水泵抽水能力，水位上升，在当天9时开始被迫拆除基坑水泵。基坑水位开始快速上升。当天在业主组织的防洪抢险会议上决定，水泵安装在3244.00m高程，但是没有达到预期效果，被迫再次拆除水泵，暂时放弃抽水。

图12.5-6 复合土工膜局部损坏情况

2. 复合土工膜破坏简况

巡视发现土工膜严重拉裂共5处，尤其在复合土工膜与左岸导流明渠边墙的交接部位，3266.70m高程以下半径15m范围内，沉陷达60～100cm，复合土工膜被严重撕裂，撕裂长度约为21m；3266.70m高程以上半径8m范围内，沉陷为30～50cm，复合土工膜撕裂长度约为15m。复合土工膜局部损坏情况见图12.5-6。

12.6 工 程 实 例

12.6.1 锦屏一级水电站上游围堰（面膜围堰）

锦屏一级水电站位于凉山彝族自治州盐源县和木里县境内，是雅砻江干流上的重要梯级电站，其下游梯级为锦屏二级、官地、二滩和桐子林电站。锦屏一级水电站为大（1）型一等工程，电站总装机容量为6×600MW；导流建筑物级别为Ⅲ级，初期导流标准洪水重现期为30年，导流设计流量为$Q_{P3.3\%}$=9370m^3/s。上游围堰为土石围堰，采用复合土工膜斜墙加塑性混凝土防渗墙进行防渗。

上游围堰堰顶高程为1691.50m，顶宽为10.00m，长约186m，最大底宽约312m，最大堰高为64.50m，采用复合土工膜斜墙与塑性混凝土防渗墙防渗。迎水面坡度为1∶2.50，背水面坡度为1∶1.75。堰体采用350g/0.8mmHDPE/350g的复合土工膜斜墙防渗，最大防渗高度为39.25m，表面采用现浇20cm厚混凝土板进行保护，并铺设袋装石渣作为辅助保护材料。堰基采用塑性混凝土与墙下帷幕灌浆防渗，堰肩利用灌浆平硐内的帷幕灌浆进行防渗。防渗墙施工平台高程为1647.50m，混凝土防渗墙厚为1.0m、最大深度约53.15m，成墙面积为4700m²。右岸灌浆平硐长为33.0m，帷幕灌浆最大造孔深度约43m。左岸灌浆平硐与右岸连接洞相结合，帷幕灌浆最大造孔深度为60.00m。墙下帷幕最大造孔深度为16m。堰体堆筑总量为117.88万m³。

雅砻江锦屏一级水电站大江截流及上游围堰工程自2006年10月15日开工，2006年12月4日成功截流，上游围堰主体工程于2007年6月30日完工，2010年10月底拆除，运行情况良好。锦屏一级上游围堰典型断面见图12.6-1，其现场施工照片见图12.6-2。

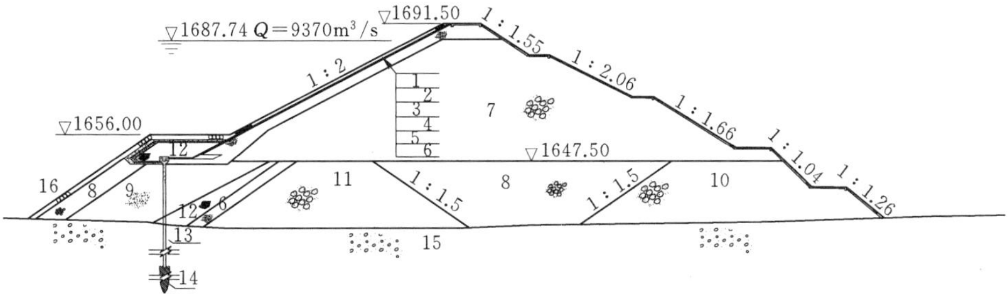

图12.6-1 锦屏一级上游围堰典型断面

1—袋装石渣；2—喷混凝土保护层；3—复合土工膜；4—无砂混凝土；5—垫层；6—过渡层；7—堆石A区；8—堆石B区；9—堆石C区；10—堆石D区；11—截流戗堤；12—碎石土；13—防渗墙；14—帷幕灌浆；15—堰基覆盖层；16—块石护坡

图12.6-2 锦屏一级上游围堰现场施工图

12.6.2 糯扎渡水电站上游围堰（斜墙式土工膜围堰）

糯扎渡水电站位于云南省普洱市翠云区和澜沧县交界处的澜沧江下游干流上，是澜沧江中下游河段八个梯级规划的第五级。水电站距上游大朝山电站河道215km，距下游景洪电站河道102km。糯扎渡水电站属于大（1）型一等工程，该工程由心墙堆石坝、左岸溢洪道、左岸泄洪洞、左岸引水式发电系统组成，装机容量为5850MW。

坝址处河段两岸地形陡峻，河道较顺直，初期导流采用河床一次断流，上、下游土石围堰挡水。上游围堰为与坝体结合的土工膜斜心墙土石围堰，布置于勘界河沟口下游约70m处，堰顶高程为656.00m，围堰顶宽为15m，堰顶长为265m，高程624.00m以下上游面坡度为1∶1.5，高程624.00m以上上游面坡度为1∶3，下游坡度为1∶2，最大堰高为82m。上部采用土工膜斜心墙防渗，下部及堰基采用混凝土防渗墙防渗。围堰典型断面见图12.5-3。

上游围堰土工膜斜墙坡度为1∶2，沿高程方向每8m设置一伸缩节；土工膜与基础防渗结构及岸坡的连接采用预留50cm×40cm的槽，土工膜固定在槽里后，回填二期混凝土，土工膜规格为350g/0.8mmPE/350g。糯扎渡上游围堰典型剖面见图12.6-3，斜心墙土工膜铺设详图见图12.6-4。

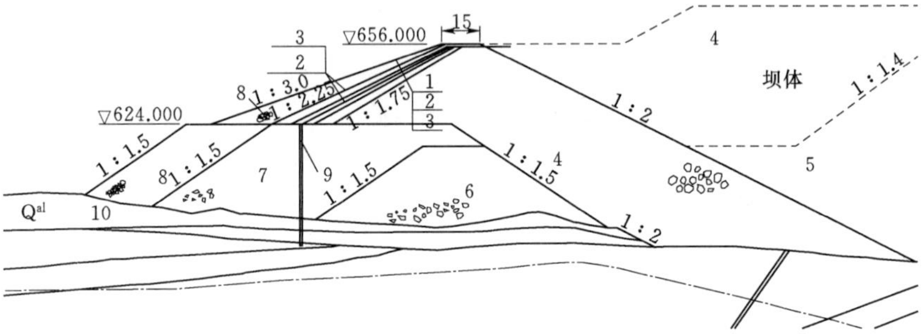

图12.6-3 糯扎渡上游围堰典型剖面（单位：m）

1—复合土工膜；2—过渡料Ⅰ；3—过渡料Ⅱ；4—Ⅰ区粗堆石料；5—上游Ⅱ区堆石料；6—截流戗堤；7—抛填石渣料；8—抛块石护坡；9—混凝土防渗墙；10—河床冲积层

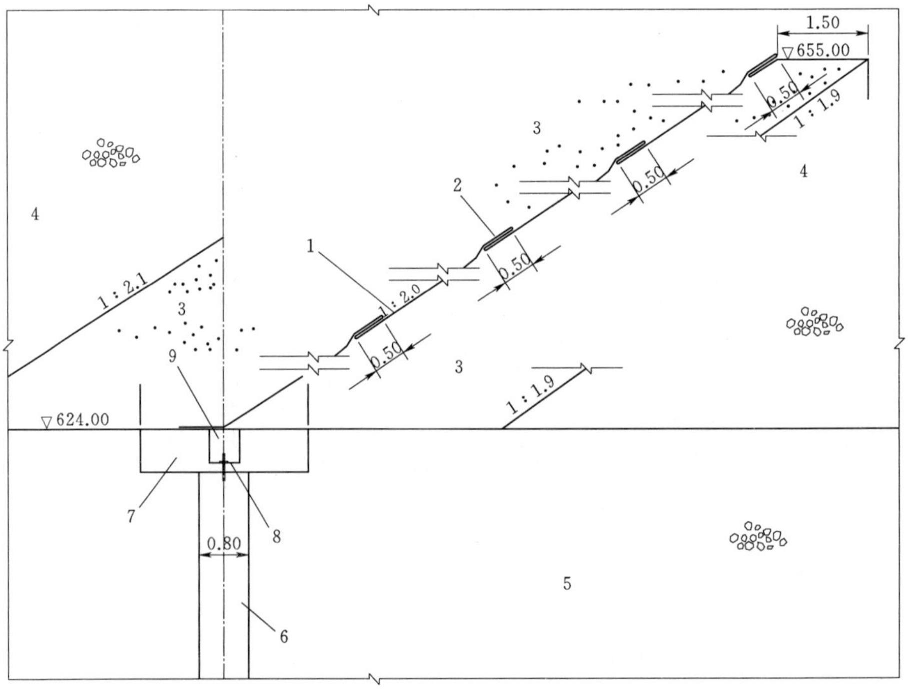

图12.6-4 斜心墙土工膜铺设详图（单位：m）

1—复合土工膜；2—伸缩节；3—过渡料Ⅰ；4—过渡料Ⅱ；5—石渣料；6—混凝土防渗墙；7—盖帽混凝土；8—锚固螺母；9—二期混凝土

该围堰填筑于 2008 年 3 月 20 日，于 2008 年 5 月 31 日完成。经过运行期现场监测表明，沉降变形和防渗效果良好。

12.6.3　苗尾水电站上游围堰（芯膜围堰）

苗尾水电站位于云南省大理白族自治州云龙县旧州镇境内的澜沧江河段上，是澜沧江上游河段一库七级开发方案中的最下游一级电站，上接大华桥水电站，下邻澜沧江中下游河段最上游一级电站——功果桥水电站。2012 年 11 月初河床截流至 2014 年 12 月底为初期导流阶段，本阶段由上、下游围堰挡水，导流隧洞泄流。导流设计标准为全年 20 年一遇洪水，流量为 $7180m^3/s$，相应上游水位为 1357.99m。

上游围堰堰顶高程为 1360.00m，最大堰高 65.00m，堰顶宽 15.0m，堰顶轴线长 338.57m。上游边坡在 1316.00m 高程以上为 1∶1.8，在 1316.00m 高程以下为 1∶1.5，下游边坡坡度为 1∶1.65，坡面布置堰后下基坑道路，道路综合坡度为 10.5%。

混凝土防渗墙施工平台高程为 1316.00m，围堰最大高度 65.0m，1316.00m 高程以上堰体采用土工膜心墙防渗，防渗体顶高程为 1359.50m，防渗体高 43.50m。心墙采用 350g/0.8mmPE/350g 复合土工膜防渗，两侧分别设置 2.0m 厚的垫层及 3.0m 厚的过渡层防护，复合土工膜与基础防渗结构的连接采用预留 50cm×40cm 的槽，土工膜固定在槽里后回填二期混凝土，复合土工膜与岸边采用预留 200cm×40cm 的槽，土工膜固定在槽里后回填二期混凝土。1316.00m 高程以下堰体及基础采用 C20 混凝土防渗墙防渗，防渗墙厚 0.8m，最大墙深 38.0m，防渗墙下接帷幕灌浆，灌浆深度至 10Lu 线。上游围堰典型断面见图 12.6－5，土工膜岸边锚固施工见图 12.6－6。

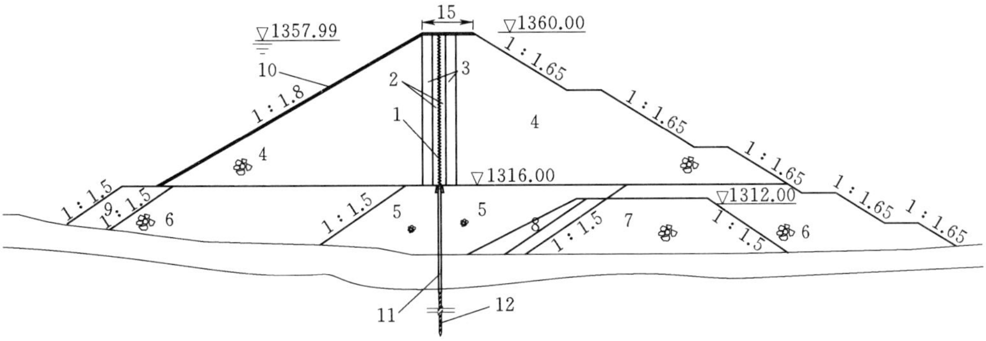

图 12.6－5　上游围堰典型断面图（单位：m）

1—复合土工膜防渗层；2—垫层；3—过渡层；4—碾压石渣料；5—抛填细石渣料；6—抛填石渣；7—截流戗堤；8—砾石土；9—大块石护坡；10—干砌石护坡；11—混凝土防渗墙；12—帷幕灌浆

该围堰于 2013 年 5 月底填筑完成，经过两个汛期的考验，围堰运行性态良好，实测最大渗水量为 $600m^3/h$。

12.6.4　猴子岩水电站过水围堰与挡水围堰相结合的型式

猴子岩水电站位于四川省甘孜州康定县境内，是大渡河干流水电规划调整推荐 22 级开发方案中的第九个梯级水电站，拦河坝为混凝土面板堆石坝，最大坝高 223.5m，电站装机容量为 1700MW。根据施工导流规划，猴子岩围堰另需满足后期坝肩开挖拦渣环保及枯水期尽早展开防渗墙施工奠定基础的要求，采用上、下游分流过水围堰分别与上、下

图 12.6-6 土工膜岸边锚固施工图

游挡水围堰结合布置的型式。分流围堰堰顶高程不低于挡水围堰混凝土防渗墙施工平台高程 1708.00m 和 1699.00m，并与上、下游挡水围堰结合布置。

上游挡水围堰设计标准为 50 年一遇，相应流量为 $5590m^3/s$。上游挡水围堰为土工膜斜墙型式的土石围堰，堰顶高程为 1745.00m，最大堰高 55m，堰体高程 1709.00m 以上采用复合土工膜（350g/0.8mmHDPE/350g）斜墙防渗，最大防渗高 36m，复合土工膜采用 20cm 厚喷混凝土进行保护。复合土工膜与防渗墙仍采用锚固型式。1709.00m 高程以下采用全封闭混凝土防渗墙厚度 1.0m，最大深度约 80m。总填筑量约 53 万 m^3，防渗墙面积为 $8340m^2$。猴子岩水电站上游围堰典型剖面见图 12.6-7，猴子岩上游围堰现场施工面貌见图 12.6-8。

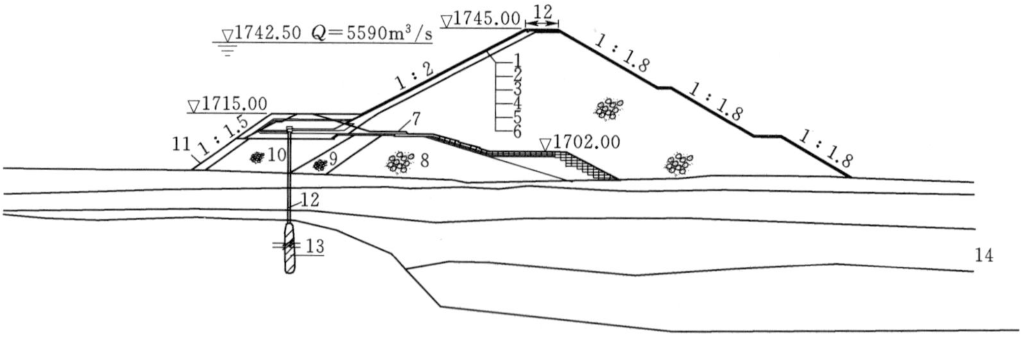

图 12.6-7 猴子岩水电站上游围堰典型剖面图（单位：m）

1—喷混凝土保护层；2—复合土工膜；3—无砂混凝土；4—垫层；5—过渡层；6—堆石；7—分流围堰轮廓；8—截流戗堤；9—砾石土；10—洞渣料；11—块石护坡；12—塑性混凝土防渗墙；13—帷幕灌浆；14—覆盖层

下游挡水围堰为土工膜心墙型式的土石围堰，堰顶高程为 1710.00m，最大堰高 25m，1700.00m 以上采用复合土工膜心墙防渗，最大防渗高度 10m，1700.00m 高程以

图 12.6-8　猴子岩上游围堰现场施工面貌

下采用全封闭混凝土防渗墙厚度 1.0m，最大深度约 80m。总填筑量约 5.4 万 m^3，防渗墙面积为 $6100m^2$，猴子岩水电站下游围堰典型剖面见图 12.6-9。

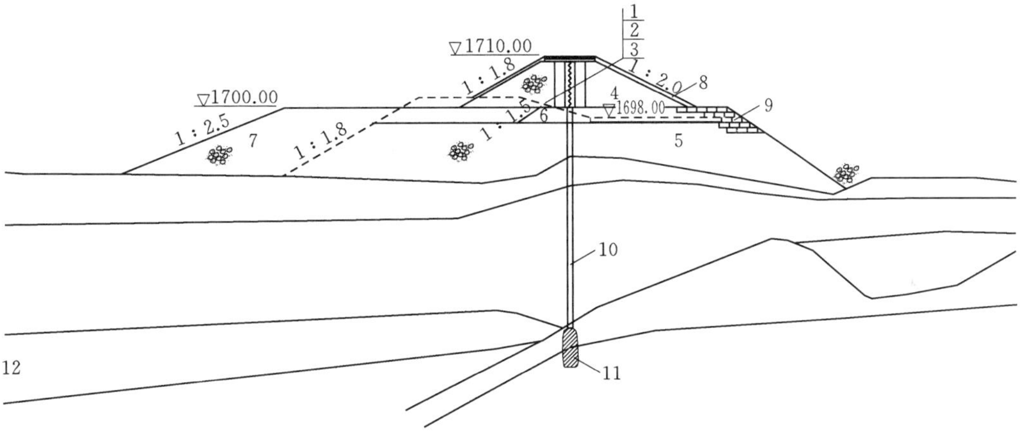

图 12.6-9　猴子岩水电站下游围堰典型剖面图（单位：m）

1—复合土工膜防渗层；2—垫层；3—过渡层；4—碾压石渣料；5—分流围堰；6—洞渣料；7—弃渣压重；8—干砌块石；9—钢筋石笼护坡；10—混凝土防渗墙；11—帷幕灌浆；12—覆盖层

12.6.5　龙开口上游围堰（明渠连接）

龙开口水电站位于云南省大理白族自治州鹤庆县朵美乡龙开口村的金沙江中游河段上，水电站装机规模为 1800MW，是金沙江中游河段规划的第六个梯级水电站，上接金安桥水电站，下邻鲁地拉水电站。首部地形开阔，结合水工布置特点，采用土石围堰、明渠导流方案。

上游主围堰为 4 级建筑物，采用土石结构，上游主围堰堰顶高程为 1261.00m，1229.00m 高程以上堰体采用土工膜防渗，1229.00m 高程以下堰体及堰基采用塑性混凝土防渗墙防渗，局部采用灌浆帷幕防渗，最大堰高 55m，围堰轴线长达 512.79m。龙开口上游围堰典型剖面见图 12.6-10，龙开口上游围堰现场施工面貌见图 12.6-11。

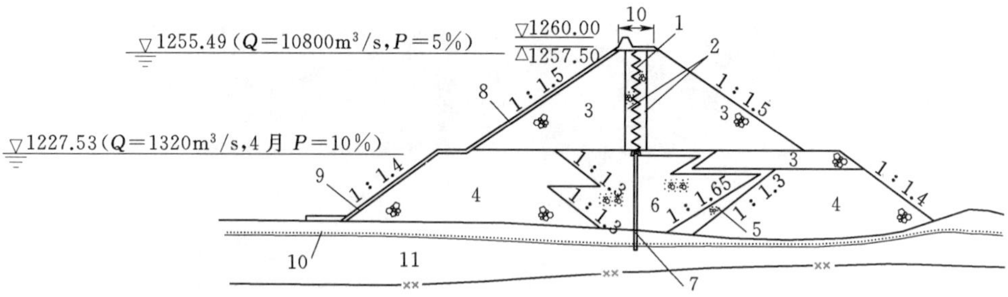

图 12.6-10 龙开口上游围堰典型剖面图（单位：m）

1—复合土工膜防渗层；2—砂砾料；3—堆石料；4—抛填石渣；5—反滤料；6—砂砾料；7—防渗墙；8—块石护坡；9—抛填大块石；10—覆盖层；11—基岩

图 12.6-11 龙开口上游围堰现场施工面貌

该围堰的显著特点是复合土工膜与导流明渠边墙的连接。复合土工膜采用螺栓锚固于导流明渠边墙上。土工膜与导流明渠连接轨迹线见图 12.6-12。

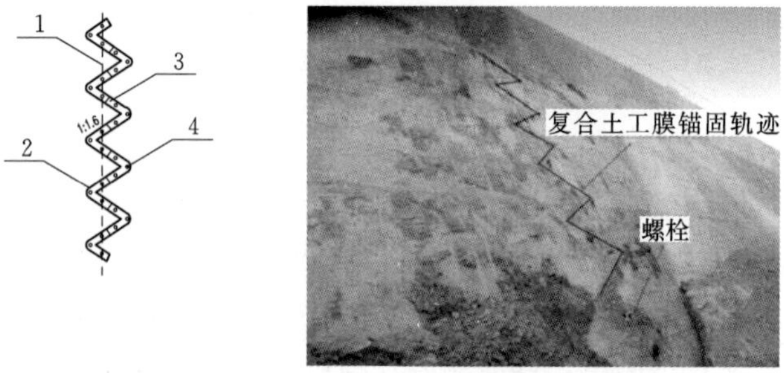

(a) 锚固结构图　　(b) 现场实际轨迹线

图 12.6-12 土工膜与导流明渠连接轨迹线

1—围堰轴线；2—复合土工膜；3—钢板垫片；4—紧固螺栓

2009 年 1 月中旬主河床截流后，龙开口围堰于 2009 年 6 月填筑完成，运行情况良好，于 2012 年 5 月开始拆除。

12.6.6　白鹤滩大坝上游围堰（面膜围堰）

白鹤滩水电站位于金沙江下游四川省宁南县和云南省巧家县境内，水电站的开发任务以发电为主，是西电东送骨干电源点之一。电站装机容量为 16000MW，多年平均发电量为 642.92 亿 kW·h，水库总库容为 206.27 亿 m^3。白鹤滩水电站枢纽工程主要由拦河拱坝、泄洪消能建筑物和引水发电系统等部分组成。白鹤滩大坝上游围堰为全年挡水土石围堰，最大高度达到 83m，堰前设计水位为 655.58m，堰顶高程为 658.00m，其采用防渗墙上接斜墙式复合土工膜防渗，防渗墙最大深度达 50m，防渗墙底部采用帷幕灌浆防渗，复合土工膜防渗水头达 40.58m，填筑量达 200 万 m^3，白鹤滩上游围堰采用土工膜斜墙防渗型式，土工膜用量达到 25000m^2，土工膜下采用 60cm 厚颗粒垫层料，土工膜上采用喷 20cm 混凝土保护，在国内已建或规划的水电工程围堰中尚居首位。其典型剖面见图 12.3-1。

以下叙述白鹤滩上游围堰相关施工过程。

12.6.6.1　垫层料选取

垫层料用量达到 2 万 m^3，而工区缺少天然砂砾料，垫层料源的选取是工程难点。各大冲沟及缓坡地可供利用的碎石土料较多，拟采用碎石土垫层料作为围堰垫层料，经过相关工程力学试验及施工经验，确定垫层材料物理特性及级配的相关要求为：①岩块饱和抗压强度大于 35MPa，避免采用片状、针状等棱角形颗粒；②级配良好，最大粒径为 20mm，小于 5mm 的颗粒含量为 30%～50%，小于 0.075mm 的颗粒含量不超过 5%。

为在施工区选取围堰垫层料，拟定选取三个地点的土样进行颗分、天然含水量及密度试验，以确定是否满足围堰垫层料的要求。三个地点分别为：①荒田大桥营地 506 号公路内侧坡（图 12.6-13），该处选取三个试验点；②新建村东侧临 1 号公路土坡（图 12.6-14），该处选取两个试验点；③矮子沟北侧土坡（图12.6-15），该处选取三个试验点。

图 12.6-13　荒田大桥营地 506 号公路内侧坡

针对土工试验成果进行各级配曲线特征粒径的统计见表 12.6-1。

图 12.6-14　新建村东侧临 1 号公路土坡

图 12.6-15　矮子沟北侧土坡

表 12.6-1 八组试样级配特征粒径汇总表

试验点	d_{60} /mm	d_{30} /mm	d_{10} /mm	C_u	C_c	大于 20mm 超径含量 /%	小于 5mm 粒径含量 /%	小于 0.075mm 粒径含量 /%
荒田-1	7	2.5	0.7	10	1.3	6.3	47.4	2.1
荒田-2	8.5	3.5	1	8.5	1.4	12.6	38.3	1.6
荒田-3	15	5	0.7	21.4	2.4	30.2	30.7	1.8
新建村-1	25	6	1	25	1.4	43.8	22.7	3.4
新建村-2	14	3	0.3	46.7	2.1	29.1	39.9	6
矮子沟-1	10	4	0.4	25	4	17.1	35.5	3.3
矮子沟-2	13	5	0.5	26	3.8	20.9	31.8	2.9
矮子沟-3	7	0.6	0.04	175	1.3	14.2	49.1	14.6

对照垫层材料技术要求，根据现场相关试验成果可见：

(1) 荒田、矮子沟试样颗粒多呈次棱角状，棱角尚不十分突出；新建村试验呈棱角状，棱角较为分明。

(2) 荒田-3、新建村-1、新建村-2、矮子沟-2 超径含量偏多，填筑分选困难。

(3) 不均匀系数 C_u 均大于 5，曲率系数 C_c 矮子沟-1、矮子沟-2 大于 3，不满足 1～3 的要求，级配连续性存在一定问题。

(4) 小于 5mm 粒径含量基本满足要求。

(5) 小于 0.075mm 含量基本满足要求，但矮子沟-3 为 14.6%，超过 5%要求。

荒田-1、荒田-2、矮子沟-2 经过筛选后可作为垫层料料源。

12.6.6.2 围堰施工

白鹤滩上游围堰从 2015 年 11 月 27 日实现大江截流，至 2016 年 6 月 14 日完成围堰完工，在一个枯水期内完成分项工程多达数百项。

1. 防渗墙施工

河床覆盖层最大厚度为 14m，采用 1.0m 厚塑性混凝土防渗墙，入岩 1.0m，最大深度为 48.70m，共 4131m^2，分 21 个槽段施工，已于 2016 年 3 月 5 日施工完毕并闭气。防渗墙施工见图 12.6-16。

图 12.6-16 防渗墙施工

2. 填筑施工

上游围堰总填筑量约 200 万 m^3，共分三期进行施工。第一期为水下抛填及填筑至 615.00m 平台，第二期填筑至 643.00m 高程，2016 年 6 月 7 日第三期填筑至堰顶，月平均强度达 34 万 m^3。填筑施工见图 12.6-17。

3. 复合土工膜施工

共铺设 350g/1.0mm/350g 规格的

(a) 堰体的碾压施工

(b) 垫层料斜坡的平板夯施工

图 12.6-17　围堰填筑施工

HDPE 复合土工膜约 25000m^2，膜上部采用喷 20cm 厚混凝土进行保护，设计防渗水头为 40.58m。复合土工膜共分两期进行施工，642.00m 高程以下约 16400m^2，642.00m 高程以上为 8600m^2，2016 年 6 月 14 日全部完成。土工膜相关项目施工见图 12.6-18～图 12.6-21。

白鹤滩围堰经过一个汛期洪水的考验表明，其堰体变形、防渗墙应力、渗压等各项监测指标均正常，防渗效果优于国内同类型围堰，上、下游围堰估算总渗水量约 50L/s。

图 12.6-18 土工膜焊接

图 12.6-19 土工膜铺设

图 12.6-20 土工膜与防渗墙连接

图 12.6-21 土工膜表面喷设混凝土保护层

参 考 文 献

[1] 包承纲. 包承纲岩土工程研究文集 [M]. 武汉：长江出版社，2007.

[2] 华东勘测设计研究院. 金沙江白鹤滩水电站可行性研究报告 [R]. 杭州：华东勘测设计研究院，2011.

[3] 华东勘测设计研究院. 金沙江白鹤滩水电站施工导流专题研究报告 [R]. 杭州：华东勘测设计研究院，2011.

[4] 龚履华，李青云，包承纲. 土工膜应变计的研制及其应用（Ⅱ）：应用 [J]. 岩土力学，2005，26(12)：2035-2040.

[5] 长江科学院. 三峡二期围堰拆除过程中围堰工程性状的调查验证 [R]. 武汉：长江科学院，2002.

[6] 华东勘测设计研究院. 云南省澜沧江苗尾水电站大坝上、下游围堰设计报告审定本 [R]. 杭州：华东勘测设计研究院，2012，9.

[7] 水电水利规划设计总院. 水电工程围堰设计导则：NB/T 35006—2013 [S]. 北京：中国电力出版社，2013.

[8] 包承纲，李玫. 三峡工程深水高土石围堰关键技术研究深水围堰水下抛填的离心模型试验研究小题研究报告 [R]. 武汉：长江科学院，1995.

[9] 花加凤. 土石坝膜防渗结构问题探讨 [D]. 南京：河海大学，2006.

[10]　王永明，邓渊，任金明．高土石围堰复合土工膜应变集中计算方法研究［J］．岩石力学与工程学报，2016，35（S1）：3299－3307．

[11]　刘斯宏，徐永福．粒状体直剪试验的数值模拟与微观考察［J］．岩石力学与工程学报，2001，20（3）：288－292．

[12]　华北水利水电学院北京研究生部．水利水电工程土工合成材料应用技术规范：SL/T 225—98［S］．北京：中国水利水电出版社，1998．

[13]　水电水利规划设计总院，中国电建集团华东勘测设计研究院有限公司，中国水利水电第十二工程局有限公司．水电工程土工膜防渗技术规范：NB/T 35027—2014［S］．北京：中国电力出版社，2015．

[14]　李青云，程展林，孙厚才，等．三峡工程二期围堰运行后的性状调查和试验［J］．长江科学院院报，2004，21（5），20－23．

[15]　顾淦臣，束一鸣，沈长松．土石坝工程经验与创新［M］．北京：中国电力出版社，2004．

[16]　华东勘测设计研究院．金沙江白鹤滩水电站大坝上下游围堰设计报告［R］．杭州：华东勘测设计研究院，2014，6．

[17]　GIROUD，J. P.，TISSEAU B.，SODERMAN K. L.. Analysis of strain concentration next to geomembrane seams［J］. Geosynthetics International，1995，2（6）．

[18]　GIROUD，J. P.，SODERMAN，K. L，. Design of structure connected to geomembranes［J］. Geosynthetics International 1995 a，2（2），379－428．

[19]　刘宗耀，等．土工合成材料工程应用手册［M］．2 版．北京：中国建筑工业出版社，2000．

第13章 土工膜防渗结构主要施工工艺

13.1 概 述

13.1.1 土工膜防渗施工技术进展

早期土工膜的铺设、连接、锚固方法较为简单，随着材料品种的增多、应用范围不断扩大，施工设备在不断改进，施工工艺逐渐趋于成熟。土工膜的接缝从最初的简单搭接、粘合剂粘接发展到利用各种机械焊接，土工膜的锚固从最初的简单埋压发展到机械锚固、锚固带锚固、机械锚固结合柔性防渗等多种型式。

20世纪80年代建成的项目，防渗土工膜还多采用搭接或胶粘法进行连接，如：西骆峪水库受当时的工艺条件所限，库盆采用0.06mm厚PE膜共3层进行防渗，PE膜采用搭接法和埋入法进行施工，搭接缝宽10～20cm；黑石山水库副坝上游坝坡及水平防渗土工膜采用的再生橡胶，该土工膜是用再生橡胶、10号石油沥青、碳酸钙混炼压延而成，力学性质较差，接缝用氯丁胶粘接，搭接5cm；田村土石坝使用的聚氯乙烯涂抹织物幅宽仅1m，采用Xd-103粘胶剂粘接，搭接宽度10cm；黑河土坝锦纶织物两面涂聚乙烯防渗膜幅宽1.8m，接缝采用LBG-Ⅱ胶粘剂粘接，搭接宽度10cm，胶接缝的抗拉强度为母材的70%。

1985年建成的青海省共和县切吉水库，坝高20.5m，在主坝与副坝上游坝坡设土工膜防渗体进行加固，总结提出防渗系统采用“1mm厚HDPE膜＋细砂＋砾石过渡层＋混凝土板保护层”结构，幅宽1.1m的HDPE膜采用自动爬行式焊接机焊接，缝宽6cm，漏焊或破损部位用热风吹及滚压补焊。坡面及铺盖HDPE膜埋入周边混凝土齿板内。

1995年建成的竹寿土石坝采用300(g/m^2)/PE 0.5mm/200(g/m^2)复合土工膜作为心墙组合防渗材料，底部埋入原黏土心墙2m、水平方向向上游铺设2m并回填黏土压接，顶部铺设到坝顶防浪墙脚与混凝土面粘接，并采用角钢夹紧、膨胀螺栓固定。复合土工膜幅宽2m，自下而上逐幅顺轴线铺设，采用江苏常熟市土工材料厂生产的土工膜专用粘合剂，施工工艺为复合土工膜分离→表面处理→涂胶晾置→粘合→加压固体→检验→修补。粘接采用布粘面、膜粘膜的方法，将上下织物与主膜粘合，接缝宽10cm。

1999年建成的王甫洲水利枢纽老河道两岸围堤采用复合土工膜斜墙加复合土工膜水平铺盖防渗，防渗总面积约110万m^2，采用两胶三缝粘接方式解决了PE和PVC膜间连接的难题，该工程的建设具有示范作用和推广价值。

2005年建成的山东泰安抽水蓄能电站上水库库盆防渗工程，总结提出了HDPE膜详细摊铺、上下垫层与保护层施工、HDPE膜焊接设备及参数，以及土工膜低温环境下的焊接工艺。另外，还总结了膜与混凝土结构锚固整套工艺，包括钻孔设备、刚性锚固材料、弹性止水材料、柔性密封材料选择等，以及锚固结构现场试验与测试方法。

2007 年建成的黄河西霞院面膜土石坝工程总结提出了厚 0.8mm 与 0.6mm 的 PE 膜的焊接温度与环境温度之间的关系曲线、非理想环境下膜焊接的工艺措施、非矩形拼接的复合膜制造工艺。泰尔西水电站碾压混凝土大坝上游坝面膜防渗系统，将预先设计加工成型的防渗膜通过现场焊接连成整块，并采用不锈钢压板、环氧树脂粘合材料等将防渗膜固定在周边岩石、混凝土结构上，形成整体封闭的止水结构，膜后通过排水土工网、竖向导槽排水泄压。

2009 年建成的四川田湾河仁宗海面膜堆石坝，总结提出了土工膜采用卷扬机自上而下滚铺工艺，防渗膜非颗粒垫层（支持层）表面处理的工艺，坝基锚固膜与坝面膜幅间错开拼接的工艺，陡坡及大风环境下铺膜防止膜被大风吹动的工艺措施，并提出周边刚性锚固结构结合柔性填料防腐防渗的工艺措施。

2011 年建成的山西省万家寨引黄入晋北干线墙框堡水库全库盆防渗，总结提出了浅埋地下水位湿陷性黄土地区的防渗土工膜铺设工艺，以及 T 型接头、焊缝、缺陷修补点在保护层覆盖后剥离检测工艺。

2015 年建成的江西洪屏抽水蓄能电站上水库库底土工膜防渗工程，提出土工膜在不平整地形区域铺设顺序必须考虑外部因素的干扰，避免土工膜受到反向水压力顶托破坏。

2016 年建成的白鹤滩水电站上游围堰土工膜防渗体高达 43m，提出斜墙土工膜自上而下滚铺、自动爬行式焊接机焊接，缺陷及 T 型接头等采用挤出式焊枪进行缺陷修补，T 型接头外贴膜修补加强。

2016 年建成的老挝南欧江六级水电站面膜堆石坝，坝高 85m 的上游坝面采用 700(g/m^2)/3.5mm 的 PVC 复合土工膜无覆盖裸露型防渗，防渗膜通过 PVC 复合土工膜锚固带与基层混凝土挤压边墙锚固。

在土工膜防渗工程实践应用中，科研人员还研制了行走时滚筒筛分机组和行走支架式筛分机组，以及防渗膜卷材一体化摊铺机等，不但能够很好地保护防渗土工膜、减少膜的破损，还能大幅度地提高施工效率、缩短施工工期，节约施工成本。

在土工膜的接缝方面，从简单的搭接和粘合剂粘接，发展到利用各种机械焊接，如热压填角焊、热空气熔焊、超声波接缝等。在比较重要的工程中，为保证施工和检查质量，一般采用双道焊缝。同时，土工膜现场拼接及锚固的质量检测设备和技术已臻成熟，现场施工质量控制的保证率越来越高，这也为我国在土工合成材料施工方面积累了大量的经验。

土工膜施工质量控制要求高，除防止防渗膜的拼接缺陷外，防止垫层表面凹坑、尖锐颗粒和多个粗颗粒聚集也得到重视，虽然表面凹坑和粗颗粒聚集不直接造成防渗膜漏水，但使其在长期运行中承受随坝体位移产生的变形和水压液胀变形的共同作用，有效使用寿命将受到较大影响。此外，在避免高低温及大风等极端环境条件下施工也得到有效控制。

随着筑坝工艺水平的提高，出现了一些创新性结构工艺，如面膜堆石坝结合混凝土挤压边墙结构，在简化施工的基础上，为土工膜下游排水排气创造了条件，土工膜可以采用铺设、粘贴、柔性锚固等方式在挤压边墙表面进行布设，施工工序简单、工期短，有利于土工膜防渗结构的整体安全；在斜趾板面与挤压边墙面间布置沟槽，适应坝体和相邻山体的变形差，可减轻周边锚固的夹具效应。

经过 30 多年的探索和实践，我国土工膜防渗施工技术取得了长足的进步。但随着新材料的出现、新型建（构）筑物防渗的需要，土工膜防渗施工技术的发展稍显滞后，特别是与世界发达国家相比，无论是施工技术还是试验、测试技术都有很大的差距，这就需要深化施工技术试验研究、开发新产品新工艺，完善和发展符合土工膜防渗工程实际的施工方法，进一步强化施工管理，确保工程施工质量。

13.1.2 土工膜防渗施工应用规定

我国在1998年发布了《水利水电工程土工合成材料应用技术规范》（SL/T 225—98），允许50m以下的挡水建筑物采用土工膜进行防渗，50m以上的挡水建筑物采用土工织物防渗需要经过论证。

《碾压式土石坝设计规范》（SL 274—2001，DL/T 5395—2007）规定，当采用土工膜作为防渗体材料时，应按照《土工合成材料应用技术规范》（GB 50290）的规定执行。同时规定，1级、2级低坝与3级及其以下的中坝（30～70m），经论证可采用土工膜防渗体。

2014年颁布的《水电工程土工膜防渗技术规范》（NB/T 35027—2014）规定，“1.0.3 本规范适用于防渗水头不大于70m的工程，防渗水头大于70m的土工膜防渗工程，应进行专门研究”。

2014年修订的《土工合成材料应用技术规范》（GB/T 50290—2014）规定，土工膜用于1级、2级建筑物和高坝时应通过专门论证，膜厚度应按堤坝的重要性和级别采用。1级、2级建筑物土工膜厚度不应小于0.5mm，高水头或重要工程应适当加厚。3级及以下的工程不应小于0.3mm。

13.2 施工准备工作

13.2.1 施工队伍选择与规章制度制定

防渗膜施工选择有资质、有土工膜施工业绩和经验的施工队伍承担，施工队伍必须熟知膜的一般特性，有各种施工机具，有熟悉的焊接技术和检测技术。

制定详细科学的防渗膜施工规章制度和质量保证流程，在思想、组织、制度、措施和经济等方面组成保证体系，严格执行“三检制”，建立质量奖惩制度和标准化管理等措施。从制度和流程上杜绝发生防渗膜施工缺陷，确保施工质量。

13.2.2 施工人员培训

参加防渗膜铺设、焊接、粘接、检查、验收的技术人员和操作人员应接受专项培训，直接操作人员经现场考核合格后才允许进行现场施工。

（1）焊接、粘接施工人员培训。施工前对每个焊接、粘接操作人员进行培训，操作人员应固定使用粘接设备、焊机。粘接人员要求熟练掌握粘接原理、粘接胶的配制、粘接施工、注意事项等，粘接质量中低坝达到95%以上、高坝达到100%的合格率才允许正式施工。焊接人员要求熟悉焊机的原理、操作、使用注意事项、焊机操作规程，采用与施工相同规格的防渗膜进行试焊，在各种施工环境条件下焊缝的成功率中低坝达到95%以上、高坝达到100%才能开始实际焊接施工。

（2）检测人员培训。检测人员需要熟悉防渗膜施工和检测过程、检测设备原理、操作和注意事项，能对各种质量问题进行描述和分析。目测检查人员和现场撕裂检查人员经培训后，对明显的漏焊、虚焊、超量焊等焊缝缺陷能够识别；充气检测人员经培训后，应能熟练将气针插入焊接的双缝中间，并不会破坏下层防渗膜；真空检测人员应能熟练安装检测真空罩、密封真空罩并抽真空、准确读取压力表；火花检测人员应能正确埋设铜丝、操作火花检测仪；检测箱操作人员应能熟练安装、密封检测箱，熟练充水、正确读取压力表的读数。

（3）缺陷修补人员培训。缺陷修补人员的培训要求和粘接、焊接操作人员相同。

13.2.3　施工实施准备

（1）根据工程结构和设计要求，绘制膜铺设顺序和分区分块图。

（2）编制施工技术方案并对施工人员进行技术交底。

（3）膜拼接前，应对已铺设膜的外观质量进行 100%检查，有严重外观缺陷的膜不得使用。

（4）在正式铺膜连接施工前，首先进行各类生产性试验，取得满足设计要求的参数后，并经监理工程师批准再进行规模施工。

（5）场区排水顺畅，施工现场环境应能保证防渗膜表面的清洁干燥，采取相应防风、防尘、防紫外线措施的料物准备。

（6）清除铺设场地范围内各种锥形、尖锐杂物。

（7）作业范围周边应做好安全防护围挡。

（8）配置膜铺设、拼接所需工器具及材料。

（9）水、电、通信、道路及临建设施满足高峰强度施工需要。

（10）施工工序安排应符合以下规定：

1）膜的施工应在地基及基底支持层结构验收合格后进行。

2）进行下道工序或相邻部位施工时，应对完工部位的膜妥善保护。

3）在铺设开始后，严禁在可能危害膜安全的范围内进行开挖、爆破、凿洞、电焊、燃烧、排水、运输等交叉作业。

13.3　原材料质量检测与控制

防渗膜材料主要有聚乙烯（LDPE、LLDPE、MDPE、HDPE）、氯化聚乙烯（CPE）、氯磺化聚乙烯（CSPE）、聚氯乙烯（PVC）等塑料类，丁基橡胶（IIR）、环氧丙烷橡胶（ECO）、氯丁橡胶（CR）、乙丙橡胶（EPM）等橡胶类，热塑性聚烯烃（TPO）、弹性聚烯烃（ELPO）、乙烯丙烯（EPDM）、乙烯醋酸乙烯（EVA）、乙烯乙酸乙烯（ECB）混合类，以及具有土工织物的复合膜、膨润土防水毯 GCL 等复合材料。

13.3.1　材料进场验收和保管

13.3.1.1　进场验收

防渗膜到场后，施工单位试验检测人员通知监理工程师、建设单位进行三方联合验收，检查防渗膜外观质量是否符合要求。验收项目包括：

（1）随车清单：具体包括发货清单、检测报告、质检证书、合格证等出厂产品相关质量证书。

(2) 包装：外包装应印有醒目的产品标识，主要包括：生产厂家名称、地址、工程项目名称、产品名称、产品代号、产品等级、产品规格、生产批号、执行的标准号、生产日期、卷长和净重、检验合格证。

(3) 标识：防渗膜外端头标明产品名称、生产日期、监造人员签字等。

(4) 包装：采用统一外观包装，每卷膜附带专用吊带，以便装卸。

13.3.1.2 材料保管

由于防渗膜品种繁多，性能差异很大，外观相似而难以辨认，所以要求按不同品种、型号、规格等分别堆放、保管。

施工现场应设立符合要求的防渗膜堆放仓库，仓库内应衬垫平坦的木板，离地高度不低于20cm，平放储存堆高不超过5层。防渗膜较易受某些化学介质及溶剂的溶解和腐蚀，禁止与酸、碱、油类及有机溶剂等有害物质接触。防渗膜不能接近火源，以免变质和引起火灾。同时，须做好防渗膜的防潮、防雨、防晒等措施，并由专职保管员看护。

13.3.2 现场抽样检测

外观质量检测合格后，按规范要求的数量、尺寸进行见证取样，送有资质的检测部门对膜的各项指标如厚度、单位面积质量、拉伸强度、延伸率、撕裂强度、剥离强度、渗透系数、耐静水压、化学稳定性等进行检验。

经检验质量不合格的同批次防渗膜，不得投入使用。运至施工现场的防渗膜应在当日用完。

13.4 垫层施工

防渗膜结构垫层分下垫层与上垫层。垫层材料一般采用颗粒型垫层与土工材料垫层、水泥无砂混凝土垫层、聚合物透水混凝土垫层等。

13.4.1 颗粒型垫层

颗粒型垫层一般包括中粗砂、砂砾石、碎石等。

垫层料施工分区、分块进行。垫层料的制备，选择空旷区域对颗粒料进行筛分，将粒径大于设计粒径的不合格料筛除。若垫层料直接与土工膜（非复合土工膜）接触，有棱角的碎石不能作为垫层料，即使有混入也须剔除。

膜下垫层料填筑前，把基底腐质土、有机物及块石清除干净，采用振动碾碾压，基底符合设计要求后进行膜下垫层施工。垫层料采用自卸车运卸到填筑区或坡顶，然后用机械辅以人工整平，膜下垫层铺设后，采用振动碾碾压密实，见图13.4-1。

膜上垫层料填筑随膜的焊接施工进度，每焊接单幅宽或一条焊缝，经检查合格后立即覆盖垫层料以防止阳光对防渗膜的暴晒。

施工时，在坡顶及坡底拉线控制摊铺厚度和平整度。垫层料采用轻型推土机顺膜铺设方向进行摊铺，然后辅以人工整平，严禁工程机械在膜上行驶作业。垫层料摊铺完成以后采用带莲蓬头的有压水管喷淋洒水，洒水完成采用平板夯从一侧向另一侧逐条夯实。

(a) 基面铁钉等金属物清理

(b) 基面杂物清理

(c) 垫层料整平、碾压

(d) 垫层料基面平整度检查

图 13.4-1　颗粒性垫层料施工工艺图

13.4.2　土工合成材料垫层

土工合成材料垫层施工工艺见图 13.4-2。土工合成材料卷应该堆放于经平整不积水的地方，用不透明材料覆盖以防紫外线使之老化，储存过程中保持标签的完整和资料的完整，运输过程中（包括现场从材料储存地到工作地的运输）避免受到损坏。

土工合成材料垫层一般采用人工配合机械运输、人工滚铺，并适当留有变形余量。土工材料垫层铺设前，首先检查下部垫层仓面，对超径块石及可能对防渗膜产生顶破的其他杂物进行全面清理，并全面检查铺设表面是否坚实、平整，平整度控制在$\pm 2cm/m^2$以内。基底面的表面无集水、尽量干燥。

土工席垫采用人工铺设、对接连接，并用塑料扣进行牢固扣接，塑料搭扣间距为25cm，搭扣距拼接边1～2cm。周边不规则部位铺设时，根据需要的尺寸进行裁剪下料，然后再进行拼接、扣牢。

复合土工三维排水网垫采用端接，相邻土工网的上下层土工织物搭接，相邻土工网芯用塑料扣连接，塑料扣间距30cm左右。

长丝或短丝土工布通常采用搭接、缝合和焊接等连接。缝合和焊接的宽度一般在0.1m以上，搭接宽度一般在0.2m以上。可能长期外露的土工布，则应焊接或缝合并连续进行。缝合的最小缝针距离织边（材料暴露的边缘）至少25mm，用于缝合的线选用最小张力超过60N的树脂材料。焊接或缝合的预留织边背向防渗膜一侧。

13.4.3　水泥无砂混凝土垫层

无砂混凝土，就是没有砂的混凝土，由粗骨料、水泥和水拌制而成的一种多孔轻质混凝土，它不含细骨料。它是由粗骨料表面包覆一薄层水泥浆，石子之间接触点由水泥浆胶凝固结而形成孔穴均匀分布的蜂窝状结构，透水效果显著，已用于防渗膜垫层。

(a) 铺前平整度检查

(b) 土工垫滚铺

(c) 土工垫对接、扣连

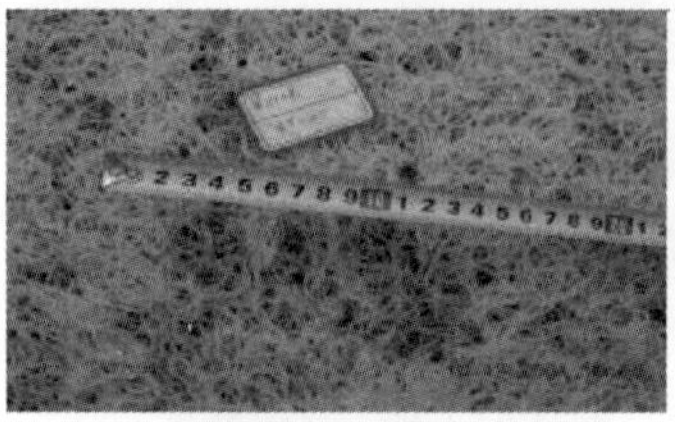

(d) 土工垫缺陷检查、标识

(e) 修补好的土工垫

(f) 下层土工布抬运

(g) 土工布滚铺

(h) 土工沙袋压覆

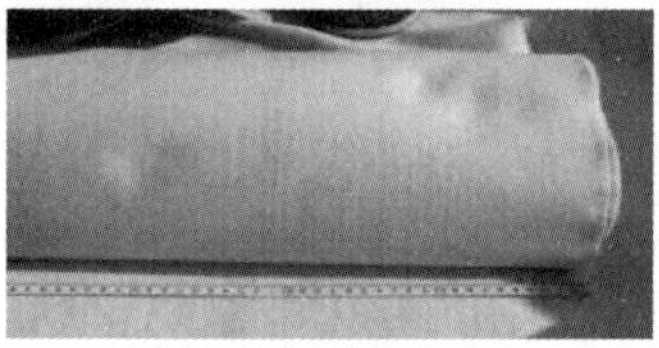

(i) 土工布搭接宽度控制

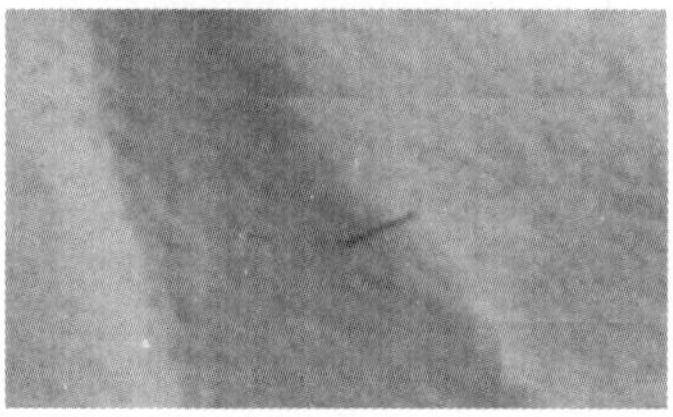

(j) 土工布上检查出的断针头

(k) 下层土工布粘接

(l) 土工布表面清理

图 13.4-2 土工合成材料垫层施工工艺图

13.4.3.1 原材料的选择及用量

(1) 水泥。水泥一般选择强度等级为42.5的普通硅酸盐水泥，质量符合现行国家标准《硅酸盐水泥、普通硅酸盐水泥》(GB 175) 要求。

(2) 粗骨料。

1) 无砂透水混凝土一般采用较大幅度级配的卵石料配制。$1m^3$ 混凝土所用骨料总量约为1200～1400kg。

2) 粒径：对于卵石骨料的无砂透水混凝土，骨料（石）应采用5～10mm、10～20mm的单一粒级的卵石，以5～10mm为佳，并严格控制针片状颗粒。

3) 骨料按不同品种分批运输和堆放，不得混杂；骨料运输和堆放应保持颗粒混合均匀，减少离析；采用自然级配时，堆放高度不宜超过2m。

(3) 水。混凝土拌和和养护用水均采用洁净饮用水，符合国家现行标准《混凝土拌和用水标准》(JCJ 63) 的要求。

(4) 外加剂。无砂混凝土日常可采用主要由硅粉、增强剂和UEA组成的粉体粘结剂，以提高水泥浆与骨料的界面强度；冬季施工，可添加混凝土防冻剂，所用外加剂应符合现行国家标准《混凝土外加剂》（GB 8076）的要求。

13.4.3.2 配合比的选择

对同一粒径的骨料拌制无砂混凝土，要考虑最佳水泥用量和水灰比。施工前，先对无砂混凝土进行级配试验，确定混凝土骨料、水泥、水和外加剂用量。

13.4.3.3 搅拌

（1）无砂混凝土采用强制式搅拌机搅拌。按水泥→水→外加剂的顺序投料，搅拌均匀后加入 5～10mm 碎石再继续搅拌均匀。

（2）搅拌时间：由于水泥浆的稠度较大，且数量较少，为了保证水泥浆能够均匀地包裹在骨料上，搅拌时间适当延长，以拌和至水泥浆均匀包裹在骨料表面且呈油状光泽时为准。当采用预湿饱和面干骨料时，粗骨料、水泥和净用水量可一次投入搅拌机内，拌和时间宜为 1.5～2min。采用干骨料时，先将骨料和 40%～60%总用水量投入搅拌机内，拌和 1min 后，再加入剩余水量和水泥拌和 1.5～2min。

13.4.3.4 拌和物运输

拌和物在运输中应采取措施减少坍落度损失和防止离析。当产生拌和物稠度损失或离析较重时，浇筑前应采用二次拌和，但不得二次加水。拌和物从搅拌机卸料起到浇入模内止的延续时间不宜超过 45min。当用搅拌运输车运送轻骨料混凝土拌和物，因运距过远或交通问题造成坍落度损失较大时，可采取在卸料前掺入适量减水剂进行搅拌的措施，满足施工所需和易性要求。

13.4.3.5 浇筑

浇筑前，先用水湿润基础面，防止混凝土水分流失加速水泥凝结。

现场浇筑时，混凝土拌和物直接浇筑入模，依靠自重落料压实，拌和物浇筑倾落的自由高度不应超过 1.5m。当倾落高度大于 1.5m 时，加串筒、斜槽或溜管等辅助工具。在浇筑时不得采用强烈振捣或夯实，浇筑后用轻型压路机或用其他工具压实压平拌和物。

13.4.3.6 养护

无砂混凝土由于存在大量孔隙，易失水，干燥很快，所以早期养护非常重要。浇筑后用塑料薄膜覆盖表面，并开始洒水养护，湿养护时间不少于 7d。

13.4.4 挤压混凝土边墙垫层

挤压边墙，是将水泥、砂石混合料（最大粒径不超过 20mm）、外加剂等加水拌和均匀，采用挤压成型的工艺施工而成的墙体。挤压边墙作为堆石坝的一项新技术，已成功地应用于国内外多座混凝土面板堆石坝，并取得了良好的效果。作为膜防渗的堆石坝的垫层，该技术也正大力推广应用，见图 13.4-3。

13.4.4.1 原材料的选择及用量

（1）水泥。水泥宜选择强度等级 32.5 以上的普通硅酸盐水泥，质量符合现行国家标准《硅酸盐水泥、普通硅酸盐水泥》（GB 175）的要求。水泥用量宜为骨料干质量的 3%～7%。

（2）骨料。挤压边墙混凝土用骨料最大粒径为 20mm，小于 5mm 的颗粒宜为 30%～55%，含泥量小于 7%。

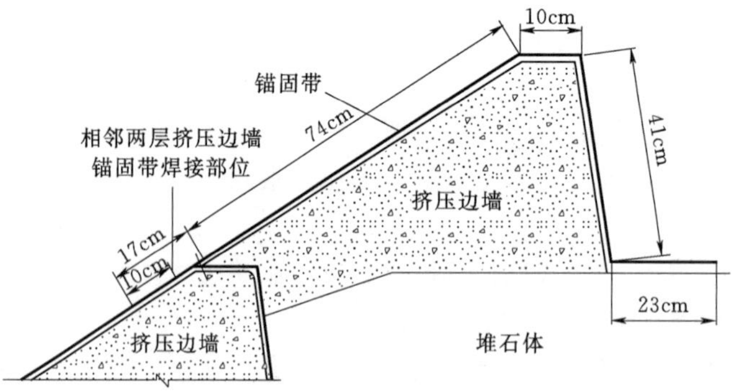

图 13.4-3 挤压混凝土边墙垫层图

（3）水。混凝土拌和和养护用水均采用洁净饮用水，符合国家现行标准《混凝土拌和用水标准》（JCJ 63）的要求。用水量按 DL/T 5355 轻型击实试验确定。

（4）外加剂。挤压边墙混凝土一般掺加早强减水剂或速凝剂，所用外加剂应符合现行国家标准《混凝土外加剂》（GB 8076）的要求。

13.4.4.2 配合比选择

配合比设计必须考虑三个方面的因素：①挤压机挤压力的大小，即挤出的混凝土密度能否满足渗透要求；②挤压混凝土的强度和弹性模量值能否满足要求；③配合比是否适合施工要求。

挤压边墙混凝土具有低强度、小弹性模量特性，通常按一级配干硬性混凝土进行设计，坍落度为 0，水灰比一般为 1.3～1.45。28d 混凝土抗压强度大约 5MPa。透水性能大致与垫层料接近，渗透系数为 10^{-3}～10^{-2}cm/s。

施工前，先对所用的水泥、砂石料、外加剂、水等进行原材料物理力学性能检测，并进行级配试验，确定水泥、砂石骨料、水和外加剂的合理掺量。

挤压边墙混凝土干密度一般控制在 1900～2250kN/m^3。

13.4.4.3 混凝土拌制

（1）挤压边墙混凝土采用强制式搅拌机搅拌，见图 13.4-4，按水泥→骨料→水→减水剂的顺序投料搅拌均匀。

（2）搅拌时间。搅拌时间以拌和至水泥浆均匀包裹在骨料表面且呈油状光泽为准。

（3）液态速凝剂在现场利用带有自动计量仪表的喷枪添加，粉状速凝剂利用人工按比例添加、均匀撒料，并利用挤压机的搅拌轴（也称搅龙）搅拌均匀。

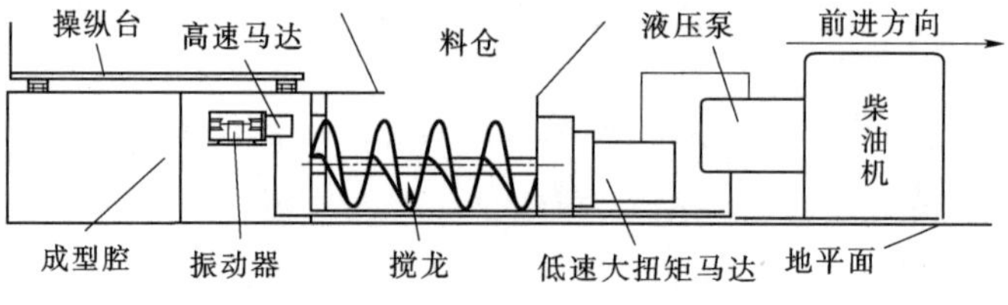

图 13.4-4 挤压机工作原理图

13.4.4.4　施工方法

（1）将边墙施工场地整平、碾压，保持施工场地平整度在±5cm 以内，并拉线标识挤压机行走路线。

（2）挤压机就位后，使其内侧外沿紧贴标识线。操作人员调平挤压机内外侧调节螺栓使其顶面水平，并安放挤压边墙的三角端头挡板并固定。

（3）混凝土运输到现场后采用后退法卸料，并掺入适量的速凝剂，卸料、掺外加剂速度必须均匀、连续。

（4）边卸料边由专人控制挤压机向前行驶。挤压机水平行走偏差控制在±20mm，行走速度控制在 0.8m/min 左右，具体通过现场生产试验确定。

（5）挤压边墙成型 2h 后，自卸汽车运输边墙邻近的垫层料采用后退法卸料，采用推土机摊铺、压路机碾压密实。

（6）边墙挤压成型后，对每层边墙接坡部位出现明显的台阶、边墙垮塌、平整度超标、位置及外形尺寸误差过大、成型混凝土缺陷等，立即对其采用人工修补处理。

（7）土工膜锚固带跟随挤压边墙的上升逐层安装，即一层挤压墙、一段锚固带。单条锚固带采用直埋式锚固在上下两层挤压边墙中，相邻两层挤压边墙锚固带采用焊接方式连接，见图 13.4-5。

（a）相邻锚固带焊接　　（b）完成安装的锚固带

图 13.4-5　锚固带安装

13.4.4.5　质量检测

挤压混凝土边墙需要采用灌砂法和蜡封法现场测定挤压边墙的密度，并测定挤压边墙的渗透系数与设计是否相符。

13.4.4.6　主要设备和操作人员配置

挤压边墙混凝土的施工属于连续性作业，其工序、工艺比较简单，现场只需要配置 1 台挤压机、4～5 人即可满足挤压墙的施工。现场作业人员一般包括挤压机操控手 1 人，混凝土卸料 1 人，速凝剂添加及龙仓扒料 1 人，挤压机调平 1 人，挤压边墙缺陷处理 1 人。

13.4.5　聚合物透水混凝土垫层

聚合物透水混凝土由于自身结构的多空特性，具有透水功能，现在越来越多地用于防渗膜的垫层。聚合物透水混凝土施工工艺如下：

（1）基层整平。严格核对标高，检验基础平整情况。对平整后的基础碾压密实，也可用打夯机进行夯实。

（2）铺设垫层。按照施工图要求，铺设级配碎石，采用机械摊铺搅拌好的级配碎石或砂卵石垫层。级配碎石摊铺完毕，用10～12t压路机慢速碾压，先沿整修过的路肩一起碾压，往返压两遍。局部不平处，去高垫低，至符合标高后洒少量水，再继续碾压，至碎石初步稳定无明显位移为止。

（3）铺设砂滤层。在垫层上铺设3mm厚中、粗砂滤层找平，适量洒水并用10～12t压路机或平板振捣器碾压振捣密实。

（4）支模板。按标高和图案设计要求支设模板。模板须保证强度要求和设计图案线条要求，且模板上边缘标高须与透水混凝土面层顶面标高一致。施工人员按设计要求进行分隔立模及区域立模工作，立模中须注意高度、垂直度、坡度等的问题。

（5）预设膨胀缝。当透水混凝土边长大于6m时或施工面与其他材料相接处，采用泡沫条设膨胀缝。

（6）严格按设计要求的强度配比拌制透水混凝土。拌制过程中，添加的聚合物采用电子秤严格计量。透水混凝土采用三次加料方法，具体加料顺序和搅拌时间为：先将100%的骨料和70%的拌和水预拌1min；然后加入50%的水泥和聚合物，继续搅拌1min；最后将剩余的50%水泥和30%的拌和水加入搅拌机，搅拌2min。水泥与骨料用量基本保持在1∶4左右，水灰比保持在0.28左右。

（7）运输。透水混凝土属于干性混凝土料，其初凝快，运输时间根据气候条件一般控制在10min以内，运输连续、平稳。

（8）基层透水混凝土浇筑成型。大面积施工采用分块隔仓式进行摊铺物料，其松铺系数为1.1。将混合物均匀摊铺在工作面上，用刮尺找准平整度和控制一定的坡度，然后用平板振动器和滚筒压实，其中滚筒施加的压力控制在0.6～0.8MPa范围内，平板振动器振动成型时间控制在20～30s范围内。局部位置用滚筒很难压实平整的部位用木楔拍打、抹平，抹平时严禁加水。

（9）面层透水混凝土浇筑成型。面层与基层同步浇筑，间隔时间不超过2h，且基层混凝土在间隔期内应覆膜保水。面层混凝土用平板振动器和滚筒压制密实，方法如基层成型方式，孔隙较大部位用人工找平压实。当天气温高于35℃时，透水混凝土施工时间应宜避开高温时段。

（10）面层混凝土摊铺完成进行覆膜并结合浇水养护，混凝土成型30min后进行覆膜养护，养护时间不少于14d。

13.5 膜摊铺与拼接施工

13.5.1 水平摊铺

摊铺前，对基面进行整平、压实，清除铺设范围的树根、超径棱角块石、钢筋头、铁丝、玻璃屑等有可能损伤防渗膜的杂物，确保基面平整无尖锐物，无渗水、淤泥、集水，周边锚固区域基面满足设计要求。防渗膜铺设基面整平压实见图13.5-1。

(a) 建基面开挖、整平

(b) 建基面碾压

(c) 铺膜前的建基面

(d) 膜下土工布垫层清理

图 13.5-1　防渗膜铺设基面整平压实

膜摊铺宜在气温 5～35℃、膜温 20℃以上、风力 4 级以下无雨、无雪、无沙尘的干燥暖和天气中进行。若遇特殊环境需要施工时，应在正式施工前进行工艺试验，并采取有效的防护措施。防渗膜运输与水平摊铺见图 13.5-2。

(a) 防渗膜水平运输

(b) 下层土工布(或复合膜)摊铺

(c) 防渗膜摊铺、外观检测

图 13.5-2　防渗膜运输与水平摊铺

土工膜按“先中央、后周边、相邻块连续摊铺”的顺序进行。中央区域摊铺时，根据膜幅宽及膜受温度变化影响情况在周边预留施工道路，待中央区域摊铺完成后再铺设预留部位膜，周边膜摊铺与锚固施工同步进行。

防渗膜一般宜人工装卸。若采用机械吊装时，应采用尼龙编织带一类的柔性绳带。

膜采用胶轮胎车进行运输，小捆防渗膜采用人工摊铺，大捆防渗膜应选用合适机械进行摊铺，运输过程中尽量避免膜材受到挤压、划伤。滚铺时两侧用力均匀、摊铺平顺、舒缓，并按产品说明书要求和现场试验成果预留温度变化所引起的伸缩变形量。大面积摊铺时，膜拼缝错缝一般不小于5m。局部区域摊铺，按设计要求错缝拼接，避免“十”字形接头。

周边不规则部位膜摊铺程序为：①将周边与中央区域已铺设完成的膜进行预拼接并预留搭接余幅；②根据周边不规则边形状对铺设区域膜进行裁剪、锚固；③连接周边与中央区域膜。

摊铺时，膜与膜之间、膜与基面之间压平、贴紧，不能夹砂、夹水、夹尘或残留其他异物。接缝部位土工膜下土工织物必须压茬平整、无折皱。

土工膜摊铺完成，按拼接图纸对土工膜沿接缝进行裁剪、将搭接边对正搭齐，并在土工膜边角处或接缝处间隔一定距离采用砂袋压重，见图13.5-3。

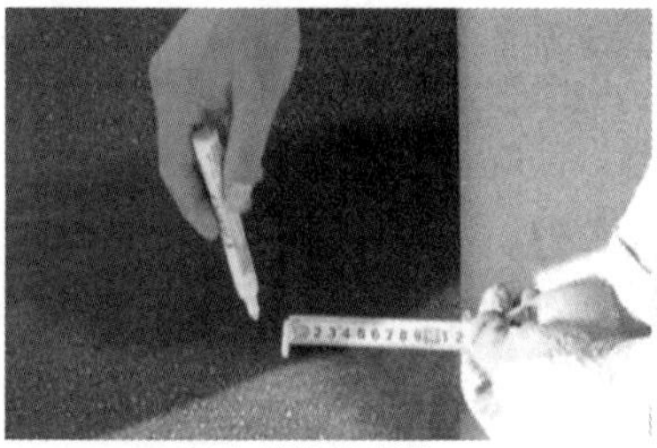
(a) 铺设边划线

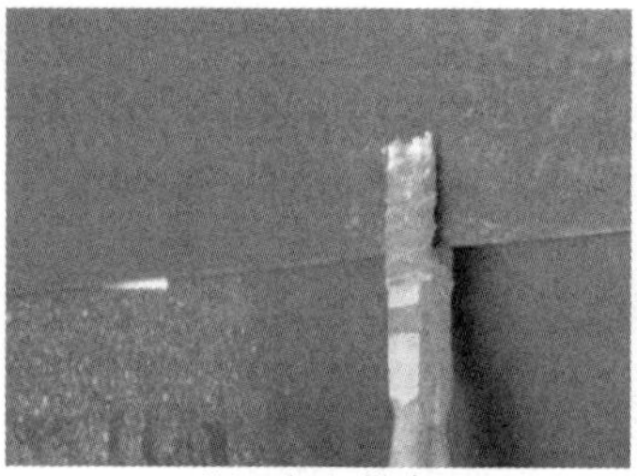
(b) 对正、搭齐

(c) 临时压重

图13.5-3 防渗土工膜拼接

13.5.2 斜坡面摊铺

斜坡面采用自上而下、分区分块、人工展铺法进行摊铺。主要施工程序如下。

(1) 土工膜铺设前，坡面基础垫层必须用斜坡振动碾碾压密实、平整，不得有突出尖角块石。

(2) 根据防渗膜幅宽，沿坡顶、坡脚边线树立标杆划分摊铺区域。

(3) 按坡面长度，并考虑防渗膜上下端锚固长度、预留长度，对防渗膜提前裁剪或纵向拼接成卷，确保滚铺前防渗膜幅长满足坡面摊铺长度要求。

(4) 加工成卷的土工膜运输至坡顶并安装在滚铺架上，将坡顶需要锚固及预留部分展开并采用土工沙袋将顶端展开部分压覆固定，避免防渗膜整体向下滑移。

(5) 作业人员分别对称站立在防渗膜两侧边线处，扶稳膜卷两端沿坡面缓慢下放，直至防渗膜铺至坡脚。防渗膜展开的同时，两侧作业人员适时调整相邻两幅膜的搭接宽度，并采用土工沙袋及时压覆，避免防渗膜整体下滑或局部隆起。土工膜斜坡面摊铺见图13.5-4。

斜坡面铺设防渗膜可能会遇到一定的难度，施工中需要注意以下事项。

(1) 展膜方向基本平行于坡面线，人工展膜平顺，松紧适度，避免出现褶皱、波纹。

(2) 在防渗膜铺设前，先对阴阳角、变形缝等细部进行增强处理，对锚固槽（沟）、

图 13.5-4 土工膜斜坡面摊铺

排气沟等边角部位进行修圆处理。

(3) 防渗膜易从坡面锚固沟中脱出向下滑动，土工膜摊铺完成随即在锚固沟部位堆放部分土工砂袋进行压覆。

(4) 土质边坡不均匀沉降使斜坡上的防渗膜与管道或混凝土间的连接产生较大的张力，导致防渗膜在连接处脱开，防渗膜铺装时预留一定变形量可减轻膜的变形。

(5) 位于坡面上的防渗膜水平接缝处受拉易开裂。为避免此情况，防渗膜在坡面上尽量减少水平接缝。

13.5.3 垂直铺塑施工

13.5.3.1 适用条件

垂直铺塑防渗是近年来新开发的一种有效的防渗方法，这种方法具有施工速度快、防渗效果显著和造价较低的特点，主要用于河堤和平原水库的围坝以及沿海围堰防渗，特别适用于已建工程严重渗漏的情况。

使用垂直铺塑防渗方案，须符合以下条件：①透水层一般在 16m 以内；②透水层中大于 5cm 的颗粒含量不超过 1%，且少量大石块的最大粒径不超过 15cm，或不超过开槽设备允许的尺寸；③透水层中的水位能满足泥浆固壁的要求；④当透水层底为岩石硬层时，对防渗要求不很严格。

13.5.3.2 施工原理

垂直铺塑是一种开挖成槽并利用泥浆完全置换槽内土体成墙的施工工艺，其工作原理是在设计防渗线上布置导槽，利用锯槽机、高压泵等设备置换原结构中的透水土层或砂层，泥浆护壁形成槽孔、循环出渣，采用铺塑机垂直搭铺防渗膜成墙，然后在槽内回填密实优质黏土，从而起到止水效果。

13.5.3.3 施工机械设备

根据其不同作业方式，目前国内用于垂直铺塑的开槽机主要分为刮板式、往复式、旋转式及链斗式等几种机型。开槽机的工作原理和工作程序各有不同，主要的技术性能参数及适用范围见表 13.5-1。

表 13.5-1 成槽设备主要技术性能参数及适用范围一览表

机型	最大开挖深度/m	成槽宽度/m	最小工作半径/m	连续作业平均成槽速度/(m/d)	适用范围
刮板式	9	0.1～0.3	50	18	最大粒径不小于18cm的砂砾石层
往复式	20	0.2～0.4	50	25	淤泥、粉砂壤土、亚黏土及最大粒径小于8cm的砂砾石
旋转式	8	0.15～0.3	50	25	各种砂质层
链斗式	18	0.3～0.4	50	25	壤土、砂壤土、粉细砂层、黏土层

开槽铺塑防渗技术的关键是能否开出规则且连续的沟槽，每种开槽机械主要由车体部分、反循环系统、破土开槽部分等三部分组成。

1. 车体部分

为开出连续沟槽，要求机械必须能够连续行进，考虑到水利工程施工现场情况不尽相同和运输方便，将机械设计成为车型。车体的前后各设两组车轮子，前轮与转向盘连接，可自由转向。由于车体较长，后轮做成活动的，可前后移动，当机械工作时，后轮放在车体尾部，以利运输稳定。车体框架由工字钢焊接而成，破土开沟部分全部放在车体上，其前后两端分别用铰和一根提升钢丝绳与车体连接，当机械工作时，缓缓放松提升绳，开沟装置即可绕铰向下转动并开沟。当开槽深度达到设计要求时，由慢速卷扬机牵引整车前进，这样就可开出连续规则的沟槽，达到造槽目的。当工作结束或转移时，由提升绳将破土开沟装置提出地面，即可用牵引车拖走。

2. 反循环系统

破土装置工作时，土体被切割破坏。土颗粒沿倾斜的工作面滑入槽底，为保证成槽，利用反循环系统将土粒吸出地面。反循环系统一般由吸口、吸管、砂砾泵（射流泵）、出渣管、注水（浆）泵等组成。

3. 破土开槽

在组成开槽机的三部分中，破土开槽部分是核心。以下简要介绍各类开槽机的装置结构、开槽原理和工作程序。

（1）刮板式开槽机。刮板式开槽机适用于砂砾石地层造槽。砂砾石地层的特点是砂粒分散、无黏性、沉淀快、不能搅拌成浆、不易成槽。

1）开槽装置结构。破土开槽装置主要由链架、链条、刮刀、主动轮、从动轮及吸砂装置等组成链架全长13.2m，链条采用锅炉除渣链条或锚链，由主动轮驱动沿链架上的轨道转动。链架末端设有从动轮，刮刀安装在链条上，随链条一起运动，吸砂装置放在链架腔中，用来吸取槽底砂粒。

2）开槽原理。在砂砾石地层中，开沟造槽必须设法将砂粒及砾石从沟槽中排出。开槽排渣一般采用两种方式：一是利用刮刀将较大颗粒（如碎石）带出地面；二是利用吸砂装置将砂粒从沟槽中吸出，这两种方法同时进行。

3）工作程序。首先开动调速电机，由调速器控制链条由慢到快沿链架转动；然后，由提升卷扬机控制降落链架，通过刮刀的作用，将砂土刮出地面。当沟槽开至约1m深且不低于地下水位后，向槽中注入泥浆。继续下放链架，并保持浆面高度不变，开动吸砂装置，直到设计深度。固定链架使其保持角度不变，由慢速卷扬机牵引，使开槽机开出连续沟槽。

(2) 往复式开槽机。往复式开槽机构件见图 13.5-5。

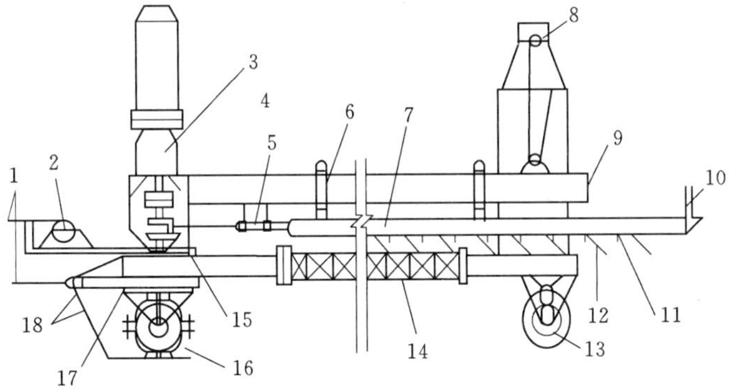

图 13.5-5　往复式开槽机构件图

1—牵引绳；2—牵引机；3—主减速机；4—曲轴；5—滑动元件；6—摇臂；7—刀杆；8—卷扬机；9—刀架（大臂）；10—反循环泥浆管；11—喷嘴；12—刀齿；13—后行走轮；14—大架；15—主机架；16—铁鞋；17—转盘；18—花篮丝杆

1) 开槽装置结构。开槽装置主要由刀架、刀杆、传动杆、刮刀、喷嘴等组成。刀架由两根 ϕ136mm 厚壁钢管焊接而成，用来吊刀杆。刀杆是一根直径为 136mm 厚壁钢管，为加大其刚度，加焊一根槽钢，它的后端用一个或两个“摆”与刀架相连，前端经托架与传动杆相连。刮刀和喷嘴安装在刀杆下侧，工作时刮刀用来切割土体，喷嘴用来喷射高压水。整个开槽装置的前端以铰的形式与车体连接，后端用钢丝绳与提升卷扬机连接，提升卷扬机控制刀架升降。

2) 破土开槽原理。机械在工作时，刀杆作往复运动，带动刮刀不断刮切土层；同时，由高压水泵提供的高压水经高压水管和刀杆空腔从喷嘴射出，也在不断地冲切土体。土体在刮刀和高压水共同冲刮搅拌下，极细的黏粒经搅拌形成泥浆，起固壁作用：较粗颗粒及其他杂物沿工作斜面滑至槽底，经由反循环系统吸出。这样就可形成一个槽壁规整光滑的沟槽。

3) 整机开槽程序。首先将机械就位于开沟轴线上，检查各部件、环节是否正常。同时在机械后面人工开挖一深 30～50cm 沟槽以排水。开动高压水泵向机内送水、缓缓下落刀架，使刮刀接触工作面。启动主电机，带动刀杆作往复运动。

在高压水和刮刀的共同作用下，随着刀架的不断下落，开槽深度逐渐加深。当槽内水深淹没砂砾泵吸口后，启动砂砾泵，直至槽深达到设计要求。开动慢速卷扬机牵引整车前进，一个连续、规则的沟槽即被开出。

(3) 旋转式开槽机。

1) 开槽原理。利用平行于刀架的旋转轴旋转带动刮刀刮土，被刮下的土体一部分被搅拌成泥浆，大部分由吸砂装置排出地面以成沟槽。

2）开槽装置结构。开槽装置由刀架、旋转轴、刮刀、支承座、吸砂装置等组成，其总体旋转轴由四根厚壁钢管制成。旋转轴通过支承座与刀架连接，以减小旋转轴挠度，增加旋转时的稳定性。

3）工作程序。当机械全部就位后，由人工在刀架下落处开一深 1m 左右的沟槽，慢慢下放刀架、启动电机，旋转轴在动力带动下旋转，并由刮刀开始刮土。为使槽壁稳定，向槽中注入一定比重泥浆以起到固壁作用。启动吸砂装置，将刮刀刮下的砂土吸出地面，同时补充槽内浆液，使液面略低于地面。当塑膜随机铺好后，为节约浆液，将出砂管置于机后 10m 处槽中。当刀架下降至设计深度后，由慢速卷扬机牵引整车前进达到开槽铺塑的目的。

(4) 链斗式开槽机。链斗式开槽机构件见图 13.5-6。

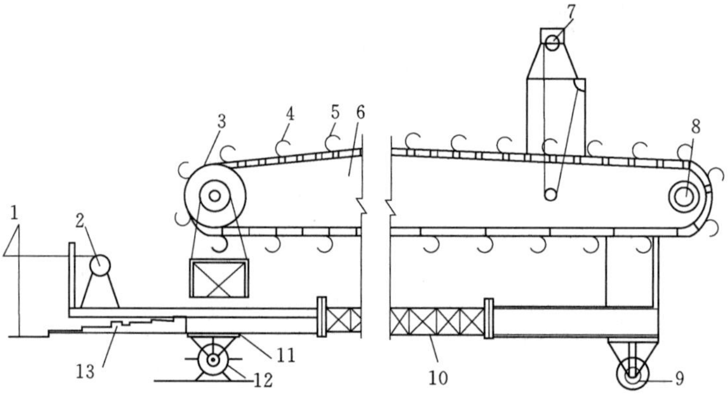

图 13.5-6 链斗式开槽机构件图

1—牵引绳；2—牵引轮；3—主动轮；4—链条；5—挖斗；6—支撑臂；7—卷扬机；8—从动轮；9—后继轮；10—工作架；11—转盘；12—铁鞋；13—花篮丝杆

链斗式开槽机是利用链条的转动，带动挖斗沿斜坡方向掘进，将土体挖出地面形成连续沟槽。

13.5.3.4 施工工艺

1. 垂直铺膜施工工艺流程

垂直铺膜施工工艺流程见图 13.5-7。

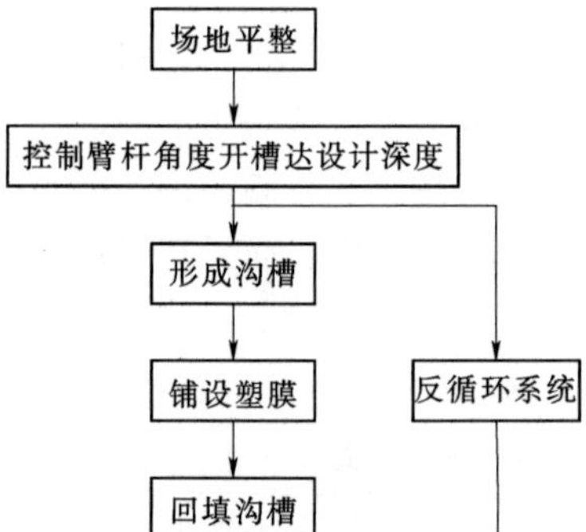

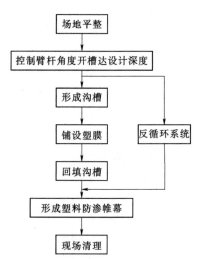

图 13.5-7 垂直铺膜施工工艺流程图

2. 主要施工方法

(1) 平整场地施工。根据设计和铺塑工艺的要求对现场进行测量放样，清除铺塑轴线两侧的障碍物，然后将工作面整平，将表层疏松部分土体碾压密实，防止在开槽过程中槽口坍塌而影响铺膜质量。

(2) 防渗膜准备。防渗膜进场后检查其出厂合格证、检测报告等，并抽样复检其质量是否满足设计要求。在作业面附近开阔场地先铺设一张塑料布，在塑料布上展开防渗膜。人工目测检查膜有无缺陷，如有立即进行处理，然后将塑膜卷在带轴的钢管上。卷膜时力求张紧、不打折。

(3) 开挖导引槽。为防止开槽时沿轴线土壤被扰动，沿垂直铺塑轴线开挖导引槽，槽深 0.5m、宽 0.4m，开槽机沿着导引槽施工。

(4) 开槽施工。开槽是垂直铺塑施工的关键工序，每次开机前要求做认真、详尽的技术准备，尽可能避免开槽过程中机械出现故障。施工中需要注意，开槽深度要略大于铺膜深度，因为虽然使用了反循环系统，但仍不能将槽内的砂全部吸出，槽内的砂仍会淤沉影响铺膜的深度。常用的往复式射流开槽施工工作原理见图 13.5－8。

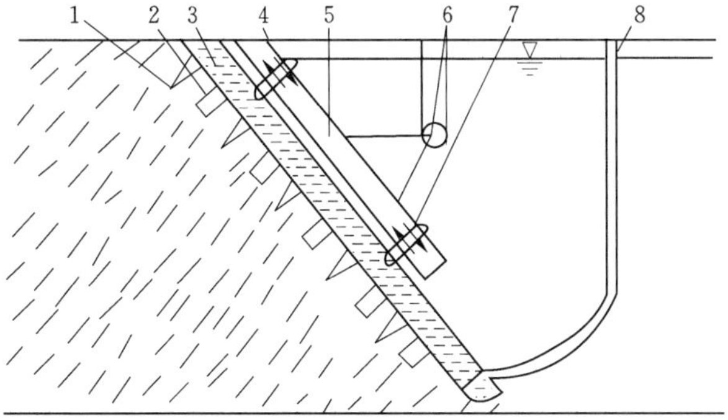

图 13.5－8 往复式射流开槽施工工作原理图

1—刀齿；2—喷水嘴；3—刀杆；4—摇臂；5—刀架（大臂）；6—吊轮；7—刀杆往复运动；8—反循环泥浆管

成槽过程采用泥浆护壁。护壁泥浆采用搅拌机拌制膨润土，适当掺入红黏土造浆，泥浆比重控制在 1.1～1.3。

成槽作业过程需确保连续作业，同时垂直铺塑也紧跟成槽机的成槽及时施工，防止坍槽造成防渗膜无法施插至设计底标高。

(5) 防渗膜铺设施工。当前部沟槽开出后，铺膜装置随即进行铺膜、边开槽边铺膜。防渗膜铺设装置位于开槽机尾部，由底脚、牵引绳、竖向固定杆、塑膜杆等组成。当沟槽达到设计深度后，把竖向固定杆插入缠有塑膜的杆内，放入沟槽，然后将防渗膜起端用细钢管缠数圈，向后拉一定距离插在沟槽内，牵引绳固定在开槽机尾部，随开槽机前进转动防渗膜捆，膜就平顺地展铺在槽中。铺设前将防渗膜底边卷起用缝包机缝成袋状、内穿重力卷筒或充装黏土沉放，使防渗膜沉底与相对不透水层接合。防渗膜沉放施工见图 13.5－9。

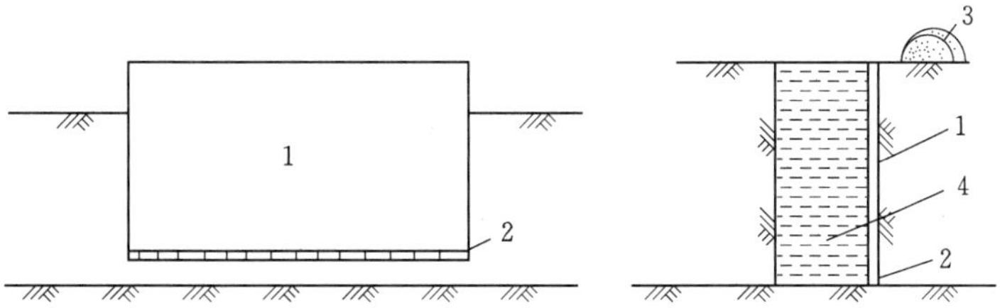

图 13.5－9 防渗膜沉放施工

1—膜；2—重力卷筒；3—预留膜；4—泥浆槽孔

每捆防渗膜用完后，与后续防渗膜缝合连接。相邻两捆塑膜首尾重合折叠2～3次，宽约10cm，用缝包机缝合两道。

（6）沟槽回填施工。当一段沟槽铺塑完毕并距离开槽机一定距离后，为防止槽壁塌方将塑膜滑入槽内，及时回填壤土或粉质黏土。所有回填土都不得含带棱角的土块和石块及其他杂物，以免损伤塑膜。当回填较平时，为了使沟槽回填土均匀密实，沟槽回填土距离沟槽顶部留出30cm左右的浅槽，并在浅槽内灌水，使得回填土在水的作用下崩解并固结。

（7）余膜处理。沟槽顶部预留的防渗膜在回填完成后，卷起来临时埋入槽内30cm以下，以防被施工车辆等压坏。

13.5.3.5 施工常见问题处理方法

垂直铺塑施工中，通常会遇到槽壁坍塌、地下障碍物、转角或端部处理不到位等通病，需要根据不同情况采取相应措施。

1. 槽壁坍塌

槽壁坍塌为垂直铺塑中常见事故，主要是由于施工区域有重载车辆通行较多、土体疏松出现压差形成管涌、突泥等因素造成。

处理措施：

（1）开槽施工区域禁止单侧堆积重物或重载车辆通行，避免增加沟槽单侧荷载，造成沟槽上部土体失稳。

（2）沟槽成槽后淤泥质土体容易出现突泥现象，施工时根据槽内观测情况增加护壁泥浆浓度或回填黏土沉降稳定后再二次成槽。

（3）发生塌槽后，需将成槽机主杆拉起，回填黏土稳定后再重新成槽。槽壁坍塌会将主杆埋入槽内，需用人工或机械开挖、牵引起吊等方法将主杆拉起。有时因工期、设备条件等原因不得已将主杆切断，需要重新组装主杆。

2. 地下障碍物

当地下有障碍物时，如施工槽段内存在孤石、钢管等杂物，导致成槽无法达到设计深度。

处理措施：

（1）为避免开槽遇到孤石和废旧钢管等杂物，应进行地质预探，查明孤石、钢管等杂物位置，提前处理。

（2）当图层中含有少量不成层状分布的较小砾石时，作业影响小，可以进行铺塑作业，但应当放慢速度，利用开槽机往复运动作用，将较小块的孤石挤进槽壁或直接带至地面。

（3）遇到较大孤石或有钢管等障碍物的情况下，孤石或钢管位置以上部分保留开槽铺塑工艺不变，孤石或钢管以下部分采用旋喷桩等方式进行处理，形成与两边垂直铺塑层的有效搭接；或绕开孤石或钢管重新挖槽，深度达到设计要求后继续前进，前后两段槽孔采用清槽换浆方法使其贯通。

3. 转角或端部

铺塑机一般是斜面成槽，需要处理好弯道与端部。

当工程防渗轴线出现转弯，转弯半径满足施工机械转弯要求时，利用主机行走逐步调整；转弯半径不能满足施工机械转弯要求时，可采用折线方法施工，即机械沿直线方向施工，达到一定的位置后停止，回填沟槽整平场地，调整机械轴线与前期施工段形成一夹角，然后搭接施工。

弯道的折线点和封闭圈首尾端的连接常采用以下方法进行处理：

(1) 当槽内土体固结，两侧土体稳定时，可在编织袋内装黏土固定始末端，并使两编织袋结合紧密，以确保结合部位满足防渗要求。

(2) 当土体稳定性较差、有可能引起塌壁时，预留 5～10m 长度，并用黏土灌浆或水泥灌浆方法处理。

4. 铺塑深度达不到设计底标高

由于槽内可能存在泥沙、砂砾石等中颗粒，沉淀比较快，一般在完成一个槽端的土体切削后，就可能在先成槽的槽段底部已存在较厚的泥沙沉淀，造成成槽时达到设计深度而铺塑时达不到设计深度的现象。

处理措施：

(1) 保证泥浆浓度，在较深的槽段内适当提高泥浆比重到 1.3～1.4，增加泥浆悬浮能力。

(2) 接入高压风及加大新鲜泥浆泵入速度和流量，尽量扰动槽底沉淀的泥沙，使其悬浮在泥浆中，减少沉降量。

(3) 适当超深成槽、加快成槽、缩短成槽和铺塑时间，减少槽内沉淀时间和沉淀厚度。

(4) 在铺塑机竖向立杆加设振动器，通过振动竖杆使水平底杆带动防渗膜沉入泥层中，达到铺塑深度要求。

5. 施工段搭接

施工中前后期铺塑段之间不可避免地存在接头处理问题。

处理措施：

(1) 合理安排施工机组开槽位置，严格按开槽轴线位置施工，及时进行测量和纠正，从而保证施工机组在搭接时轴线对齐、保持槽壁稳定。

(2) 因外界原因不能保证而使轴线存在一定的偏移无法纠正时，后施工机组适当偏移轴线、延长搭接长度、延伸渗径以保证铺塑整体防渗性能。

13.5.3.6 施工质量控制

垂直铺塑的施工质量控制主要是成槽质量控制、铺塑质量控制和槽孔回填表料质量控制三个环节。

1. 成槽质量控制

(1) 施工准备期间，清除场地障碍物等，以减少对设备的损坏、保证成槽、铺膜连续。

(2) 开槽机前进时密切观察成槽机大臂沉浮情况，发现变化及时测量深度、调整牵引速度，并定时定尺垂球测量深度，保证达到设计底标高，并经常校核轴线位置，误差控制在＋10cm。

(3) 为维持成槽过程中的槽壁稳定，需合理配制泥浆护壁，并保证泥浆比重，及时补充槽内浆液，保持浆面略低于地面，并及时检查开槽机两侧地面，如发现裂缝需及时补救。

(4) 施工中注意观察设备运行情况，如发现问题及时维修，保证施工停机不超过3h，因停机时间过长或槽口坍塌造成淤积时，合理采用清槽方法达到槽深。

2. 铺塑质量控制

(1) 防渗膜质量。主要检查膜的厚度、宽度和抗冲破强度等是否达到设计要求。

(2) 防渗膜插入深度。每隔50m探测一次，主要控制防渗膜底端下沉深度来进行控制。

(3) 防渗膜搭接。防渗膜横长度不够时，采用热熔焊接，搭接宽10cm。纵向两幅防渗膜间采用平搭，搭接宽度不小于1m，每幅膜搭接平顺、紧密。

(4) 防渗膜上端超出槽口平面至少70～100cm，以便固定或与水平防渗膜搭接。

(5) 当一段沟槽铺塑结束及时回填黏土，防止沟槽坍塌淤堵或土工膜上浮。

3. 槽孔回填表料质量控制

(1) 回填土料选用透水性小的黏土或粉质土，回填土中不得有杂质和石块。

(2) 回填过程需根据开槽机作业距离与槽体地质情况确定回填速度，同时为防止回填土料淤堵前方未铺塑的沟槽，适当设立隔离桩。

(3) 沟槽回填时，采用合格土料逐步自然落槽填筑，不得振捣。

13.5.3.7 垂直铺塑质量检测

在垂直铺塑的施工过程中，开槽和铺塑的速度要保持一致。如开槽速度过快、铺塑速度过慢就会塌坑，会造成防渗膜铺设卷底（埋设深度不够）现象。在一些地层条件复杂地区，如砂砾层发育地区，还会出现防渗膜被划破的情况。另外，防渗膜接缝部位也会出现结合不紧密的情况。可见，垂直铺塑防渗极可能出现质量问题。如果质量隐患不被及时检测和处理，水库或河道等地下水位上涨时，因防渗膜的存在会使水头压力集中于防渗膜破损部位（如防渗膜存在孔洞或未搭接好有漏铺等问题），这种压力的集中更容易造成集中渗漏和渗透稳定、引起垮坝后果。这种情况下，防渗膜的布设反而会造成新的隐患，起到相反的效果。

为防止因防渗膜布设造成堤防工程的新隐患，防渗膜铺设完成后须对铺设质量进行及时检测，及时发现险情、及时采取措施。

目前，垂直铺塑检测主要采取以下几种方法：

(1) 采用测压管法和依据施工前后堤内、外水位变化分析判断法。该方法存在对防渗膜铺设出现的质量问题检测不全面、不具体，属宏观定性的检测方法。

(2) 大开挖直接观察法。该方法是直接观察，属微观定量的检测方法，但检测受地下水位限制，从经济、安全角度考虑，一般不采取大面积开挖检测。

(3) 基于地球物理场的CT方法和地质雷达检测方法。这两种方法检测不全面，对防渗膜铺设施工中出现的真正质量问题较难查明。

(4) 双排列电阻率法。针对土工膜这类对电流场影响明显的薄面防渗体，基于电场理论的高密度电阻率法探测原理，通过分析比较防渗膜的存在对工程地基电流场影响的不同程度反映出防渗膜的存在状况，利用双排列和单排列电测装置对垂直铺塑帷幕进行无损检测，点面结合、测量数据多，实现对防渗膜连续扫面测量，可快速检测出防渗膜破损、漏铺、分布形态完整性等，但缺陷区域及破损大小需结合具体的情况进行分析。

13.5.4　GCL 摊铺与连接

GCL 是由高膨胀性的钠基膨润土填充在特制的复合土工织物之间，由上层的非织造布纤维通过专门的针刺方法将膨润土锁定在下层的复合机织物上而制成的毯状织物。用针刺法制成的膨润土防渗垫可形成许多小的纤维空间，使膨润土颗粒不能向一个方向流动，遇水时在垫内形成均匀高密度的胶状防水层，有效地防止水的渗漏。

13.5.4.1　施工流程

GCL 膜施工流程为：施工准备→基层处理→铺设准备→膨润土垫（GCL）的铺设→防护措施。

13.5.4.2　施工准备

（1）准备 8m×10m 以上的平整空地，以便进行卸货和放样裁剪。

（2）准备水和直径 400mm、深 500mm 的水桶，以便配制膨润土膏（胶体）。

（3）准备数把电工刀，以便按地形裁割膨润土垫。

（4）准备 4 块长 4m、厚 25mm、宽 250mm 以上的木板，以便卸货。

（5）卸货时依据小心轻放的原则，将木板均衡地搁在卡车边缘，用人力或机械将膨润土垫卷材缓慢滚卸，堆放整齐。

（6）堆放卷材的上方进行防雨遮盖，下方垫空 10cm 以上，并保持有良好的排水条件，预防下雨淋湿。

13.5.4.3　基层处理

（1）基层包括支持层、垫层以及相关的基础、墙体、底面和坡面等。

（2）将需铺设面的素土整平夯实，压实度达 90%以上，表面应平整光洁，不能有凸出 2cm 以上的岩石和其他尖锐物体，也不能有明显的空洞。

（3）基层表面应基本干燥，不能有明显的积水。如果地面有积水，要先进行排水作业，可设置排水沟、槽、坑进行排水。

（4）基层及构造阳角修圆半径一般不小于 30cm。

（5）膨润土垫（GCL）施工前应对基层进行验收合格。

13.5.4.4　铺设准备

（1）分析需铺设地形条件，安排先后次序，制定合理的铺设方案。

（2）根据材料宽度和长度，预计分配合理的裁剪图或预案，做下料准备。

（3）将准备铺设的膨润土垫（GCL）卷材在空地上展平，按预定方案裁剪成需要的形状。

（4）检查外观质量，记录并修补已发现的机械损伤和生产创伤、孔洞等缺陷。

（5）膨润土防水毯（GCL）的施工应在无雨、无雪天气下进行，施工时如遇下雨或下雪，应用塑料薄膜进行遮盖，防止 GCL 提前水化。

（6）施工前将施工面清理干净，超过 40mm 裂缝、缺口及蜂窝状等表面不平整的部分用水泥砂浆修平；超过 20mm 的突出物如钢筋等需做拔除处理，建筑物阴角处应先用砂浆砌成45°角。

13.5.4.5 膨润土垫（GCL）铺设

（1）大面积的铺设宜采用机械施工，条件不具备或小面积的也可采用人工铺设。

（2）按规定顺序和方向分区分块进行膨润土垫（GCL）的铺设。铺设时，无纺布应朝向迎水面。在建筑物内铺设时，膨润土垫（GCL）用25mm长钢钉固定，钢钉的间距为300mm；膨润土垫（GCL）应以“品”字形分布，接缝错开至少300mm，搭接至少要100mm，见图13.5-10。

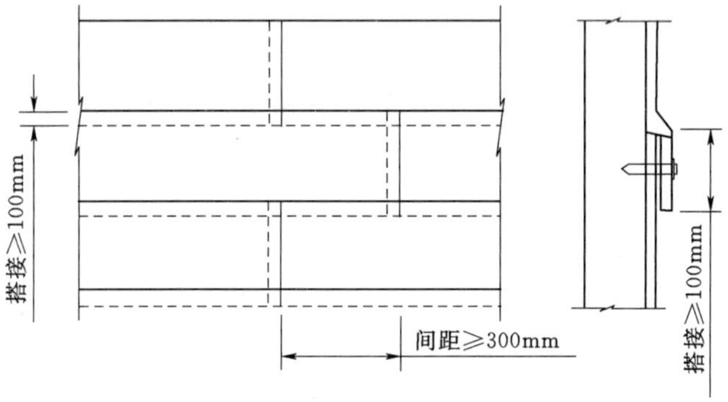

图13.5-10 防水毯的平面布置和固定

（3）裁剪后的材料小心缓慢卷起，用人力或机械运至铺设位置，再按要求展开拉平。

（4）按连接方案将膨润土垫平整、铺设、搭接。垫与垫之间的接缝应错开，不宜形成贯通的接缝。

（5）膨润土垫（GCL）搭接面不得有砂土、积水等影响搭接质量的杂质存在。

（6）发现有孔洞等缺陷或损伤时，应及时用膨润土粉或比破损部位尺寸大15cm以上的GCL进行局部覆盖修补，边缘部位搭接处理。

13.5.4.6 防护措施

（1）在铺设混凝土压实面以前，为防止接缝错动，需在接缝处、GCL周边与素土结合处用水泥砂浆压缝，一般不小于10cm宽、2cm高。

（2）膨润土垫铺设完毕，立即进行混凝土、覆土等保护层的施工，以防止地下水造成膨润土垫（GCL）过度预膨胀，引起防渗功能下降。

13.5.4.7 GCL连接

GCL之间的连接，以及GCL与结构物之间连接施工较简便，并且接缝处的密封性也容易得到保证。

1. GCL与GCL的连接

（1）简单搭接——条带法。将GCL在长度和宽度方向搭接25cm（其中主体部分10cm，边缘部分15cm），应保证接缝无褶皱，无杂土和其他材料。在离边缘25cm处，用人工或机械铺宽10cm、高1cm的条状膨润土粉末搭接在两层GCL中间，见图13.5-11。

（2）密搭接封——膏体法。一般在较平整的接缝处用“条带法”直接铺封，在斜坡和特殊点用膨润土膏。膨润土膏是在膨润土粉末中加水（重量比1∶3），连续均匀拌和，直到获得平滑柔软的膏体。

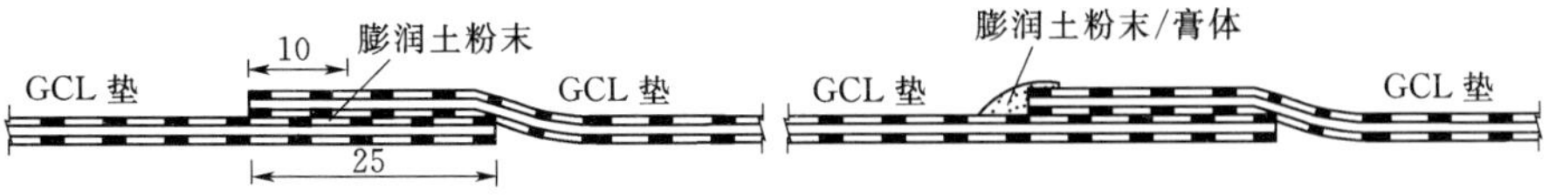

(a) 简单搭接　　(b) 用膨润土密封搭接

图 13.5-11　GCL 搭接类型（单位：cm）

2. GCL 与管道和结构物连接

(1) 用“条带法”或“膏体法”仔细密封，与结构物相连时，对水平面上的 GCL 末端精细施工，保证密封，见图 13.5-12。

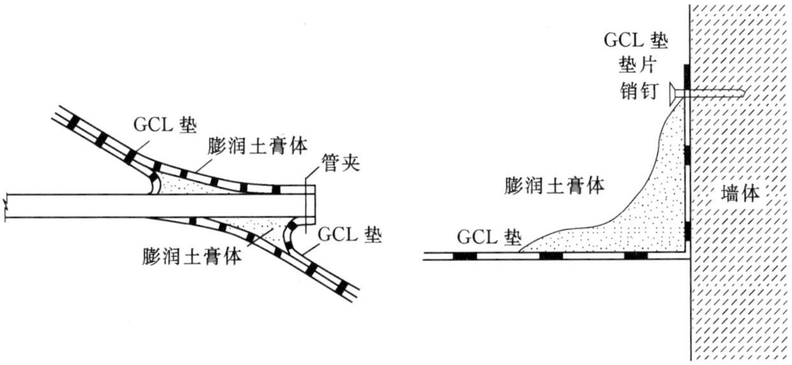

(a) GCL 与管搭接　　(b) GCL 与结构物连接

图 13.5-12　GCL 与管道和结构物连接示意图

(2) 立面及坡面上铺设膨润土垫（GCL）时，为避免其滑动，可用销钉加垫片将其固定。除了在膨润土垫重叠部分和边缘部位用钢钉固定外，整幅膨润土垫中间也需视平整度加钉，务求膨润土垫稳固服帖地安装在墙面和地面，必要时用膨润土膏抹浆贴合在墙体上。钉孔部位可视需要作出处理。

(3) 地下室外墙对拉螺杆的堵头处应先用膨润土防水浆进行封口，再铺贴膨润土垫（GCL），膨润土垫（GCL）从下往上逐块铺贴。

(4) 除了在膨润土垫（GCL）重叠部分和边缘部位用钢钉固定外，整幅膨润土垫（GCL）中间也需视平整度加钉，务求膨润土垫（GCL）稳固服帖地安装在墙上和地面。

(5) 安装后的膨润土垫（GCL）如有损坏只需裁剪一块完整的膨润土垫（GCL），依其破损尺寸再放大 100mm 覆盖即可。

(6) 地下室外墙膨润土垫（GCL）施工结束后应立即回填砂或泥土，回填泥土时应清除其中的石块、木块、混凝土块和其他尖角的物品。

(7) 膨润土垫（GCL）上不需要做其他保护，可直接绑扎钢筋、浇捣混凝土。

(8) 桩头处膨润土垫施工。膨润土垫未铺设前先在桩头四周铺上一层膨润土防水粉，然后切割膨润土垫紧密套住桩头，再用至少 18mm 厚膨润土防水浆填补膨润土垫和桩头间的空隙，防水浆延伸到桩头上约 38mm 并延伸到膨润土垫上，见图 13.5-13。

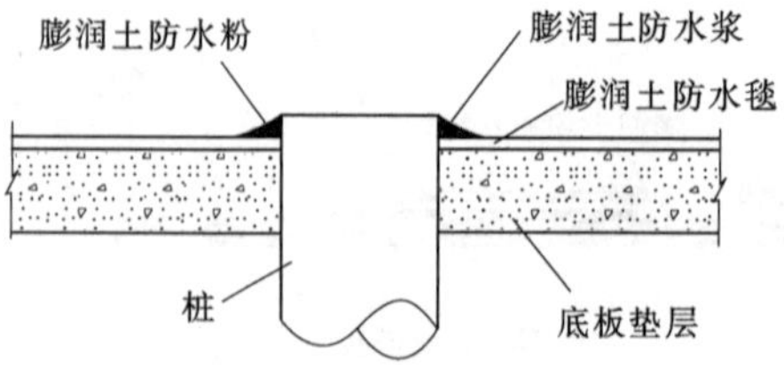

图 13.5-13 桩头处膨润土垫施工节点详图

(9) 穿墙管道处膨润土垫施工。切割膨润土垫以紧密套住穿墙管道，在铺设完后，用至少 18mm 厚的膨润土防水浆对穿越处进行封口，以完全填补膨润土垫和穿墙管道间的空隙，防水浆应延伸至管道上约 38mm，并覆盖住膨润土垫的边缘，见图 13.5-14。

(10) 收头处膨润土垫施工。接近地坪时，在膨润土垫的收口部位用铁制贴条压住，并用钢钉固定，然后涂膨润土防水浆封口，见图 13.5-15。

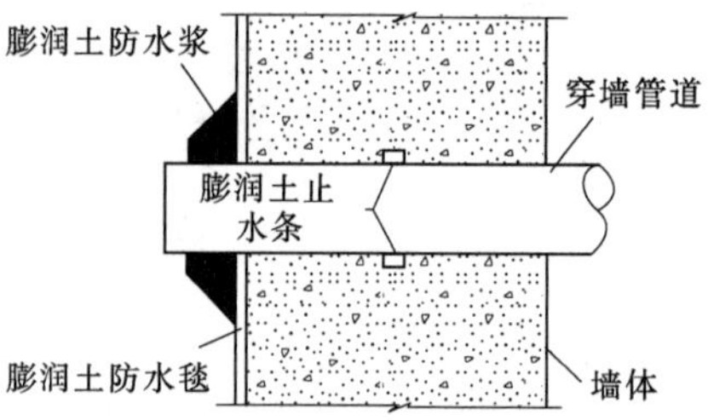

图 13.5-14 穿墙管道处膨润土垫施工节点详图

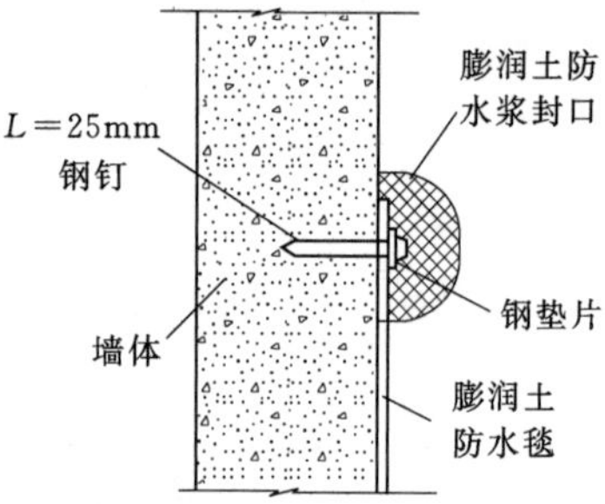

图 13.5-15 收头处膨润土垫施工节点详图

13.5.4.8 注意事项

(1) 如果地面有积水，要先进行排水作业。

(2) 如果地面有水气时，要做好排水措施后铺设，以防止膨润土垫层的早期水化。

(3) 膨润土垫最少要搭接 10cm 主体部分和 15cm 边缘部分，间隔 30cm 用钉子（也可用竹钉）和垫圈将其固定。

(4) 膨润土垫施工后，要注意防止膨润土垫层的损伤。

(5) 垫层施工后铺设 3～5cm 厚的水泥砂浆，以防止防水层接触水而早期水化。

(6) 在进行下道工序之前要检查膨润土防水层是否流失，如有流失或损伤要用密封剂或膨润土粉末进行修补。

(7) 为了增加膨润土垫搭接部位的水密性，可以使用膨润土粉末或膨润土密封剂加以补强。

13.6 膜焊接施工与质量检测

13.6.1 焊接设备

13.6.1.1 概述

防渗膜焊接一般采用电热楔式自动焊机、自动爬升热合焊机、手持挤出式塑料焊机、半自动热合焊机、热风式焊机和热风枪等进行施工，见图 13.6-1。

(a) 电热楔式自动焊机

(b) 自动爬升热合焊机

(c) 手持挤出式塑料焊机

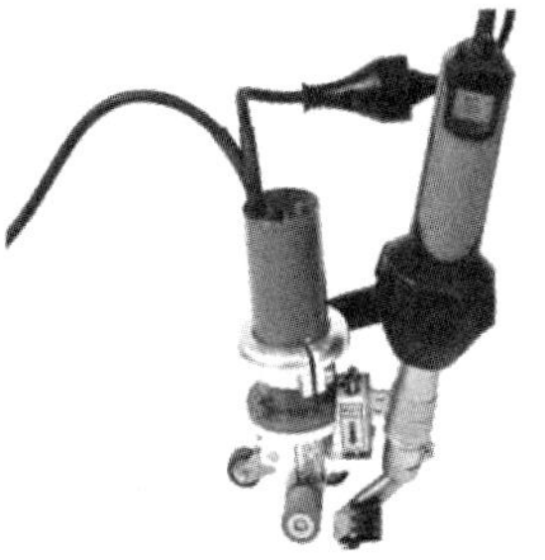

(d) 半自动热合焊机

(e) 热风式焊机

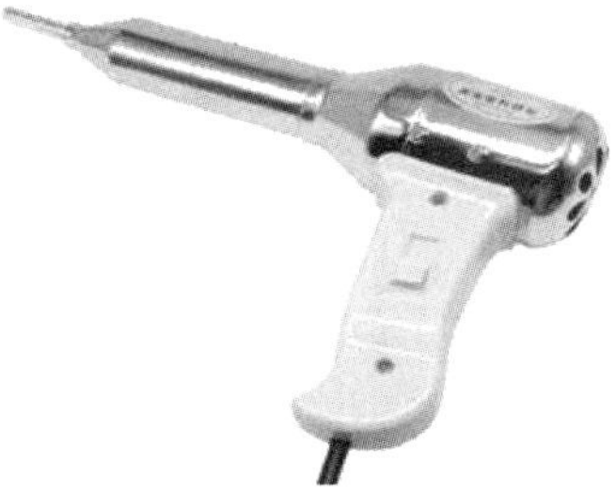

(f) 热风枪

图 13.6-1　防渗膜典型焊接设备

防渗膜焊接施工，是利用焊接设备自动加热后的高温熔融搭接膜面或膜焊料，并施加一定的压力，使相互接触的两幅膜或膜与焊料热熔黏结。

每次焊接作业前，均应进行试焊以确定焊接工艺状态。试焊完成后，进行现场撕拉测试，母材先于焊缝被撕裂方可认为合格，试焊结果经监理工程师认可后方可正式开始焊接。若测试成果不能满足上述要求，应重新进行试验缝的制作及测试。若连续三次测试均不能满足设计要求，则此焊机不能应用于正式焊接。

防渗膜摊铺完成，整平防渗膜和下垫层的接触面，以利于焊接机的爬行焊接施工。防渗膜焊接边应有 100mm 搭接，在焊接前预焊接的焊缝表面应用干纱布擦干擦净，做到无水、无尘、无垢等杂物，在施工焊接过程或施工间隔期均进行防护。

对于大面积的防渗膜、长直焊缝，主要使用双缝热楔式焊机进行焊接。对于短焊缝以及局部修补、加强处理等情况，使用手持式半自动爬行热合焊机、手持挤出式塑料焊机焊接。土工膜焊缝构造见图 13.6-2。

13.6.1.2　电热楔式自动焊机

(1) 焊接原理。焊机沿搭接缝面自动爬行，利用正常工作状态下位于焊机两块搭接的膜之间的电加热楔进行加热，通过接触传热到两层膜接触面上，在焊机行进过程中，表面已熔化的膜被送入两个压辊之间压合在一起，使膜表面几密耳（1 密耳=0.025mm）的熔深范围内产生分子渗透和交换并融为一体。焊接原理见图 13.6-3，现场施工见图 13.6-4。

该类焊机适用于 PE/PVC/EVA 等防渗膜的长焊缝施工作业，焊接强度高、密封效果好、双焊缝搭接焊，中间为焊缝测漏焊道。如 LEISTER 系列塑料自动焊机，具有体

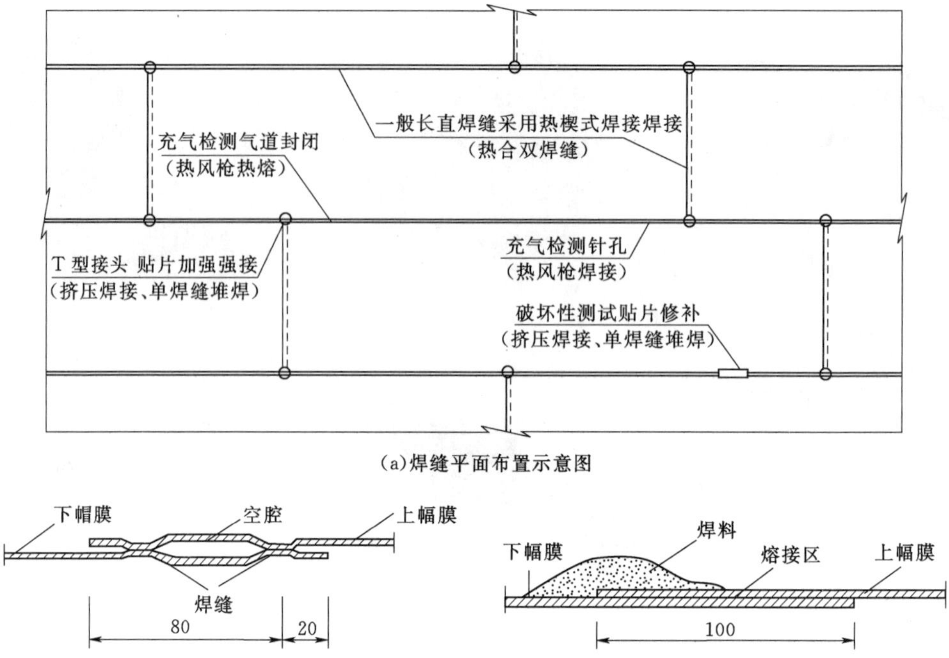

图 13.6-2 土工膜焊缝构造（单位：mm）

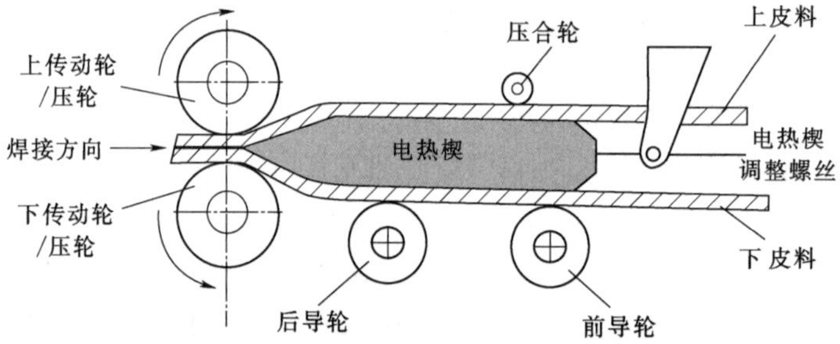

图 13.6-3 电热楔式自动焊机工作原理图

积小、重量轻、操作灵活简便等特点，温度、焊接速度、焊接压力连续可调，自动爬行可实现斜坡、垂直、倒立自动焊，速度快、效率高、质量好，即使在高湿度环境下也能焊接。

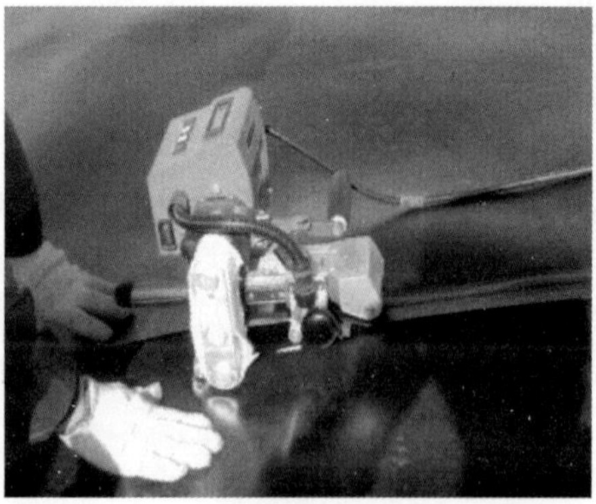

图 13.6-4 电热楔式双焊缝自动焊接

（2）工艺流程。膜面清理→压合→加热→熔合→辊压。

（3）焊机参数。LEISTER 系列电热楔式自动焊机技术参数见表 13.6-1。

焊接施工中，当现场实际施工温度与焊前试焊环境温度差别大于±5℃、风速变化超过 3m/s、空气湿度变化大时，应补做焊接试验及现场拉伸试验，重新确定焊接施工工艺参数。焊接过程中，应随时根据施工现场的气温、风速等施工条件调整焊接参数。

表 13.6-1　　LEISTER 系列电热楔式自动焊机技术参数一览表

序号	项目名称	参　数
1	焊机规格	230V/1800W/50Hz
2	焊接温度	最高 420℃，连续可调±1℃
3	焊接压力	最大 1500N，连续可调
4	焊接速度	0.5～5m/min，连续可调
5	焊接膜厚	0.5～3mm（单层膜厚）
6	搭接宽度	100～180mm

（4）施工工艺和技术要求。

1）铺膜前，向监理工程师递交详细的铺膜图和进度计划表。

2）对铺膜后的搭接宽度检查：焊接接缝搭接长度大于 100mm。

3）焊接前，对搭接 200mm 左右范围内的膜面进行清理，用湿抹布擦掉灰尘、污物，使焊接保持清洁、干燥。

4）焊接部位不得有划伤、污点、水分、灰尘以及其他妨碍焊接和影响施工质量的杂物。

5）试焊：正式焊接操作前，根据经验先设定设备参数，取 300mm×600mm 小块膜进行试焊。试焊完成进行焊缝的剪切和剥离试验，如检测结果不低于规定数值，则确定施工参数，并以此为据开始正式焊接。否则，要重新确定参数，直到试验合格时为止。当气温、膜温、风速有较大变化时，及时调整参数，重做试验，以确保用于施工的焊机性能、现场条件、产品质量符合要求。

对焊缝进行剪切和剥离检验时，破坏不能出现在焊缝处。

13.6.1.3　半自动热合焊机

（1）焊接原理。通过焊接机前方的热风热楔联合电热刀对接触部位的两块搭接的膜进行加热，热传递到两层膜接触面上，在焊机行进过程中，通过焊机上的传动/焊接压辊对表面已熔化的膜进行施压，使膜表面熔深范围内产生分子渗透和交换并融为一体。半自动热合焊机现场焊接施工见图 13.6-5。

该类焊机适宜应用于 HDPE、PVC、EVA 等材料的水利工程、隧道、屋面和地下工程等的防水施工中，特别适合大型自动焊机无法焊接的现场，满足防水膜与止水带垂直爬行焊接、任意形状局部修补爬行焊接、单焊缝爬行焊接、T 型焊缝搭接焊、PE/EVA/PVC 膜任意位置和方向搭接焊等条件。

（2）工艺流程。膜预热→干燥→吹净→接触面加热→熔合→辊压。

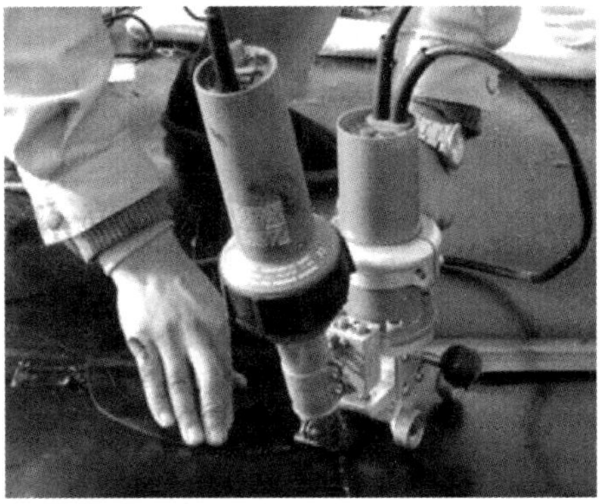

图 13.6-5　半自动热合焊机现场焊接

(3) 焊机参数。TRIAC-DRIVE 半自动热合焊机参数见表 13.6-2。

表 13.6-2　　TRIAC-DRIVE 半自动热合焊机参数一览表

序号	项目名称	参　数
1	技术参数	230V/1700W/50Hz
2	温度	20～650℃，连续可调
3	风量	$0.04m^3/min$
4	焊接速度	0.5～3m/min 连续可调
5	焊缝宽度	30～40mm

(4) 施工工艺和技术要求。

1) 铺膜前，向监理工程师递交详细的铺膜图和进度计划表。

2) 检查接缝处基层是否平整、坚实，如有异物，应事先处理妥善。

3) 检查焊缝处搭接宽度是否合适（≥100mm），接缝处的膜面应平整，松紧适中，不致形成“鱼嘴”。

4) 打毛：用打毛机将焊缝处 30～40mm 宽度范围内的膜面打毛，达到彻底清洁，形成糙面以增加其接触面积，但其深度不可超过膜厚的 10%。打毛时要轻轻操作，尽量少损伤膜面。

5) 试焊：在正式焊接前，取不小于 300mm×600mm 样品，根据经验初定设备参数进行试焊。试焊完成，进行焊缝的剪切和剥离试验。如检测结果不低于规定数值，则确定施工参数，并以此为据开始正式焊接。否则，重新调机、试焊、检验，直到合格为止。

对焊缝进行剪切和剥离检验时，破坏不能出现在焊缝处。

13.6.1.4　手持挤出式塑料焊机

(1) 焊接原理。通过焊机焊嘴将螺杆挤出的熔融膜焊料沿焊接方向均匀用力压在被焊母材表面，通过焊料高温热熔黏结膜。

该类焊机适用于 HDPE 高密度聚乙烯、PP 聚丙烯塑料储罐、槽体、塑料管道、塑料板材焊接，也适用于市政工程排水管道的焊接。现场焊接施工见图 13.6-6。

图 13.6-6　塑料焊条挤出式焊接

(2) 工艺流程。膜面清理→送风→送焊条→焊条熔融→挤出焊料→熔合→挤压焊料。

(3) 焊机参数。SKR-A 手持挤出式塑料焊机参数见表 13.6-3。

(4) 施工工艺和技术要求。

1) 焊接时将机头对正接缝，不得焊偏，不能滑焊、跳焊。

2) 焊缝中心的厚度为垫衬厚度的 2.5 倍，且不低于 3mm。

3) 一条接缝不能连续焊完时，接茬部分已焊焊缝要至少打毛 50mm，然后进行搭焊。

表 13.6-3　　SKR-A 手持挤出式塑料焊机参数一览表

序号	项目名称	参　　数
1	焊机规格	230V/2800W/50Hz
2	热风温度	最高 350℃，连续无级调节
3	螺杆温度	最高 320℃，连续无级调节
4	进料直径	4mm
5	焊条材料	PE/PP
6	挤出量	1.6～3.5kg/h，电子微调
7	焊接厚度	8～25mm

4）使用的焊条，入机前必须保持清洁、干燥，不得用有油污的手套、脏布、棉纱等擦拭焊条。

5）根据气温情况，对焊缝即时进行冷却处理。

6）挤压熔焊作业因故中断时，慢慢减少焊条挤出量，不可突然中断焊接。重新施工时，应从中断处进行打毛后再焊接。

7）挤压熔焊的作业组由 3～4 人组成。

8）进行焊机操作的司焊人员必须是专业熟练人员。

9）打毛工序要适当先行一步，但不可超越过多。负责冷却的人员必须及时，负责送焊条的人员必须适应焊接的速度。

13.6.1.5　热风焊枪

（1）焊接原理。通过加热器对鼓风机吹出的冷空气加热，吹送到接缝部位的表面，利用热风熔化膜面、人工采用辊轮滚压，使膜粘合在一起。

该类焊枪适用于 PE/PP/PVC/TPO/ECD/CSPE 等防水卷材、防渗衬垫、防渗膜的局部焊接施工，以及针眼、孔洞、虚焊漏焊等修补，也适用于塑料储罐、槽体、管道的狭窄不易焊接处补焊。

（2）工艺流程。送冷风→风加热→送热风→膜面熔化→辊压。

（3）焊枪参数。TRIAC ST 手持式热风焊枪参数见表 13.6-4。

表 13.6-4　　TRIAC ST 手持式热风焊枪参数一览表

序号	项目名称	参　　数
1	焊机规格	230V/1600W/50Hz
2	热风温度	300～700℃，连续调节
3	焊接力	7～35N
4	风量	40～65L/min

（4）施工工艺和技术要求。

1）热风枪焊接方法一般有钟摆焊接、拖拉焊接。钟摆焊接，是通过热风焊枪小幅度左右摆动将热风均匀吹在被焊板材和焊条焊接处，使表面熔融的焊条本身以垂直角度和焊沟接触，并在焊接前进时对焊条施加一定的压力。拖拉焊接，是通过热风焊枪与其配套的焊嘴，将焊条串在对应的焊嘴中，使出风口与母材保持平行进行快速拉拖焊接。

2）焊接前检查母材和焊条是否被水和油污染，是否氧化，以保证焊接的强度。

3）焊接时将出风口正对焊条，连续焊接，不得焊偏、滑焊、跳焊。

4）焊接时，根据材料、焊接方法，适时控制焊接力、热风温度和风量。

13.6.2 焊接施工

两幅防渗膜之间采用热熔焊接，所有缺陷、T型接头部位采用补丁加强处理，防渗膜与周边结构锚固等均须通过生产性试验确定相关施工参数后方可正式施工。

每次开机焊接前，当现场实际施工温度与焊前试焊环境温度差别大于±5℃、风速变化超过3m/s、空气湿度变化大时，应补做焊接试验及现场拉伸试验，重新确定焊接施工工艺参数。焊接过程中，应随时根据施工现场的气温、风速等施工条件调整焊接参数。

13.6.2.1 直焊缝焊接

防渗膜直焊缝采用双焊缝、搭接宽度10cm、焊缝宽度1.4cm、缝间距5cm。

每次焊接作业前，均应进行试焊以重新确定焊接工艺状态，试焊长度不小于1m。试焊完成后，进行现场撕拉测试，母材先于焊缝被撕裂方可认为合格，试焊结果经监理工程师认可后方可正式开始焊接。

每个焊接小组3人，其中机手2人、辅助人员1人。焊接工作时，3人沿焊缝成一条直线，第一个人拿干净纱布擦膜、调整搭接宽度、清除障碍；第二个人控制焊接，并根据外侧焊缝距膜边缘不少于30mm的要求随时调整焊机走向；第三个人牵引电缆线，对焊缝质量进行目测检查，对有怀疑的焊缝用颜色鲜明的记号笔做上标志，刚焊接完的焊缝不能进行撕裂检查。

已焊接完成尚未进行覆盖处理的防渗膜四周设立警示标志，严禁车辆和施工人员入内。

13.6.2.2 缺陷修补焊接

1. 缺陷的确认

施工过程中发现的所有缺陷，包括通过非破坏性检测、破坏性检测发现的缺陷，可疑缺陷位置应通过真空检测或充气检测方法进行试验。检测发现的缺陷必须做上标记并进行修复，修复所用材料的性能应同铺设的防渗膜。

2. 缺陷修复设备及工艺

对于经现场无损检测试验确认的防渗膜焊缝或膜材存在的缺陷，采用手持挤出式塑料焊枪以及手持式半自动爬行热合熔焊接机、热风枪进行缺陷修补。用于修补作业的设备、材料及修补方案应由现场监理工程师确认，任何缺陷的修补均需监理工程师旁站监督。

（1）贴片。贴片适用于修补所有的撕、破洞和穿过防渗膜的针孔破洞（非破坏性试验的空气压力的针孔除外），也可用于覆盖不均匀的树脂和外来物质（如汽油、油等）污染的部位，或其他表面缺陷。

贴片一般是圆形的并且要大于缺陷边缘200mm，同时保证贴片平整完好没有卷缩。

贴片和缺陷的地方必须没有污物、水分、杂质。焊接前，将缺陷部位的膜及贴片接触面用角磨机适度打毛，打毛范围稍大于贴片，并把表面清理干净、保持干燥。打磨不能引起膜的过度磨损或穿洞，同时不能明显超出焊接范围。

贴片临时用热风焊枪黏结在防渗膜表面。热风焊枪不得引起防渗膜过度熔解、磨损、烫伤。用手持式半自动爬行热合熔焊接机将上下层膜热熔黏结，冷却 1～2min 后用手持挤出式塑料焊枪沿黏结面周边用焊料挤出黏结固定。焊接时，焊料均匀连续，焊缝宽度不少于 20mm。

贴片修复，尽量减少贴片的数量，相邻缺陷用整块大贴片修补。

（2）堆焊。对局部焊缝的修补完善，可用手持挤出式塑料焊机进行堆焊修补，焊缝高度不少于 10mm、宽度不少于 20mm。

修补前，将修补部位前后 100mm 范围内的上层膜搭接边裁剪至焊缝处，将修复范围及周边打磨，从而在挤出焊接的地方形成粗糙的表面。打磨不能引起膜的过度磨损或穿洞，同时不能明显超出挤出焊接的范围。

（3）打磨挤压焊接。对不够厚度或不够严密的挤出接缝，可用手持挤出式塑料焊机补焊。

打磨挤压焊接用于修补长度小于 300mm 的小型挤压接缝缺陷，小的表面损伤和没有穿透整个防渗膜厚度的局部缺陷。需要修补的地方须打磨形成粗糙的表面，以利焊接质量。

13.6.2.3　T 型接头施工

多幅膜之间连接部位是防渗膜施工最薄弱的部位，多幅膜之间连接多采用 T 型接头，不能采用“十”字形等接头。防渗膜 T 型接头结构见图 13.6-7。

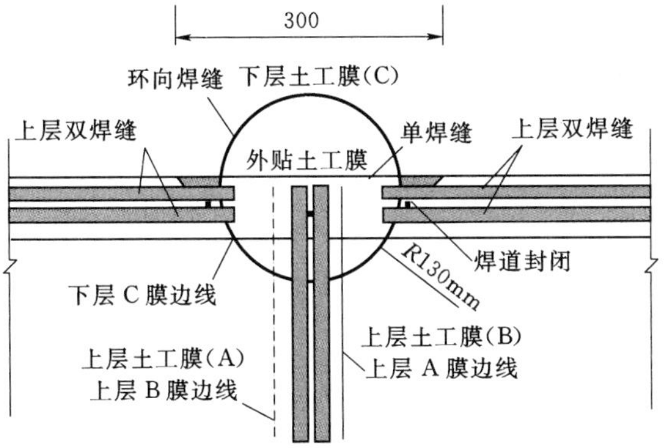

图 13.6-7　防渗膜 T 型接头结构示意图（单位：mm）

T 型接头实际是三幅膜相接部位。通过对 T 型接头三道相邻的焊道进行封闭，并在接头部位外贴直径 260mm、等厚防渗膜，可有效解决 T 型接头部位渗漏问题。

T 型接头焊接应用热楔式焊接、热风焊接、热合熔接、挤压焊接等焊接技术，见图 13.6-8，施工程序如下：

（1）将相邻膜之间的纵向缝采用热楔式焊机焊接完成。因 T 型接头部位采用热楔式焊机不能施工，预留 300mm 左右。

（2）采用半自动热合熔焊机对预留段连续焊接，焊接范围超出预留段 50～80mm。

（3）采用热风枪将相邻部位三个气道封闭。

（4）将防渗膜 T 型接头用角磨机适度打毛，打磨范围稍大于用于修补的膜，并将表面清理干净、保持干燥。

（5）将直径为 260mm 左右的 T 型接头粘接面用角磨机打毛并清理干净。

（6）用手持式半自动爬行热合熔焊接机将上下层土工膜热熔粘接。

（7）冷却 1～2min 后，用手持挤出式塑料焊枪沿黏结面周边用焊料挤出黏结固定。焊料均匀连续，焊缝宽度不少于 20mm。

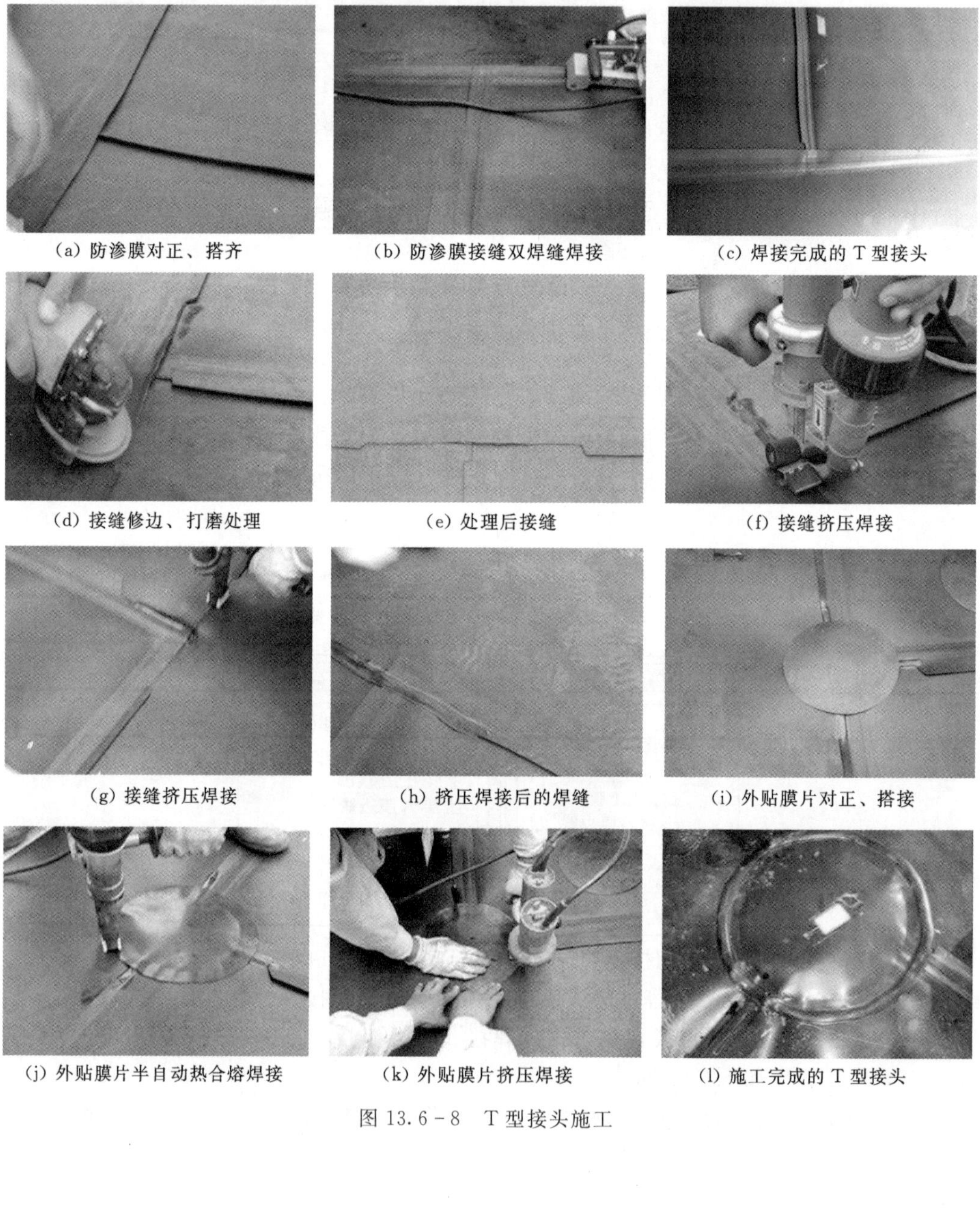

(a) 防渗膜对正、搭齐　(b) 防渗膜接缝双焊缝焊接　(c) 焊接完成的 T 型接头

(d) 接缝修边、打磨处理　(e) 处理后接缝　(f) 接缝挤压焊接

(g) 接缝挤压焊接　(h) 挤压焊接后的焊缝　(i) 外贴膜片对正、搭接

(j) 外贴膜片半自动热合熔焊接　(k) 外贴膜片挤压焊接　(l) 施工完成的 T 型接头

图 13.6-8　T 型接头施工

13.6.3　质量检测

检测工作开始前，制订检测规划，对防渗膜所有的焊缝和铺设区域划分编号，并建立不同标记号与存在缺陷问题的对应关系，以便现场检查时一目了然。

现场施工过程使用目测、真空检测仪、充气检测仪检测所有现场的焊缝，焊缝检测均应在焊缝完全冷却以后方可进行。

13.6.3.1　目测

在现场检查过程中，先采用目测法检查膜焊接接缝，见图 13.6－9。目测法分看、摸、撕三道工序。看：先看有无熔点和明显漏焊之处，是否焊痕清晰、有明显的挤压痕迹、接缝是否烫损、有无褶皱、拼接是否均匀；摸：用手摸有无漏焊之处；撕：用力撕检查焊缝焊接是否充分。

(a) 防渗膜厚度现场检测　(b) 防渗膜缺陷检测及标识　(c) 防渗膜现场表观质量检测

图 13.6－9　防渗膜现场目测（部分）

防渗膜防渗层的所有 T 型接头、转折部位接头、破损和缺陷点修补、目测有疑问处、漏焊和虚焊部位修补后以及长直焊缝的抽检均须用真空检测法检查质量。

13.6.3.2　充气检测

充气检测为有损检测，主要检测目测法和真空检测法难以找到的焊缝缺陷部位，检验人员又对这些焊缝存在较大疑虑的情况下采用。正常焊缝检测应严格控制使用充气检测，尽量少用或不用充气检测，需充气检测部位须经论证并得到工程师批准才能实施。

充气检测见图 13.6－10，应遵循以下程序：

（1）测试缝的长度约 50m，测试前封住测试缝的两端，将气针插入双焊缝中间。

（2）将气泵加压至 0.15～0.2MPa，关闭进气阀门。

（3）5min 后检查压力下降情况。若压力下降值小于 0.02MPa，则表明此段焊缝为合格焊缝。若压力下降值大于或等于 0.02MPa 则表明此段焊缝为不合格焊缝，并根据缺陷及修复要求进行处理。

（4）检测完毕，立即对检测时所做的充气打压孔进行挤压焊接封堵，并用真空检测法检测。

13.6.3.3　真空检测

真空检测方法是修补焊缝（挤压焊接、贴片修补、挤出接缝帽等）、T 型接头等非破坏性测试，见图 13.6－11。

真空检测以 3～4 人为一检查组，分别负责真空泵、真空罩检测、记录。检测程序

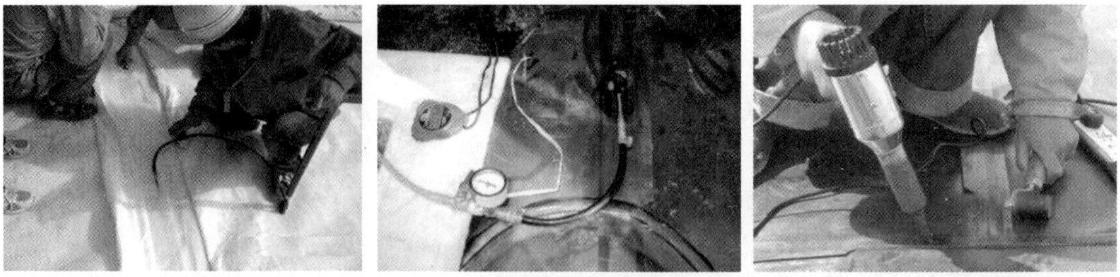

(a) 检测准备　　(b) 焊缝充气检测　　(c) 检测针孔封闭

图 13.6-10　双焊缝充气检测

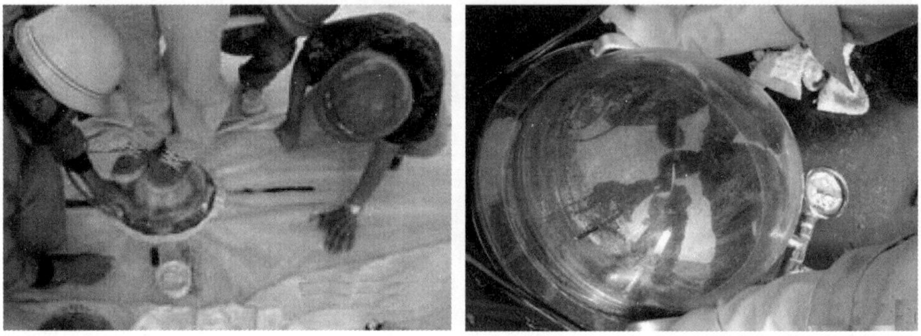

(a) 真空检测准备　　(b) 真空检测

图 13.6-11　真空检测

如下：

(1) 将肥皂液沾湿需测试的土工膜范围内的焊缝，将真空罩放置在潮湿区，并确认真空罩周边已被压严，启动真空泵，调节真空压力于0.025～0.035MPa。

(2) 保持30s后，由检查窗检查焊接缝边缘的肥皂泡的情况。如果在焊接缝中没有看到气泡，则通过测试。否则，按缺陷进行处理。

13.6.3.4　电火花检测

电火花检测是利用防渗膜为绝缘体的特点，针对单焊缝、缺陷修补等进行的检测方法，见图13.6-12。防渗膜焊接时在焊缝中先置入导线，检测时接入电源，用检测仪在距离焊缝30mm左右的高度扫探，观测是否产生火花。电火花检测质量合格标准：无火花出现则焊缝合格。

图 13.6-12　电火花检测仪与焊缝检测

13.6.3.5　周边结构渗漏检测

周边结构渗漏检测是针对防渗膜与周边建筑结构锚固部位的防渗质量进行检测，见图 13.6－13。检测时，根据周边锚固结构形状制作检测密封箱，安装好检测箱后向箱体内加水加压，完全排除箱内空气，直至箱体内充满水并稳压，倒计时记录压力表读数。

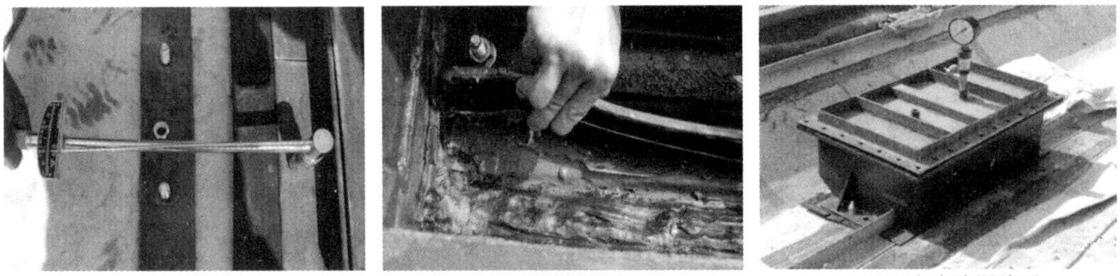

(a) 锚固施工　(b)检测准备　(c) 充水渗漏检测

图 13.6－13　锚固结构渗漏检测

渗漏检测质量合格标准：检测箱加水加压至防渗膜设计水头、稳压 8h，若水压未降低则表明锚固结构质量合格。

13.6.3.6　破坏性测试

施工中，对防渗膜焊缝取样并做破坏性测试。施工初期约 1000m^2 取一现场焊缝试样（长 50cm），随着焊工水平的提高和焊接面积的增加逐渐递减到每 5000～10000m^2 抽取一个试样，进行拉伸强度试验。

每个试样截取 10 个宽 25.4mm 的标准试块，分别作 5 个剪切和 5 个剥离试验，测试结果最低值不低于标准值的 80％视为合格。如果测试没有通过，须在测试失败的位置沿焊缝两端各 5m 范围内重复取样测试，重复以上过程直至合格为止。对排查出有怀疑的焊缝用挤压焊接方式进行补强。

破坏性测试需记录每个破坏试验样品，包括：破坏试验的专有编号、接缝编码、焊接设备编码、日期和时间。

破坏性测试取样留下的孔洞，采用贴片等方式进行修补。

13.7　膜粘接施工与质量检测

13.7.1　概述

目前，采用土工膜防渗的工程，大规模土工膜连接主要采用膜与膜焊接、布与布缝接或搭接方式。在边角部位、膜与建筑物、膜与管道等异型结构连接部位，采用焊接工艺很难实现膜与膜、膜与建筑物的连接。在此情况下，可采用粘接连接。

13.7.2　粘接接缝方式

（1）一布一膜的粘接方式，见图 13.7－1～图 13.7－4。

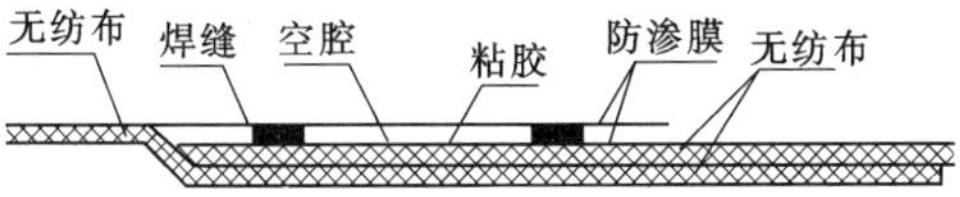

图 13.7－1　膜与膜焊接、布与布粘接（搭接）

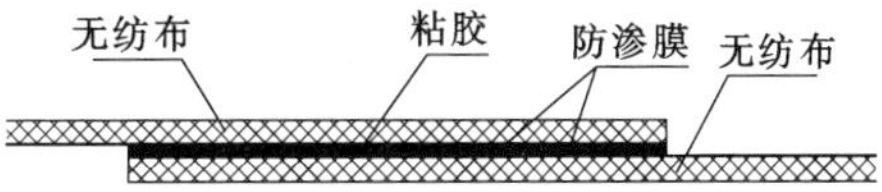

图 13.7－2　膜与膜粘接（搭接）

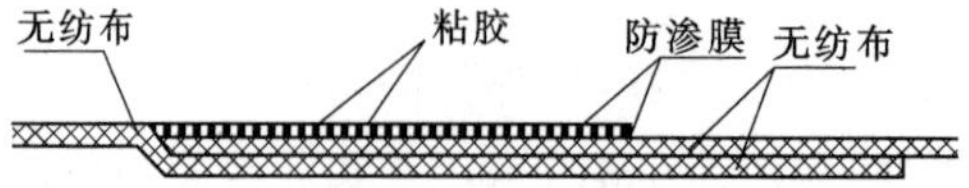

图 13.7-3 膜与膜、膜与布、布与布均粘接（搭接）

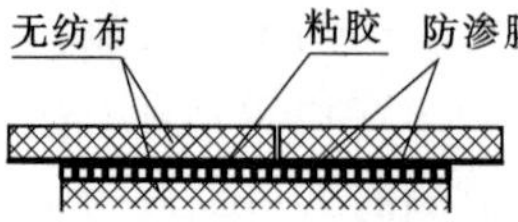

图 13.7-4 膜与膜粘接
（相邻膜对接、上下膜搭接）

（2）两布一膜的粘接方式，见图 13.7-5 和图 13.7-6。

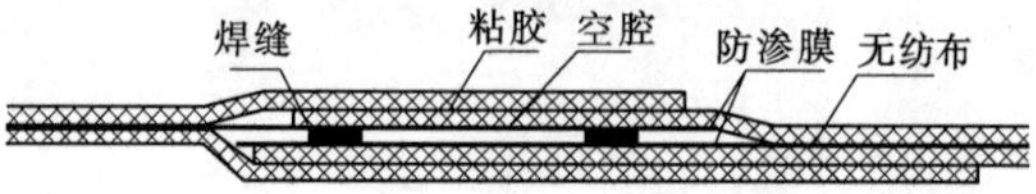

图 13.7-5 膜与膜焊接、上层布与布粘接（搭接）

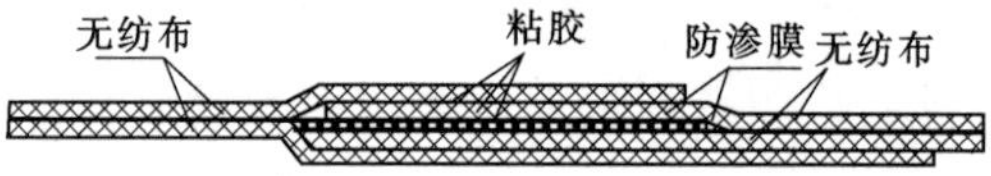

图 13.7-6 膜与膜、布与布、上层布与膜均粘接（搭接）

（3）异型结构粘接方式，见图 13.7-7～图 13.7-12。

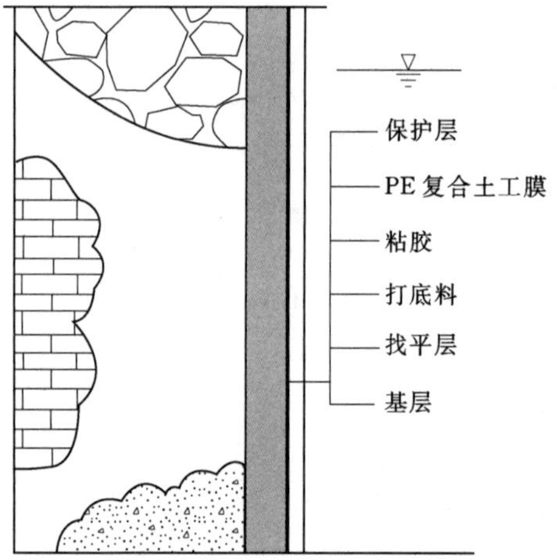

图 13.7-7 墙体防渗

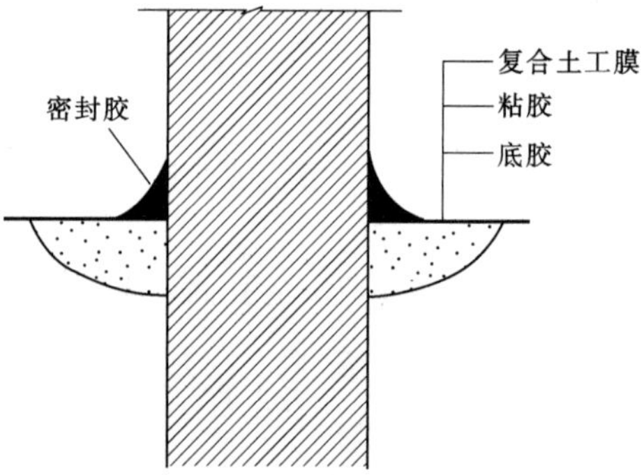

图 13.7-8 膜与管道、墩体连接

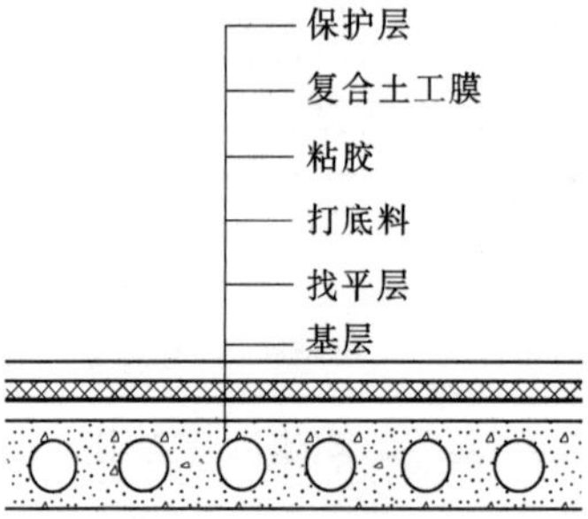

图 13.7-9 屋面防水

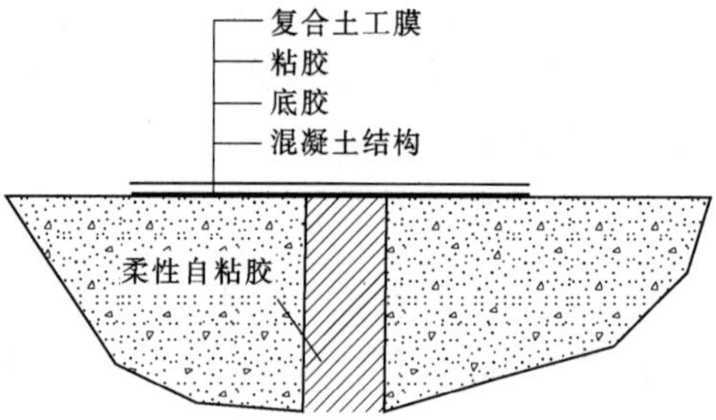

图 13.7-10 混凝土伸缩缝处理

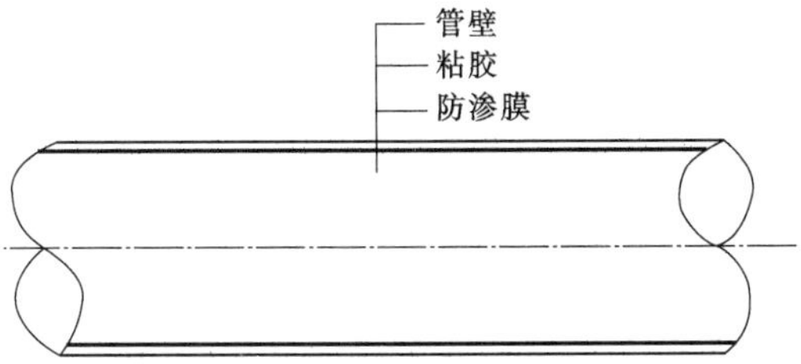

图 13.7-11 管道内衬

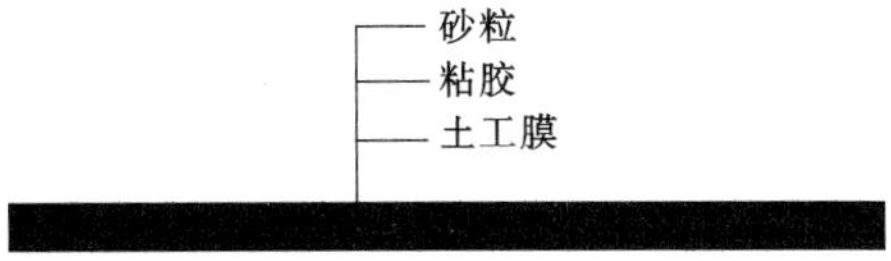

图 13.7-12 防渗膜面加糙处理

13.7.3 膜与膜粘接施工

13.7.3.1 粘接工艺流程

粘接工艺流程为：现场准备→胶粘剂加热熔化→涂胶粘接→质量检查。

13.7.3.2 现场准备

(1) 粘接试验。为保证粘接质量，正式粘接前进行工艺试验，对按要求粘接的土工膜接头进行拉拔试验，土工膜未在接缝部位断裂说明粘接强度不低于母材强度，符合质量要求。

(2) 粘接范围确定。土工膜间粘接搭接 10cm，缺陷修补范围应超出缺陷周边 10～15cm，搭接范围均匀涂抹热熔胶粘接。

(3) 粘接面清理。复合土工膜粘接部位的土工布可先用人工撕拉清除大面积纤维，之后用手持砂轮等做细致清理，清除粘附在膜面的纤维。粘接前，将土工膜粘接面上的尘土、泥土、油污等杂物清理干净，用洁净的干毛巾擦拭以保持粘接面清洁干燥。

(4) 材料准备。缺陷修补时，剪裁与超出修补范围 10～15cm 形状相同的土工膜母材，待粘接边应顺直，宽度以 10cm 为宜。待粘接处土工膜下垫木板，作为粘接作业平面。

13.7.3.3 胶粘剂加热融化

(1) 在现场准备直径约 20cm 的钢精锅作为加热工具，热源可使用煤炉。胶粘剂加热时，应在热源下铺垫 10mm 厚绝热毯。

(2) 若采用 KS 粘剂成品现场加热，则加热温度以 150～180℃为宜，现场控制以液面翻泡但不冒烟为准。温度过高，会造成热降解，影响胶粘剂的性能；温度过低，则胶粘剂无法充分热熔，达不到粘接最优效果。其余胶粘剂加热温度依据现场试验成果。

13.7.3.4 涂胶粘接

涂胶粘接工艺见图 13.7-13。

(1) 涂胶一般使用专用涂胶工具——金属辊轮（实心、直径以 4.0mm 为宜），也可采用棕丝板刷。粘接时，辊轮置于胶中，加热至与粘胶剂相同的温度进行涂胶，涂胶间歇时辊轮始终置于热胶中保温。同时，在锅中放置比辊轮稍宽的木板，涂胶时在木板上滚动以控制辊轮的蘸胶量。

(2) 在土工膜的粘接面上用辊轮均匀涂抹温度稍高的胶粘剂，涂胶均匀且布满粘接面，无过厚、漏涂现象。涂胶应适度用力，使胶粘剂渗入到膜面。涂胶的同时将上下两层土工膜对齐、挤压，使粘接面充分结合。粘接后，迅速用橡皮锤敲击粘接面，并采用

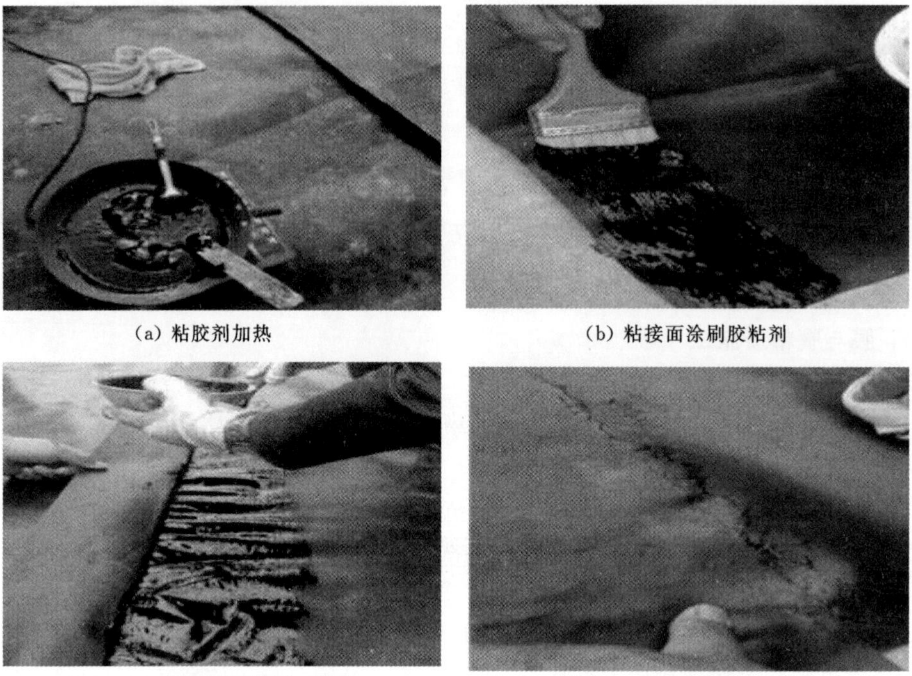

(a) 粘胶剂加热　(b) 粘接面涂刷胶粘剂

(c) 粘胶剂涂刷均匀、满布　(d) 上下两层膜对齐、挤压

图 13.7-13　涂胶粘接施工工艺图

20kg 左右的土工沙袋压重，使两粘接面充分结合紧密。涂胶长度超过 40cm 时，应分次涂胶粘接。

(3) 在土工膜粘接后 2h 内，粘接面不得承受任何拉力，防止粘接面发生错动或剥离。

(4) 采用胶粘剂进行土工膜粘接时，操作人员应戴手套和口罩，以免烫伤或中毒。

(5) 粘接时，气温应高于 5℃，风力不大于 3 级，无降雨。否则，现场采用保温、防风防雨棚进行施工。

13.7.4　膜与土工布粘接

土工膜与土工布粘接工艺同膜与膜粘接工艺一致。当膜与无纺布或无纺布与无纺布之间粘接只是以提高接头强度为目的，可只在一个粘接面上涂胶迅速粘合，也可采用点粘法。

13.7.5　膜与混凝土、金属或岩石等粘接

土工膜与桥墩、柱、排水口、水闸等建筑物粘接时，根据建筑物尺寸在土工膜上进行标识，并根据标识线进行裁剪。标识尺寸应考虑与建筑物粘接牢固，防水密封可靠。对土工膜或建筑物表面进行涂胶前，先将涂胶基面打磨清理干净、保持干燥。涂胶均匀布满土工膜与粘接基面，无过厚、漏涂现象。土工膜与混凝土、金属或岩石等粘接可采用以下三种施工工艺：

(1) 用钢刷清除粘接基面浮浆，涂刷打底料（干面用 30%KS 胶甲苯液或 EF 胶液打底；湿面用 EF 水泥胶液打底），打底液表干后，用 KS 胶将膜面粘合在基面上。

(2) 用钢刷清除基面浮浆，预先在膜面涂一道 KS 胶，用 EF325 水泥胶液将涂胶 PE

膜粘合在基面上。

(3) 预先在膜面涂一道 KS 胶，边涂边撒干净砂，使表面粘合一层砂，用 107 胶拌水泥或砂浆将 PE 膜面粘合于混凝土面上，也可用快凝水泥砂浆快速粘合。

13.7.6　粘接质量检测

粘接质量可采用以下方法进行检测：

(1) 目测：膜与膜粘接宽度不小于 10cm，接缝不得有翘曲、突起、脱胶、孔洞、疏松、缺胶。

(2) 剥离检测：通过手剥离每条粘接缝，手难以剥离、无空洞视为合格。若剥离后破坏发生在胶粘剂上，非粘接面也视为合格。

(3) 真空检测：对膜缺陷部位粘接，可采用真空检测，检测方法同 13.6.3.3。

(4) 周边渗漏检测：土工膜与桥墩、柱、排水口、水闸等周边建筑物粘接部位渗漏检测，检测方法同 13.6.3.5。

13.8　膜防护层施工

在防渗膜铺设及焊接验收合格后，及时填筑防护层。填筑防护层的速度应与铺膜速度相配合。防护层施工工作面不宜上重型机械和车辆，宜铺放木板，用手推车搬运过筛细土料，摊平后人工压实，再铺设砂砾石防护层。用浸水泡实法填筑砂土料防护层时，填筑断面尺寸宜留沉陷量。施工中不应使用可能损伤土工膜的工具。填筑防护层的土料应不含块石、树根、草根等杂物。

13.8.1　砌石防护层

砌石防护层一般包括干砌块石、浆砌块石和灌砌块石等，砌石底部一般均设有垫层。

护面块石采用坚硬、密实、能长期耐风化、单块重量满足设计要求的新鲜块石，厚度满足设计要求。砌石施工位置准确，厚度均匀一致，砌护尺寸、偏差符合设计及规程规范要求。砌石过程中加强对下层防渗膜及坡面的保护，垫层紧跟砌石填筑。

干砌块石采取人工挂线放样、人工铺砌，石块应紧密嵌固，所有空隙均用小块石充填。砌石应垫稳填实，与周边砌石紧密贴靠。砌石施工中避免通缝、叠砌和浮塞，不得在外露面用块石砌筑而中间以小石充填，不得在砌筑层面以小块石、片石找平。坡面应平顺，避免出现无靠的孤石、易滑动的游石。

浆砌块石采用坐浆法施工，砂浆强度符合设计。砂浆采用搅拌机拌制，砂浆随拌随用。面石勾缝按设计要求，勾缝水泥砂浆采用较小水灰比，勾缝前剔缝，缝深 20～30mm，清水洗净。缝内砂浆分次填充、压实，然后抹光、勾齐。砂浆终凝后，洒水养护不少于 7d。

灌砌块石施工原材料同浆砌块石，施工采用先摆石再灌入混凝土振捣密实。首层灌砌块石施工前，先摊铺一层混凝土，然后再摆放块石。块石与块石之间的距离不得少于振捣器直径的 2 倍。混凝土振捣完成，混凝土缝面比相邻块石面略低 10～20mm，并人工压缝抹光。混凝土终凝后，洒水养护不少于 7d。

13.8.2 预制混凝土块（板）防护层

防渗膜采用预制混凝土块（板）进行保护，预制混凝土块（板）可以直接铺在复合膜上，也可以铺设在垫层上。

防渗膜上的块（板）采用人工配合吊机吊放或人工抬运。在复合膜上直接铺设混凝土预制块（板）时，作业人员进入工作面时须穿软底鞋，并将所有可能损伤膜的物件去除。块（板）轻放，不得刺伤、砸伤防渗膜。有上垫层的膜上铺设混凝土预制块（板）施工，垫层紧跟块（板）铺设施工。

13.8.3 现浇混凝土板施工工艺

现浇混凝土板可以直接浇筑在复合膜上，也可在防渗膜的上垫层上浇筑混凝土。

水平混凝土板采用型钢模板，坡面混凝土侧向采用型钢模板、表面采用滑模或翻模施工。模板、加固件与防渗膜接触部位均衬垫土工布进行隔离。混凝土集中拌制，采用搅拌车或其他运输工具进行水平运输，混凝土直接入仓或通过斜溜槽、吊机配合料罐入仓。

混凝土浇筑施工注意事项如下：

（1）下料：混凝土直接入仓或经溜槽、料罐运输到浇筑仓面，入仓时卸料口距模板50～100cm，以保证下料均匀、混凝土不会造成防渗膜冲击破坏。

（2）平仓：下料后应采用人工平仓，平仓工具不得触及防渗膜。

（3）振捣：厚度20cm以上的混凝土板采用软轴插入式振捣器振捣，并控制插入深度避免振捣棒触及防渗膜。厚度20cm以下的混凝土板采用平板振捣器或附着式振捣器振捣密实。

（4）混凝土初凝后、终凝前，人工压面、抹光，并采用一布一膜的复合土工膜覆盖保湿、保温养护至少14d。

13.8.4 覆土、砂砾石（中粗砂）、碎石防护层

覆土、砂砾石（中粗砂）、碎石等防护层施工前，先选择典型场地进行生产试验，通过覆盖后检测防渗膜的损伤情况来确定运输设备、铺填厚度、最佳含水量、碾压设备、碾压遍数等工艺技术参数。

水平防渗膜上的覆土、砂砾石（中粗砂）、碎石等采用进占法进行施工，自卸汽车直接运输到工作面上，采用推土机摊铺平整、轻型压实机具压实或人工打夯机夯实。坡面防渗膜上覆土、砂砾石（中粗砂）、碎石等，分条分幅填筑，自卸汽车运料至坡顶，通过斜溜槽将土石料运输到工作面、人工配合轻型设备摊铺、找平，采用10t左右的斜坡碾碾压密实（上行振压、下行静压）。经压实后，保护层料的压实度或最大干密度满足设计要求。

土石方填筑时，土石块的最大落高不得大于30cm，防止机械搬运损伤已铺设完成的防渗膜。施工中严格按照工艺参数进行作业，清除保护层土石料中的树枝、树根、瓦砾等尖锐物体，剔除超大粒径的颗粒，并禁止振动碾压。

13.9 特殊部位施工

13.9.1 膜周边锚固施工

防渗膜与周边建筑结构，根据其联接部位结构型式可以采用沟槽锚固、压固联接、射

钉联接、机械锚固、预埋锚固等，防渗膜与刚性材料锚固时应留有一定的伸缩量。图 13.9-1 是四川田湾河仁宗海面膜堆石坝防渗膜的一种锚固结构。

13.9.1.1　沟槽锚固

对黏土地基，防渗膜应直接埋在锚固沟槽中，锚固沟槽宽度一般不小于 0.5～1m，其深度不小于 0.5～1m。埋设时，防渗膜外延 0.8～1.0m，将其埋入预挖沟槽内，用挖出的土分层回填夯实，使防渗膜与槽壁密合。

沟槽锚固施工质量，采用围堰充水法检测其渗漏情况。

13.9.1.2　压固联接

对砂卵石地基和岩石地基，先挖除透水的砂卵石或表面强全风化岩直达半风化或微风化层基岩层，然后浇筑混凝土底座，在浇筑混凝土的过程中将防渗膜埋于其中。混凝土施工过程中，专人负责随时检查土模质量，发现土模损坏及时修复，严防土模塌落、土料混入混凝土中。对仓面内骨料集中区，由人工铁锹平仓。混凝土在振捣过程中，其层面以不再显著下沉、内部无气泡溢出、开始泛浆为准。对于锚固混凝土底座所产生的裂隙进行固结灌浆处理。混凝土浇筑过程中，加强对防渗膜的保护，避免电焊、模板和钢筋制安、平仓振捣等对防渗膜造成破坏。

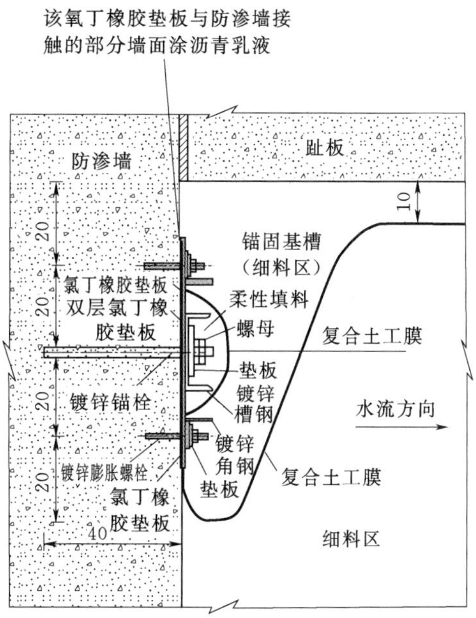

图 13.9-1　土工膜与防渗墙锚固结构示意图（单位：cm）

当砂卵石层太厚、难以挖至基岩层时，将防渗膜向上游平铺一定距离，形成防渗铺盖。铺膜地面先平整，铺设防渗膜后再盖上同样的砂卵石和压重层，并在防渗膜下设排水、排气系统，或设置逆止阀。砂卵石铺盖及压重施工时，清除尖锐块石或超径块石、对防渗膜可能造成损伤的杂物，施工工艺及技术参数经试验确定后再组织施工。

压固联接施工质量，可采用围堰充水法检测其渗漏情况。

13.9.1.3　射钉联接和机械锚固

防渗膜与周边混凝土结构物采用射钉联接或机械锚固。

采用射钉联接时，压条宽度不小于 2cm，厚度不小于 2mm，射钉间距不大于 400mm，连接部位涂刷 2mm 厚的乳化沥青粘接，压条明露处应有防腐措施。

机械锚固时，膨胀螺栓直径不小于 4mm、间距不大于 0.5m，螺栓与混凝土之间、防渗膜之间与锚固结构、锚固内部结构均须搞好防渗施工，以彻底堵塞渗水通道。

采用射钉联接和机械锚固时，需要对混凝面进行整平、打磨，并用柔性材料进行找平。同防渗膜接触的边角部位采用磨光机修圆处理。

射钉联接和机械锚施工质量，采用渗漏检测箱进行检测，测试方法同 13.6.3.5。

13.9.1.4　预埋锚固

防渗膜与周边建筑物联接线平直，可以采用预埋锁扣的型式进行锚固。联接锁扣也称预埋型件，其主要材质与防渗膜同材质，在铺膜端处的混凝土基层先预埋联接锁扣，再将防渗膜焊接在联接锁扣上。

预埋锁扣锚固施工技术要点如下：

（1）联接锁扣在预埋时，将联接锁扣纵向整体焊接。

（2）锁扣部位混凝土仔细插捣，确保锁扣部位混凝土浇筑密实，联接锁扣与混凝土预埋牢固、联接锁扣接口平直。

（3）联接锁扣与防渗膜连接采用单轨焊接。防渗膜与锁扣焊缝搭接面不得有污垢、沙土、集水（包括结露）等影响焊接质量的杂质，焊缝处应熔结成整体，不得出现虚焊、漏焊或超量焊。若出现虚焊、漏焊时，切开焊缝用大于破坏直径一倍以上的母材补焊。

（4）防渗膜与联接锁扣焊接处埋入铜丝，焊缝质量采用电火花测试。

（5）预埋锁扣锚固施工质量，采用渗漏检测箱进行检测，测试方法同13.6.3.5节。

13.9.2 混凝土和砌石坝面铺膜

已建的大量混凝土坝和砌石坝，经多年运行后，坝体逐渐老化，有的已出现损坏、开裂，这对坝体的稳定和防渗均带来一定的隐患。根据国内外已有经验，该类坝型防渗堵漏一般是在上游迎水面铺贴柔性防渗材料，防渗材料大多选用PVC复合土工膜，也有采用兼具防渗和排水功能的复合防排水板。

混凝土和砌石坝坝面防渗结构一般包括支撑体（坝体）、下支持层（坝体上游面）、防渗层（防渗土工膜）、排水系统、锚固系统、上保护层（一般为现浇混凝土或混凝土预制块）。

坝上游面设置水下防渗土工膜，即从坝顶到坝踵设置连续的防渗膜，防渗膜与坝基相接。为便于施工，坝面防渗膜分幅铺设，幅内土工膜间采用热熔焊接，幅与幅间防渗膜一般采用拼接、机械锚固和表面防渗处理，使坝体上游面形成一个封闭完整的防渗系统。为确保运行期排除膜下渗漏水，在防渗膜与坝面之间安装连续的表面排水系统，表面排水系统与坝下排水管、排水廊道相接。

13.9.2.1 铺膜安装

防渗土工膜包括水上安装和水下安装两部分。水上安装，是采用卷扬机操作平台，从坝顶开始沿坝面降下卷材，工作人员在升降工作台上采取热熔焊接方式焊接防渗土工膜卷材。水下安装，是先按设计幅宽在坝顶将防渗土工膜提前拼装、焊接，然后用不锈钢压条将拼焊完成的防渗膜卷材一端固定在坝顶、卷材装在升降工作台自上而下铺设，由潜水员通过机械锚固方式对相邻两幅防渗土工膜进行连接，并对连接缝进行密封。

防渗土工膜铺设前，需清除坝面松散的水泥浆、剥落的混凝土和浆砌石等，使支持层自身能保持稳定；同时，对坝面存在的凹凸不平区域，将突出部分进行打磨削平、局部凹坑采用砂浆找平，或者直接采用较厚的防刺破土工织物垫层进行找平；如防渗膜铺设区域有连通的裂隙和裂缝，提前采取灌浆等措施进行处理。

13.9.2.2 排水系统施工

坝面土工膜防渗的排水系统由复合土工膜背水面的透水土工织物、防渗膜与坝面之间的复合防排水板、竖向缝锚固系统形成的空隙组成。锚固在大坝上游面的复合土工膜上的垂直锚固件与坝体垂直排水系统平行，水在止水结构和坝面间隙中自由流动，重力水由排水层排出，垂直管道和排水垫的水由位于最低处的管道排至坝下廊道。

复合排水板是一种新型的防排水土工材料，以高密度聚乙烯（HDPE）为原料，经特殊的挤出成型工艺加工而成，具有三层特殊结构：中间筋条刚性大、纵向排列，形成排水通道，上下交叉排列的筋条形成支撑防止土工布嵌入排水通道，即使在很高的压力下也能保持很高的排水性能；双面粘接反滤土工布形成复合排水板，具有“反滤-排水-透气-保护”的综合性能。

防渗膜坝面排水系统施工步骤如下：

（1）在坝面预设或凿 U 型槽，用于设置坝面防渗膜固定系统。U 型槽方向垂直向下，且相互平行、间距基本一致，槽宽、槽深满足螺栓固定和排水要求。

（2）槽内嵌入固定用螺杆。

（3）将复合排水板按固定螺杆间距、直径凿孔。

（4）铺设复合排水板。

（5）将排水板上的预留孔对正锚杆、临时固定。

（6）将排水板采用与螺杆配套的型材拉紧固定，或采用机械密封件紧固。

（7）排水板结合异型张紧压板锚固结构施工时，在垂直缝锚固部位跨 U 型槽铺贴与防渗土膜同材质的膜片，外贴膜片与坝面防渗膜热熔焊接封闭。

排水系统安装后及时进行通水试验，保证排水系统畅通。

13.9.2.3　防渗土工膜锚固

坝面防渗土工膜锚固系统一般分为竖向缝锚固、周边锚固和坝顶锚固，竖向缝锚固又分传统的竖向锚固结构、带竖向排水通道的异形张紧压板锚固结构两种，周边和坝顶非淹没区的锚固结构均采用传统锚固结构。

传统锚固结构见图 3.2－10，主要由镇压型钢、螺栓及螺母、弹性垫片、密封胶等组成，型钢、螺栓及螺母材质均为不锈钢，不锈钢螺栓在铺膜前提前埋置。传统锚固结构安装前，先在螺栓四周的支持层表面涂抹密封胶，并穿过螺栓依次向上铺设弹性垫片、防渗膜、弹性垫片、镇压型钢，最后拧紧不锈螺母。为防止锚固结构各构件间细微间隙渗水、便于运行监测，膜后排水层在竖向缝处隔断，锚固结构中的各种构件之间涂抹密封胶。

异型张紧压板锚固结构见图 3.2－11，主要由预埋螺杆、橡皮垫片、内张紧压板、链接螺杆、外张紧压板、螺母以及 PVC 盖条组成，螺栓在铺膜前提前埋置。锚固施工前，先在预埋螺杆位置安装内侧异型张紧板并拧上连接螺杆，然后再穿过连接螺杆铺设土工膜，待整个坝面各坝段都完成此步骤后，沿坝轴线某一固定方向依次安装外异型张紧板，通过拧动外异型张紧板外部的螺帽实现土工膜的收紧及固定，最后用 PVC 盖条将外紧张压板覆盖并与两侧土工膜焊接形成全封闭的防渗系统。

13.9.3　交通洞防水板施工

13.9.3.1　施工工艺流程

交通洞防水板施工工艺流程见图 13.9－2。

13.9.3.2　防水层施工工艺

1. 土工布铺设

（1）准备作业平台车，台车应具备以下条件：

1）台车与模板台车的行走轨道为同一轨道；轨道的中线和轨面标高误差小于±10mm。

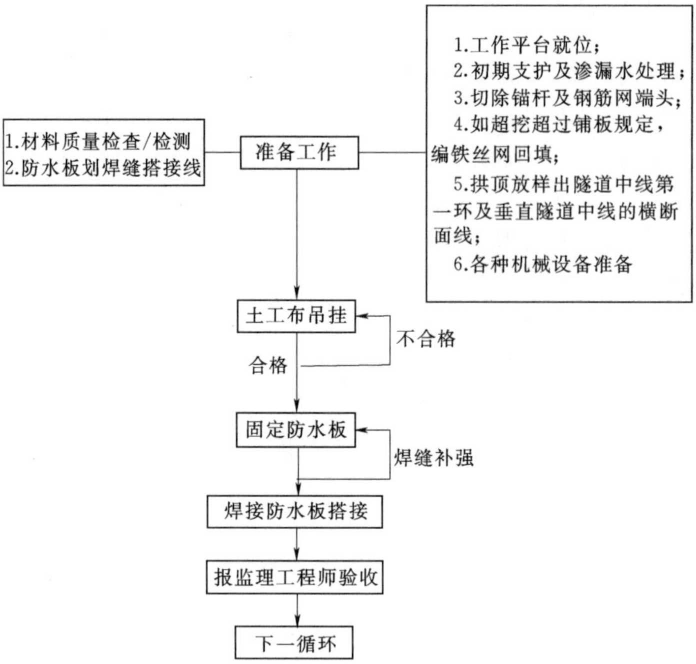

图 13.9-2 交通洞防水板施工工艺流程图

2）台车前端设有初期支护表面及衬砌内轮廓检查钢架，并有整体移动（上下、左右）的微调机构。

3）台车上配备能达到隧道周边任一部位的作业平台。

4）台车上配备辐射状的防水卷材支撑系统。

5）台车上配备提升（成卷）防水卷材的卷扬机和铺放防水板的设施。

6）台车上设有激光（点）接收靶。

(2) 检查隧道初期支护表面在铺设土工布时是否有明水存在。如有，先采取有效的止水措施。

(3) 铺设土工布前对隧道初期支护混凝土表面进行处理，切除外漏锚杆头、漏筋等尖锐物，凹凸量不得超过±5cm，确保喷混凝土表面平整，无尖锐棱角。

(4) 在隧道拱部位标出纵向中线。

(5) 土工布垫衬基本与洞室轴线相交，留足基面凹凸部位的富余量，由两边墙向拱部铺设。

(6) 用带热熔垫圈的水泥钉将土工布平整顺直地固定在基层上，水泥钉长度不得小于50mm。平均拱顶点 3～4 个/m^2，边点 2～3 个/m^2，呈梅花形排列，并左右上下成行固定。

(7) 土工布接缝搭接宽度不小于50mm，一般仅设环向接缝。当长度不够时，设轴向接缝确保上部土工布由下部土工布压紧，并使土工布与混凝土表面密贴。

土工布铺设示意见图 13.9-3。

2. 防水板铺设

防水板利用作业平台车上的支撑体系整幅式挂设，采用无钉挂设工艺施工，用手持式自动爬行热合焊机使热融衬垫与防水板热融焊接，铺设在土工布表面。防水板铺设见图 13.9-4。

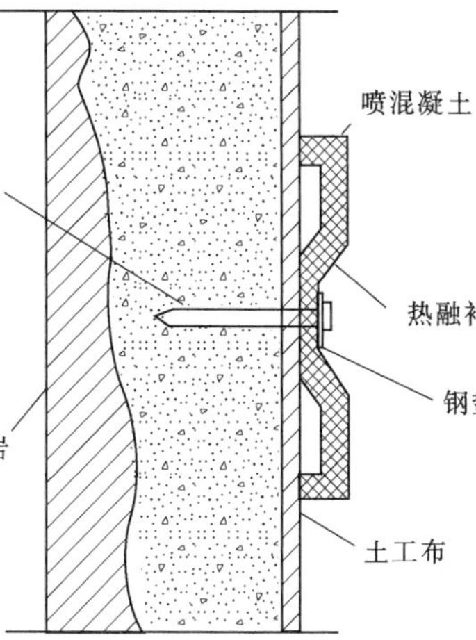

图 13.9-3　土工布铺设示意图

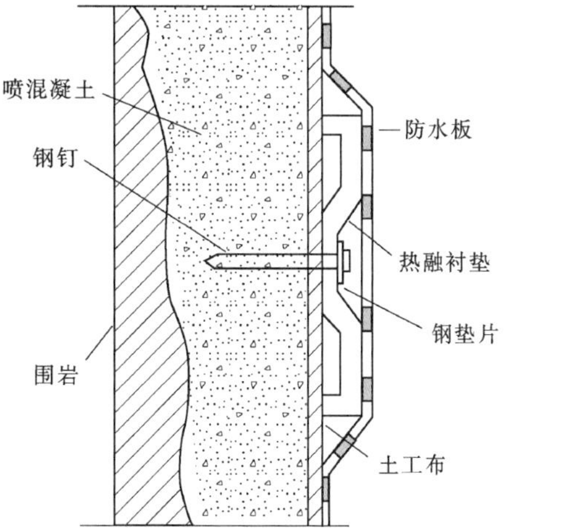

图 13.9-4　防水板铺设示意图

(1) 铺设顺序。铺设准备→防水板铺设→防水板固定→防水板焊接→报验监理→移工作平台→下一循环。

(2) 铺设准备。洞外检查、检验防水板质量，在检查合格的防水板上，划焊接线及拱顶分中线，并按每循环设计长度截取，对称卷起备用；洞内在铺设基面标出拱顶中线，画出隧道中线第一环及垂直隧道中线的横断面线。

(3) 铺设实施。

1) 防水板铺设应超前两次衬砌施工 9～20m，并设临时挡板防止机械损伤和电火花灼伤防水板，同时与开挖掌子面保持一定的安全距离。

2) 铺设前进行精确放样，弹出标准线进行试铺，确定防水板一环的尺寸，尽量减少接头。

3) 采用从上向下的顺序铺设，下部防水板应压住上部防水板，松紧应适度并留有余量，保证防水板紧贴围岩。

4) 分段铺设的卷材的边缘部位预留至少 60cm 的搭接余量，并且对预留边缘部位进行有效保护。

5) 对于横向通道处防水板的铺设，如成形不好，须用浆砌片石或模筑混凝土使其外观平顺后，方可铺设防水板。对于热合焊机不易焊接的部位用热风焊枪手工焊接，并确保其质量。

6) 两幅防水板的搭接宽度不应小于 100mm，见图 13.9-5。

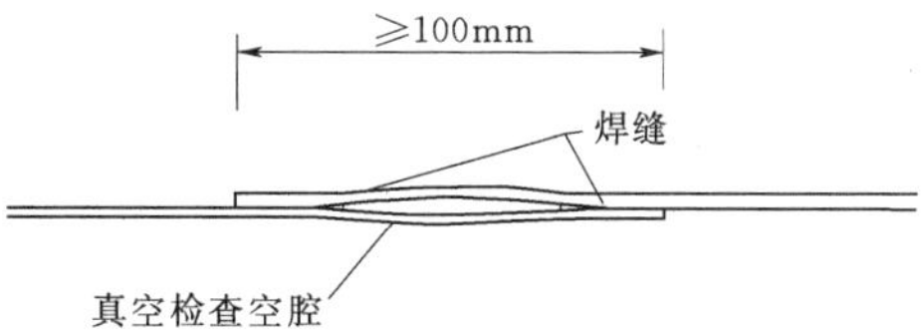

图 13.9-5　防水板焊接搭接示意图

（4）防水板固定。采用热合焊机使防水板融化并与塑料垫圈粘接牢固。在凸凹较大的基面上。在断面变化处增加固定点，保证其与混凝土表面密贴。

（5）防水板焊接。

1）焊接时，接缝处必须擦洗干净，且焊缝接头应平整，不得有气泡折皱及空隙。

2）防水板之间的搭接缝应采用双焊缝、调温、调速热楔式功能的自动爬行式热合机热熔焊接，细部处理或修补采用热风焊枪。

3）开始焊接前，应在小块塑料片上试焊，以掌握焊接温度和焊接速度。

4）单条焊缝的有效焊接宽度不应小于15mm。

5）防水板纵向搭接与环向搭接处，除按正常施工外，应再覆盖一层同类材料的防水板材，用热焊焊接。

6）在焊缝搭接的部位焊缝必须错开，不允许有三层以上的接缝重叠。焊缝搭接处必须用刀刮成缓角后拼接，使其不出现错台。

7）焊缝若有漏焊、假焊应予补焊；若有烫伤、焊穿以及外露的固定点，必须用塑料片焊接覆盖。

13.9.3.3 施工控制要点

（1）防止水泥浆渗入土工布，先铺土工布后铺防水板。

（2）防水板必须按设计要求进行双焊缝焊接，焊接应牢固，不得有渗漏。每一单焊缝的宽度不应小于15mm。

（3）防水板铺设范围及铺挂方式应符合设计要求。铺设时防水板应留有一定的余量，挂吊点设置的数量应合理。环向铺设时先拱后墙，下部防水板应压住上部防水板。

（4）铺设防水卷材的基层应平整、无尖锐物体。

（5）铺设防水板的基面应坚实、平整、圆顺，无漏水现象。阴阳角处应做成圆弧形。

（6）防水板焊接时，接缝必须擦洗干净，且焊缝接头应平整，不得有气泡褶皱及空隙。两环防水板的搭接宽度不应小于10cm，允许偏差为−10mm。

（7）防水板搭接缝与施工缝错开距离不应小于50cm。

（8）防水板焊缝无漏焊、假焊、焊焦、焊穿等现象。EVA \ ECB防水板与衬垫黏结剥离强度不得小于防水板的抗拉强度，EVA \ ECB防水板之间采用热熔黏结剥离强度不得小于母体抗拉强度的80%。

（9）EVA \ ECB防水板环向粘结处与衬砌接头缝距离不小于1.0m。防水层铺设前，防水板不得绷紧，应保证板面与喷混凝土表面密贴并不致拉裂。

（10）热熔垫片质量应符合设计要求，按防水板焊点间距要求在铺挂土工布时进行布设。

（11）绑扎钢筋和安装模板及衬砌台车就位时，在钢筋保护层垫块外包土工布防止碰撞和刮破塑料板。

（12）浇筑混凝土时，应防止碰击防水板，二次衬砌中埋设的管料与防水板间距不小于5cm，以防止破损塑料防水板，浇筑时应有专人观察，发现损伤应立即修补。

13.9.3.4 质量检查要点

（1）防水材料的质量、规格、性能等必须符合设计和规范要求。

（2）防水卷材铺设前要对喷射混凝土基面进行认真的检查，不得有钢筋凸出的管件等尖锐突出物。割除尖锐突出物后，割除部位用砂浆抹平顺。

（3）隧道断面变化处或转弯处的阴角应抹成半径不小于 50mm 的圆弧。

（4）防水层施工时，基面不得有明水；如有明水，应采取措施封堵或引流。

（5）防水层表面平顺，无折皱、无气泡、无破损等现象，与洞壁密贴，松紧适度，无紧绷现象。

（6）接缝、修补粘贴密实饱满，不得有气泡、空隙。

13.10 防渗膜冬季、雨季施工

13.10.1 冬季施工措施

（1）采取积极的防雪防冻措施，创造条件满足施工要求。如用长条形防雨布做成可移动的长条形遮雨篷，用于焊接作业面防雨、防雪。

（2）在防渗膜焊接面下方衬垫塑胶保护层阻隔潮气。

（3）对可能被雨雪润湿的部位及时用干毛巾和热风枪吹干，并保持至焊机焊接为止，满足焊接条件。

（4）雪天施工时注意防渗膜的热胀冷缩效应，铺设时预留余量。

（5）密切注意天气变化，尤其注意降雪的强度和持续时间。合理安排工序，使防渗膜拼接施工避开雪天，在不可避免的情况下采取必要的质量保护措施。

（6）工地要备有一定数量的苫布油毯、塑料薄膜等防雪材料。现场施工材料堆放遵循下垫上盖的原则，合理布置，保证施工现场不积水、不结冰。

（7）低温时段焊接防渗膜，焊缝及时采用厚棉被覆盖保温，防止焊缝骤冷脆断，冬季防渗膜低温焊接与保温见图 13.10－1。

（8）禁止在有冰屑的区域摊铺、拼接防渗膜，禁止在冰冻的防渗膜上行走。

（9）铺设完成的防渗膜及时覆盖上垫层和保护层。

（a）提前对焊缝部位加保温棚

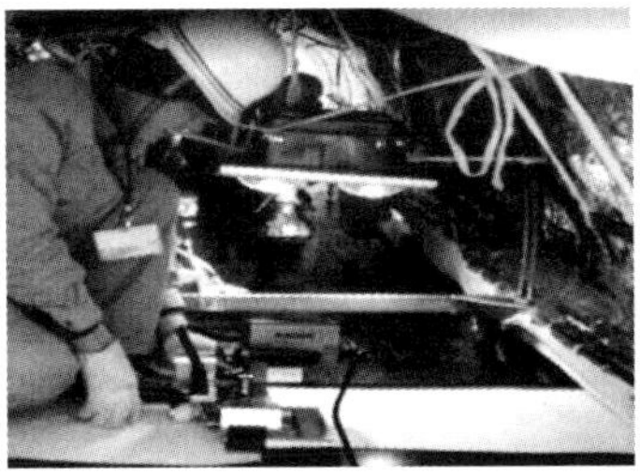

（b）保温棚内焊接

（c）焊接完成马上覆盖保温

图 13.10－1 防渗膜低温焊接与保温

13.10.2 雨季施工措施

（1）雨季施工时，用防水雨布遮盖防渗膜。

（2）及时获知天气预报，对未来 3～5d 天气状况做充分的了解，从而合理安排施工进度。

（3）雨季天气潮湿，为了有效地控制防渗膜焊接质量，施工时必须用干净纱布擦净、擦干待焊接的防渗膜接缝，必要时用热风枪稍稍进行烘干，以确保焊缝焊接质量。

（4）雨季施工时，加强对焊机的保护。每班收工时用干净棉布将焊机擦拭干净，并用防水塑料布包裹焊机放于干燥处。雨后施工时，重新对焊机的行走速度、焊接温度等重新调整，待试焊件合格后方可使用，以确保工程质量。

（5）雨后施工，由于坡面湿滑，为了保证施工安全，尽可能不安排危险系数大、工序复杂、坡面铺设等工作。

（6）已铺设好的防渗膜及时焊接，避免雨水下漏造成场地湿滑泥泞无法施工。

（7）采取切实有效的临时排水措施疏排施工现场雨水。

13.11 防渗膜施工管理

膜防渗系统施工质量直接关系着建筑结构的防渗效果，施工管理对防渗膜施工质量起着关键作用。膜防渗系统施工中须做好以下工作：

（1）通过前期技术培训和试验研究，确保所有参建人员均充分掌握防渗膜的施工技术和工艺流程。

（2）选择精干的施工作业班组和素质高、技术娴熟的工人参与施工是防渗膜施工质量保证的基础。

（3）施工前，编制详细的施工组织设计、制定详细的质量检测方法和相应的缺陷处理措施、严格的现场管理措施和技术保证措施，并进行详细技术交底。

（4）膜防渗结构施工期间，不断总结和提炼，针对施工中发现的技术问题及时讨论并加以解决。对拟订的方案先试生产，待施工质量得到保证后再继续实施。

（5）膜防渗结构实行封闭施工。

（6）摊铺、拼接操作人员、质量检测人员、修补人员必须经培训合格、操作熟练后才允许持证上岗。

（7）作业区域严格执行“准入制度”，非工作人员严禁进入作业区。进入施工区域的人员严禁吸烟，禁止将火种带入现场，所有人员进入施工现场要求穿软底鞋或棉袜，不允许穿钉鞋、高跟鞋及硬底鞋。

（8）防渗膜铺设前，保持基面平整，清除所有与膜接触、可能损伤膜的尖锐杂物。

（9）禁止在冰冻的防渗膜上进行作业。

（10）膜防渗层施工开始，禁止在可能危害膜安全的范围内进行放炮、炸石、开挖、凿洞、燃烧、排水、电焊等作业。

（11）膜接缝边缘位置校正和剥离检测时，采用多人手钳拉拽，避免膜材集中受力。

（12）已完成铺设的膜及时焊接或粘接，膜上禁止所有车辆、施工机械行驶，验收合格及时覆盖上垫层和上保护层。

（13）膜上作业工具严格要求轻拿轻放，小型工具采用专用工具箱存放，工具或工具箱与膜接触部位采用柔软的材料加以隔离。

（14）施工电源采用护套线，并加装漏电保护器，避免电缆短路着火烫伤膜。

（15）焊接机具加装防护装置并停放在干燥、安全地带，禁止直接停放在膜上。焊接完成，焊机风嘴、电加热楔等禁止直接对准防渗膜。

（16）施工中，对跨沟槽部位、基础突变部位的覆盖层剥离抽检，避免膜材受应力集中破坏。

（17）对于采用库水保护的防渗膜，施工结束至水库蓄水至安全水位前，搞好施工区域的封闭管理，并安排专人轮流值班监督。

（18）采用膜防渗的水库蓄水初期，保持水位缓慢上升，避免基础不均匀沉降导致防渗膜受到破坏。

防渗膜施工安全防护见图 13.11-1。

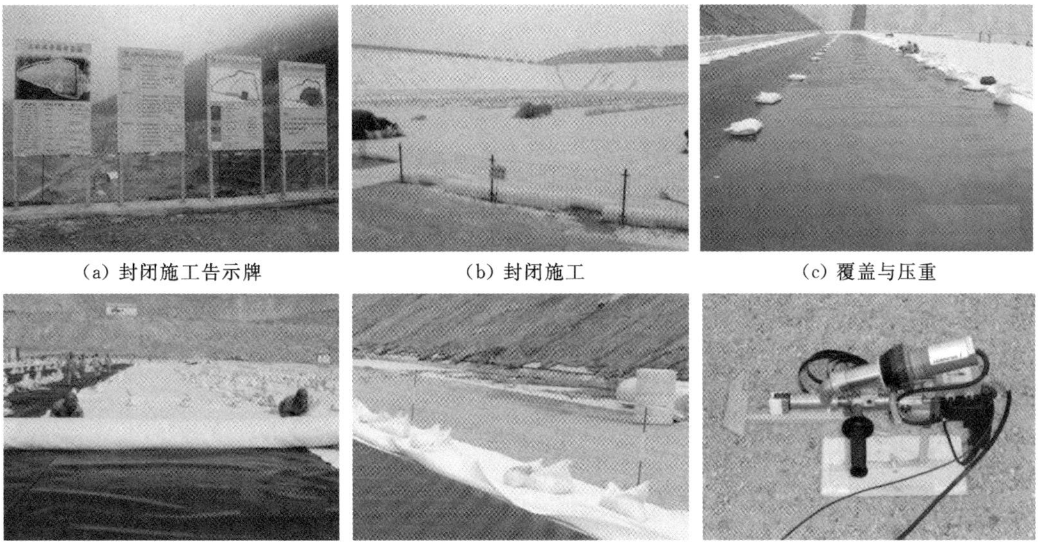

(a) 封闭施工告示牌　(b) 封闭施工　(c) 覆盖与压重

(d) 对防渗膜及时覆盖保护　(e) 专用施工道路隔离　(f) 焊接设备防护

图 13.11-1　防渗膜施工安全防护

13.12 工 程 实 例

13.12.1 蓄能电站水库库底 HDPE 膜施工

13.12.1.1 工程简况

泰安抽水蓄能电站上水库库盆是我国首次采用 HDPE 膜作为永久防渗方案的抽水蓄能电站工程，HDPE 膜防渗面积为 16 万 m^2，膜上最大工作水头为 35.8m，工程布置见图 13.12-1 和图 13.12-2。

13.12.1.2 防渗结构

1. 防渗土工膜

防渗土工膜采用 1.5mm 厚的 HDPE 膜，其主要技术指标见表 13.12-1。

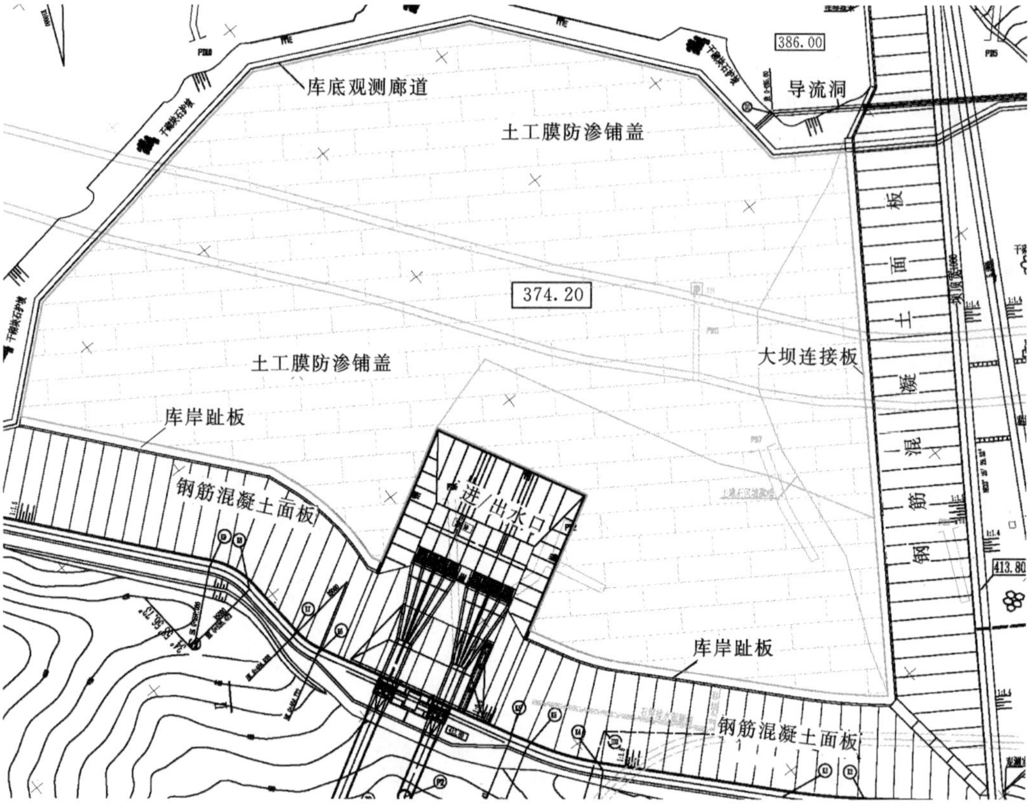

图 13.12-1 泰安抽水蓄能电站上水库 HDPE 膜防渗结构布置平面图

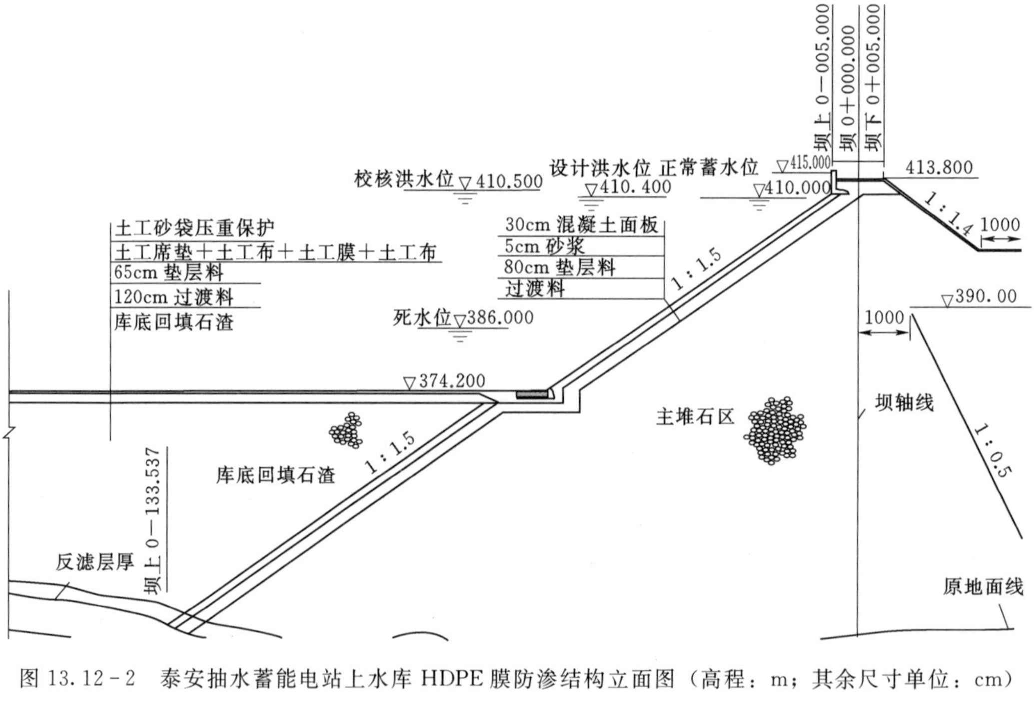

图 13.12-2 泰安抽水蓄能电站上水库 HDPE 膜防渗结构立面图（高程：m；其余尺寸单位：cm）

表 13.12-1 泰安抽水蓄能电站上水库 HDPE 土工膜主要技术指标

项 目	单位	指 标	项 目	单位	指 标
厚度	mm	1.5（+0.18，−0.1）	CBR 顶破强度	kN	≥3
单位面积质量	g/m^2	≥1400	刺破强度	kN	≥0.3
拉伸强度	MPa	≥17	落锥法破洞直径	mm	<5
断裂伸长率	%	≥450	抗渗强度	1.05MPa 无渗漏	
直角撕裂强度	N/mm	≥110	土工布	质量 $500g/m^2$，厚 3.6mm，渗透系数 $2.0\times10^{-2}cm/s$	

2. 土工膜组合防渗形式

库底土工膜防渗结构采用膜布分离方式，即：防渗膜采用压延法生产的 1.5mm 厚 HDPE 膜，HDPE 膜上下各铺一层 $500g/m^2$ 聚酯（涤纶）短丝针刺无纺土工布。

3. 土工膜周边连接设计

库底 HDPE 膜与周边混凝土结构锚固线长 1830m，包括大坝防渗面板底部 400m 混凝土连接板、右岸防渗面板底部 730m 混凝土趾板、库底 700m 混凝土廊道。土工膜周边连接设计采用机械固定防渗为主、化学粘接防渗为辅的双重防渗结构型式，并利用柔性填料的粘接性、复合防渗盖片的柔韧性实现找平、防渗、闭气、自愈的功能。

土工膜周边连接防渗结构型式自下而上分层结构为：①混凝土结构基础；②两道 13cm 宽的 SR 底胶；③厚 5mm、宽 125mm 的 SR 柔性填料找平层；④两道 SR 底胶；⑤厚3mm、宽 50mm 的 SR 防渗胶条，SR 面朝上；⑥两道 SR 底胶；⑦1.5mm 厚 HDPE 土工膜；⑧两道 SR 底胶；⑨厚 6mm、宽 330mm 的三元乙丙 SR 防渗盖片；⑩不锈钢螺栓；⑪∠75mm×75mm×8mm 不锈钢角钢；⑫弹簧垫片；⑬不锈钢螺母，紧固力 120N·m。复合防渗盖片一侧用弹性环氧封边剂粘接到混凝土面上，另一侧用弹性环氧封边剂粘接到 HDPE 土工膜上，形成第二道防渗线。具体连接见图 13.12-3～图 13.12-5。

4. 下卧支持层与上保护层

本工程土工膜下卧支持层自下而上包括：下支持过渡层、下支持垫层、土工席垫。

（1）下支持过渡层。厚度 120cm，最大粒径 15cm，铺层厚度 40cm，碾压后干密度不小于 $21.1kN/m^3$，孔隙率不大于 20%，渗透系数要求满足 $8\times10^{-3}\sim2\times10^{-1}cm/s$，实际填筑检测结果为 $(4\sim2)\times10^{-2}cm/s$。为加强膜下排水能力，在下支持过渡层设 30m×30m 土工排水管网，排水盲管内径 ϕ90mm、外包 $100g/m^2$ 土工布，排水管网与库底排水廊道排水孔连接。

（2）下支持垫层。厚度 65cm，渗透系数为 $5\times10^{-4}\sim5\times10^{-2}cm/s$。45cm 厚下层 $d_{max}<4cm$，采用砂、0～2cm、2～4cm 碎石掺配而成，小于 5mm 颗粒含量宜在 35%～55%，小于 0.1mm 粒径含量小于 8%，干密度不小于 $21.5kN/m^3$，孔隙率小于 18%。20cm 厚上层 $d_{max}<2cm$，干密度不小于 $18.4kN/m^3$，孔隙率小于 30%。

（3）土工席垫。鉴于大面积进行垫层铺筑施工过程，难免存在超径石、尖锐物体和杂

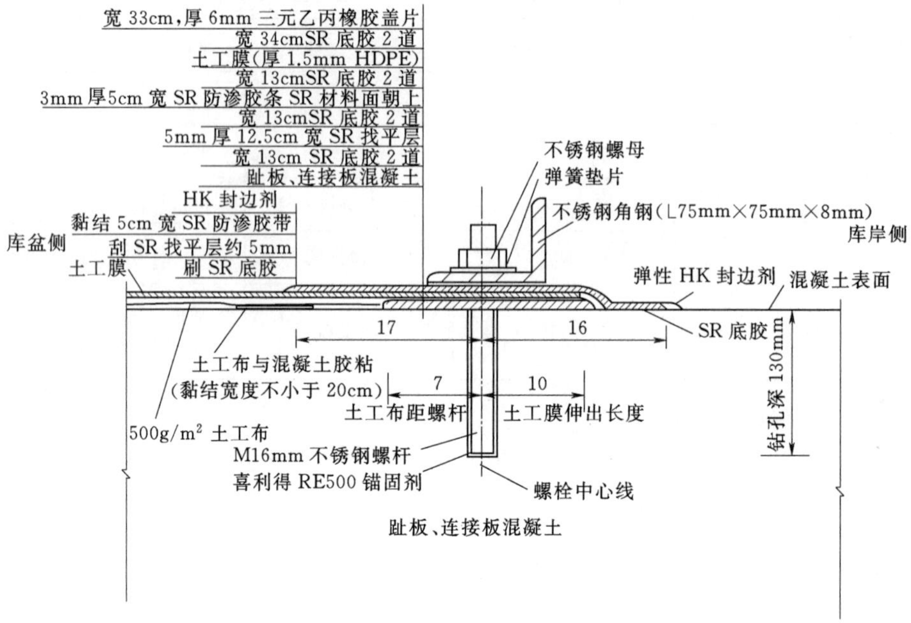

图 13.12-3 HDPE膜与混凝土连接板连接详图（单位：cm）

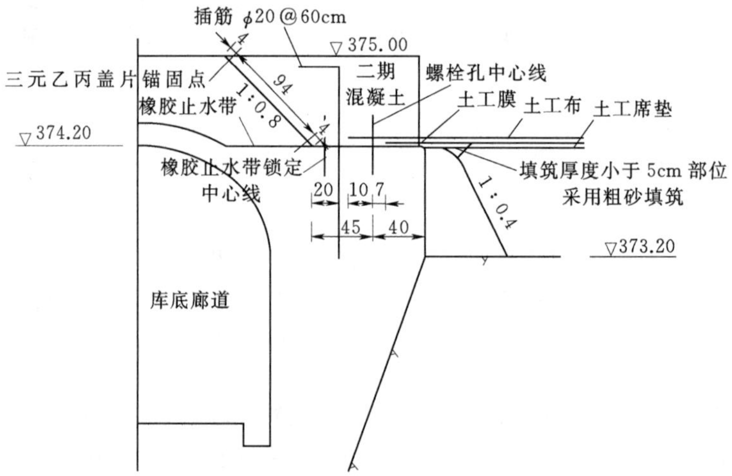

图 13.12-4 HDPE膜与库底廊道连接结构图（高程：m，其余尺寸单位：cm）

物等，为尽可能避免这些因素对HDPE膜刺破损坏，在垫层顶面设厚6mm土工席垫保护，席垫孔隙率不大于80%、抗压强度不小于150kPa。

防渗HDPE膜运行于11.8m深死水位下，膜上铺设500g/m^{2}聚酯（涤纶）短丝针刺无纺土工布加强施工期和运行期保护，土工布上采用30kg/只、摆放间距1.4m×1.4m的土工布沙袋压重，见图13.12-6。

13.12.1.3 施工和质量控制

（1）施工顺序。库盆中央部位HDPE膜铺设时，在周边按HDPE膜幅宽预留施工道

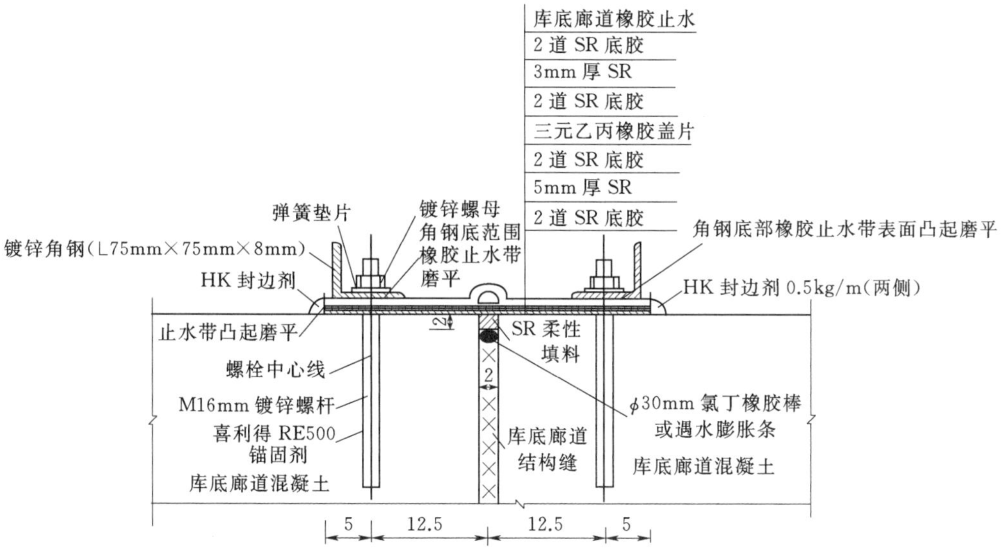

图 13.12-5 HDPE 膜跨廊道结构缝详图（单位：cm）

(a) 保护层土工布缝接 (b) 土工沙袋压重 (c) 完工后面貌

图 13.12-6 上层土工布缝接、覆压

路，待中央部位铺设、焊接完成后再对预留部分与周边锚固同步进行施工。为避免 HDPE 膜受温度变化对焊接产生影响，先摊铺周边 HDPE 膜，与中央部位已完成 HDPE 膜预拼接并预留搭接余幅，然后对周边 HDPE 膜根据不规则边进行裁剪、锚固，最后焊接周边 HDPE 膜与中央部位 HDPE 膜预留缝。

(2) 焊接施工。本工程 HDPE 膜防渗层的快速和高质量施工，在很大程度上得益于选择了一套技术先进、性能优良的 HDPE 膜施工、监测专业设备。

HDPE 膜所有接缝均采用热焊接法连接，采用热楔、热合熔、挤压焊接、热风焊接等四种焊接方法。HDPE 膜接缝主要包括直缝、T 型缝，施工中禁止采用“十”字接头。直焊缝采用 LEISTER Comet 型热楔式自动焊机，采用双焊缝搭焊，HDPE 膜搭接宽度 10cm、焊缝宽度 1.4cm。T 型焊缝采用手持挤出式焊机和半自动爬行热合熔焊机焊接。热合熔焊接采用 TRIAC-DRIVE 型手持式半自动爬行热合熔焊接机施工，挤压焊条焊接采用 SKR-A 型手持挤出式焊机施工。热风焊接采用热风枪施工。各焊接设备性能参数及用途见表 13.12-2。

表 13.12-2 HDPE膜施工主要机具性能参数一览表

序号	机具名称	型号	性能参数	用途
1	热楔式自动焊机	LEISTER Comet型	最大搭焊宽度为125mm、焊接温度为0～420℃、焊接压力为0～1000N、焊接速度为0.8～3.2m/s	土工膜直焊缝
2	手持挤出式焊机	SKR-A型	焊条直径3～4mm、适用膜厚度δ=4～12mm	T型接头或缺陷修补
3	手持式半自动爬行热合熔焊接机	TRIAC-DRIVE型	焊接温度为20～650℃、焊接速度为0.5～3m/min	T型接头和缺陷修补
4	热风枪	PLUS型	温度调节范围为80～650℃	针眼及充气检测针孔修补
5	真空测漏罩	H300型	直径30cm范围内	T型接缝、缺陷修补检测
6	气压检测仪		0～0.6MPa	土工膜双焊缝检测
7	拉力测试机	LEISTER Examo 300F型	拉力范围为0～4000N，测片咬合距离为5～300mm、测片厚度为7mm以内、测片宽度为40mm或60mm	现场土工膜焊缝强度检测

各焊接工艺原理及工艺流程见表13.12-3。

表 13.12-3 HDPE膜焊接工艺原理及工艺流程一览表

焊接工艺	焊接原理	工艺流程
热楔式焊接	利用正常工作状态下位于焊机两块搭接的HDPE膜之间的电加热楔进行加热，通过接触传热到两层膜接触面上，在焊机行进过程中，表面已熔化的土工膜被送入两个压辊之间压合在一起，使土工膜表面几密耳（1密耳=0.025mm）的熔深范围内产生分子渗透和交换并融为一体	膜面清理→压合→加热→熔合→辊压
热合熔焊接	通过焊接机前方的热风热楔联合电热刀对接触部位的两块搭接的HDPE膜进行加热，热传递到两层膜接触面上，在焊机行进过程中，通过焊机上的传动/焊接压辊对表面已熔化的土工膜进行施压，使土工膜表面熔深范围内产生分子渗透和交换并融为一体	膜预热→干燥→吹净→接触面加热→熔合→辊压
挤压焊接	通过焊机焊嘴将螺杆挤出的熔融HDPE焊料沿焊接方向均匀用力压在被焊母材表面上，通过焊料高温热熔黏结HDPE膜	膜面清理→送风→送焊条→焊条熔融→挤出焊料→熔合→挤压焊料
热风枪焊接	通过加热器对鼓风机吹出的冷空气加热，吹送到接缝部位的表面，利用热风熔化HDPE膜面、人工采用辊轮滚压，使HDPE膜黏合在一起	送冷风→风加热→送热风→膜面熔化→辊压

泰安抽水蓄能电站上水库HDPE膜焊缝施工主要技术参数见表13.12-4。

表 13.12-4 泰安抽水蓄能电站上水库HDPE膜焊缝施工主要技术参数表

项目	风速/(m/s)	气温/℃	膜温/℃	焊接速度/(m/min)	焊接压力/N	焊接温度/℃
技术参数	0.1～3.0	5～26	20～49	1.4～3	700～900	360～400

HDPE 膜焊接前，对焊缝部位采用洁净的干毛巾进行擦拭，确保焊缝结合面洁净、干燥，上下层膜熔接紧密。低温时段或温度变幅较大的天气焊接 HDPE 膜，及时采用厚棉被对焊缝进行覆盖保温，避免焊缝温度梯度过大发生脆断。施工中防渗膜防护和焊接操作见图 13.12－7 和图 13.12－8。

图 13.12－7　施工区围护、土工席垫与土工布铺设、HDPE 膜铺设及临时压重

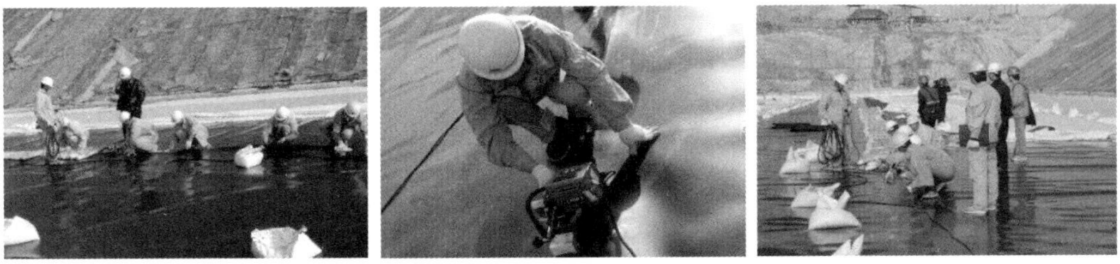

图 13.12－8　HDPE 膜接缝擦拭、对正搭接、焊接、保温

T 型焊缝采用热合熔焊接和挤压焊条焊接的方法组合施工，并对 T 型焊缝端部焊接气道采用热风枪热熔封闭。

周边锚固连接，成孔机械采用 DDEC－1 钻机，成孔孔径为 18mm、孔深为 130mm、控制钻孔轴线偏差及孔位偏差不大于±1.5mm，锚固剂采用喜利得 RE500 化学锚固剂，螺栓规格为 M16×190mm，锚固深度为 125mm，螺栓紧固力为 120N·m。现场加载试验显示，该锚固结构在承受 0.5MPa 水头和 18kN 水平拉力作用下，HDPE 膜在受力拉伸量 65～75mm 的情况下，经稳压试验 150min 无任何渗漏，证明该连接方式安全可靠，见图 13.12－9。

(a) 土工合成材料支持层黏结　(b) 防渗膜铺设、固定　(c) 防渗膜周边接缝固定

图 13.12－9　周边锚固结构施工

（3）质量检测。检测工作对质量控制起着关键作用，施工中必须对原材料和焊缝及缺陷修补点进行100%的检测。土工膜施工质量采用目测、充气检测和真空检测、拉伸测试等四种方法进行检测，检测方法同13.6.3节。其中，HDPE膜焊缝拉伸检测成果见表13.12-5。

表13.12-5　　泰安抽水蓄能电站上水库HDPE膜焊缝拉伸检测成果表

项目	检查指标							
	剪切峰值/N	剪切峰值拉伸率/%	剪切断点拉力/N	剪切断点拉伸率/%	剥离峰值/N	剥离峰值拉伸率/%	剥离断点拉力/N	剥离断点拉伸率/%
平均值	1482	12	414	115	1020	45	501	49
最大值	1699	89	1290	296	1167	58	818	76
最小值	1307	8	−17	43	841	27	−6	30

13.12.1.4 缺陷处理

HDPE膜缺陷主要有生产、运输过程中产生的熔点、孔眼、疤痕、凹坑、划痕、孔洞；施工过程中产生的划痕、检测针孔、尖锐物顶破孔洞（或孔眼）、虚焊、漏焊；温度变化时产生的褶皱等。各类缺陷性状见图13.12-10。

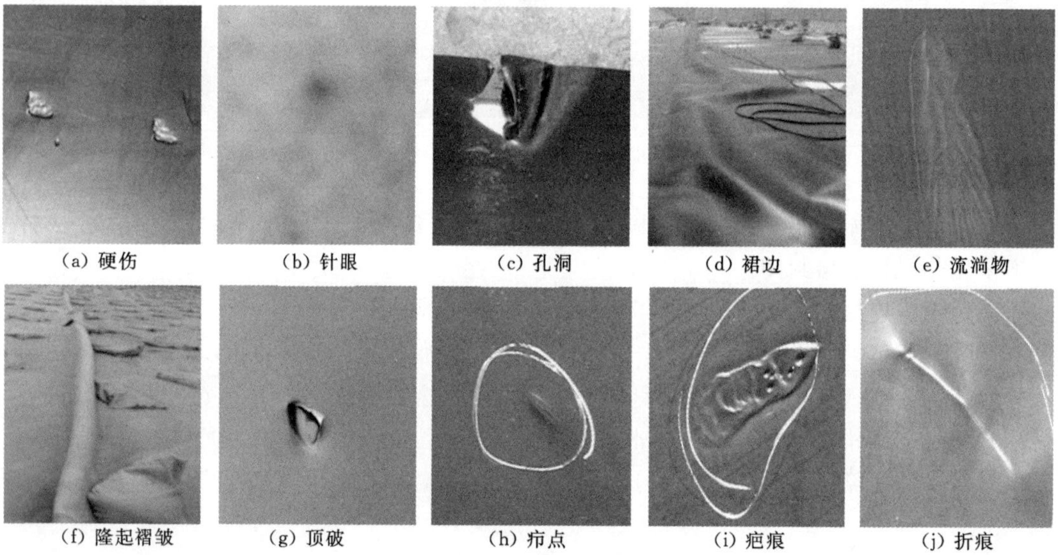

(a) 硬伤　(b) 针眼　(c) 孔洞　(d) 裙边　(e) 流淌物

(f) 隆起褶皱　(g) 顶破　(h) 疖点　(i) 疤痕　(j) 折痕

图13.12-10　HDPE膜缺陷性状图

本工程对各种缺陷处理方法如下。

（1）孔洞修补：将破损部位的土工膜用角磨机适度打毛，外贴直径（或边长）大于孔洞至少100mm的HDPE土工膜、用半自动爬行热合熔焊接机将上下层土工膜热熔粘结，并用塑料焊枪对粘结面周边用焊料粘结固定。

（2）虚焊、漏焊修补：当虚焊、漏焊长度不大于50mm时，外贴HDPE膜采用挤压焊条焊接方法修补。当虚焊漏焊长度超过50mm时，采用热熔合焊接和挤压焊条焊接修补。

(3) 表面缺陷修补。

1) 疤痕：造成 HDPE 膜自身烫伤的疤痕，割除疤痕按孔洞进行修补。

2) 熔点：外贴 HDPE 膜按孔洞进行修补。

3) 凹坑：表面凹坑深度不大于膜厚 1/3 时，将凹坑部位打毛后用挤出式塑料焊枪挤压焊料修补；表面凹坑深度大于膜厚 1/3 时，按孔洞修补。

4) 划痕：划痕深度超过膜厚 1/5 时，外贴 HDPE 膜按孔洞修补。

5) 孔眼：采用热风焊接法进行修补。

6) 烫伤：修补方法同虚焊、漏焊。

(4) 表面褶皱处理：HDPE 膜受气温影响较大，施工中热胀冷缩现象明显，HDPE 膜缩短后处于紧缩状态、伸长后处于张弛状态。铺设完成的 HDPE 膜受到基层摩阻力及上压土工沙袋约束，伸长后不能完全恢复到原来的状态，就产生褶皱，温差越大褶皱越明显。对于产生的褶皱，在 HDPE 膜周边锚固结束人工调整土工沙袋摆放位置，将较大的褶皱分解成诸多小褶皱，避免 HDPE 膜在蓄水后受集中应力破坏，见图 13.12－11。

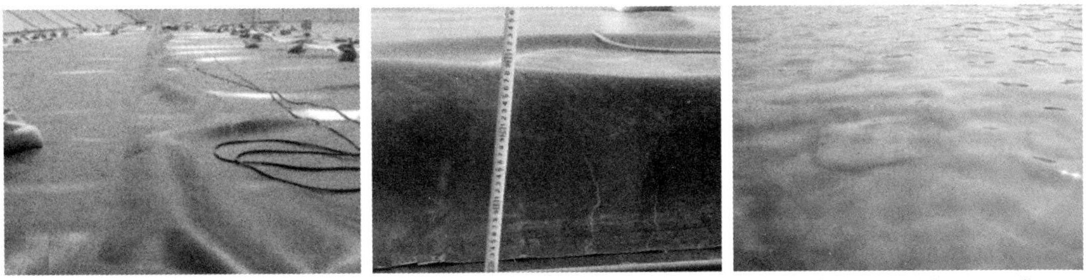

(a) 褶皱现象　(b) 褶皱检测　(c) 褶皱处理后的 HDPE 膜

图 13.12－11　HDPE 膜褶皱处理

13.12.1.5　工程实施效果

泰安抽水蓄能电站上水库 HDPE 膜防渗工程于 2003 年 11 月 5 日开始生产试验，2005 年 4 月 30 日施工结束，共完成土工膜铺设 160797.8m^2、周边锚固结构 1884m、HDPE 膜焊缝 812 条、缝长 34269.897m、T 型接头 900 处，HDPE 膜材缺陷修补 246 处、虚焊与漏焊修补 65 处。其中，HDPE 膜于 60 个有效工作日施工完成，平均铺设强度 2499.7m^2/d、最高铺设强度 8000m^2/d，平均焊接强度 527.18m/d、最高焊接强度 1600m/d。

泰安抽水蓄能电站上水库自 2005 年 5 月 31 日开始蓄水，一次性蓄水受载成功，蓄水后未进行过任何修补或处理。水库已安全运行近 13 年，库水外渗量很小，库底最大总渗漏量仅为 3.89L/s，年总渗漏量仅为总库容的 9.8‰，防渗效果及工程运行情况良好。

13.12.2　平原围封水库全库盆 PE 复合土工膜施工

13.12.2.1　工程概况

墙框堡水库位于北干线末端大同南郊墙框堡村南，为平原围封水库。水库大坝为碾压均质土坝，坝轴线总长 2.8km，坝顶宽 6.0m，最大坝高 12m。水库库底北高南低，坡降约 1%。

水库采用复合土工膜进行全库盘防渗，库底、上游坡面复合土工膜与进水箱涵、消能槽、消力池、前池、出水闸、坝顶防浪墙等周边混凝土结构形成封闭防渗系统，水库平面布置见图 13.12-12。其中，防渗复合土工膜材料为 FN2/PE-20-400-0.5，反滤土工布材料为 PET15-X-300。

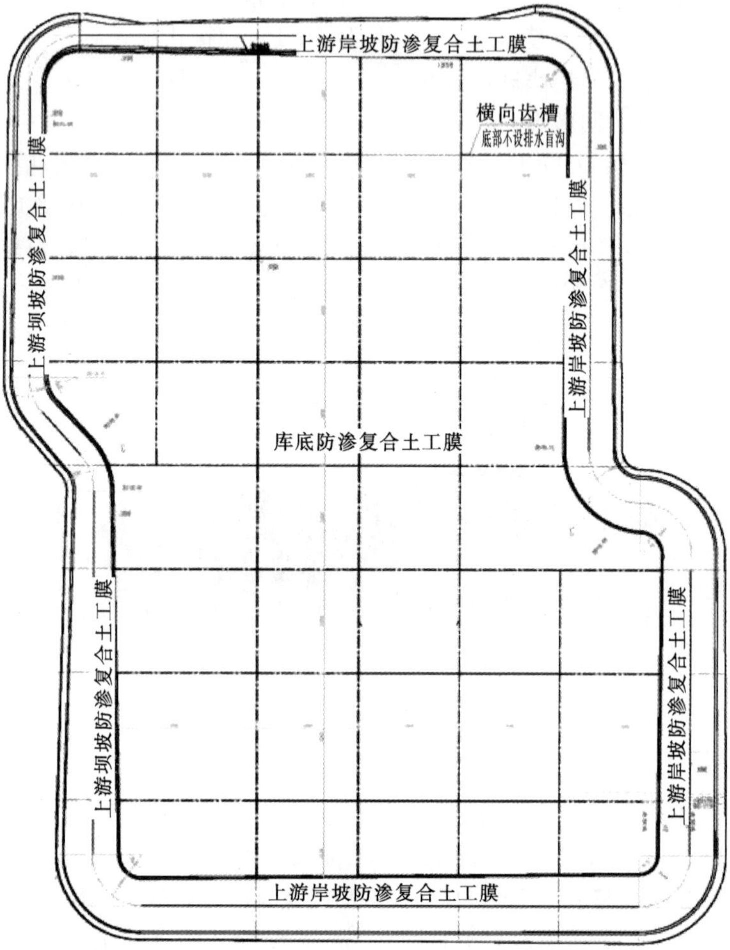

图 13.12-12 墙框堡水库防渗复合土工膜平面布置图

库底复合土工膜防渗结构自下而上为排水盲沟、复合土工膜，南区膜上覆盖 70cm 黏土，北区膜上覆盖 40cm 砂砾石+30cm 厚碎石保护。

上游坝坡为 1∶2.5，膜防渗结构自下而上依次为：防渗复合土工膜、0.35m 厚中粗砂垫层、300g/m^2 反滤土工布、0.25m 厚现浇混凝土板护坡。坡面与库底复合土工膜焊接连接。

库区与上游坝坡设@100×100m 齿槽，库区与坝坡对应齿槽设排水、排气盲管，盲管采用 300g/m^2 包中粗砂结构。排气盲管通过 PVC 管引至坝顶防浪墙，膜下反向渗水通过坝下排水盲沟排至坝后，见图 13.12-13。

墙框堡水库夏季天气干燥炎热，冬季气候干燥寒冷，雨雪稀少且多风沙，多年平均气

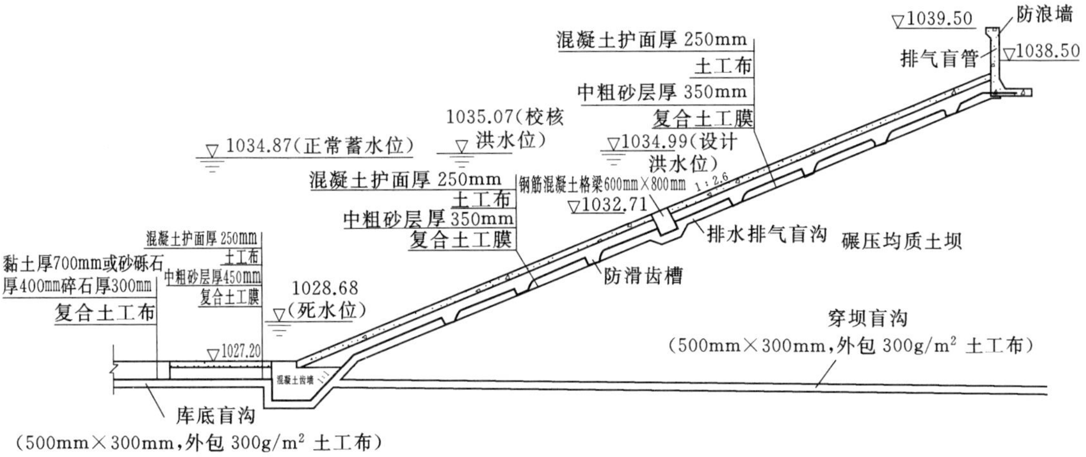

图 13.12-13　墙框堡水库上游坝坡复合土工膜防渗剖面结构图

温为 7℃，多年平均风速为 2.9m/s，最大风速可达 26.6m/s，风向多为西北风；最大冻土深度为 186cm。

13.12.2.2　材料技术指标及检测成果

复合土工膜及土工布、PE 膜基材主要技术控制指标及检测成果分别见表 13.12-6～表 13.12-8。

表 13.12-6　　复合土工膜主要技术控制指标及检测成果表

项　目		单位	指标	检　测　结　果
1	土工膜厚度（2kPa 压力下）	mm	0.5	0.45～0.52
2	标称断裂强度	kN/m	20	20.3～21.2
3	断裂强度纵向	kN/m	≥20	22.1～43.3
4	断裂强度横向	kN/m	≥20	20.5～52.8
5	标准强度对应伸长率纵向	%	≥60	57.1～72
6	标准强度对应伸长率横向	%	≥60	59～79
7	撕破强力纵向	kN	≥0.70	0.72～1.09
8	撕破强力横向	kN	≥0.70	0.70～0.83
9	CBR 顶破强力	kN	≥3.2	3.2～5.76
10	剥离强度	N/cm	≥6	8.16～13.3
11	垂直渗透系数	cm/s	$<10^{-11}$	$0.309\times10^{-11}\sim0.87\times10^{-11}$
12	耐静水压	MPa	≥1.0	1.0
13	摩擦系数（复合土工膜与中粗砂）		>0.55	0.56
14	单位面积质量	g/m^2	≥850	850～879

表 13.12-7 基材涤纶长丝纺粘针刺非织造布主要技术指标及检测成果表

项目		单位	指标	检测结果
1	单位面积质量	g/m^2	300	287～334
2	标称断裂强度	kN/m	10	
3	纵横向断裂强度，纵向	kN/m	≥10	15.7～18.9
4	纵横向断裂强度，横向	kN/m	≥10	28.1～21.4
5	纵横向标准强度对应伸长率纵向	%	≥60	64.7～56.2
6	纵横向标准强度对应伸长率横向	%	≥60	53.8～47.8
7	纵横向撕破强力纵向	kN	≥0.3	0.434～0.512
8	纵横向撕破强力横向	kN	≥0.3	0.594～0.569
9	CBR 顶破强力	kN	≥2	3.66～3.47
10	等效孔径 O_{90}	mm	0.05～0.2	0.277～0.078
11	垂直渗透系数	cm/s	$k\times(10^{-1}\sim10^{-3})$，$k=1\sim9.9$	0.313～0.277
12	单位面积质量偏差	%	−5	
13	厚度	mm	≥2.2	3.53～3.10
14	摩擦系数（土工布与中粗砂）		>0.55	0.56

表 13.12-8 基材聚乙烯 PE 膜主要技术指标及检测成果表

项目		单位	指标	检测结果
1	密度	kg/m^3	≥900	959
2	破坏拉应力	MPa	≥12	19
3	断裂伸长率	%	≥300	670
4	弹性模量（5℃）	MPa	≥70	127
5	抗冻性（脆性温度）	℃	≥−60	−60，符合
6	撕裂强度	N/mm	≥40	110
7	抗渗强度（1.05MPa 水压）		48h 不渗水	不渗水
8	渗透系数	cm/s	$<10^{-11}$	0.30×10^{-11}
9	联接强度		大于母材强度	破坏未发生在母材处

13.12.2.3 施工顺序安排

墙框堡水库工程复合土工膜按库底、上游坝坡分区分块、同步进行施工。

施工利用环库公路、坝顶公路及预留进库跨坝公路作为施工通道。施工分区、铺设顺序如下：

（1）先铺设坝坡、库底中央区域的复合土工膜，同步完成复合土工膜上部结构。

（2）由南向北铺设库周预留道路部分的复合土工膜，同步完成复合土工膜上部结构。

（3）最后进行跨坝预留段复合土工膜及上部结构施工。

13.12.2.4 主要施工工艺

1. 复合土工膜施工

（1）施工准备。

1）技术准备。熟悉设计文件及其他相关资料，对施工区域的水文、气象认真调查，编制详细的作业指导书并做好施工前的安全技术交底、施工技术培训工作，让所有操作和检测人员都领会各自领域的施工工艺流程和操作要求、技术标准。

所有施工人员，特别是复合土工膜焊接和质量检测人员，施工前必须进行技术培训和操作考核，考核合格人员持证上岗。

根据水库结构特点，绘制详细的复合土工膜拼幅图和下料图。

2）基面准备。清除基面树根、超径棱角块石、钢筋头、铁丝、玻璃屑等有可能损伤 PE 膜的杂物，停止复合土工膜铺设范围开挖、混凝土浇筑、排水等交叉作业。

铺设基面平整碾压工作已完成并符合设计要求，铺设面要求基体平整、基底密实均匀，不能有凹凸不平、尖锐物，无渗水、淤泥、集水。

对已碾压完成、经过验收合格的待铺设区域打桩拉线进行封闭围护，设立醒目的警示标志，派专人值班看守，严禁闲杂人员及机械设备通行。

3）基面验收资料检查。检查复合土工膜铺设面验收文件是否齐全，铺设前的所有工序必须经监理工程师验收合格，未经过监理验收的工作面不得进行土工膜铺设施工。

4）原材料检测、试验。施工前必须确保按进度要求进场充足的材料，复合土工膜使用前进行以下检测、试验。

a. 出厂报告检测：凡在工程中用到的土工膜，每一批都应具有制造商提供的出厂检测报告原件，注明面积、生产日期、班次和检验员代号。检验时对外包装进行百分之百检查，若发现外包装完全损坏，则应进行外观质量检测。凡原材料出厂检测报告中所标明的试验结果不符合其规定的技术标准时，做退货处理。

b. 内在质量检测：土工膜进库后的验收检验取样批量应按连续生产的同一批次、同一牌号、同一配方、同一规格、同一工艺的产品，每次取样由供货方、施工方、质检部门、监理方和业主方共同进行，各方签字认可有效。

c. 外观质量检测：对所有土工膜摊铺后进行 100％的外观质量检测。

d. 现场检测：土工膜在现场焊接前对其外观质量进行检查，检查膜面有无熔点、漏点，留边是否平整无褶皱等，发现质量问题经处理合格后才准予使用。

5）人员及器具的准备。施工人员须经培训或技术交底后才允许上岗，焊接及质检人员必须持证上岗。现场所有施工人员必须定员、定岗，正确佩带岗位证上岗。严格执行现场考勤制度、进出场登记制度、现场交接班制度。

现场施工人员必须穿软底、平底鞋，施工人员除必需的工器具外其他一切无关物品不得带入施工现场。

现场所有人员严禁吸烟。现场所有施工器具不得带尖锐棱角，不得刺伤、烫伤、烧伤或划伤土工膜，专用工具如焊机、焊枪、剪刀、钳及检试验工具等采用专用工具箱存放。

6）测量定位。复合土工膜摊铺之前对准备摊铺的区域进行测量放样，放样出摊铺的两侧边线，在边线上采用拉线的方式进行定位，控制摊铺边线和计算复合土工膜摊铺面积。

（2）搬运。现场使用的复合土工膜一般幅长 50m、幅宽 6m，采取自制台车运输，并采用人工抬运装卸车。复合土工膜搬运过程中不得撕裂外包装，避免 PE 膜受损。复合土工膜抬至作业面即抽出钢管、拆除绳套，避免划伤 PE 膜。

（3）摊铺。

1）摊铺方法。上游坡面复合土工膜摊铺分两步：第一步，与防浪墙墙基锚固部位的坡顶摊铺2m并外露预留搭接边；第二步，待防浪墙墙基部分浇筑完成，将待铺复合土工膜置于防浪墙墙基部位，上端与墙基部位预埋复合土工膜搭接、对正，将上端采用砂袋压重固定，然后向下展铺。展铺时，人工拽拉土工膜的下沿缓缓下放，禁止直接滚下。

库底水平摊铺时，先将一端同相邻块对接，砂袋压重固定，然后人工推动滚铺。

无论是坡面还是水平摊铺，铺设过程中边铺边调整，保证铺设方向及搭接宽度、预留松弛余量。复合土工膜随铺随压，铺设完成再人工调整相邻搭接宽度以满足设计要求。

2）摊铺技术要求。

a. 对每块膜、每条焊缝、每个缺陷点均进行编号，并标记在分区分块图上。

b. 复合土工膜每日铺设量不应大于当天所能焊接的数量（除有适当的保护措施外）。

c. 铺设应在干燥暖和的天气时进行。为了便于拼接，防止应力集中和人为损伤，复合土工膜铺设采用波浪形松弛方式，富余度约为1.5%。

d. 膜与膜之间、膜与基面之间压平、贴紧，不能有夹砂、夹水、夹尘现象。

e. 接缝处的PE膜下的土工织物必须压茬平整、无折皱，以确保热楔焊机运行正常。

f. 复合土工膜铺设后，应尽量减少在膜上行走、搬运工具等。凡能对PE膜造成危害的物件均不应留在膜上或携带在膜上行走，以免对膜造成意外损伤。

g. 复合土工膜校正，确保拼接合理，并用土工砂袋临时压边，防止风吹以影响土工膜的焊接质量。

h. 复合土工膜的剪裁在摊铺之后，根据该区域的大小进行实地尺寸的剪裁。

i. 复合土工膜摊铺完成，应全面进行外观检查，观察有无针眼、裂口、孔洞、起皱等缺陷，如有发现应立即采用各类彩色笔进行标记，并详细记录。

（4）焊接。

1）试焊。PE膜热合焊接前，为确保焊机参数满足当日的焊接要求，每日、每单元、每种施工环境下必须进行试焊。试焊样品长度至少1m，试焊要满足当日的环境温度和铺设要求。通过试焊，以调整好所有焊接施工的工作状态，确定焊接温度、速度、压力，见图13.12-14。

(a) 小样条焊接　　(b) 现场焊接样条取样　　(c) 焊缝拉伸强度检测

图13.12-14　现场焊接试验

试焊完成，在满足当日气温条件下检测样品质量合格后，方能进行大面积的焊接施工。若检测结果达不到设计要求，重新试焊，直到检测结果满足要求。满足要求的试样焊接参数作为正式焊接的主要依据。

PE 膜挤压焊接前也须试焊，试样规格为 300mm×600mm，试焊参数根据经验选取。

2）焊接前的准备工作。PE 膜主要利用热合焊机焊接。焊接前，先将第一幅复合土工膜铺好，将需焊接的边翻叠（约 60cm 宽），第二幅铺在第一幅膜上，调整两幅膜焊接边缘走向，使之搭接 10cm。焊接前用洁净的干毛巾擦除膜面上的砂子、泥土等脏物，保证膜面干净。

对于 T 型接头、缺陷修补等，采用热熔焊机进行辅助作业。

3）双缝热合焊机焊接。双缝热合焊接方法如下：

a. 对铺膜后的搭接宽度的检查，PE 膜焊接接缝搭接宽度为 100mm。

b. 焊接前，对搭接的 200mm 左右范围内的膜面进行清理，用干抹布擦掉灰尘、污物、水分等，使该部分保持清洁、干燥。

c. 焊接程序见图 13.12-15。

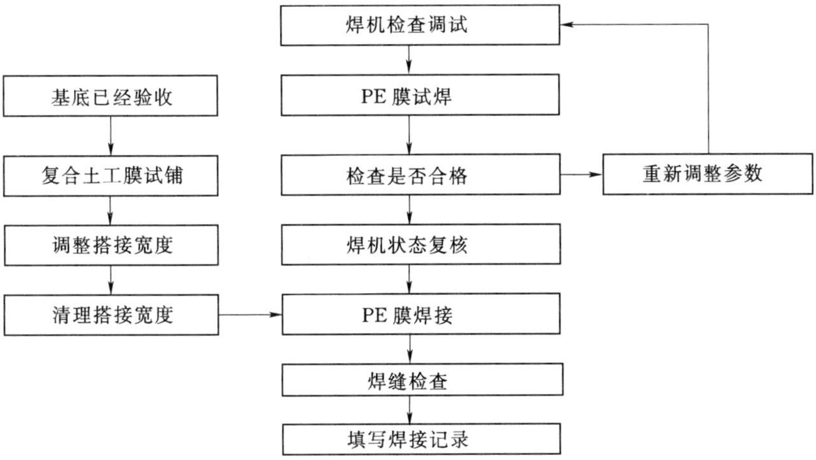

图 13.12-15　双缝热合焊机焊接程序图

4）挤压熔焊机焊接。对于非长直焊缝以及局部修补、加强处理等部位，采取热熔挤压焊接。施工方法如下。

a. 铺膜前，检查接缝处基层是否平整、坚实，如有异物应事先处理妥善。

b. 检查焊缝处的搭接宽度是否合适（≥60mm），接缝处的膜面应平整，松紧适中，不致形成“鱼嘴”。

c. 定位粘接：用热风枪将两幅膜的搭接部位粘接。粘接点的间距不宜大于 60～80mm。施工中控制热风的温度，不可烫坏土工膜，且不得轻易撕开。

d. 打毛：用打毛机将焊缝处 30～40mm 宽度范围内的膜面打毛，达到彻底清洁，形成糙面，以增加其接触面积。糙面深度不可超过膜厚的 10%，打毛时要谨慎操作尽量少损伤膜面。

e. 焊接：焊接时将机头对正接缝，不得焊偏，不能允许滑焊、跳焊。焊缝中心的厚度为垫衬厚度的 2.5 倍，且不低于 3mm。一条接缝不能连续焊完时，接茬部分已焊焊缝至少打毛 50mm，然后进行搭焊。挤压焊接使用的焊条入机前必须保持清洁、干燥，不得用有油污、脏物的手套、脏布、棉纱等擦拭焊条。根据气温情况，对焊缝即时进行冷却处理。挤压熔焊作业因故中断时，必须慢慢减少焊条挤出量，不可突然中断焊接。重新施工时从中断处进行打毛后再焊接。

挤压熔焊机焊接的程序见图 13.12-16。

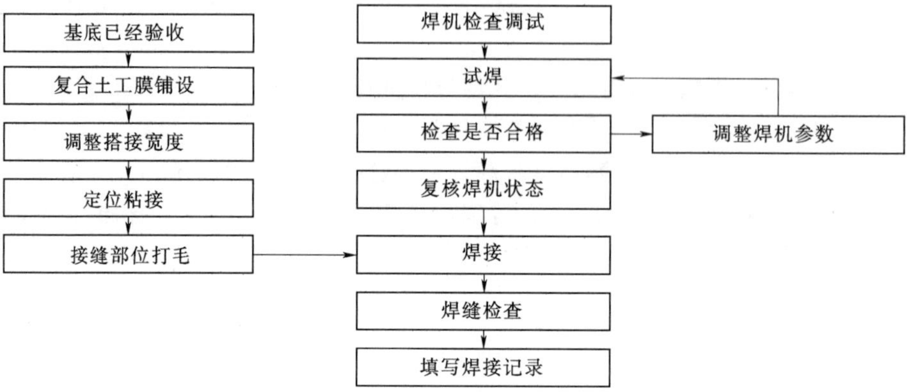

图 13.12-16　挤压熔焊机焊接程序图

5）T 型接头处理。PE 膜之间连接不允许出现“十”字接头，多幅 PE 膜之间采用 T 型接头。施工时，相邻膜之间的纵向缝采用热楔式焊机焊接，外贴 PE 膜采用半自动热合熔焊机、挤压焊机将上下两层 HDPE 膜热熔粘结。其施工要点如下：

a. 外贴 PE 膜与下部 PE 膜环行接触部位保持洁净、干燥。

b. 外贴 PE 膜须覆盖相邻三条纵横向直焊缝预留部位，其尺寸还须小于检测真空罩直径。

c. 与 T 型接头相邻部位的三个气道须用热风枪进行封闭。

d. T 型接头施工完成须采用真空负压法检测其渗透性。

6）异型结构部位处理。三角区、梯形区等异型结构区域土工膜接缝焊接前，先摊铺复合土工膜、按结构外形尺寸进行裁剪，并对复合膜接缝部位 20cm 范围进行膜、布分离处理。处理方法为：①将 PE 膜两面土工布反向 180°撕拉，撕拉过程中慢速用力均衡，防止因局部集中受力而造成膜或布撕裂；②膜布分离后，采用角磨机对接缝部位膜两面残留的土工布向同一个方向打磨，打磨时角磨机的砂轮片尽量平行于膜面，且确保一次打磨成型，防止反复打磨而损伤膜面。

2. 库区覆盖层施工

复合土工膜上覆砂石料、碎石及黏土，施工前进行现场试验，确定施工方案及施工参数。

（1）砂砾石、碎石覆盖层填筑。

1）先摊铺 120cm 厚砂砾石作为车辆运输道路，同时采用推土机进占法摊铺 40cm，采用轻型碾静碾碾压密实，最后将道路部分砂砾石摊铺到设计的 40cm 厚，并用轻型碾静碾碾压密实。

2）砂砾石上的 30cm 碎石保护层，采用总重 40t 以下的自卸汽车直接运输到工作面，采用进占法卸料，推土机摊铺平整。

（2）黏土填筑。先在铺设完成的复合土工膜上摊铺 120cm 厚土方作为车辆运输道路，同时在道路两侧采用推土机进占法摊铺黏土 70cm，采用轻型碾静碾压实。覆土完成，采用推土机将 120cm 厚道路表层 50cm 土分散摊铺，并用轻型碾静碾碾压密实。

3. 坡面中粗砂及土工布、现浇面板施工

中粗砂垫层采用 5t 自卸汽车运输到坝顶，然后人工铁锹铲运入仓。为保证中粗砂填筑密实、表面平整，在填筑过程中适当洒水，表面采用平板木耙整平，并采用 8t 重的轻型斜坡碾碾压密实。

坡面土工布在相应部位中粗砂铺设完成立即摊铺，采用滚铺法施工。施工时，先将土工布运输到相应仓面坝顶，人工自上而下滚铺，相邻两块土工布对正平搭，并采用缝包机按双线缝接。

护面混凝土面板采用简易滑模进行施工，分块、跳仓浇筑。混凝土采用斜溜槽入仓、插入式振捣器振捣，并人工二次压面压实、抹光。混凝土脱模后立即覆盖一布一膜的复合土工膜保湿、保温养护。

13.12.2.5　质量检测与缺陷修补

1. 焊缝质量检测

PE 膜焊缝主要采用目测、手工剥离、室内试验、充气测、真空、电火花等方法进行检测。目测、室内试验、充气测、真空、电火花等方法同 13.6.3。手工剥离检测，是随机选取 PE 膜焊接部位，用手钳夹住 PE 膜焊缝两侧呈 180°张拉，检测焊缝处是否会剥落。检测时，焊缝部位温度必须降至常温，且手钳同 PE 膜接触部位外缠胶布防护避免损坏 PE 膜。

2. 膜上覆土质量检测

膜上覆盖质量检测内容，主要通过对特殊部位如盲沟十字交叉部位覆盖层进行剥离，目测复合土工膜受损情况，见图 13.12-17。

(a) 膜上覆土施工　　(b) 覆土剥离检查　　(c) 覆土施工后的 T 型接头

图 13.12-17　膜上覆土质量检测

3. 缺陷修补

对焊接检验切除样件部位、铺焊后发现的材料破损与缺陷、焊接缺陷以及检验时发现的不合格部位等用记号笔进行标注并进行详细的编号，并进行修补。补修方法如下。

（1）点焊：对防渗膜小于 5mm 的孔洞及局部焊缝修补完善，采用挤压熔焊机进行点焊。

（2）补焊：对不够厚度或不够严密的挤出焊缝，可用挤压熔焊机补焊一层。

（3）补丁：对大的孔洞、刺破处、膜面严重损伤处等无法实施点焊和补焊的部位进行补丁修补。补丁材料采用同材质的PE膜，补丁边缘距缺陷部位不小于80mm。

13.12.2.6 工程实施效果

墙框堡水库工程库区共铺设复合土工膜52.57万m^2，库底焊缝为65528.3m、坝坡焊缝为12698.3m，T型接头2307个。库底施工缺陷263处、每100m平均0.40个缺陷；坝坡施工缺陷66处、每100m平均0.52个缺陷；母材缺陷库底286个、坝坡35个。所有缺陷均进行修复，复检质量全部合格。

复合土工膜PE膜焊缝现场取样19组进行抗拉强度检测，断裂最大拉力为11～16N，且均不在焊缝处断裂。

施工期间，对复合土工膜的关键接缝部位（如T型接头、跨沟槽、盲沟十字交叉部位）覆盖层进行了剥离抽检。结果发现：检测部位的复合土工膜均呈松弛状态而无绷紧，T型接口、焊缝及上下两层布均完整无损坏。

水库于2011年8月17日开始蓄水，通过蓄水后水库所埋测压管、渗压计、量水堰等监测及成果数据分析，未发现水库渗漏，说明复合土工膜防渗结构设计合理、施工工艺可靠、质量保证。

13.12.3 堆石坝防渗面膜施工

13.12.3.1 工程概况

老挝南欧江六级水电站正常蓄水位510.00m，拦河大坝为软岩筑坝，坝高85m，上游坝坡坡比为1∶1.6，采用复合土工膜防渗面板，膜下为混凝土挤压边墙。

13.12.3.2 结构特点

复合土工膜SIBELON－CNT5250由膜（PVC）和无纺土工布粘合组成，膜厚3.5mm、无纺土工布为700g/m^2，土工膜在出厂时卷筒包装，最大长度85.0m、宽度2.1m。

复合土工膜通过预埋在挤压边墙内的锚固带与挤压边墙固定，相邻两层挤压边墙锚固带采用焊接连接。锚固带材料为SIBELON－CNT3750，由PVC膜和无纺土工布粘合组成，PVC膜厚2.5mm、无纺土工布500g/m^2。锚固带每段长165cm、宽42cm，相邻两条锚固带间距6m。锚固带跟随挤压边墙上升逐层安装，施工一层挤压墙埋设一段锚固带。

挤压边墙混凝土的设计指标为抗压强度8～10MPa，渗透系数大于5×10^{-3}cm/s。挤压边墙采用挤压机施工，坝体两端与趾板连接部位留出50cm伸缩槽，为后续土工膜铺设留出适应坝体变形的储备量。挤压边墙表面平整度要求：使用2m水平尺量测最大不平整度控制在50mm内，不规则部位最小球面半径为300mm。

13.12.3.3 土工膜铺设施工

（1）施工工艺流程。土工膜铺设施工工艺流程见图13.12－18。

（2）土工膜铺设前准备。土工膜铺设前准备主要是挤压边墙表面缺陷检查处理，以达到土工膜铺设要求的表面光洁度：①清除铺设面松散体等；②对表面存在的空腔采用砂浆回填；③打磨伸缩槽边缘部位尖角，使表面平滑；④消除表面不规整，使表面平整度满足技术要求；⑤清理表面出露钢筋和尖角；⑥修复或打磨趾板与土工膜连接面的转角使之

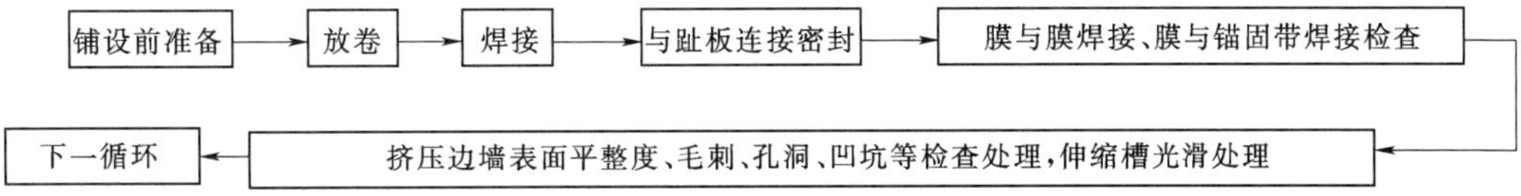

图 13.12－18　土工膜铺设施工工艺流程图

圆滑。

(3) 放卷。从坝顶面沿坡面向下展铺。首先在安装土工膜的部位摆放好卷筒支架，然后用叉车将土工膜转运并安放在支架上，然后由人拉着土工膜向下展开。铺放时，在支架处协助滚放土工膜的人员，注意控制展开速度，防止土工膜偏位或堆积形成褶皱，同时防止支架倾倒，见图 13.12－19。

图 13.12－19　土工膜放卷与对正、搭接

(4) 焊接。复合土工膜的焊接分两类：膜与膜之间焊接、膜与锚固带焊接，均采用热风粘合焊接方式。膜与膜之间采用全自动热楔式焊机焊接，焊接带宽 65mm，中间留有 15mm 检查气孔，见图 13.12－20。

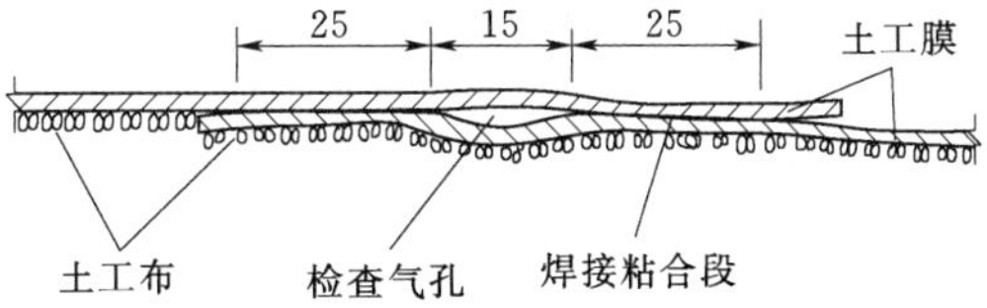

图 13.12－20　土工膜与土工膜之间双焊缝连接示意图（单位：mm）

锚带部位采用手持风焊机焊接，先焊接底部的土工膜，一边焊一边用手压紧。第一遍完成检查焊接效果，然后焊接表面一块土工膜，如此焊两遍检查两遍，见图 13.12－21。

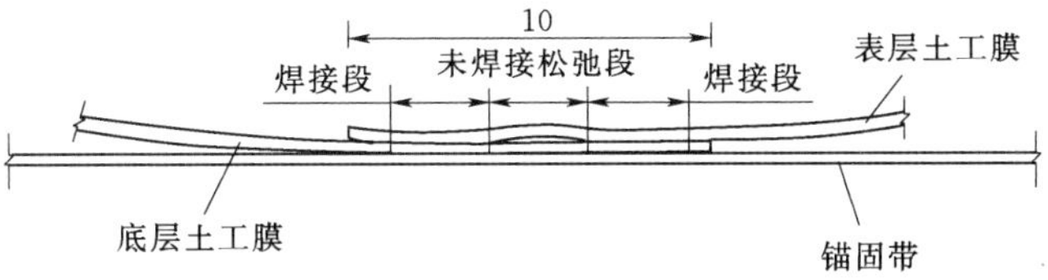

图 13.12－21　土工膜在锚带部位焊接连接示意图（单位：cm）

土工膜现场拼接施工见图 13.12－22。

13.12.3.4　周边锚固密封

土工膜与趾板间采用膨胀螺栓、环氧树脂、不锈钢板压条联合紧固密封，不锈钢板宽 80mm、厚 8mm、长 2m，螺孔间距 15cm。锚固时，首先在趾板上钻孔，用锚固剂紧固

(a) 角部土工膜焊接　(b) 坝坡土工膜焊接　(c) 土工膜与锚固带焊接

图 13.12-22　土工膜现场拼接施工

螺栓，然后安装土工膜、装好钢压条及螺母，再将 A、B 两种环氧树脂混合塞入土工膜与趾板之间的空隙，再紧固螺栓，见图 13.12-23。趾板部位连接密封两道，水平段两道密封条间距约 2.1m、斜坡段间距约 5.35m。

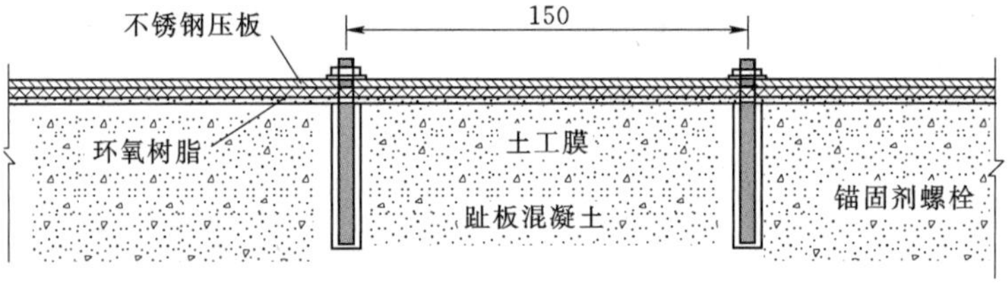

图 13.12-23　土工膜与趾板锚固示意图（单位：mm）

土工膜现场锚固施工见图 13.12-24。

(a) 螺栓安装　(b) 土工膜锚固　(c) 锚固完成的周边结构

图 13.12-24　土工膜现场锚固施工

13.12.3.5　主要施工机械设备

主要施工机械设备见表 13.12-9。

表 13.12-9　PVC 膜铺设主要施工机械设备一览表

序号	名称	单位	数量	规格	作　用
1	叉车	辆	1	3.5t	坝顶转运土工膜
2	发电机	台	1	50kW	供应全部现场生产用电
3	挤压边墙机	台	1	BJYDP40	生产挤压边墙
4	联合式自动风焊接机	台	5	2.3kW	主要焊接设备，用于土工膜与土工膜之间的焊接

续表

序号	名称	单位	数量	规格	作　　用
5	手持风焊机	把	6		用于土工膜与锚带之间的第一道接合带的焊接
6	手持自行风焊机	把	6		用于土工膜与锚带之间的第二道接合带的焊接
7	打气泵	台	2		用来检查焊接带的密闭性，从而确定焊接效果
8	密封钳	把	10		用来夹紧密封土工膜焊接带的两端，以便充气检查
9	抽气泵	台	1		用于定点检查焊接带密封质量或较短的焊接带密封质量

13.12.3.6　质量控制

土工膜焊接施工质量检查主要有三种类型：目测法、充气法、真空法。

目测法：检查土工膜与锚固带焊接效果，该部位采用手持风焊机焊接，焊接一遍检查一遍。检查人员手持螺丝刀，将刀头对准焊接缝向下划动，凭手感进行检查，对于检查出的漏焊部位进行补焊。该部位每片土工膜焊接两遍、检查两遍。

充气法：检测方法同 13.6.3.2。

真空法：用于短焊接缝的检查和定点查漏，操作方法同 13.6.3.3。

上述检查操作见图 13.12－25。

(a) 充气检测

(b) 抽真空检测

图 13.12－25　土工膜施工质量检测

13.12.3.7　安全环保措施

（1）坡面作业正确系好安全绳，焊接作业还须戴上防护手套。

（2）复合土工膜为易燃物品，施工区防火防烟，坚决杜绝吸烟。

（3）环氧树脂有一定的毒性，不慎入口或眼，须及时清理，必要时就医处理。

（4）焊接作业工具的发热体温度较高，用完及时关闭电源并放置到安全地点。

（5）锚固带及复合土工膜施工完成后及时采取围挡等措施保护。

（6）复合土工膜边角料、环氧树脂等废弃物按要求进行无害化处理。

13.12.3.8　工程实施效果

2014 年 7 月开始挤压边墙与锚固带施工，锚固带与挤压边墙同步进行。至 2014 年 10 月下旬，挤压边墙从 431.00m 高程完成到 472.10m 高程。2014 年 11 月进行第Ⅰ期土工膜施工，完成后于 2014 年 12 月继续挤压边墙施工。2015 年 3 月底，挤压边墙及锚固带施工到 512.10m 高程，2015 年 4 月中旬开始第Ⅱ期土工膜施工，第Ⅲ期土工膜在 2016 年

3月进行。其中：

(1) 第Ⅰ期土工膜施工总面积为12495m²，周边密封线两道，总长659m，施工高差为41.1m，坡面长度为79.25m，施工历时27d。施工配置为一个机组，熟练工或高级工7人、管理人员1人、辅助工人10人。

(2) 第Ⅱ期土工膜施工总面积为23693m²，周边密封线两道，总长497m，施工高差为40m，坡面长度为75.48m，施工从2015年4月13日开始准备、4月14日正式铺设土工膜、5月2日开始与周边趾板密封施工，2015年5月8日完工，5月10日完成全面检查验收，施工历时27d。施工配置为一个机组，熟练工或高级工9人、管理人员1人、辅助工12人。第Ⅱ期土工膜施工焊接1316m²/d，与趾板连接密封71m/d，综合工效为947m²/d。

施工完成的第Ⅰ、第Ⅱ期土工膜总面积为36188m²，与趾板两道密封线总长1157m。经现场检测满足设计要求。2015年10月8日，南欧江六级水电站下闸蓄水，10月24日水位升到最低发电水位490.00m。埋设在土工膜表面或下方的监测仪器表明，各项监测数值正常，其中渗透压数据为零，表明土工膜防渗效果良好。

土工膜施工全景及水库蓄水后面貌见图13.12-26。

图13.12-26 土工膜施工全景及水库蓄水后面貌

13.12.4 土工膜粘接施工

13.12.4.1 人工湖、蓄水池建造工程

郑州世纪游乐园人工湖，面积为4000m²，湖深为1.2m，基础为黄色粉土和细砂，采用一布一膜型PE复合土工膜（膜厚0.5mm，无纺布200g/m²）整体防渗。由于湖形复杂，且湖中有三个岛屿，湖上有两座曲桥，一座直桥，桥墩及进排水管均要穿过PE复合土工膜防渗层，采用焊接法显然铺设困难。本工程复合土工膜的接边、与桥墩及管道连接，均采用了KS胶粘剂进行粘接。与此施工方法类似的还有郑州阳光四季园人工湖、金色港湾人工湖、焦作修武山区集雨蓄水池等建设工程，该方法施工速度快，材料无边角余料，蓄水后防渗效果理想。

13.12.4.2 浆砌石结构防渗处理工程

武当山水电站引水渠部分采用浆砌石面板，砂浆抹面防渗。正常运行水深4m，渗漏严重，危及到渠道的安全。渠道采用KS胶粘剂满粘PE复合土工膜（表面砂浆保护）的防渗措施，达到了预期的效果。河南省一些山区建有大量的浆砌石结构蓄水池，由于渗漏，基本废弃。焦作、巩义等地部分蓄水池采用了PE复合土工膜及KS胶粘剂粘接防渗技术进行处理，运行效果良好。

13.12.4.3　屋面防水工程

2000 年 8 月，采用 KS 胶粘剂满粘 PE 复合土工膜（膜厚 0.5mm，无纺布 $200g/m^2$）法对河南省水利科学研究所新建办公楼约 $1000m^2$ 的屋面实施防水施工处理。屋面上有各种管道、落水口等，由于 KS 胶粘剂延伸率可达 1000%以上，当基层开裂时，确保 PE 复合土工膜不被拉坏，形成两道防水层，上面有 3cm 砂浆保护。该方法最大的优点是接缝少、铺设快、防渗效果好，经三年运行无渗漏。

13.12.4.4　地下室防水工程

河南省水利厅 1 号、2 号两栋小高层住宅楼地下室采用 KS 胶粘剂粘接 PE 复合土工膜（膜厚 0.5mm，无纺布 $200g/m^2$）方案进行防水处理。楼为桩基筏板基础，基坑深 5m，设有 590 根桩，施工条件复杂，其中 PE 复合土工膜与桩头连接是防渗技术关键之一，施工采用“V”槽 KS 胶连接并灌注密封法处理。地下室外墙面复杂，每栋楼都有 50 余根过墙管，分两期防水施工。通过运行无任何渗漏，防水效果理想。该方法的优点是施工快、接缝少，在防水层上施工及基坑回填土时，无纺布保护着 PE 膜防水层，确保了防水质量。该方法已在河南省中医学院家属楼地下室防水及偃师市居民住宅地下室防水工程中推广应用。

13.12.4.5　其他方面

PE 复合土工膜及 KS 胶粘接技术还用于倒虹吸混凝土接口处理、渠道混凝土伸缩缝的处理、金属管道防腐衬砌处理、工业酸碱池防腐处理等方面，均取得了成功。

13.12.5　隧洞防水板施工

13.12.5.1　工程概况

东秦岭隧道位于陕西省蓝田、商州交界处，全长 12268m，是西安至南京铁路全线控制工期的头号重点工程。隧道洞身地段地质十分复杂，岩溶裂隙水和基岩裂隙水比较丰富，弱富水地段单位稳定涌水量达 $432m^3/(d \cdot km)$，富水地段单位稳定涌水量为 $648m^3/(d \cdot km)$。隧道防排水系统，设计要求在初期支护与二次衬砌间铺设复合式防水板，并系统设置环向软式透水管和纵向软式排水管。

对于富水地段采用拉伸强度较高的 EVA 型复合式防水板，弱富水地段采用 LDPE 型复合式防水板。防水板幅宽 2.1m、厚度 1mm，以 $300g/m^2$ 无纺土工布作垫层。无纺土工布与防水板呈带状点式粘连，带间距 1m。

13.12.5.2　防水板规格及性能指标

防水板规格和性能分别见表 13.12－10 和表 13.12－11。

表 13.12－10　　防水板规格一览表

项　目	EVA	LDPE
厚度/mm	1.0	1.0
宽度/m	2.1	2.1
长度/m	＞20	基准 46

表 13.12-11 防水板性能指标

项目	EVA		LDPE	
	横向	纵向	横向	纵向
拉伸强度/MPa	≥17	≥19	≥15	≥17
断裂伸长率/%	≥600	≥560	≥560	≥520
热尺寸变化/%	≤2.0	≤-3.0	≤2.0	≤-3.0
低温弯折性	-35℃无裂纹			
抗渗透性	0.2MPa 24h 无渗透			
剪切状态下粘合性/(N/mm)	≥5			

13.12.5.3 防水隔离层固定

先将土工布用头部带热熔衬垫的专用射钉固定在初期支护上，防水板则用热焊机粘连在固定无纺布的热熔衬垫上。固定无纺布的射钉不穿透防水板，施工中，无纺布的铺设顺着初期支护表面弧形布置，并保持自然松弛。铺设顺序为先拱顶、后边墙。射钉呈梅花形布置，拱顶部间距 0.5m，边墙间距 1m。热粘防水板时，按照热焊机所规定的温度、电压等技术要求，严格控制压焊时间。防水板隔离层铺设和防水板固定分别见图 13.12-27 和图 13.12-28。

(a) 放水板隔离层施工

(b) 防水板铺挂松紧适度

图 13.12-27 防水板隔离层铺设

(a) 预埋木钉

(b) 防水板固定

图 13.12-28 防水板固定

3.12.5.4 接缝焊接及质量检查

防水板幅间搭接长度为 10cm，幅间焊接采用 SYW-B 型热熔式塑料焊接机。操作时根据实际情况调整温度和工作速度，确保最佳焊接质量。对于边角、沟槽等处或修补小块空洞而不能使用焊机的地方，用手持热风焊枪焊接，该焊枪通过焊枪内置鼓风机吹出的空气经过加热器产生高温气流，再由焊枪口吹送到接缝部位表面，防水板热熔后再用手动压辊压合连接。

SYW－B 型焊接机的焊接质量和工作温度与行走速度关系密切，须根据不同环境、不同材料选择焊接温度和行走速度，焊接温度一般控制在 350℃（防水板熔点 230～260℃）以下。在焊接施工时发现温度偏高或偏低时，通过调节焊接速度来弥补温度的偏差。

防水板熔接部位采用充气检测，当气压达到 0.1～0.15MPa 时持续 2min，压力无变化则熔接质量合格。如有变化，则在焊缝上涂检测液，再次充气检测，查出漏气部位，对漏气部位进行补焊。焊缝强度检测参照防水板检测标准，要求不低于母材强度的 80%。

防水板焊接与质量检测见图 13.12－29。

(a) 防水板热熔焊接

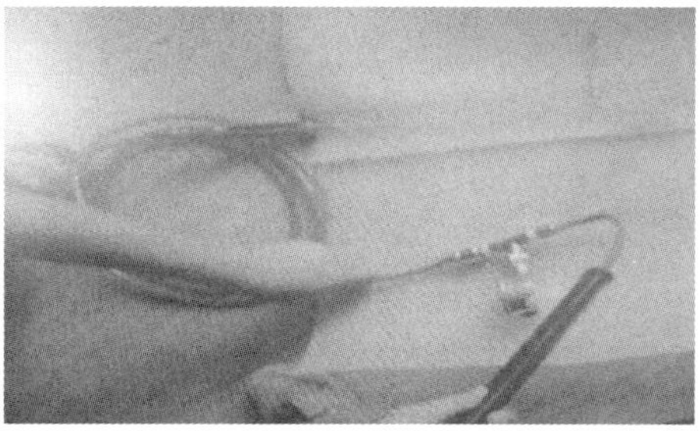

(b) 防水板焊缝质量检测

图 13.12－29 防水板焊接与质量检测

3.12.5.5 施工效果

东秦岭特长隧道衬砌结束后对全隧道进行检查，没有发现渗漏水现象，质量满足设计要求。

参 考 文 献

［1］ 束一鸣，吴海民，姜晓桢. 中国水库大坝土工膜防渗技术进展［J］. 岩土工程科学学报，2016，38（增刊 1）：1－5.

［2］ 王丰，张原川，常宁，等. 切吉水库大坝土工膜防渗除险加固设计与施工［J］. 水利水电科技发展，1996（5）：45－49.

［3］ 钟维昭，傅毅强. 土工合成材料在竹寿水库大坝工程中的应用［J］. 四川水利，1996（2）：7－11.

［4］ 徐麟祥. 长江委 60 年水工设计创新回顾［J］. 人民长江，2010（4）：54－58.

［5］ 何世海，吴毅谨，李洪林. 土工膜防渗技术在泰安抽水蓄能电站上水库的应用［J］. 水利水电科技进展，2009（6）：78－82.

［6］ 束一鸣，张利新，元权益，等. 西霞院反调节水库土石坝膜防渗工艺［J］. 水利水电科技进展，

2009，29 (6)：70－73.

[7] 褚清帅. 仁宗海水库大坝 HDPE 复合土工膜施工技术 [J]. 四川水力发电，2011 (5)：32－35.

[8] 李洪林. 复合土工膜在平原围封水库全库盘防渗中的应用及施工 [J]. 科技研究，2014 (26)：137－138，163.

[9] 朱安龙，黄维，王樱畯. 洪屏抽水蓄能电站上水库库底土工膜防渗结构设计 [C] //水利水电工程土工合成防渗材料实用技术论文集 (2017版)：104－110.

[10] 李文国，侍克斌，周峰，等. 全库盘大面积土工膜防渗体机械化施工工艺研究 [J]. 水力发电，2008 (3)：50－51，99.

[11] 董岩. 桥面防水层机械摊铺技术的应用 [J]. 市政技术，2009 (1)：31－34.

[12] 蔡新合. 水利水电工程中土工膜的应用及挤压墙式土工膜面板坝 [J]. 岩土工程学报，2016，38 (增1)：45－53.

[13] 中国葛洲坝集团股份有限公司. 混凝土面板堆石坝挤压边墙混凝土试验规程：DL/T 5422—2009 [S]. 北京：中国电力出版社，2009.

[14] 孙玉军，洪镝，武选正. 公伯峡面板堆石坝混凝土挤压式边墙技术的应用 [J]. 水力发电，2002 (8)：45－47.

[15] 潘维宗. 垂直铺塑技术在堤防防渗加固中的应用 [J]. 水文地质工程地质，2001 (4)：53－55.

[16] 任振波，黄振中. 浅析垂直铺塑防渗技术中的开沟造槽施工工艺 [J]. 中国新技术新产品，2008 (12)：71.

[17] 徐德芳. 浅谈混凝土重力坝上游面土工膜防渗技术 [J]. 大坝与安全，2011 (6)：1－6.

[18] 李兴亚，李立生. 东秦岭特长隧道防水隔离层铺设技术 [J]. 铁道标准设计，2002 (11)：22－23.

第2篇

排水反滤篇

主　编　侯晋芳
副主编　张　伟
主　审　包承纲（长江科学院）

本篇各章编写人员及单位

章序	编　写　人	编写人单位
14	侯晋芳　李树奇　叶国良	中交天津港湾工程研究院有限公司
15	侯晋芳　李树奇　叶国良　郑爱荣 李　斌　付建宝　徐宾宾	中交天津港湾工程研究院有限公司
16	张　伟　丁金华　定培中	长江科学院
17	李彦礼　刘欣欣	矿冶科技集团有限公司
18	闫澍旺	天津大学
19	严　飞	上海市政设计研究总院（集团）有限公司
20	刘　润　严　驰	天津大学
	王晓东	中船第九设计研究院工程有限公司
21	刘　畅	天津大学
22	田正宏	河海大学
23	姜俊红	华南农业大学

第 14 章 概　述

排水与反滤作为土工合成材料的基本功能，广泛应用于水运、水利、市政、交通、矿山、农田等各种土木工程和农业工程领域。土工合成材料与传统的防排水反滤材料相比，具有许多优越性，主要有：①由于是工厂生产，土工合成材料能最大限度地满足工程的要求；②土工合成材料的性能稳定，质量有保障；③质轻，运输方便等，使得工程造价比传统方法节省；④施工方便，劳动强度低，工效高，施工质量有保证。因此，土工合成材料在各领域排水反滤方面发挥着越来越重要的作用，常用的材料有土工织物（亦称土工布，下同）、塑料排水板、塑料排水管袋、塑料盲沟、土工网等。

在水运工程中，涉及吹填造陆软基加固排水。

在水利工程中，涉及江河堤坝排水和反滤，闸、坞排水和反滤。

在市政、道路工程中，涉及基坑降水、场地排水、道路排水、边坡挡墙排水反滤等。

在矿山工程中，涉及尾矿库（灰渣库）的反滤排水。

在农田中涉及农田排水等。

本章将阐述土工合成材料在以上各项工程中的应用，以及排水反滤新的研究成果，具体设计方法、施工工艺和应用工程实例将在各章中分别叙述，EKG 材料及电渗排水固结、平面拉应变对土工织物孔径特征及反滤性能影响的研究成果将在附录Ⅱ中阐述。

14.1　土工合成材料排水反滤技术进展

14.1.1　软基排水加固工程

软基排水加固需同时具有反滤和排水作用，软基排水材料多为复合型土工合成材料，常用的有塑料排水板、滤管、三维土工网及塑料盲沟等。

塑料排水板对于加固深厚的软土地基，从技术上和经济上考虑，是最为经济、有效、可行的方法。塑料排水板是由具有纵向排水通道的塑料板芯和外覆透水滤布两部分组成。板芯一般采用聚乙烯、聚丙烯等塑料制成，有使用全新塑料的，也有使用再生塑料的。透水滤布一般为涤纶、维纶和丙纶等短纤浸胶无纺土工布或长纤热熔无纺土工布。随着应用的深入、功能的细化，排水板的型式越来越多。为了弥补粘合式排水板的滤布与板芯的连接的紧密性不足问题，新的整体式的排水板产品即将进入实用阶段；为了增强排水板排水效果，不但出现了板芯较厚的 D 型板，还出现了宽度为 150mm 和 200mm 甚至更宽的宽排水板。塑料排水板在软土地基处理工程中应用越来越广泛，近几年我国的平均年用量都在 1 亿 m 以上。其应用的重点范围也已从港口转向高速公路、高等级公路、机场及水利工程中的海堤堤基加固。

天津临港产业区软基加固工程采用长、短板排水板布置方式。天津港东疆港区欧洲路北段及道路工程的软基加固打设可测深的塑料排水板，长度约20m时，精度都能控制在2%以内。连云港港旗台作业区液体散货泊位铁路专用线（一期）路基工程采用整体板进行排水，整体板滤膜和芯板黏合在一起，提高排水板强度，减小排水板弯折带来的排水不畅问题。三维土工排水网是以高密度聚乙烯为原材料，外加抗紫外线助剂等材料，通过特殊的机头挤出成型工艺加工而成，在天津临港产业区吹填加固区进行试验，证实对于超软土三维排水网可取代砂垫层进行地基加固。

塑料盲沟也常用于软基排水，广州地铁二号线赤沙车辆段软基处理面积28.3万m^2，由于加固区地势低，砂垫层中积聚大量的吹填尾水和地下水，采用HCM156型塑料盲沟排水。塑料盲沟还可作为水平排水体，代替中粗砂垫层，解决砂源严重缺乏地区的问题。

14.1.2 江河堤坝排水反滤工程

江河堤坝以土石坝为主，土石坝反滤采用的土工合成材料主要是土工织物，土工织物的渗流系数一般为$10^{-3}\sim10^{-4}$cm/s，与面板堆石坝对垫层料的要求相近。但应用土工织物作反滤层，要防止其被细粒土淤堵失效，因此，反滤层的长期有效使用问题是土工合成材料反滤设计中应考虑的首要问题，其反滤的作用，不是阻止所有细粒的流失，而是保证起骨架作用的颗粒不流失，但容许部分极细颗粒流失，以防止反滤织物被淤堵。用作反滤的土工合成材料主要有无纺织物和有纺织物，在选材时应特别注意孔径的选择，保证反滤织物的长期运用。用作排水的土工合成材料种类主要有土工织物、土工网、三维土工网垫、塑料排水板、软式排水管等。

土工合成材料用作反滤的工程实例很多，深圳河治理二期工程无纺土工布用于河堤边坡上，起反滤作用。由于本地缺少砂砾料，在潮位变化区的堤坝边坡如使用传统的砂砾层做反滤易受到潮水的严重影响，选用无纺土工布作反滤层保证了施工质量，加快了施工进度。

上海青草沙水库吹填土堤坝坡面采用了反滤土工布，一般内、外棱体平台的上部坡面反滤土工布采用200g/m^2机织布，棱体平台以下采用380g/m^2复合反滤土工布（230g/m^2机织布与150g/m^2无纺布复合），反滤土工布的底部与保滩工程软体排相接，形成完整的排水反滤体。达到较好的反滤排水效果。

葛洲坝水利枢纽坝区地层中存在软弱泥化夹层，经过多年实验研究，采用由工业过滤布包裹泡沫软塑料，中间设置加孔眼的塑料滤水管组装成的组合式预制过滤体，插入排水孔中，对软弱夹层中可能被集中渗流冲刷出的粒径大于0.1mm的粒团起过滤作用，防止软弱夹层遭受进一步的渗透破坏。在实际应用中取得了良好效果。

2000年建成的汉江王甫洲水利枢纽工程在围堤中共用土工织物和土工膜超过100万m^2，但在蓄水调试发电机的过程中，老河道围堤局部堤段土工织物产生了淤堵。因此，土工织物反滤的淤堵问题应特别重视。

14.1.3 尾矿坝排水反滤工程

20世纪80年代之前，国内大多数尾矿坝坝体的反滤层一般由砂、砾、卵石或碎石等三层组成。80年代后，随着土工合成材料引进中国，土工织物也开始应用于尾矿初期坝反滤设计，进而开始大规模应用，并得到了工程技术人员的普遍接受。最初，国内矿山领域主要采用土工布作为反滤排水材料。1979 年狮子山杨山冲尾矿库坝体出现坝面沼泽化问题，经狮子山铜矿、南昌有色冶金设计院、河海大学、南京水利科学院、武汉勘察研究所合作攻关，提出了采用垂直排渗井和水平排渗管联合自流排渗的方案解决尾矿坝浸润线过高的问题，土工布主要被用于尾矿坝反滤与排水。1987 年工程开始实施，实践表明，土工布应用于尾矿坝排渗具有良好的保砂排水性能，及有效降低尾矿管涌的危险性；此外，由于土工布埋设于尾矿之中，其老化进程将大大减缓，一般远远超过尾矿库的使用寿命，因此，在尾矿库服役期内，土工布的力学性能也能够基本保持。除杨山冲尾矿库外，国内许多有色金属矿山在筑坝过程中将土工布包裹的水平排渗管埋设在沉积滩面内，均取得了良好的工程应用效果，如凹山尾矿库 1 号副坝七期子坝的滩面在平行坝轴线 50m 处，铺设了一条水平排渗管，排渗管直径 165mm，用 ϕ10mm 钢筋焊接成圆管骨架，外包土工布形成；小西沟尾矿库在坝体堆至 224m 高程时，在平行坝轴线 50m 处，埋设了一条长 110m、直径 250mm 的土工布包裹排渗管，排水量可达 300～500m^3/d，运行 4 年，比较稳定，无有害物质。除上述工程外，应用土工布做反滤排渗的还有岿美山钨矿尾矿库、德兴铜矿 2 号尾矿库、木子沟尾矿库以及桃林铅锌矿尾矿库等，尤其是桃林铅锌矿尾矿库，其排水量高达 110t/h。

随着可持续发展观念的深入人心，国内矿山企业为进一步提高矿产资源利用率，采取了精细化的选矿工艺，导致入库尾矿粒径越来越细，目前可见的超细尾矿中－200 目颗粒重量占到尾矿总重的 90%以上。这种状况下，对土工合成材料的反滤与排水性能提出了更加严苛的要求。实践证明，单纯利用土工织物作为反滤材料往往会发生淤堵，已无法满足实际生产的需要，除采用土工布与粗砂组成的复合反滤层的升级传统技术外，越来越多新型的土工合成材料产品先后被用于尾矿库反滤与排水施工，较为常见的有土工排水管、塑料排水板以及塑料盲沟等。槽孔管是一种新型的尾矿堆积坝排渗管，针对排渗管淤堵而研发，优点是排渗效果长久，对于已建尾矿坝用该方法，排渗效果明显，开始受到工程人员的关注，其渗流排水原理需一进步开展研究。例如在 2006 年，江西铜业集团下属武山铜矿尾矿库扩容工程建设中的 1 号坝淤泥质黏土软基处理，首次将塑料排水板应用到尾矿库中，工程实践表明，塑料排水板渗滤效果显著，能够有效地加速尾矿中水的排出，实现尾矿库滩面软基加固。2009 年四川省会理县拉力铜矿新厂沟尾矿库采用上向弯曲双向槽孔排渗管技术，分别在初期坝坝顶、第 5 级和第 8 级子坝处施工三排上向弯曲钻孔，孔内安装双向槽孔排渗管，在有效降低了尾矿坝浸润线的同时也取得了较好的尾矿反滤效果。塑料盲沟是一种较为新颖的土工合成材料产品，余新洲采用有限元计算法，对水平土工席垫＋塑料盲沟排渗技术的有效性进行了论证，结果表明该技术能够有效降低尾矿坝的浸润线，降幅最高可达 230%，渗滤效果显著；然而，塑料盲沟作为一种新型产品，缺乏国家行业标准，尾矿领域的设计与施工缺乏相关依据，有待进一步发展。

土工合成材料的反滤与排水技术还可以用于模袋筑坝工程中。模袋筑坝是 2010 年由北京矿冶科技集团有限公司（原北京矿冶研究总院）提出的一种利用细粒尾矿构筑尾矿坝的新工艺。该工艺充分利用了有纺土工布的排水与反滤性能，当尾矿充灌到模袋中后，较粗的颗粒被土工织物拦挡滞留在模袋内，较细的颗粒与水则透过模袋排出，排水固结到一定程度的模袋经相互搭接堆叠形成尾矿坝，有效解决了目前细粒尾矿筑坝的技术难题。目前该工艺已相继在云南玉溪矿业有限公司大平掌铜矿、昆明汤丹冶金有限责任公司、江铜集团武山铜矿、大冶有色金属公司铜山口铜矿、江西金山矿业有限公司等工程应用，均取得了良好的效果。

14.1.4 港口工程排水反滤工程

港口工程排水反滤主要有闸、坞排水反滤及重力式码头排水反滤。

闸、坞排水反滤工程用到的土工合成材料，包括消力池设置的土工合成材料反滤层，排渗使用的排渗管等。

德阳市柳梢堰闸坝工程（大二型闸坝），在消力池和海漫的反滤层采用了土工织物材料。反滤层位于被保护土与护坦之间。

刘山复线船闸闸室墙后设置聚氯乙烯（PVC）软式排水管，是第三代软式加筋透水管的应用。支管内径5cm，采用高强小弹簧硬钢丝作为主骨架，钢丝外包裹PVC作保护，能承受高强压力，适应不均匀变形，反滤排水效果显著。

南通九圩港船闸闸室墙后的排水暗管采用了ϕ50mm的PVC聚氯乙烯双螺纹透水管，外包一层规格为400g/m^{2}的无纺土工布，作为支管集水。而在500mm×400mm的排水棱体中应用了规格为500g/m^{2}的无纺土工布做包体，中间设3根ϕ50mm透水管作为集水的主管，螺纹管与排水棱体的连接段使用土工布套，防止排水棱体外的土颗粒穿过螺纹管与土工布之间的空隙而带入排水体中，造成排水设施失效，应用效果良好。

在兴隆枢纽工程中土工合成材料也被广泛地应用，使用总量约90万m^2，由于船闸底地基中存在粉细砂，在船闸上游引航道坡面、船闸下游引航道马道以上坡面等处都铺设有一层土工布，以保护坡面土体颗粒不被渗流带出。所用土工布规格为400g/m^2，渗透系数大于5×10^{-2}cm/s，土工布等效孔径O_{95}为0.1～0.2mm。实践表明土工布对粉细砂起到较好的排水反滤作用。

设计库容5000万m^{3}的丁东水库。其下游坝脚采用土工织物作为反滤材料。围坝下游反滤排水体共铺设无纺土工织物13.9万m^2，降低了工程造价，缩短了工期，应用效果良好。

重力式码头方面，在天津港东突堤南侧码头中应用了土工织物反滤层，该码头采用高桩梁板和CDM（深层水泥拌和）体接岸结构。土工合成材料铺设在抛石棱体的顶面和坡面起到反滤作用。

深圳赤湾港建成的2.5万t级和4.0万t级重力式空心方块码头，采用了编织布作为反滤层。

14.1.5 场地、道路排水

场地排水主要有明渠排水和暗管（沟）排水两种，常用的土工合成材料有排水板和软式透水管。场地排水材料排水板是由聚苯乙烯（HIPS）或者是聚乙烯塑胶底板经过冲压制成圆锥突台（或中空圆柱形多孔）而成，起到排水功能。软式透水管则是以防锈弹簧圈支撑管体，形成高抗压软式结构，其克服了传统排渗材料的缺点，具有透水面积大、抗压强度高、铺设要求低、安装连接简单、结构轻便耐用，综合成本低等优点，得到了广泛应用。

道路排水主要用到软式透水管、塑料盲沟、HDPE排水管、覆膜排水管。HDPE双壁波纹管，是以高密度聚乙烯为原料的一种新型轻质管材，具有重量轻、耐高压、韧性好、施工快、寿命长等特点，大量替代混凝土管和铸铁管，在国内外得到广泛应用。覆膜透水管是由聚丙烯复合材料制成，添加各种抗老化、抗紫外线等助剂，具有耐高/低温、耐腐蚀、抗紫外线、抗压强度高、渗水效果好等优点。

软式排水管和 HDPE 排水管较普遍应用于场地、道路排水工程中，工程应用实例较多。但由于其采用管上钻孔的方式排水，近期排水效果尚可，但是长期使用存在渗流速度不均，极易导致管孔淤堵的问题，长期性能欠佳。另外由于施工的问题，经常会发生管孔角度偏差，管内的水渗入基层，也不能有效地排出，施工质量不好掌握。相比之下，覆膜排水管表面开孔率高，汇集水流效果好，底部存在防水膜，可以避免管内的水下渗，可以确保场地、路面结构内部积水快速有效排出，逐渐应用于场地、道路排水工程中。山东省潍坊市寿光大沂路工程采用覆膜排水管作为纵向和横向排水管边缘排水系统，经使用检验排水效果良好。

14.1.6　边坡挡墙排水反滤

边坡挡墙工程中将反滤土工布包裹在排水管外部，起到反滤排水作用，但在实际施工工程中，常常出现反滤布撕裂、空洞等问题，反滤效果难以保证。目前出现一种整体式反滤排水体，将排水管和土工布反滤有机结合在一起，管壁为夹层式结构的管壁，PVC 内外管壁间为土工布层，管内壁和管外壁上均设置有便于透水的径向通孔。可用于新建或已建公路边坡挡墙、矿山工程挡土墙等。

挡墙排水中，可用渗水软管代替墙身排水孔，渗水软管靠在挡土墙背面并从底部穿出墙外。渗水沿整条管过滤渗入管内，排水效果好。已建挡土墙如果排水不良，还可用插带机将塑料排水带插入回填土中，使多余的水通过滤膜进入芯板沟槽，再集中统一排走。

还有将土工网夹在土工织物之间，提高导水率，且克服单纯用土工织物反滤，排水易淤堵的缺点。在青山热电厂灰堤的外侧、粉煤灰堤基中，人工开挖基槽后，铺设 0.1m 厚粗砂层，再铺放 300g/m^2 无纺布，接铺 CE131 土工网、0.1m 厚碎石，外侧干砌块石排水棱体。无纺布外侧采用土工网，渗水能快速排走，安全运行 6 年，未出现淤堵。

14.1.7　农田排水

农田排水中土工合成材料主要应用于暗管排水和机井排水中。暗管排水常采用塑料管，塑料管一般应用高分子材料制成，按其材质主要分为聚氯乙烯管（PVC 管）和聚乙烯暗管（PE 管）。根据土的性质，考虑塑料管是否需要外包滤料，外包滤材需有较好反滤性、透水性和不易淤堵的性能，孔径是外包滤材选择的重要因素。排水管及外包滤料的制作已有管滤结合的工厂化方向发展的趋势。土工织物作为暗管排水外包料已显现出很好的应用前景，尤以选择孔隙较大、厚度较薄的土工织物为宜。

机井是改善农田生产条件、改良土壤盐碱化的有效途径。土工合成材料在机井中应用发展迅速。2007 年郭红发等将 PVC 井管技术在农业灌溉排水中应用，井深 18m，PVC 管公称外径 160mm、壁厚 5mm，取得了较好的应用效果。2008 年，卢予北等在郑州市北环实施了两眼全塑示范井的建设，创造了国内外大口径塑料管成井深度最深、成井口径最大的记录。2001 年肖西卫等利用 PVC－U 贴砾滤水管成功解决原有机井因筛管缝隙过大造成取水时泥沙含量过大的问题，土工合成材料成为修补井管的首选材料。土工合成材料还可作为机井滤水材料，1987—1988年，北京农业大学等几家单位利用现场成井实践和室内成井模拟试验，摸索了土工织物包裹滤水管的成井工艺，并总结出了机井土工织物滤层的设计准则。此后，较多的研究工作者根据实际工程特点，提出了土工合成材料在过滤器中应用的经验，不断充实该领域的研究成果，有助于土工合成材料在农田排水领域广泛应用。

14.1.8 基坑降水

目前在井点降水中埋设井点管时，常采用水冲成孔工艺，即在井点管周围填砂作为滤层的做法。该方法不仅劳动强度大、工作环境差、施工费用高，而且滤层渗水性不理想。如何提高降水井的良好拦砂、滤水效果和较强的透水、防淤堵能力，提高成井率，延长水井的使用寿命甚为关键。实践证明，利用土工布作为降水井过滤器具有抽水效率高、制作简便、施工便利及经济性好等优点，具有广阔的发展前景。

在降水井的使用中，水流从土层流向井管临空面，当水流通过土体时，有可能发生严重的渗透破坏。而土工布具有的良好反滤性、透水性、保土性和长期使用不易被淤堵特性，使其在降水井过滤器的使用中起到良好的作用。用土工织物做降水滤层时，主要取决于织物的网眼大小、厚度和透水性。当采用无纺土工织物作为降水井滤水管的滤水材料时，应符合以下几个原则：

(1) 反滤原则，土工织物滤层要确保在渗透水流作用下，防止土颗粒流失。

(2) 渗透原则，要求织物滤层透水性大于被保护土的透水性。

(3) 不淤堵原则，要求织物的滤水部位不因土颗粒对织物的淤塞而导致滤层透水不畅。

14.1.9 其他排水材料

我国在2000年以后开始研究应用透水模板布，盐田港二期工程在国内港口工程中第一次采用模板布。从该工程的使用情况来看，无论是混凝土的外观质量还是耐久性均得到了显著的改善。杭州湾大桥为防止细微裂缝的产生，采用了丹麦生产的福特斯透水模板布，且效果良好。国内在南水北调东线及中线工程、向家坝水电站等大型水利水电工程，象山港大桥、临海灵江大桥等桥梁工程都应用了大量模板布，取得了不错的效果。在学术方面，主要针对透水模板布对混凝土相关性能的影响因素、如何优化透水模板布性能等方面进行了探究。我国现今使用的透水模板布的制作一般是采用针刺非织造布，表面经过轧光处理，目前有采用熔喷、纺粘与针刺复合而成的透水模板布。透水模板布用途广泛，在建筑物地基、水库堤坝、隧道桥梁工程、城市建设、港口、防止水土流失等方面均可配套使用，具有广阔的应用前景。

电动土工合成材料（EKG）是将电渗技术和土工合成材料应用相结合，制成一种能够导电的土工合成材料，应用于地基排水固结优势突出。电动土工合成材料采用的导电性材料，主要有炭系和金属系填料。炭系填料包括炭黑、碳纤维；金属系填料主要有铝、铜、镍、铁等金属粉末和耐腐蚀的金属丝、金属片等。近年来已有满足电阻率要求的EKG产品，大量实验证明，$10^{-3}\Omega\cdot m$是EKG材料导电性应该满足的最低要求，达不到该要求，就不会有很好的电渗排水固结效果。EKG材料按原理是不会被腐蚀的，其耐久性至少应为3个月。但EKG材料中含有碳元素，认为在电渗过程中，碳元素会迁移到土体中，导致 EKG 电极的导电性下降，这种现象还被称为“导电塑料的腐蚀”。EKG 材料主要有两种型式，板状（E－board）和管状（E－tube）。这种材料在国内外刚刚起步，而我国专家学者取得的新成果目前在国际上处于前沿位置。武汉大学邹维列等提出 EKG 材料固结和加筋设计方法，探索 EKG 工程应用的可行性。武汉大学庄艳峰等研究 EKG 材料在地基排水固结的应用，通过室内试验证实 EKG 材料能应用于地基排水固结，但应注意导电材料电阻率不应过高，否则会导致耗电量太大。庄艳峰提出电渗能级梯度理论及依据该理论的电渗设计方法，为电动土工合成材料的研究打下坚实的基础。

14.2　我国土工合成材料排水反滤工程特点

土工合成材料在我国发展非常迅速，应用于排水反滤工程也非常广泛，包括水运、水利、公路、铁路、市政、环保、农田等领域。形式也是多种多样，有土工织物、塑料排水板、排水管、塑料盲沟、软式透水管等，还有各种新型的透水模板布、电动土工合成材料（EKG）等。其具有的特点如下：

（1）土工合成材料的反滤准则包括保土准则、透水准则和淤堵准则 3 个方面。反滤准则的研究已久，其间国内外不断提出许多新的和改进的反滤准则，发展趋势由简到繁，考虑的因素越来越多。目前国家标准《土工合成材料应用技术规范》（GB/T 50290—2014）、《水利水电工程土工合成材料应用技术规范》（SL/T 225—98）、《水运工程土工合成材料应用技术规程》（JTJ 239—2005）等都提出了相应的反滤准则，这些反滤准则考虑的因素和表达式不尽统一，所得到的结果也各不相同，在设计中难免会引起混乱，因此，在实际的工程应用中除根据规范计算外，还应通过实验室的验证或经验判断才可应用。许多场合，选用的材料孔径偏小，更易造成淤堵。另外，因大多织物滤层隐蔽于土中，很难观测评价其实际工况，而根据工程经验，反滤层在使用一段时间后往往会有不同程度堵塞，影响工程安全。因此，反滤准则还需要不断地研究和完善，尤其注意反滤层的长期应用的研究。

（2）工程应用中，排水与反滤是相随的，因此，土工合成材料应用于排水反滤工程多以复合体的形式出现。如软基加固中的塑料排水板就是以有排水通道的板材外包滤材所成，起到排水过滤效果；场地、道路、农田等工程中，也是以各种排水管外包滤膜形成排水反滤体来进行排水，其在外力作用下，滤材容易造成淤堵。为了达到更好的效果，目前出现将排水体（管）与滤材黏合为整体的材料形式，在排水效果、抗弯抗折等方面比传统排水材料效果好，但整体造价也高，大面积应用在价格方面不占优势。因此，排水反滤工程中，在使用各种土工材料时，要明确土工合成材料的技术指标与功能范围，还要重视应用条件，综合考虑选择合适的土工合成材料。

（3）土工合成材料在闸坞、挡墙、尾矿坝、基坑等排水反滤工程上虽有应用，但还未广泛使用，标准规范缺乏，已有的规范可操作性也比较差。而且对于土工合成材料反滤排水指标的检测仍以厂方提供标准为主，没有工程自己的检测标准，土工合成材料在反滤排水工程中的效果如何没有相关总结。多个问题还需进一步研究。

总之，土工合成材料是一种很有发展前景的新型材料，随着反滤排水工程不断应用和研究不断加深，土工合成材料应用势必会越来越广，性能更好、使用更便捷的土工合成材料的品种将会增多，并在工程中发挥越来越大的作用。

参考文献

[1] 高志义，侯晋芳．吹填土地基的固结度与沉降计算［J］．地基处理，2013，24（2）：3-11．

[2] 娄炎，李毅．软基加固中应用的高效能可测深排水板［J］．岩石力学与工程学报，2004，23（12）：2123-2127．

[3] 张功新，陈平山．浅表层超软弱土快速加固技术研究［R］．广州：中交四航工程技术研究院有限公司，2009．

[4] 曹永华，李卫，刘天韵．浅层快速超软基处理技术［C］//全国超软土地基排水固结与加固技术研讨会论文集．天津：中交天津港湾工程研究院有限公司，2010：49-56．

[5] 董志良，陈平山，林涌潮，等．塑料盲沟在浅层加固技术中的应用研究［C］//全国超软土地基排水固结与加固技术研讨会．天津，2010：74-78．

[6] 张全，顾玉亮，林卫青，等．青草沙水库环境关键问题研究［J］．上海科技建设，2008（2）：40-43．

[7] 于华，张永山．砂砾料反滤层与土工织物反滤层施工要点［J］．黑龙江水利科技，2011，39（1）：259-259．

[8] 何同庆．尾矿库的垂直水平联合排渗［J］．采矿技术，2002，2（1）：37-39．

[9] 朱一涵．尾矿堆积坝井、管组合排渗施工技术［J］．工程勘察，1994（3）：22-24．

[10] 唐仑，王志铭，侯金武，等．辐射井排水在白银三冶炼厂尾矿坝上的应用［J］．西北水资源与水工程，1993，4（1）：22-25．

[11] 余新洲．一种三维立体排渗方式在细粒级尾砂筑坝中的应用［J］．岩土工程学报，2016，38（s1）：74-78．

[12] 李灿刚．HDPE双壁波纹管在城市道路排水工程中的应用［J］．广东建材，2009（5）：59-62．

[13] 张金龙，张清，王振宇，等．排水暗管间距对滨海盐土淋洗脱盐效果的影响［J］．农业工程学报，2012，28（9）：85-89．

[14] 李广波，李学森，迟道才．国内外暗管排水的发展现状与动态［J］．农业与技术，2003，23（2）：65-71．

[15] 卢予北．PVC-U塑料管水井成井开发技术应用研究［D］．武汉：中国地质大学，2012．

[16] 王协群，邹维列．电动土工合成材料的特性及应用［J］．武汉理工大学学报，2002，6（24）：48-51．

第 15 章　软基排水设计与施工

15.1　概　　述

我国沿海地区、内陆平原甚至山区大量分布着软黏土，特别是在沿海地区随着经济的快速发展，土地资源日益紧张，利用港池和航道疏浚土吹填造陆后再进行地基加固已经成为缓解土地资源紧张的主要手段。据不完全统计，我国每年完成的吹填造陆面积超过 $100km^2$，吹填土多为高含水率的软黏土，具有高含水率、大孔隙比、高压缩性、低渗透性、低强度等特点。当前吹填造陆工程中越来越多的遇到超软土，超软土主要指淤泥质土中的含水率大于 85%的软土，相对于一般软土而言，其含水率更高，强度更低，基本处于流塑或更软的状态，如何处理后用作地基是重要的研究课题。

常用的软土地基加固处理方法主要有换填法、排水固结法、砂石桩法、高压喷射注浆法和深层搅拌法等。其中排水固结法是处理软黏土地基的有效方法。该方法是先在地基中设置排水板、砂井等竖向排水体，然后利用建筑物本身重量分级逐渐加载，或是在建筑物建造以前，在现场先进行加载预压，使土体中的孔隙水排出，地基逐渐固结并发生沉降，从而使地基土的强度逐步提高，待预压期间的沉降达到要求后，移去预压荷载再建造建筑物。经常采用的方法有堆载预压法、真空预压法。由此，要想达到预期的加固效果，排水系统至关重要。排水系统一般有水平排水系统和竖向排水系统。

竖向排水系统从 1926 年 Moran 获得砂井专利，1934 年美国第一次用砂井排水法加固了公路软土路基。仅几年后，1937 年 Kjellman 第一次使用了排水板，但他所用的纸板透水性差，耐久性也差。20 世纪 60 年代末发明了袋装砂井，得到广泛应用，后来随着板式排水体材料的不断改进，外包聚合物滤膜塑料板芯的塑料排水板和砂井相比有多种优点，在工程中的应用也越来越广。目前用于软土地基加固中的竖向排水体以塑料排水板为主，也有采用排水管的，但相对极少。塑料排水板作为竖向排水通道在软基排水中已大量使用，但该法存在着排水板淤堵和随着软基沉降发生弯折影响排水性能，以及排水板可到深度有限的问题。水平排水系统是伴随着真空预压处理方法而产生的，一般采用水平铺设的滤管进行排水，滤管埋在砂垫层里共同起到排水作用。但由于砂料日益紧缺，故也有不铺设砂垫层的无砂真空预压排水，排水板绑扎在滤管上，通过滤管集水排水。也有针对特殊的工程需要进行的试验性应用，高潮提出无纺布上铺土工格栅再上铺塑料排水板作为水平排水系统的方式，对新近吹填的极软地基进行快速的浅层处理。曹永华等采用由高密度聚乙烯经加工上下各粘一层土工布组成的三维土工网作为水平排水垫层，代替砂垫层用于超软土地基的加固，取得了较好的效果。由此，随着砂料紧缺越来越严重，传统的排水固结法中作为排水垫层的砂垫层已越来越多地被土工合成材料代替。因此，研究新的土工合成材料水平排水垫层是有必要的。采用价格便宜的土工合成材料代替砂料符合国家对环境保护和节约资源的要求。全国每年用于软基加固的土工合成材料数量非常大，因此，进一步研究材料更优、性能更好的土工合成材料软基排水系统，具有重要的意义。

15.1.1 软基排水型式及特点

软基采用排水固结法进行加固时，主要由竖向排水系统和水平排水系统进行排水，常规的以真空预压排水固结法为例，其排水型式和特点如下。

15.1.1.1 常规方式排水

常规的排水型式是塑料排水板作为竖向排水体，横向铺设排水砂垫层和滤管组成排水系统，通过滤管将塑料排水板中的水集中后排出。

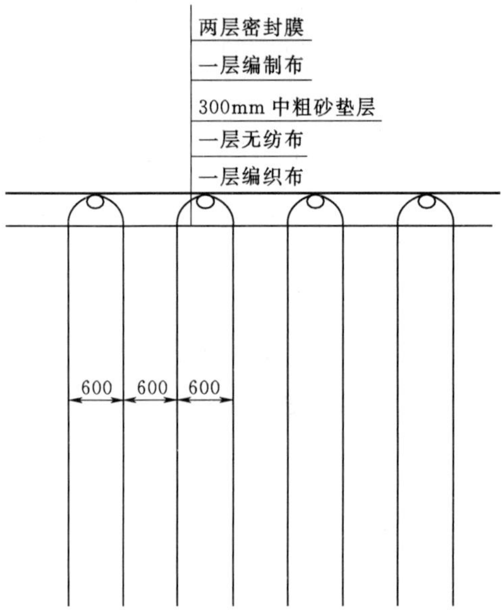

图 15.1-1 常规方式排水断面

常规方式排水断面见图 15.1-1，先在软黏土表面铺设一层编织布和一层无纺布，铺设土工布的目的为：一方面是为了形成一个很好的工作界面；另一方面可有效阻止土颗粒进入排水砂垫层中，保持排水和负压传递通畅、均匀。然后打设塑料排水板，排水板间距通过计算确定，深度根据软土层、使用荷载、加固要求等情况确定。塑料排水板打设时，要求外露长度不小于 0.5m，打设完毕后在每两排排水板之间布设一根滤管，然后把排水板头直接绑扎到滤管上。由于塑料排水板与滤管直接相连，减少了真空度在砂垫层中的损失，提高了真空预压的加固效果。排水板和滤管连接好后，开始铺设砂垫层、铺密封膜等。

15.1.1.2 直排式排水

直排式排水与常规方式排水基本相同，不同的是地表由 0.5m 粉质黏土工作垫层代替中粗砂排水垫层，真空管不打压力传递孔，用连接软管将真空支管与排水板直接相连。

15.1.1.3 无砂法排水

无砂法排水断面见图 15.1-2，与常规真空预压不同的是取消了砂垫层。排水板打设完成后，在每排排水板打设处挖滤管沟，沟深 20～30cm，沟底宽度大于 15cm；在滤管沟铺设滤管，排水板缠绕滤管一周半，用自拉锁固定；将滤管沟填平，见图 15.1-3。该绑扎方式主要为保证排水板在抽真空过程中能够双面排水。由于没有砂垫层，滤管直接放在地表，在大气压力和真空负压的共同作用下，密封膜容易对滤管形成半包裹，产生应力集中，使得滤管压扁。滤管为多数无砂法真空预压地基加固水平向唯一的排水和传递负压通道，一旦有些部位损坏将影响局部地基加固效果。滤管埋入泥下可有效加固滤管周围土体，最大限度地减小外力对其损害。

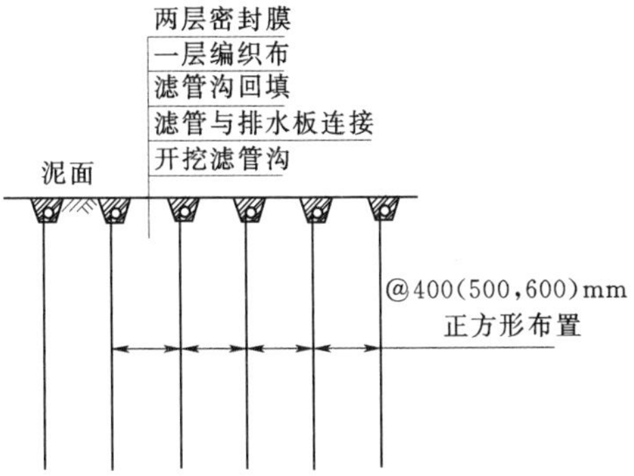

图 15.1-2　无砂法排水断面

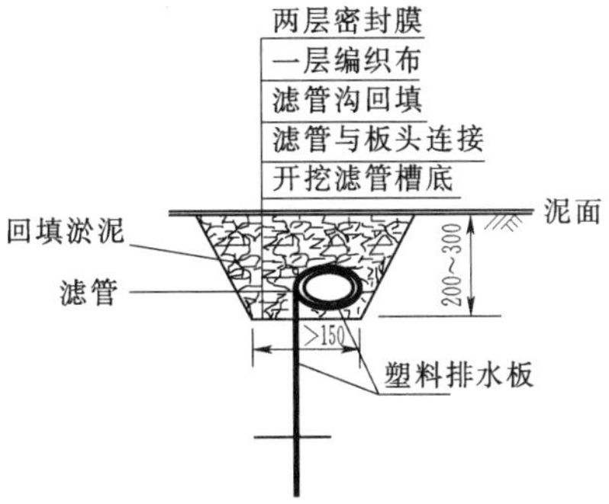

图 15.1-3　排水板滤管连接及埋设（单位：mm）

15.1.1.4　滤管踩入式排水

滤管踩入式排水断面见图 15.1-4。

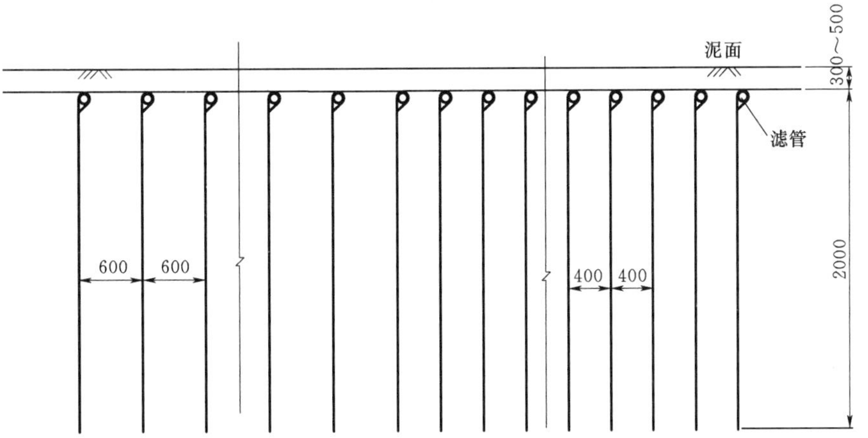

图 15.1-4　滤管踩入式排水断面（单位：mm）

与常规真空预压相比，不需要铺设土工布，在排水板打设时，先将排水板和滤管用自拉锁固定，然后人工打设排水板的同时，把滤管踩入泥下预定位置即可，在踩入过程中，排水板要拉紧，不发生弯折，滤管压入要平直，不允许扭曲、弯折、破损。排水板和滤管连接见图 15.1-5。

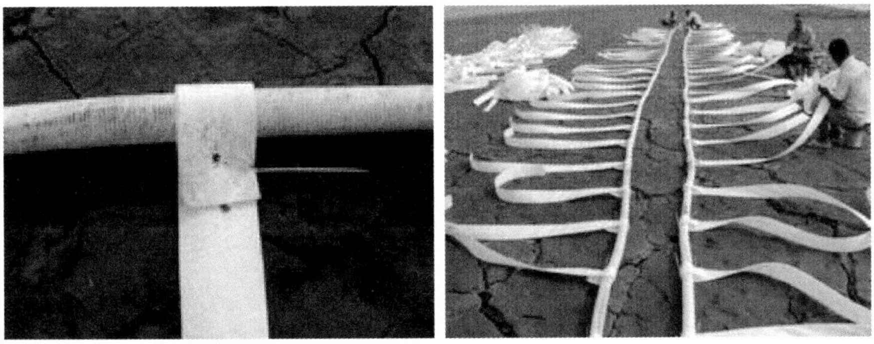

图 15.1-5　排水板和滤管连接

15.1.1.5　密封管连接式排水

密封管连接式排水断面见图 15.1-6。

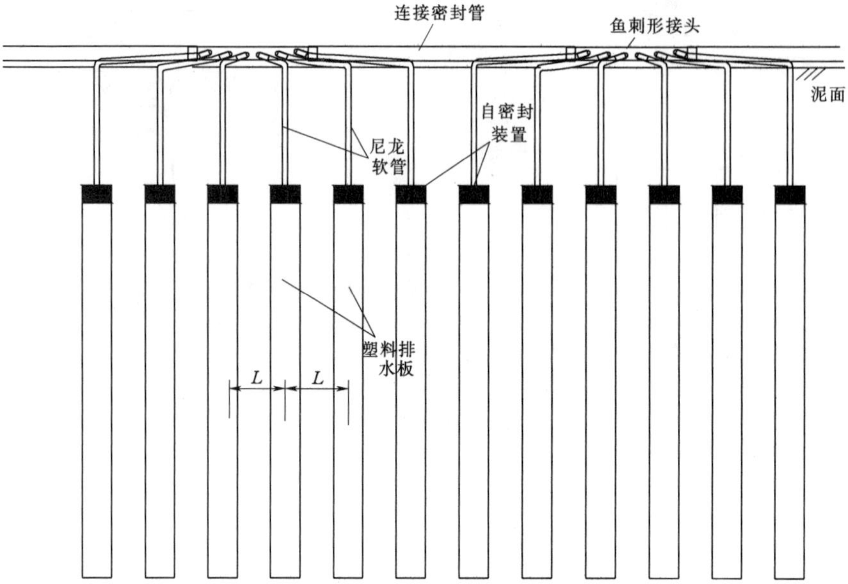

图 15.1-6　密封管连接式排水断面

该型式不需要铺设土工布，在排水板打设时，先在排水板上安装自密封装置，见图 15.1-7。把排水板插入自密封装置中，用铆钉穿过自密封装置的预留孔洞，把插入自密封装置中的排水板固定结实。自密封装置插口位置在排水板插入后要用滤布或保鲜膜缠绕。排水板打设完成后，将排水板的自密封装置和鱼刺形连接头相连。图 15.1-8 为排水板打设和鱼刺形接头安装。鱼刺形接头通过排水密封管连接，最终和抽真空设备相连通，进行自密封真空预压排水加固。

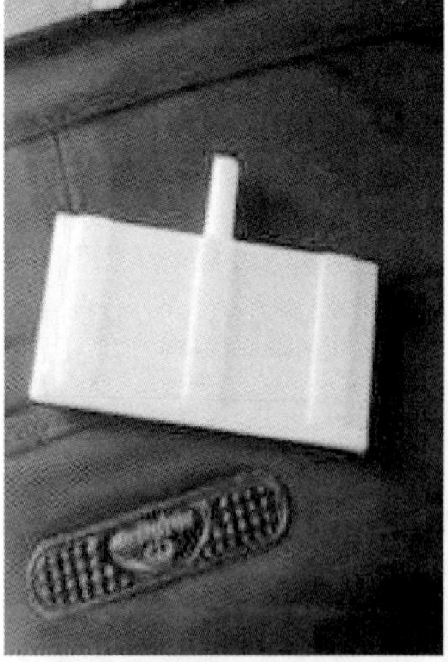

图 15.1-7　自密封装置

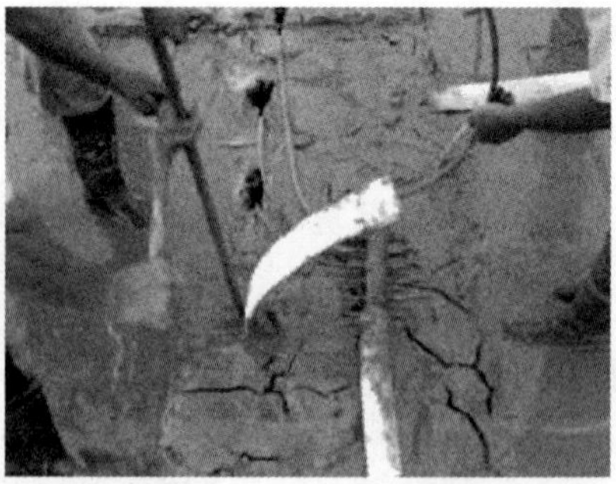

图 15.1-8　排水板打设和鱼刺形接头安装

15.1.1.6　三维土工网排水

三维土工排水网以高密度聚乙烯为原材料，外加抗紫外线助剂等材料，通过特殊的机头挤出成型工艺加工而成，3 根肋条按一定间距和角度排列形成有排水导槽的三维空间结构，其上下各粘 200g/m^2 土工布，具有抗老化、耐腐蚀等特点，其透水性和强度均很好，且可循环使用，因此替代砂垫层作为水平排水层。三维土工网排水系统结构型式见图 15.1-9，主要是将砂垫层替换为三维土工网，泥面上先铺设编织布和无纺布，再打设排水板，然后铺设滤管，连接好排水板和滤管，最后在上面铺设三维土工排水网，组成软土地基排水系统。

该排水系统，由于排水网重量小，而且整体性好，因此，具有可适用于超软泥面上施工的特点，而且三维土工网可循环使用，代替砂垫层后可大大节约成本，经济效益突出。

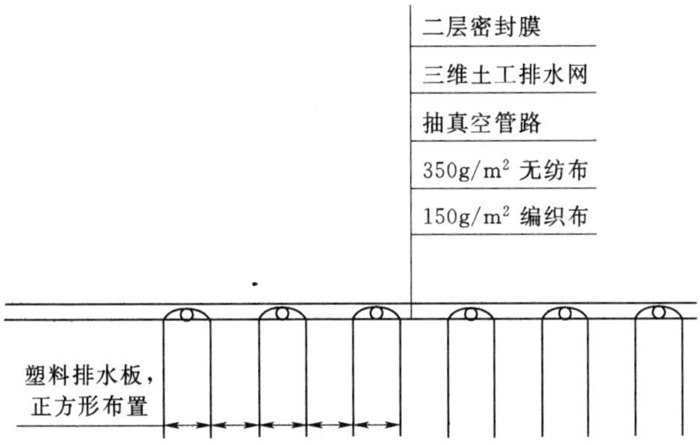

图 15.1-9　三维土工网排水系统结构型式

15.1.1.7　其他型式排水

其他型式排水有用土工格栅作为排水垫层，上铺塑料排水板的试验研究，可用于浅层快速加固。还可用塑料盲沟作为水平排水通道进行的试验研究，将排水板绑扎在塑料盲沟上，其上覆盖土工布进行加固。但因塑料盲沟的孔隙率很大，故外包滤膜更容易局部被吸入芯体的空隙内，对接的结构与方法值得改进等问题，整体加固效果不是太理想，说明塑料盲沟应用于浅层真空预压中的水平传压排水垫层的可行性，仍需进一步研究。

15.1.2　软基排水设计、施工相关规范

目前国内与土工合成材料软基排水设计、施工相关的规范有：

(1)《土工合成材料应用技术规范》(GB/T 50290—2014)。

(2)《水运工程土工合成材料应用技术规范》(JTJ 239—2005)。

(3)《公路土工合成材料应用技术规范》(JTGT D32—2012)。

(4)《水利水电工程土工合成材料应用技术规范》(SL/T 225—1998)。

(5)《铁路路基土工合成材料应用设计规范》(TB 10118—2006)。

(6)《水运工程地基基础施工规范》(JTS 206—2017)。

15.2 软基排水材料

15.2.1 软基排水材料类型

土工合成材料可以在土体中形成排水通道，把土中的水分汇集起来，沿着材料排出土体外，软基加固工程利用土工合成材料的这个作用，即过滤作用和排水作用。因此，软基排水材料多为复合型土工合成材料，即由土工织物与土工网、土工膜或不同形状的芯材等按照一定的结构型式组成，其中土工织物起反滤作用，芯材构成排水通道的骨架。常用的软基排水材料包括塑料排水板、滤管、三维排水网及塑料盲沟等。

15.2.1.1 塑料排水板

塑料排水板，又称塑料排水带，由无纺土工布包覆塑料芯板构成，是真空预压软基加固工程中最重要、应用量最大的土工合成材料，如图15.2-1所示。芯板为挤出成型，断面呈并联十字形，具有一定的强度，起支撑作用，将滤层渗进来的水排出，是塑料排水板的骨架和通道；无纺土工布包裹在芯板两侧，分流软基中的土和水分，阻挡土颗粒进入塑料排水板，避免排水通道阻塞，将土中的水分导入到塑料排水板内排出。

图15.2-1 塑料排水板

图15.2-2 塑料滤管

15.2.1.2 滤管

常用滤管有两种，一种为塑料滤管，如图15.2-2所示，由高密度聚丙烯添加助剂形成的外形呈波纹状的塑料管材与土工织物构成，塑料管材凹槽处打孔，孔为长条形或圆形，管外缠绕单层或多层无纺土工布加工而成。针对不同的排水要求，管孔的密度、面积均可调节，并且可以在360°、270°、180°、90°等范围内均匀分布。另一种为软式透水管，如图15.2-3所示，用外敷PVC层的防锈弹簧圈作为支撑，形成高抗压软式结构，外部包裹高耐磨性的土工织物作为过滤层，使泥沙杂质不能进入管内。

15.2.1.3 三维排水网

三维排水网是一种新型土工合成材料，见图15.2-4。由立体结构的塑料网双面黏合土工织物而成，可替代传统的砂和砾石排水层。塑料网芯以高密度聚乙烯（HDPE）为原料，经特殊的挤出成型工艺加工而成，具有独特的三维空间结构。中间为较厚的垂直筋条，刚性大，呈纵向排列，形成排水通道；顶部和底部各一条斜置的筋条上下交叉排列形成支撑，防止土工布嵌入排水通道内。三维排水网在使用过程中能够承受较高的垂直荷载，排水截面变形量小，即使在很高的垂直荷载下也能保持很高的排水性能。

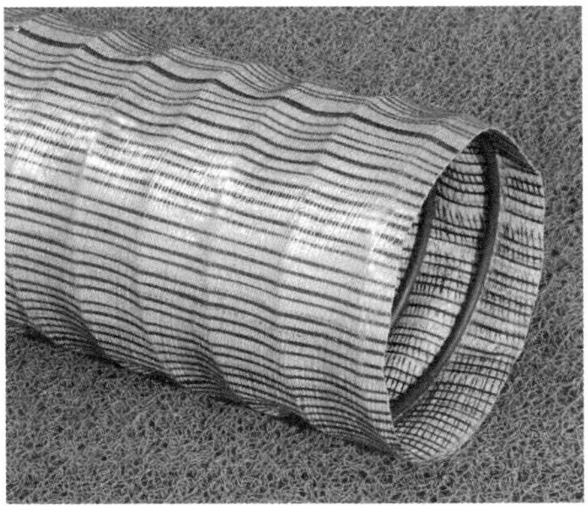

图 15.2-3　软式透水管

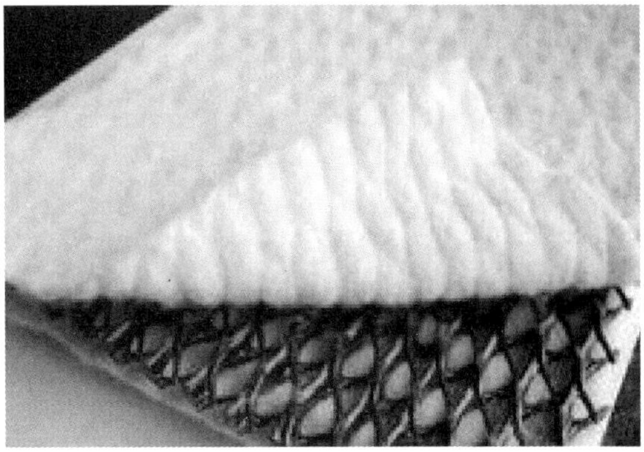

图 15.2-4　三维排水网

15.2.1.4　塑料盲沟

盲沟指的是在路基或地基内设置的充填碎石、砾石等粗粒材料并铺以反滤层的排水、截水暗沟，又叫暗沟，是一种地下排水渠道，用以排除地下水，降低地下水位。塑料盲沟是引进国外先进技术生产的土工合成材料新产品，日本称土木用暗渠集排水材，用以代替盲沟中的碎石、砾石等粗粒材料及倒滤层，如图 15.2-5 所示。热塑性合成树脂加热熔化后通过喷嘴挤压出纤维丝叠置在一起，并将其相接点溶结而成三维立体多孔材料，在多孔材料外包裹土工布作为滤层便形成塑料盲沟，常见多孔矩形、中空矩形、多孔圆形、中空圆形等结构型式，具有多种尺寸规格。

图 15.2-5　塑料盲沟

15.2.1.5　土工合成材料用作软基排水材料的优点

土工合成材料用作软基排水材料相比砂井等传统排水材料，具有以下优点：

（1）土工合成材料的部分性能指标远高于传统材料。渗透性作为排水材料最重要的性能，相比砂的渗透系数，土工织物的渗透系数可控性强，范围大，调整技术参数可生产不同渗透性的土工织物，渗透速度完全可以控制在 $1\times10^{-1}\sim1\times10^{-4}$cm/s，可满足不同排水性能的要求。

（2）土工合成材料属于工业产品，生产厂家可以根据客户要求调整产品性能，最大限度地满足工程需求。以排水板为例，生产厂家有不同系列的产品供设计人员选用，而且还可以根据工程的特殊需要生产出满足要求的产品，如非常规宽度的排水板、有刻度的排水板。另外，土工合成材料也具有工业产品性能稳定的优点，有严格的质量控制，这点是天然材料很难达到的。

（3）土工合成材料用量少，质量轻，运输方便，施工快捷，劳动强度低，工效高，工程造价比传统方法低。国内外许多工程实践通过利用土工织物代替传统砂石材料都有良好的经济效益。例如在 10000m^2 地基上铺设 300g/m^2 的土工织物，计搭接的用量，土工织物的重量不会超过 4t，而同样的面积铺 20cm 厚的砂料，重量不少于 3000t，仅从这两个用量的数字就可以看出施工工作量的巨大差别。

（4）土工合成材料产品细化、品种多样、购买方便，砂石材料是天然材料，资源有限，且采砂取石受国家环境保护法律及地方法规约束。

15.2.2 软基排水材料基本性质

在软基处理工程中，可以用作排水材料的土工合成材料必须具有三个基本性质：良好的排水效率，具有反滤性能，具备一定的强度。

15.2.2.1 排水效率

作为软基排水材料，首先必须具有优良的排水性能，这是提高软基加固效率的关键。土工合成材料的排水速率由其包覆材料的渗透系数和排水空间决定，排水空间由排水材料的骨架及外部包覆材料构成的内部可流通空间决定，排水空间越大，排水速率越高。

软基中排水材料作用的发挥受制于土中水分的排出速率，软基主要由细粒土构成，自排水速率很低，需要配合其他的工程手段，在外界力的作用下加快软基中水的排出，如真空吸力，才能够充分发挥排水材料的排水性能。外界力的存在也会影响排水材料的排水空间，如塑料排水板滤膜在真空吸力的作用下会凹入芯板，芯板的肋会屈服破坏，导致排水空间减少，故塑料排水板的通水量试验需要在 350kPa 的围压下进行。

15.2.2.2 反滤性能

土工织物可以使水和空气自由通过，并能截留一定粒径范围的土颗粒，控制土颗粒的流失，因此被广泛的用作排水材料的过滤层，排水材料的反滤性能主要取决于包覆的土工织物。

反映土工织物反滤性能的指标包括土工织物的等效孔径、渗透系数、梯度比等指标，这些指标并不是越大越好，还需根据土的特性选择。

15.2.2.3 强度及变形

软基排水材料还必须具备一定的强度和变形能力，因为软基排水固结过程中会受到各种力的影响，如铺设或打设时机器和周围土体施加的力，上覆材料施加的压力，额外施加的真空吸力等，软基排水材料还会跟随软基沉降产生变形甚至弯折（图 15.2-6），这都将影响软基排水材料的性能。

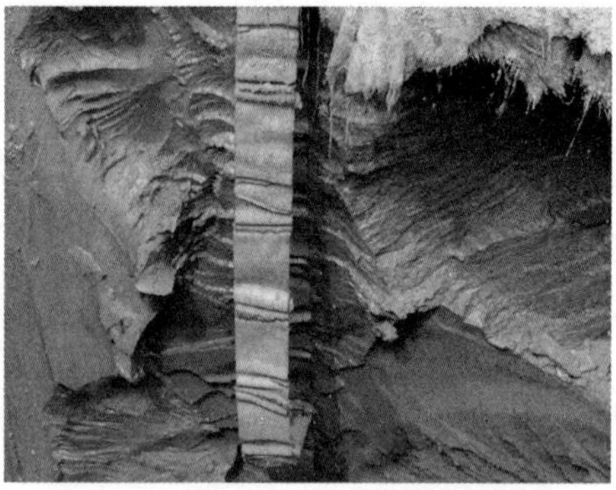

图 15.2-6 塑料排水板施工后变形

对软基排水材料强度和延展性能的要求一般包括抗拉强度、抗压强度和延伸率，如塑料排水板复合体的抗拉强度和延伸率，芯板的压屈强度，滤管的环刚度。强度过低、延展性能不满足要求，都会导致排水材料在使用过程中排水效率降低，甚至破坏。

15.2.3　软基排水材料适用条件

15.2.3.1　塑料排水板

塑料排水板的出现及快速发展对软基加固尤其超软基加固具有非常重要的意义，其具有排水效率高和打设方便的特性（图 15.2-7），是塑料排水板联合真空预压软基加固法能在水运工程和围海造陆工程大面积推广应用的前提。围海造陆所用的吹填土取自附近海域的淤泥质土，含水量高，需要长期的晾晒才能对其进行处理加固，塑料排水板的出现，可以在吹填完成后立即进行打板加固，极大地提高了地基加固的效率。对于其他深厚软土地基，采用排水固结法进行加固时，塑料排水板作为竖向排水通道也是最经济、有效、可行的方法。

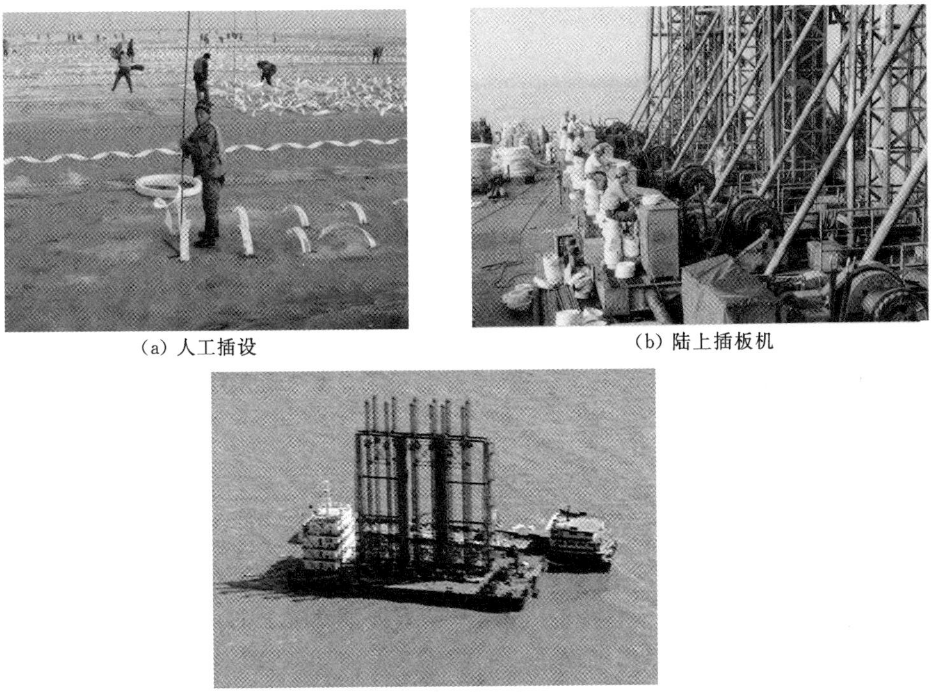

(a) 人工插设　(b) 陆上插板机

(c) 水上插板船

图 15.2-7　塑料排水板的打设

塑料排水板加固软土地基的优点如下：

（1）滤水性好，排水效果有保证。

（2）材料有良好的强度和延展性，能适合地基变形能力而不影响排水性能。

（3）排水板断面尺寸小，施打排水板过程中对地基扰动小。

（4）可在超软弱地基和水上进行插板施工。

（5）施工快、工期短，每台插板机每日可插板 5000m 以上，造价比袋砂井低。

15.2.3.2　滤管

塑料排水板联合真空预压加固软基工程中，滤管用来在水平方向连接垂直打入地下的

图 15.2-8 滤管在真空预压工程中的应用

塑料排水板，将塑料排水板排出的水汇入滤管中一起排出。滤管在真空预压工程中的应用如图 15.2-8 所示。

塑料滤管多为波纹管，外部缠绕着无纺土工织物。排水孔口位于管的凹陷处，与外敷无纺土工织物之间有空间，孔口不易堵塞，但由于塑料滤管的延展性较差，一般不用作深厚软基的竖向排水通道。软式透水管用外敷 PVC 层的防锈弹簧圈作为支撑，形成高抗压软式结构，具有良好的柔韧性和强度，全方位透水，渗透性好，因此适用范围更广。

15.2.3.3 三维排水网

三维排水网具有优越的抗拉强度和刚性，还能限制下部土体的移动，这种限制作用可提高地基的支撑能力，同时三维排水网又有良好的排水性能，因此三维排水网可以用来替代砂垫层，加快工程进度，节约砂石料，降低工程造价。三维排水网还可循环使用，回收率高达 90%，减少了对环境的破坏，经济效益和社会效益显著。

15.2.3.4 塑料盲沟

塑料盲沟在国外已使用二十多年，广泛应用于隧道防渗排水、铁路公路的路基排水、软基筑堤等各类工程。盲沟排水可根据地下工程的外轮廓布置管网，确定盲沟构造反滤层的选材，以及盲沟与基础的最小距离。布置做法包括自然式、截流式、篦式和耙式四种。

塑料盲沟用于软土地基排水的优点如下：

(1) 塑料盲沟由耐腐蚀纤维制成的滤膜和改性聚乙烯的三维立体网状组合，两者都具有在土中、水中永不降解的优点，加以抗老化配方，有很好的耐久性。

(2) 塑料盲沟具有表面开孔率高，集水性好，空隙率大，排水性好，耐压性好，柔韧性好，可适应土体变形。

(3) 施工方便，塑料盲沟的重量轻，劳动强度低，现场施工安装十分方便，施工效率高。

15.3 软基排水设计

15.3.1 设计条件

应用土工合成材料进行软基加固时，在设计前应进行相应的准备工作，包括前期勘察的室内试验，了解待加固地区的地质资料，进行现场十字板强度试验、标准贯入试验等，判明各土层的天然固结状态。查清是否存在特殊土层，查清软土层的分布，如软土层的标高或厚度变化剧烈时，滤管连接应特别牢固，并且要预留较大富余量。进行土质的室内物理力学性质试验，给出物理性质指标、强度指标和固结压缩指标。综合后进行排水系统的设计。软基排水设计时应考虑如下内容：

(1) 排水材料及型号的选择。

（2）水平向排水体设计。

（3）竖向排水体设计。

（4）施工质量要求。

（5）地基固结度计算。

（6）地基沉降量计算。

15.3.2 水平排水系统设计

15.3.2.1 构成与作用

堆载预压时水平排水系统由水平排水垫层组成，而真空预压时水平排水系统由水平排水垫层和滤管构成。

（1）水平排水垫层主要的作用有：①固结的排水作用；②传递压力并使其在平面分布均匀的作用。

（2）滤管主要的作用有：①起到加固区各处负压在平面分布上均匀的作用；②传递负压并减少传递中负压损失作用；③集水和排水作用并减少水流阻力作用；④对省去水平砂垫层的直排式和低位真空预压法中，起到水平排水和传压通道的作用。

15.3.2.2 水平排水垫层设计

（1）水平排水垫层的主要型式有：砂垫层、卵石层或碎石层、砂沟、砂被、土工布、土工格栅、透水软管、塑料盲沟等型式。

（2）水平排水垫层要求。通常水平排水垫层为砂垫层，要求砂中含泥量不宜大于3%，不含有有机质、黏土块、尖刺硬物。干容重大于 $1.5g/cm^3$，渗透系数不宜小于 $5\times10^{-3}cm/s$，最大粒径不大于 50mm，不均匀系数应大于 10，曲率系数 1～3。砂源比较缺乏的地区，或者为节约中粗砂料，也可将砂垫层改为砂沟。在排水板和真空滤管处挖出一排排纵横砂沟，然后向沟中回填中粗砂，并将排水板全部埋在砂沟中间，砂料压实，使砂面与原地面齐平；在流速较大或受潮汐影响的河口和海域，为防止水流冲带而使大量砂损失，采用“砂被”作为水平排水垫层。采用土工布加工成长与宽均为几十米的袋体，袋内冲灌中粗砂，使砂的厚度达到 60～70cm，从而构成“砂被”。在砂源紧张的地区，可用细碎石垫层代替砂垫层，粒径控制在 0.5～4mm 范围内，在碎石垫层上面必须铺一层土工布；也可采用透水软管、塑料盲沟、三维土工格栅、多层土工布等代替砂垫层。中粗砂缺乏时若采用粉细砂应慎重，需经几次水洗后并通过试验区验证满足要求时才可应用。砂垫层厚度：陆上 30～50cm；水下不小于 1m。

超软土加固时也可采用三维土工网作为排水垫层，但该种方法目前均是小面积试验区研究采用，未形成大面积应用。由于三维土工网在较大压力下排水量减小，所以在采用三维土工网作水平排水垫层时，膜上堆载不宜过大。

15.3.2.3 滤管设计

（1）材料和型式。滤管通常有壁厚为 3.5～4.0mm 的 3.5 英寸和 3 英寸钢管；壁厚不等的 3.5 英寸、3 英寸、2.5 英寸、2 英寸或 1.5 英寸 PVC 管；薄壁上带有 ϕ5mm 孔的螺旋软管：管径40～63mm，管长可达 100m；软式透水管：以防腐处理的弹簧钢丝为管壁内骨架，钢丝上涂有聚氯乙烯等，外有土工织物及聚合物纤维编织为管壁组成，外径有50mm、80mm、100mm、150mm。

（2）管径的选择。实践证明，并非管径越大越好。根据经验，常规真空预压时，主管可选取 2 英寸半（63.5mm）或 2 英寸（50.8mm）管径，滤管选用 2 英寸管；直排式真空预压时，可选用 1 英寸半（38.1mm）管。

（3）连接方式。主管按设计图纸长度截断，不打孔眼即可直接连接。而滤管需均匀打设孔眼，孔的直径 6～8mm，间距 40～60mm。外包缠反滤层，土工布应为 250～300g/cm^2，渗透系数大于 5×10^{-3} cm/s。也可采用狭长条形的孔，孔为 10mm×120mm，横向间距 100mm，纵向间距 150mm，呈梅花形布置孔。这样可以扩大孔的总面积，又不过多损失管的强度。滤管构造见图 15.3－1。

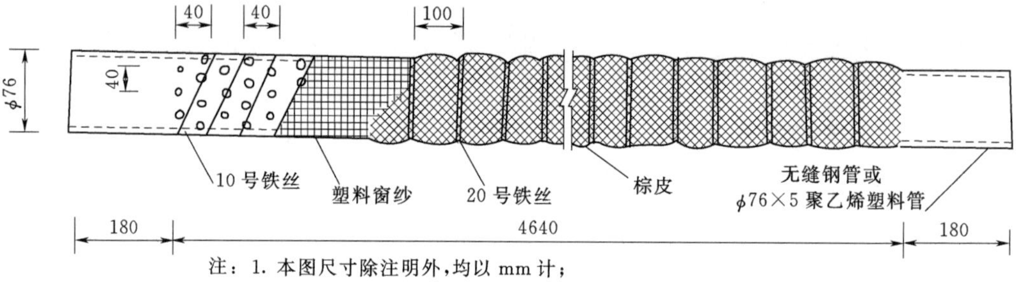

注：1. 本图尺寸除注明外，均以 mm 计；
2. 塑料窗纱二层，棕皮二层；
3. 滤眼 ϕ8mm。

图 15.3－1 滤管构造图

主管与滤管采用二通、三通、四通连接，见图 15.3－2～图 15.3－5。两管十字交叉时，用四通构成；两管丁字交叉时，用三通构成；矩形或正方形的四个角由直角两通构成，此时为 90°旋转的两通。连接处，都采用 25～30cm 长一段螺纹钢丝橡胶软管连接，橡胶软管的内经等于或略大于主管和滤管的外径，在连接处均用 10 号或 12 号铅丝捆绑紧。为适应地基沉降需要，接头处两管间应预留一定空隙量。

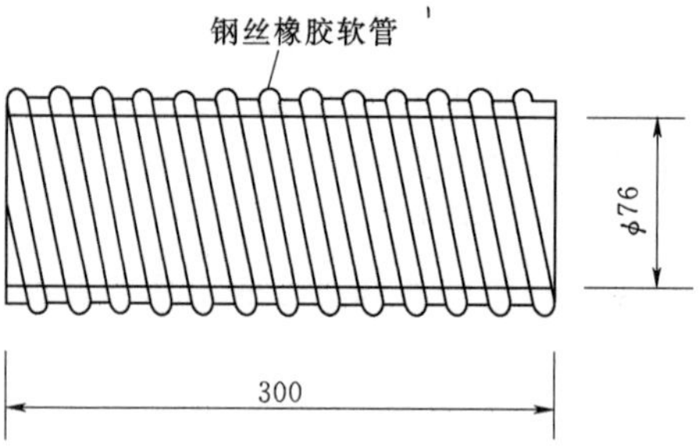

图 15.3－2 二通构造图（单位：mm）

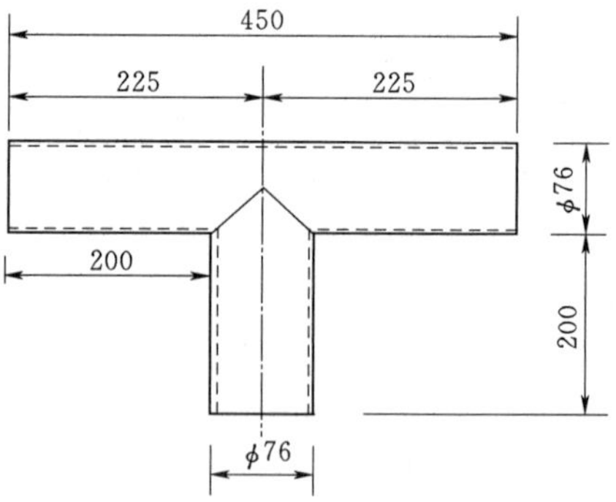

图 15.3－3 三通构造图（单位：mm）

（4）间距。滤管间距可按照式（15.3－1）～式（15.3－3）计算得出。

按照滤水管的排水量＝竖向通道的涌水量，从而有

$$L\phi\pi KJ=nQ \tag{15.3-1}$$

式中：L 为滤水管总长度；ϕ 为滤水管内径；K 为滤水管外滤膜渗透系数；J 为滤水管排

水压差；n 为单元体内竖向排水通道总数；Q 为每个竖向排水通道的排水能力。

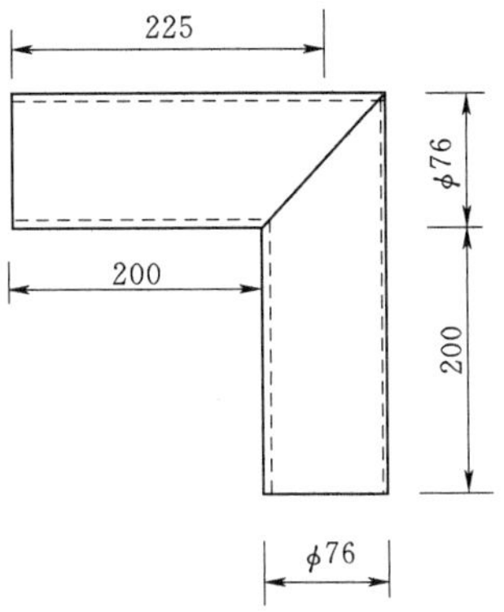

图 15.3-4　直角二通构造图
（单位：mm）

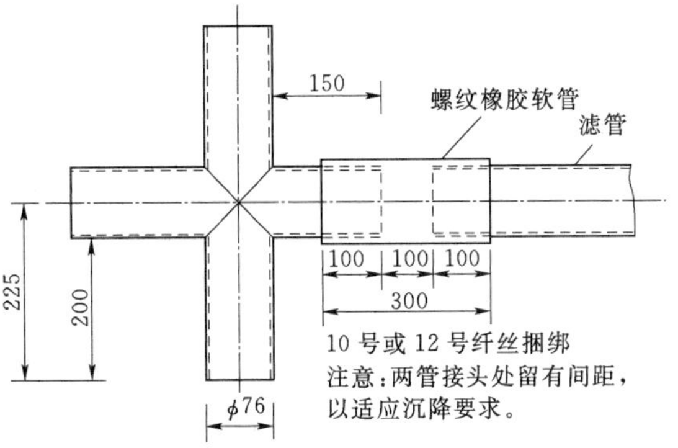

图 15.3-5　四通构造及其与滤管接头的连接方法
（单位：mm）

加固区若为长方形，其长短的边长分别为 a 和 b，由式（15.3-1）得到主要方向滤管间距 d 为

$$d=\frac{(a-h_1)(b-h_2)}{L-m(b-h_2)} \tag{15.3-2}$$

或

$$d=\frac{(a-h_1)(b-h_2)}{L-m(a-h_2)} \tag{15.3-3}$$

式中：h_1、h_2 为两侧边部滤水管距加固区边线的距离；m 为次要方向滤管的根数。

一般地，真空滤管的横向间距以 6～10m 为宜，纵向间距以 20～40m 为宜。渗透系数较小，加固深度较深时取低值；反之，取高值。直排式真空预压的横向滤管间距应为 2 倍排水板间距。

（5）布置型式。

1）布置原则：①真空滤管的整体外形应与加固分区边界外形相一致，即真空滤管四周距边线的距离均相等；②真空滤管和射流泵的位置和间距尽量均衡一致，即疏密均等。尤其是真空泵应均匀分布，不应太集中；③羽毛形布置的水、气流阻力实际与环形布置差不多，故推荐采用环状布置型式；④不宜将主管全部改为滤管的布置型式，这样易产生分布不均匀；推荐四周最外侧的管和纵向中心管为主管，其余为滤管的布置型式；⑤推荐加固分区内所有射流泵采用相互连通的布置方式，若某台泵维修时不致影响加固分区内真空度分布不均匀，不宜各射流泵呈自封闭互式互不连通的布置形式。

2）布置型式。真空滤管的布置基本型式如图 15.3-6 所示，可由此衍变成各种各样型式。

15.3.3　竖向排水系统设计

15.3.3.1　竖向排水系统种类

竖向排水系统指在软基加固过程中起竖向排水通道作用的排水体，设计前应首先对竖向排水通道的种类作出选择。

竖向排水体有普通砂井、袋装砂井、纸排水板、塑料排水板、带刻度及可测深塑料排水板、钢丝透水软管等。现今绝大多数采用塑料排水板，其芯板材料宜选用原生料，中粗

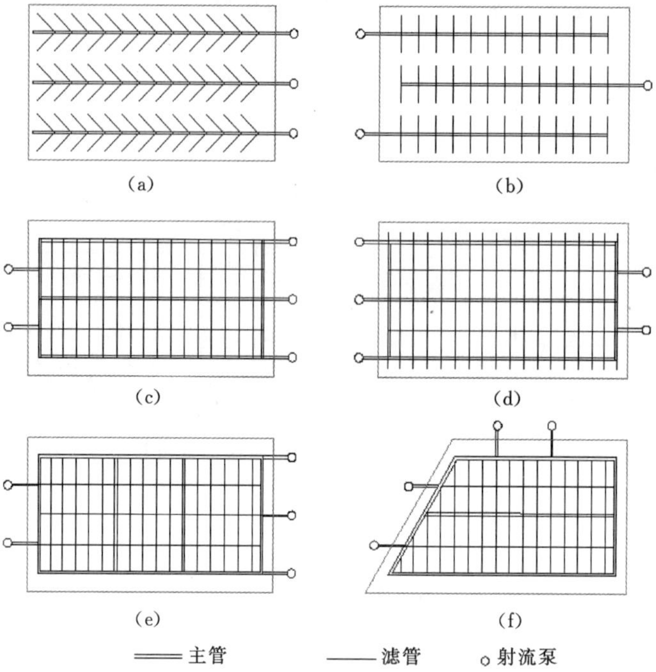

图 15.3-6 真空滤管的布置形式图

砂较多地区也可采用袋装砂井，为保证排水板打设到设计标高，可采用带刻度尺及可测深的塑料排水板。钢丝透水软管，处在试验阶段，且价格较贵，工程上采用尚少。

15.3.3.2 竖向排水系统的作用

(1) 大大缩短了固结排水的距离，从而缩短了加固时间。

(2) 作为固结排水的通道。

(3) 作为传递负压的通道。

(4) 作为计算时的实际边界条件。

15.3.3.3 塑料排水板的布置设计

塑料排水板的布置主要包括排水板深度、排水板布置型式、板间距，以及其他布置方面的要求等。

1. 排水板深度设计

排水板的设计深度，是决定真空预压加固能够达到的实际加固深度中最主要的关键因素。应根据软黏土层厚度和分布情况、上部结构对承载力的要求并考虑建设方的意愿等各方面因素，进行排水板深度的设计。

首先，需确定出未满足要求的软黏土厚度，并视其下土层分布情况可采取不同的设计深度。若紧邻其下为较硬黏性土，则排水板一般宜打穿软黏土层，并打入其下较硬黏性土层内 1m 左右深，以保证排水板不回带；若软土层深厚时，以稳定性控制的工程，打设深度应超过危险滑动面以下 3m。以沉降控制的工程，打设深度应满足工程对地基残余沉降量的要求；若紧邻其下为砂土类或承压水土层时，可以不打穿软黏土层，应打设至砂土类或承压水层顶面以上 1m 处，即采用的“预留打设高度法”，以防抽真空时漏气。排水板在水平排水垫层表面外露长度不应小于 20cm。

2. 排水板布置型式设计

竖向排水通道在平面布置上，一般采用正三角形（梅花形）和正方形两种布置型式。在相等间距的条件下，正三角形布置更紧凑，加固效果和均匀性更好。但竖向排水通道数量略有增加。

在加固区整体平面布置上，竖向排水通道距加固区各条边线的间距，应等于或小于竖向排水通道间距之半。

3. 排水板间距设计

塑料排水板的间距宜为 0.7～1.5m，可根据工期和固结度要求、地基土的固结特性、排水板的种类、排水板的布置方式以及当地工程经验等确定。当缺乏相关经验时，可按式（15－3.4）和式（15－3.5）进行估算：

$$d=\left[\frac{6.5C_{h}t}{\ln(d/d_{w})\times\ln[0.81/(1-U_{rz})]}\right]^{0.5} \tag{15.3-4}$$

$$d_{w}=\alpha_{2}\frac{2(b+\delta)}{\pi} \tag{15.3-5}$$

式中：d 为塑料排水板的中心间距，cm；C_h 为地基土的水平向固结系数，cm^2/s；t 为工程允许的固结时间，s；d_w 为塑料排水板的等值砂井直径，cm；U_{rz}为工程要求达到的固结度，%；α_2 为换算系数，无试验资料时可取 0.75～1.0；b 为塑料排水板的宽度，cm；δ 为塑料排水板的厚度，cm。

15.3.3.4　排水板打设技术要求

（1）土质灵敏度高的土层，塑料排水板打设机的动力不宜采用振动式。

（2）一般土质的土层均采用套管式打设法，超软土地基打设深度不超过 5m 时，才可采用裸打。

（3）排水板定位偏差应小于 30mm；打设机定位时，管靴与板位标记的偏差不应大于 50mm；水上打设船定位偏差不宜大于 50mm。

（4）打设过程中套管的垂直度偏差不应大于 1.5%。

（5）整个施工过程和打设过程中严禁塑料排水板出现扭结、断裂和滤膜破损等。

（6）塑料排水板必须打设至设计标高的深度，严禁塑料排水板浅打。

（7）打入地基的排水板宜为整板。需要接长时每根排水板不得多于一个接头，且有接头的排水板根数不应超过总打设根数的 10%，相邻的排水板不得同时出现有接头的排水板。

（8）塑料排水板接长时，芯板搭接长度不应小于 200mm，并且连接牢固，滤膜应包裹完好，并做好检查记录。

（9）打设时回带长度不得超过 500mm，且回带的根数不宜超过总根数的 5%。

（10）塑料排水板在水平排水垫层表面的外露长度不应小于 200mm。

（11）一个施工作业区段塑料排水板打设完后，在水平砂垫层中形成的孔洞可用砂料填满。残留在孔洞口和塑料排水板头上的淤泥必须及时清理走。砂垫层之上外露部分的板头，应埋入砂垫层中部。

(12) 打设过程中应逐根自检，不符合验收标准的排水板应在临近板位处补打。

(13) 排水板打设应做好施工原始记录。

15.3.3.5 塑料排水板的验收、储存及检测要求

应对塑料排水板的验收、储存及检测提出以下要求：

(1) 验收：应有质量证明文件，外包装应牢固，并具有防紫外线辐射的能力。

(2) 储存：应码放整齐妥善保管，并应采取措施避免雨淋、水浸泡和暴晒。以防滤膜挂裂、剥离以及排水板老化变质或混入杂质等，从而降低塑料排水板的质量与寿命。

(3) 检测：①塑料排水板使用前应按规定进行抽样检测，主要检测项目包括现场外观检查、断面尺寸检测、纵向通水量、塑料板及其滤膜的抗拉强度和延伸率、滤膜的渗透系数和滤膜的等效孔径等。检测方法应符合相关规范要求。②同批次生产、用于同一工程的塑料排水板，每 20 万延米抽样检测不应少于 1 次，不足 20 万延米时应抽样检测 1 次；不同批次的排水板应分批次检测。③塑料排水板存放超过 6 个月，使用前应重新抽样检测。

15.3.4 密封膜

密封膜一般采用三层 0.12～0.14mm 的聚乙烯和聚氯乙烯薄膜，聚乙烯膜的抗冻性和抗老化性能较好，可铺在表层，聚氯乙烯膜柔性和韧性较好，可铺在下面两层。一般选用三层薄膜是为了提高膜的气密性，提高密封膜的整体强度和延伸性。常规真空预压中现今一般仍采用三层膜，个别工程也有采用两层膜，潮差带真空预压时，采用 0.24～0.3mm 厚的一层膜。密封膜的性能见附录Ⅰ。

15.4 软基排水施工技术要点

15.4.1 施工前期准备工作要点

软基排水施工前期准备工作要点包括：①了解与掌握地质地貌资料。土层分布情况，包括各土层厚度、分布、特别是需加固土层的特性等，应有加固区的地质剖面图；有无透镜体及其分布，有无承压水，尤其是表层土有无大量草根、芦苇等易与附近河、湖、海等水源相通的可能；周围有无特殊的地形、地貌，加固区之外 20m 范围内，上部土层若为粉质黏土或粉土等中等透水性土层，在 40～60m 范围内有无需要保护的建筑物与构筑物等。土工室内试验应包括主要物理与力学性指标。应有各土层的 $e-p$ 压缩曲线或压缩指数 C_c 值、固结系数（特别是应有一定量的水平向固结系数）、快剪或十字板强度指标、各土层固结快剪指标及 $\tau-p$ 强度线等。②熟悉与会审设计图纸。③编写施工组织设计。④进行技术交底。⑤材料采购与机械设备的筹备。

15.4.2 水平排水系统的施工

15.4.2.1 砂垫层施工

砂垫层铺设分为两类：一类为陆上人工结合机械的铺设方法，另一类为水上船舶吹填方法。

陆上铺设砂垫层：采用人工和轻型机械相结合的施工工艺。平整后达到设计高程，此时实为虚方，自然方与虚方的关系约为 1.2：1。

水上吹砂船吹填砂垫层：首先在加固区四周用袋装砂包（或碎石等）形成围埝，吹填

前将加固区地表铺设一层土工布，或土工格栅，或荆笆、竹笆等。吹砂船选用 1000～1500kW 的小型吹砂船，最好在吹填管口处设置消能头。吹填管口要经常移动，避免吹填口附近形成较大砂堆。常用竹竿上涂上红油漆表示厚度的方法，在现场不同部位插竹竿来检验与控制吹砂高度。吹砂船吹填砂垫层方法，质量不易控制，采用该方法应经常监测。

15.4.2.2　砂被施工

一般在水下，特别是在海水下铺设砂被时，受水流、潮汐、风浪、涌浪等因素影响较大，确保砂被铺设质量，应注意：①确保砂被的边线位置准确；②确保砂被铺设后实际冲灌厚度；③提高冲灌效率。

15.4.2.3　滤管施工

（1）按设计图纸要求的真空滤管型号、材质、尺寸、数量，购置真空滤管的管材。其中应包括二通、三通、四通所需的管材，以及连接用的螺纹钢丝橡胶软管和过滤层材料和纤丝等。

（2）按设计图纸中的尺寸、数量，加工二通、三通、四通，验收合格后运至现场；将主管间每根滤管按每根长度截断，并按设计图中的尺寸打过滤孔眼，用 10 号或 12 号纤丝包捆过滤层。

（3）竖向排水通道全部打设完毕后，将打设排水通道时冒出的淤泥及其他一切杂物清理干净，并将砂垫层整平；划出全部真空滤管所处位置线，并挖出约 20cm 宽、深为（1/2 砂垫层厚＋1/2 滤管直径）的砂沟。

（4）将主管和滤管全部放在砂沟内，用预先截好的 20～30cm 长一段段螺纹钢丝橡胶软管和二通、三通、四通，并用 10 号或 12 号纤丝，将主管和滤管连接成一个整体的真空滤管网。

（5）真空滤管全部连接完后，用砂将沟埋平、压实。应将捆扎剩余的纤丝头，及其他一切杂物清理干净。

15.4.3　竖向排水系统施工

15.4.3.1　塑料排水板打设机

打设机也称插板机。除浅层（小于 5m）加固超软土采用人工插设或裸打外，一般都将竖向排水通道放置在套管内（也称插管、导管），采用打设机将套管连同竖向排水通道插入到地基内，然后将套管拔出。不采用套管护送，直接将竖向排水通道插入到地基内的打设方法，称为裸打。

按施加力的类型打设机分为振动式打设机、液压式打设机、静力式打设机、人力或半人力插板等；按不同行走方式打设机分为步履式打设机、履带式打设机、门架式打设机、水上打设船等。

常用打设机的比较如下。

（1）施加不同力打设机的比较。一般竖向排水通道的施工机械，常用液压式和振动式两种类型的打设机，见表 15.4－1。

（2）不同行走方式打设机的比较。步履式打设机移位行走较慢、效率低，欲想快速打设竖向排水通道施工，很少采用步履式打设机；浮伐式主要针对吹填的超软土地基，甚至表面还有一定数量的水，在此特殊情况下采用；水上打设船更是无法与陆上打设机行走相比较。

所以，陆上打设机的行走以常用的履带式与门架式打设机相比较，如表15.4-2所示。

表15.4-1 液压式与振动式打设机技术性能比较

技术性能	液压式	振动式
行走及转向机构	灵活，方便	笨重，难以操作
平均接地压力/(kg/cm^2)	0.95	0.38
工效	工效高，160～200根/台班	工效低，60～80根/台班
抗倾覆能力	较差	较好
垂直度	左右调节性能差	较难调整
定位能力	好	好
振动敏感区段	宜采用	不宜采用
穿插能力/拔管速度	好/快	较好/较慢
机械性能	结构简单，机械性能良好，操作灵活	结构笨重，机械性能较差，易坏，操作不便

表15.4-2 履带式与门架式打设机比较

比较内容		履带式打设机	门架式打设机
移位、行走		整机行走，移动灵活，任何边角处都可施打，补打方便；底盘低遇到稍高障碍物难以通过	沿轨道行走，移位繁琐而笨重，加宽垫层宽度才可打设至边缘处，补打时移位麻烦；门架遇到障碍物可方便通过
接地压力		靠履带加宽以减少接地压力，机身约15t，要求35kPa接地压力。要求垫层较厚	在轨道下铺垫枕木，故接地压力较小，要求垫层厚度较薄
打设垂直度的控制		靠两履带宽度及两者间距离控制机身及套管垂直度，故控制排水板垂直度差	施工前将轨道垫平，故控制排水板打设垂直度能力强
防锈蚀		基梁和底盘低、履带接地，易受潮、锈蚀	主部件可提到高处，可避免受潮、锈蚀
拆卸运输		整机可拆卸运输，3天内可组装好投产	整机可拆卸运输，3d内可组装好投产
动力	行走动力	7.5kW电动机两台	1.1kW电动机两台
	打设动力	30kW电动机1台	15kW、11kW电动机各1台（后者负责拔）
打设长/潮		约1200m，功效较高	约650m，功效较低
费用	造价	结构复杂，造价高	结构简单，造价低
	维修费	较高	较低

15.4.3.2 陆上塑料排水板施工步骤

陆上塑料排水板施工宜按下列顺序进行：

（1）测放各加固分区边界线，定出塑料排水板位置并做好记号。

（2）组装好的打设机就位，在套管内穿入塑料排水板。

（3）安装管靴，拉紧塑料排水板。

（4）定位，开始沉设套管入土。

（5）沉设套管至施工控制标高。

（6）边震动边拔套管，当排水板已锚固在软土内后，停止震动拔套管至地面。

（7）在砂垫层之上预留20～30cm处，剪断塑料排水板，并于桩尖再连接并拉紧。

(8) 检查并记录塑料排水板打设情况。

(9) 移机至下一板位。

15.4.3.3 塑料排水板打设中的回带问题

打设塑料排水板时，回带长度不得超过 500mm，否则应补打。回带的根数应控制在总根数的 5%。试验证明，已打设至设计深度后，当上拔套管时，套管开口处的塑料排水板并未跟进，直至上拔 80cm 时开始跟带，当上拔 80cm 后仍然跟带，即为回带。可在打设导架上标记出 80cm 记号，作为控制回带的标准，不同工程中可根据当地土质情况与上拔力的大小，确定本工程中回带的临界值。

1. 塑料排水板回带的主要原因

排水板回带长短主要与套管端头结构、土质软弱、风力大小、施工工艺等有关。

(1) 排水板打设到设计深度后，由于管靴的重力及与淤泥的摩阻力小于塑料排水板本身的上拉力，弹不开，造成整体回带现象。

(2) 管靴的扣带环连接不牢，容易脱落。或因振动力过大造成桩尖与套管配合不紧。

(3) 套管中进入了较多淤泥，增大了塑料排水板与套管以及套管中淤泥的摩擦力，致使塑料排水板带出。

(4) 因风力太大产生的漂浮力，即加大了排水板的上拉力。

2. 应采取的措施

(1) 加高压水：①加水后提管时下端产生一个瞬时真空拉力，将管靴脱开管头而留下；②靠水本身的重量将管靴压留在黏土中。

(2) 加强扣带环与管靴的连接（如改用螺纹连接）。

(3) 在打设过程中，如有泥沙进入导管，应及时清理。原因为：①防止淤泥进入板芯堵塞排水孔，影响排水效果；②拔管时增加对排水板的阻力，甚至将排水板带出。

(4) 风较大打板时应拉紧排水板，以减少漂浮力即减少排水板的上拉力。

(5) 打设至设计深度时，应拉紧塑料板，减少塑料板与套管以及与套管中淤泥的摩擦力；拔管时要保持震动，将淤泥从套管中抖出。

(6) 在管靴穿排水板的扣环上，再横穿一条 30～40cm 的排水板（外露），管靴容易脱落，同时也增加了阻力，使管靴脱落。

3. 专用管靴的开发与研制

(1) 在长江口深水航道治理二期工程中，经反复研究和试验，最终确定：

1) 在套管端部楔形收口的基础上增加 500mm 长的扁口段，见图 15.4-1，以利于泥土在拔管时快速回复抱带，增加排水板在泥土中的阻力，达到“留带”的目的。

2) 在套管扁口的封头板前端焊接刀口，以利于穿透土工布。该封头板兼作固定塑料排水板的管靴使用，见图 15.4-2 和图 15.4-3。

在封头板前端焊接刀口成为一种特殊的管靴。在套管上拔时，管靴自动与套管分离，为了回收管靴，需要解决联系管靴与套管的钢丝绳（或铁链）的长度和强度。该长度决定了塑料排水板打设到设计标高后套管上拔时，排水板前端由管靴坠住，即排水板前端受到一个向下的管靴自重力。当套管上拔到某一高度（此高度即为联系管靴与套管的钢丝绳长度）时，套管将管靴带回。此时的排水板依靠与土的握裹力保留在该标高位置上。

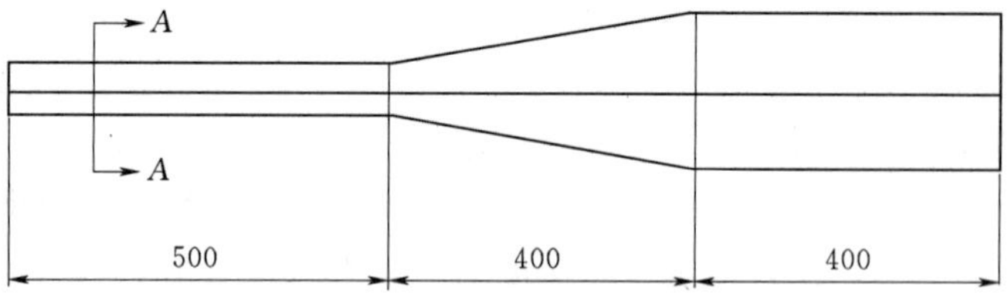

(a) 套管端部

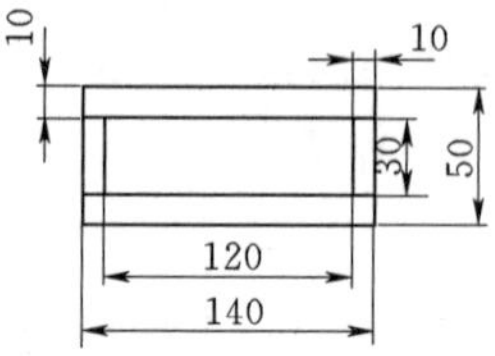

(b) A—A 断面

图 15.4-1 套管端部尺寸（单位：mm）

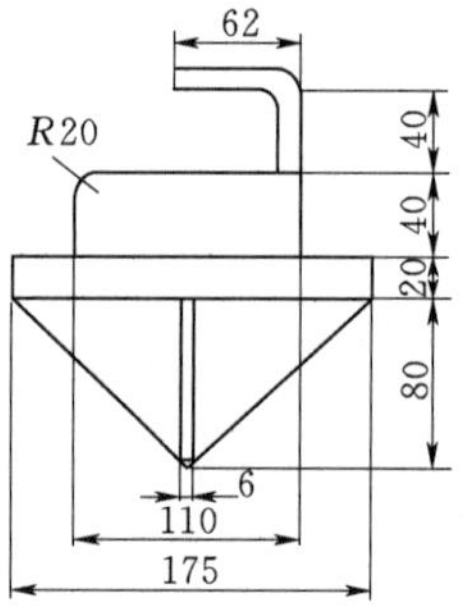

(a) 正面图

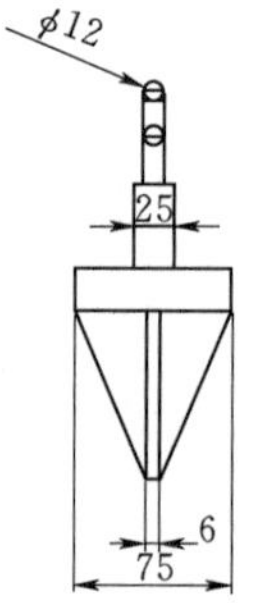

(b) 立面图

图 15.4-2 管靴尺寸（单位：mm）

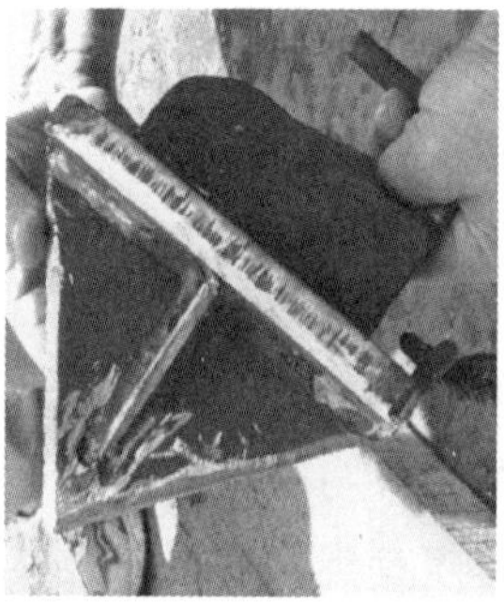

图 15.4-3 管靴

经多次试验验证，确定联系管靴与套管的钢丝绳长度为 100～120cm。实践证明，这一长度是合适的。使用 ϕ10 钢丝绳或 ϕ8 的铁链可以满足强度要求。

（2）位于长江南岸太仓市浮桥镇内的中远国际城港区，其陆域形成的吹填围埝下打设塑料排水板。设计研制出一种新型的插嘴和管靴（图 15.4-4 和图 15.4-5）。使用结果表明，该插嘴系统相当理想，达到了穿越结构层砂被（包括软体排），确保排水板打设不“回带”问题。

15.4.3.4 水上塑料排水板施工步骤

以定尺打设为例，见图 15.4-6，水上塑料排水板施工宜按下列顺序进行：

（1）根据设计的排水板深度、砂被厚度、砂被顶面外露长度等确定出综合长度，将排水板预先剪成综合长度的单根排水板段。

（2）在套管内穿入塑料排水板，并安装管靴。

（3）选择船艏第一根套管中的轴线为准，采用两台 GPS 和专用软件为工具，以套管打设的纵横距离设定工作区，以此输入电脑生成的电子海图为指引，进行打设船定位。

（4）技术人员测定套管垂直度和水深，确定出套管打设深度并做好标记。尔后开始沉设套管入土，并拉紧拉绳。

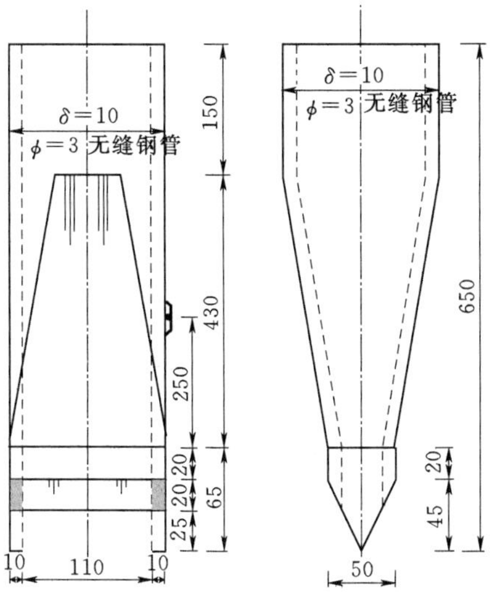

(a) 正面图 (b) 立面图

图 15.4-4 插嘴结构示意图（单位：mm）

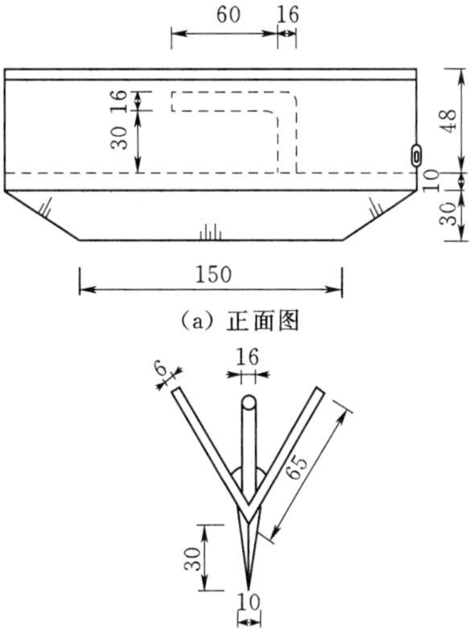

(a) 正面图

(b) 立面图

图 15.4-5 管靴结构示意图（单位：mm）

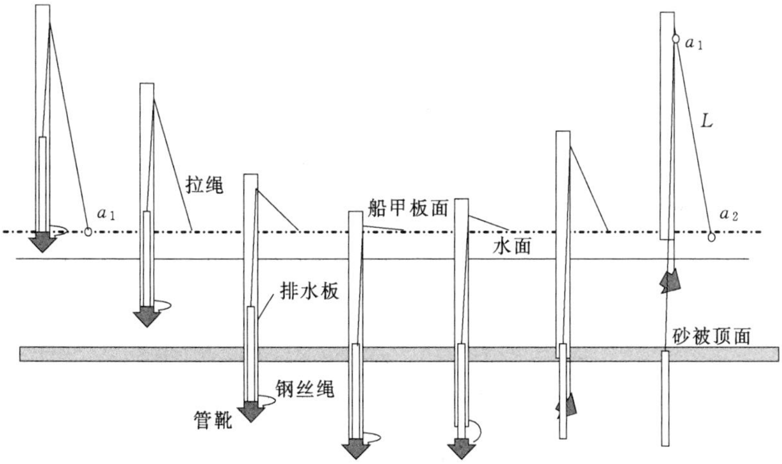

(a) 穿管 (b) 定位 (c) 打入 (d) 打入至标高 (e) 上拔 (f) 上拔 (g) 回带检测

图 15.4-6 塑料排水板打设过程示意图

（5）沉设套管至施工控制标高，此时立即放松拉绳。

（6）放松拉绳后，边震动边拔套管。

（7）套管拔出后，拉脱排水板头部铁丝，使排水板和拉绳脱离。

（8）检查与观察排水板是否有“回带”出现。

（9）若采用塑料排水板成卷连续打设工艺时，水下剪断塑料排水板。

（10）检查并记录塑料排水板打设情况。

（11）移动打设架至下一板位。

注意：打设完一分段塑料排水板后，应及时铺设软体排，对砂被打板时的破口进行覆盖保护，以防砂被内的砂流失。

15.4.3.5 竖向排水板现场施工质量控制要点

竖向排水通道以塑料排水板为例，应在塑料排水板施工的全过程中，按如下诸项逐一进行施工质量控制。

1. 到货时应严格验收

塑料排水板的验收应包括是否有质量证明文件。检查运输至现场时外包装是否牢固、完好，并具有防紫外线辐射能力。

2. 现场存放有防护措施

塑料排水板运至现场后应码放整齐妥善保存，并应采取措施（如盖上防雨布等）避免雨淋、水浸泡和暴晒。以防撕裂、剥离、老化变质和混入杂质等，从而降低塑料排水板质量和寿命等现象的发生。

3. 打设前抽样检测

（1）塑料排水板使用前，应按规定进行抽样检测。

（2）同批次生产、用于同一工程的塑料排水板，每20万延米抽样检测不少于1次，不足20万延米时也应抽样检测一次；不同批次的塑料排水板应分批次检测。

（3）存放超过6个月时，使用前也应重新抽样检测。

4. 施工组织设计编制

排水板施工前应编制施工组织设计，并核查排水板的性能指标是否满足设计要求。常用塑料排水板的型号及性能指标是否符合相关要求。

5. 排水板平面定位控制

按设计分区测量放线，定出各分区边线及四个角点坐标（用小木桩作标记），用测量绳定出各板位并做好标记。各排水板板位标记应明显、不易被雨水冲坏。标记常采用塑料板芯细条、油条布、石灰等。应控制塑料排水板标记定位偏差小于30mm；控制打设机定位时，管靴与板位记号偏差不大于50mm；水上打设排水板时，打设船定位不大于50mm，且打设过程中应确保船位稳定。下沉套管时，套管平面位置与打设船确定的板位偏差不超过50mm。

6. 垂直度的控制

主要通过安装在导架上刻度盘的指针所显示的情况而进行调整，每台机都设有前后、左右两个方向的刻度盘指针。当机身前后倾斜时，液压式打设机用液压缸支撑进行调整；振动式插板机通过电动螺杆尾撑进行调整。但发生左右倾斜时，机器本身不能进行调整。故此，要求严格控制砂面的平整度（设计要求±0.5cm）。严格控制垂直度偏差不大于1.5%。

影响打设垂直度的一个主要原因是插管本身变形。为了减少插管的摩阻力，插管的断面设计必须尽可能地小，但由此也引起插管的抗弯强度略显不足，加上长期使用本身产生磨损，降低了插管的刚度，这需要增加插管的管壁厚度来弥补。所以插管在使用一段时间后会产生弯曲变形，必须更换。矩形插管一般为一个月更换一次，而圆插管可2～3个月换一次。

7. 打设深度控制

在打设导架上以1m一大格、0.5m一小格，涂油漆作为标记，其下端读数为零。当套管打设排水板时，套管顶端所对应的读数，即为套管的插入深度。

打设标高是塑料排水板施工的重要指标，必须按设计要求严格控制，不得出现浅向的偏差。施工中应控制套管的打设深度，在设计相应深度处做好标记，以此标记控制打设深度。并且不定时抽查套管标记处长度，以防因机械作业振动引起标记出现偏差。

在机械正常情况下，由于地质的原因导致某些地方排水板打设深度不够。如若遇到大石块或硬土块时，液压式插板机反弹五次进尺不够 20cm，或振动式插板机插半分钟无明显进尺。上述两种情况若排水板实际入土深度比设计深度浅 2m，则需补插；如发生连续数根插入深度不够的情况，则及时报设计与监理，研究并判断是否遇到硬土层不需补插问题。

8. 喂带与扣带的控制

当采取一盘排水板连续打设时，从导管顶部一次性由上而下喂入导管。从导管下端抽出排水板，穿过管靴反折 20cm 扣带。再从开盘处拉紧排水板即可进行打设。

当采用定尺打设时，因排水板的顶标高和底标高随软土层的情况而变化，且排水板顶端埋在砂垫层中。故施工时，先按设计要求长度预先裁剪好排水板，在排水板的一端穿上一条细铁丝，与事先从导管上端穿下来的绳索（或 $\phi=0.5$cm 的细钢缆）连接。绳索的另一端绕过导向滑轮传至地面由人工拉送控制，以保证排水板在导管内保持伸展状态。管靴的扣带方式与上述方法相同。

为了防止绳索与排水板连接在中途脱落，造成重新送绳索从打设管口出来的麻烦，对于液压式插板机，宜在绳索的下端连接一条 $\delta=1.2$cm、100cm×10cm 的钢板（称之为舌头），钢板下端割成尖形，钻一小孔，可与排水板上的铁丝相连接。这个改进有两个作用：一是便于绳索在插管中的快速起落；二是当插管进入淤泥时，可起到管内清淤作用；而对振动型插板机，由于插管口断面形状的改变，不便用此方法，故一般采用空振法送绳和清管。

9. 打设过程中排水板出现扭结、滤膜破损的控制

（1）打设过程中排水板易出现扭结、滤膜破损的情况：①应将待打设的一盘塑料排水板，架设在打设机身的转盘上的正确方法；反之，采用堆放在地上进行打设的方法，这样极易出现扭结、滤膜破损；②因风力过大产生漂浮力，使排水板扭结；③已扭结的排水板与打设导架等的机械摩擦，以及进入套管内与管壁的摩擦而对滤膜产生破坏。

（2）应采取的措施：①打设时应将待打设的一盘排水板放置在卷筒固定架上，以防排水板扭曲或滤膜磨损；②可采取在套管上端增加环套的办法，见图 15.4－7，用排水板做成 ϕ300mm 的圆环，并用四根绳子每隔 0.5m 连接圆环形成环套，长度 5m 左右，再将塑料排水板穿在中间，可减少扭结及断裂现象；③在套管下沉时，拉紧排水板，防止排水板进入套管内扭结，同时减少了排水板在空中的漂浮长度，从而减少风力对排水板打设施工的影响。

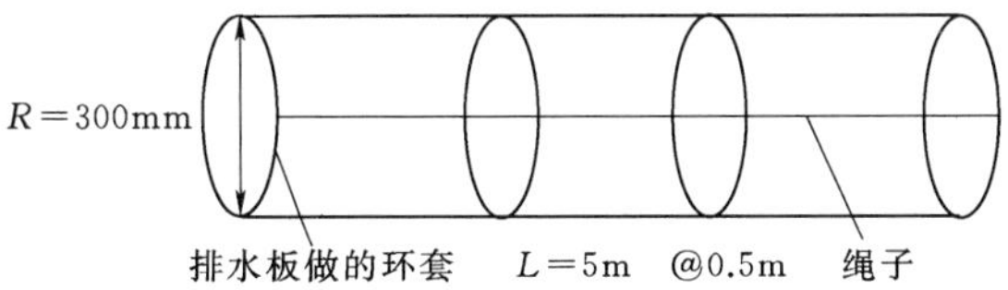

图 15.4－7　套管上增加环套

10. 打设过程中排水板断裂控制

（1）塑料排水板断带的原因：①管靴封口不严密，泥沙进入套管，提管时卡住排水板造成断带；②管靴底板太薄，碰到硬地基时，由于振动式打设机振动时间太长，将排水板与管靴连接处振断，进而回带。

（2）解决的措施：①在套管上端开口处加高压水，泥沙不易进入，保持管内干净畅通；②在管靴穿排水板的扣环上，加穿一条30～40cm长的排水板（外包住导管端头），加强管口的密封性，减少泥沙的进入；③加厚管靴的底板（改成$\delta=3$mm厚的钢板）。

11. 打设过程中排水板"回带"控制

参见15.4.3.3节"塑料排水板打设中的'回带'问题"的内容。

12. 沉管速度控制

刚开始时沉管要缓慢，防止套管突然出现偏斜；套管入土深度距设计标高约2m时，要减慢沉管速度，注意观察，防止超深或碰上障碍物时能及时处理；拔管时要连续缓慢进行，防止排水板回带。

13. 塑料排水板接头数量与质量控制

打入地基的每根塑料排水板宜为一根整板。若一定要接长时，每根板最多不得多于一个接头，相邻的排水板不得同时出现接头，且有接头的排水板根数不应超过总打设根数的10%进行控制；塑料排水板接长时，将滤膜剥开后芯板搭接长度不应小于200mm，芯板对扣，凸对凸、凹对凹，对齐对紧，然后将滤膜包裹完好固定牢。

14. 塑料排水板打设后的孔洞、淤泥与排水板头的处理

排水板打设后，因砂垫层不像黏土那样使打板孔收缩，常在砂垫层内形成孔洞，应将孔洞填平；套管上拔时带出的淤泥，残留在孔洞口和砂垫层上，必须将淤泥及时清理走。否则影响砂垫层向排水板中传递负压，降低加固效果；砂垫层之上预留20cm长塑料排水板头，应清理其上的淤泥后及时埋设到砂垫层厚度的中上部，以增大砂垫层向排水板中传递真空压力的面积，并防止加固沉降时排水板与砂垫层的脱离而形成"死井"。

15.4.4 密封膜施工

密封膜施工要点如下：

（1）铺膜前准备工作。热合或黏结密封膜成若干分块，搭接宽度不小于15cm。密封膜成卷运输至现场，上盖防紫外线的布；挖压膜沟，安装射流泵，整平砂垫层（高差小于5cm）后拉网式全面普查砂垫层表面杂物，以防刺破密封膜，测量砂垫层顶面标高，埋设膜下监测仪器。

（2）铺膜时应同时从上风向沿砂垫层向另一侧展开，密封膜不要拉得太紧，给固结沉降留出富余量，并将膜的四周放置压膜沟底面，密封膜四周应沿压膜沟内坡平展铺设，一直平铺至压膜沟底并将底铺满；铺一层膜后应随即在四周压一定数量的砂袋，防止风将膜吹动。

（3）试抽气期间进行铺膜后的漏气检查与修补工作。发现漏气后在漏处清理干净后涂胶水，用同样的一小块PVC或PE膜涂胶水补上，再检查，直至不漏气；在24h内膜下真空度一直稳定在－80kPa后，才可覆水进入正式抽气期。

（4）对于真空联合堆载预压工程，经反复检查密封膜确无漏气时，密封膜上已经铺一

层保护层（如无杂质黏土、粉细砂、针刺无纺土工布）时，才可施加第一级荷载。

15.4.5　三维土工网施工

三维土工网施工要点如下：

（1）三维土工网施工前，应先在泥面铺设编织布和无纺布，再打设排水板，然后铺设滤管，连接好排水板和滤管。

（2）将成卷的排水网人工抬至预定场地，边展开边铺设，相邻排水网搭接长度 5～10cm。

15.5　工程应用实例

15.5.1　天津临港产业区某地基处理工程

15.5.1.1　工程概况

天津临港产业区某软基加固工程总处理面积约 22 万 m^2，共有 8 个软基加固区，该工程吹填软土层及原软土地基层均较厚，而且表层淤泥含水率大，为天津地区有代表性的软土加固工程。工程吹填土厚度 5.0～8.0m，主要为淤泥和淤泥质土，沉积历史较短，含水率高，压缩性大。原泥面以下 10m 左右为欠固结土层，主要为淤泥、淤泥质土和粉质黏土。加固前土工试验资料汇总见表 15.5-1。

表 15.5-1　　加固前土工试验资料汇总表

地层编号	土层名称	土层属性	土层底标高/m	土层厚度/m	统计项目	含水率 ω /%	重度 r /(kN/m³)	孔隙比 e	压缩系数 a_{1-2} /(1/MPa)	压缩模量 Es_{1-2} /MPa	直剪快剪	
											C /kPa	φ /(°)
1	淤泥及淤泥质土	吹填土	−3.19～0.04	5.04～8.05	最大值	85.0	18.5	2.381	1.45	3.89	5.6	1.9
					最小值	48.2	15.1	1.032	0.52	1.89	1.8	0.6
					平均值	61.9	16.2	1.542	0.95	2.22	4.5	1.2
2a	淤泥质粉质黏土及粉质黏土	原海相沉积	−4.19～−2.83	0～3.00	最大值	43.4	18.9	1.250	0.67	4.80	7.4	7.5
					最小值	31.8	17.4	0.904	0.43	3.12	2.5	1.1
					平均值	37.5	18.3	1.057	0.54	3.94	5.2	3.2
2b	淤泥及淤泥质黏土	原海相沉积	−8.19～−7.83	4.00～5.00	最大值	64.3	18.2	1.824	1.68	2.97	5.8	3.8
					最小值	31.8	16.0	1.108	0.71	1.62	2.7	1.7
					平均值	46.8	16.8	1.320	0.96	2.09	4.9	2.9
2c	淤泥质黏土及黏土	原海相沉积	−12.19～−10.83	3.00～4.00	最大值	50.0	18.2	1.413	1.36	3.97	6.9	4.3
					最小值	40.5	17.1	1.123	0.55	1.78	2.6	2.5
					平均值	45.6	17.7	1.215	0.79	2.34	4.8	3.4

15.5.1.2　施工方案

在吹填区域表面铺设一层编织布，再在编织布上人工铺设两层竹笆和一层短纤土工布，并在此工作垫层上铺设排水砂垫层 50cm。机械打设排水板，打设排水板采用长、短板排水板布置方式，长板间距 90cm，正方形布置，打设深度至底标高－12.0m，在每四根长板的形心位置插一根短板，吹填土层实际排水板间距 64cm，短板打设深度至底标高±0.0m。每一排排水板附近铺设一根通长滤管，排水板绑扎在滤管上；长、短板打设工艺断面详图如图 15.5－1 所示。

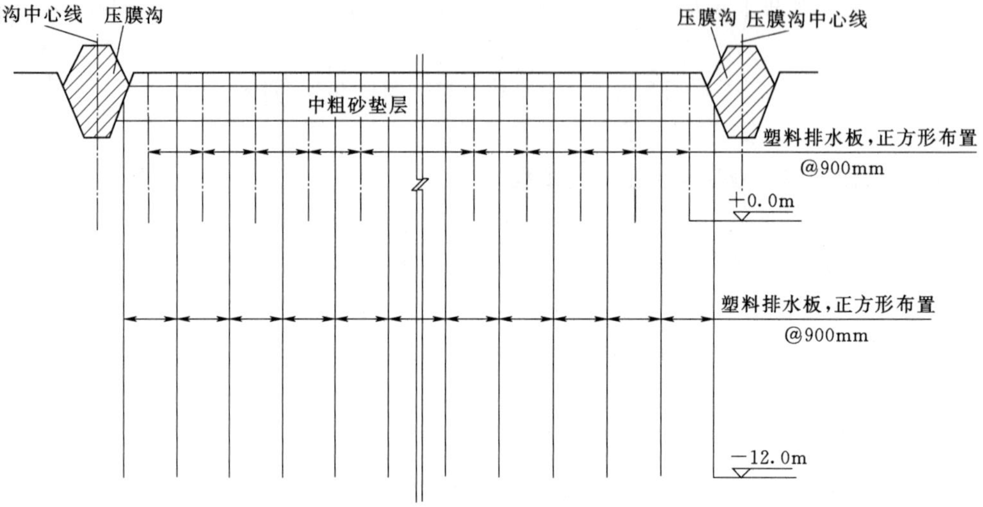

图 15.5－1 长、短板打设工艺断面详图

卸载标准：①按现场实测沉降曲线推算，得出的综合固结度大于 85%；②卸载前 5 天，平均每天产生地表沉降不大于 2.0mm；③有效抽真空计时天数为 110d。

15.5.1.3 施工要点

（1）在吹填区域表面铺设一层编织布，再在编织布上人工铺设两层竹笆和一层短纤土工布，并在此工作垫层上铺设排水砂垫层 50cm。

（2）机械打设排水板，打设排水板采用长、短板排水板布置方式，长板间距 90cm，正方形布置，打设深度至底标高－12.0m，在每四根长板的中心位置插一根短板，吹填土层实际排水板间距 64cm，短板打设深度至底标高±0.0m。每一排排水板附近铺设一根通长滤管，排水板绑扎在滤管上；长、短板打设工艺断面详图如图 15.5－1 所示。

15.5.1.4 加固效果

（1）各加固区在有效加固时间达到 110d 的情况下，加固期间沉降量为 1378～2064mm，真空区卸载时按现场实测沉降曲线推算，得出的综合固结度大于 85%，并且卸载前 5d，平均每天产生地表沉降不大于 2.0mm，各区均满足设计提出的卸载要求。

（2）如表 15.5－2 所示，加固土层土体含水率及孔隙比降低明显，压缩模量、黏聚力及内摩擦角增加较大。

（3）真空预压加固前后，加固土层的十字板抗剪强度增幅都比较明显，见图 15.5－2。

表 15.5-2　　加固前后土工试验数据对比表

土层名称（加固前）	土层名称（加固后）	土层属性	土层底标高 /m	前后增减	含水率 ω/%	湿密度 ρ /(g/cm³)	孔隙比 e	压缩系数 a_{1-2} /(1/MPa)	压缩模量 Es_{1-2} /MPa	直剪快剪	
										黏聚力 C/kPa	摩擦角 φ/(°)
淤泥及淤泥质黏土	淤泥质黏土	吹填土	−3.00	加固前	62.0	1.64	1.01	1.03	2.65	3.8	1.6
				加固后	42.1	1.80	1.27	0.82	2.72	5.9	2.7
				增减/%	−32.1	10.1	24.9	−20.4	2.4	55.3	74.2
淤泥、淤泥质黏土及黏土	淤泥质黏土及黏土	原海相沉积	−12.04	加固前	50.6	1.71	1.14	1.00	9.47	5.0	3.6
				加固后	44.4	1.77	1.23	0.77	13.10	7.4	8.5
				增减/%	−12.4	3.7	8.1	−23.3	38.4	48.0	136.1

15.5.1.5 应用效果

长短塑料排水板结合的真空预压方式满足了设计要求，圆满地达到了软土地基加固的目的。

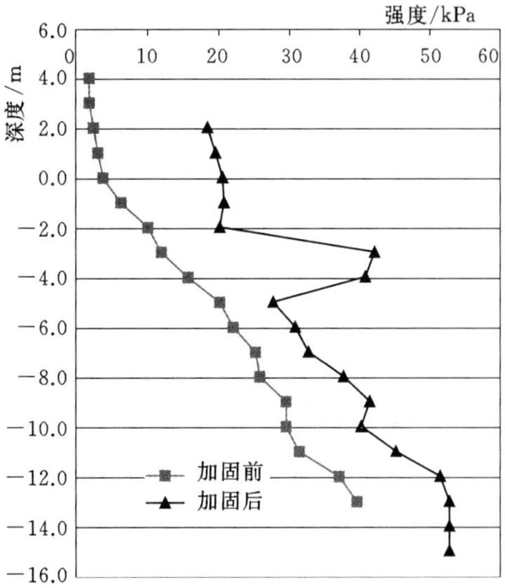

图 15.5-2　真空预压加固前后十字板抗剪强度-深度曲线

15.5.2 天津南港工业区一期东二区吹填土真空预压处理

15.5.2.1 工程概况

该工程共分 108 个分区，设计采用传统真空预压法进行软基加固，在后续施工过程中发现中粗砂供应严重不足，且价格严重超出投标预算，造成施工进度缓慢。在征求有关各方意见后设计单位将先期施工的 1～11 分区、16～21 分区、26～31 分区、41 分区、51 分区继续采用传统真空预压法，其余分区采用改进了水平排水系统的真空预压法（滤管砂沟法），并将排水板间距调整为 0.8m×0.8m（原设计为 1.0m×1.0m），正方形布置，打设底标高调整为−12.0m（原设计为−13.0m）。根据加固前现场钻探室内试验资料，该加固区域的地质情况见表 15.5-3。表层 5.0m 为新近吹填土层，以淤泥为主，具有含水率高，压缩量大的特点；5.0～18.0m 为海相沉积土层，以淤泥质黏土为主，含水率略高，属中高压缩性土。以上两层土为本次加固的主要对象。

表 15.5-3　　加固前各土层物理力学指标分层统计表

土层分类	深度 /m	ω /%	γ /(kN/m³)	e	I_P	I_L	a_{1-2} /(1/MPa)	E_{S1-2} /MPa	C_v /(10^{-3}cm²/s)
淤泥	0～5	72.7	15.9	2.01	19.5	2.71	0.95	3.0	0.29
淤泥质黏土	5～18	41.9	17.9	1.19	20.2	1.04	0.73	3.1	0.517
粉质黏土	<18	28.4	19.2	0.82	12.7	0.86	0.36	5.5	0.78

15.5.2.2 设计方案

天津南港工业区一期东二区的具体施工程序为：在砂性土垫层上完成塑料排水板打设施工后，按照同一方向沿排水板板面挖设20cm×20cm砂沟，挖出的砂性土堆放在砂沟两侧，沿砂沟方向铺设40mm滤管，然后将每根排水板板头绑扎到滤管上，保证排水通道的通畅，在该滤管的垂直方向按5倍的排水板间距布设横向滤管，交汇处以四通进行连接，从而形成一套完整的水平及横向排水管网。

最后将中粗砂回填入砂沟中，确保滤管被中粗砂完全包裹，摊平堆放的砂性土，整平场地。这种改良方案在大大减少中粗砂需求量的同时，较好地解决了以往作为工作垫层的砂性土透水性差的缺点，通过砂沟里的中粗砂完成加固土体内水的主要水平向传导。施工断面示意如图15.5-3所示。

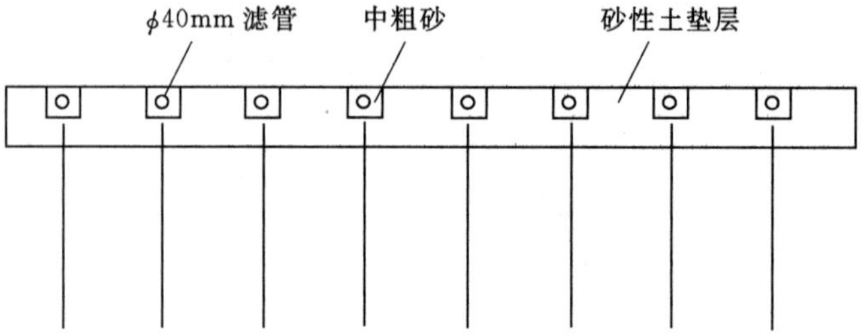

图15.5-3 施工断面示意图

15.5.2.3 施工要点

（1）要求在砂性土垫层施工时严格控制平整度，平整度较差的局部区域要进行人工整平，整平有助于加强后续排水板与滤管的绑扎施工质量。

（2）在砂性土垫层上直接打设塑料排水板，要求排水板的打设点位精确，打设后形成横平竖直的效果，有助于滤管顺直布设。

（3）要求砂沟内中粗砂对滤管完全包裹来保证中粗砂充分发挥作用，可根据实际情况进行分层回填中粗砂，即先填一薄层中粗砂作为底料，在滤管绑扎完成放于砂沟中以后，再回填一层中粗砂，直至中粗砂完全覆盖滤管，在回填过程中应轻提滤管，确保中粗砂填满滤管底部空间，实现中粗砂对滤管的完全包裹。

15.5.2.4 加固效果

水平向排水系统中每根塑料排水板与滤管相联通，确保了真空度能够传递到每根排水板，进而通过排水板向外传递给加固土体。结合施工现场监测、检测成果，真空预压过程中孔隙水压力消散理想，土体得到了有效加固，含水率大幅降低，各项监测、检测指标均能满足设计交地要求。加固前后含水率及十字板抗剪强度指标对比见表15.5-4。

表15.5-4 加固前后含水率及十字板抗剪强度指标对比

土性指标	加固前	加固后
含水率/%	20.6～124.0	19.1～51.5
十字板抗剪强度/kPa	0.4～29.4	18.2～38.7

15.5.2.5 应用效果

滤管和排水板的结合减少了砂的用量，加固效果满足了设计要求。

15.5.3 天津临港产业区某处吹填土真空预压处理

15.5.3.1 工程概况

该区域为新近吹填土，表层土基本为流泥，吹填土深度为 4m 左右。方案设计前对试验区进行加固前原位取土和室内土工试验。采用薄壁取土器取土，取土样本为 30 个，取土深度最深为 3.5m。加固前试验区土样室内分析结果见表 15.5－5。

表 15.5－5　　加固前试验区土样室内分析结果

名称	含水率 ω /%	湿密度 ρ /(g/cm^3)	黏粒含量（小于 0.005mm）/%	孔隙比 e	液限 ω_1 /%	塑性指数 I_P	液性指数 I_L	十字板抗剪强度 /kPa
最大值	104.0	1.69	60	2.9	50.4	27.2	3.5	3.0
最小值	73.2	1.45	52	1.5	40.5	20.1	1.5	0.7
平均值	86.9	1.53	56	2.3	45.0	23.4	2.7	2.0

加固区初始含水率均值大于 85%，十字板抗剪强度均值 2.0kPa；黏粒含量均值为 56%，属于典型的超软黏土，该工程为典型的超软黏土地基处理案例。

15.5.3.2 设计方案

塑料排水板采用 B 型，D1 区排水板间距 60cm，D2 区排水板间距 40cm，正方形布置，两区排水板打入泥下深度为 3.5m。排水板通过转接装置和鱼刺形接头连接，鱼刺形接头通过盲管、中间主管连接到射流泵上，两区共用 1 台射流泵。真空预压加固处理地基要求板内真空度稳定地保持 80kPa 以上，抽真空时间为 60d。鱼刺形接头连接示意见图 15.5－4。

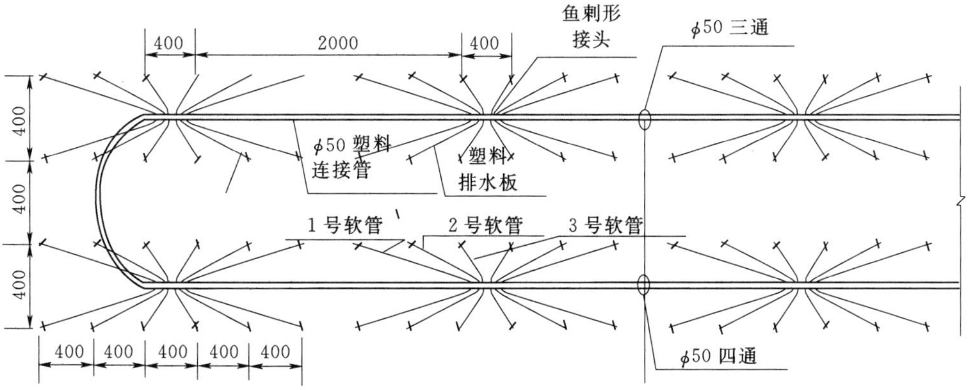

图 15.5－4　鱼刺形接头连接示意图（单位：mm）

15.5.3.3 施工要点

（1）铺设施工通道。试验区表层强度很低，不能直接上人，为确保施工人员行走和材料运输安全，需要在加固区表面铺设施工通道和工作界面。试验区施工通道采用建筑用竹胶板，在竹胶板的两端打眼，用绳子连接。

(2) 安装转接装置。根据排水板的打设深度和转接装置压入泥下位置确定排水板裁截长度。在每根排水板上安装一个转接装置。自密封装置及安装示意图见图 15.5-5。把排水板插入转接装置中，用铆钉穿过转接装置的预留孔洞，固定排水板。为防止在抽真空过程中，土颗粒从排水板的插入位置进入转接装置造成排水堵塞，转接装置插口位置用滤布缠绕。转接装置出水口位置安装尼龙软管，作为排水板的排水通道。

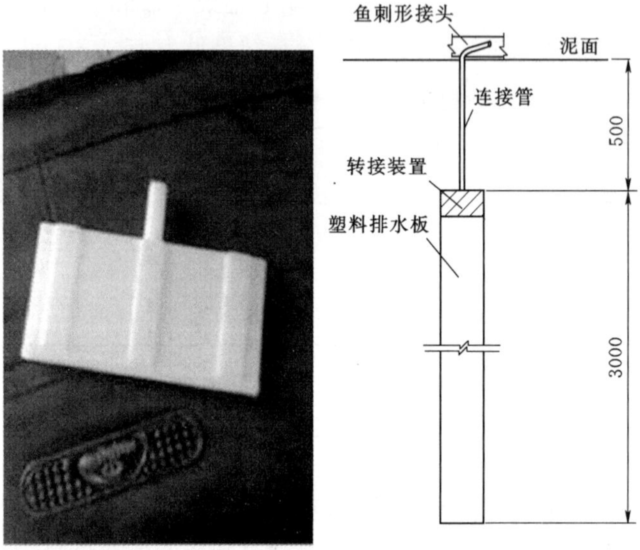

(a) 自密封装置　　(b) 安装示意图

图 15.5-5　自密封装置及安装示意图（单位：mm）

(3) 排水板打设。排水板的打入端密封、弯折，然后利用人工插板装置，把排水板垂直压入泥下预定深度，排水板转接装置随排水板进入泥下 50cm 左右。

(4) 鱼刺形连接头、盲管连接。鱼刺形连接头是连接排水板和盲管的中间接头，每个鱼刺形接头有 12 个小接头，这些小接头和排水板转接装置上的尼龙管相连，形成一个单元体，每个单元体连接着 12 根排水板。单元体之间通过盲管连接，最终和抽真空设备相连通。

盲管连接式自密封真空预压法施工中需要连接的接头众多，是施工难点，每一个接头既要保证连接牢固，不会在负压加载、地基沉降过程中脱裂，又要保证密封性。为了满足上述要求，施工材料配套是关键因素之一，鱼刺形接头中小接头的尺寸和塑料软管的尺寸要满足要求，任何一种尺寸的过大或过小都能够造成连接不稳固或漏气，在施工技术保证的同时还需要富有经验和责任心的工人认真施工。在试抽气时，还要仔细排查，发现接头有漏气要及时修补。

(5) 抽气加载。在抽真空设备安装完成后，进行试抽气，当压力达到 80kPa 以上，满足设计要求，开始正式计时。

15.5.3.4 加固效果

实测表层沉降及固结度推算值（双曲线法）见表 15.5-6。D1 区、D2 区因排水板间距不同，加固后固结度差别较大，分别为 65.5%、78.8%。

表 15.5-6　实测表层沉降及固结度推算值（双曲线法）

加固区	打板深度/mm	插板沉降/mm	预压沉降/mm	总沉降/mm	最终沉降/mm	每延米压缩量/mm	固结度/%
D1	3500	123.3	507.7	631.0	963.3	180.3	65.5
D2	3500	141.6	569.0	710.6	901.8	203.0	78.8

加固前后含水率、湿密度对比见表 15.5-7。

表 15.5-7　加固前后含水率、湿密度对比

加固区	含水率/%			湿密度		
	固前	固后	变化	固前/(g/cm^3)	固后/(g/cm^3)	变化/%
D1	87.8	57.1	−34.97	1.51	1.65	9.27
D2	83.8	48.0	−42.72	1.52	1.73	13.82

经过 60d 的地基加固，试验区含水量大幅降低，D1 区降低 34.97%，D2 区降低 42.72%。D1 区湿密度增加 9.27%，D2 区湿密度增加 13.82%。

在加固前及加固 20d、40d、60d 分别进行原位十字板抗剪强度检测，统计值见 15.5-8。

表 15.5-8　十字板抗剪强度平均值统计表

时间/d	D1 区/kPa	D2 区/kPa
加固前	2.3	2.7
20	5.4	10.1
40	8.4	15.3
60	10.5	20.5

根据表 15.5-8，60cm 排水板间距的 D1 区在加固过程中十字板强度增长较为缓慢，60d 十字板抗剪强度为 10.5kPa；40cm 间距的 D2 区十字板抗剪强度增长迅速，60d 抗剪强度为 20.5kPa。

一般重型插板机械 14t 左右，插板机压力通过枕木向地基土传播，根据通常情况下枕木接地面积计算，插板机静态接地压力为 20kPa 左右，考虑动态打设排水板，接地压力增加，按静态压力 1.5 倍计算（通过现场实测“倍数”合理），接地压力为 30kPa。反算成地基十字板强度，表层十字板强度为 9.5kPa。

根据试验结果，采用 60cm 排水板间距，60d 能够满足排水板打设要求，形成上插板机械的硬壳层。采用 40cm 的排水板间距，20d 能够迅速形成上插板机械的硬壳层。

15.5.3.5 *应用效果*

盲管连接自密封真空预压工艺适用于流塑状态的吹填土地基加固。既可以单独采用，也可以作为超软土地基的预处理。

对于临时道路、绿化带等对承载力和沉降要求不是特别高的地基，可以单独采用，既降低了工程造价，又具有明显的时间效益。

对于一些后期使用要求不明确的吹填造陆工程，在浅层形成具有一定的承载力工作垫

层，满足后期人员和机械进场的要求，为后期施工搭建了平台，同时节省大量的砂石资源，提高了工程质量，环保、高效。

15.5.4 天津临港产业区某新吹填加固区真空预压处理

15.5.4.1 工程概况

天津临港产业区某新吹填加固区为典型的新吹填超软土地基，加固前地基土的物理性质见表15.5-9。场区土性很差，人员和设备进场困难，采用浅层超软土地基真空预压加固技术进行加固。加固区吹填软土厚度3.5～4.2m，表层2m基本为流泥，几乎没有强度。

表15.5-9　　地基土的物理性质

取土深度/m	土的物理性质											
	含水率/%			湿密度/(g/cm³)			塑性指数 I_P			黏粒含量/%		
	最大值	最小值	平均值	最大值	最小值	平均值	最大值	最小值	平均值	最大值	最小值	平均值
0.5	133.0	70.7	103.8	1.59	1.37	1.47	22.4	15.9	18.5	66.1	52.9	59.6
1.5	117.0	61.0	87.3	1.63	1.41	1.52	20.5	16.4	18.0	67.4	58.3	61.9
2.5	107.0	56.9	75.3	1.68	1.44	1.59	19.9	12.3	16.3	63.5	48.3	57.8
3.5	42.2	33.3	38.4	1.90	1.80	1.85	19.3	10.5	15.5	62.5	41.8	51.0

15.5.4.2 设计方案

排水板打设至原泥面顶面，间距为0.7m，正方形布置。设计的特点在于使用可循环利用的三维土工排水网代替砂垫层。浅层超软土地基真空预压加固技术的主要工艺流程如下：①搭设平板泡沫浮桥；②铺设编织布、无纺布；③超软泥面上打设排水板；④布设滤管；⑤连接排水板与滤管；⑥铺设三维土工排水网；⑦铺设密封膜；⑧布设真空泵等抽真空装置；⑨抽气加载；⑩卸载；⑪回收三维土工排水网；⑫加固后效果检测。

15.5.4.3 施工要点

1. 搭设平板泡沫浮桥

由于超软土强度很低，表层承载力很小，因此设备与人员的进场非常困难。首先需要解决施工通道的问题。施工通道可以通过填筑砂土料来解决，但此方法造价较高，而且施工周期也稍长。更为快速且经济的办法是在泥面搭设浮桥。

浮桥是为在超软土地基上施工所采取的必要辅助措施，是材料运输和人员行走的施工道路，其轻便、安全、平稳、易于搭设等的性质关系到工程能否顺利进行。可以采用块体泡沫和木板搭设浮桥，如图15.5-6(a)所示，块体泡沫按1.1～1.3m的间距布置，在泡沫上铺木板形成桥面，在泡沫两侧深插竹竿至硬土层固定浮桥。该种形式的浮桥平稳性较差，同时块体泡沫较易破损，损耗较大，重复利用存在一定问题，不适于大面积施工时应用。改进后的浮桥，采用一种特制的高密度平板式泡沫，直接将其连续铺设在泥面上形成浮桥，如图15.5-6(b)所示。该种型式的浮桥，桥面较宽，行走平稳；利用深插竹竿固定四角，施工方便，便于拆除倒运，其断面见图15.5-7。平板式泡沫密度较大，强度较高，不易破损，可以重复很多次，非常适用于大面积工程施工。另外，结合浮桥，还可以修建隔水挡埝，这对后续排水板打设等非常有利。

(a) 块体泡沫浮桥

(b) 平板泡沫浮桥

图 15.5-6 块体泡沫浮桥和平板泡沫粉浮桥

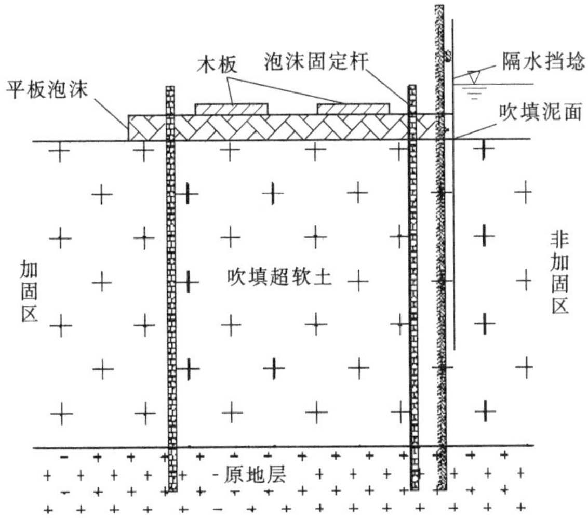

图 15.5-7 平板泡沫浮桥断面

2. 铺设编织布、无纺布

编织布和无纺布主要是为施工人员提供安全保障。实际上，由于编织布和无纺布的存在，三维土工排水网与泥面不直接接触，因此，对保证排水网的通透性和提高排水网的回收率都是有利的。

根据现场的具体情况，施工中采用了两种方案进行编织布和无纺布的铺设：分别为水上铺设和泥面上直接铺设。根据现场施工情况的比较，水上铺设的施工质量不如泥面上直接铺设易控制，大面积施工时应采用直接铺设工艺。

先进行编织布的铺设和缝合，再进行无纺布的铺设和缝合。工厂出产的无纺布和编织布的幅宽一般在 2～3m，现场必须将其分别缝制为一整体。将无纺布或编织布搭接铺设，搭接宽度不小于20cm，然后以手持缝纫机将搭接部分缝合，将相邻两块编织布或无纺布连接起来，最终使得下层的编织布和上层的无纺布均成为一个整体，见图15.5-8。

编织布和无纺布要具有足够的强度，但可以根据不同区域的地质情况采用不同的规格，在大面积施工中，个别区域根据实际情况只铺设一层编织布即可满足要求，大大节省施工费用。一般情况下，可以采用150g/m^{2}的编织布和350g/m^{2}的无纺布。图15.5-9为铺完编织布和无纺布的场地。

图15.5-8 缝合编织布和无纺布

图15.5-9 铺完编织布和无纺布的场地

3. 超软泥面上打设排水板

浅层超软土地基加固技术中，采用的是人工泥面浅层打板方案。一方面，是因为超软作业面上机械设备很难作业，而人工只能打设浅层排水板；另一方面，是因为超软土加固产生大应变影响排水板真空度的传递，因此先打设浅层排水板进行浅层加固，消除大部分浅层土体的压缩沉降后，再打设深层排水板更为合理，这样使得深层真空度传递能得到保证。

初始设计中考虑到超软土上无法上施工人员和机械设备，计划蓄一定深度的水，然后利用浮筏等辅助工具在水面上铺设编织布和无纺布并打设塑料排水板。经多次的现场试验和研究，发现水上打设排水板效率较低且施工质量不好控制。因此，提出了在铺完编织布和无纺布的超软泥面上直接打板，取得了较好的效果。因此，在无明显积水区域，可以取消挡埝而只设置浮桥。在有水区域，可以设置隔水挡埝，将加固区表层积水排出后进行施工。

塑料排水板打设施工前，先在打设区域预打板，判断打设深度，根据打设深度和外露尺寸，将排水板剪成满足打设深度和外露长度要求的短板。将端头包裹弯折并绑扎，或者以沥青封口。一是防止负压抽气过程中土颗粒从排水板端头吸入板芯造成排水板堵塞，二是便于以端头压扁的钢管打设排水板。钢管压扁端顶在排水板弯折段，人工将排水板压至预定深度，拔出钢管时，压扁段与排水板自然分离，将排水板留在打设深度处。

排水板打设完毕，随即进行滤管铺设，并连接排水板和滤管，见图15.5-10。

4. 铺设三维土工排水网

超软土由于强度极低，砂垫层的铺设比较困难，若直接铺设，砂垫层难以稳定地覆于超软土上，而且施工人员没有稳定的作业面，施工质量和人员安全均存在很大的隐患。因此，必须采取措施后再铺设砂垫层，或者找到砂垫层的替代方案。

有的工程采用了先做工作垫层，然后铺砂垫层，打设排水板。工作垫层也有不足之处，打板时，新吹填的超软土在工作垫层自重和人员设备重量等荷载的作用下，极易从打

图 15.5－10　排水板与滤管连接完毕

板孔处涌出，造成翻浆冒泥，污染砂垫层，使施工质量难以保证。在前湾地区，为解决这个问题，将砂垫层的厚度加厚到了 1.5m，才使得翻浆冒泥得以减少。

该技术采用砂垫层的替代方案。在泥面铺设编织布和无纺布后，再在上面铺设三维土工排水网作为水平排水垫层替代砂垫层。由于三维土工排水网重量小，而且整体性好，因此，超软泥面可以承担此荷载。

三维土工排水网是以高密度聚乙烯为原材料，通过特殊的机头挤出肋条，3 根肋条按一定间距和角度排列形成有排水导槽的三维空间结构，其上下各粘 200g/m^2 土工布，形成整体的三维复合土工排水网，见图 15.5－11。

三维土工排水网与滤管连接，一方面可以沿排水网传递真空度，使表层土体发生竖向固结，在加固区表层形成一层硬壳，使得加固后地基的易用性更好；另一方面，三维土工排水网具有一定的刚度和强度，可以作为加固期间人员和设备的持力层。现场施工表明，三维网起到了良好的水平排水和均布荷载作用，完全可以在实际工程中替代砂垫层，在加固后的地表形成了约 30cm 的硬壳层，硬壳层的十字板强度在 20kPa 左右。

待排水板打设和滤管铺设完毕并连接好排水板和滤管后，即可铺设作为水平排水垫层的三维土工排水网，将成卷的三维土工排水网人工抬至预定场地，边展开边铺设，相邻排水网搭接长度 5～10cm，见图 15.5－12 和图 15.5－13。

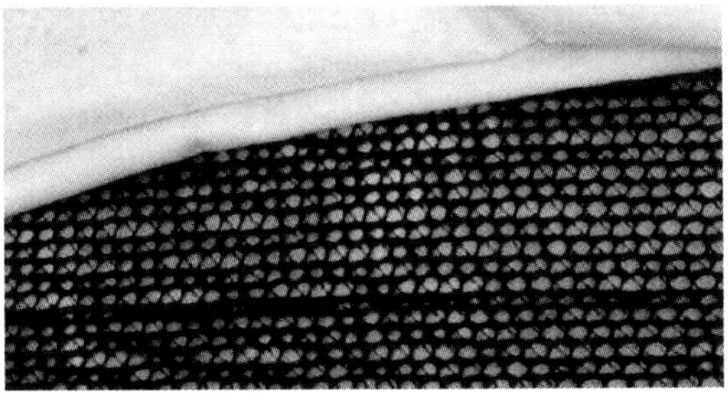

图 15.5－11　三维土工排水网

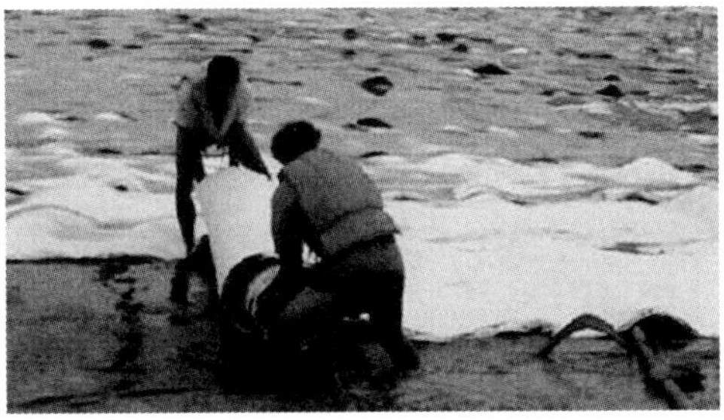

图 15.5－12　三维土工排水网铺设中

卸载后，由于施工区表面已经形成了一层硬壳，因此，三维网的回收作业很方便。又由于在施工区表面铺设的编织布和无纺布，三维网的揭起和回收都比较容易。施工结果表

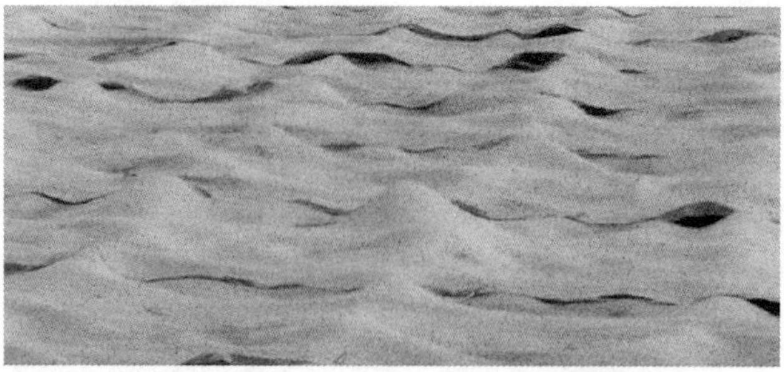

图 15.5-13　三维土工排水网铺设完毕

明排水网的可回收性很好。

5. 铺设密封膜

密封膜的铺设过程与常规真空预压一样，主要区别在于密封膜在竖直方向的密封即压膜沟的处理。由于超软土几乎处于流动状态，因此在超软土上压膜沟施工难度很大。

在有工作垫层的情况下进行压膜沟的开挖，由于压膜沟处压力释放，一旦挖破下层的编织布，在工作垫层本身重量的作用下，稀泥会一下冒出来；另外，超软土有时也会从已打排水板的孔中冒出，将整个沟填满。此外，在地势低的地方，由于打设排水板后软土中的孔隙水已开始通过排水板排水，砂垫层中已含大量水，压膜沟很难开挖。解决办法为取消压膜沟，黏土密封墙直接做到砂垫层面。

该技术仅作浅层加固，浅层土体往往都是含水率很高的黏性土，可以省略压膜沟，此时可以将直接埋入排水垫层下不浅于 0.5m，即可保证系统的密封。

15.5.4.4　加固效果

自 2008 年 7 月 26 日开始抽气，2008 年 7 月 28 日满载，膜下真空度达到 80kPa 以上，2008 年 7 月 31 日开始计时，之后膜下真空度一直维持在 80kPa 以上。2008 年 10 月 25 日卸载，有效加载时间约 82d，抽真空期间产生沉降 668mm，见图 15.5-14，打板期间沉降为 278mm，总沉降为 946mm，不考虑打板沉降时的固结度为 82.5%。加固前后土体主要物理力学指标对比见表 15.5-10。

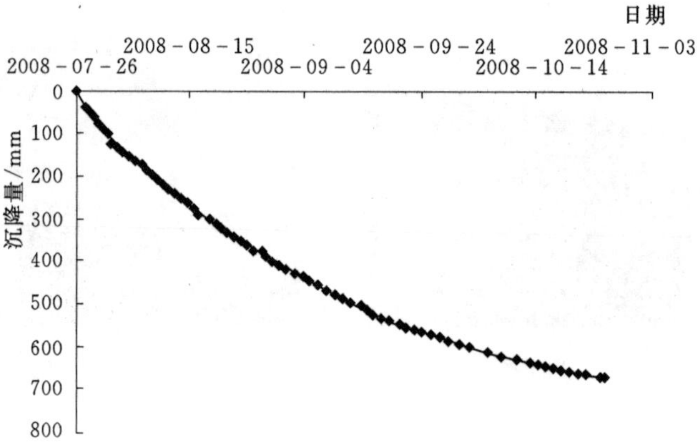

图 15.5-14　加固期沉降量随时间发展

表 15.5-10　　加固前后土体主要物理力学指标对比

工　况	平均含水率 /%	平均湿密度 /(g/cm³)	平均十字板强度 /kPa
加固前	88.8	1.53	2.9
加固后	44.1	1.79	12.2
变化/%	−50	17	321

加固区土体颗粒很细，上层 2m 厚度为流泥，含水率很高，强度很低，无论从土性还是施工工艺上讲，此类土都较难加固。从加固效果来看，加固中产生了明显的沉降，含水率下降也十分明显，强度增长也很显著。

15.5.4.5　应用效果

该工程中使用三维土工排水网，成功对超软土进行了加固，节省了砂垫层，取得了良好的效果。

15.6　研究成果及展望

土工合成材料是应用于岩土工程的、以合成材料为原材料制成的新型建筑材料，广泛应用于水利、公路、铁路、港口、建筑等工程的各个领域。土工合成材料的排水功能是指材料起到收集和输送流体的作用。具体到土体或土工构筑物，排水则指土工排水材料从土体内收集地下水渗流，并排出土体或土工构筑物外部的机制和过程。

本章主要从软基排水材料类型、软基排水设计、软基排水施工及具体工程应用实例等几个方面对目前土工合成材料在软基排水方面的相关应用进行了总结，主要研究成果及展望如下：

(1) 土工合成材料的原材料是高分子聚合物，是由煤、石油、天然气或石灰石中提炼出来的化学物质制成，再进一步加工成纤维或合成材料片材，最后制成各种产品。土工合成材料其分类在国内外尚未形成统一的标准，目前按我国行业标准可以将其分为土工织物、土工膜、土工复合材料和土工特种材料。土工织物按制造方法可分为有纺（织造）土工织物和无纺（非织造）土工织物。有纺土工织物由两组平行的呈正交或斜交的经线和纬线交织而成。无纺土工织物是把纤维作定向的或随意的排列，再经过加工而成。

(2) 对于无纺土工织物等排水材料，在其法向及水平向均具有良好的排水能力，能将土体内的水积聚到织物内部，形成排水通道，排出土体。较厚的针刺无纺土工布和一些具有较多孔隙的复合土工布都可以起排水作用。较厚的针刺无纺土工布和一些具有较多孔隙的复合土工布都可以起排水作用。用土工织物则可取代这种碎石层，不仅可以收到排水效果，而且施工特别简单，工程造价也可以大为节省。可用于土坝内垂直或水平排水，土坝或土堤中的防渗土工膜后面或混凝土护面下部的排水，埋入土体中消散孔隙水压力，软基处理中垂直排水，挡土墙后面的排水等。

(3) 软基排水设计根据排水方向可以分为水平排水通道和竖向排水通道设计。水平排水通道一般采用砂垫层、碎石垫层、土工合成材料等形式。水下水平砂垫层可采用散抛砂、袋装砂等形式；采用砂料作为水平排水垫层时，宜采用含泥量不大于 5%的中砂或粗砂，渗透系数不宜小于 5×10^{-3}cm/s。竖向排水通道通常采用砂井、袋装砂井、塑料排水板等形式。对于软基排水中常用的塑料排水板而言，目前种类繁多并逐渐向新工艺、新材料等方向发展，包括排水窄板、防淤堵整体板、可降解排水板、可测深度排水板、可导电排水板、排水板弯折影响等方面，未来研究及应用空间广泛。

(4) 根据待处理软土层表面的承载能力，水平排水砂垫层的施工可分为以下四种方法：直接机械分堆摊铺、顺序机械推进摊铺、地表预铺荆笆法、人工或轻便机械铺设。不论采用何种施工方法，都应避免对软土表层的过大扰动，以免造成砂和淤泥混合，影响垫层的排水效果。根据施工条件，竖向排水通道施工工序包括：确定场地自然条件、选择合适施工设备和施工工艺。打设过程中套管的垂直度偏差应不大于1.5%。目前软基排水设计施工方法多种多样，材料类型各不相同，同时新的方法还在不断推出，在今后的工程应用中应着眼于解决现有方法的缺陷与不足，研发方向应具有针对性。同时可不局限于某一种排水方法的改进，可以考虑把现有多种排水方法的优点结合起来，形成系统性的排水设计施工成套技术。另外，随着新材料的不断研究开发，如何关注并利用新型排水材料也是今后工作的方向之一。

(5) 改变目前由材料生产行业一家制定产品标准的做法，由生产、应用行业的主管部门联合制定相应的应用技术标准。生产厂家密切与工程应用企业合作，了解实际应用情况，及时生产与实际工程需要适用性更强的产品并使产品系列不断完善。生产厂家与科研单位应进行密切合作，加快对土工合成材料排水性能等指标进行实用性研究，提出各种工况条件下的设计指标。

(6) 土工合成材料是一种新型材料，其工程应用是一项不断发展的新技术，但目前其基本力学计算模型、理论分析方法还不成熟，未形成统一的、便于工程应用的计算标准。应该加强广大设计人员、工程技术人员业务培训，同时加强软基排水材料的应用领域，不断提高工程技术水平和使用质量，结合具体工程条件，研究其排水机理、计算模式和方法，开发出实用性强，使用简便的计算软件，改变凭经验设计的现状，提高工程的安全性和经济性。

(7) 近年来，我国用于软基排水的土工织物生产和应用发展速度很快，特别是针刺无纺织物的生产和使用量近年来大幅度增长，但尚缺少统一的测试方法和完善的设计理论。当前，除引进外资和国外先进技术外，更重要的是应密切结合我国的土质条件和工程特点，努力开发、研制我国急需的产品，不断提高质量性能和降低成本，总结设计、施工经验，大力推广应用，同时加强织物作用机理方面的研究，逐步统一技术标准，使这一新的建筑材料在工程建设中发挥更大的作用。

可以预见，在今后很长时间内排水固结法仍将是软基处理的主要方法。本着在应用中研究，用研究成果指导生产应用的原则，不断提高排水固结法的研究及应用水平。

参 考 文 献

[1] 高潮．真空吸水浅层软土加固法［J］．中国港湾建设，2010（6）：48－50.

[2] 曹永华，李卫，刘天韵. 土工排水网在超软土加固中的应用 [J]. 水运工程，2011 (11)：237-240.

[3] 叶柏荣，陆舜英，唐羿生，等. 袋装砂井——真空预压法加固软土地基 [J]. 港口工程，1983，1 (1).

[4] 中华人民共和国交通运输部. 水运工程地基设计规范：JTS 147—2017 [S]. 北京：中国交通运输出版社，2017.

[5] 中华人民共和国住房和城乡建设部. 建筑地基处理技术规范：JGJ 79—2012 [S]. 北京：中国建筑工业出版社，2013.

[6] 高志义，张美燕，张健. 真空预压联合电渗法室内模型试验研究 [J]. 中国港湾建设，2000 (5)：58-61.

[7] 龚晓南，岑仰润. 真空预压加固地基若干问题 [J]. 地基处理，2002，13 (4)：7-11.

[8] 沈珠江，陆舜英. 软土地基真空排水预压的固结变形分析 [J]. 岩土工程学报，1986，8 (3)：7-15.

[9] 钱家欢，殷宗泽. 土工原理与计算 [M]. 北京：中国水利水电出版社，1996：181-189.

[10] 沈珠江. 软土工程特性和软土地基设计 [J]. 岩土工程学报，1998，20 (1)：100-109.

[11] 李方信. 岩土工程中的预测与预算 [J]. 地基处理，2000，3 (3)：34-41.

[12] 高志义，侯晋芳. 吹填土地基的固结度与沉降计算 [J]. 地基处理，2013，24 (2)：3-11.

[13] Barron R. A. Consolidation of fine grained soils by drain wells [J]. Trans. ASCE，1948，113 (17)：718-742.

[14] 《地基处理手册》(第二版) 编写委员会. 地基处理手册 [M]. 2 版. 北京：中国建筑工业出版社，2000：78-79.

[15] 娄炎. 真空排水预压法的加固机理及其特征的应力路径分析 [J]. 水利水运科学研究，1990 (1)：99-106.

[16] 范须顺. 关于确定真空预压施工中滤水管间距及布排形式的探讨 [J]. 港口工程，1993 (2)：36-39.

[17] 郭红发，杨建林，张广久. PVC 管井技术在农业灌溉实践上的应用 [J]. 河南水利与南水北调，2007 (9)：33，41.

[18] 肖西卫，汪晓峰，刘冬卫，等. U-PVC 贴砾滤水管井中二次成井技术 [J]. 水文地质工程地质，2003 (2)：77-79.

第16章 江河堤坝排水反滤设计与施工

16.1 概　　述

根据2013年第一次水利普查的统计，全国水库已达98002座，堤防总长度达413679km，其中5级以上的堤防长度275495km。在这些水利工程中，土石坝（堤）是应用最为广泛的一种水工建筑物。90%以上的水库是土坝，而江河湖泊的防护堤除个别城市防洪墙为混凝土建筑外，几乎全部是土堤。从水工建筑物特点和运行条件来看，大坝主要是横断河道方向修建，与水流方向垂直或近乎垂直，一般长期挡水，坝体内多设置心墙或斜墙起防渗作用，对排水和反滤的要求较高且在工程建设时即予设置。堤防主要顺河流方向修建，起控制河势、约束水流、防御洪水漫溢的作用。我国多数堤防为历代逐年填筑而成，堤基条件差，堤身填土质量极不均匀。虽然堤防承受的水头不高，挡水时间主要集中于汛期较短时间内，但仍极易产生渗透破坏。国内外大量工程实践都表明，土石坝和土堤的破坏甚至溃决大部分都与渗流和渗流控制有关，防渗、排渗和反滤相结合的渗流控制是涉及土石堤坝工程安全的重要课题。

实际工程中，排水和反滤往往是同时存在、不可分割的两种功能。排水是将积存在土中多余的水，或流经土体的渗水尽快地排出，以防止土体在水中长期浸泡或在土体内积聚过高的孔隙水压力，削弱土体的稳定性。对于土石堤坝，排水的作用主要是控制渗流范围、引导渗流方向、降低浸润线、加速孔隙水压力消散从而增强坝体边坡的稳定性。而反滤（或称过滤、渗滤等）措施则是为了土工建筑物在排水过程中防止起骨架作用的土颗粒的流失而设置的，一般设置在水流有可能使土体产生严重渗透变形的地方，如土体中有水流逸出的部位，或各排水体的周围等，以保护渗流的出口，防止坝体和坝基发生管涌、流土等渗透破坏。排水功能和反滤功能常常同时被要求，许多具有反滤功能的材料也同时具有良好的透水性，即兼有一定的排水功能，以便将反滤层中流出的水尽快排走。因此，本章将排水与反滤作为有机体统一加以阐述。

传统的排水反滤材料主要是粒状材料，如砂砾、中粗砂等。1958年美国在佛罗里达州的大西洋护岸工程中首次应用土工织物滤层替代传统的砂砾滤层。1970年法国将土工织物用于Vlacros坝和Manrepas坝的堆石护面及坝趾排水体的反滤层。目前世界各国均有越来越多的土石堤坝工程在实践中采用土工合成材料替代粒状材料，是一种更为方便、经济和有效的措施。1981年我国在葛洲坝工程二江泄水闸坝基软弱夹层排水孔中采用插入式土工合成材料组合过滤体作反滤，迄今经数次现场取样检验证明，插入式组合过滤体的长期性能良好。1984年云南麦子河大坝整险修复工程中首次采用针刺无纺织物作为坝脚反滤和坝面护坡的垫层，取得了满意的效果，并且施工周期缩短一半以上，节省工程投资约1/3。目前，土工织物和其他各类排水材料已大量应用于土石堤/坝的排水、反滤以及应急抢险修复等工程实践中，大多数情况下效果良好。

但目前国内土石坝相关规范中有关反滤层、垫层、过渡层以及排水体等仍多是针对粒状材料进行设计，《碾压式土石坝设计规范》（SL 274—2001）和《碾压式土石坝设计规范》（DL/T 5395—2007）中规定：3 级（及其以下）低坝经过论证可采用土工织物作为反滤层，比较慎重。《土工合成材料应用技术规范》（GB/T 50290—2014）建议堤坝工程中土工合成材料可用作排水反滤的部位包括：土石坝斜墙、心墙上下游侧过渡层，堤坝坡、灰坝、尾矿坝反滤层，土石坝、堤内排水体，防渗铺盖下排气、排水系统，减压井、农用井等外包反滤层等。《水利水电工程土工合成材料应用技术规范》（SL/T 225—98）认为，坝内竖式或斜向反滤/排水体采用粒状材料时质量难以保证，以土工织物替代可保证质量，且施工方便，设计方法与传统粒状材料反滤设计类似。近年来水运、公路、铁路等行业也陆续制定了有关土工合成材料应用的技术规范，对土工合成材料用作反滤、排水等设计方法也提出了相应的规定，可供堤坝工程参考。

需要注意的是，尽管土工合成材料已有广泛的工程应用，但由于产品种类繁多、不同土类的反滤设计方法不够完善，工程应用的环境条件又复杂等因素，土工合成材料用作排水反滤也有不成功的工程案例，主要是长期使用后的淤堵问题。为此，工程设计和施工人员必须注意根据具体工程情况和条件选择合适的反滤材料，掌握合理的设计方法，保证施工质量，才能充分发挥土工合成材料的优势，确保工程安全。

16.1.1 堤坝工程反滤排水体类型

土石坝，特别是大中型土石坝，对排水反滤的要求较高，且常结合护坡一起进行构造设计。与土石坝相比，堤防工程大多数为历史形成，已建堤防几乎都未设置专门的排水反滤结构，即便是新建的堤防，其排水反滤标准也比较低。因此本节以土坝为例，简要介绍排水反滤体的构造型式和特点。堤防工程可参考土石坝的有关规定，视工程具体情况做适当处理。

从排水体设置部位和构造可将排水设施主要分为以下几部分。

（1）坡面排水系统：包括排水沟和贴坡排水。排水沟作为坡面排水系统的一部分，包括纵向、横向排水，主要是为了防止雨水集中冲刷或漫流形成雨淋沟而影响下游边坡稳定。贴坡排水适用于心墙或斜墙土石坝，当坝体中浸润线不高时，可采用这种简单易行的表面排水措施，防止坝坡土发生渗流破坏，并避免下游边坡被波浪淘刷。但对降低浸润线没有明显效果。

（2）坝体内排水：包括水平排水、竖式排水、网状排水、排水管等。

水平排水主要适用于由黏性土等弱透水料填筑的均质坝或分区坝，可在坝体内不同高程处设置，其位置、层数和厚度等应根据计算确定。位于坝基面的水平排水层通常又被称为褥垫排水。

竖式排水又称上昂式排水，是在坝体内设置的铅直、向上游倾斜或向下游倾斜的排水体，其顶部可延伸到坡面附近。《碾压式土石坝设计规范》（SL 274—2001）中建议，对于均质坝和坝壳用弱透水料填筑的土石坝，宜优先选用竖式排水。

网状排水由纵向和横向排水带组成，纵向排水带的厚度和宽度根据渗流计算确定。

排水管适用于渗流量大或常规排水带尺寸不能满足要求时采用，可采用带孔花管。管径需通过计算确定，管周围应设置反滤层。

(3) 坝趾排水：又称为棱体排水或滤水坝趾等，是在下游坝脚处用块石堆成的棱体，也可与坝基面褥垫排水结合，向坝内伸展一定长度，降低浸润线的效果更好。适用于下游有水的各种坝型，有效降低浸润线，防止坝坡冻胀，保护尾水范围内的下游坝脚不受风浪淘刷。

(4) 组合式排水：实际工程中，常根据具体情况将几种不同型式的排水组合在一起成为组合式排水，以最大程度发挥各型式的优点，同时节约工程造价，保障坝体稳定和安全。例如，当下游高水位持续时间不长时，可考虑在正常水位以上用贴坡排水，以下用坝趾棱体排水；根据坝体类型和填筑土料性质，也可采用褥垫排水与棱体排水结合，或贴坡排水、棱体排水与水平排水组合等型式。

(5) 减压井：减压井是一种井管排渗设施，对于坝基或堤基为双层或多层结构地层的情况，可以达到有效降低承压水头及渗透压力，控制管涌等渗透破坏的效果。其间距和井深等需要根据试验或数值计算来确定。减压井的减压效果十分显著，且简单易行，但运用一段时间后易发生淤堵而失效，采用可拆换式组合过滤体是一个良好的解决方案。

16.1.2 堤坝工程排水反滤设计相关规范

目前有关土工合成材料排水反滤设计方面的规范主要包括：

(1)《碾压式土石坝设计规范》(SL 274—2001)。

(2)《碾压式土石坝设计规范》(DL/T 5395—2007)。

(3)《土工合成材料应用技术规范》(GB/T 50290—2014)。

(4)《水利水电工程土工合成材料应用技术规范》(SL/T 225—98)。

(5)《水运工程土工合成材料应用技术规范》(JTJ 239—2005)。

(6)《公路土工合成材料应用技术规范》(JTG/T D32—2012)。

(7)《铁路路基土工合成材料应用设计规范》(TB 10118—2006)。

16.2 堤坝工程排水反滤土工合成材料的基本性质

16.2.1 用作排水反滤的土工合成材料类型

用作反滤的土工合成材料主要是针刺非织造型（无纺）土工织物，也有采用热黏无纺织物或织造型（有纺）土工织物的。可用作排水的土工合成材料种类较多，包括土工织物、土工网、三维土工网垫、塑料排水板、软式排水管、复合排水材料、毛细虹吸排水带以及速排龙等。这些材料具有的共同特点是透水性和导水性良好。对于反滤而言，渗透系数、有效孔径等指标是决定土工织物反滤能力的重要参数，而对排水而言，更关注材料的排水能力，即导水率、通水量等指标。

土工织物：是目前产量最大、工程中应用最广的一种土工合成材料产品，分为有纺织物和无纺织物两大类。有纺织物是由长丝或纤维纱按定向排列机织或编织而成的土工织物。无纺织物是由细丝或短纤维按随机或定向排列制成纤维网，经热黏、化黏、机械结合等固着方法把网丝相互连接起来而制成的平面型织物。

土工网：是由聚合物经挤塑成网，或由粗股条编织，或由合成树脂压制而成的具有较大孔眼的一种平面结构网状材料，常与土工织物共同组成复合排水材料。土工网垫是一种蓬松的三维多孔网状结构，厚度较大。

排水管：排水管种类较多，常用的薄壁 PVC 管，其管径为 75～250mm，管周可以设圆孔或条孔做成花管，有时可外包无纺织物。另外，还有一种排水软管，也称软式透水管，是以经防腐处理并外覆 PVC 等作保护层的弹簧钢丝圈作为骨架，以透水土工织物为包裹材料形成的一种复合土工合成管材。软式透水管可以全管壁透水，柔性很好，适应性强。

塑料盲沟：是由塑料芯体和外包的无纺土工布滤膜两大部分组成。塑料芯体以热可塑性合成树脂为主要原料，经改性后，热熔状态下喷嘴挤压出细的塑料丝条，再通过成型装置将挤出的塑料丝在结点上熔接，形成三维立体网状结构。塑料盲沟有矩形、中空矩阵、圆形、中空圆形等多种结构形式，表面开孔率高，内部空隙率大，集水和排水性好，抗压耐压性强，柔性好可适应土体的变形，重量轻，施工方便，故应用广泛。

三维排水网垫：由三维聚丙烯网垫与两侧无纺土工布通过热黏合作用形成。三维聚丙烯网垫经过特殊挤压形成 W 形或 M 形，可纵向全断面排水。其具有结构稳定、质量轻、通水量大、运输方便、施工进度快、费用省等优点。

工程中需要排水功能时，应根据具体情况，利用土工合成材料建成不同结构形式的排水体，如在沟内以无纺土工织物包裹碎石形成的暗沟或渗沟，以无纺土工织物包裹带孔管（塑料管、波纹管混凝土管等）形成的排水暗管，或上述二者的结合。堤基深层排水可利用预制成的塑料排水带。包裹式排水暗沟宜用于短程和要求排水量较小的情况，排水暗管适合于长距离和排水量较大的情况。

16.2.2　土工织物的孔隙率和等效孔径

土工织物的孔隙率是指其孔隙的体积与总体积的比值，以 n（%）表示。孔隙率与孔径的大小有关，可根据织物纤维密度、厚度和重量，采用式（16.2-1）计算得出：

$$n=\left(1-\frac{m}{\rho\delta}\right)\times 100\% \tag{16.2-1}$$

式中：m 为单位面积质量，g/m^2；ρ 为原材料的密度，g/m^3；δ 为某压力下无纺织物的厚度，m。

如果无纺织物由两种或两种以上的纤维组成，或者当原材料不能确定时，可用密度瓶法测出密度，再用该式计算孔隙率。

机织和热黏非机织土工织物的压缩性很小，因此，其厚度、孔隙率、孔径大小等几乎不随压应力的改变而变化。据资料统计，机织型土工织物的孔隙率为 2%～30%。无纺土工织物在不受压力时，孔隙率一般在 90%以上，但其压缩性很大，随着压力增大，厚度、孔隙率、孔径等都明显减小，图 16.2-1 可见孔隙尺寸随压力的变化情况。

土工织物，特别是无纺土工织物，孔径是大小不一很不均匀的，很难直接用实际的孔径表达，但可绘制孔径分布曲线，它与土的颗粒粒径分布曲线十分相似。工程中为了应用方便，专门定义了一些具有特征意义的孔径来表示，如等效孔径（EOS）、表观孔径（AOS）、反滤孔径（FOS）、特征孔径（COS）等。这些孔径可统一以 O_e 表示，e 系指某特征孔径，如 O_{90} 为相应于孔径分布曲线上 90%的孔径，即表示 90%的颗粒材料可通过

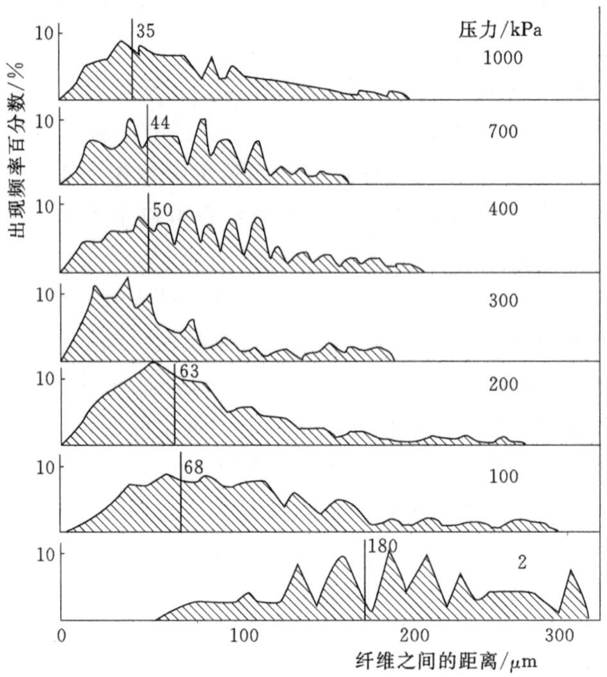

图 16.2-1 孔隙尺寸随压力的变化情况（陆士强等，1994）

该无纺织物，其余还有 O_{95}、O_{50} 等。目前各国采用的等效孔径的取值不尽相同，ASTM 以及我国的国标和多数行业标准都规定取表观孔径（AOS）O_{95} 作为等效孔径，即，孔隙分布曲线上对应于 95%的孔径，换句话说，就是指在织物的大小不同孔隙中，有 95%的孔径小于该孔径（它近似于织物的最大孔径）。针刺型土工织物的等效孔径通常为 0.05～0.15mm，机织型土工织物通常为 0.03～0.60mm。

确定等效孔径的方法可以分为直接法和间接法两类。直接法包括图像分析法和数学模型法，间接法包括干筛法、湿筛法、动力水筛法、气泡点法、水银压入法等。不同试验方法各有优缺点，得到的结果也不尽相同。国外有研究采用以上方法对多种无纺织物进行了大量对比试验认为干筛法测得的 EOS 比湿筛法和动力水筛法大，后两种方法测得的结果比较一致，当 $EOS>0.1$mm 时，湿筛法和动力水筛法的结果仅为干筛法的 60%～75%；气泡点法测得的 EOS 最小，比干筛法小 50%～80%，而图像分析法测得值比干筛法大 40%～60%。

从这些比较试验结果来看，图像分析法虽然可以获得完整的织物孔径分布曲线，但由于显微镜测读范围较小，试样代表性较差，且对后期图像统计分析要求较高，目前实际应用的不多。湿筛法克服了干筛法中静电吸附现象对细颗粒的影响，结果的精确性比较高，但是对试验设备和条件要求较高，操作也比较麻烦。近年美国有学者提出采用平均孔径作为反映织物最优性能的指标，用微孔仪测定孔径分布曲线和特征孔径，可同时得到平均孔径、最大孔径和最小孔径，试验的重复性较好，可以避免干筛法的成果分散性。

目前我国以《土工合成材料测试规程》（SL 235—2012）为例和美国 ASTM D4751-2016 标准建议采用间接法中的干筛法来测定土工织物的孔径，欧洲标准多建议采用湿筛法，ASTM D6767－2016 建议用微孔仪测定孔径分布曲线和特征孔径。

16.2.3　土工织物的透水率和导水率

土工织物用于反滤时，水流方向垂直于织物平面，表示渗透性的指标是垂直渗透系数 k_n 和透水率 ψ；当用于排水时，水流方向沿织物平面，采用平面渗透系数 k_p 和导水率 θ 作为其渗透性指标。

定义土工织物的垂直渗透系数为水力比降为 1 时的渗透流速，即

$$k_n=\frac{v}{i}=\frac{v\delta}{\Delta h} \tag{16.2-2}$$

式中：δ 为织物的厚度；Δh 为织物上、下游的水头差；v 为渗透流速；i 为水力比降。

从式（16.2－2）可见，织物的渗透性与其厚度有关，而很多试验都表明，土工织物的厚度随上覆压力发生变化，因此厚度的误差会直接影响水力梯度 i 和渗透系数的精度。为此，可以采用透水率来表示织物的渗透性。

透水率为水头差为 1 时的渗透流速，即单位时间、单位水头、单位面积内流过织物的水量。表示为

$$\psi=\frac{k_n}{t}=\frac{v}{\Delta h} \tag{16.2-3}$$

同样，土工织物的平面渗透系数定义为

$$k_p=\frac{v}{i}=\frac{vl}{\Delta h} \tag{16.2-4}$$

式中：l 为织物沿渗流方向的长度。

平面导水率为

$$\theta=k_p\delta \tag{16.2-5}$$

土工织物的渗透性与织物厚度、上覆压力等要素有关，因此，透水率、导水率等参数均不是一个常数，会随织物所受的压力变化而变化。在实际工程中，水流状态、水流方向、水中含气量和水温等也会影响织物的渗透性，特别是在长期运行过程中，由于淤堵及其他因素影响，织物的透水能力会逐渐下降。可以采用梯度比试验来判断织物滤层的长期工作性态。

梯度比试验是由美国陆军工程师团提出并制定的，典型的试验装置见图 16.2－2。试验中被保护土样高度 100mm，反滤土工织物设置在下游土样底部。连续测读各测压管水位随时间的变化，计算水力梯度，以 24h 后的水力梯度计算梯度比，如式（16.2－6）：

$$GR=\frac{i_1}{i_2} \tag{16.2-6}$$

式中：i_1 为土工织物上方 25mm 处土样的水力梯度；i_2 为土工织物上方 25～75mm 处土样的水力梯度。

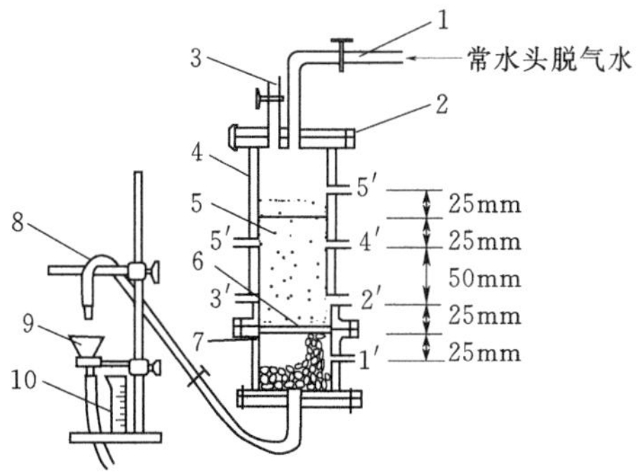

图 16.2－2　淤堵试验装置示意图

1—供水管和供水阀门；2—渗透仪上盖；3—溢水管和止水夹；4—渗透仪上筒；5—土样；6—土工织物试样；7—两层钢丝网；8—调节管和止水管；9—漏斗和集水管；10—量筒；1′～5′—出水口

梯度比越小，则表明被保护土淤堵在织物表面或内部的量越少，即透水性越好。对比试验结果表明，当 $GR>3$ 时织物的渗透系数会降低 1 个量级以上，不能满足滤层的透水性要求，因此美国陆军工程师团建议以 $GR<3$ 作为土工织物满足抗淤堵要求的标准。但国内有研究认为，该标准太大，应降低到 1.8 左右为宜。

16.3 堤坝工程排水反滤设计

16.3.1 设计步骤

（1）设计前应收集下列各项基本资料。

1）明确工程重要性等级和反滤条件。这是选择反滤准则和确定安全系数的首要依据，国内规范目前并没有提出依据工程规模、等级、重要性等采取不同反滤设计的规定，虽然《碾压式土石坝设计规范》中建议“3 级（及其以下）低坝经过论证可采用土工织物作为反滤层”，但实践中也有很多大型土石坝工程采用了土工合成材料作排水和反滤。国外 Carrol 的建议可参见表 16.3-1 和表 16.3-2。

表 16.3-1　排水反滤工程重要性等级划分（Carrol，1983）

类　别	重要	次重要
由于排水故障可能导致生命或结构破坏的危险性	高	无
排水维修费用与安装费用比较	排水维修费用≫安装费	排水维修费用≤安装费
潜在巨大事故发生前排水系统的淤堵迹象	无	有

表 16.3-2　反滤条件分类（Carrol，1983）

类别	差	好
待排水土	级配不连续，可能发生管涌	级配良好或粒径均匀
水力梯度	高	低
水流条件	动力流，循环流或脉冲流	稳定流

2）获取被保护土的性质及参数：包括被保护土类别（砂性土或黏性土）、级配、不均匀系数、渗透系数、抗剪强度、干容重和最优含水率等。

3）掌握工程场地情况，所在区域的工程地质和水文地质条件、环境条件等，确定土工合成材料反滤、排水布设位置、布设方式等。

4）确定水流条件和外部荷载条件，包括水流方向是单向或双向，流态是否复杂，水力梯度大小，静载或动载、交通荷载等。

5）获取排水反滤土工合成材料的基本性质参数，包括材料种类、型号、土工织物等效孔径，垂直渗透系数、水平渗透系数以及渗透系数与上覆荷载的关系，物理性质、力学强度（拉伸强度、撕裂强度、顶破强度等），一些特殊工程还要求材料的耐久性参数（包括老化强度、蠕变强度等）。土工织物力学强度和变形指标应能满足工程荷载的要求。根据工程排水安全系数和织物渗透性折减系数，确定土工织物的允许渗透性指标。

由于土工合成材料种类繁多，性质各异，设计人员在材料选型时不仅应重视基本性能参数的准确获取，同时还应了解不同原材料、不同生产工艺、不同产品类型等带来的反滤材料性质的差异，以免张冠李戴。

（2）选择合理的反滤准则，对初步选定的土工织物进行反滤设计校核（见 16.3.2 节），应同时符合保土性、透水性和淤堵性的要求。对于重要工程或复杂工程，应特别重视其长期防淤性，必要时进行淤堵试验获得相关参数。如不满足，需重新选择反滤土工织物，再进行验证。

（3）对同时用作排水设施的土工合成材料（如坝内竖式排水体等），应逐段计算校核土工织物平面导水率，或排水管、排水板等的排水量（见 16.3.3 节）。有垫层的情况下，还应计算垫层的排水量。验算工程排水安全系数是否满足要求。如不满足，应更换较厚织物或其他导水能力更好的复合排水材料等。

（4）土工织物用作坡面滤层时，应进行抗滑稳定性验算。

（5）进行土工织物滤层结构设计，包括织物上下两侧的保护层、过渡层等。

16.3.2　反滤准则

土的反滤机理非常复杂，反滤材料需同时满足挡土、透水、防淤堵等要求，这些要求是相互矛盾的。为此应在挡土和透水中寻找最适宜的平衡状态。以往设计人员较多关注保土性准则和透水性准则，在工程应用过程中，逐渐认识到保持反滤的长期有效排水性能十分重要，故抗淤堵准则应予重视。目前，国外工程界提出的反滤层设计的可持续性问题，也是这个意思。

从理论研究和工程实践现状来看，静荷载下单向水流的反滤准则相对较为成熟，而动荷载或双向水流下的反滤准则目前还有待完善。

现有的土工织物反滤设计大多是从粒状材料的反滤设计方法延伸过来的，因此本节首先简要介绍粒状滤料的相关准则及关键要素。

16.3.2.1　粒状滤料的保土性准则和透水性准则

反滤原则在于不允许被保护土的颗粒大量穿过反滤层孔隙而流失，因此，用二者粒径之比与成拱系数 α 的关系来表示，即：

$$\frac{D_0}{d_k}\leqslant\alpha_1 \tag{16.3-1}$$

式中：D_0 为反滤层的有效孔隙直径，可以为 D_{15}、D_{17}、D_{20}、D_{50} 等；d_k 为使被保护土不发生渗透破坏的控制粒径；α_1 为成拱系数，表示被保护土控制粒径进入反滤层的孔隙时在进口处可能形成拱架以阻止其他土颗粒进入的颗粒数。

水流方向对反滤的影响是明显的，但实践中常被忽视。当水流方向向下时［图 16.3-1（a）］，反滤层位于被保护土的下部，施工时先铺设反滤层再铺设被保护土（通常为人工填土），因此，上部被保护土在施工过程中很可能会有若干大颗粒同时被挤入反滤层，在反滤层入口处形成由三个颗粒组成的稳定的拱架结构，此时，可允许的反滤层相对较粗，成拱系数 $\alpha\leqslant3$，称为Ⅰ型反滤。

当水流方向向上时［图 16.3-1（b）］，反滤层位于被保护土上方，被保护土大颗粒只有在较大比降条件下才可能克服重力进入反滤层，因此，成拱系数可以略小，设定为 $\alpha<2$，称其为Ⅱ型反滤。

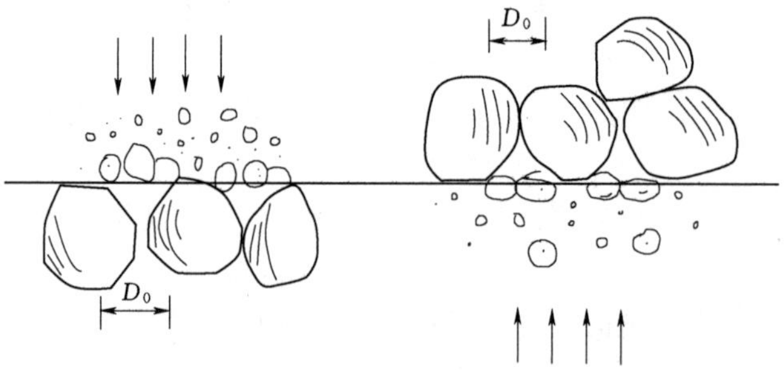

(a) 渗流向下-Ⅰ型　　(b) 渗流向上-Ⅱ型

图 16.3-1　反滤层类型（成拱效应）

因此，根据实际水流方向有针对性地设计反滤层，反滤效果会更优。对于双向水流，为工程安全计，应按照不利的水流条件来设计。

目前针对无黏性土的反滤准则多达二三十种，但对于砾石土、黏性土、分散性土等，由于渗流情况复杂，相应的反滤准则还很不完善。

当被保护土为无黏性土时，大多数砂砾滤层设计准则以滤层土的特征粒径 D_{15} 和被保护土的特征粒径 d_{85} 表示。对于连续级配或不连续级配的砂砾反滤层，可以统一采用 D_{20} 来表示，结合反滤形式和无黏性土渗透变形特性，将保土准则细分为：

（1）Ⅰ型反滤，水流向下：

$$\frac{D_{20}}{d_k} \leqslant 10 \tag{16.3-2}$$

被保护土的控制粒径 d_k 应根据不均匀系数 C_u 来确定，见表 16.3-3。

表 16.3-3　被保护土控制粒径与不均匀系数关系

C_u	≤10	10～20	20～40	>40
控制粒径 d_k	d_{70}	d_{50}	d_{40}	d_{35}

（2）Ⅱ型反滤，水流向上：

非管涌土（流土和过渡型）：

$$\frac{D_{20}}{d_k} \leqslant 7 \tag{16.3-3}$$

管涌土：

$$\frac{D_{20}}{d_k} \leqslant 5 \tag{16.3-4}$$

对于不均匀系数 $C_u \leqslant 7$ 的土：取 $d_k = d_{70}$；

对于不均匀系数 $C_u > 7$ 的土：如细粒含量不大于 25%，则不论级配是否连续，均可取 $d_k = d_{15}$。

为保证滤层排水畅通，不致因淤堵而导致滤层承受水压力作用，规定滤层渗透系数必须要大于被保护土渗透系数，通常情况下至少大 10 倍以上，也有取得更大的，如太沙基取 16 倍，美国陆军工程师团及水道试验站取 25 倍。

可以推出常规以控制粒径 D_{15} 表示的砂砾滤层透水性准则为

$$\frac{D_{15}}{d_{15}}>4 \tag{16.3-5}$$

刘杰建议以 D_{20} 表示的透水性准则可表示为

$$\frac{D_{20}}{d_{20}}\geqslant 2\sim 4 \tag{16.3-6}$$

其中，管涌土宜取 2，流土型土可取 4。

当被保护土为黏性土时，常规以 D_{15} 表示的砂砾滤层保土准则为

$$D_{15}<0.4 \tag{16.3-7}$$

按照土的分散度 D 或液限含水率 w_L 来确定控制粒径，见表 16.3-4 和表 16.3-5。

表 16.3-4 被保护土为黏性土时砂砾反滤料控制粒径和分散度的关系

D	≤20	35	>50
D_{20}/mm	≤1.0	≤0.7	≤0.5

表 16.3-5 被保护土为黏性土时砂砾反滤料控制粒径与液限含水率的关系

w_L/%	≤26	26～30	30～40	40～50	>50
D_{20}/mm	≤0.5	≤0.7	≤1.0	≤1.5	≤2.0

16.3.2.2 土工织物反滤的保土性准则和透水性准则

1. 美国陆军工程师团准则（Calhoun 准则）

美国陆军工程师团水道试验站在太沙基粒料滤层的保土性准则基础上，1972 年提出了第一个土工织物保土准则，并于 1975 年和 1977 年做了修正。采用 O_{95} 作为判断指标，规定如下：

$d_{50}\leqslant 0.0074\text{mm}$ 时： $0.149\text{mm}\leqslant O_{95}\leqslant d_{85}$ (16.3-8)

$d_{50}>0.0074\text{mm}$ 时： $0.149\text{mm}\leqslant O_{95}\leqslant 0.211\text{mm}$ (16.3-9)

$d_{85}<0.0074\text{mm}$ 时：不宜采用土工织物滤层。

该准则只适用于滤层和被保护土都为均质材料（$C_u<2$）的情况，起初只用于有纺织物的反滤设计，后来逐渐推广到无纺织物。

美国联邦森林管理局及运输局在 1985 年针对被保护土的不均匀系数和织物类型，对该准则做了补充修正，如下：

$d_{50}>0.0074\text{mm}$ 时

$$\left.\begin{array}{ll}\text{机织型织物} & 0.297\text{mm}\leqslant O_{95}\leqslant d_{85}\\ \text{非机织型织物} & 0.297\text{mm}\leqslant O_{95}\leqslant 1.8d_{85}\end{array}\right\} \tag{16.3-10}$$

$d_{50}\leqslant 0.0074\text{mm}$ 时

$$\left.\begin{array}{l}\text{当 } C_u\leqslant 2 \text{ 时}, O_{95}\leqslant d_{85}\\ \text{当 } 2\leqslant C_u\leqslant 4 \text{ 时}, O_{95}\leqslant 0.5C_u d_{85}\\ \text{当 } 4\leqslant C_u\leqslant 8 \text{ 时}, O_{95}\leqslant \dfrac{8}{C_u}d_{85}\\ \text{当 } C_u\geqslant 8, O_{95}\leqslant d_{85}\end{array}\right\} \tag{16.3-11}$$

修正 Calhoun 准则在我国工程界应用较广泛，很多工程实践经验表明该准则在保土方面偏于保守和安全。

2. Rankilor 准则

当被保护土为无黏性土时，Rankilor 根据 Atterberg 的滤层平均孔径 D_{av}^0 与控制粒径的关系 $\frac{D_{av}^0}{D_{15}}=0.2$，并假定土工织物等效孔径 $O_e=D_{av}^0$ 得出：

保土性要求：

$$\frac{O_e}{d_{85}}<1 \tag{16.3-12}$$

透水性要求：

$$\frac{O_e}{d_{15}}>1 \tag{16.3-13}$$

类似于砂砾反滤料的级配均匀性，土工织物滤层也有均匀性要求。

对于非机织型土工织物，应满足：

$$\frac{O_e}{d_{50}}<2.3 \tag{16.3-14}$$

对于机织型土工织物，应满足：

$$\frac{O_e}{d_{50}}<1.4 \tag{16.3-15}$$

对于黏性被保护土，一般要求：

$$O_e<0.08 \tag{16.3-16}$$

不同国家或地区的区别主要在于对土工织物等效孔径 O_e 的选择标准不同。我国相关规范大多规定为 O_{95}，欧洲部分标准有采用 O_{90} 或 O_{50} 的。对于机织型土工织物，可认为 $C_u\approx1$，孔径单一均匀，O_{98}、O_{95}、O_{90}、O_{50} 可认为基本相同。但对于非机织型土工织物，其 $C_u=3\sim5$，O_{98}、O_{95}、O_{90}、O_{50} 的值会有一定差别（图 16.3-2）。

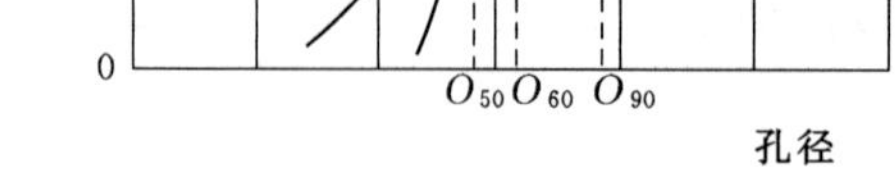

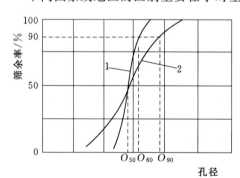

图 16.3-2 机织与非机织土工织物等效孔径对比

1—机织型；2—非机织型

3. Giroud 准则

Giroud（1982）考虑了被保护土的相对密度 D_r 及颗粒的线性不均匀系数 C_u'，针对不同类型土工织物滤层提出了较为完整的反滤准则，采用 O_{95} 表征织物的等效孔径。

Giroud 保土性要求见表 16.3-6。

C_u' 为土的线性不均匀系数，以土的级配曲线中段线性段为基准，向外延伸为一直线级配曲线，取其对应的 d_{60}' 和 d_{10}' 计算 $C_u'=\frac{d_{60}'}{d_{10}'}$。

动水条件下的保土准则为

表 16.3-6　　Giroud 保土性要求

针刺型						机织和热黏型	
松散土 $D_r<35\%$		中等密实土 $35\%<D_r<65\%$		松散土 $D_r>65\%$		$1<C'_u<3$	$C'_u>3$
$1<C'_u<3$	$C'_u>3$	$1<C'_u<3$	$C'_u>3$	$1<C'_u<3$	$C'_u>3$		
$\frac{O_{95}}{d_{50}}\leqslant C'_u$	$\frac{O_{95}}{d_{50}}\leqslant\frac{9}{C'_u}$	$\frac{O_{95}}{d_{50}}\leqslant 1.5C'_u$	$\frac{O_{95}}{d_{50}}\leqslant\frac{13.5}{C'_u}$	$\frac{O_{95}}{d_{50}}\leqslant 2C'_u$	$\frac{O_{95}}{d_{50}}\leqslant\frac{18}{C'_u}$	$\frac{O_{95}}{d_{50}}\leqslant C'_u$	$\frac{O_{95}}{d_{50}}\leqslant\frac{9}{C'_u}$

当 $C_u\leqslant 18$ 时

$$\frac{O_{95}}{d_{50}}<1 \tag{16.3-17}$$

当 $C_u>18$ 时

$$\frac{O_{95}}{d_{50}}<\frac{18}{C_u} \tag{16.3-18}$$

透水性准则表示为

$$k_g>0.1k_s \tag{16.3-19}$$

式中：k_g 为土工织物在外荷载作用下的长期渗透系数；k_s 为被保护土的渗透系数。

4. 德国土力学及基础工程学会准则（Heerten 准则）

德国 Heerten 根据护岸和航道工程中土工织物的应用情况，针对不同类型被保护土和动力水流条件，提出了织物滤层设计准则。Heerten 的土工织物滤层保土性准则见表 16.3-7。

表 16.3-7　　Heerten 的土工织物滤层保土性准则

无黏性土			黏性土
静载（层流）		动载（紊流、波浪）	静载和动载
$C_u\geqslant 5$	$C_u<5$		
$\frac{O_{90}}{d_{50}}<10$ $O_{90}<d_{90}$	$\frac{O_{90}}{d_{50}}<2.5$ $O_{90}<d_{90}$	$\frac{O_{90}}{d_{50}}<1$	$\frac{O_{90}}{d_{50}}<10$ $O_{90}<d_{90}$ 且 $O_{90}<0.1$mm

与其他准则不同的是，德国要求采用湿筛法测定 O_{90}。根据经验，湿筛法 O_{90} 较干筛法测得的 O_{95} 略小。

相应的透水性准则为

$$k_g>k_s \tag{16.3-20}$$

后来 John 将其扩展应用于双向水流条件，提出的保土准则见表 16.3-8。

表 16.3-8　　德国 John 准则（双向水流）

土　类	保土准则	土　类	保土准则
$d_{40}<0.06$mm	$\frac{O_{90}}{d_{50}}<1$	$d_{40}\geqslant 0.06$mm，稳定土	$\frac{O_{90}}{d_{10}}<1.5\sqrt{C_u}$ 且 $\frac{O_{90}}{d_{50}}<1$ $O_{90}<0.5$mm

16.3.2.3 土工织物防淤堵准则

在长期水流作用和土壤生物化学环境条件下，滤层的淤堵常常会发生，土工织物滤层也不例外。淤堵可以分为以下几种类型。

（1）机械淤堵。土中细颗粒在滤层中逐渐沉积下来，造成滤层孔隙被堵塞，过水面积减小，使得滤层透水性降低，严重时可能在织物表面或者浅部形成“土饼”，封闭过水通道，导致滤层失去渗透性。典型的几种机械淤堵现象见图16.3-3。

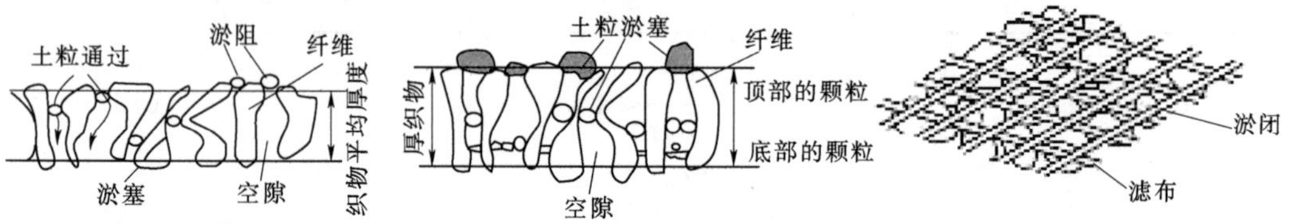

(a) 织物内部土体细颗粒淤塞　(b) 厚层织物的淤塞　(c) 织物滤层被淤闭形成不透水层

图16.3-3　土工织物滤层的淤堵现象

（2）化学淤堵。水中含有的金属阳离子（如铁、锰或碳化物等）在某些条件下形成不溶于水的化合物，并在滤层中沉积下来。

（3）生物淤堵。由于水中微生物（如细菌、藻或苔藓类等）生长运动造成的滤层堵塞现象。无纺织物中更易发生生物淤堵。

机织和热黏型土工织物的孔径比较均匀单一，在一定水力条件且被保护土具有良好的颗粒级配时，该类型织物在自身过滤排水的同时，还可以起到促使被保护土体颗粒自然分级，形成粒状滤层的辅助作用。针刺型土工织物的厚度较其他类型织物要厚得多，在水流作用下，靠近被保护土的一侧织物较易被土中细颗粒填充，随着和被保护土的距离增加，颗粒的淤堵逐渐减少。由于针刺织物的孔隙率较大，透水性可达$10^{-2}\sim10^{-1}$cm/s，即便部分孔隙被堵塞，渗透性也不至于显著降低。只有在孔径过小、织物孔径与被保护土颗粒级配不协调或高水头作用下，织物表面大部分甚至全部被土中细颗粒覆盖，形成透水性较低的薄层土饼，即“淤塞”现象，此时，土工织物滤层完全失去其反滤功能。

因此，土工织物滤层设计必须保证将淤堵限制在一定允许的范围内，满足滤层的“长期有效性”。为达到此目的，织物孔径应在允许范围内尽可能大，使已被水流带动的细颗粒可通畅排出，不致在织物表面或内部孔隙内大量积聚形成“土饼”，降低渗透性，同时，又必须要求织物孔径足够小，以维持被保护土的基本稳定，防止土中起骨架作用的颗粒持续性流失，引起土的渗透破坏。

通常采用梯度比GR来评价滤层的抗淤堵性。美国陆军工程师团建议GR应不大于3，该值是通过6种土工织物和不同含量粉砂进行的梯度比试验而得出的（图16.3-4）。可见，梯度比GR随粉粒含量的增加而增大，粉砂土较易产生淤堵，热黏非机织和扁丝机织土工织物易发生淤堵，针刺和单纤维机织土工织物基本可以满足一般滤层的要求。国内有人研究认为$GR\geqslant3$的标准过宽，建议采用$GR\leqslant1.8$。

16.3.2.4 土工织物物理力学性质等要求

在滤层施工铺设和运行期间，织物都不可避免要受到外荷载作用，需具有一定质量、

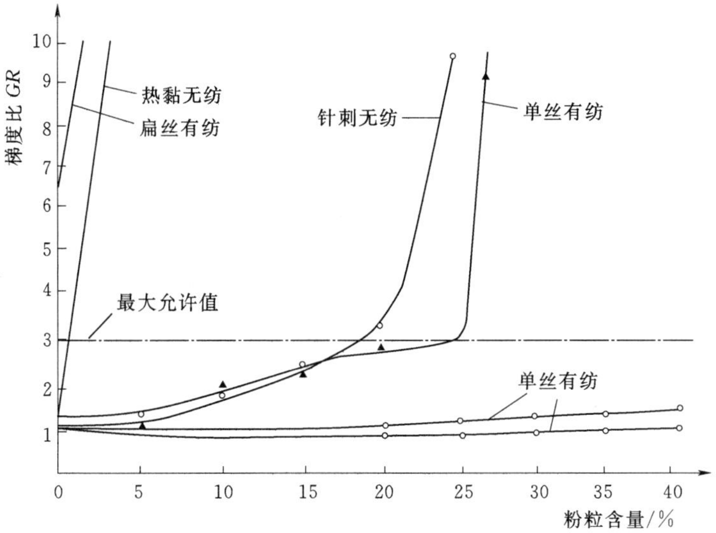

图 16.3-4　梯度比试验成果

厚度、强度等特性，以保障其正常发挥的排水反滤功能。

美国 FHWA 规范提出的相应要求见表 16.3-9。

表 16.3-9　排水和反滤用土工织物的最低强度指标（美国 FHWA）

强度指标	单位	土工织物（无保护）	土工织物（有保护）
握持强度	N	820	370
刺破强度	N	370	120
梯形撕裂强度	N	230	120

我国新修订的《土工合成材料应用技术规范》(GB/T 50290—2014) 在反滤设计一章中也增加了有关参数要求。对无纺土工织物，要求单位面积质量大于 $300g/m^2$，强度指标见表 16.3-10，与美国规范相比，最低强度指标都明显较大，这与国内实际工程施工中对填料的控制要求是相关的。

表 16.3-10　排水反滤用土工织物强度指标（GB/T 50290—2014）

强度指标	单位	土工织物（延伸率＜50%）	土工织物（延伸率≥50%）
握持强度	N	1100	700
刺破强度	N	2200	1375
梯形撕裂强度	N	400 （有纺单丝土工织物为 250）	250
接缝强度	N	990	630

GB/T 50290—2014 中对织物的厚度未做具体规定，但国外也有学者从耐久性角度出发，建议织物反滤层的厚度应至少达到 3mm，或应达到土特征粒径 d_{90} 的 18～30 倍。德国联邦水道工程研究院针对护岸工程，建议：土工织物铺设在砂上，且无磨损，厚度应大

于4.5mm；土工织物铺设在黏土上，且预计有磨损，厚度应大于6.0mm。

16.3.2.5 排水反滤设计中需注意的一些问题

1. 被保护土的类型和性质

被保护土是砂性土还是黏性土，是内部稳定土还是不稳定土，对确定反滤准则非常关键。砂性土的反滤排水影响因素和机理比较明确清晰，研究成果也较多，而黏性土由于细颗粒（小于0.05mm）间的摩擦力和黏聚力作用，以及水流在孔隙中的运动方式非常复杂，导致迄今还缺乏有关黏性土反滤机理的统一认识，其反滤准则仍主要采用经验公式。

Giroud认为“内部稳定土”是由大颗粒构成的连续土体骨架和被包裹在骨架间隙中的细颗粒所组成，在水流作用下，孔隙中的部分细颗粒可通过适宜的织物滤层孔径被带走，从而可尽量保证滤层的透水性，且与织物滤层相邻处的土层可形成“天然滤层”。“内部不稳定土”是指级配不连续土或包含内部不稳定细颗粒组的土，较易发生管涌等渗透破坏。后者的反滤设计较复杂，可考虑采用厚度较大不易发生淤堵的织物，或采用织物与砂或砂砾石料组合滤层，如果土工织物选择不当，不但不会起到反滤排水作用，反而可能带来有害后果。

当基土为砂质粉土和细砂时，若存在以下情况之一：①土中有一定百分比的粒径小于0.06mm，且$C_u<15$；②土粒粒径为0.02～0.1mm的占比50%以上；③塑性指数$I_P<15$，则该类土易在水力荷载作用下顺坡滑动失稳，此时可在护面与土工织物之间配合粒状垫层，形成混合反滤层。但若水流呈高紊流状态，且滤层设置在低透水性混凝土块护面之下，应避免使用粒状反滤层，因为它可以促进上托力的发生，导致混凝土块护面失稳。此时应采用厚度较大的织物，或在织物下附加一层具有一定厚度的粗纤维层。对于这种混合滤层中的土工织物，应按反滤功能设计，且宜采用单位面积质量较大的材料。但对粒状材料则不需按反滤层设计。

另外，还需注意被保护土的密度。如果土的压实度较低，即松散土情况下，土中颗粒很容易在水流带动下移动，甚至出现大量土颗粒流失的情况，因此基土必须压实，压实度至少应达到0.95。

2. 水流条件

大多数反滤准则都是针对“单向渗流”而言的，如堤坝下游滤层，土中水的运动流速较低，处于层流状态，符合达西定律。对于反复流、动力流以及紊流和管涌时挟砂流并不适用，忽略了这一点，很容易引发事故。典型例子如“98”长江洪水时，由于对土工织物反滤技术掌握不足，采用孔径较小的无纺织物进行管涌险情的抢护，结果土工织物不但没有起到过滤排水减压的效果，反而被严重堵塞甚至顶起，酿成更大的险情。

对于河湖海岸迎水面护坡反滤或堤坝心墙、斜墙的上游反滤，其水流特点表现为：①水流可以从迎水面流向背水面，也可以从背水面流向迎水面，形成双向水流；②可能有波浪作用，类似“动力水流”。在这种“双向流”情况下，土工织物下游的被保护土很难形成“天然滤层”，对于内部稳定土，随往复水流频率加大（周期缩短）或总水头差增大，还可能使已经形成稳定渗流的土体发生新的颗粒移动和流失，从而导致渗透系数增大，加剧对堤岸边界的冲刷。对于内部非稳定土，循环水流的影响更显著。当水力梯度超过1.6时，渗透系数增率加速，反滤系统稳定性下降。

动力水流与双向流相似。有些国家（如德国）规范中曾建议了相关的准则，我国《水运工程土工织物应用技术规范》（JTJ 239—2005）也参考使用了这个准则。

挟沙水流一般出现在汛期管涌发生时，其特点是水压高、水量大、含沙量大。刘宗耀将其称为喷沙管涌，采用不同孔径的土工织物和塑料窗纱对含沙量为 10％的挟沙水进行了抢护试验研究，发现孔径过小的土工织物虽可阻止水流喷出，但不能堵闭管涌通道，织物长期承受高水头压力，容易被顶起而使抢护失效，而孔径过大的窗纱对降低水流流速和挟沙能力作用甚微，且无法封闭管涌通道，只有采用孔径适当的窗纱，并辅以上部足够的盖重，才可起到降低水流流速、减小水流挟沙能力、促进土颗粒沉积、并封闭管涌通道的作用。

某些情况下，如护坡的上游面，经受双向水流或泵吸作用，单独使用土工织物滤层不能完全满足反滤的需要，则可在护面层和土工织物反滤之间设置粒状材料层，形成混合式反滤层，可以起到降低基土内水力比降、在大块石护面层施工期作为土工织物滤层保护层以及当护面层局部破坏时临时作为坡面保护等作用。

3. 土-土工织物滤层系统的其他外部条件

土与土工织物系统的外部条件是指除了被保护土和水流之外的其他影响反滤性能的因素，如荷载（压力和拉力）、土与土工织物的接触状况、下游的排水条件等。

无纺织物的厚度、孔径和渗透性与所受的荷载条件有关。厚度会随上覆压力的大小而变化，从而影响织物的渗透性和保土性。另外，拉力对土工织物性能也有明显影响。有试验成果表明，对于较厚的土工织物，孔径随平面拉力的增加而减小，而对较薄的土工织物，孔径随平面拉力的增加而增加，当拉力为织物抗拉强度 10％时，有 28％的孔眼尺寸被改变，因此应考虑平面拉力对孔径的影响。

土与土工织物的接触紧密程度关系到反滤系统的稳定性。若二者接触不紧密，当水力梯度增加或有效法向压力减小时，原本稳定的土-土工织物接触面可能会变得不稳定，使得接触面附近的土体被侵蚀，导致反滤失效。因此，在反滤织物上施加一定荷载（压力），对保证反滤织物安全工作是有好处的。

4. 国内相关规范反滤设计方法对比

表 16.3-11 列举了国内若干典型行业规范中涉及反滤排水设计方面的一些要素，进行了对比。可见，国内规范在反滤设计方面都包含了保土性、透水性和防淤堵性三方面准则，除了 SL/T 235—1998 制定较早，目前尚未进行修订之外，2000 年后新修订的国标及行业规范都补充了土工合成材料基本物理力学性质的要求，对材料的单位面积质量、力学强度等指标给出了建议。

在保土性准则方面，基本上都沿用了美国陆军工程师团准则（Calhoun 准则），该准则针对无纺土工织物，采用织物孔径和土颗粒粒径的大小进行对比，概念简单，只将土分为粗粒土和黏粒土，假定被保护土为均质土（不均匀系数 $C_u<2$），不考虑被保护土层可能形成天然滤层的情况，在设计上偏于安全和保守。

《水利水电工程土工合成材料应用技术规范》（SL/T 225—1998）和《土工合成材料应用技术规范》（GB 50290—98）是“98”洪水后为适应工程应用的急需，在国内最早颁布的规范。它是在 Calhoun 准则基础上略作修改而成，针对被保护土细粒含量和土的不

表 16.3-11 国内相关规范反滤设计要点比较

规范	结构及材料要求	保土性准则	透水性准则	防淤堵准则	基本物理力学性质要求	其他要求
《土工合成材料应用技术规范》(GB/T 50290—2014)	(1) 反滤材料：无纺土工织物，或有纺土工织物； (2) 排水材料：无纺土工织物，复合排水材料和结构（排水沟/管、软式排水管、缠绕式排水管、塑料排水带）	$O_{95} \leqslant Bd_{85}$ B 与被保护土类型、级配、织物种类和状态有关； 对细粒（不大于 0.075mm）含量不大于 50%：B 根据不均匀系数 C_u 分别取值： • $C_u \leqslant 2$ 或 $C_u \geqslant 8$，则 $B=1$ • $2<C_u \leqslant 4$，则 $B=0.5C_u$ • $4<C_u<8$，则 $B=8/C_u$ 对细粒（不大于 0.075mm）含量 >50%，且织物 $O_{95} \leqslant 0.3$mm：有纺织物 $B=1$，无纺织物 $B=1.8$	$k_g \geqslant Ak_s$ A 按工程经验确定，不宜小于 10。来水量大、水力梯度高的，应增大 A 值	(1) 被保护土级配好、水力梯度低、流态稳定：$O_{95} \geqslant 3d_{15}$； (2) 被保护土易管涌、水力梯度高、流态复杂，$k_s \geqslant 10^{-5}$ cm/s 时，应进行淤堵试验，$GR \leqslant 3$； (3) 大中型工程及 $k_s < 10^{-5}$ cm/s 时：应进行淤堵试验	(1) 无纺土工织物：单位面积质量不小于 300g/m²； (2) 拉伸强度应能承受施工应力； (3) 握持/接缝/撕裂/穿刺强度应根据应变大小确定应满足的最低强度	允许渗透性指标折减系数（考虑淤堵、蠕变、土料挤入织物孔隙、化学淤堵、生物淤堵等因素）： $RF=RF_{SCB}RF_{CR} \cdot RF_{IN}RF_{CC}RF_{BC}$
《公路土工合成材料应用技术规范》(JTG/T D32—2012)	应根据场地情况，合理选择材料，进行系统设计，构成完善的过滤、防渗和排水系统。 (1) 过滤材料：宜选无纺土工织物； (2) 排水材料：排水板（带）、透水软管、透水硬管、长丝热黏排水体、或其他土工合成材料	(1) 粗粒土（$d<0.075$mm，含量<50%）：$O_{95} \leqslant nd_{85}$； (2) 细粒土（$d<0.075$mm，含量≥50%）：$O_{95} \leqslant 0.21$mm n 与被保护土类型、级配、土工合成材料品种及工作状态有关，宜根据试验确定，不宜小于 2。建议在 SL/T 235 基础上，可适当增大土工织物孔径	$k_C > Ak_s$ A 按工程经验确定，不宜小于 10	$GR=i_1/i_2 \leqslant G$ i_1、i_2：织物被保护土侧与另一侧的水力梯度； G 取 1.5～3.0，易淤堵填料和使用场合，G 取小值	(1) 单位面积质量宜为 300～500g/m²； (2) 握持/撕裂/CBR 顶破强度宜根据环境条件分Ⅰ～Ⅲ级以及材料应变大小满足不同要求（该要求参照美国 AASHTO Designation M288 - 96 Draft1995 制定）	双向水流情况可以参考采用静荷单向水流的反滤准则。 对重要工程或结构，需根据实际工程情况进行相应渗透试验、淤堵试验或模型试验，选择土工织物
《铁路路基土工合成材料应用设计规范》(TB 10118—2006)	反滤材料宜选无纺土工织物；宜采用耐腐蚀、抗老化无纺土工织物。 排水管可选用带孔塑料管或软式透水管	$O_{95} \leqslant B_s d_{85}$ B_s 与被保护土类型、级配、织物种类和状态有关： 对粗粒土，$C_u<2$ 或 $C_u>8$，则 $B_s=1$；$C_u=4$，则 $B_s=2$；其他情况，则 $B_s=1$～2； 对细粒土且无纺织物 $O_{95} \leqslant 0.3$mm，则 $B_s=1.8$	$k_g \geqslant Ak_s$ A 按工程经验确定，不发生淤堵时可取 1～10。细粒土、水力梯度大、长期渗透性要求高时，对应 A 值大于 10	$GR \leqslant 3$	刺破/撕裂强度不应小于 400N，CBR 顶破强度不应小于 1.5kN	$d_{85}<0.075$mm 的土不宜单独使用土工织物做反滤，可在织物与土之间设置含泥量小于 5% 的中粗砂层

续表

规范	结构及材料要求	保土性准则	透水性准则	防淤堵准则	基本物理力学性质要求	其他要求
《水运工程土工合成材料应用技术规范》(JTJ 239—2005)	反滤材料宜采用非织造土工织物和机织土工织物	(1) 静荷载单向水流： 对非黏性土，$O_{95}<d_{85}$， 对黏性土，$O_{95}<0.21$mm。 (2) 静荷载双向水流： 当 $d_{40}<0.06$mm 时，$O_{95}<1.3d_{90}$；当 $d_{40}\geqslant 0.06$mm 时，$O_{95}<2d_{10}\sqrt{C_u}$ 或 $O_{95}<1.3d_{50}$ 或 $O_{95}<0.67$mm	$O_{90}>d_{15}$ 或 $k_g\geqslant\lambda_p k_s$ λ_p 黏土取 10～100，砂性土取 1～10	(1) 级配良好、不宜淤堵时：$O_{95}\geqslant 3d_{15}$； (2) 易管涌或具分散性，水力梯度高，$k_s>10^{-7}$m/s，$GR\leqslant 3$； (3) $k_s\leqslant 10^{-7}$ m/s：应进行淤堵试验	非织造土工织物单位面积质量宜为 300～500g/m²，抗拉强度不宜小于 6kN/m。设在构件安装缝处的滤层，宜选用抗拉强度高的机织土工织物	黏性土表面铺设土工织物滤层时，应设置砂垫层； 块石层面铺设时，应在块石表面采用二片石或碎石找平； 土工织物滤层上有抛石时，应设置碎石或砾石保护层 200～300mm
《水利水电工程土工合成材料应用技术规范》(SL/T 225—98)	土工合成材料可替代传统粒料建造反滤层和排水体；可使用部位包括：①土石坝斜墙、心墙上下游侧过渡层；②坝体内竖式排水体；③堤坝下游排水体；④堤坝坡过滤层；⑤铺盖下排水、排气层；⑥其他部位等	$O_{95}\leqslant nd_{85}$ n 与被保护土类型、级配、织物种类和状态有关： 对细粒（不大于 0.075mm）含量不大于 50%：同 GB 50290—2014； 对细粒（不大于 0.075mm）含量 > 50%，且织物 $O_{95}\leqslant 0.3$mm：同 GB 50290—2014； 预计土工织物连同其下土粒可能移动时，n 取 0.5； 对编织型土工织物： (1) 黏粒含量 > 10% 的黏土、壤土，覆盖保护层为预制件时：$O_{90}\leqslant 10d_{90}$； (2) 黏粒含量 < 10% 的砂性土，覆盖保护层为预制件时：$O_{90}\leqslant(2\sim5)d_{90}$，浪高 < 0.6m 时取大值	(1) 级配良好、不宜淤堵时：$k_g\geqslant k_s$； (2) 水力梯度高、流态复杂的：$k_g\geqslant 10k_s$	(1) 级配良好、不宜淤堵时：$O_{95}\geqslant 3d_{15}$； (2) 易管涌或具分散性，水力梯度高，$k_s>10^{-5}$cm/s，$GR\leqslant 3$； (3) $k_s\leqslant 10^{-5}$ cm/s：应进行淤堵试验	用无纺土工织物做反滤材料时，单位面积质量和厚度应符合工程要求，遇往复水流时，应采用较厚织物	土工织物下面为粗料时，应先铺厚度 10cm 的砂砾料，平整后再铺织物。织物上应设砂砾料保护层； 为避免紫外线照射，应尽早覆盖保护

均匀系数，给出了经验系数的取值建议。后来国内制定的一些行业规范也基本沿用了这个准则，更加简化了系数的取值。2014年修订的《土工合成材料应用技术规范》（GB/T 50290—2014）对此并未做出进一步的修订。但需要注意的是，这些规范中都未强调指出该反滤准则的适用前提是无纺土工织物和静荷载单向水流条件。水运工程更加关注水流状态对工程安全的影响，因此水运规范JTJ 239—2005对静载单向水流条件采用了标准的Calhoun准则，另外还提出了动力水流条件下的保土性准则。在这些规范中，其经验系数基本介于1和2之间，但《公路土工合成材料应用技术规范》（JTG/T D32—2012）与此不同，指出，系数为3～7的挡土效果良好且不易淤堵，建议对于公路结构，可适当增大土工织物孔径，但对于粉土等细粒土，建议要谨慎选择滤层材料，认为砂砾类材料的反滤效果要优于土工织物。在水利工程中，近年来结合堤防应急抢险工程的经验，也有类似的认识，认为n为1～2只是针对一般水流条件而言，在水流复杂的情况（如往复水流、动力作用等），以及一些特殊工程应用场合（如防汛抢险等），过于强调保土性，可能反而引起新的工程安全问题，此时需要适当增大土工织物的孔径。据国外资料，许多工程用于反滤的织物的等效孔径也有增大的趋势。

另外，需要注意的是，机织型土工织物的保土准则目前还缺乏研究。

在透水性准则方面，基本都以土工织物和被保护土的渗透系数相对关系来表示，建议织物渗透性要大于土的渗透性至少1个数量级，有的规范考虑到织物可能受荷而厚度变小导致长期渗透性的降低，故要求增大2个数量级。

对于淤堵性准则，普遍采用美国陆军工程师团建议的梯度比$GR \leqslant 3$来进行判别。近年来，有较多观点认为梯度比试验时间过短，得到的$GR=3$太大，且实际工程中的梯度比很少大于1.5。故对于重要工程，建议应进行长期渗透试验来确定更为可靠的淤堵指标。

16.3.3 排水设计

16.3.3.1 土工织物平面导水率校核

土工织物的排水设计应按照土中渗水量和土工织物排水量相平衡的原理进行。当土的渗透性、结构物水力条件以及边界条件等确定后，可根据渗流原理计算渗流量。土工织物的排水量与织物透水性和厚度有关，对于无纺织物，在受压时其渗透性和厚度都会明显降低，因此，必须注意土工织物铺设处的水力比降。

16.2.3节中已给出了织物平面导水率的定义，如下：

$$\theta = k_p \delta \tag{16.3-21}$$

k_p和δ为织物在预计现场法向压力条件下的渗透系数和厚度。有试验结果表明，无纺土工织物的水平渗透系数一般比垂直渗透系数平均大约4倍，法向压力对渗透性的影响是非常明显的（图16.3-5），当垂直荷载增大到200kPa时，短纤针刺无纺织物的水平渗透性可降低1个数量级左右，厚度可减小至原来的40%～50%。

进行排水设计时，应考虑结构安全系数F_s和织物允许透水性折减系数RF。

根据定义，设计导水率θ_a为

$$\theta_a \geqslant F_s \theta_r \tag{16.3-22}$$

式中：F_s为排水安全系数，可取3～5，重要工程取大值，土坝可取10；θ_r为土工织物允许导水率。

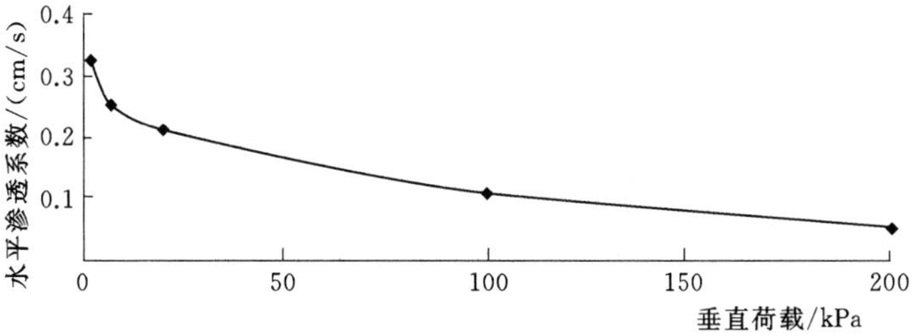

图 16.3-5　短纤土工织物水平渗透系数随法向荷载的变化

θ_r 计算公式为

$$\theta_r=\frac{\theta}{RF} \tag{16.3-23}$$

式中：RF 为土工织物透水性折减系数。

RF 可通过 GB 50290—2014 中建议可由下式确定：

$$RF=RF_{SCB}RF_{CR}RF_{IN}RF_{CC}RF_{BC}$$

式中：RF_{SCB}为淤堵折减系数；RF_{CR}为蠕变导致织物孔隙减小的折减系数；RF_{IN}为土料进入织物孔隙引起的折减系数；RF_{CC}为化学淤堵折减系数；RF_{BC}为生物淤堵折减系数。

也可用单宽渗流量来校核土工织物允许导水率是否满足工程要求，即

$$\theta_r=\frac{q}{i} \tag{16.3-24}$$

式中：q 为单宽渗流量，$m^3/(m \cdot s)$；i 为水力比降，对于排水体下游和大气连通的情况，$i=\sin\beta$，β 为下游坡角。

表 16.3-12 是 GB 50290—2014 给出的土工织物渗透性指标折减系数建议值，可参照使用。

表 16.3-12　　土工织物渗透性指标折减系数建议值（GB 50290—2014）

应用情况	折减系数范围				
	RF_{SCB}①	RF_{CR}	RF_{IN}	RF_{CC}②	RF_{BC}
挡土墙滤层	2.0～4.0	1.5～2.0	1.0～1.2	1.0～1.2	1.0～1.3
地下排水滤层	5.0～10.0	1.0～1.5	1.0～1.2	1.2～1.5	2.0～4.0
防冲滤层	2.0～10.0	1.0～1.5	1.0～1.2	1.0～1.2	2.0～4.0
填土排水滤层	5.0～10.0	1.5～2.0	1.0～1.2	1.2～1.5	5.0～10.0③
重力排水	2.0～4.0	2.0～3.0	1.0～1.2	1.2～1.5	1.2～1.5
压力排水	2.0～3.0	2.0～3.0	1.0～1.2	1.1～1.3	1.1～1.3

① 织物表面覆盖乱石或混凝土块时，应采用上限值。

② 地下水含高碱时，可采用大值。

③ 浑浊水和（或）微生物含量超过 500mg/L 的水可采用更大值。

16.3.3.2　排水管排水能力校核

对于外包土工织物的带孔塑料管、波纹管等管件或透水软管，可按照式（16.3-25）计算渗入管内的水量 q_e：

$$q_e = k_s i \pi d_{ef} L \tag{16.3-25}$$

$$d_{ef} = d e^{-2\alpha\pi} \tag{16.3-26}$$

式中：i 为沿管周围土的渗透比降；d_{ef}为等效管径，m，即包裹土工织物的带孔管（直径为 d）虚拟为管壁完全透水的排水管的等效直径；L 为管长度，m，即沿管纵向的排水出口距离；α 为水流流入管内的无因次阻力系数，$\alpha=0.1\sim0.3$。外包土工织物渗透系数大时取小值。

带孔管的排水能力 q_t 应按式（16.3-27）计算：

$$q_t = vA \tag{16.3-27}$$

$$A = \pi d_e^2/4 \tag{16.3-28}$$

式中：A 为管的断面积，m^2；v 为管中水流速度，m/s。

开孔的光滑塑料管管中水流速度计算公式为

$$v = 198.2 R^{0.714} i^{0.572}$$

波纹管中水流速度计算公式为

$$v = 71 R^{2/3} i^{0.5}$$

式中：R 为水力半径，m，$R=d_e/4$，其中 d_e 为管直径，m。

根据排水能力 q_c 和来水量 q_r，用式（16.3-29）计算排水安全系数 F_s：

$$F_s = \frac{q_c}{q_r} \tag{16.3-29}$$

式中：排水能力 q_c 应取 q_e 和 q_t 中的较小值；来水量 q_r 即为要求排除的流量，m^3/s，可按流网法进行估算。

要求的排水安全系数 F_s 一般为 2.0～5.0，在设计时，有清淤能力的排水管可以取较小值。

16.3.4 排水反滤体的构造设计

（1）排水沟：平行坝轴线的纵向排水沟一般设置在马道内侧［图 16.3-6（a）］，顺坝坡的横向排水沟间隔一般为 50～100m，并与纵向排水沟连接［图 16.3-6（b）］。其横断面尺寸一般为深 0.2m、宽 0.3m，必要时应按水力计算来确定。沟底或沟边可铺设土工织物或排水网/垫等。

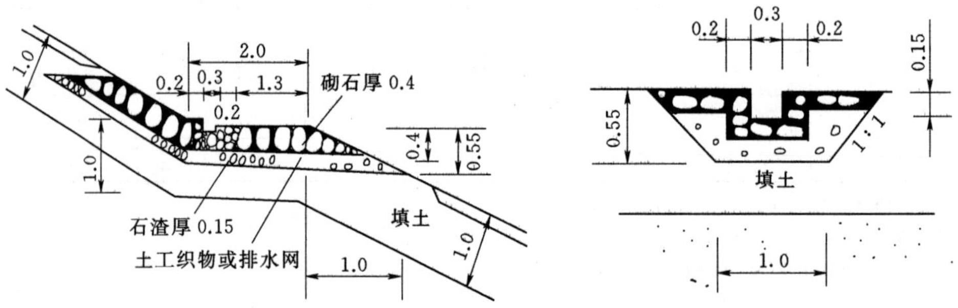

（a）纵向排水沟　　（b）横向排水沟

图 16.3-6　坡面排水构造示意图（单位：m）

(2) 贴坡排水：贴坡排水顶部须高出浸润线逸出点一定高程（对于1级、2级坝不小于2.0m，3～5级坝不小于1.5m）。排水体厚度应大于当地冻结深度。底脚处应与排水沟连接，并具有足够的深度，以保证冬季水面结冰后，仍有足够的排水断面。贴坡排水构造示意见图16.3-7。

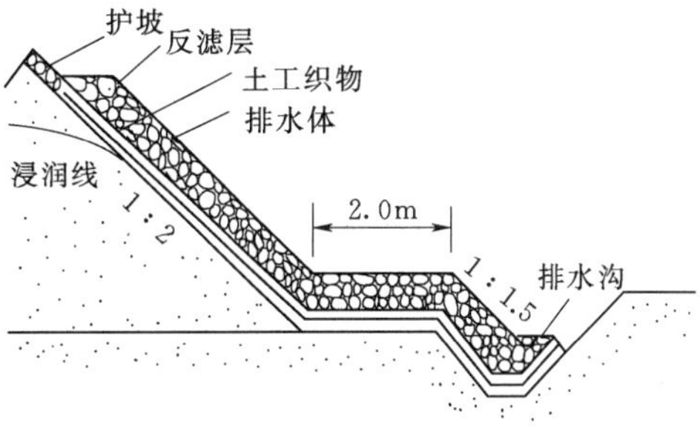

图16.3-7 贴坡排水构造示意图

(3) 水平排水（褥垫排水）：一般情况下，水平排水体深入坝体内的深度对于黏性土均质坝不超过坝底宽的1/2，对于砂性土均质坝不超过坝底宽的1/3。坝内水平排水示意见图16.3-8。

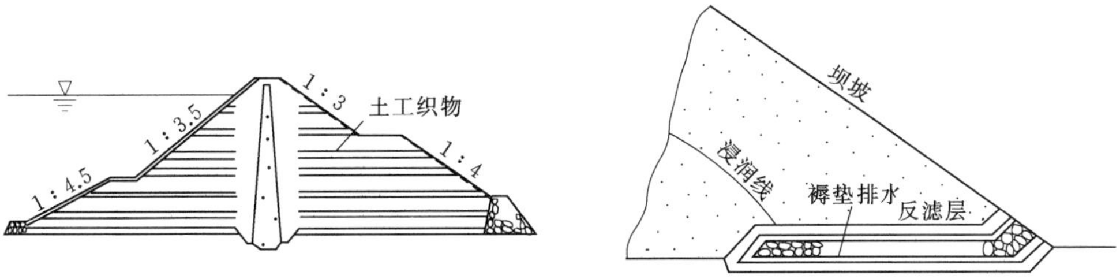

(a) 坝内水平排水层　　(b) 坝基面褥垫排水

图16.3-8 坝内水平排水示意图

(4) 坝体内竖式排水：竖式排水顶部可延伸到坡面附近，厚度取决于施工条件，一般不小于1.0m。竖式排水构造示意见图16.3-9。

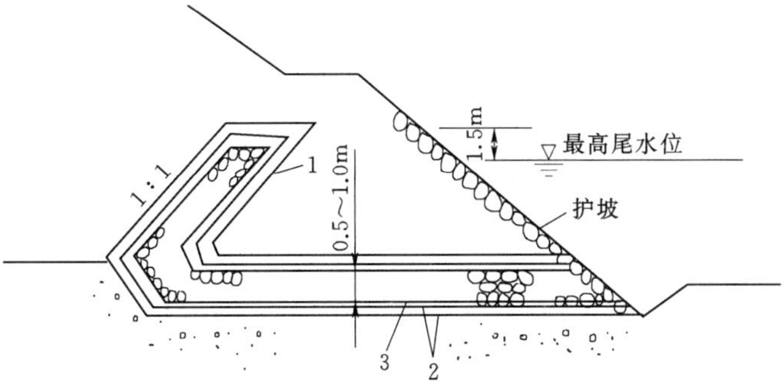

图16.3-9 竖式排水构造示意图

1—竖式排水体；2—褥垫排水；3—反滤层

(5) 坝趾排水棱体（图16.3-10）：棱体顶宽不宜小于1.0m，其顶面应超过下游水位一定高度，对1级、2级坝不小于1.0m，对3～5级坝不小于0.5m，且应保证浸润线位于下游坝坡面的冻层以下。棱体内坡坡比一般为1∶1.0～1∶1.5，外坡坡比为1∶1.5～1∶2.0。棱体与坝体和坝基之间应设置反滤层。

(6) 排水管（图16.3-11）：排水管管径应满足管内流速0.2～1.0m/s要求，但一般

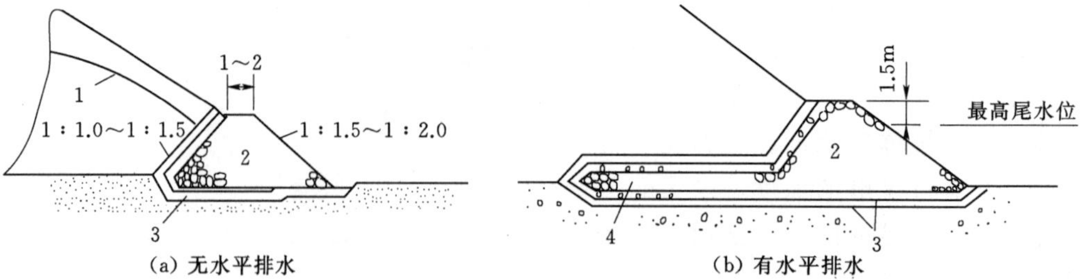

图 16.3-10 坝趾排水棱体构造示意图

1—浸润线；2—排水棱体；3—反滤层；4—水平排水

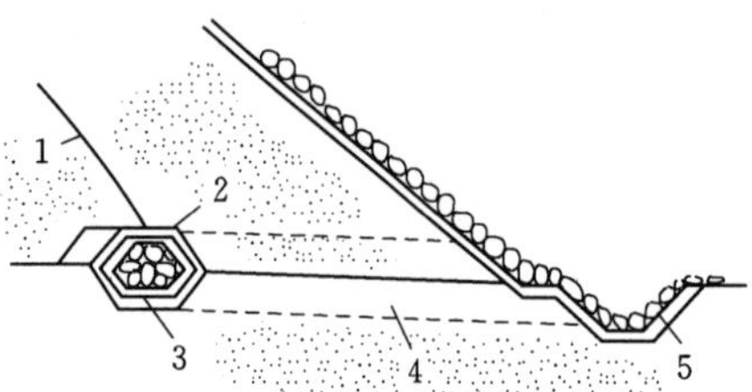

图 16.3-11 排水管构造示意图

1—浸润线；2—排水管；3—反滤层；4—水平排水；5—排水沟

不小于 0.2m，有检修要求的排水管管径应在 0.8m 以上。管的铺设坡度不大于 5%，且周围应设置反滤层。也可采用带孔或孔隙的花管，其孔径或缝宽应按反滤料的粒径计算来确定。目前常用薄壁 PVC 管或软式透水管等。

(7) 减压井：典型的减压井结构见图 16.3-12。减压井一般由井管和滤层组成，井管可采用 PVC 硬塑料管，花管段外裹滤网可采用耐腐蚀塑料网，反滤透水段回填料用冲洗干净的石英砂砾。目前新型可拆换式减压井涉及滤管、滤布、泡沫塑料滤体、管外包裹式土工格栅等，充分发挥了多种土工合成材料的功能。

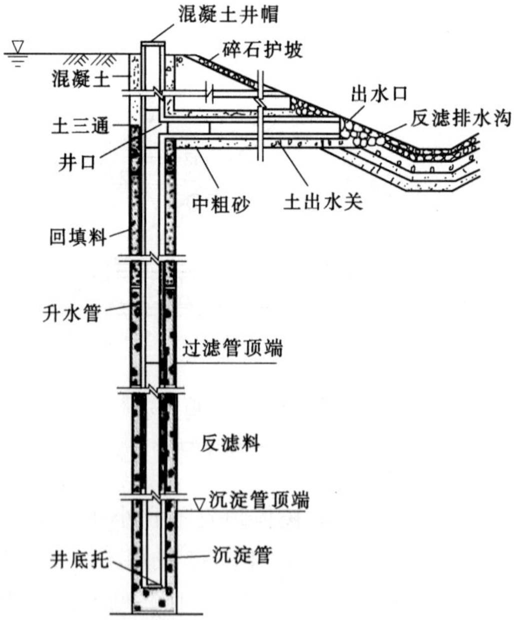

图 16.3-12 减压井结构示意图

16.4　堤坝工程排水反滤体施工

16.4.1　一般性施工要点

土工织物反滤层和排水体施工包含以下工序：平整碾压场地、织物备料、铺设、回填、表面防护。各工序一般性施工要点如下。

(1) 场地和铺设面应平整，场地上的杂物，特别是可能会损伤土工织物的带尖棱的硬物应清除干净，填平坑洼，平整土面，如为斜面，应按规定坡比修好坡面，并清除坡趾淤泥等杂物。

(2) 铺设前需备料，将土工织物进行裁剪、拼幅，制作成要求的尺寸和形状，应避免织物受损，不被污染。

(3) 铺设应符合下列要求：①铺放平顺，松紧适度，不得绷拉过紧，并应与土面贴紧，不留空隙。②损坏处应修补或更换，修补面积大于破损面积的 4 倍。③相邻片（块）间可采用搭接或缝接，顺水流方向上游片应铺在下游片之上。平地处搭接宽度不宜小于 200mm 或 300mm，坡面、不平地面或松软土处搭接宽度应不少于 500mm，水下铺设时应适当加宽，不小于 1000mm。对可能发生位移处应缝接。④坡面的铺设一般由上向下进行，在顶部和底部设锚固沟或其他可靠方法给予固定。坡面上应设防滑钉，并应随铺随压重。⑤与岸坡和结构物连接处应结合良好，不留空隙。⑥铺设人员不得穿硬底鞋或钉鞋。⑦织物铺设好后，应避免受日光直接照射，随铺随覆盖保护措施。

(4) 土料回填应符合下列要求：①回填料不得含有损织物的物质；②应及时回填，一般延迟最长不超过 48h；③回填土石块最大落高不得大于 300mm，石块不得在坡面上滚动下滑；④填土的压实度应符合设计要求，回填 300mm 松土层后，方可用轻碾压实；⑤用于排水沟的碎石要求洁净，其含泥量应低于 5%。

16.4.2　土工织物反滤层施工要点

(1) 土工织物应与被保护土表面紧密贴合，尤其在双向水流或动力水流的条件下。被保护土的表面应尽量平整，对于有凹凸不平的地方须用砂料等找平。

(2) 土工织物连接可采用缝合法或搭接法。缝合宽度不应小于 0.1m，结合处的抗拉强度应达到土工织物的 60%以上；搭接宽度不应小于 0.3m。

(3) 用于斜坡上的织物滤层应核算稳定性，对于大中型和重要工程，接触面摩擦系数最好进行实验室测定。

(4) 要使织物滤层牢固地固定在使用的场所。

(5) 铺设过程中应采取措施保证土工合成材料不受损坏，尽可能避免在烈日或大风情况下铺设。对铺好的织物须及时覆盖，若有机械在上行走或者有块石等材料在上面倾卸，应铺厚层砂砾料加以保护。对于已破损的织物材料视情况予以及时修补，甚至更换。

(6) 土工织物滤层施工的平整度允许偏差可参见表 16.4-1［引自《水运工程土工合成材料应用技术规范》(JTJ 239—2005)］。

表 16.4-1　　土工织物滤层施工允许偏差

项目			允许偏差/mm
平整度	抛石面	水下	200
		陆上	100
	抛砂砾石面	水下	150
		陆上	100
搭接长度	陆上施工		$\pm L/10$
	水下施工		$\pm L/5$

16.4.3 竖向排水管井施工要点

竖向排水管井包括堤防工程减压井、水电站坝基排水孔等。本节以堤防工程可拆换式减压井为例说明竖向排水管井的施工要点。

堤防工程可拆换式减压井的施工包括施工准备、钻井施工、减压井安装、洗井和抽水试验、施工故障预防及处理等方面。

(1) 施工准备。施工准备主要包括设计文件的消化吸收、施工材料准备、场地平整、供水供电、设备检查与调试、井点定位、施工人员培训、应急措施准备等方面。

(2) 钻井施工。传统成井施工方法有两大类，回转钻进法与冲击钻进法。鉴于减压井要求保证其出水能力，而回转钻进多采用泥浆固壁保护井壁，故在减压井施工中较少采用，因此主要采用冲击钻进法。减压井冲击钻进工艺与地层结构、钻机类型、护壁形式以及减压井结构有关。其主要施工工艺流程是：钻机就位—钻机安装与校准—减压井开口并安装井口护壁管—钻进与护壁—洗孔—扩孔—进一步钻进—终孔。为了提高减压井的出水效率，尽量采用清水护壁，防止因为泥浆护壁而堵塞地基透水层孔隙，降低减压井排水能力。

(3) 减压井安装包括外井管安装和可拆换过滤器的组装两部分。

1) 外井管安装。外井管为塑料管，采用滑车吊装，安装前应检查井孔尺度、井管垂直度、长度等指标。目前塑料井管主要采用铆接和丝扣连接，有时采用焊接。安装塑料井管时应选择适中的夹具，一般为木质，以减少对塑料井管的损伤。不能使管口夹得过紧，以免塑料管承受径向压力造成局部变形损坏井管。选择合适的对中器，确保井管位于井孔中间。

减压井过滤器段一般位于砂性土层，其反滤料可根据太沙基反滤准则进行初步设计，由于减压井出流期的渗透比降一般小于1，为了提高排水效果，反滤料可以适当粗一些，加上可拆换过滤器的作用，反滤料选择更是可以适当放宽。反滤料的规格要求，依据含水层的颗粒大小而不同，且与选择的过滤器相匹配。回填反滤料前，按照成井施工中确定的地层分界情况，将反滤料的规格、数量、深度计算妥当，并考虑洗井可能的损失量。然后根据各段井孔开孔直径和反滤料回填高度计算各种规格反滤料数量，砂性土井管段，因井孔往往有超径现象，砾石的余量应比计划数量多10%～20%。每填入一定数量的反滤料，用测锤测量填入的反滤料是否与计算值相当。一般在孔底附近测量次数较多，每填2～3m测量一次。为了测量准确，通常在测绳下端安装一个测锤，避免测绳在测量过程中产生弯曲，影响测量精度。测锤一般须超过所用测绳总重的一倍，过重会影响测绳长度。将反滤料堆放在井台附近，采用人工将反滤料慢慢向井内填入。填入过程中如发现有反滤料充塞于井孔上部现象，可用小抽筒在井管内抽拉数次，至反滤料到达预定位置为止。用宽级配反滤料时，可以采用先下套管，然后从管内将反滤料填入井孔内，防止反滤料在回填过程中的分离，影响反滤效果。反滤料回填过程中，注意保证井内水位高度不低于井口，保持孔内压力，防止反滤料回填过程中塌孔。

2）可拆换式过滤器的安装：依据减压井深度准备可拆换过滤器数量，同时准备相当数量的高强塑料插销，避免使用金属插销，防止金属插销生锈而带来减压井的淤堵。可拆换过滤器质量很轻，只要准备简单的三脚架配以滑轮，就可以轻松起吊可拆换过滤器，一般滑轮起吊重量 2t。安装时将可拆换过滤器下至井口，使用管卡将过滤器卡住并固定在外井管管口上，其凹头朝上。利用三脚架和滑轮吊装下一根过滤器，其凸头向下，顺直插入上一根过滤器凹头中，并转动上面一节过滤器，保持过滤器铅直进入外井管内。采用铆接形式连接每节过滤器，具体操作步骤是利用电钻钻孔，依据井管长度以及重量设计钻孔直径与钻孔孔数，选择稍大于钻孔直径的高强塑料铆钉将两节过滤器凹凸管铆接起来。连接部位缠上泡沫过滤体，防止淤积物在此部位聚集。松掉下部过滤器管卡，采用压盘将过滤器压入外井管内。如此重复上述过程，完成可拆换过滤器安装。

（4）洗井：在减压井的施工中若采用了泥浆护壁的工法，即使清水钻进，也会产生大量的泥浆，这些泥浆会进入减压井的反滤层，产生淤堵，严重影响减压井的出水，因此，及时洗井是减压井施工的一道不可缺少的工序。常见的有活塞洗井和泵洗井两种方法。

（5）抽水试验。抽水试验的目的在于正确地评定减压井单井或井群的出水量和水质，为设计提供可靠的依据。也是将来减压井质量验收的主要依据。减压井抽水试验主要参照《水利水电钻孔抽水试验规程》（SL 320—2018）执行。

16.5　施　工　检　测

16.5.1　一般性检测要求

（1）土工合成材料工程从材料进场、检验、存储到各施工环节及验收，都必须进行检测，以确保工程质量符合设计预期要求。

（2）负责现场检测任务的单位和人员都应事先阅读有关的施工计划、试验大纲和方案具体内容及合同要求等，作为施工前的必要准备。

（3）材料进场应逐批检查供货是否与批准的种类型号相符。是否具有产品的相应文件和合格证，以及经国家认证单位开具的检验报告。应检查材料有无损伤，如不相符，或有损伤，业主方可退货。

（4）业主方可委托制定单位按相应技术规范对进场材料遵照规定频率进行技术指标抽样检查，验证是否符合要求。对合格产品，从卷材中割取两块相同样品，交业主方和供货方各执一份，留供日后供货时用作对比验证。

（5）如果大幅材料需要供货方事先在厂内连接，应检查其是否合格。

（6）对施工中需要采用的缝接材料及胶接材料等也需要检测其合格性。

(7) 施工过程中，地面清整、材料铺放、回填压实等每道工序完成后，都应经认真检查合格后，方可进行下一道工序。每道工序应进行的检测内容应列入施工规定。

16.5.2 排水反滤工程施工检测要求

地下排水沟、管所用的无纺土工织物不得沾污受损。排水沟开沟的底部应达到设计高程，纵向不得有反坡。织物铺放的顺机向应与水流方向一致，不得有褶皱，织物与地面要紧贴。织物搭接宽度应符合要求，允许误差为+50mm。检测频率可为1次/万 m^2 或至少1次/批次。如预计会发生位移，应加钉固定，上游片应搭在下游片之上。排水沟顶部织物搭接宽不小于0.3m。沟顶回填土料应压实。

护坡垫层工程：一般是在堤防临江坡面铺放土工织物做反滤防冲垫层，其上盖抛石或混凝土块等作保护层。织物的顺机向应平行于水流向。相邻织物搭接宽度应符合设计要求。预计保护层会移动时，应以钉锚固。织物应按设计埋入锚固沟，水下末端应做好防冲结构。检测频率为1次/1万 m^2 或至少1次/批次。

软式排水管：埋管底部铺砂卵石，安放软管，分层回填压实，使其稳固。接头处剪去钢丝圈、以尼龙绳捆紧，包以无纺土工织物。外包尼龙纱应尽量少受日光照射。

塑料排水带（板）：要求插带平面位置准确，偏差不大于100mm。插带深度应达设计高程。插入的排水带应力求垂直，垂直偏差不大于1.5%。插带时排水带的滤膜不得被扯破。带底部应可靠锚固。若拔出套管时插带随之被带出，带出的长度超过0.5m时应重新补插。排水带接长时，芯板平接长度不应少于0.2m，并将滤膜覆盖包好。地面应设横向排水垫层，厚度不小于0.4m。

竖向排水管井：应进行井管完好性检查，检查井管深度是否和设计一致，检查井内是否有块石等淤堵物，一旦发现，应及时在汛前修整。检查井口是否有倒灌的痕迹，井口保护装置是否破坏，如果发现应及时修理，防止井口进一步倒灌而影响减压井的出水能力。检查减压井井口周围地形是否异样，如果出现地面塌陷等现象，应及时查明原因，采取必要措施进行补救。外观检查：检查井台是否出现异常现象，及时发现及时处理，确保其对井口的保护作用。井口以及出水口是否完整。出水口是否堵塞。在汛前对减压井的单位降深流量进行检验，通过单井抽水试验以确保汛期减压井的效果。检测频率可为1次/(2年·段)。

16.6 典型工程案例

16.6.1 王甫洲水利枢纽围堤

王甫洲水利枢纽工程正常蓄水位86.23m，在围堤中共用土工织物和土工膜100多万 m^2（图16.6-1）。在蓄水调试发电机的过程中，老河道围堤局部堤段下游排水沟由于沟内水位骤降，导致渗透变形，接着土工织物产生了淤堵。

为分析土工织物产生淤堵的原因，进行了一系列的试验研究，具体试验包括排水沟周边土体的基本特性、土工织物和排水沟周边土体的反滤试验、梯度比试验、特殊淤堵试验以及土工织物的基本特性试验。各土料特征粒径见表16.6-1，土工织物的水力学试验成果见表16.6-2，土体渗透变形试验结果见表16.6-3，淤堵试验结果见表16.6-4。

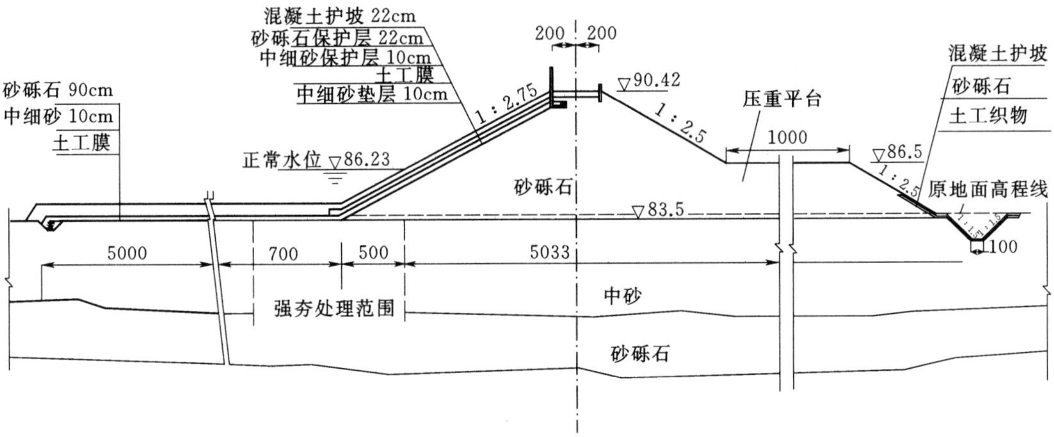

图 16.6-1　土工合成材料在王甫洲工程的应用（单位：尺寸 cm，高程 m）

表 16.6-1　各土料特征粒径

编号		d_{85}	d_{60}	d_{50}	d_{35}	d_{15}	d_{10}	不均匀系数	室内定名
原状样	1	0.060	0.033	0.027	0.016	0.0016			重粉质砂壤土
	2	0.070	0.037	0.029	0.022	0.013	0.0074	5	重粉质砂壤土
扰动样	3	0.460	0.320	0.270	0.210	0.140	0.120	2.67	中砂
	4	0.370	0.240	0.200	0.160	0.130	0.120	2.00	细砂
	5	0.170	0.088	0.072	0.050	0.018	0.012	7.33	重砂壤土

表 16.6-2　土工织物的水力学试验成果表

土工织物类型	渗透系数/(cm/s)	等效孔径 O_{90}/mm
非织造土工织物	3.29×10^{-1}	0.1

表 16.6-3　土体渗透变形试验成果表

试样编号		渗透系数/(cm/s)	临界比降	破坏比降	破坏型式
原状样	1	$(1.5\sim7.9)\times10^{-5}$	0.60～0.81	2.8～7.0	局部流土
	2	$(4.3\sim33.0)\times10^{-5}$	0.58～0.60	2.0～7.0	局部流土
扰动样	3	$(3.0\sim7.1)\times10^{-2}$	0.11～0.25	0.16～0.27	流土
	4	$(2.7\sim6.1)\times10^{-2}$	0.11～0.16	0.21～0.26	流土
	5	$(6.0\sim9.0)\times10^{-5}$	0.46～0.50	1.0～1.8	流土

表 16.6-4　淤堵试验成果表

土工织物滞留土重/g	土工织物渗透系数/($\times10^{-1}$cm/s)			4 级比降下土和土工织物的综合渗透系数/($\times10^{-5}$cm/s)				穿过土工织物土重/g	梯度比 GR		
	试验前	试验后	B	1.0	2.5	4.0	10		$GR_{重}$	$GR_{中}$	$GR_{细}$
0.97	3.29	1.14	2.89	2.25～2.93	2.25～3.79	2.30～2.68	2.67～2.68	/	0.52～1.25	0.82～0.13	1.63～1.09

注　$GR_{重}$、$GR_{中}$、$GR_{细}$分别代表土工织物与 2 号、3 号、4 号样的梯度比试验结果。

土工织物滤层校核：

(1) 保土性：从表16.6-1和表16.6-2试验结果可知：土工织物的等效孔径 $O_{90}=0.1mm$，$d_{85}=0.170\sim0.460mm$，满足 $O_e\leqslant nd_{85}$ 的保土性要求。

(2) 透水性：试验前土工织物渗透系数 $k_g=3.29\times10^{-1}cm/s$ 和被保护土的渗透系数 k_s 相比，当被保护土为中壤土类（1号、2号、5号样）时，织物滤层满足透水性要求 $k_g\geqslant Ak_s$ $(A>10)$。但对中砂（$k_s=7.1\times10^{-2}cm/s$）和细砂（$k_s=6.1\times10^{-2}cm/s$）来说，该土工织物不能满足透水性要求。

(3) 抗淤堵性：砂壤土属级配良好的土，满足 $O_{95}\geqslant3d_{15}$。该工程中细砂和中砂属级配不好土，需进行梯度比试验，根据梯度比 $GR\geqslant3$ 判断是否满足抗淤堵性准则。表16.6-4中梯度比均小于3，说明土工织物不会发生淤堵，符合规定。

根据稳定单向渗流条件下的反滤设计准则，土工织物滤层设计应可满足保土性、透水性和防淤堵性的要求，但在实际工程中却仍发生了淤堵。为弄清原因，进行了特殊淤堵试验。即用500g重砂壤土按1：20（砂：水）的比例混合后，用搅拌机在试验筒里不停搅拌，并使混合水渗过土工织物，来测定土工织物的淤堵情况。可观察到试验过程中土工织物前面很快形成了土粒的堆积，试验结束后经过称量，滞留在土工织物中的土粒重量达4.26g，远大于常规梯度比试验中的0.97g，说明在含砂水流非稳定渗流条件下，土工织物的淤堵程度远大于稳定渗流条件下，织物表面土粒堆积，使其透水性显著降低。

综上所述，王甫洲水利枢纽下游排水沟边坡产生土工织物淤堵，是由于沟水位骤降，被保护的排水沟边坡首先失稳，导致土工织物前面产生泥饼，使土工织物排水不畅而鼓起破坏。另外一个可能的原因是土工织物上的压载重量较小，不利于土工织物与被保护土的紧密结合，而渗流计算得到排水沟周边土体的出逸比降大于土体允许比降。由于局部土体产生渗透变形，也可能导致上述情况的发生。

16.6.2 荆南长江干堤堤防工程新型可拆换式减压井

荆南长江干堤公安李家花园上段堤前为杨柳河，外有南五洲。历年来该堤段主要险情为堤脚散浸，堤后洼地（水田）和渠道易发生管涌险情。2002年年初，长江重要堤防隐蔽工程建设项目在荆南干堤段新建了105口减压井，其中9口为新型可拆换式减压井，井列位置距堤脚100～200m，与堤轴线方向平行。井间距为40～60m，井深为20～30m，开孔直径为600mm。

新型减压井又称可拆换过滤器减压井，其过滤器并不是固定安装在井内，而是可以拔出和更换的。在与井外粗粒料滤层的共同作用下，大部分的淤堵物可以沉积到可拆换过滤器中，通过更换过滤器，可恢复减压井的排水能力。该井由两部分组成，固定部分和可移动部分，其结构示意见图16.6-2。固定部分结构包括井管和滤层。井管采用PVC硬塑料管，管内直径40cm，管壁厚1cm，花管段开孔率大于15%。花管外裹滤网采用耐腐蚀塑料网制成，网间隙为1mm。反滤透水段回填料用冲洗干净的石英砂砾。填砂砾颗粒直径为1.5～2.0mm，颗粒表面形状圆滑。可移动部分由滤管、滤布、泡沫塑料滤体、土工格栅组成。滤管采用PVC硬塑料，井管内径为20cm，壁厚1cm，开孔率大于15%。泡沫塑料滤体为大分子聚苯乙烯材料横截面制成圆环状，内径为22cm，外径为42cm，渗透

系数大于 1×10^{-1}cm/s。土工格栅选用材质柔软的单向拉伸筋条，抗拉强度 30～50kN/m^2。可移动部分管长度可按 4m 控制，过滤器制作过程如下：①将滤布紧包在滤管外壁，扎牢；②套上泡沫塑料滤体；③包扎土工格栅，土工格栅接合部用塑料绳扎紧；④整理，要求过滤器各部位结合紧密，表面圆滑，无突起，外观直径控制在 40cm。

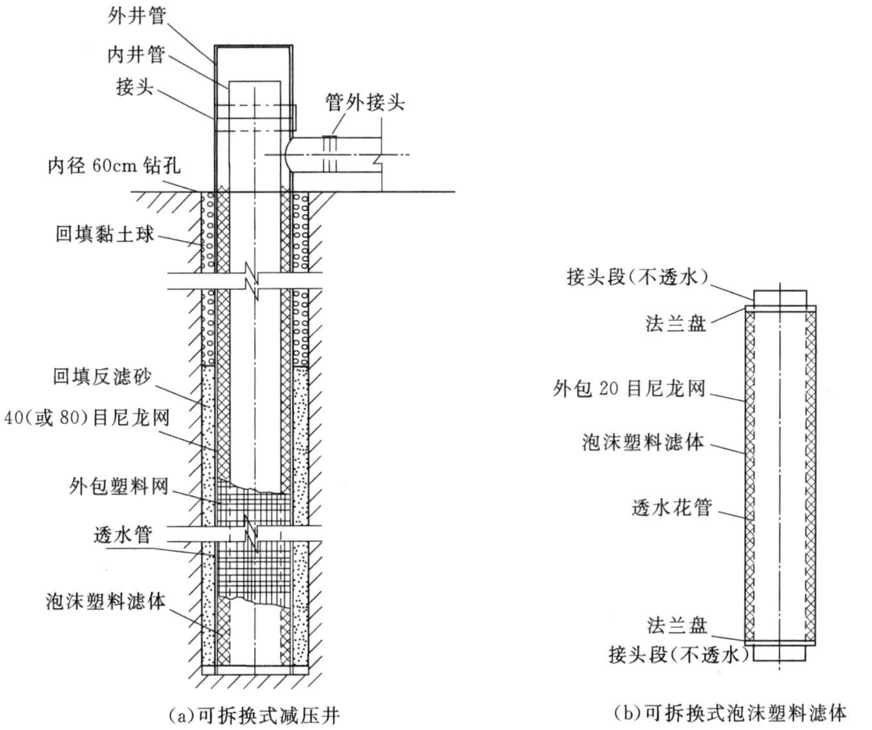

图 16.6-2　可拆换式减压井和可拆换式泡沫塑料滤体结构示意图

位于井壁和粗料滤体之间的多孔泡沫塑料滤体作为一个过渡带，承担了这种环境的突变，减少了碳酸盐、氢氧化铁及其他盐类和固体颗粒在井壁和滤层中的沉积。另外，由于井内壁有多孔泡沫塑料滤体存在，地层中的颗粒不可能大量进入井内。因而滤料和地层的稳定很容易得到保证。

新型可拆换式减压井施工时应注意以下技术要点：

(1) 钻孔要求用清水钻进，为防止塌孔可用套管护壁，严禁泥浆护壁，开孔孔径不小于 60cm。

(2) 钻孔终孔后及时测量孔斜、孔深，并及时进行洗井和抽水试验，其试验指标参照供水管井施工要求，满足要求后方可进行下一步埋设工作。

(3) 减压井管底部应用堵头封死，最下一节管底部安装井管对中器，以保证井管位于钻孔中部。逐段下放减压井管，至钻孔底部。

(4) 透水段回填反滤石英砂，上部实管段用黏土球回填，注意应逐段回填，逐段起拔套管。

(5) 在固定部分施工完毕后，将可移动部分逐段下放入内，至孔底。孔口地面以下

30cm 用止水橡皮止水。

(6) 及时做好井口保护装置。影响排水减压井出口流量的因素很多，如透水层的厚度、各土层的透水性、透水层与江水的联通情况、渗径长度、排水井的井径、井距和井深等因素。施工完成后，对邻近6口减压井的抽水试验表明新型井的效果与常规井相近。洪水期3个月后，对部分井再次进行了抽水试验，其结果与之前差别不大。

室内淤堵试验表明，造成化学淤堵的氢氧化铁主要集中于泡沫塑料滤体内，而不是集中于反滤层中。由此可见，多孔泡沫塑料过滤体减少了反滤料的淤堵，并使得淤堵发生在多孔泡沫塑料过滤体中。从现场起拔试验起拔出的减压井可拆换式过滤器上也可以看出，氢氧化铁淤堵物大量附着在过滤器表面及内部，同时靠近进口的数节泡沫塑料过滤体上还聚集了大量的固体细颗粒（图16.6-3和图16.6-4）。对更换下来的泡沫塑料过滤体进行室内试验，显示其渗透性下降了约一个数量级，说明减压井在长期工作过程中，确实发生了物理及化学淤堵，其排水能力逐渐下降，但此淤堵主要发生在可拆换式过滤器中。将其起拔后的过滤体进行冲洗或更换，各井的排水能力又得到了恢复。

图16.6-3 拔出的减压井可拆换式过滤器

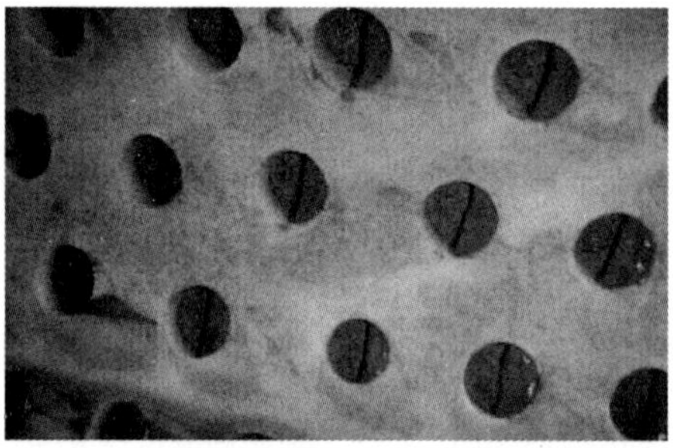

图16.6-4 泡沫塑料滤体上聚集的细砂颗粒

16.6.3 向家坝水电站坝基排水孔组合式过滤体

向家坝水电站坝基的地质缺陷层包括挠曲核部破碎带、挤压带和破碎夹（泥）层，其透水性大，构成了坝基的主要渗漏带，是可能产生渗透变形的关键部位。设计采用组合式过滤体对坝基排水孔进行反滤保护，以保证其地层的渗透稳定性。组合式过滤体的结构示意见图16.6-5，花管、管接头、垫片设计见图16.6-6。考虑到组合式过滤体用于水电工程排水孔应用经验不多，尚无相关的规程规范，为此，必须结合工程实际运行条件进行相应的研究，以提出合理有效的结构设计及材料参数指标，为排水孔过滤体设计、安装、产品质量检测和运行维护定期检测提供依据。

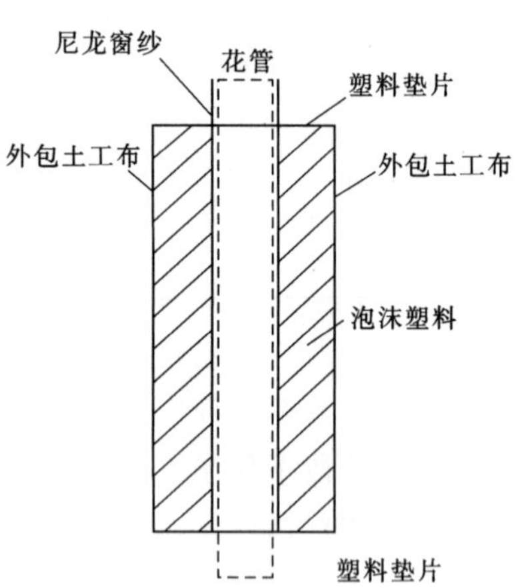

图16.6-5 组合式过滤体结构示意图

坝基地层中挠曲核部破碎带、挤压带和破碎夹

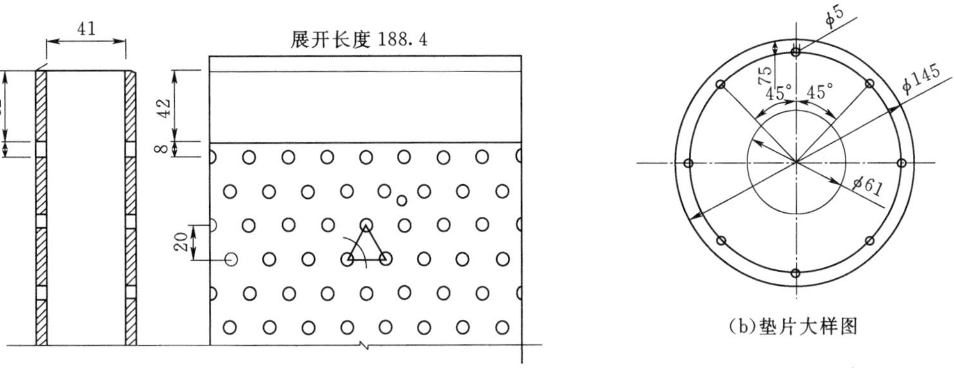

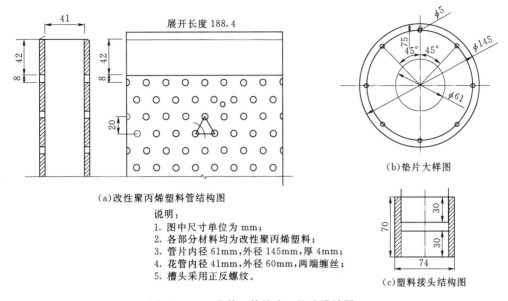

(a)改性聚丙烯塑料管结构图　　(b)垫片大样图

说明：
1. 图中尺寸单位为 mm；
2. 各部分材料均为改性聚丙烯塑料；
3. 管片内径 61mm，外径 145mm，厚 4mm；
4. 花管内径 41mm，外径 60mm，两端缠丝；
5. 槽头采用正反螺纹。

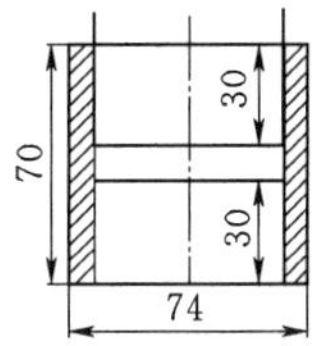

(c)塑料接头结构图

图 16.6-6　花管、管接头、垫片设计图

(泥) 层是产生渗透变形的关键部位。室内渗透变形试验得到，当试样为颗粒组成较粗的“现场稍碾磨”级配时，其渗透系数为 $1.53\times10^{-4}\sim3.76\times10^{-5}$cm/s，渗透破坏形式主要为局部流土。而颗粒组成主要为 5mm 以下细粒的“综合经碾磨”以及“挤压带经碾磨”两种级配，其渗透系数为 $2.31\times10^{-5}\sim6.03\times10^{-6}$cm/s，渗透破坏形式主要为流土，渗透破坏后随水流带出的土颗粒主要为 0.5mm 以下粒径组。根据反滤设计准则，当被保护土含有 0.075mm 以下细粒时，以 5mm 以下组分作为反滤设计的被保护对象。在进行组合式过滤体反滤研究时，主要依据“综合经碾磨”和“挤压带经碾磨”两种级配及其渗透变形试验成果进行。

向家坝坝基排水孔组合式过滤体由无规共聚聚丙烯花管（PPR 管）、过滤网、聚醚型聚氨酯泡沫软塑料过滤体（以下简称泡沫过滤体）、土工布等主要材料构成。其中，土工布主要起反滤作用，泡沫软塑料起支撑和排水作用，PPR 管构成过滤体骨架。根据被保护土层的级配、渗透变形试验成果及反滤透水准则等要求，提出组合式过滤体主要材料的技术指标如下。

16.6.3.1　外包土工织物

外包土工织物是组合式过滤体中对泥化夹层颗粒起反滤保护作用的主要材料，它的主要任务是保护地基土颗粒和排水，组合式过滤体的直径由它控制定型。被保护土 5mm 以下粒径组的 d_{85} 为 0.26～0.33mm，确定外包土工织物用做组合式过滤体的反滤材料时，其水力指标应符合以下条件：$0.33\text{mm}\geqslant O_{95}\geqslant0.03\text{mm}$，$k_v\geqslant10^{-2}$cm/s。同时，土工织物的物理力学指标还应满足厚度大于 2mm、质量大于 200g/m^2、拉伸强度大于 30kN/m 等。

根据以上要求，最终选定一种有纺涤纶土工织物作为外包材料。经室内物理、力学、水力学特性检测，该材料的参数指标见表 16.6-5。其中径向渗透系数试验采用径向渗透仪进行，见图 16.6-7。试验时，将土工织物剪裁成长条矩形，裹在特定直径的塑料花管上，高度30cm，径向层数可为单层或多层。

表16.6-5　　涤纶土工织物基本特性检测成果表

样品	单位面积质量/(g/m²)	厚度/mm	纵向拉伸强度/(kN/m)	横向拉伸强度/(kN/m)	顶破强度/kN	等效孔径 O_{95}/mm	渗透系数/(cm/s)	
							垂直	径向
1号	531	1.20	50.22	15.13	4.32	0.29	8.67×10^{-2}	2.13×10^{-2}
2号	562	1.14	49.24	12.17	4.40	0.25	1.66×10^{-2}	2.80×10^{-2}
3号	564	1.17	62.99	12.83	4.21	0.30	2.33×10^{-2}	1.61×10^{-2}

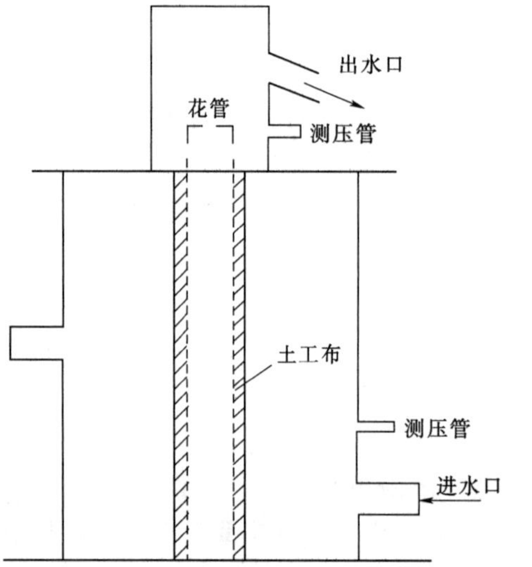

图16.6-7　土工织物径向渗透仪结构示意图

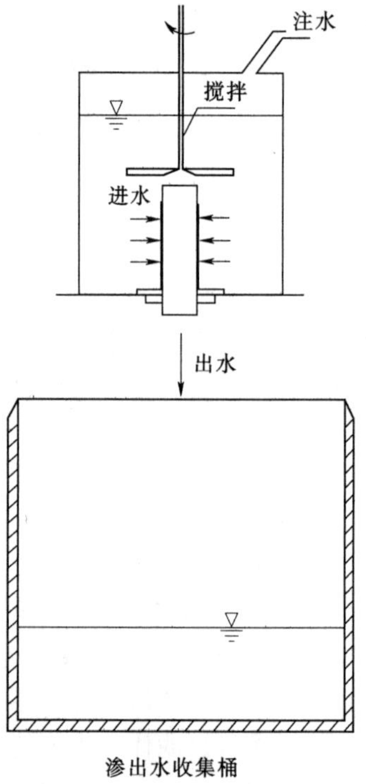

图16.6-8　土工织物水力穿透试验

为模拟实际工况，进行了土工织物水力穿透试验，见图16.6-8。将透水花管外侧用土工织物包裹后，嵌入开有圆孔的试验桶底部，桶高40cm。花管外壁与桶底圆孔结合部位用环氧树脂进行止水处理，其下设置渗出水收集桶。采用现场所取挤压破碎带筛分后土样制成制备泥浆。土样总重500g，其中0.25mm以下颗粒重250g，0.25～0.5mm粒径颗粒重250g，用2000mL水搅拌均匀。试验时从上部往试验桶内注入泥浆。同时开动搅拌器，当水快满桶时，打开下管口，使渗透水流不断注入收集桶。同时持续向泥浆桶注水以保持水压力，直至收集桶被灌满。然后经沉淀、干化后收集土颗粒，进行级配分析。涤纶土工织物水力穿透试验成果见表16.6-6，可见等效孔径在0.25～0.30mm的土工织物基本可以允许粒径小于0.25mm的土颗粒通过。

表 16.6－6　　涤纶土工织物水力穿透试验成果表

样品	等效孔径/mm	固体颗粒总重/g	全部穿过	未全部穿过时残留量/g		
				0.5～0.25mm	＜0.25mm	合计
1号	0.29	500	否	175	20	195
2号	0.25	500	否	129	0	129
3号	0.30	500	否	148	0	148

16.6.3.2　泡沫软塑料

泡沫过滤体采用聚醚型聚氨酯泡沫软塑料，具有耐久性、抗霉性、抗老化、抗侵蚀等性能。其回弹性能须能保证安装到位的组合式过滤体在外裹土工布接口遇水脱开后，泡沫过滤体回弹紧贴钻孔孔壁。

对几种不同的聚醚型聚氨酯泡沫软塑料样品进行了物理力学性指标以及水力特征指标的检测，本书重点介绍其压缩变形性能和渗透性。

1. 压缩变形

对横断面为 15cm×15cm、高 20cm 的长方体泡沫塑料试样进行了无侧限压缩-回弹试验，变形曲线见图 16.6－9。从图 16.6－9 中的升压曲线可以看到，当应变超过 10%时，曲线变缓、应变渐大，说明泡沫塑料接近屈服点；当应变到 40%～50%时，曲线又变陡、应变增幅渐小，预示着已近于压缩极限。退压曲线显示，当压力取消后，仅有 5%～6%的残余变形。小于设计要求的 12%残余变形。

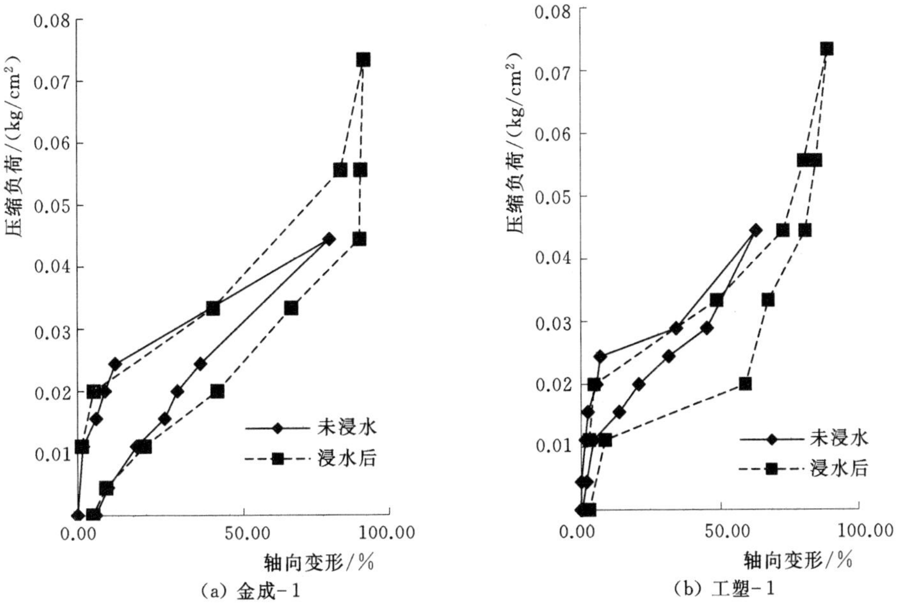

图 16.6－9　泡沫软塑料压缩-回弹试验变形曲线

2. 渗透性

泡沫塑料渗透性在垂直渗透仪内测定，仪器内径 150mm，泡沫塑料试样高 10cm，中间圆孔插入 63mm 的光滑塑料筒进行试验。试验中泡沫塑料的内外圈均采用水泥护壁止水。用不同压力将塑料压至不同厚度，测定其相应渗透系数，泡沫软塑料渗透性试验成果见表 16.6-7。从表 16.6-7 可以看出，在无压缩条件下，泡沫塑料的渗透系数在 $i\times10^0$～$i\times10^1$cm/s范围内，随着压缩变形的逐渐增大，渗透系数逐渐减小。当压缩至原厚的40%时，渗透系数仍维持在 $i\times10^0$cm/s 范围。

表 16.6-7　泡沫软塑料渗透性试验成果表

试样	渗透系数 k/(cm/s)		
	压缩率 0%	压缩率 20%	压缩率 40%
金成-1	6.5×10^0	5.8×10^0	4.6×10^0
工塑-1	1.8×10^0	1.3×10^0	0.95×10^0
欧博-1	1.8×10^1	9.0×10^0	7.1×10^0

16.6.3.3 组合式过滤体

组装好的组合式过滤体见图 16.6-10，根据设计要求，安放到位的组合式过滤体外包土工布接口遇水脱开后，泡沫软塑料回弹使整个过滤体紧贴孔壁，形成对地质缺陷层的反滤保护。因此，需要对组合式过滤体成品的渗透性、径向变形、反滤保护功能以及长期运行中的防淤堵能力进行研究。

1. 渗透性及径向变形

组合式过滤体渗透性及径向变形试验装置与图 16.6-7 类似。试样均用实际过滤体结构，直径为 11cm，长度为 34cm，上下底均用环氧树脂密封。在过滤体外包土工布上固定一细钢针，配合百分表观测径向变形。试验时不断提升上游水头，测定不同水压力下过滤体的径向渗透系数及径向变形。试验成果表明，组合式过滤体的渗透性为 $i\times10^{-2}$cm/s 数量级。组合式过滤体径向变形曲线见图 16.6-11。

图 16.6-10　组装好的组合式过滤体

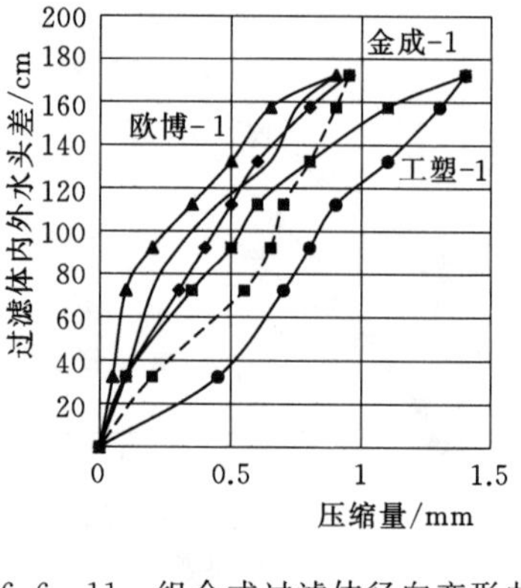

图 16.6-11　组合式过滤体径向变形曲线

由于组合式过滤体渗透性较大，试验过程中过滤体内外难以形成水头差，很难观测到径向变形。过滤体承受 1.7m 左右水头时重复试验，其最大变形不超过 1.4mm，且有的试样未观测到变形。实际工程中过滤体是否会发生径向变形，一方面取决于过滤体本身的材料性质，另一方面还取决于实际渗压力的分布（过滤体所承受的渗透水头）。根据类似工程经验，在防渗帷幕后的排水孔的灌淤过程是很缓慢的。过滤体的渗透性较之其周围土层的渗透性要大 2～3 个量级以上且不会有明显变化。可见，一般情况下过滤体会承受的作用水头很小，不会发生大的变形。

2. 反滤试验

对现场取回的挤压破碎带土样进行反滤试验，试验结果表明，在土工布下游有足够的强度支撑条件下，孔径 0.3mm 的土工织物可起到良好的反滤作用。在试验中，被保护土的破坏比降可由 10 提高到 50 以上。但如果土工织物下游没有良好的支撑条件，在高水头运行条件下，容易因过滤体本身的力学变形而影响反滤效果。

3. 长期淤堵试验

长期淤堵试验的主要目的是研究组合式过滤体在长期运行过程中对排水孔内软弱地层的反滤保护作用随时间变化情况。从图 16.6－12 土体渗透性随时间的变化过程可以看出，过滤体周围土体土颗粒在长期高水头作用下，渗透性不断变小。一方面是因为土工织物用作排水材料时，水中气泡易随水流聚集在土工布表面纤维缝隙之间，减少了过水面积；另一方面是由于土体下游有过滤体的反滤保护，土颗粒因上游水压力增大而在靠近过滤体处形成了挤密，因此渗透性降低。而试验过程中下游出水一直保持澄清，未发现有固体颗粒流出，说明过滤体在长期运行过程中有效地起到了保土作用。在本试验比降条件下，长期运行后土体渗透性保持在 1×10^{-6}cm/s 左右，接近室内渗透变形试验中所获得挤压破碎带的土体渗透系数，说明过滤体未发生影响其反滤功能的淤堵，其透水性及防淤堵性是满足要求的。

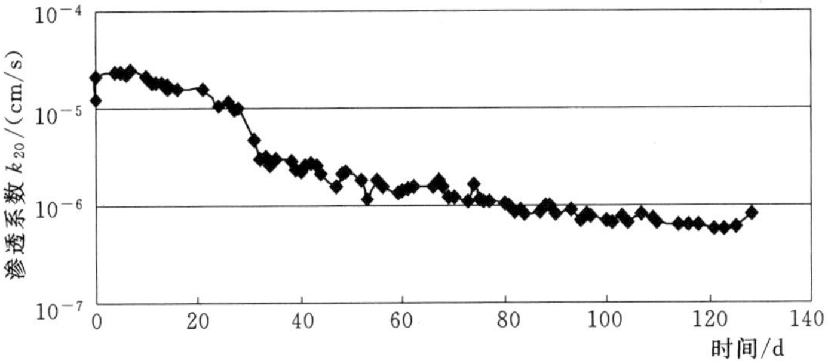

图 16.6－12　长期淤堵试验渗透性随时间变化曲线

4. 现场施工试验

根据室内试验成果，试制了 2000m 组合式过滤体样品安装至坝基排水孔内并观测其运行情况。通过 3 个月的运行，发现部分排水孔出水流量较大，少数排水孔出水后在廊道壁或排水沟内有极细颗粒聚集，少量排水孔孔口有凝胶状分泌物，担心排水孔过滤体会产生淤堵。

对于以上问题，一方面在符合反滤参数设计规定的情况下，对涤纶土工布的等效孔径 O_{95} 尽量取接近上限的大值，对泡沫软塑料支撑体也提高压缩-变形以及孔径指标以增大其抗变形抗淤堵能力；另一方面加强观测，收集析出的极细颗粒以及凝胶状分泌物，进行矿物成分、离子成分及粒径分析，结合坝基勘探成果和渗控设计方案论证资料，对过滤体的功效及淤堵情况进行专题研究。最终向家坝水电站坝基排水孔共安装组合式过滤体约70000m。

16.6.4 长江中游湖广—罗湖洲河段河道岸坡新型排水垫层

该工程区表层出露地层主要为第四系全新统冲积层 Q_4^{al}，由粉质黏土和粉细砂互层组成，局部夹粉土和中砂。根据室内渗透变形试验，可知天然干密度条件下岸坡土体的渗透系数为 $10^{-4}\sim10^{-5}$cm/s 量级，若土层处于松散状态，干密度较低时，渗透系数可为10^{-3}cm/s量级。渗透破坏形式为流土，破坏比降一般小于1.0。

采用麦克三维排水垫作为排水垫层，对无纺土工织物、排水芯材以及麦克排水垫整体分别进行了物理力学特性试验。

根据级配试验成果，工程区土样 d_{85}范围为0.038～0.069mm。因此，将组合式过滤体的被保护土的 d_{85}确定为0.038mm。由于各土样小于0.075mm粒径组含量均超过了50%，根据规范，n 值可取1.8，因此，反滤土工织物的等效孔径 O_{95} 应该不大于0.07mm。

根据渗透试验成果，被保护土渗透系数为 $10^{-3}\sim10^{-5}$cm/s 数量级。实际工况中，水流经土工织物流入排水芯材内，方向基本垂直于土工织物，因此，麦克排水垫层的无纺土工织物的渗透系数应为垂直渗透系数 $k_v\geqslant10^{-2}$cm/s 数量级。

当被保护土级配良好时，土工织物防堵性应符合 $O_{95}\geqslant3d_{15}$条件，同时，当被保护土渗透系数小于 10^{-5}cm/s 时，应以现场土料进行长期淤堵试验，观测其淤堵情况。该工程中被保护土的 d_{15}均小于0.01mm，因此土工织物的O_{95}应大于0.03mm。从目前国内水利工程中相关经验来看，采用土工织物作为反滤材料，宜尽量选用满足保土性的较大等效孔径，以减少在长期运行过程中土工织物发生淤堵的可能性。

综合以上成果，采用土工织物用做组合式过滤体的反滤材料时，应符合以下条件：

(1) $0.07\text{mm}\geqslant O_{95}\geqslant0.03\text{mm}$，且尽量靠近上限取值。

(2) $k_v\geqslant10^{-2}$cm/s。

对三组拟采用的无纺土工织物进行了单位面积质量、厚度、经纬向拉伸强度、顶破强度、渗透系数、等效孔径等指标的检测（表16.6-8）。可见三种土工织物的渗透性都满足大于10^{-2}cm/s 的要求，但等效孔径 $O_{95}=0.1$mm，比保土性要求的0.07mm略大。因此，新型排水垫层是否能对岸坡土体起到有效的反滤保护作用还需要通过反滤试验和长期淤堵试验来验证。

反滤试验中被保护土试样均为从现场取回的岸坡土层扰动样，反滤试验成果见表16.6-9。结果表明，在土工织物下游有足够强度支撑条件下，等效孔径 $O_{95}=0.1$mm 的土工织物可起到良好的反滤作用。在试验中，被保护土的破坏比降都有较大程度的提高。但试验成果也表明，若土工织物本身出现破损或者质量问题，在高水头运行条件下，容易造成反滤失效。

淤堵试验采用两种方法进行研究。一是梯度比试验方法，测定一定水流条件下土-土工织物反滤组合及其交界面上的渗透系数和渗透比，并测定土工织物的含泥量，从而对该反滤组合的淤堵情况作出判断。二是采用水平渗透仪模拟实际边坡中土体和排水垫的组合

表 16.6-8　　麦克排水垫物理力学指标检测成果表

检 测 项 目		单位	第一组	第二组	第三组
反滤层	单位面积质量	g/m²	122.40	114.50	116.70
	厚度（2kPa）	mm	0.65	0.70	0.69
	经向拉伸强度	kN/m	8.45	8.70	8.70
	经向延伸率	%	24.21	25.39	23.52
	纬向拉伸强度	kN/m	7.03	7.84	7.61
	纬向延伸率	%	26.26	26.65	28.07
	顶破强度	kN	1.40	1.48	1.33
	顶破位移	mm	42.70	45.53	42.73
	渗透系数	cm/s	2.14×10^{-1}	2.21×10^{-1}	2.20×10^{-1}
	等效孔径	mm	0.10	0.10	0.10
排水芯材	单位面积质量	g/m²	422.60	415.80	402.70
麦克排水垫	单位面积质量	g/m²	630.10	626.30	615.60
	厚度（2kPa）	mm	7.20	7.25	7.11
	经向拉伸强度	kN/m	15.89	16.55	15.61
	经向延伸率	%	32.78	32.39	32.90
	通水量	cm³/s	43	43	43

表 16.6-9　　组合式过滤体反滤试验成果表

试验编号	被保护土级配	土样干密度/(g/cm³)	破坏比降	现 象 描 述
1	粉质黏土 4-3	1.38	38.9	试验开始后下游无明显的细颗粒流失、出浑水等变形现象。当比降达到 38.98 时，下游流量大增，有少量细颗粒带出
2			>46.48	试验开始后下游一直水清，至最大比降 46.48 仍无可见细粒流失现象
3	重粉质壤土 NA	1.35	>24.77	试验开始后下游一直水清，至最大比降 24.77 仍无可见细粒流失现象
4			>29.76	试验开始后下游一直水清，至最大比降 29.76 仍无可见细粒流失现象
5	重粉质壤土 SA	1.42	>24.74	试验开始后下游一直水清，至最大比降 24.74 仍无可见细粒流失现象
6		1.42	>29.74	试验开始后下游一直水清，至最大比降 29.74 仍无可见细粒流失现象
7	重粉质壤土 SA	1.50	5.36	起始时下游水面澄清，至比降达到 5.36 时，有浑水冒出，上游水头无法保持，提高供水压力水头仍无法上升，停止试验
8		1.50	>14.74	试验开始后下游一直水清，至最大比降 14.74 仍无可见细粒流失现象

续表

试验编号	被保护土级配	土样干密度/(g/cm³)	破坏比降	现象描述
9	重粉质壤土 SA	1.23	>46.24	试验开始后下游一直水清，至最大比降 46.24 仍无可见细粒流失现象
10			>47.75	试验开始后下游一直水清，至最大比降 47.75 仍无可见细粒流失现象
11	粉质黏土 SB	1.42	>19.75	试验开始后下游一直水清，至最大比降 19.75 仍无可见细粒流失现象
12			>14.49	试验开始后下游一直水清，至最大比降 14.49 仍无可见细粒流失现象
13	粉质黏土 SB	1.42	>24.74	试验开始后下游一直水清，至最大比降 24.74 仍无可见细粒流失现象
14		1.42	>29.74	试验开始后下游一直水清，至最大比降 29.74 仍无可见细粒流失现象
15	重粉质壤土 SA/5-2 混合物	1.42	>29.75	试验开始后下游一直水清，至最大比降 29.75 仍无可见细粒流失现象
16	重粉质壤土 SA/5-3 混合物	1.42	>24.76	试验开始后下游一直水清，至最大比降 24.76 仍无可见细粒流失现象
17	重粉质壤土 6-3	1.42	>24.78	试验开始后下游一直水清，至最大比降 24.78 仍无可见细粒流失现象
18		1.42	>27.26	试验开始后下游一直水清，至最大比降 27.266 仍无可见细粒流失现象

结构以及水流状态，进行长期淤堵试验，根据土体渗透系数的衰减情况对淤堵程度作出评价。

梯度比实验成果表明试样在各级比降下的梯度比 GR 均小于 3，可以认为在该试验条件下，未发生淤堵。

长期淤堵试验在 260 型水平渗透仪内进行。被保护土体分别采用粉质黏土 SB（干密度 1.42g/cm³）和重粉质壤土 NA（干密度 1.35g/cm³）。土体尺寸为 26cm×20cm×20cm。因麦克排水垫整体具有一定的弹性，且起反滤作用的是排水垫上的土工织物，硬质支撑物主要起排水通道的作用，因此该试验中采用麦克排水垫上揭下的单层土工织物作为反滤层，土工织物下游用多孔板支撑以保证不发生变形及位移。试验共进行 42d，土体渗透性随时间变化曲线见图 16.6-13。从图 16.6-13 中可见，土体渗透性初值均约为 $i\times10^{-3}$cm/s左右，自试验开始后几天内有较大幅度的下降。在试验进行的 2d 左右渗透性下降至 $i\times10^{-4}$cm/s 左右，此后基本保持稳定。整个实验期间下游出水始终清亮，无土颗粒析出。

影响土体渗透性下降的因素可能包括以下几点：①试验用水含气的影响。试验用水含

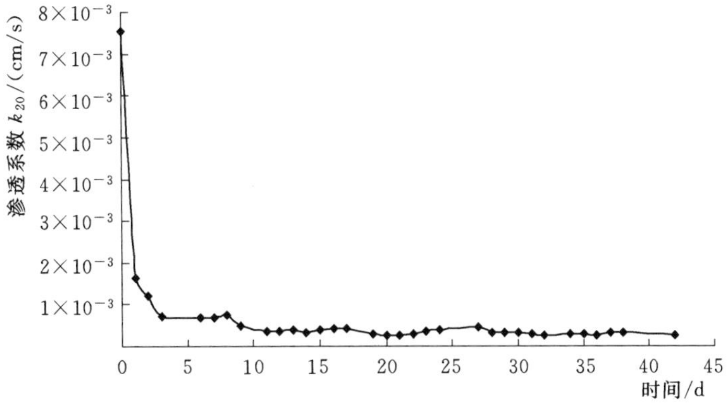

(a)被保护土为粉质黏土 SB

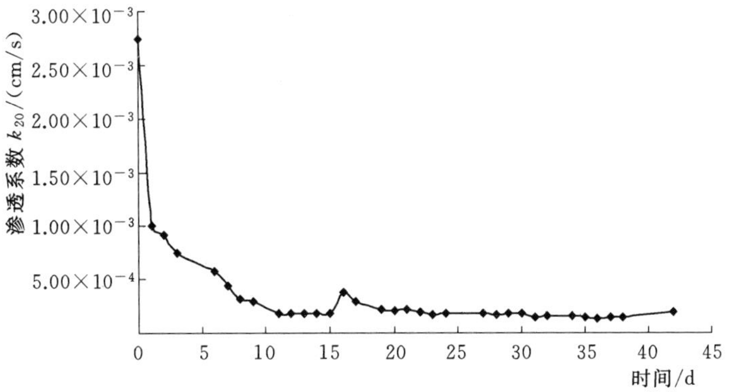

(b)被保护土为重粉质壤土 NA

图 16.6-13 长期淤堵试验土体渗透性随时间变化曲线

气量一直是影响渗透试验结果的主要因素之一，该试验尽管采用了曝气水，但在试验过程中，由于温度、压力、储存等因素，总是有气泡不断溶解于水中，真正的脱气水是难以取得的。尤其是淤堵试验时间跨度较大，试验室温度条件难以精确控制，导致水中含气量难以精确控制。以往试验研究曾发现，由于土工织物的材料特性，水中气泡容易在土工织物与土的交界面处析出，减小了有效过水断面，从而导致渗透性降低。②土体中部分细小土颗粒（主要是粒径在 d_{15} 以下的细颗粒）随水流进入并淤塞在土工织物的孔隙中，减小了过水通道，降低了土工织物的渗透性能。③有关试验研究表明，在一定压应力的作用下，织物纤维的孔隙率可以由 90%左右迅速下降至 40%甚至更低，从而导致渗透性的降低。该试验中，渗透比降为 10 左右，在一定的渗透压力作用下，土体和土工织物均可能产生压密，从而减小渗透性。

通过对以上影响因素的分析，初步认为试验用水含气的影响是主要因素，在天然条件下，地下水中的气体溶解与析出是一个可逆的过程，因此，水中含气的淤堵主要表现为对室内试验的影响。就该次研究而言，针对粉质黏土 SB 和重粉质壤土 NA 这两种土进行的土工布淤堵试验，通过观测未发现下游出水浑浊现象，表明土工布保土性能良好。通过一个多月的试验观测，试验综合渗透系数与土体自身渗透系数相当，且最终保持稳定，发现有一定的淤堵，但趋势很快趋于稳定，排水能力尚能满足要求。

参 考 文 献

［1］《土工合成材料工程应用手册》编写委员会. 土工合成材料工程应用手册［M］. 2版. 北京：中国建筑工业出版社，2000.

［2］陆士强，王钊，刘祖德. 土工合成材料应用原理［M］. 北京：水利电力出版社，1994.

［3］王钊. 国外土工合成材料的应用研究［M］. 香港：现代知识出版社，2002.

［4］刘志明，王德信，汪德爟. 水工设计手册［M］. 北京：水利电力出版社，1983.

［5］Girord J P. Granular Filfer and Geofexfile Filfers//Proc of GeoFilfers 96. Canada，1996：565-680.

［6］胡丹兵，陆士强，王钊. 土工织物反滤层透水性设计准则［J］. 岩土工程学报，1994（3）：93-101.

［7］束一鸣. 针刺织物用于粉土反滤的实践［J］. 水利学报，2002（11）：95-102.

［8］于叔元，迟名柏，费聿辉，等. 土工织物在供水调蓄池围坝工程中的应用［J］. 中国农村水利水电，2000（7）：39-40.

［9］张海霞. 透水软管排水系统试验研究［J］. 水利水电科技进展，2002，22（2）：31-33.

［10］韩海江，宋有生，李洪桓. 土工织物在黄河工程中的推广与应用［J］. 水利建设与管理，2008（12）：54.

［11］赵凯云，金龙. 土工织物作土坝反滤体的试验研究［J］. 陕西水利，2001（z2）：14-15.

［12］严敏，定培中，陈劲松，等. 向家坝电站坝基排水孔组合式过滤体试验研究［J］. 长江科学院院报，2016（1）：95-100.

［13］定培中，周密，张伟，等. 可拆换过滤器在排水管井中的应用［C］//第四届全国土工合成材料防渗排水学术研讨会，2015.

第 17 章　尾矿库及灰渣库排水反滤设计与施工

17.1　概　　述

尾矿库是一种用以贮存金属、非金属矿山进行矿石选别后排出尾矿的场所，一般由初期坝、堆积坝、排洪系统等重要设施组成。灰渣库是用于贮存燃煤电厂排出灰渣的场所，也称贮灰场。尾矿库分为湿排库和干堆库，贮灰场分为湿式贮灰场和干式贮灰场。涉及排水反滤的一般都是针对湿排库和湿式贮灰场。灰渣库的建设和运行与尾矿库的建设和运行相类似，二者排水反滤设计的具体形式可相互借鉴。

20 世纪 80 年代以前，初期坝按照水利挡水坝设计，坝型为不透水坝，将尾矿（灰渣）和输送的矿浆贮存在尾矿库（灰渣库）内，致使堆积尾矿（灰渣）层饱和，浸润线偏高，堆积尾矿（灰渣）子坝加高困难，甚至出现险情，对尾矿库（灰渣库）的安全造成严峻威胁。

后来逐渐认识到，尾矿坝不同于一般意义上的水利挡水坝，初期坝尽量采用透水坝或分区透水坝。对尾矿堆积坝，应采取积极的排渗措施，降低坝内浸润线，充分利用尾矿本身的强度，特别是非饱和状态尾矿的强度来达到拦挡尾砂的目的。

建坝方式的特点决定了尾矿库（灰渣库）排水反滤的重要性，针对初期坝、堆积坝等各自特点，采用不同排水反滤型式，确保排水反滤措施长期有效，保证尾矿坝（灰渣坝）安全。

17.1.1　排水反滤型式及特点

尾矿坝为拦挡尾矿和水的尾矿库外围构筑物，通常指初期坝和尾矿堆积坝的总体。初期坝用土、石材料等筑成，作为尾矿堆积坝的排渗或支撑体的坝；堆积坝指生产过程中用尾矿堆积而成的坝。尾矿库排水反滤按位置不同，分为三个部分：即初期坝排水反滤、堆积坝排水反滤、库底的排水反滤。

17.1.1.1　初期坝排水反滤

初期坝作为尾矿坝（灰渣坝）的支撑棱体，应具有较好的透水性，以便使尾矿（灰渣）堆积坝迅速排水，加快固结，有利于稳定。坝型选择应考虑就地取材、施工方便、节省投资。初期坝一般为透水堆石坝，如果当地石料缺乏或运距较远等，可做成分区排水的土坝。

1. 堆石坝

堆石坝由堆石体及其上游面的反滤层和防护层构成，如图 17.1-1 所示。堆石坝透水性能好，可降低尾矿坝的浸润线。

2. 土坝

土坝造价低，施工方便，在缺少砂石料区是常用的坝型，但由于土料的渗透性较尾矿

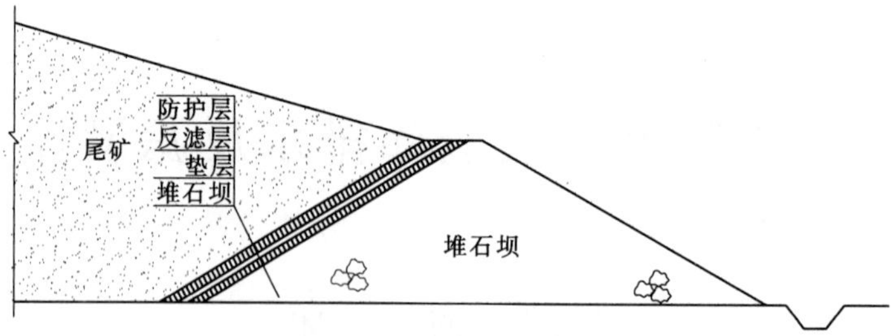

图 17.1-1 堆石坝体反滤层示意图

差，当尾矿（灰渣）堆积坝达一定高度时，浸润线往往从堆积坝坡逸出，造成管涌，导致垮坝事故，因此，必须做好土坝的排渗设施。

土坝可采用下列型式的综合排渗设施：贴坡排水＋排水褥垫层（或网状排水体）、排渗管（或网状排水体）＋排渗管（或网状排水体）、排渗棱体＋排水褥垫层（或网状排水体）。

17.1.1.2 堆积坝排水反滤

堆积坝是矿山生产过程中用尾矿堆积而成的坝，是尾矿库设置排水反滤设施最集中的部位，对降低浸润线，提高尾矿库的安全至关重要。其排水反滤型式一般有：贴坡排水反滤、自流式排渗管、管井、虹吸排渗、垂直-水平联合排渗、辐射井等。

1. 贴坡排水反滤

贴坡排水反滤是为消散坝体内的孔隙水压力，防止细粒尾矿流失，在坝体下游坡面渗流逸出段设置的防护设施。

贴坡反滤包括反滤层和保护层，反滤层材料可为砂粒料［图 17.1-2（a）］或土工织物［图 17.1-2（b）］，土工织物施工方便、经济实用，在尾矿（灰渣）坝排水反滤工程中应用广泛。贴坡反滤适用于坝坡渗流逸出段的防护，其反滤层的设置应大于渗流逸出范围，缺点是不能有效降低坝内浸润线。

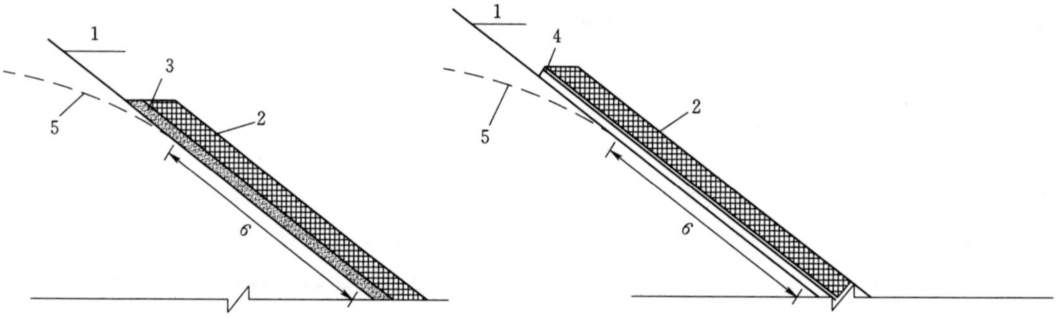

(a) 砂粒料贴坡反滤层

(b) 土工织物贴坡反滤层

图 17.1-2 贴坡反滤层示意图

1—下游坡面；2—保护层；3—粒状反滤层；4—土工织物反滤层；5—浸润线；6—渗流逸出段

2. 自流式排渗管

自流式排渗管指在堆积坝体内设置排渗管，将坝体或库区内水在重力作用下自行排出坝外的排渗方法。

自流式排渗管分为水平排渗管和弧形排渗管，管材宜选 PVC、PE 管，其抗压强度应大于 0.8MPa，两种排渗管的排渗示意分别如图 17.1－3 和图 17.1－4 所示。水平排渗管包括滤水管和导水管，坝体深处是滤水管，坝坡段是导水管，滤水管外包土工布。水平排渗管适用于堆积坝内的潜水含水层，缺点是降水效果评价不一。弧形排渗管宜选用 PE 异形槽孔式滤水管，直径宜为 75mm，槽孔式排渗管是一种新型的尾矿堆积坝排渗管，优点是排渗效果明显，缺点是预埋排渗施工困难。

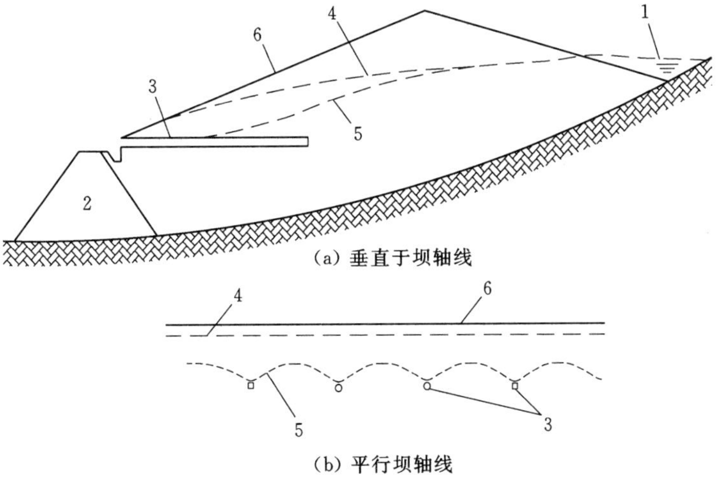

图 17.1－3　水平排渗管排渗示意图

1—尾矿库；2—初期坝；3—水平排渗管；4—排渗前浸润线；5—排渗后浸润线；6—坝面

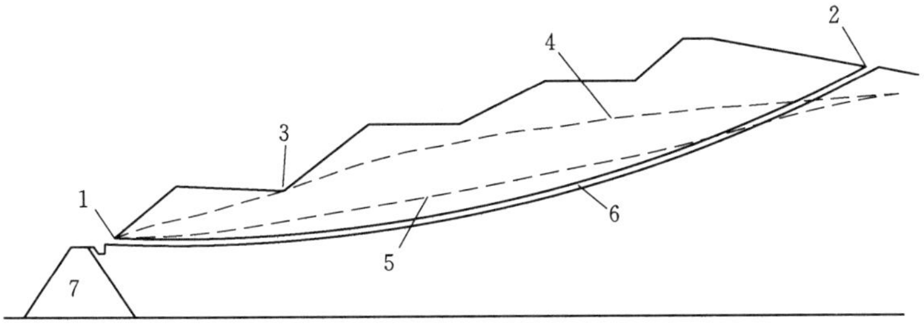

图 17.1－4　弧形排渗管排渗示意图

1—排渗管入土点；2—排渗管出土点；3—逸出处；4—排渗前浸润线；
5—排渗后浸润线；6—弧形排渗管；7—初期坝

3. 管井

管井指抽取尾矿坝体内地下水的管状水井，是较早用于尾矿堆积坝排渗的方法，一般在初期坝上游的堆积坝坡上平行于坝轴线布置，用水泵抽排渗入井内的渗水，如图 17.1－5 所示。

管井的材料应根据尾矿特性选择，一般为无砂混凝土管、钢管或塑料管。

管井用于尾矿库堆积坝排渗时，适合于砂性尾矿，且不具备实现自流排渗的条件。管井的缺点是其埋深较大，无法采取自流方式降低水位，必须用水泵抽排。当尾矿粒度较细，渗透系数较小，渗水量小、时间长，需频繁启动关闭水泵，以适应细水长流的排渗要求，造成水泵和反滤体使用寿命缩短，所以这一方法目前较少采用。

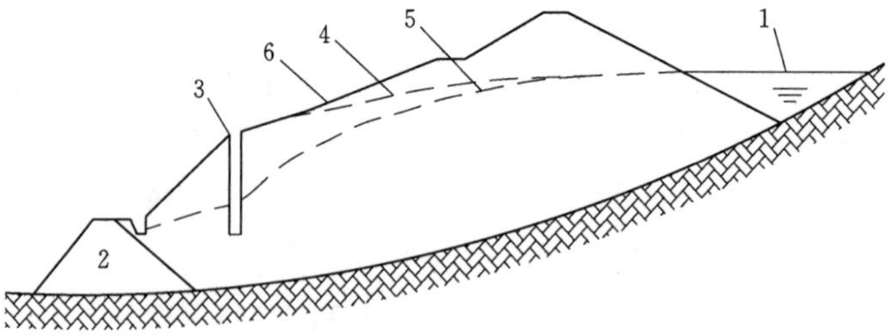

图 17.1-5 管井排渗示意图

1—尾矿库；2—初期坝；3—管井；4—排渗前浸润线；5—排渗后浸润线；6—坝面

4. 虹吸排渗

虹吸排渗指将水源井内的水在内外水头差的作用下，通过处于真空状态的虹吸管流至坝外（或水封井）的排水系统，如图 17.1-6 所示。虹吸排渗系统由水源井、水封池和虹吸管等组成，其中水源井为关键降水措施，成井质量要求较高。水源井宜为管井，材料为无砂混凝土管，反滤层由土工布和中粗砂组成。虹吸管材宜采用聚乙烯（PE）管，且应通长设置。

虹吸排渗适用于控制浸润线埋深 4～8m 范围内且渗流量稳定的尾矿堆积坝。虹吸排渗系统具有不宜堵塞、主动排水、渗透性好的优点，但运行过程中，也存在产生“气塞”断流，不能保证连续运转，运行管理不便等缺点。

5. 垂直-水平联合排渗

垂直-水平联合排渗系统由垂直排渗体和水平排渗管组成。在尾矿堆积坝体内设置垂直集水设施，通过与其下部连通的水平排渗管，将汇集的渗水导出坝外，如图 17.1-7 所示。

垂直排渗体结构可选用管井、大直径砂砾井、小直径袋装砂砾井、塑料排水板等，可用 300～500g/m² 土工织物制袋。水平排渗管为自流式排渗管。垂直-水平联合排渗系统适用于较复杂坝体及排渗范围内存在隔水层的尾矿堆积坝排渗，可降排分布不均匀的多层地下水。

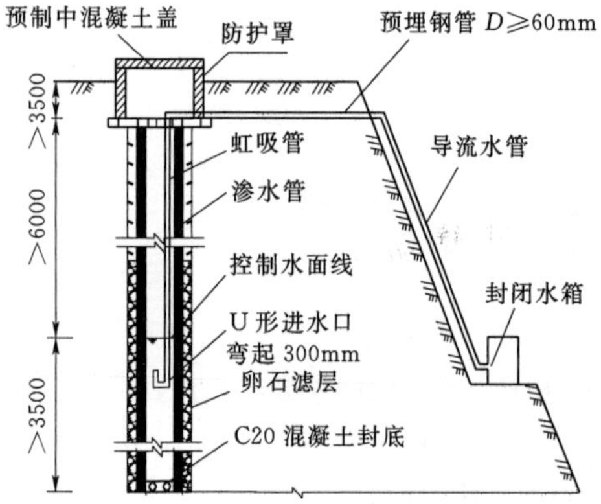

图 17.1-6 虹吸排渗系统示意图

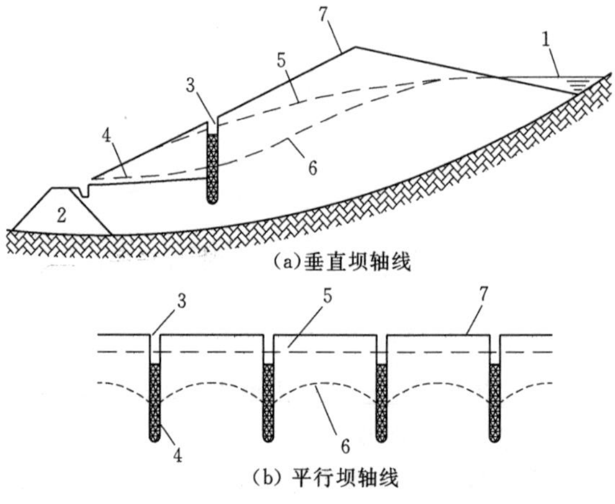

图 17.1-7 垂直-水平联合排渗示意图

1—尾矿库；2—初期坝；3—竖向排渗体；4—排渗管；5—排渗前浸润线；6—排渗后浸润线；7—坝面

6. 辐射井

辐射井用设置在尾矿堆积坝体内单层或多层辐射状排渗管将地下水自流汇入集水井内，再通过设于集水井下部的导水管将汇水排出坝体以外，如图 17.1-8 所示。

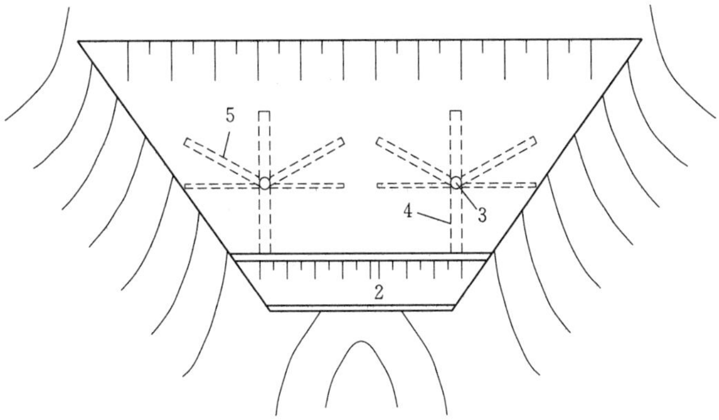

(a) 平面布置

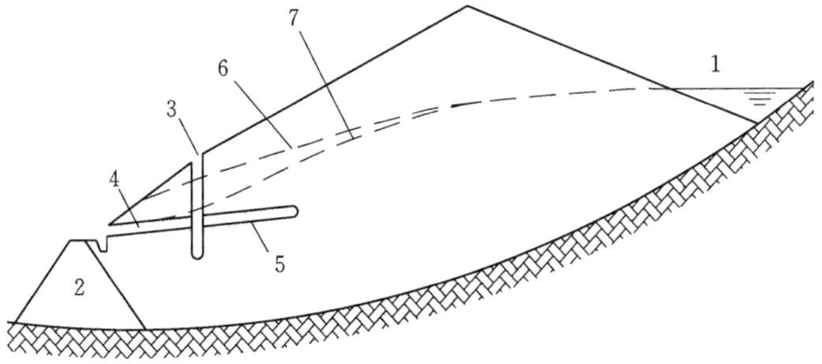

(b) 垂直坝轴线

图 17.1-8　辐射井排渗示意

1—尾矿库；2—初期坝；3—集水井；4—导流管；5—排渗管；
6—排渗前浸润线；7—排渗后浸润线

辐射井一般为集水井、排渗管和导水管组成，对于复杂场地，为增加排渗效果，可沿辐射排渗管增设小直径袋装砂砾井、塑料排水板等垂直排渗体，形成立体排渗系统。

辐射井适用于场地复杂程度为中等～复杂的尾矿堆积坝，可降排分布不均匀的多层地下水，且有效降低浸润线的范围较大，缺点是建设施工费用较高。

17.1.1.3　库底的排水反滤

尾矿库库底的排水反滤设施分为两种情况：一是在尾矿排放前预先在库底适当部位（一般为危险滑弧所经过的范围）设置排渗设施，如排渗褥垫、排渗盲沟、以加速细泥尾矿固结，提高坝体强度；二是在库区防渗膜底部设置排渗设施，如排渗盲沟、软式透水管等，以排除地下渗水，防止对土工膜的顶托破坏。

17.1.2　排水反滤设计、施工相关规范

与尾矿库排水反滤设计、施工相关的规范如下：

(1)《尾矿设施设计规范》(GB 50863—2013)。

(2)《尾矿设施施工及验收规范》(GB 50864—2013)。

（3）《尾矿堆积坝排渗加固工程技术规范》（GB 51118—2015）。

（4）《土工合成材料应用技术规范》（GB/T 50290—2014）。

（5）《尾矿库安全技术规程》（AQ 2006—2005）。

（6）《水利水电工程土工合成材料应用技术规范》（SL/T 225—98）。

（7）《碾压式土石坝设计规范》（SL 274—2001）。

（8）《水运工程塑料排水板应用技术规范》（JTS 206-1—2009）。

（9）《软式透水管》（JC 937—2004）。

17.2 排水反滤材料

17.2.1 排水反滤材料类型

1. 土工织物

土工织物在尾矿库（灰渣库）工程中，主要用于反滤作用，与常规砂砾料反滤层相比，具有施工简单、工期短、投资低等优点。

2. 土工排水管

土工排水管类型包括排水塑料管、软式透水管、槽孔式排渗管。

槽孔式排渗管是一种新型的尾矿堆积坝排渗管，由特制的槽、孔结合的PE异型聚乙烯塑料管制成，管外壁采用白钢网包裹作为过滤层，白钢网材质需考虑对地下水质的影响，其孔径由尾矿粒径确定。

3. 塑料盲沟

塑料盲沟与其他盲沟材料相比具有如下特点：

（1）集水与排水性能好，表面开孔率与空隙率高达85%以上。

（2）耐压性能好，抗压强度达每平方米数十吨。

（3）柔性好，适应土体变形能力强。

（4）施工方便，因其重量轻，形状多样，能适应复杂环境下的施工要求。

（5）耐酸碱腐蚀、抗紫外线、防老化及耐久性好。

（6）滤膜可以选择，更具有针对性和经济性。

4. 塑料排水板

塑料排水板在尾矿库工程中，可作为堆积坝竖向排渗体。

17.2.2 排水反滤材料基本特性指标

土工合成材料的性能可分为两类：一类是表观材料自身的性能，如单位面积质量、抗拉强度、渗透系数等；另一类是反映材料在工程中与土相互作用的特性，如摩擦系数等。测试材料的具体性能指标，一是作为选用材料的依据，二是作为工程设计用指标。

1. 土工织物

土工织物作为主要的反滤材料，在选用前，应充分了解其物理特性、力学特性、水力学特性、耐久性等。

土工织物的主要测试项目，见表17.2-1，具体测试方法可参考《土工合成材料测试规程》（SL 235—2012）。

表 17.2-1　**土工织物主要测试项目表**

测试项目		测试方法	说明
物理特性	厚度/mm	用测厚仪测 2kPa 压力下厚度	尚应测定不同法向压力时的厚度
	单位面积重量/(g/m^2)	称重法	
	等效孔径 O_{95}/mm	粒料干筛法	织物试样的表观最大孔径
力学特性	抗拉强度/(kN/m)	宽条法，用拉力机	
	握持抗拉强度/N	夹具钳口窄于样条宽，用拉力机	
	撕裂强度/N	梯形撕裂法，用拉力机	模拟土工织物边缘有裂口继续抗撕能力
	刺破强度/N	用平头刚性顶杆顶破	模拟织物遇尖棱石块等的抗破坏能力
	胀破强度/kPa	用胀破仪施液压	模拟织物受基土反力时抗胀破的能力
	直剪摩擦系数 f_d	用土工用直剪仪	确定材料与土或其他材料的界面抗剪强度
	抗拔摩擦系数 f_p	用拉拔试验箱，加法向压力拉拔	确定材料从土中拔出时的抗力
水力学特性	垂直渗透系数 k_v/(cm/s)	渗透仪，测垂直于试样的渗透系数	
	水平渗透系数 k_h/(cm/s)	渗透仪，测沿试样平面的渗透系数	
	梯度比 GR	用梯度比渗透仪	判别织物长期工作时会不会被淤堵的指标
耐久性	抗紫外线	用人工老化箱照射试样	估计材料受日光紫外线一定时间后的性能改变
	蠕变	试验上直接加砝码，长期试验	估计材料长期受力时的变形特性
	其他特殊试验（抗酸碱、抗高低温等）	根据需要，专门设计试验方法	估计不同环境条件下材料性能改变

无纺土工织物是蓬松材料，孔隙率是一项重要指标，一般在 90%以上，孔隙率 n 利用下式计算：

$$n=\left(1-\frac{1000m}{\rho\delta}\right)\times 100\% \tag{17.2-1}$$

式中：m 为织物单位面积质量，g/m^2；ρ 为原材料密度，g/m^3；δ 为土工织物厚度，mm。

无纺土工织物用作反滤材料，单位面积质量不应小于 $300g/m^2$，其最低强度要求见表 17.2-2。

表 17.2-2　**用作排水反滤的无纺土工织物最低强度要求**①　单位：N

强度	应变 $\varepsilon<50\%$	应变 $\varepsilon\geqslant 50\%$
握持强度	1100	700
接缝强度	990	630
撕裂强度	400②	250
穿刺强度	2200	1375

① 数值为卷材弱方向平均值。

② 对有纺单丝土工织物要求为 250N。

2. 土工排水管

(1) 排水塑料管。排水塑料管管材宜为PVC、PE，其抗压强度应大于0.8MPa，滤水管开孔率宜为8%～10%。在设计前，应充分了解其物理特性、力学特性、水力学特性等，特别注意地下水对其腐蚀性。

(2) 软式透水管。软式透水管外观应无撕裂、无孔洞、无明显脱纱，钢丝保护材料无脱落，钢丝骨架与管壁联结为一体。主要性能指标包括钢丝、滤布、耐压扁平率等，应满足附表E-1中的要求。

(3) 槽孔管。槽孔管是特制的槽、孔结合的PE异型聚乙烯塑料管，目前一般采用的规格是管外径75mm、壁厚6mm，如图17.2-1所示。管外壁平行于管体的轴心方向均匀地开有12条渗水槽，在渗水槽底部，间距150～200mm，钻ϕ8mm的渗水孔，与渗水管相通，孔眼分布为螺旋状。管外壁包裹有设计目数的不锈钢丝网。

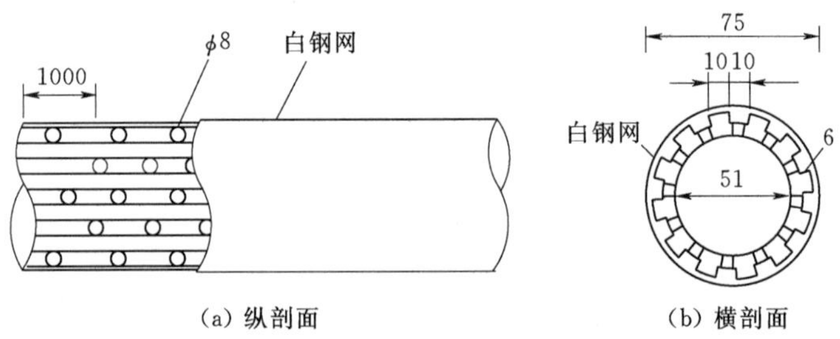

图17.2-1 槽孔管结构图（单位：mm）

3. 塑料盲沟

塑料盲沟目前国内还没有统一的规范，要能满足设计要求的排水量以及上覆荷载的抗压强度要求。附录E.2节可供参考。

4. 塑料排水板

塑料排水板性能指标应能满足《塑料排水板质量检验标准》（JTJ/T 257—96）的要求，并参考《水运工程塑料排水板应用技术规程》（JTS 206-1—2009）选用。

塑料排水板的性能指标包括：材质、断面尺寸、透水能力、抗拉强度、抗压屈强度等，附表E-4为某型塑料排水板性能指标参数，供参考。

17.2.3 排水反滤材料适用条件

在尾矿库排水反滤工程实践中，土工织物主要作为反滤层，应用于初期坝上游部位、堆积坝下游贴坡反滤层以及排水井、排渗管反滤等部位。常用的滤层织物是针刺无纺土工织物，也可用有纺织物，优点是柔软，易于与土表面贴合。

堆积坝排渗及除险加固工程中，应用各种排水管、塑料排水板、排水盲沟、槽孔管及辐射井等。

土坝排渗及库底膜下的排水应用排渗盲沟、软式透水管及塑料排水管等。

土工合成材料的类型及其适用条件见表17.2-3。

表 17.2-3　　土工合成材料的类型及其适用条件

序号	土工合成材料类型	适用条件
1	无纺土工织物	作为反滤层，用于透水堆石坝上游面反滤，土坝贴坡、棱体、褥垫排水反滤，堆积坝下游贴坡反滤，堆积坝排渗井、排渗管外包裹反滤等
2	塑料排水管	堆积坝水平排渗管、导水管，虹吸管、导水管，辐射井排渗管、导水管，垂直-水平联合排渗导水管，盲沟排水设施等
3	软式透水管	堆积坝辐射井排渗管、盲沟排水
4	槽孔管	堆积坝弧形排渗管
5	排渗盲沟	堆积坝垂直排渗、水平排渗、库区底部排渗
6	塑料排水板	堆积坝垂直排渗设施、坝体软基处理

17.3　排水反滤设计

17.3.1　设计原则

初期坝一般为透水堆石坝，为防止渗透水将尾矿带出，在堆石坝的上游面必须设置反滤层；如初期坝为土坝，更须对坝体采取贴坡排渗、褥垫排渗、棱体排渗等措施。

尾矿堆积坝应预埋或后期设排水反滤设施，降低坝内浸润线，加快尾砂固结，确保堆积坝安全稳定，使其不出现以下现象：

(1) 坝坡出现渗流、流土、管涌、滑坡等现象。

(2) 坝坡有浸润线出逸、沼泽化、湿地等现象。

(3) 实测的浸润线高于设计控制浸润线。

(4) 坝体内实测的渗流水力梯度大于坝体尾矿的允许水力梯度。

库区底部的排水设施一般在防渗膜下，排除地下水，或者尾矿粒度较细时，需要在库区内部设置排水设施。

选择土工织物做反滤材料时，须遵循以下原则：

(1) 保土准则：土工织物的开孔孔径必须足够小，能够阻止土颗粒的大量流失，特别是能够保护形成土骨架的颗粒不流失。

(2) 透水准则：土工织物开孔孔径必须足够大，能够保证水流没有阻碍的顺畅流通。

(3) 防淤堵准则：土工织物应有足够的开孔数量或孔隙率，在长期运行过程中，即使部分开孔淤堵，不致影响透水效果。

(4) 强度准则：土工织物应有一定的强度，满足抗拉、抗刺破以及施工过程中损伤的要求。

(5) 耐久性准则：耐久性包括很多方面，主要指对紫外线辐射、温度变化、化学与生物侵蚀、干湿变化、冻融变化等的抵御能力。

在选择排水结构型式时，因地制宜，根据任务要求及工程勘察资料，多方案比较，选择技术可行，经济合理、安全可靠的型式。

17.3.2 设计条件

17.3.2.1 初期坝

根据工程勘测资料，明确筑坝材料、初期坝坝型，如选择透水堆石坝，需要做好上游面反滤设施；如选择土坝，需要选择排水型式及做好相应反滤设施。初期坝排水反滤设计需要以下资料：

（1）尾矿及灰渣的粒径曲线。

（2）尾矿及灰渣的力学特性、水力学特性。

（3）可选择的土工织物物理特性、力学特性、水力学特性、耐久性等。

（4）工程特性、施工条件、经济因素等。

17.3.2.2 堆积坝

对于堆积坝排水反滤设计，应同时掌握初期坝和堆积坝的情况，对整个尾矿库进行工程地质勘查，应得到如下资料：

（1）原矿性质、选矿工艺、尾矿矿物成分和化学成分，尾矿的颗粒组成。

（2）初期坝的结构型式，防渗和排渗设施的设置及其运行情况。

（3）尾矿排放堆积方式、坝体上升速度、最终堆积高度、沉积滩的沉积规律和分布特征。

（4）尾矿堆积体中相对含水层和隔水层的分布情况，各层水文地质参数。

（5）坝体浸润线、渗透水量和水质等。

（6）尾矿堆积体的工程特性，物理力学指标。

（7）尾矿堆积体中地下水出逸点、有无渗透变形迹象、沼泽化、湿地等分布情况及成因。

17.3.2.3 库底

库底排水反滤设计，需要获取以下资料：

（1）明确库底排水型式，是降低尾矿坝浸润线还是排除防渗膜下地下水。

（2）初期坝的结构型式及堆积尾矿的工程物理力学性质。

（3）库底水文地质条件。

（4）库底土壤的粒径曲线、力学特性、水力学特性、腐蚀性等。

17.3.3 设计方法及内容

17.3.3.1 排水设计方法

1. 土工织物排水

当排水距离较短或排水量较小时，可采用无纺土工织物包裹碎石形成盲沟或渗沟；当排水距离较长或排水量较大时，可采用无纺土工织物包裹带孔管（塑料管、波纹管、混凝土管等）形成排水暗管。

（1）土工织物用作排水材料时应符合下列要求。

1）土工织物应符合反滤准则。

2）土工织物的导水率 θ_a 应符合下式要求：

$$\theta_a \geqslant F_s \theta_r \tag{17.3-1}$$

式中：F_s 为排水安全系数，可取 3～5，重要工程取大值。

土工织物具有的导水率 θ_a 和工程要求的导水率 θ_r 计算公式如下：

$$\theta_a = k_h \delta \tag{17.3-2}$$

$$\theta_r = q/i \tag{17.3-3}$$

式中：k_h 为土工织物的平面渗透系数，cm/s；δ 为土工织物在预计现场法向压力作用下的厚度，cm；q 为预估单宽来水量，$cm^3/(s \cdot m)$；i 为土工织物首末端间的水力梯度。

（2）土工织物允许（有效）渗透性指标。土工织物允许（有效）渗透性指标（如透水率 ψ 和导水率 θ）应根据实测指标除以总折减系数，总折减系数 RF 应按下式计算：

$$RF = RF_{SCB} RF_{CR} RF_{IN} RF_{CC} RF_{BC} \tag{17.3-4}$$

式中：RF_{SCB} 为织物淤堵折减系数；RF_{CR} 为蠕变导致土工织物孔隙减小的折减系数；RF_{IN} 为相邻土料挤入织物孔隙引起的折减系数；RF_{CC} 为化学淤堵折减系数；RF_{BC} 为生物淤堵折减系数。土工织物不同应用情况下的渗透性指标折减系数范围见表 17.3-1。

表 17.3-1　土工织物渗透性指标折减系数

应用情况	折减系数范围				
	RF_{SCB} ①	RF_{CR}	RF_{IN}	RF_{CC} ②	RF_{BC}
挡土墙滤层	2.0～4.0	1.5～2.0	1.0～1.2	1.0～1.2	1.0～1.3
地下排水滤层	5.0～10.0	1.0～1.5	1.0～1.2	1.2～1.5	2.0～4.0
防冲滤层	2.0～10.0	1.0～1.5	1.0～1.2	1.0～1.2	2.0～4.0
填土排水滤层	5.0～10.0	1.5～2.0	1.0～1.2	1.2～1.5	5.0～10.0③
重力排水	2.0～4.0	2.0～3.0	1.0～1.2	1.2～1.5	1.2～1.5
压力排水	2.0～3.0	2.0～3.0	1.0～1.2	1.1～1.3	1.1～1.3

① 织物表面盖有乱石或混凝土块时，采用上限值。
② 含高碱的地下水数值可取高些。
③ 浑浊水和（或）微生物含量超过 500mg/L 的水采用更高数值。

2. 排水沟、排水管的排水能力

（1）无纺土工织物包裹透水粒料的排水沟排水能力 q_c：

$$q_c = kiA \tag{17.3-5}$$

式中：k 为被包裹透水粒料的渗透系数，m/s，按表 17.3-2 取值；i 为排水沟的纵向坡度；A 为排水沟的断面积，m^2。

表 17.3-2　透水粒料渗透系数参考值

粒料粒径 /mm	渗透系数 k /(m/s)	粒料粒径 /mm	渗透系数 k /(m/s)	粒料粒径 /mm	渗透系数 k /(m/s)
＞50	0.80	19 单粒	0.37	6～9 级配	0.06
50 单粒	0.78	12～19 级配	0.20	6 单粒	0.05
35～50 级配	0.68	12 单粒	0.16	3～6 级配	0.02
25 单粒	0.60	9～12 级配	0.12	3 单粒	0.015
19～25 级配	0.41	9 单粒	0.10	0.5～3 级配	0.0015

(2) 外包无纺土工织物带孔管的排水能力应符合下述规定：

1) 渗入管内的水量：

$$q_e = k_s i \pi d_{ef} L \tag{17.3-6}$$

$$d_{ef} = d \cdot e^{-2\pi\alpha} \tag{17.3-7}$$

式中：k_s 为管周土的渗透系数，m/s；i 为沿管周围土的渗透坡降；d_{ef} 为有效管径，m，以排水管外径 d 计算；L 为管长度，m，沿管纵向的排水出口距离；α 为水流流入管内的无因次阻力系数，$\alpha=0.1\sim0.3$，外包土工织物渗透系数大时取小值。

2) 带孔管的排水能力：

$$q_t = vA \tag{17.3-8}$$

$$A = \pi d_e^2/4 \tag{17.3-9}$$

式中：A 为管的断面积，m^2；v 为管中水流流速，m/s。

开孔的光滑塑料管管中流速：

$$v = 198.2 R^{0.714} i^{0.572} \tag{17.3-10}$$

波纹塑料管管中水流速度：

$$v = 71 R^{2/3} i^{0.5} \tag{17.3-11}$$

式中：R 为水力半径，m，$R=d_e/4$；d_e 为管内径，m；i 为水力梯度。

3) 排水能力 q_c 取上述 q_e 和 q_t 中的较小值。

4) 排水安全系数为

$$F_s = \frac{q_c}{q_r} \tag{17.3-12}$$

式中：q_r 为来水量，m^3/s，即要求排出的水流；F_s 要求为 2.0～5.0，有清淤能力的排水管可取低值。

17.3.3.2 反滤设计方法

根据《土工合成材料应用技术规范》(GB/T 50290—2014)，工程中一般采用无纺土工织物作反滤材料，其技术性能指标应根据试验测定见表 17.2-1，且无纺土工织物单位面积质量不应小于 $300g/m^2$，并其拉伸强度应能承受施工应力，最低强度要求见表 17.2-2。

1. 保土性准则

反滤材料的保土性应符合式 (17.3-13) 的要求：

$$O_{95} \leqslant B d_{85} \tag{17.3-13}$$

式中：O_{95} 为土工织物的等效孔径，mm；d_{85} 为被保护土中小于该粒径的土粒质量占土粒总质量的 85%，mm；B 为与被保护土的类型、级配、织物品种和状态等有关的系数，按表 17.3-3 取值；当被保护土受动力水流作用时，B 值应通过试验确定。

表 17.3-3　　　　**系 数 B 取 值**

被保护土的细粒（$d\leqslant 0.075$mm）含量/%	土的不均匀系数或土工织物品种		B 值
$\geqslant 50$	$C_u\leqslant 2$，$C_u\geqslant 8$		1.0
	$2<C_u\leqslant 4$		$0.5C_u$
	$4<C_u<8$		$8/C_u$
>50	有纺织物	$O_{95}\leqslant 0.3$mm	1.0
	无纺织物		1.8

注　1. 只要被保护土中含有细粒（$d\leqslant 0.075$mm），应采用通过 4.75mm 筛孔的土料供选择土工织物之用。
2. C_u 为不均匀系数，$C_u=d_{60}/d_{10}$，d_{60}、d_{10} 为土中小于该粒径的土质量分别占土粒总质量的 60% 和 10%，mm。

2. 透水性准则

反滤材料的透水性应符合式（17.3-14）的要求：

$$k_g\geqslant Ak_s \tag{17.3-14}$$

式中：A 为系数，按工程经验确定，不宜小于 10，来水量大、水力梯度高时应增大 A 值；k_g 为土工织物的垂直渗透系数，cm/s；k_s 为被保护土的渗透系数，cm/s。

3. 防淤堵准则

反滤材料的防堵性应符合下列要求：

（1）被保护土级配良好，水力梯度低，流态稳定时，等效孔径应符合要求：

$$O_{95}\geqslant 3d_{15} \tag{17.3-15}$$

式中：d_{15} 为土中小于该粒径的土质量占土粒总质量的 15%，mm。

（2）被保护土易管涌，具分散性，水力梯度高，流态复杂，$k_s\geqslant 1.0\times 10^{-5}$cm/s，应以现场土料做试样和拟选土工织物进行淤堵试验，得到梯度比应符合 $GR\leqslant 3$，目前国内的相关标准均采用该评价标准，但国内有研究认为，该标准太大，应降低到 1.8 左右为宜，工程应用时根据实际情况选取合适的 GR 值。

（3）对于大中型工程及被保护土的 $k_s<1.0\times 10^{-5}$cm/s 的工程，应以拟用的土工织物和现场土料进行室内长期淤堵试验，验证其防堵有效性。

17.3.3.3　初期坝排水反滤设计

1. 透水堆石坝

透水堆石坝作为尾矿坝的支撑结构和排渗棱体，具有很好的排水功能。对于新建上游式尾矿坝，初期坝高与总坝高之比一般为 1/8～1/4，坝体堆石孔隙率 n 一般随坝高而改变，见表 17.3-4。

表 17.3-4　　　　**堆 石 孔 隙 率 n 指 标**

项目	堆石坝高 $H>15$m	堆石坝高 $H\leqslant 15$m	坝体材料为干砌石
孔隙率 n	≤35%	≤40%	25%～30%

透水堆石坝内坡必须设置反滤层，以挡砂排水，土工织物作为反滤材料，与粗砂、砾石或碎石等材料联合使用。

值得注意的是，在尾矿库试运行期间，矿浆浓度可能较稀，建议在土工织物下设置粗砂垫层，防止初期跑混现象。

2. 土坝

土坝作为初期坝，应设置分区排水设施，以加快尾砂固结，利于尾矿坝安全稳定。土坝的排水型式应通过渗流计算，综合比较确定，通常采用组合结构，排渗体应满足反滤设计准则。

（1）排水褥垫层。褥垫层厚度根据所用材料的渗透系数及排渗量确定。砂卵石褥垫层厚度可按式（17.3－16）确定：

$$t=\frac{nq}{ki} \tag{17.3-16}$$

式中：t 为褥垫层厚度，m；n 为安全系数，$n>2$；q 为坝基单位宽度的渗流量，m^2/s；k 为褥垫层的渗透系数，m/s；i 为褥垫层中的水力坡降，当褥垫层的出口未被下游水位淹没时，即为其底的坡度。褥垫层每层材料的最小厚度，应满足反滤层最小厚度的规定。

（2）网状排水带。主排渗带（平行坝轴线）的断面积，按式（17.3－17）计算：

$$A=\frac{nql}{ki} \tag{17.3-17}$$

式中：A 为主排渗带的断面积，m^2；q 为单位坝长的渗流量，m^2/s；l 为两横向排渗带间距的一半或从主排渗带末端到接入横向排渗带处的距离，m；n 为安全系数，$n>2$；k 为主排渗带的渗透系数，m/s；i 为主排渗带中的水力坡降，当主排渗带出口未被下游水位淹没时，即为其基底坡度。

主排渗带的最小宽度，根据坝体浸润线情况确定，并比理论计算值大 1.5～2.0m：当排渗设施未被淹没时，应不小于 0.1H；当排渗设施被淹没时，应不小于 0.2H（H 为水头）。横向排渗带的宽度（顶面或底面）应不小于 0.5m。

（3）排渗管。排渗量很大时，可采用排渗管，其直径由计算确定。为了防止淤塞失效，管内径不宜小于 0.20m，管内流速宜为 0.20～1.00m/s，排渗管坡度应不大于 5%。排渗管上开孔的面积应为管表面积的 0.1%～3%，排渗管应埋设在反滤料中。

（4）下游排渗棱体。排渗棱体的顶宽不宜小于 1.0m，顶部高程应高出下游最高水位 0.5m 以上，内坡宜 1∶1.0～1∶1.5，外坡宜 1∶1.5～1∶2.0，上游坡脚宜避免出现锐角，下游坡脚宜设置排水沟。

排渗棱体与上游坝体、坝基和岸坡之间应设置反滤层，反滤层设计要满足渗流计算中对反滤层的要求。

17.3.3.4 堆积坝排水反滤设计

1. 贴坡排水反滤

贴坡排水适用于尾矿坝（灰坝）坝体浸润线不高、当地堆石料又缺乏的情况，基本上没有降低浸润线的作用。

（1）贴坡排水高度。贴坡排水高度应满足：①使浸润线距下游坡面的距离大于该地区的冻结深度；②高于浸润线逸出点 1.5m 以上；③如下游有水，其顶部高程应高于下游最高水位。

（2）贴坡排水结构。贴坡排水结构包括反滤层和保护层，反滤层应能满足保砂、透水、防淤堵的原则，材料可采用砂砾料或者土工织物。采用砂砾料反滤层时，按照《碾压式土石坝设计规范》（SL 274—2001）附录B进行反滤层设计，采用土工织物作为反滤层，可按照17.3.3.2节要求设计。保护层材料宜为砂石料，厚度不小于300mm。

（3）贴坡排水厚度。贴坡排水厚度应不小于该地区冻结深度，水平反滤层厚度不得少于300mm，垂直或倾斜反滤层的厚度不小于400mm。

2. 自流式排渗管

自流式排渗管可分为水平排渗管和弧形排渗管。排渗管包括滤水管段和导水管段。滤水管段和导水管段的直径应相同。排渗管方案设计应结合渗流、稳定计算确定。

（1）水平排渗管。水平排渗管性能要求见表17.3-5。

表 17.3-5　　水平排渗管性能要求

项目		要求	备注
布置		垂直坝轴线在坝坡下游，向下游方向倾斜，坡度2%～4%	可多层布置
管材	管材	PVC、PE管	考虑地下水腐蚀性
	抗压强度/MPa	＞0.8	
外径/mm		63～90	
滤孔	布置	梅花形	
	孔径/mm	6～12	
	开孔率/%	8～10	

水平排渗管敷设水平间距和长度经验值见表17.3-6。导水管长度宜为5～15m。

表 17.3-6　　水平排渗管敷设水平间距和长度经验值

尾矿渗透系数/(cm/s)	$>10^{-3}$	$10^{-4}\sim10^{-3}$	$<10^{-4}$
排渗管水平间距/m	15～20	10～15	5～10
排渗管长度/m	30～70	70～80	＞80

（2）弧形排渗管。弧形排渗管性能要求见表17.3-7。

表 17.3-7　　弧形排渗管性能要求

项目		要求	备注
布置		垂直坝轴线，坝坡下游	
管材	管材	异形聚乙烯（PE）槽孔式排渗管	
	抗压强度/MPa	＞0.8	
管径/mm		60～100	目前一般外径75mm，壁厚6mm
滤孔	孔径/mm	6～12	目前一般渗水孔 ϕ8mm
过滤层	材质	白钢网	
	孔径	由尾矿颗粒级配特性决定	

弧形排渗管由直线段和曲线段组成，其布置间距应满足表17.3-8要求。

表17.3-8 弧形排渗管敷设技术要求

序号	项　目	技术指标
1	排渗管长度/m	≤180
2	入口直线段最小敷设长度/m	>30
3	入口直线段坡比/%	1～4
4	最大垂直埋置深度/m	≤20
5	曲线段最大弯曲率/[(°)/m)]	≤0.8

3. 管井

管井由相同直径的井口管段、井壁管段、滤水管段、沉砂管段组成。

管井的主要技术要求见表17.3-9。

表17.3-9 管井的主要技术要求表

序号	项　目	要　求
1	材料	无砂混凝土管、钢管、塑料管
2	布置	平行坝轴线
3	井径/mm	200～500
4	井距/m	10～20
5	出水量/(m^3/s)	见附录E.4节
6	深度/m	见式（17.3-18）
7	井口	高于地面300mm以上，用盖板封闭，周围铺设碎石或浇筑混凝土，厚度不小于500mm
8	滤水管外径/mm	见式（17.3-19）
9	滤水管有效长度/m	≤30
10	滤水管周围充填砂砾石料要求	厚度：100～150mm 规格：见式（17.3-20）
11	沉砂管长度/m	≥1.0

注　井距根据试验或计算确定，要求井间中心处浸润线低于控制浸润线。

管井的深度可按式（17.3-18）计算：

$$H_w \geqslant H_{w1}+H_{w2}+H_{w3}+H_{w4}+ir_0 \tag{17.3-18}$$

式中：H_w为管井深度，m；H_{w1}为浸润线距离坝坡要求的设计埋深，m；H_{w2}为降水期间的浸润线变幅，m；H_{w3}为管井过滤器的工作长度，m；H_{w4}为沉砂管长度，m；i为水力梯度，在管井的分布范围内宜为1/10～1/12；r_0为管井分布范围的等效半径或降水井间距的1/2，m。

滤水管的外径，可用式（17.3-19）进行允许入管流速复核：

$$D \geqslant \frac{Q}{\pi l V_g n} \tag{17.3-19}$$

式中：D 为滤水管外径，m；Q 为设计管井出水量，m^3/s；l 为滤水管工作部分长度，m；n 为滤水管进水表面有效孔隙率，%；V_g 为允许入管流速，m/s，不得大于 0.03m/s。

滤水管周围充填砂砾石滤料厚度宜为 100～150mm，规格按式（17.3-20）计算：

$$D_{50}=(6\sim8)d_{50} \tag{17.3-20}$$

式中：D_{50}为滤料的粒径，小于该粒径的滤料重量占滤料总重量的 50%；d_{50}为尾矿的粒径，小于该粒径的尾矿重量占尾矿总重量的 50%。当尾矿含水层不均匀系数 $C_u>10$ 时，应逐步剔除筛分样中的粗颗粒，并以满足 $C_u<10$ 时的颗粒级配曲线确定 d_{50}。

管井的出水量估算见附录 E.4 节。

4. 虹吸排渗

虹吸排渗由水源井、井室、虹吸管、水封池组成。虹吸排渗的技术要求见表 17.3-10。

表 17.3-10　虹吸排渗技术要求表

序号	项目		技术要求	备注
1	水源井	布置	成排平行尾矿堆积坝轴线布设	宜为管井，并符合管井技术要求
2		底座	混凝土结构，强度不低于 C25，厚度 400～500mm	
3		井深/m	≤15	
4		井管材料	无砂混凝土管	
5		管径/mm	200～300	
6		壁厚/mm	50～100	
7	井室	结构	砖石砌体或钢筋混凝土	
8		直径/mm	1200～1500	
9		高度/mm	≥2500	
10		埋入尾矿坝面以下深度/mm	≥2000	
11	虹吸管	管材	聚乙烯 PE 管	通长设置
12		最大吸程/m	见式（17.3-21）	
13		管径/mm	见式（17.3-22）	
14		进口端深入水源井内最低水位深度/m	1.0～1.5	
15		出口端深入水封池内水下深度/m	0.5～1.0	
16	水封池	材料	钢筋混凝土结构，强度不低于 C25	
17		溢水管	PVC 管或钢管	
18		溢水管管径/m	见式（17.3-23）	

虹吸管的最大吸程按式（17.3-21）计算：

$$H=Z+\left(1+\frac{L}{d}+\xi_{网}+\xi_{弯}+\xi_{阀}\right)\frac{V^2}{2g} \tag{17.3-21}$$

式中：H 为最大吸程，m；Z 为井内水位标高与虹吸管最高点标高之差，m；L 为虹吸管长度，m；d 为虹吸管的管径，m；V 为虹吸管内流速，m/s；ξ 为各种阻力损失；g 为重力加速度，m/s^2。

虹吸管的管径应根据虹吸井的单井出水量按式（17.3-22）计算：

$$d=\left(\frac{4Q}{\pi v}\right)^{0.5} \tag{17.3-22}$$

式中：d 为虹吸管的管径，m；Q 为虹吸井的单井出水量，m^3/s；v 为虹吸管的允许流速（一般取 0.5～0.7m/s）。

溢水管管径应根据排水量确定，排水量按式（17.3-23）计算：

$$Q_p=\beta\sum Q_i \tag{17.3-23}$$

式中：Q_p 为排水量，m^3/s；β 为系数，取 1.5～2.0；Q_i 为单根虹吸管的渗流量，m^3/s。

5. 垂直-水平联合排渗

垂直-水平联合排渗包括垂直排渗体和水平排渗管两部分。垂直排渗体可选用管井、大直径砂砾井、小直径袋装砂砾井、塑料排水板等结构，技术性能要求见表 17.3-11。水平排渗管应符合 17.3.3.4 水平排渗管相关要求。

表 17.3-11 垂直排渗体技术性能要求

序号	项目		要求
1	布置		水平排渗管终端 5m 内
2	深度/m		进入水平排渗管端部以下 2m
3	管井		符合 17.3.3.4 管井要求
4	大直径砂砾井（普通砂砾井、袋装砂砾井）	井径/mm	600～800
5		间距	与水平排渗管一致
6		制袋土工织物规格/(g/m^2)	300～500
7		普通砂砾井	砂砾料符合式（17.3-20）
8		袋装砂砾井	砂砾料粒径 2～40mm
9	小直径袋砂砾井	布置	宜平行坝轴线直线状连续布置
10		井径/mm	150
11		制袋土工织物规格/(g/m^2)	300～500
12		砂砾料粒径/mm	2～5
13	塑料排水板	布置	宜双排或多排组成
14		排距/mm	200～400
15		点距/mm	$(5\sim10)D_p$

注 D_p 为塑料排水板的当量换算直径，mm。

塑料排水板当量换算直径可根据式（17.3-24）计算：

$$D_p=\frac{2(b+\delta)}{\pi} \tag{17.3-24}$$

式中：D_p 为塑料排水板当量换算直径，mm；b 为塑料排水板宽度，mm；δ 为塑料排水板厚度，mm。

6. 辐射井

辐射井是尾矿库（贮灰场）排渗加固的一种行之有效的方式，典型辐射井由集水井、排渗管和导水管构成，有时根据降水及排渗需要，也可在排渗管两侧设置垂直排渗设施，如塑料排水板等。

（1）集水井。

1）集水井结构。集水井筒宜采用钢筋混凝土沉井结构，井底水下混凝土封底，混凝土强度刃脚部位不得低于C25、井筒及水下封底部位不得低于C20。集水井宜为圆形或方形，并设井盖和井内爬梯，方便检修。

2）集水井直径。集水井直径主要考虑排渗管和导水管的施工，以及运行后处理淤堵等条件，集水井内径可为2.9～3.6m，一般采用3.0m。

3）集水井布置。集水井宜布置在堆积坝坝坡或沉积滩上，其中井数、井距、井深应能满足降低尾矿库（贮灰场）浸润线的设计要求，综合考虑排渗管、导水管布置与施工、集水井构造要求等确定，集水井的间距不宜小于100m，井深不宜小于15m。

（2）排渗管。

1）排渗管布置。排渗管的目的是有效降低浸润线，不追求最大的排渗量。排渗管以集水井为中心辐射状（扇形）布置，且以库内（上游）方向为主，坡向集水井，坡比宜为2%～4%。排水管可布置单层或多层，当多层布置时，宜错开，提高排渗效果，每层可布置5～9根，并根据尾矿坝工勘资料经渗流计算最终确定，排渗管向尾矿库（贮灰场）内深入长度不宜超过计算干滩长度的1/3，以有效降低浸润线，避免排渗量过大，尾矿库内排渗管长度宜为30～100m，贮灰场一般以30m为宜。

2）排渗管型式。排渗管型式多种多样，在尾矿堆积坝排渗中应符合下列要求：①排渗管抗压强度应大于0.8MPa，管材可为PVC、PE管；②管径宜为63～90mm；③滤水孔宜梅花形布置，孔径6～12mm，开孔率8%～10%；④外包土工织物规格200～400g/m^2。

在贮灰场工程中采用的辐射排渗管有如下型式：①软式透水管，为直径90mm螺旋钢线PVC管，外包反滤层和被保护层；②直径90mm、厚8mm PVC管，开孔率10%，外包两层400g/m^2 土工织物；③外包土工织物硬聚氯乙烯塑料（UPVC）管，为直径65mm×7mm UPVC管，开孔率13%，孔径15mm，外包两层400g/m^2 土工织物；④外包尼龙砂网硬聚氯乙烯塑料（UPVC）管，为直径65mm×7mm UPVC管，开孔率13%，外包两层80目（孔径0.1mm）的尼龙纱网，防止土工织物受压后影响透水性能。

（3）导水管。导水管将集水井内汇集的排渗管内渗水排出坝外，其进水口距集水井底板顶面的高度不应小于700mm；导水管排水能力应满足水力计算的要求，大于全部排渗管的流量，如单根排水能力不足，可设多根；管径宜为90～130mm，自流坡比2%～4%；导水管长度宜为50～130m。

辐射井的出水量估算见附录E.4.2节。

17.3.3.5 库底排水反滤设计

在尾矿库库底和边坡，如果采用了土工膜防渗层，为排除膜下积水，增强膜与边坡的抗滑稳定性和防止水汽对膜的顶托作用，常在防渗膜下设置排水反滤层，一般有以下几种形式。

(1) 膜下设土工织物（也可采用一布一膜或两布一膜的复合土工膜），同时作为反滤层和排水层，估算膜下排水量，但随着尾矿的堆高，土工织物承受的压力增大，导水率下降，导水率应根据土工织物的导水率与压力关系曲线求得。

(2) 在陡坡上采用土工网排水，土工织物反滤，因为土工织物滤层比砂砾石反滤层更容易铺于陡坡上，但要防止土工织物被压缩，贯入土工网网孔中。边坡应基本平顺，防止排水网的刚性使土工织物与土接触不紧密，如果织物与土之间有空隙，应充填砂，保证织物与土紧密接触。

(3) 沿尾矿库沟底部设置盲沟排水，土工织物反滤，盲沟砾石粒径应小于20mm，保证织物与土密切接触。为增大盲沟的排水能力，在盲沟内设置开孔花管或软式透水管。

(4) 排水材料为多孔花管，由于管孔面积仅占管表面积的一小部分（如1%～2%），管周的滤层材料应具有足够的水力导水系数，以汇流管孔的水，建议应用厚的砂砾滤层或厚针刺无纺土工织物。

17.4 施工要点及质量控制

关于土工合成材料在尾矿库（灰渣库）排水反滤工程中的施工，应严格遵循《土工合成材料应用技术规范》（GB/T 50290—2014）和《水利水电工程土工合成材料应用技术规范》（SL/T 225—98）相关施工要求，在堆积坝反滤排渗加固工程中，除遵守上述两项规范外，还应遵守《尾矿堆积坝排渗加固工程技术规范》（GB 51118—2015）中第6章施工要求。

在施工前应进行现场踏勘，收集资料，依据设计文件编制施工组织设计。同时，对于所采用的施工机具和配套设施，应依据施工工艺、排渗加固方法、设计要求、场地条件、尾矿性质和地下障碍物特性综合确定。

17.4.1 贴坡排渗

17.4.1.1 施工技术要求

土工织物作为坝体的反滤层，应满足下列要求。

(1) 与土工织物紧挨的透水料粒度、厚度、满足设计要求，防止尖角刺破土工织物。

(2) 透水粒料的含泥量不大于3%。

(3) 土工织物铺设方法应从坝脚向坝顶铺设，不应绷拉过紧，以免坝体有不均匀变形，造成土工织物破坏。

(4) 土工织物应采用双线缝合方式，搭接宽度20cm，缝合线至边距大于5cm，还应预留4%褶皱长度。

(5) 土工织物铺设完成后，应立即利用透水性良好的滤料敷设保护层，保护层厚度不小于10cm。

17.4.1.2 检测及质量控制

土工织物材料检测项目应按设计要求确定，通常有单位面积质量、孔隙率、孔径、渗透系数、物理力学性能（条带拉伸、握持拉神、撕裂、顶破、CBR 顶破、刺破强度）等。

土工织物反滤层施工质量检查：①反滤、排水层应层次分明；②进出水口应排水通畅；③下垫层平整度合格；④土工织物搭接宽度、搭接缝错开距离符合要求。具体如下。

（1）土工织物铺设基面验收。在土工织物铺设前，基面上的杂物应清除干净，基面尺寸、平整度、压实度以及垫层、锚固沟等未经检查签证不得进行土工织物铺设。

（2）土工织物连接。

1）相邻土工织物块拼接可用搭接或缝接。平地搭接宽度 30cm，不平地面应不小于 50cm，水下铺设应适当加宽。

2）预计土工织物在工作期间可能发生较大位移而使土工织物拉开时，应采用缝接。

3）与岸坡结构物的连接处，应按设计文件要求连接稳妥，不得留孔隙、结合良好，上部铺至马道处要求作好保护，防止人畜破坏。

（3）土工织物铺设。

1）土工织物应按工程要求裁剪，土工织物有损时应立即修补或更换。

2）铺设要求平顺、松紧适度，避免土工织物损伤，保持其不受污染。铺设不得崩拉过紧，织物应与基础密贴，不留空隙。

3）坡面铺设应自下而上进行，坡顶、坡脚应以锚固沟等固定，锚固长度应大于 50cm。

4）铺设工人应穿软底鞋，以免损伤土工织物。

5）土工织物铺好后，应避免受日光直接照射。随铺随填，或采取保护措施。

17.4.2 排渗管排渗

尾矿库排渗管分为水平排渗管和弧形排渗管，为保证排渗管的施工质量，应首先牢固固定施工设备，防止在其施工过程中发生失稳或偏移。施工时，施工孔径宜大于排渗管外径 45～80mm，因此在退拔套管后，导水管应采用管外封孔处理，防止渗水不从导水管排出，而从导水管与孔壁之间的空隙流出，并使周边尾矿产生渗透破坏。另外，排渗管出水含砂量如过大，会导致局部坝体渗透变形、排渗管堵塞等事故，排渗管出水含砂量体积比不得大于 1/100000。

17.4.2.1 施工技术要求

1. 水平排渗管

水平排渗管的施工工艺宜采用排渣顶管钻进或跟管钻进。

（1）排渣顶管钻进施工工艺。排渣顶管钻进施工是采用油压千斤顶等推力设备将水平套管按设计要求顶入尾矿中，同时将管内渣土掏出。

1）排渣顶管钻进施工最大顶力应大于顶进阻力，顶进阻力按式（17.4－1）估算；

$$F_P = \pi D_o L f_k + N_F \tag{17.4-1}$$

式中：F_P 为顶进阻力，kN；L 为顶入管的长度，m；D_o 为顶入管的外径，m；N_F 为管的端阻力，kN；f_k 为顶入管外壁与尾矿的摩阻力，kN/m^2，应通过试验确定，无试验资料时，可参考表 17.4－1 选用，同时需考虑顶入过程中挤密效应的影响。

表 17.4-1 单位摩阻力标准值 f_k

尾矿类别	黏性尾矿	尾粉土	尾粉、细砂	尾中粗砂
单位摩阻力标准值 f_k/kPa	10～25	12～27	15～30	20～50

2）首节管施工时，宜慢速顶进，顶进方位应采用测斜仪检查。

3）顶进过程中遇障碍物时，宜采用筒形旋转钻头穿越。

4）顶进时宜从下方向上方顶进，并及时清除管内渣土。

5）顶至设计深度后，应采用封砂器封堵套管端部和清除管内全部渣土。

(2) 跟管钻进施工工艺。跟管钻进是通过固定在反力墩上的钻机向尾矿层中水平钻进成孔，同时跟进套管。这种方法可以防止钻进过程中的孔壁坍塌或流沙充塞钻孔，适用于钻进松散地层和流沙层。跟管钻进的套管应采用无缝钢管，套管外径可按表 17.4-2 选择。当钻至设计深度后，应封堵套管端部和清除管内残余渣土。

表 17.4-2 套管外径与施工孔径和设计排渗管外径对应关系 单位：mm

套管外径	108	127	146	168
施工孔径	110	130	150	170
设计排渗管外径	50～63	63～75	75～90	90～110

(3) 排渗管。排渗管在施工过程中，应检查排渗管的安装长度与套管长度一致，安装过程中不得损伤滤水管装置。排渗管安装完成后，在套管拔出过程中，应连续作业，不得停顿。

水平排渗管在施工时，应特别注意孔口位置、方位角、倾角、长度等，不得超过规范所允许的偏差，见表 17.4-3，施工过程中测量校正。

表 17.4-3 水平排渗管施工允许偏差

项目	允许偏差	检验方法
孔口位置	±500mm	仪器测量
方位角	±1°	仪器测量
倾角	±1°	水平仪量测
长度	−300～1000mm	钢尺量测
滤水管开孔率	±10%	钢尺量测

2. 弧形排渗管

弧形排渗管应采用定向钻进工艺施工，导向定位系统控制钻进轨迹。确定钻进轨迹的步骤如下：①确定入土点和出土点位置，②根据出入点的轨迹确定入土角、出土角、管道曲线段轴向曲率半径等。弧形排渗管的施工允许偏差应符合表 17.4-4 的要求。

表 17.4-4 弧形排渗管施工允许偏差

项目	允许偏差	检验方法
入土点位置	±100mm	仪器测量
方位角	±3°	仪器测量

续表

项　　目	允许偏差	检验方法
出土点位置	$\pm 0.02L$mm	仪器测量
长度	－500～2000mm	钢尺量测
滤水管开孔率	±10%	钢尺量测、计算

注　表中 L 为设计排渗管长度。

17.4.2.2　检测及质量控制

排渗管在正式施工前，应对水平排渗管或弧形排渗管本身进行检验，主要包括水平排渗管的管材、土工织物等原材料质量，管径、滤水管开孔率等结构；弧形排渗管的管材质量，排渗管的直径、槽宽、滤孔直径与间距等结构。在施工过程中，也应时刻做好检测及质量控制工作，水平排渗管主要检测其出口位置、方位角、坡度、长度等，弧形排渗管主要检测其入土点和出土点位置、排渗管长度等，使排渗管的施工偏差在允许范围以内，同时施工中应监测排渗管出水量及含砂量，使排渗管出水含砂量体积比不得大于 1/100000。

17.4.3　管井排渗

17.4.3.1　施工技术要求

管井排渗施工可采用冲击、回转正（反）循环钻进工艺成孔，也可采用水冲法成孔，采用水冲法成孔时，成孔深度不宜大于 30m。管井排渗工程顺利实施的关键是确定管、井对接点，为便于实施管、井对接，应先进行水平钻孔，并控制其不发生较大的偏斜，在钻进过程中，控制施工速度及给进压力，切忌硬顶。

如果管井设计有充填滤料，在施工过程中应设置扶正器，使井不发生偏斜，且充填滤料连续均衡。管井底部设封堵措施以及井底沉积物厚度不得大于井深的 5‰。管井施工允许偏差见表 17.4－5。

表 17.4－5　　管井施工允许偏差

项　　目	允许偏差	检验方法
过滤管段下置深度	±300mm	钢尺量测
管井中心垂直度	1°	仪器测量
井位	$\pm d/2$mm（d 为管井直径）	仪器测量
井深	－100～500mm	钢尺量测
井径	±20mm	钢尺量测
钢管或塑料管滤水段开孔率	±10%	钢尺量测、计算

17.4.3.2　检测及质量控制

管井排渗施工应对管和井分别作出检测，管的检测与质量控制可参考 17.4.2.2 节内容，井的检测与质量控制如下：①井在施工前应主要对其原材料如砂、石、水泥等的质量进行检测，混凝土配合比、坍落度、强度等满足设计要求；②施工过程中，井身应圆正、竖直，其直径不得小于设计要求；③洗井、出水量和水质测定符合国家有关标准的规定和设计要求；④过滤管安装深度的允许偏差为±300mm；⑤管井封闭位置、厚度、封闭材料以及封闭效果符合设计要求。

17.4.4 虹吸排渗

17.4.4.1 施工技术

尾矿堆积坝虹吸排渗工程一般采用管井作为水源井，管井施工技术要求可参考 17.4.3.1 节，对于虹吸管施工，虹吸管连接处不得采用变径连接，铺设虹吸管前，应对其进行逐一检查。虹吸排渗的水封池可对应多个集水井，多个集水井的多组虹吸管可铺设在一个沟槽内同时穿入水封井。

17.4.4.2 检测及质量控制

虹吸排渗管井施工的检测和质量控制可参考 17.4.3.2 节内容，对于其他部分，应检测虹吸管管材、反滤层、土工织物和砂等原材料质量。

17.4.5 垂直-水平联合排渗

17.4.5.1 施工技术

垂直-水平联合排渗的关键核心技术是垂直排渗体与水平排渗管直接连接或间接贯通，随水平排渗管长度增加，垂直排渗体在坝面位置的确定难度相应增加，对于 50m 以上的水平排渗管，可采取多次定点法确定垂直排渗体在坝面位置。

垂直排渗体可选用管井、大直径砂砾井、小直径袋装砂砾井、塑料排水板等结构。

大直径砂砾井可在井中直接填充砂砾料或投放袋装砂砾料，充填的砂砾料应进行清洗，含泥量不得大于 3%；袋装砂砾料采用土工布制袋时，缝合处应连续、平直、严实。

小直径袋装砂砾井管口及其内壁应平直光滑，并在套管管口设置滚轮向管内投放砂砾袋，投放过程中不得损伤砂砾袋，并在起拔套管过程中，砂砾袋回带长度不得超过 200mm。砂砾井施工允许偏差见表 17.4-6。

表 17.4-6 砂砾井施工允许偏差

检查项目	允许偏差	检验方法
垂直度	±1.5°	仪器测量
井位	≤d/2mm（d 为砂砾井直径）	仪器测量
井深	−100～500mm	钢尺量测
井径	±20mm	钢尺量测

在尾矿堆积坝排渗工程中，塑料排水板的施工多采用套管法，目的是防止尾矿砂对滤膜造成损伤。施工机具宜采用振动式或液压式插板机。当坝坡不稳定时，不得采用振动式机具。

塑料排水板作为垂直排渗体，在施工过程中，不得损坏滤膜和扭曲塑料排水板；塑料排水板回带超过 500mm 或断板时，应在相应位置补充设置；塑料排水板需要接长时，搭接长度应大于 200mm，且应在滤膜内采用平搭接的方法。塑料排水板施工允许偏差见表 17.4-7。

17.4.5.2 检测及质量控制

1. 检测内容

垂直-水平联合排渗施工检测主要包括下列内容。

（1）水平排渗管施工检验内容应符合 17.4.2 节要求。

表 17.4-7　　塑料排水板施工允许偏差

检查项目	允许偏差	检验方法
平面位置	±100mm	仪器测量、钢尺量测
板底深度	-100～500mm	钢尺量测
垂直度	±1.5°	钢尺量测

(2) 砂砾井的垂直度、井位、井深、井径及充填砂砾料质量。

(3) 袋装砂砾井的制袋材料质量。

(4) 塑料排水板材料质量、平面位置、板底深度、垂直度。

(5) 垂直排渗体与水平排渗管的连接或贯通效果和出水的含砂量。

2. 质量控制

在堆积坝垂直-水平联合排渗型式中，相应的质量控制主要有以下几点。

(1) 集渗井严禁泥浆固壁。

(2) 在采用砂袋井型式中，袋内砾石需反复冲洗，含泥量不大于 3%。

(3) 水平排渗管应有一倾角，倾向下游，坡降一般为 2%～3%。

(4) 水平渗水管应避开渗透系数较小的矿泥层，穿过渗透系数较大的粉砂层，从而具有良好的排渗功能，并注意内端封堵。

(5) 注意生物、化学、於堵等问题，当观测到排渗量减少、浸润线回升时，可采用高压注水或通捞工具下入管内，疏通或清洗，保证水平管正常发挥作用。

17.4.6 辐射井排渗

17.4.6.1 施工技术

辐射井施工包括集水井、排渗管和导水管等部分。集水井宜采用沉井施工工艺，当井筒下沉受阻时，采取助沉措施。井筒下沉过程中，控制井筒下沉的均匀性，当井筒出现倾斜时，应及时进行纠偏。采用排水进行封底时，混凝土强度等级未达到设计强度 70%不得停止排水；采用水下封底时，混凝土强度未达到设计强度 70%不得将井内储水抽除。

排渗管施工应满足 17.4.2 节的要求，且排渗管出水口管壁周围应进行封口保护，可采用麻丝浸沥青、土工织物或混凝土封堵。

导水管成孔宜采用跟管钻进，进水口和出水口管壁周围应进行封口保护，进水口处可采用麻丝浸沥青、土工织物或混凝土封堵，出水口处可采用混凝土或黏性土封填。辐射井施工的允许偏差见表 17.4-8。

表 17.4-8　　辐射井施工的允许偏差

项目		允许偏差	检验方法
集水井	井筒中心垂直度	±3°	仪器测量
	井筒直径	±100mm	钢尺量测
	井壁厚度	±10mm	钢尺量测
	井深	-200～500mm	仪器测量、钢尺量测

续表

项目		允许偏差	检验方法
排渗管	出水口位置	±200mm	仪器测量
	方位角	±1°	仪器测量
	长度	−300～1000mm	钢尺量测
	倾角	±1%	水平仪量测
	开孔率	±10%	钢尺量测、计算
导水管	进水口位置	±200mm	仪器测量
	倾角	±1%	水平仪量测

17.4.6.2 检测及质量控制

辐射井的施工检测应对集水井、排渗管、导水管分别进行检测。

集水井主要检测内容包括：砂石、水泥、钢材、管材等原材料质量；混凝土配合比、坍落度、混凝土强度等级等；钢筋的规格、焊接质量、主筋和箍筋的制作偏差等；井筒中心垂直度、井筒直径、井壁厚度、井底标高。

排渗管除材料质量满足要求外，还应检测开孔标高、滤孔直径、坡度、开孔率等。

导水管除材料质量满足要求外，重点检测进出口位置、坡度，出水量和含砂量。

17.5 工程应用实例

17.5.1 黄铜沟尾矿库初期坝反滤工程

17.5.1.1 工程概况

黄铜沟尾矿库距离选厂 4.5km，库区绝对标高 70～140m，相对高差 70m，属于低山丘陵地貌，V 形谷内，汇水面积 0.8km^2，常年有山间小溪，夏季水量大，冬季水量小。

选矿厂规模为 500t/d，年排放尾砂 16.5 万 t，尾矿最终堆积标高 120m，坝高 46m，总库容 316 万 m^3，为四等尾矿库。

初期坝为透水堆石坝，坝高 17m，坝宽 4m，坝长 149m，上游坡 1：1.75，下游坡 1：1.65，上游面采用土工织物与细砂联合反滤层。

17.5.1.2 尾砂特性

该项目的特点是尾砂比较细，−200 目占 91.5%，矿浆浓度 17%～20%，尾矿堆积密度 1.4t/m^3，尾矿粒度分级如图 17.5-1 所示。

从图 17.5-1 中可以看出，1～3 号粒径为 0.075～0.036mm 占 85%，粒径为 0.0600～0.0015mm 占 15%。尾矿砂的渗透系数 $k_s=3.2\times10^{-4}$cm/s。

17.5.1.3 反滤设计

选用土工织物，规格：400g/m^2，其性能为：①平均抗拉强度为 700N/5m；②梯形撕裂强度为 570N；③圆球顶破强度大于 1200N；④有效孔径 $O_{95}=0.09$～0.10mm；⑤渗透系数 $k_g=6.2\times10^{-2}$cm/s。

（1）反滤功能设计。反滤计算结果见表 17.5-1。

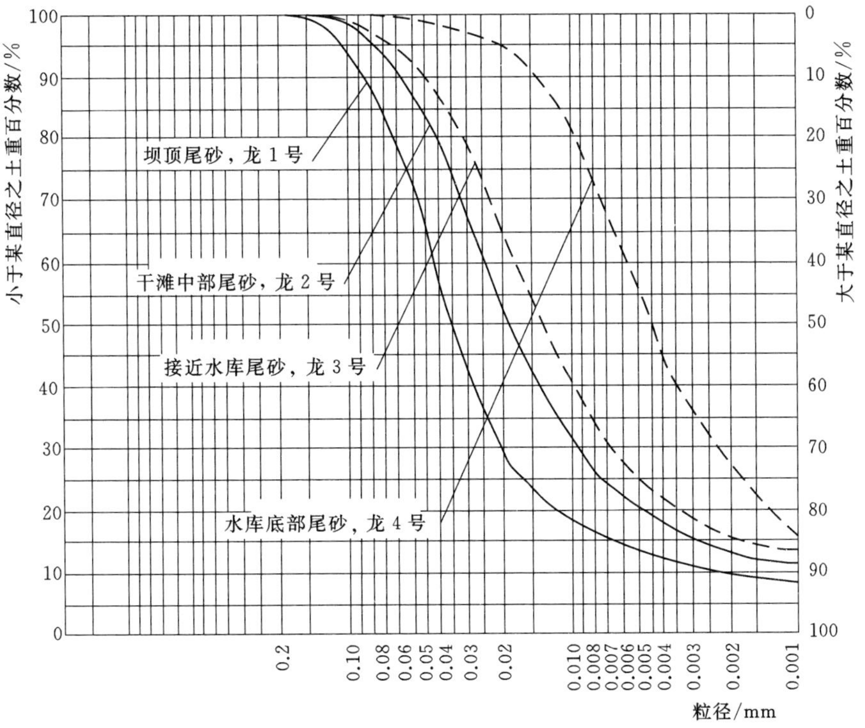

图 17.5-1 尾矿粒径分级表

表 17.5-1 反滤计算结果

反滤准则	保土准则	透水准则	淤堵准则		
表达式	$O_{95}\leqslant Bd_{85}$	$k_g\geqslant Ak_s$	级配良好，水力梯度低，流态稳定	易管涌，具分散性，水力梯度高，流态复杂，$k_s\geqslant 1.0\times10^{-5}$cm/s	大型工程，及 $k_s<1.0\times10^{-5}$cm/s
			$O_{95}\geqslant 3d_{15}$	$GR\leqslant 3$	长期淤堵试验
检验结果	不满足	满足	满足	—	—

（2）直接采用土工织物反滤。此尾砂较细，不能直接用土工织物做反滤层，宜发生漏砂、管涌，细粒尾矿直接侵入土工织物，同样宜发生淤堵现象，致使浸润线抬高。

（3）采取的措施。在尾砂与土工织物之间设置一层反滤砂层，反滤砂层的 $d_{50}=0.25$mm，渗透系数为 $k_{砂}=3.1\times10^{-2}$cm/s，河砂充当了尾矿砂和土工布间的"隔离层"，在初期运行中起到自然反滤的"催化剂"作用。

（4）稳定性。土工织物与尾砂的摩擦系数为 0.65～0.70，土工织物与碎石的摩擦系数为 0.75～0.80，土工织物抗滑稳定性满足要求。

17.5.1.4 施工要点

1. 规范要求

根据《土工合成材料应用技术规范》（GB/T 50290—2014），土工织物施工应满足如下要求。

（1）铺设前应将土工织物制作成符合要求的尺寸和形状。

（2）铺设面应平整，场地上的杂物应清除干净。铺设应满足：①铺设平顺，松紧适度，并应与土面贴紧。②有损坏处应修补或更换。相邻片（块）搭接长度不应小于300mm；可能发生位移处应缝接；不平地、松软土和水下铺设搭接宽度应适当增大；水流处上游片应铺设在下游片上。③坡面上铺设宜自下而上进行。在顶部和底部应予固定；坡面上应设防滑钉，并应随铺随压重。④与岸坡和结构物连接处应结合良好。⑤铺设人员不应穿硬底鞋。

（3）土料回填应符合下列要求：①应及时回填，延迟最长不宜超过48h；②回填土石块最大落高不得大于300mm，石块不得在坡面上滚动下滑；③填土应压实；回填300mm松土层后，方可用轻碾压实。

2. 该工程施工步骤

（1）平整：初期坝上游面尖锐石块处理掉，粗砂找平，人工拍打密实。

（2）铺平：按土工织物长度方向，沿坝坡自然平摊。

（3）缝接：搭接宽度不小于300mm，尼龙线缝制。

（4）覆盖：土工织物缝制铺平后，在其上铺设200mm厚中砂（$d_{50}=0.25$mm），然后再铺设200～300mm厚，直径为10～100mm自然级配毛石。

（5）锚固：土工织物在坝顶、坝脚及两侧岸坡，设800mm×800mm锚固沟，将土工织物放于沟槽内，采用中砂与碎石回填。

3. 排渗效果

生产实践表明：其组合体的稳定性较好，反滤层具有良好的透水性，能降低库内浸润线，减少水压力，增加坝体稳定性。监测结果表明坝外渗水中悬浮物实际检测仅为15mg/L，远远低于国家污水排放标准，对保护环境起到了积极作用。

17.5.2 板田脚尾矿库堆积坝反滤排渗工程

17.5.2.1 工程概况

板田脚尾矿库位于湖南省郴州市北湖区石盖塘镇境内，隶属于湖南有色新田岭钨业有限责任公司。

公司选厂生产规模为60万t/a，年排放尾砂39.2万m^3，尾矿库总坝高为59.0m，总库容266.4万m^3，为四等尾矿库。

初期坝为不透水堆石坝，上游面采用黏土防渗。坝顶标高为441.0m，坝高25.0m，坝顶宽度为4.0m，内坡比为1∶1.57，外坡比为1∶1.54。压坡体顶部标高为432.0m，外坡比为1∶2.0。

堆积坝采用上游法尾砂筑子坝，堆积坝设计总坝高为34.0m，最终堆积标高475.0m，堆积坝共计10级子坝，子坝顶宽4.0m，内坡为1∶1.5，坝外坡比为1∶2，堆积坝平均外坡比为1∶4.0，各级子坝外坡均采取覆土植草保护措施。

由于初期坝为不透水坝，后期堆积坝运行过程中缺少有效排渗设施，导致堆积坝排渗能力不足，浸润线抬高，浸润线自初期坝顶部溢出，坝外坡出现明显沼泽化。在隐患治理过程中，通过在堆积坝相应位置设置辐射井，降低坝体浸润线，经过长期运行观察，排渗效果良好，浸润线得到有效控制。

17.5.2.2 尾砂特性

该尾矿库尾砂以砂粒和粉粒为主，−200 目尾砂比例约占 65%，尾砂透水性较好，渗透系数为 $1\times10^{-4}\sim1\times10^{-5}$cm/s，可通过设置辐射井起到良好的排渗效果。

17.5.2.3 辐射井排渗

在堆积坝 446.5m 平台中间位置设置一口辐射井，直径 3.5m，井深 13.0m，如图 11.5－2 所示。井内向库内呈辐射状共布置三层水平排渗管，相邻两层呈梅花形布置，每层设置 7 根 D63UPVC 水平排渗管，单根长度为 50.0m，排渗管布置如图 17.5－3 所示，排渗管钻孔见图 17.5－4 所示。辐射井采用虹吸方式进行排水，排水钢管采用 2 根 $D108$ 无缝钢管，最大虹吸高度为 7.5m，虹吸管进口离井底高度为 0.5m。钢管穿过堆积坝外坡水平向沿着初期坝顶部高程布置，并沿着初期坝外坡进入到下游回水池。

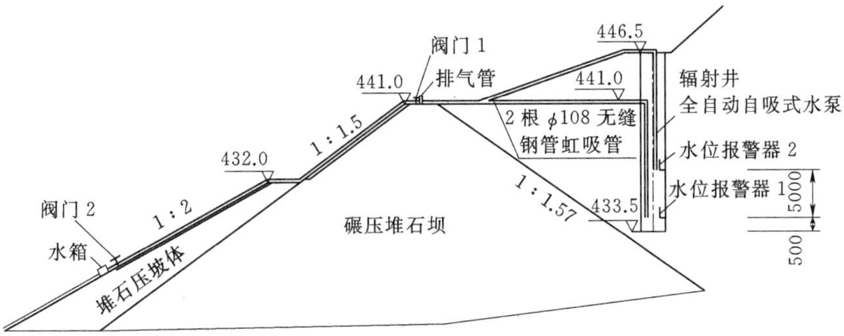

图 17.5－2 辐射井布置示意图（单位：标高 m，长度 mm）

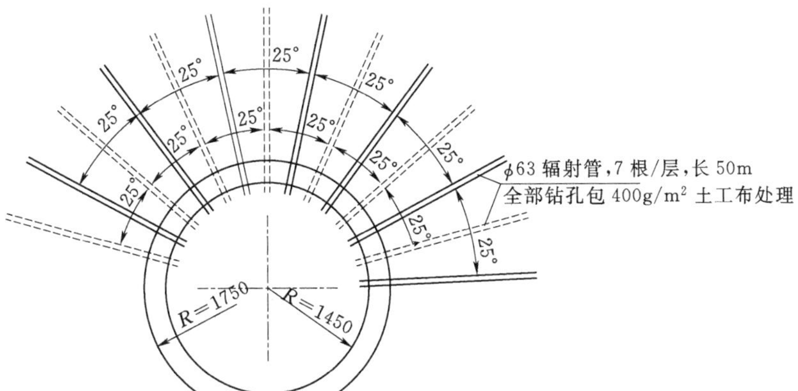

图 17.5－3 排渗管布置图（单位：mm）

17.5.2.4 施工要点

辐射井采用沉井法施工，每一米沉井一次。封井分两次施工。第一次封井时，底板与井筒之间采用土工织物塞紧，防止翻砂。第二次封井在第一次封井完成之后进行，在井筒周边钻孔布置插筋然后现浇混凝土。排渗管在尾砂内的坡度为 3%，导水管的坡度为 3%。每一根排渗管施工完成之后，必须将排渗管与井壁之间采用土工织物严密塞紧，防止漏砂。

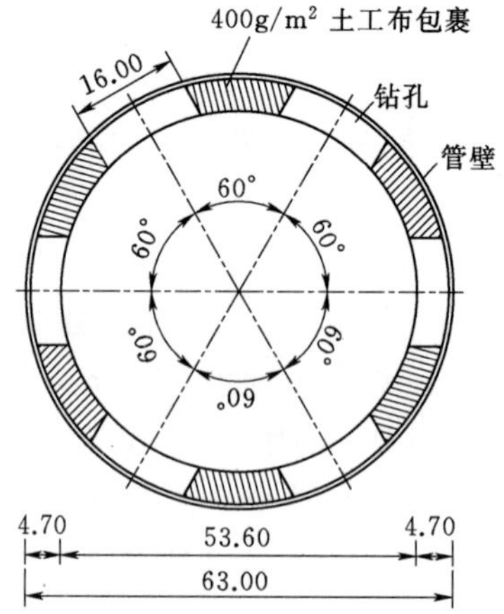

图 17.5-4 排渗管钻孔图（6 孔）（单位：mm）

附录 E

E.1 软式透水管性能指标

软式透水管技术性能要求见附表 E-1。

附表 E-1　　软式透水管技术性能要求

项目		规格						
		FH50	FH80	FH100	FH150	FH200	FH250	FH300
外径尺寸允许偏差/mm		±2.0	±2.5	±3.0	±3.5	±4.0	±6.0	±8.0
钢丝	直径/mm	≥1.6	≥2.0	≥2.6	≥3.5	≥4.5	≥5.0	≥5.5
	间距/(圈/m)	≥55	≥40	≥34	≥25	≥19	≥19	≥17
	保护层厚度/mm	≥0.30	≥0.34	≥0.36	≥0.38	≥0.42	≥0.60	≥0.60
滤布	纵向抗拉强度/(kN/5m)	≥1.0						
	纵向伸长率/%	≥12						
	横向抗拉强度/(kN/5m)	≥0.8						
	横向伸长率/%	≥12						
	圆球顶破强度/kN	≥1.1						
	CBR 顶破强力/kN	≥2.8						
	渗透系数 k_{20}/(cm/s)	≥0.1						
	等效系数 O_{95}/mm	0.06～0.25						
耐压扁平率	1%	≥400	≥720	≥1600	≥3120	≥4000	≥4800	≥5600
	2%	≥720	≥1600	≥3120	≥4000	≥4800	≥5600	≥6400
	3%	≥1480	≥3120	≥4800	≥6400	≥6800	≥7200	≥7600
	4%	≥2640	≥4800	≥6000	≥7200	≥8400	≥8800	≥9600
	5%	≥4400	≥6000	≥7200	≥8000	≥9200	≥10400	≥12000

注 1. 本表摘自《软式透水管》(JC 937—2004)。
2. 钢丝直径可加大并减少每米的圈数，但应保证能满足耐压扁平率的要求。
3. 圆球顶破强度试验与 CBR 顶破强力试验只需进行其中的一项，FH50 由于滤布面积较小，应采用圆球顶破强度试验，FH80 及以上建议采用 CBR 顶破强力试验。

E.2 塑料盲沟性能指标

MF 型塑料盲沟指标见附表 E-2。

附表 E-2　　MF 型塑料盲沟性能指标表

项目 \ 型号		长方形断面				圆形断面				
		MF0730	MF1435	MF1550	MF1235	MY60	MY80	MY100	MY150	MY200
外形尺寸（宽×厚）/(mm×mm)		70×30	140×35	150×50	120×35	ϕ60	ϕ80	ϕ100	ϕ150	ϕ200
中空尺寸（宽×厚）/(mm×mm)		≥40×10	≥40×10×2	≥40×10×2	≥40×10×2	ϕ25	ϕ45	ϕ55	ϕ80	ϕ120
重量/(g/m)		≥350	≥650	≥750	≥600	≥400	≥750	≥1000	≥1800	≥2900
空隙率/%		≥82	≥82	≥85	≥82	≥82	≥82	≥84	≥85	≥85
抗压强度/kPa	扁平率 5%	≥60	≥80	≥50	≥70	≥80	≥85	≥80	≥40	≥50
	扁平率 10%	≥110	≥120	≥70	≥110	≥160	≥170	≥140	≥75	≥70
	扁平率 15%	≥150	≥160	≥125	≥130	≥200	≥220	≥180	≥100	≥90
	扁平率 20%	≥190	≥190	≥160	≥180	≥250	≥280	≥220	≥125	≥120

HM 型塑料盲沟性能指标见附表 E-3。

附表 E-3　　HM 型塑料盲沟性能指标表

规格与性能		矩形盲沟（HMF）			圆形盲沟（HMY）					
		0730K	1435K	1550	60K	80K	100K	120K	150K	200K
外向尺寸（宽×厚）/(mm×mm)		70×30	140×35	150×50	60	80	100	120	150	200
中空尺寸（宽×厚）/(mm×mm)		30×10	40×10×2	—	ϕ20	ϕ45	ϕ45	ϕ50	ϕ70	多孔
单位长度质量/(g/m)		377	665	986	440	803	1105	1490	2039	2990
孔隙率/%		82	85.5	87.5	82.9	82	85	85	88	89.5
抗压强度/kPa	压缩率（5%）	206	83	51	45	171	99	48	49	48
	压缩率（10%）	389	123	81	87	264	174	85	81	68
	压缩率（15%）	491	165	128	130	342	222	110	107	88
	压缩率（20%）	557	194	164	174	424	272	140	131	111
通水量/(m³/h)	通水量计算式	$Q=6.12\times H^{0.6042}$	$Q=15.84\times H^{0.5737}$	$Q=10.98\times H^{0.888}$	$Q=6.12\times H^{0.5371}$	$Q=198.8\times H^{0.531}$	$Q=19.44\times H^{0.5303}$	$Q=31.32\times H^{0.533}$	$Q=56.88\times H^{0.4688}$	$Q=86.4\times H^{0.5251}$
	水力坡降 $i=0.1$	1.001	2.84	0.629	1.224	4.03	4.0	6.338	13.945	17.92
	水力坡降 $i=0.05$	0.659	1.913	0.415	0.844	2.792	2.749	4.38	10.098	12.453
	水力坡降 $i=0.01$	0.249	0.761	0.099	0.356	1.188	1.171	1.856	4.750	5.349
	水力坡降 $i=0.005$	0.164	0.551	0.054	0.245	0.822	0.811	1.283	3.433	3.717
	水力坡降 $i=0.001$	0.062	0.203	0.013	0.103	0.349	0.345	0.543	1.615	1.596

注　Q 为通水量，m^3/h；H 为换算标准试验水头损失，$H=iL$，i 为设计水力坡降，L 为标准试件长度，m，除了 HMF1550 型其 L 为 0.4m 外，其余型号 L 均为 0.5m。

E.3 塑料排水板性能指标

某型塑料排水板性能指标参数见附表 E－4。

附表 E－4　　　　某型塑料排水板性能指标参数表

项目 \ 打入深度 L/m		10	15	20	25	备　注
材质	芯带	聚乙烯、聚氯乙烯、聚丙烯				
	滤膜	涤纶、丙纶等无纺织物				单位面积质量宜大于 85g/m^2
断面尺寸	宽度/mm	>95				
	厚度/mm	>3				
整带抗拉强度	kN/10cm	>1.0	>1.0	>1.2	>1.2	延伸率为 10%的强度
透水能力 q_w/(cm^3/s)		满足工程设计要求				
滤膜的抗拉强度/(kN/m)	干	1.5	1.5	2.5	2.5	延伸率为 10%的强度
	湿	1.0	1.0	2.0	2.0	延伸率为 15%的强度
滤膜渗透反滤特性	渗透系数 k_g/(cm/s)	$k_g>1\times10^{-4}$，$k_g>100\times k_s$				k_g 为滤膜渗透系数；k_s 为地基土渗透系数
	等效孔径 O_{95}/mm	<0.08				
抗压屈强度/kPa	带长小于 15cm	250				
	带长大于 15cm	350				

E.4 出 水 量 估 算

E.4.1 管井出水量计算

（1）位于补给、排泄边界之间的潜水完整井，见附图 E－1，当 $S\leqslant0.5H$ 时，可采用下式估算单井出水量：

$$Q=\frac{1.366K(H^2-h^2)}{\lg\left[\frac{2b}{\pi r}\cos\frac{\pi(b_1-b_2)}{2b}\right]} \tag{附 E－1}$$

$$b=b_1+b_2 \tag{附 E－2}$$

$$H=\frac{H_1+H_2}{2} \tag{附 E－3}$$

式中：Q 为单井出水量，m^3/d；H 为潜水含水层厚度，m；r 为管井的半径，m；K 为渗透系数，m/d；h 为管井中水深，m；b_1 为管井中心至排泄边界距离，m；b_2 为管井中心至补给边界距离，m。

（2）圆形补给边界的潜水非完整井，见附图 E－2，当 $l<0.3H$ 时，可采用下式估算单井出水量

$$Q=1.366KS\left(\frac{l+S}{\lg\frac{R}{r}}+\frac{l}{\lg\frac{0.66l}{r}}\right) \tag{附 E－4}$$

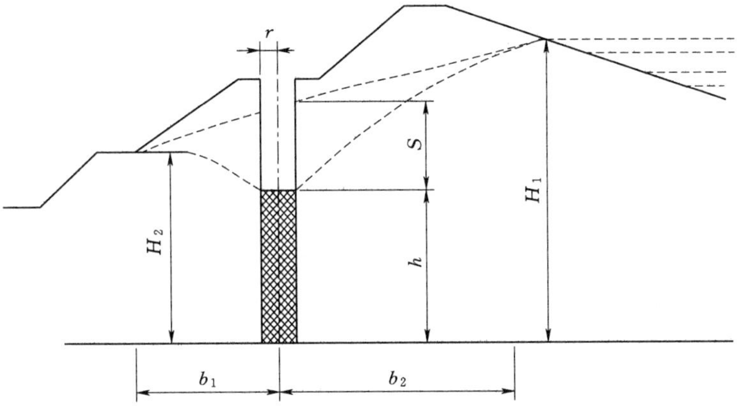

附图 E-1　潜水完整井单井出水量计算示意图

式中：S 为水位降深，m；R 为影响半径，m；l 为滤水管工作部分长度，m。

（3）井群呈直线排列时的潜水非完整井，可采用下式估算单井出水量

$$Q=\pi KS\left[\frac{2h-S}{2.3\lg\frac{a}{\pi r}+1.57\frac{R}{a}}+\frac{2T\beta}{(1+\beta)N}\right] \quad (附E-5)$$

$$N=2.3\lg\frac{a}{\pi T}+1.57\frac{R}{a} \quad (附E-6)$$

$$\beta=\frac{N}{\zeta_0} \quad (附E-7)$$

$$\zeta_0=\frac{1}{2\bar{h}}\left(4.16\lg\frac{4T}{r}-A\right)-3.18 \quad (附E-8)$$

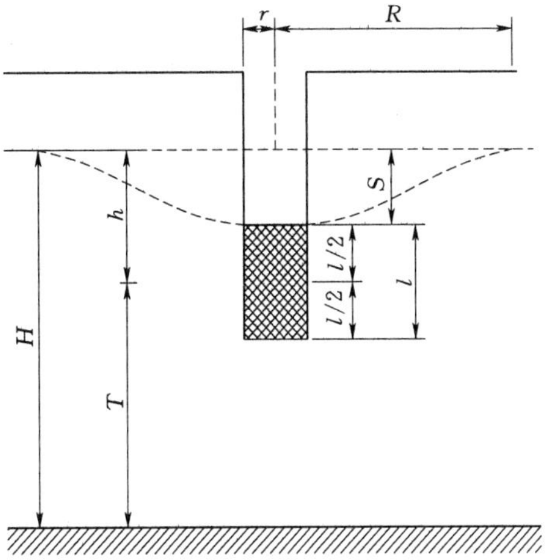

附图 E-2　潜水非完整井单井出水量计算示意图

$$\bar{h}=\frac{l}{2T} \quad (附E-9)$$

$$h=S+\frac{l}{2} \quad (附E-10)$$

$$T=H-h \quad (附E-11)$$

式中：a 为两井间距的 1/2，m；A 为与 $\bar{h}$ 有关的系数，可采用附表 E-5 的数值。

附表 E-5　　A 与 $\bar{h}$ 的关系系数

$\bar{h}$	0.05	0.1	0.2	0.3	0.4	0.5	0.6	0.7	0.8	0.9	1.0
A	8.0	7.0	5.0	4.0	3.2	2.5	2.0	1.5	1.0	0.5	0

E.4.2　辐射井出水量估算公式

（1）如附图 E-3 所示，根据单根排渗管的排渗量估算辐射井出水量：

$$Q=\alpha qn \quad (附 E-12)$$

$$q=\frac{1.366K(H^2-h_o^2)}{\lg R-\lg(0.75l)} \quad (附 E-13)$$

当 $h_r>h_o$ 时

$$q=\frac{1.366K(H^2-h_o^2)}{\lg R-\lg(0.25l)} \quad (附 E-14)$$

式中：Q 为辐射井总出水量，m^3/d；K 为渗透系数，m/d；q 为单根排渗管出水量，m^3/d；n 为排渗管的根数；l 为单根管长度，m；H 为潜水含水层厚度，m；h_o 为动水位以下含水层厚度，m；R 为影响半径，m；α 为系数，按附图 E-4 确定。

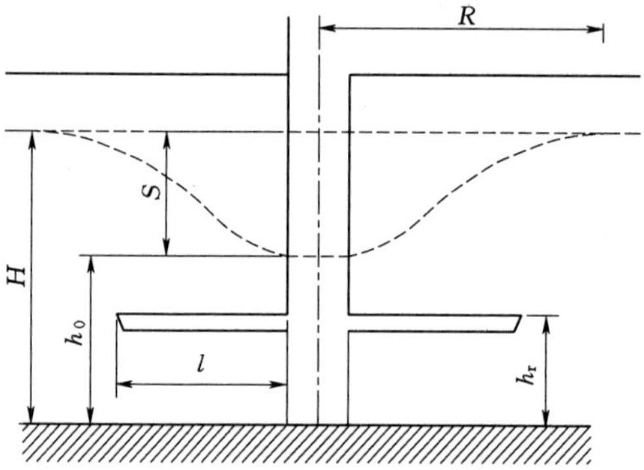

附图 E-3 辐射井出水量估算图示

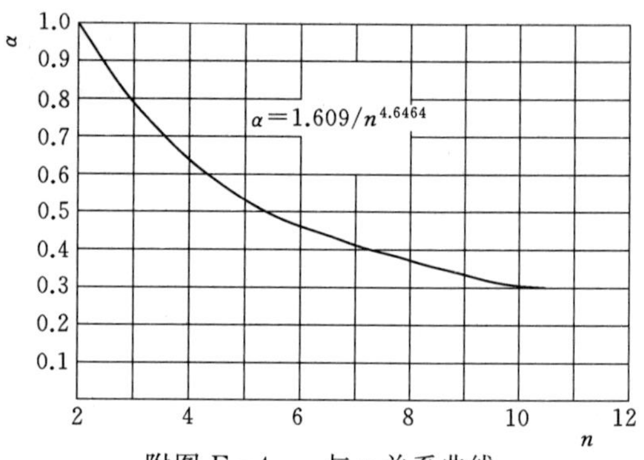

附图 E-4 α 与 n 关系曲线

（2）经验公式计算：

$$Q=A(Hh_r)^{\frac{1}{2}}(KL)^{\frac{1}{3}}S^{0.8} \quad (附 E-15)$$

式中：h_r 为排渗管轴线至不透水层底板之间的距离，m；S 为水位下降值，m；A 为按 $\frac{h_r}{H}$ 比值确定的系数，按附图 E-5 确定。

（3）瞿兴业公式（渗水管法）：

$$Q=nK(R_0-r)\frac{H-H_w}{\varphi} \quad (附 E-16)$$

$$H=H_w+(H_0-H_w)\frac{1-e^{-\alpha(R_0-r)}}{\alpha(R_0-r)} \quad (附 E-17)$$

$$\varphi=\frac{1}{\pi}\ln\frac{1}{\sqrt{\left(\sin\frac{\pi\Delta H}{2H}\right)^2-\left[\sin\frac{\pi}{2H}\left(\Delta H-\frac{d}{2}\right)\right]^2}}+\frac{b}{8H}+\frac{H-\Delta H}{b}\left(1+\frac{H-\Delta H}{2H}\right)$$

(附 E-18)

$$b=\frac{1}{2}\tan\left(\frac{\theta}{2}\right)R \quad (附 E-19)$$

$$\alpha=\frac{1}{R_2-R_1}\ln\frac{H_2-H_w}{H_1-H_w} \quad (附 E-20)$$

$$R=R_0-\frac{1}{\alpha}\ln\frac{H_0-H_w}{H_1-H_w} \quad (附 E-21)$$

$$H_x = H_w + (H_0 - H_w) e^{-\alpha(R_0 - r)} \qquad (附 E-22)$$

式中：H 为辐射渗水管全程水位平均高度，m；H_x 为降落曲线坐标公式，距集水竖井中心距离 x 处的水位高度，m；H_w 为集水竖井中水位高度，m；H_0 为辐射渗水管端点处的水位高度，m；H_1、H_2 分别为距集水竖井 R_1、R_2 处的水位高度，m；R_1、R_2 分别为距集水竖井较近和较远处观测孔的距离，m；R_0 为辐射渗水管端点距集水竖井中心的距离，m；Q 为辐射井总出水量，m^3/h；α 为待定系数；r 为集水竖井半径，m；n 为辐射排渗管根数；θ 为相邻两辐射管夹角，(°)；ΔH 为辐射渗水管中心与隔水底板间高差，m；d 为辐射渗水管直径，m。辐射井计算公式中 H、H_x、H_w、H_0、H_1、H_2 均为从集水竖井底起算的高度。

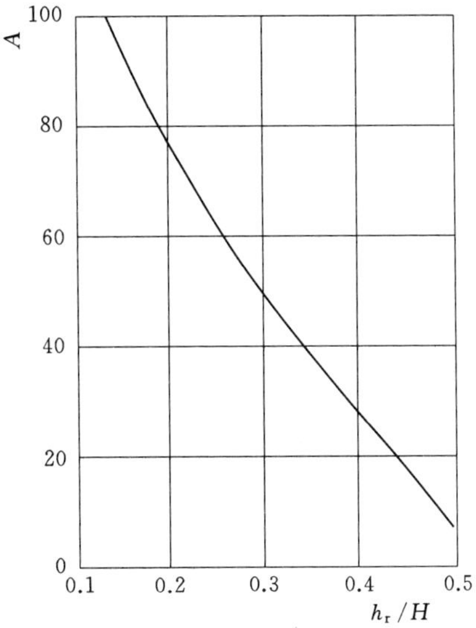

附图 E-5　A 与 h_r/H 关系曲线

参　考　文　献

[1]　《尾矿设施设计参考资料》编写组. 尾矿设施设计参考资料 [M]. 北京：冶金工业出版社，1980.

[2]　沃廷枢. 尾矿库手册 [M]. 北京：冶金工业出版社，2013.

[3]　关志诚. 水工设计手册：第六卷 土石坝 [M]. 北京：中国水利水电出版社，2014.

[4]　土工合成材料工程应用手册编写委员会. 土工合成材料工程应用手册 [M]. 2 版. 北京：中国建筑工业出版社，2000.

[5]　王正宏，包承纲，崔亦昊，等. 土工合成材料应用技术知识 [M]. 北京：中国水利水电出版社，2008.

[6]　金松丽，徐宏达，张伟，等. 尾矿坝排渗技术的研究现状 [J]. 现代矿业，2012，28 (7)：35-38.

[7]　房志龙，李征，牛雨晨，等. 尾矿库虹吸井排渗设计探讨 [J]. 金属材料与冶金工程，2013，41 (4)：44-47.

[8]　Luettich S M, Giroud J P, Bachus R C. Geotextile filter design guide [J]. Geotextiles & Geomembranes, 1992, 11 (4-6): 355-370.

[9]　于华，张永山. 砂砾料反滤层与土工织物反滤层施工要点 [J]. 黑龙江水利科技，2011，39 (1)：259-259.

[10]　董泽平. 土工织物在均质土坝反滤体施工中的应用 [J]. 广西水利水电，2006 (3)：62-65.

[11]　何同庆. 尾矿库的垂直水平联合排渗 [J]. 采矿技术，2002，2 (1)：37-39.

[12]　朱一涵. 尾矿堆积坝井、管组合排渗施工技术 [J]. 工程勘察，1994 (3)：22-24.

[13]　付文堂，李湘滨，李恒军，等. 浅谈尾矿坝排渗管的埋设 [C] //2010 年第三届尾矿库安全运行技术高峰论坛论文集，2010.

第18章 边坡、挡墙排水反滤设计与施工

18.1 概 述

边坡及挡墙工程中常需布置排水和反滤措施，土工合成材料凭借其良好的透水性和过滤性等工程特性得到了广泛应用。

边坡工程中往往需要在土体中或其边沿设置一些排水反滤材料，以利土中水的排出，从而降低和控制土中水位，加速减小土中的超静水压力和控制水流渗出位置，增加边坡和土体的稳定性（图18.1-1）。过去排水材料一般用砂石料，现在可用土工合成材料来代替或结合使用。

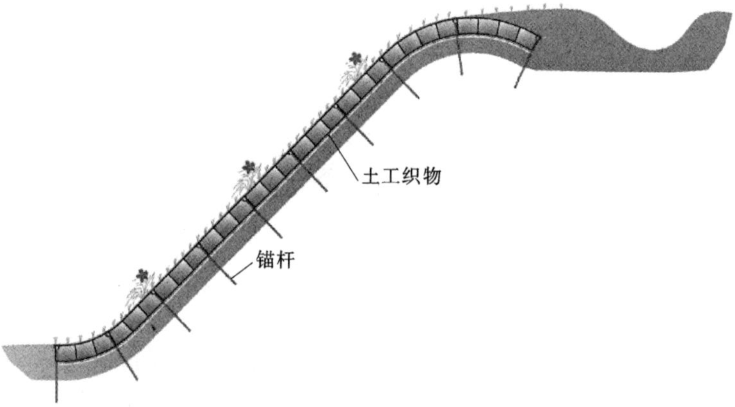

图18.1-1 土工织物在边坡排水、反滤工程中的应用示意图

挡土墙中用土工织物代替砂粒料作为排水反滤材料可以将排水骨料与回填土隔离，并把土中的水分汇集在织物之内，沿着织物平面排出，同时阻止土颗粒的过量流失（图18.1-2）。

18.1.1 排水反滤结构型式及特点

18.1.1.1 边坡排水反滤结构型式及其特点

边坡排水结构可采用无纺土工织物，当需要排水能力较大时，可采用复合排水材料和结构（如排水沟、排水管、软式排水管、缠绕式排水管或塑料排水带等）。短程排水和排水量较小时，宜采用包裹式排水暗沟；长距离排水和排水量较大时，宜采用排水暗管。

从排水类别来分，边坡排水设施分为地表排水设施和地下排水设施。边坡地表排水设施主要包括截水沟、急流槽、边沟、排水沟等形式。

截水沟是设置在路堑边坡坡顶以外、高边坡平台上或者山坡路堤上方的适当位置，用以拦截和排除路基上方自然斜坡流向路基的地表径流，防止水流冲刷和侵蚀挖方边坡和路

堤坡脚的沟渠，截水沟应做好防渗反滤措施（图 18.1－3）。

急流槽的作用是将截水沟或坡顶水流引向坡脚、排出坡面，主要用于路堑边坡坡面排水（图 18.1－4）。急流槽的结构稳定和耐久性十分重要，在设计时特别注意下部底座的稳定性。特别是对于土质松散和坡积层较厚的地方，应做好防冲、防渗措施，否则，极易造成急流槽的损坏。

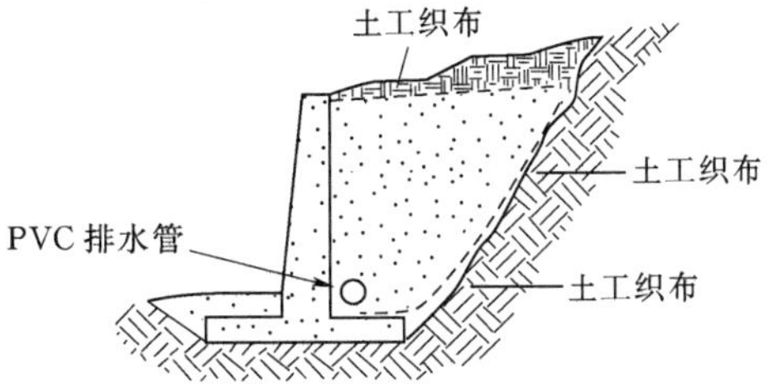

图 18.1－2　土工织物在挡墙排水、反滤工程中的应用示意图

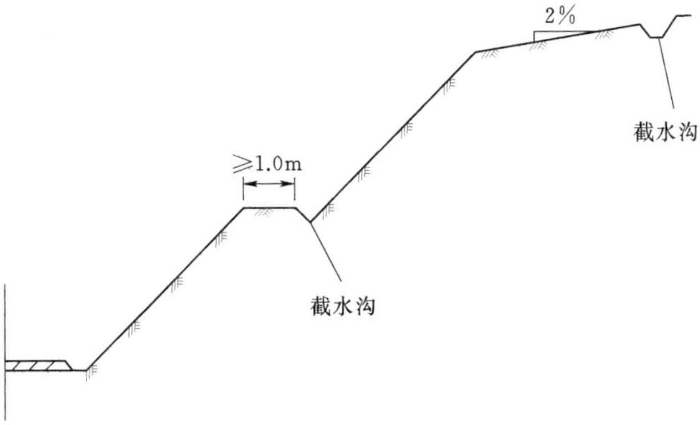

图 18.1－3　截水沟布置示意图

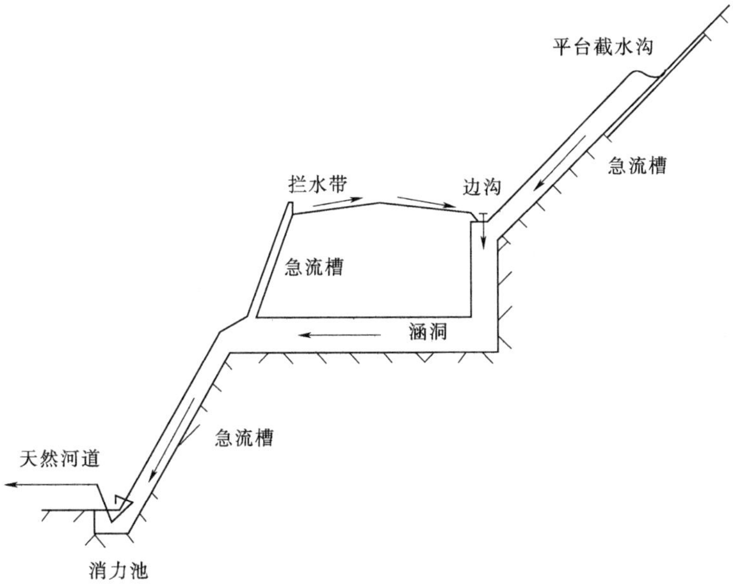

图 18.1－4　急流槽示意图

边沟是设置在挖方路基的路肩外侧或低路堤的坡脚外侧，用以汇集和排除路基范围内

流向路基的少量地面水，包括路面、路肩、边坡坡面上流下的地表水。边沟的断面型式有三角形、碟形、梯形或矩形等。边沟出现较多的问题有：边坡碎落土石阻塞边沟、地下水位较高的挖方路段地下水从边沟薄弱处涌出、边沟与急流槽衔接不当产生冲刷或边沟渗漏破坏，因此需要做好防渗反滤措施。

排水沟是用来引出路基附近低洼处积水的人工沟渠，在路堤边坡坡脚或公路下边坡与自然斜坡交接处，排水沟用以防止坡面排水出口、边沟出口的集中冲刷，汇集水流并排入自然溪沟。排水沟容易出现的问题是排水沟在承接边沟的一段纵坡较大又位于填方边界处，易出现基底不密实而变形破裂或冲刷破坏。而排水沟的出口易冲刷破坏，与涵洞衔接时也应注意水流干扰问题。路堑边坡或滑坡体内的地下水，宜在仰斜泄水钻孔中插入软式透水管或带孔塑料渗水管引排。

排水管是一种新型的排水措施，相对于传统的沟渠有很多的优点。我国目前的坡面急流槽多采用浆砌片石砌筑，具有造价低的特点。但急流槽或排水沟往往由于基础的失陷出现破裂和毁坏，有些涵洞也由于进、出口难以处理而发生破坏。为解决这一问题，在设计时可考虑使用 PVC 管和土工布结合作为整体式的排水反滤体。

边坡地下排水设施主要包括暗沟、渗沟、盲沟、坡体疏干孔（平孔）、排水井、挡土墙背排水等。

暗沟是设置在地面以下引排集中水流的沟管，无排渗水和汇水功能。在施工过程中，应防止泥土或砂砾落入沟槽或泉眼，以免堵塞。暗沟顶应铺筑碎石或砾石，上填砂砾。塑料盲沟是新兴的暗沟型式，具有较好的应用前景。

渗沟通常设置在边坡内。渗沟按结构型式的不同可分为填石渗沟、管式渗沟和洞式渗沟，均由排水层（石缝、管或洞）、反滤层和封闭层组成。渗沟的损坏主要是淤堵，它受渗沟纵坡、填料是否清洁、反滤层施工质量等因素控制。近些年，土工布得以广泛应用，透水土工布代替粒状反滤层或作为反滤层的一部分效果良好。

采用排水平孔排出边坡内的地下水，具有施工方便、工期短、节约材料和人力等特点，是一种经济有效的边坡地下排水措施。排水平孔可以单独使用，也可以与袋装砂井或集水渗井联合使用。可用渗水软管或者 PVC 管代替排水孔。

边坡虹吸排水是一种新型的边坡排水技术，它的排水流量和流动过程由水位变化自动控制，其物理特性非常适合边坡排水的需要（图 18.1－5）。虹吸排水具有免动力实现水体的高效跨越输送的特点，能够适应坡体地下水位变化，并及时排出深层坡体内的地下水。

边坡反滤也是十分重要的保护结构。在排水设施的进水侧应设置反滤层或反滤包。反滤层厚度不应小于 500mm，反滤包尺寸不应小于 500mm×500mm×500mm（长×宽×高）；反滤层顶部和底部应设厚度不小于 300mm 的黏土隔水层；反滤材料应根据现场情况确定，以保证边坡内水体能被排出而土壤不被大量排出为原则。

18.1.1.2 挡墙排水反滤结构的型式及其特点

挡土墙的排水设施通常由地面排水和墙身排水两部分组成。

地面排水可设置地面排水沟，引排地面水。夯实回填土顶面和地面松土，为防止雨水和地面水下渗，必要时可加设铺砌防水材料。对路堑挡土墙墙趾前的边沟应予以铺砌加

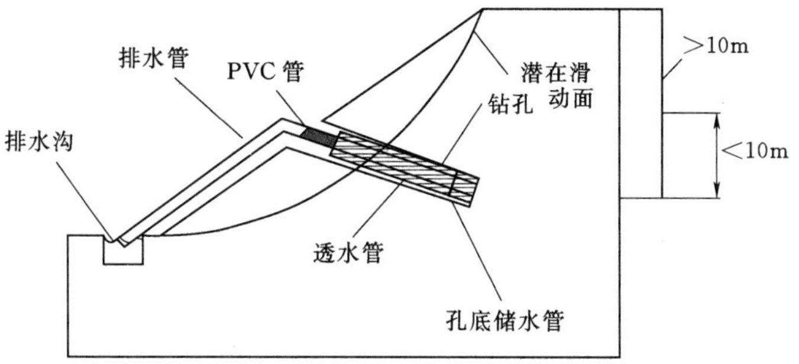

图 18.1-5　虹吸排水系统示意图

固，以防止边沟水渗入基础。

墙身排水主要是为了迅速排除墙后积水。浆砌挡土墙应根据渗水量在墙身的适当高度处布置泄水孔。泄水孔尺寸可视泄水量大小分别采用 5cm×10cm、10cm×10cm、15cm×20cm 的方孔，或直径 5～10cm 的圆孔。为防止水分渗入地基，在最下一排泄水孔的底部应设置 30cm 厚的黏土隔水层。在泄水孔进口处应设置反滤层，以避免堵塞孔道。当墙背填土透水性不良或有冻胀可能时，应在墙后最低一排泄水孔到墙顶 0.5m 之间设置厚度不小于 0.3m 的砂卵石或土工布排水层。

当挡土墙墙前无水或水位较低而墙后水位较高时，可在墙体内埋设一定数量的排水管如图 18.1-6 所示。

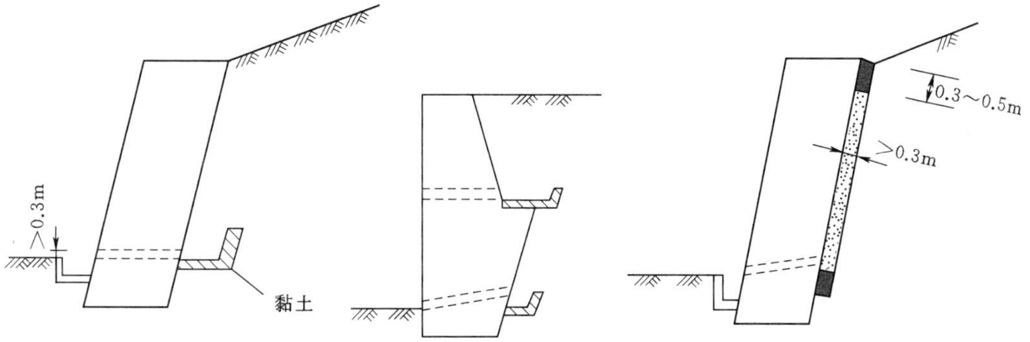

(a) 仰斜墙泄水孔布置　(b) 衡重式挡墙泄水孔布置　(c) 仰斜墙排水反滤布置

图 18.1-6　泄水孔及反滤示意图布置

挡土墙的脚底设置一道纵向排水沟，以汇集挡土墙内排出的墙后地下水。

对于加筋挡墙，当加筋体背后有地下水渗入时，应设置通向加筋体的排水层，排水层可采用砂砾石，厚度不小于 0.5m（图 18.1-7）。

挡土墙作为长期使用的构筑物，为确保墙后排水孔通畅和不被堵塞，孔的进口必须设置反滤层。目前挡土墙泄水孔反滤层设置大体如下：挡土墙墙背根据墙背的岩土、填料类别，设置反滤层及隔水层；凡墙背为土质、软质岩石、含泥质岩石、易风化岩石及填料为细粒土时设置 0.3m 厚的砂砾石作为反滤层；膨胀土地段挡土墙的砂砾石反滤层厚度不小于 0.5m；反滤层顶部与下部设置隔水层。上述反滤层若用土工合成材料时应按土工合成

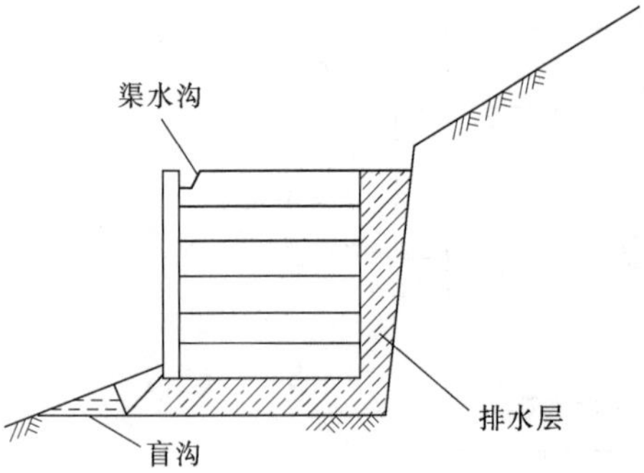

图 18.1-7 加筋挡墙排水反滤示意图

材料反滤的要求进行设置。目前工程中常常采用砂石与土工布联合一起作为反滤结构层来使用，但遇到渗流严重等不良地质条件时，可能存在渗透能力不足或易于变形等情况，应注意如何保证反滤效果长久发挥的问题。

18.1.2 边坡及挡墙排水反滤技术的进展

土工合成材料在边坡及挡墙反滤工程的应用研究已有多年的历史。在发展的过程中，不断有新的、改进的过滤准则被提出，总体趋势是考虑的因素越来越多，主要集中于土工织物的特性、被保护土的性质和反滤系统所受的外部条件等。太沙基建立的反滤层设计准则充分彰显了反滤层的功能和设计原理。反滤层具有滤土和排水的双重功能，是防和排的统一体，既要防止土颗粒不被带走，又要保证渗流畅通无阻地排向坡体和墙体以外。

目前，我国已经初步建立了土工合成材料在边坡及挡墙排水、反滤工程中的基础理论研究、工艺技术及设备、设计准则及标准和施工方法及体系，但仍与其他国家有较大差距。

18.1.3 边坡、挡墙排水反滤设计、施工相关规范

边坡、挡墙排水反滤设计、施工相关规范如下：

(1)《建筑边坡工程技术规范》(GB 50330—2013)。

(2)《铁路路基支挡结构设计规范》(TB 10025—2006)(2009局部修订版)。

(3)《公路土工合成材料应用技术规范》(JTG/T D32—2012)。

(4)《公路路基施工技术规范》(JTG F10—2006)。

(5)《公路排水设计规范》(JTG/T D33—2012)。

(6)《水工挡土墙设计规范》(SL 379—2007)。

(7)《水利水电工程边坡设计规范》(SL 386—2007)。

(8)《土工合成材料应用技术规范》(GB/T 50290—2014)。

(9)《土工合成材料测试规程》(SL 235—2012)。

18.2 排水反滤材料的性质

18.2.1 排水反滤材料的类型

边坡及挡墙排水反滤的土工合成材料多选用土工织物、土工排水管、软式排水管等。

18.2.2 排水反滤材料的基本性质及适用条件

18.2.2.1 自身强度指标

1. 土工织物

土工织物作为重要的反滤材料，在选用前需对其性能进行测试，具体测试内容包括厚度、孔隙率、单位面积质量、等效孔径、抗拉强度、渗透系数、透水率和导水率等。测试方法可参考《土工合成材料测试规程》(SL 235—2012)。

用作排水反滤的无纺土工织物单位面积质量不应小于 300g/m^2，拉伸强度应能承受施工应力，其最低强度应符合表 18.2-1 的要求。

表 18.2-1　　用作排水反滤的无纺土工织物的最低强度要求$^{++}$

强度	单位	$\varepsilon^+<50\%$	$\varepsilon^+\geqslant50\%$
握持强度	N	1100	700
接缝强度	N	990	630
撕裂强度	N	400*	250
穿刺强度	N	2200	1375

注　* 表示有纺单丝土工织物时要求为 250N；ε^+ 代表应变；++为卷材弱方向平均值。

2. 土工排水管

塑料排水管可选用 PVC 管和 PE 管，其抗压强度应大于 0.8MPa，滤水管开孔率宜为 8%～10%。设计前，应对其物理力学特性、通水量与土体摩擦特性等进行详细测试。

软式透水管外观应无撕裂、无孔洞、无明显脱纱，钢丝保护材料无脱落，钢丝骨架与管壁联结为一体。主要指标包括钢丝保护层厚度、尺寸偏差、滤布等，应满足《软式透水管》(JC 937—2004) 相关要求。

深层排水管应具有一定的弹性和伸缩性能，可以承受足够的拉力，并且耐压能力较强，以承受松散土（岩）体的压力。边坡中的深层排水管一般是永久性排水孔，因此对其耐久性要求较高。耐久性主要包括深层排水管中金属结构的防腐蚀性能、塑料或橡胶结构的抗老化性能和排水管防止细小颗粒或泥浆进入并淤塞管道能力等。

3. 塑料盲沟

塑料盲沟自身强度应满足上覆荷载的抗压要求。主要指标包括外形尺寸、孔隙率、重量、抗压强度等。

18.2.2.2 工程性质及适用范围

土工合成排水材料可用于边坡坡面和地下排水、挡墙墙背排水，还可用于公路边坡坡顶截水、边坡平台截排水、坡面排水、局部地段排水等，应用场合十分广泛。土工复合排水材料用于墙（台）背排水时，复合排水材料宜沿整个墙高铺设，以排除填土积水为主时，可不进行有关流量分析计算，一般以 1～2m 的间距沿墙（台）背布设；以排除地下渗流水为主时，应进行有关流量计算，确定排水材料的布设间距和数量。

土工合成材料可以单独使用，也可与其他排水结构配合，形成完善的排水体系，排除地下水、地表水和结构中的多余水分。在排水结构中，当需要考虑土工合成材料的排水能力时，应根据具体的排水结构情况和应用场合，考虑土工合成材料以及和其配合的其他排水材料的排水能力，综合确定排水体的断面尺寸。用于排水的土工合成材料，应有足够的强度抵抗外荷载，其强度应满足《公路工程土工合成材料　排水材料》(JT/T 665—2006) 的要求。应根据其埋设深度和承受荷载选用相应的规格。在荷载作用下，土工合成材料排水截面最大压缩率不应大于 20%。用土工织物包裹碎石作为排水暗沟或渗沟，或用土工织物包裹带孔管件（如塑料管、波纹管、混凝土管、钢管等）以及其他排水材料时，土工织物应满足过滤设计的要求。土工织物包裹的碎石暗沟或渗沟，其尺寸以及布置方式、间距、坡度等根据具体的渗入水量、水力梯度及碎石暗沟的渗透系数按各相关规范的有关规定确定。外包土工织物的带孔管件（如塑料管、波纹管、混凝土管、钢管等）及软式透水管的排水应满足安全储备的要求。

路堑边坡或滑坡体内的地下水，宜在仰斜泄水钻孔中插入软式透水管或带孔塑料渗水管引排。地下水发育地段的路堑挡土墙，可沿墙背斜向平行设置多条软式透水管或塑料渗水管，并与沿墙底纵向设置的较大管径渗水管连接。

各种复合型排水材料的土工织物外套起过滤作用，常用的反滤材料为针刺无纺土工织物。因而应结合周围土料进行过滤设计，必要时可以进行过滤试验，以便选择合适的土工织物。

18.3 排水反滤设计

18.3.1 设计要求及条件

18.3.1.1 设计要求

边坡的排水和防渗系统应包括排除地表水、地下水和减少地表水下渗等措施。地表排水、地下排水与防渗措施宜统一考虑，使之形成相辅相成的防渗、排水体系。一般边坡以外的地表水以拦截和旁引为原则；边坡以内的地表水以防渗、尽快汇集和引出为原则。

坡面排水系统应根据集水面积、降雨强度、历时和径流方向等进行整体规划和布置。边坡影响区内外的坡面（地表）排水系统宜分开布置，自成体系。各类坡面排水沟渠顶应高出沟内设计水面 200mm 以上。

地下排水措施宜根据边坡水文地质和工程地质条件选择，当其在地下水位以上时应采取措施防止渗漏。边坡工程的临时性排水设施，应满足坡面水（含临时暴雨）、地下水和施工用水等的排放要求，有条件时应结合边坡工程的永久性排水措施进行。排水设施的设计应满足使用功能要求，结构安全可靠，便于施工、检查和养护维修。

边坡及挡墙工程反滤应保证排水时带不走边坡或挡墙后的土壤。

18.3.1.2 设计条件

1. 边坡排水与反滤

在进行边坡、挡墙排水反滤设计之前，需根据地勘资料，明确边坡、挡墙的类型及工程要求，详细了解并评价整个边坡、挡墙工程的信息，如边坡土体物理力学指标、排水特性、挡墙后填土特性、水文地质条件、当地雨季、汛期降雨量等信息。同时，需要对工程特性、施工条件、经济因素等多方面进行考量，以做好排水反滤结构的选型准备工作。

多年冻土地区应查明路线经过区域多年冻土的特性及水文地质等情况，给排水设计提供翔实、可靠的资料。对沼泽、冰丘、冰锥、热融湖（塘），应详细调查其范围、规模、发生原因及发展趋势。

膨胀土地区应查明沿线膨胀土分布范围、成因类型、干湿影响区、土体的结构层次、膨胀等级、地下水分布及埋藏条件等情况，给排水设计提供翔实、可靠的资料。要充分考虑到膨胀岩土的特性，防止岩石风干脱水崩解，吸水膨胀软化。采取综合治理的方法治理边坡。

黄土地区应查明路线所处地貌单元及地表水、地下水和各种不同地层黄土的类型和湿陷等级等情况，给排水设计提供翔实、可靠的资料。

盐渍土地区应查明路线经过区域盐渍土的分布范围、含盐类型和分级及地下水与地表水等情况，给排水设计提供翔实、可靠的资料。

选用虹吸排水时，为了实现边坡地下水位的有效控制，在构建边坡虹吸排水系统时，首先要调查分析边坡的工程地质条件，了解边坡地下水的补给、径流及排泄方式。确定边坡的地下水位线及降雨对其的影响关系，找出汇水比较集中的位置。根据边坡的地下水位及汇水量大小，确定虹吸排水孔的位置和数量，可以设置一排或多排虹吸排水孔。

2. 挡墙排水与反滤

挡土墙按其受力条件可分为重力式、半重力式、衡重式、悬臂式、扶壁式、空箱式、板桩式、锚杆式或加筋式等断面结构型式。采用土工合成材料对挡土墙进行反滤和排水时，应根据场地情况、地基条件和墙前、墙后水位差等因素，结合所属建筑物的总体布置要求，合理选择材料，进行系统设计，并与其他相关设施一起共同构成完善的反滤和排水系统。

用于反滤的土工织物，应满足挡土、保持水流通畅（透水）和防止淤堵等三方面的要求。用于包裹碎石盲沟和渗沟的土工织物和墙后的土工织物，应按反滤设计要求进行选择。应根据挡土墙排水需求、土工合成材料的排水能力以及与其配合的其他排水材料的排水能力，综合确定排水体的位置、布置方式和结构型式。

18.3.2 排水反滤设施布置

18.3.2.1 边坡

各类坡面排水设施设置的位置、数量和断面尺寸，应根据地形条件、降雨强度、历时、分区汇水面积、坡面径流量、坡体内渗出的水量等因素计算分析确定。

1. 道路边坡

道路边坡地表排水设施主要包括截水沟、跌水与急流槽等，地下排水设施主要包括明沟、暗沟、渗沟、盲沟、坡体疏干孔（平孔）、排水井、挡土墙背排水等，详见图 18.3-1。

挖方路段主要由截水沟、平台沟及边沟组成，填方路段主要由排水沟和涵洞组成。截水沟、平台沟与边沟之间设急流槽，槽底粗糙，起到消能减速的作用，填挖交界较陡处通过急流槽引导边沟水流入排水沟或天然河沟。边沟下设排水盲沟，内置纵向软式透水管，将渗水排出路基。边沟渐进段设置窨井，以急流槽或跌水的方式连接。

将截水沟、边坡附近低洼处汇集的水引向边坡范围以外时，应设置排水沟。在设置边沟底部时，必须设置上下式的排水碎石盲沟，使沟底部的排水性良好。排水沟应设置在路堤两面护坡道的外侧上。

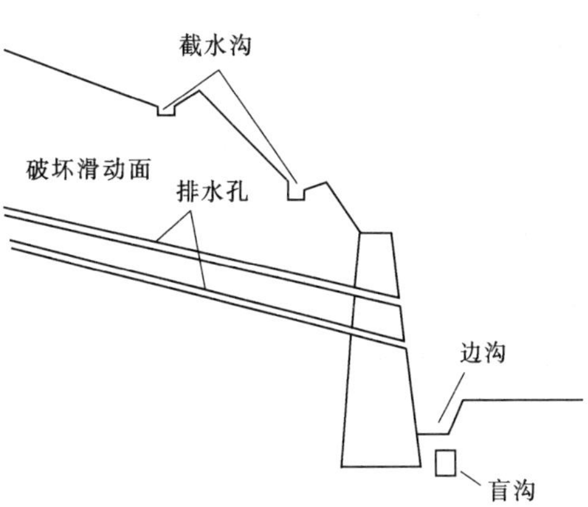

图 18.3-1 道路边坡常用排水反滤措施

坡度大于1∶1.5的急流槽应采用管径大于20cm的PVC管道，布置位置与急流槽相同，同时设置反滤层。

需将泉水引出并排除时，可在泉眼和出水口之间开挖沟槽。

边坡地下排水设施包括渗沟、仰斜式排水孔等。地下排水设施的类型、位置及尺寸应根据工程地质和水文地质条件确定，并与坡面排水设施相协调。若道路边坡为土质路堑边坡，坡体的含水量很大（或有上层滞水）而易产生坡体滑动时，可在坡体内设置条形、分岔形或拱形边坡渗沟（或以排水管代替）以疏干坡体，或者设置水平排水孔以降低坡体内的静水压力。

仰斜式排水孔是排泄挖方边坡上地下水的有效措施，当坡面上有集中地下水时，采用仰斜式排水孔排泄，且成群布置，能取得较好的效果。排水平孔的位置和数量应视地下水分布情况及地质条件而定。在平面上，平孔可布置成平行排列或扇形放射状，方向应与潜在滑动面方向一致，以免因坡体滑动而破坏；在立面上，排水平孔应布置在地下水集中处。排水平孔一般应穿过潜在的滑动面，间距一般采用5～15m。最佳的排水孔方向应是排水量最大或者最易降低地下水位的方向，即应该是穿过最多最宽裂隙的方向。

浅层排水主要是针对地下水埋藏浅或无固定含水层地常设渗沟、盲沟。深层排水最常见的方式是泄水孔，呈梅花形布设，一般间距为2～3m，遇渗水区可适当加密。其进出口周围应采用塑料网袋装级配碎石填筑，防止细粒土堵塞管道。水平排水孔、排水洞及竖井也可用于深层排水。当距离坡面较远处存在富水区（一般是破碎带等软弱带）内或（潜在）滑动面（带）附近的地下水时，可设置深层排水管，一般采用软式透水管进行深层排水。

管式渗沟等通常设置在边坡体内，用于排除地下水较长的路段，其埋置深度视边坡潮湿土层的厚度而定，若渗沟过长时，需设置横向汇水管，应由排水管、反滤层和封闭层构成。边坡渗沟间距取决于地下水的分布、流量和边坡土质特性等因素，一般采用6～10m。沟底纵坡取决于设计流速，一般不大于1.0m/s，沟底坡度不小于0.5%。

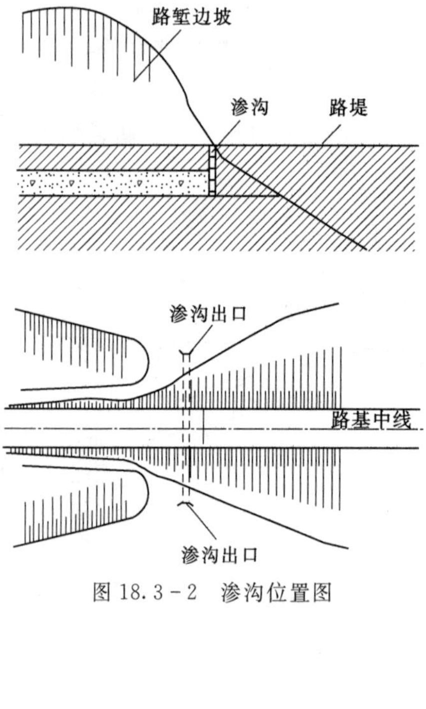

图18.3-2 渗沟位置图

在边坡和路基之间布置一条盲沟，用于拦截边坡渗流进入路基，在盲沟迎水一侧设置反滤层，另一侧设置隔水层。在边坡两侧边缘与路基交界处设置两条横向盲沟，用以拦截坡体内向边缘路基流动的地下水，从而保证坡体外路基经常处于干燥状态。在盲沟背离坡体的一侧需要做防渗处理，埋深及断面型式同纵向盲沟。渗沟位置详见图18.3-2。

当地下水位较高，潜水层埋藏不深时，可设置排水沟和暗沟用于截流地下水及降低地下水位。沟底宜埋入不透水层内。排水沟可兼排地表水。

边坡上若需要铺设种植土时，应将土工织物

铺设于种植土与排水层之间，起到隔离和防渗的作用，使具有一定压力的裂隙水不得在种植土下形成压力水，而由排水层排出，其隔离作用使降雨和绿化用水不能流入边坡内部。土工织物和植被位置详见图 18.3-3。

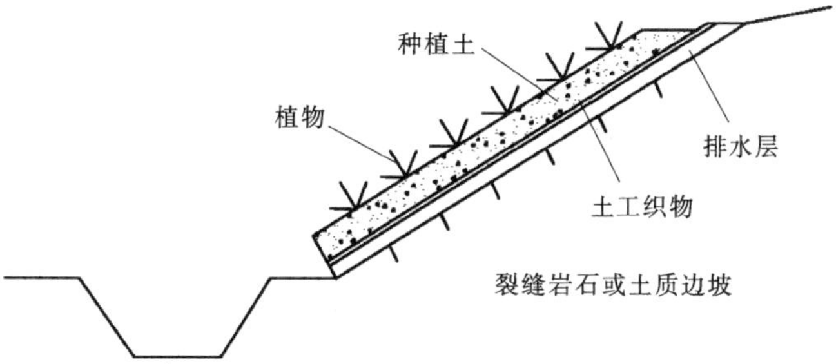

图 18.3-3 土工织物和植被位置图

2. 一般天然土质边坡

天然土质边坡一般在坡顶设置截水沟，坡脚设排水沟，坡面两端分别设置二条跌水管，连接坡顶截水沟和坡脚排水沟。山顶雨水汇入截水沟，经两端跌水管流入坡脚水沟，再入雨水井。其他设施布置及相关规定同道路边坡。

可根据边坡的区域汇水面积大小、历史降雨量及其降雨的时间分布、边坡土质因素及坡体地下水位控制要求等选用虹吸排水。

3. 多年冻土地区边坡

对于多年冻土地区边坡的排水反滤设施，除了满足普通边坡的要求外，还需要求排水设施宜远离路基坡顶或坡脚，必要时应采取防渗、防冻及保温措施。采用 PVC 管或其他土工织物时，应充分考虑冻融对材料的影响。铺砌的排水设施底部宜设置灰土、三合土垫层或铺设复合土工膜，防止冲刷和渗漏。对出水口应采用保温措施。边坡上挖设树型排渗水沟槽，在排渗水沟槽内布设排水土工材料。一般冬季应用防寒材料将坡面外的排水管包好。

4. 膨胀土地区边坡

地表排水设施宜采用预制拼装结构，并做好接缝防渗隔水。防渗可采用防水土工布（膜）等。当坡面上无集中地下水，但土质潮湿、含水量高，如高液限土、红黏土、膨胀土边坡，设置渗沟能有效排泄坡体中的地下水，提高土体强度，增强边坡稳定性。可选用填石渗沟、管式渗沟、边坡渗沟、无砂混凝土渗沟。

5. 黄土地区边坡

根据湿陷性黄土的特性及黄土地区公路排水设施的破坏机理，在工程实践中主要应注意做到减少黄土因水持续作用导致的湿陷性破坏和水的强力作用导致的冲刷破坏。总体来说，就是以消能防渗为主要，在实践中应因地制宜，选择合适的方式和措施。

（1）消能减冲措施。

1）消力池和消力坎。这两种构造措施可以配合使用。在沟渠出口或其与下游排水构造物的衔接处设置消力池，使下游产生底流式水跃，减少冲刷。消力坎位于渠槽底部，靠水跃产生的表面旋滚及旋滚与底流间的强烈紊动、剪切和掺混作用，达到消能的效果。同时，要注意这两者自身结构的稳定性。

2）跌坎。在比较陡峭的斜坡上的冲沟里可以设置多级跌坎，保证上游平顺进流、下游充分效能，同时也要保证沟渠的边缘提升到足够高度，以使水在沟渠里不溢出。

3）散流。排水沟渠中水流的冲刷能力一般与水流的流量和坡长成正比。为了尽量减少水流的冲刷，设计中应避免长距离坡面排水沟，而采用分段截流的方式。对于水流的出口处，也可以通过设计成“八”字形，以避免水流集中。同时将坡度减缓，加大水槽的粗糙度，以降低水的流速，进而减少冲刷。

4）加糙。根据水力学理论，排水沟槽中，水流的动能与流速的平方成正比。可以通过增加沟渠底部粗糙度的方式来降低水流速度，进而到达消能的效果。工程上常用的加糙的方法有交错设置式、梅花式方格、单一式“人”字形横条和复式人字形横条等，可根据实际需要灵活使用。

5）挑流和射流。对于流速较大、流量较多的沟渠出口，可以采用挑流或射流的方式。可选用PVC管、水泥预制管、铸铁管、钢槽等材料，将沟渠向外挑出黄土路基或坡脚1～2m，使水流远离路基，直接排入下游沟谷或天然河道。

（2）黄土湿陷性预防对策。

1）沟槽防渗。可以采用新型防排水材料，此外，如果继续采用浆砌片石、浆砌块石，可以在其下方铺垫砂层，并加铺防水膜，或采用防渗土工布等进行防渗。土工布不仅可以防渗，还可将收集的渗水沿某一方向排出土体。

2）快排水。黄土地区公路排水设计应该尽量减少水与黄土的长时间、大面积接触，遵循“短、频、快”的原则，尽量用大量的、相对较陡的短沟渠及时、迅速地将地表水送出路基范围，避免因形成积水而导致的黄土湿陷性破坏。

3）采用新型排水材料。在黄土地区可以考虑采用新型排水材料（如波纹管、PVC管等）代替浆砌片石。尤其是波纹管，强抗压能力和良好的挠曲性能使其具有可适应土壤的不均匀沉降等优点，非常适合作为新型排水材料。

6. 岩体边坡

岩体边坡应设置地表截防排水系统和山体排水系统。后者包括山体排水洞和排水洞中布设的排水孔，是排水系统的主体。排水洞中排水孔应尽可能多地穿越渗透结构面。将排水孔的布设与具体的渗透结构面的分布相结合。

对于顺层岩质边坡、原生结构而倾向于坡而相同的岩质边坡、类土质边坡，可以采用如下截排水方案：坡顶后缘设截水天沟，采用注浆法对张裂隙充填封闭，防止雨水入渗；坡面设仰斜排水孔，将入渗的地下水及时排出；以及降低坡率等措施。

7. 人工堆山边坡

人工堆山边坡可选用在马道内侧设置截水沟用于排除地面水，选用土工排水管排除坡面以下水，并将排水管与截水沟相连。排水管及截水沟均需设置较好的反滤结构。

在堆山土与种植土之间应设置土工织物反滤层，并验算边坡稳定。

18.3.2.2 挡墙

挡墙的排水反滤措施应根据实际情况进行布置。

（1）应根据挡土墙墙后渗水量，在墙身合理布置排水构造。重力式、悬臂式和扶壁式等整体式墙身的挡土墙，应沿墙高和墙身长设置排水孔，其间距宜为 2.0～3.0m；浸水挡土墙（挡土墙受到浮力作用且墙后土体处于饱和状态）排水孔间距宜为 1.0～1.5m，上下交错布置并应设置向墙外倾斜 3%～5%的孔底坡度。墙背可能积水处，也应设置排水孔。干砌挡土墙可不设排水孔，挡土墙最下排泄水孔的底部应高出地面 0.3m，若为浸水挡土墙，应设于常水位以上 0.3m。排水孔的进水侧应设置反滤层。在最下排泄水孔的底部，应设置隔水层。当墙背填料为非渗水性土时，应在最底排泄水孔至墙顶以下 0.5m 的高度区间内，填筑不小于 0.3m 的厚砂、砾石竖向反滤层或者土工合成材料反滤层，反滤层的顶部应以 0.3～0.5m 厚的不渗水材料封闭。

墙背填土排水条件是影响主动土压力的重要因素，所以要求在墙身上均匀设置带有排水坡度的排泄水构造，以导引填料中的水分通畅排出。要求排泄水孔进口设置反滤层，是为了保证排水孔既不被堵塞，又阻止细颗粒填料被流水带走。根据已建挡土墙的实践经验，只要在排水孔进口处填上体积为 0.1m^3 的正立方体砂夹卵石或砾石料，就能形成反滤层的功能。对于墙后填料排水不良者，填筑竖向反滤层可防止墙后产生静水压力，当可能发生冻胀时，尚可减轻填料对墙背的冻胀力，同时也起到排水孔进口处的反滤层作用。

(2) 土工合成材料用于墙（台）背排水时，土工复合排水材料宜沿整个墙高铺设（图 18.3-4）。以排除填土积水为主时，土工复合排水材料可满铺或以 1～2m 的间距沿墙（台）背布设；铺设时土工复合排水材料应采取合适的方式固定于墙背。以排除地下渗流水为主时，应通过流量计算来确定排水材料的布设间距和数量。

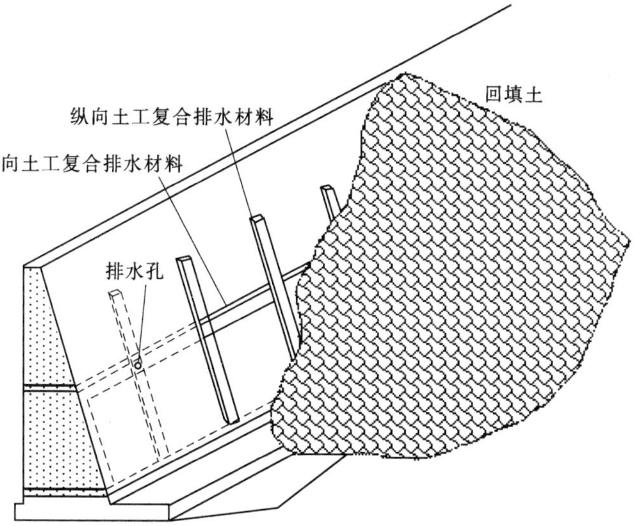

图 18.3-4　墙（台）背排水

(3) 挡土墙墙趾附近存在地表水源时，应采用地表排水、墙后填土区外设截水沟、填土表面设隔水层、墙面涂防水层、排水沟防渗等隔水、排水措施，防止地表水渗入挡土墙的填料中。

设置排、截水设施和坡面防护，可将挡土墙范围以外的水，在流入挡土墙前排出，以减少墙背填料的渗入水源。在严寒地区或有侵蚀性水源作用时，为防止对墙身造成冻害或腐蚀，常在临水面涂防水层加以保护，一般石砌挡土墙先涂 20mm 厚水泥砂浆，再涂 2～

3mm 的热沥青作为防水层。混凝土挡土墙的防水层为热涂两层 2～3mm 的热沥青。钢筋混凝土挡土墙可用两层沥青浸麻布作为防水层。当墙趾处地下水发育时，为防止地下水侵入，也可在填土层下设渗沟、集水管等构造，以收集和排出地下水。

（4）需要在挡土墙上开孔设置涵洞时，应对挡土墙墙身及基础进行补强与防水处理，并采取有效措施，防止涵洞渗漏及保证填料排水通畅。

在挡土墙上设置涵洞时，墙体成为涵洞的洞口建筑，但对于所在区段的挡土墙而言，则减小了其有效受力面积，所以位于洞口附近的墙身需作应力计算，还应合理调整挡土墙的分段长度，保证挡土墙、涵洞的整体稳定性。根据需要，石砌或混凝土挡土墙应布置加固钢筋。一般在洞口外宜设置排水急流槽，以提高墙身的承载能力和防止洞口流水渗入墙体。

18.3.3 设计方法

18.3.3.1 排水设计

（1）排水材料选择应按以下步骤进行：

1）土工织物应符合反滤准则。

2）土工织物的导水率 θ_a，应满足下式要求：

$$\theta_a \geqslant F_s \theta_r \tag{18.3-1}$$

式中：F_s 为安全系数，可取 3～5，重要工程应取大值。

3）土工织物的导水率 θ_a 和工程要求的导水率 θ_r 应按下列公式计算：

$$\theta_a = k_h \delta \tag{18.3-2}$$

$$\theta_r = q/i \tag{18.3-3}$$

式中：k_h 为土工织物水平渗透系数，cm/s；δ 为土工织物在预计现场法向压力作用下的厚度，cm；q 为预估单宽来水量，cm^3/s；i 为土工织物首末端间的水力梯度。

4）当土工织物导水率不满足时，可选用较厚土工织物，或采用其他复合排水材料。

（2）土工织物允许（有效）渗透性指标（如透水率 ψ 和导水率 θ）应根据实测指标除以总折减系数，总折减系数 RF 应按下式计算：

$$RF = RF_{SCB} RF_{CR} RF_{IN} RF_{CC} RF_{BC} \tag{18.3-4}$$

式中：RF_{SCB} 为织物被淤堵的折减系数；RF_{CR} 为蠕变导致织物孔隙减小的折减系数；RF_{IN} 为相邻土料挤入织物孔隙引起的折减系数；RF_{CC} 为化学淤堵折减系数；RF_{BC} 为生物淤堵折减系数。

以上各折减系数可按表 18.3-1 合理取值。

表 18.3-1 土工织物渗透性指标折减系数

应用情况	折减系数范围				
	RF_{SCB}①	RF_{CR}	RF_{IN}	RF_{CC}②	RF_{BC}
挡土墙滤层	2.0～4.0	1.5～2.0	1.0～1.2	1.0～1.2	1.0～1.3
地下排水滤层	5.0～10.0	1.0～1.5	1.0～1.2	1.2～1.5	2.0～4.0
填土排水滤层	5.0～10.0	1.5～2.0	1.0～1.2	1.2～1.5	5.0～10.0③

① 织物表面盖有乱石或混凝土块时，采用上限值。

② 含高碱的地下水数值可取高些。

③ 浑浊水和（或）微生物含量超过 500mg/L 的水采用更高数值。

(3) 坡面上铺土工织物后，应进行边坡稳定性验算。

(4) 排水沟、管排水能力 q_c 的确定应符合下列要求：

1) 以无纺土工织物包裹透水粒料建成的排水沟的排水能力应按下式计算：

$$q_c = kiA \qquad (18.3-5)$$

式中：k 为被包裹透水粒料的渗透系数，m/s，可按表 18.3-2 取值；i 为排水沟的纵向坡度；A 为排水沟断面积，m^2。

表 18.3-2　透水粒料渗透系数参考值

粒料粒径 /mm	k /(m/s)	粒料粒径 /mm	k /(m/s)	粒料粒径 /mm	k /(m/s)
>50	0.80	19 单粒	0.37	6～9 级配	0.06
50 单粒	0.78	12～19 级配	0.20	6 单粒	0.05
35～50 级配	0.68	12 单粒	0.16	3～6 级配	0.02
25 单粒	0.60	9～12 级配	0.12	3 单粒	0.015
19～25 级配	0.41	9 单粒	0.10	0.5～3 级配	0.0015

2) 外包无纺土工织物带孔管的排水能力应符合下列规定：

a) 渗入管内的水量 q_e 应按下列公式计算：

$$q_e = k_s i \pi d_{ef} L \qquad (18.3-6)$$

$$d_{ef} = d \cdot \exp(-2\alpha\pi) \qquad (18.3-7)$$

式中：k_s 为管周土的渗透系数，m/s；i 为沿管周围土的渗透坡降；d_{ef} 为等效管径，m，即包裹土工织物的带孔管（直径为 d）虚拟为管壁完全透水的排水管的等效直径；L 为管长度，m，即沿管纵向的排水出口距离；α 为水流流入管内的无因次阻力系数，$\alpha=0.1\sim0.3$。外包土工织物渗透系数大时取小值。

b) 带孔管的排水能力 q_t 应按下列公式计算：

$$q_t = vA \qquad (18.3-8)$$

$$A = \pi d_e^2/4 \qquad (18.3-9)$$

式中：A 为管的断面积，m^2；v 为管中水流速度，m/s。

开孔的光滑塑料管管中水流速度 v 应按下式计算：

$$v = 198.2R^{0.714}i^{0.572} \qquad (18.3-10)$$

波纹塑料管管中水流速度 v 应按下式计算：

$$v = 71R^{2/3}i^{1/2} \qquad (18.3-11)$$

式中：R 为水力半径，m，$R=d_e/4$；d_e 为管直径，m；i 为水力梯度。

c) 排水能力 q_c 应取上述 q_e 和 q_t 中的较小值。

3) 排水的安全系数应按下式计算：

$$F_s = \frac{q_c}{q_r} \qquad (18.3-12)$$

式中：q_r 为来水量，m^3/s，即要求排除的流量。

要求的安全系数应为 2.0～5.0。设计时，有清淤能力的排水管可取低值。

(5) 土工织物表面防护应采取以下措施：

1) 土表面为粗粒料时，应先铺薄砂砾层，再铺土工织物；土工织物顶面应设防护层。

2) 坡顶部与底部的土工织物应锚固；水下岸坡脚处土工织物应采取防冲措施。

18.3.3.2 反滤设计

(1) 土工织物反滤材料应满足反滤准则，并应按下列步骤选择：

1) 确定土工织物的等效孔径 O_{95}、渗透系数 k_v、k_h 和被保护土的特征粒径 d_{15}、d_{85} 等指标。

2) 按本章节第（3）条、第（4）条和第（5）条的规定检验待选土工织物。

(2) 反滤材料应具有以下功能：

1) 保土性：织物孔径应与被保护土粒径相匹配，防止骨架颗粒流失引起渗透变形。

2) 透水性：织物应具有足够的透水性，保证渗透水通畅排除。

3) 防堵性：织物在长期工作中不应因细小颗粒、生物淤堵或化学淤堵等而失效。

(3) 反滤材料的保土性应符合下式要求：

$$O_{95} \leqslant Bd_{85} \tag{18.3-13}$$

式中：O_{95} 为土工织物的等效孔径，mm；d_{85} 为土的特征粒径，mm，按土中小于该粒径的土粒质量占总土粒质量的85%确定；B 为与被保护土的类型、级配、织物品种和状态等有关的系数，应按表18.3-3的规定取值。当被保护土受动力水流作用时，B 值应通过试验确定。

表18.3-3 **系数 B 的取值**

被保护土的细粒（$d\leqslant 0.075$mm）含量/%	土的不均匀系数或土工织物品种		B 值
$\leqslant 50$	$C_u\leqslant 2$，$C_u\geqslant 8$		1
	$2<C_u\leqslant 4$		$0.5C_u$
	$4<C_u\leqslant 8$		$8/C_u$
>50	有纺织物	$O_{95}\leqslant 0.3$mm	1
	无纺织物		1.8

注 1. 只要被保护土中含有颗粒（$d\leqslant 0.075$mm），应采用通过4.75mm筛孔的土料供选择土工织物之用。
2. C_u 为不均匀系数，$C_u=d_{60}/d_{10}$，d_{60}、d_{10} 为土中小于该粒径的土粒质量分别占土粒总质量的60%和10%。

(4) 反滤材料的透水性应符合下式要求：

$$k_g \geqslant Ak_s \tag{18.3-14}$$

式中：k_g 为土工织物渗透系数，cm/s，应按其垂直渗透系数 k_v 确定；A 为系数，按工程经验确定，不宜小于10；k_s 为土的渗透系数，cm/s。

(5) 反滤材料的防堵性应符合下式要求：

1) 被保护土级配良好、水力梯度低、流态稳定时，等效孔径应符合下式要求：

$$O_{95} \geqslant 3d_{15} \tag{18.3-15}$$

式中：d_{15} 为土的特征粒径，mm，按土中小于该粒径的土粒质量占总土粒质量的15%确定。

2) 被保护土易管涌、具分散性、水力梯度高、流态复杂、$k_s\geqslant 1.0\times 10^{-5}$cm/s 时，

应以现场土料制成的试样和拟选土工织物在进行淤堵试验后，计算梯度比 GR 值，并以式（18.3-16）作为反滤材料防堵性的参考评价标准：

$$GR=i_1/i_2\leqslant 3 \tag{18.3-16}$$

式中：i_1、i_2 分别为土工合成材料被保护土侧与另一侧的水力梯度。

目前国内的相关标准均采用以上的评价标准，但国内有研究认为，该标准太大，应降低到 1.8 左右为宜，工程应用时根据实际情况选取合适的 GR 值。

3）对于大中型工程及被保护土的 $k_s<1.0\times10^{-5}$cm/s 的工程，应以拟用的土工织物和现场土料进行室内的长期淤堵试验，验证其防堵有效性。

（6）遇往复水流且排水量较大时，应选择较厚的土工织物，或采用砂砾料与土工织物的复合反滤层。

18.3.3.3　边坡稳定性验算

设排水反滤处，土工织物或土工复合材料与土接触面强度较低，应充分注意其对边坡稳定性的影响。

验算包括两部分：边坡的整体稳定性和土工织物上覆土层的稳定性。验算整体稳定性时，可以采用滑动圆弧条分法，计算中需要考虑土条受力包括土工织物上的水压力，且水压力与变化水位高度有关。边坡稳定性验算示意图见图 18.3-5，滑动面为折线 *abcd*，*ab* 面为张裂缝，*cd* 面较短，不计这两个面上的抗滑力，故 *bc* 面可按无限长斜坡平面滑动面模型进行分析，同时需考虑渗透力的作用。

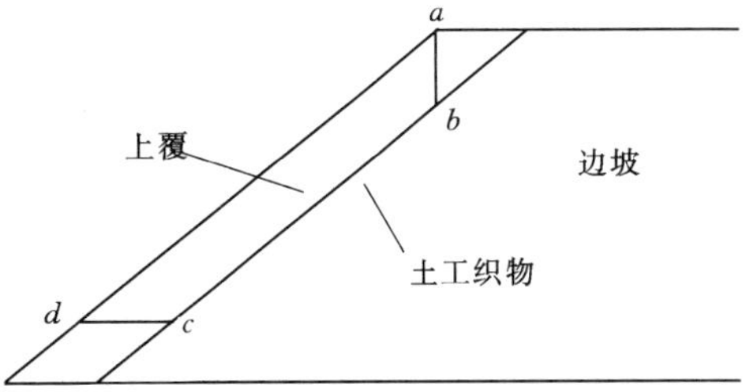

图 18.3-5　边坡稳定性验算示意图

18.3.4　构造要求

18.3.4.1　排水构造要求

1. 截（排）水沟

坡顶应设排水系统，将地表水汇集，通过排水沟管导往坡底排走。图 18.3-6 为在坡缘设置纵向排水沟示意图。

截水沟的边缘离开挖方路基坡顶的距离视土质而定，以不影响边坡稳定为原则，宜设置在挖方边坡坡口（或潜在塌滑区后缘）5m 以外，并宜结合地形进行布设。填方边坡上侧的截水沟距填方坡脚的距离宜不小于 2m。截水沟根据具体情况可设一道或数道。路堤靠山一侧的坡脚应设置不渗水的边沟。

截水沟的横断面尺寸需经流量计算确定，详见《公路排水设计规范》（JTG/T D33—2012）。为防止边坡的破坏，截水沟设置的位置和道数是十分重要的，应经过详细水文、地质、地形等调查后确定截水沟的位置。截水沟应采取有效的防渗措施，出水口应引伸到边坡范围以外，出口处设置消能设施，确保边坡的稳定性。

截（排）水沟的底宽和顶宽不宜小于 500mm，可采用梯形断面或矩形断面，其沟底纵坡不宜小于 0.3%。

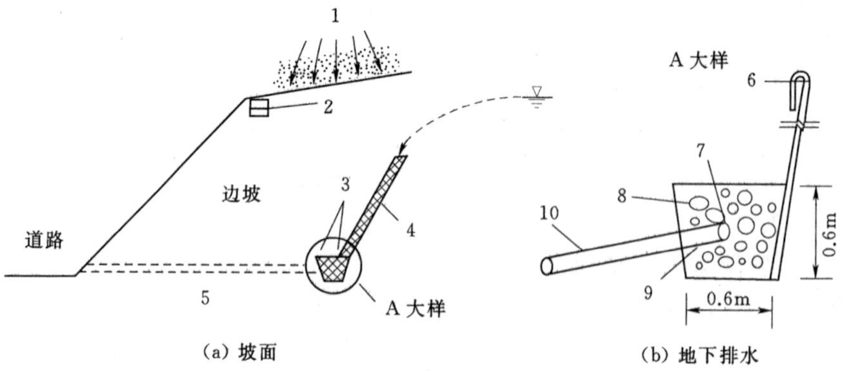

图 18.3-6 在坡缘设置纵向排水沟示意图

1—降水；2—集水沟；3—土工织物反滤；4—粗料或土工复合材料；5—排水；6—回折；7—带孔 PVC 管；8—碎石；9—土工织物；10—导至坡外

截（排）水沟需进行防渗处理。砌筑砂浆强度等级不应低于 M7.5，块（片）石强度等级不应低于 MU30。当采用现浇混凝土或预制混凝土砌筑时，混凝土强度等级不应低于 C20。

截（排）水沟出水口处的坡面坡度大于 10%、水头高差大于 1.0m 时，可设置跌水和急流槽将水流引出坡体或引入排水系统。跌水和急流槽的设计可参照相关排水规范执行。

排水沟的线形要求平顺。排水沟长度根据实际需要而定，通常不宜超过 500m。排水沟沿路线布设时，应离路基尽可能远一些，距路基坡脚不宜小于 3～4m。水流的流速大于容许冲刷流速时，沟底、沟壁应采取排水沟表面加固措施。

黄土地区排水沟渠应采用现浇混凝土、浆砌混凝土预制块或浆砌片石，底部应采用塑料薄膜或复合土工膜防渗，基底应采用夯实、掺灰夯实等方法进行加固处治。在坡体后缘设置截水沟并封闭后缘表层，减小雨水入渗量。对坡脚进行隔水处理，并设排水边沟，加大尺寸，必要时可人工疏水，及时排出坡脚附近的水，防止坡脚土体软化。

2. 仰斜式排水孔和泄水孔

仰斜式排水孔和泄水孔主要规定如下：

（1）用于引排边坡内地下水的仰斜式排水孔的仰角不宜小于 6°，长度应伸至地下水富集部位或潜在滑动面，并宜根据边坡渗水情况成群分布。

（2）仰斜式排水孔和泄水孔排出的水宜引入排水沟予以排除，其最下一排的出水口应高于地面或排水沟设计水位顶面，且不应小于 20mm。

（3）仰斜式泄水孔其边长或直径不宜小于 100mm，外倾坡度不宜小于 5%，间距宜为 2～3m，并宜按梅花形布置。在地下水较多或有大股水流处，应加密设置。底排泄水孔出水口高出地面不小于 200mm。

（4）泄水孔进口处采用无纺布包扎，其后设置反滤层，反滤层下部为不小于 300mm 厚的夯实黏土层。

（5）路堑边坡或滑坡体内的地下水，宜在仰斜泄水钻孔中插入软式透水管或带孔塑料渗水管引排。泄水孔位布置、直径及长度可根据含水层水文地质情况确定，仰斜角度一般取 10°～15°，困难时不应小于 5°。

(6) 地下水发育地段的路堑挡土墙，可沿墙背斜向平行设置多条软式透水管或塑料渗水管，倾斜角度一般为 45°，并与沿墙底纵向设置的较大管径渗水管连接。斜向渗水管的管径及其布设应根据地下水发育情况确定，一般管间距为 2～3m，管径可选用 2～10cm；纵向渗水管管径可选用 8～20cm。

(7) 对于混凝土挡墙，一般在墙内设 PVC 排水管，排水管后包扎两层无纺土工布用于反滤，施工方便，但在混凝土浇筑时水泥浆浸泡土工布易导致排水失效。对于浆砌石挡墙，墙内设 PVC 排水管，排水管后包扎两层无纺土工布用于反滤，一般让排水管稍微外伸可保证土工布不受砂浆浸泡。

3. *暗沟和渗沟*

暗沟和渗沟可由土工织物包裹碎石组成，或用土工织物包裹带孔管件（如塑料管、波纹管、混凝土管、钢花管等）以及其他排水材料作为复合土工排水材料。软式透水管、透水硬管和速排笼等可以直接作为暗沟或渗沟埋入地下排水（图 18.3－7）。

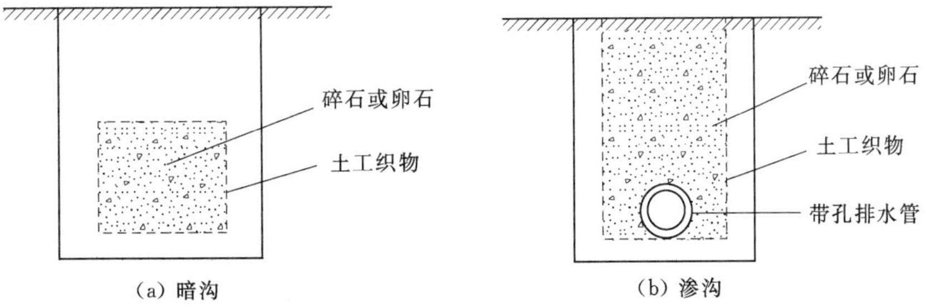

图 18.3－7　暗沟和渗沟构造图

一般情况下，渗沟每隔 30cm 或在平面转弯、纵坡变坡点等处，宜设置检查、疏通井。检查井直径不宜小于 1m，井内应设检查梯，井口应设井盖，当深度大于 20m 时，应增设护栏等安全设备。

填石渗沟最小纵坡不宜小于 1.00%；无砂混凝土渗沟、管式渗沟最小纵坡不宜小于 0.50%。渗沟出口段宜加大纵坡，出口处宜设置栅板或端墙，出水口应高出坡面排水沟槽常水位 200mm 以上。

排水沟或暗沟采用混凝土浇筑或浆砌片石砌筑时，应在沟壁与含水量地层接触面的高度处，设置一排或多排向沟中倾斜的渗水孔。沟壁外侧应填以粗粒透水材料或土工合成材料作反滤层。

渗沟土工合成材料的技术要求如下：

(1) 打孔波纹管为直径 100mm 的高密度聚乙烯（HDPE）双壁打孔波纹管，取 1m 长的管节进行扁平试验，当垂直方向加压至外径变形量为原外径的 40%时，立即卸荷，试样不破坏、不分层；环刚度大于等于 6300N/m^2，纵向收缩率小于等于 3%，透水率大于等于 3.5%。

(2) 渗沟周围包裹所用渗水土工布采用无纺土工布，重量为 300g/m^2，伸长率小于 50%，握持强度大于等于 1100N，撕裂强度及刺破强度均大于等于 400N，CBR 顶破强度大于等于 2750N，搭接长度为 50cm。

4. 虹吸排水

虹吸排水整体构造详见图 18.3－8。虹吸排水中排水管可选用为外径 6mm、内径 4mm 的 PU 管，每个虹吸排水孔对应 3 根 PU 排水管。排水管的长度根据实际情况取值，保证 PU 排水管的进水口在孔底储水管的底部，出水口在高程低于孔底储水管的平整坡面上。排水管在钻孔内的部分，外套直径 5cm 的透水管。透水管采用打孔波纹管外织无纺土工布，确保透水性和泥沙的隔离。透水管的一端深入到孔底储水管 30cm 以上，连接处采用无纺土工布可靠包裹。孔底储水管采用长 800mm、内径 60mm 的 HDPE 管，顶部开口，底部封口，排水管示意图见图 18.3－8。

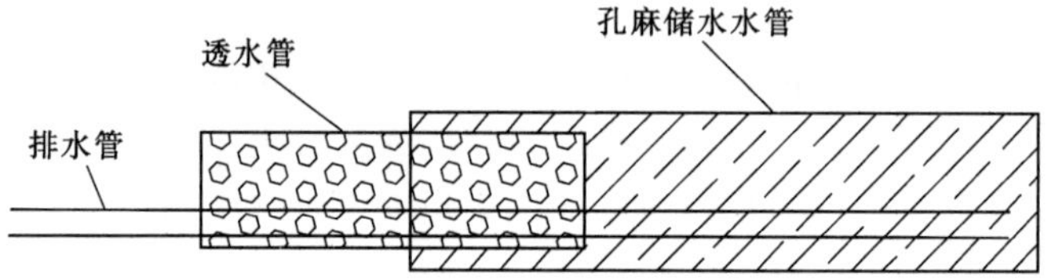

图 18.3－8　虹吸排水整体构造示意图

18.3.4.2　反滤构造要求

边坡、挡土墙反滤层设计应符合下列要求：①反滤层结构形式及材料应结合边坡、墙背填料和岩土性质合理选用，宜采用袋装砂夹卵砾石或土工合成材料。②挡墙背易积水处及反滤层最低处必须设置泄水孔。泄水孔可采用 PVC 管材预埋，进水口应采用透水土工布包裹。最低一排泄水孔应设于反滤层底部。③反滤层最低处应设置隔水层。隔水层宜采用混凝土与挡土墙墙身同时浇筑。④渗流沟侧壁及顶部应设置反滤层，底部应设置封闭层；渗流沟迎水侧可采用砂砾石、无砂混凝土、渗水土工织物作反滤层。

除此之外，不同型式挡墙反滤构造应满足以下要求：

（1）重力式挡墙。若墙后填土的透水性不良或可能发生冻胀，应在最低一排泄水孔至墙顶以下 0.5m 的高度范围内，填筑不小于 0.3m 厚的砂加卵石或土工合成材料反滤层。既可减轻冻胀力对墙的影响，又可防止墙后产生静水压力，同时起反滤作用。

（2）加筋土挡墙。加筋土体内的泄水管孔径、埋设位置、管身小孔型式应符合设计要求，其向外排水坡不应小于 4%，管身和进水口应用透水土工布包裹，并应与护墙身泄水孔连通，确保排水通畅。

墙后反滤层袋装砂卵砾石层、透水土工布、反滤层最低处隔水层的设置位置、构造尺寸及厚度应符合设计要求。

（3）扶壁式挡墙。泄水孔按梅花形交错布置，间隔 2～3m，采用直径小于 50mm 并用透水土工布包裹的 PVC 管，泄水孔的横坡为 4%。在安装时，可通过钢筋对 PVC 管进行固定，对于墙面板方向的泄水孔，要使 PVC 管与正面模板接触紧密，PVC 管的端面要形成相应的斜面，保证在浇筑混凝土的过程中 PVC 管周围不会漏浆，使面板光滑、平整。

（4）悬臂式挡墙。排水管应按上下左右 2～3m 交错布置，排水孔的坡度为 4%，进水侧设置反滤层，厚度不小于 0.3m，在最低一排排水孔的进水孔的下部应设置隔水层，当墙背填料为细粒土时，应在最底排排水孔至墙顶以下 0.5m 高度以内填筑不小于 0.3m 厚的砂砾石或者土工合成材料作为反滤层，反滤层的顶部和下部应设置隔水层。

18.4　边坡、挡墙排水反滤施工技术要点

18.4.1　施工原则

边坡排水设施施工前，宜先完成临时排水设施；施工期间，应对临时排水设施进行经常维护，保证排水畅通。

根据功能要求、工程结构情况和施工具体条件选择土工合成材料的长度、格宽，施工前应做好剪裁和联结工作。

铺设土工织物前应保证地面无尖石、树根等杂物，避免刺破、损伤土工织物。

土工织物的联结可根据实际工程情况，采用缝合法或搭接法。

土工合成材料在阳光直接照射下易老化，影响材料的性能，因此，要求放置于不被阳光直接照射和不被雨水淋湿的地点。

从高处抛掷石块以及施工机械不可直接在土工合成材料上作业。

18.4.2　施工工艺

18.4.2.1　土工织物

土工织物范围排水反滤结构施工，应满足以下要求：

（1）在坡面上，对土工布的一端进行锚固。在坡面上铺设土工合成材料时，宜自下而上铺设并就地连接。土工合成材料应紧贴被保护层，但不宜拉得过紧，不得有皱褶。

（2）土工织物的搭接宽度不宜小于 20cm。隔水防渗土工膜或复合土工膜宜用粘接法，其强度不低于材料设计强度，粘接宽度不应小于 10cm。连接面处不得夹有砂石等杂物。土工织物的缝接是将两片土工织物用手提缝纫机缝起来。缝接形式有平接缝、丁形接缝和蝶形缝等。缝线可为一道、两道甚至三道，其中以蝶型强度最高。

（3）反滤层每层的厚度应根据材料的级配、料源、用途、施工方法等综合确定。人工施工时，水平反滤层的最小厚度可采用 0.30m，垂直或倾斜反滤层的最小厚度可采用 0.50m；采用机械施工时，最小厚度应根据施工方法确定。如采用推土机平料时，最小水平宽度不宜小于 3.0m。

（4）为避免土工合成材料被刺破，在施工中可在其上下或左右铺设砂垫层或其他细粒料，施工中如发现土工合成材料被破坏应及时修补，修补面积不小于破坏面积的 4～5 倍。

18.4.2.2　软式透水管

（1）在边坡上先钻孔、清孔，然后安放软式透水管，四周均匀填筑砂砾滤层，并充分压实。

（2）透水管的引水孔采用钻机钻孔，孔内插入 3～8m 长透水管（具体长度根据钻孔土质湿润状况而定，一般应伸入干硬土体不少于 0.3m，并伸出坡面 0.1m）。透水管周围采用砂砾填筑密实，厚度不小于 0.1m。软式透水管的连接，只要在两段接头处剪去相应的钢丝圈，再用尼龙绳栓紧即可。

（3）软式透水管末端采用扎结式封闭，出口直接接入既有排水系统。

(4) 对软式透水管外层的强力特多龙纱应尽量减少紫外线的照射，在阳光下直接曝晒时间不超过96h。

(5) 回填并碾压。严禁将回填料直接抛落于软式透水管上，覆盖厚度应根据碾压方式确定。

18.4.2.3 虹吸排水

钻孔成孔后，立即将已安装好的排水管以及透水管插入钻孔直达底部。PU排水管顺坡面展布并埋入土中，最终汇集至高程低于孔底储水管的平整坡面上。为保证排水管的长期使用，将PU管外套PVC管，而后埋入土中或上覆水泥，可以防止其老化，避免碎石土块等的挤压，不影响边坡的后期其他加固处理。为使虹吸排水过程顺利实现，可采用喷雾器从虹吸排水管出水口向孔内逆向灌水，使得虹吸排水管中充满水，实现初始虹吸。于平整坡面上设置集水槽及三角堰。集水槽用于收集虹吸管排出的水，并可对流量流速进行监测，便于评价排水的效果。

18.4.2.4 回填土要求

土料回填应符合下列要求：

(1) 应及时回填，延迟最长不宜超过48h。

(2) 回填土石块最大落高不得大于0.3m，石块不得在坡面上滚动下滑。

(3) 填土的压实度应符合设计要求；回填300mm松土层后，方可用轻碾压实。

18.4.2.5 其他施工工艺

其他施工工艺要点如下：

(1) 泄水管可采用预埋法施工。安设时，应在泄水管周边满铺砂浆，再砌毛石，以免泄水管受压破损。

(2) PVC管的连接，可以使用特制的连接管件，或将同直径的塑料管剖开一个口子，并把它包在对接管端的周围，然后用塑料带子缠绕。最后在管上妥善回填土料，在离开管顶30cm以内的土料要小心铺放，不应损坏外包的过滤材料。

(3) 挡墙混凝土浇筑前，在挡墙与反滤层中间用厚度为1cm的竹胶板进行隔离，反滤层填筑与挡墙混凝土的浇筑同时进行。在浇筑挡墙混凝土和设置竹胶板前，在挡土墙后挖开0.3m，以保证反滤层的厚度。

(4) 埋设暗管过程中，应防止泥土或砂砾落入沟槽或泉眼，以免堵塞。暗沟顶应铺筑碎石或砾石，上填砂砾。

18.4.3 施工检测与监测

18.4.3.1 施工检测

用于边坡挡墙排水、反滤的土工合成材料从进场、存储到施工等环节，都必须进行检测，确保材料本身达到工程要求。

反滤材料不得沾污受损，最小搭接宽度为0.3m，误差不得超过0.05m。塑料排水管应插在预设位置上，偏差不得大于0.1m。其他具体检测事项应满足18.4.2小节中施工工艺的要求。

18.4.3.2 监测

监测方案可根据设计要求、边坡稳定性、周边环境和施工进程等因素确定。当出现险情时应加强监测。一级边坡工程竣工后的监测时间不应少于 2 年。

监测内容主要包括但不限于以下四点：

（1）出水口是否完整。

（2）排水沟、排水孔、截水沟是否畅通，排水量是否正常。

（3）出水口是否带出大量泥沙。

（4）有无新的地下水露头，原有的渗水量和水质有无变化。

18.5　工　程　实　例

18.5.1　高边坡排水反滤设计

某电站前池引水渠的进水口和出水口处有高度为 60m 的边坡，坡度为 1：2.5，渠中的水位变动很大且很频繁。渠道边坡土层系黄色和褐色的风化砂岩，由于风化程度的不同，风化物变成块状或者粒状的土，且土样的不均匀系数均大于 10，属管涌土。土体渗透系数为 $2.5\sim5.9\times10^{-4}$cm/s，黏粒含量小于 50%，不均匀系数为 1.5，d_{85} 为 3mm，d_{15} 为 0.085mm。

18.5.1.1　排水反滤设施布置

在护坡面上开设排水孔，排水孔直径为 16.5cm，梅花形布设，间距为 2.5m，在护坡与天然坡面之间铺设反滤层和隔离层。

18.5.1.2　土工织物选择

某土工织物等效孔径为 0.7mm，垂直渗透系数为 1.51×10^{-1}cm/s，水平渗透系数为 2.06×10^{-1}cm/s。

首先检验其是否满足反滤准则。

根据式（18.3－13）可知，该土工织物平均粒径与土体 d_{85} 比值为 0.23，小于 1。

根据式（18.3－14）可知，该土工织物与土体渗透系数比为 60，大于 10。

根据式（18.3－15）可知，该土工织物平均粒径与土体 d_{15} 比值为 8.23，大于 3。

由于土体渗透系数大于 1.0×10^{-5}cm/s，通过淤堵试验得到梯度比 GR 大于 3。

由此可知，该种土工织物满足反滤准则中保土性、透水性和防堵性的要求。

土工织物导水率为 $0.07622\text{cm}^2/\text{s}$，工程要求导水率为 $0.00725\text{cm}^2/\text{s}$，安全系数为 10.5，根据式（18.3－4）可知折减系数为 3，故实际安全系数为 3.5，大于 3，满足要求。

故工程采用 1 层该有纺土工织物作为现浇混凝土和无纺土工织物的反滤层，土工织物反滤层护坡结构如图 18.5－1 所示。

18.5.1.3　施工要点

（1）混凝土护层中应设置一定数量的排水孔，并在浇筑混凝土之前铺一张纸，在浇筑后去掉，然后排水孔内填入无砂混凝土，以保持排水性能。

（2）土工织物应从坡趾到坡顶平顺地铺设，没有任何折叠；在水平方向，土工织物应当重叠一定的宽度。

（3）为了防止不同材料之间接触面的相对滑动，土工织物应当置于坡而上的沟槽内，沟槽应设于坡顶、坡趾和坡肩的不同部位上。当土工织物放置后，在槽内再填以混凝土以

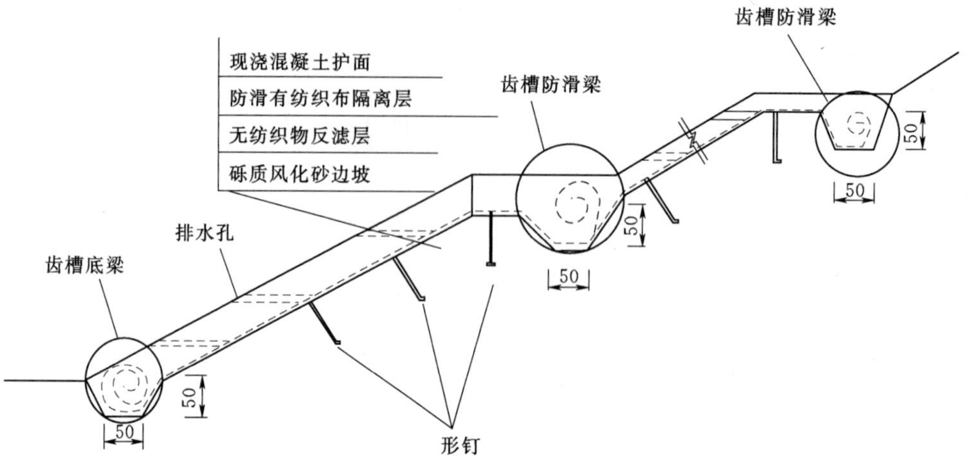

图 18.5-1 土工织物反滤层护坡结构

形成混凝土梁，其作用不仅可以固定土工织物滤层，而且可以支撑混凝土护面。

18.5.1.4 排水反滤效果评价

该高边坡上的土工织物反滤层已安全运行9年以上，仍保持着良好的排水性能。

18.5.2 道路边坡排水反滤设计

鹰厦铁路K516+087～K516+120左侧路堑边坡排水工程为2006年路基水害复旧工程。该段线路为左堑右堤，左侧边坡高45～50m，为山谷凹地，汇水面积约为2500m^2；边坡坡率为1∶0.8～1∶1.5，植被一般。坡面表层为棕红色砂黏土，下覆强风化砂砾岩。2006年雨季坡面严重溜坍，坍体掩埋线路，一度中断行车，影响正常运营，需要彻底整治。

18.5.2.1 主要措施

排水反滤措施断面布置和透水管构造如图18.5-2和图18.5-3所示。主要措施如下：

（1）对既有吊沟范围坡面清挖坍体、刷坡、挖台阶夯填土方，增设3道浆砌片石截水沟和引水孔，坡面密铺草皮。截水沟沟帮两侧各顺坡面砌筑1.0m与坡面顺接，厚度为0.4m，截水沟与吊沟连接。

（2）透水管的引水孔采用钻机钻孔，孔内插入3～8m长透水管（具体长度根据钻孔土质湿润状况而定，一般应伸入干硬土体内不少于0.3m，并伸出坡面0.1m）。

（3）透水管排水坡度为7%（仰角为10°），管与管间距为1.5m。

（4）透水管周围采用砂砾填筑密实，厚度不小于0.1m。

18.5.2.2 施工方法及要点

（1）在边坡上应先钻孔、清孔，然后安放软式透水管，四周均匀填筑砂砾滤层，并充分压实。

（2）软式透水管的连接，只要在两段接头处剪去相应的钢丝圈，再用尼龙绳拴紧即可。

（3）软式透水管末端采用扎结式封闭，出口直接接入既有排水系统。

（4）对软式透水管外层的强力特多龙纱应尽量减少紫外线的照射，在阳光下直接曝晒时间不超过96h。

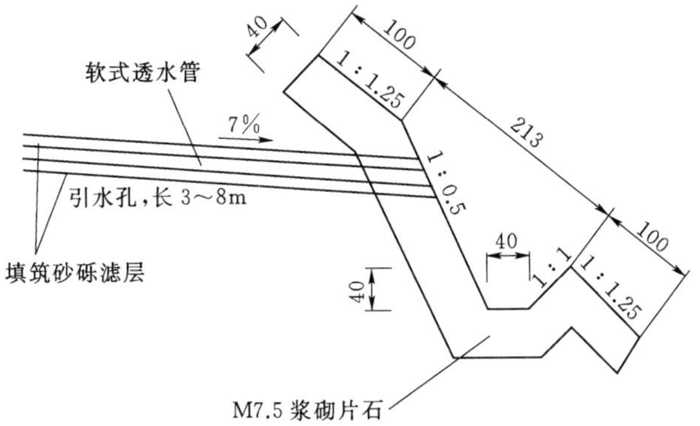

图 18.5-2　排水反滤措施断面布置图

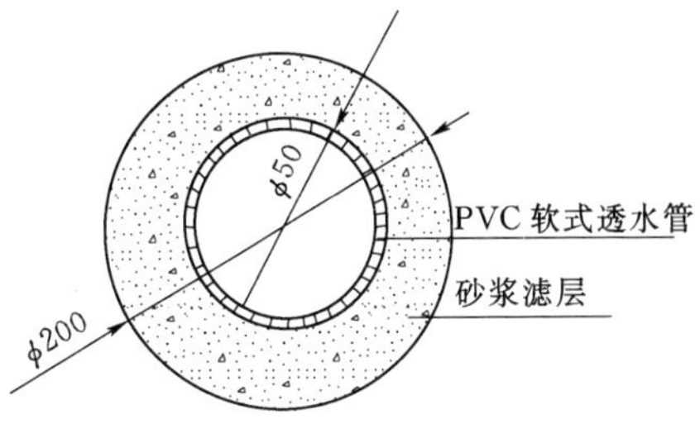

图 18.5-3　透水管构造图

18.5.2.3　排水反滤效果评价

鹰厦线 K516+087~K516+120 左侧路堑边坡排水工程于 2006 年 11 月施工完毕，2007 年雨季坡面引水畅通，路堑边坡状态良好。实践表明软式透水管较好地解决了该处边坡的严重渗水问题。

18.5.3　挡墙排水反滤设计

某仰斜式浆砌块石重力式挡墙高 55m。墙后场地地层自上而下依次为黄土状土、卵石和泥岩。据勘察现场调查，在墙后高 20m 处有多处地下水泄出点，位于卵石层与泥岩层分界面处，分布区域凌乱，以泉水溢出，溢出方式为下降泉，需对此进行排水特殊设计。

18.5.3.1　挡墙排水

本工程挡墙排水设计做法为规范要求的通常做法，在挡墙墙身设置泄水孔，沿长度和高度方向每 2.0~3.0m 设置一个，采用 ϕ100 的 PVC 管，排水坡度为 5%，梅花状布置，排向挡墙墙面。在挡墙墙背设置通长的经夯填的砂砾石反滤层，在每层泄水孔位置处设置经夯填的黏土隔水层，以排出挡墙墙背积水。

18.5.3.2　挡墙墙顶、墙面排水

本工程挡墙墙顶、墙面排水设计做法为在挡墙墙顶坡面上沿长度方向设置排水沟，在挡墙墙面上沿高度方向设置泄水槽，泄水槽沿长度方向每隔 30m 设置一道，排水沟两端向泄水槽位置沿长度方向找坡 1%~2%，同时在边坡挡墙最底部地面设置排水明沟，泄水槽与排水明沟相连通。地表汇集雨水从排水沟排至泄水槽，通过泄水槽最终排向地面排水明沟，以排出挡墙墙顶、坡面所汇集的雨水。

18.5.3.3　泉水特殊排水

针对泉水排水设计所采取的思路：在卵石层与泥岩层分界面处的泉水渗出点做集水盲沟，集水盲沟两端封闭，集水盲沟内做 SBS 防腐隔水层，集水盲沟内回填圆砾、卵石。集水盲沟一端端部设置 ϕ100 PVC 排水管，排水管伸入盲沟内一端包滤网，防止砂石堵塞排水管；另一端通至挡墙墙面泄水槽，在泄水槽内固定，通至挡墙底部，将强腐蚀性泉水排至排水明沟。集水盲沟采用素黏土夯筑，素黏土下部、上部设置 SBS 防腐隔水层一道。为防止 PVC 排水管在冬季冻裂，排水管外包 40mm 厚橡塑保温层。挡墙排水反滤结构如

图 18.5 - 4 所示。

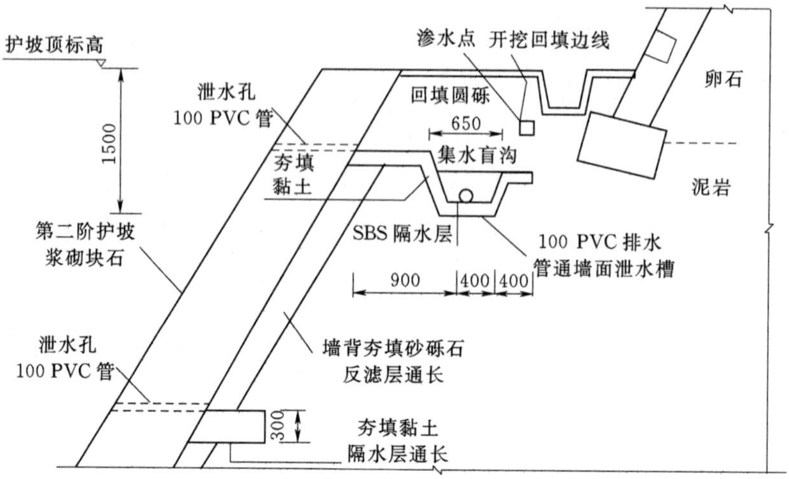

图 18.5 - 4　挡墙排水反滤结构示意图

18.5.3.4 排水反滤效果评价

通过改进、完善挡墙特殊排水设计后，在边坡挡墙墙背处卵石层与泥岩层分界面处的渗水点渗出泉水基本能通过集水盲沟和排水管排出，泄水槽内安装的排水管底部可见细水柱流淌，渗水点周围的挡墙墙身泄水孔已基本无泉水流淌。

参 考 文 献

[1] 刘宗耀. 土工合成材料工程应用手册 [M]. 北京：中国建筑工业出版社，1994.

[2] 杜超. 土工合成材料在公路防排水中的应用研究 [D]. 重庆：重庆交通大学，2010.

[3] 薛东峰. 秦岭山区公路高边坡综合排水研究 [D]. 西安：长安大学，2007.

[4] 石红伟. 土工合成材料的发展与应用 [C] //中国水利学会 2000 年学术年会论文集，2000.

[5] 王微. 公路土工合成材料防排水性能研究 [D]. 哈尔滨：东北林业大学，2004.

[6] 马时冬. 土工合成材料工程应用现状 [J]. 华侨大学学报（自然科学版），2003 (02)：113 - 118.

[7] 张绍华. 土工合成材料在曹妃甸矿石码头工程中的应用 [D]. 南京：河海大学，2005.

[8] POHLL G M，CARROLL R W H，REEVES D M，et al. Design guidelines for horizontal drains used for slope stabilization [J]. Groundwater，2013.

[9] CARROLL R W H，POHLL G，REEVES D M，et al. Approach to developing design guidelines for horizontal drain placement to improve slope stability [C] // Modflow and More 2011：Integrated Hydrology Modeling，2011.

[10] WOODING，R A，CHAPMAN T J. Groundwater flow over a sloping impermeable layer. 1 Application of the Dupuit - Forchheimer Assumption [J]. Journal of Geophysical Research，1966，71 (12)，2895 - 2902.

[11] FIPPS G，SKAGGS R W. Influence of slope on subsurface drainage of hillsides [J]. Water Resources Research，1989，25 (7)：1717 - 1726.

[12] HUI T H, SUN H W, HO K K. Review of slope surface drainage with reference to landslide studies and current practice [J]. Landslides, 2007.
[13] JR J B, ZHOU Y. Existing test methods for design of geosynthetics for drainage systems [J]. Geotextiles & Geomembranes, 1992, 11 (4-6): 461-478.
[14] 刘杰，谢定松. 反滤层设计原理与准则 [J]. 岩土工程学报，2017 (4)：609-616.
[15] 易华强. 土工织物反滤系统土体结构稳定性试验研究 [D]. 北京：清华大学，2005.
[16] 宋俊杰，曲以波，李建民. 土工合成材料在公路排水系统中的应用现状 [J]. 公路交通科技（应用技术版），2009 (3)：12-14.
[17] 占智新. 软式透水管在边坡排水工程中的应用 [J]. 路基工程，2008 (2)：180-181.
[18] 缪良娟. 土工织物在河堤加固和反滤排水中的试验研究 [J]. 水利水电技术，1994 (08)：19-22.
[19] 马时冬. 广州抽水蓄能电站高边坡土工织物应用 [J]. 人民长江，2002，33 (3)：32-33.
[20] 王东. 某边坡挡墙特殊排水设计方法研究 [J]. 山西建筑，2012，38 (29)：78-79.
[21] 武鹤，高伟，王国峰，等. 寒区路堑人工土质边坡滑塌原因与稳定技术研究 [J]. 黑龙江工程学院学报，2005 (02)：1-4.
[22] 樊友庆，陈亚洲，简文星. 赣南山区高速公路边坡截排水技术探讨 [J]. 公路，2017 (04)：51-55.
[23] 尉海荣. 边坡排水和防冲刷措施 [J]. 青海交通科技，2011 (6)：46-47.
[24] 邹新特，刘朝晖，李盛，等. 南岭山脉地区边坡特点及防护措施 [J]. 交通信息与安全，2012，30 (增 1)：101-104.
[25] 尚明乾. 厦门市港集边坡加固措施 [J]. 路基工程，1998 (5)：46-48.
[26] 赵伟超. 公路路基边坡防护施工要点分析 [J]. 交通世界，2017 (22)：20-21.
[27] 彭亚红. 黄土坡坎（河谷）地段路堑边坡防护及排水探讨 [J]. 建材与装饰，2017 (43)：228.
[28] 刘佳鑫，刘刚，刘普灵. 黄土区沟道阶梯状边坡水土流失防治措施与机理 [J]. 水土保持研究，2017 (3)：65-69.
[29] 寿冀平，韩祥银，靳丰山，等. 济南市燕翅山人工堆积斜坡稳定性评价及治理对策 [J]. 中国地质灾害与防治学报，2005 (2)：144-146.
[30] 翟才旺. 排水措施在小浪底工程岩质高边坡加固处理中的应用 [J]. 水利水电技术，2002 (9)：12-13.
[31] 徐宪立，张科利，刘雯，等. 青藏公路路堤边坡水土保持措施及效益分析 [J]. 长江流域资源与环境，2008 (4)：619-622.
[32] 彭小毛，吴建良，刘永良，等. 考虑风化因素的水绥公路人工边坡稳定性分析 [J]. 四川建筑科学研究，2012 (5)：118-120.
[33] 马智珊. 高边坡滑坡分析及处理措施 [J]. 城市道桥与防洪，2013 (9)：44-46.

第 19 章 场地、道路排水反滤设计与施工

随着经济的不断发展和开发建设的迅猛发展，场地及道路开发建设的数量和要求的质量都在提高。同时，对于场地、道路排水设计越来越重视，对它的要求也越来越高，我国场地、道路排水工程的发展经历了从无到有再到逐步完善的过程。20 世纪 90 年代后，随着场地平整、高速公路、市政道路等工程的要求提高，场地、道路排水工程的设计、施工和养护愈来愈引起人们的重视，排水工程被提到了一个相当重要的高度。

水是场地道路上常见的自然物质，由于它的存在，会直接或间接影响到场地道路的湿度，从而会影响到场地道路的使用质量与行车安全，主要体现在地面水对地表的侵蚀与地下水对地基的破坏。雨雪形成的大气降水会导致地面积水影响正常交通，严重时会造成地面的病害，渗入路基内部的水会使土基湿软，从而引起路基冻胀、翻浆或边坡塌方、泥石流，甚至整个路基沿倾斜基底滑动。进入结构层内的水分可浸湿无机结合料处的粒料层，导致基层强度下降，使沥青面层出现剥落和松散。在地面以下第一个隔水层以上的含水层的潜水，距地面较近，在重力作用下可沿土层以薄膜形式从含水量高的位置向含水量低的位置流动，从温度高的地方向温度低的冻结中心周围流动，会形成水分集中，造成路基局部损坏，影响路基的整体强度和水温稳定性，重者会引起冻胀、翻浆或边坡滑坍，甚至整个路基沿倾斜基底滑动。水还可能对掺有膨胀土的路基工程造成毁灭性的破坏。路基、路面的病害有多种，但水的作用是主要因素，无不都与地面水和地下水的浸湿和冲刷破坏有关。水的作用加剧了场地、道路路面结构的损坏，加快了路面使用性能的变坏，缩短了路面的使用寿命。场地道路排水的目的是保证场地不受雨水、地下水的影响。在待开发的场地内应有排出地面及路面雨水至城市排水系统的设施。

19.1 场地排水设计与施工

19.1.1 概述

19.1.1.1 场地排水发展过程及应用现状

场地排水一般分为自然排水和人工排水，人工排水主要又分为明沟排水及暗管排水两种形式。

自然排水利用场地的坡度散排雨水，适用于大面积绿地、植被覆盖好、土质抗冲刷性较好的场地。

通常情况下，地表水呈薄膜状流过地表时，需根据降雨量大小、汇水面积选择适宜的设计坡度，使地表水既能保持流动不积水，又不要流得太快以致造成土壤的冲刷侵蚀，一般场地设计坡度宜采用 0.5%～2%。

不同的地表材料也会影响到雨水的排放速度，分为以下几种情况：

（1）有植物覆盖或者大面积选用铺砌的场地，坡度宜约为 1%。

（2）在远离主要建筑的道路、广场等允许偶尔有积水的地方，可选择约 0.5% 的坡度。

（3）小面积的硬化、铺砌场地适宜选用约 0.5%的坡度。

（4）部分种植树木较多的场地或有洼地等的场地，坡度可加大至 2%。

明沟排水多用于建、构筑物比较分散的场地，高差变化较多、道路标高高于建筑物标高的地段，埋设地下管道不经济的岩石地段，以及山坡冲刷带泥土易堵塞管道的地段等。明沟的断面尺寸根据汇水面积大小而定。明沟坡度一般为 0.3%～0.5%，有特殊困难时可采用 0.2%。

19.1.1.2　场地排水类型

块状场地排水主要有以下五种模式：

（1）中间隆起，向四周排水。隆起的地面是最常见也是最早出现的场地排水方式，平整后的地形是构造城镇的前提条件。隆起的地面有排水、防灾和排污的工程意义。这一排水模式常被用于广场、足球场等大型室外地面。图 19.1－1 显示的是米开朗基罗设计的卡皮托利诺广场，即为地面中央隆起的广场。

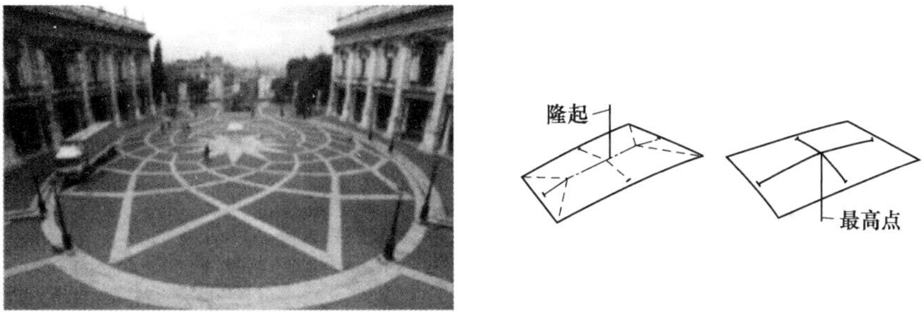

(a) 实景图　　(b) 示意图

图 19.1－1　场地排水类型一

（2）漏斗形——最低点在中间。边界内的场地均坡向场地中心的某一点，并在这一点汇集。该点可以是雨水口，也可以是其他集水排水设施，详见图 19.1－2。

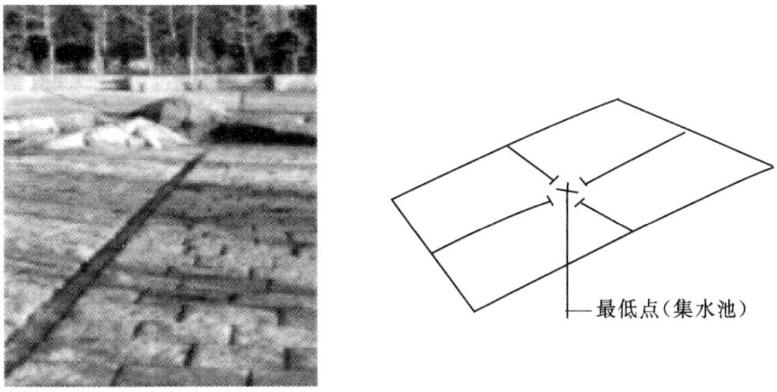

(a) 实景图　　(b) 示意图

图 19.1－2　场地排水类型二

(3) 半漏斗形——最低点在一边或一角。类似漏斗形，雨水汇集点在场地的边界上，详见图19.1-3。

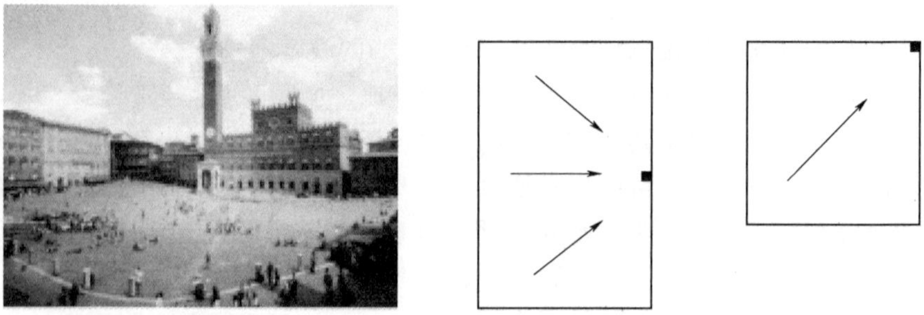

(a) 实景图　　(b) 示意图

图19.1-3　场地排水类型三

(4) 平行单向找坡。该方式参照了道路排水的方式，详见图19.1-4。

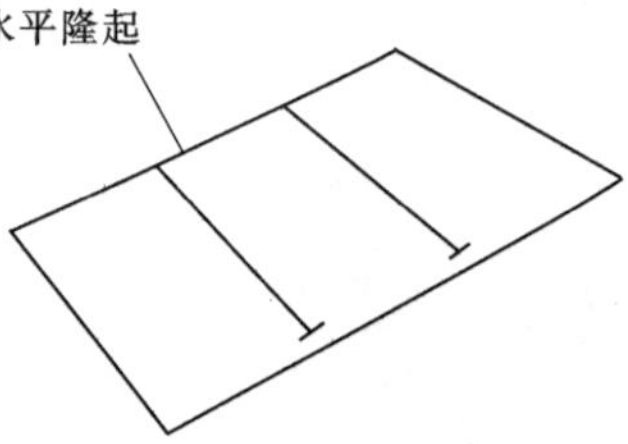

图19.1-4　场地排水类型四

(5) 平行双向找坡。该方式同样参照道路排水的方式，详见图19.1-5。

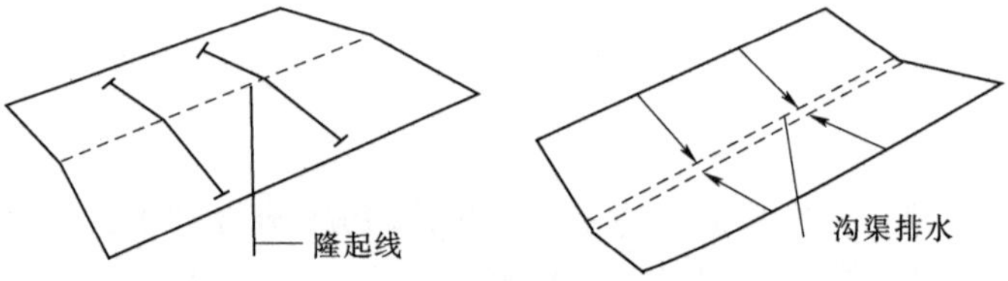

(a) 中间隆起，向外找坡　　(b) 中间凹陷，向内找坡

图19.1-5　场地排水类型五

19.1.1.3　场地排水的设计要点及存在的问题

1. 场地排水的设计要点

场地排水系统除自然排水外，主要有明渠排水和暗管（沟）排水两种，在实际情况中往往采用上游为暗管（沟）、下游为明渠的明暗结合的排水系统。雨水排除系统的组成主要由雨水口（集水口）、（联络管）、检查井、雨水管道、泵站和出水口组成。设计要点如下：

(1) 利用地形，就近排入水体。雨水径流（流入沟道的雨水）的水质虽然和它流过的地面的情况有关，但是一般说来，是比较清洁，直接排入水体时，不致破坏环境卫生，也不致降低水体的经济价值。雨水管道的规划布置，应充分利用地形，使雨水能就近排入池塘、河流或湖泊等水体。通常，管（沟）道通入池塘或小河的出水口的构造比较简单，造价不贵，在增多出水口的情况下，不致大量增加出水口的基建费用。而由于就近排放，管线较短，管径也较小，总的造价可以降低。但是，当河流的水位变化很大，管（沟）道出水口离常水位很高很远时，出水口建筑费用就很大，在这种情况下，不宜采用过多出水口。

（2）采用明沟（渠）和暗管（沟）的考虑。在规划雨水系统时，为了降低工程造价，在条件许可的情况下，应首先考虑采用明沟（渠）排水。但在建筑物密度较高、交通频繁的地区，采用明沟不但往往引起生产、生活和交通上的不便，而且道路的立面规划和横断面设计将受到限制，桥涵费用要增加。此外，明沟占用较多的地面。当管理养护不当时，明沟易于淤塞积水，成为蚊虫孳生地，影响环境卫生。因此在建筑密度较高、交通频繁的地区，以及比较繁华的市中心，应采用暗管（沟）系统。而在城镇的郊区或建筑物密度较低、交通道路网较稀疏的地区，则考虑采用明沟排雨水。

当从工业区或城镇的边界到出水口的距离较长时，这段管线也采用明沟。为了降低雨水沟道的造价，应尽可能利用街道边沟排除雨水，以减少暗管的长度。雨水规划不能只顾城市不管农村，要兼顾城乡，正确解决好上下游的矛盾。

（3）雨水干管（沟）的规划布置。雨水干管（沟）应设在排水地区的低处，通常这种地区也常是道路定线比较适宜的位置。但雨水干管（沟）不应设在交通量大的街道下，以免积水时影响交通，对排除雨水的要求来说，道路的纵坡最好在0.3%～6%范围内。道路过于平坦，将增加埋设沟道时开挖的土方量；道路过陡，则需要设置跌水井等特殊构筑物，也要增加基建费用。

（4）雨水口的设置。为了便于行人越过街道，在道路交叉口，雨水不应浸过路面。因此，一般在路口应设置雨水口。

（5）尽量依靠自排，避免采用雨水泵站。由于雨水量很大，雨水泵站投资也很大，而且雨水泵站一年中运转时间短，利用率很低，因此，可以尽可能利用地形，使雨水都能靠重力流排入水体，而不设置泵站。在不得不设置泵站的情况下（如丰水期河水位高出城市地面的情况），也要使得经过泵站排泄的雨水量减少到最小限度。

雨水管（渠）的规划设计步骤：①在1：2000～1：5000、绘有规划总图的地形图上，根据地形特点划分汇水面积，确定水流方向，并根据道路走向，规划布置管渠系统。②划分各段管渠的汇水面积，并确定管渠的流水方向。将计算面积及各段管渠的长度填写在图上（注意：各支线汇水面积之和应等于该干管所服务的总汇水面积）。③结合竖向规划，依地形图的等高线，首先确定雨水排水口和管道起点的标高，然后再确定管线上各节点的地面标高，进行水力计算。④按整个区域的地面性质求出径流系数。⑤根据建筑街坊的面积大小，地面种类、坡度、覆盖情况以及街坊内部的排水系统等因素，计算（起点地面）集水时间。⑥根据区域性质、汇水面积、降雨强度、地形以及漫溢后的损失的大小等因素，确定设计重现期。⑦根据（或推求）暴雨强度公式进行水力计算，确定管渠断面尺寸和纵断面坡度。⑧绘制平面图及纵断面图。

2. 特殊场地排水

(1) 体育运动场地。

1) 体育场：①每分钟排除 10.8mm/m^2；②三个排水分区——跑道横坡 1%、2%，纵坡应小于等于 1%。

2) 矩形场地：排水坡形式为双坡式、横坡式、纵坡式、斜坡式。

排球场——0.5%；羽毛球场——草皮大于等于 2%，混凝土大于等于 0.83%；篮球场地——混凝土大于等于 0.83%；网球场——非透水型为 0.83%，透水型为 0.3%～0.4%；

(2) 广场和停车场。

1) 广场设计坡度——0.3%≤平原地区≤1%，停车场——最小坡度为 0.3%。平行通道方向纵坡小于等于 1%，横坡小于等于 3%。

2) 与广场相连的道路——0.5%～2%，困难时小于等于 7%；与停车场相连的道路——0.5%～2%，困难时小于等于 7%。

3) 积雪寒冷地区广场——小于等于 6%（且出入口处设置小于等于 2%的缓坡）。

19.1.2 场地排水材料

19.1.2.1 排水板

排水板是由聚苯乙烯（HIPS）或者是聚乙烯塑胶底板经过冲压制成圆锥突台（或中空圆柱形多孔）而成。该材料本身是高分子防水材料，而且其本身构造的特性，可以起到排水、防水层柔性保护和耐根系穿刺等复合功能，能够有效抵御植物根系穿刺，无需单独设置防根系穿刺。圆锥突台的顶面胶接一层过滤土工布，以阻止泥土微粒通过，从而避免排水通道阻塞使孔道排水顺畅。排水板示意图见图 19.1-6。

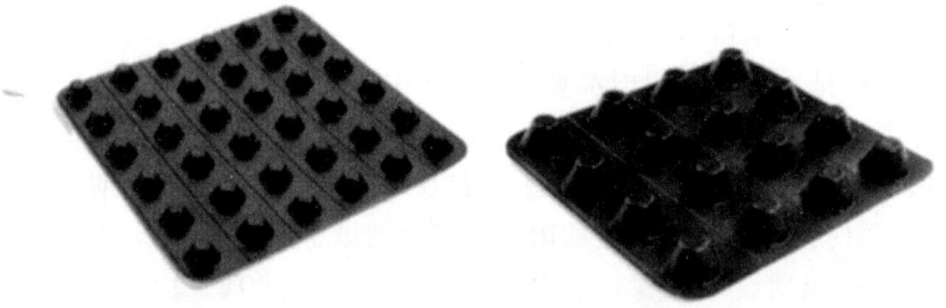

图 19.1-6 排水板示意图

传统的排水方式使用砖石瓦块作为导滤层，使用较多的鹅卵石或碎石作为滤水层，将水排到指定地点。而现在用排水板取代鹅卵石滤水层来排水，可以省时、省力又节能、节省投资、还能降低建筑物的荷载。

19.1.2.2 软式透水管

软式透水管在场地排水、降低和控制地下水位等方面得到了广泛使用。软式透水管是以防锈弹簧圈支撑管体，形成高抗压软式结构，无纺布内衬过滤，使泥沙杂质不能进入管内，从而达到净渗水的功效，其构造见图 19.1-7。丙纶丝外绕被覆层具有优良吸水性，能迅速收集土体中多余水分。橡胶筋使管壁被覆层与弹簧钢圈管体成为有机一体，具有很好的全方位透水功能，渗透水能顺利渗入管内，而泥沙杂质被阻挡在管外。

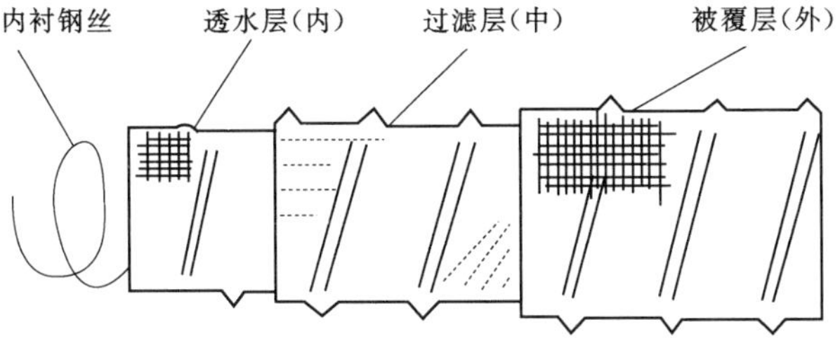

(a) 纵剖面

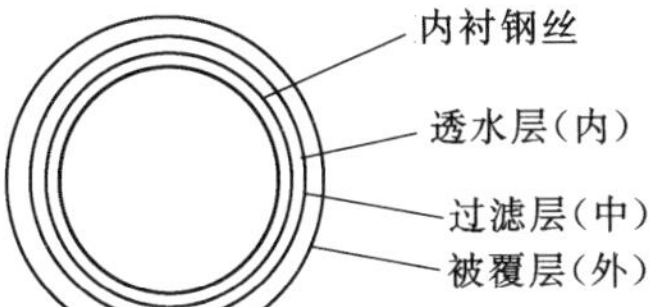

(b) 横剖面

图 19.1-7　软式透水管构造图

软式透水管克服了传统排渗材料如水泥渗管、PVC 管和其他塑料打孔管等透水面积小、渗透效果差、易堵塞、施工繁琐不便、综合成本高的缺点，创造性地利用毛细渗透的原理，周身全方位透水，使渗透、过滤、排水快速有效，一气呵成，并具有透水面积大、抗压强度高、铺设要求低、安装连接简单、结构轻便耐用、综合成本低等优点，得到了广泛应用，在土工排水类材料应用领域中发挥越来越重要的作用，其典型应用见图 19.1-8。

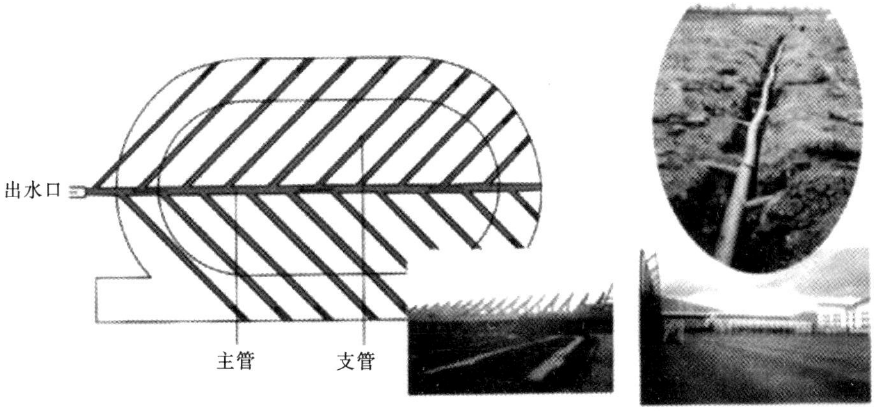

图 19.1-8　软式透水管典型应用示意图

19.1.3　场地排水材料设计

19.1.3.1　排水板设计

排水板幅宽 3m，长度为 10m 或 15m。设计时相应的性能指标详见表 19.1-1。

表 19.1-1　　排水板性能指标

序号	项　目	指　标				
		LDPE	LLDPE	EVA	HDPE	
1	厚度/mm	0.2～3.0	0.2～3.0	0.2～4.0	0.2～4.0	
2	宽度/m	2.5～9.0	2.5～9.0	2.5～8.0	2.5～8.0	
3	拉伸强度（纵横）/MPa	≥14	≥16	≥16	≥17	≥25
4	断裂伸长率（纵横）/%	≥400	≥700	≥550	≥450	≥550
5	直角撕裂强度 *N*/mm	≥50	≥60	≥60	≥80	≥110
6	水蒸气渗透系数	<1.0×10	<1.0×10	<1.0×10	—	—
7	使用温度范围/℃	+70～-70	+70～-70	+70～-70	—	—
8	炭黑含量/%	—	—	—	2.0～3.0	
9	耐环境应力开裂 *F*	—	—	—	≥1500	
10	-70℃低温冲击脆化性能	—	—	—		
11	200℃氧化诱导时间	—	—	—	>20	

19.1.3.2　软式透水管设计

软式透水管的性能指标详见表 19.1-2 和表 19.1-3。

表 19.1-2　　软式透水管的性能指标

项　目	性　能　指　标						
	FH50	FH80	FH100	FH150	FH200	H250	FH300
纵向抗拉强度/(kN/5cm)	1						
纵向伸长率/%	12						
横向抗拉强度/(kN/5cm)	0.8						
横向伸长率/%	12						
圆球顶破强度/kN	1.1						
CBR 顶破强力	2.8						
渗透系数	0.1						
等效孔径/mm	0.06～0.25						

表 19.1-3　　软式透水管的耐压扁平率

规格		FH50	FH80	FH100	FH150	FH200	H250	FH300
耐压扁平率	1%	≥400	≥720	≥1600	≥3120	≥4000	≥4800	≥5600
	2%	≥720	≥1600	≥3120	≥4000	≥4800	≥5600	≥6400
	3%	≥1480	≥3120	≥4800	≥6400	≥6800	≥7200	≥7600
	4%	≥2640	≥4800	≥6000	≥7200	≥8400	≥8800	≥9600
	5%	≥4400	≥6000	≥7200	≥8000	≥9200	≥10400	≥12000

19.1.4 场地排水材料施工

19.1.4.1 排水板施工

排水板的安装板材的长短边拼接采用搭接方式；聚酯无纺布亦采用搭接的方式，长短边搭接长度各为 150～200mm。

施工流程如下：

(1) 清理铺设现场并找平，使现场没有明显凹凸处。

(2) 铺设排水板不要让泥土、水泥、黄沙等垃圾进入排水板的正面空间，确保排水板的空间畅通。

(3) 当排水板铺设时尽可能做好保护措施，铺设排水板应及时尽快做好回填土工作，防止大风吹乱排水板影响铺设质量。

(4) 如果回填土是黏性土，在土工布上面需铺 3～5cm 的黄沙为比较理想，有利于土工布的滤水；如果回填土是一种营养土或轻质土，就无需再铺设一层黄沙，这种土本身就很松，很容易滤水。

(5) 排水板在铺设时边与边右搭接下来 1～2 支点，也可以两块底板碰齐，上面利用土工布搭接，只要保持没有泥土进入排水板的排水通道就可以保持排水畅通（图 19.1-9）。

图 19.1-9 排水板施工示意图

排水板施工时的程序和注意事项：①在干燥、通风的环境下储存排水板，防止曝晒，远离火源；②请立放或平放排水保护板，不得倾斜或交叉横压，堆放高度不要超过 3 层，避免重物堆压；③铺设时要平整自然，顺坡或依水流向铺设；④单铺土工布时搭接处保证 150cm，搭接处用胶或砂土压实避免移动，并随后回填，第一层回填土保证夯实后再进行下一步，分层回填必须夯实。

19.1.4.2 软式透水管施工

软式透水管施工时的程序和注意事项：①应先挖槽，铺设砂卵石；②安置软式透水管，按设计要求准确放置；③其连接采用绑扎法，接头处外包的土工织物需相互覆盖；④回填并碾压，但应注意严禁将填料直接抛落于软式透水管上。若用重型或中型夯锤机作用其上时，软式透水管上填料的覆盖厚度应在 60cm 以上。

软式透水管场地排水施工示意图见图 19.1-10。

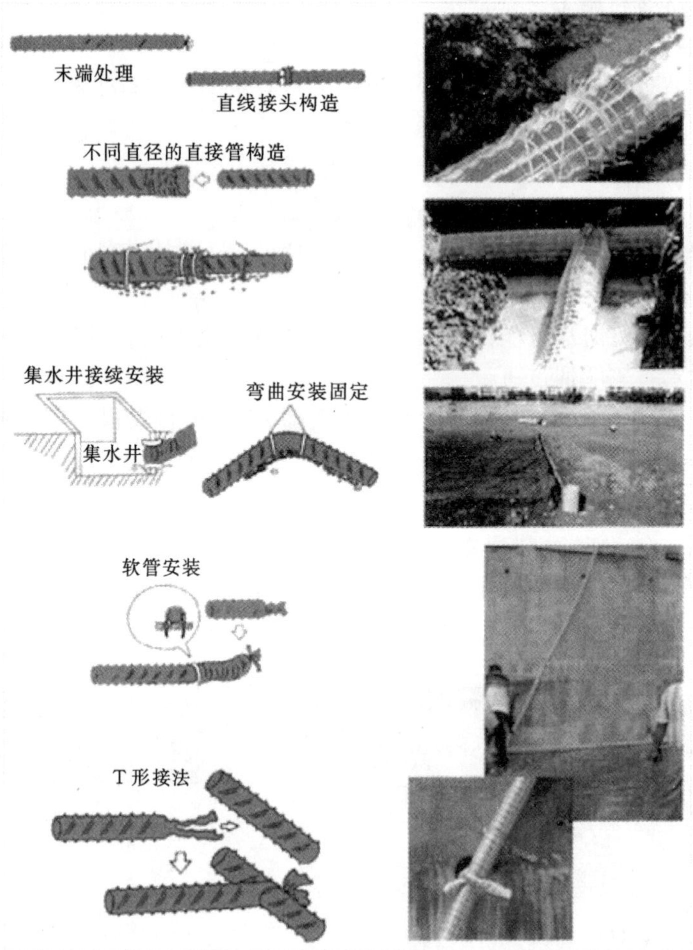

图 19.1-10 软式透水管场地排水施工示意图

19.1.5 场地排水案例

某大学按甲级标准投资建设了一座新体育场，包括标准 400m 田径场、足球场、看台及辅助用房。其中 400m 田径场获中国田径协会认证，可举办全国性和一般国际比赛。由于该体育场设计标准较高，故对场地的排水设计要求也高。

因体育场的面积很大，周围看台的雨水也会流入场内且雨后又要求场地能尽快使用。排水方式采用“排渗结合，以排为主”，渗水速度低于地面径流速度。

整个体育场分成三个排水区域：第一区域是看台及其周围，主要采取地面径流方式将地表水排入排水沟；第二区域是径赛跑道本身和南北端的半圆田赛场地；第三区域是足球场及缓冲地带。

1. 地表径流排水

在看台与场地交界的位置设置一圈排水沟，地面做 0.5%的坡度。另外，在跑道内侧的道牙外边设置环形排水暗沟以排除跑道和足球场的地表水，要求足球场地地面平整、泛水坡度均匀，排水沟和排水暗沟均为钢筋混凝土结构，沟宽为 0.4m，沟内纵坡坡度 $i=$

0.4%，每隔 30m 设一沉泥井以便于清理泥沙。

2. 地下渗水系统

地下渗水系统既铺设排水垫层又敷设盲沟，主要敷设在足球场下，考虑到暴雨比赛的可能，因此敷设盲沟以便及时排除雨水是非常必要的。雨水的渗透过程：面层→场地下部排水垫层→盲沟→排水暗沟→排水管。体育场盲沟平面布置如图 19.1-11 所示。

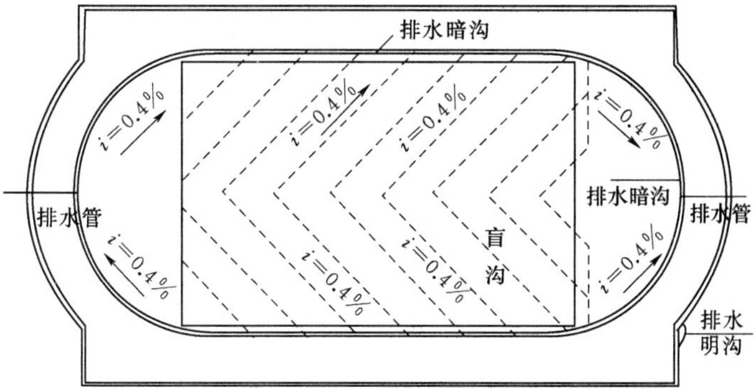

图 19.1-11　体育场盲沟平面布置图

盲沟渗水效果的优劣与盲沟渗水层的构造关系密切。工程采用带滤管盲沟，滤管为 ϕ100mm 的厚壁 PVC 穿孔滤管，渗水层按滤料粒径级配大小分层铺设，滤管外围依次为卵石层（ϕ10～50mm）、细碎石层（ϕ2～10mm）、粗砂层（ϕ0.5～2mm）和植土层，各层厚度分别为 300mm、100mm、100mm 和 300mm。

19.2　道路排水设计与施工

19.2.1　道路反滤、排水发展过程及应用现状

道路排水包括路面排水和路基排水，路面排水从下至上依次为基层、防水层、透水层。路基排水包括设置于道路两侧与路面排水相邻的透水路沿石，以及透水路沿石下方的路边排水沟槽。

道路反滤、排水设施的作用，是迅速排除路面、地面径流和各种城市废水，防止积水，降低过高的地下水位和排除渗入路面结构层及路基的水，以保证路基稳定，延长路面使用年限，维持车辆及行人的正常交通和安全，并使道路整洁卫生。当地下水位过高并影响路基稳定和强度，以及在寒冷地区可能引起道路冻害问题时，如路基受到限制而不可能提高，需采取相应降低地下水位的工程措施和考虑稳定的路面结构组成。降低地下水位可用不同形式的渗沟或用大孔隙材料建排水层并设置纵横向排水盲沟。对侧向渗透水的排除可采用侧向截流沟和抽排地下水的设施。路基受地下水毛细浸湿影响，一般可在路基顶面下修筑隔离层。隔离层可用粗粒材料，也有用土工编织物加反滤层，也可采用不透水层。

19.2.1.1　道路排水类型

道路有公路与城市道路之分，两者对排水的做法有所不同。公路一般较附近地面高，

两侧无成片街坊或建筑，如不涉及复杂地形，主要考虑排除路面雨雪水和必要时排除或降低地下水。城市道路基本上处在市、县、城镇之中，连通居住区、商业区、工厂、企业、机关、学校之间的交通，路面高度一般接近附近地面，大部分需按系统排除路面径流。因此对于城市道路排水，应与城市排水规划统一考虑。

公路排水一般均用明沟。尤其在山区和丘陵地带，地面坡度大、水流快，明沟能充分发挥排水作用。当洪流超过设计能力而溢流时，排除积水也较迅速。其排水设施有边沟、截水沟、排水沟、跌水、急流槽、倒虹管和渡槽等。边沟是设在路基边缘的排水沟。土质边沟多用梯形断面，石质边沟可用矩形断面，某些矮路堤或采用机械化施工时，可用三角形断面。截水沟用于路基挖方边坡上方的山坡汇水面积较大时，在挖方坡口至少5m以外设置，以拦截山坡向下流的地表水，保证挖方边坡不受水流冲刷。截水沟可根据需要设置一道或几道，分段拦截山坡地表径流。截水沟的关键在于迅速排水，避免沟内积水，更应防止沿沟内向土层渗水，造成边坡坍塌。截水沟应有可靠的出水口，必要时可设排水沟、跌水或急流槽，将水引向山沟或桥涵宣泄。排水沟是将边沟、截水沟、取土坑或路基附近的积水疏导至低洼地、天然河沟或桥涵处的设施。地形险陡、排水沟纵坡超过7%时，为减小流速，降低能量，防止对路基的危害，宜设置跌水和急流槽。

城市道路排水具有系统性，较为复杂，可分为分流制与合流制。城市道路排水的设计暴雨重现期及进入排水系统的径流量，均按排水工程要求及有关公式进行计算。我国原有旧城市的道路排水基本上均属合流制，近年新建、扩建地区采用分流制的已逐渐增多。道路排水方式有明式、暗式及混合式：明式由街沟、边沟、排水沟等组成明沟或明渠排水；暗式用暗管排水，包括街沟、雨水口、连管、干支管、各种检查井及出水口等部分；混合式是明暗结合的排水方式。一般情况，大、中城市尤其是中心区，多采用暗式；小城镇及大、中城市近郊和郊区道路，可考虑明式。如条件合宜，城市中在建筑密度高与交通频繁的地区用暗管，建筑物密度低与交通较稀的地区用明沟或明渠，形成混合式。由于排水与道路关系密切，两者的改建与扩建相互均有较大影响，在考虑城市道路排水设施的形式与规模时，要结合道路与排水的近远期规划，通过方案比较，作出经济合理的恰当布局和同步实施的措施。

19.2.1.2 道路反滤、排水的设计要点及存在的问题

1. 道路反滤、排水的设计要点

（1）路基排水。

1）排水沟。排水沟的形状一般设计为矩形和梯形。矩形排水沟常用的尺寸有60cm×60cm、60cm×80cm、80cm×80cm（深×宽）。排水沟深不超过60cm，壁厚一般为30cm，底部铺砌厚25cm，另外铺砌底部设置厚10～20cm的砂垫层；排水沟深超过60cm的，壁厚一般为40cm，底部铺砌厚25～40cm，铺砌底部设置厚10～20cm的砂垫层。梯形排水沟的M7.5级浆砌片石厚一般为25cm，砂垫层厚15cm。对于排水沟端部，设计和施工人员往往容易忽视，而实际上，有不少的水毁是从排水沟端部开始的。为了防止水流进入水渠等自然河沟中冲刷排水沟端部，排水沟端部往往加设一道隔水墙，隔水墙一般低于排水沟底1～1.5m。

2）边沟。挖方路基及填土高度低于路基设计要求的临界高度的路堤，一般采用边沟

地表排水形式。边沟可采用三角形、碟形、梯形、矩形横断面，采用何种形式宜按公路等级、所需排水设计流量、设置位置和土质或岩质选定。边沟一般宜通过急流槽与排水沟或自然沟渠相接。

3）截水沟。截水沟用于挖方路段边坡，主要排泄来自坡顶上方的来水。当自然边坡较缓时，宜采用梯形截水沟；当山体陡峭时，宜采用矩形截水沟。截水沟的流水一般通过急流槽汇入到边沟、排水沟或自然沟渠中。

对于几级挖方边坡，每级边坡的平台均应设置平台截水沟，平台截水沟一般有两种设计，即上凸式和下挖式。上凸式在高速公路中较为常用。平台截水沟常通过急流槽、接水沟将水引至边沟或截水沟中。

4）急流槽。急流槽是排泄路面水、挖方边坡流水的重要设施，属于集中排水的一种。急流槽一般有以下几种类型：路堤急流槽、截水沟接边沟的路堑急流槽、截水沟接排水沟的急流槽、边沟接排水沟的急流槽。

路堤急流槽一般用于路面集中排水的情形。非超高段和超高段内侧路面的水通过路缘带汇集到急流槽中，而超高段外侧路面排水先汇集到中央分隔带的集水井中，后通过横向排水管流入到超高段外侧的急流槽中。路堤急流槽一般设置间距为 30～50m。路堤急流槽一般为矩形，尺寸为 35cm×40cm（深×宽），壁厚 25～30cm，底部铺砌 25cm，沟壁和沟底铺砌均采用 M7.5 级浆砌片石，沟底一般设置厚 10cm 砂垫层。为了增加急流槽的稳定性，应每隔 1～2m 设置一道防滑平台，平台宽不小于 60cm。为了减小水流的冲刷，沿槽身每隔 1m 设置一道消力槛，槛高 10cm。在纵坡较大路段，急流槽入水口宜采用不对称弧形，并设置低凹区；在纵坡小的路段，急流槽入水口宜采用对称弧形。

5）路基地下排水。路基地下排水设施设置在地下水发育地段，如挖方地段、填挖交替路段，主要以渗流方式汇集水流，并就近排出路基范围以外。排水设施类型有明沟、暗沟、渗沟、渗井。

渗沟一般用于挖方路段，一般设置在边沟下方。渗沟一般深 80cm 以上，具体深度应根据地下水的情况而定。在渗沟的迎水面设置透水反滤土工布，在背水面、渗沟底部均设置隔渗土工布。渗沟一般用砂砾材料，也可用碎石，在渗沟底部，宜设置 1 根 10～15cm 的纵向软式透水管。

（2）路面排水的设计。路面排水设计应遵循下列原则：①降落在路面上的雨水，应通过路面横坡向两侧路肩排流，以避免行车道路面范围出现积水现象；②路线纵坡平缓、汇水量不大、路堤不高的情况下，宜采用横向漫流的方式排水；③路堤较高、坡面容易受水流冲刷时，宜采用集中排水的方式，即沿路肩外侧边缘设置拦水带，汇集路面水，之后通过急流槽排出路堤。

1）路肩排水。路肩排水设施包括拦水带、急流槽和边沟。拦水带设置在硬路肩外侧边缘，一般由沥青混凝土现场浇筑，或由水泥混凝土预制块铺砌而成。拦水带的泄水口可设置成开口式。纵坡较大时，泄水口宜做成不对称的喇叭口，并在硬路肩边缘的外侧设置逐渐变宽的低凹区；设置在平坡或缓坡坡段上时，泄水口可做成对称式。

2）直线段中央分隔带排水。中央分隔带分凸形和凹形中央分隔带，凹形中央分隔带在广东高速公路极少采用，因此本书仅介绍凸形中央分隔带。

直线段路基，当中央分隔带采用铺面分面时，可不设中央分隔带地下排水系统，只需在分隔带铺面上设置倾向于外侧的横坡，横坡坡度一般为 2%～4%。降落在分隔带上的表面水排向两侧行车道，流入路面表面排水系统。

当中央分隔带采用植草或灌木防护绿化时，应设置地下排水系统，并隔一定间距（一般与路堤急流槽间距一致）通过横向排水管将渗沟内的水排引出路界。地下排水系统一般采用填石渗沟，较少采用管式渗沟。填石渗沟周壁和沟底设置隔渗无纺土工布，渗沟上方设置反滤土工布，渗沟底部一般布置一根 15cm 的软式透水管。横向排水管一般采用 10cm 的塑料排水管，排水管用 C25 混凝土包裹。

3）超高段中央分隔带。在超高段，在中央分隔带上侧外边缘处应设置纵向排水沟，用于拦截上半幅路面的表面水，并每隔一定间距（与路堤急流槽的间距一致）设置一道集水井，然后通过横向排水管排到急流槽中。超高段中央分隔带渗沟内的水通过 10cm 的横向排水管排到集水井中，再通过 30cm 的横向排水管排到急流槽中。中央分隔带纵向排水沟常用的有扁平式和路栏式。扁平式排水沟横断面一般采用碟形、三角形、U 形和矩形；路栏式排水沟多用开口圆形和侧沟形。

4）路面结构内部排水系统的设计。

a）路面边缘排水系统。路面边缘排水系统就是沿路面外侧边缘设置纵向集水沟和集水、出水管。渗入路面结构内的水分，先沿路面结构层的层间空隙或某一透水层横向流入由透水性材料组成的纵向集水沟，并汇流入沟中的带孔集水管，再由间隔一定距离设置的横向排水管排出路基之外。

b）排水垫层的排水系统。当路基存在地下水、临时滞水或泉水时，如路基填土高度较低，为拦截这些水进入路面结构层，或迅速排除积聚在路基上层的自由水，可直接在垫层下面设置由未筛分碎石组成的排水垫层。当路基为路堤时，水向路基坡面外侧排流；当路基为路堑或半路堑时，挖方坡脚处须设置纵向集水沟、排水管和横向排水管。

2. 特殊道路反滤、排水的设计要点

（1）多年冻土地区。多年冻土地区地表、地下排水设施设计应考虑多年冻土地区的特殊性，避免排水设施或排水不良对冻土稳定性的影响。排水设施宜远离路基坡顶或坡脚，必要时应采取防渗、防冻及保温措施。

地表水的渗透是造成冻土融化、路基下沉的主要原因之一，因此，要求整个排水系统应当与保温护道坡脚或路堤坡脚（无保温护道）保持足够的距离。距离的大小根据冻土的含（水）冰量确定。

高含冰量冻土地段，路基所处地形一侧较高或挖方边坡一侧的山坡汇水面积较大时，宜设置挡水埝，防止坡面水漫流。挡水埝的顶宽不宜小于 1.0m，高度不宜小于 0.8m，内侧边坡坡度宜为 1∶0.5～1∶1，外侧边坡坡度宜为 1∶1.5～1∶2.0。必须采用开挖式排水设施时，宜采用宽浅的断面形式，排水沟的底宽不宜小于 0.6m，边坡坡度不宜陡于 1∶1，必要时可用草皮进行加固。

排水沟、截水沟、挡水捻内侧边缘至保温护道坡脚、路堤坡脚的距离应符合以下规定：①富冰冻土、饱冰冻土地段不宜小于 10m；②含土冰层地段不宜小于 8m；③少冰与多冰冻土地段不宜小于 5m；④沼泽湿软地段不宜小于 8m。

地表排水设施宜采用干砌片石或预制拼装等耐变形、耐冰冻的柔性结构。土质排水设施纵坡过大时宜采用铺草皮等措施加固。铺砌的排水设施底部宜设置灰土、三合土垫层或铺设复合土工膜，防止冲刷和渗漏。对无法引排的路基坡脚积水，宜设置护坡道隔离。护坡道的高度应高出积水最高水位不小于 0.5m，宽度应不小于 5m。

当地下水对路基有危害时，应根据地下水类型、水量、积水和地层情况，设置渗沟或冻结沟、积冰坑、挡冰堤、挡冰墙等设施排除地下水。当采用渗沟时，渗沟、检查井和出水口均应采取保温措施。出水口的位置宜选在地形开阔、高差较大、纵坡较陡、向阳、避风处。

当取土坑内部积水可能危及路基稳定时，取土坑内侧边缘至保温护道坡脚、重顶或路堤坡脚的距离不宜小于 10m。

(2) 膨胀土地区。膨胀土地区应按防止地表水、地下水渗入膨胀土体，避免土体膨胀导致路基破坏的原则进行排水设计。

路床宜采用路面底层封闭隔水、路床换填不透水材料、铺设防水土工合成材料和渗沟排水等措施，防止路面表面水下渗。挖方路段路床换填深度应根据地下水发育情况确定，宜为 0.8～1.5m。

路肩边沟宜较一般地区适当加宽、加深，边沟外应设边沟平台。截水沟与路肩坡顶之间应采取铺设防水土工合成材料等封闭、防渗措施。

路肩边坡宜设置支撑渗沟或柔性支护结构；路肩坡顶截水沟下宜设置渗沟截排浅层地下水；坡顶、渗沟底以及渗沟靠边坡一侧应设置隔水层。

地下水位较高的路段，宜在边沟下或坡脚挡土墙墙踵处设置渗沟。地表排水设施宜采用预制拼装结构，并做好接缝防渗隔水。防渗可采用防水土工布（膜）等。当采用浆砌片石结构时，应做好基底隔水设计。

(3) 黄土地区。黄土地区应按防止地表水下渗、避免路基湿陷破坏的原则进行排水设计。

黄土地区排水设施的设计应符合以下规定：

1) 排水沟渠的长度不宜超过 300m，三角形和碟形边沟不宜超过 150m，沟底纵坡坡度不宜小于 0.5%，不应小于 0.3%。出口部位宜设置消能设施并使水流散开流走，避免在出口形成冲刷或积水，防止湿陷破坏。

2) 排水沟渠应采用现浇混凝土、浆砌混凝土预制块或浆砌片石，底部应采用塑料薄膜或复合土工膜防渗，基底应采用夯实、掺灰夯实等方法进行加固处治。

3) 涵洞、急流槽、排水沟等出口应设置消力池（坎）、散流、跌坎、加糙、挑流等消能设施。当填方高度小于 2m 时，应对基底进行石灰土改良、铺设防渗土工布等防渗处理。当填土地基地下水、泉水丰富时，应设置透水层。透水层可沿填土高度每 3m 设置一段，且每层应设置 6%左右的横向坡度，并配置坡脚排水系统。

4) 填方路基的路面表面水宜采用设置拦水带、急流槽集中排放的方式排除。

5) 湿陷性黄土路段，集中取土坑的边缘距离路基坡脚应不小于 25m，并应采取重锤夯实、浆砌或铺筑土工合成材料等方法进行防渗处理。

6) 对危害路基安全的黄土陷穴，应根据陷穴埋藏深度及大小采用开挖回填夯实及灌浆等方法处理，对可能进入陷穴的水流应采取设置截水沟、排水沟、渗沟和盲沟等措施拦截和引排。对危及路基安全的黄土冲沟，应对其采用沟头植树、铺砌等防护措施。

7）当路线附近灌溉可能造成黄土地基湿陷，影响路基安全时，可对路堤两侧坡脚外5～10m进行表层加固防渗处理或设侧向防渗墙。

（4）盐渍土地区。

1）盐渍土地区应按切断盐分迁移路线、保证路基稳定的原则进行排水设计。

2）下路堤采用盐渍土填筑的路段，路面水应采用设置拦水带、急流槽集中排放的方式排除。

3）中、强盐渍土路段，路基受到地面水或地下水影响时，填方路基应设置隔断层，挖方路基应根据水文地质条件适当超挖并回填水稳定性好的填料或设置隔断层。

隔断层设计应符合以下规定：①隔断层可采用透水性材料，也可采用沥青、土工膜等不透水的材料。②当采用透水性材料修筑时，其厚度不宜小于300mm，并应在隔断层顶面及底面各铺设一层反滤层。③填方路段。高速公路、一级公路的隔断层应设置在路床之下；二级及二级以下公路，路堤隔断层应位于路面结构以下。挖方路段隔断层应在路面结构以下至少0.3m。隔断层底面应高出地表长期积水位或边沟设计水位0.2m以上。隔断层的顶面埋深应大于当地最大冻深。④地面排水困难、地下水位高或路侧有排、灌沟渠的路段，应在路基一侧或两侧设排碱沟，降低地下水位或截阻农业排灌渗漏水。排碱沟距路基坡脚应不小于2m，沟底应低于地表不小于1m，沟底宽不宜小于0.6m，纵坡不宜小于0.2%。无排水条件的路段，当地下水位较高时，宜设置反压护道隔水。⑤荒漠盐滩、耕地稀少的路段，可采用反压护道隔水或设置蒸发池。反压护道顶面应高出长期积水位0.5m以上；蒸发池边缘距路基坡脚宜大于10m。当蒸发池水渗流对路基有影响时，池底与四壁宜作防渗处理。⑥路侧设置取土坑时，取土坑底部应高出地下水位不小于1m，坑底横坡宜外倾2%～3%，坑边缘距路基坡脚应不小于5m。⑦通过盐湖地段的低路堤可不设边沟。当盐湖地表下有饱和卤水时，宜设置排水沟和护坡道，护坡道宽度应大于2m，排水沟可与取土坑、蒸发池联合设置。

19.2.2 道路反滤、排水设施

19.2.2.1 盲沟类反滤、排水设施

盲沟类反滤、排水设施主要应用在公路排水中。反滤、排水设施主要有盲沟、渗沟和渗井等，分述如下：

（1）盲沟。盲沟作用是拦截或降低地下水，其构造如下：

矩形断面，沟内下部填石，粒径为3～5cm。在其上部和两侧，分层填入较细粒料，每层厚约10cm，逐层粒径大约按6倍递减。顶面与底面设0.3m的隔水层；纵坡1%～2%，长度以50m为限，出水口高于地表排水常水位0.2m。寒冷地区应作防冻保温处理或将其设在冰冻深度以下。

（2）渗沟。渗沟作用是降低地下水位、拦截地下水，比盲沟尺寸可以更大，埋置更深。其结构型式有盲沟式、洞式、管式（排水层、反滤层、封闭层），详见图19.2-1。

（3）渗井。渗井作用是向地下穿过不透水层，将上层含水引入下层渗水层，扩散地下水。其结构为圆形或正方形，直径或边长为1.0～1.5m，内填砂石材料，中间粗，逐层

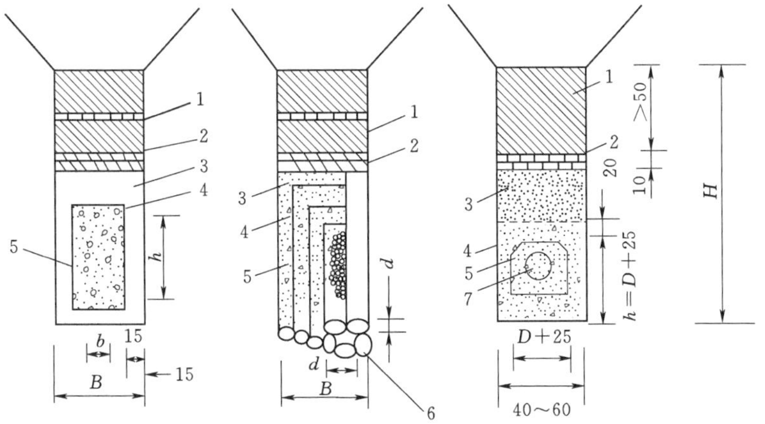

(a) 盲沟式　　(b) 洞式　　(c) 管式

图 19.2-1　渗沟典型结构图

1—黏土夯实；2—双层反铺草皮；3—粗砂；4—石屑；5—碎石；6—浆砌片石沟洞；7—预制混凝土

向外粒径减小，深度以深入下面渗水层能够向下渗水为限。渗井典型结构见图 19.2-2。

19.2.2.2　管道类排水材料

城市道路中管道类排水材料属土工合成材料主要有 HDPE 双壁波纹管。

HDPE 双壁波纹管，简称 PE 波纹管（图 19.2-3），20 世纪 80 年代初在德国首先研制成功。经过十多年的发展和完善，已经由单一的品种发展到完整的产品系列。在生产工艺和使用技术上已经十分成熟。由于其优异的性能和相对经济的造价，在欧美等发达国家已经得到了极大的推广和应用。双壁波纹管材是以高密度聚乙烯为原料的一种新型轻质管材，具有重量轻、耐高压、韧性好、施工快、寿命长等特点，其优异的管壁结构

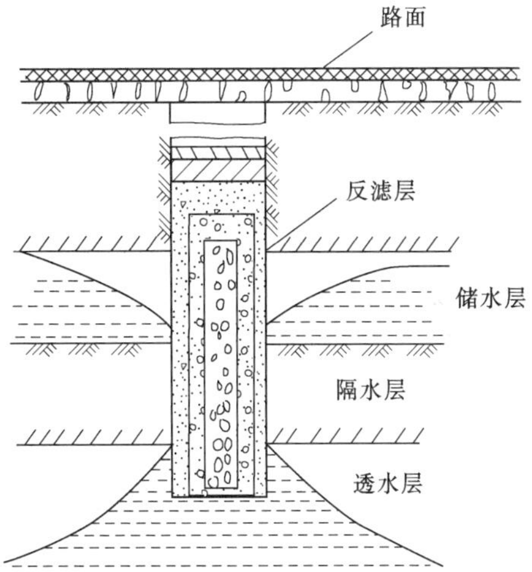

图 19.2-2　渗井典型结构图

1—黏土夯实；2—双层反铺草皮；3—粗砂；4—石屑；5—碎石；6—浆砌片石沟洞；7—预制混凝土

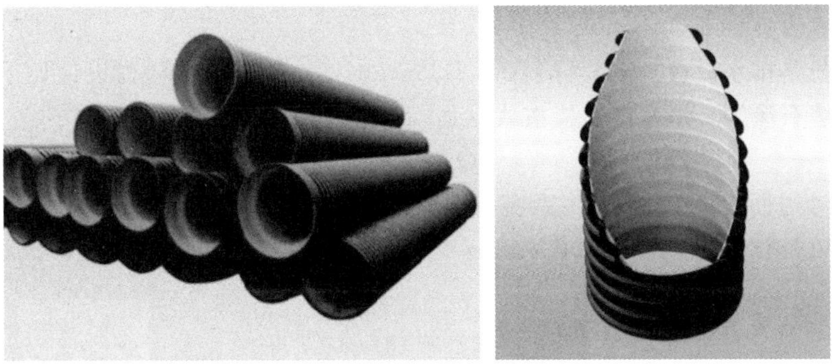

图 19.2-3　HDPE 双壁波纹管示意图

设计，与其他结构的管材相比，成本大大降低。并且由于连接方便、可靠，在国内外得到广泛应用，大量替代混凝土管和铸铁管。

HDPE 双壁波纹管具有优异的化学稳定性、耐老化及耐环境应力开裂的性能。HDPE 双壁波纹管属于柔性管，其主要性能如下。

（1）抗外压能力强。外壁呈环形波纹状结构，大大增强了管材的环刚度，从而增强了管道对土壤负荷的抵抗力，在这个性能方面，HDPE 双壁波纹管与其他管材相比较具有明显的优势。

（2）工程造价低。在等负荷的条件下，HDPE 双壁波纹管只需要较薄的管壁就可以满足要求。因此，与同材质规格的实壁管相比，能节约一半左右的原材料，所以 HDPE 双壁波纹管造价也较低。这是该管材的又一个很突出的特点。

（3）施工方便。由于 HDPE 双壁波纹管重量轻，搬运和连接都很方便，所以施工快捷、维护工作简单。在工期紧和施工条件差的情况下，其优势更加明显。

（4）摩阻系数小、流量大。采用 HDPE 为材料的 HDPE 双壁波纹管比相同口径的其他管材可通过更大的流量。换言之，相同的流量要求下，可采用口径相对较小的 HDPE 双壁波纹管。

（5）良好的耐低温、抗冲击性能。HDPE 双壁波纹管的脆化温度是－70℃，一般低温条件下（－30℃以上）施工时不必采取特殊保护措施，冬季施工方便，而且 HDPE 双壁波纹管有良好的抗冲击性能。

（6）化学稳定性佳。由于 HDPE 分子没有极性，所以化学稳定性极好。除少数的强氧化剂外，大多数化学介质对其不起破坏作用。一般使用环境的土壤、电力、酸碱因素都不会使该管道破坏，不滋生细菌，不结垢，其流通面积不会随运行时间增加而减少。

（7）使用寿命长。在不受阳光紫外线条件下，HDPE 双壁波纹管的使用年限可达 50 年以上。

（8）优异的耐磨性能。德国曾用试验证明，HDPE 双壁波纹管的耐磨性甚至比钢管还要高几倍。适当的挠曲度内一定长度的 HDPE 双壁波纹管轴向可略为挠曲，不受地面一定程度的不均匀沉降的影响，可以不用管件就直接铺在略为不直的沟槽内等。

19.2.3 道路排水设施设计

19.2.3.1 盲沟类排水设计

根据《公路排水设计规范》（JTG/T D33—2012），针对道路渗沟设计如下。

盲沟（填石渗沟）泄水能力应按式（19.2-1）计算。

$$Q_c = wk_m \tag{19.2-1}$$

式中：w 为渗透面积，m^2；k_m 为紊流状态时的渗流系数，m/s。

当已知填料粒径 d（cm）和孔隙率 n（%）时，按式（19.2-2）计算，如图 19.2-4 所示。

$$k_m = (20 - 14/n)\sqrt{d} \tag{19.2-2}$$

渗沟埋置深度应按式（19.2-3）计算，如图 19.2-5 所示。

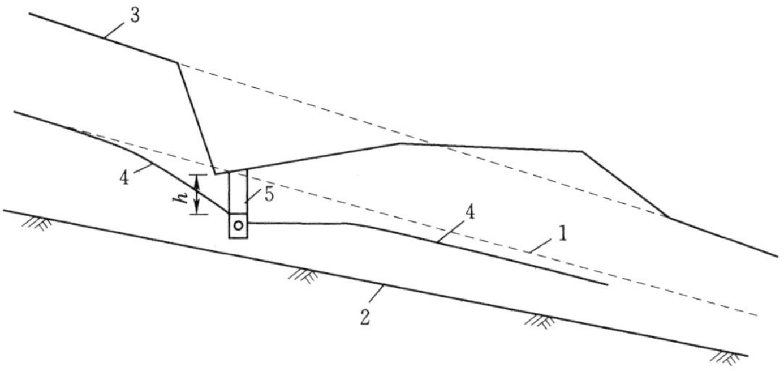

图 19.2-4　不透水层横向坡度较陡时的渗沟流量计算

1—原地下水位；2—不透水层；3—坡面；4—设渗沟后地下水位；5—渗沟

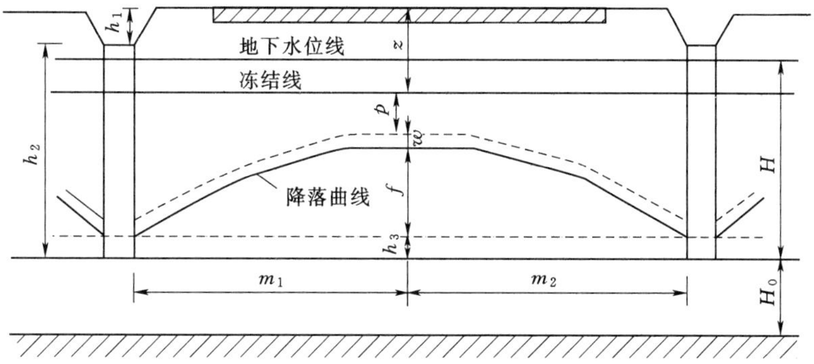

图 19.2-5　渗沟埋置深度计算

H—地下水位高度；H_0—隔水层高度；m_1—渗沟边缘至路基中线的距离

$$h_2=z+p+e+f+h_3-h_1 \tag{19.2-3}$$

式中：h_2 为渗沟埋置深度，m；z 为沿路基中线的冻结深度，m，非冰冻地区取 0；p 为冻结地区沿中线处冻结线至毛细水上升曲线的间距，可取 0.25m，非冰冻地区路床顶面至毛细水上升曲线的距离，可取 0.5m；e 为毛细水上升高，m；f 为路基范围内水力降、落曲线的最大高度，m，与路基宽度 B 及 I 有关，可近似取 $f=B/I$；h_3 为渗沟底部的水柱高度，m，一般取 0.3～0.4m；h_1 为自路基中线顶高计算的边沟深度，m。

19.2.3.2　管道类排水设计

HDPE 双壁波纹管排水设计所依据的规格尺寸和物理性能指标见表 19.2-1 和表 19.2-2。

19.2.4　道路反滤、排水施工

19.2.4.1　盲沟施工

1. 施工准备

熟悉图纸、了解现场，对应现场及图纸充分调查实际情况。开挖前，先进行测量放样，控制好盲沟的线形，准备好所需机具、材料等。

表 19.2-1 **HDPE双壁波纹管规格尺寸**

环刚度等级	管材几何尺寸/mm	管材规格/mm					
		公称内径(DN/ID)(排水管系列)					
		225	300	400	500	600	800
SN4	管材内径 d_1	225	300	400	500	600	800
SN8	管材外径 d_e	260	346	460	578	696	933
两种	最小层压壁厚 e	1.7	2	2.5	3	3.5	4.5
管顶最小覆土厚度/m		0.50					
管顶最大覆土厚度/m		4.0	4.5	5.0	5.5	6.0	7.0

表 19.2-2 **HDPE双壁波纹管物理性能**

项目		要求
环刚度/(kN/m^2)	SN4	≥4
	SN8	≥8
冲击性能(*TIR*)/%		≤10
环柔性		试样圆滑,无反向弯曲,无破裂,两壁无脱开
烘箱试验		无气泡,无分层,无开裂
蠕变比率		≤4

盲沟排水是通过采取有效措施,使含水量较高的路基保持在允许含水范围内,保证路基安全和路基处于稳定状态,满足使用要求。施工前应据设计图纸认真施工,并认真做好路基临时排水。

2. 施工放样

必须在路基挖除软土后,换填至盲沟设计标高,然后开始准确放样,精确测定盲沟起讫点、沟底纵坡、两端衔接是否顺直,以及和其他支盲沟是否能够很好的连接。

3. 基坑开挖

盲沟开挖方法采用挖掘机进行开挖人工配合修整。开挖前,沿测量组放样的木桩洒石灰测设好标高,再用挖掘机沿石灰线开挖,以控制线形和深度。基坑土及时运走,然后按照放样的石灰线和水准测量进行人工修整基坑。开挖过程中应注意沟槽的坡度、断面尺寸、深度。沟槽挖好后,必须对土沟进行检测,检测内容包括沟槽断面尺寸和沟底纵坡。经监理工程师检测合格后方可进行下一道工序施工。

4. 盲沟沟身

基坑修整完成,并经监理工程师验收后,可铺设土工布(外侧包复合土工膜,内、顶包反滤土工布),先将土工布立放于已挖成形的两侧沟壁,土工布铺设后应适当拉平,并保持一定松弛度,随之用木桩或石块固定,再放粗砾(碎石)填充。填充前须将粗砾(碎石)筛选和清洗干净,在碎石的两侧和上部,按一定比例分层,填较细颗粒的粒料作为反滤层,组成盲沟。顶部作封闭层,并在其上夯填厚度不小于0.5m的黏土防水层。

5. 碎石反滤层填筑

材料应满足规范及设计要求,碎石表面应清洁,铺设应整齐规范,孔隙应清晰以便保证流水通畅。

碎石采用连续级配材料，粒径不大于 50mm，含泥量不超过 5%，含砂量不超过 4%，碎石铺设采用人工铺设方法，人工铺设的外观应整齐顺适，平面几何尺寸应满足规范和设计要求。碎石铺设完毕后应经监理工程师检验合格后方可进行路基填筑施工。

6. 施工要求及方法

(1) 盲沟设计为梯形，在盲沟的底部用片石填筑，粒径为 150～400mm。片石表面应清洁，片石采用人工铺设。片石铺设应整齐规范，孔隙应清晰以便保证流水通畅。

(2) 盲沟的埋置深度应满足渗水材料的顶部不得低于原有地下水位的要求。当排除层间水时，盲沟底部应埋于最下面不透水层上。

(3) 当采用土工织物作反滤层时，应先在底部及两侧沟壁铺好就位，并预留顶部覆盖所需的土工织物，拉直平顺紧贴下垫层，所有纵向或横向的搭接缝应交替错开，搭接长度均不得小于 300mm。

(4) 土工布铺设：土工布铺设要求在片石填筑完毕、土方填筑之前铺设，铺设宽度符合要求、搭接正确。土工布在铺设之前要求先检查片石表面平整度、高度、有无带尖棱硬物，表面要求人工整平、把不平处凹凸处用小碎石填平。铺设时要按施工技术人员所放边桩进行控制铺设位置，距土工布边 30cm 每 20m 1 个边桩。铺设时先把土工布打开，土工布拉开后拉直，按边桩用钢尺把两边尺寸先放对，然后按控制桩把中间土工布调直，调直完毕后用土把土工布四周盖一下，以免被风吹起。铺设完毕后应经监理工程师检验合格后方可进行路基填筑施工。

19.2.4.2 HDPE 管道施工

1. 一般规定

管道应敷设在原状土地基或经开槽后处理回填密实的地层上，管道在车行道下时，管顶覆土厚度不小于 0.7m。

管道应直线敷设，需利用柔性接口折线敷设时，管道每个承接口处相对转角一般情况下不得大于 1.5°。

排水管道工程可同槽施工，但应符合一般排水管同槽敷设设计、施工的有关规定。

管道穿越铁路、高等级道路路堤及有障碍的构筑物时，应设置钢筋混凝土、钢、铸铁等材料制作的保护套管。套管内径应大于波纹管外径 200mm 以上，管道与套管之间的端部处空间用填料填塞。

管道基础的埋深低于建（构）筑物基础底面时，管道不得敷设在建（构）筑物基础下地基扩散角受压区以内。

地下水位高于开挖沟槽槽底高程的地区，施工时应采取降低地下水位的措施，防止沟槽失稳。地下水位应降至槽底最低点以下 0.3～0.5m 方可进行管道安装。回填的全部过程中，不得停止降低地下水。

沟槽槽底净宽度，宜按管外径加 0.6～1.0m 确定，以便于人工在槽底作业为宜。开挖沟槽，应严格控制基底高度，不得扰动基面。基底设计标高以上 0.2～0.3m 的原状土应予保留，禁止扰动。铺管前用人工清理至设计标高，不得挖至设计标高以下。如果局部超挖或发生扰动，不得回填泥土，可换填 10～15mm 天然级配的砂石料或中、粗砂并整平夯实。

雨季施工应尽可能缩短开槽长度，做到成槽快、回填快，并做好防泡槽的措施。一旦发生泡槽，应将水排除，把受泡的软化土层清除，换填砂石料或中粗砂，做好基础处理。

人工开槽时，宜将槽上部混杂土，槽下部良质土分开堆放，以便回填用。堆土不得影响管沟的稳定性。

槽底埋有不易清除的块石、碎石、砖块等时，应铲除至设计标高以上 2m，然后铺垫天然及配砂石料，面层铺上沙土整平夯实。槽底不得受浸泡或受冻。

2. 基础

对一般的土质地段，基底只需铺一层砂垫层，其厚度为 0.1m；对软土地基，槽底又处在地下水位以下时，宜铺垫一层砂砾或碎石，其厚度不小于 0.15m，碎石粒为 5～40mm，上面再铺砂垫层（中、粗砂），厚度不小于 0.05m，垫层总厚度不小于 0.2m。

开槽后，对槽宽、基础垫层厚度、基础表面标高、排水沟畅通情况、沟内是否有污泥及杂物、基层有无扰动等作业项目，分别进行验收，合格后才能进行安排。

3. 管道安装

管道安装一般均可采用人工安装。安装时，由人工抬管道两端传给槽底施工人员。明开槽时，槽深大于 3m 或管径大于 400mm 的管道，可用非金属绳索溜管，使管道平稳地放在沟槽管位上。严禁用金属绳索勾住两端管口或将管道自槽边翻滚抛入槽中。承插口管安装应将插口顺水流方向，承口逆水流方向，由下游向上游依次安排。

管道长短的调整可用手据切割，但断面应垂直平整，不应有损坏。

4. 管道与检查井连接

管道与检查井的连接宜采用柔性接口，也可采用承插管件连接。当要求不高时，也可直接砌进检查井壁中。

管道与检查井的衔接：为保证管材或管件与检查井壁结合良好不漏水，管道与检查井的衔接可采用预制混凝土外套环，加橡胶圈的结构形成。混凝土外套环应在管道安装前预制好，外套环的内径应根据管材的外径尺寸确定。外套环的混凝土强度不低于 C15 级，壁厚不小于 50mm，厚度不小于 240mm。先将管道插口部位套上胶圈，并将管材此端插进混凝土外套环，混凝土外套环与井壁间用水泥砂浆砌筑。

当管道位于软土地基或低洼、沼泽、地下水位高的地段时，应考虑基础的不均匀沉降。检查井与管道的连接，宜先采用长 0.5m 的短管用上述方法与检查井连接，然后接一段 2m 短管，再与整根管道连接。

5. 管道修补

管道敷设后，受意外因素发生管壁局部损坏，当损坏部位的长或宽不超过管周长的 1/12 时，可采取修补措施。

管壁局部损坏孔洞小于 100mm 时，可先用连体胶圈套于损坏部位，再将连接件安好，均匀紧好螺栓。

管材破损严重应截去破损处，换上等长短管然后用尼龙加强热收缩带连接。

6. 回填要求

管道安装验收合格后应立即回填，至少应先回填到管顶上一倍管径高度。

沟槽回填从管底基础部位开始到管顶以上0.5m范围内，必须用人工回填，严禁用机械推土回填。

管顶0.5m以上部位的回填，可采用机械从管道轴线两侧同时回填、夯实或碾压。

回填土过程中沟槽内应无积水，不允许带水回填，不得回填积泥、有机物，回填土中不应含有石块、砖头、冻土块及其他杂硬物件。

沟槽回填应从管线、检查井等构筑物两侧同时对称回填，确保管线及构筑物不产生位移，必要时可采取限位措施。

7. 管道安装

聚乙烯排水管道部位工程应按路段或长度划分，工序划分为沟槽、降低地下水、砂石基础、下管安装、接口、检查井、闭气或闭水检验、回填。管道的密封性检验应在管底与基础腋脚部位用砂回填密实后进行，采用闭水检验方法进行实验。在管道内充水保持管顶以上2m水头压力，观测管道24h渗漏量。

19.2.5 道路反滤、排水案例

某道路长度3.5km，路面宽度12.5m，路基排水采用浆砌片石明沟排水，排水横断面为梯形，底宽0.5m，沟深0.5m，内侧边坡坡度为1∶1，沟底纵坡为0.5%，路基最大填土高度为8m，边坡坡度取1∶1.5。

19.2.5.1 道路排水设计

道路排水系统包括路基排水、路面排水和中央分隔带排水三部分。路基排水系统包括边沟和排水沟。设计中通过边沟、排水沟、桥涵等排水构造物将水排入天然河沟，以形成完整的排水系统。因此道路排水系统设计包括路基排水设计、路面排水设计和中央分隔带排水设计。

1. 路基排水设计

路基排水主要通过两侧的边沟和集水沟及挡水土堤来进行。边沟将汇集的路面水由路基边坡排入河沟或排入排水涵洞中，或用排水沟引离路基。路线经过河塘地段时，设置填筑式边沟，或直接通过河塘排水，一般不应将水排入鱼塘。

路基排水的一般原则如下：

(1) 排水设施要因地制宜、全面规划、合理布局、综合处置、讲究实效、注意经济，并充分利用有利地形和自然水系。

(2) 沟槽的顶面高度应高出设计水位0.1～0.2m。边沟纵坡一般不小于0.5%，特殊情况下可减至0.3%。边沟长度原则上不超过300m，最大不超过500m。当边沟与沟渠、道路发生交叉时，一般将边沟水直接排入排水沟；遇灌溉沟渠时，则考虑将边沟水向两侧排除；当边沟必须穿越道路时，设置边沟过路涵穿越。边沟（排水沟）出水口与较大河沟相接处，当可能发生冲刷时采用急流槽将水引入河沟中。根据地势走向情况及周围天然河沟的分布情况，同时在排水沟设计中尽量减少填方量。

路段排各段边沟设计详见表19.2-3。

2. 中央分隔带排水

中央分隔带采用锯齿形，并植草绿化防目眩。为排除中央分隔带下渗水，采用纵向碎石盲沟结合横向塑料排水管排出中间带填土渗水。盲沟采用矩形断面，宽 60m，深 20～38cm，纵坡不小于 0.3%，其沟底及侧壁、中间带土基表面以及中央分隔带路面结构外侧采用 2cm 厚水泥砂浆抹面，并涂沥青防渗层及铺设防渗土工布。碎石盲沟顶面铺一层透水土工布，以防中间带填土污染碎石盲沟而降低透水功能，中央分隔带纵向碎石盲沟内贯穿埋设 ϕ5cm 中空耐压塑料管，每间隔 50～70m 设置较盲沟地面低 20cm 的集水槽，集水槽内埋设带孔塑料三通管并于横向 ϕ8cm 聚氯乙烯硬塑料排水管相接，将中央分隔带中下渗水排出路基以外。

3. 系统布置

按照《公路排水设计规范》(JTG/T D33—2012) 综合本路段道路平纵横设计，综合考虑沿线地形地貌及桥涵设置情况拟定排水系统表。

表 19.2-3　　边沟设计表

序号	起讫桩号	终点沟底设计高程/m	边沟位置	边沟长度/m	边沟纵坡/%	原地面高程/m	起点沟底设计高程/m
1	K0+000～160	K0+000	右	160	+0.3	32.64	32.00
		K0+160				32.60	32.48
2	K0+000～090	K0+000	左	90	+0.3	32.64	32.00
		K0+090				32.60	32.27
3	K0+162～280	K0+162	右	118	+0.3	32.64	32.00
		K0+280				32.60	32.35
4	K0+092～280	K0+092	左	188	+0.3	32.61	32.00
		K0+280				32.60	32.56
5	K0+325～505	K0+325	右	180	−0.3	32.63	32.54
		K0+505				32.43	32.00
6	K0+325～390	K0+325	左	65	−0.3	32.63	32.11
		K0+390				32.62	31.91
7	K0+507～560	K0+507	右	53	−0.3	32.64	32.16
		K0+560				32.41	32.00
8	K0+392～560	K0+000	左	168	−0.3	32.64	32.60
		K0+160				32.60	32.10
9	K0+562～850	K0+0562	右	290	−0.4	32.41	32.69
		K0+850				32.03	31.53
10	K0+562～872.7	K0+562	左	312.7	−0.4	32.41	32.91
		K0+872.7				32.06	31.66
11	K0+850～K1+198	K0+850	右	348	−0.3	32.03	32.09
		K1+198				32.05	31.05

续表

序号	起讫桩号	终点沟底设计高程/m	边沟位置	边沟长度/m	边沟纵坡/%	原地面高程/m	起点沟底设计高程/m
12	K0+872.7～K1+208	K0+872.7	左	335.5	−0.3	32.06	33.14
		K1+208				32.06	31.46
13	K1+230～382	K1+230	右	162	+0.3	32.05	31.55
		K1+382				32.01	32.04
14	K1+208～333.5	K1+208	左	103.3	+0.3	32.06	31.56
		K1+333.5				32.04	31.87
15	K1+382～K1+521	K1+382		161	+0.3	32.01	31.71
		K1+521	右			32.50	32.19
16	K0+872.7～K1+208	K0+872.7	左	202	+0.3	32.04	31.64
		K1+208				32.52	32.25
17	K1+572.5～670	K1+572.5	右	129	−0.3	32.56	32.41
		K1+670				32.52	32.02
18	K1+515～651.9	K1+515	左	144.8	−0.3	32.52	32.44
		K1+651.9				32.56	32.06
19	K1+671.5～744.8	K1+671.5	右	73.3	−0.3	32.52	32.38
		K1+744.8				32.45	32.05
20	K1+660.8～721	K1+660.8	左	60.2	−0.3	32.56	32.23
		K1+721				32.40	32.00
21	K2+090～305	K2+090	右	215	+0.3	31.04	30.74
		K2+305				31.52	31.39
22	K2+078～305	K2+078	左	227	+0.3	31.05	30.75
		K2+305				31.50	31.43
23	K2+306.5～450	K2+306.5	右	143.5	+0.4	31.52	31.20
		K2+450				31.33	31.77
24	K2+306.5～450	K2+306.5	左	143.5	+0.4	31.52	31.20
		K2+450				31.30	31.77
25	K2+454～686	K2+454	右	252	−0.4	31.34	31.60
		K2+686				31.47	31.09
26	K2+454～666	K2+454	左	212	−0.4	31.36	31.98
		K2+666				31.42	31.05
27	K2+726～851.5	K2+726	右	125.5	−0.3	31.25	31.38
		K2+851.5				31.21	31.00
28	K2+686～851.5	K2+686	左	165.5	−0.3	31.30	31.50
		K2+851.5				31.21	31.00

续表

序号	起讫桩号	终点沟底设计高程/m	边沟位置	边沟长度/m	边沟纵坡/%	原地面高程/m	起点沟底设计高程/m
29	K2+853～K3+112	K2+853	右	259	−0.4	31.28	31.99
		K3+112				31.23	30.95
30	K2+853～K3+120	K2+853	左	267	−0.4	31.28	31.97
		K3+120				31.25	30.90
31	K3+112～177.008	K3+112	右	65.008	+0.3	31.23	31.00
		K3+177.008				31.22	31.20
32	K3+120～177.008	K3+120	左	57.008	+0.3	31.25	31.00
		K3+177.008				31.22	31.17

(1) 边沟尺寸。边沟尺寸详见图 19.2-6。

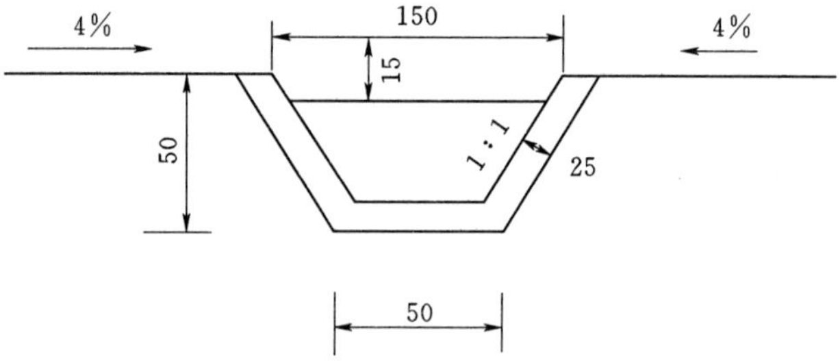

图 19.2-6 边沟示意图(单位:cm)

(2) 路面水大部分沿路线纵坡和路面横坡漫流，经路基边坡进入路基边沟，排至路基之外；另一部分路面下渗水通过设置在水泥稳定碎石顶面的沥青封层表面和路肩下的碎石透水层以及每隔 10～15m 设置一道的横向塑料排水管排至防护的边坡，流入边沟。边沟内采用块石护砌。

4. 路基排水结构物设计

路基排水采用浆砌片石明沟排水，排水横断面为梯形，底宽 0.5m，沟深 0.5m，内侧边坡坡度为 1∶1，汇水长度取 348m，沟底纵坡为 0.5%，路基最大填土高度为 8m，边坡坡度取 1∶1.5。

(1) 路界内各项排水设施所需排泄设计径流量按式 (19.2-4) 计算。

$$Q=16.67\psi qF \tag{19.2-4}$$

式中：Q 为设计径流量，m^3/s；q 为设计重现期和降雨历时内的平均降雨强度，mm/min；ψ 为径流系数；F 为汇水面积，km^2。

计算路界内各项排水设施的汇水面积。

路面汇水面积：$F_1=12.5\times348=4375m^2$。

边坡汇水面积：$F_2=1.5\times8.0\times348=4176m^2$。

护坡道汇水面积：$F_3=2.0\times350=700m^2$。

总汇水面积：$F=4375+4176+700=9251m^2$。

经查《公路排水设计规范》（JTG/T D33—2012），沥青混凝土路面径流系数 $\psi=0.95$，坡面采用植草及拱形骨架护坡时径流系数 $\psi=0.65$，护坡道的径流系数 $\psi=0.4$，所以汇水区的径流系数为

$$\psi=\frac{4375\times0.95+4176\times0.65+700\times0.4}{9251}=0.77$$

（2）汇流历时。假设汇流历时 10min，路基内坡面排水设计降雨的重现期为 15 年，路面和路肩表面的排水设计降雨的重现期为 5 年。

降雨强度以式（19.2-5）计算。

$$q=c_pc_tq_{5,10} \tag{19.2-5}$$

式中：$q_{5,10}$为 5 年重现期和 10min 降雨历时的标准降雨强度，mm/min；c_p 为重现期转换系数，为设计重现期降雨强度 q_p 同标准重现期降雨强度 q_5 的比值，即 q_p/q_5；c_t 为降雨历时转换系数，为降雨历时 t 的降雨强度 q_t 同 10min 降雨历时的降雨强度 q_{10}的比值，即 q_t/q_{10}。

经查《公路排水设计规范》（JTG/T D33—2012）得该地区 15 年重现期转换系数 $C_p=1.27$，5 年重现期 10min 降雨历时的降雨强度 $q_{5,10}=2.5\text{mm/min}$，60min 降雨强度转换系数 $C_{60}=40$，10min 降雨历时转换系数 $C_{10}=1.25$。则降雨强度：$q=1.27\times1.0\times2.5=3.175(\text{mm/min})$。设计径流：

$$Q=16.67\times3.175\times0.77\times9251\times10^{-6}=0.38(\text{m}^2/\text{s})$$

（3）检验汇流历时。

1）水力半径。按式（19.2-6）计算：

$$R=\frac{A}{\rho} \tag{19.2-6}$$

式中：R 为水力半径，m；A 为沟渠的过水断面面积，m²；ρ 为湿周，m，按式（19.2-7）计算。

$$\rho=b+Kh \tag{19.2-7}$$

式中：b 为沟底宽，m；h 为沟渠过水深度，m；K 为系数，按式（19.2-8）计算。

$$K=2\sqrt{1+m^2} \tag{19.2-8}$$

式中：m 为沟渠边坡坡度。

沟渠的过水断面面积：$A=0.5\times0.5+1\times0.5^2=0.5(\text{m}^2)$

湿周：$p=0.5+2\times\sqrt{1+1^2}\times0.5=1.914(\text{m})$

所以：$R=\dfrac{0.5}{1.914}=0.26(\text{m})$

2）平均流速。按式（19.2-9）计算排水沟的平均流速：

$$v=\frac{1}{n}R^{\frac{2}{3}}I^{\frac{1}{2}} \tag{19.2-9}$$

式中：v 为排水沟平均流速，m/s；n 为沟壁的粗糙系数；R 为水力半径，m；I 为水力坡度。

经查《公路排水设计规范》（JTG/T D33—2012），浆砌片石粗糙系数 $n=0.025$，故

$$v=\frac{1}{0.025}\times(0.26)^{\frac{2}{3}}\times(0.005)^{\frac{1}{2}}=1.07(m/s)$$

浆砌片石边沟最大允许流速为 2.0m/s，明沟的最小允许流速为 0.4m/s，所以 1.07m/s 可以满足要求。

3）检验汇流历时。边坡坡面的汇流历时按式（19.2-10）计算：

$$t_1=1.445\left(\frac{m_1 l_s}{\sqrt{i_s}}\right)^{0.467} \tag{19.2-10}$$

式中：t_1 为坡面汇流历时，min；l_s 为坡面流长度，m；m_1 为地表粗度系数；i_s 为坡面流的坡度，取为 0.013。

沥青路面的汇流历时（横坡为 2%，坡面长度为 12.5m）：

$$t_1=1.445\times\left(\frac{0.013\times12.5}{\sqrt{0.02}}\right)^{0.467}=1.54(min)$$

路基坡面的汇流历时（坡度为 1∶1.5，坡面流长 12m）：

$$t_2=1.445\left[\frac{0.013\times12}{\sqrt{\frac{1}{1.5}}}\right]^{0.467}=0.68(min)$$

护坡道的汇流历时（坡面流长为 2m，坡度为 4%）：

$$t_3=1.445\times\left(\frac{0.2\times2}{\sqrt{0.04}}\right)^{0.467}=1.997(min)$$

根据沟内平均流速得

$$t_4=\frac{l}{v}=\frac{348}{1.07\times60}=5.45(min)$$

$$t=t_1+t_2+t_3+t_4=1.54+0.68+1.98+5.45=9.65(min)<15(min)$$

（4）流量检验。沟渠内的泄水能力按式（19.2-11）计算：

$$Q_c=vA \tag{19.2-11}$$

式中：Q_c 为沟渠泄水能力，m^3/s；v 为平均流速，m/s；A 为过水断面，m^2。

$$Q_c=1.07\times0.5=0.535(m^2/s)>Q_{计}=0.38(m^2/s)$$

所以边沟泄水能力大于设计径流量。

（5）流速的比较。由《公路排水设计规范》（JTG/T D33—2012）查得，明沟的最小允许流速为 0.4m/s。最大允许流速为 2.0m/s，边沟的设计流速：$0.4m/s\leqslant v=1.07m/s\leqslant2.0m/s$。所以边沟设计流量速满足最小、最大允许流速的规定。

综合验算泄水能力与流速，边沟截面尺寸符合排水要求。

5. 路面排水设计

（1）路面排水设计应遵循以下原则：

1）降落在路面上的雨水，通过路面横向坡度向两侧排流，避免行车道范围内出现积水。

2）在路线纵坡平缓、汇水量不大、路堤较低且边坡坡面不会受到冲刷的情况下，采用在路堤边坡上横向漫流的方式排除路面水。

3）在路堤较高，边坡坡面未做防护而易遭受路面表面水冲刷，或者坡面已采取措施但仍有可能受到冲刷时，沿路肩外侧边缘设置拦水带，汇集表面水，然后通过泄水口和急流槽排离路堤。

4）设置拦水带汇集路面表面水时，拦水带过水断面内的水面在高速公路上不得漫过右侧车道外边缘。

（2）一般路段路面排水。在一般路段，路面水由路拱向两侧经土路肩自然排除，为防止水流对土路肩和路堤边坡的冲刷，土路肩设置浆砌片石护肩结合铺朝草皮防护。路面排水采用分散排水方式。

（3）路面面层下封层结合土路肩排水。大气降水经路面径流，绝大部分已分散排走，为防止少量下渗水浸湿路面面层和土基而造成路面基层或土基强度降低，应在水泥稳定碎石层顶面铺设乳化沥青下封层。在土路肩种植土下设置纵向碎石盲沟，然后每隔2.5m间距在石砌护肩或骨架护坡的石砌护肩中横向埋设ϕ5cm硬塑料管，以排除一般路段路面渗水。

参考文献

［1］中华人民共和国交通运输部. 公路排水设计规范：JTG/T D33—2012［S］. 北京：人民交通出版社，2013.

［2］张雷. 厂区道路形式与场地排水系统设计分析与研究［J］. 武汉大学学报（工学版），2013，46（增刊）：9-12.

［3］程广平. 场地排水型与道路排水型竖向布置的比较［J］. 河南电力，2000（4）：43-47.

［4］刘晓南，杜雨，宋应皋. 对现行公路渗沟计算方法若干问题的思考［J］. 交通科技，2005（3）：15-18.

［5］智悦. 山地城市排水系统模型的研究与应用［D］. 重庆：重庆大学，2012.

［6］唐晓峰. 菲律宾某2×150MW燃煤电厂场地排水系统设计思考［J］. 价值工程，2007（5）：67-69.

第20章 港口工程排水反滤设计与施工

20.1 重力式码头反滤设计与施工

20.1.1 概述

20.1.1.1 重力式码头结构型式

重力式码头主要由墙身、胸墙、基础、墙后回填土、码头设备组成，适合建造于地基较好的情况。其结构型式决定于墙身结构及其施工方法，按墙身结构主要分为块体结构、沉箱结构、扶壁结构、大圆筒结构、格型钢板桩结构及混合式结构等。

（1）块体结构（图20.1-1）：结构坚固耐久，除卸荷板外基本不用钢材，施工简单，维修量小；水下安装工作量大，整体性差，砂石用料量大。

（2）沉箱结构（图20.1-2）：整体性好，水上安装工作量小，施工速度快，箱内填砂石等，节省费用；耐久性低于块体结构，用钢量大，需要预制场及大型设备。

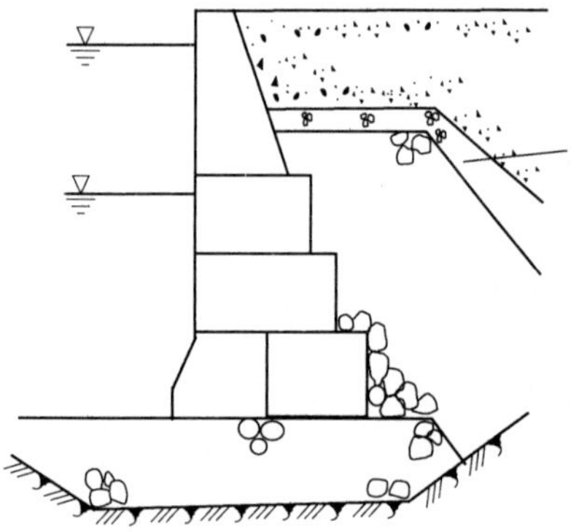

图20.1-1 块体结构

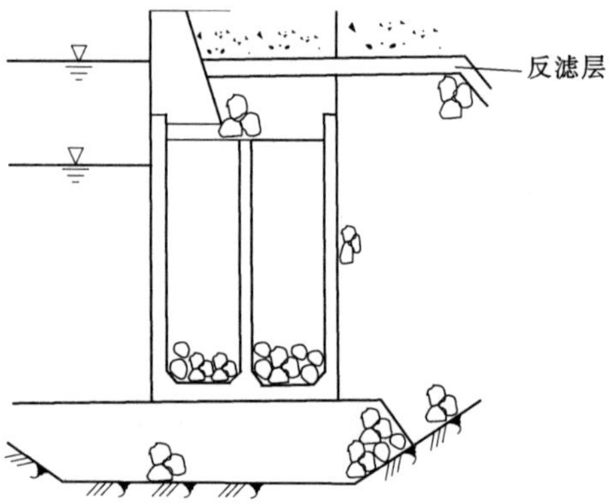

图20.1-2 沉箱结构

（3）扶壁结构（图20.1-3）：较沉箱节省混凝土和钢材，不需要专门预制场和下水设施，较块体结构安装量小，施工速度快；施工期抗浪性差，整体性差。

（4）圆筒结构（图20.1-4）：结构简单，混凝土和钢材用量少；耐久性不如方块结构，需要大型船机设备。

20.1.1.2 重力式码头反滤结构

码头自身为挡水结构，水头差容易使墙后回填土发生管涌、流土破坏。为了防止墙后回填土流失，在抛石棱体的顶面和坡面，胸墙变形缝后面，以及卸荷板安装缝的顶面与侧面均应设置反滤层。

重力式码头根据反滤层设置的位置分为两种型式：

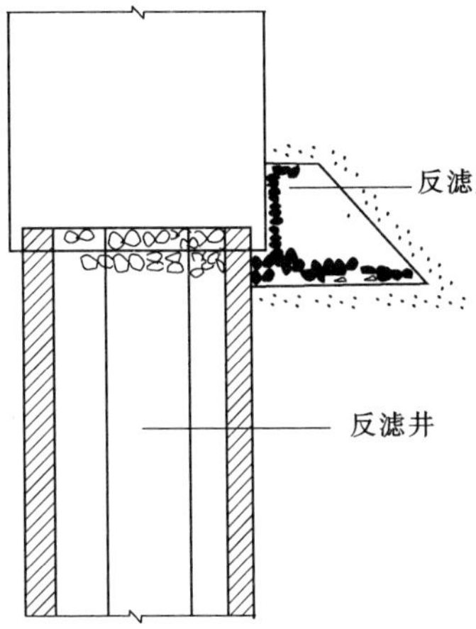

图 20.1-3 扶壁结构

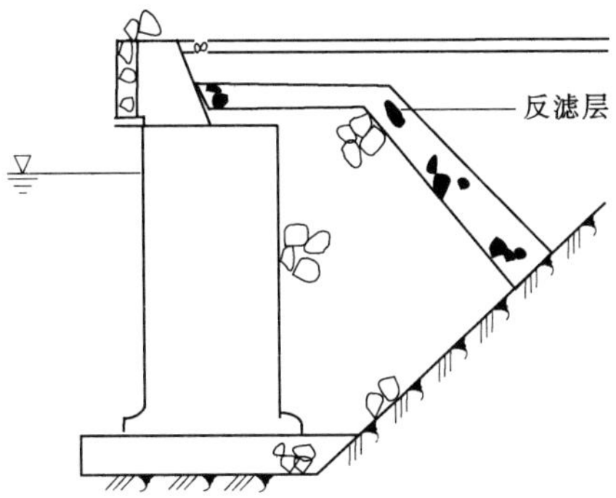

图 20.1-4 圆筒结构

(1) 在抛填棱体的顶面和坡面上设置反滤层（图 20.1-5），适用于墙后有抛填棱体的情况，多用于方块码头。

(2) 在安装缝处设置反滤井或反滤空腔（图 20.1-6），适用于安装缝较少且集中的情况，这样墙后可不设抛填棱体而全部用砂或土回填，多用于沉箱码头和预制安装的扶壁码头。

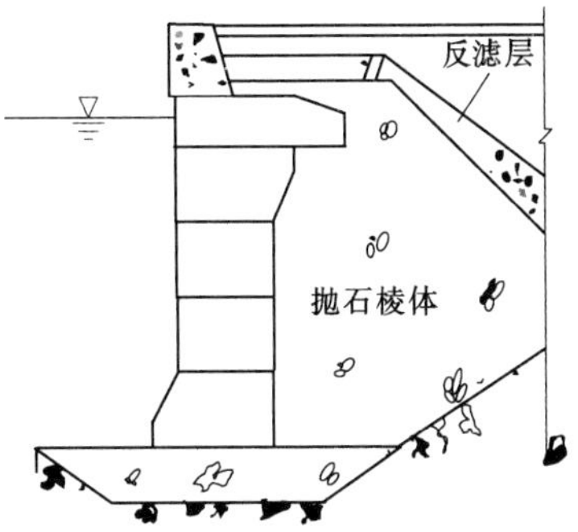

图 20.1-5 墙后回填抛石棱体与反滤层

按照反滤层材料的不同，重力式码头又可分为传统的碎石反滤层与土工织物反滤层两种型式。其中碎石反滤层采用级配良好且未风化的砾石或碎石，其最大直径不宜大于 50mm，垫层材料应不含草根、垃圾等杂质，

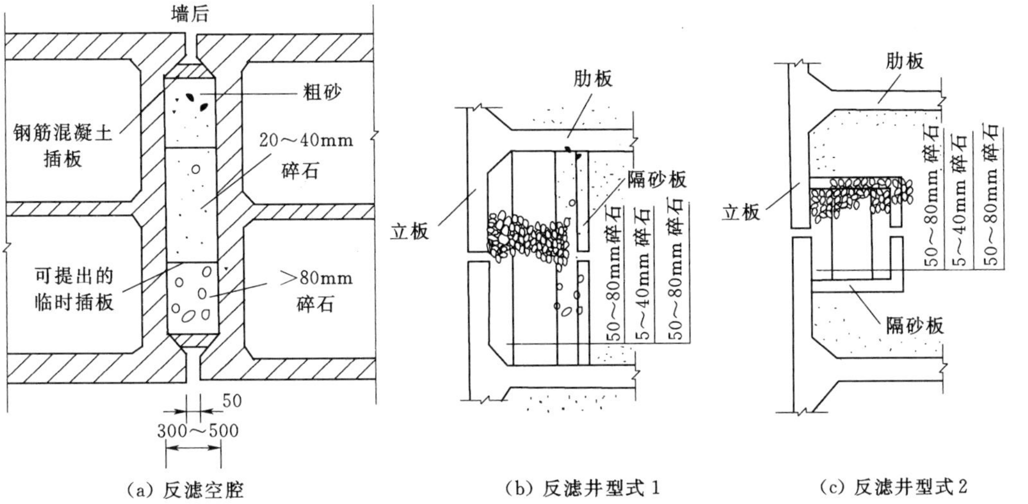

图 20.1-6 反滤空腔与反滤井

碎石垫层细粒含量不得大于10%。

土工织物作为一种新型的建筑材料，具有透水性好和阻止颗粒通过的性能，相比于传统的碎石反滤层施工方便、造价低，并随着土工合成材料与反滤技术的发展被广泛应用于水利工程的防渗中。

20.1.1.3 重力式码头反滤设计与施工相关规范

(1)《水运工程土工合成材料应用技术规范》(JTJ 239—2005)。

(2)《重力式码头设计与施工规范》(JTS 167-2—2009)。

20.1.2 重力式码头反滤材料

重力式码头在土工织物反滤层的应用中，其种类按照加工方式可分为机织和非织造土工布。机织土工布的经纬向强力比较高，初始模量大，断裂伸长较小，具有较好的应力-应变关系，适合于各种对强力要求较高的场合。与机织土工布相比，非织造土工布能够选用不同的原料与工艺流程，设计成具有广泛结构特征与不同性能的织物，生产成本低，价格便宜。

机织土工布、非织造土工布都可作为滤层材料。在具体选择时，可根据下列几方面的情况综合判定。

(1) 被保护土体的土性。

(2) 土工织物的作用，是单纯反滤还是兼顾其他作用，是单独作用还是和砂石料共同作用。

(3) 土工织物的使用条件。

(4) 使用过程是否可能发生不均匀变形。

(5) 施工方法是人工铺放还是船机牵引铺放。

(6) 土工织物市场价格等。

一般说来对于黏性土、淤泥质土，人工铺放宜选用非织造土工布；设在构件安装缝、易沉降变形处的宜选用机织土工布。

20.1.3 重力式码头土工织物反滤层设计

20.1.3.1 土工织物反滤设计准则

重力式码头反滤层土工织物设计应包括土工织物的保土性准则、透水性准则、防淤堵准则，具体计算公式见第16章。

20.1.3.2 土工织物反滤层布置

(1) 在黏性土表面铺设土工织物过滤层时，应在黏土上表面设置砂垫层；块石层面上铺设土工织物滤层时，块石表面应采用二片石或碎石找平。

(2) 土工织物滤层上有抛石时，应在土工织物表面设置碎石或砾石保护层，保护层厚度宜为200～300mm。

(3) 边坡上的土工织物滤层，坡顶的土工织物应与上部结构搭接，搭接长度不应小于1m，坡趾的土工织物外伸保护长度不应小于2m。

(4) 沉箱、空心块体、扶壁和圆筒等直立墙安装缝处的土工织物滤层，应对土工织物采取固定措施。

20.1.4　重力式码头土工织物反滤层施工

土工织物滤层必须和透水料一起使用才能形成反滤排水体，透水料应不带尖角，以免顶破土工织物，透水料的粒径和厚度应满足设计要求。

20.1.4.1　土工织物反滤层铺设要点

铺设土工织物前，应对棱体进行削坡整平，铺设 10～15cm 厚中细砂，中细砂要求洒水振捣密实。土工织物反滤层的铺设方法应从抛石棱体的坡脚向坡顶铺设，不要绷拉过紧，以免棱体有不均匀变形时拉坏土工织物。铺设时应避免土工织物破损，一旦发现，应予剔除废弃，不得使用，同时还应避免泥土或杂物弄脏土工织物，以免影响渗透效果。铺设完成后，应立即在土工织物上铺设保护层，保护层厚度不应小于 10cm，可以采用透水性良好的砂砾料。

20.1.4.2　土工织物反滤层搭接锚固要点

（1）边坡土工织物滤层相邻土工织物铺设块水下施工搭接宽度不应小于 1m，陆上施工搭接宽度不宜小于 50cm。

（2）滤层土工织物铺设块的宽度不宜小于 6cm，长度应在设计坡长的基础上增加一定的富余量，铺设块拼接尼龙线的强度不得小于 150N。

土工织物施工允许偏差见表 20.1－1。

表 20.1－1　　土工织物施工允许偏差

<table>
<tr><th>序号</th><th colspan="3">项　目</th><th>允许偏差
/mm</th></tr>
<tr><td rowspan="4">1</td><td rowspan="4">平整度</td><td rowspan="2">抛石面</td><td>水下</td><td>200</td></tr>
<tr><td>陆上</td><td>100</td></tr>
<tr><td rowspan="2">抛砂砾石面</td><td>水下</td><td>150</td></tr>
<tr><td>陆上</td><td>100</td></tr>
<tr><td rowspan="2">2</td><td rowspan="2">搭接长度</td><td colspan="2">水下施工</td><td>$\pm L/10$</td></tr>
<tr><td colspan="2">陆上施工</td><td>$\pm L/5$</td></tr>
</table>

注　L 为设计搭接长度，单位为 mm

20.1.4.3　土工织物反滤层质量监测

铺设前应对土工织物进行质量复检，如材质是否均匀，强度、渗透和抗淤堵性能是否满足设计要求等。铺设后土工织物后应尽快覆盖，施工时防止被阳光长时间照射，以防老化。

20.1.5　重力式码头土工织物反滤层应用实例

20.1.5.1　土工织物反滤层在天津港东突堤南侧码头中的应用

该码头采用高桩梁板和 MDM（深层水泥拌和）体接岸结构。MDM 的接岸结构，实属一座重力式码头，接案结构的基础坐落在 MDM 刚性块体上，上部为扶壁式挡土墙，墙后为抛石棱体。土工合成材料铺设在抛石棱体的顶面和坡面用作反滤层，其后为吹填土，采用塑料排水板真空预压法进行地基加固，见图 20.1－7。

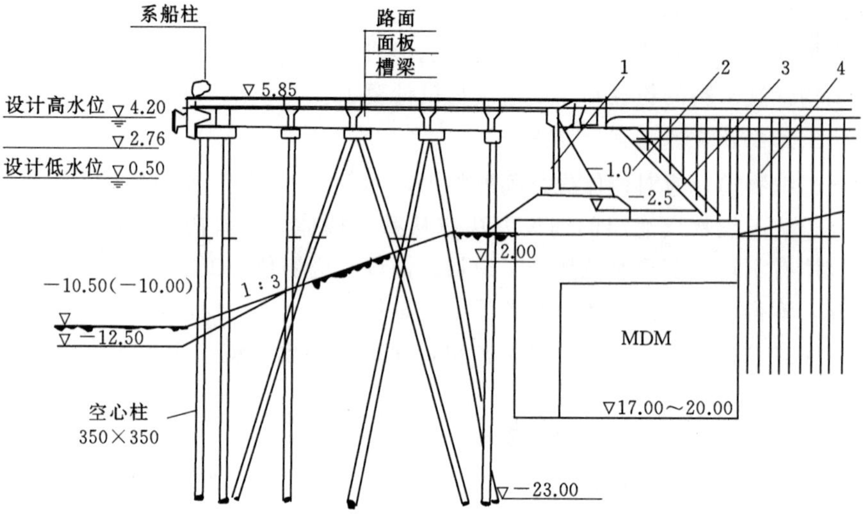

图 20.1-7 天津港东突堤南侧码头断面图

1—扶壁式挡土墙；2—抛石棱体；3—非织造布滤层；4—吹填土及塑料板排水通道

经过土性和所要求的土工织物性能分析，采用天津新立无纺布厂生产的 500g/m² 涤纶短纤维针刺非织造土工布（简称非织造布）作为反滤层，土工布性能见表 20.1-2。

1. 孔径分析

反滤层的孔径必须满足：

表 20.1-2　　500g/m² 涤纶短纤维非织造土工布性能

性能		指标
有效孔径 O_{90}/mm		0.087
渗透系数/(cm/s)	0.4kPa	1.10×10^{-1}
	80kPa	1.30×10^{-2}
	200kPa	4.7×10^{-3}
抗拉强度 T/(kN/m)	纵向	干 10.5　湿 8.7
	横向	干 14.3　湿 12.4
延伸率/%	纵向	干 70　湿 70
	横向	干 65　湿 65
梯形撕裂强力/N	纵向	372
	横向	395
穿刺强力/kN		1.90

$$\left.\begin{array}{l} O_{90}\leqslant d_{90} \\ O_{90}\leqslant 10d_{50} \\ k_g\geqslant 100k_s \end{array}\right\} \qquad (20.1-1)$$

式中：O_{90}为等效孔径，表示土工合成材料孔径大小分布曲线上小于该孔径的土颗粒有

90%；d_{50}、d_{90}为颗粒累积分布粒径，表示土颗粒筛分曲线上小于该粒径的土颗粒重量分别占总重的 50%和 90%；k_g、k_s 为土工合成材料的渗透系数和土的渗透系数。

东突堤南侧码头后方吹填土来源于港区 −6.0m 以上的软黏土，其 $d_{50}=0.006$mm，$d_{90}=0.04$mm，且黏粒含量高达 50%。采用表 20.1-2 中 $O_{90}=0.0087$mm 的非织造土工布，不能满足要求；如采用 $O_{90}\leqslant 0.04$mm 的非织造土工布，会影响透水能力，且易淤堵。经研究，采用在非织造土工布上铺设 50cm 砂的方法，避免非织造土工布与吹填土直接接触，实践证明效果很好。

2. 渗透性分析

本工程吹填土的 $k_s=1\times10^{-7}$cm/s，表 20.1-2 中的非织造土工布在 80kPa 压力下 $k_g=1.3\times10^{-2}$cm/s，满足要求。

3. 顶破分析

非织造土工布上的受力情况见图 20.1-8，在坡面上 A 点受力最大，$P_A=96.4$kPa，$N_A=74.2$kPa。块石间等值圆孔直径 $D=0.40d$（d 为块石直径）。在荷载作用下，非织造土工布陷入窄孔中的挠度 $f=3$cm。根据薄膜作用原理，按下列公式计算：

曲率半径：$R=\frac{b}{4}\left(\frac{2f}{b}+\frac{b}{2f}\right)$ (20.1-2)

织物张力：$T=\frac{R}{2}N_A$ (20.1-3)

已知 $b=D=16$cm，$f=3$cm，$N_A=74.2$kPa，求得：$R=0.122$m，$T=4.53$kN/m。从表 20.1-2 可知，$T_{min}=8.7$kN/m$>T$，并有 1.92 的安全系数，故满足要求。

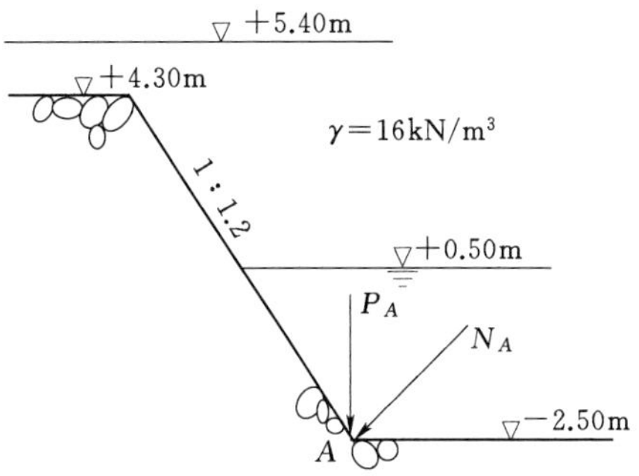

图 20.1-8 非织造土工布上的受力情况

4. 刺破分析

当块石的尖角刺向织物时，在织物内即产生张力，因此织物要求的抗刺破力至少等于织物与块石之间的接触应力，其值可按下式计算：

$$R_P=\frac{(0.2d)^2+f^2}{fd}\cdot PS \tag{20.1-4}$$

式中：R_P 为抗刺破力；d 为块石直径；f 为挠度；P 为作用于织物上的平均法向应力；S 为织物与块石之间的接触面积。

已知 $d=40$cm，$f=3$cm，$P=N_A=74.2$kPa，S 按尖角块石突出平均坡面线以上 15cm 的棱角椎体侧面积计算，取其斜高 $l=d/2=20$cm，锥体在平均坡面线处的周长 $L=40$cm，则 $S=0.5Ll=0.04\text{m}^2$，代入公式 $R_P=\frac{(0.2d)^2+f^2}{fd}\cdot PS$ 得：$R_P=1.81$kN，从表 20.1-2 知，刺破强力为 1.9kN$>$1.81kN，则满足要求。

5. 反滤层设计与施工工艺

从以上分析可知，除滤层孔径外，表 20.1-2 所列非织造土工布符合使用要求。为改善滤层条件，在非织造土工布上铺设 50cm 砂料，避免吹填土与非织造土工布直接接触。

为避免下层棱体块石刺破非织造土工布，大块石间的空洞用碎石填塞，然后用砾石之类的小圆角石找平坡面，使块石尖角不直接与非织造土工布接触。施工工序如下：

(1) 按设计断面抛石，由标高－2.5～4.3m，一次抛填。

(2) 埋坡，使块石尖角朝下，然后用砾石之类的小圆角石找平坡面，平整度不超出±15cm。

(3) 将幅宽2m的非织造土工布4幅缝接成宽7.4m左右的布卷，自坡顶向坡底展开，坡顶在＋4.3m处，锚固长度1.5m，坡底在－2.5m处，锚固长度为1.0m，上下均用块石压牢。相邻两片非织造土工布间的搭接宽度不小于0.5m。非织造土工布在坡面应呈松弛状态，以免不均匀沉降时拉坏。

(4) 在非织造土工布上抛填50cm砂料，以遮盖与固定非织造土工布，并起隔离非织造土工布与吹填土的作用。

(5) 吹填土的排泥口应离非织造土工布一定距离。

6. 工程应用评价

土工织物于工程运营两年半后逢开挖排泥管口穿过织物滤层的机会，目测得织物滤层现场使用后的原貌，并经取样（－2.5m处）试验，结果如下：

(1) 织物滤层整体性完好，接缝部位正常，搭接处局部有偏离，约20.5cm，有折皱，无顶破、刺破、撕裂等伤痕。但位于块石突出部位的织物塑性拉伸量明显高于块石凹陷处织物的拉伸量。显示出织物的拉伸量大，对凹凸不平的表面适应性强。

(2) 织物呈灰黑色，表面聚集有细颗粒（以砂粒为主），进入织物内部的只有微粒，看来保土性无问题。在这里将织物试样晾干，经敲打或剥离即可除去的颗粒，看作为聚集于织物表面的细颗粒；而将织物泡水、漂洗才能除去的颗粒，看作是进入织物内部的微粒。经漂洗后的织物试样由灰黑色复原为乳白色。涤纶纤维丝质地柔软，手感牵拉强度与未经使用的织物相比无明显降低。

(3) 织物的渗透性较使用前有所降低，零压力时渗透系数为2.75×10^{-2}cm/s，但此值与织物表面细粒清除干净与否有关，难免有人为因素影响，且织物本身的渗透性也不均匀，因此，上述数值仅用参考。

从实例可以看出，这种码头结构中的反滤层具有其固有的特点，设计和施工时务必请注意这些特点，即：①倒滤层处于码头面下较深处，承受较大上覆压力；倒滤层下有凹凸不平的表面，高差随块石大小及整平程度不同而异。因此，抛石棱体表面的平整度、织物滤层的延伸率、织物铺设时的松紧度及塔接宽度等，都十分重要。②倒滤层如果出现故障，需开挖维修，不但影响码头作业，费用也将很大。③海港工程中，因潮位涨落关系，倒滤层承受双向水流交替出现渗流条件，织物滤层设计与材料选择时应充分注意这些条件。④倒滤层位于抛石棱体顶面和坡面，其形状依抛石棱体外形而变，较复杂。

20.1.5.2 土工织物反滤层在赤湾港深水码头中的应用

深圳赤湾港建成的2.5万t级和4.0万t级重力式空心方块码头结构设计选用200t重的“日”字形钢筋混凝土空心方块，其上部为带消浪室的空心卸荷板，空心方块码头纵向尺寸为3.5m，卸荷板宽度与下面的方块相同，两者不错缝。空心方块后方采用赤湾周围不分选的开山石作为填料（图20.1-9）。为保证海水涨落时水位的自由变动和避免水土流失，采用编织物作为反滤层。

经过土性和所要求的土工织物性能分析，决定采用赤湾港编织袋厂生产的聚丙烯编织物作为反滤材料。其主要出厂性能如下：经向抗拉强度为 25kN/m，经向延伸率为 18%；纬向抗拉强度为 25kN/m，纬向延伸率为 18%；等效孔径尺寸为 0.15mm，孔隙率为 6%；单位重量为 190g/m²；透水性能：通过水槽试验，模拟海水涨落潮情况，没有明显水头；抗冲击：抛石质量为 30kg，抛填高度为 2m；在酸、碱、海水等腐蚀介质中，抗拉强度没有变化；抗菌与常温下吹氧性能稳定，重量没有损失；试验前后色泽、软硬保持原样，表面光滑、透明，银丝纹没有任何异常变化。

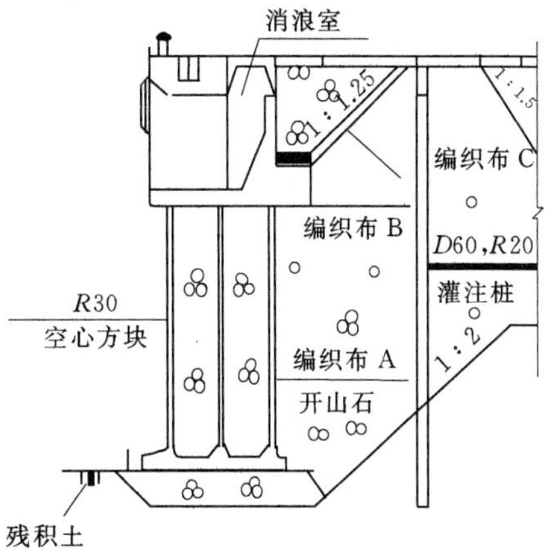

图 20.1-9　赤湾港 2.5 万 t 级码头断面图

1. 孔径分析

根据美国陆军工程兵团制定的《土木工程用织物规格指南》，对港口码头的编织物规定如下：

对通过 0.074mm 筛孔的颗粒重量为总重量 50% 以上的天然土，织物的等效孔径 $EOS \leqslant 0.211$mm。采用的编织物等效孔径为 0.15mm，小于 0.211mm，故满足要求。

2. 渗透性分析

水槽试验证明，渗透性满足要求。

3. 强度分析

空心方块后方填土以开山石为主，计算土压力按 $\varphi=35°$，空心方块之间缝隙处编织物最大受拉力为 45kN/m，故知单层编织物的抗拉强度不能满足要求，决定采用两层叠置。

4. 反滤层设计与施工

由于码头背后每隔 3.5m 便有一条竖向的通缝，为便于敷设和减少编织物用量，每条通缝设置一条独立的编织物，与缝两侧的混凝土墙背相搭接，其宽为 1m。由于方块的总高度达 10m，深水作业基床整平后总会略有些凹凸，方块安装缝将大于规范提出的 5cm，设计考虑最大的缝宽可能为 10～15cm。为防止方块不均匀沉陷对编织物产生过大的拉力，设计时编织物的余量改为 25cm。在缝两侧方块后壁上设有预埋锁定闩座，编织物接闩座位置预留锁孔，以便固定于方块后背上。考虑到水下潜水作业的难度大，相互连接应尽量简便。编织物分 3 种：A 型敷设于空心方块背后，尺寸为 2.25m×12m；B 型敷设于缺陷荷板后悬臂上，尺寸为 2.25m×4.5m；C 型敷设于消浪室后方，为消除残余波能而设置在块楞体下，幅宽 4.5m，连续敷设，搭接长度为 1m。其中 A 型上端与 B 型下端均设有卷头，以防局部漏土。编织物总用量为 3.2 万 m²。

由于编织物未掺抗老化剂，耐老化性能差，施工时应尽量防止照晒。为防止抛石对编织物的冲击破坏，在码头后背编织物上增挂一层 3cm×3cm、ϕ2mm 铁丝网保护罩，对护坡上的编织物要先轻抛一层二片石，然后再抛大块石。

5. 工程效益评价

赤湾港2.5万t级码头按采用编织物滤层、反滤井和带反滤层的大抛石棱体3种情况进行经济效益对比，结果见表20.1-3。

表20.1-3　　经济效益比较

反滤层类别	工程数量/m^2	造价/倍	工期/月
赤湾编织物滤层	12000	1	1
碎石反滤井	碎石：1335 刚劲混凝土：181	1.74	2
大抛石棱体碎石反滤层	块石：28000 碎石：4424	8.6	4

可以看出，采用编织物反滤层经济效益显著，造价仅为大抛石棱体碎石反滤层的1/8.6，工期为原来的1/4，该工程264m码头仅用9个月快速建成。

20.1.5.3　土工织物反滤层在洋山港水工码头中的应用

上海国际航运中心洋山深水港区位于杭州湾口东北部、上海浦东新区芦潮港东南的崎岖列岛海区小洋山一侧。一至三期码头工程并连成一体，岸线总长为一期工程1600m、二期工程1400m、三期工程2600m。码头设计为5万～15万t级集装箱专用泊位。一至三期水工结构总体上一致，均由码头和接岸结构两大部分组成，码头与接岸承台用简支板连接。洋山港三期工程驳岸断面见图20.1-10。

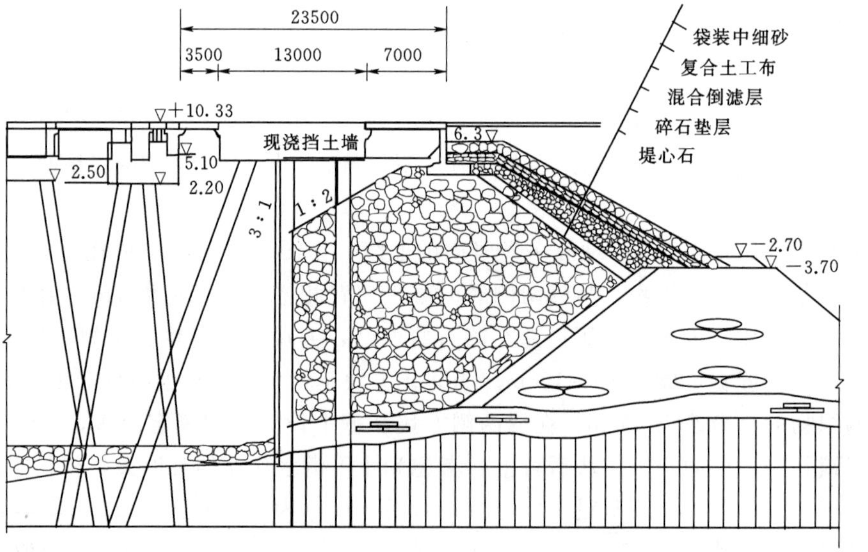

图20.1-10　洋山港三期工程驳岸断面图

码头后方填海区填方高度为26m，淤泥厚度最厚处有20多米，接岸结构采用斜顶桩、板桩、支承桩和承台组成独立的岸壁作为挡土结构。基桩采用直径为2000mm的打入式钢管斜顶桩、直径为1900mm的板桩钢管直桩和直径为1500mm的支撑桩。一些区段承台桩为嵌岩，包括采用斜嵌岩桩。

1. 倒滤层结构

倒滤层结构由土工布排体与混合倒滤层构成，并在其外侧覆盖袋装砂保护。

2. 铺设土工布

（1）土工布进场前，施工单位按每 1 万 m^2 取 1 个样品检验，监理按 10%的比例进行平行抽检。

（2）土工布分两层施工：碎石垫层上铺第一层，抛填倒滤层，之后铺第二层土工布。

（3）施工时，需检查铺布船上土工布铺设情况，记录铺设位置。铺布船为专业船，施工效率高。

（4）土工布先在铺布船上铺开，用砂冲填土工布上的沙肋，然后放至碎石垫层或倒滤层上。铺设宽度比设计多 5m，以适应碎石面不平整、布收缩和安放位置误差，保证土工布铺设的搭接宽度。

（5）土工布验收采用对照施工记录（含有每 1 幅布 4 个角点实际测量的坐标）的方法，并对土工布的压紧和搭接宽度进行 30%的水下抽检。

（6）上层土工布铺设后，铺筑袋装砂，防止后方吹填砂对土工布和倒滤层造成破坏。

20.2　闸坞排水反滤设计与施工

20.2.1　概述

闸坞上下游的水位差常常会在水闸或船闸的闸基及两岸土体内产生闸基渗流和侧向绕流。闸基渗流对闸室底板产生向上的渗透压力，减小了闸室的有效重量。两岸的绕渗不仅对水闸的岸、翼墙底面产生向上的渗透压力，而且会对墙背产生侧向水压力。闸基渗流和岸坡绕渗会导致水库漏水引起水量损失，渗透压力对闸室和两岸连接建筑物的稳定产生不利的影响，更重要的是可能导致在闸基、岸坡及渗流出逸处发生渗透变形，直接危害水闸或船闸的安全。

渗透破坏是挡水、防渗工程在运行期及施工期遭受破坏或失效的主要原因之一。考虑到上述渗流产生的不利影响，需要对闸坞的反滤设计和施工做进一步的研究，以减少闸坞因渗透破坏而产生的安全隐患问题。

水闸防渗排水及反滤工程中应用的土工合成材料主要包括土工织物、土工膜、土工复合材料和塑料排水管。

相关的规范如下：

（1）《土工合成材料应用技术规范》（GB/T 50290—2014）。

（2）《水利水电工程土工合成材料应用技术规范》（SL/T 225—1998）。

（3）《水运工程土工合成材料应用技术规范》（JTJ 239—2005）。

（4）《水闸设计规范》（SL 265—2016）。

20.2.2　水闸防渗排水设计

20.2.2.1　水闸防渗排水设计要点

水闸建成后，由于上、下游水位差，在闸基及边墩和翼墙的背水一侧产生渗流。渗流对建筑物不利，主要表现为：①降低了闸室的抗滑稳定性及两岸翼墙和边墩的侧向稳定性；②可能引起地基的渗流变形，严重的渗流变形会使地基受到破坏，甚至失事；③损失水量；④使地基内的可溶物质加速溶解。防渗、排水设计任务在于拟定水闸的水下轮廓线和做好防渗、排水设施的构造设计。

水闸的防渗排水设计应根据闸基地质情况、闸基和两侧轮廓线布置及上下游水位条件等进行，其内容包括：①渗透压力计算；②抗渗稳定性计算；③滤层设计；④防渗帷幕及排水孔设计；⑤永久缝止水设计。

20.2.2.2 地下轮廓线的布置原则

水闸的地下轮廓可依地基情况并参照条件相近的已建工程的实践经验进行布置，按照防渗与排水相结合的原则，在上游侧采用水平防渗（如铺盖）或垂直防渗（如齿墙、板桩、混凝土防渗墙、灌浆帷幕等）延长渗径，以减小作用在底板上的渗透压力，降低闸基渗流的平均坡降；在下游侧设置排水反滤设施，如面层排水、排水孔、减压井与下游连通，使地基渗水尽快排出，防止在渗流出口附近发生的渗流变形。

由于黏性土地基不易发生管涌破坏，底板与地基土间的摩擦系数较小，在布置地下轮廓时，主要考虑的是如何降低作用在底板上的渗透压力，以提高闸室的抗滑稳定性。为此，可在闸室上游设置水平防渗，将排水设施布置在消力池底板下，甚至可伸向闸底板下游段底部。由于打桩可能破坏黏土的天然结构，在板桩与地基间造成集中渗流通道，所以对黏土地基一般不使用板桩。水闸防渗布置见图20.2-1。

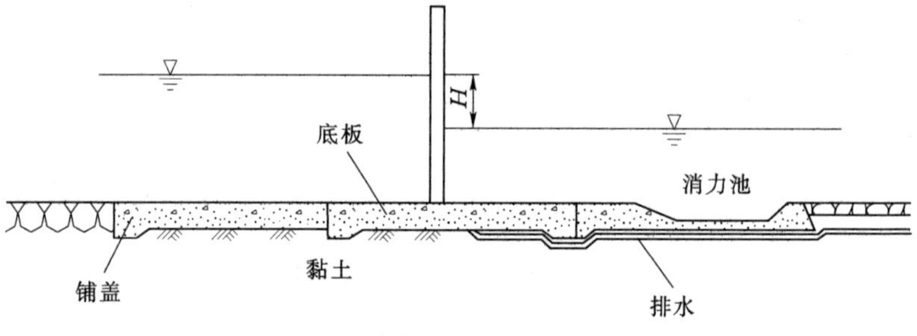

图20.2-1 水闸防渗布置

20.2.2.3 不同地基条件下地下轮廓线的布置

当地基为砂性土时，因其与底板间的摩擦系数较大，而抵抗渗流变形的能力较差，渗流系数也较大，因此，在布置地下轮廓线时应以防止渗流变形和减小渗漏为主。对砂层很厚的地基，如为粗砂或砂砾，可采用铺盖与悬挂式板桩相结合，而将排水设施布置在消力池下面（图20.2-2）。

如为细砂，可在铺盖上游端增设短板桩，以增长渗径，减小渗流坡降。当砂层较薄，且下面有不透水层时，最好采用齿墙或板桩切断砂层，并在消力池下设排水（图20.2-3）。

对于粉砂地基，为了防止液化，大都采用封闭式布置，将闸基四周用板桩封闭起来（图20.2-4）。

当弱透水地基内有承压水或透水层时，为了消减承压水对闸室稳定性的不利影响。可在消力池底面设置深入该承压水或透水层的排水减压井（图20.2-5）。

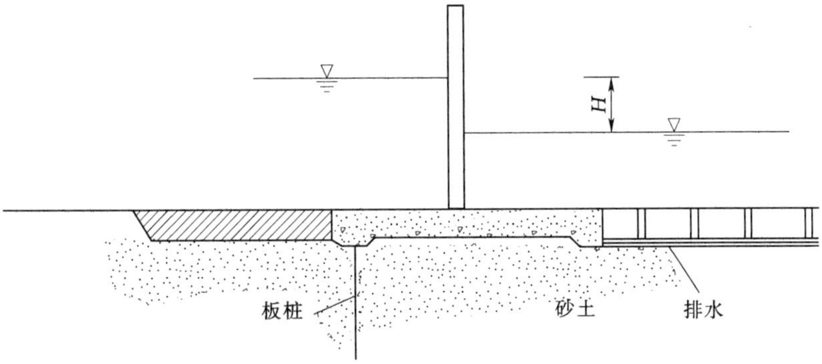

图 20.2-2 粗砂地基地下轮廓线布置

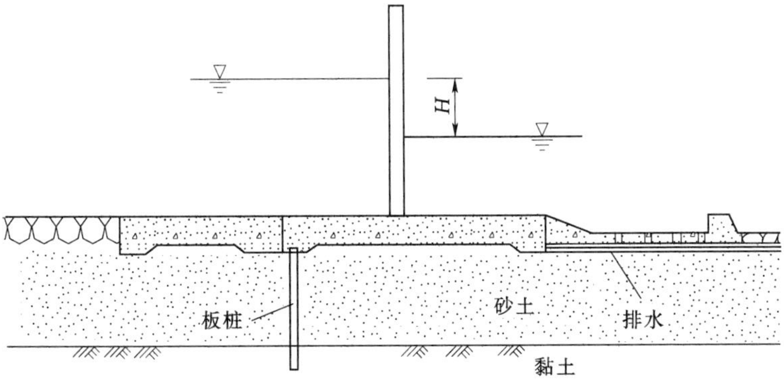

图 20.2-3 细砂地基地下轮廓线布置

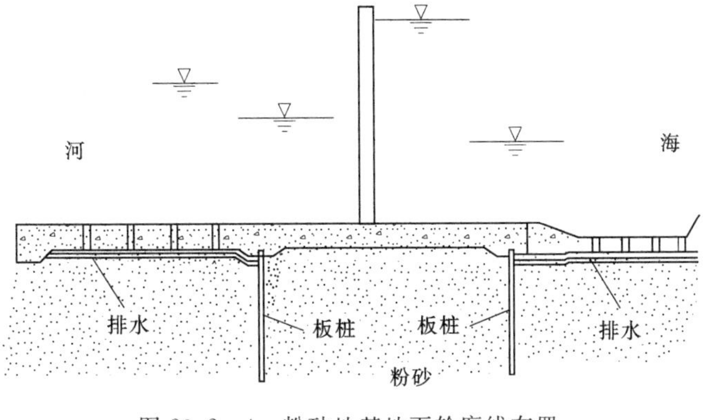

图 20.2-4 粉砂地基地下轮廓线布置

水闸防渗、排水布置应根据闸基地质条件和水闸上下游水位差等因素综合分析确定。

20.2.3 排水措施

排水一般采用粒径为 1～2cm 的卵石、砾石或碎石平铺在护坦或浆砌石海漫的底部，或深入底板下游齿墙稍前方，厚 0.2～0.3m。在排水与地基接触处容易发生渗透变形，应做好反滤层设计。

20.2.4 护坦反滤层设计

反滤层设计必须遵守下列原则：

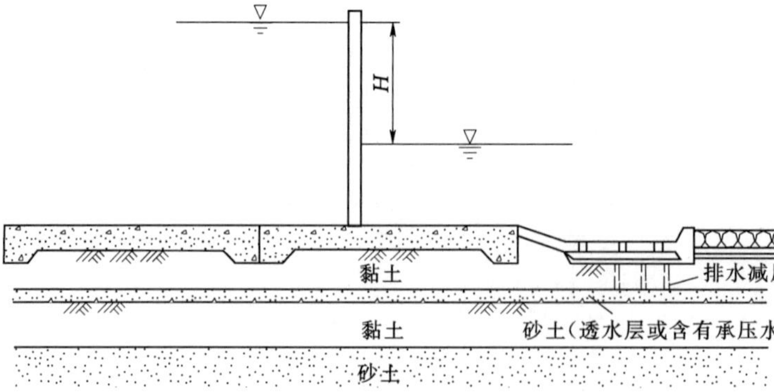

图 20.2-5 弱透水地基地下轮廓线布置

(1) 为保证反滤层颗粒结构的稳定，反滤层必须比被保护土的透水性大多倍，以免造成排水不畅，增大底板下的渗透压力。

(2) 反滤层孔隙应不允许被保护土的颗粒大量穿过反滤层而流失，也就是说，反滤层的颗粒要根据被保护土的土粒与反滤层孔隙间的几何关系来选择。

用土工织物作反滤层，它所起的作用与级配砂石料作反滤层的功能是一致的，一方面要求防止土粒流失，即保土性准则；另一方面是透水性要求，满足反滤层的要求，即透水性准则。

保土性准则要求土料粒径 $d_{85} \geqslant O_{90}$；透水性准则要求反滤料的导水率透水系数必须大于土壤的导水率的 10 倍，即 $k_g \geqslant 10k_s$。其中，O_{90} 为土工织物的有效孔径；d_{85} 为土料特征粒径；k_g、k_s 分别为土工织物与被保护土料的渗透系数。

土工织物的厚度 δ 按下式确定：

$$\delta = 5 \times d_{50} \times \frac{k_g}{k_s}$$

式中：d_{50} 为被保护土料的平均粒径，mm。

20.2.5 海漫反滤设计

海漫反滤设计的基本原则是排水性原则和保土性原则。所谓排水性原则，即海漫底部的水能够顺利排出，能够及时释放海漫底部的水压力。保土性原则即为在导率层排水的同时，导滤层下部的土颗粒不能够被带出。

1. 海漫布置

海漫布置在消力池后，由 5～10m 长的水平段和坡度不低于 1∶10 的斜坡段组成。水平段顶面高度一般与护坦齐平或比消力池尾槛低 0.5m。

海漫的长度由下泄流量、水流扩散情况、上下游水位差、尾水深度及河床地质条件等因素决定，海漫的粗糙程度与海漫的长度有关，按《水闸设计规范》(SL 265—2016) 规定。

2. 海漫构造的基本要求

(1) 表面有一定的粗糙度，以便于进一步消除水流余能，保证河床及岸坡不受冲刷。

(2) 具有一定的透水性以降低扬压力。

(3) 具有一定的柔性，以适应地基的冲刷变形。

材料的选择应根据不同的水文地质条件和设计要求选择。常规海漫工程中，反滤层的材料选择碎石渣、级配碎石和砂等天然材料的较多。这些材料根据设计的级配要求铺设也能很好的起到导滤的作用。很多的反滤设计中，土工织物作为反滤层应用的范围也越来越广泛。

20.2.6　工程应用实例

1. 天津某大型造船坞工程

天津某大型造船坞工程现场见图 20.2-6，船坞尺寸为 520m×110m×13.3m，地基为软土地基，2012 年建成投产。

减压排水层自底板往下依次由 100mm 厚的 C15 素混凝土垫层，不透水塑料薄膜，300mm 厚、级配为 $d=25\sim70$mm 的碎石层，200mm 厚、级配为 $d=5\sim25$mm 的碎石层，250g 针织土工反滤布一层及粗砂找平层组成，减压排水层在坞室底板下满膛布置。

排水层中铺设的排水管采用 DN300 硬聚氯乙烯加筋管（图 20.2-7），圆管壁上开孔。排水管置于碎石滤层中，排水管管身及碎石倒滤层下均包裹或铺设土工布反滤布。软土地基船坞底板减压排水层示意图见图 20.2-8。

图 20.2-6　天津某大型造船坞工程现场

图 20.2-7　DN300 硬聚氯乙烯加筋管

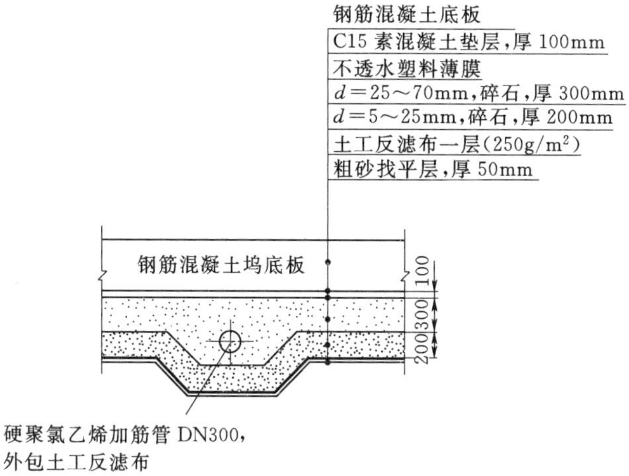

图 20.2-8　软土地基船坞底板减压排水层示意图

2. 大连长兴岛某大型修船坞

大连长兴岛某大型修船坞，船坞尺寸为420m×68m×14.6m，地基为岩基，2012年建成投产。

减压排水层自底板往下依次由20mm厚的M15砂浆层、180mm厚的C20无砂混凝土垫层、250g针织土工反滤布一层组成，减压排水层在坞室底板下满膛布置。

排水层中铺设的排水管采用DN250硬聚氯乙烯加筋管，管壁上开孔。排水管置于岩基开挖沟槽内，沟槽内填满级配碎石滤层，排水管管身及碎石倒滤层下均包裹或铺设土工布。岩基船坞底板减压排水层示意图见图20.2-9。

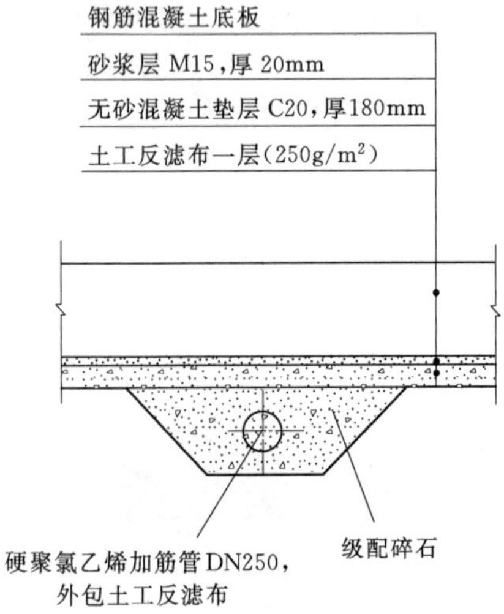

图20.2-9 岩基船坞底板减压排水层示意图

土工布的技术规格如下：

(1) 减压排水用土工布为250g/m^{2}针织土工反滤布，其规格按设计要求初定后再根据现场试验确定，其质量检验和验收应符合《水运工程土工合成材料应用技术规范》(JTJ 239—2005)的要求。对不合格、无出厂证明或存放超过6个月的土工布不得使用，存放在通风遮光处，严禁暴露日晒。

(2) 纵向、横向抗拉强度不小于6kN/m。

(3) 等效孔径$O_{95}\leqslant 0.21$mm或者$O_{95}\leqslant d_{85}$。

(4) 顶破强度大于等于3800N。

(5) 有较大的延伸率和较好的抗老化性能。

(6) 垂直渗透系数大于等于10^{-4}cm/s。

铺设时要求平整，且保持适当松弛。土工布遇底板桩基时，按照桩径的大小在土工布上切割与桩径相同直径的圆孔并另覆一层土工布和桩身周边搭接，搭接宽度超过50cm。

3. 柳梢堰闸坝反滤工程

在水利工程建设中，一些较大型水闸在消力池和海漫的底面采用土工织物代替砂石料反滤层，均收到了良好的效果。德阳市柳梢堰闸坝工程（大二型闸坝）根据实际的工程地质条件，在消力池和海漫的反滤层设计中就是采用了土工合成材料代替砂石料。

柳梢堰水闸工程消力池及海漫的反滤层初步设计中粒径组成为（从下到上）：第一层$d=0.5\sim2$mm，第二层$d=2\sim5$mm，第三层$d=5\sim20$mm。每层厚度均为20cm，反滤料总量约4000m^3。但在建设时经勘察发现工程所在附近河道不易筛出粒径为0.5～5mm的反滤料，且质量较差，若从远处开采或者购买，将增加投资，延长工期。根据对反滤作用原理、土工织物及本工程的实际情况等多方面因素的综合考虑，本工程采用了土工织物合成材料作为反滤层材料。反滤层位于被保护土与护坦之间，渗流方向主要由下向上，然后由排水管排出。采用土工织物做反滤层，不存在因扬压力致使土工织物向上鼓起、遭受破坏的问题。护坦持力层为水流冲积堆积层，含有细小的黏土颗粒，所以直接采用土工织物做反滤层可能存在淤堵问题，因此施工时在土工织物下面加一过渡层，起初步过滤作用。此工程应用土工合成材料，不仅是技术上进步，而且节省了投资，缩短了工期。

参 考 文 献

[1] 邱驹．港工建筑物［M］．天津：天津大学出版社，2002.

[2] 石红伟．土工合成材料的发展与应用［C］//中国水利学会 2000 学术年会论文集，2000.

[3] 王殿武，曹广祝．土工织物防护工程反滤准则试验研究［J］．工程地质学报，2006，14（2）：281-287.

[4] 王仕传，凌建明．土工合成材料在国外路基加筋中的应用研究［J］．西部交通科技，2007（4）：5-8.

[5] 康军林，管万凯，刘春旭．土工织物反滤准则试验研究［J］．东北水利水电，2005，7：021.

[6] 王飞龙，邵敏．机织土工布的发展及现状［J］．广西纺织科技，2010，39（1）：37-39.

[7] 熊葳．非织造土工布的发展和应用［J］．轻纺工业与技术，2010，39（4）：19-21.

[8] 叶柏荣．土工合成材料在港口工程中的应用［J］．新纺织，1999（10）：18-24.

[9] 曾锡庭．土工合成材料在天津新港东突堤工程中的应用［C］//全国土工合成材料学术会议，1992.

[10] 章琦，刘耘东．洋山港三期驳岸回填施工及位移影响分析［J］．中国港湾建设，2014（6）：20-22.

第21章 基坑排水反滤设计与施工

21.1 概述

高层建筑、市政工程、港口水利工程或某些特殊工程，在建设中，都会遇到若干深、大基坑施工，降排水工程是其中一项重要的关键技术。我国沿海的软弱土层，一般地下水位高，地质属粉质砂土或淤泥质粉质黏土，并夹有薄层粉砂。在这些软弱土层的施工挖土时，有时会受流沙困扰，对基坑开挖造成极大困难，不但难以达到预定设计深度，且易于导致边坡失稳，酿成塌方等重大事故。基坑降水往往成为基坑开挖成败的关键因素之一。随着试验研究和工程实践应用，降水技术在我国取得了较快发展，除了普通井点以外，适应各类工程需要的喷射井点、喷射-射流井点、吸喷井点、喷射-电渗井点、深井井点等技术相继形成，保证了各项重大基坑工程的顺利完成。降水技术发展的同时，也引入了土工合成材料的应用，推动了降水技术和工程应用的不断发展。

深基坑工程中地下水控制方法分为三大类型：明排、隔渗帷幕和井点降水。有的情况下采用回灌方法。

21.1.1 地下水控制方法

明沟排水（简称明排）是一种人工降低基坑内地下水水位的方法，是指根据基坑内需明排的水量大小在基坑周边设置（有时基坑中心也可设置）适当尺寸的排水沟或渗渠和集水井，通过抽水设备将排水沟汇集到集水井中的地下水抽出基坑外，保障基坑及基础施工的降水方法。明排适宜于基坑周边环境简单、基坑开挖较浅、降水幅度不大、坑壁较稳定、坑底不会发生流沙或管涌、且不会因地下水的排出引起基坑周边浅基础构筑物不均匀沉降的基坑工程。

帷幕隔渗法（含冷冻法）是用人工制造的一定厚度、适当长度的防渗墙体来完全切断基坑内外地下水的水力联系，消除基坑外地下水对深基坑的后续危害的地下水控制治理方法。可控制深基坑工程中各类含水层中地下水问题。根据防渗墙体形成方式及施工机具的不同，可用于深基坑支护设计中的防渗墙体有：水泥土搅拌桩防渗帷幕、高压旋喷桩防渗帷幕、SMW工法防渗帷幕、TRD工法防渗帷幕、素混凝土墙防渗帷幕、地下连续墙等。根据隔渗帷幕植入含水层的深度不同，帷幕隔渗又可分为三种类型：悬挂式帷幕隔渗、竖向加封底式五面隔渗和落底式帷幕隔渗。与基坑井点降水法相比较，由于五面隔渗和落底式帷幕隔渗后对基坑外地下水的渗流状态改变较小，因此基坑内施工时一般不会导致坑外地下水变化而造成基坑外周边地面沉降。冷冻法早期用于矿井建设，近年偶尔用于深基坑工程。由于深基坑工程地下水控制后再解冻时可能在冻结地带出现融陷现象，冷冻法在深基坑工程中应用较少。

强制降低地下水水位法是根据地下水渗流理论，在基坑内（外）布置一定数量的取水井（孔），通过取水井（孔）不间断抽取场地含水层中地下水向场外排泄，使基坑内地下水水位降低至不能发生危害的深度，并维持动态平衡的地下水控制措施，即通常所说的井点降水。由于深基坑场地中地下水赋存的土层性质差别，地下水在其中的渗流速度差别达到 2～4 个数量级，导致基坑降水时单个取水井（孔）抽取的水量相差悬殊，要求用不同类型、不同方法的井点降水措施有效排出其中地下水。轻型井点降水、喷射井点降水、电渗井点降水、辐射井点降水、自渗井点降水和管井降水分别适用于不同性质的含水层，满足不同的水位降深要求，适应不同的基坑支护形式。

井点降水的降水井平面布置可分为坑内和坑外，与之相对应的井点降水可分为坑内井点降水与坑外井点降水两种模式，究竟选择何种模式主要取决于井点降水同基坑支护的配合和井点布设后产生的降水效果及井点降水产生的环境影响的权衡。一般而言，坑内井点降水因降水范围相对较小，基坑涌水量也相对较小，降水后对周边环境影响亦相对较弱。当基坑周边防渗帷幕伸入坑底深度较大或已进入坑底下相对隔水层，坑底下含水层垂直渗透性与水平渗透性相差悬殊时，选择降水井点过滤器深度接近或小于帷幕深度的坑内降水模式是最佳的降水模式。当基坑周边防渗帷幕伸入坑底深度较小、坑底下含水层垂直渗透性与水平渗透性相差不大时，可采用坑内、坑外同时降水或坑外降水。一般而言，坑内井点降水因降水范围相对较小，基坑涌水量相对较少，降水后对周边环境影响亦相对较弱，在条件允许时基坑降水井点布置宜优先考虑布置在坑内。

基坑井点降水后虽能有效消除地下水的危害、增加边坡和坑底的稳定性，但由于井点降水形成的地下水降落漏斗范围内土体中孔隙水压力的降低导致地下水降落、漏斗范围内土体中有效应力的增加，使基坑降水降落漏斗范围内土体压缩、固结，引起基坑周边一定范围内不同程度的地面沉降。这是基坑井点降水产生的、不可避免的环境问题。在基坑周边存在对地面沉降敏感的重要建构筑物及管线等时，基坑井点降水设计应慎重对待，并采取一定的预防措施。防止或减轻基坑井点降水引起的地面沉降的措施通常为回灌及优化基坑井点降水的设计与运行。

回灌分为常压回灌和压力回灌。降水井抽水时随着抽水时间的延长，水井过滤器周围形成一个渗透性增高的地带，而回灌时注入水中含有细颗粒、有机物、空气等，其注入井内并随后发生化学反应，回灌井过滤器周围将形成一个渗透性降低的地带，回灌进入含水层的水量随时间将减小，因此回灌水质需达到一定标准才能保证回灌效果。

21.1.2　地下水控制方法的适用性

对于基坑周边环境严峻、场地水文地质条件复杂、开挖深度大的基坑工程，场地地下水的控制宜采用综合法，即两种或两种以上的地下水控制措施综合使用，方能保证地下水治理有效、可行。实际工程中采用较多的综合法为帷幕隔渗与井点降水（如管井等）联合使用。

1. 上层滞水控制方法

基坑工程中的上层滞水治理可用的控制方法有明排和帷幕隔渗。

对于场地开阔，水文地质条件简单，放坡开挖且开挖较浅、坑壁较稳定的基坑，上层滞水的处理通常采用明排措施。明排降低地下水水位幅度一般为 2～3m，最大不超过 5m。

对于周边环境严峻、坑壁稳定性较差的基坑，上层滞水的处理宜采用帷幕隔渗措施。隔渗帷幕深度需进入下伏不透水层或基坑底一定深度，以切断上层滞水的水平补给或加长其绕流途径满足抗渗稳定性要求。

2. 潜水含水层控制方法

基坑工程中潜水的治理可用的控制方法有明排、井点降水、帷幕隔渗或综合法。

对于填土、粉质黏土中的潜水，当场地开阔、坑壁较稳定时，可采用明排措施，但其降低潜水的幅度不宜大于5m。

帷幕隔渗措施处理基坑工程中潜水时，隔渗帷幕深度须进入坑底不透水层或坑底亦设置足够厚度的水平隔渗帷幕，以形成五面隔渗的箱型构造，切断基坑内外潜水的水力联系，基坑内的地下水便无补给源，因此在基坑开挖过程中仅需抽排基坑内原潜水含水层中储存的有限水量即可。帷幕隔渗法适宜于基坑周边环境条件要求较高或基坑施工风险高的深基坑工程。

当潜水含水层厚度较大，经技术、经济对比分析，不宜采用帷幕隔渗形成五面隔渗的箱型构造时，深基坑中的潜水含水层中地下水控制往往采取井点疏干降水。降水井点的型式根据含水层的渗透性能采用相适应的降水井点类型。

当基坑周边环境条件较苛刻，基坑周边存在对地面沉降较敏感的建构筑物时，基坑工程中潜水的控制可采用综合法，即悬挂式帷幕隔渗与井点降水并用，互相取长补短。采用综合法控制基坑工程中地下水时，隔渗帷幕宜适当加深，以增加地下水的渗透路径，减少基坑总涌水量。井点降水宜布置在基坑内，降水井点过滤器深度一般不超过隔渗帷幕深度，以充分发挥隔渗帷幕作用，在含水层水平渗透性与垂直渗透性差异较大的含水层中尤其如此。当隔渗帷幕植入含水层深度较小（小于含水层厚度的一半或10m）时，帷幕隔渗效果不显著。

3. 承压水控制方法

当基坑开挖深度小于场地承压含水层顶板埋深，即基坑开挖到位后坑底仍有一定厚度的隔水层，此时基坑工程中承压水的处理主要集中在减小承压水水头压力（减压）；当基坑开挖深度大于场地承压含水层顶板埋深，即基坑开挖到位后坑底已进入承压含水层一定深度，场地地下水已转变为潜水-承压水类型，此时场地中地下水在潜水部位须疏干，在承压水部位须减压。基坑工程中承压水控制可采用的措施有井点降水、帷幕隔渗、综合法。

对于承压含水层渗透性好、水量丰富、水文地质模型简单的二元结构冲积层中承压水（如长江一级阶地承压水），宜采用大流量管井减压或疏干降水。对于渗透性较差、互层频繁或含水层结构复杂的承压含水层（上海、天津滨海相承压含水层），宜采用帷幕隔渗与井点降水结合的综合法或落底式帷幕隔渗，上述两种方法的设计模式与潜水含水层相似。

对于基坑开挖深度接近或超过含水层底板埋深的基坑工程中的地下水，无论是潜水含水层还是承压含水层，均宜采用帷幕隔渗法。

当基坑工程中地下水控制采用悬挂式帷幕隔渗与井点降水结合的综合法时，由于帷幕的局部隔渗作用，地下水的流动已不再是平面流或以平面流为主的运动，而是三维渗流场，渗流计算时应将隔渗帷幕定为模型的边界条件之一，采用三维数值方法求解。

深基坑工程中地下水控制设计首先应从基坑周边环境限制条件出发，然后研究场地水文地质条件、工程地质与基坑状况，充分利用基坑支挡结构（地下连续墙等）给地下水控制创造的有利条件，在此基础上经技术、经济对比，选择合理、有效、可靠的地下水控制方案，建立适合场地的地下水控制模型来确定地下水控制设计方案。采用何种井型完全取决于场地含水层的渗透性及需降低的水位幅度。

21.1.3　基坑降水设计、施工相关标准

基坑降水设计、施工相关标准如下：

(1)《土工合成材料应用技术规范》(GB/T 50290—2014)。

(2)《建筑与市政工程地下水控制技术规范》(JGJ 111—2016)。

(3)《基坑管井降水工程技术规程》(DB42/T 830—2012)。

(4)《建筑基坑降水工程技术规程》(DB/T 29-229—2014)。

(5)《既有建筑地基基础加固技术规范》(JGJ 123—2012)。

(6)《基坑工程技术标准》(DGTJ 08-61—2018)。

(7)《建筑基坑工程监测技术规范》(GB 50497—2009)。

(8)《复合土钉墙基坑支护技术规范》(GB 50739—2011)。

(9)《建筑基坑支护技术规程》(JGJ 120—2012)。

(10)《建筑深基坑工程施工安全技术规范》(JGJ 311—2013)。

(11)《建筑基坑工程技术规范》(YB 9258—97)。

(12)《基坑工程内支撑技术规程》(DB11/940—2012)。

(13)《建筑地基基础设计规范》(GB 50007—2011)。

(14)《建筑地基基础工程施工规范》(GB 51004—2015)。

(15)《水电水利工程坑探规程》(DL/T 5050—2010)。

21.2　基坑降水类型和适用条件

21.2.1　集水井及导渗井

1. 集水井（坑）

基坑或沟槽开挖时，在坑底设置集水井，并沿坑底的周边一定距离或中央开挖排水沟，使水在重力作用下流入集水井内，然后用水泵抽出坑外（图 21.2-1）。

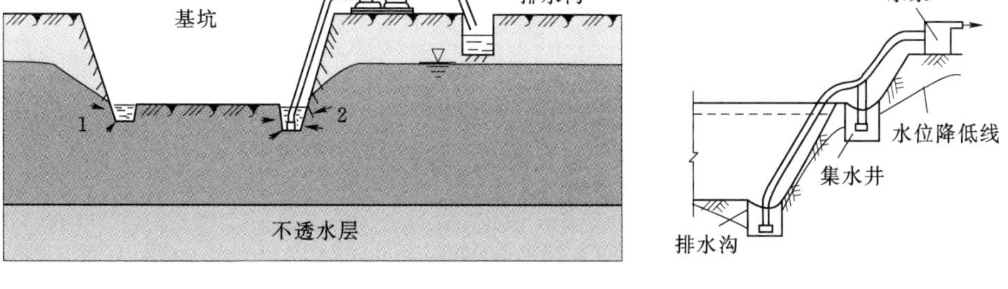

图 21.2-1　集水井降低坑内地下水位示意图

1—排水沟；2—集水井；3—水泵

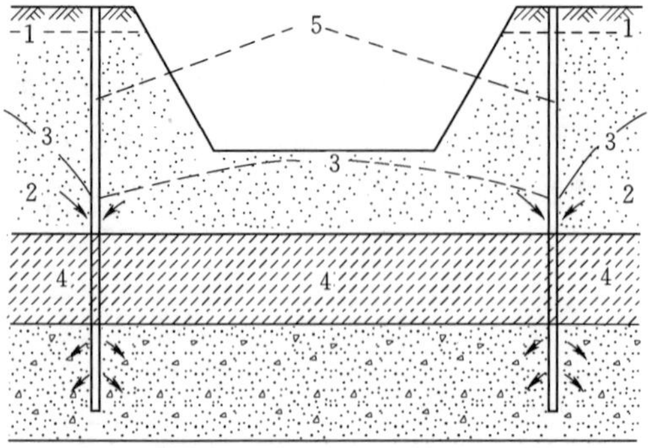

图 21.2-2 越流导渗自降示意图

1—上部含水层初始水位；2—下部含水层初始水位；3—导渗后的混合动水位；4—隔水层；5—导渗井

四周的排水沟及集水井一般应设置在基础范围以外地下水流的上游。基坑面积较大时，可在基坑范围内设置盲沟排水。根据地下水量、基坑平面形状及水泵能力，集水井每隔 20～40m 设置 1 个。

2. 导渗井

在基坑开挖施工中，经常采用导渗法，又称引渗法，降低基坑内地下水位，即通过竖向排水通道——导渗井或引渗井，将基坑内的地面水、上层滞水、浅层孔隙潜水等，自行下渗至下部透水层中消纳或抽排出基坑（图 21.2-2 和图 21.2-3）。

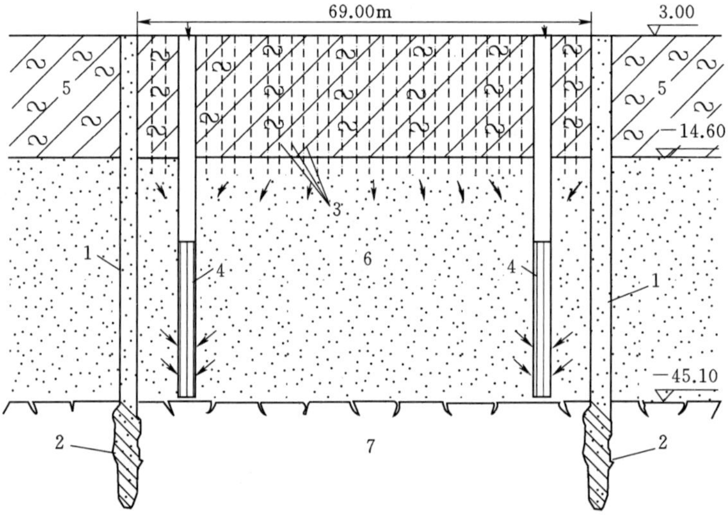

图 21.2-3 润扬长江大桥北锚锭深基坑导渗抽降示意图

1—厚 1.20m 的地下连续墙；2—墙下灌浆帷幕；3—ϕ325 导渗井（内填砂，间距 1.50m）；4—ϕ600 降水管井；5—淤泥质土；6—砂层；7—基岩（基坑开挖至该层岩面）

导渗设施一般包括钻孔、砂（砾）渗井、管井等，统称为导渗井。导渗井应穿越整个导渗层进入下部含水层中，其水平间距一般为 3.0～6.0m。当导渗层为需要疏干的低渗透性软黏土或淤泥质黏性土时，导渗井距宜加密至 1.5～3.0m。

21.2.2 轻型井点

轻型井点系统降低地下水位过程示意图见图 21.2-4，即沿基坑周围以一定的间距埋入井点管（下端为滤管），在地面上用水平铺设的集水总管将各井点管连接起来，在一定位置设置真空泵和离心泵。当开动真空泵和离心泵时，地下水在真空吸力的作用下经滤管进入管井，然后经集水总管排出，从而降低水位。

轻型井点设备主要由井点管（包括过滤器）、集水总管、抽水泵、真空泵等组成。轻型井点系统示意图见图 21.2-5。

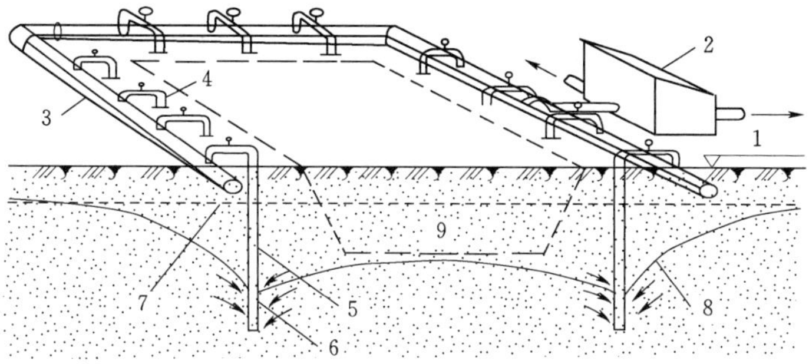

图 21.2-4　轻型井点系统降低地下水位过程示意图

1—地面；2—水泵房；3—总管；4—弯联管；5—井点管；6—滤管；7—初始地下水位；8—水位降落曲线；9—基坑

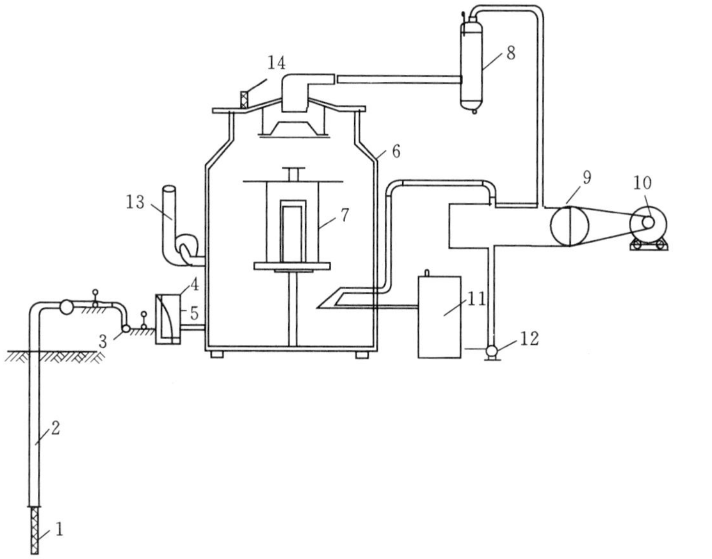

图 21.2-5　轻型井点系统示意图

1—过滤器；2—井管；3—集水总管；4—滤网；5—过滤器；6—集水箱；7—浮筒；8—分水器；9—真空泵；10—电动机；11—冷却水箱；12—冷却循环水泵；13—离心泵；14—真空计

21.2.3　降水管井

管井降水系统一般由管井、抽水泵（一般采用潜水泵、深井泵、深井潜水泵或真空深井泵等）、泵管、排水总管、排水设施等组成。

管井由井孔、井管、过滤器、沉淀管、填砾层、止水封闭层等组成（图 21.2-6）。

对于以低渗透性的黏性土为主的弱含水层中的疏干降水，一般可利用降水管井采用真空降水，目的在于提高土层中的水力梯度、促进重力水的释放。

真空降水管井由普通降水管井与真空抽气设备共同组成，真空抽气设备主要由真空泵与井管内的吸气管路组成。

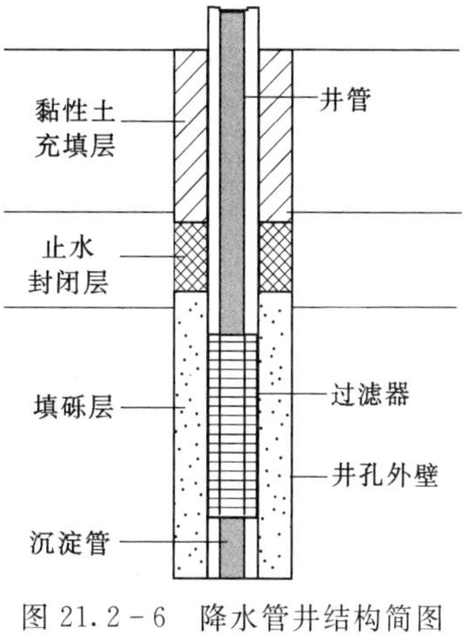

图 21.2-6　降水管井结构简图

21.2.4 各类降水井的适用条件

基坑施工中，为避免产生流沙、管涌、坑底突涌，防止坑壁土体的坍塌，保证施工安全和减少基坑开挖对周围环境的影响，当基坑开挖深度内存在饱和软土层和含水层及坑底以下存在承压含水层时，需要选择合适的方法进行基坑降水与排水。

目前常用的各类降水井的适用条件见表21.2-1。

表21.2-1 降水井的适用条件

降水方法	降水深度/m	渗透系数/(cm/s)	适用地层
集水井（坑）	<5	$1\times10^{-7}\sim2\times10^{-4}$	含薄层粉砂的粉质黏土、黏质粉土、砂质粉土、粉细砂
轻型井点	<6		
多级轻型井点	6～10		
砂（砾）导渗井	按下卧导水层性质确定	$>5\times10^{-7}$	
管井（深井）	>6	$>1\times10^{-6}$	含薄层粉砂的粉质黏土、砂质粉土、各类砂土、砾砂、卵石

21.3 井点过滤器的设计与施工

21.3.1 过滤器构造设计

过滤器类型基本上有三种：圆孔式、缝隙式和钢筋骨架式（图21.3-1），其中以圆孔式最为常见。

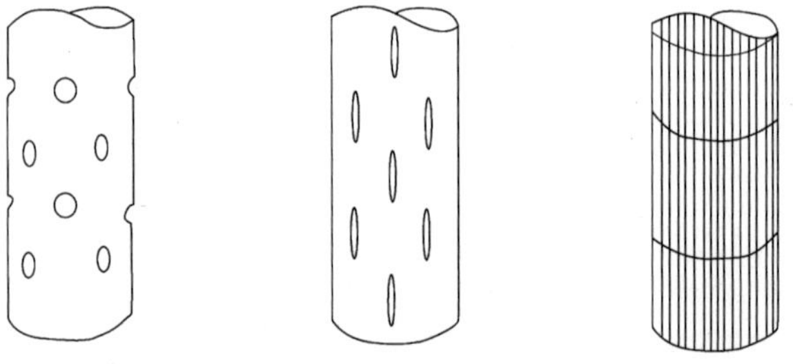

(a) 圆孔式　(b) 缝隙式　(c) 钢筋骨架式

图21.3-1 过滤器类型

21.3.2 滤水管的滤网选择

滤网规格选择合理与否，是降水成败的关键问题之一。若滤网太密，地下水进入滤管阻力大，影响抽水量；若滤网过稀，当地下水被抽走时，往往带走地基土。久而久之，地基土大量流失，会导致边坡失稳、坍方。因此，必须依据当地土质情况进行合理选择。

过滤网的孔眼与土的颗粒组成有着密切的关系，其关系式为

$$d_c\leqslant 2d_{50} \tag{21.3-1}$$

式中：d_c为过滤孔净宽；d_{50}为土颗粒的大小，以土层中小于此粒径的土粒含量的50%为准。

过滤网的材料有铜网、尼龙网、棕皮等。滤网形式有斜织网、方网、平织网、穿织网等（图 21.3-2）。新型过滤网常采用土工合成材料，其造价低廉、施工方便。

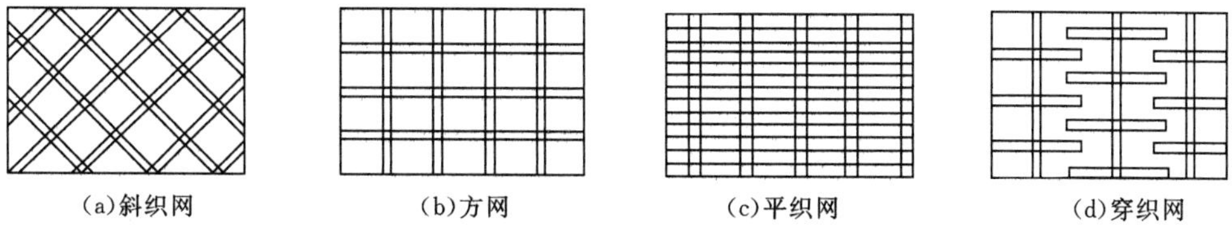

图 21.3-2 滤网的种类

平织网和斜织网的尺寸，都用两个号码表示，如 6/40，即表示 $1cm^2$ 内，纵向有 6 根线和横向有 40 根线，目数为 6×40=240。如果是方织网，纵横相等，用一个号码表示，如 8，即 8×8=64 目。

例如上海某地土质为亚黏土（夹粉细砂层）粒径为 0.005～0.05mm，颗粒含量超过全量的 50%，设 $d_{50}=0.05$mm，选用滤网目数。根据 $d_c \leqslant 2d_{50}$，代入：$d_c=2\times0.05=0.1$(mm)（滤网间隙的净距）。

选择方网，网线直径为 0.3mm 时，得 $1cm^2$ 内孔眼数 n：

$$n=\frac{100}{0.1+0.3}=250(\text{目})$$

选用平织网或斜织网，网线直径为 0.5mm 时，得 $1cm^2$ 内孔眼数 n：

$$n=\frac{100}{0.1+0.5}=166(\text{目})$$

两种滤网都可以用，主要条件是满足 d_c 的要求。

在上述地质条件下，某工程采用喷射井点深层降水，井点过滤器选用 70 目规格滤网，滤网直径为 0.5mm 时，其 $d_c=0.92$mm（净间距），而土颗粒要求滤网 $d_c=0.1$mm。显然滤网净孔距太大，当井点抽水后不久，水箱内循环工作水十分浑浊，抽水半月水箱内沉淀粉细砂竟达 1m 多厚。由于工作水含砂量高，喷嘴处于高压浑浊水冲击下，喷嘴很快被损坏致抽水失效，被迫停止工作。地基土流失后，该地段出现边坡坍陷，土体向基坑方向产生较大位移。

21.3.3 过滤器的构造工艺

在井点过滤器的直径、长度、滤网规格确定之后，按工艺要求制作（图 21.3-3）。

加工制作工序：滤水管钻孔→管上缠绕铁丝绑扎→滤网布绑扎→绑扎保护滤网窗网布→焊接保护网→安装底部堵头及沉砂管。

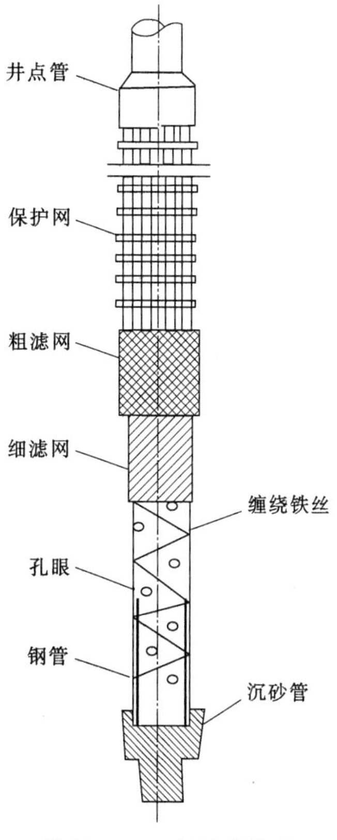

图 21.3-3 过滤器构造

21.3.4 井点土工布滤层工艺

井点过滤层的质量是井点降水关键问题之一，尤其是我国沿海软弱土层地区。例如：上海宝钢位于长江入海河口三角洲上，地质属于第四纪冲积层，地下水位高、地基土软弱。从该地区的地质构造看（图21.3-4），第一层为亚黏土，厚度为2～3m；第二层为淤泥质亚黏土，厚度为6～8m；第三层为淤泥质黏土，厚度为10～12m；其中第二、第三层土中均夹有许许多多的薄粉细砂层。据宝钢初轧厂4号铁皮坑开挖时的勘测结果，开挖基坑深度为-13.60m，而夹砂层有125层，有的土层1～5cm就有一层粉细砂层，其厚度为0.5～50mm。在基坑开挖深度范围内夹砂层总厚度为159.6cm。从该地质条件不难看出，地下水主要贮存在各夹砂层中作水平渗流运动，呈现出水平渗透性强，而垂直渗透性弱的特点。

序号	土名	砂层	描述	砂层厚度/cm
①	亚黏土		△ -1.5 -4.00 粉砂层20mm ▽	20
②	淤泥质亚黏土		夹薄细粉砂层厚度10～20mm计70层 -11.00 ▽	139.6
③	淤泥质黏土		夹薄细粉砂层厚度10～50mm计54层 -21.00 ▽	21.6

∑159.6cm

图21.3-4 地质剖面图

从井点管使用情况分析，轻型井点管长度一般为7～9m，井点管底部安装过滤器，长度为1m。井点管埋入地下时，必须穿过各夹砂层。应将各夹砂层中地下水引入井点管过滤器（进水口）并将地下水不断抽走，以达到降低地下水位的目的。以往井点管埋设常采用水冲法，即在井点管周围填砂，但在实践中却难以保证填砂质量。当井点滤层质量较差时，抽水仅几天，就有半数以上井点不上水，随着抽水时间的延续，“死井”数目增加，有的导致降水失效而造成塌方事故。

虽然采用套管水冲法下沉的井点其填砂滤层较好，但存在工艺复杂、施工速度慢、费用较高的缺点。土工布具有过滤、透水性好而且耐腐性强、价格较便宜的特性，因而采用土工布作为井点降水的滤层，效果令人满意。

以轻型井点为例，试验选择三种构造形式：

（1）先用土工布做成150mm砂袋子，将井点管放入袋内，然后袋子里装满砂子。这虽然保证井点滤层的完好性，渗水性能良好，但在加工及搬运过程中比较复杂，因而仅用一次便放弃了。

(2) 在井点管纵向点焊 6 根直径为 10～15mm 的钢筋，外层用土工布将井点管包扎起来，经野外抽水试验，抽水率大有提高，但由于土的侧压力使土工布处于钢筋与井点管之间的缝隙在挤压后缩小，地下水作垂直流动受到一定影响。

(3) 将井点管过滤器外套及过滤网拆除，井点管滤孔外露，在井点管周围绑扎 4～6 片竹条，光面朝外，稍修竹节面朝井点管（增加竹子与井点管之间缝隙），然后用土工布紧紧绑扎起来，井点底部口封死，经现场多次试验，获得令人满意的效果（图 21.3－5）。

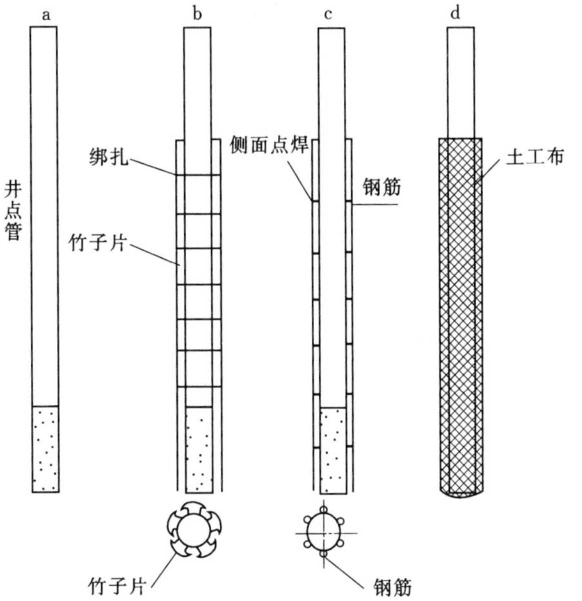

图 21.3－5　土工布井点滤层构造

a—井点管拆除过滤网及保护层；b—在井点管四周取 4～6 片竹子，用铁丝绑扎；c—或可用 5～6 根，ϕ10 钢筋，从侧面点焊在井点管上，钢筋与井点之间保持大于 5mm 的缝，使地下水在缝中流动；d—绑扎土工布一层，可循环使用

21.3.5　井点土工布滤层的应用

1. 井点土工布滤层优点

(1) 土工布具有透水性、过滤性及耐久性，可代替过滤网和砂石滤层。当选用竹子绑扎构造形式时，井点管可接触各土层中的夹砂层，地下水比较顺利地进入井点管，并沿着竹片与井点之间的缝隙向下垂直流动，经滤孔由井点管将地下水抽走。

(2) 土工布滤层井点管不受任何埋设方法的影响，因其不用填砂石，在埋设井点管时可选用成孔速度快的方法，如导杆震动成孔、导杆水冲法或小型钻孔法，井点管插入地下即可，井点管上水率高。

(3) 加工制作、运输比较方便，土工布价格低，比填砂石更节省，井点管拔出，清洗土工布，又可重复使用，具有较好的经济效益。

2. 井点土工布新滤层实例

(1) 上海某饭店工程基坑开挖深度为－10.5m，当基坑开挖深度为－8.0m 时，出现地下水涌砂现象。挖土机无法施工，然后采用 6m 长土工布滤层井点降水，降水 5d 达到疏干土方的目的。

(2) 某大厦基坑工程，开挖深度为－5m，基坑围护采用钢板桩。在基坑内侧布置一根普通轻型井点（填砂）和一根土工布井点，间隔布置。当开挖至设计标高之后井点管外露，可清晰地看到，普通井点管干燥已不上水，而土工布滤层井点潮湿，说明井管上水良好。

(3) 某大厦工程，主楼基坑面积为 36m×36m，开挖深度为－6.2m，裙房开挖深度为－5.2m，主楼先期施工，主、裙之间基坑开挖设降水放坡，抽水时间为 6 个月。基坑围护结构采用水泥搅拌桩，部分为灌注桩和支撑系统。主楼区采用土工布滤层井点降水。基坑涌水量计算如下：

设：基坑面积 $F=36\text{m}\times 36\text{m}$，基坑开挖深度为－6.2m，地下水位距地表以下－1.2m，土层平均含水量为 40%，降水后土的含水量为 34%。代入公式得

$$
\begin{aligned}
Q_{总} &= F\times S\times 0.06\times W \\
&= 36\times 36\times (6.2+0.5-1.2)\times 0.06\times 0.40 \\
&= 171.07(\text{m}^3)
\end{aligned}
$$

设抽水时间为 10d，单井抽水量为 $0.3\text{m}^3/\text{d}$，则井点数 n 为

$$
n=\frac{171.07}{0.3\times 10}=57\ (\text{根})
$$

按基坑平面布置，设计降水共三套射流泵井点降水，其中主楼与裙房之间降水放坡一套，井点数为 28 根，抽水时间为 6 个月。基坑内布置两套，每套井点数为 32 根，均采用土工布新滤层井点，长度为 8m，井点间距为 2m，预计抽水 10d 可以开挖土方。

主楼区井点埋设为导杆水冲法施工，将井点管插入土中不必填砂处理，但在井点管上部孔洞用黏土封口。

在抽水期间，对抽水效果进行检查与测定，一般控制三个指标：真空度、抽水量及降深。井点抽水开始抽出地下水比较浑浊，因施工时扰动地基土，抽水一天之后出现清水，开始单井抽水量为 $0.35\text{m}^3/\text{d}$，之后逐渐减少直至抽不出地下水来。抽水 10d 开始挖土，基坑土体干燥，机械挖土顺利进行。

主楼与裙楼之间井点降水抽水时间为 3 个月，井点工作正常，该工程采用土工布滤层获得成功。

21.4 管井过滤器的设计与施工

管井的井管系一般由井壁管、过滤管和沉淀管三部分组成，沉淀管是位于井管下部用于沉积井内砂粒和沉淀物的无孔管，并非必要设置。

目前有关文献中过滤器与过滤管是两个同义词，常常混同使用，实际上两者有差别。过滤器是管井起滤水、挡砂和护壁作用的装置。过滤管则有所不同，在非填砾过滤器情况下，过滤管即为过滤器；在填砾过滤器情况下，过滤管是填砾过滤器的骨架管，是填砾过滤器的组成部分，显然就不能称之为过滤器了。所以，过滤管与过滤器两者有差别，应予以区分。

21.4.1　过滤管孔隙率计算

管井过滤管按其结构不同，可以划分为两个类型：单层进水面过滤管和双层进水面过滤管。

单层进水面过滤管包括骨架过滤管（光滤管）、模压孔过滤管等，其共同特点是仅有一个进水面，因此，仅有一个孔隙率。

双层进水面过滤管包括穿孔管垫筋缠丝过滤管和穿孔管垫筋包网过滤管。由于缠绕或包网与穿孔管之间有垫筋分隔，因而是两个进水面，故为双层进水面过滤管。不同进水面具有各自的孔隙率，显然，双层进水面过滤管有两个孔隙率。应注意的是，若穿孔管与缠丝或包网之间无垫筋分隔时，两个进水面合二为一，即属单层进水面过滤管，其孔隙率亦合二为一。

过滤管类型按其过水断面划分，集中反映了过滤管作为管井进水装置的结构特点，是正确分析和计算过滤管孔隙率的基础。

1. 单层进水面过滤管孔隙率计算

单层进水面过滤管孔隙率计算并无一个通用的计算式，钢制和铁制过滤管多采用交错排列的圆形穿孔，其孔隙率可按下式计算：

$$n=\frac{d_0^2 m}{40d} \tag{21.4-1}$$

式中：n 为过滤管孔隙率，%；d_0 为圆孔直径，mm；m 为 1m 长过滤管上圆孔数量，个；d 为过滤管外径，mm。

式（21.4－1）仅是圆形穿孔过滤管的孔隙率计算式，对于其他形状穿孔过滤管，应根据穿孔的形状、尺寸及排列方式，按实际情况进行计算。

2. 双层进水面过滤管孔隙率计算

双层进水面过滤管因有两个进水面，故有两个孔隙率，我国常用的两种双层进水面过滤管是穿孔管垫筋缠丝过滤管和穿孔管垫筋包网过滤管（图 21.4－1），过滤管内层和外层孔隙率，应按式（21.4－2）～式（21.4－4）进行计算。

（1）内层进水面孔隙率：

$$n_1=\left(1-\frac{d_1}{m_1}\right)n \tag{21.4-2}$$

（2）外层进水面孔隙率：

1）缠丝进水面孔隙率：

$$n_2=\left(1-\frac{d_1}{m_1}\right)\left(1-\frac{d_2}{m_2}\right) \tag{21.4-3}$$

2）包网进水面孔隙率：

$$n_2=\left(1-\frac{d_1}{m_1}\right)\left(1-\frac{d_2}{m_2}\right)\beta \tag{21.4-4}$$

式中：n 为穿孔管孔隙率，%；n_1 为内层进水面孔隙率，%；n_2 为外层进水面孔隙率，%；d_1 为垫筋的直径或宽度，mm；d_2 为缠丝的直径或包网外的保护缠丝直径，mm；m_1 为垫筋中心距离，mm；m_2 为缠丝的中心距离，mm；β 为包网孔隙率，%。

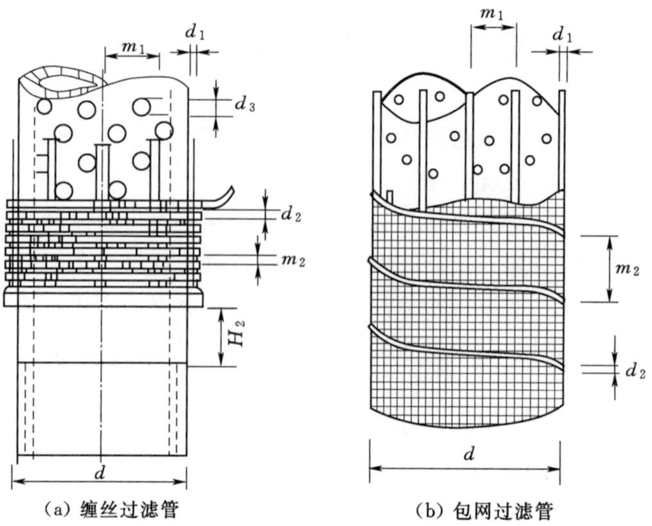

图 21.4-1　双层进水面过滤管

3. 几种过滤管孔隙率计算

（1）钢筋骨架缠丝过滤管孔隙率计算。钢筋骨架缠丝过滤管是在钢筋骨架上缠丝而制成，钢筋骨架并不能成为一个单独的进水面，所以是单层进水面过滤管，缠丝面孔隙率应按式（21.4-1）进行计算。部分文献把缠丝进水面与其骨架作为两个进水面，以其骨架孔隙率可达到 70%，说明钢筋骨架缠丝过滤管的优越性是不正确的。

（2）包网过滤管孔隙率计算。包网过滤管是工程降水在砂土类含水层常采用的一种过滤管，包网与骨架管之间有纵向垫筋分隔，是双层进水面过滤管，其包网进水面孔隙率应按式（21.4-4）计算。但如果没有垫筋分隔，即包网直接包裹在骨架管之上，则两个进水面合二为一，其孔隙率应按式（21.4-5）计算：

$$n_2=\beta \cdot n \tag{21.4-5}$$

式中：n_2 为外层进水面孔隙率，%；β 为包网孔隙率，%；n 为穿孔管孔隙率，%。

可以看出，包网进水面孔隙率较式（21.4-4）计算的孔隙率大为降低，这也说明了垫筋作为分隔两个进水面的重要性。我国有些地区为了提高挡砂效果，采用包两层网，则应再连乘其包网孔隙率，包网进水面的孔隙率即非常小了，虽然提高了挡砂效果，但过滤管的进水能力却大为降低了。

（3）贴砾过滤器。贴砾过滤器是填砾过滤器的一种特殊型式，因此可不称之为过滤管而直接称之为过滤器。目前有关文献是以其贴砾层孔隙率作为贴砾过滤器的孔隙率，并以贴砾层孔隙率可达到 20%左右，而肯定了贴砾过滤器的进水能力，其实不然。贴砾层由于是直接黏附于穿孔管之上，所以，其孔隙率应按式（21.4-6）计算：

$$n_2=n_1 \cdot n \tag{21.4-6}$$

式中：n 为穿孔管孔隙率，%；n_1 为内层进水面孔隙率，%；n_2 为外层进水面孔隙率，%。

如假定贴砾层孔隙率为 20%，穿孔管孔隙率为 30%，则贴砾过滤器孔隙率仅为 6%，由此决定的过滤器进水能力亦低。在实际工作中，如不考虑这一点，必然导致管井设计出水量过大。

21.4.2 管井过滤器类型及选择

1. 过滤器的类型

过滤器划分原则不同，过滤器的类型不同（表 21.4-1）。

表 21.4-1 过滤器类型的划分

过滤器类型				
按制作材料	按进水缝隙形状	按结构型式	按填砾与否	按进水面的数量
钢、铸铁、混凝土、钢筋混凝土、石棉水泥、塑料、玻璃钢过滤器等	圆孔、条孔、桥式过滤器等	钢筋骨架、笼状、缠丝、包网过滤器等	填砾过滤器、非填砾过滤器	单层进水面过滤器、双层进水面过滤器

2. 过滤器类型选择

管井过滤器类型选择主要应根据含水层的性质而定，对于降水管井而言，可参照表 21.4-2 选用。

表 21.4-2 降水管井过滤器类型选择

含水层性质		过滤器类型
碎石土类	$d_{20}<2$mm	填砾过滤器、非填砾过滤器
	$d_{20}\geqslant 2$mm	非填砾过滤器
砂土类	各类砂层	填砾过滤器

表 21.4-2 中未列出基岩含水层过滤器类型选择，是考虑工程降水大部分是在第四系松散层中进行。表中过滤器类型系按过滤器填砾与否划分，非填砾过滤器泛指所有不填砾的过滤器，其中也包括了包网过滤器。如果包网过滤管外再填砾，则不是非填砾过滤器了，而是填砾过滤器，但这种作法违反了填砾过滤器的设计原则，是不正确的。

碎石土类含水层降水管井过滤器类型选择与供水管井是相同的，根据我国大量的碎石土类含水层颗粒分析资料，$d_{20}<2$mm 的碎石含水层中间 0.5～5mm 的颗粒含量较少，难以通过洗井形成天然反滤层，需要人工滤层挡砂。因此，宜采用填砾过滤器，非填砾过滤器虽不是很好但也可用。反之，$d_{20}\geqslant 2$mm 的碎石土类含水层，小于 0.5mm 的细颗粒含量较少，而中间颗粒含量相对较高，通过洗井较易形成反滤层。因此，此类含水层并非必须采用填砾过滤器，也可选用非填砾过滤器。

砂土类含水层则均宜采用填砾过滤器。

填砾过滤器有着非填砾过滤器所没有的优越性，不仅能够增加管井出水量，而且能够降低井水含砂量，延长管井的使用寿命，其实质是过滤管进水面孔隙率得到了较大的增益，特别是在细颗粒含水层中其优越性十分明显。

21.4.3 常用过滤管设计

1. 缠丝过滤管

缠丝过滤管按过滤管结构不同，又可以分为两个类型：穿孔管垫筋缠丝过滤管和钢筋骨架缠丝过滤管。

（1）穿孔管垫筋缠丝过滤管。此类过滤管由于穿孔管与缠丝之间有垫筋相分隔，因此是双层进水面的过滤管。穿孔管可以是钢管、铸铁管、塑料管及钢筋混凝土管等。穿孔管由于不与含水层或滤料接触，因此，穿孔管的穿孔形状、尺寸和排列方式应根据管材强度和加工工艺等因素确定。加工制作时，穿孔布置应使穿孔管受力均匀，穿孔尺寸不宜过大，圆孔直径一般为15～21mm，条孔宽度一般为10～15mm。穿孔管的孔隙率应根据管材强度和穿孔管的受力条件确定，一般为15%～30%。

穿孔管与缠丝之间必须设置垫筋，以保证缠丝面与穿孔管形成两个进水面。垫筋高度一般为6～8mm，垫筋的间距以缠丝距管壁2～4mm为准，垫筋两端应设置挡箍。

缠丝应采用无毒、耐腐蚀、抗拉强度大、膨胀系数小的线材，常用线材有镀锌铁丝、铜丝、不锈钢丝、玻璃纤维增强聚乙烯滤水丝等。降水管井因为是临时抽水构筑物，耐腐蚀不是主要的考虑因素，一般不采用铜丝或不锈钢丝，主要应考虑强度和经济因素，以及方便取材。

缠丝断面形状宜为梯形或三角形，圆形缠丝极易堵塞，有效孔隙率低，在国外早已淘汰，应避免使用。缠丝在加工制作时，应注意缠丝不得出现松动，缠丝间距偏差应小于设计丝距±20%。

缠丝面孔隙率决定于缠丝的直径（或宽度）及丝距，缠丝面由于直接与含水层或滤料接触，实际达到的孔隙率是其有效孔隙率，一般按减少50%计，在大多数情况下，缠丝面有效孔隙率小于内层穿孔管孔隙率，因此，缠丝面有效孔隙率表征了过滤管的进水性能。

（2）钢筋骨架缠丝过滤管。钢筋骨架缠丝过滤管是另一类型的缠丝过滤管，其缠丝要求与穿孔管垫筋缠丝过滤管相同，钢筋骨架应根据材料强度和受力条件设计。

钢筋骨架过滤管的优点在于节约钢材、重量轻。应注意的是，由于缠丝直接缠绕在钢筋骨架上，所以，钢筋骨架缠丝过滤管只有一个孔隙率，即缠丝面孔隙率。我国许多文献认为钢筋缠丝骨架过滤管孔隙率可以达到50%、70%，系单指其骨架孔隙率，并无实际意义，不能代表整个过滤管的孔隙率。缠丝面由于与含水层或滤料相接触，缠丝面孔隙率应以有效孔隙率表征。

2. 包网过滤管

包网过滤管的缺点在于包网极易堵塞。据国外报道，堵塞可达到80%，即有效孔隙率仅20%，远低于平均值（50%）。使用寿命短，对于供水管井是不合适的。但其结构简单、加工方便，对于临时性的降水管井而言，在砂土类含水层，仍不失为一个可选择的过滤器类型。

包网过滤管一般是以穿孔管为骨架管垫筋包网，再在包网上缠绕少量铁丝加以固定制作而成，也可以直接在钢筋骨架上包网。穿孔管的加工制作要求同于穿孔管垫筋缠丝过滤管。

包网材料分为金属网和非金属网两类，金属网有铜丝网、不锈钢丝网和钢丝网等，非金属网有料网和尼龙网等。降水管井对包网的材料要求并不严格，宜经济和就地取材。

包网编织形式分为斜织网、扁条状网和方格网三种（图21.4－2）。其中，扁条状网和方格网应用较多，斜织网应用较少。包网编织形式应根据含水层的特点选择，砂土类含水层宜采用扁条状丝网，碎石土类含水层可采用方格网。

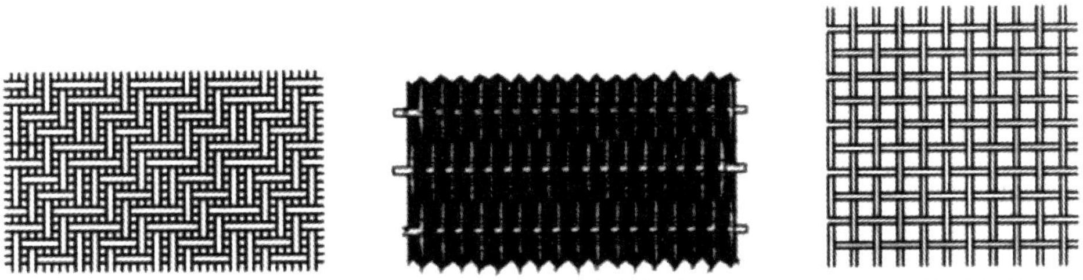

(a) 斜织网　　(b) 平织网(扁条状网)　　(c) 方格网

图 21.4-2　包网的编织形式

扁条状网的规格常用分数表示，如 6/40、7/70 等，分子表示在 1in 中的经线数，分母表示 $1in^2$ 中的纬线数。方格网的规格常用目数表示，所谓目数即每英寸长度内的孔数，如每英寸长有 15 孔即 15 目。

3. 模压孔过滤管

模压孔过滤管是采用钢板经冲压成孔后，卷焊并经防腐处理制成。根据模压孔的形状，可分为桥形孔、帽檐形孔、百叶窗形孔、手指形孔等，其中采用最多的是桥形孔，桥形孔模压过滤管，一般称之为桥式过滤管。

模压孔过滤管的优点在于无需在钢管上钻孔或切削，也无需垫筋缠丝，加工简便，降低了成本，由于进水缝隙是侧向开孔，不易被含水层颗粒或滤料堵塞，因此有效孔隙率较高。据国外研究报道，桥式过滤管填砾后孔隙率仅降低 10%，即有效孔隙率可达到 90%，远高于管井设计采用的平均值（50%）。缺点是受加工条件的限制，管壁相对较薄，井管强度不如普通钢管。

4. 钢筋混凝土过滤管

钢筋混凝土过滤管由于耐腐蚀并且节约钢材，管材费用低，在我国四川和浙江等地区得到了较多的应用。经过多年的实践和改进，各地的钢筋混凝土过滤管大多已定型生产。在四川省，100m 内的浅井已基本取代了金属管材，而降水管井则全部采用钢筋混凝土过滤管。

21.4.4　土工布深井设计与施工

1. 土工布深井构造及埋设

目前大多数地区基坑开挖深度较大的工程，多数采用在基坑内布置若干深井抽水。对于深井的构造，建议采用土工布深井构造（图 21.4-3），以钢筋笼为骨架，外包扎土工布。具有构造简单、渗水性好、价格便宜等优点。

2. 深井井点降水注意事项

在制作及埋设深井过程中，应注意下列几点：

（1）深井两端有 0.5m 短钢管，在钢管

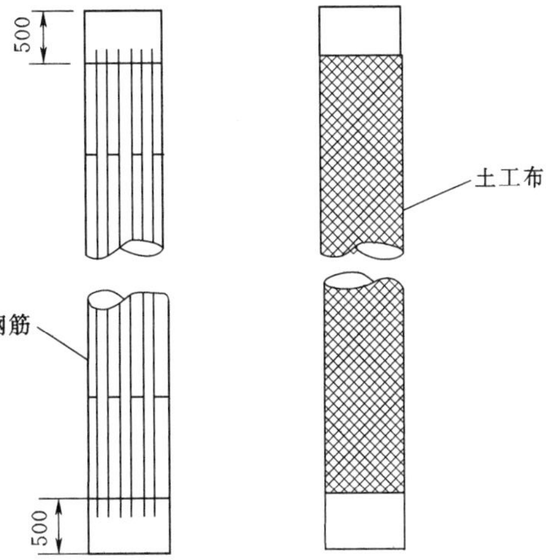

图 21.4-3　土工布深井构造

上焊接钢筋，中部设加固圈。钢筋笼骨架完成后，再包扎土工布（一定要紧绑）。两节深井之间为焊接，每节长度视具体要求定。

（2）深井埋设一般为钻孔法，但深井周围不用填砂。

（3）深井顶部距地表土以下 1～2m，用黏土封口。

（4）深井埋设完成之后，应立即在深井内抽水，将施工时的泥浆水排除，以起到清洗深井的作用。

21.5 地下埋管降水

地下埋管降水可采用外包薄层热粘型无纺土工织物的带孔塑料管，管内径宜为 50～100mm。降低地下水位设计应考虑当地自然条件，合理布置排水管位置，限制地下水位不超过一定高度。

设计计算应符合下列要求：

（1）每根排水管分配到的降水量应根据地下埋管的布置（图 21.5－1）按式（21.5－1）计算：

$$q_r = \beta\gamma s L \tag{21.5-1}$$

式中：q_r 为每根排水管分配到的降水量，m^3/s；β 为地基土的入渗系数，建议取 0.5；γ 为降水强度，m/s，按日最大降水强度计；s 为排水管间距，m；L 为排水管长度，m。

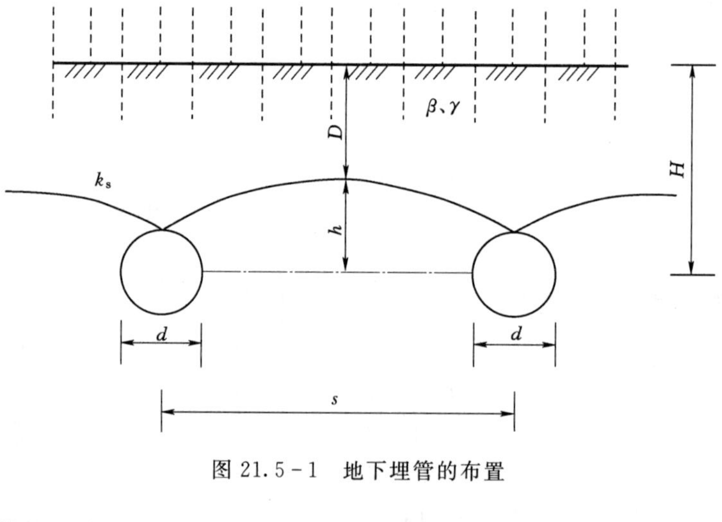

图 21.5－1 地下埋管的布置

（2）每根管的进水量应按式（21.5－2）计算：

$$q_c = \frac{2k_s h^2 L}{s} \tag{21.5-2}$$

式中：q_c 为每根管的进水量，m^3/s；k_s 为地基土的渗透系数，m/s；h 为规定最高地下水位与排水管中心线的高差，m。

（3）给定 h 时，进水量等于降水分配量时的埋管间距 s 应按式（21.5－3）计算：

$$s=\sqrt{\frac{2k_s}{\beta\gamma}}\cdot h \tag{21.5-3}$$

（4）管中流速应按式（21.5-4）计算：

$$v=\frac{q_c}{A} \tag{21.5-4}$$

式中：A 为埋管横截面积，m^2；v 为与管几何尺寸及其坡降 i 有关的流速，不同排水管的 v 值可按规《土工合成材料应用技术规范》（GB/T 50290—2014）第 4.2.10 条的规定计算确定。

（5）管道的排水能力应加大，安全系数可取 2.0～5.0。

21.6　排水盲沟设计与施工

排水盲沟适用于收集和排除地表雨水、土体内水量有限的上层滞水、潜水等，也是人工降低基坑内地下水水位的常用方法，指根据基坑内需明排的水量大小在基坑周边设置（有时基坑中心也可设置）适当尺寸排水盲沟，通过抽水设备将排水盲沟汇集到集水井中的地下水抽出基坑外的降水方法。有时排水沟也和降水结合进行。

用土工织物包裹在碎石、卵石等透水材料外或直接包在各种带孔的排水管外，构成排水盲沟（图 21.6-1），可代替一般要求较高且施工困难的砂砾反滤料，或代替各种材料的排水盲沟管材。主要采用针刺型或热粘型无纺土工织物。近年来，排水软管以其重量轻、易于运输和施工，以及寿命长、质量可靠的优点而得到推广应用。

用于反滤层的透水土工布必须满足挡土、保持水流畅通（透水）和防止淤堵方面的要求。设计时要满足挡土准则、渗透准则、淤堵准则。

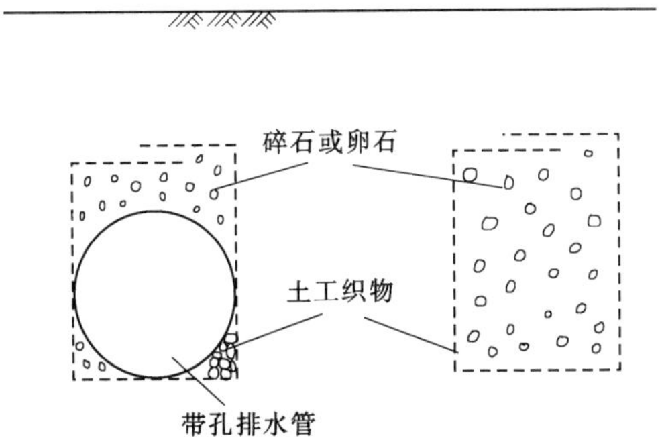

图 21.6-1　土工织物排水盲沟示意

反滤织物（土工布）可选用有聚酯类、尼龙或聚丙烯材料制成的编织或无纺织物。织物的性能应符合下述要求。

（1）在有透水要求时，其渗透能力应高于邻近粒料或土的渗流能力。反滤织物的透水能力与织物的渗透性（渗透系数）和厚度有关，其渗透系数通常在 0.001～0.1cm/s 范围内。

（2）阻挡细粒透过。反滤织物阻挡细粒的能力以其视孔径（AOS）大小表征，计算时以最接近视孔径尺寸的筛子等效孔径表示。按所需阻挡的细粒的粒径大小，选用不同的 O_{95} 参考值（表 21.6-1）。

（3）具有一定的强度。包括刺破强度、握持强度和梯形撕裂强度等，以承受邻近粒料或其他物体的破坏作用。

表 21.6-1　　对织物等效孔径 O_{95} 的要求

阻挡细粒的类型	中砂的下区	细砂的上区	细砂的中区	细砂的下区	粉土的上区	粉土的中区
AOS（筛号）	40	60	70	100	200	400
O_{95}/mm	0.42	0.25	0.21	0.15	0.075	0.037

参　考　文　献

[1] 编写委员会. 土工合成材料工程应用手册 [M]. 北京：中国建筑工程出版社，2000.

[2] 土木工程学会土力学岩土工程分会. 深基坑支护技术指南 [M]. 北京：中国建筑工程出版社，2012.

[3] 姚天强，石振华. 基坑降水手册 [M]. 北京：中国建筑工程出版社，2006.

[4] 陈幼熊. 井点降水设计与施工 [M]. 上海：上海科学普及版社，2004.

[5] 康顺祥. 用作反滤料时选择无纺土工织物的新方法 [J]. 防渗技术，2000，6 (2)：1-4.

[6] 赵坚，范进，赵恒文. 可置换滤芯新型减压井管的研究 [J]. 水利水电技术，2004，35 (4)：88-91.

[7] 吴伟庆. 土工布钢筋笼降水井在砂质土层基坑施工中的应用 [J]. 施工技术，2013，42 (12)：71-74.

[8] 王恒宇. 土工布在降水井过滤器中的应用 [J]. 黑龙江水利科技，2009，37 (2)：196-197.

[9] 王如琏，徐绮霞，鄂世业，等. 土工织物水井过滤器的试验研究 [J]. 北京农业工程大学学报，1990，10 (1)：61-69.

第 22 章　混凝土浇筑排水反滤设计与施工

22.1 概　　述

混凝土拌和物属于多相流变介质，由水泥、粗细骨料和水组成。根据 Powers 的研究，实际上混凝土水化需水量只占胶凝材料质量分数的 22.7%，但考虑施工流动性，拌和状态含水量远大于水化所需。浇筑振捣会引起拌和物内部液化并形成孔隙水压力，浆体黏滞系数下降，拌和物流动性增强，内部产生多余自由水分。但为防止漏浆和保证混凝土成型平整，模板制作安装要求密封、光洁，因而拌和物振捣后多余水气无法排逸，由此引起表层气水泡含量偏高；进而导致拆模后表观气泡、砂眼等缺陷多，密实性能不易保证。

随着混凝土耐久性要求提高，应用先进工艺改善浇筑密实性能成为重要手段。施工技术方面，提高浇筑密实性措施主要是减少混凝土拌和浇筑阶段水胶比，最有效途径是排除振捣引起新拌混凝土中多余水分。在普通模板内侧铺贴模板布（Controlled Permeability Formwork）浇筑新拌混凝土能够形成透水透气边界，提高振捣排渗效果，改善拌和物密实性能，尤其是外观表面（图 22.1-1）。这种方法是近年来国内外新颖、高效且经济的混凝土耐久性成型施工技术。

透水模布衬于模板内侧，除了排除振捣形成的内部孔隙水压力，还能排出混凝土细小水泥颗粒及水化胶凝物，促使浇筑体表面形成富含水化硅酸钙（C-H-S）的致密硬化层，降低了混凝土内特别是与模板接触面附近新拌混凝土的水胶比，明显减少了成型表面蜂窝、麻面、砂线（斑）、酥松等质量缺陷，有效增加密实性能，对比效果详见图22.1-2。

(a) 钢模板面处理　　(b) 贴模板布

图 22.1-1　普通钢模板铺贴透水模板工艺

国内外一些现浇混凝土桥梁、大坝、挡墙、码头、隧道、输水池等结构工程施工采用透水模板，成形表面观感好、密实效果佳，显示出透水模板布提高混凝土质量性能的卓越

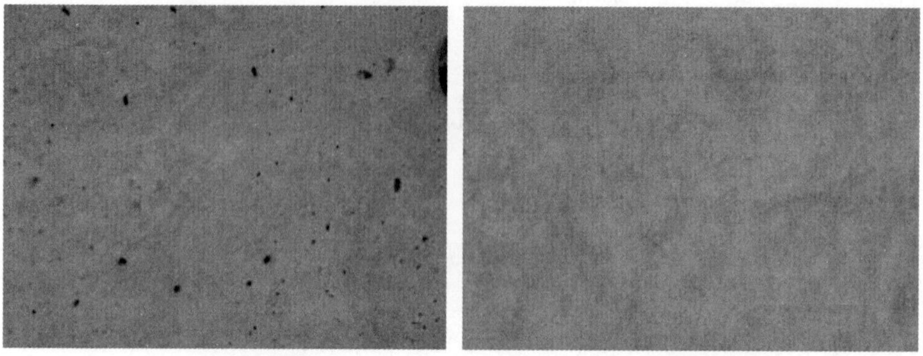

(a)普通钢模板　(b)透水模布

图 22.1-2 普通钢模板与透水模布振捣成型混凝土效果对比

效果。现今许多重大工程均采用这项技术提高混凝土耐久性能，如杭州湾大桥、威海长会口跨海湾公路大桥、青岛海湾大桥、京沪高铁等。该技术获得过2009年水利部“948”科技推广应用项目，南水北调天津段19.2km输水涵洞侧箱板与底部混凝土施工，也应用了该技术。

近几年，国内生产厂家研制或仿制出许多品种型号的透水模板布，并已广泛应用于工程实践中。其所用材料基本都是聚丙烯（PP），也有少量采用尼龙或其他合成纤维材料的产品。模板布产品外观及细部结构见图22.1-3，类似于复合层土工布。由于原材料相对便宜，工艺基本是在传统无纺布生产工艺上进行适当改进，因而产量因需求增加而不断加大。这其中，江浙地带有多家模板布生产商年均产量20万m^2以上。粗略估计，近几年全国年消耗模板布300万m^2左右。

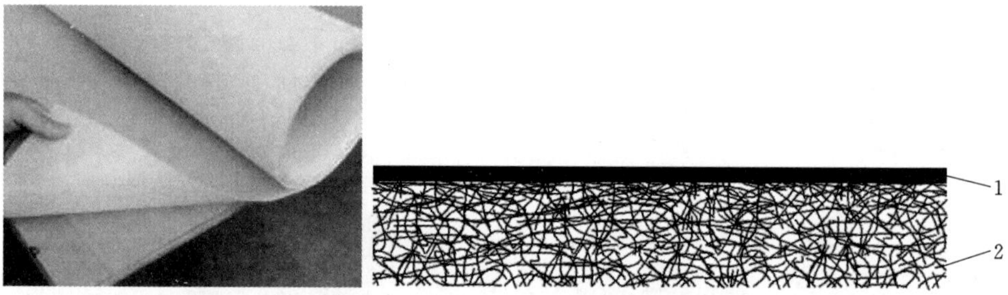

(a)外观　(b)细部结构

图 22.1-3 模板布产品外观及细部结构

1—辊压过滤层；2—内部透水层

22.1.1 混凝土浇筑排渗特点与形式

1. 排渗机理

透水模布边界下振捣混凝土可使混凝土水胶比（W/C）显著减少，其机理详见图22.1-4。

根据田正宏等试验研究，透水模布混凝土振捣排水顺畅，拌和物体积明显收缩，排水率呈现由快至慢衰减过程，累计排水量占实际混凝土拌和物掺水总量1/10～1/15不等。

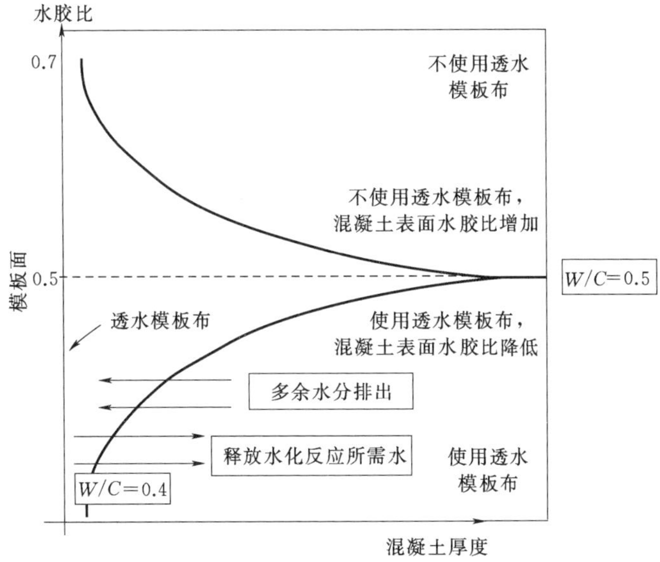

图 22.1-4　模板布内混凝土水胶比变化示意图

停止排水后劈开试样断面，可观察到内部特别是浅层贴近模板部分水胶比明显降低，密实性提高（图 22.1-5）。

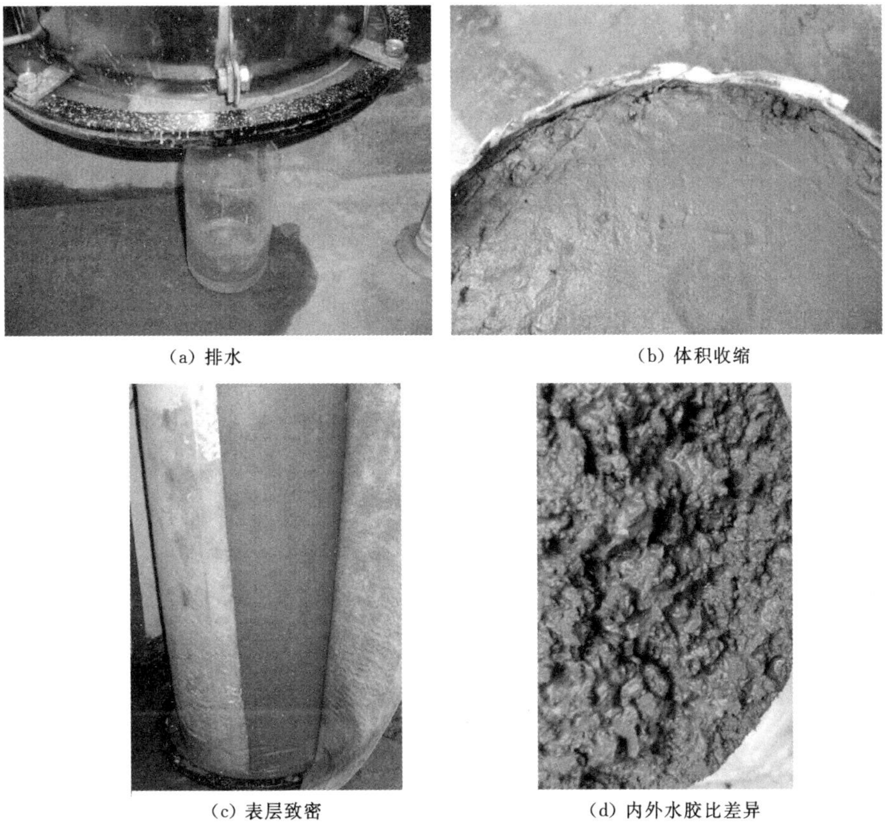

(a) 排水　(b) 体积收缩　(c) 表层致密　(d) 内外水胶比差异

图 22.1-5　透水模布下新拌混凝土排渗

2. 排渗过程特点

新拌混凝土振捣排渗过程特点如下。

(1) 振捣排渗滞后。拌和物注入模板，初始振捣液化很快，只需数秒；排渗过程会因混凝土拌和物黏滞性出现滞后现象。

(2) 连续振捣排渗加大。持续振捣使混凝土内部形成高孔隙水压力，对排渗影响显著，这一阶段排渗效果源于振动能量快速传递转化成孔隙水压力排渗，更重要的原因是振动动力本身挤压排水。

(3) 振捣后排渗量衰减快。振捣停止后，混凝土排渗现象短时间衰减很快；30min 后渗透量将迅速减小，排渗量因构件尺寸和混凝土配比而呈现不同规律。

3. 排渗机理解释

透水模布提供了模板四周出渗透水边界，浇筑时模板内边导水导气，迅速消减振捣引起的孔隙水压力，混凝土内部多余水分能从透水模板布层持续顺利排出。渗透排水为表象，实质为经振捣液化形成的混凝土内超静孔隙水压力消散。边界排水透气为模板内液态混凝土边界形成孔隙水压力差从而为产生渗流提供了条件。采用透水模布孔隙水压力会沿压力梯度大方向消散（通常沿横向排出水气）。水分渗流排出携带水泥颗粒向浅层迁移淤积，形成混凝土浅层滤饼促使混凝土表层水泥含量致密。

透水模布纤维介质孔隙率一般为 70%～90%。内部结构层则相对松散，空隙率大、导水性强；表层虽有微孔滤膜以避免快速淤堵，但水泥浆颗粒水化后粒径细化容易随渗排水进入透水模布形成淤堵，导致透水性能削弱。

排水渗透可分成两个连续阶段：混凝土内部渗流和透水模布内复合渗透。透水模布渗淤、混凝土消压渗排等施工时变过程因素分析困难。拌和物孔隙结构、浆体材料黏性、浓度分布、振捣孔隙水压力分布状态、透水模布渗透能力等条件对排渗影响显著。

液化指饱和可塑松散介质在外荷作用下因孔隙压力增加而有效应力丧失使介质转变为液体流动的过程。振动液化是指由于振动力等动荷载作用下引起的液化过程，其显著特征为周期动荷载作用下孔隙水压力迅速上升至某阈值后不再增加，维持一定幅值波动变化，剪切应力很小。对于未液化新拌混凝土，其抗剪强度 τ 为

$$\tau=\tau_0+\eta_p\frac{d\gamma}{dt} \tag{22.1-1}$$

式中：τ_0 为初始屈服应力，Pa；η_p 为塑性黏度，Pa·s；$\frac{d\gamma}{dt}$为剪切应变率，s^{-1}。

混凝土振捣能量必须克服初始屈服应力 τ_0 和塑性黏度 η_p 的影响。由于存在较大黏滞阻尼和含有大量不同粒径粗细颗粒骨料，新拌混凝土振动液化时并非真实意义下 $\tau=0$ 状态，存在一定阈值。液化过程中孔水压的增长幅度也不可能达到无黏性松散介质的液化孔隙水压力水平。拌和物黏滞及辐射阻尼使振动能量传递滞后和快速衰减，这是新拌混凝土振动液化动力特性与普通散粒材料的明显差别。因此，其液化成因也要复杂得多。宏观现象表明，液化效果影响因素包括振捣作用时的振幅、频率、加速度，以及拌和物介质孔隙率、密度、弹性模量、塑性黏度、屈服应力等。

透水模板布一般由滤水层和排水层构成。由于透水模板布表层孔隙很小，等效孔径远

小于 50μm。模板布内衬于模板浇筑面，与新浇混凝土之间形成透水、透气但不透水泥等固态颗粒的反滤层，加速浇筑振捣混凝土时多余空气和水从衬垫排出，有效克服普通模板因边界封闭导致多余水汽难以排逸、容易形成大量气泡的问题，降低混凝土浅层水胶比，富集混凝土表面胶凝含量，填充了结构表面大颗粒间的孔隙、渗水通道和气泡孔，使得混凝土表面形成一层富含水化硅酸钙的致密硬化层，变得平整光滑，同时表层孔隙减少，孔隙率下降，密实度得到提高。

4. 模板布铺贴方式

宏观上透水模板新浇混凝土排渗的形式比较单一，即在已立模板内侧平整敷贴一层模板布。混凝土浇筑时将拌和物灌入定型模板内，通过振捣混凝土，利用混凝土拌和物振捣、泌水、沉实，结合边界透水模板良好的渗透及反滤功能实现排渗密实效果，排出混凝土多余水分及气泡；同时在混凝土硬化阶段还对混凝土表面形成保水养护功效。

根据浇筑混凝土立模形式要求，模板布浇筑排渗可以分为结构底部排渗和构件侧面排渗两种，模板布没有顶面排渗功效（如对流道顶面、混凝土地面等）。

需要注意的是，由于混凝土内部排渗是建立在拌和物内振捣压力作用和多余水分自重下的功能排渗，因此当底部模板密封条件下，结构或构件底部必须在模板上开孔形成有效排渗通道（通常为 5mm，间隔 10cm），以利排除多余水气；否则会在底部积水积气，形成大小不等水气泡，反而起不到改善混凝土表观质量的效果。因此绝大多数模板布是用于竖向混凝土构件的模板侧向铺贴。

22.1.2　混凝土浇筑排渗技术进展

回顾混凝土浇筑排渗的技术发展过程，大体经历了三个阶段：初期应用探索阶段、工程简单应用阶段、技术研发及推广应用阶段。

1. 初期应用探索阶段

最早于 20 世纪 80 年代中后期，日本清水株式会社和熊谷团公司为减轻新拌混凝土模板侧压力，采用丝绸内衬于混凝土浇筑模板内侧，希望通过排水能够有效缓解流态混凝土振捣引起较大侧压力所导致的模板浇筑变形。借此发明了振捣排渗以改善混凝土密实性能的新型模板技术。开始产品是丝绸面料，后考虑经济性，采用了单层的无纺类土工织物材料，布体采用单层结构设计，主要控制其布体孔隙率、厚度等基本参数。

2. 工程简单应用阶段

该产品技术于 20 世纪 90 年代前后在英国、丹麦、澳大利亚、美国、德国等土木水利工程中得到许多应用，例如：英国南部海岸 Brighton 防浪墙、巴哈马 Freeport 港码头船趸、挪威 Skullerund 高架桥、瑞典—丹麦 Oresund 海峡连接大桥、美国 Alabama 州及德国 Bremen 挡水坝等，这些应用主要归功于丹麦 Formtex 公司和美国 Dupont 公司等几家国际公司的生产产品推广。该公司的产品基本上均采用 PP 作为原料，通过优化原丝单丝纤度、长度和无纺针刺密度以及单面辊压工艺参数控制，生产出一些系列一体化透水模板布，主要供应指标为幅宽、松铺厚度、单方克重、吸水率、保水率、排水效果等指标，并同时提供喷胶、刷涂胶料等附带产品。日本熊谷集团生产的主要型号是 CDMAT - 100 型透水模板布，布体结构有所改进，采用混编单层结构，采用经纬不同材质纤维混编成型，经向（幅宽方向）采用尼龙丝为主以提高尺寸稳定性与排渗能力，纬向采用裂膜丝 PP 长丝纤维以提高反滤效果。日本产品最早应用于我国国内工程的是 1997 年中港四航局首次在深圳盐田港二期码头工程中的应用。

3. 技术研发及推广应用阶段

该技术目前仍处于研发改进和推广应用阶段。国际上，由于混凝土新建工程量总量有限，因此上述如 Formtex 及 Dupont 等生产商更加注重透水模板布的保水、防污染等功能开发，以适应经济条件较好的干旱缺水地区大型土木水利工程需求和欧美一些国家的输水、桥梁等结构工程环境卫生要求。

国内的模板布应用技术发展起源于十多年前模仿 Formtex 以及 CDMAT - 100 型透水模板布。尽管存在介质特性和功能需求差异，由于模板布的排渗反滤机理基本类似于传统土工材料结构，因此不少科研生产单位开始注重研发国产透水型模板布，并在宏观层面开展了不少工程应用效果、机理等方面的研究与总结。国内最早的是清华大学朱嫣等在二十多年前开展的采用土工织物进行混凝土排渗效果分析，此后河海大学田正宏等在国内外模板布性能、效果及机理方面展开了大量系统性研究，取得了一些进展。由于国内混凝土工程施工量巨大，这些年模板布生产应用市场也得以进一步扩大，总体应用效果良好。但也凸显出一些产品性能、使用方法及质量评价方面缺少规范性标准等具体问题，需要尽快解决。

目前模板布形式多样，有单一单层、混合单层、辊压复层、内外分离叠合两层、内外分离叠合三层等。应用最普遍的是辊压复层型模板布，其表层致密，充当了水泥浆料反滤层，内层为排渗结构层，二者结合有效满足了混凝土排渗与反滤的双重功效。

22.1.3 相关规范标准

现有关于模板布的材料使用规程，仅有交通运输部一项行业标准，即《混凝土工程用透水模板布》(JT/T 736—2015)，这项标准也只是产品生产标准，其他有关设计、施工等方面的规程与标准尚未出台。

透水模板布的选用、施工及应用效果评价方法等内容，目前依然处于积累和探索阶段。已有相关施工指南参见河海大学田正宏等依托南水北调工程中透水模板布应用实施，总结撰写的《透水模板工艺施工指南》。

本章相关计算理论及公式请参见附录 F。

22.2 透水模板布材料

22.2.1 透水模板布原料

透水模布原料为聚丙烯（PP）喷丝成型，分为长丝和短丝。一般透水模板布所用纤维为短丝纤维。国产模板布纤维主要技术指标要求见表 22.2-1。

表 22.2-1 国产模板布纤维主要技术指标要求

纤维长度/mm	纤度/dtex	容重/(g/cm^3)	熔点/℃
51±2	2.0～3.0	0.91±0.01	>165

国际上主要产品如德国 Dupond 公司、丹麦 Formtex 公司基本也是如此；但日本产模板布原料中，部分使用了尼龙丝作为模板布加强筋，其性能指标目前尚无法得知。

22.2.2　透水模板布加工生产工艺

PP 短丝纤维经气流成网或交叉铺网将纤维定向或随机撑列成纤网结构，再通过多道针刺密实成型，并采用机械、喷涂或烧毛等方法将表层热处理成多孔膜状，具备排水和反滤功能，其结构分为表层和结构层。工厂通常加工工艺流程：短纤粗开松→精开松→梳理机梳理成网→网帘铺网→热压→针刺定型→单面热辊压→裁边切割→成型。

经热辊压加工后，表层纤维细度约为 0.7D～1.5D（D 代表纤维直径），布体等效孔径一般在 50μm 以下；结构层纤维细度一般为 2.2D～3.0D，该层孔隙结构酥松以利排渗与透气。

加工过程中，关键参数为控制单方质量、短纤混合比例、针刺密度、热辊压压力、温度及行走速度之间的匹配关系。不同生产厂家设备性能差异决定了产品的上述工艺参数不同。

22.2.3　透水模板布质量评定方法

根据最新行业标准《混凝土工程用透水模板布》（JT/T 736—2015）相关规定，透水模板布的产品质量评定要求主要包含外观质量和性能指标两个方面。

1. 外观质量

（1）透水模板布表面应洁净、平整、无污染。

（2）外观疵点分为轻微缺陷和严重缺陷，外观质量要求见表 22.2－2。

表 22.2－2　透水模板布外观质量要求　单位：mm

序号	疵点名称	轻微缺陷	严重缺陷	说明
1	永久性折痕	长度≤100	长度>100	
2	边角不良	≤3000，每 500 计一处	>3000，每 500 计一处	边角不良大于 100 起算
3	污染	≤10	>10	以疵点最大长度计

（3）成卷包装的透水模板布不应有严重缺陷，轻微缺陷每 100m^2 不应超过 10 个。

2. 性能要求

（1）单位面积质量（面密度）。透水模板布试样在常压下，实际单位面积质量（实际面密度）应为 280～380g/m^2。每种型号名义单位面积质量（面密度）偏差应小于 10%。

（2）厚度。透水模板布试样在 2kPa 压应力作用下，平均厚度大于 1.0mm，厚度允许偏差小于±15%。

（3）厚度压缩比。透水模板布试样分别在 2kPa 和 200kPa 压应力作用下，厚度压缩比为 30%～50%。

（4）幅宽偏差。透水模板布试样整幅样品经调湿除去张力后，幅宽允许偏差宜小于±1.0%。

（5）等效孔径 O_{50}。透水模板布试样等效孔径 O_{50} 应小于 40μm。

（6）吸水率。透水模板布试样在常压下，20℃±2℃的水中浸泡 12h 后，质量增加百分率应大于 90%。

（7）透气性。

1）透气性指标。透水模板布试样在两侧压应力差 127Pa 情况下，透气量为 1.0×

10^{-2}～$2.0\times10^{-2}m^3/(m^2\cdot s)$。

2）透气性指标偏差率。透水模板布试样边缘试样（距样品幅宽边缘不大于 20cm）与中间试样（样品幅宽中心）透气性指标偏差率 ΔI 应小于 15%。

（8）垂直渗透系数。透水模板布试样在水温 20℃±2℃条件下，垂直渗透系数应为 1.0×10^{-4}～1.0×10^{-3}cm/s。

（9）拉伸强度。透水模板布 100mm×400mm（长×宽）试样在 100mm/min 拉伸速率作用下，完全断裂时纵向与横向拉伸强度应大于 500N。

（10）胀破强度。透水模板布试样在 100mL/min 的液压加载速率下，胀破强力应大于 1300N。

（11）刺破强度。透水模板布试样置于内径 44.5mm 环形夹具上，直径 8mm 平头顶杆在 100mm/min 加载速率下刺破试样最大强度应大于 300N。

（12）梯形撕破力。透水模板布试样在拉伸速率 100mm/min 条件下完全被撕破断开时，纵向梯形撕破力应大于 300N，横向梯形撕破力应大于 250N。

（13）最大负荷下伸长率。透水模板布试样在拉伸试验中最大负荷下所显示的纵向、横向伸长率应小于 115%。

（14）抗紫外线性能。透水模板布试样暴露于紫外线辐射下 96h 后，试样横向拉伸强力应大于 450N，纵向拉伸强力应大于 475N。

（15）抗氧化性能。透水模板布试样置于设定温度 110℃烘箱中 96h 后，试样横向拉伸断裂强力应大于 350N，纵向拉伸断裂强度应大于 400N。

（16）抗碱性能。透水模板布试样在 60℃饱和 NaOH 溶液中浸渍 3d 后，纵横向拉伸力应大于 500N。

22.2.4 透水模板布产品存储与运输

（1）透水模板布在运输、贮存中不应污染、雨淋、破损，不应长期曝晒和直立放置。

（2）透水模板布应置于干燥庇荫处，周围不应有酸、碱等腐蚀性介质，注意防潮、防火。

（3）透水模板布应有产品标牌，内容包括产品名称、规格、长度、生产厂名、生产日期、检验牌等。

（4）成品模板布应注明商标、产品名称、代号、长度、执行标准号、生产厂名、生产日期、毛重、净重等。

22.3 透水模板布选用设计

透水模板布是一种新型的排水反滤材料，有着与传统土工排水反滤明显不同的使用目的和要求。此外新拌混凝土采用透水模板布进行排渗和反滤，无论从宏观效果还从理论分析与设计原理角度，都离不开熟悉混凝土拌和物与透水模板布二者的基本过程性力学特性。

鉴于目前在机理研究方面的复杂性和相应理论基础欠缺，从应用角度考虑可以简化应用设计方案中的一些技术步骤，采用类似于大流变介质（如软土）固结排渗分析方法进行模板布浇筑混凝土效果的设计和计算，根据排渗效果，即排水量、排水历时，进行匹配混凝土配比性能要求的模板布选择。

22.3.1　新拌混凝土性能参数

新拌混凝土属于 Bingham 流变介质，典型性能参数为宏观意义下的屈服应力、塑性黏度。考虑到模板布工艺，还应包含泌水渗透系数、变形模量及振捣引起拌和物固结排水的其他性能参数。拌和物体积变化受其体积压缩系数、振捣振捣能量、方式等因素控制。这些参数属于时变力学范畴，表征混凝土施工阶段力学特性。下面简单探讨新拌混凝土渗透系数计算理论和试验获取方法，新拌混凝土变形模量和体积压缩系数概念与定义。

新浇混凝土静态流变特性是混凝土拌和物成型效果的重要特性。所谓静态流变性能是指新拌混凝土在自重或外力作用之下发生的应变与其应力之间的定量关系，这种流动应变与拌和物的整体性质和内部结构组成有关，也与内部不同类型质点（砂、石、水泥浆）之间相对运动状态有关。其行为上表现为克服初始静止稳定状态转变为流动形态或改变某种运动状态。如果将新拌混凝土简化为均相流变体（图 22.3-1），则新拌混凝土屈服应力和塑性黏度可以表述如下：

$$\tau=\tau_0+\eta\gamma' \qquad (22.3-1)$$

式中：τ 为剪应力；η 为黏性系数；γ' 为剪应变速率；τ_0 为初始屈服应力。

当 $\tau>\tau_0$ 时，混凝土表现为黏性液体性质，处于流动状态；当 $\tau\leqslant\tau_0$ 时，混凝土表现为类弹性固体特征，拌和物形状静止稳定。

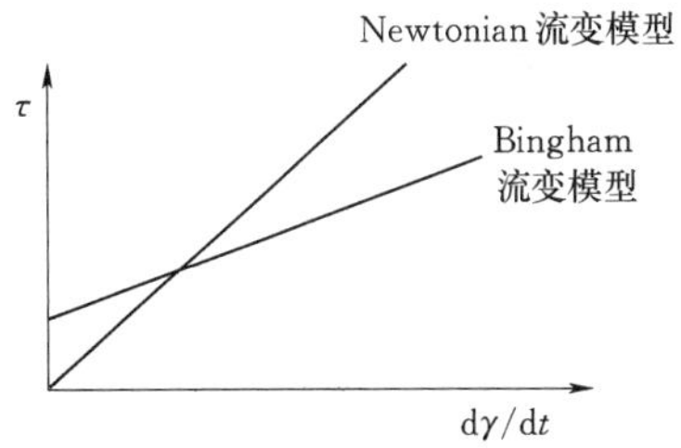

图 22.3-1　混凝土拌和物的流变模型

22.3.2　模板布几何参数与力学性能要求

1. 等效孔径参数

模板布是复层无纺纤维材料，且表面经过了热辊压处理，因此其准确孔径参数定义和选择十分困难。众所周知，布体的孔隙结构特征对模板布的排渗和反滤效果十分重要，因此设计中必须注意模板布材料等效孔径问题。

透水模板布产品孔径层间结构差异大、孔径范围宽。参照《混凝土工程用透水模板布》（JT/T 736—2015）附录要求测试表征。

（1）负压平板吸力装置。为满足测试 1μm 以下孔径，负压平板吸力不得低于 90kPa。用不同级配高岭土和石英砂配制成高低两级吸力平板容器，满足提供 0～90kPa 范围内吸力值。测试装置见图 22.3-2，测示原理见图 22.3-3。

测试需分两个吸力阶段。低压吸力阶段（0～10kPa）为石英砂吸力平板容器［图 22.3-3（a）］，供水瓶及开关 K1 用于保持平板内常态充水，沉淀瓶及开关 K4 为真空排除石英砂中气体而设置，关闭 K1 及 K4、打开 K2 及 K3 时，石英砂浴、沉淀瓶、水位瓶处于密闭工作状态；高压吸力阶段（10～90kPa）由真空泵、洗气瓶、缓冲瓶和水银压力计等部分组成［图 22.3-3（b）］。饱和后透水模板布试样置于吸力平板上，水势小于水柱高吸力等效部分的孔隙水经排水口排出，水势大于水柱高等效吸力的孔隙水未被吸出；反之，水势大于水柱高 h 等效吸力时，水位瓶中水补给透水模板布试样，直至其水势等

于水柱高 h 等效吸力为止。若需吸力大于 10kPa，测试应在高岭土吸力平板上进行，此时吸力由真空泵提供。测量过程原理与低压阶段相同。

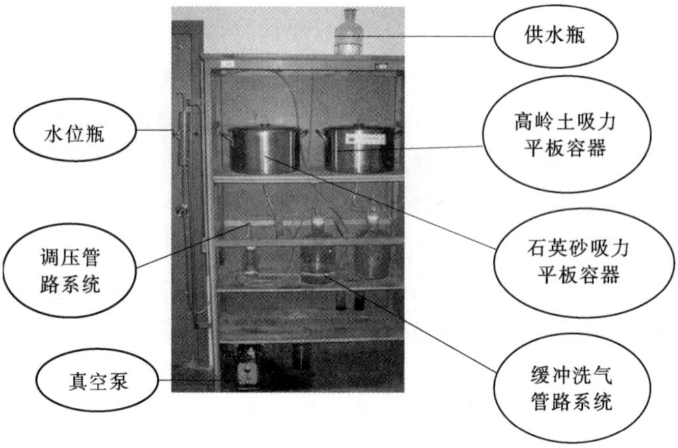

图 22.3-2 负压吸力平板装置

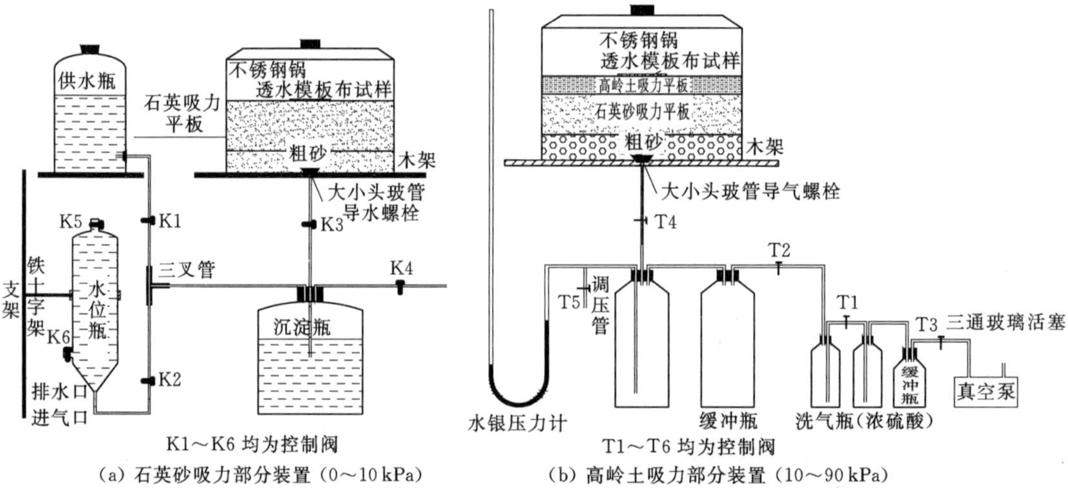

图 22.3-3 负压吸力平板测试原理图

(2) 测试步骤。

1) 干试样准备。取透水模板布制成直径为 8.2cm 的圆形试样 10 份，称重和测量 2kPa 压力下厚度后得平均厚度值。

2) 饱和试样制备。测前试样真空饱水处理 24h，取出后水平放置于孔径为 0.3mm 的铜网上，外罩恒温密封罩以防对流蒸发，静置至网下无明显水滴析出，试样呈标准饱和状态。

3) 初始状态准备。试样称重后置于吸力容器并确保其与吸力平板完全接触，试样上面轻置透水石使试样完全均匀受压，透水石上置砝码使试样处于 2kPa 压力状态。

4) 测试排水量。盖上砂浴盖防止水分蒸发，进行 2kPa 压力下不同吸级测试，测试过程中控制吸力容器内温度为 20±2℃，相对湿度为 50%±10%。

5）计算并绘制孔径分布曲线。吸力采用 0.3～80.0kPa 不同吸级，透水模板布饱和试样在每一吸力等级作用 12h 后取样称重，计算各吸力等级试样孔隙占总孔隙体积比例 ε_i（%）。

测试要点是保证 m_b 和 m_{wi} 准确性。为此试样每级测试后应重新饱和处理成标准状态，再进行下一级测试，避免不同吸级测试样饱和含水率标准不一致而影响测试精度。为保证吸力精度，必须确保系统密封性能和连通器中空气干燥性，为此装置专门设置了浓硫酸干燥系统，要求工作阶段硫酸浓度不得低于 85%。

2. 渗透系数

设透水模板布排渗过程处于饱和状态，显然渗透系数 K_c 为一个时变衰减函数，该函数影响因素包括透水模板布材料孔径几何性能、混凝土渗透介质性能、压力衰减、颗粒淤堵进程及排渗历时等，概括成非恒定 Darcy 定律表达式：

$$V=\frac{Q}{A}=K_c(t)\times\nabla p=\frac{k_c(t)\rho g}{\mu}\cdot\nabla p \qquad (22.3-2)$$

式中：$K_c(t)$ 为时变渗透系数函数，cm/s，其影响因素包括透水模板布孔结构变化、淤堵、混凝土侧压力影响等；t 为渗透过程历时，s；$k_c(t)$ 为时变渗透率，m^2；∇p 为水力梯度；A 为过水面积，m^2；ρ 为新拌混凝土渗透介质密度，g/cm^3；μ 为动力黏滞系数。

渗透率 $k_c(t)$ 假设为非均匀毛细管模型，依 Dupuit - Forchheimer 关系式有：

$$k_c(t)=\begin{cases}\dfrac{\phi(t)r_0^2}{8} & (r_0\text{ 为均匀毛细管直径})\\[2ex] \dfrac{\phi(t)}{8}\dfrac{\sum\limits_{r_i=r_{\min}}^{r_{\max}}N_i\cdot r_i^4}{\sum\limits_{r_i=r_{\min}}^{r_{\max}}N_i\cdot r_i^2} & (r_{\min}\text{、}r_{\max}\text{ 分别为最大、最小毛细管直径})\end{cases} \qquad (22.3-3)$$

$K_c(t)$ 随 ρ、μ，以及孔隙率 φ、N_i 等孔结构淤堵进程的不断变化而变化。通常应用式（22.3-2）和式（22.3-3）理论求解不具条件，可通过试验方法拟合获得。

3. 基本力学性能指标

工程当中选用透水模板布，必须综合考虑混凝土强度等级、拌和物工作性和配合比特性、所用工程部位，以及是否考虑重复使用以提高经济性问题。

通常情况下模板布可以重复使用 2～3 次。为此，模板布的基本力学性能需考虑以下因素：

（1）抗拉强度。模板布抗拉强度是保证模板布铺贴光滑（影响脱模效果）及多次重复使用性的重要指标。由于工程当中采用的模板形式多样，有钢模板、胶合板模板、竹模板等，不同形式模板基体刚度存在差异，会影响模板布使用效果。此外单块模板尺寸大小也是模板布抗拉强度必须考虑的关键因素。模板布为柔性材料，其抗拉强度值一般不得小于《混凝土工程用透水模板布》（JT/T 736—2015）中的下限，以保证施工中不会被撕扯变形或破坏。

(2) 抗刺破能力。根据工程使用部位不同，一些模板布重复使用，此时刺破力、断裂强度较大的模板布，将有助于保证工程质量，以免模板在拼装中或作业过程中破损，以及混凝土骨料、钢筋的刺破而导致漏浆、污染等现象。

(3) 其他性能。其他性能包括抗撕裂性、纵横向梯形撕破力与延伸率等力学指标，以及抗紫外线、抗碱性和抗氧化性能等耐久性指标，可参照材料规范，结合工地特点（如日照、气候、模板条件等）进行适应性选用。

22.4 透水模板布施工方法

22.4.1 透水模板布选用

考虑混凝土工作性和配比不同，应选择物理力学性能相匹配的透水模板布。例如：流动性及坍落度较大的泵送混凝土，为防止堵塞模板布孔隙应选用等效孔径较小的模板布；对于水胶比较小、早期失水快、易开裂等保湿性要求较高的混凝土，应选择厚度较大、保水性较强的模板布。

对于不同用途的混凝土，应区分使用不同性能的透水模板布。海工混凝土不强调外观光滑和色泽均匀，但要求致密防腐，所以应选用透水透气性良好的模板布，以保证成型混凝土的致密性；陆地桥梁、隧道等交通运输工程混凝土，对外观要求较高，此类混凝土需光滑美观无表观缺陷，所以应选用渗水透气性较好的模板布；对于水工混凝土则更多强调整体色泽均匀、致密，水流冲刷部位要求抗冲抗磨性能更强，水位变化部位要求混凝土对干湿循环效应抵抗性强，此外，北方地区则要求混凝土抗冻要求更高等，对于这类混凝土需采用保水性较高、渗透系数较大和透气性较好的模板布。

22.4.2 现场施工工艺

1. 铺贴原则

对于铺贴面积较大的平面模板，应选用幅宽及长度较大的模板布，以减少拼接；对于异形模板，可选用整幅面积较小的模板布，减少裁剪浪费。

2. 材料选用

按照设计或初步现场试验效果选择相应的模板布品种规格，主要包括幅宽、厚度、等效孔径尺寸、渗透性、保水性，以及力学性能和耐久性指标等。

3. 透水模板布进场要求

(1) 产品经检验合格并附有质量检验合格证，方可出厂。出厂检验项目参照《混凝土工程用透水模板布》(JT/T 736—2015)。有下列情况之一时，应进行型式检验：①正式生产后，如结构、材料、工艺有较大改变，可能影响产品性能时；②正常生产时，每半年进行一次型式检验；③产品停产超过三个月，恢复生产时；④出厂检验结果与上次型式检验有较大差异时；⑤国家及部级质量监督机构提出进行型式检验要求时。

(2) 产品以批为单位进行验收，同一牌号的原料、同一配方、同一规格、同一生产工艺并稳定连续生产的一定数量的产品为一批，每批数量不超过500卷，每卷长度大于或等于30m，不足500卷则以5日产量为一批。产品检验以批为单位，检验从每批产品中随机抽取3卷。抽检样品外观质量应符合相关规定。

（3）产品在装卸运输过程中，不得抛摔，避免与尖锐物品混装运输，避免剧烈冲击。运输应有遮篷等防雨、防日晒措施。

（4）产品不得露天存放，应避免日光长期照射，并远离热源，距离应大于 15m。产品自生产日期起，保存期为 12 个月。

4. 工艺操作流程

（1）裁剪。为减少边角布料浪费和最少裁剪拼接工作量，应根据模板尺寸采购最优幅度透水模板布成品，确定布块拼接尺寸后精确裁剪，为提高布面成型效果，应在模板的边缘和预计需要搭接的位置预留 5～10cm。

裁剪好透水模板布应卷起妥善放置，不宜随意折叠、踩压，保持透水模板布平滑无折痕以便于粘贴。应确保透水模板布不被其他作业程序污染，比如吊装钢筋、立模、仓面清理冲毛等。

市场上布体成品标准幅度为 1500～2000mm，若有特殊尺寸要求，可寻求厂家定制，以减少拼接工作量和过多拼接对成型混凝土外观质量的影响。

（2）清理模板底模。粘贴施工前，应对底模表面进行处理，将灰尘、锈迹等清理干净，使其表面平整、清洁、无杂物。木模板应确保木板之间拼接平整，粘贴面木质良好无腐朽，表面无明显突出或凹陷；钢模板表面应使用钢砂纸或打磨器打磨除锈，打磨后切勿放置较长时间，为保证粘贴质量不宜涂刷防锈剂。

（3）喷涂黏胶剂。黏胶应均匀喷涂在模板表面及模板四周，涂胶不宜太多，避免过量胶水渗透布体硬化后堵塞孔隙影响其排水排气效果；黏胶一般使用专用气雾胶黏剂，类似喷胶使用方便快捷，喷胶用量一般为 50～200g/m^2；也可选用具有类似功能且易于涂刷的液态胶水。

使用喷胶时应保持喷嘴距离面板 20～30cm，喷嘴与模板成 60°～90°夹角，顺次喷涂，一遍即可。因布的边缘要固定于底模边缘侧肋上，底模边缘拼装侧肋及开孔处四周喷胶量应适当增大以确保粘贴牢固。

遇大风天气，应停止胶水喷涂；微风天气喷嘴应放低高度以避免胶雾飘散，喷涂作业量大时工人应戴口罩等防护工具避免中毒。使用液态涂刷胶水时，应尽量涂抹均匀，多余胶水应用刮板刮去。

（4）粘贴透水模板布。粘贴施工时，毛面一侧应粘贴在底模上，适度拉紧对准位置后，用柔性刮板、T 形推平架或者双手沿模板中轴线部位从模板的一端中间位置均匀用力向另一端推抹适当距离，然后再从模板中部向两边对称平推抹压，抹压过程中应适度用力。

遵循上述步骤将整块布推平以后，再稍加用力重新抹平一次确保透水模板布粘贴牢固。检查布体边缘位置是否粘贴牢固，多余布头应翻转粘贴到侧肋上。粘贴施工时，如贴面有褶皱应立即揭起重贴。在纠正的过程中应防止布体不均匀受力变形不易重贴。手工贴布速度慢且贴布质量得不到保证，条件允许情况下，应采用合适机器和工具来提高贴布质量和效率。

（5）布面修整。透水模板布幅宽有限，有些模板需搭接布体才能全面覆盖。搭接时应先保证两块布体竖直，再从重叠交汇线处切开，去掉多余布头，直接拼接；也可不去除重叠布头，直接重叠粘贴，再使用 3M 胶带粘贴覆盖交汇线。

在搭接区域，二次喷胶用量应适度增加，确保拼缝粘贴牢固不漏浆。根据模板表面对拉孔、斜拉孔位置，在粘贴好的布体上预留出相应孔洞，避免后续工序中施工人员对布体造成损伤。

（6）施工期维护。透水模板布粘贴施工完成后应在24h内进行相应构件的浇筑，若没有按期进行浇筑施工，应对粘贴好的透水模板布进行后期维护。闲置过程中如有撕破、起皱、脱模等损坏，需及时进行修复。构件拆模后，应对成型混凝土表面进行基本防护，避免遭受泥浆、锈水等表面污染和磕碰、剐蹭等表面破坏。

22.4.3 施工缺陷及处理

1. 布面铺贴缺陷

（1）模板布应平滑无褶皱地铺贴在模板上，若粘贴施工粗糙、模板表面不平整或布体边角被拉扯等均会在成型混凝土表面留下褶皱纹路。

（2）为避免上述缺陷，粘贴时应尽可能采用自动或其他实用工具推平，避免手工贴布施力不均匀拉扯布体。清理模板表面时应对不平整处实施打磨或刮腻子找平。布体边缘应固定于模板四周肋上以免拉扯布角造成褶皱。模板交界处应搭接过渡。拉杆或定位锥穿孔需提前预留，必要时可采用橡皮圈防漏浆等措施。

2. 布面防护不当

（1）施工现场，钢筋焊接绑扎、立模和校核模板等施工工序均是平行或交叉进行，难免会对铺贴好模板布造成损伤，如钢筋剐蹭、焊接烧损、拉杆穿孔等，建议在铺贴完成后，采用木板或其他拆卸方便快捷的临时材料对布体进行全覆盖防护，工人在交叉作业时应对布面局部保护，避免直接踩踏、近距离焊接作业烧伤、钢筋剐蹭和施工面清仓时污染布体表面等。

（2）应当注意避免模板布长时间暴露于施工现场历经风吹日晒，立好透水模板必须尽快浇筑完毕。对于未立模已铺贴好或拆模再用模板布应设法反扣或置于庇荫部位，以免长时间暴晒或雨水浸泡脱粘。

3. 浇筑污染

（1）分层浇筑时，混凝土浇筑强度太小会造成布面沾染水泥浆失水变干，混凝土成型后在表面留下冷缝，形成假断层现象。因此，应提高混凝土入仓强度，减少相邻层面浇筑间隔；加强浇筑分层面间振捣，保证振捣棒插入下一层混凝土至少10cm，振捣均匀，避免浇筑层之间出现冷缝断层。

（2）拌和物从高处自由倾落时，浆液迸溅到干净布面上逐渐失水变干凝固，脱模后混凝土表面会出现白色斑迹或点坑。因此建议浇筑时可保持布面湿润，特别是沾染浆液处，可以适时向布面喷洒少量水。保持浇筑面持续喷雾，控制浇筑面空气湿度，减缓混凝土浆液中水分蒸发。改进混凝土入仓方式，减少迸溅污染，如料斗尽量放低后再倾倒，溜槽、泵车入仓浇筑时降低软管出口，适时清理迸溅量大的布面污点等。

（3）振捣过程中，振捣棒距离模板太近会损坏布体，振捣时应注意振捣棒与模板面距离，不应小于20cm，防止损坏布体。控制浇筑分层浇筑厚度，每层控制在40cm以内。

（4）保证模板刚度及强度，避免因模板侧压力过大而产生模板变形甚至爆模，造成砂浆溢流，污染已成型的混凝土，形成灰浆覆盖层和流迹状白色带。

4. 混凝土后期养护不到位

（1）透水模板成型混凝土后期养护极其重要。拆模后应对混凝土面进行及时养护，养护不充分可能造成混凝土表面泛碱，产生“白霜”，影响混凝土成型后美观效果，应根据现场空气湿度和天气情况适时洒水、喷雾养护。由于透水模板具有一定保水性，在混凝土浇筑完成后，建议保留透水模板布，作为一种有效持续养护措施。

（2）立模时采用对拉、斜拉固定杆或预埋模板定位锥等会使拉杆外露，外露钢筋锈蚀后锈迹会随雨水流到下部混凝土表面形成流迹状锈斑，造成二次污染。建议采用穴模配合可拆卸拉杆，拆模后形成规整对拉孔，确保填补美观。对外露预埋件也应作防锈处理。

22.5　透水模板布应用效果检验

22.5.1　透水模板成型质量评价方法

现行模板布应用效果尚未建立相应的标准及规范，因此其成型质量评价还缺少依据。工程中通常首先目测法检验成型混凝土的外观效果，包括平整光洁度、密实性、色泽均匀性等；其次，通过现场回弹或取芯检测混凝土强度指标；最后，通过测试其早期收缩性能、抗碳化、抗渗、抗冻融及抗冲磨等耐久性指标，对比分析采用透水模板布后的改善和提高效果。

1. 外观效果

透水模板浇筑混凝土拆模后可立即检验其成型面效果。一般情况下，成型面气泡和孔洞数量明显减少，色泽均匀，颜色略深，表面平整致密。若达不到上述效果，表明模板布使用不成功，应对照工艺操作流程及缺陷处理方法进行整改，避免后续浇筑过程中出现同样问题。

定量方法评价外观效果，可以采用单位面积内大于一定孔径的气泡个数、砂线长度及缺陷面积来评价，但这方面标准工作目前还未见展开。

2. 强度指标

理论研究表明，采用透水模板成型混凝土表面回弹强度有明显提高，提高幅度在10%以上。施工现场可采用回弹法测试透水模板浇筑混凝土，验证其回弹强度是否确有提高；也可采用钻芯取样方法进行质量评价，详细方法参见《钻芯法检测混凝土强度技术规程》（CECS 03：2017）。

3. 抗渗效果

对于模板布提高混凝土成型的抗渗效果，可以取芯测试其抗渗性能，具体检测方法参见《普通混凝土长期性能和耐久性能试验方法标准》（GB/T 50082—2009）或《水工混凝土试验规程》（SL 352—2006）。现场也可采用 Autoclam 测试仪进行原位检测，测试普通模板及透水模板成型混凝土透气性、透水性及吸水性，评价透水模板是否能改善混凝土渗透性能。

4. 早期收缩性能

透水模板布具有显著保湿养护功能，因此对限制混凝土浇筑后的早期抗收缩具有明显效果。采用室内试验方法，通过同试样配比混凝土的非接触试模试验，获取透水模板条件下的混凝土早龄期收缩特性。具体测试方法参见《普通混凝土长期性能和耐久性能试验方法标准》(GB/T 50082—2009)相关检测评价内容。

5. 耐久性指标

耐久性指标包含抗碳化性能、抗冻性能、抗冲磨性能等。

对透水模板成型混凝土的耐久性指标检测，也可通过钻芯取样进行系列相关检测与对比，进行抗碳化、抗冻融及高速或低速抗冲磨试验等，详见《水工混凝土试验规程》(SL 352—2006)与《普通混凝土长期性能和耐久性能试验方法标准》(GB/T 50082—2009)。

22.5.2 应用效果检测举例

本节举例对透水模板布应用效果方面综合指标进行评价。通过试验分析不同水工混凝土配比及不同成型工艺混凝土耐久性特点，着重分析透水模板布成型水工混凝土宏观耐久性效果。

试验选择了三种透水模板布，物理性能参数见表22.5-1。浇筑试样按透水模板布品种——A型、B型和C型及普通胶合板模板四种类型配置模板，考察了不同模板形式下浇筑中排水量、排水速率之间区别以及各自成型混凝土性能差异；同时考虑新拌混凝土流变性会对不同透水模板布排水性能影响，分别按 $W/C=0.40$ 及 $W/C=0.55$ 准备了混凝土拌合物。为减少试件浇筑质量离散性、提高取样代表性及充分体现透水模板布排渗效果，选定每个试件浇筑尺寸为500mm×500mm×200mm。

表22.5-1 透水模板布物理性能参数

透水模板布类型	单位质量/(g/m²)	平均孔径/mm	线密度/d	透气性/[L/(m²·s)]	渗透系数/(cm/s)	保水性/(L/m²)	排水性(L/m²)
A型	402	0.025	5～10	112	1.75×10^{-3}	0.78	4.7
B型	350	0.030	10～12	118	1.90×10^{-3}	0.66	4.4
C型	263	0.033	10～12	125	2.00×10^{-3}	0.52	4.2

22.5.2.1 混凝土配比因素

工程中使用混凝土为适应不同需求，其配比方案材料种类多、参数变化较大。为分析新拌混凝土材料组分变化对透水模板布排渗效果的影响，排水性能试验统一选用B型透水模板布作为模板内衬，选择新拌混凝土水泥品种、W/B、PFA掺量及减水剂(WRA)对新拌混凝土渗透性影响显著因素作为主要变化参量，采用四因素三水平正交试验方案，获取各主要因素对透水模板布排渗效果影响。配比因素水平方案列于表22.5-2。

表22.5-2 新拌混凝土主要配比因素水平方案

水泥	水胶比	粉煤灰掺量/%	减水剂/%
P·O32.5	0.40	0	0
P·O42.5	0.45	20	0.5
	0.55	40	1.0

按表22.5-2，得混合正交试验表(表22.5-3)。

表 22.5-3　　混合正交试验表 $L_9 4$ (3)

序号	因子集				备注
1	1	1	1	1	P·O32.5，0.4*W*/*B*
2	1	2	2	2	P·O32.5，0.45*W*/*B*，20%PFA，0.5%WRA
3	1	3	3	3	P·O32.5，0.55*W*/*B*，40%PFA，1%WRA
4	2	1	2	3	P·O42.5，0.40*W*/*B*，20%PFA，1%WRA
5	2	2	3	1	P·O42.5，0.45*W*/*B*，40%PFA
6	2	3	1	2	P·O42.5，0.55*W*/*B*，0.5%WRA
7	2	1	3	2	P·O42.5，0.40*W*/*B*，40%PFA，0.5%WRA
8	2	2	1	3	P·O42.5，0.45*W*/*B*，1%WRA
9	2	3	2	1	P·O42.5，0.55*W*/*B*，20%PFA

22.5.2.2　试验累计排水量与排水速率

1. 累计排水量

透水模板布排水效果方案的累计排水量对比试验见图 22.5-1。混凝土配比因素正交方案的 9 组试样累计排水量对比见图 22.5-2。

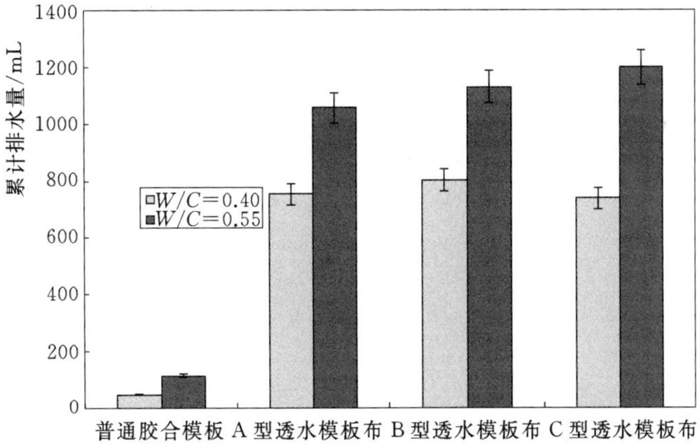

图 22.5-1　*W*/*C*=0.40、*W*/*C*=0.55 普通胶合模板与三类透水模板布试样累计排水量对比

浇筑过程试样排水量及排水速率是透水模板布性能及新拌混凝土浆液性质综合体现，也是评价混凝土耐久性指标改善的参考指标。试样累计排水量表明，上述三种透水模板布形式对 *W*/*C*=0.40 和 0.55 试样拌和含水量有效减少最大分别达 7.94%和 12.22%，明显远高于普通胶合模板（普通模板由于密封性无法自由排水）。*W*/*C*=0.40 情况下三种透水模板布相差不大；但 *W*/*C*=0.55 情况下 C 型模板布排水量却显著增大，说明 C 型模板布排水效果对水胶比更敏感，这与其材料几何特性密不可分。

从图 22.5-2 结果可以看出，水泥品种、混凝土 *W*/*C*、外加剂掺量对排渗效果的影响存在一定差别，所列四种因素中，水胶比影响最大，水泥品种次之，而外加减水剂和粉煤灰影响较小。水泥品种对排水效果产生较大影响的可能与试验用 P·O32.5 水泥比

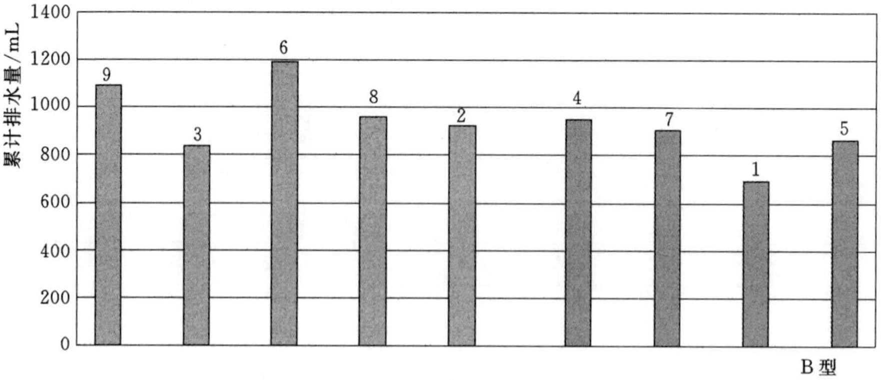

图 22.5-2 正交方案配比累计排水量对比

P·O42.5水泥成分中多掺加的7%石粉及2%石膏，限制了新拌混凝土自由水分排逸有关。

2. 排水速率

透水模板布排水效果方案的排水速率对比详见图 22.5-3。混凝土配比因素正交方案的9组试样排水速率对比见图 22.5-4。两种方案排水速率在半对数坐标下均显示幂率衰减特性。

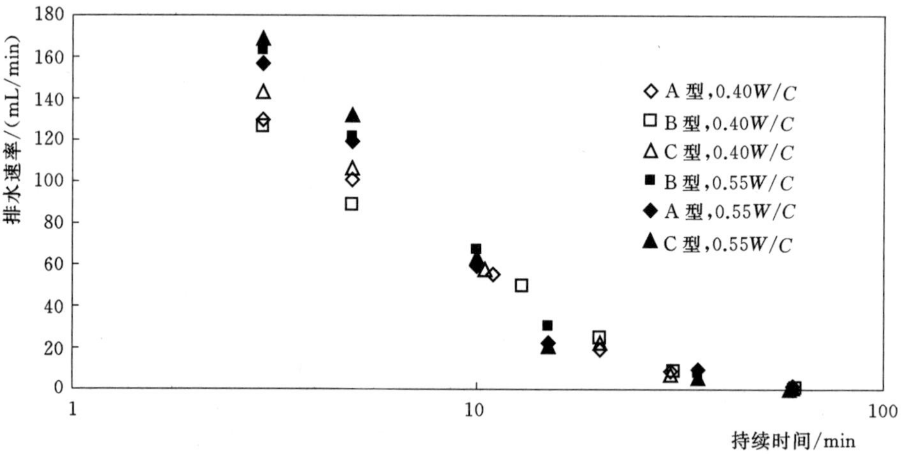

图 22.5-3 W/C=0.40、W/C=0.55 三类透水模板布试样排水速率对比

图 22.5-3 所示的速率衰减呈现如下规律：高 W/C 相比低 W/C 混凝土试样初期渗透速率快，但衰减也快。三种透水模板布初期渗透速率存在明显差异性：C型试样初期衰减最为显著，而B型试样则相对平缓，该现象实质是透水模板布几何性能特别是材料渗透及吸水饱和能力差别的集中体现。透水模板布材料等效孔径越大，初期排水越快但短期内很容易淤堵，而透水模板布厚度越薄则吸水饱和能力会越差，这些因素会显著影响混凝土持续有效排水和保湿养护。

从提高透水模板布充分保湿吸水功能以及延续有效排水、减少淤堵现象角度出发，透水模板布必须控制等效孔径和增加布体厚度。Dupon 公司生产的 Zemdrain® MD 产品，在世界范围内被公认为性能优越，其布体厚度（200kPa 压力下）为 2.2mm，D_{95} 小于

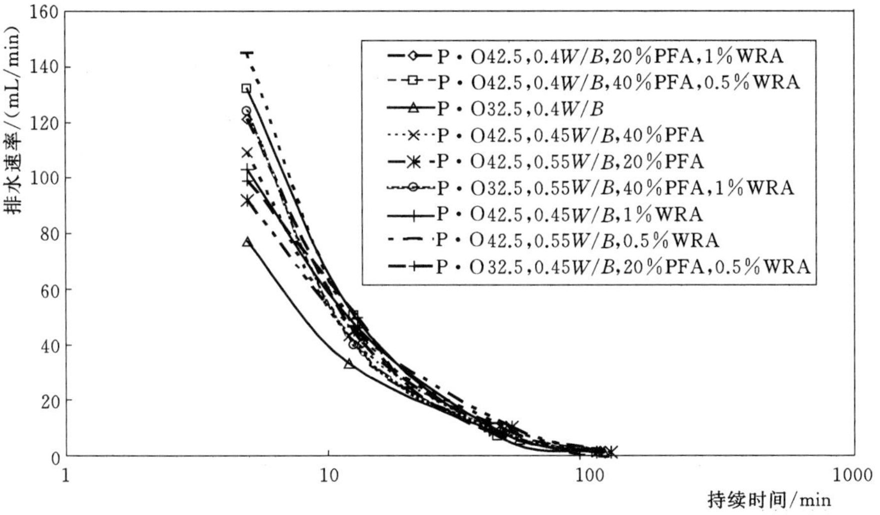

图 22.5-4 正交方案配比 B 型透水模板布试样排水速率对比

35um，吸水饱和量为 1300mL/m^2。相应地，试验用 A 型、B 型和 C 型样品布体厚度（200kPa 压力下）为 1.062～1.958mm，等效孔径 D 为 25～33um，吸水饱和量为 0.52～0.78L/m^2。由此说明布体几何参数对排渗效果的重要性。

图 22.5-4 中可看出，新拌混凝土的水泥品种、W/B、PFA 及 WRA 掺量对透水模板布模板试样排水速率有显著影响。不同材料配比试验呈现如下规律：低标号水泥、低水胶比是初期排渗速率低的主要因素，掺粉煤灰和减水剂对提高排渗效果的影响相当。就初期第 5min 时刻排水速率而言，P·O32.5 水泥+0.4W/B 试件几乎是 P·O42.5 水泥+0.55W/B+0.5%WRA 试件的一半，而 P·O42.5 水泥+0.45W/B+1%WRA 试件与 P·O42.5水泥+0.45W/B+40%PFA 试件的排渗速率几乎一致。上述规律揭示了水泥成分中石膏以及石粉掺量对促进水泥中水化 C_3A、C_2S 凝结、减少水分自由流动作用明显，加之低水胶比条件，促成排水速率偏小现象。PFA 可以在新拌混凝土中起到润滑滚珠效应，促进多余水分流动，而减水剂则对集聚于水泥颗粒周围的水分子起到分散效应，降低水化粒子的 ζ 电位，这些因素均对增加排渗效果有利。

22.5.2.3 透水模板布成型混凝土性能宏观评价

1. 混凝土表观质量及回弹强度

混凝土表观质量参照《混凝土结构工程施工质量验收规范》（GB 50204—2015）第 8.1.2 条执行。回弹强度法是现场对混凝土构件采用表面硬度测试法进而推求混凝土强度的一种无损检测方法，详见《回弹法检测混凝土抗压强度技术规程》（JGJ/T 23—2011）。

（1）表观质量。图 22.5-5、图 22.5-6 反映了不同水胶比下，普通胶合板模板与透水模板布成型混凝土试件的表面效果差异。结果表明，相比普通胶合板模板，透水模板布成型混凝土表面密实、光滑、没有孔洞和砂线，表观改善作用显著，且透水模板布成型混凝土表面颜色略显深暗，这是由于水分渗排致使混凝土内水泥伴随水分向表层迁移形成富集水泥区域而形成试样浅层水化致密物理层，透水模板布模板为混凝土养护提供了及时充分的湿养护条件所致。这也从另一角度客观反映了透水模板布改善试样表层的良好机制。

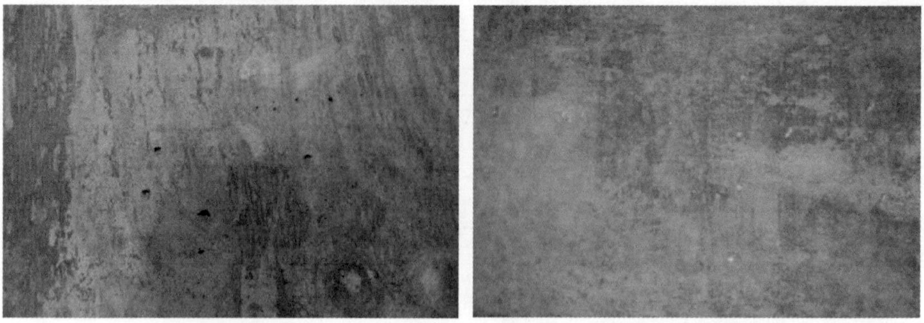

(a)普通模板　　(b)透水模板布模板

图 22.5-5 $W/B=0.4$ 普通模板与透水模板布模板成型混凝土试样表面对比（28d）

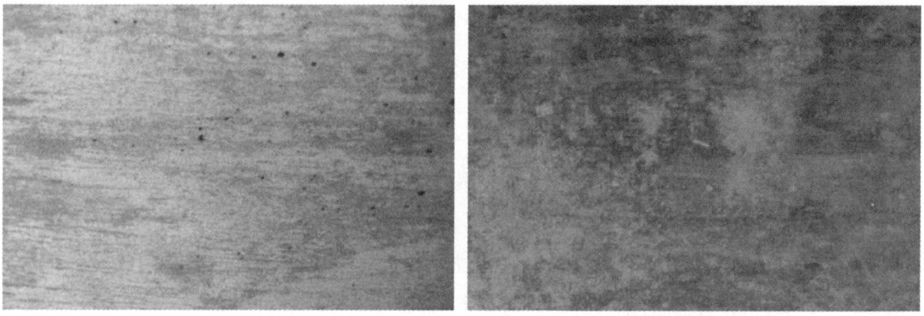

(a)普通模板　　(b)透水模板布模板

图 22.5-6 $W/B=0.55$ 普通模板与透水模板布模板成型混凝土试样表面对比（28d）

（2）表面回弹强度。测试不同模板浇筑的 $W/B=0.4$ 和 $W/B=0.55$ 试样不同龄期回弹强度值。测试结果表明，无论 $W/B=0.4$ 或 $W/B=0.55$，就回弹强度值而言，透水模板布模板成型试样各龄期均高于普通模板成型试样，且三种透水模板布成型试样回弹值除B型在初次28d回弹值略低以外基本都相差无几，说明三种透水模板布成型试样表面强度相当。表22.5-4反映了透水模板布模板浇筑 $W/B=0.4$ 和 $W/B=0.55$ 试样比同龄期普通模板试样回弹强度值高出的百分比。从中看出，各龄期透水模板布模板成型试样相比普通试样强度增加率对 W/B 变化较敏感：W/B 低则影响小，反之则影响大，说明透水模板布排水功效对高 W/B 新拌混凝土作用更加突出。这与前面高 W/B 试样排水量偏多由此显著改善表面密实度一致，从而证明透水模板布对改善高 W/B 新拌混凝土表面效果更佳。

表 22.5-4　　三种透水模板布模板相对普通模板成型混凝土各龄期表面强度增长率　　%

龄期	28d	90d	270d	W/B
A型模板布	42.61	30.85	26.46	0.55
B型模板布	40.44	34.71	26.71	
C型模板布	48.52	37.74	30.51	

续表

龄期	28d	90d	270d	W/B
A 型模板布	29.06	25.31	21.37	0.40
B 型模板布	27.49	25.80	20.48	
C 型模板布	29.58	27.27	19.82	

2. 试样抗压强度

依据《钻芯法检测混凝土强度技术规程》(CECS 03：88)，从试件取芯尺寸为ϕ100mm×200mm 进行抗压试验，可得试块强度换算值 F_{cu}^{c}：

$$F_{cu}^{c}=\alpha \cdot \frac{4F}{\pi D^2} \tag{22.5-1}$$

式中：α 为换算系数，取 1.24；F 为试样抗压值，N；D 为取芯试样直径，mm。

试验结果（表 22.5-5）表明，透水模板布模板成型试样的抗压值比普通模板成型试样略高，说明透水模板布对混凝土结构强度改善不及表面增强效果。原因主要在于透水模板布所能显著作用的区域更多集中在浅层 3～5cm，因此改善表面致密性能对提高整体强度贡献并不大。

表 22.5-5　试样取芯试块强度值 F_{cu}^{c}

模板类型	F_{cu}^{c}/MPa	水胶比
普通模板	42.81	0.55
A 型模板布模板	45.49	
B 型模板布模板	45.02	
C 型模板布模板	46.44	
普通模板	48.02	0.40
A 型模板布模板	51.97	
B 型模板布模板	51.65	
C 型模板布模板	52.92	

3. 混凝土抗渗性能

按 ASTM C1202 测试氯离子电通量方法可评价透水模板布成型混凝土的抗渗性能。试验方法为分别在同组混凝土试件钻芯取 3 个 ϕ100mm、高 50mm 的圆柱试样，养护龄期为 60d，用硅胶密封其侧面，真空饱水 3h 后安装在试验槽内，试样两侧槽中分别注入质量分数分别为 3.0%的 NaCl 溶液和 1.2%的 NaOH 溶液，施加 60V 直流电压，通电至 6h 结束试验，得试样电通量用于评价混凝土抗氯离子渗透性能，试验结果见表 22.5-6。数据表明，采用透水模板布后，电通量相对普通试样减少幅度显著，尤其是高水胶比试样，充分证明了透水模板布改善混凝土抗渗效果。对比三种透水模板布效果，A 型稍好，结合前述透水模板布性能测试分析可得出如下初步结论：透水模板布单位面积质量多、名义厚度大、等效孔隙率高及渗透系数偏大，则其改善混凝土抗渗效果更佳。

表 22.5-6　　不同水胶比和模板类型试样 60d 电通量测试数据　　单位：C

模板类型	水胶比	
	0.40	0.55
普通模板	1620.69	1984.84
A 型模板布模板	870.21	992.99
B 型模板布模板	1017.87	1004.41
C 型模板布模板	839.93	1183.15

4. 混凝土耐磨性能

（1）滚珠轴承法耐磨试验。采用《混凝土及其制品耐磨性试验方法》（GB/T 16925—1997）中的滚珠轴承法，测试不同成型混凝土表面耐磨性能。试验用滚珠钢球直径为 15.9mm，数量 13 个，钢球硬度不小于 HRC62，压力为 154N，转速为 1000r/min。试验终止条件为累计转速达到 5000r/min 时记录平均蚀痕深度或当平均蚀痕深度最大值达到 1.5mm 时记录累计转速。计算试样耐冲磨指数 I_n 如下：

$$I_n=\frac{\sqrt{R}}{P} \tag{22.5-2}$$

式中：R 为转速，r/min；P 为磨蚀平均深度，mm。耐冲磨指数 I_n 越大，表明耐磨性越强。

表 22.5-7 清楚地反映出透水模板布对提高试样表面耐磨性有显著作用，尤其对 $W/B=0.40$ 试样。图 22.5-7 为部分磨蚀后试样照片，从中也可直观分辨出透水模板布试样与普通试样的表面耐磨区别。

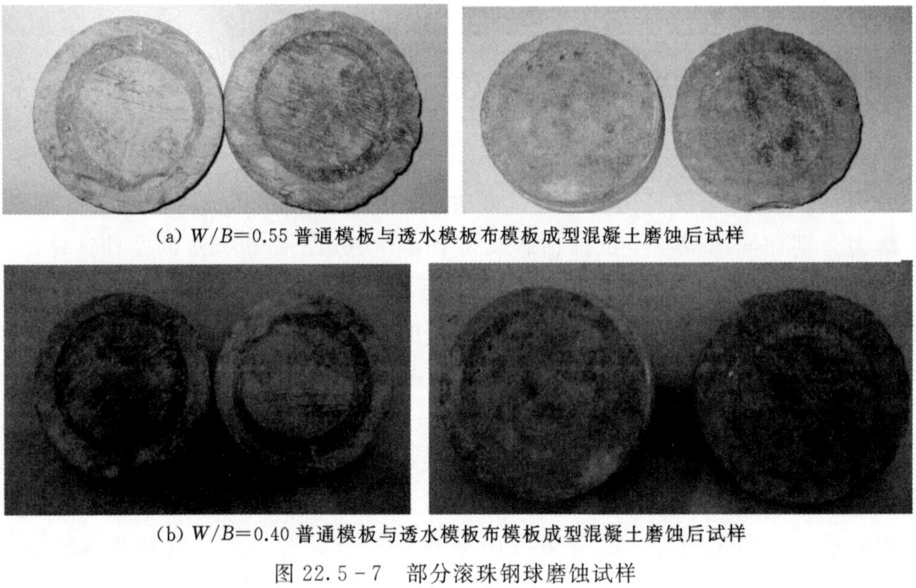

(a) $W/B=0.55$ 普通模板与透水模板布模板成型混凝土磨蚀后试样

(b) $W/B=0.40$ 普通模板与透水模板布模板成型混凝土磨蚀后试样

图 22.5-7　部分滚珠钢球磨蚀试样

表 22.5－7　　不同水胶比和模板类型试样滚珠轴承法磨蚀试验指数 I_n

模板类型	水胶比	
	0.40	0.55
普通模板	0.89	0.77
A 型模板布模板	1.78	1.32
B 型模板布模板	1.91	1.47
C 型模板布模板	2.06	1.29

（2）水下冲磨试验。考虑水工混凝土工作特点，采用《水工建筑物抗冲磨防空蚀混凝土技术规范》（DL/T 5207—2005）附录 A 中的方法进行试样水下抗冲磨试验。按表 22.5－3 正交试验方案从试样不同部位钻孔取 3 个 ϕ100mm×100mm 芯样作为一组，干燥称量后置入 ϕ300mm×100mm 模具内按高于试样 1～2 个强度等级制成细石混凝土或砂浆试块，养护 28d 后置于 HKS－Ⅱ型混凝土抗冲磨试验筒内，桶内浸水溢过试样表面 165mm，然后放置 70 只钢球（25 只 ϕ12.7mm、35 只 ϕ19.1mm、10 只 ϕ25.4mm），保持 1200r/min 转速连续冲磨 72h 后，取出试样擦净干燥称量，计算耐磨系数如下：

$$f_a=\frac{T\cdot A\cdot 1000}{M_0-M_t} \tag{22.5-3}$$

式中：f_a 为耐磨系数，h·m²/kg；T 为冲磨时间，h；A 为试样受冲磨面积，mm²；M_0 为试样初始质量，g；M_t 为试样冲磨后剩余质量，g。

计算得耐磨系数见表 22.5－8，试块冲磨效果见图 22.5－8。表 22.5－8 表明，相比 1 号普通胶合模板试样，2 号～9 号试样因采用透水模板布其 f_a 均有提高。对比 1 号、2 号和 3 号表明，同样水泥标号，即便 W/C 增大，但采用透水模板布试样 f_a 提高程度至少为 21.6%。2 号～9 号不同试样对比也可以发现，低水胶比、高标号水泥、适量 PFA 掺量及添加 WRA 对促进透水模板布改善混凝土耐磨性能效果更有效。分析其原因，低水胶比、高标号水泥及适量 WRA 对促进混凝土致密特性容易理解，而 PFA 掺量增至 40%导致耐磨性能下降可能与过多 PFA 掺量在混凝土成型早期未能充分发挥集料增强效应有关。另外从累积排水量 Q 与 f_a 关系看，二者之间没有明显相关性，说明排水量的多少并不意味着改变其抗冲磨性能的强弱。

表 22.5－8　　水下抗冲磨试验耐磨系数 f_a

编号	f_a /(h·m²/kg)	试样类型	浇筑排渗量 Q /mL
1	3.43	P·O32.5，0.4W/B plywood	693
2	8.72	P·O32.5，0.45W/B，20%PFA，0.5%WRA 透水模板布	925
3	4.17	P·O32.5，0.55W/B，40%PFA，1%WRA 透水模板布	839.5
4	23.36	P·O42.5，0.40W/B，20%PFA，1%WRA 透水模板布	951.5
5	6.52	P·O42.5，0.45W/B，40%PFA 透水模板布	864.5
6	13.19	P·O42.5，0.55W/B，0.5%WRA 透水模板布	1193.5

续表

编号	f_a /(h·m²/kg)	试 样 类 型	浇筑排渗量 Q /mL
7	15.38	P·O42.5，0.40*W*/*B*，40%PFA，0.5%WRA 透水模板布	904
8	12.24	P·O42.5，0.45*W*/*B*，1%WRA 透水模板布	960
9	9.65	P·O42.5，0.55*W*/*B*，20%PFA 透水模板布	1090

图 22.5-8 水下冲磨试验后试块照片

22.6 工 程 实 例

22.6.1 南水北调睢宁二站应用情况

22.6.1.1 工程概况

南水北调睢宁二站工程是东线调水工程的一个重要节点，也是南水北调江苏段内最后一项新建的泵站结构项目。江苏水源公司在经过调研考察和综合分析后，项目建设处决定在空箱、肘形流道、流道出口等重要部位采用透水模板新型施工工艺。2011 年 9—12 月，施工现场总计在上述结构部位铺贴面积约 1100m²。项目设计方为江苏省水利设计研究院有限公司，施工单位为江苏省淮安水利建设工程有限公司，监理方为徐州水利监理公司。

22.6.1.2 施工实施情况

施工过程中，首先开展了现浇混凝土工作性与模板布选型测试试验和对比研究，大面积使用前共选择三种市场常见的国产透水模板布小样进行了现场试验对比，根据成型外观效果、与混凝土匹配性及室内基本性能试验指标，确定采用杭州银博交通工程有限公司生产的 PT-1 型帕米福透水模板布，并配套采用喷胶粘贴剂。

1. 现场试验

现场选择两块对照块单元进行混凝土浇筑对比，重点考察排水效果和脱模混凝土外观效果（图 22.6-1 和图 22.6-2），最终选择模板布为表 22.5-1 中的 B 型模板布。

图 22.6-1 试验喷胶贴布

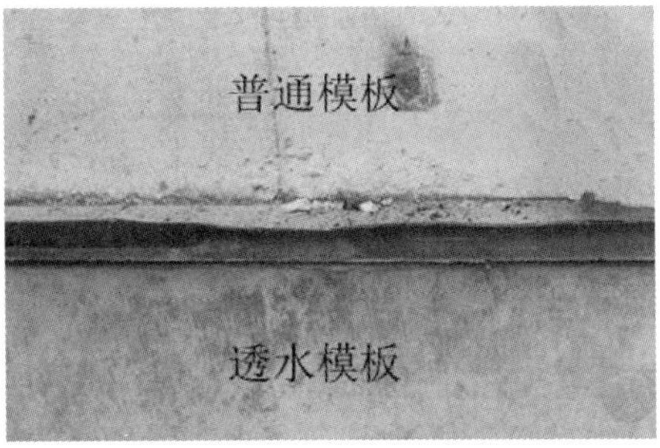

图 22.6-2 试验对比效果

2. 整体施工布置方案

表 22.6-1 为睢宁二站工程中应用透水模板工艺成型的混凝土构件部位及应用工程量情况。施工详细部位分布见图 22.6-3。

表 22.6-1　透水模板布使用部位及工程量

序号	应用部位	工程量/m^2
1	泵站下游侧挡水墙临水侧	383
2	泵站井筒下游侧墙背水侧	140
3	泵站边墩临检修间侧	127
4	泵站边墩临控制室侧	142
5	检修间空箱侧墙（水泵层）	82
6	检修间空箱侧墙（检修层）	340
7	站上挡水墙临水侧	122
8	出水流道	1686
合计		3022

施工中制定了详细的透水模板工艺操作流程，简介如下。

(1) 平面模板粘贴施工。规则平面模板的粘贴施工可利用 T 形推平架推平抹压，该方法操作简单易学，粘贴速度快，效果好，具体操作步骤见图 22.6-4。

(2) 异形面模板粘贴施工。对于异形曲面模板，如肘形流道曲面等，采用大幅度手动铺贴（图 22.6-5），部分剩余边角位置采用裁剪拼接（图 22.6-6）；对于铺贴中出现皱褶现象，应揭开重新铺贴（图 22.6-7），模板布搭接部位也是重点，防止重叠和漏贴（图 22.6-8）；异性曲面粘贴效果见图 22.6-9。由于预埋构件、定位等需要在模板面预留孔洞，水泥浆液会从预留孔流出，造成穿孔处成型面露砂，严重影响成型面外观质量。为避免这种影响，采用穴模配合拆卸拉杆和橡胶塞，杜绝浆液外流，拆模后形成规整孔洞，且便于填补美观。图 22.6-10 为几种常见穴模塞具及拆模后效果。

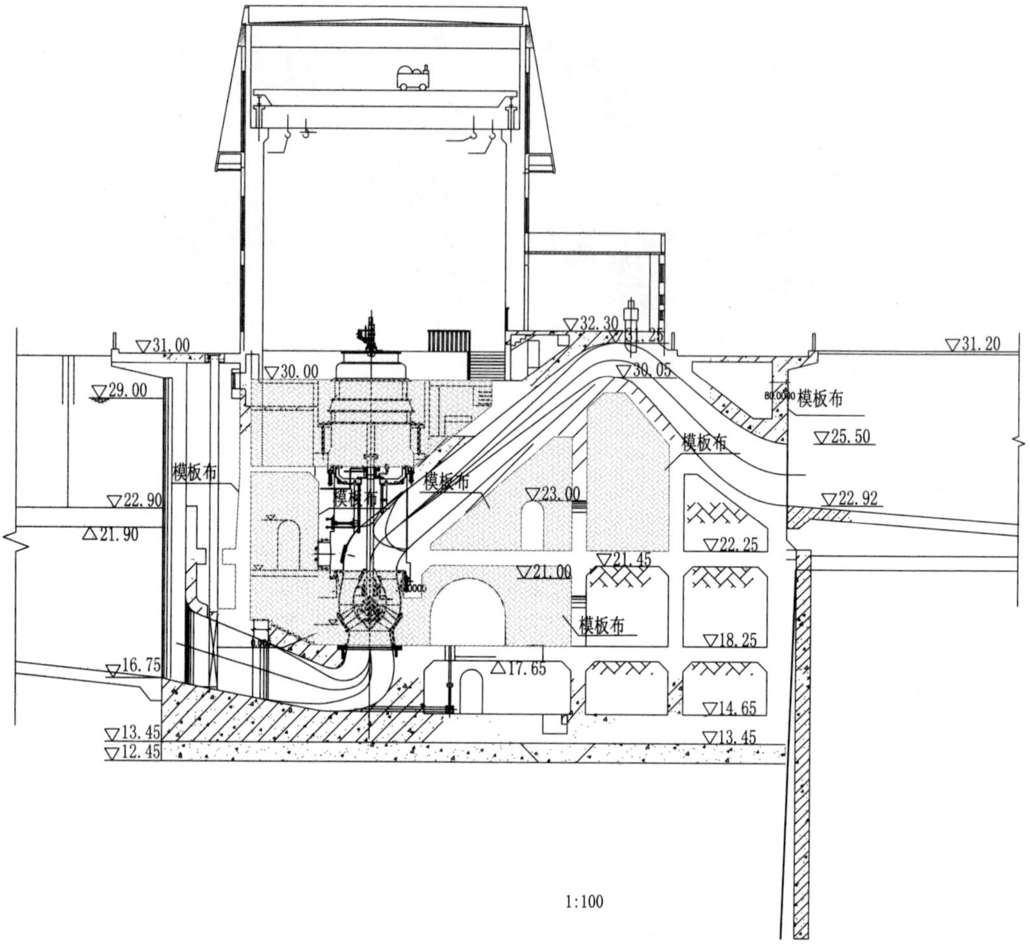

图 22.6-3　施工详细部位分布图

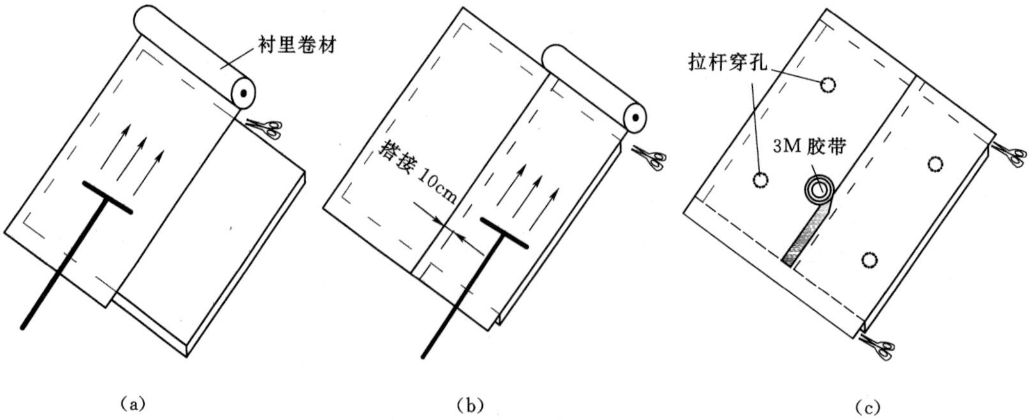

图 22.6-4　模板衬里材料粘贴施工步骤

图 22.6-5 布体大面处理

图 22.6-6 粘贴施工图

图 22.6-7 布面皱褶重贴

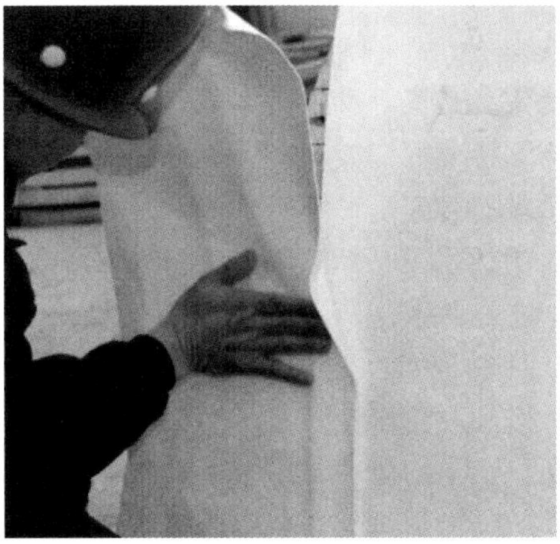

图 22.6-8 布面搭接

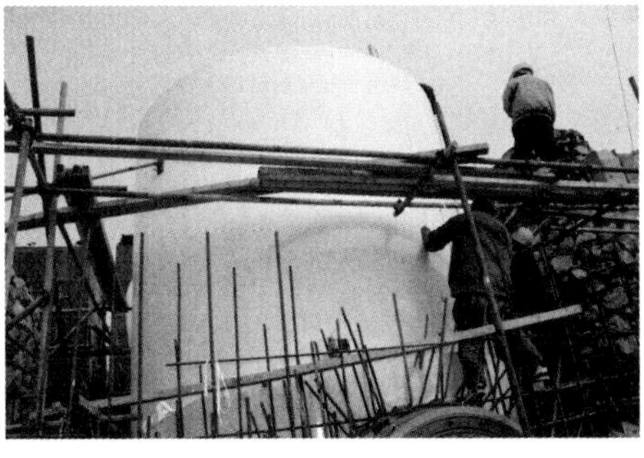

图 22.6-9 异性曲面粘贴效果

(3) 模板吊装与校正。模板布粘贴完成后，使用吊机吊装模板，过程中应注意：吊装前钢筋应架立完毕，无横向突出物，若不可避免，应进行包裹，如架管、钢筋头等，防止刺破衬里材料表面；模板缓慢吊装靠近墙面定位部件，尽量一次到位，避免多次调整碰撞模板面。

(a) 橡胶塞具

(b) 对拉孔成型效果

图 22.6-10 几种常见穴模塞具及拆模后效果

22.6.1.3 实施效果分析

1. 表观质量

从图 22.6-11～图 22.6-13 可以看出，睢宁二站使用透水模板效果明显。对比于未使用透水模板的立柱效果图（图 22.6-14）可以发现，使用普通模板浇筑的立柱表面分布着许多沙眼孔洞及花斑，成型效果不佳，而流道出口墩墙、底板，空箱等部分混凝土表面几乎没有砂斑、砂线、气泡和孔洞，色泽均匀，表面平整致密（图 22.6-15）。因此，应用表明透水模板新型施工工艺可以有效改善混凝土表观质量，提高表面均匀密实性。

图 22.6-11 流道出口墩墙采用透水模板后的效果

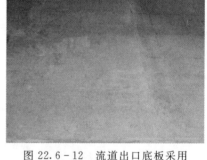

图 22.6-12 流道出口底板采用透水模板后的效果

图 22.6-13 空箱采用透水模板后的效果

图 22.6-14 未使用普通模板部位的效果

图 22.6-15 出水流道墙身采用透水模板后的效果

2. 表面回弹强度

对泵站出水流道墩墙进行回弹强度测量（图 22.6-16）。四个出水流道墩墙东、西两侧均采用了透水模板工艺，而墩墙正面采用的是普通模板。测量东西侧及正面回弹强度，测量结果见表 22.6-2。

(a) 回弹测区

(b) 回弹测量

图 22.6-16 回弹强度测量

表 22.6-2 **回弹强度测量值** 单位：MPa

组号	1	2	3	4	5	6	7	8	9	10	平均值
侧面	38.4	40.1	41.3	41.1	40.5	42.3	40.5	39.2	37.9	38.0	39.9
正面	36.8	34.6	35.7	36.4	34.8	37.2	34.6	36.5	38.2	35.3	36.0

从测量数据可以看出，墩墙侧面使用透水模板后比正面使用普通模板的混凝土回弹强度提高了 10.9%，这一数据表明透水模板能有效提高混凝土成型表面密实性能，改善其耐久性。

3. 现场渗透性检测

混凝土表层是抵御水、CO_2 等有害介质侵入的第一道防线，其渗透性决定环境中有害介质的侵入速率，直观反映了混凝土的抗碳化、侵蚀、钢筋锈蚀和抗冻性能。采用 CLAM test 法（混凝土表层渗透性的试验方法），选用一种自动化程度较高的渗透性量测设备——Autoclam 测试仪进行了现场无损检测混凝土表层渗透性。测试仪主要元件见图 22.6-17。睢宁二站工程出水流道及空箱部分使用透水模板后混凝土透气性及吸水性评估见图 22.6-18 和图 22.6-19。

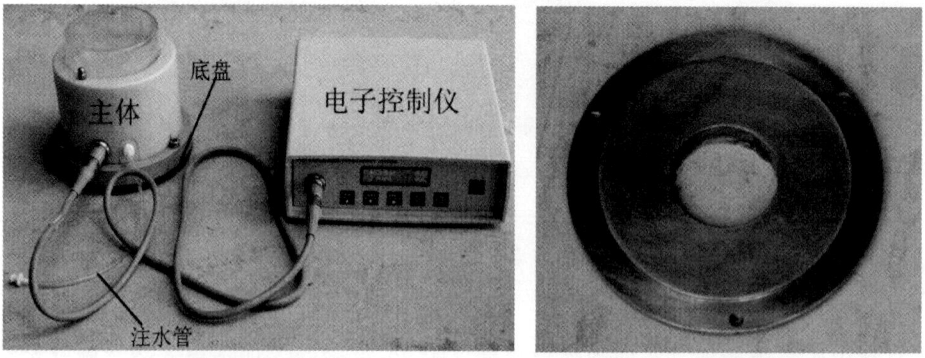

(a) 主体和电子控制仪　　(b) 底盘

图 22.6-17　Autoclam 测试仪主要元件

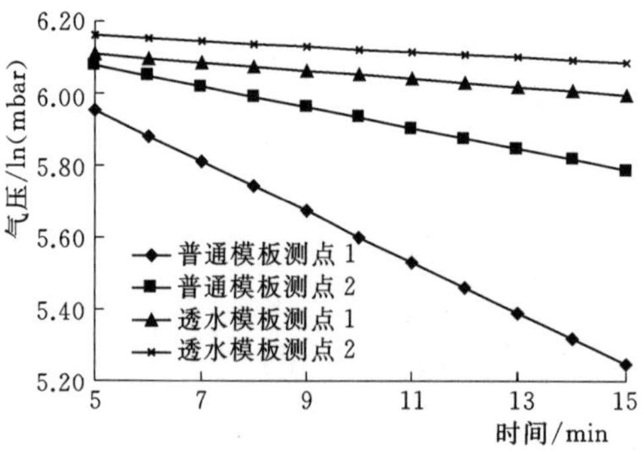

图 22.6-18　透气性系数曲线

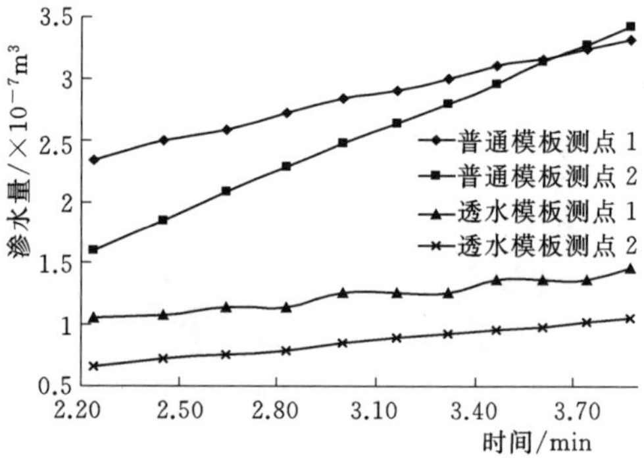

图 22.6-19　吸水性系数曲线

图 22.6-18 和图 22.6-19 分别为混凝土透气性测试气压-时间关系曲线和吸水性测试渗水量-时间的平方根曲线。从图中可以明显看出普通模板测点曲线斜率均比透水模板大，说明透水模板成型混凝土透气性系数（API）和吸水性系数（WSI）均较小，混凝土抗渗性能确实得到提高。

22.6.2 应用实例小结

1. 设计方案

该工程的进出水流道及肘形流道施工一直是水闸混凝土结构中较难达到设计要求的部位，常规施工方法比较难处理好。设计中大胆采用了透水模板布内衬异形模板工艺，尤其克服了定制加工的木制肘形模板铺贴模板布易变性、接缝多和粘贴不牢等容易出现的质量问题，采用了厚度压缩比适中的模板布，并选择了三种不同形式的模板布，与施工部位混凝土拌和物进行了试配试验验证工作，最终依据试验的外观效果、强度指标及抗渗性能选择定型产品，取得了良好效果。

2. 施工实施方案

工程部位比较复杂，现场透水模板施工操作应按照裁剪、清理模板、喷涂黏胶剂、粘贴模板布、布面修整、后期维护依次进行，每个步骤都应规范操作，以达到最理想的铺贴效果。施工工艺还存在操作方法和工艺检测标准缺失等不足，且造价相对普通模板略有增加。为促使此工艺能被广泛推广采用，应尽快采取其他弥补措施，如进一步改善布体的可重复性，降低成本。

此外，布面铺贴不平整、防护不当、浇筑污染、混凝土后期养护不到位等施工中常见问题会严重影响模板布使用效果。施工人员应尽量规范操作，尽量避免此类问题出现。

3. 应用效果评价

南水北调睢宁二站应用透水模板布浇筑了进出水流道，特别是肘形流道，混凝土质量明显高于普通模板工艺效果。混凝土表面光滑致密，色泽均匀，抗渗性及耐磨性得到明显提高，所设计要求的 C25 及 C30 等级混凝土相关指标，实际完工检测均提高了一级，尤其是抗渗耐磨效果。

附录 F

F.1　水泥浆渗透泌水计算理论

水泥浆是新拌混凝土基质，分析水泥浆泌水渗透性能是研究混凝土泌水渗透基础。H. H. Steinour 视水泥浆为一种絮凝结构或者均匀水泥颗粒组成网状结构，并服从 Stokes 定律。水泥浆在颗粒重力作用下发生泌水，泌水量是初始含水量函数，并提出如下近似计算公式：

$$\Delta H=\frac{\alpha^2 C\rho_c}{V}\left[\frac{W}{C}-\left(\frac{W}{C}\right)_m\right]^2 \qquad (附 F-1)$$

式中：ΔH 为泌水高度（相对于原水泥浆试样高度）；C 为试样水泥质量；$\frac{W}{C}$、$\left(\frac{W}{C}\right)_m$ 分别为初始水胶比、浆体中颗粒浓度达到不泌水基本水胶比；α 为取决于水泥比表面的经验常数；ρ_c 为水泥密度；V 为初始水泥浆体积。

上述公式要通过实验确定 α、$\left(\frac{W}{C}\right)_m$ 参数取值。

水泥浆是分散体的“准悬浮-沉积结构”，应用 Kozeny - Carman 方程获得渗透率理论方程为

$$k_1=\frac{\rho_w g}{K_0\eta(\rho_c\sum)^2}\cdot\frac{(\varepsilon-\omega_i)^3}{(1-\varepsilon)^2} \qquad (附 F-2)$$

渗透速率相应为

$$V_p=\frac{(\rho_c-\rho_w)g}{K_0\eta(\rho_c\sum)^2}\cdot\frac{(\varepsilon-\omega_i)^3}{(1-\varepsilon)} \qquad (附 F-3)$$

给出渗透速率和渗透系数关系式为

$$V_p=K_1\left(\frac{\rho_c}{\rho_w}-1\right)(1-\varepsilon) \qquad (附 F-4)$$

式中：V_p 为渗透速率；K_1 为特定温度和含水量条件下渗透系数；ρ_c、ρ_w 分别为水泥、拌和水密度；ε 为单位水泥浆空隙率（指被流体完全填充）；$\sum$为水泥比表面；η 为流体黏度。

F.2 新拌混凝土渗透计算方法

新拌混凝土渗透泌水现象要比水泥浆渗透泌水复杂得多，且其渗透速率定量分析对研究混凝土泌水成型性能更具有重要意义。针对四周模板封闭浇筑混凝土，以多相混合物大变形理论为基础，新拌混凝土振捣一维渗透泌水计算方法可以推求。

1. 渗透流变方程

将新拌混凝土初始阶段看成由固体颗粒（水泥、砂和石）与水组成的饱和混合物状态（忽略振捣密实状态拌和物不足0.5%含气量，混凝土掺高含量引气剂除外）。若将新拌混凝土灌入一单位面积圆形柱模内振捣完毕，设 $V_s(z, t)$ 为固体颗粒振后 t 时刻在 Eulerian 坐标系下位于高度 z 处的沉降速率，$n(z, t)$ 为相应体积分数，则厚度为 dz 固体体积为 ndz。假设骨料颗粒不可压缩，则由固体颗粒体积平衡导出总体积平衡式为

$$\frac{\partial n}{\partial t}+\frac{\partial(nV_s)}{\partial z}=0 \qquad \text{（附 F-5）}$$

设水体积不可压缩，向上水流量等于向下颗粒下沉流量，则

$$(1-n)V_w+nV_s=0 \qquad \text{（附 F-6）}$$

式中：V_w 为 Eulerian 坐标系下向上水流速率。

液化状态下新拌混凝土流变特性已不符合 Bingham 体，而是近似于 Newtonian 流体。由 Darcy 定律有：

$$(1-n)(V_w-V_s)=-K(n)\left[\frac{\partial}{\partial z}\left(\frac{p}{\gamma_w}\right)+1\right] \qquad \text{（附 F-7）}$$

式中：$K(n)$ 为介质渗透系数；p 为孔水压力；γ_w 为孔水比重。

结合式（附 F-4）、式（附 F-5），则

$$V_s=K(n)\left[\frac{\partial}{\partial z}\left(\frac{p}{\gamma_w}\right)+1\right] \qquad \text{（附 F-8）}$$

由竖向应力平衡要求

$$\frac{\partial\sigma}{\partial z}+n\cdot\gamma_s+(1-n)\gamma_w=0 \qquad \text{（附 F-9）}$$

式中：σ 为竖向总应力，$\sigma=\sigma'+p$，σ'为固体骨架间有效应力。

由式（附 F-8）、式（附 F-9）并考虑 Terzaghi 有效应力原理，并满足泌水向上渗透速率与颗粒下沉速率正好互为等值相反关系，有

$$V_p=-V_s=nK(n)\left(\frac{\gamma_s}{\gamma_w}-1\right)+\frac{K(n)}{\gamma_w}\frac{\partial\sigma'}{\partial z} \qquad \text{（附 F-10）}$$

从式（附 F-10）可看出，渗透速率 V_p 由两部分构成：公式右边第一项为颗粒下沉重力和向上浮力贡献率；公式右边第二项为固体颗粒体积压缩贡献率。

初始状态假设圆柱体内有效应力 σ'沿 z 深度在 $t=0$ 时刻为定值，设 n_0 为初始时刻固

体体积分数，可得到初始时刻渗透速率：

$$V_p|_{t=0}=n_0K(n_0)\left(\frac{\gamma_s}{\gamma_w}-1\right) \quad (附\ F-11)$$

设 $N(Z,t)$ 为 Lagrangian 坐标系下高度 Z 处 t 时刻固体颗粒体积分数函数，则由流体动力学中关于 Lagrangian－Eulerian 坐标相互关系，有

$$N(Z,t)=n[z(Z),t] \quad (附\ F-12)$$

由于

$$N\mathrm{d}z=N_0\mathrm{d}Z \quad (附\ F-13)$$

因$\frac{\mathrm{d}z}{\mathrm{d}t}=V_s$，由式（附 F－5）、式（附 F－12）及式（附 F－13）：

$$\frac{\partial N}{\partial t}=-\frac{N^2}{N_0}\frac{\partial V_s}{\partial Z} \quad (附\ F-14)$$

将式（附 F－14）代入式（附 F－10），并考虑式（附 F－12），整理得

$$\frac{\partial\left(\frac{N_0}{N}\right)}{\partial t}=-\frac{\partial}{\partial Z}\left[K(N)\cdot\frac{N}{N_0}\left(\frac{1}{\gamma_w}\frac{\partial\sigma'}{\partial Z}+N_0\left(\frac{\gamma_s}{\gamma_w}-1\right)\right)\right] \quad (附\ F-15)$$

边界条件：　$N(Z=H_0,t=0)=N(Z,t=0)=N_0$　（附 F－16）

式中：H_0 为试样混凝土初始高度。

设 $\Delta H(t)=H_0-H(t)$，则由式（附 F－15）

$$\Delta H(t)=H_0-\int_0^{H_0}\frac{N_0}{N(Z,t)}\mathrm{d}Z \quad (附\ F-17)$$

式（附 F－16）为任意时刻 t 新拌混凝土泌水层厚度。由此得一维渗透速率为

$$V_P=\frac{\mathrm{d}[\Delta H(t)]}{\mathrm{d}t} \quad (附\ F-18)$$

式（附 F－15）～式（附 F－18）构成了渗透计算完备方程组。

2. $N(Z,t)$ 和 $K(N)$ 确定方法

求解 V_p 需确定 $\mathrm{d}\sigma'$和 $K(N)$ 代入式（附 F－12）得 $N(Z,t)$。假设 t 时刻存在如下唯象关系：

$$\mathrm{d}\sigma'=\frac{\mathrm{d}N}{C_s(N)} \quad (附\ F-19)$$

式中：$C_s(N)$为固体骨架颗粒体积分数变化率对有效应力 σ'的贡献因子。如果新拌混凝土初始状态一致，即抛开振捣能量效果因素，认为渗透初始密实状态相同，则影响 $C_s(N)$ 因素如混凝土水泥品种、水胶比、拌和水化时间以及特定部位的浆骨形态等可用固体初始时刻体积分数和水化程度两主导因素表征。

水化对混凝土 $C_s(N)$ 影响从微观解释比较复杂。附图 F－1 为水泥水化初期产物形成与动力学结构发展示意图。结合附图 F－1，可推求固相体积增大 15%以上。鉴于此可设水化程度参数 $\beta(t)$ 为 t 线性函数，$\beta(t)$ 如下取值：

$$\beta(t)=\exp\left(\frac{15}{21600}t\right)=\exp(0.000694\cdot t)\quad (t\ 为渗透历时,\mathrm{s}) \quad (附\ F-20)$$

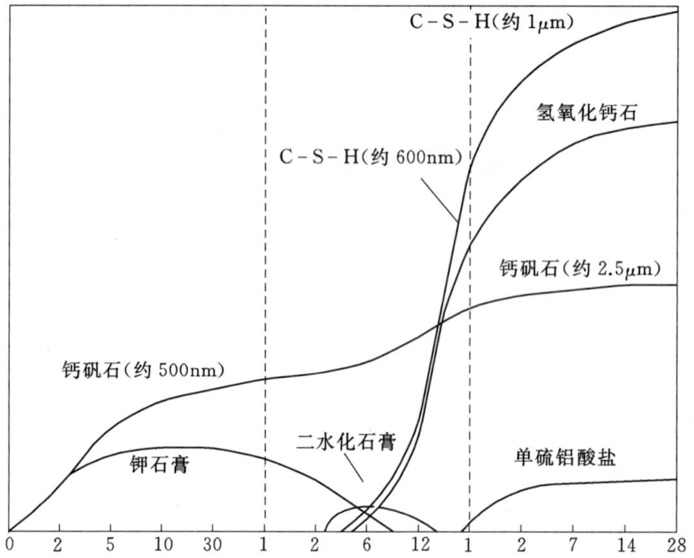

附图 F-1 水泥水化初期产物形成与动力学结构发展示意图

因此 $C_s(N)$ 表达式可取为

$$C_s(N)=N_0\cdot\beta(t)=N_0\cdot\exp(0.000694t) \tag{附 F-21}$$

关于 $K(N)$，取如下拟合公式

$$K(N)=\frac{N_0K(N_0)\cdot\ln(t)}{1+t} \tag{附 F-22}$$

式（附 F-22）表明 $K(N)$ 为受 $K(N_0)$ 和 t 控制的衰减函数，反映了 $K(N)$ 衰变化学机制。

可由式（附 F-21）、式（附 F-22）及式（附 F-15）～式（附 F-18）求得混凝土渗透速率 V_p。

3. 新拌混凝土渗透速率测试

新拌混凝土渗透性低，实验测试 V_p 可借用黏土变水头渗透系数测试原理，测试原理如附图 F-2。考虑水胶比、掺水拌和时间及骨料变化等因素，试验配比方案见附表 F-1，V_p 实验结果与计算值对比见附图 F-3。

附表 F-1　　单位体积混凝土设计质量配合比及初始 N_0

试样编号	水泥 P·O42.5	砂 0～5mm	石子 1 5～8mm	石子 2 8～20mm	水	拌和时间 /min	N_0
S1	501	687	282	656	227	30	0.817
S2	447	710	342	584	245	60	0.833

4. 新拌混凝土渗透系数

鉴于以上计算分析方法，取 $\gamma_s=1.68$，按式（附 F-22）计算出 S1 及 S2 配比试样 $K(N)$ 曲线如附图 F-4。计算表明初期衰减快，10min 后 $K(N)$ 趋于稳定，揭示了混凝土拌合物渗透特性，这对分析与计算混凝土排渗提供依据。

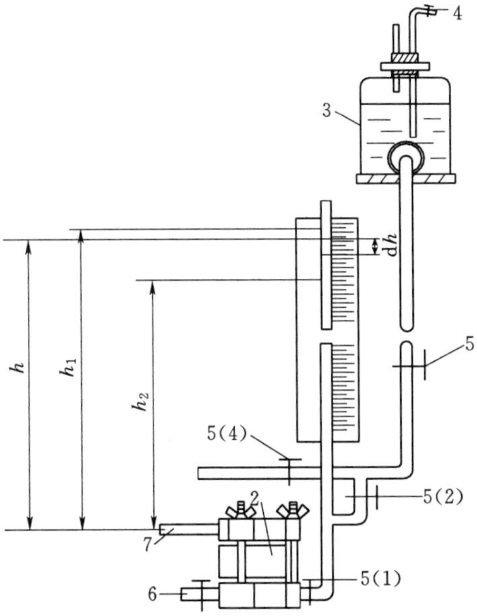

附图 F-2 变水头试样渗透系数 $K(N)$ 测试装置

1—测压管；2—试样盒；3—水位瓶；4—入水口；5—闭水阀；6—排水管；7—出水口

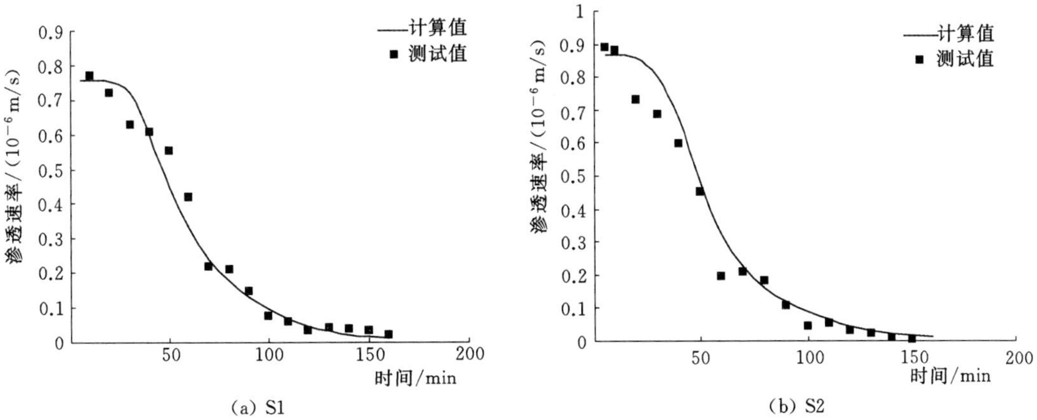

附图 F-3 渗透速率实验结果与计算值对比

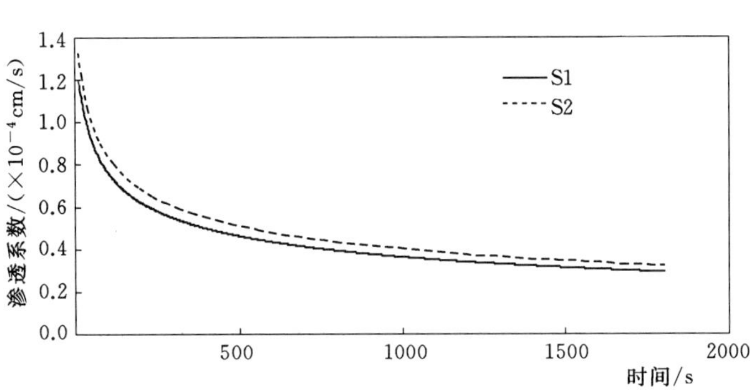

附图 F-4 渗透系数 $K(N)$ 计算

F.3 新拌混凝土变形模量

把新拌混凝土简化为类弹塑性介质是研究其施工力学特性一个重要前提，新拌混凝土施工受荷作用下内部应力分布，需获知其弹性模量、剪切模量及体积变形模量。这里，给出一种确定新拌混凝土拌和物变形模量的建议方法。

1. 试验

运用静态三轴试验仪，进行不同侧压力工况下（围压 50kPa、90kPa 和 120kPa）新拌混凝土压缩固结实验，获取新拌混凝土弹性模量 E、泊松比 ν 和体积压缩模量 K（附图 F-5～附图 F-7）。

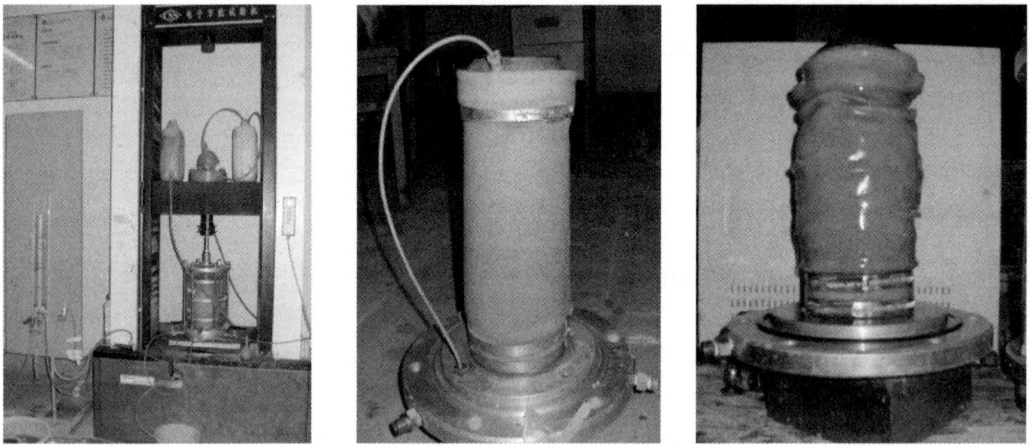

附图 F-5 三轴试验及试样试验前后图

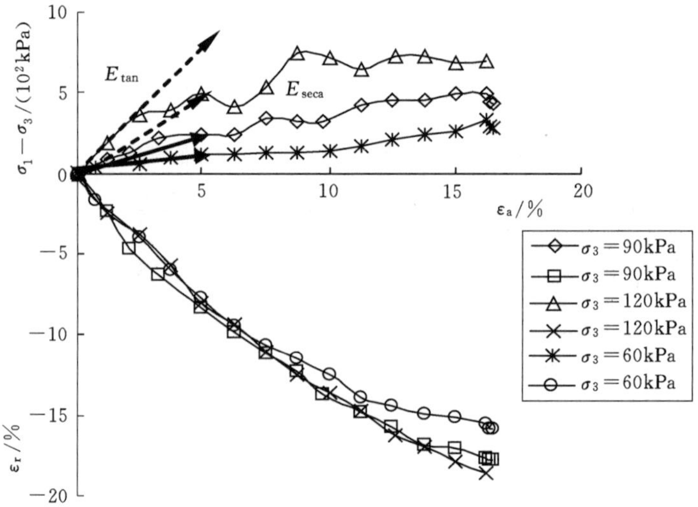

附图 F-6 不同围压下新拌混凝土 $(\sigma_1-\sigma_3)-\varepsilon_a-\varepsilon_r$ 曲线

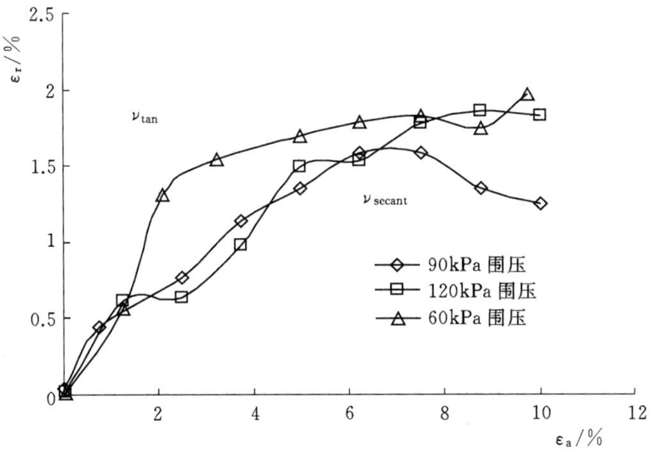

附图 F-7　新拌混凝土 $\varepsilon_a-\varepsilon_r$ 曲线及切线泊松比、割线泊松比

2. 计算求解

考虑拌和物与岩土结构材料组分及状态差异，基于唯象学实验推论，取初始直线段切线模量 E_{tan} 和 5%ε_a 所对应割线模量 E_{secant}、初始直线段切线模量 ν_{tan} 和 5%ε_a 所对应的割线模量 ν_{secant} 表征其宏观统计平均意义下的等效弹性模量 E 和泊松比 ν。采用上述假定推求 E_{secant}、ν_{secant} 以及 K_{secant} 值的依据是考虑初期 $(\sigma_1-\sigma_3)-\varepsilon_a$ 和 $\varepsilon_r-\varepsilon_a$ 关系更能有效反映新拌混凝土受力性能特点的设想，而后期变形非线性增量随机性变化太强无法可靠表征混凝土受力等效弹性增量特点。该处理方法合理性虽没有相关文献研究成果验证，但参考对比软粘土三轴试验成果及塑性混凝土三轴试验结果，可以认为给出的推定结果是可行的且物理概念与散粒材料是一致的。由于弹塑状态新拌混凝土没有"剪切破坏"的概念，这里依据实验可定义 5%ε_a 所对应割线模量 E_{secant}、ν_{secant} 为等效非破坏阶段新拌混凝土弹性模量和泊松比具有明确物理意义：表明初始状态阶段变形混凝土的假想应力应变关系在未发生较大错位、滑移时所反映的组分体类弹塑性性质，可以用来体现模板内振后这一特殊阶段的密实混凝土某种变形性能；而大于 5%ε_a 的割线模量 E_{secant}、ν_{secant} 可理解为等效剪压破坏后的特性参数而不具有类弹塑性意义。

基于类弹塑介质假设，可根据下式（附 F-23）求得新拌混凝土体积变形模量 K。

$$K=\frac{E}{3(1-2\nu)} \tag{附 F-23}$$

部分试样等效弹性模量 E、体积压缩模量 K 及泊松比 ν 值列于附表 F-2。

附表 F-2　不同围压下新拌混凝土 E、K 及 ν

围压/kPa		120	90	60
试样 1	E_{tan}/kPa	1338.84	467.84	358.04
	E_{secant}/kPa	1063.31	370.67	279.79
	K_{secant}/kPa	1086.31	430.69	267.64
	ν_{tan}	0.34	0.49	0.56
	ν_{secant}	0.28	0.34	0.36

续表

围压/kPa		120	90	60
试样2	E_{tan}/kPa	1458.40	601.00	232.54
	E_{secant}/kPa	992.38	488.84	222.75
	K_{secant}/kPa	864.29	547.15	173.83
	ν_{tan}	0.31	0.54	0.72
	ν_{secant}	0.28	0.31	0.35

注 试样1的 $W/C=0.40$；试样2的 $W/C=0.45$。

F.4 排渗效果计算分析

1. 渗流微分方程

将新拌水工混凝土看成粗细骨料、水泥颗粒、自由水组成混合物，振捣后忽略其所含微小气泡影响，混合物近似于饱和多孔介质。按多孔介质渗流理论，新拌水工混凝土渗透排水连续性方程应满足

$$\frac{\partial(\rho n)}{\partial t}+\nabla\cdot\rho\vec{v}=0 \qquad \text{(附 F-24)}$$

式中：ρ 为渗流浆液介质密度，kg/m^3；n 为新拌水工混凝土（含自由水）孔隙率；$\vec{v}$ 为浆液渗流速度矢量，m/s，$\vec{v}=[\vec{v}_x, \vec{v}_y, \vec{v}_z]^T$。

式（附F-25）中，假设 ρ 为常数，则有

$$\frac{\partial n}{\partial t}+\nabla\cdot\vec{v}=0 \qquad \text{(附 F-25)}$$

视新拌水工混凝土体积变形为孔隙体积变化（忽略砂石骨料及刚开始水化水泥本身体积变化，自由水体积不变），则骨架体积变形随内部超静压力 p 变化用压缩系数 α_v 表示为

$$\alpha_v=\frac{1}{1-n}\frac{dn}{dp} \qquad \text{(附 F-26)}$$

且有

$$\frac{\partial n}{\partial p}\approx\alpha_v(1-n)\frac{\partial p}{\partial t} \qquad \text{(附 F-27)}$$

设 ϕ 为新拌水工混凝土内部孔隙水压力，p 为渗流静力水头，z 是位置高度，则

$$\phi=\frac{p}{\gamma}+z=\frac{p}{\rho g}+z \qquad \text{(附 F-28)}$$

式（附F-28）对 t 求偏导代入式（附F-27）得：

$$\frac{\partial n}{\partial p}\approx S_s\frac{\partial\phi}{\partial t} \qquad \text{(附 F-29)}$$

式中：S_s 为新拌水工混凝土释水系数 [storage coefficient]，$S_s=\rho g\alpha_v(1-n)$。

释水系数 S_s 物理意义是：饱和新拌水工混凝土内孔水压水头下降一个单位时，单位体积混凝土孔隙因压缩而释放的流体体积。计算 S_s 时需获取 α_v 值和 n 值，对新拌水工混凝土而言不易实现。可由已知体积压缩模量 m_v、泊松比 ν 换算得出，详见式（附F-38）。

式（附 F－24）中第二项应用 Darcy 定律

$$\nabla \cdot \vec{\nu}=\nabla\vec{\nu}=\frac{\partial}{\partial x}\left(k_x\frac{\partial \phi}{\partial x}\right)+\frac{\partial}{\partial y}\left(k_y\frac{\partial \phi}{\partial y}\right)+\frac{\partial}{\partial z}\left(k_z\frac{\partial \phi}{\partial z}\right)=\nabla(K\cdot\nabla\phi) \quad \text{（附 F－30）}$$

将式（附 F－29）、式（附 F－30）代入式（附 F－24），则有

$$\nabla(K\cdot\nabla\phi)=S_s\frac{\partial \phi}{\partial t} \quad \text{（附 F－31）}$$

若取渗透系数 $k_x=k_y=k_z=K$，且 K 常数，则

$$K\cdot\nabla^2\phi=S_s\frac{\partial \phi}{\partial t} \quad \text{（附 F－32）}$$

式（附 F－32）即为均质饱和新拌水工混凝土内部水分介质的渗流微分方程。混凝土内部水分排渗为非恒定渗流，式（附 F－32）须满足特定初始条件和边界条件。

2. 渗流积分方程

设新拌水工混凝土渗流域 Ω 取图 F－8，圆柱模板半径为 R、高为 H，内部为具有超静压力场。根据式（附 F－32），在整个浇注体积渗流域 Ω 进行积分，可获得相应渗流域解。

$$\iiint_{\Omega}(K\cdot\nabla^2\phi)\mathrm{d}\Omega=\iiint_{\Omega}S_s\frac{\partial \phi}{\partial t}\mathrm{d}\Omega \quad \text{（附 F－33）}$$

上式可转化为

$$\iiint_{\Omega}\left(r\frac{\partial^2 \phi}{\partial r^2}+\frac{\partial \phi}{\partial r}+r\frac{\partial^2 \phi}{\partial z^2}\right)\mathrm{d}\Omega=\frac{S_s}{K}\iiint_{\Omega}\frac{\partial \phi}{\partial t}\mathrm{d}\Omega \quad \text{（附 F－34）}$$

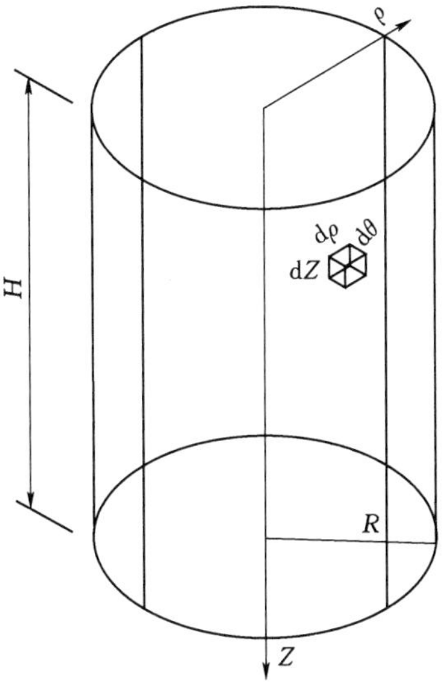

附图 F－8　透水模布内混凝土渗排域计算模型

3. 体积压缩系数与释水系数关系

根据附图 F－8 模型，$\mathrm{d}t$ 时间内若单元体内有效应力增量为 $\mathrm{d}\sigma'$，超静孔水压为增量 $\mathrm{d}\phi$，按有效应力原理有

$$d\sigma' = -d\phi = \frac{\partial \phi}{\partial t} dt \qquad (附 F-35)$$

单位时间内新拌水工混凝土内单元体 $d\Omega$ 有效应力增加 $d\sigma'$ 与单元体体积减小 dv 以及排渗水量 dQ 满足

$$dQ = dv = m_v d\sigma' d\Omega = -m_v d\phi d\Omega \qquad (附 F-36)$$

式中：dv 为单元体积 $d\Omega$ 内由于孔水压减少 du 而引起的体积压缩；m_v 为新拌水工混凝土体积压缩系数。

就物理意义而言，新拌水工混凝土体积压缩过程与多空饱和介质的固结排渗物理性质比较相似。因而可采用如下公式：

$$\frac{\partial \phi}{\partial t} = \frac{1+\nu}{3(1-\nu)\rho m_v}\left(k_x \frac{\partial^2 \phi}{\partial x^2} + k_y \frac{\partial^2 \phi}{\partial y^2} + k_z \frac{\partial^2 \phi}{\partial z^2}\right) \qquad (附 F-37)$$

结合式（附 F-14）和式（附 F-9），则有

$$\frac{1+\nu}{3(1-\nu)\rho m_v} = \frac{1}{S_s}$$

$$m_v = \frac{S_s(1+\nu)}{3(1-\nu)\rho} \qquad (附 F-38)$$

式（附 F-38）代入式（附 F-34）积分，得 $0 \sim t_i$ 时段内孔水压水头消散引起排水总量。

$$Q = \int_0^{t_i} dQ dt = -m_v \int_0^{t_i} d\phi \iiint_\Omega d\Omega = -\frac{S_s(1+\nu)}{3(1-\nu)\rho}\int_0^{t_i} d\phi \iiint_\Omega d\Omega = -\frac{g\alpha_v(1-n)(1+\nu)}{3(1-\nu)}\int_0^{t_i} d\phi \iiint_\Omega d\Omega$$

（附 F-39）

根据以上计算，可以从理论上选择不同排水量指标的模板布类型。

参 考 文 献

［1］ POWERS T. C. Physical properties of cement paste ［C］ //Proceedings of Fourth International Symposium on the Chemistry of Cement，Washington，1960.

［2］ PRICE B. Recent developments in the use of controlled permeability formwork ［J］. Concrete（London），1998，32：8-10.

［3］ SORENSEN M G. Controlled permeability formwork for improved durability ［J］. Concrete（London），2003，37：34-35.

［4］ 田正宏，白凯国，朱静. 透水模板布改善混凝土表层质量试验研究 ［J］. 东南大学学报（自然科学版），2008，38（1）：146-149.

［5］ 田正宏，郑小伟，宋健大，等. 透水模板改善混凝土性能试验 ［J］. 建筑材料学报，2008，11（2）172-178.

［6］ http：//www. dupont. com/Zemdrain/en _ US/products/product. html.

［7］ 刘竞，邓德华，张秋信，等. 威海某跨海大桥应用透水模板施工的试验探讨 ［J］. 混凝土与水泥制品，2007，156（4）：22-26.

[8] 付香才. Formtex 透水模板布在墩身施工中的应用 [J]. 铁道标准设计，2006，4：35-37.

[9] DUGGAN，T. Enhancing concrete durability using Controlled Permeability Formwork [C] //17th Conference on Our World in Concrete and Structures，Singapore，August，1992：57-62.

[10] SURYAVANSHI A K，SWAMY R N. An evaluation of controlled permeability formwork for long-time durability of structural concrete elements [J]. Cement and Concrete Research，1997，27 (7)：1047-1060.

[11] SCHUBEL P J，WARRIOR N A，ELLIOTT K S. Evaluation of concrete mixes and mineral additions when used with controlled permeable formwork [J]. Construction and Building Materials，2008，22：1536-1542.

[12] Rankin，G. I. B. In-situ evaluation of silane treated concrete cast using Zemdrain formwork liner at Dock street bridge，Belfast [R]. Internal report to Dupont De Nemours，Luxembourg，Report No-TAS 139，June，1992.

[13] 田正宏，李雪宁. 透水模板浇筑混凝土拌合物水胶比试验分析 [J]. 水利水电科技进展，2011，31 (4)：29-32.

[14] 田正宏，王会，郑东健. 透水模板布几何参数对透排水性能的影响 [J]. 江苏大学学报，2009，30 (5)：523-527.

[15] 田正宏，孟思宇，王晓，等. 流态混凝土对透水模板布渗淤性能影响 [J]. 过滤与分离，2009，19 (2)：1-5.

[16] 田正宏，刘红霞. 混凝土早龄期减缩措施与性能研究 [J]. 施工技术，2013，42 (4)：31-34.

[17] KASAI Y，NAGANO M，SATO K，et al. Study on the evaluation of concrete quality prepared with permeable forms and plywood forms [J]. Trans Jpn Concr Inst，1988 (10)：59-66.

[18] SHA'AT AA. Assessment methods of improving the durability of surface concrete [D]. Thesis submitted to the Queen's University Belfast，1994.

[19] 傅立容. 透水模板在盐田港区三期工程中的应用研究 [J]. 水运工程，2004，369 (10)：36-39.

[20] 朱嫵，刘刚，武晶. 透水模板布的试验研究 [J]. 济南大学学报，1994，4 (3)：56-59.

[21] TIAN Z H，QIAO P Z. Multiscale performance characterization of concrete formed by controlled permeability formwork liner [J]. Journal of Aerospace Engineering，2013，26：684-697.

[22] 中华人民共和国交通运输部. 混凝土工程用透水模板布：JT/T 736—2015 [S]. 北京：人民交通出版社，2016.

[23] 刘崇熙，汪在芹，李珍，等. 硬化水泥浆化学物理性质 [M]. 广州：华南理工大学出版社，2003，399-401.

[24] 中华人民共和国住房和城乡建设部，国家市场监督管理总局. 土工试验方法标准：GB 50123—2007 [S]. 北京：中国计划出版社，2007.

[25] 呼和敖德，黄振华，张袁备，等. 连云港淤泥流变特性研究 [J]. 力学与实践，1994，16 (1)：21-25.

[26] 徐志伟，赵江倩. 围压增大条件下淤泥土弹性模量及侧向变形特性的真三轴试验研究 [J]. 岩土工程技术，2000，4：226-229.

[27] 孔祥言，陈峰磊，陈国权. 非牛顿流体渗流的特性参数及数学模型 [J]. 中国科学技术大学学报，1999，29 (2)：141-147.

[28] 康勇，罗茜. 液体过滤与过滤介质 [M]. 北京：化学工业出版社，2008.

[29] 中国建筑科学研究院. 钻芯法检测混凝土强度技术规程：CECS-03：2007 [S]. 北京：中国建筑工业出版社，2007.

[30] 中华人民共和国标准. 普通混凝土长期性能和耐久性能试验方法标准：GB/T 50082—2009 [S]. 北京：中国建筑工业出版社，2009.

[31] 中华人民共和国水利部. 水工混凝土试验规程：SL 352—2006 [S]. 北京：中国计划出版社，2006.

[32] ASTMC1202-91，Standard Test Method for Electrical Indication of Concrete's Ability to Resist Chloride Ion Penetration [S].

[33] 国家技术监督局. 混凝土及其制品耐磨性试验方法（滚珠轴承法）：GB/T 16925—1997 [S]. 北京：中国标准出版社，1997.

[34] 中华人民共和国发展和改革委员会. 水工建筑物抗冲磨防空蚀混凝土技术规范：DL/T 5207—2005 [S]. 北京：中国电力出版社，2005.

第 23 章　农田排水设计与施工

23.1 概　述

23.1.1 农田排水的基本形式、特点及发展趋势

截至 2008 年，我国中低产田面积共有 0.563 亿 hm^2，其中易涝耕地 0.244 亿 hm^2，渍害 0.077 亿 hm^2，盐碱地 0.073 亿 hm^2，涝渍碱灾害是导致农作物低产的主要原因之一，严重制约着农业生产的发展和人民生活水平的提高。长期的实践证明，农田排水在防御涝渍灾害和土壤盐碱化、改善田间耕作管理、增加作物产量、提高作物品质，促进国民经济发展等方面起着积极的作用，是农业可持续发展的重要保障。农田排水的基本形式包括明沟排水、暗管排水、竖井排水。

明沟排水是最早发展起来也是运用最为广泛的排水措施，其排除田面涝水效果显著，但开挖工程量大，而且存在易坍、易淤、易生杂草等问题，尤其在土质黏重地区，为了控制地下水位缩小排水沟间距，导致占地面积增加，影响了机耕。

暗管排水技术是国际上应用较广的水利改良措施，是通过在地下埋设有孔的排水暗管，控制地下水位，排除土壤中过多的水分，通过灌溉、淋洗等手段去除土壤中过多的盐分，并防止盐分在土壤表层聚积，为作物生长创造良好的水土环境。作为我国改良土壤盐渍化的一项重要工程措施，暗管排水技术在滨海盐碱土、干旱半干旱地区盐碱土、苏打盐碱土、大棚次生盐碱土、涝渍地土等不同类型土壤的多个地区开展了不同程度的应用研究，并在暗管的管材、裹滤网、施工机械等方面均取得了许多成果。国内外的实践证明，它是农田排水的发展方向。

竖井排水在我国主要是井灌井排，具有抽水灌溉、抗旱压盐、控制地下水位，既抑制返盐，又有利于雨季淋盐和缓解涝渍灾害等多种功能。这一措施对干旱、涝渍盐碱多灾种并存的华北平原地区的中低产田改造起着重要作用。

目前国内农田排水系统多采用由不同级别排水沟组成的单一明沟布设方式，而发达国家的田间末级排水则广泛采用暗管排水形式。暗管排水可减少明沟的占地，管护简单，降渍效果好，但排地表水效果不如明沟，且工程一次性投入大，施工技术要求高。随着控制灌溉等新排水技术的提出和发展、土工合成新材料的不断投入使用，兼具 2 种甚至 3 种排水工程措施优势的组合排水技术如明暗组合排水技术、沟井组合排水技术、井管组合排水等将成为未来农田排水工程技术的发展方向。

23.1.2 土工合成材料在农田排水中的应用

23.1.2.1 土工合成材料在暗管排水中的应用

农田暗管排水作为一种行之有效的农田排水技术，在国内外已被广泛采用。存在问题是如何有效地阻止排水暗管被淤堵又能保持稳定的透水性，以增加暗管的使用寿命。土工

合成材料的出现，给这一技术带来了新的生机。大约在1941年，英国发明的聚乙烯塑料管获准在美国生产；1944年，美国工程师团就研究过使用多孔塑料管以解决机场的排水问题；20世纪60年代，中期德国研制成功了生产波纹塑料管的连续压制成型设备，这种新型管道用于地下排水很受欢迎。由于塑料波纹管具有强度高、重量轻、成本低和纵向柔性好、可以卷筒运输、有利机械埋设等特点，因而已成为排水主用管材。随着塑料管和多种形状的波纹塑料管的应用和暗管排水施工机械的发展，使得施工的难度和速度有了明显的改善和提高，采用经济适用的与现代化施工设备相配套的外包料已成为必然的发展趋势，近几年排水管的外包滤料甚至出现了往管滤结合的工厂化方向发展趋势。由于土工织物与传统的过滤排水材料相比具有产品系列多、性能稳定、质轻、运输施工方便、劳动强度低、工效高、施工质量易保证等优点，因此，土工织物作为暗管排水外包料已显现出很好的应用前景。通过已有的试验研究结果发现，土工织物作为农田暗管排水过滤层是完全可行的，并初步确定了暗管排水滤层土工织物的选择标准，当保护土的不均匀系数 $C_u<4$ 时，有

防止管涌：$O_{90}<(2\sim4)d_{85}$。

保证透水性：$O_{90}>4d_{15}$ 或梯度比 $GR<3$。

其中：O_{90} 为等效孔径，mm；d_{85}、d_{15} 为被保护土的特征粒径，mm。

由于一般情况下，农田排水的作用水头不大，而且土体中渗流多为层流，暗管周围一般也不受到动荷载或双向水流的影响，因此，可以选择孔隙较大、厚度较薄的土工织物。

23.1.2.2 土工合成材料在机井排水中的应用

机井是我国北方干旱半干旱地区农业生产的重要保障，是改善农田生产条件、改良土壤盐碱化的有效途径，得到了国家的高度重视。据统计，到2003年年底，我国机井数达到470.94万眼，井灌面积1651.26万 hm^2。我国的机井多建于20世纪60—70年代，进入90年代以来机井老化报废严重，效益衰减加速。据对我国20个省（自治区、直辖市）的调查，从2000年到2001年，井灌区每年更新、修复、报废的机井分别约占当年机井保有量的2.32%、3.35%、3.12%。更新、改造机井的工作日益被重视，而土工合成材料作为轻型耐用价格低廉的新井管材料、机井滤水材料和修补材料也得到迅速的发展。2000年以来，通过我国专家的不懈努力，出现了一批塑料井管生产工艺、成井工艺等科技成果，为我国的塑料井管的推广应用起到了积极促进作用。2007年，郭红发等将PVC井管技术在农业灌溉排水中进行应用，井深18m，PVC管公称外径160mm、壁厚5mm规格，取得了较好的应用效果；2008年，卢予北等在郑州市北环实施了两眼全塑示范井的建设，创造了国内外大口径塑料管成井深度最深、成井口径最大的记录。早期的机井多为混凝土管或无砂混凝土管，强度较低，机井井管常发生的破裂、错口、弯曲及孔洞等损坏，PVC塑料套管因具有耐锈蚀、施工容易的优点近几年常作为修补井管的首选材料。2001年，肖西卫等利用PVC-U贴砾滤水管成功解决原有机井因筛管缝隙过大造成取水时泥沙含量过大的问题。土工合成材料作为机井滤水材料的研究开展的时间较早，也取得了较为成熟的成果。1987—1988年，北京农业大学等几家单位利用现场成井实践和室内成井模拟试验，摸索了土工织物包裹滤水管的成井工艺，并总结出了机井土工织物滤层的设计准则。此后，较多的研究学者就实际工程特点提出土工合成材料在过滤器中应用情况，不

断充实该领域的研究成果。随着经济的发展，土工合成新材料技术的不断进步，其在农田排水领域的应用将更加的广泛。

23.1.3　农田排水相关规范

农田排水设计、施工规范如下：

(1)《农田排水工程技术规范》(SL/T 4—2020)。

(2)《机井技术规范》(GB/T 50625—2010)。

(3)《土工合成材料应用技术规范》(GB/T 50290—2014)。

(4)《机井井管标准》(SL 154—2013)。

(5)《硬聚氯乙烯（PVC-U）双壁波纹管材》(QB/T 1916—2004)。

23.2　农田排水设计

23.2.1　暗管排水设计

23.2.1.1　暗管排水系统的组成

农田暗管排水系统是埋设在农田下一定设计深度的排水设施。它主要用于接纳通过地下渗流所汇集的田间土壤内的多余水分，并排入骨干排水系统或容泄区。农田暗管排水系统一般由地下吸水管、集水管（沟）、农沟、支沟、检查井、集水井、抽水站或沟口等几部分组成。

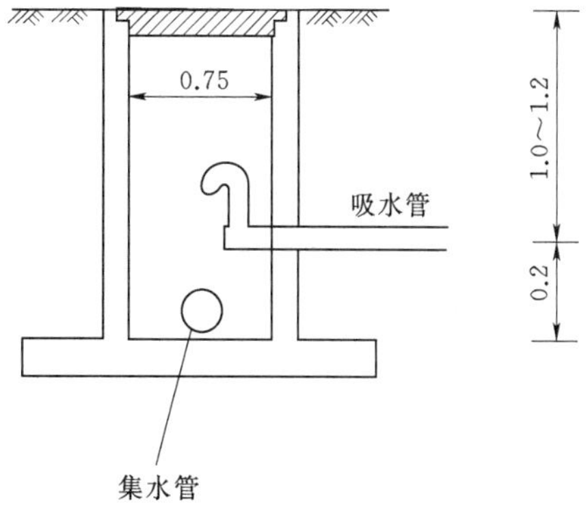

图 23.2-1　暗管检查井示意图（单位：m）

地下吸水管埋设于田间一定深度内（图 23.2-1），利用吸水管管壁上的孔眼或接缝将土壤中多余水分渗入管内，汇入集水管或明沟排走。集水管（沟）的任务是将地下吸水管吸入的土壤多余水分、地面排入的地表水等及时汇集并输送到容泄区，通常分为农沟、支沟、干沟三级。查井通常设置在地下吸水管与集水管（农沟）相交处，用于冲沙、清淤、控制水流和管道检修的竖井。在采用集水管而又必须穿越道路或渠沟时，应在其两侧设置检查井，在集水管的纵坡变化处也应设置检查井。集水井的作用是汇集排水区的水流、沉积泥沙、按照排水计划进行分区排水、通过关闭闸门控制区域排水流量、调查田块内的地下水位及农田水分状况、兼做观察检修管道的检查井。它通常设置在上下级管道交汇处。暗管出口、沟口闸等设施可以有效地控制地下排水系统的流量，改善农田土壤水分状况。吸水管的暗管门可以逐条设置，也可以按田块多条合并设置。对于地势平坦，田面高程、作物种类和茬口、灌排要求都一致的地区，可在集水沟（管）出口设置闸门进行分区控制。沟口是农田暗管排水系统水流流向承泄区的入口，其高程应高于承泄区汛期最高水位。为了控制排水和防止洪水或潮水倒挂，通常在沟口设置沟口闸或沟口控制井。

23.2.1.2　暗管排水设计所需基本资料

农田水利工程的设计是一项系统工程，因此在规划设计、施工等过程中都需要充分了解相关因素和资料，在分析渍害和盐害发生的原因的基础上确定暗管排水的实施方案。暗管排水设计时需要收集治理区内的相关基本资料，包括地形条件、作物种类、土壤特性、水质条件、水文地质和气象条件、经济条件、农业发展水平等。

23.2.1.3 暗管系统的布置形式选择

农田暗管排水系统的布置应当符合农田水利工程总体规划，充分利用地形地势，最大可能地采用自流形式，在保证田间工程除涝功能正常发挥的同时要满足降渍标准和排盐标准，并能适应现代新型耕作技术和农林建设发展要求。

根据地形地貌及地面坡度的不同，可将农田暗管排水工程布置形式分为如下几类。

1. 单管排水系统

田间只有一级吸水管，渗入吸水管的水直接排入明沟（图 23.2-2）。

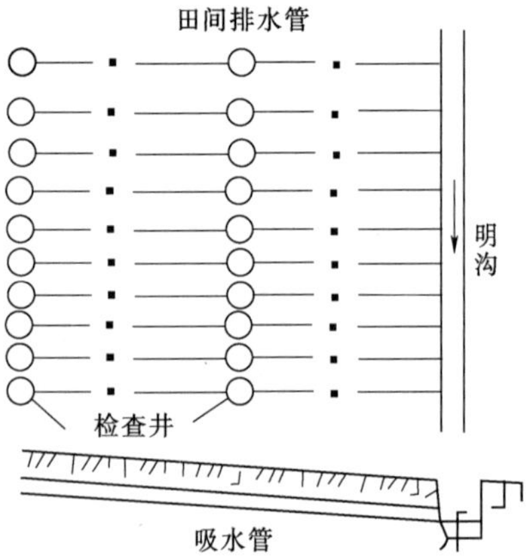

图 23.2-2 单管式暗管排水系统布置示意图

2. 复式暗管排水系统

田间吸水管不直接排入明沟，而是经集水管排入明沟或下一级集水管。复式暗管排水系统又可以分为双向集水复式暗管排水系统和单向集水复式暗管排水系统。

（1）双向集水复式暗管排水系统布置形式。吸水管布置在集水管的两侧，成正交或斜交的形式（图 23.2-3）。平原地区内地势平坦、田块规整的地段一般可采用这种布置形式。多级暗管排水系统需要较大的坡降，暗管出口埋深较大，一般需修泵站进行抽排。

（2）单向集水复式暗管排水系统布置形式。吸水暗管应布置在集水管的一侧，并根据吸水管的设计纵坡确定其与集水管（沟）连接是否正交（图 23.2-4）。它适用于地面坡度较大、田间排管渠系单向布置的情况。在该种地形下，为了使地下吸水管的纵坡控制在 0.1%～0.4%范围内，需要根据不同的地面坡度采用不同的布置方法：当田面坡降小于 0.4%，

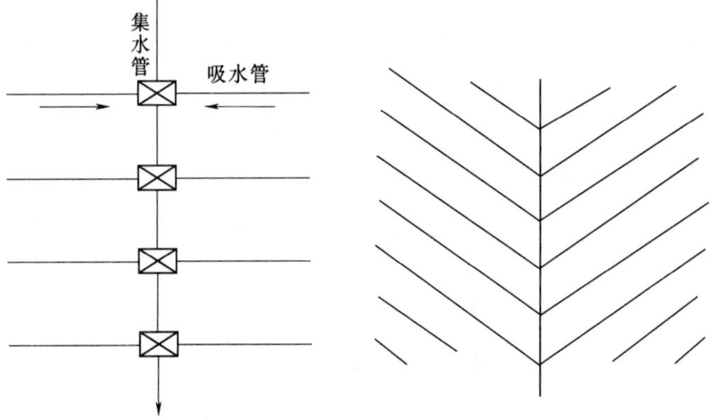

(a) 总体布置　(b) 集水管示意图

图 23.2-3 双向集水复式暗管排水系统布置示意图

宜采用吸水管垂直等高线的布置形式，吸水管的坡降与田面坡降基本一致；当田面坡降大于1%，应采用吸水管平行等高线的布置形式，以有利于满足暗管坡地埋设的基本要求，同时也便于耕作；当田面坡降在0.4%～1%之间，宜采用吸水管与等高线斜交的布置形式，在田块设置时应调整田块方向以利排水。集水暗管通常应设置在地形最低处，以便减少土方工程量又能获得较好的排水效果。

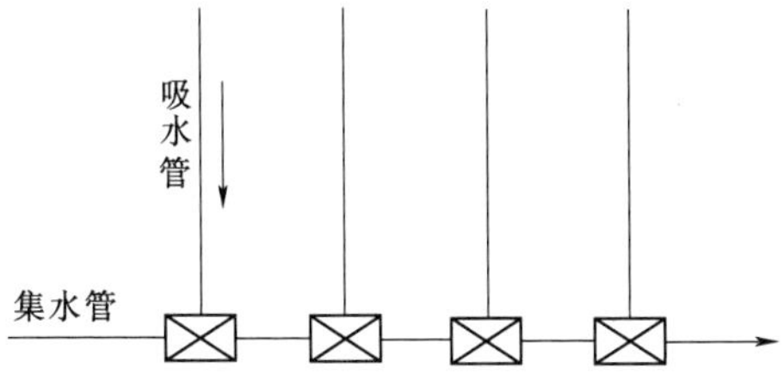

图 23.2-4　单向集水复式暗管排水系统布置示意图

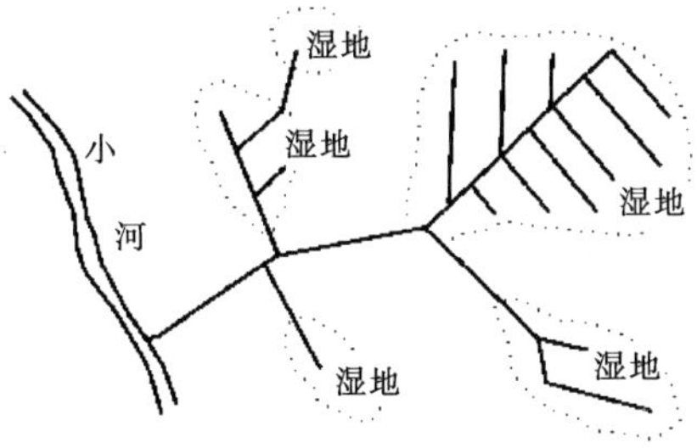

图 23.2-5　不规则布置形式示意图

(3) 不规则布置形式。如图 23.2-5 所示，在渍害田面积较小，且孤立分布，需局部排水或为导出散状泉眼的泉水时，需要根据地形、水文地质等实际条件和土质排水性状布置暗管，比较灵活，不需要形成等距和规则的排水系统。其集水管（沟）可沿自然洼地或其他低地铺设。

23.2.1.4　吸水管埋深及间距的确定

吸水管间距和埋深的确定需考虑的因素主要有气候、作物种类、土壤性质、盐渍化程度、原有灌排系统的状况等，同时也要考虑施工机械的性能条件、施工的难易程度。实际工作中在没有试验研究资料的情况下，也可以参考国内外有关理论或经验公式计算确定。

1. 吸水管埋设深度的确定

吸水管埋设深度一般根据土壤质地、作物种类、水文地质、现有排水系统状况以及当地的技术经济条件等因素确定。南方渍害地区通常按照作物生育期内适宜地下水埋深的最大值与剩余水头确定。两吸水暗管间的地下水位线见图 23.2-6，吸水暗管埋深的计算可按式（23.2-1）进行：

$$D=h+h_c+h_0 \qquad (23.2-1)$$

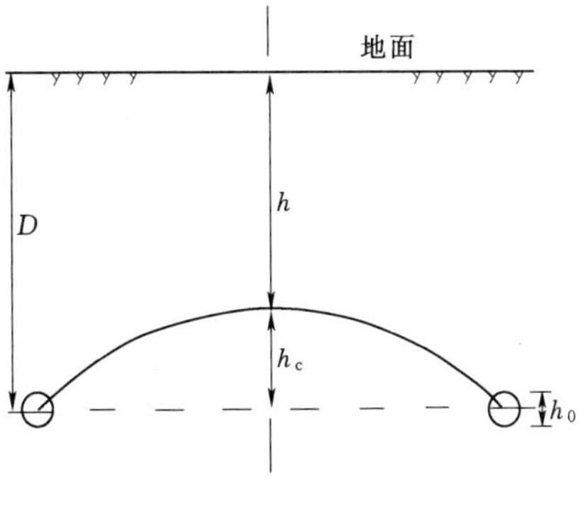

图 23.2-6　两吸水暗管之间的地下水位线

式中：D 为吸水暗管的埋设深度，m；h 为作物要求的地下水埋深，一般为作物耐渍深度或不同质地土壤的地下水位临界深度，m；h_c 为两吸水暗管间排水地块中部地下水位与吸水暗管中水位之差，一般取 0.2～0.3m；h_0 为暗管中的水深，m，一般取吸水暗管管径的一半。

2. 经验取值法

目前，我国吸水管的埋设深度，也可以参考表 23.2-1 所列的数值。

表 23.2-1 地下吸水管埋设深度 单位：m

作物种类	浅根类旱作物	深根类旱作物	牧草	果树
无盐渍化威胁地区	0.9～1.2	1.2～1.4	0.8～1.1	1.6～2.0
盐渍化威胁地区	1.6～2.2	1.8～2.5	1.5～1.8	2.2～2.6

23.2.1.5 吸水管间距的确定

确定吸水管间距的途径有三种：一是田间试验法，通过暗管排水工程的田间试验，分析各试验处理的工程投资与效果，确定适合当地情况的合理间距，验证公式计算方法和经验数据法对当地的适用情况；二是经验数据法，主要根据当地农田塑料暗管排水试验结果和工程实践经验，进行分析总结，提出吸水暗管间距布设的经验数据；三是公式计算法，按不同排水任务要求，农田塑料吸水暗管间距的公式计算方法详见《农田排水工程技术规范》（SL/T 4—2020）附录 G。

在缺乏试验研究资料，和采用上述计算方法确定的吸水暗管间距较困难时，亦可参考下面的一些经验数据来确定。

（1）根据质地及管深估算。广东省有些地区，在缺乏试验资料的情况下，根据群众经验，按土壤质地的不同，把管距粗略地定位管深的倍数（表 23.2-2）。

表 23.2-2 不同质地吸水管间距与埋设深度的关系

土质	黏土	壤土	沙壤土
吸水管间距	8～15 倍管距	12～20 倍管距	16～25 倍管距

（2）根据水力传导度及埋深确定。中国水利水电科学研究院水利所和江苏省水利科学研究所根据对南方苏、沪、浙、赣、闽五省（直辖市）部分地区防治农田渍害的调查研究，提出了不同土质的排水暗管埋深与间距经验数据（表 23.2-3），并根据该表数据给出了估算间距的经验公式：

$$L=NKD \tag{23.2-2}$$

式中：L 为吸水管间距，m；N 为经验系数，黏土地区取 $N=40$，壤土地区取 $N=30$，砂土地区取 $N=20$；K 为土壤水力传导度，m/d；D 为吸水管埋深，m。

表 23.2-3 我国南方部分地区不同土质的排水暗管埋深与间距经验数据

暗管埋深 H/m	暗管间距 L/m		
	黏土渗透系数 $K=0.1\sim0.2$m/d	壤土渗透系数 $K=0.3\sim0.6$m/d	砂壤土渗透系数 $K=0.7\sim1.0$m/d
0.8	6～8	8～10	10～12
1.0	8～10	10～12	12～15
1.2	10～12	12～15	15～20
1.5	12～15	15～20	20～30

在没有土壤水力传导度 K 测定值的情况下，可以近似地采取黏土 $NK<10$，壤土 $NK=10\sim10$ 和砂壤土 $NK>12$ 来粗略地估算间距。

(3) 根据国内外设计参数确定。各地在农田塑料暗管排水工程的实践中，还可以参考表 23.2-4 提供的国内外暗管排水系统设计参数。

表 23.2-4 国内外暗管排水系统设计参数

地区	土壤	耕地类型	排水标准	管深/m	管距/m	管径/mm	纵坡	备注
上海		水田 旱地	雨后 3 天，地下水埋深小于 0.8m	1～1.2m	10	5.5	1/1000～2/1000	
广东	黏壤土	水田	0.5	0.6～0.8	10～20	5.5	1/1000～2/1000	晒田后 5～7 天，地下水埋深 0.5m
辽宁			1.2	1.2	15～25			
甘肃				1.3～1.5	200			
山东	轻质土			2.3	100			
河南	砂姜黑土			0.6～1.0	10～30			
美国	黏土及黏壤土			0.9～1.2	9.2～21.4			
	粉砂及粉质黏土			0.9～1.2	18.5～30.5			
	沙壤土			0.9～1.2	30.5～91.5			
	黏土			0.9～1.2	10～20			
荷兰	砂土			0.8～0.9	15～30			
	泥炭土			0.6～0.8	10～30			
日本	黏壤土	水田		0.6～1.0	9～18	5	2/1000～3/1000	

23.2.1.6 塑料暗管的选择、质量要求及管道直径计算

1. 塑料暗管的选择及质量要求

目前国内外常用的塑料管材为聚氯乙烯（PVC）塑料管和聚乙烯（PE）塑料管制成的有孔管道。PE 和 PVC 的物理力学性能见表 23.2-5。

表 23.2-5 PE 和 PVC 的物理力学性能

材料	容重/(g/cm³)	抗拉强度/MPa	耐热温度/℃	脆化温度/℃	弹性模量/GPa
PE	0.92～0.95	1.03～1.51	112～130	－30～50	0.98
PVC	1.2～1.35	1.62～2.06	70～80	0	2.94

目前，PVC 管可以通过调整掺入的增塑剂及其他掺料的品种和质量来改善性能。如通过添加赤泥生产的赤泥硬聚氯乙烯管材，可以改善管材的抗老化性能，提高强度；通过加入环向钢筋生产的加筋硬聚氯乙烯管材，提高了大口径管材的强度，减少了壁厚，降低了造价。在选择管材时，应根据当地条件选用。

目前塑料管道构造形式有两种：平滑管和波纹管。波纹管的管壁薄、重量轻、挠曲性高、表面开孔率高、抗压强度高、耐酸碱腐蚀、排水效果良好、易于施工、造价费用较低，其透水孔通常设置在波纹的凹处，有利于水分进入，而对泥沙等却有一定的阻挡作用，便于排出多余水分且不至于堵塞管道。因此，一般情况下宜选用波纹管。

农田排水暗管管材选用时应经济适用，管材内外层色泽均匀，形状规整，壁厚均匀，管材内外壁不应有气泡、裂口、分解变色及明显杂质和不规则波纹，管材内壁应光滑，端面应平整并与轴线垂直，管材波谷区内外壁应紧密熔接，不应出现脱开现象，满足安全荷载的强度要求。若选用的是PVC管时，其聚氯乙烯树脂的含量不少于80%。具体物理力学性能要求参考《农田排水用塑料单壁波纹管》（GB/T 19647—2005）及《硬聚氯乙烯（PVC-U）双壁波纹管材》（QB/T 1916—2004）。

2. 暗管管径的确定

暗管管径的大小应保证在无压流的情况下排除设计的排水流量。田间吸水管在仅承担排除地下水的情况下可以采用较小的管径。排水暗管内径的确定应符合下列规定：

（1）排水暗管的设计流量可按式（23.2-3）进行计算：

$$Q=CqA \tag{23.2-3}$$

式中：Q 为设计排水流量，m^3/d；C 为与面积有关的流量系数，通常只设置一级或两级暗管时，可取 $C=1$；q 为治渍或防治盐碱化的设计排水模数，m/d；A 为暗管的排水控制面积，m^2。

（2）排水暗管的内径可根据设计流量用下面的要求确定：

1）吸水管应用非均匀流公式计算：

$$d=2\left(\frac{nQ}{\alpha\sqrt{3i}}\right)^{3/8}\geqslant 50 \tag{23.2-4}$$

2）集水管应用均匀流公式计算：

$$d=2\left(\frac{nQ}{\alpha\sqrt{i}}\right)^{3/8}\geqslant 80 \tag{23.2-5}$$

$$\alpha=\frac{\left[\pi-\frac{\pi}{180}\cos^{-1}(2a-1)+2a(2a-1)\sqrt{\frac{1}{a}-1}\right]^{5/3}}{\left[2\pi-\frac{\pi}{90}\cos^{-1}(2a-1)\right]^{2/3}} \tag{23.2-6}$$

式中：d 为排水暗管内径，m；n 为管内糙率，通常波纹塑料管取0.016，光壁塑料管取0.011；i 为水力比降，可采用与排水暗管相同的比降；α 为与管内充盈度 a 有关的系数；a 为充盈度，是圆形管内最大水深与暗管内径的比值。暗管排水设计中，可根据暗管的内径取值：内径为50mm时，a 取0.6；内径为50～100mm时，a 取0.7；内径为100mm时，a 取0.8。

3）吸水管和集水管实际选用内径应分别为计算内径的1.2倍和1.1倍，但最小选用值分别不得小于50mm和80mm。非圆形管可按其断面面积折算成圆形管。设计中，每条吸水管宜取同一管径，集水管可根据汇流情况分段变径。

23.2.1.7　吸水管纵坡的确定

排水暗管比降应按下列要求确定：

（1）排水暗管比降应满足管内允许不淤流速的要求，管内径小于或等于 100mm 时，可采用 1/300～1/600；大于 100mm 时，可采用 1/600～1/1500。在地形平坦地区，吸水管首、末端的埋深差值不宜大于 0.4m。

（2）管内平均流速用下式计算：

$$v=\left(\frac{d}{2}\right)^{2/3} i^{1/2}\beta/n \tag{23.2-7}$$

$$\beta=\left[\frac{\pi-\dfrac{\pi}{180}\cos^{-1}(2a-1)+2a(2a-1)\sqrt{\dfrac{1}{a}-1}}{2\pi-\dfrac{\pi}{90}\cos^{-1}(2a-1)}\right]^{2/3} \tag{23.2-8}$$

式中：v 为管内平均流速，m/s；β 为与管内充盈度 a 有关的系数。

此外，农田塑料排水暗管的纵坡度应能满足管内不冲不淤流速的要求。美国农业部规定暗管的最小流速为 0.4～0.43m/s；荷兰要求吸水暗管的最小流速为 0.35m/s；日本规定为 0.2～0.5m/s（一般采用 0.3m/s）；我国有些地区采用 0.4m/s。排水塑料暗管的最小纵坡参考表见表 23.2-6。

表 23.2-6　　**排水塑料暗管最小纵坡参考表**

地区	排水暗管管径/mm	i_{min}	备　注
中国	50～100	1/300～1/600	
	＞100	1/1000～1/1500	
日本	50	2/1000～3/1000	规范 1/100～1/600
	100	1/1000	
美国	125	7/10000	
	150	5/10000	

为防止暗管管内流速过大，造成对管接头和管道外包滤料的冲刷损坏，在规划设计中，应尽量做到最大流速不超过表 23.2-7 所列数据。在地面坡度较大时，则要改变布置方式或采用相应的稳固措施。

表 23.2-7　　**坡地暗管允许流速**

土壤质地	砂和砂粉质壤土	粉砂和粉质壤土	粉质黏壤土	粉土和黏壤土	粗砂和砾石
允许流速/(m/s)	1.00	1.50	1.80	2.10	2.70

23.2.1.8　吸水管长度的确定

吸水管的长度取决于田间地块的长度。一般来说，吸水管不需要铺设到地头，可以在距离地头间距的 10～15m 处停止。吸水管的起始端距离灌溉渠道的距离不宜小于 3m，且不宜穿越灌溉渠道；必须穿越时，穿越部分应做成不透水管段，其两端距灌溉渠道的距离不宜小于 3m。考虑到现今清洗吸水管的清洗机能清洗的长度最大为 320m，因此需要在超过 300m 的吸水管上每隔 300m 设置检查井。

23.2.1.9 吸水管外包滤料的质量要求及选择

为了改善水流进入暗管的水力条件，防止排水管堵塞，排水暗管外部通常要放置合适的外包滤料。近年来越来越多的工程开始采用更易于机械化施工的合成材料如土工布、透水泡沫塑料、玻璃纤维等作为外包滤料。是否选择土工织物作为暗管排水外包滤料首先要考虑当地土壤情况。一般认为，土壤中黏粒含量与粉粒含量的比值在 0.5 以上时，排水暗管被堵塞的可能性很低。土壤的不均匀系数 C_u 是土壤的 d_{60} 与 d_{10} 的比值，反映组成土壤颗粒的均匀程度。C_u 数值大说明土壤级配较好，C_u 数值小说明土壤质地不均匀，级配较差。当 $C_u>15$ 时，排水管周围土壤不易流失；当 $C_u<5.0$ 时，排水管周围极易发生土壤流失。排水暗管外包滤料的选择一般要遵循 3 个原则：①反滤性好，要求在保证透水的情况下，防止土壤颗粒进入暗管；②透水性强，要求外包滤料的透水性大于土壤介质；③不淤堵，要求外包滤料的滤层部位不会因为土粒的淤塞而导致透水不畅。

Stuyt 等指出土工布外包滤料选择的主要控制因素为 O_{90}/d_{90}、渗透系数 K 和厚度。土工布外包滤料选择标准及范围见表 23.2-8。其中 O_{90}/d_{90} 是最重要的因素，O_{90} 是外包滤料中 90%的孔径都小于该值的开孔直径，d_{90} 是土壤颗粒中 90%的土粒都小于该值的土壤颗粒粒径。建议 $O_{90}/d_{90}\geqslant1.0$，并且 O_{90}/d_{90} 的数值尽量接近可选择范围的上限。

表 23.2-8 土工布外包滤料选择标准及范围

土工布厚度/mm	≤1	1～3	3～5	≥5
O_{90}/d_{90}	1.0～2.5	1.0～3.0	1.0～4.0	1.0～5.0

对于外包滤料的渗透系数，Nieuwenhuis 和 Wesseling 以及 Dierickx 等建议：

$$K_e/K_s\geqslant10 \tag{23.2-9}$$

式中：K_e 为外包滤料的渗透系数，m/d；K_s 为土壤的渗透系数，m/d。

机械铺设吸水管时，应选用粒状滤料、管滤结合或预包成型的管材。各种化纤外包滤料应通过试验确定其厚度等参数。

23.2.1.10 检查井、吸水管口门、集水井等附属设备

附属设备设计应符合下列的要求：

(1) 检查井直径不宜小于 80cm；井内吸水管底应高于集水管顶 10cm；井底应留有 30～50cm 深的沉沙段；明式检查井应加盖保护，暗式检查井的覆土厚度应大于 50cm，其位置的坐标应有记录。

(2) 吸水管出口部位应按排水控制要求进行设计。无控制要求时，出口管段 3～5m 长度应改用不透水管材，并伸出沟坡 10cm 以上，还应对明沟坡面进行防冲处理。集水暗管出口段采用内径为 50mm、长 5m 的金属管连接，一端接塑料暗管，一端伸出排水沟坡面 20cm。接头处用水泥砂浆包裹处理。金属管周围用黏土填实，暗管出口处周围用水泥砂浆护坡。暗管出口建筑物见图 23.2-7。

(3) 采用分片抽排方案时，应根据汇流水量和扬程选择水泵，按运用灵活和管理方便

等要求设计汇流集水井、泵房建筑物和配电设备。

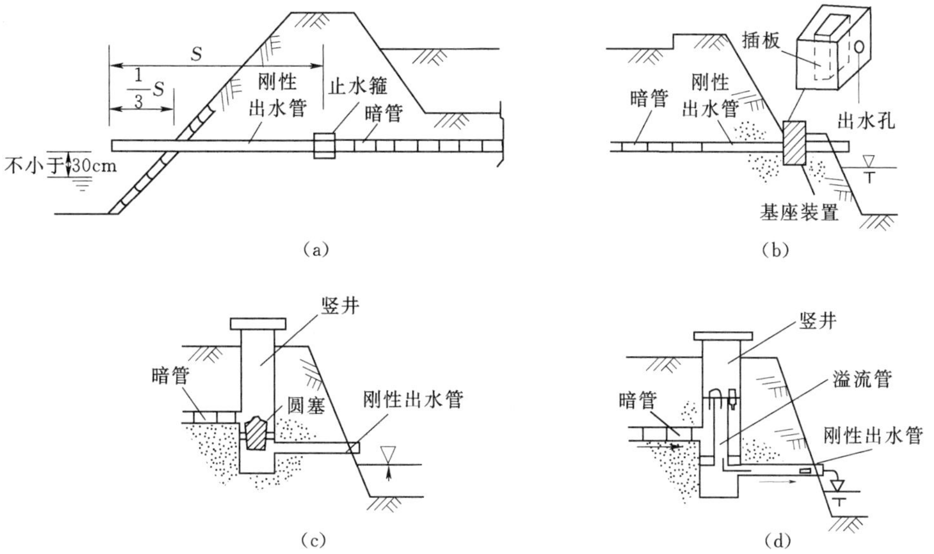

图 23.2-7　暗管出口建筑物

23.2.1.11　暗管排水排盐效果监测

暗管排水排盐效果监测设计包括典型区的选择、监测内容、监测方法。

(1) 监测典型区选择。监测典型区在选择时应考虑地理位置、行政区划、土壤质地、灌区水源条件、排水条件等。

(2) 监测内容。监测内容包括工程现状、项目区灌溉流量、暗管排水流量、水质、土壤盐分、地下水位埋深及水质等。

(3) 监测方法。

1) 项目区灌溉流量可通过在灌溉口设置流量测量装置监测，灌水量监测次数可根据实际灌水情况进行设定。

2) 暗管排水流量监测可通过安装在暗管排水出口的水表测量，若暗管排水至集水井由水泵排出则可根据水泵出水量进行测量，灌溉、降雨及洗盐前期每天监测 2～3 次，后期逐渐减少。

3) 排水水质监测前期每天取样 1 次，后期逐渐减少，主要监测暗管排出水的矿化度。

4) 地下水位埋设及水质应通过埋设地下水观测井的方式进行监测。地下观测井的设置要求不妨碍机械耕作，根据监测区的大小设置监测观测井数量，在监测区中间及四周位置尽量设置观测井，观测井深度应超过最大地下水位埋深以下 2m，井管内径不宜小于 80mm。

5) 土壤盐分可采用埋设 TDR 探管或在暗管正上方采用耕层土壤电导率（EC）等方法测量，测量深度通常可以根据实际需求进行设定。

23.2.2　竖井及辐射井排水设计

竖井和辐射井具有抽水灌溉、抗旱压盐、控制地下水位，既抑制返盐，又有利于雨季淋盐和缓解涝渍灾害等多种功能。因此修建竖井或辐射井对干旱、涝渍盐碱多灾种并存的地区的中低产田改造起着重要作用。

竖井和辐射井排水设计的内容较多，此处主要以介绍与土工合成材料有关的设计内容，其他的设计方法参考竖井和辐射井的相关设计规范。

23.2.2.1 竖井及辐射井排水设计所需的基本资料

竖井或辐射井排水规划前应调研获得如下的基本资料：

(1) 自然地理条件。包括地理位置、地形地貌、土壤类型、降雨量、蒸发量、气温、冻土层深度、地表径流量、水旱灾害情况等。

(2) 地质和水文地质的基础资料。包括地质、构造与岩性分布及特征，地下水类型、含水层的厚度、分布、埋藏于开采条件，地下水补给、径流、排泄条件，地下水化学类型、特性及变化规律。

(3) 地下水资源评价资料。包括地下水补给量、排泄量，水质分析，人类活动对地下水资源的影响分析。

(4) 地下水及地表水资源开发利用的基础资料。包括已建成机井数、配套机井数、机井利用率及分布情况，农业工业生活等规划区域范围内的地下水实际开采量，用水定额、用水制度、用水技术及水的利用率，地表水工程设施的数量、现状、效益和利用情况，地下水、地表水的污染源及污染情况。

(5) 社会经济条件。包括规划区的面积、人口、人均收入及国民生产总值等，工、农业产业结构布局及人口分布情况，能源、交通、城乡建设及环境的发展现状；打井队数量、装备、技术资质和管理水平等使用的基础资料应具有可靠性、合理性和一致性。

23.2.2.2 井的规划布置

1. 治理方式选择

根据规划治理地区的旱、涝、渍、盐碱灾害特点，结合该地区的水文地质条件、已有水利工程状况、灌水方式，选择灌排结合方式。目前北方地区和盐碱化地区治理涝、渍、盐碱灾害的方式有三种：沟井组合、井灌井排组合、沟管组合，其中前面两种都与井排有关。

图23.2-8为安徽省蒙城县柳林镇赵集沟井组合示范区示意图。沟的规格：按大、中、小沟布置，大沟间距L为1500～2500m，沟深h为3～4m；中沟间距L为500～1000m，沟深h为1.2～2.0m；小沟间距L为200～250m，沟深h为1.0～1.2m；其机井井深一般为30～40m；每眼机井控制约100亩地，梅花形布置。

2. 井型选择

生产中常用的井型有管井、筒井、大口井、筒管井、辐射井、真空井、虹吸井等，每种不同类型的井都有其适用条件。在规划选择井型时，除了根据各种井型适用条件进行选择外，还应注意选择井型要尽可能做到节约投资，容易施工，成井质量高，便于管理，技术经济指标及经济效益为最优。

3. 群井布置

对于地下水位过高而形成盐害的地块，地下水调控应以排水为主，兼顾灌溉及其他。因此井群布置应为干扰群井，以便能在要求的时间内，及时地把地下水位控制在一定的要

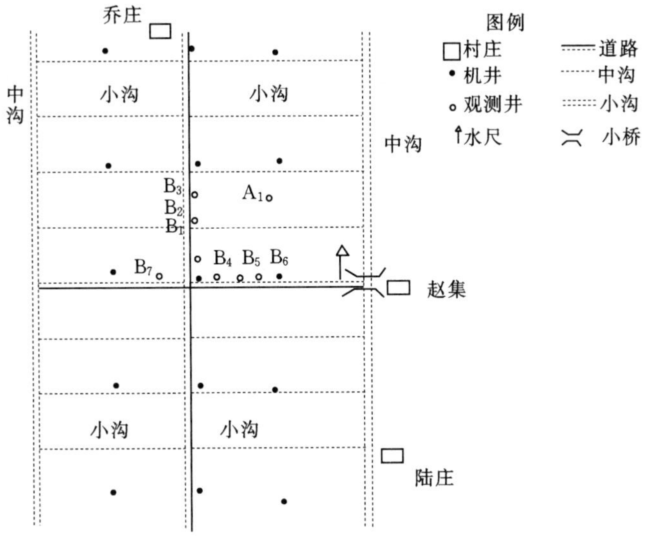

图 23.2-8 安徽省蒙城县柳林镇赵集沟井组合示范区示意图

求的深度以下。群井的布置形式见图 23.2-9。

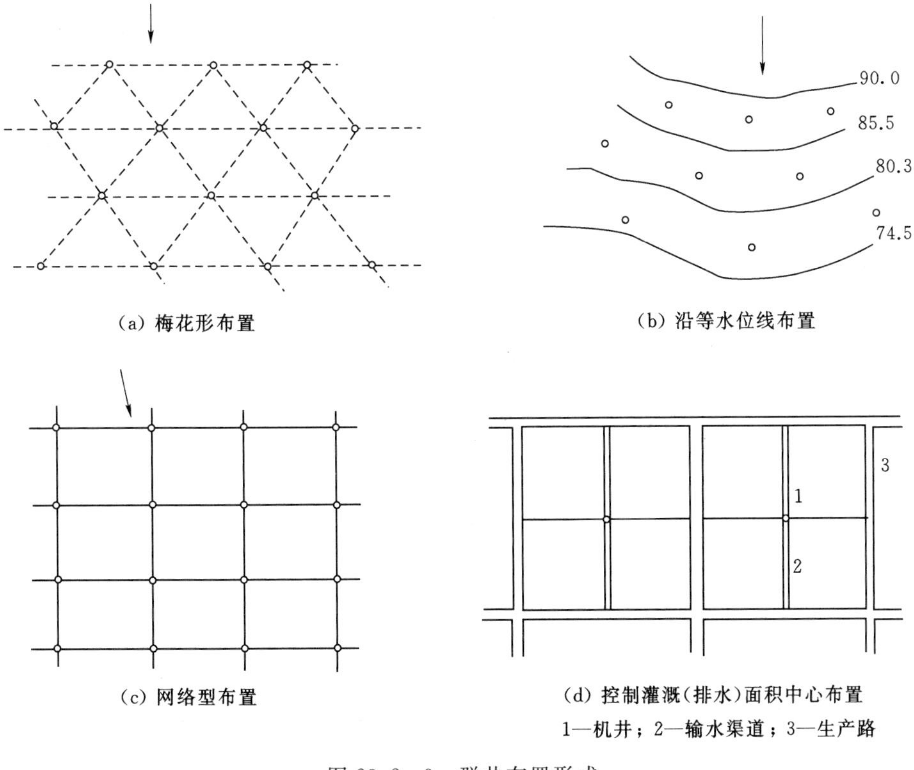

图 23.2-9 群井布置形式

4. 井半径、井间距、井数的确定

井半径的确定应以当地水文地质条件为主要依据,并结合灌溉排水的要求。在当地水文地质条件已知时，可根据当地水文地质参数，通过适当的公式进行计算。在确定轻型井间距时，应满足当地灌水所要求的灌溉定额，同时要考虑地下水的控制深度。单井流量、井间距及井数的计算公式请参考《机井技术手册》。

23.2.2.3 井管材料的选择及要求

1. 井管材料的选择

井管包括井壁管、滤水管和沉淀管。选择管井材料时应在满足技术要求的前提下综合考虑管材管件的价格、施工费用、工程的使用年限、工程维修费用等经济因素。

塑料管具有耐腐蚀、重量轻、运输与安装方便、成井速度快、造价低等优点，已经成为继混凝土管、铸铁管、钢管等井管材料之后的又一种受欢迎的井管。当前商品供应的塑料井管主要是硬质聚氯乙烯管，加入适量增塑剂，经双螺旋杆挤压制成。常见的 PVC 塑料管有三种类型，见表 23.2-9。而农田排水常用的塑料井管为硬质聚氯乙烯（PVC-U）管材中的Ⅰ、Ⅱ型，对于管径大于 110mm 和井深大于 50m 的水井多数采用Ⅱ型改性硬质聚氯乙烯管材。改性硬质聚氯乙烯管材属于热塑性塑料管，以 PVC 树脂为主要原料，加入适量改性剂、稳定剂、润滑剂、填充剂和染色剂等原料，经捏合、挤出成型而成。

表 23.2-9　　PVC 塑料管三种类型

类型	名　称	特点及应用领域
Ⅰ型	普通硬质聚氯乙烯管材	成本低、主要应用于地面各类管道，温度环境小于 60℃，抗冲击性差
Ⅱ型	改性硬质聚氯乙烯管材	加入改性剂提高某项性能，主要应用于井管和有压管道，综合性能较好
Ⅲ型	氯化聚氯乙烯树脂管材	由氯化聚氯乙烯树脂制成，成本较高，主要用于高温管道，抗冲击性好

2. PVC-U 井管材料的要求

（1）材料应该用 PVC-U 混合料，聚氯乙烯树脂占混合料的质量百分比不低于 90%。如果还要用于饮用水取水的井管的混合料不应使用铅盐稳定剂。井管要求端直，其机械强度要能承受各种岩层的外侧压力，安装下管和在运输装卸过程的抗压、拉、剪和冲击等应力。PVC-U 井管的物理和力学性能应符合表 23.2-10 的规定，弯曲度见表 23.2-11。

表 23.2-10　　PVC-U 井管的物理和力学性能

项　目	要求	项　目	要求
密度/(kg/m^3)	1350～1460	环刚度/(kN/m^2)	≥12.5
纵向回缩率/%	≤5	拉伸屈服应力/MPa	≥43
维卡软化温度/℃	≥80	落锤冲击试验 0℃ TIR	≤5

表 23.2-11　　PVC-U 井管弯曲度

管径长度/mm	32 以下	40～200	225 以上
弯曲度（对长度比）	不规定	≤1.0%	≤0.5%

（2）井管内外表面应光滑，无明显划痕、凹陷、可见杂质和其他影响到标准要求的表面缺陷，不应有明显的色泽不均及分解变色线，管材两端面应切割平整。PVC-U 井管结构见图 23.2-10，规格尺寸应符合表 23.2-12 的规定。

表 23.2-12　　PVC-U 井管规格尺寸

外直径 /mm	外径偏差 /mm	管厚 /mm	壁厚偏差 /mm	过滤管开孔率 /%	井壁管长度 /mm	过滤管长度 /mm	螺纹长度 /mm
160	+0.5	7.7	+1.1	4～15	3000[a] 或 6000[a]	3200[a]	120
200	+0.6	9.6	+1.2	4～15			
250	+0.8	11.9	+1.4	4～15			
280	+0.9	13.4	+1.5	4～15			
315	+1.0	15.0	+1.7	4～15			
400	+1.2	19.1	+2.2	4～15			

注　过滤管开孔形式可以为圆孔；条孔可平行于管轴线，也可以垂直于管轴线。

a　井管长度 L 可根据用户或生产需求调整［根据《机井井管标准》(SL 154—2013)］。

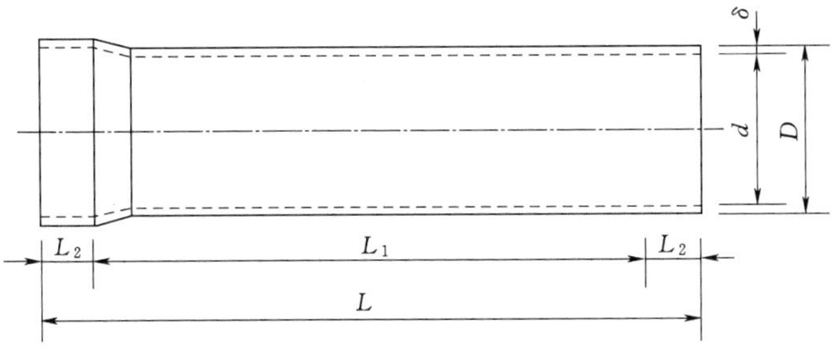

图 23.2-10　PVC-U 井壁管结构示意图

L_2—头体长度；D—外直径；d—内直径；δ—壁厚；L—管体长度；L_1—透水体长度

(3) PVC-U 井管连接处最小壁厚不应小于井管平均壁厚的 70%。PVC-U 井管适用于水温不高于 45℃的机井。

(4) 井管接口用的弹性密封橡胶圈和黏结接口的黏结剂应由管材生产厂配套供应。黏结剂必须采用符合硬聚乙烯材质要求的溶剂型黏结、破损剂。弹性密封橡胶圈的外观应光滑平整，不得有气孔、裂缝、卷褶、重皮等缺陷。弹性密封橡胶圈应采用具有耐酸、碱、污水腐蚀的合成橡胶。PVC-U 管连接见图 23.2-11。

23.2.2.4　过滤器的选择及要求

1. 土工合成材料作为滤料的过滤器选择及要求

机井的过滤器结构主要采用缠丝、包网或包棕的形式。但缠丝、包网容易锈结淤塞，部分地区规格砾料备料困难且价格昂贵，成井时常填混合料，质量难以保证。实践证明土工合成材料作为过滤器滤层可以弥补上述的不足。为保证设计质量，在选择土工织物作为滤料时要符合以下要求。

(1) 反滤准则。从管井缠网管和经典粒状滤层设计准则推广到土工织物。

$$O_e < d_{85}\text{（防止管涌要求）} \qquad (23.2-10)$$

考虑到保护土的级配不均匀系数 C_u，有

$$O_e < (1\sim2)\times C_u \times d_{50} \qquad (23.2-11)$$

(2) 渗透原则（不淤堵原则）：

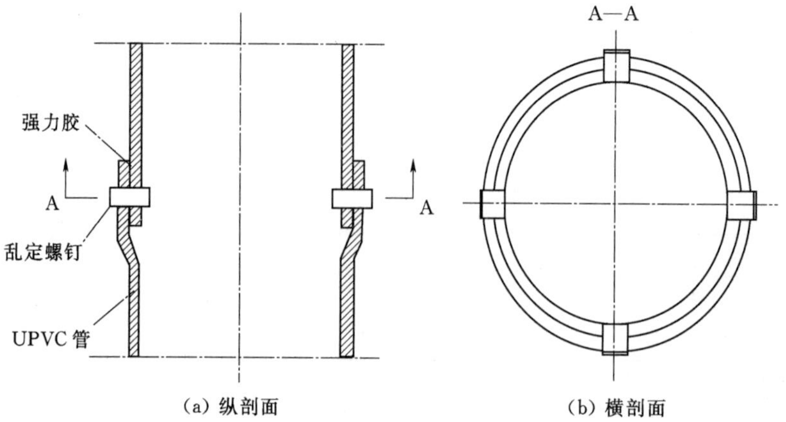

图 23.2-11　PVC-U 管连接图

$$k_g>(21\sim75)k_s \quad (23.2-12)$$

式中：O_e 为土工织物的等效直径；k_g 为土工布的渗透系数；k_s 为天然土的渗透系数。

土工布滤水井管（图 23.2-12）常规是在缠丝滤水井管外包裹土工布而成。要求在未包土布前滤水管的孔隙率为 25%～35%，为了保证较大的滤水面积，土工布不能直接包裹在滤水花管上，应首先在管子的外表面焊上直径为 6～8mm 的垫筋。垫筋的间距为 40～50mm，然后缠丝。缠丝一般为 13 号～14 号镀锌铝丝，以增强土工布顶破强度，同时加大过滤器的滤水面积。因此，在保证土工布不被顶破的情况下，应尽可能加大缠丝间距，以增大滤水管的有效孔隙率，减少进水阻力和水头损失。在应用中，缠丝间距、粉细砂含水层采用 0.8～1.0mm，中粗砂含水层采用 2.5～5.0mm。土工布包裹井管时结合部采用搭接方式，对边搭接 10cm，然后缠丝固定。布外的缠丝间距为 40～50mm。在滤水管外周 30～50cm 范围内，应加添粗砂以增强管井的反滤作用，并减轻因冻融而引起的用管井的破坏。

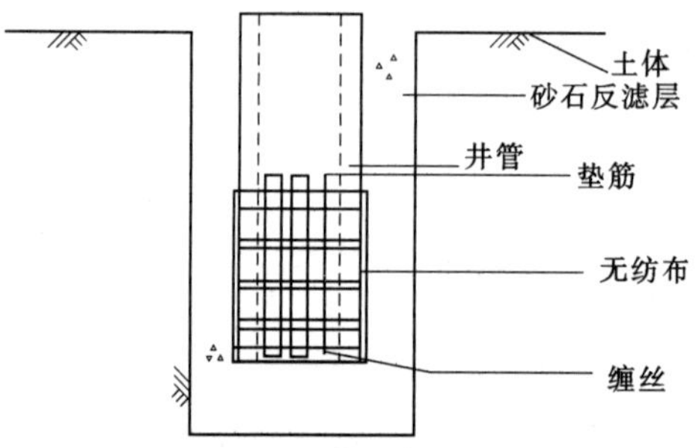

图 23.2-12　土工布滤水井管示意图

2. 管滤合一的合成材料管过滤器的选择和要求

中国水利水电科学研究院和北京市水利科学研究所于 20 世纪 80 年代初共同推出了管滤合一的合成材料管——双螺旋波纹塑料滤水管，即不打眼的管用作井壁管，打眼管与土工织物组合作为滤水管。随着土工合成材料技术的成熟，在实际生产中又推出了 PVC-U 贴砾滤水管，贴砾层滤料为石英砂、陶瓷颗粒和 PVC-U 颗粒等。使用贴砾管成井，取消了填砾工序，与填砾成井相比，井径可缩小 100mm 以上，从而钻进效率提高，简化了成井工艺，并有利于改善成井质量。滤水管与井壁之间有很大的环状间隙，只要井管内外造成一个水位差，泥皮就容易垮掉，有利于洗井工作。

管滤合一的 PVC 管在选用时要满足如下要求：

（1）力学性能。抗压强度一般为 3.5～7.0MPa；抗折强度一般为 0.8～3.0MPa；抗冲击强度一般为 3.0～6.0J/cm^2；贴砾层与衬管间抗剪切强度为 0.25～1.00MPa。

（2）渗透性能。孔隙率一般为 28%～36%，若为波纹管应在波谷处打孔；渗透系数一般为 0.1～5.5cm/s。

（3）外包土工合成滤料的选择需满足反滤原则与渗透原则。

23.2.2.5　辐射井水平滤水管设计

1. 辐射井水平滤水管材料的选择

辐射井水平辐射管在松散含水层中要放入滤水管，目前应用的滤水管，因地层不同，主要有两种：刚性滤水管和柔性滤水管。刚性滤水管主要有钢管、混凝土管、竹管和其他管材，管径一般为 ϕ50～250，孔隙率要大于地层的渗透率，常用圆孔和条形孔。适用于强透水地层，如中、粗砂、砂砾石、卵砾石地层。柔性滤水管主要是双螺纹波纹 VPC（或 PE）管或预打孔的塑料水管，应采用套管法施工。过滤管外径宜为 60～75mm，孔隙率宜为 1.4%～4.0%，过滤管外应套尼龙网套，尼龙网套宜采用 60～80 目。过滤管管长宜为 15～30m，适用于含水层水头不超过 10m 的细砂、粉细砂、粉砂、粉土、亚黏土、黏土、淤泥土等弱透水性地层。在高水头的粉、细、中砂含水层地区，辐射管可采用外为带圆眼钢管滤水管、内插塑料过滤管的双过滤管，采用顶进法或振冲顶进法施工。

滤水管滤水效果与钢管的孔眼大小及孔隙率、内插 PE 管的外包滤网大小及其孔隙率密切相关。选择合适，既能减少顶进阻力，增加滤水管的顶进长度，又能使水平辐射管的周围很快形成自然反滤层，使含水层的水通畅地汇集到水平辐射管内，增加辐射井出水量。否则，辐射井的出水量成倍减少，或者长时间排出浑水，排出大量泥沙。滤水管要求的标准是顶进过程中排砂量最好，停止顶进后滤水管排水很快达到水清砂净。这个标准的掌握只能在现场试验。即使同一种含水层，由于密实度不同，水头压力不同，滤水方式也有很大差别。

2. 辐射管层次、根数、长度

水平辐射管层次和根数以含水层厚度为原则，水平辐射管长度以技术能力为原则，力求越长越好，充分地开发含水层水量。

在砂、砾含水层中，若含水层厚度小于 10m 时，可布置一层，每层宜为 6～8 条；含水层大于 10m 时，可布置 2～3 层，每层宜为 6～8 条。辐射管水平位置应高出含水层底板 0.5m。

黄土裂隙含水层中的辐射孔可不安装过滤管，在孔口出流段应安装护口管，宜布置一层，每层宜为 6～8 条；含水层厚度大的可布置 2～3 层，每层宜为 6～8 条；辐射孔孔径宜为 120～150mm，孔长宜为 80～120m。浅层黏土裂隙含水层中的辐射空可不安装过滤管，在孔口出流段应安装护口管，宜布置一层，每层宜为 3～4 条；辐射孔孔径宜为110～130mm，孔长宜为 20～30m。

辐射管内的流速要满足不冲不淤的要求。辐射管内允许最大入管流速可按下列经验值选取：砂砾石含水层流速为 0.03m/s；细砂含水层流速为 0.01m/s；黄土裂隙含水层防冲流速为 0.7～0.8m/s；黏土裂隙含水层防冲流速为 0.8m/s。管孔不同充满度时不同截面和尺寸的最小坡度和不淤流速 $v_{\min}$ 可采用如下计算公式：

$$v_{min}=C_1\sqrt[4]{H}-C_2 \tag{23.2-13}$$

最小坡度呈如下形式：

$$10^3 i_{min}=C_3/(C_4+H)+C_5 \tag{23.2-14}$$

式中：C_1 为圆形管时为 1.27m^4/s；C_2 为圆形管时为 0.2m/s；C_3 为圆形管时为 1.23m；C_4 为圆形管时为 0.086m；H 为圆形管水流充满高度，m。

3. 辐射管过水能力计算

根据水力学多孔输水管原理，单根辐射孔过水能力按下式进行校核：

$$q_{max}\leqslant\sqrt{\frac{S-1}{K'+l/3K_c^2}} \tag{23.2-15}$$

式中：S 为抽水降深值，mm；l 为辐射管长，mm；K' 为管径系数，s^2/mm^5；K_c 为流量模数，L/s。

23.3 农田排水施工

23.3.1 暗管排水施工

塑料暗管排水施工的施工期一般安排在作物换茬期间和地下水位较低的季节。暗管埋设的工序应按定位放样、开挖管沟、配置材料、铺放管材及外包滤料、回填管沟和修建附属设施。

23.3.1.1 定位放样

管道施工前，必须根据规划的平面图、纵剖面图等进行排水沟、暗管定线，标定出建筑物的位置。每条管道中心线的首末端及沿管线每隔 20～30m 应设置标示桩，标出管沟的开挖深度及宽度，可以利用石灰撒出白线以利开挖（或机械开挖）时确定前进方向。当采用开沟铺管机施工时，可只设置一条中心线。为了排除地下水，以便开挖不受影响，在每条暗管出口处可挖一集水塘，积水多时即用机械抽排。

23.3.1.2 开挖管沟

人工开沟铺管时，应自下游往上游、从集水管到吸水管进行。管沟开挖断面和出土堆放应有利于人工铺管和边坡稳定。在沼泽地区，应先排除地表水，再采取边排地下水、边加深管沟的施工方法。在松软土类区宜在地下水位较低时期施工，先挖至接近地下水位，再集中人力快速抢挖至要求深度，并立即铺管，必要时可以采取预排水施工和临时支护措施。

机械开沟铺管时，应根据土壤地质、埋管深度、管材长度和管径大小以及是否现场填放滤料等要求选定适宜机型。在挖沟机械的机道平整后，根据设计管道坡降，采用“丁”字形视标杆控制纵坡。有条件的可采用激光仪控制纵坡。每一条管道的开挖铺管作业应自下游向上游推进，并应做到一次性连续完成。机械开沟铺管后，用风干（或含水量较小）的粉碎土及时回填管沟，严禁出现未粉碎干硬土块堆砌的架空现象。

采用挖掘机开挖、人工铺管时，应先用机械开挖大沟，其深度达到埋设的管顶以上，再由人工开挖小沟至设计深度，然后铺设暗管。

铺设集水管的管沟底部应以保证管体稳定为原则，其底宽等于或略大于集水管外径；

而铺设吸水管的管沟底部宽度，应等于或略大于吸水管外径加两侧外包滤料厚度。

23.3.1.3 管道和外包滤料的铺设

管道和外包滤料的铺设宜由下游向上游铺设。位于吸水管上游的起始部位不设置通气孔，应将管端封闭。严禁在泥水中或降雨时作业，必要时应该去预排水施工措施。管道应按设计坡降顺直地铺放在基土、滤料或垫层上，严禁出现倒坡及起伏。铺设刚性管时，各节管的对口部位应靠紧，不应脱节或错位。

铺放滤料时，应先在沟底平整铺放一层，达到设计厚度，待吸水管铺设完成后，再铺放管顶和两侧滤料，随即使用原土回填。

23.3.1.4 回填管沟

回填管沟时回填土应分层踏实，严禁用淤泥回填，并宜将原耕作土回填在表层，且略高于地面。每条吸水管道从开挖至回填管沟宜在无雨日内连续完成。

23.3.1.5 附属建筑物的修建

暗管排水工程的附属设施应按设计要求与管道同期施工。各类附属建筑物宜在铺管后短期内施工，其止水部位应密封好，并做好基础及回填土的夯实处理。暗式检查井应设地面标志，或根据固定地物设置定位坐标。在建筑物四周回填土上铺设暗管时，基土必须夯实，以形成实土垫层。吸水管底部应加铺过滤垫层。

23.3.2 竖井及辐射井施工

23.3.2.1 井筒施工

PVC-U管井成井工艺包括以下流程：成井管材检查、置换井内泥装、探井、下管、一次冲孔换浆（环状间隙循环）、投放滤料、止水、二次冲孔换浆（井管内循环）、洗井、固井、抽水试验。

1. 成井前准备工作

（1）成井前要确定劳动组织人员分工，根据测井资料和钻井记录情况确定开采井段、止水位置、变径位置、过滤管形式及规格等。

（2）在下管前应检查一下PVC-U井壁管和PVC-U过滤管，宜用小锤轻轻敲打，通过敲打声音来判断PVC-U管是否有内伤，有问题者严禁使用。

（3）检查设备仪表专用工具是否备齐。

（4）清理场地，根据井管结构设计，进行排管。

（5）在下管前应进行探井，必须严格按照设计要求做好冲孔换浆工作，在安全情况下尽可能降低井内的泥浆密度。地层稳定情况下井内泥浆密度不得超过1100kg/m^3；地层稳定较差情况下井内泥浆密度不得超过1200kg/m^3。

（6）准备好木质扶正器，每组扶正器数量宜为3个，根据井深，扶正器的组数宜为2～3组每百米。

（7）应在安装于底部的井管钻数个直径为20～30mm的进浆孔，以保证下管过程中井内外压力平衡。

2. 下管

下管是PVC-U塑料管井成井工艺中的关键程序。下管质量的高低直接影响井的出水量的大小、水质的好坏，以及塑料管井使用寿命的短。对于这一关系管井成败的关键工序，必须高度重视，严格按要求进行施工。

（1）下管可利用钻机卷扬机，采用提吊法进行。下管过程中，下管速度应缓慢，井内泥浆密度宜控制在1050～1100kg/m^3，漏斗黏度为18～22s；下管过程中，应派专人观察PVC-U管内外液柱差，液柱差不得超过10m。

（2）在下管时应备好泵和回灌管线，当PVC-U管下入困难或井管内外出现压力差时，应立即回灌泥浆或清水，保持井管内外液柱高度一致。

（3）井管连接时，定要注意接头的密封性，若密封不好则有可能因井壁管进气而导致水泵工作效率低下甚至抽不上水来。轻型井井管的连接一般在出厂时管子上已经扩好口，只要用PVC胶水黏结即可。要注意的是PVC胶水需要几小时才能凝固，在PVC胶水未凝固时，接头容易脱落。而利用螺纹接头时接头部位应涂肥皂水或洗衣粉水，以便润滑。

（4）下管时，应采用麻绳（三角带）和木棍加力拧卸井管。不得采用链钳、管钳、自由钳等钢制工具拧卸井管。

（5）沉淀管应封底，应在沉淀管下加装木制导向。当松散层下部已钻进而不使用时，应下部回填夯实，保证井管坐落牢固，防止下沉。

3. 投放滤料

滤料是滤水结构的重要组成部分，在塑料管井中它不仅起滤水作用，而且还对孔壁起支撑作用。滤料回填质量不高，影响井的出水量，增大井水的含沙量，甚至会造成井壁掉块而挤坏井管。

（1）当井管全部下入钻孔后，应立即下入小直径钻杆至井底并密封井口进行冲孔换浆。使循环介质从井管和井壁之间的环状间隙返出。

（2）当井内泥浆密度为1050～1100kg/m^3、漏斗黏度为18～20s时可实施动态投滤料，对于PVC-U管成井不应使用静态投砾方法。滤料磨圆度应较好，严禁采用棱角碎石；宜选择天然石英砂。对于轻型塑料管井，一般要求滤料的直径为含水层有效粒径的8～10倍，过大或过小均不宜使用。投滤料时速度一定要慢，宜用手捧从井管四周均匀投入；也可在井管上倒扣小锅或专门制作的类似漏斗状的容器，用铁锨把滤料倒在上面，滤料即向四周均匀下滑落入井管外的环状间隙。填料期间，严禁用铁锨从一侧倒入滤料，以防挤坏井管。投滤料时要注意泥浆密度、泵压、浆量变化以及井口滤料下沉情况。

考虑到洗井或抽水时滤料的下沉或密实过程，滤料投放位置应高出理论位置10～20m。

4. 止水

止水材料应选用优质黏土做成球（柱）状，直径宜为20～30mm，并应在半干（硬塑或可塑）状态下缓慢填入。投放黏土球进行止水时，应围绕井管四周连续、均匀、缓慢填入。黏土球止水后，若采用水泵抽水法洗井时，必须进行二次冲孔换架以清除管内固相。冲洗液以清水为主，井内同相含量降至最低时，视为二次冲孔换奖结束。采用空压机洗井方法时，可不进行二次冲孔换装。

5. 固井

井管外围可采用黏土或粒径为5～10mm的天然河砂进行固井，固井材料的性能指标及固井方法，应根据地层岩性、地下水水质、管井结构和钻进方法等因素确定。不宜使用水泥固井。天然河砂固井时，要控制投放速度，防止“架桥”现象，用量应与理论计算量相一致。

6. 洗井

PVC－U 管井洗井必须及时进行，避免井内泥浆污染和堵塞地层。采用潜水泵洗井或抽水时，应观察井内水位，当出现水位降深时，应及时在井口向井内回灌清水，保证井内降深不超过 70m。在洗井方式上优先采用空气压缩机洗井或水泵抽水洗井，严禁采用二氧化碳大降深洗井。轻型井因其井径较小，井管不一定十分顺直，洗井的方法常用的是活塞洗井和水泵抽水洗井。

7. 井头处理

PVC－U 井管尤其是轻型井其管壁比较薄，强度低，经受不住撞击，在使用过程中容易受到损坏，而且 PVC 管在空气之中也比较容易老化。为了保证 PVC－U 井管的正常使用，延长井的使用寿命，须要对井口进行处理和保护。

由于 PVC－U 管井的井径比较细，所能容纳的杂物有限，为了防止外来杂物进入井中，在地面以下约 1m 处加装拍门，拍门下部与井管相接，上部接 1m 左右的橡胶管，橡胶管的直径与所用水泵相配套，作为抽水时的进水管。在非灌溉季节或水泵停抽时，可以将井口盖上，然后用土掩埋，这样可以有效防止井口受到破坏，还可以延缓橡胶管的老化速度。

8. 抽水试验

PVC－U 供水管井的抽水试验可采用非稳定流抽水试验方法。抽水设备下入动水位以下 15～20m，且加装过载保护装置，避免电机烧毁时产生高温而引起 PVC－U 塑料管蠕动变形。抽水试验按相关规范要求执行。

23.3.3.2　辐射管施工要点

1. 顶进法施工要点

在高水头细颗粒含水层，或者含水层为细砂夹卵石，或者含水层为粗颗粒含水层，选用顶管法施工，该工艺可减少施工中的喷砂量，危险性小，但顶进法施工不能打太长。顶进法施工，在高水头细颗粒含水层中选用双滤水管，在粗颗粒含水层中选用钢滤水管。

顶进法施工是将滤水管用液压水平钻机边旋转边推进，一根接一根，直接打进含水层。顶进过程中含水层中的粉粒进入滤水管内，随水流进入集水井中排走，同时将较粗的颗粒挤到滤水管周围，形成一条天然的环形反滤层。施工要点如下：

（1）水平钻机上安装适宜的开孔器，在井壁上开孔。

（2）开完孔后，迅速脱掉开孔器，将第一节滤水管推进含水层，此间速度一定要快，否则会产生大量流砂，无法堵住，造成严重事故。

（3）接上第二节滤水管，转动水平钻机，边旋转边推进，为了使打进的滤水管水平度好一些，推进长一些，为此循环操作，直至推不进为止。一般推进长度为 20m 左右。

2. 套管钻进法施工要点

在细砂、粉细砂含水层水头不超过 10m，或者粉砂含水层，选用套管钻进法铺设水平辐射管，钻进长度为 30m 左右。套管钻进法所用滤水管选择 PE 或 PVC 双螺纹波纹管，外套尼龙网套作为反滤料。

施工时先将套管打进含水层中，再从套管中插进滤水管，然后脱掉钻头，拔出套管，把滤水管留在含水层中。滤水管在开始排水时，能带出含水层中的粉粒，使粗粒在滤水管尼龙网套的外部形成自然反滤层，并很快水清砂净。施工要点如下：

（1）在水平钻机上安装开孔器，在井壁上开孔。

（2）开孔完迅速脱掉开孔器，将带钻头的套管推进含水层。

（3）接上第二节套管，打开高压水，开动钻机旋转套管，将套管打进含水层。

（4）接上下一节套管，循环操作，直到套管钻进困难，停止套管的安装。

（5）将滤水管从套管中插进，一直插到钻头的链接处。

（6）将顶杆从滤水管中插入，将套管前端钻头顶开。

（7）拔出套管，将滤水管留在含水层中。

（8）套管拔出后，滤水管与井壁开孔间有个大的空隙，水沙大量地从空隙中流出，须迅速封住。

23.4 工 程 实 例

23.4.1 暗管排水技术工程实例

新疆克拉玛依 20 万亩农业开发项目是克拉玛依“50 万亩生态农业发开项目”的一期工程。近年来，农业开发区地下水位不断抬升，潜水蒸发造成地表积盐，使得该地区 86.96%的土壤处于不同程度的盐渍化水平。通过对该地区水文地质条件及灌溉条件的调查，结合原有排水明沟采用单级暗管排水形式，达到排盐、防渍、控制地下水位的目的。

管材采用打孔单壁波纹聚氯乙烯管，计算管径为 27mm，结合当地实际实施经验，为防止排出的盐在管内结晶后对管径的影响，地下暗管管径选 80mm。由于该项目区土壤淤积倾向严重、地下水矿化度高、含盐量高，缺乏人工合成外包料在该地区使用的试验数据，因此选用沙砾滤料。

暗管排水典型规划区内吸水管长度为 195m，间距为 50m，最小埋深深度为 1.3m，坡降为 1/600，吸水管末端最大埋深为 2.0m。

从图 23.4-1 可以看出，工程实施后，通过控制地下水位，抑制返盐，利用较少的灌

(a)改碱前　　(b)改碱后

图 23.4-1 改碱前、后对比

溉用水和降水就能在1～2年内使土壤迅速脱盐，从根本上解决了土壤的盐碱危害。

23.4.2　辐射井应用

23.4.2.1　银北灌区辐射井应用

结合水利部和国家科技成果推广转化项目在宁夏引黄灌区进行辐射井的推广应用进行研究，2003年在银北灌区的惠农、平罗、贺兰等地完成4眼辐射井的试验和施工，该4眼辐射井地处银川平原北部，地貌上属于河湖积平原区，地层岩性主要为细砂、粉细砂夹薄层黏砂土层。银北灌区完成辐射井基本情况见表23.4-1。集水井井管由钢筋硅做成，不透水，外径为3.00m，内径为2.60m，每节1m，井座外径为3.00m，内径为2.60m，底厚20cm，高1m。水平辐射管在含水层为细砂、粉细砂时选用双滤水管，即外为带圆眼的钢管滤水管，内插包有尼龙滤网的波纹滤水管。钢滤水管管径为89～108mm，波纹滤水管管径为63～75mm，每根长0.8～1m。钢滤水管孔眼直径为8～10，孔隙率为5%～15%，波纹滤水管外包滤网的目数采用20～40目。

表23.4-1　银北灌区完成辐射井基本情况

序号	地　点	集水井深度/m	水平辐射管			备　注
			层数	每层根数	每根长度/m	
1	惠农县尾闸乡西河桥村	28.5	7	4～8	6～15	共完成2眼，27.8m见黏土层
2	平罗县姚伏镇小店子村	32.0	5	8～9	5～18	
3	贺兰县立岗镇兰光村	36.0	10	6～8	5～15	其中第8层辐射管布置3根

该4眼辐射井修好后，出水稳定，以惠农县的辐射井为例，采用辐射井进行井渠结合灌溉，达到了地下水地表水联合调度运用，灌区灌溉保证率由原来的40%提高到85%，种植比例更加合理，增加了农民收入。灌区运用辐射井抽水时，辐射井周围的地下水位下降很快，通过灵活运用，该地区地下水位保持在2.0～5.0m，控制了土壤返盐，改良了盐碱地。研究区内0～20cm土层的土壤含盐量在建立研究区前为0.22%，采用辐射井井灌井排后含盐量降至0.15%，使得该地区水土环境得到了改善。

23.4.2.2　PVC-U贴砾水管在咸水地区的新井修建中的应用

项目位于下辽河平原南部，水井新建及水井修复工作是该地区地下水开发利用过程中一项重要的工作任务，为该地区及地方经济发展提供了必要的保障。2009年5月，新建1口咸水井（兴水2-1井）。设计井深为86m。孔身结构为ϕ445mm×86m。井身结构：0～65m为ϕ315×15mm PVC-U井壁管；65～80m为ϕ315×15×30mm PVC-U陶粒贴砾滤水管；80～86m为ϕ315×15mm PVC-U井壁管作为沉淀管。钻孔完成后按设计下管，不填砾料，用活塞洗井法抽洗，4h后出水，20h抽清。静水位为-2.3m，动水位为-13.5m，出水量为1528m^3/d，总矿化度为16797mg/L。到2010年4月为止，水井一直运行平稳。

参 考 文 献

［1］ 王少丽，王修贵，丁昆仑，等. 中国的农田排水技术进展与研究展望［J］. 灌溉排水学报，2008，1（1）：108-112.

［2］ 朱建强，乔文军，刘德福，等. 农田排水面临的形式、任务及发展趋势［J］. 灌溉排水学报，2004，1（1）：62-66.

［3］ 刘文龙，罗纨，贾忠华，等. 黄河三角洲暗管排水土工布外包滤料的试验研究［J］. 农业工程学报，2013，29（18）：109-16.

［4］ 余玲，丁昆仑，王育人. 土工合成材料在农用机井中的应用［J］. 中国农村水利水电，1997，5（1）：22-23.

［5］ 冉德发，叶成明，张佳，等. U-PVC双层贴砾滤水管和快速链接在粉细砂地层成井中的应用［J］. 探矿工程，2007，12（1）：117-123.

［6］ 卢予北. PVC-U塑料管水井成井开发技术应用研究［D］. 武汉：中国地质大学，2012.

［7］ 郭冬冬. 易涝易渍农田治理措施研究［D］. 西安：西安理工大学，2009.

［8］ 方锐. 南方地区农田暗管排水工程建设模式与标准［D］. 扬州：扬州大学，2013.

［9］ 张治晖. 辐射井在银北灌区井渠结合中的应用研究［D］. 北京：中国水利水电科学研究院，2004.

［10］ 邵孝侯，俞双恩，彭世彰. 圩区农田塑料暗管埋深和间距的确定方法评述［J］. 灌溉排水，2000，19（1）：34-37.

［11］ 刘力辉. 暗管排水技术在克拉玛依大农业区的应用［J］. 工程技术，2013，12（6）：72-73.

［12］ 丁昆仑，余玲，董锋，等. 宁夏银北排水项目暗管排水外包滤料试验研究［J］. 2000，19（3）：8-12.

［13］ 何继涛. 暗管排水对地下水位和地下水矿化度影响研究［J］. 宁夏农林科技，2015，56（11）：83-84.

［14］ 景清华，刘学军. 宁夏银北灌区暗管排水技术应用与工程效果监测［J］. 灌溉排水学报，24（1）：45-50.

第3篇

防护篇

主　编：陆忠民
副主编：余　帆
主　审：杨光煦（长江勘测规划设计研究院）

本篇各章编写人员及单位

章序	编　写　人	编写人单位
24	陆忠民　吴彩娥	上海勘测设计研究院有限公司
25	吴彩娥　李　剑　盛　晖	上海勘测设计研究院有限公司
	许丁福	马克菲尔（长沙）新型支挡科技开发有限公司
26	柴华锋　余　帆　刘奇峰	长江航道规划设计研究院
27	邓　鹏　刘汉中　蔡　育	上海勘测设计研究院有限公司
	王智远　李小舟	纤科工业（珠海）有限公司
	周汉民	北京矿冶研究总院
28	崔金声　李　钊　李金山 韩广东　李雨峰	浩珂科技有限公司
29	张　滨　钟　华　刘丽佳	黑龙江省水利科学研究院
30	王宗建　向灵芝　刘大超	重庆交通大学
31	李　成	中铁第一勘察设计院集团有限公司
	屈建军	中科院西北生态环境资源研究院
	杨有海	兰州交通大学

第 24 章 概 述

防护是为了限制、减轻或防止受外界环境作用（冲蚀、风蚀、温蚀等）、人类活动等因素危害所采取的工程措施，工程中为了消除或减轻自然现象或人类活动等因素造成的危害所采取的各种工程措施均可认为是防护。

坡面防护是工程措施中常见的一种形式，传统的坡面防护有抛石、干砌块石、浆砌块石、灌砌块石、素混凝土、钢筋混凝土、混凝土块体护面等，可有效解决工程技术问题，但传统护面质地生硬，带来生态环境的改变，导致河道、湖泊、水库等场所的生境趋于单一化。土工合成材料的开发、利用与发展，为坡面防护开辟了一道新途径，特别是各类生态护坡结构的研发，较好地解决了坡面防护与生态的有机统一。

土工合成材料在水利水电、交通、铁路、市政等工程中的防护作用主要体现在防冲蚀、防风蚀、防冻胀、防裂、固砂等，工程应用广泛。例如：人工填筑边坡或人工开挖边坡防风浪淘刷以及防雨淋冲刷；河床、成型淤积滩体防水流冲刷；人工填筑堤坝中使用管袋防护充填土及堤芯土；在煤矿作业面支护中使用金属网、塑钢网、聚酯经编支护网等进行巷道支护；在高纬度地区使用土工合成材料对建筑物进行保温防冻保护；在泥石流防治中采用加筋挡墙或土工格栅笼箱进行防护；在沙漠中使用土工网进行拦沙固沙等。

本篇将介绍我国各种土工合成材料在防护工程中的应用，阐述其主要设计方法、施工工艺及其相关的工程实例。

24.1 土工合成材料防护工程进展

随着社会经济的发展，土工合成材料织造工艺及材料性能指标的提高，土工合成材料的材质、种类进一步扩展，作用更加显著，在工程防护中的应用更加广泛。

1958 年，美国佛罗里达州将土工织物铺在海岸护坡下作防冲垫层是土工合成材料防护领域的首次应用；1974 年，我国首次在江苏省江都县长江嘶马段采用编制土工织物软体排对坍岸进行整治并取得成功；

1983 年，交通运输部引进日本蝶理公司化纤模袋，用于江苏省泰兴市南官河航道护坡工程并获得成功；20 世纪 90 年代，土工网（三维土工网）开始在公路、铁路路基坡面防护工程中应用；进入 21 世纪后，随着土工合成材料生产技术的发展，各种规格、型号的土工合成材料在水利水电、交通等防护工程中广泛应用并日趋成熟和普及。例如：2003 年，以六角钢丝网为网箱材料的石笼护坡在三峡库区的地质灾害治理工程中得到首次应用。近年来，二维及三维土工网（垫）、复合材料护毯、生态土工袋等在河道生态治理及海绵城市建设中也有许多的应用案例。

24.2 土工合成材料防护工程应用领域

按照防护对象及作用分类，土工合成材料防护主要分为坡面防护、护滩护底、土工织物管袋、煤矿支护网、建筑物保温防冻、浅层泥石流防治、防沙固沙等。土工合成材料防护构件或部件常见有以下几种：土工网、三维土工网垫、三维加筋网垫、土工格栅、土工格室、格宾石笼、土工模袋、土工织物管袋、生态土工袋、软体排、沙枕、煤矿支护网、土工材料保温板等。

1. 坡面防护

坡面防护是指为了避免坡面受到水、温度、风等自然因素反复作用而发生剥落、碎落、冲刷或表层滑动等破坏而对坡面加以保护的措施。坡面防护涉及交通、水利、市政、铁路等工程领域，常用的坡面防护有钢筋混凝土、素混凝土、喷混凝土、灌砌块石、浆砌块石、干砌块石、抛石、土工合成材料、植被（草）及生态护坡等。土工合成材料以轻质、高强、耐腐、柔性、透水、透气等特点，可以单独使用，也可以与其他材料组合使用，使防护材料与被保护土体相互作用，既达到预期的工程设计效果，又能减少环境影响，对已破坏的环境尤其具有促进环境恢复的效果。

在水利工程的堤坝及护岸的坡面防护技术方面，土工合成材料发展出了土工模袋护坡，土工网、土工格栅、土工格室护坡，以及复合材料护毯、生态土工袋、石笼护坡等新型护坡形式。

2. 护滩护底

由于土工织物可以将水流与河床完整隔离，较好地起到防护和反滤作用，并具有较好的柔性、适应河床变形能力强、可以大规模机械化施工，以及使用年限较长、维护成本相对较低等优点，目前已成为河道、湖泊、海岸护底、护滩的主要材料，基本取代了传统的梢料、柴排、块石等护底材料。

采用土工织物护滩护底以软体排为主要结构型式，排体由土工织物制作的排垫和压载物两大部分构成，起隔离作用的主要是排垫，压载物的作用包括增加排体载重、使排体能沉放入水并覆盖在床面上，以及在浅水区或出露的滩面使用时用于隔离阳光、防紫外线辐射造成土工织物老化等。除软体排外，土工织物用于护底的还有沙枕、多功能土工垫、网兜石、格宾网等。

3. 土工织物管袋

土工织物管袋是将土工织物缝制成袋体、袋内充填砂土形成的，可叠置成棱体或整个堤身断面，外筑结构层或直接形成堤坝。在沿海、沿江一带，缺少石料而砂土料丰富的地区应用比较广泛。就近使用当地的粉细砂粒料，一般采用高压水枪将滩地上的（或外来的）细粒料射水冲起，然后用泥浆泵经管路将带水细粒料充灌入袋内，水可从土工织物的孔隙中滤出，细粒料在自重和渗水压力的作用下密实。

根据土工管袋叠置成堤身时的型式、沉放工艺不同，一般可分为充填砂管袋坝和抛填砂管袋坝。

4. 煤矿支护网

进入 21 世纪后，随着支护网技术理论的深入和发展，以金属丝编织的金属支护网由于其价格便宜，技术合理而逐渐占据了矿用支护网的市场。但是由于其强度和韧性的综合性能一般、锚杆挤压位置易断裂等缺点，给煤矿安全生产带来了一定的隐患，且施工时耗费的人力和物力较大。随着煤矿安全生产要求的提高和高分子材料的蓬勃发展，人们逐渐将目光转移到了柔性高分子材料领域。

研究较早的柔性塑料支护网有钢塑格栅、丙纶格栅等。钢塑格栅是将塑料与金属丝结合起来的一种支护材料，是属于金属支护网向高分子材料支护网过渡的一种材料。丙纶格栅是一种高强度、耐磨损耐腐蚀的支护材料，但仍不能满足对强度要求较高的顶板支护材料的需求。后来，涤纶以其高强度、高弹性、高冲击强度等优点引起人们的关注，逐渐研制出聚酯经编支护网。

5. 建筑物保温防冻

我国东北、华北和西北的十余省（自治区、直辖市）均处在季节冻土地区。在这些地区修建的各类水工建筑物（包括闸、涵、桥、跌水、渡槽、渠道衬砌、塘坝护坡等），按常规融土的建筑理论和方法进行设计与施工，在实践中暴露出许多弱点，工程冻害现象和破坏的规模相当普遍与严重。冻土与环境之间的相互作用，主要是以人为环境的相互联系，较非冻土复杂，对外界温度、压力和水分条件变化的反应（特别是表层与建筑物基础涉及的空间）较非冻土尤为敏感。

20 世纪 80 年代以前，我国在季节冻土地区修建的各类水工建筑物，因没有可遵循的设计规范，设计者在工程设计时只能靠经验或尽力加深加大基础砌置深度，增加结构的强度与刚度，即使如此，有些工程的冻胀破坏也未幸免。针对水工建筑物冻胀破坏原因及破坏类型，从改变地基温度场防止地基冻胀的途径出发，开始使用聚苯乙烯硬质泡沫塑料板（EPS）等做保温材料，做成保温基础。工程实践证明，保温基础防冻胀效果好，经济适用，施工简单，安全可靠，实现了基础安全浅埋。

6. 浅层泥石流防治

泥石流的防治通常采用以护坡、拦截、排导和防护等工程为主的治理措施。针对浅层泥石流，以土工合成材料作为防治结构的主要功能构件，大多采用以防止形成水土流失的坡面治理和生物工程的方法来防止和减轻灾害。土工合成材料防护结构具有地形适应性强、抗冲击性能好、施工简便、造型美观和造价低等优点。20 世纪 90 年代以来，以土工合成材料防护结构作为半永久或永久性的浅层泥石流治理措施逐渐在国内外的实际工程中得到了一定的应用。

7. 防沙固沙

我国沙漠总面积包括戈壁在内共有 149 万 km^2，约占全国土地总面积的 15.5%，其中沙质荒漠（沙丘及风蚀地）占 39.8%，沙砾及石质戈壁占 38.2%，沙地占 22.0%。我国的沙漠属温带沙漠类型，除一部分位于内陆高原外，大部分分布在内陆山间盆地中，集中分布于东经 106°以西的荒漠地带，占全国沙漠戈壁总面积的 90%。

大面积铺设土工合成材料（土工网），兼有固沙和阻沙作用。在干旱风沙区，一般生物资源极为有限，且受季节限制，土工合成材料栅栏是近些年来防沙工程中使用的一种新型高立式透风沙障，结构简单，施工速度快，但土工合成材料抗紫外线辐射能力较弱，易老化，阳光照射容易损坏，在紫外线照射较强的地区使用寿命短。

参考文献

[1] 石红伟．土工合成材料的发展与应用［C］//中国水利学会2000学术年会论文集，2000.

[2] 张焕洲，谢平，戴秋红，等．格宾网材在黄石长江干堤合兴堤段的应用［J］．人民长江，2002，33（9）：38-40.

[3] 包承纲．土工合成材料应用原理与工程实践［M］．北京：中国水利水电出版社，2008.

[4] 陆忠民，吴彩娥．上海长江水源地大型水库规划建设关键技术［J］．水利规划与设计，2013（12）：1-6.

[5] 束一鸣．我国管袋坝工程技术进展［J］．水利水电科技进展，2018，38（1）：1-11.

第 25 章　坡面防护结构设计与施工

25.1　概　　述

坡面是指具有一定坡度的自然坡或者由于人类建设形成的具有一定坡度的开挖（填筑）坡的表面。坡面防护是指为了避免坡面受到水、温度、风等自然因素反复作用而发生剥落、碎落、冲刷或表层滑动等破坏而对坡面加以防护的措施。堤坝（堤和坝的合称）指人工建设的防御水、拦截水的建筑物和构筑物，根据不同部位及功能可进一步细分为水库大坝（大堤）、河道堤防（护岸）、海岸堤防（海堤、海塘）等，根据筑坝材料不同，可分为土石类（包括各类砌石）和混凝土类。土石类堤坝及岸坡易受雨水冲刷、侵蚀及风浪冲击淘刷、侵蚀，常用的坡面防护有钢筋混凝土砌护、干砌块石砌护、浆砌块石砌护、喷混凝土、植物护坡、土工合成材料护坡、生态护坡等。本章主要内容为土工合成材料在水利工程堤坝及岸坡（河、湖、库等）坡面防护中的应用。在交通、市政、铁路等工程领域中土工合成材料的应用也非常广泛，其他工程坡面防护若采用土工合成材料，可结合相关行业标准参照本章内容进行设计施工。

25.1.1　坡面防护技术进展

坡面防护（也称护坡）有多种分类，按设计出发点和目的不同来分，可将我国现有的护坡形式分为工程型护坡、景观型护坡、生态型护坡以及净水型护坡等四种类型。

工程型护坡：传统的堤坝、岸坡防护采用混凝土面板或浆砌块石等材料进行防护，较好地解决了堤坝、岸坡的坡面防护问题，有利于行洪、排涝以及水土保持等，且具有耐久稳定性好、节省土地、施工机械化程度高等优点。但其在多年的工程实践中也暴露出一些弊端。如：护面材质多为不透水材料，在防护堤坝及岸坡的同时也隔绝了水体的交换，不利于水体自然净化；全坡面的刚性护砌，不利于原生植物及水生生物群落的生长，使河道、湖泊等水体水生态群落趋于单一化，对生态环境造成较严重的影响。

景观型护坡（也称亲水型护岸）：一般指确定加固处理岸坡方案时不仅考虑工程的安全、经济和有效性，同时还要满足人的视觉感观享受，提供给人们一定的亲水的空间。景观型护坡是在工程型护坡的基础上的功能延伸，但对岸坡自然生态系统同样有一定的负面作用。

生态型护坡：针对上述因素，国内外工程师们进行了长时间的探索、实践，提出了生态护坡的概念。国外一般定义生态护坡为“用活的植物，单独用植物或者植物与土木工程和非生命植物材料相结合，以减轻坡面的不稳定性和侵蚀”。生态护坡的概念最早出现在欧洲，到 20 世纪 60 年代，生态护坡技术已经推广到世界许多国家，特别在日本有了长足的发展，在日本，生态护坡称为坡面绿化。我们国家通过技术引进、研究发展、改进推广等渠道，于 20 世纪 90 年代开始在水利工程领域应用生态护坡技术，取得了较好的发展。

在堤坝及岸坡的坡面防护技术方面，发展了土工模袋护坡，土工网、土工格栅、土工格室、三维土工毯护坡，石笼护坡，生态土工袋护坡等新型护坡形式。

净水型护坡（也称净水型护岸）：净水型护坡是通过生物-生态技术来强化净水功能的生态护坡。净水护坡在融合水利工程学和生态学原理及知识的同时，更突出了环境工程学的重要性。净水型护坡是生态护坡的功能延伸，利用土工合成材料发展出的净水型护坡主要有：净水石笼护坡和柔性排护坡。

2013年，水利部发布《水利部关于加快推进水生态文明建设工作的意见（水资源〔2013〕1号）》，2015年5月，国务院发布《中共中央国务院关于加快推进生态文明建设的意见》。从水利部到国务院的意见同时指向生态文明建设，对今后的工程建设，特别是水利工程建设提出了明确要求。因此，生态型护坡、净水型护坡在堤坝及岸坡的坡面防护领域发展潜力巨大，应用前景广阔。

25.1.2 土工织物坡面防护型式及特点

（1）土工模袋护坡。土工模袋一般由双层土工织物织造缝制成袋体，内充混凝土或砂浆，凝固后形成防护体，其主要特点是土工模袋可根据工程地形地貌加工制作，保证混凝土等充填料的形成；适用于水上、水下施工，并能在各种现场条件下组织施工；护坡整体性好，无需大型的机具设备，施工速度快、劳动强度低；防护面日常维修费用少。因此，土工模袋护坡具有较高的推广价值。

（2）土工网、三维土工网垫护坡。土工网护坡主要用于加固土质坡面、水土保持，为坡面提供即时性和永久性的保护。土工网为植物生长提供额外的加筋，与土壤、植被之间形成一个近自然的生态体系，对生物的栖息环境影响较小。三维土工网垫又叫三维土工毯、水土保护毯等，是一种用于植草固土的三维结构，似丝瓜网络样的网垫，其质地疏松、柔韧，留有不小于90%的空间可充填土壤、沙砾或细石，植物根系可以穿过其间，舒适、整齐、均衡地生长，长成后的草皮使网垫、草皮、泥土表面牢固地结合在一起，由于植物根系可深入地表以下30～40cm，形成了一层坚固的绿色复合保护层。

（3）土工格室（栅）。土工格室是由HDPE或PP宽带经过强力张拉、焊接而形成的蜂窝状立体结构。有伸缩自如的优点，运输时可缩叠起来，使用时张开并填充泥土、砂砾或细石。土工格栅一般是平面结构，主要作用是加筋，作为坡面防护需与其他措施结合。

（4）石笼护坡。石笼护坡也叫石笼护垫（雷诺护垫，格宾护垫），是由机编金属网面内部充填块石构成的厚度小于长度和宽度的垫形工程构件。石笼护坡源自欧洲，已经有一百多年的发展历史，在诸如公路建设，河流整治，自然水域的堰体、丁坝、渠道整治等领域应用越来越广泛。

（5）生态土工袋护坡。生态土工袋护坡是由土工合成材料（透水、反滤、加筋）所制成的生态袋及内部填充物、联结扣等组成。生态袋具有透水而不透土的功能，既能防止填充物（土壤和营养成分混合物）流失，又能减小边坡的静水压力，实现水分在土壤中的正常交流，植物生长所需的水分得到了有效的保持和及时的补充，使植物能穿过袋体自由生长。

（6）净水护坡。净水护坡是在生态护坡基础上的功能延伸，是以生物-生态技术为切入点，以护坡结构为载体的一种新型护坡。净水护坡的研究对象侧重于城市护岸，其景观美学上的考虑也非常重要。

25.1.3　坡面结构设计相关规范

《堤防工程设计规范》(GB 50286)。

《碾压式土石坝设计规范》(SL 274)。

《土工合成材料应用技术规范》(GB/T 50290)。

《机编钢丝网用镀层钢丝》(YB/T 4221)。

《水运工程土工合成材料应用技术规范》(JTJ 239)。

《铁路路基土工合成材料应用设计规范》(TB 10118)。

25.2　土工模袋护坡

25.2.1　土工模袋护坡适用条件

土工模袋适用于水上、水下施工，尤其是水下，不需构筑围堰，可实现规模化、机械化施工。

25.2.2　土工模袋材料主要指标

土工模袋是指用高强化纤长丝经机织而成的双层袋状织物，模袋之间沿纵横 2 个方向每隔一段距离用尼龙绳把上、下两层织物联结在一起，联结间距根据实际需要的护坡厚度确定。土工模袋材料的主要技术指标见表 25.2-1。

表 25.2-1　　土工模袋材料的主要技术指标

项目		单位	指标
单位面积重量		g/m^2	>550
抗拉强度	经向	N/5cm	>2200
	纬向	N/5cm	>2000
延伸率		%	<30
CNR 顶破强度		N	3000～4000
垂直渗透系数		cm/s	$1.0\times10^{-3}\sim5\times10^{-3}$
等效孔径 (O_{90})		mm	0.084～0.25

25.2.3　土工模袋护坡设计指标

土工模袋护坡设计应包括厚度确定、稳定分析、排渗性能、抗滑措施和材料强度等。

25.2.3.1　*厚度确定*

模袋厚度应能抵抗在水下漂浮和抵抗冬季坡前水体冻胀往上的水平推力，估算方法如下。

(1) 抗漂浮所需厚度按下式估算：

$$\delta \geqslant 0.07cH_w\sqrt[3]{\frac{L_w}{L_r}}\frac{\gamma_w}{\gamma_c-\gamma_w}\frac{\sqrt{1+m^2}}{m} \tag{25.2-1}$$

(2) 抗冰推所需厚度按下式估算：

$$\delta \geqslant \frac{\frac{P_i \delta_i}{\sqrt{1+m^2}}(F_s m - f_{cs}) - H_i C_{cs}\sqrt{1+m^2}}{\gamma_c H_i (1+m f_{cs})} \tag{25.2-2}$$

式中：δ 为所需厚度，m；c 为面板系数，大块混凝土护面，取 1.0，护面上有滤水点，取 1.5；H_w、L_w 为波浪高度与长度，m，计算采用《堤防设计规范》（GB 50286—2013）相关公式；L_r 为垂直于水边线的护面长度，m；m 为边坡系数；γ_c 为砂浆或混凝土有效容重，kN/m^3；γ_w 为水容重，kN/m^3；δ_i 为冰层厚度，m；P_i 为设计水平冰推力，有资料按资料，无资料建议初设取 $150kN/m^2$；H_i 为冰层以上护面垂直高度，m；C_{cs} 为护面与坡面间黏着力，$150kN/m^2$；f_{cs} 为护面与坡面间摩擦角；F_s 为安全系数一般可取 3。

设计取上述二者计算值的大值，且宜不小于 10cm。

25.2.3.2 稳定分析

根据《土工合成材料应用技术规范》（GB/T 50290—2014）中的 6.3.4 条，抗滑稳定安全系数按下式计算，计算简图见图 25.2-1。

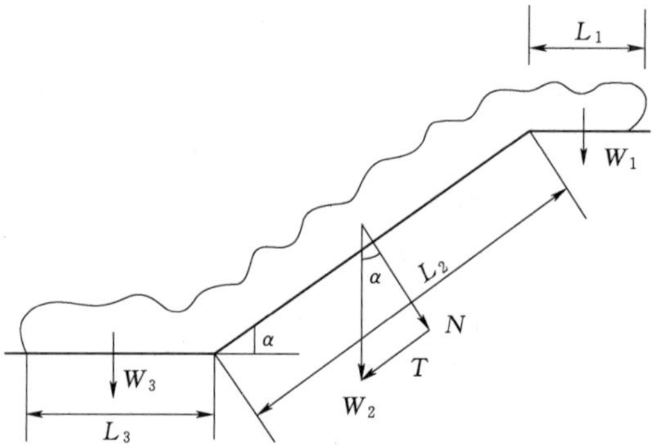

图 25.2-1 计算简图

$$F_s = \frac{L_3 + L_2 \cos\alpha}{L_2 \sin\alpha} f_{cs} \tag{25.2-3}$$

式中：F_s 为安全系数，应大于 1.5；L_2、L_3 为长度，见图 25.2-1，m；α 为坡角，(°)；f_{cs} 为模袋与坡面摩擦系数，应试验确定。无试验资料时，取 0.5～0.6。

25.2.3.3 排渗性能

模袋底部渗水应及时排走，以保稳定，如排渗能力不足应增设排水孔。顺坡轴方向所需排水孔数可按下式估算：

$$n = F_s \frac{\Delta q}{kJa} \tag{25.2-4}$$

式中：Δq 为顺坡轴方向 1m 需要的排水量，m^3/s；k 为渗水孔处滤层渗透系数，m/s；J 为渗水处水力梯度；a 为一个排水孔的面积，m^2；F_s 为安全系数可取 1.5。

25.2.3.4 抗滑措施

为增加抗滑稳定可根据不同条件采取合理措施，如坡顶挖槽回填固定上端，坡顶布置固定柱，坡顶设置水平段，坡底回填，设置镇脚等。

25.2.3.5 编织布的强度

编织布的强度 T 视护坡平均厚度及小时充填高度大小而定。护坡平均厚度及小时充填高度越大，模袋所承受的压力越大，要求编织布的抗拉强度越高。编织布允许抗拉强度可以用下式估算：

$$T_c=\beta\gamma_m h_1 h_2 \qquad (25.2-5)$$

式中：T_c 为编织布允许抗拉强度，kN/m；β 为混凝土或砂浆的侧压力系数，$\beta=0.6\sim0.8$；γ_m 为混凝土或砂浆的容重，kN/m^3；h_1 为护坡最大厚度，m，取平均厚度 δ 的 1.5～1.6 倍；h_2 为小时充填高度，m，$h_2=4\sim5m$。

25.2.3.6 混凝土的强度及配筋

一般要求混凝土强度不小于 15～20MPa，在北方地区抗冻标号不低于 F150。

模袋混凝土一般不需配筋，在北方地区，为保证模袋混凝土护面在地基不均匀冻胀、不均衡沉陷及温度收缩等产生的裂缝条件下仍能正常地工作，建议每列模袋混凝土中配置一根 ϕ12mm 钢筋，并保证施工到位。

25.2.4 土工模袋护坡施工要点

(1) 平整场地，清除杂物并整平表面，开挖水上水下埋沟。

(2) 展铺模袋，展袋后在其上下缘插入挂袋钢管，铺于坡面，在坡肩处设挂袋桩，钢管上装松紧器将模袋挂在桩上。

(3) 充灌填料，灌料用特制的混凝土泵。充填自下而上，从两侧向中间进行充灌；充填后即可设排水孔，回填上下固定模袋沟。

(4) 为防出现充灌故障，应注意：①骨料最大粒径不得大于泵送管直径的 1/3；②严格控制充填坍落度，防止管道内发生硬结；③充灌泵送压力不宜小于 200kPa；④泵送距离不宜超过 50m。

(5) 水下施工与安全。水下施工如水深超过 2m 时，应由潜水员配合控制水下充灌和铺设质量，也要特别注意施工人员的人身安全。

(6) 在混凝土初凝之后，要注意及时将模袋表面覆盖的泥沙、灰渣清理干净，并对其进行为期至少一周的养护。

25.2.5 土工模袋护坡检测与监测

土工模袋护坡检测包括原材料检测和护坡平整度检测。

土工织物材料指标应满足设计要求或表 25.2-1 规定，混凝土材料符合设计指标。

护坡平整度检测包括：①顶部宽度偏差不大于 2cm；②顶部和底部高程的偏差允许值为 −2～+4cm，坡面的平整度不大于 5cm；③混凝土充灌率偏差不大于 ±5%；④厚度的平均值符合设计的要求，所允许的偏差在 −5%～+8%。

25.2.6 土工模袋护坡工程实例

条子泥位于江苏省中部近岸浅海区发育沙洲中心区，是辐射沙脊群中最靠近大陆岸滩的大型沙洲，面积 528.82km^2。条子泥Ⅰ期匡围工程海堤工程主要包括：围堤堤基处理，护脚抛石及软体排，围堤填筑，围堤护坡及路面、坡面绿化等。部分围堤护坡采用了土工模袋护坡（图 25.2-2），工程实景见图 25.2-3。

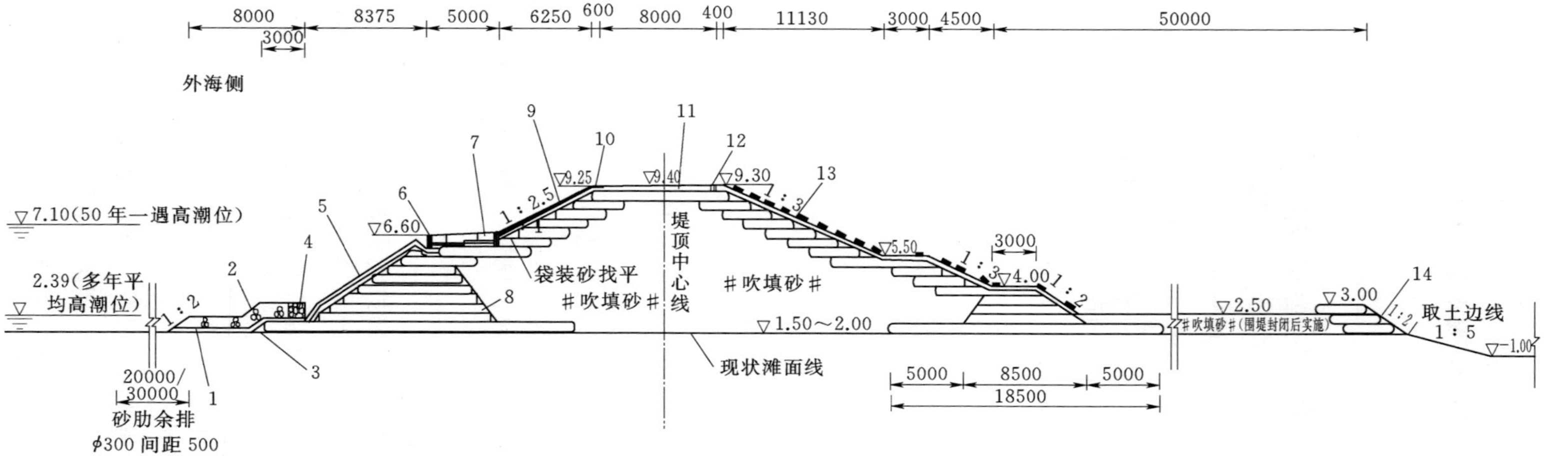

图 25.2-2 南海堤代表断面示意图（尺寸单位：mm）

1—抛石护脚厚 600mm（单重大于 100kg）；2—护面块石（单重 150～200kg）；3—砂肋排；4—C20 素混凝土大方脚；5—C20 模袋混凝土厚 200mm；6—C20 素混凝土格埂；7—素混凝土板厚 400mm；8—充填袋装砂（鸳鸯袋）；9—C30 现浇钢筋混凝土板厚 120mm；10—C20 素混凝土路肩；11—泥结石路面厚 300mm；12—C20 素混凝土路肩；13—草皮护坡；14—充砂管袋子堰

图 25.2-3　模袋混凝土现场施工

25.3　土工网（网垫）、土工格室护坡

25.3.1　土工网（网垫）护坡

土工网护坡一般用于水上边坡，可有效防止边坡的水土流失，促进植被的生长。根据防护目标，水利工程的坡面永久防护一般也采用土工网垫，近年来也有不少应用。河道、湖泊及库岸的边坡与市政、道路等边坡比较，往往受水流影响较大（有的河道还承担行洪），如用于水位变动带，流速一般不宜过大，应具体根据边坡的坡度、底质、护坡材料及锚固方式等经现场研究确定。

目前，有一定厚度的三维土工网垫、三维土工毯等在边坡防护工程中应用广泛，三维土工毯护坡见图 25.3-1。

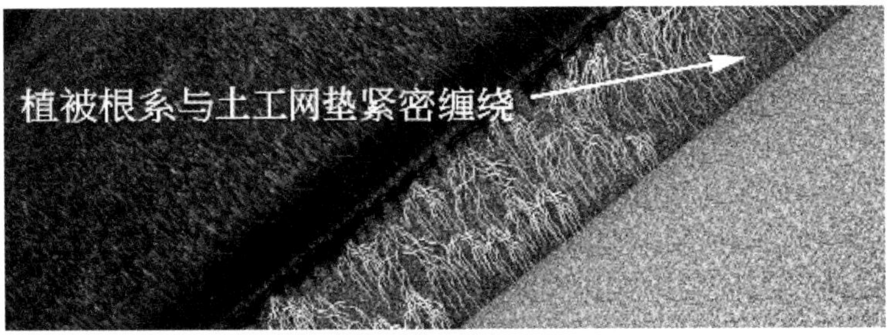

图 25.3-1　三维土工毯护坡示意图

25.3.1.1　土工网（网垫）材料规格及制造工艺

土工网材料从结构上，有二维和三维两种形式。材料有塑料、高密度聚乙烯、HDPE、高分子聚合物、聚氨酯、聚酰胺等多种形式。

二维土工网的制造一般由机床挤出压成薄板再冲规则网孔，然后拉伸而成，使之成为定向线性状态并形成分布均匀、节点强度高的长椭圆形网状整体性结构。三维土工网，根据制造工艺不同，结构上有所区别。由高密度聚乙烯材料形成的三维土工网，通过机头挤出肋条，三根肋条按一定间距和角度排列形成有排水导槽的三维空间结构，中间肋条具有较大的刚性形成矩形的排水通道；由聚酰胺材料形成的三维土工网，由机头挤出纤维长丝，一次性制成三维空间结构。

25.3.1.2 土工网主要指标

土工网宜具备保土性、透水性、防堵性且具有一定的耐久性，具体要求详见表25.3-1。

表 25.3-1 土工网主要指标

项目		标准	备注
克重		≥400g/m^2	
延伸率		10%	
纵横向断裂强度		40kN/m	
纵横向撕破强力		≥0.3kN	
抗老化指标	(1) 抗紫外线（强度保持）	>95 (150)% (h)	荧光紫外试验
	(2)（强度保持）	>75 (500)% (h)	氙弧辐射试验
	说明	必须同时满足	

25.3.1.3 土工网（网垫）护坡施工要点

（1）施工前需将坡修理平整。

（2）土工网（网垫）搭接宽度约 10cm，并在搭接缝上设固定连接钉。土工网（网垫）其余部位也应设置固定连接钉。

（3）土工网（网垫）铺设完成后应在表面撒布一定厚度的土料，宜使用耕植土，便于植被生长。

（4）为使种子更快发芽，可在完工的坡面上覆盖一层无纺布以保证坡面湿度与温度。

25.3.1.4 土工网（网垫）护坡检测与监测

土工网（网垫）材质应无腐蚀性、耐酸碱。土工网的材料检测包括克重、延伸率、断裂强度、撕破强力、抗老化指标等，均需满足要求。

土工网（网垫）护坡一般表面有植被，其质量检查评定除了土工网原材料检测外，还要求植被覆盖率在施工完毕后 3 个月内符合以下要求：①常水位以上：≥99%；②常水位以下 300mm 及挺水植被种植区：≥50%；③植被（籽）需从土工网中长出，扎根进入土工网以下边坡土体；④现场抽测（频次、比例）要求同绿化完工验收有关规范。

25.3.1.5 三维土工网垫护坡的设计与施工

1. 土工网垫结构型式

土工网垫材料主要由聚丙烯、聚酰胺等制造，厚度 2cm 左右，为惰性材质，具有无毒，耐酸碱腐蚀，良好的耐老化和抗紫外线能力。三维土工网垫结构型式见图 25.3-2。

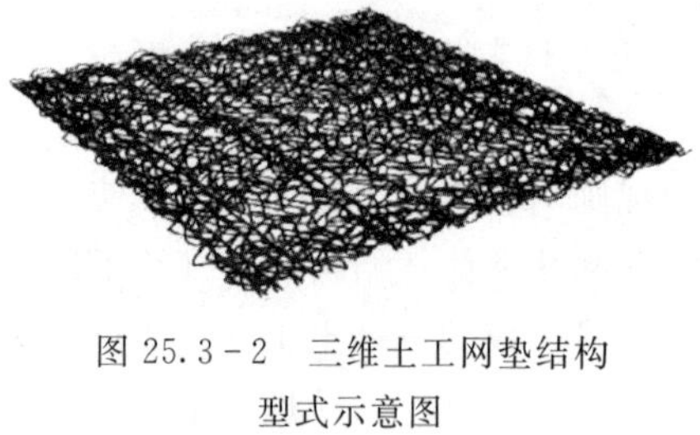

图 25.3-2 三维土工网垫结构型式示意图

常见的三维土工网垫，根据不同制造方式有两种结构：一种为底面为双向拉伸平面网，表面为非拉伸挤出网，经点焊形成表面呈凹凸泡状的多层塑料三维结构网垫；另一种为干拉成型，纤维长丝在挤出后，一次性制成三维空间结构的网垫。

根据水利工程特点，目前基于三维土工网垫的护坡结构已发展出加筋土工毯（加筋麦克垫）、植生型雷诺护垫等新型结构。

加筋土工毯是一种加筋的三维土工垫（图 25.3-3），是以细的聚合物丝为原料，按一定方式缠绕而成的柔性垫，具有开敞式的三维空腔结构，孔隙率大于 90%，同时通过专门的设备，将双绞合六边形金属网（网丝表面可以是各种镀层，如高尔凡、PVC 塑料镀层等）复合到柔性垫中。加筋土工毯可以给裸露的土体提供临时的防冲刷保护，帮助植被的生长；也可以给植被提供永久的加筋作用，提高其抗冲刷能力。

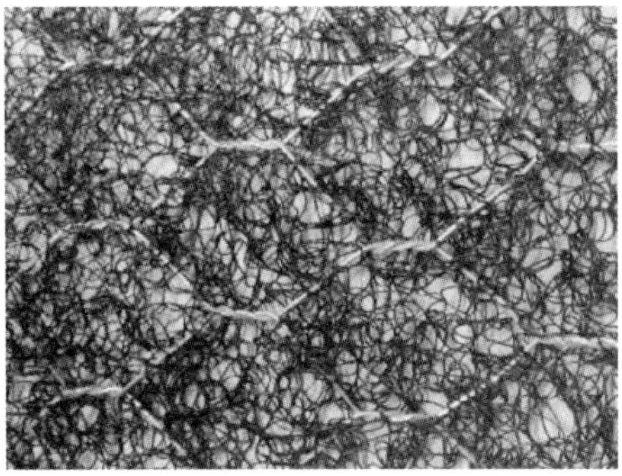

图 25.3-3　加筋土工毯

植生型雷诺护垫是将加筋的三维土工网垫盖板与六边形双绞合金属网底座组合而成的一种面积大而厚度薄的箱型结构，在工程现场施工时，直接向护垫内（箱体）填充石料和土来防止边坡冲刷及实现坡体快速绿化。由于采用了加筋的三维土工网垫作为护垫的盖板，植生型雷诺护垫不仅具有一般护垫的基本性能，而且在工程完工初期至植被生长前，还能为下部土体提供很好的临时抗冲保护，并在植被生产后起到加筋作用，与植被共同抵抗水流冲刷。

2. 三维土工网垫材料类型、指标

三维土工网垫材料规格执行《土工合成材料　塑料三维土工网垫》（GB/T 18744—2002）的规定。三维聚合物材质主要为聚酰胺（PA6），无毒，惰性材质，耐酸碱腐蚀，具有良好的耐老化和抗紫外线能力，B2 阻燃级。如：标准型 7020：孔隙率大于 95%，400g/m^2，抗拉强度大于 2.2/1.6kN/m（纵向/横向），厚度 20mm，土壤保持系数 1420。

加筋土工毯产品规格及材料指标见表 25.3-2，植生型雷诺护垫表面采用加筋土工毯，箱型网垫结构采用六边形双绞合金属网材料。

表 25.3-2　　加筋土工毯产品规格及材料指标

元素特征				
Ⅰ聚合物指标				
聚合物	A	B	C	D
	聚丙烯			
单位面积的质量及公差/(g/m^2)	500±50	600±60	500±50	600±60
熔点/℃	150			
密度/(kg/m^3)	900			
抗 UV 性	稳定			

续表

元素特征				
Ⅱ 加筋性能				
类型	镀高尔凡六边形双绞合钢丝网		镀高尔凡覆塑六边形双绞合钢丝网	
网孔型号/cm	6×8	8×10	6×8	8×10
钢丝直径/mm	2.2	2.7	2.2/3.2	2.7/3.7
镀层量/(g/m^2)	230	245	230	245
PVC镀层名义厚度/mm	无		0.5	
Ⅲ 力学特征				
聚合物抗拉强度/(kN/m)	1.0	1.2	1.0	1.2
加筋网面强度（长度）/(kN/m)	37	50	37	50
聚合物剥离强度/(N/cm)	3	3	3	3

3. 土工网垫护坡设计

对于涉水工程采用土工网垫进行边坡防护，简化设计方法主要依据植被护坡的设计理念和分析方法，主要步骤如下。

（1）决定坡面是否需要进行防护。表层土体的类型决定是否需要对土体进行侵蚀防护。大颗粒粒径的土体在较低流速下不会发生侵蚀；砂土和粉土在非常低的流速下即发生侵蚀破坏。工程实践中依据由英国建筑工业协会（CIRIA）于1984年出版的溢洪道抗冲蚀指南中的试验数据进行判断（图25.3-4）。

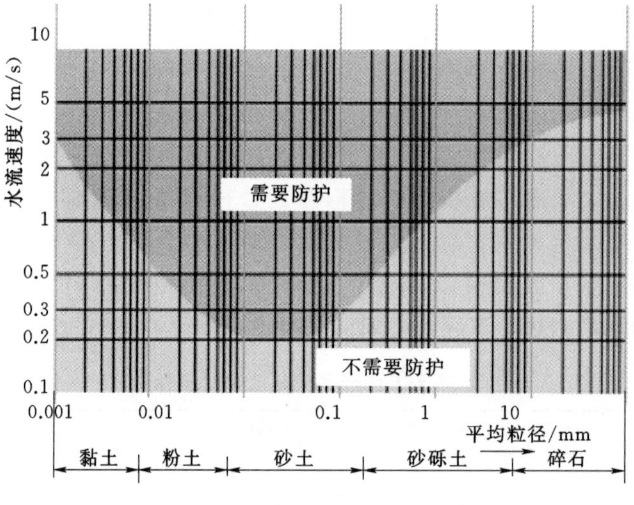

图25.3-4 土体抗冲蚀试验成果示意图

（2）确定护垫的铺设位置和长度。典型护垫铺设长度见图25.3-5。

土工网垫铺设长度L按下式进行计算：

水下坡：
$$L=1.0+[(HL-LL)+\Delta H]\eta \qquad (25.3-1)$$

水上坡：
$$L=0.5+H\eta \qquad (25.3-2)$$

式中：HL 为高水位高程，m；LL 为低水位高程，m；ΔH 为波浪的垂直高度，m；H 为坡高，m；η 为斜长系数，根据边坡坡度确定。

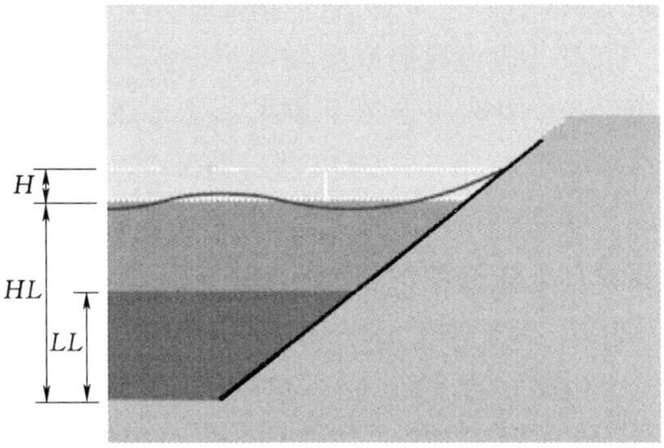

图 25.3-5　典型护垫铺设长度示意图

(3) 草种选择。应根据地区气温、降水和土质条件等优选草种，必要时进行试种，优先选用当地优势草种。草种主要应符合以下条件：对土质适应性强、耐盐碱；对环境适应性强，耐寒、耐旱、耐涝；生长快，根系长而发育，绿期长；价格低廉。

4. 土工网垫护坡施工

(1) 坡面整理。清理、平整坡面，达到设计要求，清除直径大于 2cm 的浮石及树根等杂物，清除有机质，保证坡面具有 5～8cm 厚表土层，为草提供基本生长环境，土壤贫瘠地区宜施底肥。

(2) 钉设土工网垫。土工网垫在坡上、下两端各留有 20cm 和 30cm，上端应埋入土中，下端应留成水平面；将网放在坡顶上，然后顺坡铺放网垫，自上而下至坡脚处。网与网之间搭接不小于 10cm，并使网紧贴坡面无悬空褶折现象。上下网用土工绳连接，网与网之间搭接不小于 15cm，在坡顶、搭接处采用 ϕ12mm 主锚钉固定。坡面其余部分采用 ϕ8mm 辅锚钉固定。坡顶锚钉间距为 70cm，坡面锚钉间距为 100cm。锚钉规格：主锚钉为（ϕ12mm 钢筋）U 形钢钉长 20～30cm，宽 10cm，辅锚钉为（ϕ8mm 钢筋）U 形铁钉长 15～20cm，宽 5cm，固定时，钉与网紧贴坡面。

(3) 回填土。土工网垫固定后，采用干土回填，把黏性土、复合肥或沤制肥充分搅拌均匀，并分 2～3 次人工抛洒在边坡坡面上，第一次抛洒以控制在 3～5cm 为宜，第二次抛洒 1～2cm，回填直至覆盖网包（指自然沉降后）。每次抛洒完毕后，在抛洒土壤层的表面机械洒水。机械洒水时，水柱要分散，洒水量不能太多，以免造成新回填土流失，洒水的目的是使回填的干土层自然沉降，并进行适度夯实，防止局部新回填土层与三维网脱离。要求填土后的坡面平整，无网包外露。

(4) 播草灌籽。采用分段人工撒播草灌种子的方法进行播种。播种质量要求：种子分布要均匀，随时检查有无漏播的现象；播种后及时浇水，出苗前后及小苗生长阶段都应始终保持地面湿润；局部地段发现缺苗时需查找原因，并及时补播。草种混播配比与播种量具体选用和配比可根据施工季节和气温进行调整、增减。

(5) 养护管理。苗期注意浇水，确保种子发芽、生长所需的水分。前期喷灌水养护 60 天，中期靠自然雨水养护，若遇干旱，每月喷水 2～3 次，后期养护每月喷水 2 次。适时揭开无纺布，保证草苗生长正常。适度施肥，一般使用复合肥，为植物生长提供所需养分。在苗高 8～10cm 时进行第一次追肥，还可依据实际情况进行叶面追肥。定时针对性地喷洒农药，定期清除杂草，保证植物健康生长。

(6) 土工网护坡检测与监测。三维土工网护坡需满足表 25.3-1 的要求，加筋土工毯须满足表25.3-2的要求，植生型雷诺护垫需同时满足表25.3-1与表25.3-2的要求。

植被可通过混播或喷播等方法实现，但无论使用哪种方法，均要求植被覆盖率在施工完毕后3个月内符合以下要求：①常水位以上：≥99%；②常水位以下300mm及挺水植被种植区：≥50%；③植被（籽）需从土工网中长出，扎根进入土工网以下边坡土体；④现场抽测（频次、比例）要求同绿化完工验收有关规范。

25.3.2 土工格室护坡

2.3.2.1 土工格室材料规格、制造工艺

土工格室为宽带结构，根据格室高度有50～300mm不同规格，其生产工艺由超声波自动化生产线将高强度HDPE或PP宽带或土工带焊接成蜂窝状立体结构。土工格室应用于路基加固、地基处理、边坡绿色防护、路堤加筋和加筋土挡墙等领域，用于护坡结构的土工格室一般高度在200mm以下。

2.3.2.2 土工格室护坡设计指标

土工格室主要设计指标见表25.3-3。

表25.3-3 土工格室主要设计指标

格室高 /mm	结点距离 /mm	格室片屈服强度 /MPa	断裂伸长率 /%	焊点剥离强度 /(N/mm)	格室片厚 /mm
50	165～200	≥18	≤10	≥10	≥0.8
75	200～250	≥18	≤10	≥10	≥0.8
100	200～250	≥18	≤10	≥10	≥1.1
150	250～300	≥18	≤10	≥10	≥1.1
200	250～300	≥18	≤10	≥10	≥1.1

25.3.2.3 土工格室护坡施工要点

（1）施工前需将坡修理平整。

（2）填料选择耕植土，可掺入级配碎石，粒径不超过3cm。

（3）格室铺设时，应将强度高（叠放时焊接方向）的方向置于横断面方向。

（4）土工格室应充分拉伸张开至设计规格，使张开后的每个格室大致为正菱形，并用规定数量的U形钉固定。

（5）土工格室护坡的填土应采用人工夯实。

25.3.2.4 土工格室护坡检测与监测

土工格室的检测和监测项目见表25.3-4。

表25.3-4 土工格室的检测和监测项目

项　目	要　求	检测频率
下承层平整度	高差≤3cm	每200m² 检测4处
横向连接	铆钉安装符合相关要求	抽查2%
纵向连接	铆钉安装符合相关要求	抽查2%
保护层厚度	10cm	每50m² 检测1处

续表

项　目	要　求	检测频率
格室张开面积	符合设计要求	抽查 10%
填料级配	粒径≤3cm	每 50m^2 检测 1 处
填料的密实度	≥93%	每 50m^2 检测 1 处

25.3.3　土工网（网垫）护坡工程实例

（1）上海临港物流园区河道工程。临港新城地处上海市南汇区的东南部，位于长江口与杭州湾的交汇处。园区内五条河道中 E1 路河护坡采用三维土工网护坡。三维土工网选用规格：单位面积质量 260g/m，纵向拉伸强度 1.4kN/m，横向拉伸强度 1.4kN/m；绿化土标准：EC 值 0.35～1.20mS/cm，容量≤1.25Mg/m，有机质≥25g/kg，通气孔隙度≥10%，pH 6.5～7.5。建成后工程实景见图 25.3－6。

图 25.3－6　上海临港物流园区河道土工网护坡效果

（2）云南大理东湖永安江项目工程。云南大理永安江是贯通整个东湖区的一条河流，北起下山口，自北向南贯通东湖区后至江尾镇白马登入洱海，河道全长 18.35km。近年来大理白族自治州环境监测站对永安江入洱海口水质进行监测，结果显示氮磷含量均超过永安江Ⅲ类水质保护目标，富营养化严重，并且呈逐年上升趋势，急需进行水质改善和河道整治工作。

河道整治过程中需侧重以下问题：①永安江为类水质保护地，因此首先要能够解决生态平衡、生态景观的问题；②施工工期紧，尽量缩短工期；③边坡局部可能出现沉降现象，尽量不影响防护整体效果；④该工程为小流域治理，总工程造价低，因此要在能解决问题的前提下尽可能降低造价。

该项目原方案采用浆砌石护坡，经多种方案比选后，选择了马克菲尔公司生产的加筋麦克垫对永安江边坡进行防护。加筋麦克垫在坡面采用 U 形钉进行固定，坡顶设置锚固沟，坡脚采用反包块石进行压脚（图 25.3－7），从而使整个护坡结构组成一个整体，稳定性好。由于是临水防护，且水质营养化高，为了保证加筋麦克垫的耐久性能，采用镀锌覆塑防腐处理，较之无覆塑防腐处理，其耐久性能更加优越。该工程施工现场及防护效果见图 25.3－8。

（3）长江中游戴家洲河段航道整治二期工程。戴家洲河段位于武汉～安庆航段内，地

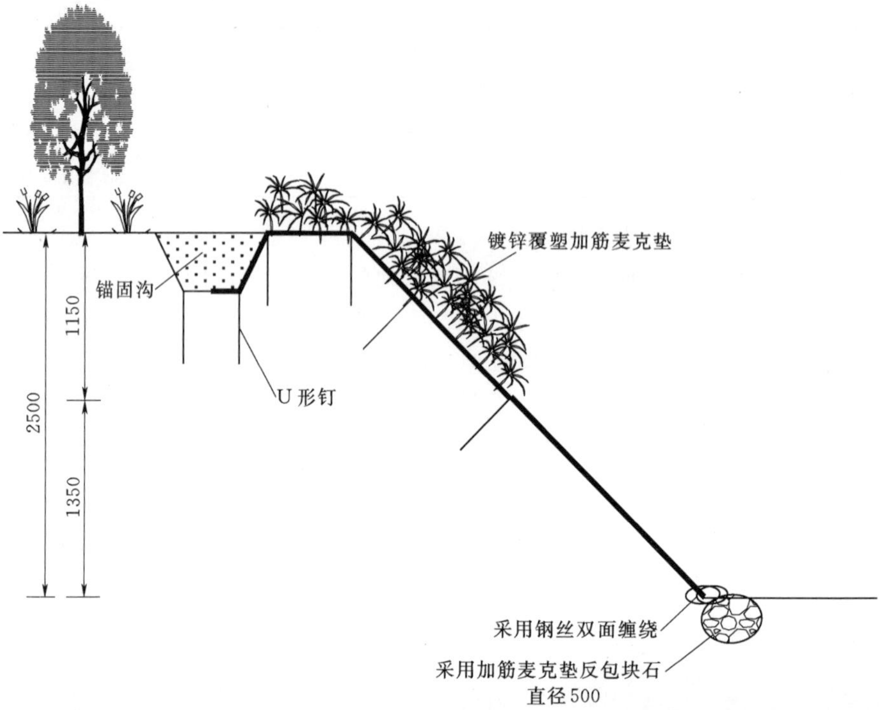

图 25.3-7 云南大理东湖永安江河道边坡示意图（尺寸单位：mm）

图 25.3-8 云南大理东湖永安江项目工程施工现场及防护效果

处长江中游湖北省境内，上距武汉市约 99km。河段上起鄂城，与沙洲水道相连，下迄廻风矶，与黄石水道相接，全长约 34km。河段左岸为黄冈市，右岸为鄂州市。为了稳定河道边界条件，防止航道条件恶化，需要对戴家洲右缘中上段岸坡进行防护。为了符合“全寿命成本最低，以人为本，可持续发展，人与自然和谐、打造绿色平安航道”的长江航道治理新理念要求，需要考虑对绿化的结构或方案进行改进，形成一整套完整绿化结构和施工工艺，以在满足工程安全性的同时，兼具生态性与经济性等特点。

在此项目中，根据护坡的几个不同区域特性，枯水位以下采用雷诺护垫，水位变幅区采用植生型雷诺护垫，洪水位以上采用加筋麦克垫（图 25.3-9），分别取得了不错的效果，满足了相应的要求。2013 年施工完至今，戴家洲护岸工程在经受住洪水考验的同时，已布满茂盛的植被，证明了植生型雷诺抗冲效果（图 25.3-10）。

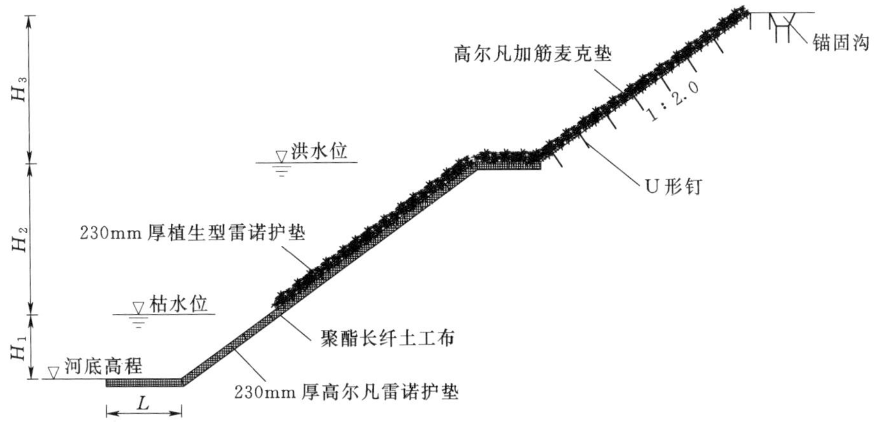

图 25.3-9　长江中游戴家洲河段河道边坡示意图

(a) 完工时　　(b) 通水 1 年后

图 25.3-10　长江中游戴家洲河段河道边坡雷诺护垫效果

（4）上海崇明县港沿镇合兴村河道整治工程。崇明县港沿镇合兴村位于崇明岛，工程位于村镇边，如采用传统硬质护坡方案对周边环境将带来一定影响，村里提出河道要绿色清新，因此护坡采用了生态毯护坡，是三维土工网的一种。材料为三维聚合物材质——聚酰胺（PA6），孔隙率>95%，单位面积质量 400g/m^2，抗拉强度>2.2/1.6kN/m（纵向/横向），厚度 20mm，土壤保持系数 1420。无毒，惰性材质，耐酸碱腐蚀，具有良好的耐老化和抗紫外线能力——500h 氙弧照射后剩余强度达 90%以上，B2 阻燃级。工程实景见图 25.3-11。

图 25.3-11　上海崇明县港沿镇合兴村河道三维土工网护坡效果

25.4 石 笼 护 坡

25.4.1 石笼护坡特点

石笼护坡也叫石笼护垫（雷诺护垫，格宾护垫），是指由机编金属网面构成的厚度远小于长度和宽度的垫形工程构件。石笼护坡源自欧洲，已经有一百多年的发展历史，石笼护坡在诸如公路建设、河流整治、自然水域的堰体、丁坝、渠道整治等领域应用越来越广泛。

石笼中装入块石等填充料后连接成一体，作为堤坝、岸坡、海漫等的防冲刷结构，具有柔性、不需或仅需少量维护、对地基适应性强等特点，而且利用网中填充物的缝隙还能生长植物，绿化环境，很好地解决了传统的刚性护砌护坡存在较多生态环境及不能适应变形等方面的缺陷。与传统护坡结构相比，石笼护坡主要有以下优点。

(1) 柔韧性。石笼网特有的柔性结构设计及高伸张率的低碳钢丝使得石笼护坡具有很强的柔韧性及变形能力，石笼护坡单元在工地现场组装成型，相互绑扎成整体，属于典型的柔性防护结构，尤其能够适应基础的不均匀沉降。

(2) 抗冲刷性。石笼护坡为多孔隙结构，风浪打在结构上时，波压力被化解，风浪消退时产生的真空吸力也被破坏，能有效地达到防护效果，消能效果好。采用镀 10%铝锌合金方式进行防蚀处理的钢丝经过机械编织组装形成石笼，优良的镀层工艺和编织技术，可保证镀层厚度的均匀性和抗腐蚀性。由于结构的整体性，以及和自然环境融为整体，所以即使在镀层损失的情况下，也不影响石笼结构的稳定性。

(3) 透水性。石笼护坡具有天然的透水性，一来可以迅速降低结构后填土内由于降雨等原因导致的过高地下水位，消散孔隙水压力，维持土体强度，降低发生滑坡的危险；二来无需传统结构的排水设施，节省工序，加快施工效率；三来可以加强水体交换能力，促进植被生长和生态系统的恢复。

(4) 生态环保性。首先石笼护坡结构主材料石材为自然界中存在的材料，附加的限制性材料钢丝网对于环境没有污染。而由于结构内存在较多的填石孔隙，一来可以实现水体和结构后土体的自由水交换，增强水体的自我净化能力，改善水质；二来为各类水生动植物提供生存空间，维持生态系统的平衡；三来不需要过多的人工材料，对环境不会造成太大的破坏。无论是内部的填石还是后期长出的绿色植被，都能够很好地与周围的自然环境相互融合。插植等人工方式更可以使外观达到人为的设计视觉效果，美化环境。

(5) 施工便捷，效率高。石笼护坡可按设计意图，工厂化生产制作出半成品，施工现场按施工图进行组装定形。整体工法操作简便、工序少、无需特殊的技术工人、受气候干扰小，整体施工效率颇高且效果易于保证，在有机械进行配合的时候，更能够加快施工进度。此类结构的施工效率很高（是传统结构的施工效率 2～3 倍），可以大大减少施工周期。

(6) 经济性。石笼护坡填充所需石头可以采用浆砌石、干砌石等传统结构无法利用的碎石或鹅卵石，石头成本较低，尤其在鹅卵石丰富的河流附近施工更可以大幅度降低造价，相对于混凝土等传统结构具有一定的经济优势。

25.4.2 石笼结构型式

石笼网丝为镀锌铝的钢线，有的还外包裹一层高抗腐蚀树脂膜。原材料以钢材及高分子聚合物，经过数道复合程序加工，使其能防锈、防静电、抗老化、耐腐蚀、抗压、抗剪，增加了在高度污染环境中的保护作用，适用于河流、海洋和高污地区。

用于护坡的石笼，厚度一般 15～50cm，下设反滤层，坡脚进行护脚或镇脚，坡顶压坡处理，石笼护坡坡脚及坡顶形式见图 25.4－1。

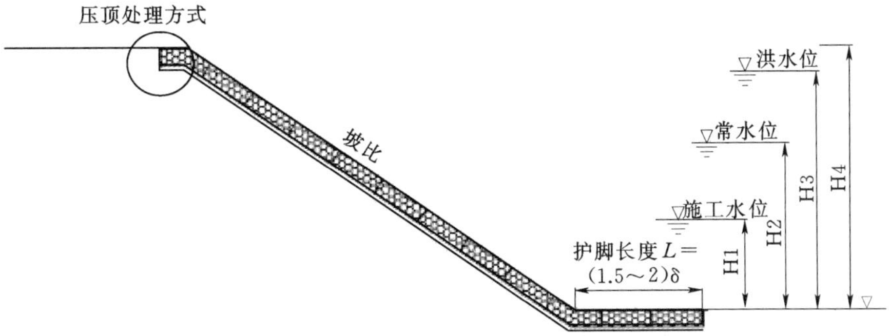

图 25.4－1 石笼护坡坡脚及坡顶形式示意图

石笼网一般采用箱形设计（图 25.4－2），将网丝由机器编织扭绕成六边形的网，再组合成箱体，使用时在网箱内填充满适当大小的毛石或卵石。采用双绞方式将网丝绑在一起形成网状物，即使一两条丝线断了，网状物也不会被解开，不会散架。

目前，根据堤坝、库岸、河湖等坡面不同的防护要求，已经发展出无锈熔接网石笼护坡、植生型雷诺护垫等。

25.4.3 石笼材料规格及制造工艺

石笼护坡由石笼网和石块组成，垫层一般采用土工织物，在坡内外水体交换频繁时还应采用碎石垫层。

25.4.3.1 网箱材料

（1）孔径：一般有 60mm×80mm、80mm×100mm、80mm×120mm、100mm×120mm、120mm×150mm 等，可以根据工程实际情况组合成不同规格。其中双线绞合部分的长度不得小于 50mm，以保证绞合部分钢丝的金属镀层和 PVC 包塑不受破坏。

（2）丝径：石笼网分三种丝径，即网丝、边丝、绑丝。网丝的范围在 2～4mm；边丝一般大于网丝，粗 0.5～1mm；绑丝一般小于网丝，常见的以 2.2mm 居多。网丝表面处理采用热镀锌或锌铝合金，PVC 包塑，包塑的厚度一般 1.0mm 左右，例如：2.7mm 的网丝包完后为 3.7mm。

（3）隔断：在石笼网的长的方向上每一米加上一个隔断。

（4）尺寸：可定做。

石笼网材质力学指标见表 25.4－1。

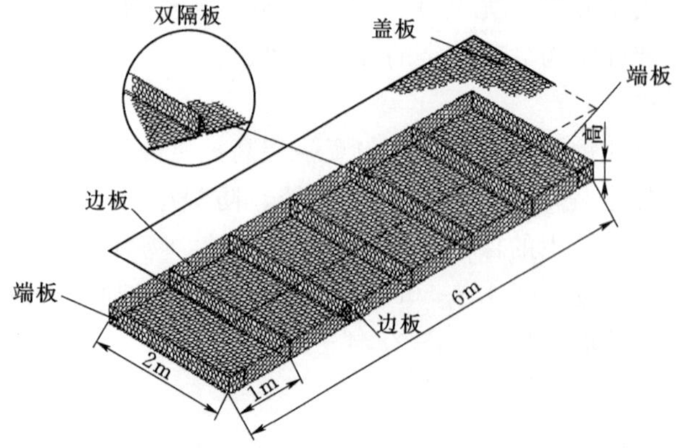

(a) 石笼网箱实体图

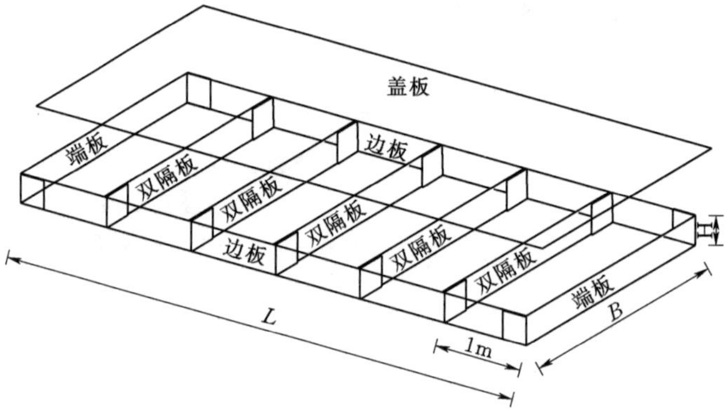

(b) 石笼网箱大样图

图 25.4-2 网箱石笼示意图

表 25.4-1 **石笼网材质力学指标**

部位	项　　目	标　　准	备注
钢丝	抗拉强度	350～500N/mm²	
	伸长率	≥10%	
	化学成分	符合 GB/T 700—2015	
网片	表观	不得有破损、腐蚀，网片面色泽基本一致	
	抗拉强度（顺编制方向）	>30kN/m	
	网孔钢丝铰制长度	≥50mm	
镀层	材质	宜采用锌或锌铝合金	
	表观	镀层需均匀、连续、表面光滑，不得有裂纹和漏镀	
	镀层缠绕试验	2 倍直径的锌棒上密绕 6 圈，镀层表面不起层或开裂	
	锌铝合金类镀层铝含量	≥10.0%	
镀层	盐雾试验	连续喷雾 200h 以上时不得出现红锈	
	重量	≥240g/m²	镀层为纯锌时

续表

部位	项　　目	标　　准	备注
聚合物层	材料抗拉强度	$\geqslant 17N/mm^2$	
	断裂伸长率	≥200%	
	厚度	0.4～0.7mm±0.1mm	
	比重	PE：0.94～0.98 PVC：1.30～1.38	

注　组合丝、水平固定丝、螺旋固定丝、扣件的材质与力学指标需与网丝一致，钢丝镀层采用锌铝合金及其他时，需根据可靠实验或工程经验调整镀层重量。

25.4.3.2　*填充石料*

填充石料可就地取材，采用河床卵石料，也可采用人工石料。石料最合适的粒径大小为（1.5～2）D（孔径），以 70～150mm 为宜，空隙率不超过 30%，要求石料质地坚硬，强度等级一般不小于 30MPa，比重一般不小于 $2.5t/m^3$，遇水不易崩解和水解，抗风化。薄片、条状等形状的石料不宜采用，风化岩石、泥岩等亦不得用作充填石料。

25.5.3.3　*反滤层*

石笼护坡下宜铺设土工织物反滤垫层或 100～150mm 厚的粗砂垫层。土工织物反滤布宜采用聚酯长纤无纺布 PET10－4.5－200，标称断裂强度 10kN/m，详细指标参照国标《长丝纺粘针刺非织造土工布》（GB/T 17639—2008）。

25.4.4　石笼护坡设计

25.4.4.1　*坡脚处理*

石笼护坡在坡脚部位为防止水流冲刷，应设置水平石笼或镇脚。

（1）坡脚水平铺设石笼长度应满足下式：

$$L \geqslant (1.5 \sim 2.0)\Delta Z \tag{25.4-1}$$

式中：L 为水平铺设长度，m；ΔZ 为冲刷深度，按《堤防设计规范》（GB 50286）计算，m。

（2）镇脚埋设深度宜在冲刷线 ΔZ 以下 0.5m。

25.4.4.2　*石笼护坡的抗滑稳定性*

石笼护坡不允许在自重作用下产生滑动，要求抗滑安全系数不小于 1.50，计算如下：

$$K_c = \frac{f\sum N}{\sum P} \tag{25.4-2}$$

式中：K_c 为抗滑安全系数，≥1.5；$\sum N$ 为作用于石笼上的全部垂直力（垂直于坡面）总和，kN；$\sum P$ 为作用于石笼上的全部下滑力（平行于坡面）总和，kN；f 为石笼与土体间的摩擦系数，有土工织物时按其与周围土体间摩擦系数的 80% 计，如无相关资料时按 $f=\tan\varphi$ 计，φ 为土体内摩擦角。

25.4.4.3　*石笼护坡厚度*

石笼护坡厚度应根据填充石料平均粒径、波浪高度及堤坝坡度等经计算分析后确定。

（1）填充石料平均粒径影响。根据《生态格网结构技术规程》（CECS 353：2013）相关规定，当河流坡降小于 2% 时，填充石料的平均粒径按下式计算：

$$D_m = S_0 C_s C_v D_v \left[\left(\frac{\gamma_w}{\gamma_s - \gamma_w}\right)^{0.5} \frac{V}{(gD_v K_1)^{0.5}}\right]^{2.5} \tag{25.4-3}$$

$$C_v = 1.283 - 0.2\log\left(\frac{R}{B}\right) \tag{25.4-4}$$

式中：D_m 为填充石料的中值粒径，m；S_0 为粒径安全系数，不小于 1.1；C_s 为填石稳定系数，大多数情况为 0.1（适用于有棱角，最大最小粒径比在 1.5～2.0 之间）；C_v 为流速分布系数，大于等于 1.0，在端部取 1.25；D_v 为流速 V 处局部水深，m；γ_s 为填石的重度，kN/m³；γ_w 为水的重度，kN/m³；V 为断面平均流速，m/s；K_1 为边坡修正因子。坡度 1∶1 取 0.46，1∶1.5 取 0.71，1∶2 取 0.88，1∶3 取 0.98，1∶4 以上取 1.0；R 为水力半径，m；B 为水面宽度，m。

河道转弯处外侧 D_m 应乘以系数 1.2。

$$t_m = 2.0D_m \tag{25.4-5}$$

式中：t_m 为石笼护坡厚度，m。

（2）波浪高度及岸坡坡度影响。在波浪高度和河岸坡度作为影响石笼护坡厚度的主要因素时，其厚度计算可按下式确定：

$$\text{当} \tan\alpha \geqslant \frac{1}{3} \text{时}: t_m \geqslant \frac{H_{1\%}\tan\alpha}{2(1+n)\Delta m} \tag{25.4-6}$$

$$\text{当} \tan\alpha < \frac{1}{3} \text{时}: t_m \geqslant \frac{H_{1\%}\tan^{\frac{1}{3}}\alpha}{4(1+n)\Delta m} \tag{25.4-7}$$

式中：α 为岸坡坡角，（°）；$H_{1\%}$ 为累积频率为 1% 的波高，按《堤防设计规范》（GB 50286—2013）计算；Δm 为水下材料的相对重度，$\Delta m = \frac{\gamma_s - \gamma_w}{\gamma_w}$，$\gamma_s$，$\gamma_w$ 分别为材料及水的重度，kN/m³；n 为石笼内石料填充率，%。

25.4.4.4 *石笼网抗冲稳定验算*

（1）石笼护坡的冲刷稳定性应满足下列条件

$$\tau_b \leqslant 1.2\tau_c \tag{25.4-8}$$

$$\tau_m \leqslant \tau_s \tag{25.4-9}$$

其中

$$\tau_b = \gamma_w id \tag{25.4-10}$$

$$\tau_m = 0.75\tau_b \tag{25.4-11}$$

$$\tau_c = C_0(\gamma_s - \gamma_w)D_m \tag{25.4-12}$$

$$\tau_s = \tau_c\left(1 - \frac{\sin^2\theta}{0.4304}\right)^{0.5} \tag{25.4-13}$$

式中：τ_b 为水流对河床底部施加的剪切力，kN/m³；i 为河床坡降；d 为断面平均水深，m；τ_m 为水流对岸坡施加的剪切力，kN/m³；τ_c 为移动河床底部粒径 D_m 的块石时的临界剪切力，kN/m³；C_0 为防护系数，取 0.10；τ_s 为移动岸坡粒径 D_m 的块石时的临界剪切力，kN/m³；θ 为河岸与水平线的夹角。

（2）反滤层与土体间不冲流速验算。水流穿过石笼护坡底部和反滤层后的残余流速应小于土体表面不冲流速。

残余流速按式（25.4-14）计算：

$$V_f=\frac{1}{4}V_b\sim\frac{1}{2}V_b \tag{25.4-14}$$

石笼与反滤层界面流速按式（25.4-15）计算：

$$V_b=\frac{1}{n_f}\left(\frac{D_m}{2}\right)^{\frac{2}{3}}i^{\frac{1}{2}} \tag{25.4-15}$$

式中：n_f 为土工织物反滤层取 0.02，粗砂反滤层取 0.022。

25.4.5　石笼护坡施工要点

石笼护坡网箱材料由专业工厂生产制作，运输到工地为成卷或折叠成捆半成品材料。护坡施工分水上施工和水下施工。

1. 水上施工

石笼护坡的施工顺序为：坡面平整⟶垫层铺设⟶箱体组装⟶填充块石⟶盖板。

箱体组装：将折叠好的网箱材料置于平实的地面展开，压平多余的折痕，将前后面板、底板、隔板立起，呈箱体形状。相邻网箱的上下四角以双股组合丝连接，上下框线或折线绑扎并使用螺旋固定丝绞合收紧连接。边缘突出部分需折叠压平。将每个网箱六个面及双隔板组装完整，确保各个网面平整，然后放在坡面相应的位置上。将网箱的边缘与其他部分用绑丝连接起来，绑扎的最大间距为 300mm。将足够长的绑丝沿着边丝缠绕，可选择单股或者双股。推荐采用专用钳子来组装更牢固。在完成单个组装以后，用钢丝或钢环把所有相邻空网箱沿其接触面的边连接。在陡的坡面上，网箱应在最上面的面板用硬木栓或钢筋固定在地面里（图 25.4-3）。

图 25.4-3　水上施工石笼护坡

填充块石：考虑沉降，填充块石高出网格约 2～3cm。在斜坡上施工时，应从坡底端开始。填充应该逐个护垫进行，最外层石块应选取粒径大，外露面平整的石料。填充时应确保每个间隔的顶部都可以被绞合。

盖板：将护垫盖铺上，用适当的工具把护垫盖和即将被连接的边拉近。护垫盖和所有的边、尾端和间隔板紧紧地绞合在一起。用交互的钢丝圈结或钢环加固的方法把护垫盖连接在网箱的端板，边板和隔板上。

2. 水下施工

石笼护坡的水下施工通常采用吊装法或拖排法。

吊装法施工即根据施工现场条件，采用吊机从陆上或者驳船上将已经安装好的石笼护坡单元（组合单元）直接吊至设计位置（图 25.4-4）。在临时场地（驳船）上组装完毕后通过吊运到达指定位置。因为石笼材料是柔性结构，因此，需要解决吊装过程中的变形问

图 25.4-4 吊装法施工石笼护坡

题。通常采用多点起吊或钢板托底起吊。

拖排法施工即在浮桥上预先安装好石笼护坡单元（组合单元），一端固定在堤岸上，随后利用驳船等拉动浮桥，利用石笼护坡的柔性特点，在自重的作用下沉入水中（图 25.4-5）。

25.4.6 石笼护坡检测与监测

25.4.6.1 *石笼材料检测*

石笼材料检测包括原材料检测，网片外观检测。

镀锌量测试应按现行国家标准《镀锌钢丝锌层质量试验方法》（GB/T 1839）执行；镀层含量及铝含量的测试方法应按现行国家标准《锌-5%铝-混合稀土合金镀层钢丝、钢绞线》（GB/T 20492）执行。

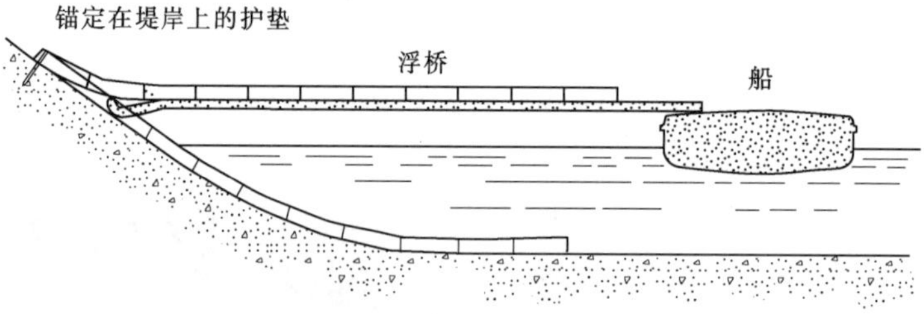

图 25.4-5 拖排法施工石笼护坡

钢丝直径公差应符合现行行业标准《一般用途低碳钢丝》（YB/T 5294）的相关要求，钢丝抗拉强度和断裂伸长率测试应按现行国标准《金属材料 拉伸试验 第1部分：室温试验方法》（GB/T 228.1）执行，抗扭测试应按现行国家标准《金属材料 线材 第2部分：双向扭试验方法》（GB/T 239.2）执行。

网片外观检测包括网孔尺寸是否符合设计要求，双线绞合部分长度是否符合设计要求等。

25.4.6.2 *石笼护坡结构检测与监测*

石笼护坡结构主要检测其石笼填充度、绑扎是否符合设计、坡面平整度等。

石笼护坡的监测主要是表面观察，包括裂缝、滑坡、坍塌、渗透变形、石料风化、网箱材料锈蚀及表面侵蚀破坏等。

25.4.7 石笼护坡工程实例

石笼护坡在工程应用中分为覆土和不覆土两种形式，在坡度较缓的湖泊、湿地工程中常采用覆土约 6～10cm，可取得较好的绿化景观效果；在坡度较陡，流速较大的河道中，采用不覆土的石笼护坡，在水位变动区以上在石块间隙填充耕植土，可有利于植物的生长。

（1）东太湖综合整治（吴江市）工程。东太湖综合整治（吴江市）工程，岸坡坡度较缓，坡比约为 1∶8，采用覆土式石笼护坡营造湿地式的护岸效果。生态石笼采用机编绞捻 1080°的六角形网箱，网孔尺寸为 80mm×100mm，石笼网线钢丝直径 2.2mm，边线钢丝直径 3.0mm，绑扎钢丝直径 2.20mm，钢丝外表经镀锌及涂 HDPE 处理。填充石料 80%粒径为 100～180mm，填充石料容重 $1.70t/m^3$，空隙处以小碎石填满，石料顶面的空隙以开挖的表面耕植土填覆 10cm，上铺草皮，该工程石笼岸坡植草效果见图 25.4－6。

图 25.4－6　东太湖综合整治（吴江市）工程石笼岸坡植草效果

（2）昆山市思常公园河道整治工程。昆山市体育公园工程采用了两种形式的石笼护坡和护岸，河道中央的小岛采用了镀 10%铝锌合金钢丝镀层的六角网垫，规格：网孔 80mm×115mm，网丝 ϕ2.2mm，边丝 $\phi\geqslant$3.15mm，绑扎丝 ϕ2.2mm，组合丝 ϕ2.2mm；钢丝的抗拉强度 450～500MPa；伸长率≥10%；镀 10%铝锌合金钢丝镀层的结合牢固性必须符合《金属线材缠绕试验方法》（GB 2976—88）标准规定，钢丝在自身缠绕（即 1 倍缠绕）八圈以上后，对钢丝表面进行放大拍照（放大到 12 倍），镀层不得出现裂痕。建成后的工程效果见图 25.4－7（a）。

(a) 小岛边缘防护

(b) 河岸防护

图 25.4－7　昆山市思常公园石笼岸坡效果

河道护岸常水位以下采用镀 10%铝锌合金钢丝镀层的六角网垫，常水位以下采用无锈熔接网石笼，面板横筋直径4.0mm，纵筋直径5.0mm，非面板横筋直径4.0mm，纵筋直径4.0mm，扣件直径3.0mm；钢丝的抗拉强度大于500MPa；必须采用先镀后熔技术，且熔接点剪断强度在250～350MPa。建成后的工程效果见图25.4-7（b）。

（3）太仓长江大堤顺堤河护坡工程。2004年，太仓市水利局在实施长江堤防达标建设填塘固基工程中，一方面考虑把顺堤河道建设成景观工程、生态工程，尝试采用一种新型防护工程结构形式，实现防护工程与生态环境的统一；另一方面，河坡多为回填的粉砂土，土坡沉陷量较大，且易在大雨过后发生局部坍塌，如采用刚性结构形式的防护工程，护坡将因不均匀沉降而产生裂缝，做重力式挡墙，将大大增加投资。因此，采用适应不均匀沉陷的柔性结构，确保工程的安全、稳定。该工程河道断面形式单一，其典型断面见图25.4-8。

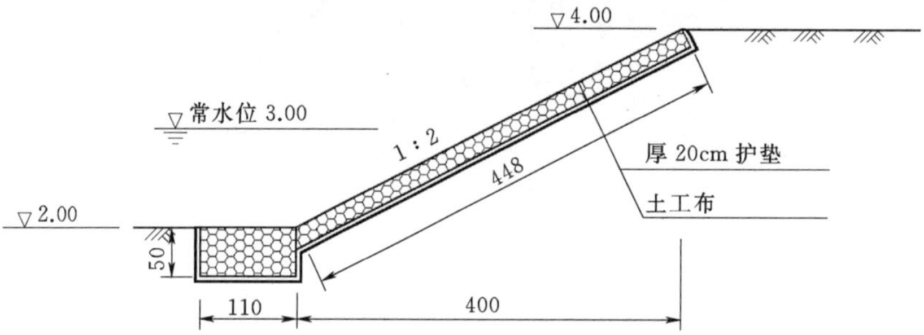

图25.4-8 典型断面图（尺寸单位：cm）

网垫护坡很好地适应了该河道地质条件差、容易产生局部坍塌的具体情况，既可保护河岸，又可促进水与土体自然交换、增强水体自净能力，实现植被绿化、景观美化的生态环境（图25.4-9），最终达到工程建筑与生态环境有机结合的目的，在广大的平原河道工程具有一定的典型性。

(a) 完工时

(b) 完工一个月后的植被

图25.4-9 太仓长江大堤顺堤河石笼护垫效果

（4）金泽水库生态护坡。金泽水库位于上海市青浦区太浦河北岸，为一小型生态水库，其中堤坝总长9.4km（含引水河堤坝）。库内护坡一方面为了保护堤身土，防止波浪冲刷淘蚀；另一方面为微生物、水生生物提供一定的生长环境，经比选采用石笼护坡，其典型断面见图 25.4－10，其石笼网片大样见图 25.4－11，其施工现场见图25.4－12。

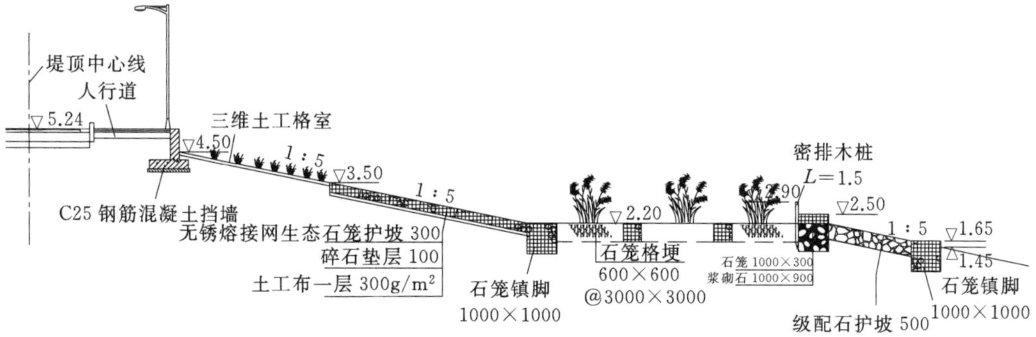

图 25.4－10　金泽水库堤坝护坡典型断面（尺寸单位：mm）

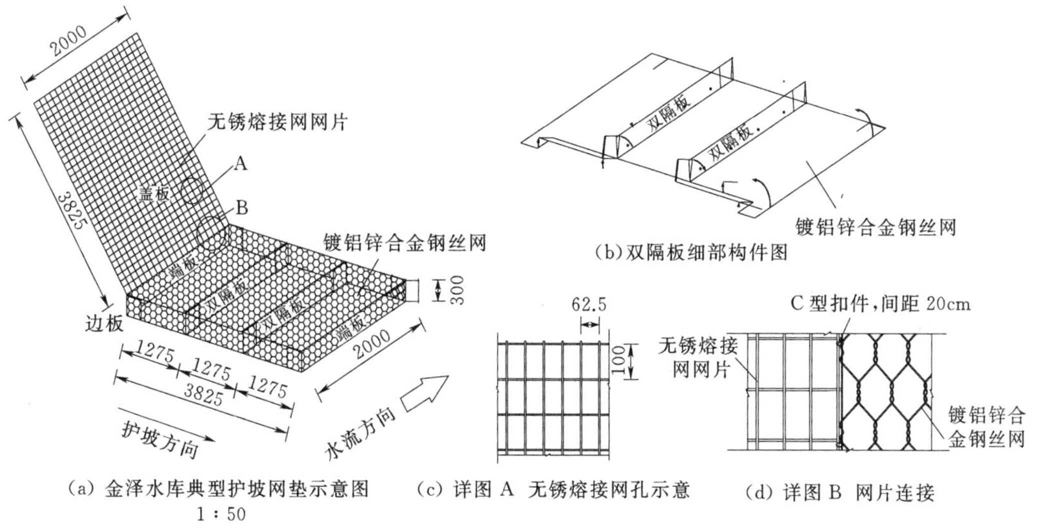

图 25.4－11　金泽水库堤坝石笼网片大样（尺寸单位：mm）

图 25.4－12　金泽水库堤坝石笼护坡施工现场

石笼底面和侧面采用了镀10%铝锌合金钢丝镀层的六角网垫，网孔80mm×115mm，网丝ϕ2.2mm，边丝ϕ≥3.15mm，绑扎丝ϕ2.2mm；组合丝ϕ2.2mm。顶面采用无锈熔接网片，保障坡面平整以及增强抵御波浪影响能力。具体设计要求如下。

1）镀10%铝锌钢丝：满足表25.4-2的要求。

表25.4-2 镀铝锌要求

钢丝直径/mm	10%铝锌镀层重量/(g/m²)	镀层铝含量/%
2.2	≥350	≥10
≥3.15	≥520	≥10

2）钢丝力学要求：钢丝的抗拉强度450～500MPa；伸长率≥10%；钢丝化学成分符合GB/T 700—2006。

3）网面要求：网面抗拉强度50kN/m；表观不得有破损、腐蚀，网面色泽基本一致；石笼（1000mm×300mm）网面为一次成型生产，除盖板外，边板、端板、隔板及底板由一张连续不裁断的网面组成，不可采用独立的双层折叠网面通过绞合在底板上作为双隔板；石笼（1000mm×600mm及1000mm×1000mm）网面除盖板、边板外，端板、隔板及底板由一张连续不裁断的网面组成。网面裁剪后末端与端丝的连接处是整个结构的薄弱环节，为加强网面与端丝的连接强度，需采用专业的翻边机将网面钢丝缠绕在端丝上不少于2圈，不能采用手工绞。或者以射丝为端丝，以折边代替机械翻边，翻折长度不小于8cm；绑扎钢丝必须采用与网面钢丝一样材质的钢丝，为保证连接强度需严格按照间隔10～15cm单圈-双圈连续交替绞合。

4）镀层均匀度要求：对镀层钢丝的镀层厚度均匀测量4点数值（上下左右），其中最厚处与最薄处的比值不得大于2，且钢丝镀层最薄处厚度不得小于以下数值：①镀层最薄处厚40μm（微米/单侧）；②钢丝丝径≥3.15mm：45μm（微米/单侧）。

5）镀层质量要求：镀10%铝锌合金钢丝镀层的结合牢固性必须符合《金属线材缠绕试验方法》（GB 2976—88）标准规定，钢丝在自身缠绕（即1倍缠绕）八圈以上后，对钢丝表面进行放大拍照（放大到12倍），镀层不得出现裂痕。

6）涂塑指标：为达到设计使用年限，六角网片须表面涂塑，涂塑层满足表25.4-3的要求。

表25.4-3 六角网表面涂塑要求

涂塑材料抗拉强度	≥17N/mm²
断裂伸长率	≥200%
厚度	0.4～0.7mm±0.1mm
邵氏硬度	90～100
比重	PE：0.94～0.98；PVC：1.30～1.38

7）石料要求：填充料规格质量必须符合块石粒径应控制在8～15cm的占90%以上，其余为级配好的碎石的规定。

25.5　生态土工袋护坡

25.5.1　生态土工袋护坡结构组成

生态土工袋护坡主要由生态袋、联结扣、土工格栅、反滤土工织物等组成。

（1）生态袋。生态袋是由聚丙烯纤维或聚酯纤维等土工合成材料缝制成的袋体，内部装有填充物，具有高强度、耐腐蚀、不降解、抗紫外、抗老化、无毒、裂口不延伸、稳固性好等特点。生态袋具有透水而不透土的功能，既能防止填充物（土壤和营养成分混合物）流失，又能减小边坡的静水压力。它能实现水分在土壤中的正常交流，从而使植物生长所需的水分得到了有效的保持和及时的补充，对植物非常友善，植物能够穿过袋体自由生长。

（2）联结扣。联结扣是由聚丙烯材料挤压成型的高强构件，将联结扣置于上下两个生态袋接触面内，通过联结扣齿刺入袋体，防止生态袋相对滑动，形成稳定的三角内摩擦紧密内锁结构，对构建稳固的边坡起到了重要的作用。

（3）土工格栅。土工格栅由聚丙烯、聚氯乙烯等高分子材料制成。一般在边坡较陡时水平铺设在回填土区，并与土工袋固定连接，增加土体整体性与稳定性，同时增加土工袋结构的整体性。

（4）反滤土工织物。通常采用无纺布，将土工织物铺设在生态袋和土体间，防止填土流失。

25.5.2　生态土工袋材料规格、制造工艺

生态土工袋材料规格尺寸一般为 850mm×350mm×200mm（长×宽×高），可根据设计需要适当调整，过大的膜袋装土量过多施工不便并易破损撕裂，过小的膜袋会造成袋体数量的浪费。

生态土工袋的制作有烧结和无烧结两种工艺，两种工艺制作出的生态土工袋均具有耐腐蚀性强、抗 UV、抗老化、无毒、不助燃、稳定性好、裂口不延伸等特点。

25.5.3　生态土工袋护坡设计指标

生态土工袋袋布宜具备保土性、透水性、防堵性且具有一定的耐久性。其具体要求详见表 25.5-1。

表 25.5-1　　生态土工袋指标

项　目		标准	备注
保土性		$O_{95} \leqslant Bd_{85}$	
透水性		$Kg \geqslant AKs$	
防堵性		$GR \leqslant 3$	
纵横向断裂强度		8kN/m	
纵横向撕破强力		≥0.22kN	
抗老化指标	（1）抗紫外线（强度保持）	>95（150）%（h）	荧光紫外试验
	（2）抗紫外线（强度保持）	>75（500）%（h）	氙弧辐射试验
	说明	必须同时满足	

注　表中符号意义详见相关规范。

当坡比较陡峭，生态袋所构筑的挡墙结构需通过生态袋布起加筋作用才能稳定时，应根据力学计算，对袋布的标称断裂强度做出要求，对小变形时（如10%延长率）的抗拉强度做出规定，具体需根据实际结构进行分析。

袋布选用时仍需考虑“CBR顶破强度”及“纵横向断裂伸长率”等指标，应根据使用的条件、目标、堆叠坡度及高度等实际情况确定其具体标准。

25.5.4 生态土工袋护坡施工要点

（1）装土之前，宜对当地的土质、袋装石对植物的生长进行充分的调研，如土质成分不利于植物生长，可外购部分土，并注意砂土与黏土的混合配比。

（2）各生态袋间均须以钉板连接，并分层用人工或机械夯实，其夯实度为0.85～0.90或根据现场试验确定。

（3）除基础层装入砾石或级配碎石粒径为2～5cm，其余生态袋装填土要求有利于植物生长及有良好的透水性。当为黏性土时需先敲碎后装袋。若填土需掺化肥时掺量一般为每立方米土15～20kg。装填土尽量满足最优含水量要求。

（4）基础层应做5%的倒坡抗滑，顶层生态袋上则使用黏土夯压，做出5%的顺坡以利排水。

（5）基础层施工时与基础可靠连接或扦插锚筋，以避免滑动。

25.5.5 生态土工袋护坡检测与监测

生态土工袋的检测指标需满足表25.5-1的要求。

生态袋表皮植被可通过混播（将单子叶植物种子预先放在生态袋内的方法）、插播、铺草皮及喷播等方法实现，但无论使用哪种方法，均要求植被覆盖率在生态土工袋施工3个月内符合以下要求：①常水位以上：≥99%；②常水位以下300mm及挺水植被种植区：≥50%；③生态袋中植被生长验证标准：袋内植被（籽）需从生态袋中长出；袋表面铺设植被需扎根进入生态袋。

生态袋表皮植物宜充分考虑物种多样性，合理搭配草皮、花卉、藤本、矮灌木、乔木等不同类型的植物。

25.5.6 生态土工袋工程实例

（1）上海市2011年河道生态治理试点项目——松江区任其浜整治。任其浜位于松江新城北部，是松江新城北圩圩内水系中的一条河道，河道起着承纳雨水径流，参与区域除涝的作用。辰花公路南侧至银河段，在河底生境改造的基础上，扩挖成一个小型湖泊，完善水生生物的配置，营造丰富多样的生态景观效果，该段采用生态土工袋护岸。

生态土工袋袋布采用高质量的丙纶针刺无纺布，单个生态膜袋装土压实后尺寸为750mm×300mm×150mm，生态袋堆砌时，分层之间采用聚丙烯钉板连接加固，单块钉板尺寸为300mm×100mm，抗力指标不小于350N。

生态土工袋挡墙砌筑时各层之间的填土须夯实。生态膜袋内填充物除基础层采用碎石外，其余采用透水性良好的耕植土。表层耕植土，需剔除杂质，满足生态膜袋内外植被的生长需要。为保证工程效果，需在生态膜袋表面种植植物，水上部分采用直接铺设草皮或喷播草籽方式进行植被处理。对于水位变动区亦需种植水陆两性植物，种植方法可喷播种子或插播成苗；对于常年水位区域采用种植水下植物，一方面有利于植物对河道水体的净化，另一方面增加河道的美观。工程整治后效果见图 25.5－1。

(a) 远景　　(b) 近景

图 25.5－1　松江区任其浜河道整治后效果

(2) 上海市 2011 年河道生态治理试点项目——崇明县万平河。万平河位于上海市崇明岛北部，是东平镇的一条镇级河道，西接张网港，东接北横引河，全长约 10km，由西向东分别与张网港、东平河、新河港等崇明岛南北向主要输水通道相交，是穿越东平镇中心镇区的重要景观河道。该河道作为上海市 2011 年河道生态治理试点项目，部分河段采用了生态土工袋护岸，在水位变动区域采用生态土工袋。生态膜袋袋布采用绿色的丙纶针刺无纺布，克重 125g/m^2，单个生态膜袋装土压实后尺寸为 750mm×300mm×150mm。生态土工袋堆砌时，分层之间采用聚丙烯钉板连接加固，单块钉板尺寸为 300mm×100mm，抗力指标不小于 350N。

生态膜袋挡墙砌筑时“错”层与“顺”层之间的填土须夯实。基础两层生态膜袋内填充物为 2～5mm 碎石，其余生态膜袋内填充物为土料，土料采用现场河道护岸开挖的表层耕植土，需剔除杂质，满足生态膜袋内植被的生长需要。各生态土工袋间均须以钉板连接，并分层用人工或机械夯实，其夯实度应不小于 0.95 或根据现场试验确定，生态袋为软性材质，夯实后之生态土工袋为不规则之长方形柱体，最大尺寸约为 85cm×35cm×20cm。基础层装入砾石或级配料碎石的粒径为 2～5cm，以利排水。生态袋装填土要求有利于植物生长及有良好的透水性。工程整治后效果见图 25.5－2。

图 25.5－2　崇明县万平河工程整治后效果

25.6　复合材料毯护坡

25.6.1　复合材料毯护坡特点及材料规格

复合材料毯采用纤维框架复合结构。现场施工时，不需要任何搅拌设备，只需要根据工程地形地貌铺设卷材，在该毯型卷材上浇水或者浸在水里（包括海水等）使之发生反应即可形成需要的形状和硬度类混凝土层，并具有防水防火耐用的特点。凝固后，纤维骨架起到增强材料整体性能的作用，防止开裂。浇水前材料比较轻便，吸水后重量显著增加。

该材料既具有纺织品的韧性，又具有混凝土的寿命和强度，还具有防水材料的防水特征，耐久性、抗冻性等性能均好，同时具有良好的防渗控裂性能。适用于水上、水下施工，不需构筑围堰，能在各种现场条件下组织施工。该护坡整体性好，无需大型的机具设备，施工速度快，施工便捷。可以在线作业，不影响通航、通路、通水。防护面免维修。

复合材料毯一般采用含有玻璃纤维等耐碱性建筑用高强纤维框架复合结构，内引入无机材料为主的超高韧性加变性纳米特配混合料，底面覆有底衬。根据实际需要调整卷材厚度来确定护坡厚度。复合材料毯材料样本见图25.6-1，复合材料毯材料的主要技术指标见表25.6-1。

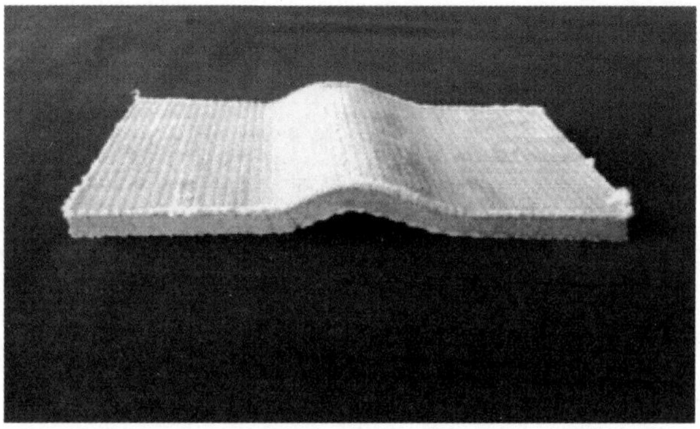

图25.6-1 复合材料毯材料样本

表25.6-1 **复合材料毯材料的主要技术指标**

项目	指标	备注
纤维骨架顶破强力/N	>4500	
单位面积重量/(kg/m²)	>15	未浇水时，厚10mm
	20.25～21	浇水后，厚10mm
抗压强度/MPa	>30	
抗折强度/MPa	>3	
耐磨性	与陶瓷耐磨性相似	
抗冲击性	符合GB/T 7019—1997	GB/T 7019—1997指《纤维水泥制品试验方法》(GB/T 7019—1997)
不透水性	符合GB/T 7019—1997	
抗冻性/次	符合GB/T 7019—1997	
抗施加荷载/(kN/m²)	<5	

25.6.2 复合材料毯护坡设计要点

复合材料毯工程设计应包括厚度确定、铺设与固定方式、排渗和抗滑措施等部分。

25.6.2.1　厚度确定

由于复合材料毯主要靠自重和锚钉两种方式同时固定，厚度为 10～30mm，常用厚度为 10～20mm。

25.6.2.2　铺设与固定方式

可以根据护坡长度从上往下铺设，可整条复合材料毯铺设护坡，也可以分段铺设。用 ϕ10～20mm 螺纹钢锚钉或就地取材如竹钉进行固定。锚钉长度根据实际情况确定。

25.6.2.3　毯底层防护与排渗

毯底层防护可以根据需要采用防水防潮材料或非防水防潮材料。如果需要防水则采用防水防潮材料。如果需要有一定透水性则选用非防水防潮材料，通过调整配方来调节透水性。

如采用底部为防水材料的复合材料毯，其毯下渗水应及时排走，以保稳定，如排渗能力不足应增设排水孔。如采用有一定透水性的复合材料毯，可以减少排水孔设置。

岩石基底可直接铺设，软土基底按照混凝土或砂浆片石结构护坡要求铺设排水管道。排水管按 2m×2m 梅花状布设排水管，每根排水管进口端用无纺布包扎牢固埋于坡面垫层料内。出口端用混凝土预制块（15cm×20cm×30cm）支护固定，使排水管安装水平，排水管安装效果见图 25.6-2。

图 25.6-2　排水管安装效果

25.6.2.4　抗滑措施

为增加抗滑稳定性可根据不同条件采取合理措施，如设置低于坡面的坡顶水平段，铺设 1.5～2m 复合材料毯，沿复合材料毯上边沿挖槽，铺设后回填压实，再用 ϕ15～20mm，长度 1000～1500mm 螺纹钢锚钉或锚杆固定上端。坡底回填并用锚钉或其他方式固定好，水下应设置镇脚。

25.6.3　复合材料毯护坡施工要点

（1）坡面处理。对旱地坡面防护区域内的浮石、灌木等杂物进行清除，整平。对铺设坡面四周进行挂线，以保证接缝整齐（图 25.6-3）。

对水下边坡处理时，应对陡坡河岸先抛石找坡，然后在抛石坡面上铺碎石找平，将石块覆盖住。找平层要大体平顺，保证不平度小于 15cm，可利用潜水员进行检查。

（2）铺设。可以根据护坡长度提供卷材，从而采用整条复合材料毯铺设护坡，也可以分段铺设。可以直接沿着坡面从上往下铺设，上下、左右两块复合材料毯叠压 5～10cm，坡面顶部预留 1m 以上。坡顶、坡脚遇有排水沟渠的可一并铺设，护坡铺设见图 25.6-4。

图 25.6-3 坡面现场处理

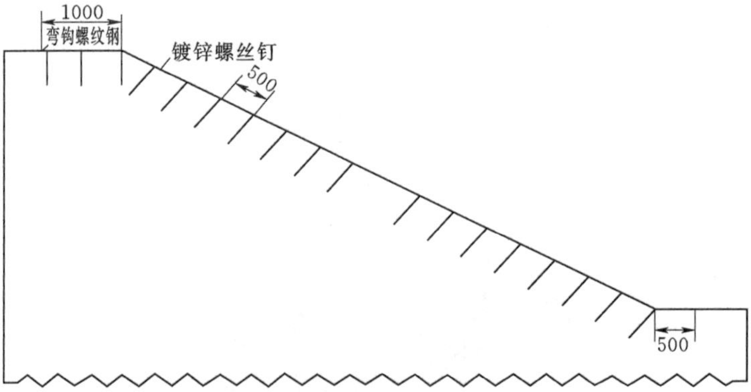

图 25.6-4 护坡铺设示意图（尺寸单位：mm）

（3）固定。一般采用锚钉或就地取材如竹钉等材料固定，特殊环境如风化、破碎岩体、浮土虚土很厚无法进行大量刷方时，可采用锚杆浇筑混凝土进行固定。一般采用 ϕ10～20mm 螺纹钢，锚钉长度 300～1500mm。锚钉长度应能抵抗横向剪切力，能抵抗在水下漂浮和抵抗冬季坡前水体冻胀水平力将其往坡上推的剪切力。锚钉见图 25.6-5。

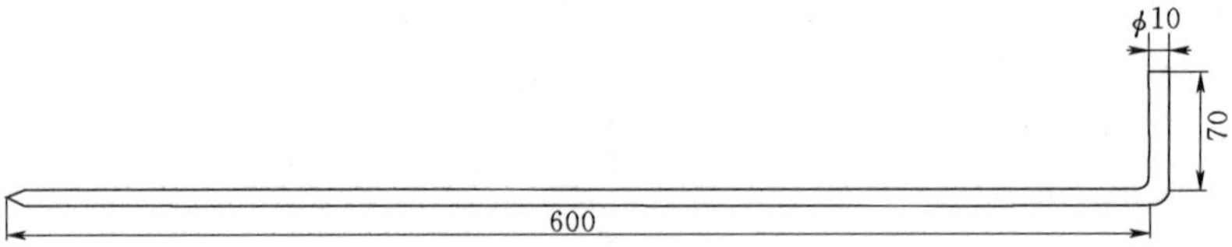

图 25.6-5 锚钉示意图（尺寸单位：mm）

（4）接缝处理。竖向接口上一片卷材压下一片，叠压 10cm。横向接口，沿坡面方向叠加 5～10cm，两片复合材料毯叠压处做一定密封处理，用 ϕ5mm 不锈钢螺丝钉将两片复合材料毯连接固定，间隔 10～15cm，均匀分布。并在横向、竖向间隔 50cm 进行固定。对于陡峭护坡端部和接缝处均要密钉长钉固定。

（5）浇水。铺设好后，每 m^2 浇水不得少于 10kg，从边沿往中间均匀洒水，直至颜色变深。浇水后整体铺设效果见图 25.6-6。

图 25.6-6　整体铺设效果

25.6.4　质量验收方法及标准

25.6.4.1　一般规定

（1）当工地昼夜平均气温连续 5d 低于 5℃或最低气温低于 0℃时，进入冬期施工。

（2）材料强度未达到设计强度的 60%时，不得使其受冻。浸水冻融条件下的材料开始受冻时，不得小于设计强度的 80%。

25.6.4.2　检验项目

（1）铺设复合材料毯护坡前，要求基底充分夯实，简易测量方法为：用 ϕ12mm 钢钎，用 30kg 压力，插入土体小于 5cm。

（2）要求固定间距误差±5cm；螺丝钉间距施工误差±2cm。不得少钉、漏钉，且钉固牢固。

（3）浇水要均匀、浇透，浇至毯颜色变深为止。每 m^2 不少于 10kg（以 10mm 厚毯计算），不得少浇水。多浇水不影响工程质量。

（4）排水孔 PVC 泄水管按 2m×2m 梅花状布设，不得遗漏，且安装牢固。

（5）端面预留尺寸应符合规定：边坡顶面预留坡面长度的 1～2m 宽度，底面预留长度 50cm。

（6）材料铺设及安装应符合施工设计的规定，且稳固牢靠，接缝严密，平整美观。

25.6.5　后期养护与注意事项

（1）本材料寿命与混凝土相当。建议每隔 10～15 年对材料进行一次养护工作，养护方式见《复合材料毯施工规范和验收、养护标准》。

（2）材料的强度达到 10.0MPa 后，方可承受人员及轻型施工机械荷载。

（3）材料浇完水后到形成最终强度前不得敲打、强拉，不得使用尖锐物品对材料进行敲击。

25.6.6　工程案例

25.6.6.1　案例一

2013 年，某护坡经比较各种方案后最终采用复合材料毯。该护坡下端已采用浆砌片石修筑，但上部较陡峭，施工困难，如继续采用浆砌片石还会加大下部承重，不利于安全防护，故采用了自重更轻、整体性更好的复合材料毯。由于铺设后只需浇水，因此缩短工期 50%，节约资金 40%（120 万元），使施工更加便捷，达到了整体防水性好、省时、省事、省料、省钱、美观和环保的目的，被誉为“轻型护坡”。其效果见图 25.6-7。

图 25.6-7 “轻型护坡”（复合材料毯护坡）现场效果

25.6.6.2 案例二

2012年，某高寒地带护坡为抗冻胀，减少施工时间，采用分段拼接方法铺设复合材料毯护坡。经过几年极端气候考验，材料依然完好如初。由于材料具有良好韧性，其冬天冻胀鼓泡处在第二年春夏没有出现冻裂、破碎等失效情况，也没有出现渗漏水等不良现象，其抗冻胀效果见图25.6-8。

图 25.6-8 复合材料毯抗冻胀效果

25.7 净水型护坡

25.7.1 净水型护坡特点

净水型护坡是在生态护坡基础上的功能延伸，是以生物-生态技术为切入点，以护坡结构为载体，以强化护坡对水体尤其是径流污水净化能力为主要目的的生态型护坡。现阶段利用土工合成材料发展出的净水型护坡主要有净水石笼护坡和柔性排护坡，主要用于经由岸坡入河前的径流污染物去除。

25.7.2 净水型护坡设计施工要点

25.7.2.1 净水石笼护坡

净水石笼护坡结构：在石笼上部固定加强型棕纤维垫作为植物生长床来种植水生植物，可保证水生植物在石笼内没有土壤和有强水流冲刷的条件下生存，植物根系将深深扎入石笼中；笼内设置直径10～20cm周边布孔的建筑用盲管作为引水行水管道；网笼内填入直径 5～15cm 的砾石，也可选择用小石子胶结成较大的多孔隙块体来替换大石块填入网笼中。净水石笼护坡断面见图 25.7-1。

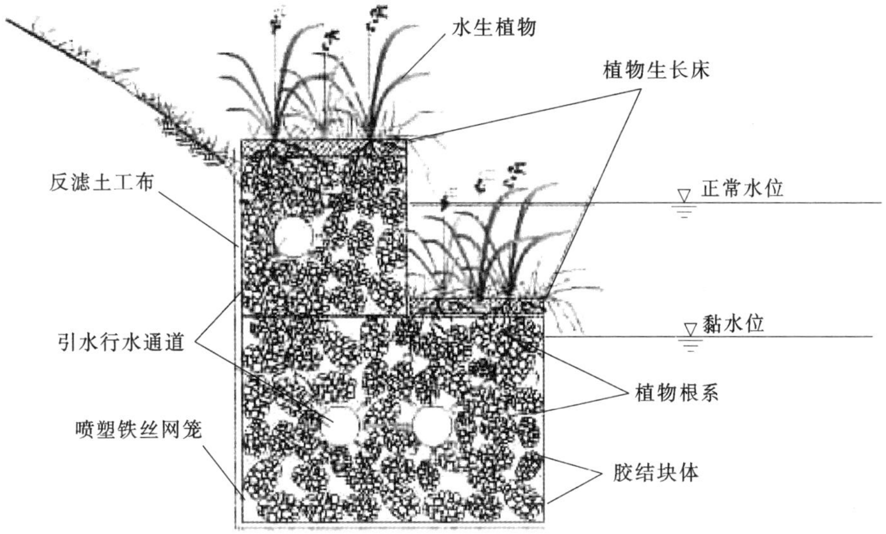

图 25.7-1　净水石笼护坡断面示意图

在石笼内设置引水行水管道（建筑行业广泛使用的排水盲管），可借助水流将大量河水引入石笼内部，河水在其内部的砾石与植物根系间流动，使水中污染物得到去除。植物生长床（加强型天然纤维垫）外为土工格栅笼，内为棕床垫厂棕纤维边角料，造价经济；可通过定期压力水流冲刷来使其内部盲管行水通畅，维护简单。

25.7.2.2　柔性排护坡

柔性排护坡结构是将大孔隙混凝土以块体的形式（边长为 30cm 的正六边形块体）直接浇注在土工格栅上，构成多排多列的柔性排体，从而保证了单个块体间连接的耐久性与安全性，柔性排结构型式见图 25.7-2。

柔性排护坡为组装式结构，施工简便高效，质量易于保证，易于维修，尤其适用于软弱土体。

大孔隙混凝土六棱块内部具有连通孔隙，填入土壤后可生长植物，排体可保护植物根系，在有周期性强水流冲刷的恶劣条件下实现植物的生长，同时植物根系又对排体有加固作用，提高其稳定性，为排体轻薄化提供支持。另外，轻薄的排体更有利于植物生长。

在排体的逆水流侧和上侧预留一定宽度的土工格栅，在排体的顺水流侧和下侧预留锚固孔，将排体逆水流自下而上咬合铺设，通过穿过锚固孔的柳杆锚或防腐金属锚固定预留的土工格栅，从而实现排体间连接。在使用柳杆锚时，宜选用茎秆增粗缓慢的本地区河滩地野生柳树种，同时排体上引种的草本植物宜选用当地根系发达、固土效果好的乡土种。发达的草本植物根系也可起到强化排体间连接的作用。

在排体铺装前，对岸坡整平即可，排体下面铺设植物根系可穿过的反滤土工布（以单位面积质量 150g/m^2 规格为宜），排体结构可延伸到水下数米，其上适当抛石压覆。

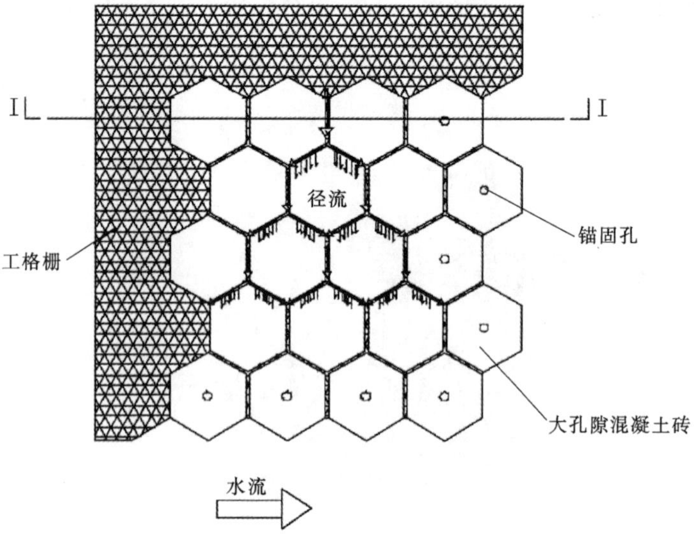

(a) 柔性排平面示意图

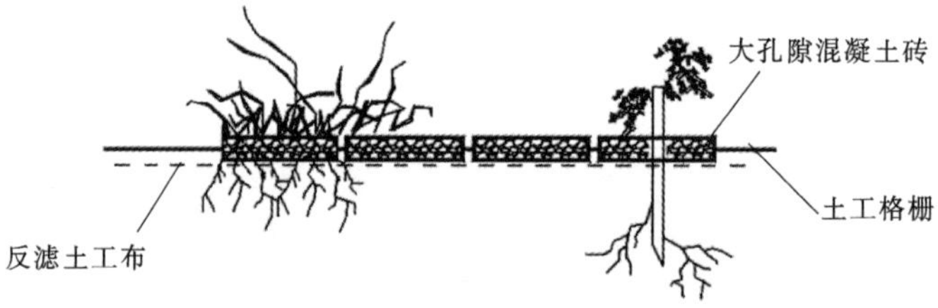

(b) 柔性排Ⅰ—Ⅰ剖面图

图 25.7-2 柔性排结构型式示意图

25.7.3 质量验收方法及标准

净水石笼护坡施工可参考 25.4.5 石笼护坡施工要点，监测与验收可参考 25.4.6 石笼护坡检测与监测。

柔性排护坡施工可参考 25.6.3 复合材料毯护坡施工，柔性排护坡检测包括土工格栅检测、无砂混凝土检测等。

参 考 文 献

[1] 王钊. 国外土工合成材料的应用研究 [M]. 香港：现代知识出版社，2002.
[2] 徐超，邢皓枫. 土工合成材料 [M]. 北京：机械工业出版社，2010.
[3] 彭银生，陆小村，厉莎. 土工模袋砼在水利工程中的应用 [J]. 浙江省水电专科学校学报，1999.
[4] 鄢俊，陶同康. 长江嘶马弯道护岸的土工模袋布材料特性 [J]. 水利水运工程学报，2004.
[5] 肖衡林，王钊，张晋锋. 三维土工网垫设计指标的研究 [J]. 岩土力学，2004.
[6] 邓丽，张柏英，李星，等. 波浪作用下雷诺护垫护坡的设计与应用 [J]. 水道港口，2013.
[7] 雷国平，郑英，张柏英. 雷诺护垫水下施工技术 [J]. 水运工程，2011.

[8] 刘坚强，卢跃华，刘贵平. 雷诺护垫护坡设计及施工应用 [J]. 人民珠江，2010 (1).
[9] 何旭升，鲁一晖，马敬，等. 净水护岸技术与引用 [M]. 北京：中国水利水电出版社，2016.
[10] 何旭升，逄勇，鲁一晖，等. 净水型护岸技术的探讨 [J]. 水利学报，2008.
[11] 何旭升，鲁一晖，马锋玲，等. 净化城市径流的柔性排护岸技术研究 [J]. 水利水电技术，2008 (10).

第26章 护底、护滩结构设计与施工

26.1 概　　述

26.1.1 技术进展

土工织物用于河道防护始于20世纪50年代的美国、荷兰等，我国自20世纪70年代起开始在河道护岸护底工程中采用，90年代以来大规模用于长江等河流的航道整治及堤防、水利等工程中的护底、护滩。由于土工织物可以将水流与河床完整隔离，较好地起到防护和反滤的作用，并具有较好的柔性，适应河床变形能力强，可以大规模机械化施工，同时具有使用年限长、维护成本相对较低等优点，目前已成为护底、护滩的主要建筑材料，已基本取代了传统的梢料、柴梋、块石等护底材料。

护底以软体排为主要结构型式，排体由土工织物制作的排垫和压载物两大部分构成（也可采用整体式，如沙肋软体排）。起隔离防护作用的主要是排垫，压载物的作用包括增加排体载重、使排体能沉放入水并覆盖在床面上，以及在浅水区或出露的沙滩使用时用于隔离阳光、防止紫外线辐射造成土工织物老化等。一般除软体排外，可用于护底的还有沙枕、多功能土工垫、网兜石等。

护滩工程中的水下护滩结构与护底基本相同。中枯水出露部分滩体的护滩结构也是由排垫和压载物两大部分组成，其中压载物应确保防老化，具体结构和施工工艺与护底有一定区别。出露部分护滩结构还包括聚酯三维加筋网垫，这种结构有利于植被恢复或再造，与第25章坡面防护中的土工网垫护坡类同。

26.1.2 适用条件

护底、护滩是天然河道中防护水流冲刷的重要措施，护底旨在防止枯水位以下的河床冲刷，护滩旨在防止河道内成型沉积物滩体的冲刷。护底、护滩可以起独立防护功能，也可以作为其他水工建筑物的基础结构。常见的护底类型包括坝体结构护底、护岸工程枯水位以下坡脚护底、河槽的控制守护等；护滩包括沉积物滩体常年淹没部分和不同水位出露部分，二者的结构和施工工艺显著不同。

护底、护滩结构主要是利用土工合成材料具有的防护和反滤功能，有效将水流与由沉积物滩体组成的河床隔离开来，防止冲刷，从而对河道起到防护作用。也有将较小的建筑材料组合成较大的结构从而起到防护作用的，如网兜石。护底、护滩结构一般适用于沙质或泥质河床的防护。

26.2 材料主要指标、规格、技术标准

26.2.1 护底、护滩结构相关规范

(1)《水运工程土工合成材料应用技术规范》(JTJ 239)。

(2)《航道工程设计规范》(JTS 181)。

(3)《防波堤与护岸设计规范》(JTS 154)。

(4)《水运工程质量检验标准》(JTS 257)。

26.2.2　主要规格和技术指标

26.2.2.1　软体排

土工织物垫上绑系或压载混凝土预制块，或往土工织物缝合的大型袋体内充填河沙、碎石等用于河床防护的结构［有单片垫（砂枕压重）、双片垫（垫内填砂压重）两种］，国内工程界统称其为“软体排”。

用于河床防护的软体排，土工织物参数的选择主要取决于防护部位河床的颗粒大小、沉放施工时的水流流速、水深、风浪以及软体排与施工船舶的夹角等。因此，在选择软体排的土工织物参数时必须查明相应的工况条件，并进行抗拉、抗漂浮、抗滑和抗掀的校核计算。

(1) D 型、X 型系混凝土块软体排。

1) D 型系混凝土块软体排。D 型系混凝土块软体排用于水上施工，由专用沉排船沉放，因此土工织物的参数一般根据施工时的工况进行计算后选用，一般情况下，当水深小于 18m、流速小于 1.5m/s 时，可选用 250g/m^2 以下的编织土工织物（也称“编织布”）作为软体排的基布，加筋条一般宽 50mm；当水深大于 18m、流速大于 1.5m/s 时，一般选择 280g/m^2 以上的编织布作为软体排的基布，加筋条一般宽 70mm。采用的编织布、加筋条及系结条性能指标见表 26.2-1。

表 26.2-1　　编织布、加筋条及系结条性能指标表

名　称	规格	单位质量	抗拉强度	
			纵向≥	横向≥
聚丙烯编织布		200g/m^2	44kN/m	36kN/m
		240g/m^2	50kN/m	40kN/m
		250g/m^2	52kN/m	42kN/m
		280g/m^2	60kN/m	48kN/m
		300g/m^2	64kN/m	52kN/m
		340g/m^2	80kN/m	64kN/m
聚丙烯加筋条	宽 50mm	50g/m	11kN/根	
	宽 70mm	80g/m	20kN/根	
长丝系结条	宽 12mm	5.8g/m	1.3kN/根	

2) X 型系混凝土块软体排。X 型系混凝土块软体排一般为陆上施工，因此应选择有防老化性能的聚丙烯编织布作为基布，一般选择 250g/m^2 及以上的编织布作为软体排的基布，加筋条一般宽 50mm。当不满足抗掀要求时，一般在边缘进行防冲的加强处理，以降低工程费用。

(2) 连锁块软体排。和 D 型系混凝土块软体排一样，连锁块软体排也为水上施工，采用专用沉排船沉放，由于压载块重量更大，因此基布一般采用机织布，为减小机织布的

延伸率，减小沉排过程的缩排现象，需在机织布上复合一层无纺布，土工织物参数一般根据施工时的工况进行计算后选用。一般情况下，当水深小于20m、流速小于1.8m/s时，可选用550g/m² 长丝机织复合布（350g/m² 长丝机织布＋200g/m² 无纺布）的基布，加筋条一般宽50mm。排垫与混凝土单元之间的连接绳采用 ϕ14mm 丙纶绳。采用的基布、加筋条及系结条性能指标见表26.2-2。

表26.2-2　　　　基布、加筋条及系结条性能指标表

名　　称	规格	单位重量	抗拉强度	
			纵向≥	横向≥
长丝机织复合布（350g长丝机织布＋200g无纺布）		550g/m²	80kN/m	64kN/m
丙纶加筋条	宽50mm	50g/m	11kN/根	
丙纶绳	ϕ14mm	90g/m	24kN/根	

（3）沙肋软体排。和D型系混凝土块软体排一样，沙肋软体排也为水上施工，采用专用沉排船沉放，由于压载重量小，因此基布一般采用机织布，土工织物参数一般根据施工时的工况进行计算后选用。一般选择200g/m² 的编织布作为基布，由于连接沙肋的需要，加筋条一般宽70mm，当不满足抗掀要求时，一般在边缘进行防冲的加强处理，以降低工程费用。

（4）单元排。单元排一般为陆上现浇施工，因此应选择有防老化性能的聚丙烯编织布作为基布，一般选择250g/m² 的编织布作为软体排的基布，加筋条一般宽50mm。

26.2.2.2　沙枕

沙枕中土工织物参数的选择主要取决于工程选用填充料的颗粒大小，土工织物的渗透系数和等效孔径应略小于填充料的颗粒。沙枕编织布克重一般不小于200g/m²，接缝可采用丁缝、蝶缝等方式，但要求缝合处的强度不小于基布强度的70%。

26.2.2.3　聚酯三维加筋网垫

目前，常用的聚酯三维加筋网垫每卷尺寸为25m×2m×0.012m（长×宽×厚），网格尺寸为60mm×80mm，网格钢丝直径为2.2mm，其规格和材料技术指标见表26.2-3。

表26.2-3　　　　聚酯三维加筋网垫规格和材料技术指标

聚合物指标	单位面积质量及公差	密　度	熔点	抗UV性
	475±40g/m²	900g/m³	150℃	稳定
加筋材料	类型	网孔类型	钢丝直径	最小镀层
	镀高尔凡双绞合钢丝网	60mm×80mm	2.2mm	230g/m²
力学特征	聚合物抗拉强度	加筋网抗拉强度	聚合物剥离强度	
	1.5kN/m	35kN/m	3	
物理特征	单位面积质量及公差	尺寸/卷	空隙指数	垫颜色
	1680±160g/m²	25m×2m×0.012m（长×宽×厚）	>90%	黑色

26.2.2.4　网石兜

聚丙烯尼龙网兜主要包括目绳、纲绳和吊系绳，目绳直径为 16mm，纲绳和吊系绳直径为 24mm。尼龙绳性能指标见表 26.2-4。

表 26.2-4　　尼龙绳性能指标表

名称	规格/mm	单位质量/(g/m)	破断强度/kN
聚丙烯尼龙绳	$\phi 16$	110	32.9
	$\phi 24$	240	60.3

26.2.2.5　多功能土工垫

多功能土工垫纵横向抗拉强度≥80kN/m，纵横向抗拉强度需保持一致，纵横向延伸率≤18%；2%的伸长率时，纵横向抗拉强度≥10kN/m；5%的伸长率时，纵横向抗拉强度≥15kN/m；10%的伸长率时，纵横向抗拉强度≥20kN/m。其具体性能指标见表 26.2-5。

表 26.2-5　　多功能土工垫性能指标表

项　　目	多功能土工垫
产品规格/材质/(kN/m)	双向 80-80/聚烯烃
纵、横向抗拉强度/(kN/m)	≥80
垂直渗透系数/(mm/s)	$k\times(100\sim10^{-3})$，$k=1.0\sim9.9$
等效孔径 O_{95}/mm	0.07～0.5
纵、横向断裂伸长率/%	≤18
抗震强度/级	8
幅宽/m	6
卷长/m	标准 50～100，也可根据要求定长

当采用的内衬、面层和底层材料不一致时，性能指标可根据试验测定。

26.3　软体排结构设计与计算

26.3.1　软体排特点

软体排用于河床防护的显著特点是：①具有良好的柔性，能适应河床变形，紧贴床面；②具有较好的整体性和连续性；③有较高的抗拉强度。

软体排中的土工织物垫或土工袋体不仅起联结整体作用，更主要是起防护作用，只允许水流通过，不让泥沙迁移。土工垫上的压载体或土工袋内的填充物使软体排紧贴床面，能抵抗水流的冲刷和波浪的作用。

26.3.2　结构设计方法

26.3.2.1　排垫土工织物的选择

软体排护底主要是起隔离防护作用，允许水流通过，不让泥沙移出。土工织物的等效孔径应根据防护部位河床的颗粒大小确定，O_{95}应满足下列要求。

（1）静荷载和单向渗流条件下的保土性能。土工织物在静荷载和单向渗流条件下的保土性能，非黏土应满足式（26.3-1）的要求，黏土应满足式（26.3-2）的要求。

$$O_{95}<d_{85} \tag{26.3-1}$$

$$O_{95}<0.21\text{mm} \tag{26.3-2}$$

式中：O_{95}为土工织物的等效孔径，mm，土工织物中小于该孔径的孔占95%；d_{85}为土的特征粒径，mm，小于该粒径的土颗粒重量占总重量的85%。

（2）静荷载和双向渗流条件下的保土性能。土工织物在静荷载和双向渗流条件下的保土性能，当$d_{40}<0.06$mm时，应满足式（26.3-3）的要求；当$d_{40}\geqslant0.06$mm时，应满足式（26.3-4）、式（26.3-5）或式（26.3-6）的要求。

$$O_{95}<1.3d_{90} \tag{26.3-3}$$

$$O_{95}<2d_{10}\sqrt{C_u} \tag{26.3-4}$$

$$O_{95}<1.3d_{50} \tag{26.3-5}$$

$$O_{95}<0.67\text{mm} \tag{26.3-6}$$

式中：O_{95}为土工织物的等效孔径，mm，土工织物中小于该孔径的孔占95%；d_{10}、d_{40}、d_{50}、d_{60}、d_{90}为土的特征粒径，mm，小于该粒径的土颗粒重量分别占总重量的10%、40%、50%、60%、90%；C_u为土颗粒不均匀系数，$C_u\approx d_{60}/d_{10}$。

26.3.2.2 单位面积压载重量

在施工过程中，为保证排垫沉放至水中，需在排垫上设计一定重量的压载体进行压载，主要考虑排体在水中克服浮力的影响。因此，单位面积的压载重量主要是根据所选择压载体材料的差异计算克服浮力所对应的用量，但考虑到沉放速度的需要，一般设计的重量按照计算值的1.2倍选取。

26.3.2.3 排垫抗拉强度计算

为防止在施工中出现撕排、断排等现象，应通过对排垫的抗拉强度计算，确定排体上排布和加筋带的抗拉强度，选择对应排布和加筋带的参数。排体抗拉安全系数公式如下：

$$K_{sm}=\frac{\sum T_{sm}}{\sum F_{sm}} \tag{26.3-7}$$

式中：K_{sm}为排体纵向抗拉安全系数；$\sum T_{sm}$为加筋带和排布的纵向极限抗拉强度，kN/m；$\sum F_{sm}$为排体纵向承受的荷载，kN/m。

26.3.3 结构型式

工程中制作软体排排垫或袋体的材料大多为聚丙烯编织型土工织物，目前也有一些采用长丝机织布复合无纺布的。为增加排垫强度，通常在排垫上设置很多纵向或横向的加筋条，为便于连接压载体，通常在其上布置和固定许多系结条（绳），系结条（绳）以聚丙烯材料的居多。

26.3.3.1 系混凝土块软体排

（1）D型系混凝土块软体排。D型系混凝土块软体排采用小型混凝土块作压载体，压载体之间缝隙较大，主要用于施工水下部位、河床粒径相对较大的河床防护。其结构由排垫和混凝土压载体两部分组成（图 26.3－1）。

1）排垫。排垫采用聚丙烯编织布缝制加筋而成，排垫沿排宽度方向每隔 500mm 设有一根纵向聚丙烯加筋条，用于固定系结条和增加排垫抗拉强度，沿排长度方向两端各预留 250mm 用于排体之间的纵向连接，为增强沉排过程中排体的强度，在排体的一侧每隔 2000mm 设一根长 3000mm 的横向聚丙烯加筋条。加筋条与排布之间缝制每两根一组的 800mm 长丝机织系结条，用于系结压载体，组与组之间的间距为 300mm，每组内两根系结条间隔 200mm（图 26.3－2）。

图 26.3－1　D 型系混凝土块软体排

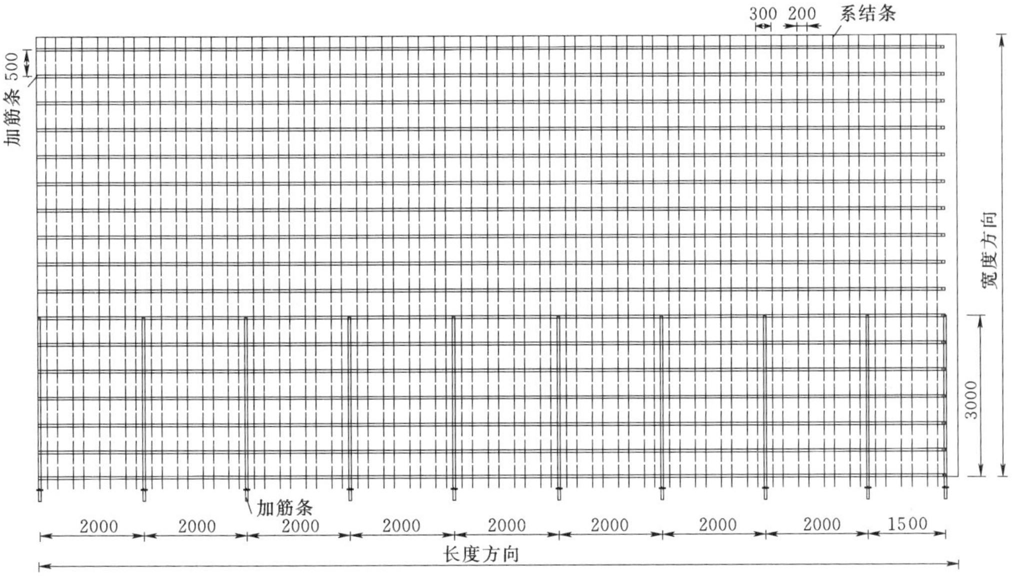

图 26.3－2　D 型系混凝土块软体排排垫构造图（单位：mm）

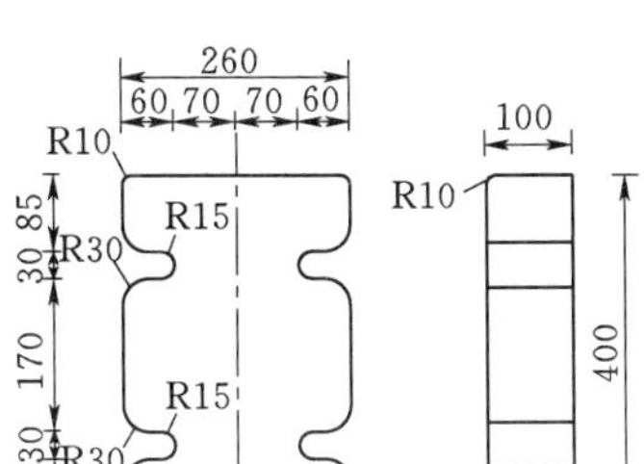

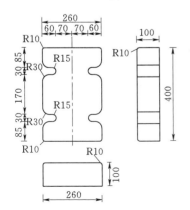

图 26.3－3　D 型系混凝土块软体排压载块结构图（单位：mm）

2）混凝土压载块体。压载体由 C20 混凝土块组成，单个混凝土块平面尺寸为 400mm×260mm×100mm（长×宽×厚），重量为 21.93kg，也可以根据防护部位水流流速、水深和风浪情况，增加压载块体的重量。为与排体系结方便，在两侧长边各设有两个深度为 60mm、宽度为 30mm 的凹槽，凹槽中心间距为 200mm（图 26.3－3）。

（2）X 型系混凝土块软体排。X 型系混凝土块软体排采用较大的矩形混凝土块压载体，压载体之间缝隙较小，缝隙之间采取碎石填缝，具有较好的防老化能力，该软体排主要用于枯季出露水面、河床粒径相对较大的滩地守护。其结构由排垫和混凝土压载体两部分组成（图 26.3－4）。

图 26.3-4 X型系混凝土块软体排

1）排垫。排垫采用聚丙烯编织布（防老化）缝制而成，沿排体宽度方向每 500mm 设有一根纵向聚丙烯加筋条，用来固定系结条和增加排垫抗拉强度，并在排体一侧设预留 450mm 的横向搭接宽度。在纵向加筋条之下每隔 250mm 固定有一组（两根，间距 200mm）600mm 的长丝机织系结条，用作系结压载体（图 26.3-5）。

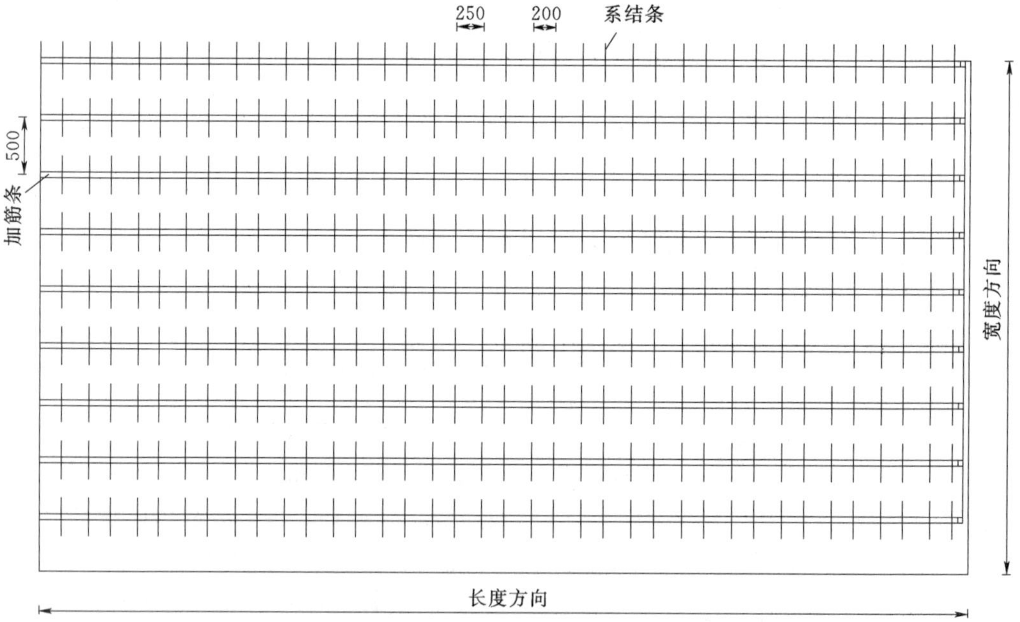

图 26.3-5 X型系混凝土块软体排排垫构造图（单位：mm）

2）混凝土压载块体。该压载体由 C20 混凝土块组成，单个混凝土块平面形状呈现为长方形，其尺寸为 450mm×400mm×80mm（长×宽×厚），重量为 33.10kg。在混凝土块内沿长度方向预埋两根 12mm×1050mm（宽×长）的长丝机织系结条，用于与排垫上的系结条连接（图 26.3-6）。

26.3.3.2　连锁块软体排

连锁块软体排采用小型矩形混凝土块单元作为压载体，混凝土块单元之间缝隙较小，主要用于施工水位以下流速较大部位、河床粒径较小的河床防护。其结构由排垫和混凝土压载体两部分组成（图 26.3－7）。

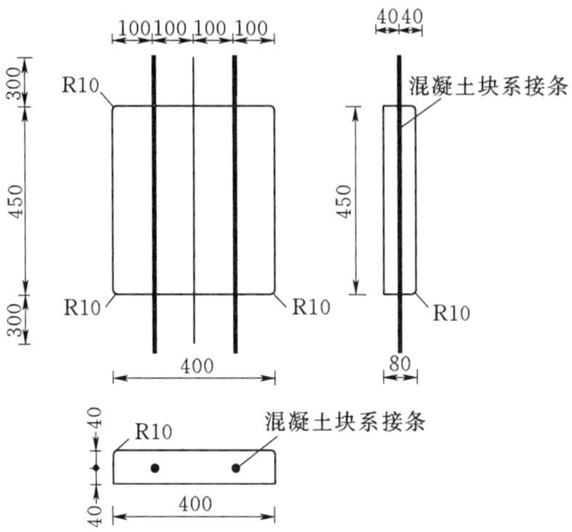

图 26.3－6　D 型系混凝土块软体排压载块结构图（单位：mm）

图 26.3－7　连锁块软体排

（1）排垫。排垫采用长丝机织布复合无纺布，沿排宽度方向每隔 500mm 设有一根纵向丙纶加筋条，用于固定绑扎环和增加排垫抗拉强度，其长度与排长相同，在边缘加筋条及与混凝土单元块对接部位的筋条上设绑扎环，环直径为 80mm（图 26.3－8）。

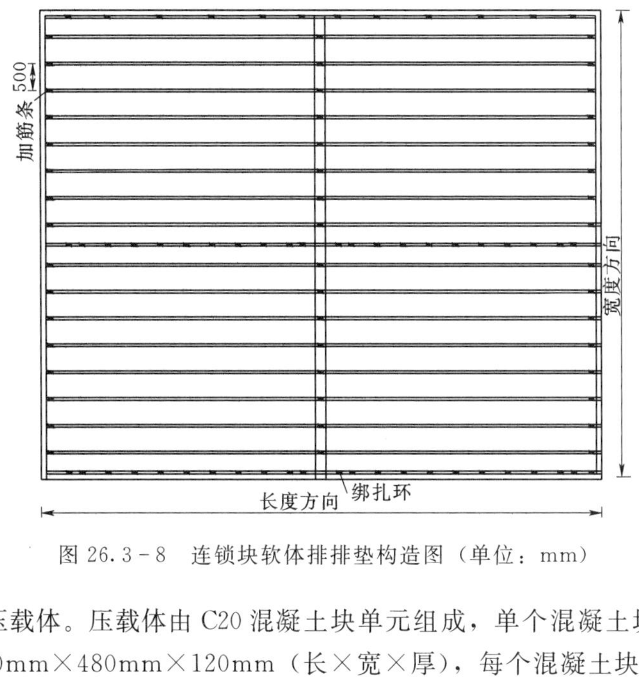

图 26.3－8　连锁块软体排排垫构造图（单位：mm）

（2）混凝土压载体。压载体由 C20 混凝土块单元组成，单个混凝土块平面形状为正方形，其尺寸为 480mm×480mm×120mm（长×宽×厚），每个混凝土块体重 55.93kg，也可以根据防护部位水流流速、水深和风浪情况，增加压载块体的重量。每个混凝土块单元由 72 个混凝土块采用丙纶绳串联而成（图 26.3-9）。

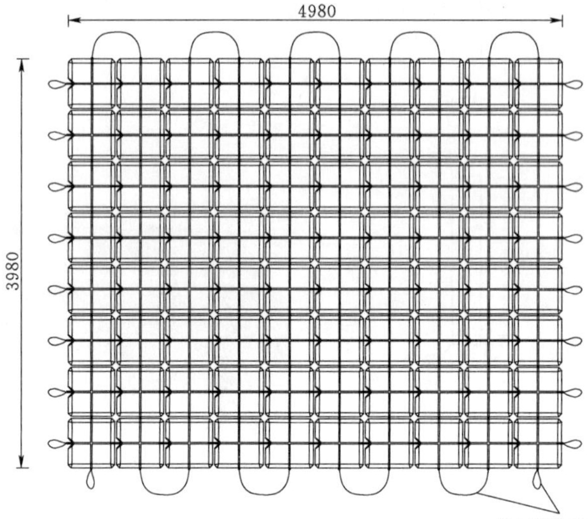

图 26.3-9 连锁块软体排压载单元结构图（单位：mm）

26.3.3.3 沙肋软体排

沙肋软体排（简称沙肋排）采用在排垫上缝制沙肋筒作为压载体（图26.3-10）。沙肋软体排主要用于流速较小部位的河床防护。

沙肋排排垫为聚丙烯编织布，排垫下沿排体纵、横向每隔 2000mm 设置一道加筋条，纵向加筋条上缝制沙肋筒与排垫连为一体，且每隔 2000mm 设一个加筋圈，加筋圈直径为 200mm（图 26.4-11）。

图 26.3-10 沙肋软体排

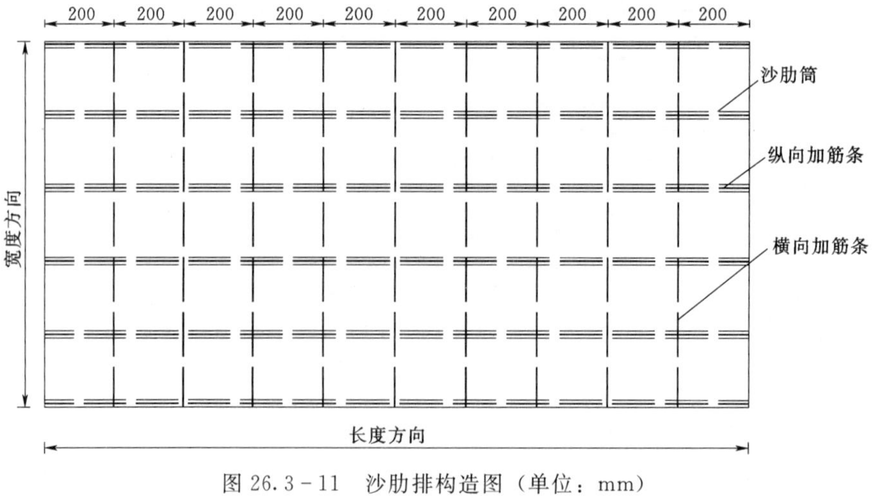

图 26.3-11 沙肋排构造图（单位：mm）

26.3.3.4　单元排

单元排采用小型矩形混凝土块单元作为压载体，混凝土块单元之间缝隙较小，采取碎石填缝，具有较好的防老化能力。该排主要用于枯季出露水面的滩地守护。其结构由排垫和混凝土压载体两部分组成（图 26.3-12）。

（1）排垫。排垫采用聚丙烯编织布，沿宽度方向每隔 500mm 设一根纵向聚丙烯加筋条，用于固定绑扎环和增加排垫抗拉强度，其长度与排长相同，在边缘加筋条及与混凝土单元块对接部位的筋条上设绑扎环，环直径为 80mm。

图 26.3-12　单元排

（2）混凝土压载体。该压载体由 C20 混凝土块单元组成，单个混凝土块平面形状呈现为正方形，其尺寸为 480mm×480mm×100mm（长×宽×厚），每个混凝土块体重 52.99kg。混凝土块之间用直径 14mm 的丙纶绳，纵横十字交叉连接，丙纶绳浇筑到混凝土块内，形成 4.0m×5.0m 单元。

26.3.4　稳定性计算

为保证软体排在施工过程中以及施工后的稳定，按照《水运工程土工合成材料应用技术规范》（JTJ 239）的有关要求，软体排应进行抗掀、抗漂浮和抗滑稳定计算。

（1）软体排抗掀稳定计算。排体沉放搭接时，为防止水流通过搭接处，排边所受水压力偏离静水压力分布而产生压力差造成排体被水流掀起，要求排体从下游向上游沉放，上游排体搭在下游排体上，并按下列式进行软体排的抗掀稳定计算。

$$V \leqslant V_{cr} \tag{26.3-8}$$

$$V_{cr} = \theta \sqrt{r'_R t_m g} \tag{26.3-9}$$

$$r'_R = (r_m - r_w)/r_w \tag{26.3-10}$$

式中：V 为软体排边缘流速，m/s；V_{cr} 为软体排边缘临界流速，m/s；θ 为系数，系结软体排取 2；r'_R 为软体排相对浮重度，kN/m^3；g 为重力加速度，取 9.81，m/s^2；t_m 为软体排等效厚度，m；r_m 为软体排重度，kN/m^3；r_w 为水的重度，取 10000，N/m^3。

（2）软体排抗漂浮稳定计算。排体在水下既受排体自重和其上压重的向下力的作用，又受排体上下水头差引起的向上力的顶托。为保证抗浮稳定，前者应超过后者，应符合下列稳定条件：

$$\Delta h_s \leqslant \frac{\rho_m}{\rho_w} t_m \cos\alpha \tag{26.3-11}$$

式中：Δh_s 为排体上下的水头差，m；ρ_m 为排体在水下的浮密度，kg/m^3；ρ_w 为水密度，kg/m^3；t_m 为排体垂直于土坡的厚度，m；α 为土坡坡角，(°)。

如果有波浪作用，排体将承受浪击引起的附加荷载，比如有浪的冲击力、浪前峰引起的浮托力、水流速变化导致的作用力、浪进退产生的吸力等，情况十分复杂。这时，排体抗漂浮稳定性可借下式中的稳定数 S_N 来保证：

$$S_N=\frac{H}{r'_R t_m} \tag{26.43-12}$$

式中：H 为浪高，m，软体排的整体性越高，所需的厚度越小，要求的 S_N 值越大。

（3）软体排抗滑稳定计算。考虑到软体排及其上压载体沿土坡面下滑时，滑动体不仅承受自重与水浮力，滑动面上还存在软体排上下水压力差引起的上浮力，因此，软体排抗滑稳定验算按下式进行：

$$K_m \leqslant \frac{(\gamma'_a t_m \cos\alpha - \Delta h \gamma_w) f_{sg}}{\gamma'_a t_m \sin\alpha} \tag{26.3-13}$$

式中：K_m 为软体排抗滑稳定安全系数，取 1.1～1.3；γ'_a 为软体排的平均浮重度，kN/m^3；α 为坡角，(°)；Δh 为软体排上下水头差，m；γ_w 为水的重度，kN/m^3；f_{sg} 为软体排与坡面的摩擦系数。

如果抗滑稳定性不够，可以采用适当的固定办法，比如在端部设挂排桩通过绳索将排体固定在桩上或在端部增加软体排的重量用于固定排头。

26.4 其他护底护滩结构设计

26.4.1 沙枕

沙枕一般指用聚丙烯编织布扎制的袋体，内填沙子制成的枕状物。一般用于沙质河床因水流紊乱、水深流急等不具备沉排护底部位的河床防护，抛石坝体的填芯，岸坡的镇脚防护等。

枕袋一般采用单层聚丙烯圆筒编织布扎制而成，直径一般为 0.6～1.2m，长度有 8m、5m、3m，也可以根据工程的要求制作大型的沙枕。枕袋可按大小设置 3 个及以上的充灌袖口用于沙子的充填，袖口间距 2m 或 3m，直径不小于 200mm，袖筒长 500mm。

用于河床防护的沙枕宜采用大型的沙枕；用于筑坝和岸坡镇脚的沙枕不宜采用大型沙枕，但应采用不同长度的沙枕，具有相对较好的级配便于形成较好的断面形态。

26.4.2 聚酯三维加筋网垫

聚酯三维加筋网垫是将发丝状聚丙烯材料挤压于机编六边形双绞合钢丝网面上形成的。聚酯三维网为由发丝状聚丙烯材料形成的立体网拱形隆起的三维结构，质地疏松、柔韧；钢丝采用镀高尔凡防腐处理。聚酯三维加筋网垫结构及布置见图 26.4-1。

聚酯三维加筋网垫表面有波浪状起伏的网包、粗糙不平，能缓冲雨滴和水流的冲击能量减缓风蚀和水流冲蚀，利于泥土和砂粒沉积，从而起到护滩的作用；同时，网垫采用钢丝双绞合成网，具有较强的抗拉强度，结构自身稳定性强。

26.4.3 网石兜

网石兜主要是采用由聚丙烯尼龙绳制作成的尼龙网兜装填石块来做护滩、护底的一种结构。该结构抗冲性和自身的稳定性较好，具有较好的防腐性，且结构柔性较强，适于河床变形。网石兜主要用于水深流急、水流结构复杂部位的河床防护。

聚丙烯尼龙网兜由目绳、纲绳和吊系绳编制而成。网兜可以根据工程实际情况进行设计。常用的网兜装填石成型体的设计尺寸为 2.0m（长）×2.0m（宽）×1.0m（高）；网

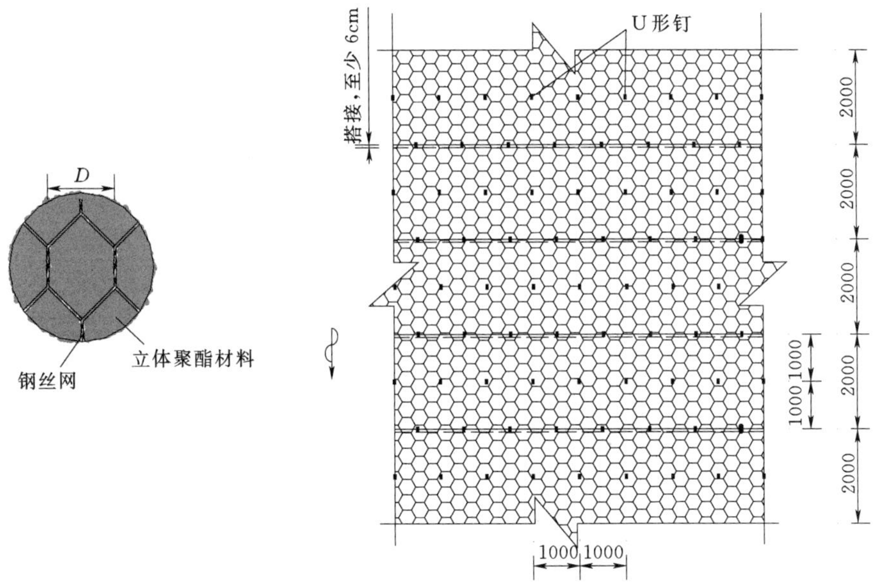

图 26.4-1　聚酯三维加筋网垫结构及布置图（单位：mm）

眼尺寸为 250mm×250mm；目绳直径为 16mm，长 4m，16 根；纲绳直径为 24mm，周长 8.2m；吊系绳直径为 24mm，长 1.4m，2 根。网兜设计装填石 2.4m^3［网兜装填石成型体按 2.0m(长)×2.0m(宽)×0.6m(高) 计算］。装填石粒径为 300～500mm。网石兜结构构造见图 26.4-2。

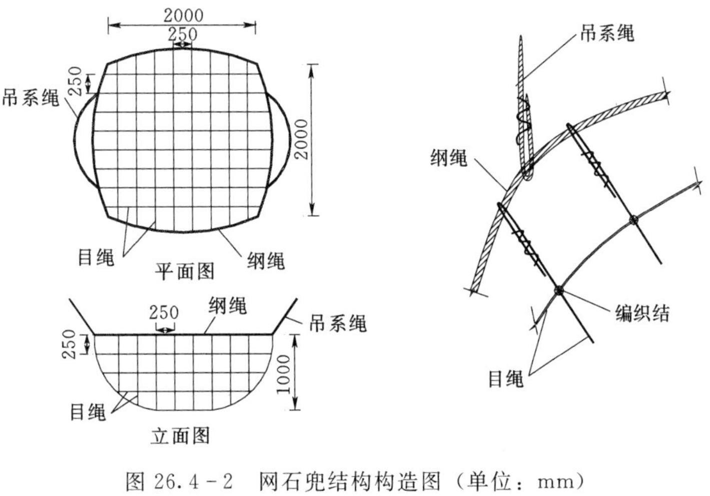

图 26.4-2　网石兜结构构造图（单位：mm）

26.4.4　多功能土工垫

多功能土工垫是由高分子刚性骨架内衬、高强机织布面层和无纺土工布底层一次加工成型，具有加筋、双重反滤和防护的复合土工垫。该结构主要用于沿海防波堤护底。

该结构面层采用高强机织布，双向 80～80kN/m，中间层高分子刚性骨架要求能保持一定平面刚度和整体性，一般采用土工格栅，在较小应变时即可发挥抗拉作用，底层采用

230g/m² 无纺土工布（内衬、面层和底层的材料和技术指标可根据设计条件给定）。每幅土工垫一律采用机械包边工艺，包边宽度不小于 40mm；多功能土工垫边缘需带有垫体连接的鸡眼扣和沉放施工所需的镀锌钢绞线高强绑扎环扣（高强扎带应不小于 ϕ8mm），鸡眼扣纵横向间距为 500mm，用于每幅多功能土工垫之间的搭接。

26.5 防护结构施工及检测与监测

26.5.1 施工要点

26.5.1.1 软体排

软体排排垫一般在工厂制作完成，排上的压载体一般在专用预制场制作。排垫一般采用针线缝合，可采用丁缝、蝶缝等方式，但要求缝合处的强度不小于基布强度的 70%，针脚密度应使缝的强度与基布本身的强度相适应，且在承受荷载时，缝合处不会张开。排体纵向搭接宽度一般不应小于 0.5m，横向之间的搭接宽度应满足设计和规范要求。

（1）水上沉放软体排。水上沉放软体排包括扫床、船舶定位和沉放等。沉排施工工艺流程见图 26.5-1。

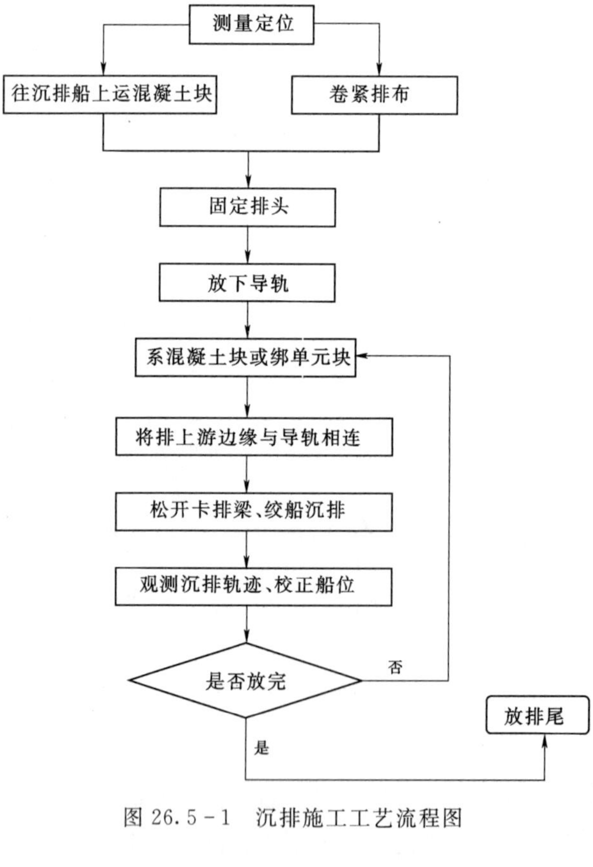

图 26.5-1 沉排施工工艺流程图

1）扫床。软体排为柔性结构，为防止沉排部位的河床有坚硬物体破坏排体，在沉排施工前应对河床进行扫测，如发现有突出的尖状物则立即采取措施进行处理，防止排体遭受破坏。

2）船舶定位。软体排的沉放采用专用施工船舶，在沉排过程中采用 GPS 进行定位，确保排体按设计要求的位置入水，并保证符合排体搭接要求。

3）沉放。把预先加工好的排垫卷入卷筒。排头固定方法为：在沉放过程中每通条排头通过绑系沉排梁（沉排梁下到河床后加重了排体端部重量，便于固定排头，防止沉放过程中排体的移动。对于护岸工程的沉排施工，也可采用在岸坡上设挂排桩固定排头或在枯水平台处挖脚槽并将排头埋设在脚槽中固定排头），排垫通过卡排梁平铺于沉排船工作平台上，然后在平台上将压载体固定于排垫上。排垫上固定一定数量的压载体后即可松开卷筒和卡排梁，绞动铺排船，让排体沉入河底。当卷筒上排垫剩下 3m 左右时，卡紧卡排梁，将卷筒上的排垫退出，卷入下一段排垫，两排垫进行对接缝合，然后卷紧排垫，松开卡排梁，继续下一段排体的沉放。如此反复进行排体沉放，直至达到设计的排长为止。软体排沉放见图 26.5-2。

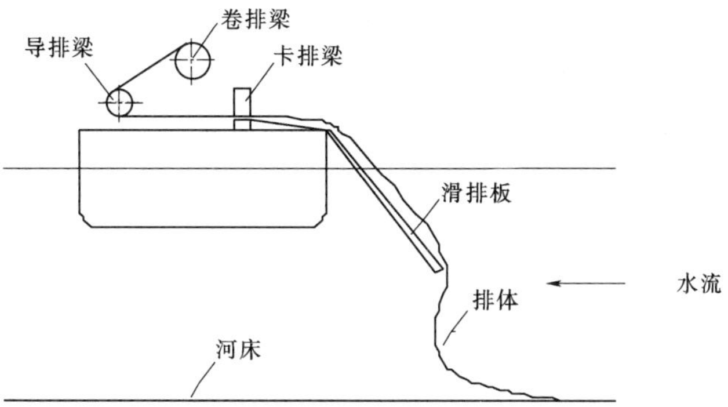

图 26.5-2 软体排沉放示意图

注意事项：①水上沉排施工受水流流速、水深、风浪以及船舶性能等因素的影响较大，为确保沉排施工质量，建议尽量选择流速小、风浪小的情况下施工；②为防止排垫的老化，沉排后出露水面的排体应及时进行覆盖。

（2）陆上铺设软体排。陆上铺设软体排包括滩面平整、铺设排体和碎石填缝等。陆上铺排施工工艺流程见图 26.5-3。

1）滩面平整。施工前，需对守护的滩面进行清理，防止树枝等杂物戳破排布，对局部凹凸不平的滩面应按不陡于 1：10 的坡度进行整平。

2）铺设排体。按排体尺寸对每块排进行放线，打放样桩固定。再将整幅排垫沿放样桩铺设，使排垫铺放平整、平顺，松紧适宜，不得绷拉过紧，不得形成褶皱，确保排垫与床面紧密贴合。相邻两幅排垫横向间的搭接宽度应满足设计要求，然后再进行压载体的铺设或浇筑。两块排的纵向搭接采用筋对筋重叠捆绑，并采用 ϕ15mm 尼龙绳系接，用 ϕ1.5mm 尼龙线缝合排垫，要求接缝强度不小于原排布强度 70%。

3）碎石填缝。排体铺设完毕后，及时用粒径 10～30mm 的碎石对压载体之间的缝隙进行填充，防止缝隙处排垫的老化。碎石填充时要饱满并铺设均匀，确保面层平整。

注意事项：排垫铺设完毕，应及时地铺设或浇筑压载体，以防排布翻卷，移位及受紫

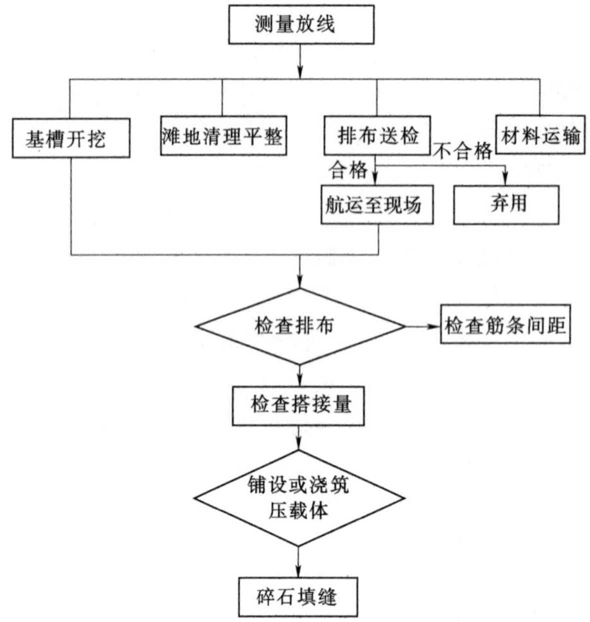

图 26.5-3 陆上铺排施工工艺流程图

外线的照射老化。不能及时铺设混凝土块时，必须采取相应的保护、覆盖措施。

26.5.1.2 沙枕

水上抛枕采用专用抛枕船进行，包括沙枕充填、定位、漂移距测试和抛投等工序。

（1）沙枕充填。沙枕采用泥浆泵充灌。施工时，预先将泥浆泵和柴油机安装在浮具上，再将浮具牵引至取沙点，通过输沙管线将浮具与沉枕船相连，开动柴油机，带动沙泵，即可向沉枕船连续输送泥浆，泥浆浓度控制在15%～20%。待沙枕经过滤水，扎紧充沙袖口。

（2）定位。抛沙枕船采用GPS进行定位，确保沙枕抛投至设计区域。

（3）漂移距测试。抛投前，应先测定抛石区的水深和流速，然后根据公式计算和现场试验综合确定抛石漂距。块石抛入水中，在落入河床之前，在水流作用下，漂移距离（L_d）与流速和水深成正比，可用下式估算和现场试验综合确定：

$$L_d=0.74V_bHW^{-\frac{1}{6}} \tag{26.5-1}$$

式中：V_b 为表面流速，m/s；H 为水深，m；W 为块石重量，kg。

（4）抛投。沙枕抛投时要求长度方向与工程后的变形方向一致，抛枕时要求自下游往上游、先深水后浅水进行施工。

26.5.1.3 聚酯三维加筋网垫

聚酯三维加筋网垫的铺设采用人力铺设，主要包括滩面平整、放样、铺设和锚固。

（1）滩面平整。根据设计要求对坡面杂物进行清除，对局部凹凸不平的滩（坡）面用推土机进行平整，最后用人工进行精细平整。整理后要求滩（坡）面平顺、整洁。

（2）放样。滩面整理完成后，首先放样出每卷宽聚酯三维加筋网垫的位置，打放样桩固定。

（3）铺设。在滩面上沿水流和变形方向铺设聚酯三维加筋网垫，两边铺设应平顺，防止网垫铺斜，确保三维加筋网垫之间的搭接不小于 60mm。同时，要保证上游三维加筋网垫铺设在下游三维加筋网垫之上。

（4）锚固。聚酯三维加筋网垫自身之间的搭接部位用不小于 ϕ8mm 钢筋做成的 U 形钢钉进行锚固，使之连接成整体。每隔 500mm 用 150mm 长的钢丝绞合。在三维加筋网垫的自由边缘开挖锚固沟，内铺块石回填。

26.5.1.4 网石兜

（1）施工准备。抛投施工之前，将所需网兜、石料等分类准备到位；并依据施工强度和施工进度要求，人工进行石料的充填，封口要牢固。

（2）布置、定位。网石兜抛投施工前，根据测图将施工区域按 5m 一个断面分段，并计算出每个断面间的施工工程量，根据施工量计算出网石兜的个数和位置。再用装有 10t 吊机的浮吊定位，采用 GPS - RTK 精确定位，用 100t 的甲板驳将在陆地上灌装好的网石兜运至施工点，按断面分层定量错位搭接码放。

（3）运输。将填装好的成批料起吊上船，由船舶运输到指定泊位上，运输过程中防止搬移对网石兜的破坏。

（4）抛投。为确保抛投施工准确到位，施工前实测施工区水深、流速、流向，试抛检测网石兜不同个数在不同水深情况下漂移距的数据，指导抛投预留距离，保证落底到位。按设计不同长度成行分批抛投。采用浮吊机械抛投，抛投前用 GPS 定位，根据抛投水域水深、流速、流向及漂移数据测算抛投下料坐标，指导施工。抛投完成后及时进行测量。

26.5.1.5 多功能土工垫

（1）材料准备。完成多功能土工垫的拼接工作。两端搭接锚固长度为 1m。运至现场，采用多功能土工垫铺设船铺设。要求多功能土工垫的纵向（长度方向）沿垂直设计区域轴线方向铺设，全长铺放。现场铺设时要求符合设计要求，不出现松弛、无褶皱现象。

将多功能土工垫铺设辅助用抛石船提前装足二片石待命，以便压牢多功能土工垫。

（2）铺设土工垫。多功能土工垫铺设流程见图 26.5 - 4。将已缝好的多功能土工垫运至铺布船上，并在起始边穿入钢管、上好抛锚用的固定吊环。把处理好的多功能土工垫卷在滚筒上。在多功能土工垫铺设船上松开多功能土工垫卷的起始边，在起始边的吊环上结好绳索，联结在船上准备好的 4 只小锚上。

多功能土工垫铺设船抛锚定位，铺设船绞锚定位至抛放起始边的位置。抛小锚，松滚筒开始铺设多功能土工垫，铺设 2m 长度后，将船上准备好的二片石抛向多功能土工垫上，横向每排抛 10 包左右（间隔 2m），纵向每隔 2m 抛下一排，四角适当加密，依靠这些压载将多功能土工垫暂时固定，每放 2m 就抛固定量的二片石，直至一卷土工垫铺设完毕。铺设船在多功能土工垫全部展开完毕后吊起滚筒，移船至下一位置。多功能土工垫

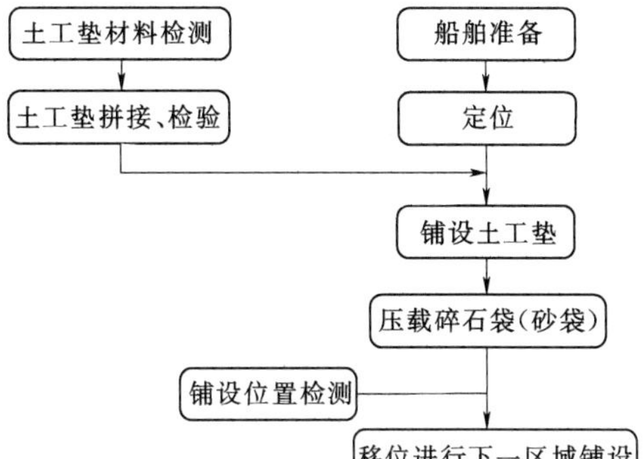

图 26.5 - 4　多功能土工垫铺设流程图

铺设见图 26.5－5。

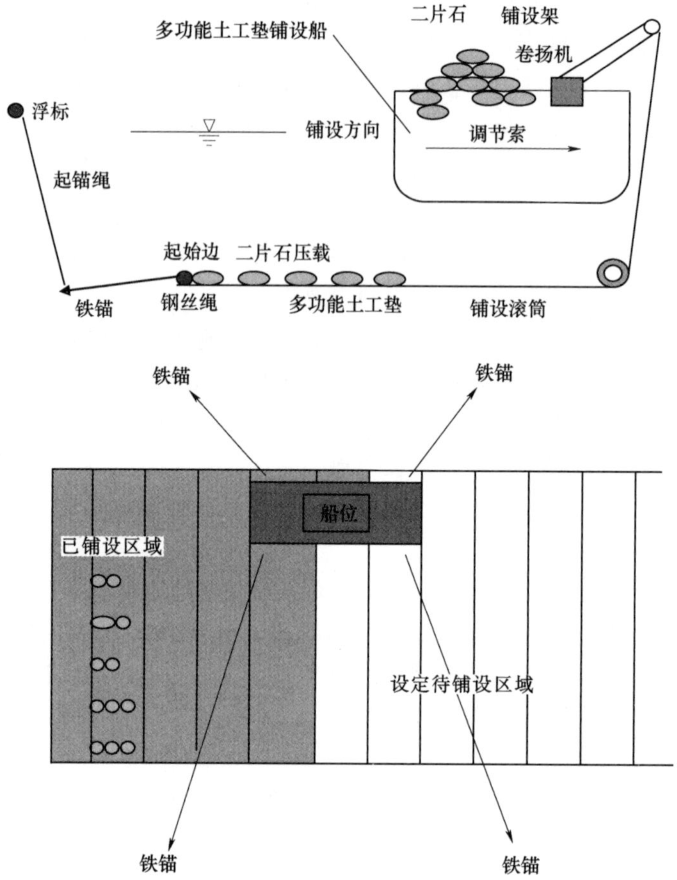

图 26.5－5 多功能土工垫铺设示意图

26.5.2 检测与监测

26.5.2.1 软体排

软体排制作后应检测基布的纵横向抗拉强度、克重、等效孔径、垂直渗透系数以及拼接处的强度等；加筋条的宽度、克重、抗拉强度以及与基布连接部位的偏差；其他辅助土工织物的克重、抗拉强度以及与基布连接部位的偏差；排垫的宽度和长度。

软体排沉放后应检测排体之间的搭接宽度是否满足设计要求。一般采用潜水员下水探摸检测或声呐检测。如果采用潜水员探摸检测，可在设计要求搭接宽度的排垫处设置醒目的筋条用于水下检测。

软体排沉放后，在水流长期的冲刷或波浪的冲击下，排体周边河床易出现冲刷变形，甚至出现较大的冲刷坑。当冲刷坑不断发展扩大时，应及时对排体边缘进行防冲促淤的处理，否则将危及到软体排的稳定。因此，在排体沉放后应定期进行监测，主要是通过水下大比尺的测量，对比分析软体排周边河床的变化及软体排自身的稳定性。

26.5.2.2 沙枕

枕袋制作后应检测基布的纵横向抗拉强度、克重、等效孔径、垂直渗透系数以及拼接处的强度，枕袋的长度等。

用作充枕的河沙 d_{10} 应不小于土工布的等效孔径 O_{95}，河沙的含泥量应小于 10%，为提高工效，应尽可能选择粒径较粗的河沙。

在抛枕施工完后要及时安排水下地形测量，以检查抛枕是否达到设计要求。

26.5.2.3　聚酯三维加筋网垫

聚酯三维加筋网垫制作后应检测聚酯三维网克重和尺寸，聚合物密度，绞合钢丝网网孔尺寸、抗拉强度，钢丝直径、抗拉强度和镀层量等。

铺设后的检测方式主要是人工现场检测。应检测铺设范围是否满足设计的守护范围、聚酯三维加筋网垫搭接宽度是否满足设计要求，锚固钉和锚固沟是否满足设计要求。

26.5.2.4　网石兜

（1）尼龙绳及网石兜要求。

1）目绳、纲绳和吊系绳的直径应满足设计要求，允许误差为±0.5mm。

2）目绳、纲绳和吊系绳的破断强度应满足设计要求。

3）网石兜及网眼的尺寸应满足设计要求，网石兜的长度、宽度允许误差为±3%。

4）网石兜充盈度不小于 60%。

（2）填充石料质量控制。

1）石料粒径应在 300～500mm 之间，填充的石料必须坚硬且不易风化及水解。

2）装填石料应有一定的级配，保证石料的空隙率不大于 30%。

（3）抛投质量控制。

每一区域的抛投施工结束后，应及时进行水下测量，并应分析抛投结果，以检查是否达到设计要求。

26.5.2.5　多功能土工垫

（1）原材料。原材料产品进场需提供的出厂鉴定书或合格证明以及抽样试验检验报告，使用前需经抽样试验，对土工垫的质量、力学指标进行检验，各项技术指标应符合设计要求。

（2）包边宽度、鸡眼纵横向间距、高强扎带的直径。检测每幅土工垫的包边宽度、鸡眼扣纵横向间距、高强扎带的直径等是否满足设计要求。

（3）铺设。多功能土工垫宽幅 6m，铺设方向应符合设计要求，确保相邻土工垫搭接，水下搭接宽度应不小于 1m，以满足防冲刷要求。

（4）搭接检测。沉入水中后每张土工垫的搭接宽度，在沉排结束后需进行检测。主要的检测方法有铺排轨迹监测、浮标检测和水下探摸。

26.6　工　程　实　例

26.6.1　长江口航道整治长导堤工程

（1）工程概况。长江口属大径流、中等潮差河口，河口水量丰沛。受径流和潮流两股动力在时空范围的复杂变化及相互消长作用的影响，长江河口演变十分复杂。长江口泥沙主要来自长江流域，河床组成以粉细砂为主，局部夹杂淤泥质。

（2）导堤结构。坝体堤身采用沙肋软体排护底，坝身外侧采用联锁块软体排和加密沙肋软体排护底；坝身采用袋装砂堤心-模袋混凝土盖面结构，坝身上下游均设置3m宽、1.5m厚的抛石棱体。长江口航道整治长导堤工程长导堤典型断面见图26.6-1。

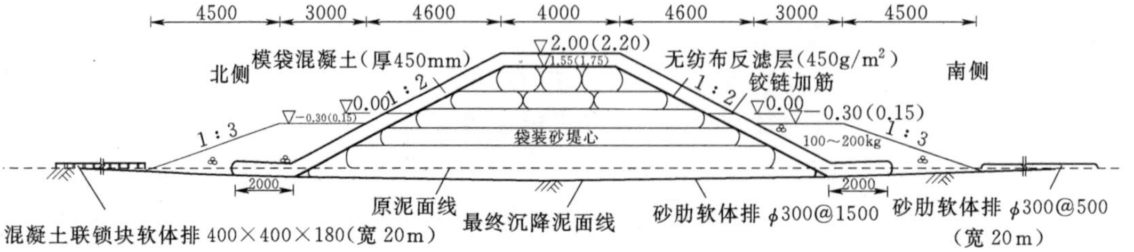

图26.6-1 长江口航道整治长导堤工程长导堤典型断面图（尺寸单位：mm）

（3）护底结构选择。本段工程主要受径流及潮流的影响，通过计算，坝身选择沙肋软体排护底，堤身两侧选用加密砂肋的软体排和联锁块软体排护底，砂肋软体排排垫和砂肋筒选用$200g/m^2$的聚丙烯编织布，筋条选择70mm宽的丙纶加筋条；联锁块软体排采用长丝机织复合布（$350g/m^2$长丝机织布＋$200g/m^2$无纺布），筋条选择50mm宽的丙纶加筋条，丙纶绳采用ϕ14mm的丙纶绳。对施工期的软体排抗滑、抗掀和抗倾进行校核，均满足稳定要求。

（4）工程运行效果。长江口航道治理工程于1998年1月开工，2010年通过交工验收。经过5年的运行，工程总体稳定，作为世界最大的河口治理工程，本工程取得了显著的国民经济效益和社会经济效益，为沿江国民经济发展、产业结构调整、改善综合运输体系发挥了重要作用。

26.6.2 长江中游太平口水道腊林洲护岸工程

（1）工程概况。腊林洲护岸工程位于太平口水道右侧，为本水道过渡段的右边界，受三峡蓄水清水下泄的影响，腊林洲中上段崩退剧烈，不利于下段分汊段的进流，本段护岸长3303m。

工程区域岸坡主要为土沙二元结构，局部含淤泥质黏土；河床主要为粉细砂层，厚度20m左右，床沙中值粒径d_{50}＝0.15～0.23mm。工程区域前沿枯水期水深最大为13m左右，汛期达23m左右。工程区实测表面流速枯水期一般小于1.5m/s，局部流速可达1.8m/s，汛期最大不超过3.0m/s。

（2）护岸结构。护岸包括路上护坡、枯水平台、沉排护底和抛石镇脚四个部分。在施工水位高程设置宽3m、厚1m的砌石枯水平台；护底采用D型系混凝土块软体排，护底宽度为100～230m；排上近岸40m宽设置厚0.6m的抛石镇脚，排体外侧20m宽设置0.8～1.5m厚的防冲石；护坡采用钢丝网格结构。腊林洲护岸典型断面见图26.6-2。

由于此段岸坡主流贴岸，崩塌比较严重，为利于岸坡的稳定，对较陡区域在沉排施工之前增加1：2.5的抛枕补坡，近岸10m宽、2层厚的沙枕镇脚，待其稳定后再进行沉排护底施工。

（3）土工织物选择。根据本段工程区域的水深、流速、流态等实际情况，通过计算选

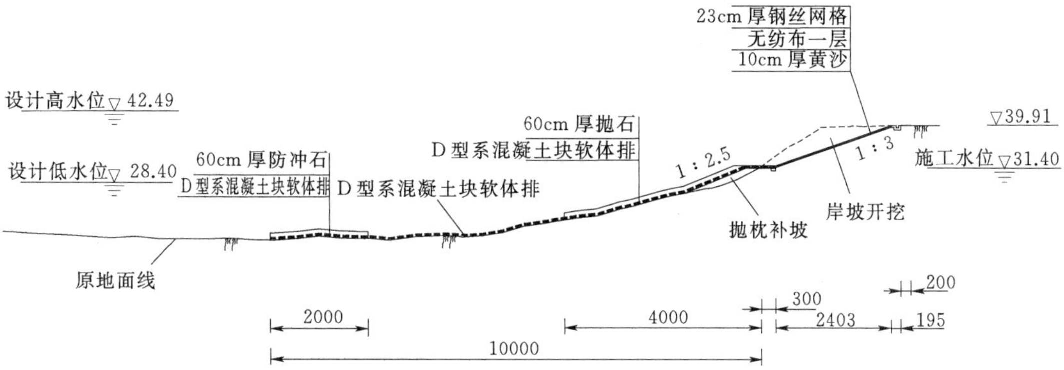

图 26.6-2　腊林洲护岸典型断面图（尺寸单位：mm）

择 D 型系混凝土块软体排护底，排垫选用 $250g/m^2$ 的聚丙烯编织布，筋条选择 50mm 宽的丙纶加筋条；抛枕镇脚采用 $200g/m^2$ 的聚丙烯编织布。沉排施工时间安排在枯水期（10—12 月）对施工期的软体排抗滑、抗掀和抗倾进行校核，均满足稳定要求。为满足运行期的排体抗掀要求，在软体排外缘 20m 宽的范围增加厚 0.8～1.5m 的防冲石。

（4）施工。先对较陡的岸坡段进行抛枕补坡和镇脚，抛投时要求长度方向与水流方向垂直，施工要求自下游往上游、先深水后浅水进行施工。然后在施工水位部位开挖枯水平台，并将软体排的排头及坡面的无纺布压在脚槽内固定，并向外沉放 D 型系混凝土块软体排，采用垂直水流的方式沉放，软体排之间搭接，排体从下游向上游沉放。排体沉放完成后，先进行枯水平台外侧抛石和防冲石施工，然后再实施陆上的护坡工程。

（5）工程运行效果。工程于 2011 年施工完成。从近几年的观测资料分析，工程经历了 4 个水文年的考验，护岸工程运行稳定，未出现位移、滑动、崩塌等情况，工程效果很好。

26.6.3　长江中游沙市河段三八滩护滩工程

（1）工程概况。三八滩护滩工程位于沙市河段分汊段，为影响本河段下段双汊分流的重要滩体，受三峡蓄水的影响，1998 年后滩体被水流肢解，2003 年后出现恢复性淤积，2014 年和 2015 年枯水期虽对其中上段滩脊进行过应急性守护，但受投资的限制，守护范围和强度都存在不足，出现了较为严重的破坏。本工程在应急守护的基础上，对三八滩的中上段进行全面守护。

工程区域河床主要为粉细砂层，厚度 20m 左右，床沙中值粒径 $d_{50}=0.15\sim0.23$mm。工程区域前沿枯水期水深最大为 8m 左右，汛期达 18m 左右。工程区实测表面流速枯水期一般小于 1.8m/s，局部流速可达 2.2m/s，汛期最大不超过 3.5m/s。

（2）护滩结构。以应急守护工程外边线为控制线，控制线以外沉 D 型系混凝土块软体排护底，排上抛石压载，并在排体边缘设置 20m 宽的备填石。为减弱水流漫滩的冲刷，在南汊坡脚设置透水框架。控制线以内对原工程进行铺石修复，滩体两侧按 1：2.5 补坡形成较为完整的滩型。三八滩护滩工程典型断面见图 26.6-3。

（3）护底土工织物选择。根据工程区域的水深、流速、流态等实际情况，通过计算选择 D 型排护底，排垫选用 $250g/m^2$ 的聚丙烯编织布，筋条选择 50mm 宽的丙纶加筋条，

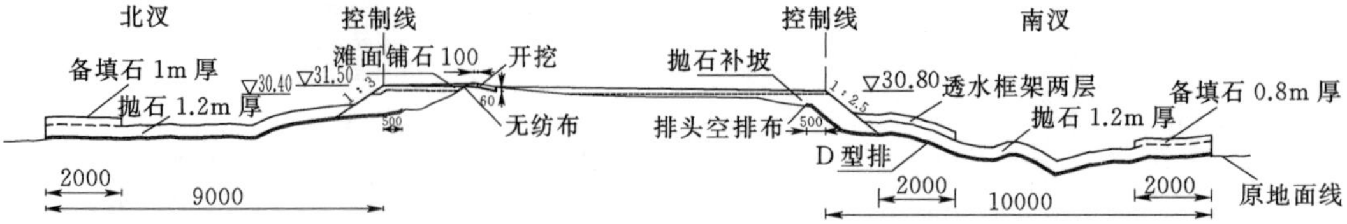

图 26.6-3 三八滩护滩工程典型断面图（尺寸单位：mm）

滩体头部由于要采用逆水沉排的方式，筋条选择 70mm 宽的丙纶加筋条。沉排施工时间安排在中水期（4—6 月）。对施工期的软体排抗滑、抗掀和抗倾进行校核，均满足稳定要求。为满足运行期的排体抗掀要求，在软体排外缘 20m 宽的范围增加 0.8～1.5m 厚的备填石。

（4）施工。采用沉排梁将软体排的排头固定在滩面上，并向外沉放 D 型排，采用垂直水流的方式（滩头为逆水沉排）沉放，软体排之间搭接，排体从下游向上游沉放；排体沉放完成后，进行抛石和备填石施工，枯水期进行滩面的修复施工。

（5）工程运行效果。工程于 2010 年实施完成，从近几年的观测资料分析，经历了 5 个水文年的考验，护滩工程运行十分稳定，未出现冲退、切割等情况，工程效果很好，保证了沙市河段下段分汊的格局，为后续工程的实施奠定了较好的基础。

26.6.4 长江下游安庆水道新洲头部护滩工程

（1）工程概况。新洲头部护滩工程位于长江下游安庆水道分汊段，为了防止新洲头部的冲刷后退，通过洲滩守护，稳定目前相对较好的滩槽形态和较好的航道条件。新洲洲头和新中汊主要为细砂组成，局部夹有淤泥质黏土、中砂。砂层松散、淤泥质黏土软弱，抗冲性均较差。新洲洲头地形较缓，工程区域高程在 2.30～7.30m 之间。工程区域水流较缓，一般小于 1.0m/s。

（2）护滩结构。新洲头部护滩工程由 H0 护滩带、H1 护滩带和 H0 护滩带内侧 12 道透水框架促淤带组成。新洲右缘 H1 护滩带：采用钢丝网石笼垫、单元排和聚酯三维加筋网垫结构。聚酯三维加筋网垫位于 H1 护滩带下游段长 1600m，下铺无纺布。新洲 H1 护滩带聚酯三维加筋网垫护滩典型断面见图 26.6-4。

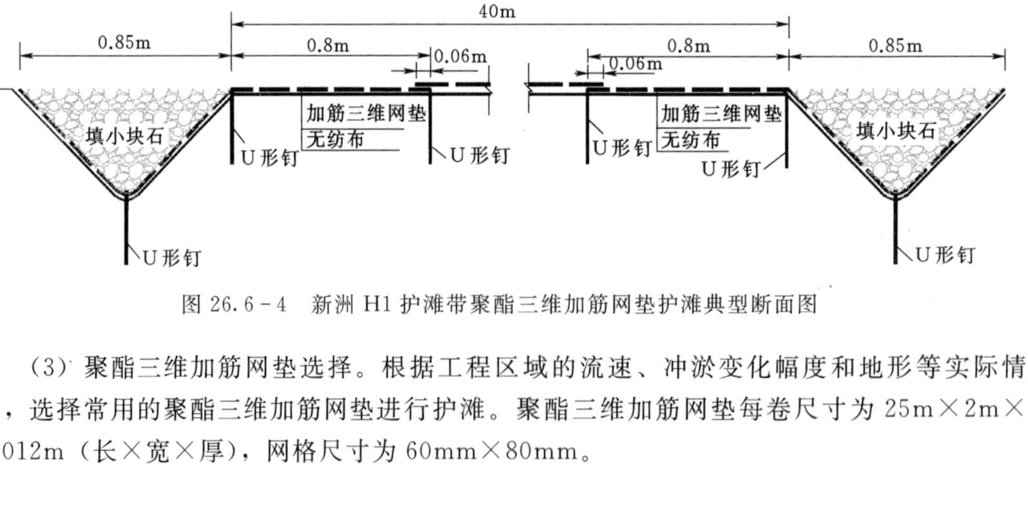

图 26.6-4 新洲 H1 护滩带聚酯三维加筋网垫护滩典型断面图

（3）聚酯三维加筋网垫选择。根据工程区域的流速、冲淤变化幅度和地形等实际情况，选择常用的聚酯三维加筋网垫进行护滩。聚酯三维加筋网垫每卷尺寸为 25m×2m×0.012m（长×宽×厚），网格尺寸为 60mm×80mm。

（4）施工。铺设施工时间在滩面出露的枯水期，即 12 月至次年 2 月。加筋垫的铺设采用人力铺设，先对工程区域滩面进行清理和平整，再放样，然后铺设无纺布和加筋垫，铺设一段后再进行 U 形钉和基槽的锚固，加筋网垫铺好后，在加筋网垫上洒一定厚度的砂土。单条聚酯三维加筋网垫长度方向平行于水流方向布置，上游加筋网垫铺设搭接在下游加筋网垫之上。在铺设时，沿水流和变形方向铺设，按从下游向上游、从低滩向高滩方向铺设。

（5）工程运行效果。将聚酯三维加筋网垫用在新洲右缘水流流速不大、冲淤幅度较小的部位，其结构强度与水流强度和河床冲淤强度相匹配。工程于 2012 年实施完成后，从近几年的观测资料分析，经历了多个水文年的考验，工程区域被淤积的泥沙覆盖，运行十分稳定，工程效果很好，丰富航道整治工程护滩结构型式，并在后期实施的马当南水道和荆江河段航道整治工程中窑监大河段航道整治等工程中得到了较为广泛的应用。

26.6.5　长江下游和畅洲水道左汊口门控制工程

（1）工程概况。和畅洲水道左汊口门控制工程位于长江下游和畅洲水道右汊进口，坝轴线距洲头约 440m，主要目的是防止右汊的不断冲深发展。潜坝左侧为人民洲，右侧为和畅洲，左汊内河床主要为细砂和粉细砂组成，砂层松散，抗冲性较差。河底高程为－5.00～－20.00m，最深点高程为－51.70m，工程区域水流紊乱，流速一般小于 2.0m/s。

（2）潜坝结构。和畅洲水道左汊口门控制工程的主坝体位于深槽部位，河底高程为－5～－20m，最深点高程为－51.7m，主坝体的总长度为 1102m，坝顶设计宽度为 10m，坝体横断面为梯形，上游侧平均边坡为 1∶2.5，下游侧平均边坡为 1∶3。坝体由聚丙烯编织布袋充砂形成沙枕。沙枕长 10m，直径 1.2m。坝体上下游侧采用抛石进行护底和防冲。和畅洲水道左汊进口潜坝典型断面见图 26.6－5。

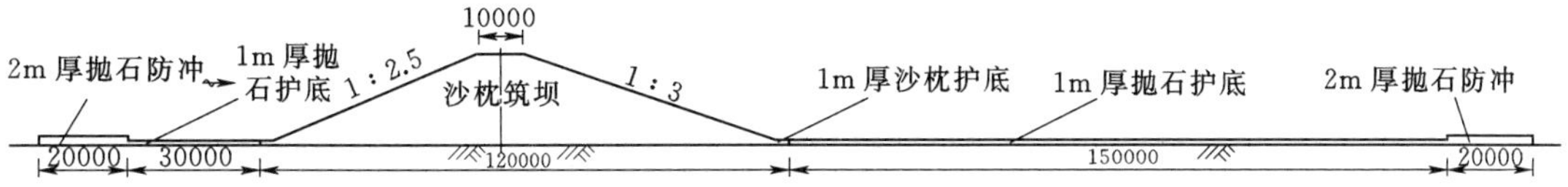

图 26.6－5　和畅洲水道左汊进口潜坝典型断面图（尺寸单位：mm）

（3）沙枕选择。根据本段工程区域的水深、流速、流态等实际情况，通过计算在坝体部分选择沙枕进行护底和筑坝。沙枕选用 250g/m² 的聚丙烯编织布，沙枕长 10m，直径 1.2m。

（4）施工。工程于 2002—2003 年间实施。先进行抛枕和抛石护底，然后再抛枕筑坝。筑坝为分层抛投，层厚按照 2m 进行控制，抛枕时测漂移距，先深水后浅水，先下游后上游，枕袋长度方向与坝轴线垂直抛投。抛投完成后，测量坝体断面尺寸并进行局部定点补抛以达到设计断面尺寸。

（5）工程运行效果。从 2003 年工程实施完成后的扫测图看（图 26.6－6），坝体结构断面明显、完整，从工程实施至今十多年的监测情况看，工程区域除局部有较大的沉降外，坝体总体较为稳定，运行情况良好，对左汊的河势控制起到了较好的作用，工程效果明显，丰富了筑坝和护底的结构型式。

图 26.6-6 工程后扫测图

参 考 文 献

[1] 土工合成材料工程应用手册编写委员会. 土工合成材料工程应用手册 [M]. 北京：中国建筑工业出版社，1994.

[2] 黄成涛，柴华峰，等. 长江中游沙市河段航道整治一期工程初步设计 [R]. 2009.

[3] 黄成涛，柴华峰，等. 长江中游沙市河段治理腊林洲护岸工程初步设计 [R]. 2010.

[4] 刘奇峰，等. 长江下游安庆水道航道整治工程初步设计 [R]. 2009.

[5] 黄召彪，黄成涛，等. 长江中游荆江河段航道整治工程昌门溪至熊家洲段工程初步设计 [R]. 2013.

第 27 章　土工织物管袋坝结构设计与施工

27.1　概　　述

土工织物管袋坝是一种利用土工织物管袋组合外部防护层的堤坝结构型式，其中土工织物管袋属于土工包裹系统的一种。与传统的筑堤技术相比较，土工织物管袋坝具有整体性好、对软基的适应能力强、成本低、可就地取材、施工速度快、施工基本不受潮位和降雨影响、对环境影响小等优点。土工织物管袋坝具体实施时首先根据设计尺寸采用土工布缝合成袋，袋体上方隔一定距离设置一个充填袖口，袋体放置到指定位置并固定后，采用高压泥浆泵将泥浆通过充填袖口送入土工管袋中，土工织物的孔隙可实现泥浆的排水固结，最终形成管状或板状结构；然后通过多层土工织物管袋按照设计断面进行叠放形成堤坝断面轮廓；最后在土工织物管袋外侧铺设反滤结构、护面结构等防护结构，形成土工织物管袋坝的设计断面。

土工织物管袋坝技术始于 20 世纪 50 年代，在国外众多河口、海岸堤坝工程中得到大规模应用：该项技术于 20 世纪 80 年代引入我国，并得到迅速的推广应用，现在在我国的河口整治与围海造地工程领域已成为主流技术，同时在地基加固、抗洪抢险等工程领域亦得到广泛应用。

土工织物管袋坝是一种特殊的筑坝技术，其特殊性主要集中于堤身断面的构筑方面，具体体现在筑堤材料和填筑标准两方面；而其堤顶高程、堤顶结构、堤坡和坡面防护等堤身要素的要求与传统堤坝结构相同。因此本章中重点对土工织物管袋坝的筑堤材料和填筑标准两个方面进行论述，其余诸如地基处理、堤顶高程、堤顶结构、堤坡和坡面防护、防渗和排水设施等堤身要素设计可按现行的堤坝工程设计规范设计，不再赘述。

高强土工管袋坝是随着高强土工织物发展起来的一种土工织物管袋坝，通常认为采用径向抗拉强度大于 80kN/m 的土工布构筑的管袋坝称为高强土工管袋坝。

高强土工管袋坝不仅适用于土工织物管袋坝的应用环境，还适用于一些要求较高的环境，如沿海区域防波堤、防浪堤、围堤或堤芯结构等应用。在一些极端环境中，如浪高 2m 以上、表面不做防护，外露状态下使用年限超过半年，普通充土工织物管袋往往不能满足设计要求，须使用耐久性好的高强土工管袋。

27.2　土工织物管袋坝

27.2.1　土工织物管袋坝构造

根据堤坝断面中土工织物管袋比例的不同和土工织物管袋施工工艺的不同可分为双棱体土工织物管袋坝、全断面土工织物管袋坝和抛填土工织物管袋坝（组合坝）。

27.2.1.1 双棱体土工织物管袋坝

土工织物管袋坝填筑时一般先在水下填充两侧的大型土工织物管袋棱体形成围堰，待围堰高程达到水面以上后，在两侧围堰中间吹填砂质土形成挡水堤坝坝身。双棱体土工织物管袋坝断面见图27.2－1，此种堤坝称为双棱体土工织物管袋坝。双棱体土工织物管袋坝通常应用于水深大于2.00m，堤身断面尺寸较大的工程堤段。

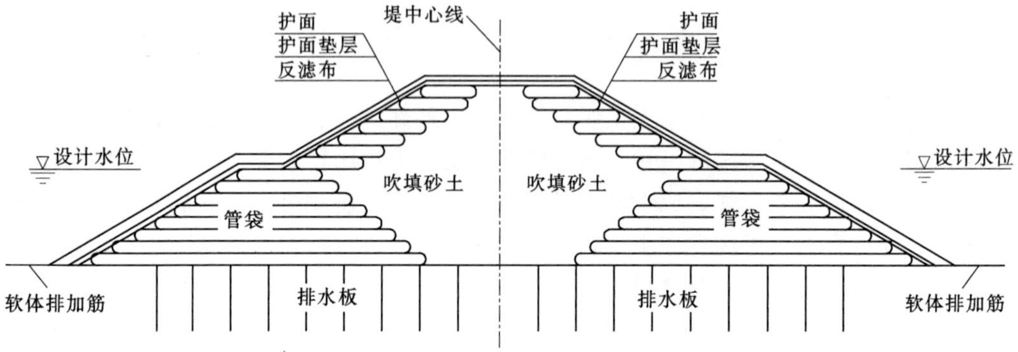

图27.2－1 双棱体土工织物管袋坝断面示意图

27.2.1.2 全断面土工织物管袋坝

与双棱体土工织物管袋坝相比，全断面土工织物管袋坝直接在水下分层填充土工织物管袋，直至到设计堤顶高程形成挡水堤坝，其断面见图27.2－2。全断面土工织物管袋坝通常应用于水深小于2.00m，堤身断面尺寸较小的工程堤段或者应用于应急抢险的工程堤段和矿山尾矿坝的坝身。

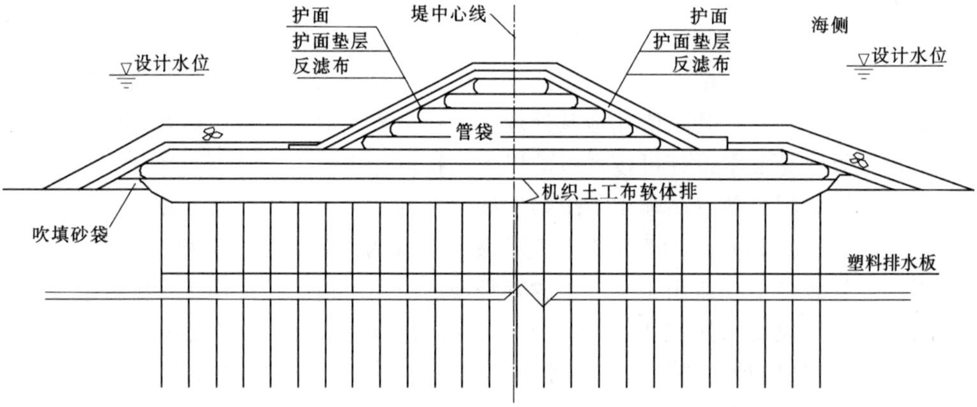

图27.2－2 全断面土工织物管袋坝断面示意图

27.2.1.3 抛填土工织物管袋坝

当工程堤段平均潮位或常水位以下的水深大于5.00m时，由于施工工艺的限制，通常采用抛填土工织物管袋形成坝体。采用管袋的长宽比不宜大于2～3，以免抛投沉底时扭曲。一般先用专业的水上抛袋船将事先在船上充填完成的土工织物管袋抛投至设计位置，待管袋抛投至水深小于5.00m后，再在其顶部按照双棱体管袋堤坝或全断面管袋堤坝断面的填筑工艺构筑上部堤坝断面，直至设计堤顶高程，抛填土工织物管袋坝断面见图 27.2-3。抛填土工织物管袋坝通常应用于水深大、堤身断面尺寸较大的工程堤段。

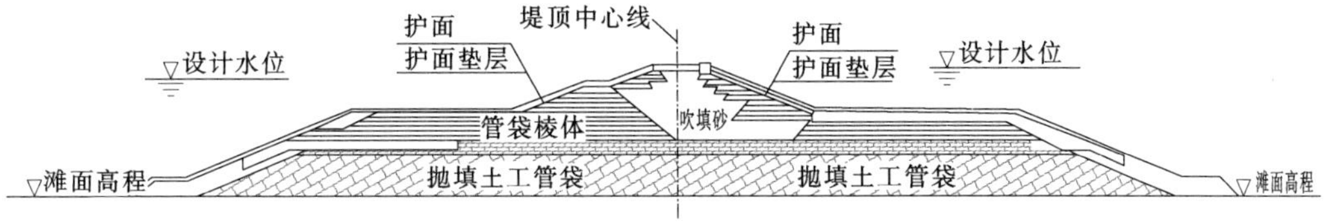

图 27.2-3　抛填土工织物管袋坝断面示意图

27.2.2　材料选择与充填控制

27.2.2.1　材料选择

与传统的土石堤坝结构相比较，土工织物管袋坝主要由充填了砂性土、细矿渣或者脱水后黏性土等充填料的土工织物管袋填筑而成。主要材料包括填充料和土工织物管袋。

（1）土工织物管袋坝填充料。土工织物管袋坝施工时，为了加快充填排水固结速度，提高施工速度，充填土料一般采用黏粒含量较少的砂性土、粉细砂或尾矿砂，且粒径小于 0.005mm 的黏粒含量以不大于 10%为宜。

近些年随着高效脱水技术和淤泥固化技术的进步，高含水量的黏性土和淤泥质土亦逐步被作为管袋充填料应用于土工织物管袋坝中。根据河海大学等机构的研究成果，通过高效脱水技术可以将黏粒含量大于 20%，粉粒含量大于 60%，粒径大于 0.075mm 的砂粒含量低于 30%的高含黏（粉）粒土作为管袋坝的充填料。在选择合理的固化剂、淤泥固化工艺及充填工艺前提下，高含水率、高压缩性的淤泥亦可作为土工织物管袋坝的充填料。

选择高含水率的黏性土和淤泥质土作为土工织物管袋坝充填料时，在具体应用前须进行充分论证并在工程前期进行试验性充填。

（2）土工织物管袋袋布。土工织物管袋在施工过程中需要承受泥浆泵水力充灌泥沙时的充灌压力作用，为防止管袋发生破裂，土工织物一般选择织造型；同时渗透系数 k 应大于 10^{-2}cm/s，以使充填泥沙等尽快排水固结。对制作土工管袋的土工织物，其性能指标要求主要表现在力学性能、水力学性能和耐久性方面。当采用裂膜丝机织土工布时，其抗拉强度不宜小于 18kN/m，单位面积质量宜大于 130g/m^2。对于施工期遭受太阳紫外线直接照射时间较长的土工织物管袋，宜采用防老化土工织物。

土工织物管袋缝制加工过程中通常采用丁缝或包缝型式缝合，其袋布接缝强度不宜低于袋布强度的 70%，机制土工织物管袋常见缝制方式见图 27.2-4。

表 27.2-1 为缝制土工织物管袋的裂膜丝机织土工布的性能指标，摘自国家标准《土工合成材料　裂膜丝机织土工布》（GB/T 17641）。

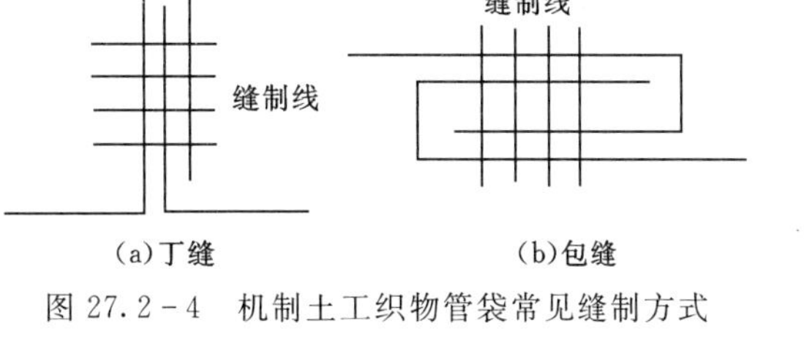

图 27.2-4　机制土工织物管袋常见缝制方式

表 27.2-1 裂膜丝机织土工布的性能指标

项目		标准断裂强度/(kN/m)								
		20	40	60	80	100	120	150	180	220
1	经纬向断裂强度/(kN/m) ≥	20	40	60	80	100	120	150	180	220
2	断裂伸长率/% ≤	25								
3	顶破强力/kN ≥	2.0	3.6	5.2	6.8	8.2	9.7	12.1	14.5	17.7
4	单位面积质量偏差率/%	±5								
5	幅宽偏差率/%	0.5								
6	厚度偏差率/%	±10								
7	等效孔径 O_{95}/mm	0.07～0.50								
8	垂直渗透系数/(cm/s)	$K\times(10^{-1}\sim10^{-4})$ 其中：$K=1.0\sim9.9$								
9	经纬向撕破强度/(kN/m) ≥	0.25	0.42	0.64	0.86	1.08	1.30	1.63	1.96	2.40
10	抗酸碱性能（强力保持率）/% ≥	80								
11	抗氧化性能（强力保持率）/% ≥	80								
12	抗紫外线性能（强力保持率）/% ≥	80								

注 1. 实际规格介于表中相邻规格之间，按线性内插法计算相应考核指标；超出表中范围时，考核指标由供需双方确定。
2. 第 4 项至第 6 项标准值按设计或协议。
3. 第 9 项至第 12 项为参考指标，作为生产内部控制，用户要求时按实际设计值考核。

(3) 充填袖口的设计。为了保证土工织物管袋坝施工过程中，各层管袋均充灌饱满，并防止管袋破裂，充填袖口应布置合理。大尺度管袋的充填袖口间距一般选择 3～4m；采用抛填工艺施工时，尺寸较小的充砂管袋的充填袖口个数不宜小于 2 个。充填袖口的口径亦为 300～500mm，充填袖口的长度不宜小于 350mm。

为了提高充灌效率，降低充灌过程的施工风险，充填袖口可选择自动封闭型袖口，具体形式见图27.2-5。此种袖口利用砂袋内水和砂的压力使砂袋内层袖口自动封闭，在充砂作业时先把内层袖口压入袋内，再插入充砂管，这样当袋内砂充满后，内层袖口便自动封闭，无须再进行袖口绑扎，确保砂不通过袖口淘刷外漏，以保证充灌质量。

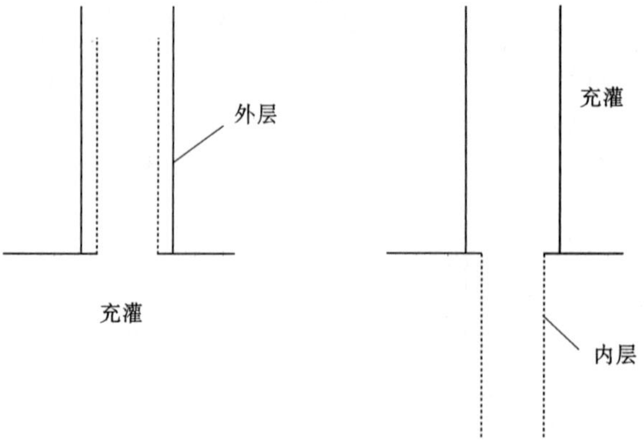

图 27.2-5 自动封闭型袖口设置示意图

27.2.2.2 充填度控制

(1) 充灌泥浆。充灌泥浆的浓度宜为 20%～50%，砂粒含量高的充填料其浆液浓度适当降低，黏粒和粉粒含量高的充填料浆液浓度可适当提高。

(2) 充填标准。土工织物管袋坝施工过程中充填管袋的充填度宜为 75%～85%；水下抛填砂袋的充填度以 50%～70%为宜，可以取得较密实的堆积砂袋整体。而且堆积砂袋愈高，荷载越大，将挤压砂袋或造成管袋变形，使得袋间接触缝隙变小，降低渗透性。

(3) 充砂管袋的堆叠整理。土工织物管袋坝的管袋应分层铺设堆叠整齐，上下层分交错排列，错缝间距不得小于 2m，在袋体之间不得留有通缝、通孔。

27.2.3 设计计算

土工织物管袋坝设计计算的基本理论成果主要包括土工织物管袋充填计算分析、土工织物管袋坝固结计算分析、土工织物管袋坝的稳定性计算分析。其中土工织物管袋坝的稳定性计算分析包括管袋坝在波浪作用下的稳定性、管袋坝在水流作用下的稳定性和管袋坝的整体抗滑稳定性。

目前针对土工织物管袋坝相关计算分析的理论方法尚无系统的成果，仅有河海大学、石家庄铁道大学和南京水利科学研究院等科研院所开展过土工织物管袋坝理论计算分析方面的研究，并归纳整理出了一些理论公式和方法。

27.2.3.1 土工织物管袋充填计算分析

土工织物管袋充填计算分析主要是确定充灌后管袋的外形和管袋袋体材料中的应力，按此来决定其稳定位置和选取制管材料。

(1) 假设条件。

1) 土工织物管袋长宽比足够大，可看作平面应变问题，取管袋任一截面为研究对象。

2) 忽略土工织物的伸长变形、抗弯刚度、重量和渗透性。

3) 充填过程中袋内填料含水量较大，可认为填料为流态，忽略填料摩擦力。

4) 地基为平整刚性。

(2) 计算模型。土工织物管袋任一横断形式面见图 27.2-6 (a)，以袋体右侧与地基分离点为原点 O，圆弧切线方向与水平向的夹角为 θ，袋体截面面积为 A，高度为 H_g，宽度为 W，周长为 L，从原点开始的弧长为 S，袋体与地基的接触长度为 C。

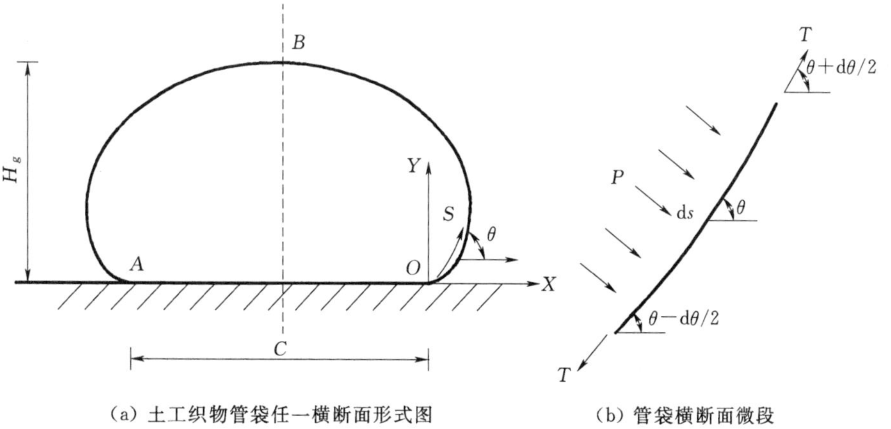

(a) 土工织物管袋任一横断面形式图 (b) 管袋横断面微段

图 27.2-6 计算模型

在 $0<S<L-C$ 范围内取一段微元体 [图 27.2-6 (b)]，P 为内部流体作用在该微元体上的法向应力，T 为该段土工织物所受到张力，该段上的受力平衡方程为

$$2T\sin(\mathrm{d}\theta/2)=P\mathrm{d}S \tag{27.2-1}$$

式（27.2-1）可改写为

$$T\frac{d\theta}{dS}=P \tag{27.2-2}$$

同时根据该微段的几何条件可得到：

$$\frac{dX}{dS}=\cos\theta,\frac{dY}{dS}=\sin\theta \tag{27.2-3}$$

设 γ 为管袋内填料重度，P_0 和 P_{top} 分别为管袋底部（$Y=0$）和顶部（$Y=H_g$）的压力，袋内某高度 Y 处所受到的法向压力为

$$P=P_0-\gamma Y \tag{27.2-4}$$

采用无量纲分析法，将以上参数化为无量纲量如下：

$$x=\frac{X}{Y},y=\frac{Y}{L},s=\frac{S}{L},c=\frac{C}{L},w=\frac{W}{L},h_g=\frac{H_g}{L}$$

$$p=\frac{P}{\gamma L},p_0=\frac{P_0}{\gamma L},p_{top}=\frac{P_{top}}{\gamma L},\tau=\frac{T}{\gamma L^2} \tag{27.2-5}$$

则式（27.2-2）、式（27.2-3）可转化为

$$\frac{d\theta}{ds}=\frac{p_0-y}{\tau} \tag{27.2-6}$$

$$\frac{dx}{ds}=\cos\theta \tag{27.2-7}$$

$$\frac{dy}{ds}=\sin\theta \tag{27.2-8}$$

（3）高充填压力情况下计算方法。对一般较高充填压力下的土工管袋的底部压力 $p_0>h$，顶部压力 $p_{top}>0$，其形状一般为上半部分为椭圆形，符合图27.2-6中的假设。先将式（27.2-6）～式（27.2-8）进行交换，再结合袋体几何条件进行求解，可得式（27.2-9）。

$$K(k)-E(k)=1/(2p_0) \tag{27.2-9}$$

其中，$k=2\sqrt{\tau}/p_0$，$F(k,\theta/2)$ 和 $E(k,\theta/2)$ 是关于参数为 k、角度为 θ 的第一类和第二类不完全椭圆积分，其表达式分别为 $F(k,\theta/2)=\int_0^{\frac{\theta}{2}}1/\sqrt{1-k^2\sin^2\varphi}\,d\varphi$，$E(k,\theta/2)=\int_0^{\frac{\theta}{2}}1/\sqrt{1-k^2\sin^2\varphi}\,d\varphi$。其当角度 $\theta=\pi$ 时，$F(k,\pi/2)=K(k)$，$E(k,\pi/2)=E(k)$ 分别为第一类和第二类完全椭圆积分。式（27.2-9）具有物理意义需满足条件：$k<1$。

由式（27.2-9）可知，在袋体底部充填压力 p_0 已知的条件下，可求得未知数 k。由于式中含有椭圆积分，该式需编写程序采用数值积分方法进行求解。在参数 k 求得之后，土工管袋的其他参数均可由 k 表示，其中袋体张力 τ，底部接触长度 c，袋体高度 h_g，顶部压力 p_{top} 可按式（27.2-10）～式（27.2-13）计算：

$$\tau=\frac{k^2p_0^2}{4} \tag{27.2-10}$$

$$c=2p_0[(1-k^2/2)K(k)-E(k)] \tag{27.2-11}$$

$$h_g=(1-\sqrt{1-k^2})p_0 \tag{27.2-12}$$

$$p_{top}=\sqrt{1-k^2}\,p_0 \tag{27.2-13}$$

为方便实际应用时查找参数，计算得到高充填压力下袋体各参数与底部压力 p_0 关系曲线（图 27.2-7）。图中为避免数据点过于集中，每 5 个数据点显示一个图例符号。从图中曲线可知，土工管袋的高度、顶部压力、张力、袋体与地基接触长度和底部压力是单值对应的，其中的某个参数值给定后，可将以上方程进行变换后求得其他参数，也可由图 27.2-7 中查取对应的其他参数值。

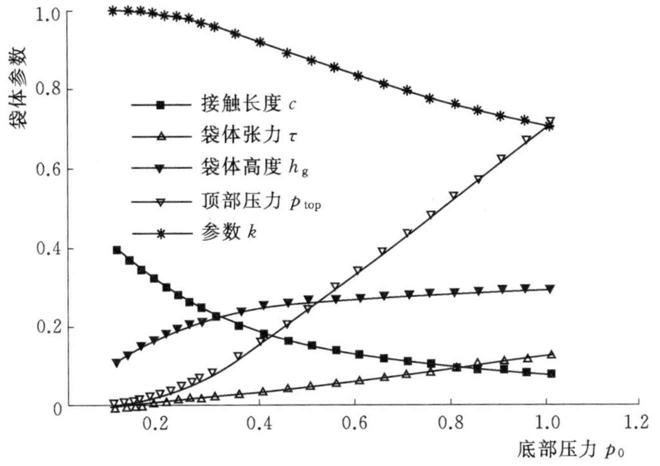

图 27.2-7　高充填压力下土工管袋各参数关系曲线

（4）低充填压力情况下计算方法。低充填压力状态时，土工管袋截面见图 27.2-8，袋体两侧为两段对称的椭圆弧，椭圆弧曲线段上仍满足基本方程式（27.2-6）～式（27.2-8）。袋体顶部 DE 段可视为一条水平线，将袋体与地基接触段即 AO 段长度记为 c_1，顶部直线段 DE 长度记为 c_2，此时袋体顶部压力为 0，袋体高度与底部压力无量纲数值相同。

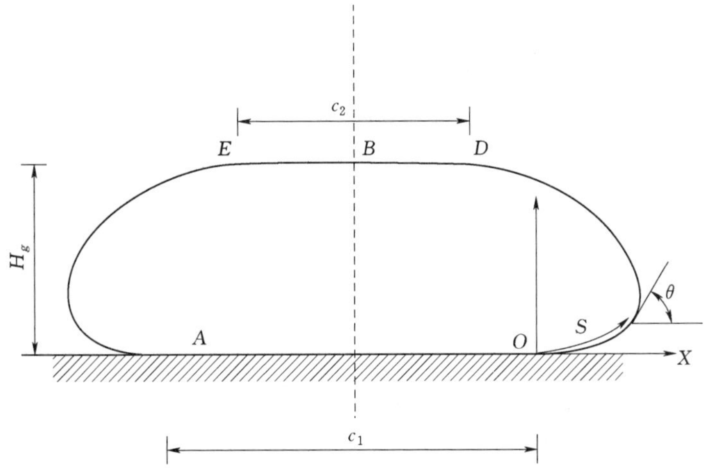

图 27.2-8　低压力下土工管袋截面

根据对称原则，取右半部分袋体进行分析，其长度和为总长度的0.5倍，即

$$\frac{c_1}{2}+\frac{c_2}{2}+s_{OD}=0.5 \tag{27.2-14}$$

在水平方向，即 x 轴方向有

$$\frac{c_1}{2}=\frac{c_2}{2}+x_D \tag{27.2-15}$$

根据式（27.2-6）～式（27.2-8），变换后可得

$$s_{OD}=s(\theta=\pi)=\sqrt{\tau}kK(k) \tag{27.2-16}$$

$$x_D=x(\theta=\pi)=p_0\left[E(k)-\left(1-\frac{k^2}{2}\right)K(k)\right] \tag{27.2-17}$$

将式式（27.2-16）、式（27.2-17）分别代入式（27.2-14）、式（27.2-15）后可得

$$\frac{c_1}{2}+\frac{c_2}{2}+\sqrt{\tau}kK(k)=0.5 \tag{27.2-18}$$

$$\frac{c_2}{2}=\frac{c_1}{2}+p_0\left[E(k)-\left(1-\frac{k^2}{2}\right)K(k)\right] \tag{27.2-19}$$

为保证计算结果的连续性，求解式（27.2-18）、式（27.2-19）时将 k 取为高低充填压力的临界值，在底部充填压力 p_0 已知时可由上两式求得 c_1 和 c_2，袋体张力可由式（27.2-10）求得，袋体顶部压力为0，袋体高度与底部压力无量纲相同。当已知条件为其他参数可将以上方程稍做变换进行求解。低充填压力下土工管袋各参数关系曲线见图27.2-9。

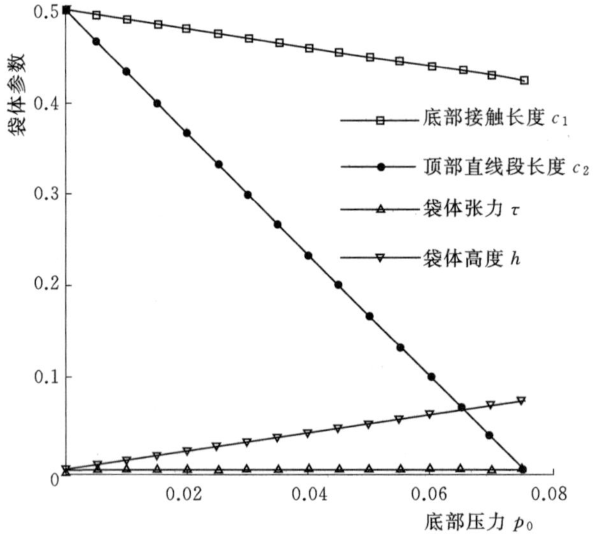

图27.2-9 低充填压力下土工管袋各参数关系曲线

27.2.3.2 土工织物管袋固结计算分析

土工织物管袋坝中土工管袋充泥后，泥浆液开始固结。其固结机理是充泥管袋的泥浆

水分从袋布中渐出，同时泥浆液在自重以及渗水压力的作用下逐渐固结密实，进而达到一定的承载力，直至承受上部荷载。固结过程中的两个重要参数：固结速度和袋布渗水速度，与多种因素有关。其中，固结速度与泥浆液中颗粒大小、级配、浓度以及管袋形状有关；而渗水速度与袋布织物的种类、孔径大小、数量、泥浆浓度以及渗水压力等因素有关。

在固结过程中，在充泥管袋高度下降的同时，其最大宽度增大很少，尤其是当用微细颗粒泥浆充灌的时候，充泥管袋的高度下降非常明显。当已知充灌材料的密度，可采用式（27.2-20）和式（27.2-21）近似地估算管袋的平均固结度。该估算公式适用于初设充灌浆液是充分饱和的，并且充灌以后，浆液中的颗粒只在竖向作一维运动，而忽略侧向运动。

假定浆液是充分饱和的，用体积与质量关系，可以得到：

$$\omega_0=\frac{G_s-\dfrac{\gamma_{slurry}}{\gamma_w}}{G_s\times\left(\dfrac{\gamma_{slurry}}{\gamma_w}-1\right)} \tag{27.2-20}$$

$$\omega_f=\frac{G_s-\dfrac{\gamma_{soil}}{\gamma_w}}{G_s\times\left(\dfrac{\gamma_{soil}}{\gamma_w}-1\right)} \tag{27.2-21}$$

式中：ω_0 为充灌材料初始含水率；ω_f 为充灌材料最终含水率；G_s 为土颗粒的比重；γ_{soil} 为固结后土颗粒的容重；γ_{slurry} 为充灌泥浆液的容重；γ_w 为水的容重。

假定颗粒仅仅向下运动（即单向固结），由式 $\Delta e/(1+e_0)=\Delta h/h_0$ 可得：

$$\frac{\Delta h}{h_0}=\frac{G_s(\omega_0-\omega_f)}{1+\omega_0 G_s} \tag{27.2-22}$$

式中：Δh 为充泥管袋的下降高度；h_0 为充泥管袋的初始高度。

根据单向固结理论，已知由公式（27.2-22）得到的充泥管袋经过时间 t 后下降高度 Δh 以及可测得管袋的最终下降高度 s，可以得到管袋内充灌泥浆土层在 t 时刻的平均固结度为：

$$U=\frac{\Delta h}{s} \tag{27.2-23}$$

式中：U 为充泥管袋的平均固结度；Δh 为充泥管袋经过时间 t 后的下降高度；s 为充泥管袋的最终下降高度。

27.2.3.3 土工织物管袋坝稳定性计算

（1）波浪作用下管袋的稳定性。

1）波浪作用下圆形管袋的稳定性分析。假设在波浪作用下，漫过管袋顶部的水体使得充泥管袋顶层的前端有静水压力分布，同时在充泥管袋的背水面受大气压力作用，则在 P 点，波浪压力在顶层产生的倾覆力矩为

$$M_0=\frac{3}{4}(1+k)H\ \frac{1}{2}h_1^2\rho_w g \tag{27.2-24}$$

在 P 点，由于上层管袋的竖向荷载，产生的恢复力矩（每米长的管袋）为

$$M_r = A(\rho_c - \rho_w) g \frac{1}{2} b \tag{27.2-25}$$

由 $M_r > M_0$ 可得到满足静力平衡的条件：

$$H < \frac{8}{3} A \frac{1}{2} b \frac{\Delta}{h_1^2(1+k)}$$

$$\Delta = \frac{\rho_c - \rho_w}{\rho_w} \tag{27.2-26}$$

式中：A 为管袋的横截面积，m^2；H 为波浪浪高，m；h_1 为从 P 点到管袋顶部之间的距离，m；k 为影响系数；ρ_c 为充填材料的密度，kg/m^3；ρ_w 为水的密度，kg/m^3；各参数如图 27.2-10 所示。

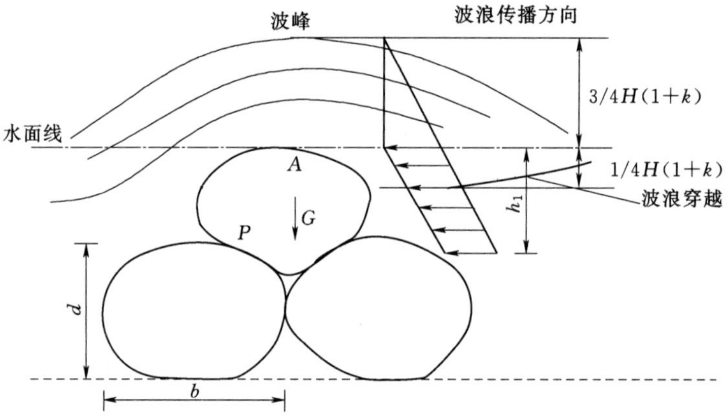

图 27.2-10 波浪作用在顶层圆形管袋力的分布示意图

进一步假设，$A = c_1 h_1 b$，$h_1 = c_2 b$，则上式的上限值可转化为一个更为简单的形式：

$$\frac{H}{\Delta b} = \frac{c_1}{\frac{3}{4}(1+k) c_2} \tag{27.2-27}$$

式中：c_1 和 c_2 为与充泥管袋形状相关的系数。

通过多种不同的充泥管袋筑坝结构测试结果，概括得到满足稳定性的 $H/\Delta b$ 值大约是 1.0。

2）波浪作用下扁平管袋的稳定性分析。目前在工程实际应用中，由于堆叠填筑的需要，管袋坝中的充砂管袋多呈扁平状，且不允许袋顶过水。假设波浪波峰刚好处于管袋顶部的临界状态，作用在管袋横截面上的力的分布见图 27.2-11。

充泥管袋所受波浪荷载为

$$FA - 0.5F \times (mA) = (1 - 0.5m) \times FA = \frac{3}{4}(1+k) H n A \rho_w g \tag{27.2-28}$$

充泥管袋之间的阻滑力为：

$$f(G - F_{浮}) = fAl \frac{3}{4}(\rho_c - \rho_w) g \tag{27.2-29}$$

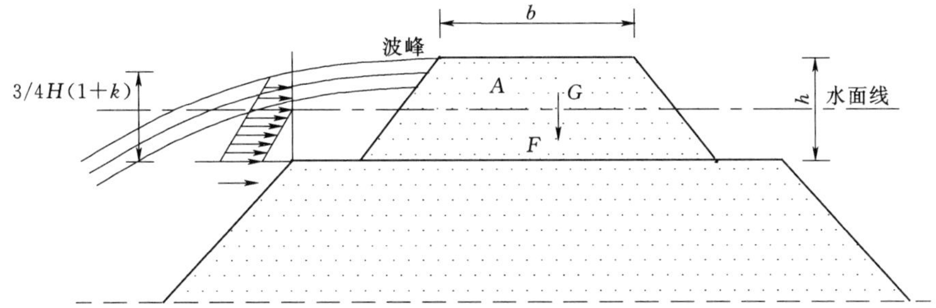

图 27.2-11　波浪波峰处于管袋顶部时管袋横截面上的力的分布示意图

式中：f 为充泥管袋之间的摩擦系数；l 为充泥管袋沿波浪方向的长度。

由静力平衡理论得满足稳定性的管袋平衡条件，即阻滑力大于波浪荷载，计算临界值为：

$$\frac{H}{\Delta l}=\frac{f}{\frac{3}{4}(1+k)n} \tag{27.2-30}$$

其中，$\Delta=\frac{\rho_c-\rho_w}{\rho_w}$；$A=b\times h$；$n=1-0.5m$，$m$ 为上层管袋水面线以上部分面积与其横截面积之比，其他参数与圆形管袋相同。

(2) 水流作用下充填砂管袋坝的管袋稳定性分析。

1) 水流作用下圆形管袋的稳定性分析。水流作用下圆形管袋的稳定性分析主要采用静力平衡理论，来验算管袋的稳定性。可假设 $D=d$ 为充泥管袋厚度，通过充泥管袋顶端的临界流速为 U_{cr}，静力平衡条件表述为

$$Ga-F_La-F_Db=0; \tag{27.2-31}$$

$$G=\frac{1}{4}\pi D^2(\rho_s-\rho_w)g \tag{27.2-32}$$

$$F_L=C_L\ \frac{1}{2}\rho_w U_{cr}^2 y \tag{27.2-33}$$

$$F_D=C_D\ \frac{1}{2}\rho_w U_{cr}^2 y \tag{27.2-34}$$

式中：ρ_s、ρ_w 为分别为充填浆液和水的密度，kg/m^3；C_L、C_D 为与水流条件相关的系数；y、a、b 为需由管袋形状来确定，可以用充泥管袋直径和厚度来表示，即 $y=c_1D$，$a=c_2D$，$b=c_3D$；F_L 为水流对管袋的抬升力，kN；F_D 为水流流对管袋的推力，kN。

具体各参数含义见图 27.2-12。

整理得到通过充泥管袋顶端的临界流速 U_{cr} 为：

$$\frac{U_{cr}}{(g\Delta_t D)^{0.5}}=f(C_D, C_L, y, a, b) \tag{27.2-35}$$

其中

$$\Delta_t=\frac{\rho_s-\rho_w}{\rho_w} \tag{27.2-36}$$

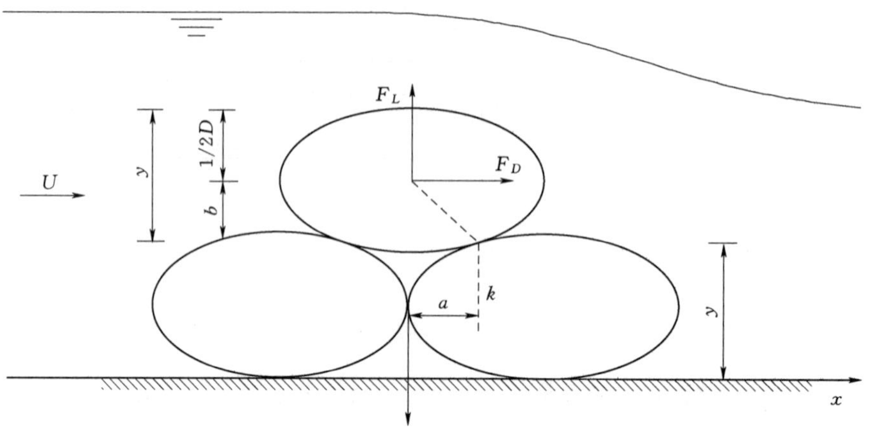

图 27.2-12 水流作用在圆形管袋上的分布示意图

结合多组模型试验成果可以初步确定 f 的取值范围，最终根据临界流速 U_{cr} 就可以粗略验算充泥管袋结构的稳定性。

2）水流作用下扁平管袋的稳定性分析。目前在工程实际应用中，由于堆叠填筑的需要，管袋坝中的充砂管袋多呈扁平状。扁平管袋形状近似为矩形断面。计算分析时考虑大管袋施工后上下层结合较为紧密，通过在水流作用下对上层管袋进行力的分析，考虑静力平衡理论，来验算其稳定性，其力的分布见图 27.2-13。

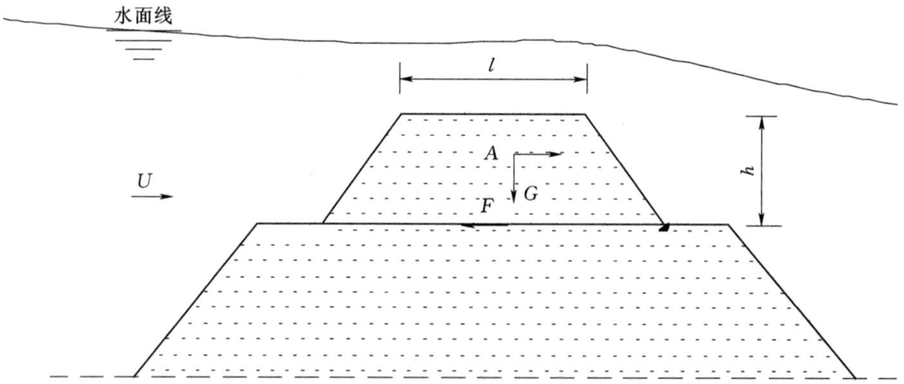

图 27.2-13 水流作用下扁平管袋上的力的分布示意图

根据受力分析，上层管袋所受水流推力荷载为

$$F_{推}=c\ \frac{1}{2}\rho_w U_{cr}^2 h \tag{27.2-37-1}$$

上、下层管袋之间的法向力为

$$G-F_{浮}=Al\rho_s-\rho_w g \tag{27.2-37-2}$$

上下层管袋之间的阻滑力为

$$F=f(G-F_{浮})=fAl(\rho_s-\rho_w)g \tag{27.2-37-3}$$

考虑平衡条件，阻滑力 F 大于水流推力荷载 $F_{推}$，即可以得到满足稳定要求的临界流速为

$$U_{cr}=\sqrt{\frac{2fAl(\rho_s-\rho_w)g}{\rho_w hc}} \tag{27.2-38}$$

式中：c 为与水流条件相关的系数，一般取 1.00；h 为充泥管袋厚度，m；ρ_s 为充填泥浆液密度，kg/m^3；ρ_w 为水密度，kg/m^3；f 为管袋间的摩阻系数，一般在 0.28～0.36 之间选取；A 为接触面积，m^2；l 为单位长度，m；g 为重力加速度，m/s^2。

根据满足稳定要求的临界流速就可以判断管袋是否满足稳定性要求。

3）深水水流作用下土工织物管袋坝的管袋稳定性分析。深水水流作用下，管袋堤坝的临界滑动失稳流速可利用公式（27.2－39）测算。

$$v=0.15m^{0.192}\left(\frac{H}{D_c}\right)^{0.926}\sqrt{2gLf\frac{\rho_s-\rho_w}{\rho_w}} \tag{27.2-39}$$

式中：v 为临界滑动失稳流速，m^2/s；m 为管袋坝的边坡；H 为管袋坝处的水深，m；D_c 为管袋坝坝高，m；L 为管袋坝坝顶宽度，m；f 为土工布的摩擦系数。

（3）土工织物管袋坝整体抗滑稳定分析。

在软弱地基上修筑堤坝，施工期堤坝的整体抗滑稳定性直接决定着堤坝工程的成败，对于土工织物管袋坝，其整体抗滑稳定性亦是相当重要。

由于土工织物管袋坝是由多层长短不一的充砂或充泥管袋垒叠而成，实质上是一种加筋土坝，因此其整体抗滑稳定分析过程中应重点考虑土工织物管袋的加筋作用；但是由于土工织物管袋坝结构和施工工艺的特殊性，其加筋机理较为复杂，我国现行的规程规范中针对多层管袋加筋效果的分析尚无简单易行的方法。

目前在进行土工织物管袋坝的整体抗滑稳定分析时通常按等效黏聚力的方式进行分析，其基本方法是基于极限平衡理论的瑞典圆弧滑动法，在确定土工织物管袋坝坝身土体的物理力学参数时，根据管袋袋布种类的不同适当提高其黏聚力和内摩擦角值。同时，采用圆弧滑动法验算土工管袋坝整体稳定性适用于小型袋装砂形成的双棱体土工织物管袋坝和抛填土工织物管袋坝等土工织物堤坝结构；全断面土工织物管袋坝的坝体整体性较好，一般按照滑弧不通过坝体，仅复核沿管袋坝以外及以下坝基的稳定性。

27.2.4　施工要点

根据堤坝断面中土工织物管袋比例的不同和土工织物管袋施工工艺的不同，土工织物管袋坝可分为双棱体土工织物管袋坝、全断面土工织物管袋坝和抛填土工织物管袋坝。其中双棱体土工织物管袋坝、全断面土工织物管袋坝是目前应用最广、施工工艺最为成熟的管袋坝，其施工工艺较为常规；抛填土工织物管袋坝是一种近些年发展起来的适用于深水条件的管袋坝，施工工艺较为特殊。

27.2.4.1　常规土工织物管袋坝施工要点

常规的土工织物管袋坝其施工要点主要包括如下几点。

（1）场地准备。土工管袋施工前，先平整场地，去除大的石块和树根。

（2）确定土工管袋的放置位置。以事先预定的距离打标桩，作为土工管袋放置的标记，在土工管袋“外壳”铺放之后，用绳索把土工管袋固定在标桩上，以确保土工管袋的正确定位。

(3) 铺设土工织物的防冲垫层。把土工织物防冲垫层铺设在平整的场地上面，然后用浆体充灌锚固管，以提供压重，锚固管直径一般小于0.6m，布置在垫层四周或受侵蚀侧。

(4) 铺设土工管袋“外壳”。土工管袋“外壳”预先在工厂预制好，成捆的卷起来。在铺设时，按照预定的位置进行，但要注意充填孔向上（沿着顶部中心线）。

(5) 浆体的充灌。浆体的充灌需要有泵浆设备，要检查泵浆设备的可靠性。充灌采用水力和机械相结合的方法，在充灌时必须做好：

1) 注浆管应伸入充填孔大约1m的位置，并且用绳子绑扎起来，以免在充灌时高的泵压使两者分离。

2) 注浆管和充填孔在衔接的部位应保持竖直。

3) 对位于水面以上的土工管袋，在充灌任何浆体之前，先充灌预定高度H的水，然后再泵入浆体，这样做可使浆体的固体颗粒更均匀地分布在管内，随着浆体的逐渐增多，浆体的固定颗粒会逐渐取代管中水，土工管袋逐渐地被充填起来。

4) 注浆快要结束时，采用活塞控制装置来减小充灌的速度，以确保充灌均匀，固结排水后形成均一的截面。

5) 当泵送的是$F>50\%$的浆体时，往往不能一次性使土工管袋达到预定的高度H，这时应进行二次或多次充灌，直到达到H为止。

(6) 后续工作。当土工管袋被完全充填后，充填口必须固定，以免波浪作用撕裂充填口处。一般的作法是：把充填口先割掉一部分，剩下的一部分折叠起来和土工管表面平齐，用抗腐蚀的锁环或压紧式配件来固定。土工管袋排水达到预期的高度或强度后，便可以把土工管进行掩埋，以防老化。

27.2.4.2 抛填土工织物管袋坝施工要点

对抛填土工织物管袋坝坝身中的水下部分，无法采用常规管袋坝施工工艺施工的部分，通常采用抛填工艺进行施工，具体施工要点主要包括如下几点。

(1) 场地准备。抛填土工管袋施工前，先清理场地，去除渔栅、杂木、大型块石及废弃渔具等杂物。

(2) 船机布置。船机可垂直或平行于堤身布置，为了确保抛填施工时，土工管袋能抛填到设计位置，通常船机垂直于水流方向布置。

(3) 铺设土工管袋“外壳”。在船只布置完成和土工管袋的投放位置确定后，将预先在工厂预制好的土工管袋“外壳”，铺设在抛填船只甲板上。采用抛填工艺施工时，为了管袋坝坝身的密实度，单个管袋的袋体不宜过大，通常不宜大于8m×8m，宜采用长方形的形状。抛填土工管袋的袋布宜采用丙纶机织布加工。

(4) 土工管袋充灌。抛填工艺施工时，为了提高抛填速度，土工织物管袋的充填料宜采用排水速度较快的砂性土，不宜采用排水速度较慢的黏性土。若采用黏性土或含水量较高的淤泥质土充灌时，须添加固化剂，并在正式施工前进行充灌试验，确定合理的充灌工艺。

(5) 确定土工管袋的放置位置。土工管袋充灌结束，并经过一定时间的排水后，借助全球卫星定位系统（GPS）和GPS加计算机辅助定位软件等定位系统，对抛填船只进行精确定位，确定土工织物管袋坝水下部分的位置。

（6）土工管袋抛填。土工织物管袋位置确定后，采用吊机、翻板船抛填或升降平台抛填等工艺将充灌好的土工织物管袋抛填至设计位置。图 27.2－14～图 27.2－16 分别为不同抛填工艺的实景图或施工工艺示意图。

图 27.2－14　吊机抛填土工管袋

图 27.2－15　翻板船抛填土工管袋

（7）后续工作。抛填土工织物管袋坝中水下部分采用抛填工艺实施完成后，宜在其面层铺设一层软体排进行保护；但在软体排铺设前应进行水下探摸或扫描，检查其成型效果和密实度。待抛填坝身部分采用软体排保护完成后，其上部即可采用常规土工织物管袋坝施工工艺进行填筑施工。

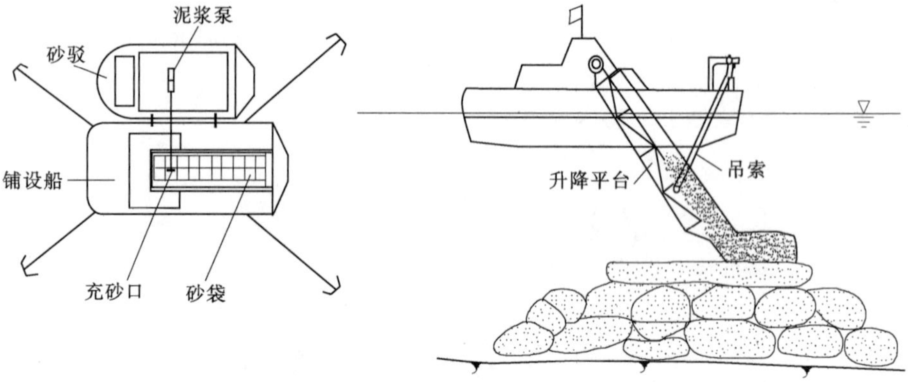

图 27.2-16 升降平台抛填土工管袋施工示意图

27.2.5 检测与监测

27.2.5.1 工程检测

土工织物管袋坝的检测应包括筑坝材料检测、填筑质量检测和坝身轮廓检测等内容。筑坝材料检测包括土工织物检测、土工织物拼缝形式及缝合强度检测以及充填材料检测等方面的检测，填筑质量检测包括充填袋密度检测、充填袋厚度检测、填筑方式检测和坝身轮廓检测等。具体要求可以参考表 27.2-2。

表 27.2-2 土工织物管袋坝施工质量检查项目、质量标准及检测方法

项类	检查项目		质量标准或允许偏差/mm	检测频率		检测方法
				范围	点数	
主控项目	1. 土工织物		符合设计要求	10000m²	1次	检查出厂质量证明文件，抽样送检，查试样报告
	2. 拼接形式及缝合强度		符合设计要求	每幅	1次	抽样送检，查试样报告
	3. 砂质		充填料的土质、级配及含泥量应满足设计要求	5000m²	1组	抽样送检，查试样报告
一般项目	1. 充填袋饱满度		应控制在75%～85%	全数检查		检查施工记录，观察检查
	2. 充填袋厚度		符合设计要求	100m	1次	检查施工记录，观察检查
	3. 填筑方式		充填袋应分层填筑，层与层之间和充填袋之间应错缝，不得形成垂直通缝	全数检查		检查施工记录，观察检查
	4. 坝顶高程	陆上	0，+100	100m	2	测深仪、水准仪或经纬仪测量
		水下	0，+150			
	5. 坝顶宽度	陆上	0，+100			钢尺量
		水下	0，+200			
	6. 坡度		不陡于设计要求			全站仪、坡度仪器测量
	7. 轴线位置	陆上	200			经纬仪或GPS等测量
		水下	500			

27.2.5.2 工程监测

土工织物管袋坝一般建于传统筑坝材料匮乏的江河边滩及海洋滩涂地区，坝基大多分布有淤泥或淤泥质土，因此堤身填筑一般要求分层加载、均衡上升，每次加载均会打破刚已建立的稳定与平衡，又需要新一轮的沉降稳定。而且不同的软基处理方法，排水固结时间、沉降变形速率不同，需要根据施工过程的沉降观测记录，指导分层加载厚度、间歇周期，控制施工期间沉降和位移，确保施工安全。因此土工织物管袋坝施工和运行过程中须做好工程监测工作。具体监测工作一般包括以下几项。

（1）沉降监测：可通过在堤基布设分层沉降管、滩面布设沉降板、堤身表面布设沉降测点等方式进行监测。

（2）水平位移监测：可通过堤基布设测斜管、表面位移测点等方式进行监测。

（3）表面监测：在施工期和运行初期，指定专人定期检查管袋坝表面是否出现裂缝、洞穴或滑动、深水等渗透变形情况。

（4）其他：当条件允许时，还可通过在地基埋设渗压计等手段，监测堤基超孔隙水压力和渗透压力的变化。

土工织物管袋坝施工过程中上述监测项目的控制标准可参考表 27.2-3。

表 27.2-3 软土地基坝基土工织物管袋坝工程监测项目一般控制指标

<table>
<tr><th rowspan="2">吹填高度</th><th colspan="2">坝基表面沉降控制指标</th><th rowspan="2">水平位移控制指标</th><th rowspan="2">孔隙水压力</th></tr>
<tr><th>停止加载</th><th>容许加载</th></tr>
<tr><td>$H\leqslant 5.0$m</td><td>连续 3d 沉降速率大于 30mm/d</td><td>连续 5d 平均沉降速率小于 10mm/d</td><td>最大水平位移小于 6mm/d</td><td rowspan="3">当地基有排水通道时，施工加荷控制标准为孔隙水压力系数不大于 0.5～0.6；当地基无排水通道时，施工加荷控制标准为孔隙水压力系数不大于 0.6</td></tr>
<tr><td>8.0m$\geqslant H$>5.0m</td><td>连续 3d 沉降速率大于 20mm/d</td><td rowspan="2">连续 5d 平均沉降速率小于 5mm/d</td><td>最大水平位移小于 5mm/d</td></tr>
<tr><td>H>8.0m</td><td>连续 3d 沉降速率大于 15mm/d</td><td>最大水平位移小于 3mm/d</td></tr>
</table>

27.3 高强土工管袋坝

27.3.1 结构断面构造

高强土工管袋不仅适用于普通充填砂袋的应用环境，还适用于一些要求较高的环境，如沿海区域防波堤、防浪堤、围堤或堤芯结构等应用。在一些极端环境中，如浪高 2m 以上、表面不做防护，外露状态下使用年限超过半年，普通充填砂袋往往不能满足设计要求，须使用耐久性好的高强土工管袋。

高强土工管袋与普通砂袋的区别主要是其层高大，单层高度可达 1.5m 以上，且在波浪较大的情况下，表面可不覆盖其他防护层，使用年限可达 2 年以上。为了满足不同工程的需要，设计剖面结构可以是单层结构、多层结构和双棱体结构（图 27.3-1）。

27.3.2 材料特性与选择

基布特性和缝制工艺决定高强土工管袋的使用环境。无纺布和普通的编织布及聚酯机

(a) 单层结构

(b) 多层结构

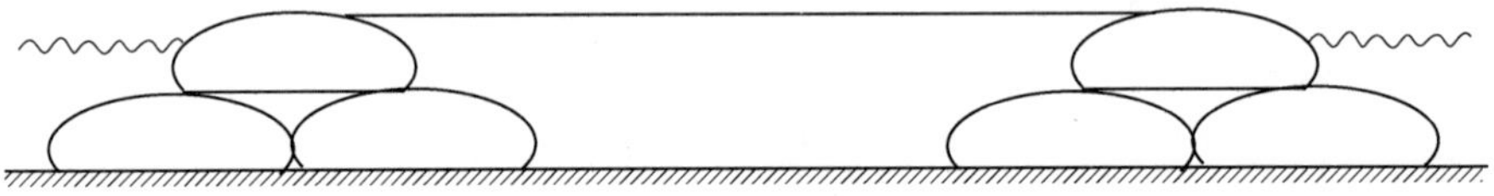

(c) 双棱体结构

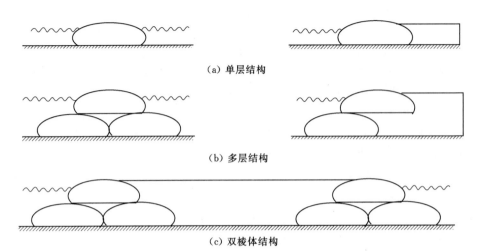

图 27.3-1 高强土工管袋坝典型剖面图

织土工布可用于缝制高度在 1m 以下的一般管袋，然而其无法应用于极端环境。高强土工管袋选用高韧聚丙烯有纺土工布缝制而成，缝制基布通常应考虑如下重要特性：

（1）原材料：应为全新高韧聚丙烯原生料，禁止掺入有害回料或者 PET、PE、PA 等其他物料而影响土工管袋的长期使用寿命。

（2）单位面积质量：为了保证原材料为全新原生料，应对每种土工管袋对应的抗拉强度设定单位面积质量上限。

（3）宽条抗拉强度：土工管袋基布的基本指标，决定了土工管袋可以达到的充填高度。

（4）断裂延伸率：土工管袋基布的基本指标，合理的断裂延伸能保证土工管袋不产生较大变形。

（5）缝合强度：缝合处是整个管袋的薄弱部分，缝合强度应保持基布抗拉强度的 50%以上，工厂缝合加工是缝合质量最有保证的加工方式。

（6）CBR 顶破强力和动态落锥破裂直径：决定了土工管袋的防顶破、刺破能力。

（7）抗磨损性：决定了土工管袋的抗磨损能力。

（8）抗紫外线能力：无覆盖环境下，紫外线是影响产品耐久性的最重要因素。

（9）等效孔径和渗透性：影响土工管袋充填时的排水速度和工后空隙水压消散速度。

常用高强土工管袋的性能指标见表 27.3-1。

表 27.3-1　　常用高强土工管袋的性能指标

特　性	测试标准	单位	指　标			
单位面积质量	GB/T 13762	g/m^2	≤400	≤500	≤550	≤900
宽条抗拉强度　纵横向	GB/T 15788	kN/m	≥80	≥90	≥120	≥200
断裂延伸率　纵横向	GB/T 15788	%	≤15	≤15	≤15	≤15
工厂缝合强度　纵横向	GB/T 16989	kN/m	≥50	≥70	≥85	≥160
CBR 顶破强力	GB/T 14800	kN	≥8	≥10	≥14	≥20

续表

特　　性	测试标准	单位	指　　标			
动态落锥破裂直径	GB/T 17630	mm	≤9	≤8	≤10	≤8
抗磨损性	ASTM D4886	%强力保持率	≥70	≥70	≥75	≥80
抗紫外线能力（500h）	ASTM D4355	%强力保持率	≥90	≥90	≥90	≥90
等效孔径 O_{90}	GB/T 17634	mm	0.2～0.6	0.2～0.6	0.2～0.6	0.2～0.6
渗透性 Q_{50}	GB/T 15789	$L/(m^2 \cdot s)$	≥20	≥25	≥15	≥20

27.3.3　设计计算

高强土工管袋的设计计算主要包括高强土工管袋的材料应力和外形计算、高强土工管袋的稳定计算等内容；其中高强土工管袋的稳定计算包括高强土工管袋在波浪中的稳定性分析、高强土工管袋在漫顶水流中的稳定性和土工管袋坝的整体稳定性分析等内容。

27.3.3.1　高强土工管袋的材料应力和外形计算

高强土工管袋的直径一般为 3～5m；在确定尺寸后，主要设计任务是估算出管袋材料纵、横向需要的拉伸强度，以及管内泥浆排水固结稳定后管袋外形的几何尺寸。高强土工管袋的材料应力和外形计算可根据 Silvester 提供的计算关系曲线确定。

（1）管袋设计。首先按照图 27.3-2，计算高强土工管袋相关参数的关系。

图 27.3-2（b）中曲线表示 b_1/S 与下列各待求参数之间的关系。其中 b_1 为管袋内充灌泥浆压力的当量水头高度，S 为管袋周长，其他参数的含义见图 27.3-2（a）。

根据图 27.3-2，可按下列顺序求解：

1）压力头 b_1 不应超过袋高 H 的 1.5 倍，即需控制 $b_1/H \approx 1.5$，或 $b_1/S \approx 0.35$。

2）按 b_1/S 查 H/S 曲线，求得管袋充填高度 H。

3）按 H'/H 曲线，由 H 求得 H'。

4）按 H/B 曲线，求得充填后袋的最大宽度 B。

5）按 H/B 曲线求得管袋材料的环向拉力 T。T 为安全系数 $F_s=1$ 时的织物拉力；选用材料时，应考虑 $F_s=3\sim5$。

6）管袋材料的轴向拉力（管袋长度方向）T_{axial} 可由图 27.3-3 查取。

（2）高强土工管袋稳定高度估算。泥浆失水成土，假设成土后仍完全饱和，按一维固结状态，可得管袋成土时的高度 h 与继续排水高度下降的关系如下式：

$$\frac{\Delta h}{h}=\frac{G_S(W_0-W_f)}{1+W_0G_S} \tag{27.3-1}$$

式中：G_S 为管袋中土的土粒比重；W_0、W_f 为分别为管袋中泥浆成土时和沉降稳定时的含水率，%。

（3）变形稳定时间估算。

1）充填的是砂土时，充填施工后不久变形即告稳定。

2）充填的是黏性土时，稳定时间可按土力学一维固结理论估算。时间 t 估算见式（27.3-2）：

$$t=\frac{T_v}{C_v}h_{av}^2 \tag{27.3-2}$$

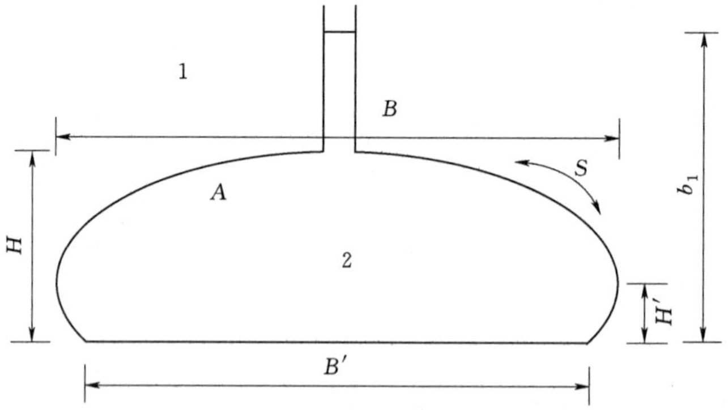

(a) 稳定后管袋形状

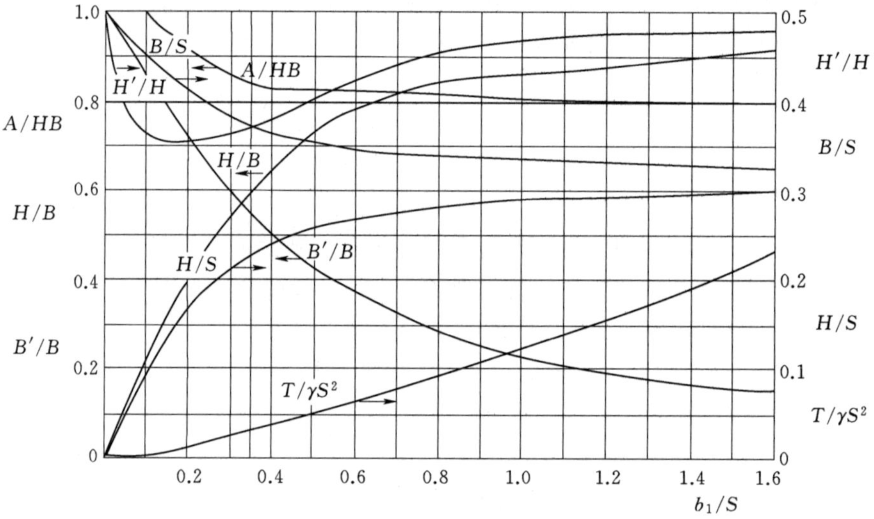

(b) 按理论与试验建立的各参数间的关系

图 27.3-2 管袋设计用图

1—空气；2—水

H/B—管袋充灌后高度与宽度比；H/S—高度与周长比；B/S—宽度与周长比；

A/BH—面积比；B'/B—接地底宽与宽度比；H'/H—最大底宽处高度比；

$T/\gamma S^2$—箍拉力参数（γ 为水容重）

式中：T_v 为固结时间因数，无因次；C_v 为土的一维固结系数，cm^2/s；h_{av} 为管袋中固结土的平均厚度，cm，$h_{av}=\frac{1}{2}(h_1+h_2)$。其中 h_1 是袋中泥浆成土时的厚度，而 h_2 则为沉降稳定时的厚度。按经验，可取 $h_{av}\approx 0.6D$，D 为管袋直径。

27.3.3.2 高强土工管袋的稳定计算

（1）高强土工管袋在波浪中的稳定性。根据波浪载荷下土工管袋稳定性的研究结果，根据极限平衡平衡理论得出的临界波高（土工管袋发生移动时的波高）约等于土工管袋的理论直径（100%充填时的直径）。这一结论仅适用于那些受影响最大的土工管袋，也即那

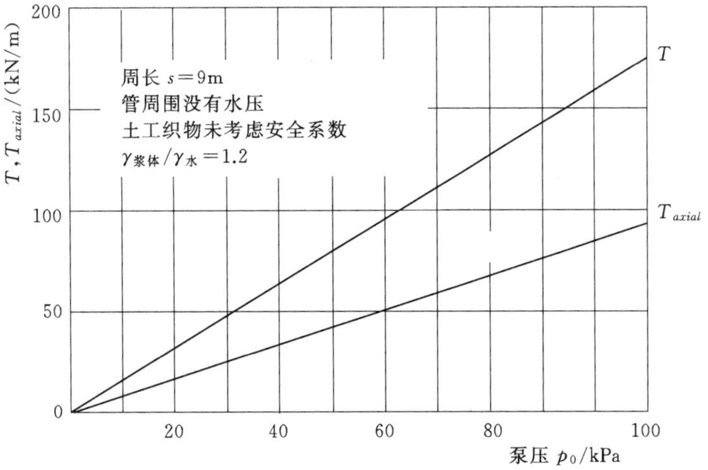

图 27.3-3　泵压和环向拉力、轴向拉力的关系曲线

些铺设在静水位线的土工管袋。

对于充沙袋，初次估算时可使用式（27.3-3）。

$$\frac{H_s}{\Delta_t D_k} \leqslant 1.0 \tag{27.3-3}$$

式中：H_s 为有效波高，m；Δ_t 为土工管袋的相对密度；D_k 为土工管袋的有效厚度，m，如果土工管袋平行于波浪冲击的方向，且计算时其长度小于宽度的两倍（$l<2D_k$）时，$D_k=l$，如果土工管袋垂直于波浪冲击的方向时，$D_k=b$，b 为土工管袋的接地宽度，m；l 为土工管袋的长度，m。

上述公式经过了简化。而由于不同环境的特性，稳定性关系会更加复杂。如果将管袋铺设在相对平滑、平坦且不易压缩的表面（如密砂地基），抵抗水平滑动的稳定性将大幅下降。在这种情况下，必须采取额外的措施预防水平移动，如设置入口槛或挖掘截水槽。

变量 b 可近似为 $b=(1.1\sim1.2)D$，D 为管袋的理论直径，m。

（2）高强土工管袋在漫顶水流中的稳定性。对单个构件的力的平衡提出了以下理论上的稳定性要求：

$$\frac{u_{cr}}{\sqrt{g\Delta_t D_k}} \leqslant 1.2 \tag{27.3-4}$$

式中：u_{cr} 为临界水流速度，m/s；g 为重力加速度，$g=9.81\text{m/s}^2$；其他符号意义同前。

如果土工管袋在水流作用下的稳定性影响重大，建议进行（大型）模型试验。

（3）高强土工管袋坝的整体稳定性。确定土工管袋的外形尺寸以及所需的材料强度后，即可将其作为稳定的结构单体进行剖面设计，并根据相应的岩土设计规范对设计剖面进行稳定计算，包括抗滑移稳定、抗倾覆稳定、地基承载力稳定和整体稳定等。

27.3.4　施工要点

高强土工管袋的施工流程、施工工艺以及用到的船机设备与普通充填砂袋类似，不同之处在于其充填高度较高、施工环境可能相对较差，因此有几点需要特别注意。

(1) 有条件进行场地平整的，应适当进行场地平整，高强土工管袋充填高度通常在2m以上，铺设时垂直于管袋轴线方向不宜有过大坡度。

(2) 高强土工管袋出厂时在两侧通常缝制有拉环，确定土工管袋的放置位置后，沿管轴方向及管外侧可打小木桩并通过拉环固定管袋的位置。

(3) 注浆管与充填口的衔接部位应保持竖直。铺设土工管袋时应注意保持充填口向上(沿着顶部中心线)。

(4) 在风浪较大的环境中施工时，可以焊制铁架先固定土工管袋位置再充填。

(5) 管袋堆叠时，尽量使用相同规格的管袋以品字形结构进行堆叠。

27.3.5 质量控制与检测和监测

由于高强土工管袋的袋体是一个均质的整体，任何一个部分有异常对高强土工管袋的使用都是致命的，因此高强土工管袋生产和施工的质量控制、检测和监测必须非常严格。

(1) 质量控制：高强土工管袋从生产基布到最后缝制成成品的每一个环节应该都在工厂完成，且有严格的质量控制程序和文件，以确保良好的质量稳定性。

(2) 检测：生产厂商对质量控制抽样检测的频率应按照技术指标要求中的进行，并提供质量检验报告。

(3) 监测：应对高强土工管袋质量、填料特性、现场施工条件等进行监测，施工监测除了符合普通砂袋的要求，还应特别注意管袋充填高度，不可超过设计高度。

27.4 工程实例

27.4.1 长江口青草沙水库工程

青草沙水库位于长江口的长兴岛北侧和西侧，用于提供原水给上海市陆域水厂。特点是其堤身两侧及下部主要由土工布（织物）管袋充填砂土堆叠而成；堤芯中上部由砂性土散吹而成。围堤的功能主要是防汛挡潮，水库最高蓄水位为7.00m，堤外侧落潮最低水位为－0.41m，水位差为7.41m。

围堤的施工过程为在底层铺设一层土工机织布软体排垫后再构筑内外堤坡1∶3的棱体充砂管袋。中低滩堤坝结构见图27.4－1。充砂管袋沿堤身排放的长度约为30～50m，宽2～5m，高0.5m。管袋是透水性大的裂膜丝机织布，质量为130～175g/m^2，渗透系数为10^{-2}～10^{-3}cm/s。

对于深滩堤基（最小水深大于2.00m）采用抛填砂袋，－5.00m以上为充填砂管袋。然后水力充填砂于堤芯内。深滩堤坝结构见图27.4－2。抛填砂袋的袋布是强度高、透水性大的丙纶机织布，质量为260g/m^2，渗透系数为10^{-2}～10^{-3}cm/s。堤坡棱体的管袋冲砂选取粉细砂，要求粒径大于0.075mm的含量大于70%，小于0.005mm的黏粒含量小于10%，渗透系数为10^{-4}～10^{-5}cm/s。施工场景见图27.4－3。

27.4.2 韩国仁川大桥施工道路工程

韩国仁川大桥是一座长12.3km、双向六车道的收费桥，连接位于仁川自由经济区内的松岛城和位于永宗岛上的仁川国际机场。由混凝土箱式梁高架桥所组成的8.7km跨海部分建造在淤泥质潮滩的浅水中，最大潮差高达9m，高强土工管袋用作施工平台的填海

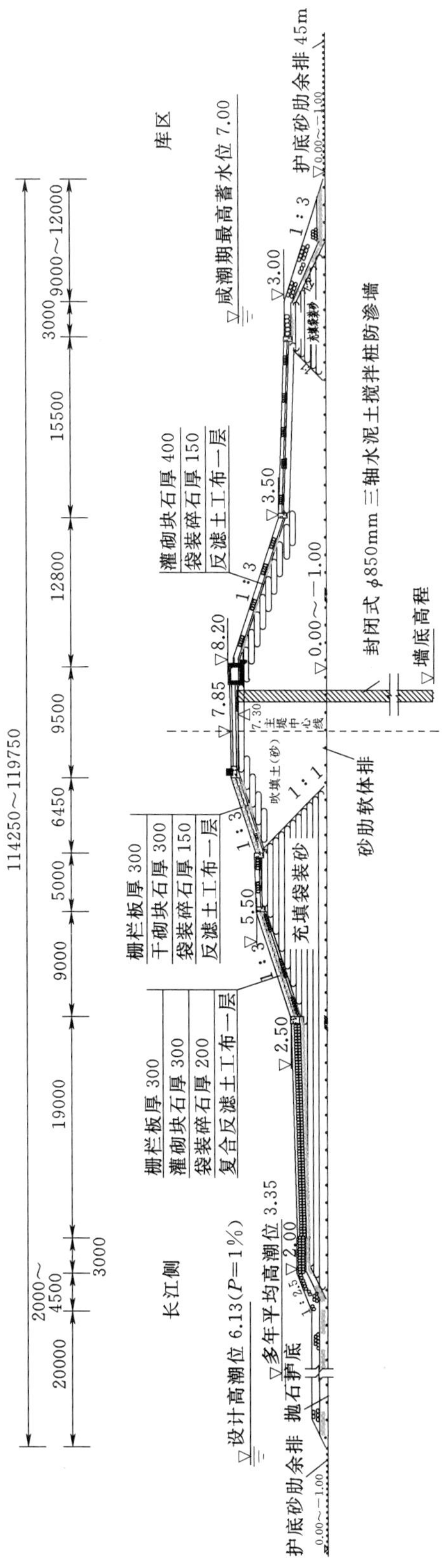

图 27.4-1　青草沙水库中低滩堤坝结构示意图（尺寸单位：mm）

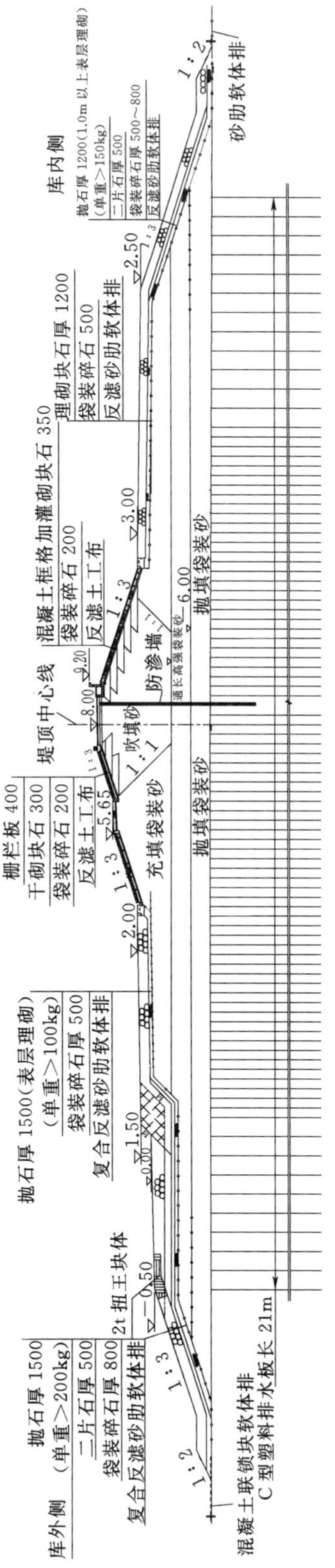

图 27.4-2　青草沙水库深滩堤坝结构示意图（尺寸单位：mm）

图 27.4-3 青草沙水库堤坝施工场景

堤坝，在海相黏土软基上层层堆叠到7m的高度。高强土工管袋在海相黏土软基上层层堆叠了7m的高度，所使用的高强土工管袋直径有3m、4m和5m，长度在15～60m之间。施工平台典型设计断面见图27.4-4，施工场景见图27.4-5。

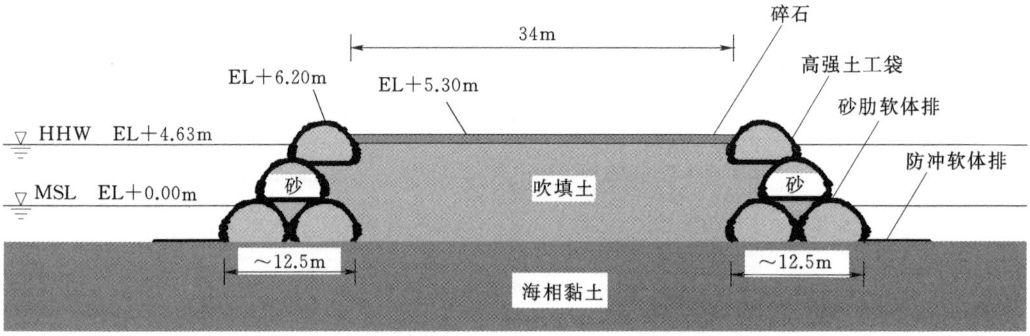

图 27.4-4 韩国仁川大桥施工平台典型设计断面图

图 27.4-5 韩国仁川大桥施工平台施工场景

工程于 2006 年 4 月开始施工，2006 年底完工，2009 年大桥建成后土工管袋依然完好无损。

27.4.3　大平掌尾矿库工程

大平掌尾矿库位于云南省普洱市小黑江下游段，尾矿总坝高 150m，总库容 958 万 m^3，设计服务年限为 15.5 年，为三等库。该库 2005 年投入运行，至 2010 年，总坝高达到 73m。该库在尾矿堆积过程中，因生产能力扩大及选矿工艺改变，产生了子坝上升速度过快，尾矿平均粒度偏细，快速堆坝困难、库内沉积滩坡度偏缓、坝体内浸润线偏高等问题。针对这些问题，后期尾矿坝采用了模袋法尾砂堆子坝，结合三维排渗盲沟控制坝体内浸润线。管袋坝单级坝高 4.0m，坝顶宽 18.0m，底宽 42.0m，外坡平台 4.0m，内、外坡比分别为 1∶2.0 及 1∶4.0，坝中心轴线随地形变化。设计选用的模袋材料孔径为 0.052mm，管袋坝施工时，将模袋铺设在现状坝前尾砂面上，根据模袋规模分层施工，单层模袋体成型后厚度约 40cm。单层模袋体固结后，再堆上一层管袋坝。堆管袋坝时，在潜在滑动带附近铺设土工格栅，提高坝体材料强度。

管袋坝在施工过程中，采用垂直水平联合排渗，垂直排渗采用塑料排水管外包土工布，水平排渗由横向排渗盲沟及纵向塑料导水管组成。塑料排渗盲沟直径 300mm，平行于坝轴线铺设在管袋坝前 40m 处，集水通过塑料排水管排至坝面排水沟，排水管间距为 15m，铺设于管袋坝下部，出口至坝面排水沟。塑料排渗管选用高度为 3m，铺设于每级排渗盲沟之上，排渗管间距为 15m。

工程于 2011 年 5 月开工，2014 年 1 月竣工，模袋堆坝高度 20m。大平掌尾矿库管袋坝体设计断面见图 27.4-6，大平掌尾矿库管袋坝施工场景见图 27.4-7。

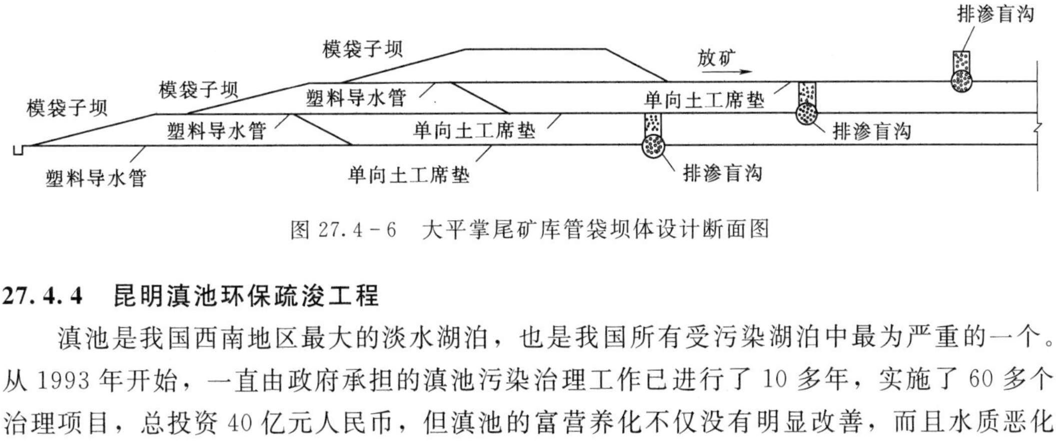

图 27.4-6　大平掌尾矿库管袋坝体设计断面图

27.4.4　昆明滇池环保疏浚工程

滇池是我国西南地区最大的淡水湖泊，也是我国所有受污染湖泊中最为严重的一个。从 1993 年开始，一直由政府承担的滇池污染治理工作已进行了 10 多年，实施了 60 多个治理项目，总投资 40 亿元人民币，但滇池的富营养化不仅没有明显改善，而且水质恶化仍在继续。昆明滇池湖底泥为黑色、深黑色淤泥污染层，平均厚 0.52m。淤泥呈流塑状态，含大量有机质和草根，重金属含量最低为 49.01mg/kg，最高达 932.44mg/kg。滇池治理工程中除了进入湖泊的水污染治理与控制外，疏浚湖底污染土石是彻底改善水环境状况的重要措施。2004 年，在滇池污泥疏浚工程中采用了美国进口的土工管袋，其直径 3m。从湖底疏浚的污泥充灌入土工管袋。充灌成型的土工管袋作为围堤，构成一个污泥堆场，以防止污泥中有害物质扩散。

滇池疏浚工程中东风坝北堆场近似长方形，东西宽 150m，南北长 560m。用土工织

图 27.4-7 大平掌尾矿库管袋坝体施工场景

物管袋圈围，形成封闭储泥库，总周长 1480m。该堆场共使用不同长度的土工管袋总长 1418m，各管袋之间用土工袋堆叠，堆场面积达 10.54 万 m^2，储淤库容为 27.5 万 m^3。其土工管袋围堰典型断面见图 27.4-8。土工管袋施工前，对老围堰削顶，并用桩基础扩宽，拓宽部分下部铺设土工膜，上部用加筋碎石垫高。土工织物管袋两侧用土工袋支护，然后进行管袋充灌，以形成新的围堰。环保疏浚船从滇池切割底泥并泵送，输浆主管与管袋充灌口相连，输送压力为 0～1.09kg/cm^2，输送流量为 200m^3/h。该工程于 2005 年 4 月通过验收。工程竣工实景见图 27.4-9。

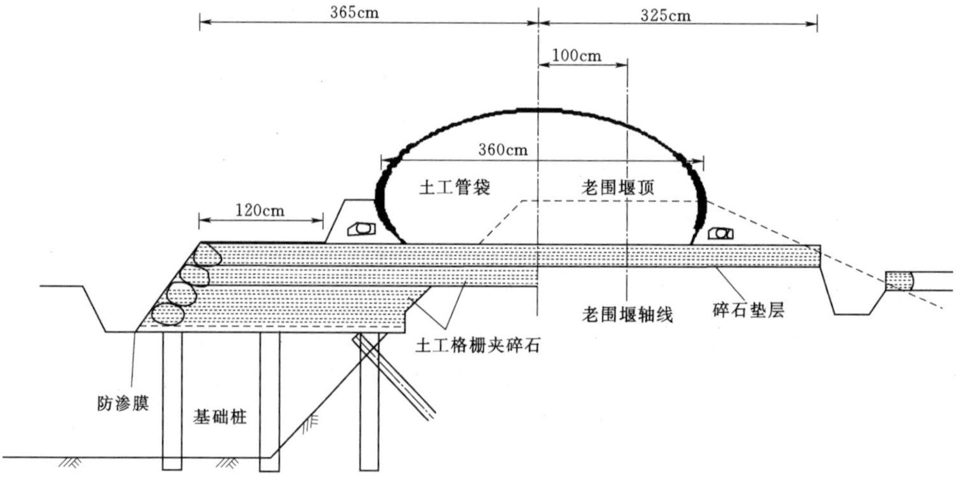

图 27.4-8 昆明滇池疏浚工程土工织物管袋围堰典型断面图

图 27.4-9 昆明滇池东风坝堆场淤泥库竣工实景

参考文献

[1] 王钊. 土工合成材料 [M]. 北京：机械工业出版社，2005.

[2] 徐超，邢皓枫. 土工合成材料 [M]. 北京：机械工业出版社，2010.

[3] 周厚贵. 海岛开发成陆工程技术 [M]. 北京：中国科学技术出版社，2015.

[4] 林刚，束一鸣，林勇. 充填管袋填筑的原理与实践 [J]. 人民长江，2005，(2)：25-27，33-47.

[5] 朱朝荣，束一鸣，姜俊红，等. 管袋堤坝在水流作用下的稳定性模型试验 [J]. 河海大学学报（自然科学版），2008，(03)：333-336.

[6] 刘海笑，束一鸣，王晓娟. 管袋堤坝在深水水流作用下的稳定性试验 [J]. 水利水电科技进展，2009 (6)：67-69.

[7] 刘欣欣，束一鸣，吴兴元，等. 河口海岸管袋裸坝信息化施工技术研究 [J]. 岩土工程学报，2016 (S1)：181-188.

[8] 束一鸣. 我国管袋坝工程技术进展 [J]. 水利水电科技进展，2018 (1)：1-11，18.

[9] 刘伟超，杨广庆，汤劲松，等. 土工织物充填管袋设计计算方法研究 [J]. 岩土工程学报，2016 (S1)：203-208.

[10] 刘汉中，吴彩娥. 青草沙水库深水段抛填砂袋筑堤关键技术研究与实践 [J]. 中国水利，2011 (20)：37-40.

[11] 刘爱民，梁爱华. 土工合成材料在固化土海上围堤工程中的综合应用 [J]. 岩土工程学报，2016 (S1)：177-180.

[12] 薛道骏，郭兴文，蔡新，等. 充填管袋海堤抗滑稳定可靠度分析 [J]. 低温建筑技术，2014 (3)：108-110.

[13] 宋为群，叶志华，彭良泉. 软土地基上土工管袋围堤的稳定性分析 [J]. 人民长江，2004 (12)：

32 - 34.

[14] C R LAWSON. Geotextile containment for hydraulic and environmental engineering [J]. Geosynthetics International, 2008, 15, No. 6.

[15] YEE T W, ZENGERINK E, CHOI J C. Geotextile Tube Application for Incheon Bridge Project [C]. Korea. Proceedings of CEDA Dredging Days 2007, November 7 - 9, Rotterdam, The Netherlands.

[16] 王正宏，蒋坤锷. 水力工程中的土工织物包容体 [C]. 中国土工合成材料学术会议，2008.

第 28 章　煤矿土工材料的应用

28.1　概　　述

28.1.1　煤矿支护技术的发展

我国于 20 世纪 50 年代开始在煤矿工程中试用锚杆，1955 年在试验平硐和少数矿中试验喷浆、喷射混凝土和锚喷支护，这是我国支护技术发展的初期阶段，以砂浆锚杆为代表，锚杆没有托板，只起悬吊作用，锚杆之间缺乏联系，被动承载而不与围岩共同作用。80—90 年代煤矿支护技术有了新的发展，进入了以锚带网和锚梁网为代表的组合支护阶段。锚杆类型以水泥药卷钢筋锚杆为主，树脂药卷钢筋锚杆也已开始使用，这时的支护不仅尾部增加了托板和螺帽，而且还在松软破碎条件下增加了金属网和喷层，以及在动压影响时进一步增加钢带、钢梁或钢筋梯等，形成组合支护体系，并且由平面组合发展到空间组合，形成组合锚杆整体支护结构体系。锚杆不仅起到悬吊作用，更重要的是起到组合拱或组合梁作用，因而支护作用效果显著增强，从而使得锚梁网、锚喷网、锚带网以及锚钢筋梯网等多种组合锚杆联合支护形式得到广泛应用。此外，还出现了锚杆与注浆合二为一的锚注锚杆以及以小直径钻头、小直径药卷和小直径锚杆为主要特征的“三小”光爆锚喷新技术。组合锚杆则在锚梁网和锚带网等水平拉杆无预紧力的组合形式基础上，出现了水平拉杆施加预紧力的新的组合支护形式——桁架锚杆，这是支护技术发展的新阶段——预应力支护体系阶段，其支护效果均已为国内外矿山支护实践所证实。澳大利亚的研究证明，当锚杆的纵向预应力达到 60～70kN 以上时，可以基本上阻止巷道顶板下沉，为此采用了高强度粗直径（25mm）全长锚固树脂钢筋锚杆，并研制出托板减摩装置。

综采工作面的末采顶板管理和回撤期间的顶板管理是煤矿安全工作中的重要环节，而回撤过程中所用到的支护网对作业人员的安全有至关重要的作用。我国矿用支护网技术发展较缓慢，20 世纪 70 年代以前主要采用木棍、竹片、笆片等材料，防护效果差、支护速度慢、易腐烂，浪费大量木材；80 年代早期，开发出了金属编织菱形网，使支护效果和支护速度得到了提高；80 年代中期才将全塑塑料网开发成功。2005 年 7 月我国发布了煤炭行业标准《煤矿井下塑料网假顶检验规范》（MT 141—2005），第一次对煤矿用支护网产品进行了规范。进入 2000 年以后，随着支护网技术理论的深入和发展，以金属丝编织的金属支护网由于其价格便宜，技术合理而逐渐占据了矿用支护网的市场，但是由于其强度和韧性的综合性能一般，锚杆挤压位置易断裂，给煤矿生产带来了一些隐患，且施工时耗费的人力和物力较大。

随着高分子材料的蓬勃发展，人们逐渐将目光转移到了柔性高分子材料领域。研究较早的柔性塑料支护网有钢塑格栅、丙纶格栅等。钢塑格栅是将塑料与金属丝结合起来的一种支护材料，是属于金属支护网向高分子支护网过渡的一种材料。丙纶格栅是一种高强度、耐磨损耐腐蚀的支护材料，但仍不能满足对强度要求较高的顶板支护材料的需求。后来，涤纶以其高强度、高弹性、高冲击强度等优点吸引了人们的关注，人们逐渐研制出聚酯经编支护网。国外已经能做到强度 600kN 以上，能够生产双向抗拉强度 400kN/m×400kN/m 的超强阻燃支护网，但国内生产的聚酯经编支护网强度相对较低。

28.1.2 煤矿支护材料种类及基本性质

28.1.2.1 锚杆的分类

按照杆体材质可划分为金属锚杆、非金属锚杆及复合型锚杆。金属杆体锚杆有圆钢锚杆、螺纹钢锚杆、管式锚杆及柔性锚杆；非金属锚杆有木锚杆、竹锚杆及玻璃钢锚杆等，又属于可切割锚杆；复合型锚杆杆体由金属和非金属材料复合而成，如尾部带金属螺纹段的复合玻璃钢锚杆。

按照杆体截面形状可划分为实心杆体与管式杆体。

按照杆体表面形状分为光圆杆体、螺纹杆体及粗糙表面杆体等。

按照锚杆杆体的刚度可划分为刚性锚杆和柔性锚杆。

按照锚杆杆体的强度可划分为低强度锚杆、中等强度锚杆、高强度锚杆和强力锚杆。低强度锚杆主要指圆钢锚杆，屈服强度小于 300MPa；中等强度锚杆屈服强度介于 300～400MPa，通常采用建筑螺纹钢的材料（20MnSi）制成；高强度锚杆屈服强度介于 400～600MPa；强力锚杆屈服强度不小于 600MPa，拉断载荷在 300kN 以上。

28.1.2.2 支护网的分类

煤矿支护网共分为三类：金属网、塑钢复合网、聚酯经编支护网。

1. 金属网

金属网又分为以下几种：

（1）矿用菱形支护网，矿用支架网，镀锌勾花网。材质：优质低碳钢丝、镀锌丝，包塑丝等。特点：钩编而成，网孔均匀、网面平整、美观大方、网幅宽，丝径粗，不易腐蚀寿命长，有防静电的特点，解决了手工编织网或机织网在对顶板、煤帮支护的时候常容易松散、易垂网的问题。具有整体和边网强度高的优点，连网时不易被撕裂，施工方便，成本低，是煤矿基道护帮、护顶、做假顶的理想材料。

（2）经纬网矿用支护网。具有较高的抗拉强度，网面平整，坚固不易拉开，安全系数已达国家标准。主要用于煤矿人工假顶，可使吨煤成本降低，节约铅丝，现已成为我国煤炭行业重点推行的新技术，并在防护堤坝，围栏养殖等方面也得到推广使用。

材质：镀锌铁丝、低碳钢丝。网孔：2～10cm。丝径：2～4mm。网宽：1～1.2m。

（3）钢筋网。材质：中、低碳钢丝。工艺：点焊。产品形态：网孔为正方形、长方形。钢丝粗细、网孔大小以及长宽，可由用户任意选定。产品特点：布设、支护快捷，结实耐用，着力点均匀。适用对象：各种矿山巷、井道，建筑隧道的支撑、防护及钢筋用网。

（4）轧花钢丝网。材质：采用优质高碳钢、锰钢、高速线材做原料。编织：先轧后编、双向隔波弯曲、紧锁弯曲、平顶弯曲、双向弯曲、单向隔波弯曲。特点：耐磨、耐高温，韧性大，抗震耐拉，不并扰，筛透率均优于钢板、铁皮筛网金属编织网系列。

金属网是比较传统的支护方式，施工效率低，强度低，且笨重（图 28.1-1）。有时为了满足强度要求，需要铺设 2 层；有时回撤一个工作面需要 1 个月；普通金属网耐腐蚀性较差，煤矿井下环境比较复杂，湿度较大，含硫大的煤矿腐蚀性会更大，需要金属网涂覆抗腐蚀涂层。但金属网最大的优点是抗静电性能最好，对静电的传导性最好。

图 28.1-1　金属网支护

2. 塑钢复合网

主要用作煤矿井下厚煤层分层开采时的假顶和护帮。该类产品钢丝外部涂覆一层具有耐腐蚀性能的涂层，涂层不仅能防止钢丝生锈，还能提高钢丝的耐剪切性能。为了提高产品的阻燃抗静电效果，铁丝外部涂覆的塑料涂层需要添加抗静电助剂。

塑钢复合网见图 28.1-2，其特点为：①低延伸产品的延伸率小；②耐腐蚀产品外表为耐腐蚀的改性塑料，长期使用不会因腐蚀而生锈失效；③重量轻，每平方米重约 0.9～1.3kg，仅是同规格金属防护网的 1/3 左右，减轻了工人劳动强度，能有效提高作业效率；④强度达到或超过同类型金属网，价格格较同类型金属网低，能有效地降低矿井支护成本；⑤其他经过改性的外包覆塑料层与混凝土亲和力更强，可提高喷浆煤矿巷道支护强度，抗剪切能力强，有效克服全塑网在实际使用中的局限性，适用范围广泛。

图 28.1-2　塑钢复合网

塑钢复合网，在不减小强度的情况下，降低了重量，克服了钢丝网笨重的问题，解决了钢丝网容易生锈的问题，同时降低了成本，工作效率得到了一定的提高。但是仍然需要在井下联网，效率仍然较低。同时和金属网一样，由于工人在工作面顶板处联网的时间较长，除了工作量较大之外，工人长时间暴露时间过长，存在一定的安全隐患。

3. 聚酯经编支护网

主要用作煤矿井下厚煤层分层开采的假顶和护帮，锚杆巷道、支护巷道、锚喷巷道等多种巷道的支护材料，也可用作其他矿山巷道工程、边坡防护工程、地下工程和交通道路工程的土石锚固、加强的材料，是塑料编织网、钢丝网和塑钢复合网的替代品。

聚酯经编支护网见图 28.1-3，技术参数见表 28.1-1，其特点为：

(1) 作为厚煤层分层开采假顶时，用高模、高强度涤纶长丝捆绑编织成基体，在该机体的表面涂覆一层可阻燃导静电的涂层，采煤机可以直接绞碎而不至于产生火花，减少井下火灾和瓦斯爆炸的发生。

(2) 矿用高强度复合网组成成分是高模量、高强度涤纶长丝，所以其重量比纯金属网

图 28.1-3 聚酯经编支护网

和钢塑复合网要轻便许多，便于运输和施工。

(3) 煤矿井下对金属极易锈蚀的酸碱及各种化学成分很多，所以裸露的铁丝网很容易被锈化腐蚀，矿用高强度复合网难以锈蚀，不易老化，使用寿命自然延长，事故隐患和生产成本也会随之明显降低。

(4) 矿用高强度复合网不易划伤工作人员，便于施工和提高工作效率。

(5) 矿用高强度复合网坚固柔软、重量轻、拉力强度高，每平方米的矿用高强度复合网只有1kg左右，同等金属网的重量则可达32kg左右；每平方米高强度复合网的最小拉力强度达40kN，最大拉力强度可达1200kN，其他金属网等无法相比。

(6) 通过对涂层的技术处理，该产品同时具备阻燃抗静电的良好性能。聚酯经编支护网除了阻燃、抗静电、强度高、耐腐蚀、质量轻之外，最大的优点就是实现了地面联网。在工厂里面完成联网，通过配套的运装工具运到井下，在工作面展开，通过配套实施挂网，进行工作面回撤，大幅减少了工作面回撤的耗用时间，是煤矿支护领域内的一次重大革新。

表 28.1-1　聚酯经编支护网技术参数

型号	拉伸强度/(kN/m)		断裂伸长率/%	重量/(kg/m²)	网格尺寸/(mm×mm)
	经向	纬向			
JD PET100×80MS	100	80	<18	0.8	50×50
JD PET200×200MS	200	200	<18	2.2	30×30
JD PET400×400MS	400	400	<18	3.0	42×25
JD PET600×400MS	600	400	<20	3.6	41×43
JD PET800×800MS	800	800	<20	4.7	33×30

28.1.3 煤矿支护技术要求

地质力学评估是煤巷支护设计的主要依据之一，支护设计前应进行地质力学评估。煤巷围岩地质力学评估的内容包括现场地质条件和生产条件调查、煤巷围岩物理力学性质测定、围岩结构观测、地应力测量和锚杆拉拔力试验；钻孔直径、锚杆直径和树脂锚固剂直径应合理匹配等。应根据地质力学评估结果采用适合本矿区的方法进行巷道围岩稳定性分类。

钻孔直径和锚杆杆体直径之差应为6～10mm，钻孔直径与树脂锚固剂直径之差应为4～8mm。煤巷顶板优先采用树脂锚固螺纹钢锚杆，对于煤顶巷道、全煤巷道和大断面煤巷，顶板宜采用高强度螺纹钢锚杆组合支护。采煤工作面侧的煤帮优先采用可切割锚杆。煤巷顶板支护补强加固应优先采用锚索。煤巷复杂地段应进行联合支护。复杂地段的支护范围应该延伸到正常地段 5m 以上。

煤巷支护施工工艺设计应包括施工设备配置、施工工艺、施工质量指标和安全技术措施等。煤巷支护矿压监测设计应包括监测内容、测站安设方法、数据测读方法、测读频度和监测仪器等。矿压综合监测应给出反馈指标和支护初始设计修改准则，矿压日常监测应给出监测方法、合格标准和异常情况的处理措施。

煤巷围岩应进行锚杆拉拔力试验，锚杆拉拔力试验应在需支护的煤巷现场或类似条件的围岩中进行，每次不少于 3 根锚杆。根据试验结果判断围岩的可锚性。

在一个地点获取的参数用于同一煤层的其他地点时，应进行充分的现场调研和分析、评估。当煤巷围岩物理力学性质、围岩结构和原岩应力条件发生显著变化时，应对地质力学参数进行重新测定。

支护施工质量检测由矿主管部门负责。各矿应配备专职施工质量检测人员。各矿业集团公司应对专职检测人员进行培训，经考核合格者由矿业集团公司发给上岗证。支护施工质量检测的内容包括锚杆（索）锚固力检测、锚杆（索）安装几何参数检测、锚杆（索）预紧力矩或预紧力检测、锚杆（索）托板安装质量检测、组合构件和网安装质量检测、喷射混凝土的强度和喷层厚度检测。

支护施工质量应及时按设计要求进行检测。检测结果不符合设计要求，应停止施工，进行整改。施工质量不达标的，应及时采取补救措施。采用锚杆拉拔计进行锚杆锚固力检测，锚杆锚固力检测抽样率为 3%，每 300 根顶、帮锚杆各抽样一组（共 9 根）进行检查，不足 300 根时，按 300 根进行。锚杆锚固力均不低于设计锚固力为合格，如有 1 根低于设计锚固力，应重新抽样检测。如重新检测的锚杆锚固力均不低于锚杆设计锚固力为合格，如仍有 1 根不合格则判锚杆施工安装质量为不合格。锚杆安装几何参数检测内容包括锚杆间距、排距、锚杆安装角度和锚杆外露长度等。锚杆安装几何参数检测范围不小于 15m，检测点数不应少于 3 个。锚杆间距和排距采用钢卷尺测量呈四边形布置的 4 根锚杆之间的距离。锚杆安装角度采用半圆仪测量钻孔方位角。锚杆外露长度采用钢板尺测量测点处一排锚杆外露长度最大值锚杆预紧力或力矩检测抽样率不低于 5%，每 300 根顶、帮锚杆抽样各一组（共 15 根）进行检测，不足 300 根时，按 300 根进行。锚杆预紧力或力矩不低于设计预紧力矩的 90%为合格。检测频度同锚杆几何参数，每个测点应以一排锚杆为一组进行检测。锚杆托板安装质量检测用实地观察和敲击法进行。

组合构件和网安装质量检测网、钢带、钢筋托梁与煤巷表面紧贴程度用现场目测法检测，网、钢带、钢筋托梁与煤巷表面贴紧长度不低于 70%为合格。网片搭接长度用钢卷尺测量。锚索安装间距、排距、安装角度和锚索外露长度的检测方法同锚杆。锚索预紧力的检测用锚索测力计或张拉设备进行。喷射混凝土的检测喷射混凝土的检测方法应符合《锚杆喷射混凝土支护技术规范》（GB 50086）的有关规定。

煤巷支护质量评定应符合《煤矿井巷工程质量检验评定标准》（MT 5009）的有关规定。煤巷支护质量达不到合格标准要求时，应及时采取补强措施，补强后的巷道应对其工程质量重新进行质量评定和验收。

28.2 煤矿工作面回撤期间顶板支护结构设计与施工

28.2.1 金属网支护工艺的施工

28.2.1.1 工作面调整

（1）工作面回撤需要对顶板进行支护，形成整体的撤出空间，以确保工作面设备安全回撤。首先需要将两顺槽调齐，根据标定的停采线位置提前调整工作面机头、机尾与停采位置的距离，保证工作面机头、机尾同时到达停采线位置，同时保证工作面刮板输送机及支架不上窜、下滑。

（2）工作面层位调整。随时掌握工作面推进度，当工作面剩余30m左右时及时详细测量工作面层位状况，为层位调整作出技术保证措施。

（3）采高控制。根据回撤设计要求，严格控制工作面采高。

（4）铺网前工作面必须达到“三直、两平、两畅通”标准。“三直”为工作面煤壁直、工作面运输机直、工作面液压支架直；“两平”为工作面顶板平、底板平；“两畅通”为两巷道安全出口畅通，高度、宽度符合标准。

28.2.1.2 工作面铺网前材料设备准备

挂网前在工作面配备锚杆钻机，并将支护金属网、14号联网铁丝、废旧钢丝绳、单体支柱等材料根据需要量运到位，并按顺序码放整齐，采高较高还要准备梯子、木板及撬棍等。

28.2.1.3 支护工作要点

工作面到达铺网位置时，将采煤机停到工作面端头，并将刮板机转空，刮板机停电闭锁。

（1）支护网在工作面的展开可采用采煤机拖拽和刮板机拉网进行展开，采用不同的方式需注意：

1）采用煤机拉网时将煤机停在机头位置，利用前部运输机将支护网依次拖至相应架段。第一卷网片拉至靠近机头侧时，网卷由绞盘上的钢丝绳悬吊起一个采煤机机身的长度，然后将采煤机倒退至网卷下，再将网卷放在采煤机机身上并捆绑固定，最后由采煤机将网卷一端拉至机头支架处，再进行上网操作。

2）采用刮板机拉网时，采用链条将网片一段固定好后，低速运输，将网片展开。刮板机展网，由于网片在刮板上相对静止，阻力小，运输效率高，但需防止展网过程中将网片刮坏。支护网的捆绑固定可选用链条、粗钢丝绳或安全带等强度较大工具捆绑，防止拉断；条件允许情况下尽量选用链条捆绑，避免倒车松绳。

（2）在工作面展开网片时必须注意：

1）确定好停机位置，保证网片按照设计预留两端长度。

2）支护网在运输过程中的沿途增设专人进行观察，防止损网。

3）运网至三角区后，应采用增加单体支柱或定向滑轮等导向装置，防止支护网磨损。

4）若支护网分两段或者两段以上运输时需要做好协调和现场安排。

5）若支护网分两段或者两段以上，在工作面展开时必须考虑停机位置，保证中间搭接段预留 2～3m。

28.2.1.4　支护金属网实施操作程序

（1）人工运网、上架、连网。

1）降低支架顶梁，人工将网片挑起伸入支架顶梁里，升起支架第一批网片压入支架顶。

2）人工扛运金属网，用铁丝将网片进行连接，网片搭接长度不小于 0.1m，铁丝连接点不小于 200mm。

3）顶板条件较差工作面可使用木柱或钢管、铁轨等材料辅助上架，增加支架和金属网之间整体性。

4）工作面推进不断进行铺网，连网直到停架位置。

同时，根据矿方情况，也可在上网过程中，将废旧钢丝绳按 600～800mm 间距布置，用铁丝固定在金属网下，增加金属网整体强度。

（2）贯通通道支护。

1）支架到停架位置后，拆除和运输机的所有连接部分。

2）采煤机割煤，人工铺网，并进行撤设备空间的顶板支护，采用锚杆、锚索联合支护。割一排，打一排。

3）由于支架已经停架，不能移动，人员铺网，打锚杆等工作完全暴露在煤壁前，存在重点安全隐患。

28.2.2　聚酯经编支护网的施工

28.2.2.1　工作面调整

（1）两顺槽调齐。根据标定的停采线位置提前调整工作面机头、机尾与停采位置的距离，保证工作面机头、机尾同时到达停采线位置，同时保证工作面刮板输送机及支架不上窜、下滑。

（2）工作面层位调整。随时掌握工作面推进度，当工作面剩余 30m 左右时及时详细测量工作面层位状况，为层位调整作出技术保证措施。

（3）采高控制。根据回撤设计要求，严格控制工作面采高。

（4）铺网前工作面必须达到“三直、两平、两畅通”标准，“三直”为工作面煤壁直、工作面运输机直、工作面液压支架直；“两平”为工作面顶板平、底板平；“两畅通”为两巷道安全出口畅通，高度、宽度符合标准。

（5）准备上网前一刀煤割煤后，拉架时可根据顶板情况，如果条件允许，可以在加强预留 400mm 左右的空顶，方便初次上网时打锚杆固定网边或者支架护帮挑网。

28.2.2.2　工作面铺网前材料设备准备

挂网前在工作面配备锚杆钻机，并将支护网及其附件、14 号联网铁丝、钢丝绳、导向滑轮、废旧皮带、单体支柱等材料根据需要量运到位，并按顺序码放整齐，采高较高还要准备梯子、木板及撬棍等。支架提前 1d 在厂家技术人员指导下安装好手动绞盘和滑轮。将卡箍及手动纹盘安装在液压支架的立柱上，并安装牢固，防止在绞动过程中卡箍转动，绞盘松动。绞盘、滑轮和网钩位置应尽量在一条直线上，防止由于绞盘受力偏心过大，造成摇动绞盘费力、夹绳等问题。可在机头、机尾及网片搭接处增设手动绞盘和滑轮。手动绞盘的操作参照发货装箱的《手动绞盘操作说明书》。定滑轮安装在液压支架的起重环上，因起重环较粗，需使用卸扣将定滑轮固定在起重环上，保证定滑轮的方向与手动绞盘方向一致。

28.2.2.3 铺网工作要点

工作面到达铺网位置时，可将工作面三角煤刷帮和加强支护，为了避免对网的损伤，提前将网的拖地段清理平整，同时在铁路沿线以及路况不好的路段铺设好旧皮带。采用绞车拉网时在端头支架上固定好拉网滑轮。采煤机上行清浮煤不推溜，并将刮板机转空，刮板机停电闭锁。

（1）支护网在工作面的展开可采用采煤机拖拽和刮板机拉网进行展开，采用不同的方式需注意：

1）采用煤机拉网时将煤机停在机头位置，利用前部运输机将支护网依次拖至相应架段。第一卷网片拉至靠近机头侧时，网卷由绞盘上的钢丝绳悬吊起一个采煤机机身的长度，然后将采煤机倒退至网卷下，再将网卷放在采煤机机身上并捆绑固定，最后由采煤机将网卷一端拉至机头支架处，再进行上网操作。

2）采用刮板机拉网时，采用链条将网片一段固定好后，低速运输，将网片展开。刮板机展网，由于网片在刮板上相对静止，阻力小，运输效率高，但需防止展网过程中网片被刮坏。支护网的捆绑固定可选用链条、粗钢丝绳或安全带等强度较大工具捆绑，防止拉断；条件允许情况下尽量选用链条捆绑，避免倒车松绳。

（2）在工作面展开网片时必须注意：

1）确定好停机位置，保证网片按照设计预留两端长度。

2）支护网在运输过程中的沿途增设专人进行观察，防止损网。

3）运网至三角区后，应采用增加单体支柱或定向滑轮等导向装置，防止支护网磨损。

4）若支护网分两段或者两段以上运输时需要做好协调和现场安排。

5）若支护网分两段或者两段以上，在工作面展开时必须考虑停机位置，保证中间搭接段预留 2～3m。

28.2.2.4 支护网工作面安装实施操作程序

（1）支护网的初次上网建议参考采用以下办法：

1）降低支架顶梁，固定好网边后将网片挑起。此法上网效率高，适用于顶板较好的工作面。

2）采用隔架打锚杆固定网边上网。此法安全可靠性较好，速度中等，适用于一般条件的顶板（应尽量选用大托盘，同时将托盘和网拧紧至顶板）。

3）铺设金属网在顶梁压住网边后将支护网和金属网联结后带动上网。此法安全可靠，速度较慢，工序复杂，适用于顶板条件较差工作面（一般上 2～3 排金属网，确定金属网牢牢压在顶梁上，金属网煤帮侧壁下垂 50～80cm；把支护网固定在金属网靠近顶板的一面减少初次上网移架对支护网的摩擦往前搓网）。

4）采用打锚杆或锚索固定拉紧钢丝绳后，将支护网网边与钢丝绳连接。此法安全性好，速度一般，工序复杂，适用于顶板条件较差工作面。

同时，根据矿方回撤铺网经验，也可采取其他上网方式，如用钢管固定网片逐段上网或者根据工作面条件采用以上几种方式相结合的办法上网。

（2）支护网安装铺网实施操作程序。

1）支护网在工作面展开前确保网片放置方向正确，保证网片进入工作面后可向支架侧打开。

2）采煤机割挂网的前一刀煤时，从机头割至机尾，只割顶刀，打出护帮板，不推移支架。处理完工作面片帮、鳞皮，拉空运输机，闭锁工作面设备，在确认无安全隐患后进行挂网作业。

3）确保网片没有扭曲，起始端的钢丝绳全长清晰可见。将外面捆住网片的绳索剪断，放开折叠的部分，使网片有相应长度露在外面，便于安装。

4）将每个绞盘上面安装好的钢丝绳，在网片下面穿过与支护网网边起始端的钢丝绳连接。

5）从工作面一段端开始安装上网，上网时可分组，保证上网速度。

6）按照相应的初次上网安装办法将网片安装完毕，保证网片安装平整、牢靠。

7）上网过程中，充分利用支架的推移、护帮等进行挑网、压网边和吊挂等。将网片挑起压在顶板下，然后再解开绳索推移捆绑网片支架，最后用绞盘将网片吊起至支架下方。

8）支护工作完成后，撤出机道内人员，收回护帮板，用绞盘将网片拉起，确保煤机正常运行。

9）割底刀，推移刮板输送机，然后开始割下一刀煤。

10）松开每一个绞盘上的绳子，保证网片下落一段距离。

11）逐架推移支架，滞后采煤机后滚筒十架拉架，确保每个支架降下来的幅度足够多，以免刮坏网片。操作时支架操作工和煤机司机要密切配合，协调作业。

12）支架推移后，再用绞盘将网片摇起，重复割煤、放网、移架、收网、割煤程序，直到工作面停采。

13）工作面推进到回撤通道位置后，支架不动，推移溜槽，用采煤机自割出设计宽度的回撤通道。在割回撤通道的过程中，每割一刀煤，利用锚杆等将网片固定上网，直至回撤通道施工完毕。

14）增设钢丝绳。大多数矿井回撤时增设废旧钢丝绳提高顶板维护效果。支护网进入支架顶梁后，提前根据工作面采高，架型按照预先设计增设钢丝绳的位置和绳距。钢丝绳和支护网可 0.2m 左右一扣联到网上，铺设道数由矿方根据现场条件设置。每条钢丝绳绳头在两巷处联到巷道顶网上，工作面中绳头搭接压茬 1m 以上，并用不少于 2 个相应型号的绳卡子卡紧，两排钢丝绳接头不能处于同一支架，钢丝绳必须拉直与网连为一体。

15）回撤通道顶板支护可根据矿方设计采用不同的支护方式，但支护方式的选择必须考虑在工艺上能够和支护网的整体铺设密切配合。整个工作过程人员都在经编网的防护下作业，安全可靠。

其中关键步骤中支护网配合采煤、移架的过程见图 28.2-1。

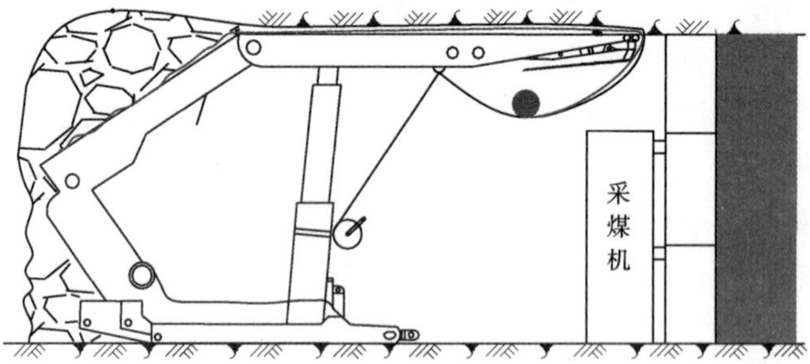

图 28.2-1 支护网配合示意图

28.3 聚酯经编支护网应用工程实例

28.3.1 大采高综采工作面贯通回撤护顶的应用

大采高工作面由于采高增大，工作面的回撤是一个难题，综采工作面距离停采线15m时，需要在工作面顶板上铺设假顶，原来工作面顶板上铺设的是金属网假顶，需要用绑丝将金属网连接起来铺设在顶板上，效率比较低。利用金属网挂网时第一茬网需要登高作业，比较危险，利用聚酯经编支护网替代金属网以后不仅保证了安全，而且提高了挂网效率。

(1) 工作面概况。22304 工作面是补连塔煤矿第 2 个 7m 大采高工作面，该工作面位于补连塔煤矿三盘区，地面标高 1180.4～1305.8m，煤层底板标高 1025.4～1074.49m，松散层厚度 6～16m，上覆基岩厚度为 121～233m。工作面推进长度 4881.5m，工作面长 286.2m，煤层倾角 1°～3°，面积为 139.76 万 m^2，煤层平均厚 7.08m，设计采高 6.8m。22304 综采工作面贯通回撤巷道布置见图 28.3-1。

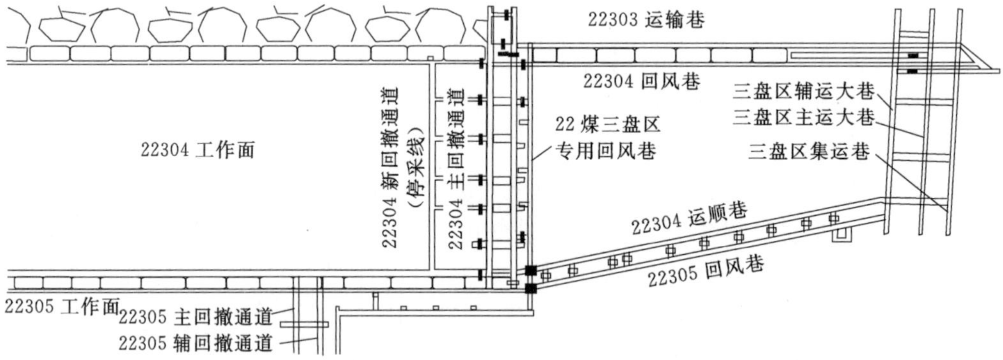

图 28.3-1 22304 综采工作面贯通回撤巷道布置图

为了保证工作面停采后设备顺利回撤，沿着停采线平行于工作面开掘两条巷道，一条主回撤通道，一条辅回撤通道，后期又在距离主回撤通道 78m 远的地方掘出一条新主回撤通道。新主回撤通道沿煤层底板掘进，通道断面宽为 6.8m，高为 5.0m。主、辅回撤通道间共有 5 个联络巷，联络巷断面宽 5.0m，高 4.0m。主回撤通道顶板支护：顶板采用锚索＋钢带＋铁丝网支护，锚索规格为 ϕ22mm×8000mm，钢带为 π 形钢带，规格为 6600mm×140mm×8mm。主回撤通道巷帮支护：采用锚索＋锚杆＋钢带＋铁丝网支护，锚索规格为 ϕ22mm×5000mm，钢带为竖向 T 形钢带，规格为 4000mm×140mm×8mm。锚索排距为 1.2m，间距 1m，第一排锚索距顶板 0.5m，最下面一排距底板 0.4m。

主回撤通道内布置 3 排支撑压力为 1.8MPa 的垛式支架，垛式支架宽 1616mm，长 4600mm，垛式支架支护方向与回撤通道方向一致。

（2）回撤护顶聚酯经编支护网挂网。贯通准备工作完成后，距停采线 15m 开始挂网，和以往挂网所采用的材料不同，本次新型挂网所用格瑞特聚酯经编支护网片采用高强度、高模量、低蠕变的聚合长丝纤维经纬向整体编织而成，选用高强树脂合成纤维为原料，采用经编定向结构，织物中的经纬向相互间无弯曲状态，交叉点用高强纤维长丝针织捆绑结合起来，形成牢固的结合点，充分发挥其力学性能。可根据不同的强度需要进行不同规格的编织设计，并且可根据使用需要对局部区域采取增强编织等手段。格瑞特聚酯经编支护网产品单片幅宽 3～6m，长度 100～300m，可根据需要进行搭接编织。格瑞特聚酯经编支护网拉伸强度范围为 100～1000kN/m。材料通过了涂覆和浸渍处理，在提高了网片的整体性能的同时，其完全符合煤矿《煤矿井下用塑料网假顶带》（MT 141—2005）对材料的阻燃抗静电要求。

1）挂网要求。挂网前最后一刀煤，要将顶底板割平，将刮板运输机推到煤壁处。视顶板情况决定是否拉架，如果顶板破碎则要将支架拉出，拉出超前支架后要确保梁端距在 400mm 左右，支架初撑力要达到规定值，护帮板要起到有效作用。

2）聚酯纤维网的运输方法。根据需要贯通时所用的聚酯纤维网在地面上编织成 16.5m×300m 的大网片，将网卷起折叠在专用框架（6m×2m×2.5m）内，使用铲板车运至 22304 回风巷刮板溜槽前。将纤维网有标志的一端从专用架上拉入刮板溜槽内，将其固定在溜槽的刮板上，然后开动刮板机将网片拉入工作面。聚酯纤维网运入工作面后要将网卷拉直捋顺，网片展开一侧要朝向上方。

3）挂网。使用聚酯经编支护网挂网时，将网边固定到顶板上比较重要，为了安全高效的将网挂到顶板上，在支架左右立柱上都安装绞盘，支架顶梁上安装定滑轮，定滑轮安装位置要与立柱上的绞盘成一条直线，左立柱上的绞盘主要用来撩网，右立柱上的绞盘主要用来挂网，将左立柱绞盘上的钢丝绳穿过支架顶梁定滑轮，再从刮板运输机内聚酯经编支护网底部穿过去，从煤壁前方拉起来固定在顶板预先安设好的钢丝绳上（图 28.3－2）。

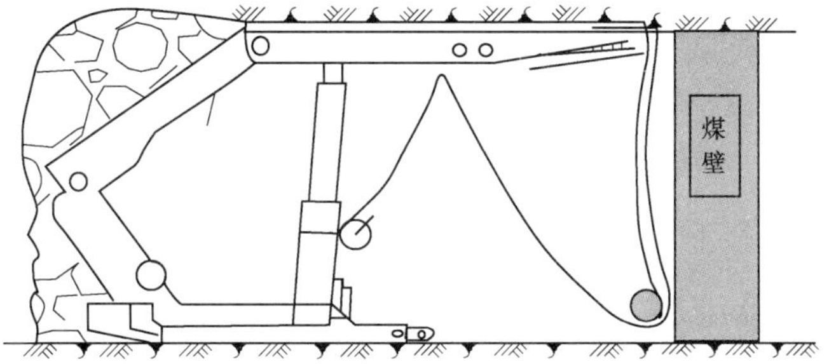

图 28.3－2　聚酯经编支护网挂网示意图

将右立柱绞盘上的钢丝绳穿过支架顶梁定滑轮，拉前穿过顶板预先安设好的马蹄环，再从煤壁前方拉下来，用美工刀将外面捆纤维网的丝带剪断，松开折叠的部分，将聚酯纤维网的长网边从中间向两头拉直，将拉下来的钢丝绳固定在聚酯经编支护网网边上，利用支架右立柱上的绞盘将网片拉起，拉起网片时要从中间向两头拉起，当聚酯经编支护网网边与顶板上挂的钢丝绳齐平时，用挂网连接环每隔 200mm 将纤维网固定在第一道钢丝绳上。

4）撩网。挂网完毕后，使用左立柱上的手动绞盘将纤维网吊在前梁下方，首次撩网时也要从中间向两头撩网，如果聚酯经编支护网内有兜住的煤块，要先清理掉再撩网，在撩网过程中发现纤维网与设备刮卡要及时处理。

5）正常割煤。工作面将网撩起以后，采煤机就可以如图 28.4－2 聚酯经编支护网挂网示意图常割煤，在滞后煤机后滚筒 5 架处松动绞盘将网放下，支架工将支架拉出，打出护帮板，拉架时要注意操作方式，防止将聚酯经编支护网片刮破。在滞后拉架 3 架处转动绞盘再将聚酯经编支护网撩起，为采煤机司机割下一刀煤做准备。如果在拉架过程中有矸石、煤块等掉入聚酯经编支护网内，要将其清理掉再撩网，防止绞盘钢丝绳承受负荷太重被拉断。

神东煤炭集团补连塔煤矿第三个 7m 大采高综采工作面 22305，工作面长 300.8m，同样采用的聚酯经编网进行的贯通回撤，总共用时 55h，刷新大采高工作面贯通用时记录。

（3）小结。大采高工作面使用了聚酯经编支护网以后，保证了挂网的质量和速度，且挂网人员只需要挂一次网，挂网时不需要在煤壁前方作业，保证了安全。

提高了贯通速度和贯通质量，以往使用金属网时大采高工作面贯通需要 5～7d，使用聚酯经编支护网以后只需要 3d 就能贯通。聚酯经编支护网挂好以后，后期只需要撩网、放网，不需要补网，提高了推进速度，可以起到“甩压”的作用，避免冒顶事故，工作面正常推进的情况下保证了贯通质量。

聚酯经编支护网要比金属网压网容易，贯通完以后，聚酯经编支护网能将整个支架都包住，而且最下端网边能压入采空区内，为后期回撤支架提供一个安全的作业环境。

聚酯经编支护网与金属网相比，运输起来比较麻烦，将网运入刮板溜槽后挂到顶板上速度比较慢，停机挂网时间比较长。如果停机挂网时顶板不太好，建议工作面将超前架拉出。

28.3.2 大倾角综采工作面回撤过程中的应用

1. 工程概况

神华宁煤集团枣泉煤矿 120108 工作面为 12 采区综采工作面。工作面倾斜长 170m，安装支架 100 个，采高 3.2m，平均倾角为 32°，局部达到 40°，是枣泉煤矿第一个真正意义上的大倾角工作面。采用走向长壁综合机械化采煤方法，全部垮落法处理采空区顶板，使用国产大型化、重型化设备。回撤通道高度为 3.2m，宽为 3.4m，采用锚网索联合支护。

2. 聚酯经编支护网支护工艺

工作面倾斜长 170m，风机两巷宽 10m，网片总长 185m。网孔大小为 10mm×30mm。工作面离停采线 20m 处开始挂聚酯经编支护网，用采煤机割出 3.4m 宽回撤通道，利用安装在支架立柱上的手动摇盘和滑轮一次性将网片整体悬挂吊起，在割煤后，进行放网、挑网、移架等工序，避免人员频繁进入溜槽煤壁侧进行联网工作，简化收尾工序。

(1) 准备方案。

1) 距停采前 50m 左右，开始调整工作面推进速度及采高，并按层位平缓过渡。

2) 距停采前 30m 时，必须彻底检修与综采工作面生产相关的所有设备，并备用关键设备的配件和部件，保证正常回采。

3) 距停采前 20m 时，按照停采时顶底板高度和煤层层位逐步调整和控制工作面采高、顶底板煤厚度及两巷推进度。

(2) 安装流程。回采距停采线 20m 时，开始铺层聚酯经编支护网，铺网时先沿工作面倾向拉 1 根直径 18.5mm 的钢丝绳，钢丝绳两端用 3 个绳卡子固定在风机两巷顶板上，用 14 号铁丝将钢丝绳与金属网每隔 0.8m 连接 1 次，回采至距停采线 10m 时，沿工作面倾向在聚酯经编支护网下拉 1 根钢丝绳，挑在支架前梁上，钢丝绳两头固定在风机两巷打设的锚杆上，以后沿工作面走向每隔 0.7m 铺 1 根钢丝绳，共铺 16 根。安装工程共分 5 个步骤：①纤维网片进入综采工作面后展开，钢丝绳吊挂完丝；②吊起纤维网片后割煤进刀；③割煤进刀后，单架依次顺序移架，护帮板顶依次循环，并打设锚杆钢带；④纤维网片铺设完成，锚杆固定，依次撤架；⑤撤架位置间隔采用木垛或木柱临时支护，一次性整体挂网平面见图 28.3-3。

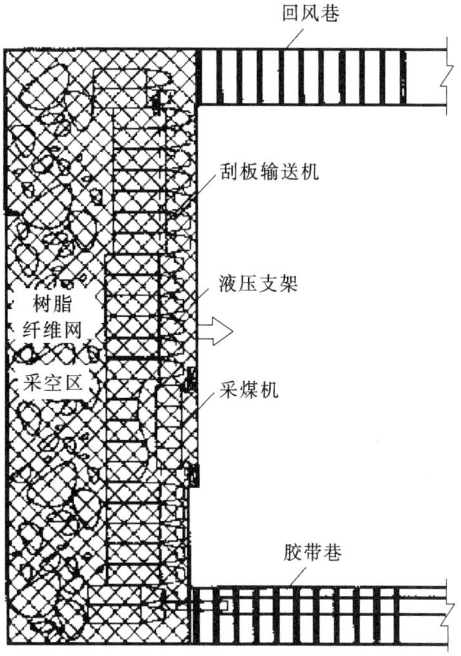

图 28.3-3 一次性整体挂网平面图

(3) 操作关键工序。

1) 聚酯经编支护网于工作面挂风作业提前一次性运输至工作面回风巷口处。在回风巷合适位置上设置导向装置，以便于网片顺利运输至工作面。

2) 采煤机割挂网前一刀煤时，从机头割至机尾，一次性整体挂网平面图尾，只割顶煤，拉出支架打出护帮板。

3) 停机后固定导向滚筒，用 40t 链将网片的端头和采煤机连接起来，用采煤机向机头位置拖动网片，在第 1 段网剩余 5m 时停下，将第 1 段网与第 2 段网用 40t 链连接，继续拖动，直到把全部网片拖到工作面。

4) 将外面捆绑的钢丝带剪断，放开折叠的部分，将 0.4m 长的网片露在外面，可以便于安装。

5) 将每个摇杆上面安装好的钢丝绳从网片下面穿过与起始端的钢丝绳连接，从工作面中部开始，分 2 组向两头挑网，由人工挑网，在中部 2 段网齐头压巷 4.0m，将 2 段网编织在一起。

6）逐架进行打锚杆。利用单体液压钻机打锚杆，对网片进行固定，支护工作完成后，撤出机道内人员，收回护帮板，用摇杆将网片拉起。

7）割底刀，推移刮板输送机，松开每一个摇杆上的绳子，保证网片下落 2m，逐架拉出支架，滞后采煤机后滚筒 10 架拉架。

8）支架拉出后，再用摇杆将网片摇起，重复割煤、放网、拉架、收网、割煤程序、在割回撤通道的过程中，每割一刀煤，利用锚杆等将网片固定上网，直至割通。

3. 支护方法

距停采线 20m 开始架设 2 排木垛直至工作面停采，距离停采线 10m 的位置开始架设 4.2m π 形钢梁按“一梁二柱”进行支护、超前停采线 15m 范围内打设戴帽点柱，对于拱形巷道架棚地点，架棚后，空顶部分必须用小杆或枕木架“#”字形接实顶板，为不影响支架在上口正常旋转，在通道上口架设 2 架 7.7m π 形对棚，回撤通道顶部采用 20mm×2500mm 左旋无纵筋锚杆支护，呈矩形布置，钢带沿工作面倾斜方向布置，每条钢带布置 5 个锚杆、通道煤帮采用 18mm×2100mm 端头描杆支护，呈矩形布置，锚杆锚固力不小于 50kN。

4. 回撤通道的施工流程

（1）工艺流程：工作面挂第 1 道钢丝绳和聚酯经编支护网一采煤机下行割煤→临时支护→打锚杆→一采煤机上行返机→移刮板输送机→采煤机上部斜切进刀→采煤机下行割煤→进行下→循环。

（2）施工方案：

1）工作面距停采线 25m 时，必须调整好工作面伪斜，确保工作面煤壁与停采线平行，开始将工作面采高逐渐调整到 3.2m。

2）距停采线 20m 铺网，工作面倾斜方向采用全长聚酯经编支护网联网。联网前，采煤机下行割煤时，将包装完好的聚酯经编支护网一端固定到采煤机左侧合适位置，利用采煤机拖拉，沿工作面倾向拉开。

3）解开聚酯经编支护网的包装，每隔 10 个支架将聚酯经编支护网连接到支架护帮板前端，将工作面范围内的聚酯经编支护网全部提起来。打开护帮板至水平状态，将聚酯经编支护网平展的压到护帮板上方。

4）支架拉移到位后，将顶梁升实升紧，初撑力不得小于设计值。

5）采煤机割倒数第 4 刀煤时，采煤机下行割 30m 后及时闭锁煤机，及时从上向下用 2 台液压锚杆钻机打设锚杆对顶板进行支护。

6）回收设备通道顶部采用锚网钢带加 π 形钢梁进行支护。

7）回采距停采线 2.4m 时，采煤机返至 75 号支架后，支架停止前移，从下向上将工作面支架与刮板机脱开。然后从下向上将工作面刮板机推至煤帮，采煤机自行再割 4 刀，做出净宽 3.2m，净高 3.2m 的回撤通道。

8）采煤机割完最后 1 刀，在每台支架顶梁上沿工作面走向架设 2 根长度为 3.2m π 形钢梁，并在靠煤壁侧每根 π 形钢梁下面打设单体支住维护顶板。

5. 小结

120108 工作面回撤通道使用聚酯经编支护网，减少作业人员，减小劳动强度，节约大量时间，有效提高收尾作业的施工工效。同时在设备回撤过程中，整体铺设效果好，对顶板的管理起到了有效支护，提高安全性，减少人员进入煤壁侧作业的次数。综上所述，综采面回采挂网时，使用聚酯经编支护网在技术、经济、效益等方面更加显著。

表 28.3-1　　金属网和聚酯经编支护网优缺点对比表

金　属　网	聚酯经编支护网
每割一刀煤都需要连网一次，连网工序复杂，工作量大	一次挂网，不需要再连网，工序简单
连网时间较长，用工较多，工序乱，影响做通道的效率	提高工作面面回撤效率，减少劳动量
人员连网需频繁进入煤壁侧左右，劳动强度高，安全系数低	将柔性网上到支架顶板后，人员不需要在进入煤壁作业，安全性能好

28.3.3　综放工作面铺设的应用

（1）工程概况。平朔煤业 9005 工作面所采煤层为石炭系上统太原组 9 号煤层，煤层产状平缓，裂隙较发育，煤层厚 8.0～9.30m，平均厚度 8.50m，设计采高 3.0m，放顶煤，工作面宽度为 249.5m，煤层结构复杂。在本工作面 9 号煤顶部与 8 号煤合并，9 号煤底部与 10 号煤间距为 1.6～5.35m，平均为 3.04m，含夹矸 2～6 层，夹矸岩性多为黑色粉砂岩，局部中间夹灰褐一黑褐色高岭石 2～3 层，煤层为半亮型一半暗型，油脂光泽，条带状结构，该工作面煤层节理发育，性脆，见黄铁矿结核，局部地段顶部有高灰分煤平均厚 2.09m。

（2）工艺过程。以前一直沿用传统工艺，采用金属网铺、联网工艺在工作面回撤中进行使用，通过分析认为其存在以下缺点：①金属网在使用过程中联网时间较长，影响到工作面的快速推进，同时联网用工也比较多，使收尾过程中工作面人员多，工序乱，影响收尾的效率；②金属网需要在井下逐片连接，每割一刀煤都需要联网一次，联网工序复杂，工作量大；③联网人员需要频繁运网和进入大溜煤墙侧进行联网作业，作业人员的劳动强度高、安全系数低；④金属网的使用造成工作面回采期间推进速度慢，对工作面采空区防灭火造成了不利影响；⑤尤其针对大采高工作面，为了控制停采前煤壁的稳定性，保证人员在煤壁前联网的安全，往往采用降低采高的办法控制煤壁和顶板，丢煤引起资源浪费。

因此，本次回撤时通过技术合作，引进聚酯纤维支护网产品和技术进行试验，网片采用两片整网，分别为 113.0m×19.0m 和 145.0m×19.0m，中间采用压茬搭接。网片强度为 200kN/m×200kN/m，工作面推进至距停采线 30m 处停止放顶煤，据停采线 17m 处开始铺设网片，网片铺设至停采线位置并在煤壁帮部铺设 2.0m。

通过技术分析聚酯经编支护网在井下安装实施具体过程包括以下几个环节：

1）聚酯经编支护网于工作面挂网作业前用 DBT 平板车一次性运输至工作面辅运顺槽口距回撤通道 17m 处。在回风顺槽合适位置上设置导向装置，以便于网片顺利运输至工作面。

2）采煤机割挂网前一刀煤时，从机头割至机尾，只割顶刀，拉出支架打出护帮板，不推移运输机。由综采队负责处理工作面片帮、鳞皮，拉空运输机。在确认无安全隐患后进行挂网作业。

3）停机后固定导向滚筒，用 40T 链将网片的端头和采煤机连接起来，用采煤机向机头位置拖动网片，在第一段网剩余 5m 时停下，将第一段网与第二段网用 40T 链连接，继续拖动，直到把全部网片拖到工作面。

4）确保网片没有扭曲，起始端的钢丝绳全长清晰可见。将外面捆住的钢丝带剪断，放开折叠的部分，这样网片有满足采高的网片露在外面，可以便于安装。

5）将每个摇杆上面安装好的钢丝绳，在网片下面穿过与起始端的钢丝绳连接。

6）从工作面中部开始，分两组向两头挑网，由人工挑网。

7）在中部两段网齐头压茬 4m，将两段网编织在一起。

8）打锚杆与挑网同步进行，逐架作业。利用单体液压钻机打锚杆，对网片进行固定，如遇顶板破碎，必须打锚索固定网片。

9）支护要求：按照矿方以往回撤期间顶板支护要求进行支护。

10）支护工作完成后，撤出机道内人员，收回护帮板，用摇杆将网片拉起，确保煤机正常运行（图 28.3-4）。

11）割底刀，推移刮板输送机，然后开始割下一刀煤。

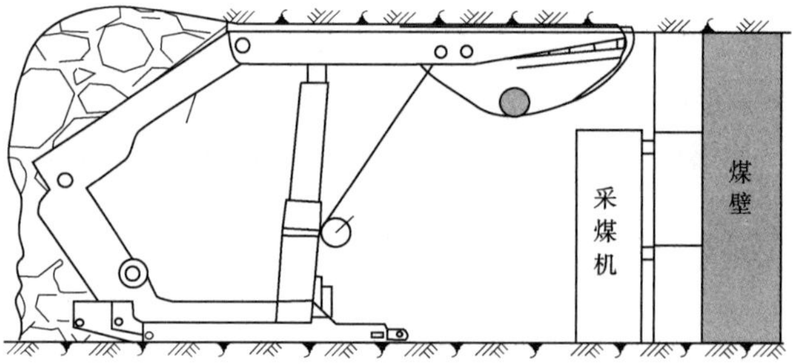

图 28.3-4 割煤前将纤维网用手动绞盘绞起示意图

12）松开每一个摇杆上的绳子，保证网片下落 2m（图 28.3-5）。

13）逐架拉出支架，滞后采煤机后滚筒十架拉架，确保每个支架降下来的幅度足够多，以免刮坏网片。

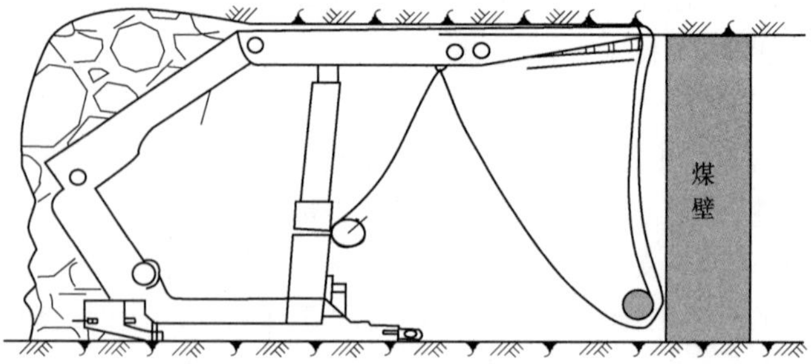

图 28.3-5 割煤后松开手动绞盘将纤维网放下跟机拉架示意图

支架拉出后，再用摇杆将网片摇起，重复割煤、放网、拉架、收网、割煤程序，直到工作面停采（图 28.3-6）。

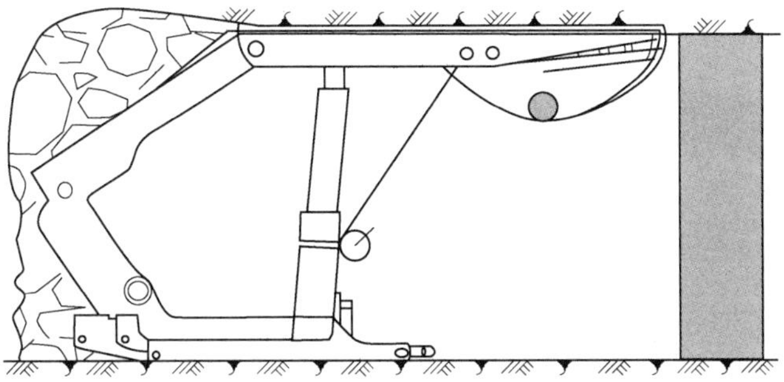

图 28.3-6 拉架后将网用绞起采煤机返机清浮煤示意图

停采后，支架不动，推移溜槽，用采煤机自割出回撤通道。在割回撤通道的过程中，每割一刀煤，利用锚杆等将网片固定上网，直至割通。或者采用预设回撤通道的工作面时，直接和回撤通道贯通。

(3) 使用效果分析比较。

1) 技术优势。通过实验，使用聚酯经编支护网主要表现出简化收尾工序和提高安全保证性两大优点，对提高综采工作面回撤效率和安全保障性具有技术革新意义。其在综采工作面安全高效回撤过程中的作用具体表现为如下几个方面：①一次性铺设在工作面后，免除了作业人员频繁运网、联网作业，降低了人员作业劳动强度，作业人员安全保障性提高；②生产过程中实现了顶网免联，节约了停机联网时间，提高了生产效率；③上网后，达到整体性强，上架及向后移动速度快。避免使用金属网时，出现局部上网速度较慢的现象；④铺网可以和采机割煤，推溜和移架协调作业，循环速度加快。

9004 工作面于 2009 年 6 月 17 日停止放煤，6 月 23 日上钢丝绳并铺网，6 月 29 日开始打锚杆，7 月 8 日回撤通道完工，7 月 10 日开始回撤设备，7 月 28 日回撤设备完工，9004 工作面回撤共用工期 36d。

9005 工作面于 2010 年 1 月 18 日停止放煤，1 月 21 日铺网，1 月 26 日开始打锚杆，2 月 1 日回撤通道完工，2 月 4 日回撤通道钢梁、木垛、单体加强支护完工，2 月 5—21 日拆除设备完工，9005 工作面回撤共用工期 32d。

2) 每班配备挂网人员。如挂金属网每班配备挂网人员为 10 人；如挂聚酯经编支护网每班无需配备专门的挂网人员，支架工即可操作。

3) 挂网贯通用时。如挂金属网，根据井东煤业公司以往综采挂网贯通用时统计平均为 72h；如挂聚酯经编支护网，根据挂网及割煤时间计算，由于首次使用，工艺需边学习边应用，使用时间 64h。在今后使用中，若熟练掌握，效率还有提高的空间。

4) 社会效益。综上，从挂网及回撤支架过程上来看，聚酯经编支护网工艺有着省工、省力、高效的显著优点。由于是第一次使用聚酯经编支护网新工艺，对聚酯经编支护网的使用从熟练程度掌握、使用效率方面仍有提高空间。通过在 9005 工作面收尾中使用聚酯经编支护网取得了较好效果，改革了传统金属网回撤工艺，具有推广价值。

使用聚酯经编支护网在工作面停采前回采、回撤过程中，可有效减少铁丝网等材料的运输、搬运及联网工作量，降低工人劳动强度，回撤时顶板围岩控制效果好，整体稳定性高，保障回撤时的运输条件，为矿井安全生产创造有利的条件。

使用聚酯经编支护网与金属网挂网过程比较见表28.3-2。推广聚酯经编支护网顶板综合控制技术在工作面回撤时的应用，社会效益显著，不仅节约成本，创造利润，更重要的是减少了工人劳动强度，保证了安全，减少了工作面搬家倒面时间。

表28.3-2　　使用聚酯经编支护网与金属网挂网过程比较

工艺	工期	材料成本	每班均进刀	每班联网	班挂网人数	消耗人工
金属网	15d	18万元	1～1.5刀	每茬	10人	450d
聚酯经编支护网	9d	30万元	2～2.5刀	无需联网	3人	81d

28.3.4 分层开采工作面铺设护顶的应用

(1) 工程概况。山东能源枣矿集团新安煤业3311工作面所采煤层为3号煤层，煤层产状平缓，裂隙较发育，煤层厚8.0～12m，平均厚度10.0m，设计采高5.0m，分层开采，工作面宽度为200m。采用支架后部铺网。

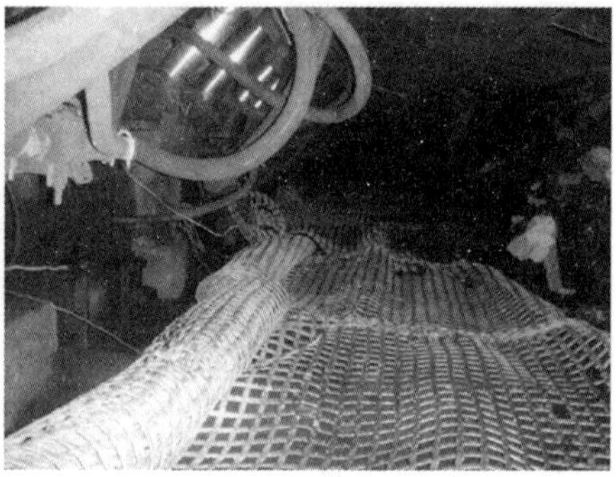

图28.3-7　铺网现场

(2) 工艺过程。网卷运输至分层开采液压支架后部指定位置。与相关配套配件设备进行安装，工作面正常推采割煤-顶运输机-前移支架，网卷展开实现分层开采后部铺网施工（图28.3-7）。

(3) 使用效果分析比较。聚酯经编支护网对比以往的金属网，优势明显。其可以实现大面积铺网，而且质量更轻，方便工人运输，省去人工支架后连网工序，更大地保证了安全生产。其材料耐腐蚀、抗静电更适应煤矿分层开采、生产周期长的特性。

28.3.5 冲击地压矿井掘进巷道中的应用

(1) 工程概况。陕西彬长矿业集团胡家河煤矿彬长矿区中北部，储量8.2亿t，可采储量4.7亿t，井田主采煤层为4号煤层，煤层最大厚度26.2m，平均厚度14.49m，属低高热值、低灰、低硫、优质动力化工用煤。

矿井开采受水、火、瓦斯、煤尘、顶板等灾害影响严重，特别是冲击地压灾害直接给矿井的安全生产带来严重威胁，而复杂的地质构造又是导致冲击地压的主要因素。鉴于以上特殊情况，淋水大、冲击地压严重，巷道支护材料的改进一度成为困扰该矿的难题。

(2) 工艺过程。采用JD PET 100×80MS规格网片，尺寸为3.8m×0.9m巷道两帮搭接使用，柔性网卷更利于巷道施工（图28.3-8）。

(3) 使用效果分析比较。柔性网卷轻便更利于巷道施工，柔性网在冲击地压巷道的支护效果良好，而且其耐腐蚀抗静电的特性更适应井下复杂条件（图28.3-9）。

图 28.3-8　柔性网卷施工

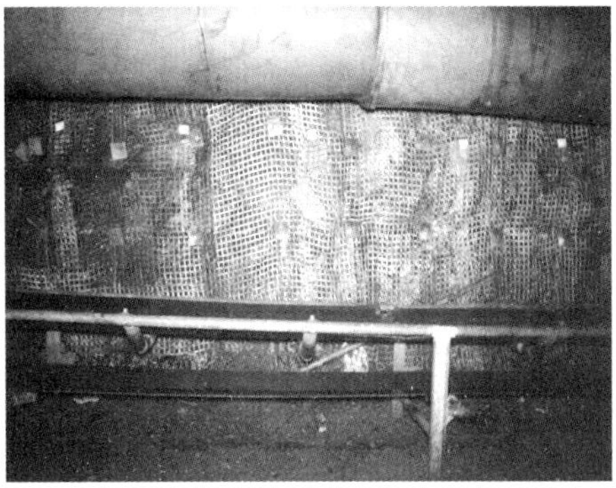

图 28.3-9　柔性网卷现场效果

参　考　文　献

[1]　徐永圻. 采矿学 [M]. 北京：中国矿业大学出版社，2003.

第29章 建筑物保温防冻结构设计与施工

29.1 概 述

29.1.1 我国的冻土分区

我国幅员辽阔，国土面积约960万km^2，冻土面积约661.2万km^2（表29.1-1）。

表29.1-1 冻土面积分布统计表

<table>
<tr><th rowspan="2">地区</th><th colspan="5">多 年 冻 土</th><th>季节冻土</th></tr>
<tr><th>青藏高原</th><th>大、小兴安岭</th><th>祁连山</th><th>天山</th><th>阿尔泰山</th><th>东北、华北、西北</th></tr>
<tr><td rowspan="3">面积/万km^2</td><td>150</td><td>38.2</td><td>13.4</td><td>9.8</td><td>3.4</td><td rowspan="2">446.4</td></tr>
<tr><td colspan="5">214.8</td></tr>
<tr><td colspan="6">661.2</td></tr>
</table>

我国多年冻土的面积约有214.8万km^2，约占国土面积的21.5%。它们主要分布在大、小兴安岭的北部，青藏高原以及西南、西北部的高山之巅和冰川外缘。其分布在平面上服从纬度分带规律，在垂直方向上服从高度分带规律（表29.1-2）。

表29.1-2 多年冻土层厚度分布表

地区	地点	纬度	海拔/m	年平均气温/℃	气温年较差/℃	年平均地温/℃	多年冻土厚度/m
东北	洛古河	53°20′	800.00	−5.0	52.5	−2.0～−2.5	50～100
	根河	50°41′	979.80	−5.2	46.8	−1.6	>50
	牙克石	49°24′	667.00	−2.8	46.4	−0.5	3～23
青藏高原	土门格拉	32°49′	4950.00	−5.2	25.3	−1.7～−2.4	70～80
	风火山	34°27′	4700.00	−4.9	24.1	−3.4～−4.0	120
	昆仑山口	35°30′	4800.00	−5.7	24.3	−3.0～−5.0	150～190
	祁连山木里	38°15′	4000.00	−5.5	24.2	−0.6～−2.3	30～95

在地球的中纬度地带，除了在现代冰川或多年积雪的高山顶部存在零星的多年冻土外，一般没有大面积分布的多年冻土。在我国不仅有高纬度低海拔的平原型冻土，而且有低纬度高海拔的高原（山）型冻土。

我国的季节冻土区，从长江两岸开始，经大河上下遍布整个北方的十几个省、自治区、直辖市，面积约446.4万km^2。在黄河下游的南侧，长江以北地区，季节冻土层的厚度一般不超过50cm，在我国北部，冻土层的厚度均大于50cm，这明确显示出季节冻土的纬度分带性。在季节冻土区的黑龙江省，季节冻土层厚度一般在2m左右，在多年冻土区的洛古河一带，季节冻土层的厚度可达 4m 以上。我国部分地区季节冻土层厚度见表 29.1-3。

表 29.1-3 我国部分地区季节冻土层厚度

省（自治区、直辖市）	地点	北纬	海拔/m	年平均气温/℃	季节冻土层厚度/cm
北京	北京	39°57′	52.30	11.6	89
天津	天津	39°09′	2.90	12.2	69
黑龙江	哈尔滨	45°45′	146.00	3.7	198
	伊春	47°40′	400.00	1.0	290
辽宁	沈阳	41°47′			148
	建平	41°24′	659.00		178
吉林	长春	43°54′	236.00	4.7	169
	三岔河	45°00′			209
山东	济南	36°41′	55.10	14.1	44
	文登	37°12′			52
内蒙古	呼和浩特	40°50′	986.00～1040.00	2～6.7	143
	二连浩特	43°40′	897.00～975.60	3.2	337
陕西	西安	33°39′～34°45′	400.00～700.00	13.3	45
	榆林	36°57′～39°34′	1000.00～1500.00	10.0	148
山西	太原	37°52′	750.00～800.00	9～11.0	77
	大同	40°05′	1347.00	5.8	179
甘肃	兰州	36°00′	1500.00	10.0	103
	玉门	39°40′～41°00′		6.9	>150
新疆	乌鲁木齐	43°43′	680.00～920.00	7.3	141
	巴里坤	43°21′	1500.00～2100.00	1.0	>253
西藏	拉萨	29°36′	3650.00	7.5～8.0	26
	班戈县	31°37′			296
宁夏	银川	38°08′～38°52′	1100.00～1200.00	8.3～8.6	103
	同心县	36°59′	1240.00～2625.00		137
青海	西宁	36°34′	2275.00	5.5	134
	德令哈	37°22′	2982.00	3.7	204
河北	石家庄	37°27′～38°47′		13.0	54
	涞源	39°22′		7.6	150
四川	成都	30°39′	500.00	16.4	50
	甘孜	31°39′	3410.00	5.6	95

29.1.2 建筑物保温防冻应用的回顾

1. 国外应用情况

1969 年 7 月，美国的 Kotzebue 机场开始建设。在跑道填土中采用 EPS 保温板作为隔热层，共铺设31720m^2，隔热层厚10cm，埋深约23cm，隔热层上直接铺筑15cm的混凝土基层，基层上铺筑5cm沥青混凝土面层。观测表明，非隔热层段融化深度已达3m，而隔热层段融化深度在1.6～2.0m之间，即减小融化深度1.0～1.35m，在跑道工程中隔热层段无明显的冻胀和热融下沉，10cm厚的隔热层起到了很好的隔热作用。

1972年加拿大国家研究委员会在Inuvik和N.W.T机场之间的砾石路面公路上进行了EPS保温板隔热层试验研究，试验路位于Inuvik以东约20km，共铺设3段，EPS隔热层厚度分别为5cm、9cm和11.5cm，隔热层埋深约70cm，路基高1.5m。在隔热层铺设后的6年中，5cm隔热层路段路中心有热融变形（小于设计允许变形值），9cm和11.5cm隔热层路段热融变形很小。6年的观测资料表明，9cm EPS隔热层能有效地防止多年冻土融化。

1985年3月，美国阿拉斯加西南部多年冻土区的Nunapitchuk机场开始建设，机场跑道宽36.6m，长762m，跑道路堤采用淤泥质砂直接填筑在苔原地面，路堤高度1.22m，在跑道填土中采用EPS保温板作为隔热层，厚度15cm，埋深46～61cm。1985年4月建成后的观测资料证实，路堤中心多年冻土上限上升至隔热层下10cm处，在暖季隔热层以下土体温度保持在负温范围内，隔热效果明显。

2. 国内应用情况

1976年，铁道部科学研究院西北研究所在青藏高原风火山多年冻土区的铁路路基试验工程中埋设了EPS隔热层。

1980年初，黑龙江省水利科学研究院等单位在季节冻土区水工建筑物闸涵基础、渠道衬砌和挡土墙试验工程中开始采用EPS保温板隔热层，用以减小闸涵基础、渠道边坡和挡土墙背后填土的冻结深度，从而减小冻胀与削减法向冻胀力及水平冻胀力。

1992—2003年在青藏公路格尔木至拉萨整治工程、整治改建工程及正在建设的青藏铁路路基设计中，部分路基和结构物均不同程度地采用了EPS隔热层。

2001年青藏铁路建设工程中，在格拉段的北麓河、清水河地区进行了EPS保温板及XPS板的保温试验，经过几年的运营，效果良好。

可见，隔热层在国内外多年冻土区及季节冻土区的道路、机场跑道、水工建筑物等工程中已得到了较为广泛的应用，其隔热效果是比较明显的。

29.1.3 建筑物保温防冻胀结构设计相关规范

自20世纪90年代开始，我国各行业相继颁布了相关的设计规范，如国家标准《土工合成材料应用技术规范》（GB/T 50290）、《渠道防渗工程技术规范》（GB/T 50600）、《水工建筑物抗冰冻设计规范》（GB/T 50662）、行业标准有水利部颁布的《渠系工程抗冻胀设计规范》（SL 23）、《水利水电工程土工合成材料应用技术规范》（SL/T 225），交通部颁布的《公路土工合成材料应用技术规范》（JTG/T D 32）、《公路桥涵地基与基础设计规范》（JTJ 024），原铁道部颁布的《铁路路基土工合成材料应用设计规范》（TB 10118）、《铁路特殊路基设计规范》（TB 10035）等。地方标准有《多年冻土区隔热层路基技术规范》（DB63/T 1485）和《多年冻土区热棒-隔热层复合路基技术规范》（DB63/T 1488）；还有交通部公路司组织编制的《公路工程抗冻设计与施工技术指南》等都对保温材料防冻胀做了明确的规定。

在保温材料方面，相继颁布了国家标准《绝热用模塑聚苯乙烯泡沫塑料》（GB/T 10801.1)、《绝热用挤塑聚苯乙烯泡沫塑料》（GB/T 10801.2)、《建筑绝热用聚氨酯泡沫塑料》(GB/T 21558)、《绝热用喷涂硬质聚氨酯泡沫塑料》（GB/T 20219）等，行业标准《聚氨酯硬泡复合保温板》（JGT 314)、《公路工程土工合成材料保温隔热材料》（JT/T 668）及中国铁路总公司标准《铁路工程土工合成材料　第 8 部分：保温材料》等，这些标准的颁布与实施，对保证工程设计与施工质量起到了重要的支撑作用。

29.2　防冻胀保温材料的种类与基本性质

防冻胀保温材料多采用具有闭孔结构、不吸水，有较好抗压性能的聚苯乙烯硬泡沫板（EPS、XPS)、聚氨酯泡沫（PU）等。通常 1cm 厚的泡沫塑料板保温层相当于 14cm 填土的保温效果。也有采用 EPS 颗粒轻质土和气泡轻质土等新型土工合成材料用于建筑物保温隔热防冻胀工程。

29.2.1　EPS 保温板

29.2.1.1　《绝热用模塑聚苯乙烯泡沫塑料》(GB/T 10801.1）质量要求

（1）规格尺寸和允许偏差。规格尺寸和允许偏差见表 29.2－1。

表 29.2－1　　**规格尺寸和允许偏差**　　单位：mm

长度、宽度尺寸	允许偏差	厚度尺寸	允许偏差	对角线尺寸	对角线差
<1000	±5	<50	±2	<1000	5
1000～2000	±8	50～75	±3	1000～2000	7
>2000～4000	±10	>70～100	±4	2000～4000	13
>4000	正偏差不限，－10	>100	供需双方决定	>4000	15

（2）外观要求。

1）色泽：均匀，阻燃型应掺有颜色的颗粒，以示区别。

2）外形：表面平整，无明显收缩变形和膨胀变形。

3）熔结：熔结良好。

4）杂质：无明显油渍和杂质。

（3）物理机械性能。EPS 保温板物理机械性能指标见表 29.2－2。

表 29.2－2　　**EPS 保温板物理机械性能指标**

项　目	单位	性能指标					
		Ⅰ	Ⅱ	Ⅲ	Ⅳ	Ⅴ	Ⅵ
表观密度≥	kg/m^3	15.0	20.0	30.0	40.0	50.0	60.0
压缩强度≥（相对变形 2%）	kPa	60	100	150	200	300	400
导热系数≤	W/(m・K)	0.041		0.039			
尺寸稳定性≤	%	4	3	2	2	2	1
水蒸气透过系数≤	ng/(Pa・m・s)	6	4.5	4.5	4	3	2

续表

项 目		单位	性能指标					
			Ⅰ	Ⅱ	Ⅲ	Ⅳ	Ⅴ	Ⅵ
吸水率（体积分数）⩽		%	6	4	2			
熔结性①	断裂弯曲负荷⩾	N	15	25	35	60	90	120
	弯曲变形⩾	mm	20		—			
燃烧性能②	氧指数⩾	%	30					
	燃烧分级		达到 B_2 级					

① 断裂弯曲负荷或弯曲变形有一项符合指标即为合格。
② 普通型聚苯乙烯泡沫塑料保温板不要求。

29.2.1.2 EPS 保温板性能

（1）EPS 保温板应力应变关系。图 29.2-1 和图 29.2-2 分别给出了不同密度、不同围压下 EPS 保温板的应力应变关系。

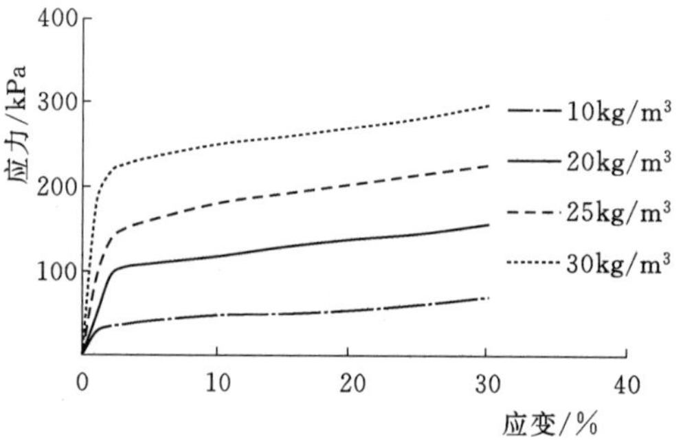

图 29.2-1 不同密度 EPS 保温板的应力应变关系

可以看出，密度 30kg/m³EPS 保温板：弹性阶段（ε<2%）应力值不超过 140kPa，10%应变强度值低于 200kPa。密度 20kg/m³EPS 保温板：EPS 弹性阶段（ε<2%）应力值不超过 82kPa，10%应变强度值低于 100kPa。密度 25kg/m³EPS 保温板的应力应变曲线及变化规律与密度 20kg/m³ 板相似，只是应力强度值比略高。密度 15kg/m³EPS 保温板：弹性阶段（ε<2%）应力值不超过 30kPa，10%应变下的应力值不超过 45kPa。

（2）EPS 保温板的冻融循环性能。在冻融循环作用下材料的性能变化是冻土地区防冻胀效果的关键。EPS 保温板的冻融循环试验结果见表 29.2-3 及图 29.2-3。随着冻融循环次数的增加，质量含水率和体积含水率均明显增加。

从试验结果可以看出，用于季节冻土区建筑物保温的 EPS 板材，应选择在 300 次冻融循环后，体积吸水率不大于 3%，导热系数不大于 0.042W/(m·K) 的材料。

表 29.2-3 EPS 保温板的冻融循环试验结果

序号	密度/(kg/m³)	指 标	冻融循环次数			
			50	100	150	200
1	20	质量吸水率/%	455	605	794	1310
		体积吸水率/%	8.40	11.28	14.81	24.50
2	30	质量吸水率/%	345	352	364	391
		体积吸水率/%	8.45	8.60	8.85	9.48

（3）EPS 保温板体积含水率与导热系数的关系。图 29.2-4 给出了 20kg/m³EPS 保温

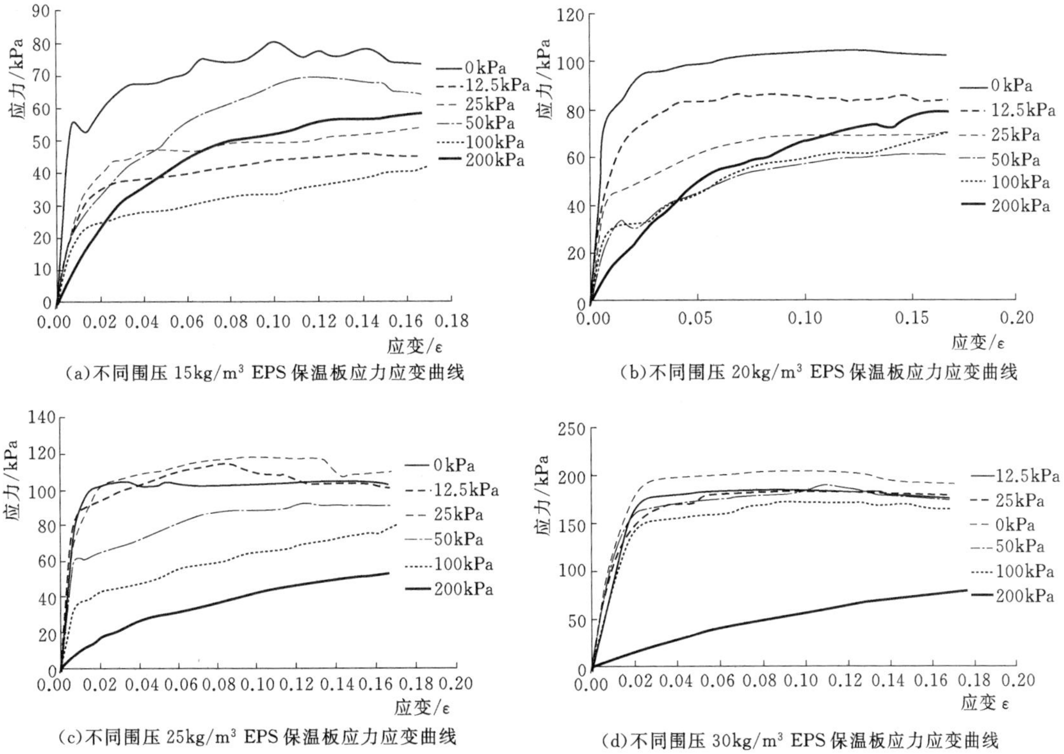

(a)不同围压 15kg/m³ EPS 保温板应力应变曲线

(b)不同围压 20kg/m³ EPS 保温板应力应变曲线

(c)不同围压 25kg/m³ EPS 保温板应力应变曲线

(d)不同围压 30kg/m³ EPS 保温板应力应变曲线

图 29.2-2 不同围压下 EPS 保温板的应力应变关系

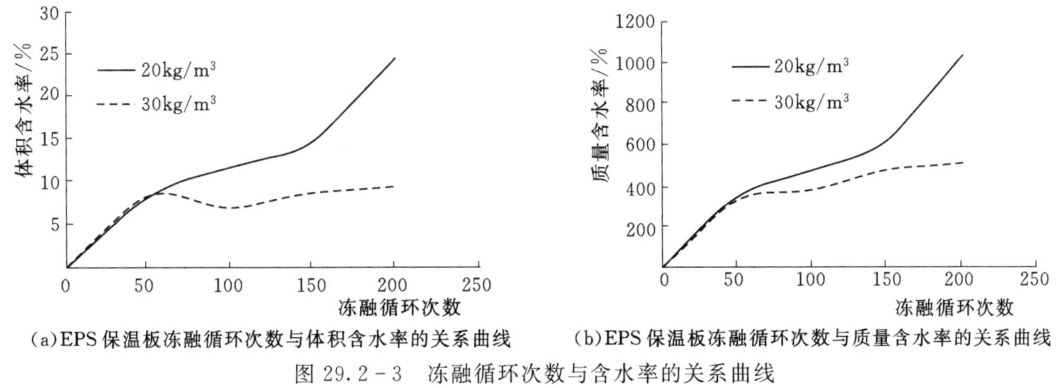

(a)EPS 保温板冻融循环次数与体积含水率的关系曲线

(b)EPS 保温板冻融循环次数与质量含水率的关系曲线

图 29.2-3 冻融循环次数与含水率的关系曲线

板和 30kg/m³ EPS 保温板体积含水率与导热系数及热阻比的关系。

从试验结果可以看出，含水率对保温板的保温性能影响显著，设计中应考虑吸水率因素。推荐在防冻胀工程中使用抗压强度大于 150kPa（密度大于 30kg/m³）的 EPS 保温板。

（4）蠕变性能。EPS 保温板属热塑性材料，在设计中应考虑材料随时间的性能变化。这种变化包括蠕变和松弛。为了深入地了解 EPS 保温板的松弛性能，表 29.2-4 和图 29.2-5 给出了密度分别为 15kg/m³、20kg/m³、30kg/m³ 的 EPS 保温板在有侧限条件下的蠕变试验结果。

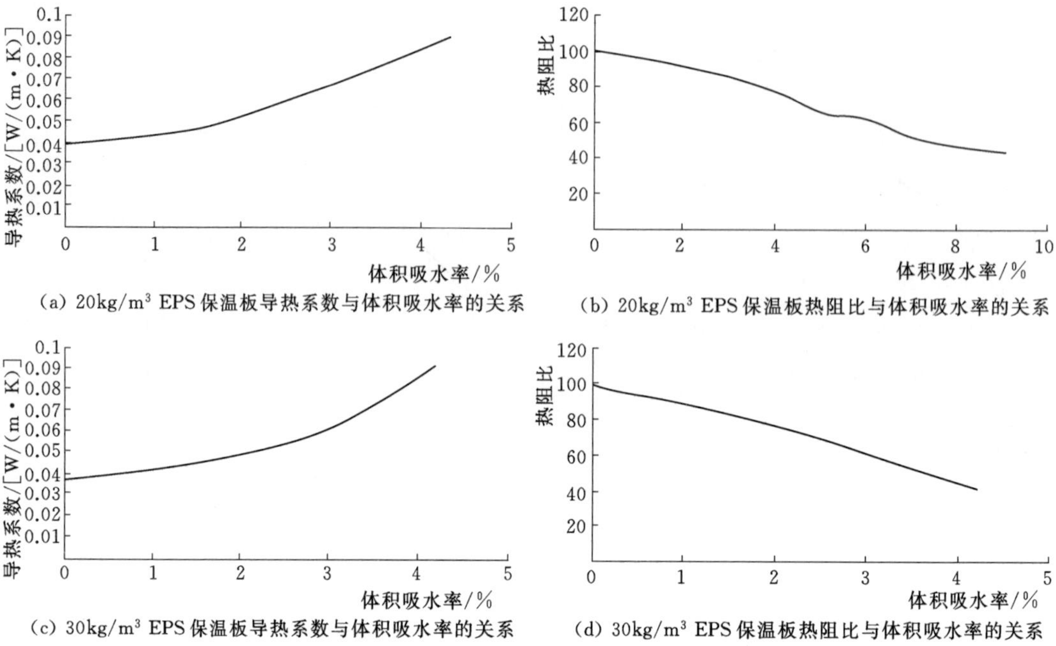

图 29.2-4　体积含水率与导热系数的关系曲线

表 29.2-4　　EPS 保温板蠕变试验结果

密度/(kg/m^3)	30		20		15	
荷载/kPa	75	30	50	20	30	15
蠕变/% (1d)	0.15	0.09	0.40	0.08	0.53	0.35
蠕变/% (130d)	0.53	0.29	1.07	0.39	1.51	0.63
与总蠕变比/%	28	31	37	21	35	56

从蠕变试验的结果可以看出：

1）加载的初期，在恒定的荷载作用下变形较大。

密度为 15kg/m^3 的 EPS 保温板在 15kPa 和 30kPa 荷载作用下，1d 后产生的蠕变分别为 0.35%和 0.53%，是总蠕变的 56%与 35%；

密度为 20kg/m^3 的 EPS 保温板在 20kPa 和 50kPa 荷载作用下，1d 后产生的蠕变分别为 0.08%和 0.40%，是总蠕变的 21%与 37%；

密度为 30kg/m^3 的 EPS 保温板在 30kPa 和 75kPa 荷载作用下，1d 后产生的蠕变分别为 0.09%和 0.15%，是总蠕变的 31%与 28%。

2）密度越小变形越大，特别是密度小于 20kg/m^3 的 EPS 保温板，蠕变变形特别显著，长期蠕变变形均大于 1%。而 30kg/m^3 的 EPS 保温板的长期蠕变变形小于 1%。

试验的结果也验证了，防冻胀工程中应使用抗压强度大于 150kPa（密度大于 30kg/m^3）、压缩蠕变小于 1%的 EPS 板材。

29.2.2　XPS 保温板

29.2.2.1　《绝热用挤塑聚苯乙烯泡沫塑料》（GB/T 10801.2）质量要求

（1）规格尺寸和允许偏差。XPS 保温板的规格尺寸见表 29.2-5。

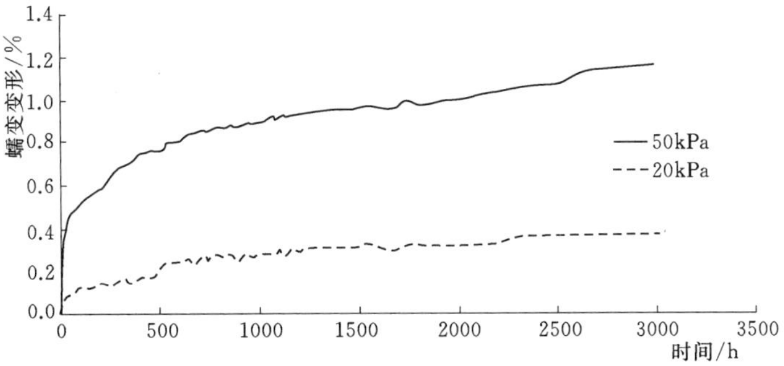

(a) 不同荷载下 15kg/m³ EPS 保温板蠕变曲线

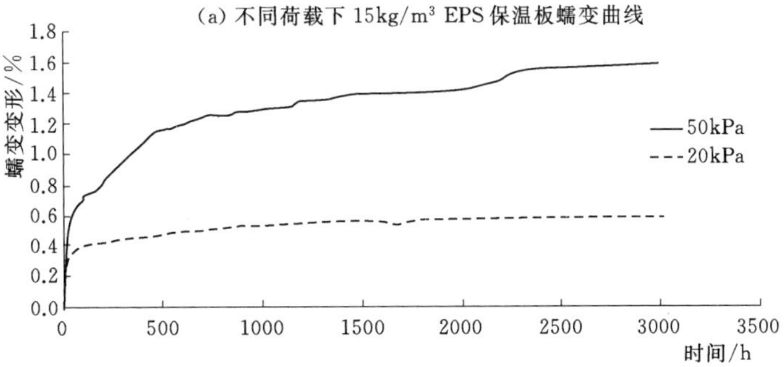

(b) 不同荷载下 20kg/m³ EPS 保温板蠕变曲线

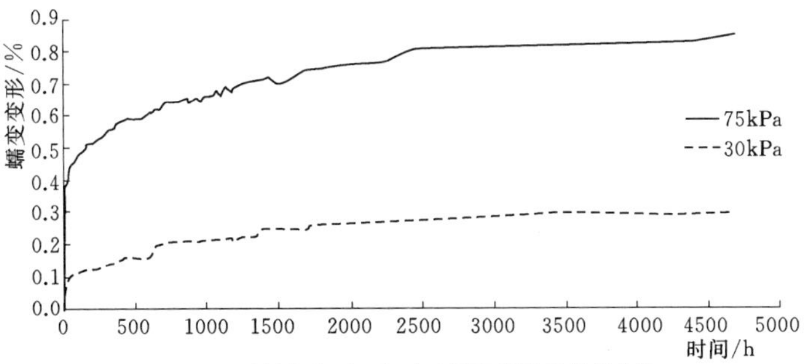

(c) 不同荷载下 30kg/m³ EPS 保温板蠕变曲线

图 29.2-5 EPS 保温板蠕变曲线

表 29.2-5 **规 格 尺 寸** 单位：mm

长 度	宽 度	厚 度
L		h
1200，1250，2450，2500	600，900，1200	20，25，30，40，50，75，100

XPS 保温板的尺寸允许偏差见表 29.2-6。

表 29.2-6 **尺 寸 允 许 偏 差** 单位：mm

长度和宽度 L		厚度 h		对角线差	
尺寸 L	允许偏差	尺寸 h	允许偏差	尺寸 T	对角线差
L<1000 1000⩽L<2000 L⩾2000	±5 ±7.5 ±10	h<50 h⩾50	±2 ±3	L<1000 1000⩽L<2000 L⩾2000	5 7 13

（2）外观要求。表面平整，无夹杂物，颜色均匀。不应有明显影响使用的可见缺陷，如起泡、裂口、变形等。

（3）物理机械性能。XPS保温板的物理机械性能指标见表29.2-7。

表29.2-7　XPS保温板物理机械性能指标

项目			单位	性能指标									
				带表皮								不带表皮	
				X150	X200	X250	X300	X350	X400	X450	X500	W200	W300
抗压强度（相对变形10%）			kPa	≥150	≥200	≥250	≥300	≥350	≥200	≥350	≥200	≥200	≥300
吸水率，浸水96h			%（V/V）	≤1.5		≤1.0						≤2.0	≤1.5
导热系数w	平均温度	10℃	W/(m·℃)	≤0.028					≤0.027			≤0.033	≤0.030
		25℃		≤0.030					≤0.029			≤0.035	≤0.032
尺寸稳定性 70℃±2℃下，48h			%	≤2.0		≤1.5			≤1.0			≤2.0	≤1.5
300次冻融循环后	吸水率		%	≤3.0									
	导热系数≤	10℃	W/(m·K)	≤0.030					≤0.029			≤0.035	≤0.032
		25℃		≤0.032					≤0.031			≤0.037	≤0.034

29.2.2.2　XPS和X350保温板冻融循环后性能

XPS和X350保温板冻融循环后的性能测试结果见表29.2-8。

表29.2-8　XPS和X350保温板冻融循环后的性能测试结果

冻融循环次数	导热系数/[W/(m·℃)]		体积吸水率/%		抗压强度（压缩10%）/MPa	
	XPS	X350	XPS	X350	XPS	X350
5	0.022	0.024	0.422	0.469	646	560
10	0.023	0.025	0.362	0.402	637	552
20	0.021	0.023	0.39	0.433	628	544
30	0.019	0.021	0.38	0.423	633	574

注　XPS保温板表观密度44.9kg/m³；X350保温板表观密度45kg/m³。

29.2.3　PU保温板

29.2.3.1　《建筑绝热用聚氨酯泡沫塑料》（GB/T 21558）质量要求

（1）规格尺寸和允许偏差。PU保温板长度和宽度的允许偏差见表29.2-9。

表29.2-9　PU保温板长度和宽度的允许偏差　单位：mm

长度或宽度	极限偏差[a]	对角线差[b]
<1000	±8	≤5
≥1000	±10	≤5

a　其他极限偏差要求，由供需双方协商。

b　是基于保温板的长宽面。

PU 保温板厚度的允许偏差见表 29.2-10。

表 29.2-10　PU 保温板厚度的允许偏差　单位：mm

厚度	极限偏差[a]	厚度	极限偏差[a]
≤50	±2	>100	供需双方协商
50～100	±3		

a　其他极限偏差要求，由供需双方协商。

(2) 外观要求。PU 保温板外观表面基本平整，无严重凹凸不平。

(3) 物理机械性能。PU 保温板物理机械性能指标见表 29.2-11。

表 29.2-11　PU 保温板物理机械性能指标

项目		单位	性能指标		
			Ⅰ类	Ⅱ类	Ⅲ类
芯密度		kg/m^3	25	30	35
抗压强度或形变 10%的压缩应力		kPa	80	120	180
导热系数	平均温度 10℃、28d	W/(m·K)		0.022	0.022
	平均温度 23℃、28d	W/(m·K)		0.024	0.024
	长期热阻 180d	$(m^2·K)/W$	0.025	供需双方协商	供需双方协商
尺寸稳定性	高温尺寸稳定性 70℃、48h 长、宽、厚	%		≤2.0	≤2.0
	低温尺寸稳定性 -30℃、48h 长、宽、厚			≤1.5	≤1.5
压缩蠕变	80℃、20kPa、48h 压缩蠕变			≤5	—
	70℃、40kPa、7d 压缩蠕变			—	≤5
水蒸气透过系数（23℃/相对湿度梯度 0～50%）		ng/(Pa·m·s)	≤6.5	≤6.5	≤6.5
吸水率		%		≤4	≤3

29.2.3.2　PU 保温板冻融循环后性能

PU 保温板冻融循环后的性能测试结果见表 29.2-12。

表 29.2-12　PU 保温板冻融循环后的性能测试结果

材料名称	冻融循环次数	导热系数 /[W/(m·℃)]	体积吸水率 /%	抗压强度（压缩 10%） /MPa
PU 保温板	5	0.0193	0.5	308
	10	0.0184	1.1	306
	20	0.0188	1.0	263
	30	0.0181	1.1	282
	平均	0.0187	0.9	290

注　PU 保温板密度为 $59kg/m^3$。

29.3 季节冻土区水工建筑物保温设计

29.3.1 保温设计理念

我国东北、华北和西北的十余省、自治区、直辖市均处在季节冻土地区。在这些地区修建的各类水工建筑物（包括闸、涵、桥、跌水、渡槽、渠道衬砌、塘坝护坡等），如果按常规融土的建筑理论和方法进行设计与施工，在实践中暴露出许多弱点，工程冻害现象和破坏的规模相当普遍与严重。特别是冻土与环境之间的相互作用，主要是以人为环境的相互联系，这较非冻土复杂。对外界温度、压力和水分条件变化的反映（特别是表层与建筑物基础涉及的空间）较非冻土尤为敏感。

20世纪80年代以前，我国在季节冻土地区修建的各类水工建筑物，没有可遵循的设计规范，设计者在工程设计时只能靠经验或尽力加深加大基础砌置深度，增加结构的强度与刚度，即使如此，有些工程的冻胀破坏也未幸免。针对水工建筑物冻胀破坏原因及破坏类型，从改变地基“温度场”、防止地基冻胀的途径出发，开始使用聚苯乙烯泡沫塑料板（EPS）等做保温材料，做成保温基础。工程实践证明，保温基础防冻胀效果好，经济适用，施工简单，安全可靠，实现了基础安全浅埋。

29.3.2 保温措施所采用的材料

用于水工建筑物防冻胀的保温材料主要有：聚苯乙烯泡沫塑料（EPS）、聚氨酯泡沫塑料（PU）和挤塑聚苯乙烯泡沫塑料（XPS），近些年，气泡轻质土、EPS颗粒轻质土，蜂巢系统等也有在工程中应用。EPS、XPS和PU是目前应用于水工建筑物防冻保温的理想材料。

29.3.3 水工闸涵保温防冻设计

29.3.3.1 水工闸涵保温防冻基础结构型式和适用条件

保温基础的结构型式，平面上可采用夹层式或叠层式（图29.3-1、图29.3-2）。夹

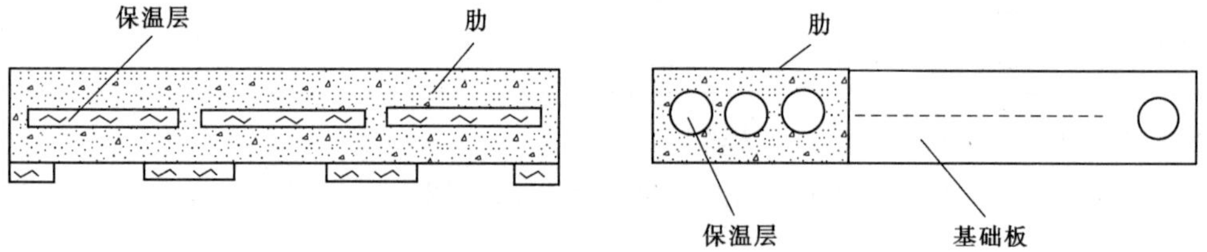

图29.3-1 夹层式保温基础

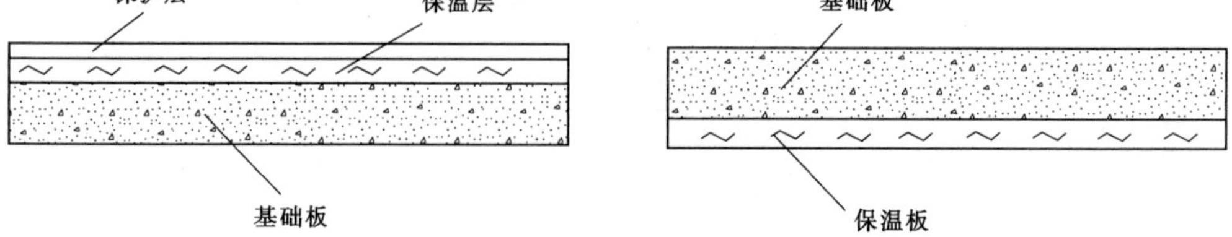

图29.3-2 叠层式保温基础

层式及叠层式保温基础适用条件见表 29.3-1。叠层式结构要比夹层式结构保温效果好、施工方便；夹层式结构由于受冷桥影响，使保温性能降低。保温层周边采用水平保护段或竖向封闭段作为保护措施（图 29.3-3）。水平保护段比竖向封闭段施工方便，保温效果基本相同，要使基础下地基保持单向冻结条件，水平保护段长度可取 1.5～2 倍的冻深（从基础底面高程算起），竖向封闭段深度可取 0.7～0.9 倍的冻深。

表 29.3-1　夹层式及叠层式保温基础适用条件

结构型式	夹　层　式	叠　层　式
适用条件	将保温材料作为夹层，浇筑在混凝土底板中间，夹层平面尺寸及隔肋尺寸应满足强度要求。夹层式结构，因隔肋的“冷桥”作用，影响保温效果，但因基础整体性好，强度高，适用于上部荷载大的基础板	将保温材料水平铺设在基础板的上或下表面，形成叠层。当铺设在上表面时，应设保护层，以防冲刷破坏。当铺设在下面时，保温材料应具有足够的抗压性能。后者适用于上部荷载小的基础板，如用作小型闸底板、护坦板、渠道护坡板等

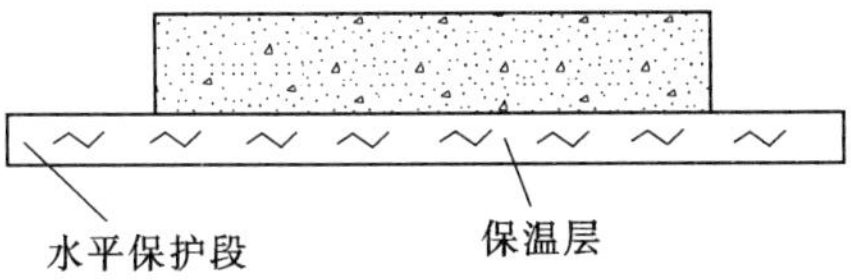

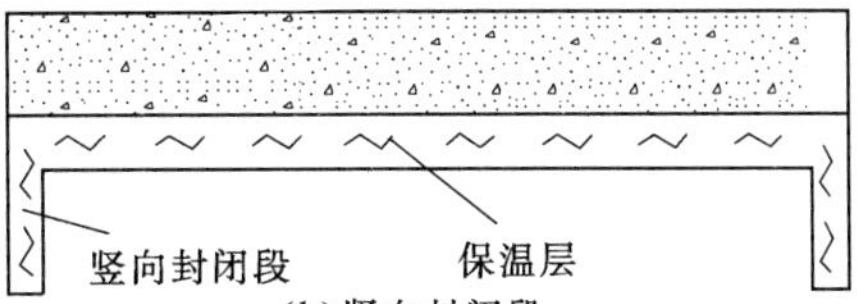

图 29.3-3　水平保护段及竖向封闭段型式图

29.3.3.2　水工涵闸保温基础热工计算

天然冻层的形成是众多随机因素综合作用的结果。水工建筑物保温基础热工计算的边界条件复杂，精确计算较为困难，对中小型工程必要性也不大。中小型建筑物保温基础计算，可采用下述简便方法。

（1）相关比拟法。相关比拟法实质是通过典型试验工程的观测资料，求算出典型工程底板下刚好无冻结层时保温基础的热阻值 R_0 即典型热阻，将其作为拟建同类型工程保温底板的设计参考热阻；如工程类型不同，地区不同，可根据“冻结指数线性关系及地热流相等”的假定及经验进行适当修正。得到设计热阻值后，即可通过一般热工计算方法确定基础的具体结构。

热阻值可采用下式计算：

$$R_i = R_0 \frac{\sqrt{I_i}}{I_0} \tag{29.3-1}$$

式中：R_i 为拟建工程的保温基础热阻，$m^2 \cdot ℃/W$；R_0 为典型热阻，$m^2 \cdot ℃/W$；I_i 为拟建工程地点的冻结指数，℃·d，可参照工程地点附近气象台站资料进行相关分析计算；I_0 为典型工程地点的特定冻结指数，℃·d。

式（29.3-1）的计算结果，只考虑了冻结指数的不同，未考虑工程条件和环境因素的影响，所以在实际设计时，尚应乘以一安全系数 K，即可得到保温基础设计热阻：

$$R_H = R_i K = K R_0 \frac{\sqrt{I_i}}{\sqrt{I_0}} \tag{29.3-2}$$

式中：R_H 为设计热阻，$m^2 \cdot ℃/W$；K 为考虑实际工程的安全系数，由建筑物地域，结构形式、埋深、水文地质及向阳条件等因素决定，一般可取 $K=1.0\sim1.2$。

因为冻结指数 I_i 值历年间是随机变化的，设计时应根据工程要求的设计保证率选取。如工程地点附近无气象台站，可根据个别年的实测 I_i 值通过相关分析求得设计值。

相关比拟法是一种简便适用的计算方法。

对于部分消除地基冻层，即在保温基础下面尚保留部分冻土层时，可以采用下式计算：

$$R_n=R_H n_R \tag{29.3-3}$$

式中：R_n 为当保温基础下面只能消除一部分冻层时的热阻值，$m^2 \cdot ℃/W$；n_R 为设计消除冻层的百分数。

相关比拟法具有如下几条基本假定：①保温基础是按最不利情况设计的，认为基础顶面无覆盖，直接与大气接触；②保温基础以下的地基范围内，通过防护措施使热流呈单向热传导状态；③在地域范围不太大的不同地区，地热流相等，冻结指数线性相关。

地面形成一定冻层，是自然条件下所有影响冻结因素综合作用的结果，也是冻结过程中，各种热量转变，交换过程的综合结果，实测冻深是最精确的。

如果能找到一个适合的隔热层，作用于地面，刚好消除了它下部的冻层，则隔热层的保温作用和原有冻土层的作用是等效的，在保温基础与地基土接触面为0℃面情况下所得的典型热阻值，是可靠的参照量。因此，对不同地区，在冻结指数相关及其他有关假定下，按理论分析成果对热阻值的修正同样也是可靠的。

由于假定，对计算热阻值所带来的误差是能够满足工程要求的。工程具体条件决定的修正系数 K，带有很强的经验性，但随着工程实践的增加，观测资料的积累，修正系数 K 的准确程度必然会不断提高。

一般保温基础，混凝土底板厚度不大，且所采用的隔热材料都是轻质、干燥材料，保温基础体积热容量不大，计算中认为保温基础只起隔热作用，而不考虑其蓄热作用对下卧层热交换的影响，一般不会对计算结果带来过大偏差。该方法用保温基础完全消除地基冻土层，在计算热阻时，不必考虑地基土的热物理性质。

综上所述，相关比拟法是建立在合理的基础上的，是一种简捷的且被工程实践所验证的有效方法。

（2）保温基础热阻计算。保温基础的热阻，可参照建筑热工方法进行计算，每层的热阻值为：

$$R_i=\frac{\delta_i}{\lambda_i} \tag{29.3-4}$$

式中：δ_i 为层厚，cm；λ_i 为各层导热系数，$W/(m \cdot K)$。

总热阻值为：

$$R=\sum R_i \tag{29.3-5}$$

对于夹层式结构，可分成均质层和非均质层，对于非均质先计算等效导热系数 λ_p：

$$\lambda_p=\frac{\sum\lambda_1 F_1+\sum\lambda_2 F_2}{\sum F_1+\sum F_2} \tag{29.3-6}$$

式中：F_1、F_2 为导热系数分别为 λ_1、λ_2 的水平层面积。

然后计算等效热阻：

$$R_p = \frac{\delta_p}{\lambda_p} \tag{29.3-7}$$

式中：R_p 为等效热阻，$m^2 \cdot ℃/W$；δ_p 为非均质层的厚度，cm。

如为空心基础，可按表 29.3－2 取空气间层的热阻值。

表 29.3－2　　空气间层热阻值

水平间层厚度/cm	1	2	4	6	10	20
热阻值 R_{fe}/($m^2 \cdot ℃/W$)	0.044	0.05	0.05	0.053	0.053	0.053

在非均质层中有空气间层，则应先求非均质层的等效导热系数及等效热阻，然后求总热阻。空气间层的导热系数为：

$$\lambda_{fe} = \frac{\delta_{ic}}{R_{jc}} \tag{29.3-8}$$

式中：δ_{ic} 为空气间层厚度，cm；R_{jc} 为空气间层热阻，$m^2 \cdot ℃/W$。

等效热阻 R_P 及总热阻计算如前述。

设计中要注意以下几点：

1）保证单向热传导的条件。上述保温层计算方法都是按单向热传导进行的。在实际工程中应采取措施，保证基础板下地基散热为单向热传导，为此可采用下列方法：①水平方向设保护段：保护段从基础边缘向外延伸宽度不小于当地最大冻深 1.5～2.0 倍。其厚度与基础保温层厚度相同；②竖向封闭段：深度不小于当地最大冻深 0.7～0.9 倍。厚度与水平保温层厚度相同。

2）层与层间接触热阻问题。接触热阻是一个较难确定的问题。只有层与层间接触非常良好，才能起到保温效果。

3）夹层式结构中的，“冷桥”封闭宽度问题。夹层式结构“冷桥”影响保温材料隔热作用的发挥，如按热阻相等的原则设计封闭带宽度，尺寸势必过大，如何确定经济、合理的封闭宽度，有待进一步研究。

（3）等效厚度法。当保温基础下刚好无冻结层时，保温基础的总热阻值与天然冻土层的总热阻是等效的，因此存在下面的关系式：

$$H_m = \lambda^* \left(\frac{1}{\alpha} + \sum_i^n \frac{\delta_i}{\lambda_i}\right) \tag{29.3-9}$$

式中：H_m 为工程地点设计冻深，cm；λ^* 为等效导热系数，W/(m・K)；α 为地表放热系数，$\alpha = 13\sqrt{V}$；V 为当地平均风速，m/s；δ_i 为保温层及基础底板厚度，cm；λ_i 为对应的保温层、基础底板材料的导热系数，W/(m・K)。

若保温基础是一种保温材料和一种基础材料组成时，式（29.3－9）可写成：

$$H_m = \lambda^* \left(\frac{1}{\alpha} + \frac{\delta}{\lambda} \cdot \frac{s}{\lambda_s}\right) \tag{29.3-10}$$

式中：δ 为基础底板厚度，cm；λ 为基础材料的导热系数，W/(m·K)；s 为保温层厚度，cm；λ_s 为保温材料的导热系数，W/(m·K)。

需要指出的是，式（29.3-9）和式（29.3-10）中，等效导热系数 λ^*，它并不是冻土或暖土的导热系数，而是与工程地点地基土天然最大冻深或设计冻深相应的包括相变潜热作用在内的实际等效导热系数。这个系数可从理论分析和实际试验中得到。

通过理论分析计算，强冻胀土不考虑地基中水分相变热时的地基冻结深度，约为实际冻深的3倍，这个结论也被人们的实践经验所证实。在计算天然冻土层的等效热阻时，等效导热系数 λ^* 应为地基上平均导热系数的1/3。通过对万家冻土场的试验观测资料分析，得到 λ^* 应为地基土平均导热系数的1/4，因此建议修正系数取1/4～1/3。

29.3.4 水工挡土墙保温防冻胀设计

当采用挡土墙抗冻结构设计不经济时，通常选用防治土体冻胀的技术措施来处理挡土墙的冻害。土体冻胀的方法，主要是消除影响土体冻胀的主要因素。其中减少地基与负气温进行热交换的保温措施可以达到削减或防止土体冻胀的目的。

保温措施是利用保温材料改变负气温与土体的热交换条件，减少土的冻结深度或改变挡土墙后回填土温度场的形状，从而达到削减土体冻胀的方法。

（1）保温材料选择。采用保温措施防治挡土墙冻胀破坏，选择的保温材料需要具有一定强度、导热系数低、吸水率小、隔热性好等良好性能及满足造价低、材料易得、具有一定的耐久性、稳定性等要求。EPS保温板为聚苯乙烯泡沫塑料板，是一种高能的保温材料。其导热系数在0.146～0.044W/(m·K）之间，在不同压缩应力作用下板的变形随板的密度而变化。一般中小型渠系工程的上部荷载在100kPa以下时，密度为50kg/m^3 的EPS板其压缩变形量接近零；密度为30kg/m^3 的EPS板其压缩变形量小于2%；密度为20kg/m^3 的EPS板其压缩变形量小于10%。聚苯乙烯泡沫塑料板的吸水率也较低，一般体积吸水率在5%左右，随着吸水量的增大，热传导系数也增大。试验研究资料表明，聚苯乙烯泡沫塑料板体积吸水率等于2%时，其热传导系数可增大10%；体积吸水率达到4%时，热传导系数则可增大40%。EPS板作为隔热保温材料，设计时要充分考虑其吸水率大小所导致热传导系数上升的影响因素。通常情况下，选择密度大于30kg/m^3 的EPS板。

（2）保温板设计厚度的计算。

1）经验法：可按修建工程地点设计冻深的1/10～1/15确定聚苯乙烯泡沫塑料板的厚度。

2）等效厚度法。根据保温基础总热阻应与天然冻土层总热阻等效的原理计算保温层厚度，按式（29.3-11）和式（29.3-12）计算。

3）相关比拟法。全保温基础（基础板下刚好无冻层）的基础典型热阻为：$R_0=2.6m^2\cdot ℃/W$，相应实测冻结指数 $I_i=1870℃\cdot d$，代入公式（29.3-11）得拟建工程保温基础的热阻值：

$$R_0=0.06\sqrt{I_i}K \tag{29.3-11}$$

式中：K 为安全系数，由建筑物地域、结构型式、水文地质等因素决定，一般取1.1～1.2。

保温材料的设计厚度按式（29.3－12）计算：

$$D=\alpha\lambda_0\left(R_0-\frac{\delta}{\lambda}\right) \tag{29.3－12}$$

式中：α 为导热系数修正系数，为 $\lambda_{湿}/\lambda_0$ 的比值按图 29.3－4 查取或按表 29.3－3 取值；R_0 为工程的基础设计热阻，$m^2\cdot ℃/W$；按式（29.3－10）计算或按表 29.3－4 取值；λ_0 为保温材料在自然状态下的导热系数，$W/(m\cdot K)$；$\lambda_{湿}$ 为保温材料在含水状态下的导热系数，$W/(m\cdot K)$；δ 为基础板厚度，cm；λ 为基础材料的导热系数，$W/(m\cdot K)$；钢筋混凝土可取 1.74，混凝土可取 1.55。

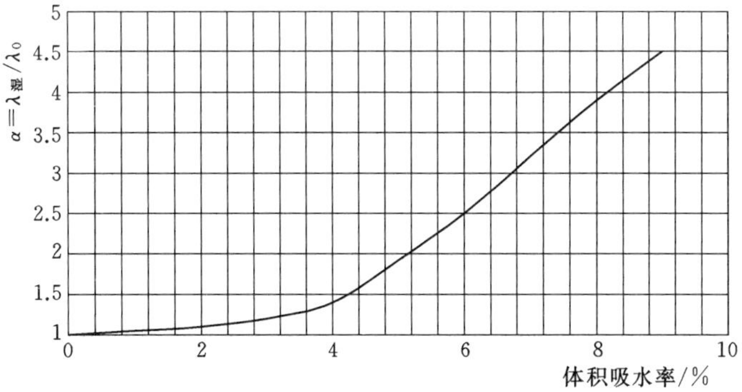

图 29.3－4　导热系数-体积吸水率关系图

表 29.3－3　　导热系数修正系数 α 值表

体积吸水率/%	0	0.5～1	2	3	4	5	6
α	1	1.05	1.1	1.2	1.4	1.8	2.5

注　本表允许内插取值。EPS 密度 $20\sim30kg/m^3$。本表引自 GB/T 50662。

表 29.3－4　　不同冻结指数时所需保温材料的设计热阻值 R_0

I_i/(℃·d)	100	300	500	800	1000	1200	1500	1800	2000	2200	2500	3000
R_0/($m^2\cdot$℃/W)	0.94	1.17	1.39	1.70	1.90	2.09	2.35	2.59	2.74	2.88	3.07	3.24

注　I_i 为历年最大冻结指数。

水平保温板的厚度取值与竖向保温板一致。

（3）挡土墙保温措施设计的构造要求。

1）挡土墙保温措施可以采用单向或双向保温方法。但采用双向保温效果更好。

2）保温板厚度可采用等效厚度法、相关比拟法、解析法、经验公式等方法计算。对小型水利工程而言，也可采用经验值确定其厚度，一般采用最大冻深的 1/10 作为保温层厚度。

3）挡土墙保温层铺设范围。挡土墙单向铺设保温层的范围：墙高方向保温板在墙后背侧铺设。保温板的高度 H 等于当地最大冻深 h_{max} 与外露墙体高度 h_1 减去保护土层 20cm 之和。

即

$$H=(h_1-20)+h_{max} \tag{29.3－13}$$

为消除墙后保温土体不受侧向不保温土体的影响，在垂直墙体方向，单向保温土体两侧要设隔热层。其高度与墙背保温板高度 H 相同，长度 L_2 应等于当地最大冻深 h_{max} 的 1.5～2.0 倍。即 $L_2=(1.5\sim2.0)h_{max}$。挡土墙单向保温范围见图 29.3-5（a）。

挡土墙双向铺设保温层的范围：挡土墙双向铺设保温层的方法是在单向铺设保温层范围的条件下，增加在墙顶部地表下 20cm，水平铺设聚苯乙烯泡沫塑料板。其铺设宽度等于 L_2。挡土墙双向保温范围见图 29.3-5（b）。从单向和双向保温范围可知无论墙体多长，墙后土体两侧的保温都是必要的。

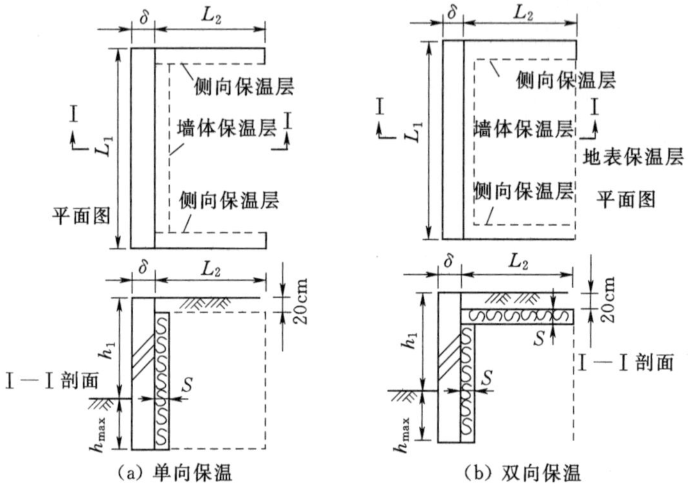

图 29.3-5　单向及双向保温范围

L_1—墙长；L_2—侧向保温长度；h_1—外露墙高；h_{max}—最大冻深；δ—墙宽；S—聚苯乙烯板厚

29.4　多年冻土区隔热层路基设计

29.4.1　隔热层路基

隔热层路基，亦称保温层路基，它是利用隔热材料，在不过多增加路堤高度情况下，增大路基热阻，减少大气（太阳）热量传入路基下，保持冻土地基的地温，以达到抑制或减小多年冻土的融化深度，是维持冻土路基稳定性的工程措施之一。由于多年冻土区修筑道路后，改变了地气间的热交换条件和水热输运过程，使路基内的热量逐年积累，导致下伏多年冻土层的温度升高，冻土地基中地下冰融化，冻土上限下降，并引起多年冻土区路基普遍出现以热融沉陷为主的病害。从调控热传导角度出发，以增大热阻，减少传入路基土体的热量，达到减小或抑制冻土融化，冻土上限下降之目的。在不提高路基高度，特别是低路堤或“零”断面情况下，路基内铺设一层隔热材料，构成隔热保温路基。然而，实践中也发现，路基体内铺设隔热保温层后，虽阻隔了暖季大气热量传入路基，但也阻隔了寒季大气冷量进入，使路基体内的热量难以散发。在全球气候转暖的大环境下，隔热保温路基只能起到延缓多年冻土退化的作用。

用于隔热层路基的保温材料有：聚苯乙烯泡沫塑料（EPS）、聚氨酯泡沫塑料（PU）和挤塑聚苯乙烯泡沫塑料（XPS）。

隔热层路基的工作原理：隔热层路基是通过隔热保温材料具有高热阻性能，有效地增加路基土体热阻，减少路基下多年冻土的换热量，以延缓冻土融化或退化，在一定时间内起到保护多年冻土的作用。隔热保温材料的导热系数与土体导热系数的巨大差异（约 40 倍），将会导致隔热保温层上下形成很大温差（热阻效应），由此决定隔热保温层下土体温度年温差降低，可保持一段时间内多年冻土上限相对稳定。路基内有无隔热保温层的温度变化曲线见图 29.4－1。

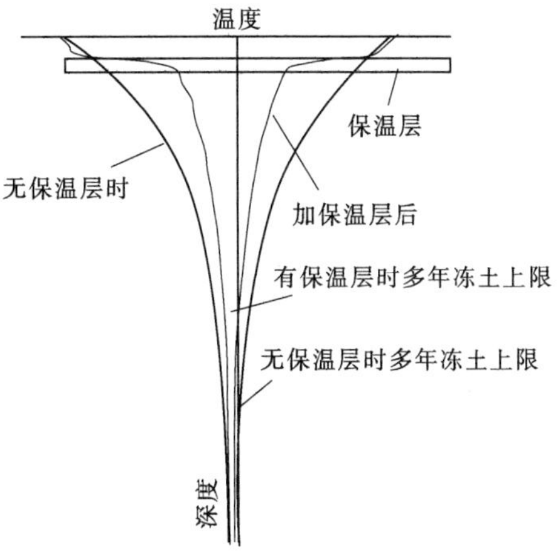

图 29.4－1　路基内有无隔热保温层的温度变化曲线

隔热层路基适用条件：隔热层路基适用于年平均气温－3.8～－5.2℃的多年冻土区，或者空气冻结指数为融化指数 5 倍以上地区，亦即为高温不稳定区至低温基本稳定区的地带。其使用条件：①路基设计高度因纵坡控制不满足路基最小临界高度地段；②路堑或垭口处的换填低路堤地段；③低路堤或阴坡线路（即路堤阳坡较低）地段；④治理路基下融化盘偏移的病害地段。

29.4.2　防冻保温设计

（1）隔热材料的技术要求。隔热材料的技术性能要求，取决于使用目的、设置的位置、工程技术要求和经济合理性。

路基工程常用的隔热保温材料技术性能：导热系数应小于 0.025W/(m·K)，吸水率应小于 0.5%，密度应大于 $43kg/m^3$，抗压强度应大于 500kPa。建议使用 XPS 板。

（2）隔热层厚度的确定。隔热层的厚度直接影响着隔热保温路基的隔热保温效果。从减少传入路基的热量考虑，隔热层的厚度越厚越好，但隔热保温效果并不随厚度增大而呈正比，而是达到一定厚度后则随厚度增大而隔热保温效果增加不明显。隔热保温效果与隔热层厚度的关系见图 29.4－2。

1）从热阻的角度，采用等效热阻方法来确定隔热层的合理厚度：

$$d_x = k_x \frac{d_s \lambda_x}{\lambda_s} \tag{29.4-1}$$

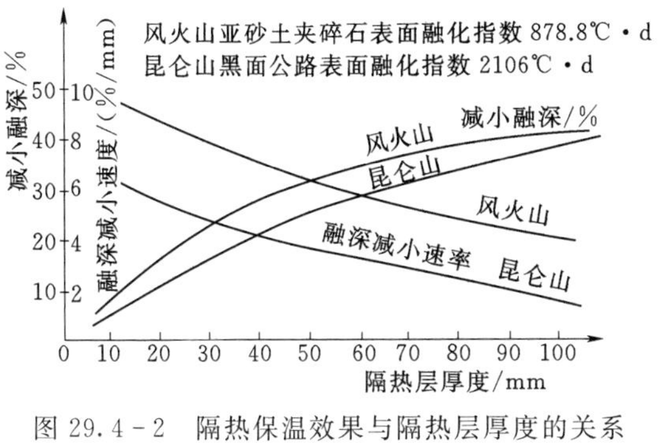

图 29.4－2　隔热保温效果与隔热层厚度的关系

式中：d_x、d_s 为隔热材料保温板与等效土体的厚度，m；λ_x、λ_s 为隔热材料保温板与等效土体的导热系数，W/(m·K)；k_x 为安全系数，隔热材料用于路基时，取 1.5～2.0；用于路基边坡时，取 1.2～1.5。

2）确定保温隔热材料的合理厚度（$d_{合}$）：

$$d_{合}=0.0542\frac{\lambda_e\Delta t}{\lambda_s}-1.105\frac{\lambda_e h^0_{天}}{\lambda_s}+4.7876\frac{\lambda_e}{\lambda_s}-\frac{\lambda_e}{\lambda_s}(h_u+h_d) \quad (29.4-2)$$

$$h^0_{天}=0.0232(t_0-1999)+2.01 \quad (29.4-3)$$

式中：λ_e，λ_s 为工业隔热材料板与等效土体的导热系数；h_u，h_d 为隔热材料上覆土体的厚度和下垫土层的厚度，m；Δt 为道路设计年限，年；t_0 为道路设计年份；$h^0_{天}$为设计年份冻土天然上限，m。

3）青藏铁路的试验经验，隔热层厚度一般为 0.06～0.10m。

4）保温层设置宽度，应与比路面面层宽 0.5～1.0m。不同保温材料的等效厚度见表 29.4－1。

表 29.4－1　**隔热保温材料等效厚度计算**　单位：m

EPS 板厚度	0.04	0.06	0.08	0.10
相应 PU 板计算厚度	0.030	0.045	0.060	0.075
相应 XPS 板计算厚度	0.034	0.051	0.068	0.085
相当填土厚度	1.91	2.87	3.83	4.79
PU 板厚度	0.04	0.06	0.08	0.10
相应 EPS 板计算厚度	0.053	0.08	0.107	0.133
相应 XPS 板计算厚度	0.045	0.067	0.09	0.112
相当填土厚度	2.55	3.82	5.10	6.37
XPS 板厚度	0.04	0.06	0.08	0.10
相应 PU 板计算厚度	0.036	0.053	0.071	0.089
相应 EPS 板计算厚度	0.047	0.071	0.095	0.119
相当填土厚度	2.27	3.41	4.54	5.68

（3）隔热层埋置深度。

1）根据车辆荷载的特点和路面下应力扩散原理（图 29.4－3），以及 XPS 板容许承载力等条件，隔热层的合理埋置深度为

$$\frac{2Pd}{d+2h\tan\varphi}+h\rho\leqslant\sigma \quad (29.4-4)$$

式中：P 为轮胎的压强，MPa；d 为单轮传压面当量圆直径，m；ρ 为 XPS 板以上各结构层密度加权平均，MN/m³；φ 为 XPS 板以上和结构层应力扩散角加权平均值，（°）；h 为 XPS 板合理埋深，m；σ 为 XPS 板容许压应力，MPa。

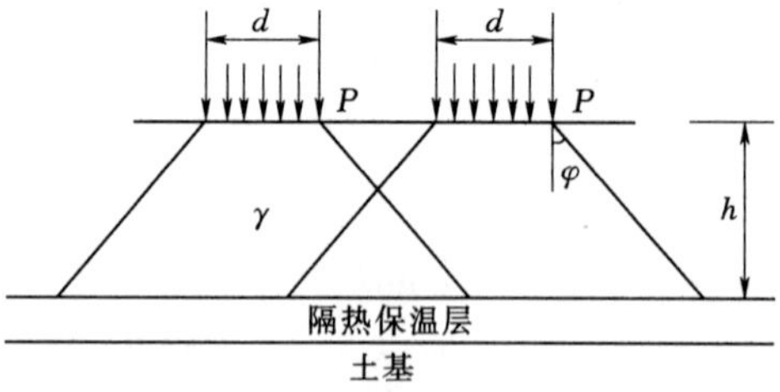

图 29.4－3　车辆荷载扩散示意图

2）单从热力学角度，隔热层埋没在表层或浅层较好。但从路面结构型式、力学角度，不可行。考虑设计与施工的影响，将隔热层埋设在路面结构层与土基之间较合理。

3）根据青藏铁路的试验结果，对 50 年使用寿命的路基，采用低埋深隔热层结果更佳，可以更好地阻止路基边坡热量的传入，减小冻土路基的融化深度。

4）对低路堤来说，隔热层埋设在路面结构层下较好。对高路堤来说，如果两侧保温护道高度到 1/2 路堤高度时，仍可埋设在结构层下；否则，隔热层低埋深较好，一般高出地面以上 0.5m。

（4）隔热层上结构层最小压实厚度。为实现高效压实，压路机接触应力与结构层极限强度应满足：

$$\sigma_{\max}=(0.8\sim0.9)\sigma \tag{29.4-5}$$

式中：$\sigma_{\max}$为压路机滚轮最大接触应力，MPa；σ 为隔热层容许压应力，MPa。

将式（29.4-4）中的 $2P$ 为压路机滚轮最大接触应力，那么，式（29.4-5）就成为隔热层上结构层最小压实厚度与压路机最大接触应力及隔热层材料容许压应力必须满足的要求：

$$\frac{\sigma_{\max}d}{d+2h\tan\varphi}+h\rho\leqslant\sigma \tag{29.4-6}$$

式（29.4-6）中的 h 是隔热层上结构层压实厚度。因此，h 小于一定厚度时，才能使压路机滚轮最大接触应力不会传达隔热层上，既能确保有足够的压实度，又能满足隔热层的容许应力。所以，选用不同的混合料就决定了隔热层保温板不同的施工埋设深度。部分结构层极限强度见表 29.4-2。

表 29.4-2　　部分结构层极限强度表

被压材料	极限强度/MPa	被压材料	极限强度/MPa
砂土、粉土	0.3～0.6	碎石路基	3.8～5.5
粉质黏土	0.6～1.0	砾石路基	3.0～3.8
黏土	1.0～1.5	水泥稳定土	5.0～6.3

根据青藏铁路和东北国道 301 博牙高速公路等工程经验，隔热层保温板上结构层最小厚度为 0.2～0.4m。

29.4.3　施工

29.4.3.1　保温隔热材料准备与检测

（1）保温隔热材料应按设计的控制指标和结构要求，委托专业工厂生产。出厂前应进行自检，合格后方可运送到工地。

（2）每批次抽查率为到货数量的 20%，进行人工初检，质量检测要求见表 29.4-3。

（3）随机抽选 5 块板，在不同部位取样，业主委托有资质的检测机构，完成第三方检测。合格后，方可允许运抵工地。

（4）产品物理机械性能应符合设计要求，见表 29.4-4。

（5）材料应贮存在干燥、通风、干净的库房内，不得接近热源，不得与化学药品接触。堆放平整，不可重压猛摔，防止日晒、雨淋和断裂、缺角。

29.4.3.2　施工前的技术交底及准备

隔热层的施工工艺流程见图 29.4-4。

（1）施工技术人员应明确设计意图和施工要求。

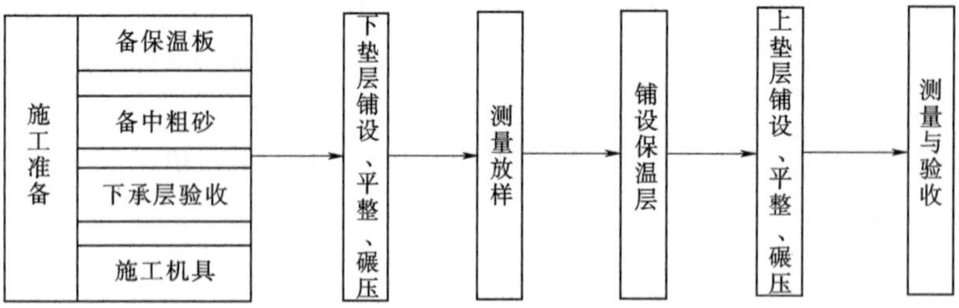

图 29.4-4 隔热层施工工艺流程

（2）编制保温隔热施工技术流程、施工要求、操作指南。

（3）准备使用材料（保温隔热材料、黏合剂、垫层用料等）、机械和防护设备、施工人员。

（4）做好施工前的便道修筑，保证施工过程的全程封闭。

（5）选择施工季节（视地区差异，宜在4—6月以前），安排施工时段和程序。

（6）先做示范工程，培训施工操作人员，做到施工过程的连续作业。

29.4.3.3 保温隔热层下填料压实与板下垫层

（1）按设计要求确定隔热层的埋置深度。

（2）控制隔热层下基层填筑标高、横坡等，严格按设计要求进行压实、平整，达到标准。

（3）隔热层板下垫层铺设的中粗砂应干净、坚硬，不得有大于10mm粒径的块、砾石，含泥量不得大于5%。

（4）下垫层中粗砂压实后的厚度为0.2m。其虚铺厚度和垫层含水率选择应通过试验确定。

（5）下垫层压实后的相对密度不小于0.7，每100m检查3个点。

（6）下垫层的压实方法宜采用压路机或平板式振捣器压实，严禁采用喷水饱和方法。

29.4.3.4 隔热层铺设

（1）下垫层标高、压实度、平整度达到控制指标后，将施工前检查合格的保温隔热材料依据设计的搭接方式进行铺设。

（2）清除下垫层表面的杂物，进行测量放线，全幅铺设，标出隔热层铺设范围。

（3）用人工密贴摆放。采用双层板铺设时，上下接缝应交错，错开距离不小于0.2m，层间及接缝的贴接应符合设计要求。

拼接方式：有平接、搭接、企口接（图29.4-5）。在订购保温隔热材料时就应该拟定板的搭接方式，由厂家预先制作搭接槽，施工时用黏合剂胶结连接。

通常，直线段宜采用搭接或企口接方式进行连接。但曲线段，宜采用平接方式，且采用直向积累、集中拼缝处理方法进行连接铺设（图29.4-6），板间用黏合剂胶结。铺设应满足整个区段滑顺自然，保温板嵌挤紧密，不留孔隙，弯道处局部宽度适当加宽。

（4）隔热层铺设完毕，经检查合格后，应及时铺筑上垫层，避免隔热层长时间暴露。

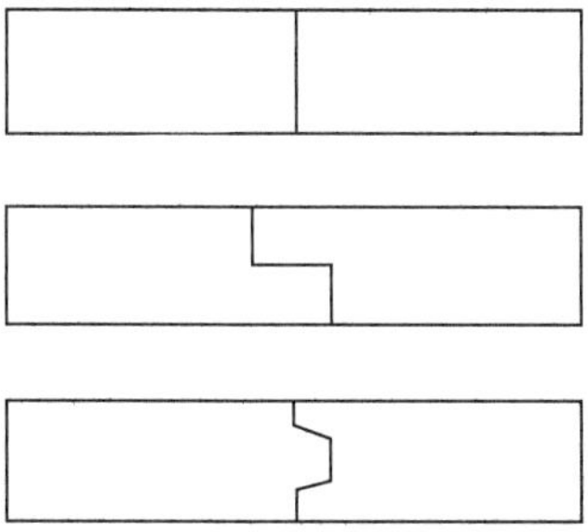

图 29.4-5　保温隔热材料的拼接方式示意图

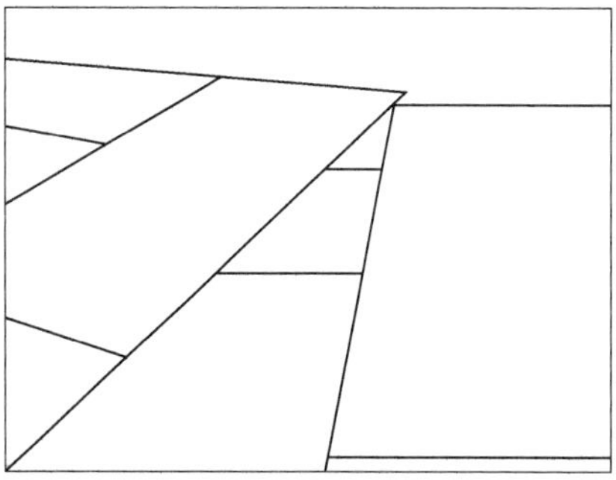

图 29.4-6　曲线段拼接处理方式

29.4.3.5　隔热层上的垫层及填料压实

（1）隔热层上垫层应选用级配良好、质地坚硬的中粗砂，砂中不得含有杂草、垃圾及粒径大于 10mm 的块、碎石，含泥量不得大于 5%。

（2）用自卸汽车将上垫层中粗砂运到隔热层端头，卸下中粗砂，按预留厚度，用人工摊铺平整。压实后的厚度为 0.2m，其虚铺厚度及含水率应根据试验确定。

（3）用轻型光轮压路机碾压，不得使用羊足碾或重型振动压路机。压实采用静压，先两侧后中间，先慢后快。碾压轮纵向重叠碾压，宽度为 0.2～0.3m。碾压速度和遍数由试验确定，压路机碾压不到之处，可以平板夯实机配合夯实。

（4）上垫层的压实质量要求均匀、平整，不作密度检测。

（5）再用自卸汽车将上垫层以上的填料运到隔热层端头，卸下填料，用铲车将填料按设计给出的最小压实层厚度向前推运，用压路机压实。

（6）以此类推，完成隔热层上垫层是填料铺筑和压实工作。

（7）经质量检测合格后，方可进入下道工序。上垫层质量检测应达到表 29.4-7 规定要求。

29.4.3.6　过渡段处理

保温隔热层与非保温隔热基层间应设置过渡区域。

（1）整体铺设保温隔热层区域的两端，应各自外延 10m。

（2）两端应先用中粗砂埋没保温隔热层后，再按最小压实层厚度填筑填料，长度不小于 5～10m，避免将保温隔热层端头压碎。

29.4.4　检测与评定标准

（1）隔热材料质量检测标准。

1）外观检测要求。①色泽：均匀，阻燃型应掺有颜色的颗粒，以示区别；②外形：表面平整，无明显收缩变形和膨胀变形；③熔结：熔结良好；④杂质：无明显油渍和杂质；

2）尺寸及允许偏差。尺寸及允许偏差见表 29.4-3。

3）物理机械性能检测标准。物理机械性能见表 29.4-4。

（2）隔热层下垫层质量检测标准。隔热层下垫层质量检测标准见表 29.4-5。

（3）隔热层铺设质量标准。隔热层铺设质量检测标准见表 29.4-6。

表 29.4-3 隔热材料尺寸及允许偏差 单位：mm

长度、宽度尺寸	允许偏差	厚度尺寸	允许偏差	对角线尺寸	对角线差
<1000	±5	<50	±2	<1000	5
1000～2000	±8	50～75	±3	1000～2000	7
>2000～4000	±10	>75～100	±4	>2000～4000	13
>4000	正偏差不限，负偏差<10	>100	±5	>4000	15

表 29.4-4 挤塑聚苯乙烯泡沫塑料（XPS）板的物理机械性能

项目	密度/(kg/m^3)	导热系数/[W/(m·K)]	抗压强度（10%变形下的压缩应力）/MPa	吸水率（浸水 96h，V/V）/%
指标	40～50	≥0.025	≥0.5	≥0.5
项目	蒸汽透湿系数/[mg/(Pa·m·s)]	尺寸稳定性/%（70℃±2℃下，48h）	热阻（厚度 25mm 时，25℃）/[(m^2·K)/W]	阻燃性
指标	≤2	≤1.0	≥0.86	符合设计要求

表 29.4-5 隔热层下垫层质量检测标准

项次	检查项目	规定或允许偏差	检 测 方 法
1	下垫层厚度	不小于设计值	每 100m 检查 3 点，尺量
2	下垫层宽度	±50mm	每 100m 检查 3 点，尺量
3	平整度	15mm	每 100m 检查 10 点，直尺量测
4	顶面高程	±50mm	每 100m 检查 3 点，水准仪

表 29.4-6 隔热层铺设质量检测标准

项次	检查项目	规定或允许偏差	检 测 方 法
1	隔热层厚度	±5mm	每 100m 检查 20 点，钢针
2	隔热层宽度	不小于设计值	每 100m 检查 5 点，尺量
3	中线至边缘	±30mm	每 100m 检查 5 点，直尺量测
4	隔热层接缝	符合设计要求	每 100m 检查 20 点，尺量，目测

（4）隔热层上垫层施工质量检测标准。隔热层上垫层施工质量检测标准见表 29.4-7。

表 29.4-7 隔热层上垫层施工质量检测标准

项次	检查项目	规定或允许偏差	检 测 方 法
1	上垫层厚度	±10mm	每 100m 检查 3 点，尺量
2	上垫层宽度	不小于设计值	每 100m 检查 3 点，尺量
3	平整度	15mm	每 100m 检查 10 点，直尺量测
4	顶面高程	±50mm	每 100m 检查 3 点，水准仪

（5）隔热层路堤质量检测标准。隔热层路堤质量检测标准见表 29.4－8。

表 29.4－8　　隔热层路堤质量检测标准

序号	检测项目		允许偏差	检测方法	
1	隔热保温板尺寸	长度	1/100	卷尺丈量，抽样频率	<2000m^3 抽检 2 块 2000～5000m^3 抽检 3 块， 5000～10000m^3 抽检 4 块， ≥10000m^3 每 2000m^3 抽检 1 块
		宽度	1/100		
		厚度	1/100		
2	隔热保温板密度		≥设计值	天平，抽样频率同序号 1	
3	基底压实度		≥设计值	环刀法、灌砂法或核子密度仪法，每 1000m^3 检测 2 点	
4	垫层平整度/mm		10	3m 直尺，每 20m 检查 3 点	
5	垫层之间平整度/mm		20	3m 直尺，每 20m 检查 3 点	
6	隔热保温板之间缝隙、错台/mm		10	卷尺丈量，每 20m 检查 1 点	

29.5　大体积混凝土保温层设计

在水利水电工程中，保温一直是大体积混凝土温度控制中非常重要的措施。国内外大量的实践经验表明，大体积混凝土所产生的裂缝，绝大多数属于表面裂缝，也有一部分会发展成深层或贯穿性裂缝，影响结构的整体性和耐久性。表 29.5－1 给出了国内外对大体积混凝土表面放热均提出的具体要求。

表 29.5－1　　大体积混凝土表面放热系数要求　　单位：[kJ/(m^2·h·℃)]

坝名	混凝土表面放热系数		国别
利贝坝	β=15.2（春、夏、秋季）	β=2.01（冬季）	美国
德沃歇克坝	β≤10.13（春、夏季）	β≤10.13（冬季）	美国
乌斯季依姆坝	β=2.51～2.93（表面）	β=1.67（棱角）	俄罗斯
布拉茨克重力坝	β=6.28		俄罗斯
龙羊峡重力坝	β≤4.18		中国

施工阶段的温度控制是解决大体积混凝土裂缝的重要手段。这些措施包括通过优化混凝土配合比及选择原材料来降低水泥水化热、提高混凝土的抗拉强度；采取各种措施控制混凝土的温度应力和防止混凝土表面干裂，如避开夏季高温施工、制冷、加冰、骨料遮阳以及表面覆盖、喷淋降温等。

土工合成材料在加强表面保温措施上提供了新材料。在大体积混凝土表面设置保温层，当气温变化时，混凝土内部不直接与大气进行热量交换，表面温度大幅度降低，从而减少温度梯度、改善混凝土内部温度场的均匀性，减缓内部混凝土热量散失，防止混凝土裂缝发生。表面保温的作用一是作为温控措施，防止混凝土表面裂缝；二是作为冬季施工措施，防止冻害的发生；三是弥补混凝土养护的不足，利于防止混凝土干缩裂缝。

大体积混凝土采用土工合成材料表面保护措施的要点主要有以下几个方面：

(1) 应选择保温效果好且便于施工和安全的保温材料。保温后混凝土表面等效放热系数 β 应通过计算分析确定。长江流域一般可选择 β 值为 1.5～4kJ/(m² · h · ℃)，重要工程、重要结构部位、坝块尺寸大和气温变化幅度大及气温骤降频繁等情况选择低值。

(2) 当日平均气温在 2～3d 内连续下降 6～8℃时，28d 龄期内混凝土表面（顶、侧面）必须进行表面保温处理。

(3) 对于永久暴露面或因特殊原因长期间歇的暴露面，在低温期间浇筑的混凝土需进行及时表面保温，保护持续时间至少经历 1～2 个低温季节。

(4) 每年入秋时，应将大坝泄水孔道、廊道、竖井等孔洞进出口用保温材料封堵。

(5) 低温季节在拆模后应立即采取表面防护措施，如遇气温骤降应推迟拆模，气温骤降过后再进行拆模。

29.5.1 混凝土表面保温材料

多年来，大体积混凝土表面保温材料包括珍珠岩、纸板、聚氯乙烯薄膜、聚苯乙烯泡沫塑料（EPS、XPS）、聚氨酯泡沫塑料（PU）、聚乙烯泡沫板、聚乙烯气垫薄膜、保温被（弹性聚氨酯被、棉被和矿渣棉被）等。

综合国内的实际经验，对表面保温材料基本要求是导热系数低、密度低、强度高、具有良好的防腐性、符合环保要求、工艺性好和造价低等。土工合成材料则为实现这个要求提供了支撑。

实际应用中，施工期临时短期保温宜采用 EPS 板，施工期长期保温或永久保温宜采用 XPS 板，永久保温防渗应采用防渗保温复合体。

29.5.2 混凝土表面保温的计算

当混凝土表面附有模板和保温层时，通常采用放热系数的方法考虑模板或保温层对温度的影响，边界条件的近似处理见图 29.5-1。

在混凝土的表面附有保温层，通常是因为保温层的热容量小，可以忽略。混凝土表面通过保温层向周围介质放热的等效放热系数为

$$\beta_s=\frac{1}{\dfrac{1}{\beta_0}+\sum\dfrac{h_i}{\lambda_i}} \qquad (29.5-1)$$

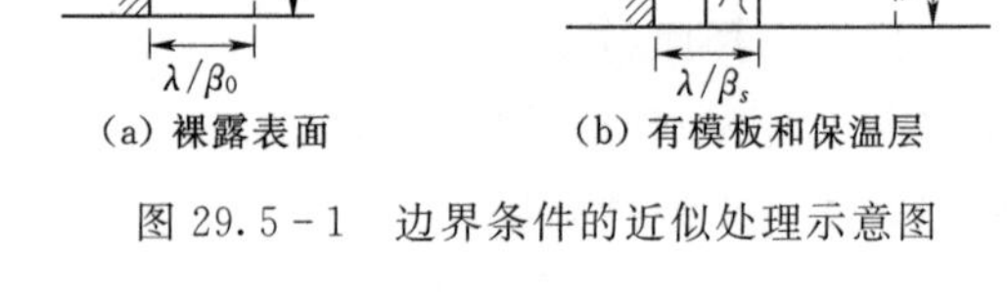

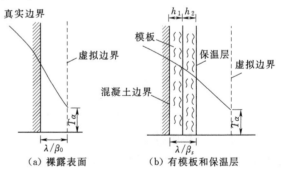

图 29.5-1 边界条件的近似处理示意图

把混凝土结构的真实边界向外延拓一个虚拟厚度 d（$d=\lambda/\beta_s$），可得到一个虚拟边界，在虚拟边界上温度等于气温，而在厚度 d 处的温度等于混凝土表面的真实温度，虚拟厚度越大，混凝土表面与气温相差越远，因此虚拟厚度可以用来衡量表面的放热系数对混凝土表面温度变化的影响。

当采用表面保温时，混凝土表面的虚拟厚度为

$$d=\frac{\lambda}{\beta_0}+\sum\frac{\lambda}{\lambda_i}h_i \qquad (29.5-2)$$

式中：λ_i 为第 i 层材料的导热系数，W/(m · K)；h_i 为保温材料厚度，m；β_0 为最外面

保温板与空气间的表面放热系数，kJ/(m^2·h·℃)；λ 为混凝土导热系数，W/(m·K)。

表面放热系数取决于表面的粗糙度、流体的导热系数、黏滞系数、流速及流向等。在空气中放热系数的数值与风速密切相关（表 29.5-2），也可通过计算得到：

粗糙表面：
$$\beta_0=23.9+14.5v_a \tag{29.5-3}$$

光滑表面：
$$\beta_0=21.8+13.53v_a \tag{29.5-4}$$

式中：v_a 为风速，m/s；β_0 为放热系数，kJ/(m^2·h·℃)。

表 29.5-2　固体在空气中的放热系数

风速/(m/s)	放热系数/[kJ/(m^2·h·℃)]		风速/(m/s)	放热系数/[kJ/(m^2·h·℃)]	
	光滑表面	粗糙表面		光滑表面	粗糙表面
0	21.800	23.900	5.0	89.450	96.400
0.5	28.565	31.150	6.0	102.980	110.900
1.0	35.330	38.400	7.0	116.510	125.400
2.0	48.860	52.900	8.0	130.040	139.900
3.0	62.390	67.400	9.0	143.570	154.400
4.0	75.920	81.900	10.0	157.100	168.900

29.5.3　混凝土表面保温层结构与施工

混凝土表面保温层的施工方法有内贴法、外贴法和喷涂法。内贴法和外贴法就是采用黏结剂将保温材料粘贴在混凝土表面，喷涂法则是采用喷涂机械将保温材料喷涂在混凝土表面。

工业化生产的聚苯乙烯泡沫塑料（EPS、XPS）、聚氨酯泡沫塑料（PU）以及聚乙烯泡沫板、聚乙烯气垫薄膜、弹性聚氨酯被以及防渗保温复合体等大都采用内贴法或外贴法，聚氨酯硬质泡沫塑料大都是采用喷涂法施工。

实际应用中，对于正在施工中的混凝土坝表面保温宜采用内贴法或外贴法施工，已建成的混凝土坝宜采用喷涂法施工。

为了防止大体积混凝土在施工期出现表面裂缝，最好的办法就是在混凝土的表面用保温材料进行防护，为了防止保温材料的老化，通常在保温材料的外表面增加保护层，这种保护层的构造有两种：

（1）聚合物砂浆保护层［图 29.5-2（a）］，其构造为“黏结剂＋保温层＋聚合物砂浆保护层”，保护层为聚合物砂浆厚度约 5mm。

（2）水泥砂浆保护层［图 29.5-2（b）］，其构造为“黏结剂＋保温层＋界面处理剂＋水泥砂浆＋表面涂层”，水泥砂浆厚度约 20mm，表层再涂一层表面涂层（如丙烯酸乳液等）。

施工方法：一是先贴保温层后加保护层，就是先在混凝土表面用黏结剂贴保温材料，然后在保温层上抹保护层；二是先抹保护层后贴保温材料，就是先在保温材料上抹好保护层，然后再将保温材料用黏结剂贴在混凝土表面上。

在兼有防渗保温的要求时，建议采用中国水科院提出的防渗保温复合体，其构造为“黏结剂＋聚合物砂浆＋土工膜＋黏结剂＋保温层＋保护层”。

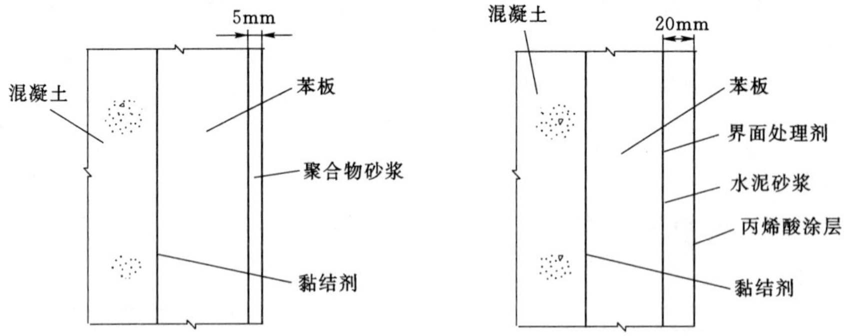

(a) 聚合物砂浆保护层　(b) 水泥砂浆保护层

图 29.5-2 保温层与保护层结构

在不同地区及混凝土坝的不同部位，建议参考朱伯芳院士提出的关于混凝土坝上下游表面防渗保温的 4 种不同分区要求（表 29.5-3）。

表 29.5-3 混凝土坝上下游表面保温防渗的分区要求

部位				一般地区			寒冷地区		
				重要工程	一般工程	次要工程	重要工程	一般工程	次要工程
常态混凝土坝	拱坝	上游面	坝踵	A	A	C	A	A	B
			其余	B	B	C	B	B	B
		下游面	拉应力区	B	B	C	B	B	B
			其余	B	C	D	B	B	C
	重力坝	上游面	死水位以下	B	B	C	B	B	B
			死水位以上	B	B	C	B	B	B
		下游面		B	C	D	B	B	C
碾压混凝土重力坝	拱坝	上游面		A	A	A	A	A	A
		下游面		B	C	D	B	B	B
	重力坝	上游面		A	A	A	A	A	A
		下游面		B	C	D	B	B	C

注 A 为永久保温防渗；B 为永久保温；C 为施工期长期保温；D 为施工期临时短期保温。

参 考 文 献

[1] 周幼吾，郭东信，程国栋，等．中国冻土 [M]．北京：科学出版社，2000.

[2] 曲祥民，张滨．季节冻土区水工建筑物抗冻技术 [M]．北京：中国水利水电出版社，2009.

[3] 曲祥民，张洪雨．工程冻土概论 [M]．哈尔滨：哈尔滨工程大学出版社，2005.

[4] 汪双杰，黄晓明．冻土地区道路设计理论与实践 [M]．北京：科学出版社，2012.

[5] 赖远明，张明义，李双阳．寒区工程理论与应用 [M]．北京：科学出版社，2009.

［6］武憋民，汪双杰，章金钊. 多年冻土地区公路工程［M］. 北京：人民交通出版社，2005.
［7］吉林省交通厅. 公路工程抗冻设计与施工技术指南［M］. 北京：人民交通出版社，2007.
［8］房建宏，李东庆，徐安花，等. 多年冻土区特殊路基工程措施应用技术［M］. 兰州：兰州大学出版社，2016.
［9］石泉，周富强，吴燕. 严寒地区大体积混凝土温度场变化规律研究与实践［M］. 北京：中国水利水电出版社，2010.
［10］杜彬，胡昱，等. 混凝土大坝保温保湿技术［M］. 北京：中国水利水电出版社，2012.
［11］朱伯芳. 混凝土坝温度控制与防止裂缝的现状与展望［M］. 水利学报，2006，37（12）：1424－1432.

第30章 浅层泥石流防护结构设计与施工

30.1 概 述

泥石流是山区常见的一种突发性地质灾害，是由大量泥沙、石块等固体物质与水混合组成的固液两相流。随着科技和经济的发展，人类活动范围不断扩大，逐步向山区延伸，极大增加了泥石流灾害发生的概率。目前对于浅层泥石流尚未有明确的定义，一般认为浅层泥石流形成区的最大土层厚度约为2～3m，总体流量和长度较小，流动速度较低以及总体危害程度较轻微。浅层泥石流流通区的地貌形态也多以坡面泥石流为主。

泥石流的防治通常采用以护坡、拦截、排导和防护等工程为主的治理措施。针对浅层泥石流，以土工合成材料作为防治结构主要功能构件的防治方法，大多采用以防止泥石流形成区水土流失的坡面治理和生物工程的方法来防止和减轻灾害（详见第25章）。土工合成材料结构具有地形适应性强、抗冲击性能好、施工简便、造型美观和造价低等优点，20世纪90年代以来，以土工合成材料防护结构作为半永久或永久性浅层泥石流防护工程的治理措施，逐渐在国内外实际工程中得到了一定的探索性应用，如拦渣实体坝、格栅坝（网格坝）、导流堤、护面等结构。

土工合成材料防护结构作为浅层泥石流防治工程，还属于一项发展中的技术，但与传统的浆（干）砌石、混凝土为材料的刚性结构相比，生态柔性的土工合成材料防护结构具有造价低、地形适应性好、地基应力小、施工简便和美观等优点，具有广泛的应用前景。相关研究成果可以大致的分为浅层泥石流的发生机理和运动规律的揭示、防护结构的创新与优化、结构与浅层泥石流的相互作用机理以及具有抗冲击性能土工合成材料研发等几个方面。随着应用研究的深入和工程实践经验的积累，同时材料制造工艺的不断发展以及材料性能指标的提高，土工合成材料防护结构在浅层泥石流防护工程中的应用也会更加广泛。

30.2 常见浅层泥石流的防护结构

30.2.1 结构型式

目前国内外常见的土工合成材料浅层泥石流防护结构型式可分为两种。一种是双面加筋挡土墙型式的防护结构［图30.2-1（a)］，挡墙的墙面材料通常为网格状钢筋等柔性材料，结构断面呈梯形。另一种是由大型土工袋或笼箱体堆筑而成的防护结构［图30.2-1（b)］，结构断面呈梯形，并多采用筋绳将笼箱捆扎增加结构的整体性。

结构及其使用的材料应满足如下要求：

（1）墙高应不大于5m，一般情况下可不考虑地震作用。

（2）墙顶宽应不小于 1.5m，墙顶通常不做交通使用。

（3）墙体轴线应尽量为直线或平滑的拱形，背水面（即下游面）应为拱形内侧，不宜出现折角。

（4）双面加筋挡墙型式中层间加筋材的铺设间距应不大于 0.6m。

（5）墙面材料应有足够的强度和耐久性。

（6）土工合成材料笼箱直接作为墙面时，应防止表面老化，满足耐久性要求。

（7）双面加筋挡土墙型式中的加筋材应具有足够的强度和抗冲击性，应尽量具有相同的双向（横向与纵向）强度。

（8）若采用以芯材材料为材料强度主要来源的加筋材时，应确定芯材与保护层之间的黏结强度，其黏结强度应不小于加筋材的设计强度。

（9）填料应具有较好的排水能力，泥石流堆积时渗入结构内部的水应迅速排出。

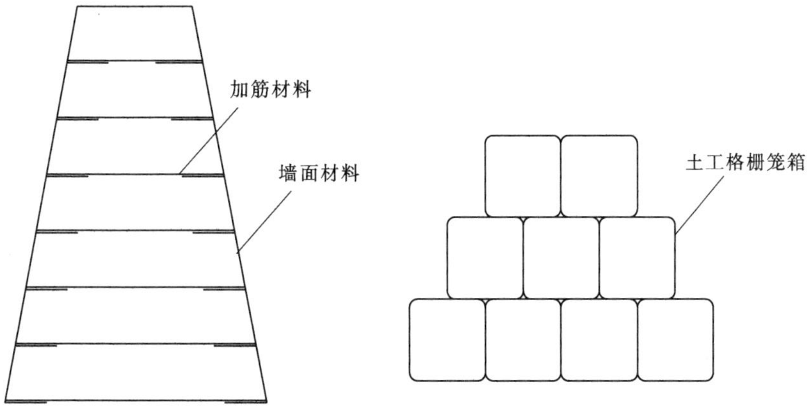

(a) 双面加筋挡土墙型式　　(b) 大型土工袋或笼箱体堆筑型式

图 30.2-1　土工合成材料防护结构型式

30.2.2　结构的适用条件

土工合成材料防护结构为柔性结构；填料可就地取材；也可人力施工。因此，适用于复杂的山地地形条件下的浅层泥石流防护工程。但应满足如下要求：

（1）结构底部应设石块等糙面垫层。

（2）结构内应设置水平和竖向排水层，在泥石流堆积时结构应具有足够的排水能力。

（3）必要时应在水出流处设置消能墩。

（4）当防护结构后部堆积物过多时应及时清理。

土工合成材料防护结构也可同时作为浅层泥石流和浅层滑坡的防护结构使用。作为浅层滑坡防护结构时应参照执行国家和各行业现行的有关规范、规程、标准的要求。

30.3　浅层泥石流防护结构的设计与施工

30.3.1　设计基本原则

坡面泥石流防治工程与自然地质条件的关系极为密切，因此设计时必须全面考虑气象、水文、地形、地质、水文地质条件及其复杂变化，包括可能发生的自然灾害及因兴建工程改变了原有自然地质环境条件而引发新的灾害。以土工合成材料防护结构作为浅层泥石流防治工程设计时，应充分考虑设计基准期内预定的功能，场地条件、岩土性质及其可能变化，荷载组合情况，施工环境、相邻工程的影响，施工技术条件，设计实施的可行性，当地材料资源、工期等各种因素。

设计应根据被保护对象所在的区位条件等选择相应的结构型式，并按其重要性选择设计标准。防护结构墙体、坝体轴线应尽可能与泥石流流向垂直，并布置成一直线。

泥石流体重度、泥石流流速、泥石流流量以及沿程泥沙级配和大块石三轴向尺寸等表征泥石流参数的计算和取值，应参照执行国家和各行业现行的有关规范、规程、标准的要求。

30.3.2 作用与作用效应组合

作用于土工合成材料防护结构的基本荷载有：墙体自重、泥石流竖向压力、堆积物的土压力、水压力、扬压力、冲击力等。浅层泥石流的总体流量大小以及过坝泥石流对土工合成材料防护结构的作用尚不十分清楚，因此设计时应充分考虑堆积物体积，防止溢流。可能产生溢流时，应对结构进行加固处理等适当措施。

（1）墙体自重。墙体自重 W_d 取决于墙体体积 V_b 和墙体填料的重度 γ_b，即

$$W_d = V_b \times \gamma_b \tag{30.3-1}$$

（2）泥石流竖向压力。包括土体重 W_s。土体重 W_s 是指垂直作用于墙体斜面上的泥石流体积重量，重度有差别的互层堆积物的 W_s 应分层计算。

（3）作用于墙体迎水面上的水平压力。作用于墙体迎水面上的水平压力有稀性泥石流体水平压力 F_{dl}、黏性泥石流体水平压力 F_{vl}，以及水平水压力 F_{wl}。

F_{dl} 可采用朗肯主动土压力公式求得：

$$F_{dl} = \frac{1}{2}\gamma_{ys} h_s^2 \tan^2\left(45° - \frac{\varphi_{ys}}{2}\right) \tag{30.3-2}$$

其中

$$\gamma_{ys} = \gamma_{ds} - (1-n)\gamma_w$$

式中：γ_{ys} 为浮砂重度，kN/m³；γ_{ds} 为干砂重度，kN/m³；γ_w 为水体重度，kN/m³；n 为孔隙率；h_s 为稀性泥石流体堆积厚度，m；φ_{ys} 为浮砂内摩擦角，(°)。

F_{vl} 也采用朗肯主动土压力计算：

$$F_{vl} = \frac{1}{2}\gamma_c H_c^2 \tan^2\left(45° - \frac{\varphi_a}{2}\right) \tag{30.3-3}$$

式中：γ_c 为黏性泥石流重度，kN/m³；H_c 为黏性泥石流体泥深，m；φ_a 为黏性泥石流体内摩擦角，φ_a 一般取 4°～10°。

F_{wl} 按下式计算：

$$F_{wl} = \frac{1}{2}\gamma_w H_w^2 \tag{30.3-4}$$

式中：γ_w 为水体的重度，kN/m³；H_w 为水的深度，m。

土工合成材料防护结构整体具有一定的透水能力，可消减泥浆压力，但其水平水压力的分布尚不明确，可根据有关规范而定。

（4）扬压力。作用在迎水面坝踵处的扬压力 F_y 按下式计算：

$$F_y = K\frac{H_1 + H_2}{2}B\gamma_w \tag{30.3-5}$$

式中：F_y 为扬压力，kPa；H_1 为坝上游水深，m；H_2 为坝下游水深，m；B 为坝底宽度，m；K 为折减系数，可根据坝基渗透性参见有关规范而定，一般取 0.0～0.7，混凝土结构取 0.7，堆石体取 0。

（5）冲击力。冲击力 F_c 包括泥石流整体冲压力 F_δ 和泥石流中大块石的冲击力 F_b。现阶段浅层泥石流与柔性的土工合成材料防护结构间的整体冲击力的研究并不充分，整体冲压力 F_δ 的计算仍与浆（干）砌石和混凝土等刚性结构相同。但灾度等级为小灾时，整体冲压力可进行适当的折减，但冲击力折减系数 ξ 应不小于 0.9。

泥石流整体冲压力用下式计算：

$$F_\delta = \xi\lambda\frac{\gamma_c}{g}v_c^2\sin\alpha \tag{30.3-6}$$

式中：F_δ 为泥石流整体冲击压力，kPa；γ_c 为泥石流重度，kN/m^3；v_c 为泥石流流速，m/s；g 为重力加速度，m/s^2；α 为墙体受力面与泥石流冲压方向的夹角，（°）；λ 为墙体形状系数，矩形墙体 $\lambda=1.33$，方形墙体 $\lambda=1.47$；ξ 为冲击力折减系数。

泥石流大块石冲击力计算公式为

$$F_b = \sqrt{\frac{48EJV^2W}{gL^3}}\sin\alpha \tag{30.3-7}$$

式中：F_b 为泥石流大块石冲击力，kPa；E 为墙体构件弹性模量，kPa；J 为墙体构件截面中心轴的惯性矩，m^4；L 为构件长度，m；V 为石块运动速度，m/s；W 为石块重量，kN；g 为重力加速度，取 $g=9.8$m/s^2；α 为块石运动方向与构件受力面的夹角，（°）。

对于稀性泥石流，作用于拦砂坝上的荷载组合应为：坝体自重 W_d、稀性泥石流土体重 W_s、水平水压力 F_{wl}、稀性流石流水平压力 F_{dl} 以及扬压力 F_y（未折减），以及与地震力的组合。

对于黏性泥石流，作用在拦砂坝的荷载组合，只将稀性泥石流产生的水平压力 F_{dl} 换为黏性泥石流的 F_{vl}。

30.3.3　稳定性验算

泥石流防护结构的稳定安全系数应满足相应规范的要求，稳定性验算应包括以下四个方面。

（1）抗滑稳定性验算。抗滑稳定性验算包括结构整体和土工合成材料铺设各层的验算。

$$k_c = \frac{f\sum N}{\sum P} \tag{30.3-8}$$

式中：k_c 为抗滑安全系数，可根据防治工程安全等级及荷载组合取值，一般取 1.05～1.15；$\sum N$ 为垂直方向作用力的总和，kN；$\sum P$ 为水平方向作用力的总和，kN；f 为砌体与地基之间的摩擦系数。

（2）抗倾覆验算。抗倾覆验算包括，结构整体和土工合成材料铺设各层以上部分的验算。

$$k_0=\frac{\sum M_N}{\sum M_p} \tag{30.3-9}$$

式中：k_0 为抗倾覆安全系数，可根据防治工程安全等级及荷载组合取值，一般取1.3～1.6；$\sum M_N$ 为抗倾力矩的总和，kN·m；$\sum M_p$ 为倾覆力矩的总和，kN·m。

（3）地基承载力满足下式：

$$\sigma_{\max}\leqslant 1.2[\sigma]$$

$$\sigma_{\min}\geqslant 0$$

$$\sigma_{ave}\geqslant 1.0[\sigma] \tag{30.3-10}$$

其中

$$\sigma_{\max}=\frac{\sum N}{B}\left(1+\frac{6e_0}{B}\right)$$

$$\sigma_{\min}=\frac{\sum N}{B}\left(1-\frac{6e_0}{B}\right)$$

式中：$\sigma_{\max}$为最大地基应力，kN/m^2；$\sigma_{\min}$为最小地基应力，kN/m^2；σ_{ave}为平均地基应力，kN/m^2；$\sum N$ 为垂直力的总和，kN；B 为坝底宽度，m；e_0 为偏心矩；$[\sigma]$为地基承载力特征值。

（4）材料强度计算。土工合成材料防护结构构成材料的强度计算，可按加筋挡墙相应规范的公式计算。若采用大型土工袋或笼箱体堆筑型式防护结构可按土工袋理论计算。

30.3.4 防护结构施工

30.3.4.1 施工准备

（1）施工前应结合实际情况，掌握当地气候特点，做好相应的技术准备工作。

（2）对施工的材料供应、土方平衡、设备平衡等重点，以及土方开挖和施工工艺等难点工作召开专题会进行讨论，制定切实可行的措施，做好技术交底工作。

（3）施工前应做好场地清理工作，保证施工便道畅通。

30.3.4.2 施工方法

（1）双面加筋挡墙式防护结构的工艺流程为：施工准备→基础施工→墙面材料的设置与安装→加筋材料铺设→填料摊铺碾压。

（2）大型土工袋或笼箱体堆筑型式防护结构的工艺流程为：施工准备→基础施工→大型土工袋或笼箱体的制作和填充→栅笼箱的堆筑→筋绳捆扎。

（3）基坑采用人工配合挖掘机方法进行开挖，严格按照基坑底的各部分尺寸，类型和埋置深度等设计要求进行开挖。

（4）局部地基承载力达不到设计要求时，应采用碎石等材料换填以提高基础承载力。

（5）铺设前应检查下一层填料的标高、平整度、压实度；按设计位置铺设土工格栅拉筋，施工时严格控制每填层的标高和坡率。

（6）按设计要求采用土质或土石混合填料，严禁采用有机质土及高液限黏土；压实度按设计要求，并严禁采用羊脚碾。

（7）按设计要求设置碎石反滤层和水平排水层。

（8）碾压机械运行方向应平行于墙堤的水平走向；碾压遍数应结合具体碾压机械及填料性质经试验确定；下一遍碾压的轮迹应与上一遍碾压轮迹重叠轮迹宽度的1/3。

30.4　其他形式的泥石流防护结构

30.4.1　格栅坝（网格坝）的结构型式

格栅坝又名格栏坝，是一种拦排兼备的泥石流防护结构，最适合于拦蓄含巨石、大漂砾的水石流、稀性泥石流和挟带大量推移质的高含沙洪水，不适用于拦截崩滑体和间发性黏性泥石流。

格栅坝类型较多，网格坝属于其中结构形状相对简单的平面型柔性格栅坝（图30.4－1）。钢索材料可应用于网格坝或格栅坝的迎流防冲击结构。以土工合成材料替换钢索材料的工程实践国外已有报道，但设计方法尚处于研究阶段，以参考钢索网格坝设计施工为主。

图 30.4－1　土工合成材料网格坝防护结构

网格坝为可渗透的结构型式，泥石流堆积时水和较小颗粒的泥沙被排走，较大的岩块被拦截并沉积下来形成天然的防护屏障。网格坝的结构与被动落石防护网相类似，工程案例中出现过被动落石防护网成功拦截小型泥石流的。泥石流冲击所具有的动能主要是被柔性网吸收，并将所承受的载荷通过支撑绳、锚杆等传递到地层。与其他型式的格栅坝一样，不宜设置在泥石流加速区，应设置在地质条件较好、易于锚固的流通区域或减速区。

30.4.2　网格坝的设计要点

（1）坝的位置选择。网格坝不宜布置在泥石流沟道的加速区，应设置在地形狭窄、地质条件较好、两岸易于锚固的流通区或减速区。

（2）坝的高度。最小网格坝高度应等于泥石流的最大龙头高度与相应的冲起高度之和。如需多次或长期承担泥石流的作用，则坝高需加上相应的淤积厚。

（3）网孔大小。网孔大小决定于要拦截泥石流巨砾直径及流速等因素，其试验关系式如下：

$$1.5 \leqslant \frac{b}{G_m} \leqslant 2.0 \qquad (30.4-1)$$

式中：b 为网孔宽度、网孔多为正方形，m；G_m 为泥石流体石块的最大直径，m，有时为了增大拦淤效果，有意将网孔宽度减小一些。

（4）网格体钢丝索的设计。

1）吊索及横索设计：作用在网格上的外力，除开吊索及横索两端外，可近似按均布荷载作用在吊索上，求出加到每一根吊索的荷载。一般吊索与横索可采用同一型号规格的钢索。

2）泥石流冲击力 P 按下式计算：

$$P=\frac{r_c V_c^2 F}{g} \tag{30.4-2}$$

式中：r_c、V_c 为泥石流体的容重及流速，m/s；F 为投影面积，m^2；g 为重力加速度，m/s^2。

3）主索设计：可把作用在吊索上的各集中荷载，简化为均布荷载，视为主索上的外力。则钢索的张力 T 可用下式计算：

$$T=\frac{(q_1+q_2)L^2}{8f\cos\alpha} \tag{30.4-3}$$

式中：q_1、q_2 为主索受的均布荷载及单位长度的自重，kN；L、f 为跨度与垂度，m；α 为主索锚固点处的方向与两端锚固点连线之间的夹角，(°)。

（5）钢索的磨损处理。泥石流对钢索磨损高达30%～50%左右，对坝体安全构成严重威胁。采用最简单的处理办法是增大钢索的直径，或使用外层钢丝直径大的钢索规格，或用短钢管套在钢索上保护。

（6）钢索在沟床上敷设长度。网格体敷设在沟床上的末端，以不固定为好。敷设长度 L(m) 除与网格体坝高 H(m) 有关系外，与泥石流的性质关系很大。目前只能用经验关系式表示：

$$L=(1.5\sim2.0)H \tag{30.4-4}$$

（7）钢索连接点金属夹具。主索与两岸锚固之间的金属连接夹具，应具备调节主索松紧长度的能力；主、吊索之间连接夹具、吊索与横索之间的连接夹具，两边用“T”字形，中间用“+”字形，可按有关规范设计。

值得注意的是网格坝的钢绳，经常与水接触的部分，很容易发生锈蚀，从而使钢绳的强度很快减小，直接影响网格体的使用寿命。最好是采用不锈钢丝绳，其他（如涂黄油等）办法都很难维持长久，是该坝最大的缺点。以土工合成材料替换钢索与钢绳的结构可大幅提高材料的防锈蚀性，但应注意土工合成材料的抗风化性。

30.5 工程实例

如图30.5-1所示，对于永久或永久性浅层泥石流的防护工程，常采用双面加筋挡墙式防护结构，墙面可采用生态绿化形式提高耐久性。大型土工袋或笼箱体堆筑式防护结构多为临时性防护工程，但应注意墙面材料亦应该具有相应的耐久性，如图30.5-2所示的临时性防护工程的墙面采用了具有一定期限（5年或3年以上）的抗风化保质期的大体积土工袋。抗风化大体积土工袋的袋体材料中添加了炭黑材料，因此呈黑色。

图 30.5－1　双面加筋挡墙式防护结构

图 30.5－2　大型土工袋堆筑型式防护结构

参　考　文　献

[1] YOSHIDA M, TATSUTA N, Nishida Y, et al. Full scale field test of reinforced embankment adjacent to steep slope [J]. Geosynthetics Engineering Journal, 2005, 20, 295－300.

[2] ITOU S, YOKOTA Y, KUBO T, ARAI K. Field loading test of the protection embankment retaining wall reinforced with geosynthetics [J]. Geosynthetics Engineering Journal, 2000, 15, 340－349.

[3] 吴红刚，陈小云. 格宾-柔性网泥石流组合拦阻结构模型试验研究 [J]. 防灾减灾工程学报，2017，37 (5)：748－755.

第31章 沙漠地带防沙固沙结构设计与施工

31.1 概 述

中国沙漠总面积包括戈壁在内共有149万km^2，约占全国土地总面积的15.5%，其中沙质荒漠（沙丘及风蚀地）占39.8%，沙砾及石质戈壁占38.2%，沙地占22.0%。中国的沙漠属温带沙漠类型，除一部分位于内陆高原外，大部分分布在内陆山间盆地中，集中分布于东经106°以西的荒漠地带，占全国沙漠戈壁总面积的90%。

沙漠地带的自然特征主要表现为：气候干旱、降水稀少；日照强烈、冷热剧变；风力强大、风沙频繁；植被稀少、种类单一；水资源不足、水量不平衡。

土工合成材料防沙固沙措施有平铺固定浮沙、沙障阻沙及路基防沙等，其中沙漠地带的路基防护工程，主要包括两部分，即对路堑或路堤部分路基本体采取的防止风蚀加固措施和对沙丘或风沙流侵向路基一侧或两侧须采取的防止沙埋的措施。

31.2 土工合成材料防沙工程设计

31.2.1 土工合成材料固沙措施

采用不被风吹蚀的材料覆盖于沙丘或沙地上，起到固定当地浮沙的作用，称之为平铺。

31.2.1.1 平铺宽度

一般固沙与阻沙相结合，阻沙工程设于外缘，而在阻沙工程靠路基侧的活动沙丘（沙地），当风向与阻沙工程走向小角度（≤30°）相交时，宜全部平铺；当风向与阻沙工程走向大角度相交时，可按阻沙工程降低的风速，在起动风速以下的范围以外开始平铺；风向较紊乱时，宜全部平铺。

如外来流沙不太多，而当地有丰富的平铺材料，且年平均降水量大于100mm、湿沙层的含水量大于3%，可以采用以平铺为主的防沙措施，同时开展非灌溉造林。平铺时播种易生长的耐干旱树种，或者第二年栽植耐干旱的树苗。迎风侧宜平铺150～300m宽，背风侧宜平铺50～100m宽。如外来沙流较多，可增设一些截沙工程。

31.2.1.2 平铺土工合成材料类型

土工网是一种用于固沙防护的新材料，可工厂化生产，并具有材料运输方便、施工速度快、维修养护便利等优点。土工网可直接平铺于沙丘或沙地表面，用塑料钉固定，钉长30cm，钉间距2～3m，梅花形布置；土工网搭接宽度不小于20cm，搭接处钉间距应减小至1.0～1.5m；地形突变或地形较复杂处，应保持土工网平整，并适当增加钉子密度；防护周边钉长应加长至50cm。

根据风洞试验及实际工程防护效果观测，土工网的有效防护风速：CE131 为 8～10m/s，土工网垫为 10～15m/s。土工网防护下的地表粗糙度较流沙增高效果：CE131 为 77 倍；土工网垫为 227 倍。由于沙表面粗糙度的增加，其积蚀环境发生了改变，在风力降低、风蚀减弱的同时，风沙流中的部分沙粒及呈悬移状态的细颗粒被阻滞沉积下来，使土工网下覆沙表面细粒物质增加，并出现结皮；细粒物质的增加是流动沙质向固定转化的初期阶段的重要标志之一，随着这种积累过程的不断进行，有机质及微生物会随之出现，地表沉积物结构及理化性质也相应改变，这为局部地域生态环境的改善、后期植物的生长创造了良好的环境条件。

沙表面沉积物相对稳定是绝大多数植物生存、发展的先决条件之一。将土工网平铺于沙丘或沙地表面进行防护，不仅起到了固沙作用，而且有利于对沙丘受到扰动后所引起的风沙流活动进行快速防护，并可作为植物固沙的先行措施。

31.2.2 土工合成材料固阻沙措施

用于固阻沙措施的土工合成材料沙障，常大面积铺设，兼有固沙和阻沙作用。沙障露出地面高 5～30cm；风向单一时，按条带状布设；风向多变时，按格状布设。

31.2.2.1 沙障之间的距离

条带状沙障内的积沙形态，两侧高，中间低；格状沙障内的积沙形态，中部低，四周高，其剖面均呈凹曲面形。据观测：沙障之间的距离 L 与凹曲面最大深度 h 的关系为 $L/h=10\sim15$，比值增大阻沙效果逐渐降低，部分流沙可越过沙障继续前进。如露出地面的沙障高 10cm，沙障之间的距离为 1.0～1.5m。防沙采用的方格尺寸以 1m×1m 或 1m×2m 的防沙效果较好，与积沙形态相吻合。

31.2.2.2 铺设宽度

如只为了固定当地浮沙，则铺设宽度按浮沙范围确定；如为了兼有固沙与阻沙作用，则铺设宽度与沙源和风况等有关，在没有其他防沙措施相配合的情况下，可按下式计算铺设宽度：

$$L_s=L_{s1}+L_{s2} \tag{31.2-1}$$

式中：L_{s1} 为基本宽度，一年内不小于 17m/s 风速累积小时数 T，当 $T\leqslant5$h 时，$L_{s1}=30\sim60$m，当 $T>5$h 时，$L_{s1}=60\sim100$m。

L_{s2} 为沙埋宽度，m，可按下式计算：

$$L_{s2}=\frac{Q_E}{q}T \tag{31.2-2}$$

式中：Q_E 为输沙量，$m^3/(m\cdot a)$；q 为沙障内单位面积极限积沙量，1m×1m，沙障高 10cm，$q=0.074m^3/m^2$，1m×2m，沙障高 10cm，$q=0.070m^3/m^2$；T 为使用年限，与沙障材料有关，抗老化土工网沙障一般为 15 年。

31.2.2.3 土工合成材料沙障类型

在干旱风沙区，一般生物资源极为有限，且受季节限制。所以，应积极推广应用土工网沙障。土工网沙障方格尺寸为 2.0m×2.0m×0.2m（长×宽×高）；在工厂生产时，应将 CE111 网裁成宽 20cm 的条带；土工网之间用土工绳连接，用塑料固定钉钉固在沙面上，钉长 0.6m，钉间距 2.0m，钉与土工网用土工绳绑扎连接。土工网沙障周边的固定钉应适当加长 0.2m 左右，见图 31.2-1。

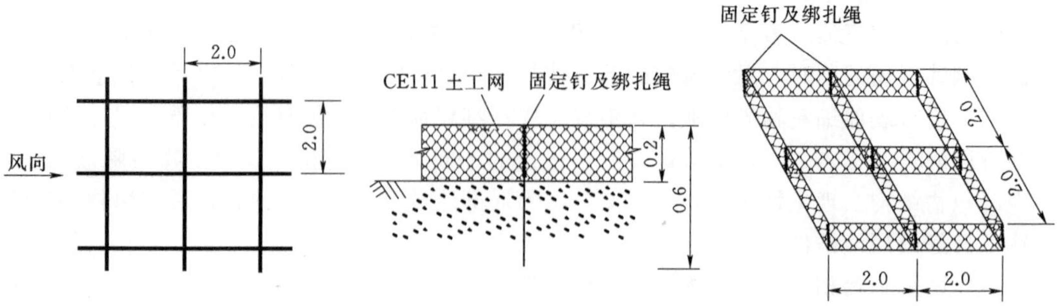

图 31.2-1 土工网方格沙障示意图（单位：m）

31.2.3 土工合成材料阻沙措施

高立式沙障起阻沙作用，一般设置 1 排；输沙量大时，设 2 排或 3 排，常设于设防带外缘，离路基坡脚 100～300m。

沙障按其透风情况，可分为透风与不透风两类。结合当地风况、沙源和地形地貌等分析选用沙障类型。沙障类型确定后，继而确定其高度、排间距离、立柱埋置深度和设置部位等。

31.2.3.1 沙障高度

不透风沙障可按式（31.2-3）计算沙障高度 h：

$$h=\sqrt{\frac{Q_E T}{5.5}} \tag{31.2-3}$$

式中：Q_E 为输沙量，$m^3/(m \cdot a)$；T 为沙障使用年限，按材料性质和设防期确定。如某种材料，5 年后可能损坏，则按 5 年计算。

透风沙障可按式（31.2-4）计算沙障高度 h：

$$h=\frac{1}{3}\sqrt{Q_E T} \tag{31.2-4}$$

式中：符号意义同式（31.2-3）。

如果计算的沙障高度太高，材料高度不够，或者施工有困难，可以设置多排，也可与其他防沙措施结合使用。

31.2.3.2 排间距离

求出沙障高度，按材料露出地面高度除之，可得排数。排与排之间的距离，尽可能发挥沙障降低风速的作用，使其积沙量达最大值，一般为 20～30m。

31.2.3.3 立柱埋置深度

高立式沙障的立柱埋置深度，一般可参考表 31.2-1，并结合当地情况确定。

表 31.2-1 透风栅栏立柱埋置深度表

露出地面高度/m	1.0	1.2	1.4	1.6	1.8
立柱埋置深度/cm	25	30	35	40	45

31.2.3.4 高立式沙障布置形式

土工合成材料栅栏是近些年来防沙工程中使用的一种新型高立式透风沙障，结构简单，施工速度快，但抗紫外线辐射能力较弱，易老化，阳光照射容易损坏，在紫外线照射较强的地区使用寿命短。栅栏一般设置于防沙工程的前沿地带，可连续封闭布置，也可以采用平行交错式或斜向横列式排列，见图 31.2-2。

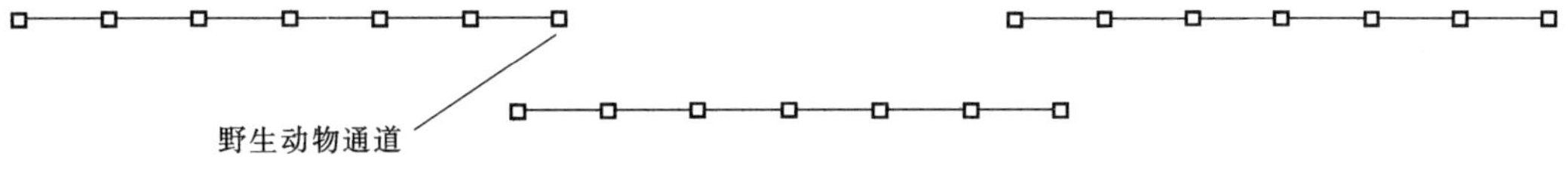

(a) 平行交错式平面布置图

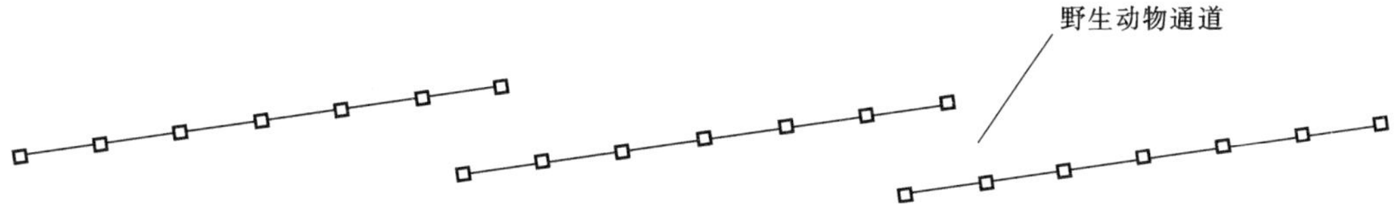

(b) 斜向横列式平面布置图

图 31.2-2 挡沙栅栏平面布置示意图

31.2.4 路基本体防护的设计

31.2.4.1 路基本体沙害类型

1. 风蚀

沙漠地区的路堤，采用当地的粉细砂填筑，易遭风蚀。风力对路基的风蚀，可分为吹蚀、磨蚀与掏蚀三种作用。吹蚀是风力直接带走填料颗粒；磨蚀是气流中挟带的沙粒冲击填料颗粒，甚至钻入孔穴内旋磨，以致使土体局部被掏空，加速风蚀程度；掏蚀是气流因遇障碍物或地面形状突变和不平整而产生涡流，卷走细小颗粒，使较大颗粒失掉稳定性而滚落于坡脚。一般迎风坡上部以吹蚀为主，路肩被吹蚀成浑圆状，坡面有吹蚀槽，在边坡下部 1/5～1/4 边坡高度范围内不遭受风蚀。背风坡以掏蚀为主，从路肩开始风蚀，风蚀物大部分堆积于坡脚，少部分被风带走，边坡下部 1/4 边坡高度范围内一般不遭受风蚀。风蚀常使路肩宽度不够，影响行车安全。

在沙丘或沙地开挖的路堑，或者含有易风蚀土层的路堑，坡面风蚀均较严重。

大风地区的风蚀现象更为严重，不仅粉细砂填筑的路堤需进行防护；而且采用砾石土和泥岩、泥灰岩、砾岩等软质岩碎块填筑的路堤，亦需进行防护。

2. 沙埋

风沙地区的铁路道床积沙是普遍现象，轻则道砟空隙贯入沙粒，道心有少量积沙，造成道砟不洁，给铁路上部结构带来一系列危害；重则积沙掩埋轨道，当积沙超出轨顶 3cm 以上，就可能引起机车或车辆脱轨，造成停运事故，此种现象一般称为沙埋。沙埋形态有以下三种：①片状沙埋，当路堤较低或为零断面，路堤坡脚积沙高度与道床积沙高度相等，呈片状掩埋路基；②舌状沙埋，当风口地段或防沙工程局部破坏的地方，积沙呈舌状顺风向延伸掩埋路堤；③堆状沙埋，由于防护措施设置不当，形成了沙丘，或者是固定沙丘遭到破坏，致使整个沙丘移向路基，形成堆状沙埋。

31.2.4.2 路基风况变化和积沙部位

1. 路堑

堑内风向变化比较紊乱。紊乱程度与路堑边坡坡率、边坡高度以及风向与线路交角大小等有关。如边坡坡率陡于1∶4，则于堑内出现顺线路方向的拉沟风，或称“顺槽风”，边坡愈高，拉沟风愈大；风向与线路的交角愈小，拉沟风愈大。堑顶顺风向层至拉沟风向层之间有一层涡流层，见图31.2-3，在这种风况下，沙粒跃入路堑内。在拉沟风的作用下，顺线路运行一段距离。如路堑较短，沙量较少，沙粒被带至沟口堆积；路堑较长，沙粒沿背风侧的平台堆积；也有呈舌形从背风侧堆积至迎风侧。

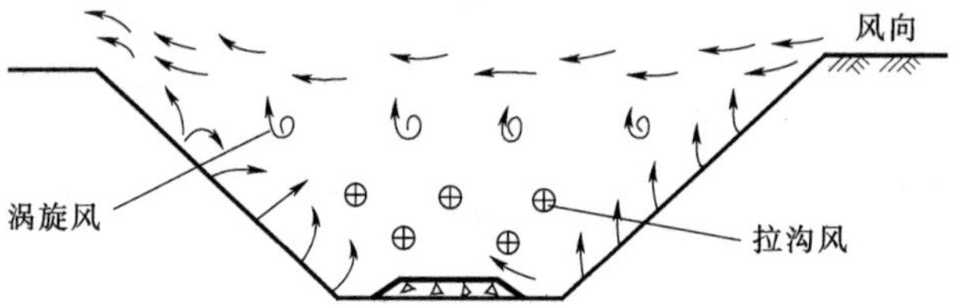

图31.2-3 路堑风向示意图之一

如边坡坡率缓于1∶4，尤其是在1∶7～1∶8时，气流流线比较平顺（图31.2-4），且产生滑移冲力（由压力差产生的上升力），可将大部分沙粒输送至迎风侧堑顶以外，但受铁路上部结构的阻挡，使部分沙粒积于道床边坡两侧与道心。

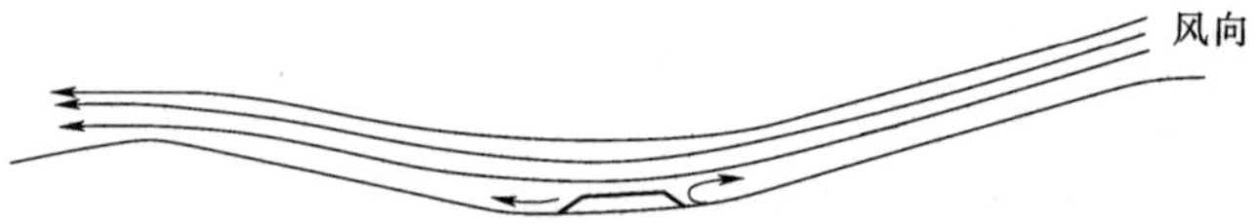

图31.2-4 路堑风向示意图之二

边坡坡率愈陡，边坡高度愈高，风速降低愈多。当边坡高2～3m，边坡坡率1∶0.75，背风坡坡脚30cm高的风速比远方2m高的风速降低80%（图31.2-5）。沙粒被气流带入堑内，开始堆积于背风坡坡脚，随着流沙的增加，然后堆积至道床和迎风坡坡脚，严重时路堑下部被积沙堆满，积沙形态呈凹弧形，与气流等值线基本相符，路堑中心最低，背风坡积沙坡度一般为25°左右，迎风坡一般为30°左右。

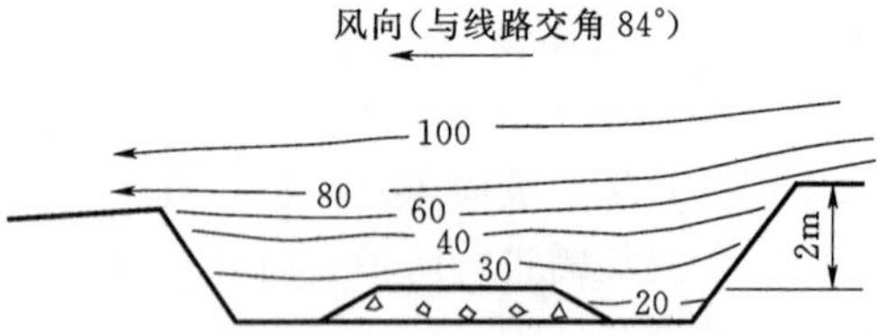

图31.2-5 路堑风速增减率等值线图

注：按 V_i/V_2（%）绘制，V_i 为测点风速；V_2 为远方2m高风速。

2. 路堤

当路堤边坡较陡（1∶1.75～1∶2.00），气流受路堤阻挡而拥塞，迎风侧边坡下部的风速略减少，上部逐渐增大，迎风侧路肩上部为最大值，然后扩散，从路堤中心开始减速，至路堤背风侧形成一风影区；当边坡坡率为1∶1.75，风影区长度一般为堤高的7～8倍（图31.2-6）。路堤愈高，迎风侧路肩风速增值愈大。例如堤高2.1m，迎风侧路肩

20cm 高的风速比远方 2m 高风速增加 10%左右；堤高 8m，迎风侧路肩 20cm 高的风速比远方 2m 高风速增加 50%左右。

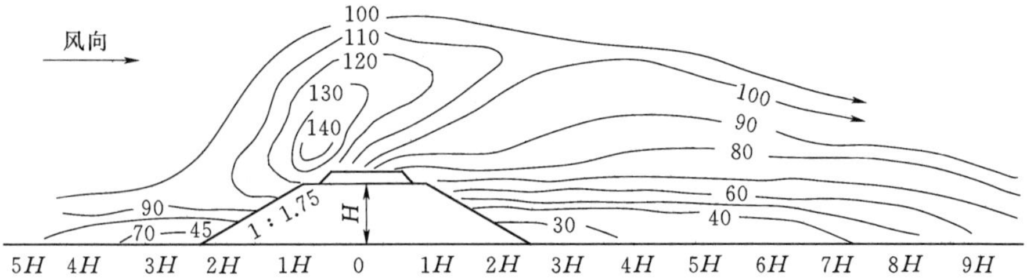

图 31.2-6 路堤风速增减率等值线图（%）

当路堤边坡较缓（缓于 1：4），越过路堤的流线比较匀称，气流分离层较薄。

当风向与路堤斜交，交角较小（≤30°），风受路堤阻挡，贴地面风的风向与线路的交角减小（可减小 10 余度），流沙沿路堤坡脚运行一段距离，部分沙粒沿坡脚堆积。当流沙越至堤顶，沿道床坡脚和两轨之间运行，又将部分沙粒堆积于道床坡脚和道心。风力较大时，沙粒被风带至背风坡，呈垄状与线路斜交堆积于坡面。

当风向与线路的交角较大（≥65°），大部分流沙越过路堤，堆积于背风坡脚，少部分堆积于道心，极少部分堆积于迎风坡脚。刮反向风时，又将背风坡的积沙搬运至路面，掩埋轨道。所以在风向与线路大角度相交时，路堤宜低些，坡度放缓，可使部分流沙输送至远方；同时在轨枕之间留出空隙，道砟坡面整平，也可输走部分流沙。

在风力较大、沙源不太丰富时，气流中的含沙率较小，路堤迎风侧一般不积沙，背风侧积沙，戈壁风沙流地区就是这种情况。如沙源丰富，气流中含沙率大，迎风侧与背风侧均有较多积沙，沙丘（沙地）地区就是这种情况。

3. 半填半挖路基

无论是上风路基或下风路基，在挖方侧的风速降低最多（图 31.2-7），沙粒首先在挖方侧堆积，然后延伸至路面。

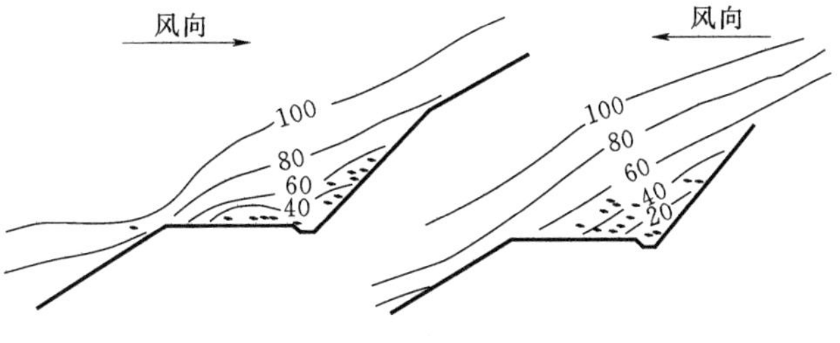

图 31.2-7 半填半挖风速增减率等值线图

注：按 V_i/V_2（%）绘制，V_i 为测点风速；V_2 为远方 2m 高风速。

31.2.4.3 路基本体防护的设计

1. 路堤

粉、细砂填筑的路堤铺设土工网结合植物防护，路堤本体的防护范围、布置形式、常用土工合成材料及尺寸详见图 31.2-8。

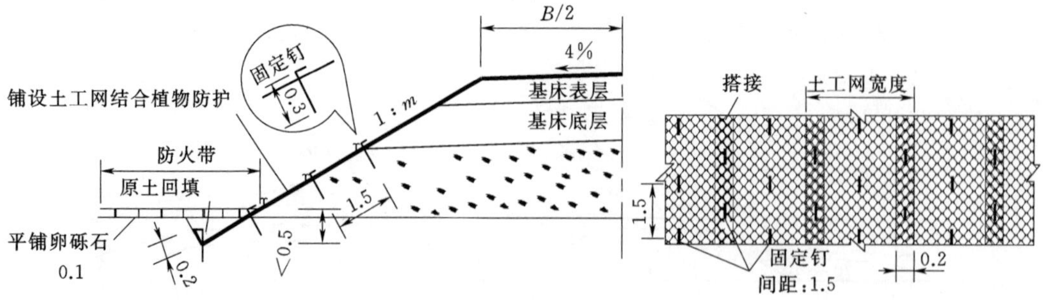

图 31.2-8 风沙地区路堤断面及防护形式参考图（单位：m）

2. 路堑

粉、细砂地层路堑铺设土工网结合植物防护，路堑本体的防护范围、布置形式，常用土工合成材料及尺寸详见图 31.2-9。

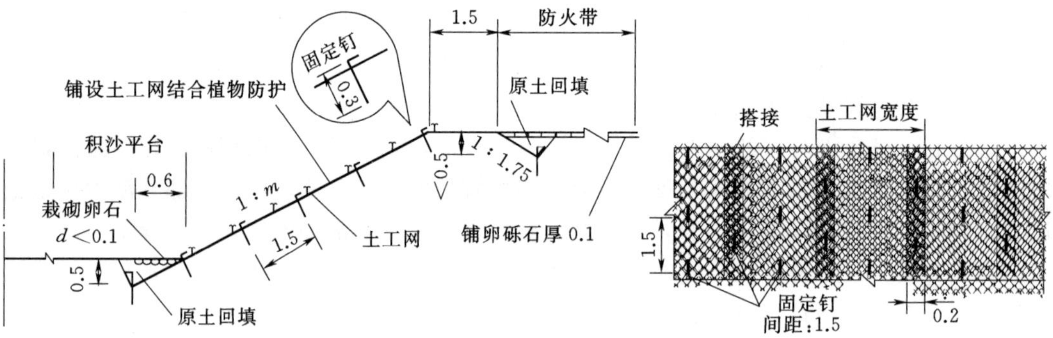

图 31.2-9 风沙地区路堑断面及防护形式参考图（单位：m）

31.2.5 HDPE 蜂巢式固沙障的应用及其防沙效应

HDPE 蜂巢式固沙障可以增大下垫面的粗糙度，明显降低地表底层风速，进而减弱输沙强度，使流沙表面得以稳定。在格状沙障内，由于气流的涡旋作用，使原始沙面充分蚀积，最后达到平衡状态，形成稳定的凹曲面。下凹的深度（h）与凹面玄长（S）的比值为 13.6/100～13.2/100，这种下凹的深度（h）与凹面玄长（S）的比值与传统有效的草方格（草方格为 13.3/100）防沙效应相当，其二者流场特性也相同。这种稳定的凹曲面，对不饱和风沙流具有一种升力效应，形成沙物质的非堆积搬运条件，这是格状沙障作用的关键。实验表明选用孔隙度为 40%、高 20cm 的 HDPE 固沙障防沙效果显著。采用 HDPE 新材料制成蜂巢式固沙障可替代传统的草方格沙障，具有很大应用价值和推广前景。

31.2.5.1 HDPE 蜂巢式固沙障材料性能及布设方法

HDPE 蜂巢式固沙障原材料选用了熔融指数较小、分子分布较窄，耐候性抗腐蚀好的 HDPE 为主要原料。选用国际先进的 HALS-3 受阻胺光稳定剂为抗老化助剂，配以紫外线吸收剂、抗氧化剂等，以适应沙漠耐高温（+75℃）和耐低温（−35℃），抗老化时间≥10 年。采用三针经平衬纬编链成网。与其他格状沙障相比，具有无污染、耐老化、成本低、可重复使用、便于施工等优点。根据布设的区域，先按 1m×1m 格点打桩，木桩尺寸为 3cm×3cm×50cm 和 4cm×4cm×70cm 的锥形桩，置入地表以下 35～50cm。如图 31.2-10 所示，将尼龙网缠绕在木桩上，并将底部和沙面埋平即可。

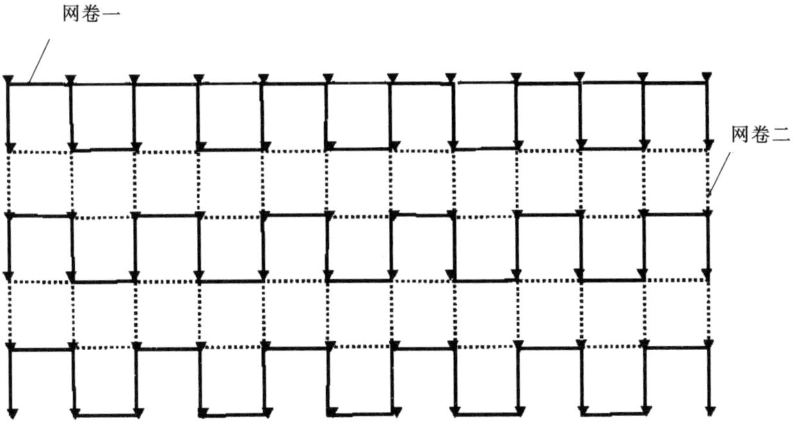

图 31.2-10　HDPE 蜂巢式固沙障布设示意图

31.2.5.2　HDPE 蜂巢式固沙障防沙效益

1. 风洞实验

实验是在中国科学院寒区旱区环境与工程研究所沙漠与沙漠化重点实验室野外环境风洞中完成的。实验段长 21m，风洞横断面 1.2m×1.2m，分别选取 8m/s、12m/s、16m/s、20m/s 四组指示风速。在整个实验过程中，将风速廓线仪安置在距离实验前端 12m 的洞体中央，采样点距沙床面分别为 1.0cm、1.5cm、3.0cm、6.0cm、12.0cm、20.0cm、35.0cm、50.0cm 8 个不同高度，采样时间间隔 2s。测量输沙量的垂直分布采用平口式积沙仪，风沙流入口断面为 0.5cm×1.0cm，高 60cm。为防止风速廓线仪对积沙量的影响，积沙仪安置在风速廓线仪后 2m 处，与其处于同一水平位置。实验材料选取孔隙度为 35%、40%、45%和 55%四种 HDPE 固沙网，将其设置在流动沙面上，出露高度为 10cm，沿风洞实验段轴向间隔 1m。为了研究气流稳定状态下，HDPE 蜂巢式固沙障孔隙度对风沙流结构与风速廓线的影响，在流沙表面共设置 7 个网格，前面不留存流沙。每完成一组风速实验，重新布置沙面，确保沙源充足。实验采用沙样为腾格里沙漠天然混和沙。在更换实验材料时，积沙仪、风速廓线仪和尼龙网格的安放位置固定不变，只改变其孔隙度，具体实验布设见图 31.2-11。

不同孔隙度的风沙流结构见图 31.2-12。当风速为 12m/s 时，四种孔隙度随高度输沙率趋势一致。在孔隙度为 35%、40%、45%三种 HDPE 蜂巢式固沙障底部，单宽输沙率相对较孔隙度 55%材料小得多。但当在风速为 16m/s 时，35%和 40%两种 HDPE 蜂巢式固沙障底部单宽输沙率分别为 15.47g/(cm·min) 和 15.20g/(cm·min)，而 45%和 55%的 HDPE 蜂巢式固沙障底部单宽输沙率分别为 23.71g/(cm·min) 和 32.30g/(cm·min)，几乎是前者的两倍。在沙障顶部，孔隙度为 35%、45%、55%三种 HDPE 蜂巢式固沙障单宽输沙率明显高于 40%的固沙障。特别是当风速在 20m/s 时，随着沙障高度的增加，35%、45%、55%三种材料输沙率显著增加。35%的 HDPE 蜂巢式固沙障顶部（10cm）输沙高达 246.54g/(cm·min)，其原因在于：如果

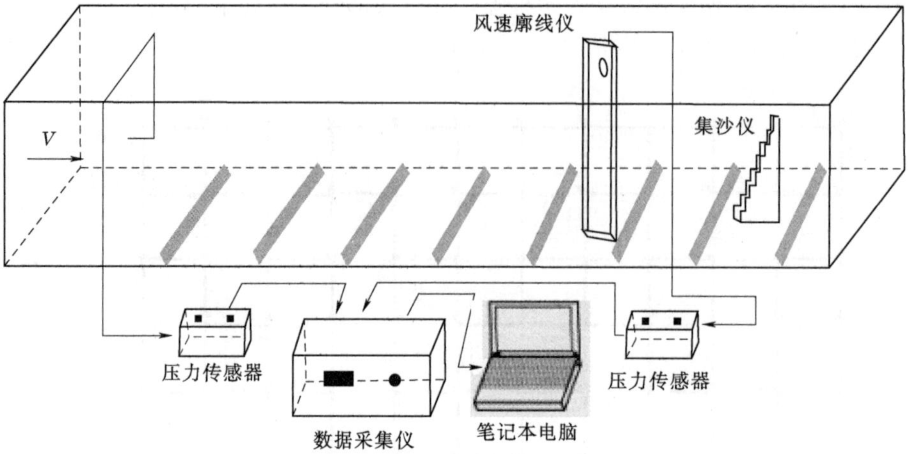

图 31.2-11 实验布设示意图

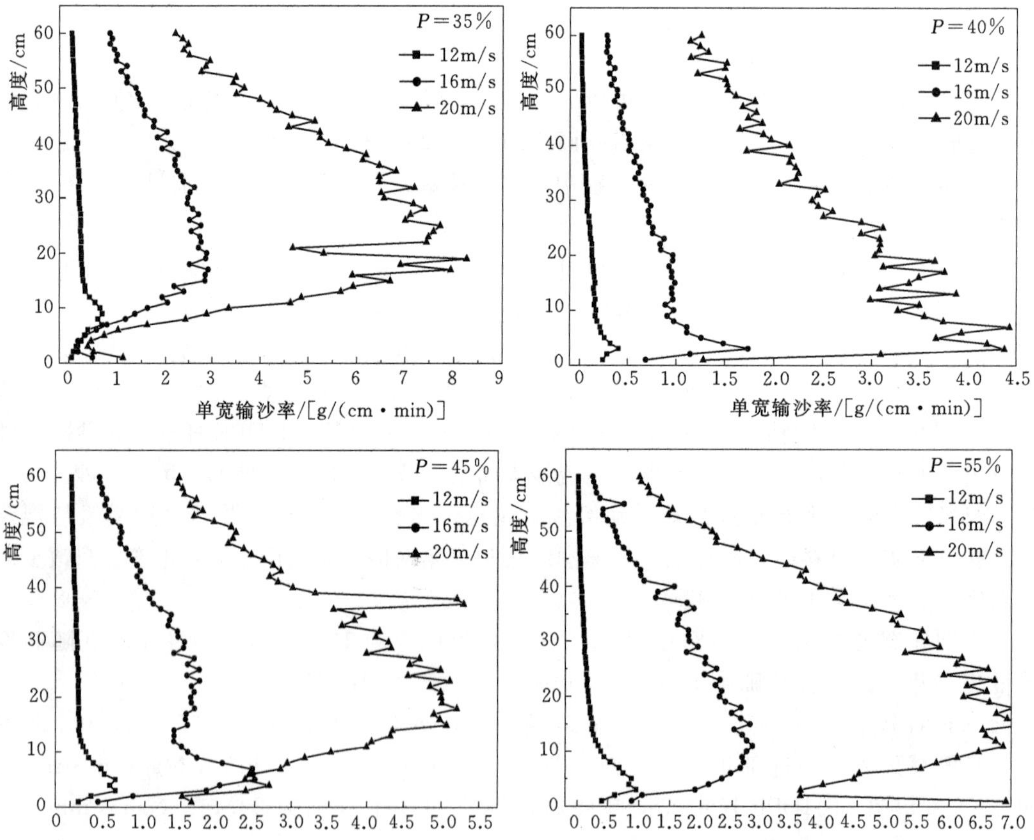

图 31.2-12 HDPE 蜂巢式固沙障单宽输沙率

孔隙度太大，沙粒透过沙障底层向下传输；孔隙度太小，对控制过境风沙流效果不好，容易造成气流抬升，增大高层气流输沙量，近地表容易引起风蚀。孔隙度为 40％的蜂巢式固沙障既能阻止地表起沙，又能减弱高层输沙量的增大，具有固输作用。因此，孔隙度为 40％的蜂巢式固沙障固沙效果相对较好。流场测量更清楚地显示出：孔隙度为 40％的蜂巢式固沙障与传统的草方格固沙障流场特征一致，见图 31.2－13，因而完全可替代传统的固沙障。

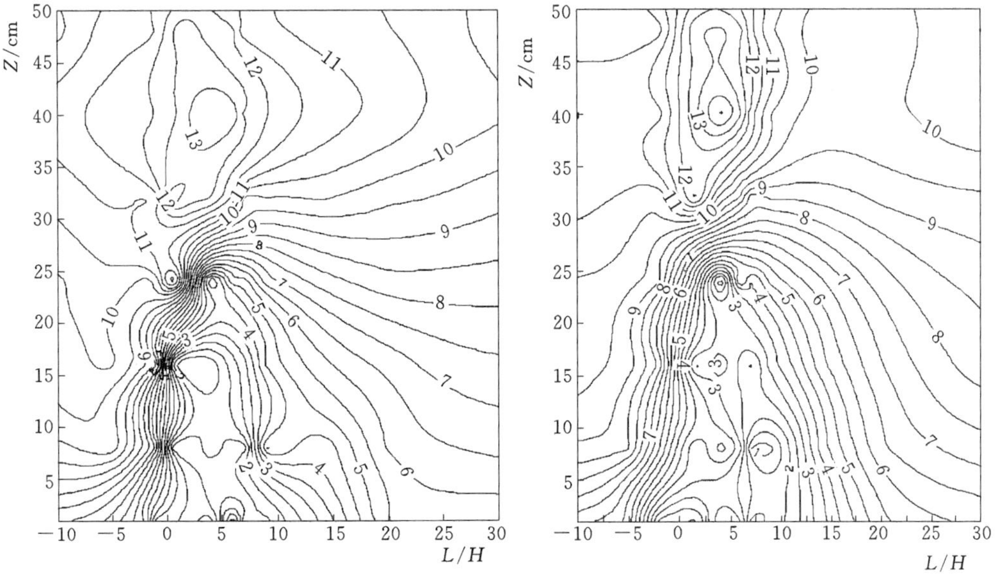

草方格流场 HDPE 固沙障流场(孔隙度为 40％)

图 31.2－13　格状沙障流场

2. 野外实验

野外实验选在中国科学院沙坡头沙漠实验站进行。将孔隙度为 40％HDPE 固沙障按 1m×1m 的尺寸布置在流沙区，沙障高度都为 20cm。同时在流沙和沙障内对风速梯度和输沙率进行测量。沙障内地表变化利用野外观测，主要使用分辨率较高的数码立体摄影技术，采用近景立体摄影的方式。获取的影像在数字摄影测量系统中选定了一个 1m×1m 的方格网作站，进行立体影像处理和量测，其量测精度为±1mm。

HDPE 蜂巢式沙障内凹曲面的形成：第一次摄影是 2002 年 2 月 8 日，以后又分别在 2002 年 2 月 22 日、2002 年 4 月 8 日和 2002 年 8 月 1 日进行了摄影测量。通过在沙障的四角和中心位置设定测量标志，假设以 2002 年 2 月 8 日的观测值作为参照数据，则通过数字摄影测量技术手段观测的结果见表 31.2－2，自 2 月 8—22 日期间积沙量很小，2 月 22 日至 4 月 8 日期间积沙量剧增，而从 4 月 8 日至 8 月 1 日近 4 个月的期间积沙情况变化很小，说明方格网的积沙已达到比较稳定的状态。方格网积沙后的表面形态呈下凹状。下凹的深度（H）与凹面玄长（S）的比值 4 月 8 日为 13.6/100，8 月 1 日是 13.2/100（图 31.2－14）。

表 31.2-2 不同时间的积沙量

标志	积沙量/mm			
	2月8日	2月22日	4月8日	8月1日
1号标志	0	3	148	139
2号标志	0	4	207	195
3号标志	0	3	156	165
4号标志	0	4	173	176
中心标志	0	2	41	63

注 积沙量的值均相对于2月8日的数值。

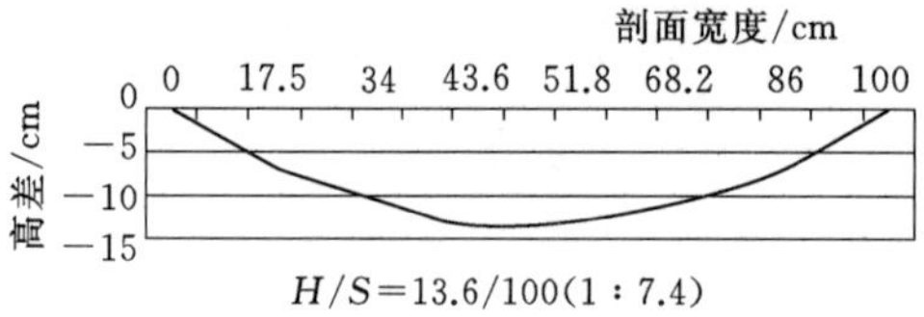

(a) 4月8日方格网剖面图

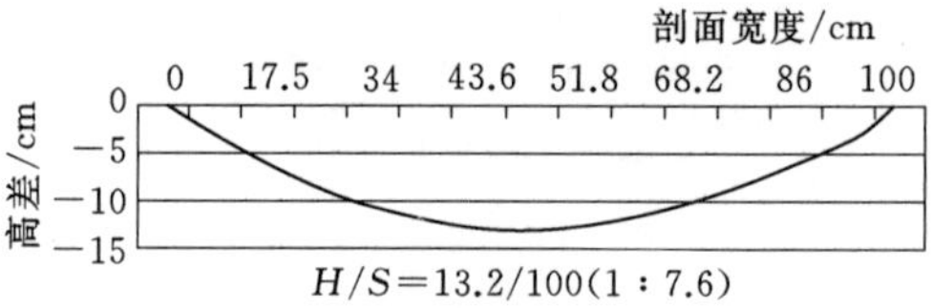

(b) 8月1日方格网剖面图

图 31.2-14 HDPE固沙障凹曲面（1m×1m）

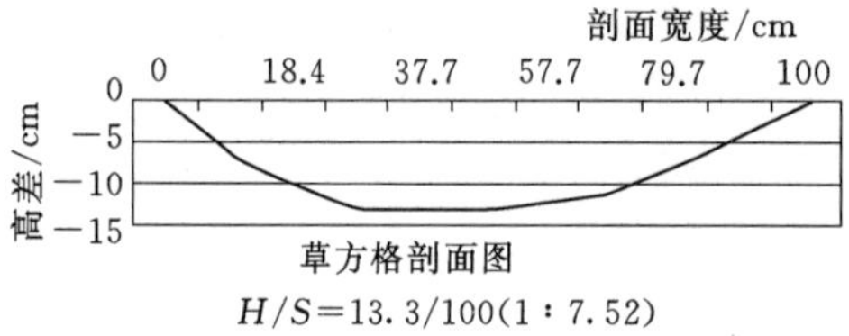

图 31.2-15 沙坡头稳定的草方格沙障凹曲面（1m×1m）

在广东沿海的海岸地区，对HDPE蜂巢式固沙障防沙效益观测结果：1m×1m的HDPE蜂巢式固沙障内的输沙率仅为其上风向流沙处的0.45%。这说明，1m×1m的HDPE蜂巢式固沙障在实际防沙中能够收到很好的效果。观测结果表明，1m×1m HDPE蜂巢式固沙障能够起到较好的防风固沙作用，形成稳定的凹曲面（图31.2-15）。与流沙相比，150cm高度的平均风速，减弱了0.80m/s，即减弱11.11%；而20cm高度的风速减弱了0.90m/s，即减弱了21.43%左右，20cm高度风速的减弱作用最为明显。

HDPE蜂巢式固沙障的防护效益，首先是固定网格内的沙面不起沙。同时，阻截外来沙源，其输沙率仅为流沙表面的0.29%，也就是说沙障控制了大约99.71%的输沙量。格状沙障的防沙效果不仅明显地减弱输沙强度，更为重要的是有效地改变了风沙流的运动条件。流沙表面的沙物质搬运，主要是在0～10cm高层，占99.56%，特别是在0～2cm高度内就占70%，此种结构的风沙流属于过饱和风沙流，很容易形成积沙。在格状沙障上，不仅输沙量小，而且底层沙量明显降低，难于形成积沙。另外，沙面得以稳定有利于植物生长，对于改善生态环境意义重大。

31.3 土工合成材料防沙工程实例

31.3.1 莫高窟尼龙网栅栏阻沙工程研究

敦煌莫高窟的风沙灾害严重，早在五代，风沙就已危及洞窟的安全，有清沙功德碑为证。20 世纪 40 年代，敦煌石窟最低层大部分被埋在沙中。1950 年，敦煌文物研究所成立，就把防沙、清沙列为保护石窟的重点工作，并在制定《1956—1966 年敦煌文物研究所全面工作规划草案》中，把防沙工作列入石窟的保护、修缮工程项目中，先后在窟顶设立了多种阻沙工程。虽然在短期内起到了一定的防沙效果，但随后因积沙量的增大，阻沙工程很快失效。近几十年来一直采用人工清沙办法。

本项阻沙工程研究，旨在通过对莫高窟风沙运动规律、风沙危害方式的讨论，评价窟顶各种阻沙工程失效的原因，并提出在莫高窟采用尼龙栅栏防沙的新途径和对策。

31.3.1.1 自然环境特征与风沙危害类型

1. 自然环境特征

自然环境特征主要包括地貌、岩体地层和气候三个方面的特征。

(1) 地貌特征。敦煌莫高窟地处敦煌盆地东南缘，距敦煌市 25km。东邻三危山，西接鸣沙山。洞窟开凿在大泉河西岸洪积扇阶地的直立崖面上，崖面走向南北，洞窟群坐西向东。洞顶为一平坦戈壁，向西 700～1000m 渐与鸣沙山相接。自窟顶至鸣沙山，由东向西按地表组成物质，可划分为砾质戈壁带、沙砾质戈壁带、平坦沙地和沙山，其中鸣沙山高 60～170m，为一覆盖在基岩低山上的高大复合型沙山，沙丘类型以沙垄、金字塔沙丘和复合型沙山为主。

(2) 岩体地层特征。莫高窟现有洞窟 492 个，相对高度 10～45m，自上而下分为上、中、下三层呈密集型分布于崖面。石窟岩体为砂砾岩，主要由上更新统洪积戈壁组砂砾石层和中更新统洪积-冲积酒泉组半胶结砾岩组成。酒泉组是构成崖面的主体，该地层颗粒组成中砾石占 70%，沙粒占 25%，粘粒占 5%。砾石成分主要是石灰岩、千枚岩、花岗岩、石英岩等。砾石分选差 ($\delta=2.33$)，磨圆度次棱角，接触式胶结，胶结物为钙泥质。戈壁组虽不是洞窟围岩，但却构成上层洞窟顶部。

(3) 气候特征。莫高窟常年受蒙古高压的影响，具有气候干旱，降水量少，温差大，风沙活动频繁的特征，是一个多风地区，年平均风速为 3.5m/s，而且是一个具有三组风向的多风向地区。南风出现频率最高，占 31.0%，偏南风合计为 47.9%。小于起沙风者 (2m 高度风速为 5.0m/s)，仅占 39.3%，大于 8m/s 者，也只有 1.5%。而大于 5.0m/s 和小于 8.0m/s 者占 59.2%。风洞实验结果表明，这个风速范围，所具有的搬运沙物质的能力是有限的。作用于流沙表面，也只能使沙粒开始移动到沙纹的形成；对于沙砾质戈壁，其作用能力就更小。其次是偏西风，偏西风 (SW、WSW、W、WNW、NW) 总频率为 28.1%，而输沙能力却占 31.9%。对于偏西风来说，小于起沙风者占 70.8%，大于 5.0m/s 和小于 8.0m/s 者占 23.4%，输沙能力仅占 28.9%，大于 8.0m/s 的风速出现频率平均仅占 5.8%，其输沙能力却占 71.1%。也就是说，该地区偏南风多而风力较弱，偏西风少而风力较强，并且具有突发性的特点，与大型天气过程的关系极为密切。由此可见，偏西风应该是造成洞前积沙危害的主要原因。至于偏东风，频率只占 14.8%，其输沙能力约占 27.5%，其危害性质主要是对洞窟崖面的强烈风蚀和剥蚀。当然，对崖顶沙物质的东移亦具有不可低估的抑制作用，并且具有明显的反向搬运能力。

这种平均流场特征的形成，既有大尺度的地形作用，如青藏高原，祁连山的热力或动力作用，又有小尺度的地形（如三危山，鸣沙山）和沙漠、戈壁下垫面的影响。具体地说，西风强是受主体环流西风带和大型天气过程所控制；南风多而弱是属于地方性的局地环流，或者说是来自祁连山的山风。从全年的季节变化和日变化来看，也是具有明显的规律性。该地区夜间多南风，冬季各月（10月至次年2月）几乎全部是南风。山风本身就是一种弱风，当经过长距离的戈壁运行，来到莫高窟之前又受三危山和鸣沙山的阻碍，致使风力变得更弱，不过风向还是相对稳定的。

如此独特的流场塑造了鸣沙山独特的风沙地貌形态，相对稳定的复合型沙丘群体，并具有明显的季节变化特征，在主风侧坡面的上部覆盖有粗沙。根据现场调查研究，发现该地区沙物质的主要来源，仍属“就地”起沙，在不同频率和不同强度的多风向的作用下，沙物质的搬运具有往复摆动的特点。

2. 风沙危害类型

因西邻鸣沙山，莫高窟经常遭到各种风沙危害，主要有风蚀、积沙、粉尘及沙丘前移4种类型。

（1）风蚀及冻融风蚀。风蚀是一种破坏性极强的地质作用，因其作用缓慢，不易引起人们的注意。在莫高窟的风蚀，主要是指风沙流对露天壁画、洞窟围岩的吹蚀与磨蚀。首先，来自鸣沙山方向的戈壁风沙流在运行至窟顶临空面时产生气流反转，从而造成反向挟沙气流对崖面露天壁画的撞击、磨蚀，使壁画褪色、变色。其次，风沙流对洞窟围岩的冲击、磨蚀作用，使岩体中软弱的沙质透镜体的风蚀强度比围岩大4倍之多，造成其上部洞窟岩体变成危岩，甚至有的早期唐代洞窟因此而坍塌毁坏。第三，戈壁风沙流在运行中对窟顶沙砾石层产生强烈的剥蚀作用，造成洞窟顶部逐渐变薄直至坍塌，甚至个别洞窟直接露天，壁画被毁。敦煌莫高窟顶分布着许多古代生土建筑物，其珍贵的艺术价值在国内外实例中常不多见。莫高窟独特的旱寒条件，一方面使古代生土建筑物得以建筑和保存；另一方面，强烈的冻融风蚀作用致使许多生土建筑崩塌殆尽，导致这一不可再生资源的破坏。国内在冻融过程方面做了大量的研究工作，但对古代生土建筑物冻融风蚀机理研究甚少。通过对敦煌莫高窟古建筑群系研究并结合冻融风蚀的模拟实验发现，冻融风蚀是古代生土建筑物毁坏的主要因素。当冻融次数相同，随含水量的增加，风蚀强度增大，尤其是在当含水量相同的条件下，随冻融次数的增加，风蚀量显著增大。因此，反复冻融循环作用所引起的土壤微结构的破坏是古代生土建筑物毁坏的主要原因，而风蚀又是其主要动力机制。所以，莫高窟区古代生土建筑物的冻融对风蚀起加速和催化作用。

（2）积沙。当前进风沙流运行至窟顶形成突然变陡的崖面时，由于附面层发生分离，在崖面上下部，即窟前形成风沙堆积。据敦煌研究院统计，每年清除窟前积沙约3000m^3。大量积沙不仅造成游客栈道堵塞，窟檐被压塌，而且还造成积沙随回转风卷入洞窟侵蚀窟内壁画。而清沙采用的机动车对洞窟产生强烈振动频率达60Hz以上，常常直接造成振动性破坏。

（3）粉尘。风沙流中所携带的粉尘物质受崖体临空面反转气流的作用，进入窟内形成大量的降尘，其粉尘粒级集中为0.05～0.005mm，矿物成分以石英、长石为主。用扫描电镜统计5000个粉尘表面形态，结果发现棱角状、次棱角状占83%。这种棱角状高硬度石英颗粒随湍流运动既能对壁画、塑像进行磨蚀。又能侵入壁画和塑像颜料的空隙中，不仅严重影响艺术效果，而且使壁画产生龟裂，随着粉尘的不断沉降，逐渐产生一种把壁画向外挤压的能量，导致壁画大面积脱落。

31.3.1.2 风沙流运动特点

1. 风沙流的性质

从宏观上看，该地区的风沙流属于不饱和的戈壁风沙流，即沙粒的高强度跃移导致风沙流的搬运高度较高，上下层输沙量分布较为均一，在一般情况下，有利于搬运而不利于堆积。可是，在该地区由于不同频率和不同强度的多风向的作用，而使得风沙流的性质变得更加多样化或复杂化。例如，在一棵植株的不同方位，可以同时并存三种不同粒级、不同形态的积沙体，而且积沙体只有形态的变化与消失的过程，却无体积的继续增大，沙波纹与沙丘都不例外，表明沙源和气流的搬运的能力有限，而且受到变化的多风向的严格制约。在强西风的作用下，于植株的背风侧形成粗粒沙波纹，沙源来自砾质地表。不仅积沙范围大，而且沙波纹的高度与宽度都比较大；南风形成的沙波纹，无论是积沙范围，或是沙波纹的高度和宽度均小得多，沙粒很细，沙源来自流动沙丘；东风对崖顶或崖面的积沙还是具有方向性搬运能力，在植株后形成的积沙体，在尺度上或粒度组成，均弱于西风强于南风，积沙形态具有明显的季节变化特征，其变化特征与平均流场的演变规律是完全一致的。

2. 风沙流结构特征

对窟顶风沙流的结构按地表类型及多风向的特点，选择与三组风向相一致的 3 个观测断面，每个断面分别设置 4 个观测点进行了（1989 年 12 月至 1999 年 12 月）对比观测研究，具有三方面的特征。

（1）风沙流垂直分布特征。首先在相同风速条件下，戈壁风沙流的总体高度远大于流沙地表。流沙表面风沙流搬运高度均小于 1m，95%以上的输沙量集中于 20cm 高度内，其中 80%输沙量又集中在 0～10cm 高度内。而戈壁地表，由于砾石地表增加了跃移沙粒的反弹跳作用，风沙流的搬运高度可超过 1m，1m 以上的输沙量可以达到 3.4%，20cm 高度内的输沙量平均小于 80.9%。其次，随风速的增大，戈壁风沙流中的沙量随高度的增加较之流沙地表减少较慢。当风速大于 10.4m/s 时，高于 1m 处输沙量约为 1%，甚至在 2.3m 处，也有 0.19%。第三，与其他地区相比，砾质戈壁的输沙量在高度上不服从梯度分布，最高值出现在距地表 2～8cm 的高度，这一结果与新疆交通研究所 1980 年在青新线沙漠公路砾质戈壁实测得到的输沙率随高度的分布一致，称之为“象鼻子”效应。

另外，对戈壁风沙流结构特征做了风洞模拟实验，见图 31.3-1。不难发现：随着风速的增加，20cm 高度以下沙颗粒的含量增加趋势很大，超过 20cm 的高度沙颗粒含量基本上处于稳定状态。最大含沙量的高度层是随风速的增加而上移的：当风速在 8m/s 时，最大含沙量高度（即“象鼻子”）在距离沙床面 2cm 处，风速为 12m/s 时，最大高度在 4cm 处，风速为 16cm/s 时其高度在距沙床面 5cm 处，风速为 20m/s 时其高度增加到距沙床面 6cm 处。这主要是由于随风速的增加，沙床面的蠕移质携带的能量增大，当与戈壁地表的砾石发生碰撞时，其起跳高度增大引起含沙量随风速的增加呈上升的趋势，即所谓的“象鼻效应”。这说明沙粒与砾石发生碰撞过程中能量损失很少，起跳角度较大。

（2）风沙流水平分布特征。风沙流的水平分布主要与风速、风向和下垫面的性质有关。从表 31.3-1 可见，首先 4 个观测断面各测点的输沙量都具有随风速的增大而迅速增

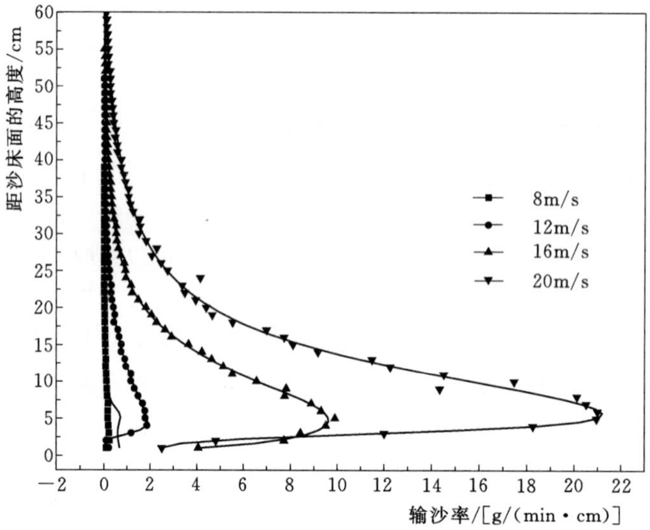

图 31.3-1 戈壁风沙流结构

大的趋势。由于戈壁地表粗糙度（平均0.118cm）较之流沙地表（0.005cm）增加了一个数量级，因而戈壁地表沙粒起动风速也较之增大，其结果表现在同一风速下，自流沙至砾石戈壁输沙量逐渐降低。其次，自鸣沙山至崖顶的WWN和WS风，在风速小于11.00m/s时，以就地起沙为主；当风速大于11.00m/s时出现沙物质的长距离搬运；第三，EEN形成的风沙流不仅将洞窟崖面积沙反向搬运至沙源地——鸣沙山，而且对鸣沙山沙物质同样具有方向搬运能力。这些均表明窟区沙源主要来自鸣沙山沙丘沙和部分来自戈壁就地起沙。

表 31.3-1　　不同地表类型风沙流水平分布特征观测值

地表类型	粗糙度/cm	W-NW						SW				E-NE				λ
		Q	$V_{1.5}$	Q	$V_{1.5}$	Q	$V_{1.5}$	Q	$V_{1.5}$	Q	$V_{1.5}$	Q	$V_{1.5}$	Q	$V_{1.5}$	
砾质戈壁	0.220	0.366	6.4	3.459	8.8	7.960	14.3	0.095	6.1	0.509	7.8	0.33	6.4	3.143	7.7	1.48
沙砾质戈壁	0.213	0.386	6.3	4.228	8.2	6.199	12.1	0.093	5.5	1.132	7.5	0.565	6.3	3.614	7.8	1.54
平埋沙地	0.113	0.344	5.8	3.960	8.2	5.864	11.2	0.136	5.4	1.589	7.2	0.613	6.2	4.601	8.0	1.47
流沙	0.005	0.501	6.1	4.429	9.4	9.307	12.6	0.473	5.8	1.960	8.5	0.824	6.7	6.798	8.8	0.87

注　W，NE等为风向；λ为风沙流结构特征值；Q为输沙量[g/(cm·min)]；$V_{1.5}$为1.5m高度风速（m/s）。

（3）风沙流搬运状态。不同下垫面风沙流搬运状态，可用风沙流结构特征值（λ）进行判别。砾质及沙砾质戈壁乃至平沙地上的风沙流属于λ>1，有利于非堆积搬运的不饱和气流。而流沙地上的风沙流则属于λ<1，有利于堆积的过饱和气流。进一步反映了鸣沙山前缘平沙地至窟顶戈壁是一个风沙流非堆积搬运的天然输沙场。造成风沙流搬运状态这种差别的原因，主要是流沙地表可供气流搬运的沙物质比平沙地、沙砾质特别是砾质戈壁地表丰富，同时也与平沙地、沙砾质和砾质戈壁地表受沙山和三危山的挟持，使西、西北和西南方向的运行气流速度有所增强有关。

3. 沙丘移动的遥感动态监测

通过对不同地表形态的动态变化的观测结果表明（见表 31.3－2），地表风蚀与堆积变幅自砾质戈壁至流动沙丘具有增大的趋势。砾质戈壁地表蚀积变幅小，基本表现为非堆积搬运区。沙砾质戈壁及平坦沙地蚀积变幅略有增大，基本表现为微风蚀区。流动沙丘区，蚀积变幅最大，基本处于堆积状态，并表现为旋回摆动式。

表 31.3－2 窟顶戈壁至沙山各种类型的地表蚀积状况（1990 年 6 月至 1992 年 6 月） 单位：cm

类型	砾质戈壁	沙砾质戈壁	平坦沙地	沙山				
				落沙坡底	1/2 落沙坡底	丘顶	1/2 迎风坡	迎风坡底
变幅范围	(＋2)～(－1)	(＋2)～(－2.5)	(＋3)～(－2)	(＋15.5)～(－13)	(＋61)～(－62)	(＋94)～(－69)	(＋100)～(－33)	(＋64)～(－47)
标准差	0.7	1.0	1.0	5.1	18.6	31.6	29.8	23.3
平均值	0.0	－0.1	－0.1	0.8	－0.7	－2.3	1.7	1.5

注 （＋）表示堆积，（－）表示风蚀。

根据窟顶鸣沙山 1972 年 6 月和 1985 年 6 月同一季节不同年代的两期航摄资料在 OPTON－C130 解析测图仪上绘制窟顶鸣沙山的动态图及典型沙丘动态图，见图 31.3－2。遥感监测表明，鸣沙山及其小沙丘移动的总趋势为 SW→NE 向，移动速度都很小，属慢速-稳定型。

4. 历史资料引证与分析

值得特别注意的是，在《后汉书·郡国志》（公元 25—220 年）中已有“……水有悬泉之神，山有鸣沙之异”记载说明在建窟（公元 353 年）之前，鸣沙山就早已存在，莫高窟从创建至今已有 1600 多年的历史，如果采用遥感动态监测的结果计算，期间鸣沙山前缘小沙丘向窟区方向的最大移动约 1344m，平均为 416m。照此速度，莫高窟早已被沙丘埋没或将面临被埋没，但事实上并非如此，沙丘迄今为止甚至尚未进入目前依然存在的平沙地，特别是 700～1000m 的戈壁带，其中的奥妙，不是本区的沙山特别是沙山前缘小沙丘一直停止不动，而是当沙山迎风面风蚀形成的小沙丘，向其背风面移动到平坦沙地特别是沙砾质和砾质戈壁带时，由于物源逐渐减少，风力不断加大，小沙丘一直处于风蚀大于堆积的蚀积状态，沙丘愈移愈小直至最后完全变成非饱和搬动的风沙流通过。所以，平沙地和戈壁带实际上就成为阻挡沙山和前缘小沙丘向莫高窟顶移动埋压的天然屏障。

31.3.2 A 字形尼龙网栅栏设计

31.3.2.1 A 字形尼龙网栅栏设计

1990 年敦煌研究院与中科院兰州沙漠研究所在美国盖蒂研究所的直接协助下，为了保护莫高窟（千佛洞）免受风沙的直接危害，拦截鸣沙山沙源、稳定沙砾质地表，为生物固沙创造良好的环境条件。根据本区鸣沙山体相对稳定，不会造成对洞窟的直接危害，而主要危害来自偏西风经过沙砾质地表时形成较强的风沙流，所搬运的大量沙物质将堆积于崖顶、崖面和栈道或进入洞窟的风沙流活动特点的初步认识，设计并实施了 A 字形结构的防沙体系（图 31.3－3），A 字形顶点指向西风。两个斜边与主害风有较大的交角，与对应的西北-东南、西南-东北风交角较小或近于平行，目的在于它既可以在主风向上截断鸣沙山的沙源，又能在次风向上使栅栏具导沙功能。A 字形的两个平行横向栅栏主要用

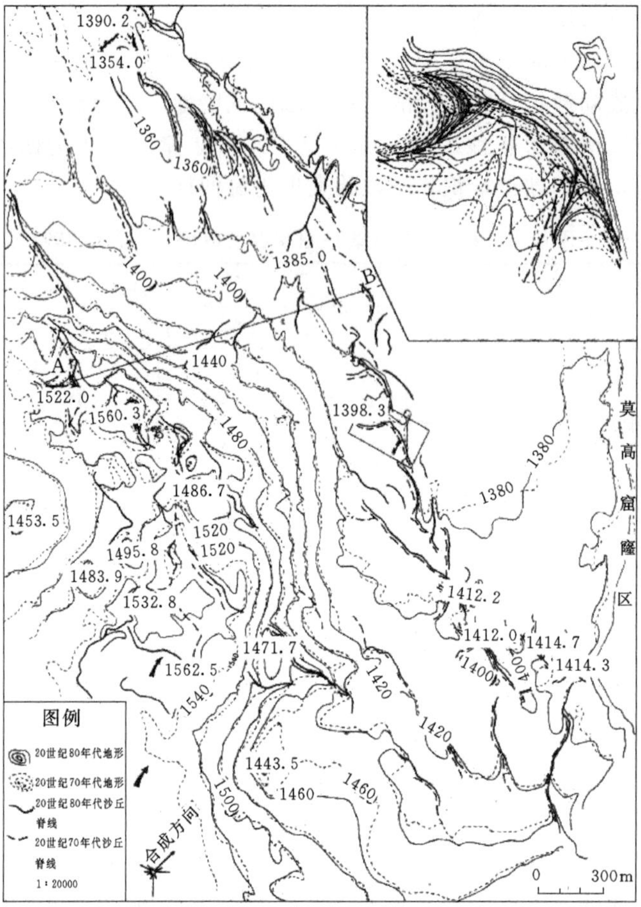

图 31.3-2 莫高窟顶鸣沙山动态

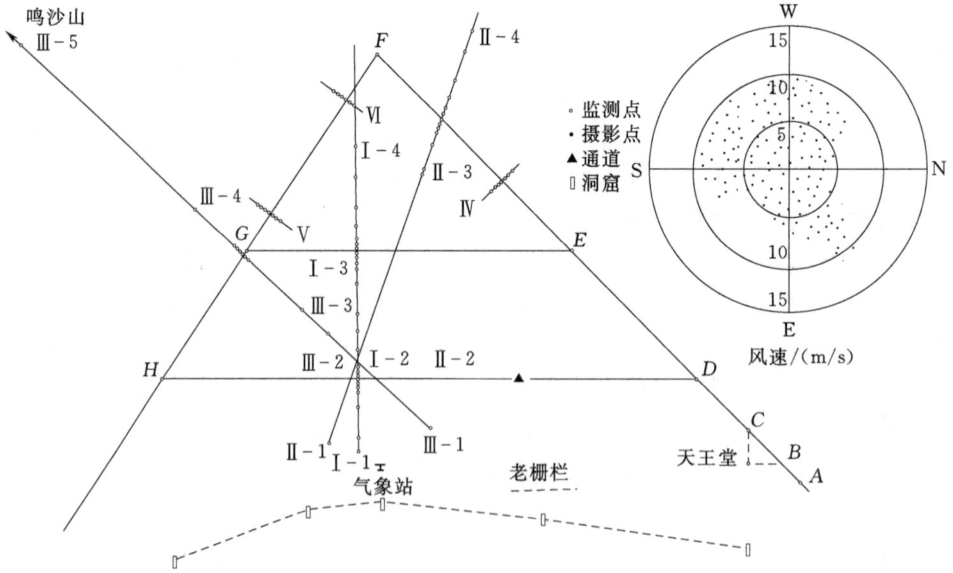

图 31.3-3 崖顶防沙栅栏设置及其保护效益监测断面的平面配置图（1：2000）

于阻拦戈壁就地起沙作用，从而达到全面根治沙害，确保洞窟安全的目的。

所选材料为国外普遍用于轮牧的“草库伦”建设的尼龙网，它具有耐老化、易移动、施工简便等特点。莫高窟顶自然条件严酷，生物治沙措施又难以实施，因此，采用尼龙网栅栏防治风沙具有实用安全等效果，又是对新材料的开发，丰富了栅栏防沙材料的领域，并使栅栏作为阻沙、导沙的一个尝试。因此，采用尼龙网栅栏不仅在莫高窟地区，而且在其他条件严酷的风沙地区，都将有广阔的前景。

31.3.2.2 尼龙网栅栏防沙效应的风洞模拟实验

（1）实验内容。根据防沙工程的需要，着重进行不同孔隙度栅栏与主风向成不同夹角的风沙阻导作用模拟实验。孔隙度 β 分别为 50%～55%、40%～45%、30%～35%和 20%～25%；与主风向夹角 α 分别为 30°、45°、60°和 90°（与风垂直）。风速仅取 $u_{\infty}=11$m/s 一种。

（2）实验结果。实验是测试栅栏孔隙度逐渐减少，由 50%～55%减到 20%～25%，并与主风向具有 30°、45°、60°和 90°夹角情况下的流场纵剖面。结果是它们与紧密型及通风型栅栏之差别，仅在材料柔韧性好和沙粒的穿透性较强及栅栏后加速区很弱这三个方面。可见，尼龙网制成的栅栏与普通栅栏相比，具有更强的防风沙效应。随着栅栏与主风交角 α 的减少，侧导作用加强。栅栏后贴地保护区的大小，以孔隙度 40%～45%为最大。按一般减速 20%计算，它的贴地保护区可达 30H 以上（H 为网栅高度），而由硬质材料构成的栅栏的贴地保护区仅 27H，说明尼龙网栅栏阻沙效果更好。实验还表明，侧导作用则以紧密型和小夹角如孔隙度 β 为 20%～25%（$\alpha=30°$）为佳。

31.3.3 莫高窟 A 字形尼龙网防沙栅栏工程的防风阻沙效应

31.3.3.1 防风效应

莫高窟 A 字形尼龙网防沙栅栏高 1.8m，孔隙 20%，阻力系数 1.5。当风速为 11.1m/s 时，栅栏受风压力为 17kg/m^2。栅栏立柱采用角钢，间距 3m，立柱基础为 20cm×30cm×30cm 的水泥墩，埋置于地基土中，并采用 45°加固，尼龙网固定于框架上。尼龙网栅栏网前、网后的风速都有较网前旷野点风速降低的趋势。网前、网后 1m 处，速率降低最大，与网前旷野点相比，网前 1m 处大约降低了 8%～18%；网后 1m 处大约降低了 40%～50%。风速受尼龙网栅栏的作用，即使在网后 18m 处，也未恢复到网前旷野点的风速，只有旷野点的 70%。位于栅栏前 1m 和栅栏后 1m 两点，0.7m、1.5m 高度上透风度廓线比较陡，而在 0.2m 的透风度廓线则较缓，主要原因在于网前下部留有反向输沙通道所致。通常风速随高度的增加而增大，而尼龙网栅栏中部具有兜风性，从而使 0.7m 高度的透风度反而大于 1.5m 高度，从而增大了积沙体在栅栏前后的距离。在栅栏后 18m 处，透风度也只有旷野的 70%左右，从而增大了栅栏的有效防护距离。

31.3.3.2 阻沙效应

（1）栅栏前后积沙形态。栅栏前后积沙观测断面成果表明，A 字形斜向和横向栅栏都有积沙体。斜向栅栏较横向栅栏积沙较严重，说明了鸣沙山沙源的危害程度大于戈壁滩的就地起沙。积沙形态的季节变化，有堆积与风蚀交替出现的特征，反映了栅栏底部透风度大，从而具有反向搬运的能力。网前、网后的积沙体最大厚度都离栅栏有一定的距离，从而起到了延长栅栏的使用年限，同时，A 字形斜边的积沙体沙波纹的走向垂直于栅栏走向，反映了尼龙网栅栏的导沙功能。

(2) 洞窟栈道积沙量监测。防沙栅栏体系于 1990 年 11 月底完成。尼龙网栅栏建成后，对比栈道积沙盒沙量的月际变化，与未设栅栏前的月际积沙相比较，大约减少了 60%。在崖面没有得到化学固沙之前，窟前积沙量的变化并不能真正反映栅栏的防护效益。因为东风的强烈风蚀，仍可以使崖面的多年积沙下滑，造成洞前积沙，其显著变化表现为崖顶和崖面的黄色状伏沙减少或消失，窟前积沙盒样品中粗砾增多。

31.3.4 总结及建议

31.3.4.1 总结

根据莫高窟风场特征设计、实施的 A 字形尼龙网栅栏防沙体系，已经起到控制流沙、稳定沙砾质地表和保护石窟与壁画的重要作用。尼龙网栅栏不仅直接阻止了偏西风向洞窟搬动沙量的 95%，而且夜间洞前积沙减少了 80%以上，外围栅栏对来自主风向的外侧积沙的侧导率平均达到 35%；对其内侧的侧导作用，在偏东风时为 57.51%，偏西风时平均为 15.89%。

风洞模拟实验结果表明：尼龙网防沙栅栏其作用兼有疏透和通风两种形式，是一种比木质栅栏更优良的防沙材料。其最佳孔隙度为 40%～45%，保护区达 30H 以上。其积沙效率在中速时超过 70%，在特大风时也超过 50%，但从其阻滞效率随着栅栏与主风向的夹角变小看，尼龙网栅栏具有一定的导沙性能，其临界角约为 30°。如果超过 30°，导沙效率将降低，并在栅栏后形成一逐渐离网的沙堤，与栅栏共同负起导沙作用。

31.3.4.2 建议

莫高窟 A 字形尼龙网防沙栅栏建成后，经过两个风季的观测，使洞窟积沙减少了 70%，但同时栅栏前后积沙严重。戈壁因积沙形成沙垄，沙垄高 0.5～1.6m，这种 A 字形防护体系虽然有一定的导沙功能，但远远小于积沙的速度，而且在栅栏积沙体上生长了大量的一年生沙米，高 30～50cm，从而使栅栏的导沙功能急剧降低。因此，戈壁积沙日趋严重。设置的尼龙网栅栏，虽然有效地防止了窟区积沙。但同时又阻止了偏东风的反向搬运，破坏了窟顶戈壁这一良好的输沙场，从而在戈壁上形成新的沙垄。笔者认为只有采取综合的防护体系，莫高窟的风沙灾害才能得到有效的控制。

根据莫高窟风沙运动规律和危害方式，借鉴于条件类似的包兰铁路沙坡头段，兰新铁路玉门段已有的防沙成功经验，建议在莫高窟顶建立一个在空间上由阻沙区、固沙区和输沙区组成，以机械、生物、化学三种措施构成的“六带一体”防护体系，见图 31.3-4 和图 31.3-5。

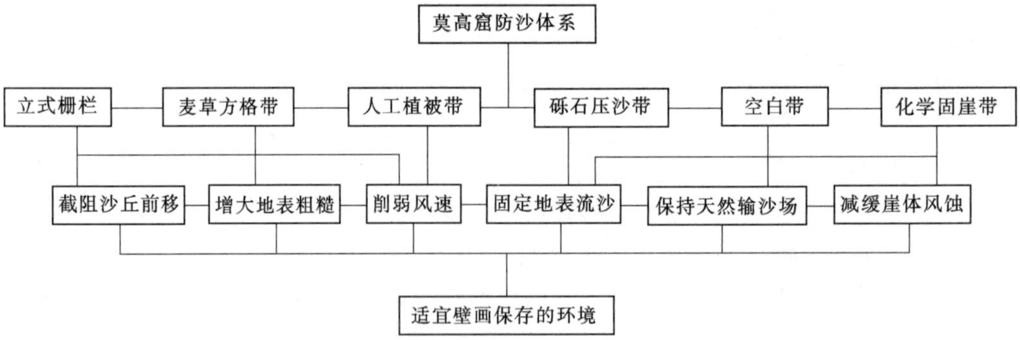

图 31.3-4 莫高窟防护体系功能图

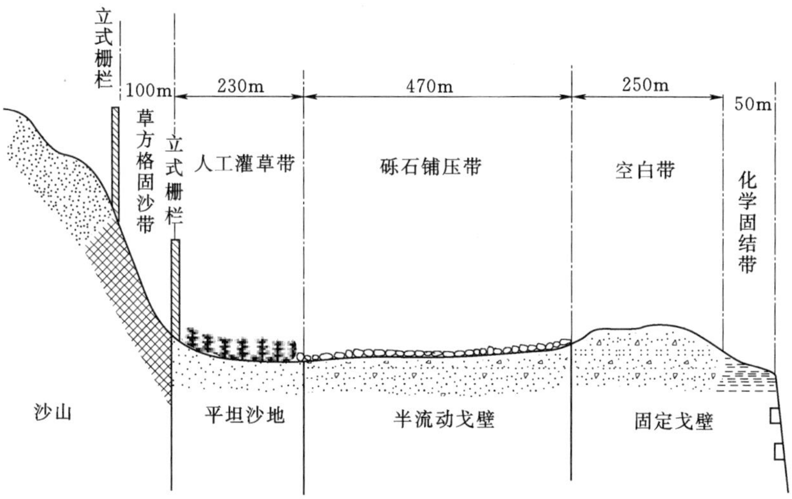

图 31.3-5　“六带一体”配置图式

（1）阻沙区。阻沙区应建立在鸣沙山流沙前缘，由立式栅栏构成。其作用是改变风沙流通过区的下垫面性质，使来自主害风方向的风沙流搬运能力发生变化，从而使风沙流中所携带的沙粒沉降堆积，截阻减缓沙丘向洞窟方向移动，所以阻沙带的位置必须排列在防沙体系的最前缘。如沙坡头人工防沙林体系最前列的防沙栅栏，风沙减少了 78%，不仅阻止沙丘前移而且减少进入其毗邻的防护工程主体固沙区的流沙，保证了固沙区草方格沙障的稳固。

（2）固沙区。固沙区建立在阻沙区下风向的平沙地、沙砾质戈壁和洞窟崖面上。由半隐蔽式方格（1m×1m）沙障带、人工滴灌固沙植物带、砾石压沙带、碎石压沙带、化学材料固沙带所构成，是防护体系的主体。在栅栏下风向设置半隐蔽式沙障，目的在于改变下垫面的粗糙度，达到继续削弱风速，减少输沙效应，使沙丘表面的吹蚀堆积活动趋于平息，从而为其下风向的人工植被创造适宜生长的环境。据实测，在流沙上设置距地表高 15～20cm 的 1m×1m 草方格沙障后，流沙地表的粗糙度增大 400～600 倍，风速降低了 20%（0.5m 高度），输沙量减少了 99%，基本控制了地表的风沙流活动。在保证洞窟安全的前提下，在半隐蔽式方格下风侧采用滴灌技术栽植沙生植物，其作用在于通过不断生长的枝叶，进一步稳定流沙表面，在沙山前缘形成长久的绿色屏障，随人工植被的建成及覆盖度的增大，人工生态系统的防护作用将逐渐占据主导地位。据观测，盖度在 30%～50%的植被区，风速可以减少 51.6%～55%。人工植被粗糙度相当于流沙区的 457～1242 倍，使风沙活动大为减弱，而且对大气尘埃具有沉积和吸附作用，使近地面空气中 30%～60%的尘埃被阻截在人工植被地带，成为地表结皮层细粒物质的来源。观测表明，由于窟区沙源主要来自沙砾质戈壁，而只有风速大于 11m/s 时，才出现鸣沙山沙源的长距离搬运，因此在沙砾质戈壁地带采用碎石压沙，一方面覆盖沙源，固定沙面；另一方面减小下垫面的粗糙度。由于砾石反弹作用，造成了一种不利于沙子堆积的条件，促进天然戈壁输沙场的形成，并为偏东风反向搬运创造了一个适宜的下垫面。随输沙量的减少，沿窟崖面由非堆积搬运区逐渐成为强风蚀区，因此只有采用化学材料固结才能达到固沙和防护岩体风蚀，又不破坏窟区自然景观的目的。风洞模拟实验表明，10%的硅酸钾等具有相当强的抗风蚀能力。

（3）输沙区。输沙区是砾质戈壁组成的空白带。由于砾质戈壁不易起沙，而且偏东风对窟顶崖面的多年积沙具有反向搬运能力。因此，保持其自然输沙场，不管从经济上还是防沙效益上都是适宜的。

参考文献

[1] 屈建军，井哲帆，张克存，等. HDPE蜂巢式固沙障研制与防沙效应实验研究［J］. 中国沙漠，2008，28（4）：599-604.

[2] 屈建军，凌裕泉，俎瑞平，等. 半隐蔽格状沙障的综合防护效益观测研究［J］. 中国沙漠，2005，25（3）：329-335.

[3] 屈建军，喻文波，秦晓波. HDPE功能性固沙障防风效应试验［J］. 中国沙漠，2014，34（5）：1185-1193.

[4] 张克存，屈建军，牛清河，等. 青藏铁路沿线阻沙栅栏防护机理及其效应分析［J］. 中国沙漠，2011，31（1）：16-20.

附录Ⅰ 产品及性能

主 编 崔占明 副主编 杨明昌

各章编写人员及单位

章序	编 写 人	编写人单位
Ⅰ.1	杨明昌	水利部交通运输部国家能源局南京水利科学研究院
	刘好武	宏祥新材料股份有限公司
Ⅰ.2～Ⅰ.6、Ⅰ.8、Ⅰ.16	刘好武 王 静	宏祥新材料股份有限公司
Ⅰ.7、Ⅰ.14、Ⅰ.20	杨明昌 郑澄锋	水利部交通运输部国家能源局南京水利科学研究院
Ⅰ.9、Ⅰ.18	刘好武	宏祥新材料股份有限公司
	许福丁	马克菲尔（长沙）新型支档科技开发有限公司
Ⅰ.10、Ⅰ.19	杨明昌 耿之周	水利部交通运输部国家能源局南京水利科学研究院
Ⅰ.11、Ⅰ.12	杨明昌	水利部交通运输部国家能源局南京水利科学研究院
	王 静	宏祥新材料股份有限公司
Ⅰ.13	郑澄锋 杨明昌	水利部交通运输部国家能源局南京水利科学研究院
Ⅰ.15	刘好武 王 静	宏祥新材料股份有限公司
	许福丁	马克菲尔（长沙）新型支档科技开发有限公司
Ⅰ.17	耿之周 杨明昌	水利部交通运输部国家能源局南京水利科学研究院
Ⅰ.21	王 静	宏祥新材料股份有限公司
	杨明昌	水利部交通运输部国家能源局南京水利科学研究院

Ⅰ.1 绪　　论

Ⅰ.1.1 概述

土工合成材料是一种新型的岩土工程材料。它以人工合成的聚合物，即塑料、化学纤维、合成橡胶为原料，制造成各种类型的产品，置于土体内部、表面和各层土体之间，发挥过滤、排水、隔离、加筋、防渗、防护等作用。

土工合成材料开始应用于岩土工程及土木建筑工程上的确切年代已很难考证。据C. E. Staffy推测，约在20世纪30年代末或40年代初，聚氯乙烯薄膜首先应用于游泳池的防渗。美国垦务局1953年在渠道上首先应用聚乙烯薄膜，1957年开始应用聚氯乙烯薄膜。1960年捷克斯洛伐克的Dobsina堆石坝使用聚氯乙烯薄膜。1984年西班牙的Poza de Los Ramos砌石坝，初期高度为97m，以后增至134m，在上游坝面铺设聚氯乙烯薄膜防渗。

土工织物在岩土工程中的应用开始于20世纪50年代末期，1958年R. J. Barrett在美国佛罗里达州利用聚氯乙烯织物作为海岸块石护垫的垫层。在60年代，土工织物在美国、欧洲和日本逐渐推广。非织造土工织物在60年代末期开始应用于欧洲，1968—1970年间相继应用于法国和英国的无路面道路、西德的护岸工程、法国Valcros土坝的下游排水反滤和上游护垫的垫层以及西德的一座隧洞。在70年代，非织造土工织物很快从欧洲传播到美洲、西非洲和大洋洲，最后传播到亚洲。

“土工织物”（Geotextile）和“土工膜”（Geomembrane）是1977年J. P. Giroud与J. Perfetti首先提出来的。把透水的土工合成材料称为“土工织物”，把不透水的称为“土工膜”。随后大量的以聚合物为原料的其他类型的土工合成材料纷纷问世，已经超出了“织物”和“膜”的范畴。1983年J. E. Fluet建议使用“土工合成材料”（Geosynthetics）一词来概括各种类型的材料。这一名词在1994年的第五届国际土工织物学术讨论会（新加坡）上被正式确认。

土工合成材料在我国岩土工程和土木建筑工程中的应用，最早应用的是土工膜，大约在20世纪60年代初期用于渠道防渗；70年代中期，在长江护岸和长江堤防中首次用织造型土工织物；80年代初期，非织造型土工织物开始应用于工程中，如铁路部门利用无纺织物防止基床翻浆冒泥；90年代后期，土工格栅等特种材料在土建工程中应用，发展很快。纵观土工合成材料50多年的发展史，可将其应用历程大致分为四个阶段：80年代中期以前的初创阶段；80年代中期至90年代中期的发展阶段、90年代后期开始的逐渐成熟阶段和21世纪以来的持续发展阶段。

目前，土工合成材料的应用范围已遍及水利、水电、水运、公路、铁路、海港、机场、环保、采矿、建筑、海绵城市建设及军工等工程的各个领域。土工合成材料在国际上已称为（继木材、水泥、钢材三大主要建材之后）“第四大建筑材料”。

Ⅰ.1.2 土工合成材料的分类

土工合成材料的品种很多，我国《土工合成材料应用技术规范》（GB/T 50290—2014）将其分为四大类：土工织物、土工膜、土工复合材料和土工特种材料。其中，土工格栅属于土工特种材料。

土工织物按制造方法可分为有纺（织造）土工织物和无纺（非织造）土工织物；有纺（织造）土工织物包括编织型、机织型、针织型；无纺（非织造）土工织物按成网方法和加固方法分类。按成网方法分为干法成网（平行铺网、交叉折叠铺网、交叉折叠铺网后牵伸、交叉折叠铺网后再叠加平行梳理网、垂直式折叠铺网）和湿法成网（斜网式湿法成形、圆网式湿法成形）；按加固方法分为机械加固（针刺法、水刺法）、化学黏合法（胶黏剂）、热黏合法（热轧法）。

土工膜按生产工艺分吹塑型、压延型；按材质分聚乙烯土工膜（PE）、聚氯乙烯土工膜（PVC）、氯化聚乙烯土工膜（CPE）、热塑性聚烯烃土工膜（TPO）等。

土工复合材料包括复合土工织物（编织/非织造、机织/非织造）、复合土工膜（土工织物/PE膜）、复合防排水材料（复合排水网、复合防排水板）、钠基膨润土防水毯等。

土工特种材料包括土工格栅（塑料类、纤维类）、土工网、土工网垫、土工格室、土工模袋、聚苯乙烯泡沫板（EPS）等。

Ⅰ.1.3 土工合成材料的名称

土工织物，指具有透水性的土工合成材料。按制造方法不同可分为有纺土工织物和无纺土工织物。

有纺土工织物，由纤维纱或长丝按一定方向排列机织的土工织物。

无纺土工织物，由短纤维或长丝随机或定向排列制成的薄絮垫，经机械结合、热黏合或者化学黏合而成的土工织物。

土工膜，由聚合物（含沥青）制成的相对不透水膜。

复合土工膜，由土工膜和土工织物（有纺或无纺）或其他高分子材料两种或两种以上的材料复合制成的材料。

土工格栅，由抗拉条带单元结合形成的有规则网格型的加筋土工合成材料。

土工带，经挤压拉伸或再加筋制成的带状抗拉材料。

土工格室，由土工格栅、土工织物或具有一定厚度的土工膜形成的条带通过结合相互连接后构成的蜂窝状或网格状三维结构材料。

土工网，由条带部件在结点连接而成有规则的网状土工合成材料。

土工模袋，由双层的有纺土工织物缝制的带有格状空腔的袋状结构材料。

土工网垫，由热塑性树脂制成的三维结构，亦称三维植被网。

土工复合材料，由两种或两种以上的材料复合成的土工合成材料。

软式排水管，以高强圈状弹簧钢丝作支撑体，外包土工织物及强力合成纤维外覆层制成的管状透水材料。亦称软式透水管。

塑料排水带，由不同凹凸截面形态、具有连续排水槽的合成材料芯材，外包或外黏无纺土工织物构成的复合排水材料。

盲沟，以土工合成材料建成的地下排水通道。如以无纺土工织物包裹的带孔塑料管，在沟内以无纺土工织物包裹透水粒料形成的连续排水暗沟等。

塑料盲沟，以聚乙烯丝条缠结成的耐压多孔体外包土工织物而成的排水材料。

土工合成材料膨润土防渗垫，由土工织物或土工膜间包有膨润土，以针刺、缝接或化学黏接而成的一种隔水材料，简称GCL。

聚苯乙烯板块，聚苯乙烯中加入发泡剂膨胀经模塑或挤压制成的轻质板块。

格宾，以覆盖聚氯乙烯等的防锈金属铁丝、土工格栅或土工网等材料捆扎成的管状、箱状笼体。

软体排，用于取代传统梢石料沉排的防护结构。双层排采用两层有纺土工织物按一定间距和形式将两片缝合在一起。两条联结缝间形成管带状或格状空间，充填透水料而构成的压重砂物。

Ⅰ.1.4 土工合成材料的功能及应用

土工合成材料的功能综合起来可以归纳为以下六种基本作用：

(1) 土工合成材料的过滤作用。把针刺土工织物置于土体表面或相邻土层之间，可以有效地阻止土颗粒通过，从而防止由于土颗粒的过量流失而造成土体的破坏。同时允许土中的水或气体穿过织物自由排出，以免由于孔隙水压力的升高而造成土体的失稳等不利后果。把土工织物置于挟有泥沙的流水之中，可以起截留泥沙的作用。过滤是土工织物的一项主要作用。适用于下列工程：

1) 土石坝黏土心墙或黏土斜墙的滤层。

2) 土石坝（包括碾压坝、水坠坝、水中倒土坝等）或堤防内的各种排水体的滤层。

3) 储灰坝或尾矿坝的初期坝上游面的滤层。

4) 堤、坝、河、渠及海岸块石或混凝土护坡的滤层。

5) 水闸下游护坝、海鳗或护坡下部的滤层。

6) 挡土墙回填土中排水系统的滤层。

7) 排水暗管周边或碎石排水暗沟周边的滤层。

8) 水利工程中水井、减压井或测压管的滤层。

9) 其他，如公路和飞机场的基层、铁路道碴和人工堆石与地基之间的土工织物隔离层，均同时起过滤作用。

(2) 土工合成材料的排水作用。有些土工合成材料可以在土体中形成排水通道，把土中的水分汇集起来，沿着材料的平面排出体外。较厚的针刺非织造土工织物和某些具有较多空隙的复合土工合成材料都可以起排水作用。适用于下列工程：

1) 土坝内部垂直或水平排水。

2) 土坝或土堤中的防渗土工膜后面或混凝土护面下部的排水。

3) 埋入土体中（如水力冲填坝中）消除孔隙水压力。

4) 软基处理中垂直排水（塑料排水带或袋装砂井）。

5) 挡土墙后面的排水。

6) 各种建筑物周边的排水。

7) 排除隧洞周边渗水，减轻衬砌所承受的外水压力。

8) 人工填土地基或运动场地基的排水。

9) 其他，如在霜冻区、盐碱区隔断毛细管水的上升，降低地下水位，起防冻和防止盐碱化作用；在公路路基的土工织物隔离层亦可起排水作用。

(3) 土工合成材料的隔离作用。有些土工合成材料能够把两种不同粒径的土、砂、石料或把土、砂、石料与地基或其他建筑材料隔离开来，以免相互混杂，失去各种材料和结构的完整性或预期作用，或发生土粒流失现象。土工织物和土工膜都可以起隔离作用。适用于下列工程：

1）铁路道碴与路基或地基与软弱地基之间的隔离层。

2）公路基层碎石与路基或地基之间，飞机场、停车场、运动场面层与地基之间的隔离层。

3）在土石混合坝中，隔离不同的筑坝材料。

4）在裂隙发育的岩基，或者卵石、砂卵石地基上修建土石坝，用作坝体与地基之间的隔离层，有时还可起加筋作用。

5）石笼、砂袋或土袋与软弱地基之间的隔离层。

6）人工填土、堆石或材料堆场与地基的隔离层。

7）其他，如在水中（江、河、湖、海）抛填土石方前，先将土工织物铺设在水下，起隔离作用，也可起反滤加固作用；在人行便道混凝土板下，有时也铺放土工织物做隔离层等。

（4）土工合成材料的加筋作用。很多土工合成材料埋在土体之中，可以分布土体的应力，增加土体的模量，传递拉应力，限制土体侧向位移；还增加土体和其他材料之间的摩擦阻力，提高土体及有关构筑物的稳定性。土工织物、土工格栅、土工格室、土工加筋带、土工网及一些特种或复合型土工合成材料，都具有加筋功能。适用于下列工程：

1）在公路（包括临时道路）、铁路、防波堤、运动场等工程中，用以加强软弱地基，同时起隔离与过滤的作用。

2）加强堆土或陡坡的边坡稳定性。

3）用作挡土墙回填土中的加筋，或用以锚固挡土墙的面板。

4）修筑包裹式挡土墙或桥台。

5）加固柔性路面，防止反射裂缝的发展。

6）增加破碎岩石边坡的稳定性，也是加筋挡土墙的另一种形式。

7）其他，如在裂隙或断层发育的基础上，增加边坡的稳定性或加固地基，制造石笼、土砂石袋，在存货场或施工场地的地基上铺设土工织物既可起隔离作用、反滤作用，又可起加筋作用。

（5）土工合成材料的防渗作用。土工膜和复合土工合成材料，可以防止液体的渗漏、气体的挥发，保护环境或建筑物的安全。适用于下列工程：

1）土石坝的防渗斜墙或心墙，上游铺盖或库区防渗措施。

2）土石坝或水闸地基的垂直防渗或地下水库的垂直防渗墙。

3）浆砌石坝或碾压混凝土坝的上游坝面防渗措施，及其他混凝土坝的渗漏处理措施。

4）水闸上游护坝及护坡防渗。

5）渠道防渗。

6）灌区内的低压输水管道。

7）隧道周边及堤坝内埋设涵管的防渗措施。

8）防止蓄水池、游泳池、养鱼池、污水池和各类大型液体容器的渗漏与蒸发。

9）地下室防渗及其他建筑物的防潮措施。

10）屋顶防漏。

11）充水或充气的橡胶坝。

12）用于修筑施工围堰。

13）其他各种土建工程中的防渗措施。

（6）土工合成材料的防护作用。多种土工合成材料对土体或水面，可以起防护作用。适用于下列工程：

1）土工织物、注浆模袋、土砂石编织袋、土砂石织物枕、织物软体排等材料防止河岸或海岸被冲刷。

2）防止垃圾、废料或废液污染地下水或散发臭味。

3）防止水面蒸发或空气中的灰尘污染水面。

4）防止路面反射裂缝。

5）防止土体的冻害。

6）临时保护岸边或草地，防止水土流失，促进植物生长。

7）防止地面水渗入地下（在膨胀土或湿陷性黄土地区修建建筑物时尤为重要）。

8）在地下工程施工中为防止对邻近建筑物的影响而采取的措施。

9）其他，有些起加筋、隔离、防渗和过滤作用的土工合成材料亦起防护作用。

一种土工合成材料应用于某一项工程，可能同时具备几种功能，但有的是主要的，有的是次要的。

Ⅰ.2 土 工 膜

Ⅰ.2.1 概述

土工膜是以高分子聚合物为基本原料制成的防渗漏材料，其主要功能为防止液体的渗漏和气体的挥发。按目前国际国内普遍采用的材料可分为聚乙烯类（PE）、聚氯乙烯类（PVC）、氯化聚乙烯类（CPE）等。其中聚乙烯类为主流产品，市场占有份额在50%以上。工程上应用量较大的是聚乙烯（PE）土工膜和聚氯乙烯（PVC）土工膜。

吹塑法土工膜，吹塑法也叫管膜法，树脂经挤出机熔融塑化后，通过环形模口挤出，形成的薄壁管坯，经吹胀、冷却、牵引、剖开、展平、卷取制成的土工膜。

压延法土工膜，将加热塑化的热塑性塑料，通过两个以上的相向旋转的辊筒间隙，使其成为规定尺寸的，并用于土工材料的薄膜（或片材）。压延法土工膜采用的高聚物材料主要指聚氯乙烯。

挤压法土工膜，也可称为平膜挤出法土工膜，将树脂经挤出机熔融塑化，从机头狭缝模口挤出熔融状的片坯，经辊筒压光冷却，然后卷取成土工膜。

挤压法土工膜与吹塑法土工膜，通常均称为挤出法土工膜。

聚乙烯土工膜是以聚乙烯树脂为基材，添加少量抗氧化剂、光稳定剂等助剂通过吹塑法或挤压法制成的土工膜。

聚氯乙烯土工膜是采用聚氯乙烯树脂加入增塑剂、抗紫外线剂、抗老化剂、稳定剂等助剂，通过压延法或挤压法生产成型的土工膜。

Ⅰ.2.2 形式和分类

1. 吹塑法土工膜的分类

按主要原料分类，超低密度聚乙烯（VLDPE）土工膜、低密度聚乙烯（LDPE）土工膜、线性低密度聚乙烯（LLDPE）土工膜、高（中）密度聚乙烯（HDPE及MDPE）土工膜、乙烯/醋酸乙烯共聚物（EVA）土工膜、聚丁烯（PB）土工膜、复合土工膜。

按土工膜的结构和表观状态分类，光面土工膜、单面加糙土工膜、双面加糙土工膜、保温土工膜、填充型土工膜。

按《土工合成材料　聚乙烯土工膜》（GB/T 17643—2011）标准分类及代号：普通高密度聚乙烯土工膜，代号为GH-1；环保用高密度聚乙烯土工膜，代号为GH-2S；环保用单糙面高密度聚乙烯土工膜，代号为GH-2T1；环保用双糙面高密度聚乙烯土工膜，代号为GH-2T2；低密度聚乙烯土工膜，代号为GL-1；环保用线型低密度聚乙烯土工膜，代号为GL-2。

按《垃圾填埋场用高密度聚乙烯土工膜》（CJ/T 234—2006）标准分类及代号：光面高密度聚乙烯土工膜，代号为HDPE1；糙面高密度聚乙烯土工膜，代号为HDPE2，其中单糙面高密度聚乙烯土工膜，代号为HDPE2-1，双糙面高密度聚乙烯土工膜，代号为HDPE2-2。

2. 压延法土工膜的分类

压延法土工膜可分为单层聚氯乙烯土工膜、双层聚氯乙烯复合土工膜及夹网聚氯乙烯土工膜。

按《聚氯乙烯防水卷材》（GB 12952—2003）标准产品按有无复合层分类：无复合层的为N类、用纤维单面复合的为L类、织物内增强的为W类，每类产品按理化性能分为Ⅰ型和Ⅱ型。

按《土工合成材料　聚氯乙烯土工膜》（GB/T 17688—1999）标准分类及代号：单层聚氯乙烯土工膜，代号为TGD；双层聚氯乙烯复合土工膜，由两层聚氯乙烯土工膜复合而成，代号为TGSF；夹网聚氯乙烯复合土工膜，由两层聚氯乙烯土工膜与加强网复合而成，代号为TGWF。

3. 挤压法土工膜的分类

按主要原料分类，超低密度聚乙烯（VLDPE）土工膜、低密度聚乙烯（LDPE）土工膜、线性低密度聚乙烯或茂金属线性低密度聚乙烯（LLDPE或MLLDPE）土工膜、中密度聚乙烯（MDPE）土工膜、高密度聚乙烯（HDPE）土工膜、乙烯/醋酸乙烯共聚物（EVA）土工膜、软聚氯乙烯（SPVC）土工膜、热塑性聚烯烃土工膜（TPO）、聚丁烯（PB）土工膜、超软聚丙烯（PP）土工膜、复合土工膜。

按土工膜的结构和表观状态分类，光面土工膜、单面加糙土工膜、双面加糙土工膜、加筋土工膜、反射型土工膜、保温型土工膜、复合型土工膜。

Ⅰ.2.3 土工膜产品规格

1. 聚乙烯土工膜

普通高密度聚乙烯和低密度聚乙烯土工膜的厚度范围0.3～3.0mm；环保用光面和糙面高密度聚乙烯土工膜的厚度范围0.75～3.0mm；环保用线型低密度聚乙烯土工膜的厚

度范围0.5～3.0mm；聚乙烯土工膜的幅宽范围4～9m（目前经常采用的幅宽一般为6m、7m），采用较大幅宽可以减少材料拼接缝，提高施工效率和施工质量，节约材料用量，降低工程成本；聚乙烯土工膜的卷长可根据工程设计要求（目前常规产品卷长为50m或100m）。

2. 聚氯乙烯土工膜

单层聚氯乙烯土工膜的厚度范围0.3～1.5mm；双层聚氯乙烯复合土工膜的厚度范围0.6～2.0mm；夹网聚氯乙烯复合土工膜的厚度范围0.5～2.0mm；目前厚度0.5～3.0mm；幅宽2m；卷长可根据工程设计要求。

3. 热塑性聚烯烃土工膜

热塑性聚烯烃土工膜的厚度范围为2.0～3.5mm；幅宽为1.0m、2.0m；单卷卷材的长度可根据工程设计加工。

热塑性聚烯烃复合土工膜的膜材厚度为2.0～3.5mm；幅宽为1.0m、2.0m；单卷卷材的长度可根据工程设计加工。

Ⅰ.2.4 聚乙烯土工膜性能特点

聚乙烯土工膜性能特点见附表Ⅰ.2-1。

附表Ⅰ.2-1 HDPE、LDPE及LLDPE材料性能比较

塑料名称 性能比较	高密度聚乙烯 HDPE	低密度聚乙烯 LDPE	线性低密度聚乙烯 LLDPE
气味、毒性	无毒、无味、无臭	无毒、无味、无臭	无毒、无味、无臭
密度	$>0.940g/cm^3$	$0.911\sim0.925g/cm^3$	$0.911\sim0.925g/cm^3$
结晶度	85%～65%	45%～65%	55%～65%
分子结构	仅包含碳-碳与碳-氢结合键，需较多能量才能断裂	聚合物分子量较小，需较少能量即可断裂	线性结构、支链、短链较少，需较少能量即可断裂
软化点	125～135℃	90～100℃	94～108℃
机械性能	强度高、韧性好、刚性强	机械强度较差	强度高、韧性好、刚性强
拉伸强度	高	低	较高
断裂伸长率	较高	低	高
冲击强度	较高	低	高
防潮、防水性能	对水、水蒸气、空气的渗透性好，吸水性低，具有良好的防渗透性	隔湿性、隔气性较差	对水、水蒸气、空气的渗透性好，吸水性低，具有良好的防渗透性
耐酸、碱、腐蚀、有机溶剂性能	耐强氧化剂腐蚀；耐酸、碱和各种盐类腐蚀；不溶于任何有机溶剂等	耐酸、碱、盐溶液腐蚀，但耐溶剂性较差	耐酸、碱、有机溶剂
耐热/寒	耐热、耐寒性能好，在常温甚至在－40F低温下均如此，有极好抗冲击性能，低温脆化温度＜－90℃	耐热性能较低，低温脆化温度＜－70℃	耐热、耐寒性能好低温脆化温度＜－90℃
抗环境应力开裂	好	较好	好

附表Ⅰ.2-1中：

(1) 三种材料在不同防渗工程类型中担当着各自重要的任务。

(2) 三种材料都具有很好的绝缘和防潮、防渗性能。

(3) 无毒、无味、无臭的性能使其在农业、水产养殖、人工湖、水库、河道上的应用极其广泛。

(4) 在强酸、强碱、强氧化剂和有机溶剂的介质环境中，HDPE和LLDPE的材质性能可以得到很好的发挥和利用。

(5) 尤其是HDPE在抗强酸、强碱、强氧化性能和抗有机溶剂的特性方面远远高于其他两种材料，所以HDPE土工膜在化工、环保行业得到了充分的利用。

Ⅰ.2.5 产品工程应用

1. 聚乙烯土工膜

广泛应用于：水利工程（江河、湖泊、水渠、水库堤坝的防渗，垂直芯墙，护坡等）；环保工程（生活垃圾填埋场，污水处理厂，危险废弃物处理场，工业废弃物处理场等）；矿业防渗（尾矿库、堆浸场、蓄液池、沉淀池、洗选池的底衬等）；石油化工工业防渗（化工厂、炼油厂、罐区、化学反应池、事故池、沉淀池等防渗）；发电厂（抽水蓄能电站、灰场、污水池、冷却水池等的防渗）；市政工程（地下工程、供水工程、污水处理工程的防渗）；园林（人工湖、屋顶花园、高尔夫球场的底衬等）；交通设施（高速铁路滑动层，地铁、公路、隧道的防渗）；农牧业（灌溉系统的防渗，沼气池的防渗和加盖）；水产养殖业（鱼塘、虾池的内衬等）等工程领域。

2. 聚氯乙烯土工膜

适用于工业与民用建筑的屋面防水，包括种植屋面、平屋面、坡屋面；建筑物地下防水，隧道、人防工程、地下室防潮；水库、堤坝、水池、水渠等防渗工程。

Ⅰ.2.6 产品的相关标准

1. 聚乙烯土工膜的相关产品标准

《高分子防水材料 第1部分：片材》(GB 18173.1—2012)。

《土工合成材料 聚乙烯土工膜》(GB/T 17643—2011)。

《垃圾填埋场用高密度聚乙烯土工膜》(CJ/T 234—2006)。

《垃圾填埋场用线性低密度聚乙烯土工膜》(CJ/T 276—2008)。

《公路工程土工合成材料 土工膜》(JT/T 518—2004)。

《铁路工程土工合成材料 土工膜》(Q/CR 594.3—2016)。

客运专线铁路CRTSⅡ型板式无砟轨道技术条件，见铁道部科技基〔88号文〕2009年。

2. 聚氯乙烯土工膜的产品标准

《聚氯乙烯防水卷材》(GB 12952—2011)。

《土工合成材料 聚氯乙烯土工膜》(GB/T 17688—1999)。

3. 土工膜的相关国外标准

Test Methods, Test Properties and Testing Frequency for High Density Polyethylene (HDPE) Smooth and Textured Geomembranes（高密度聚乙烯土工膜试验

方法，性能和试验频率）(GM13—2012)。

Test Methods, Test Properties and Testing Frequency for Linear Low Density Polyethylene (LLDPE) Smooth and Textured Geomembranes（线性低密度聚乙烯土工膜试验方法，性能和试验频率）(GM 17—2012)。

Test Methods, Required Properties and Testing Frequencies for Scrim Reinforced Polyethylene Geomembranes Used in Exposed Temporary Applications（临时覆盖用织物增强聚乙烯土工膜试验方法，性能和试验频率）(GM 22—2012)。

Test Methods, Test Properties and Testing Frequency for ReinforcedLinear Low-Density Polyethylene (LLDPE-R) Geomembranes（增强线性低密度聚乙烯土工膜试验方法，性能和试验频率）(GM 25—2012)。

Ⅰ.2.7 产品的技术指标

1. GB/T 17643—2011 标准

见附表Ⅰ.2-2～附表Ⅰ.2-9。

附表Ⅰ.2-2 聚乙烯土工膜（GH-1、GL-1、GL-2型）厚度及偏差

项目		指标								
光面	公称厚度/mm	0.30	0.50	0.75	1.00	1.25	1.50	2.00	2.50	3.00
	平均厚度/mm	≥0.30	≥0.50	≥0.75	≥1.00	≥1.25	≥1.50	≥2.00	≥2.50	≥3.00
	厚度极限偏差/%	≥-10								

注 表中没有列出厚度规格及偏差按照内插法执行。

附表Ⅰ.2-3 环保用高密度聚乙烯土工膜（GH-2型）厚度及偏差

项目			指标						
光面	公称厚度	mm	0.75	1.00	1.25	1.50	2.00	2.50	3.00
	平均厚度	mm	≥0.75	≥1.00	≥1.25	≥1.50	≥2.00	≥2.50	≥3.00
	平均厚度偏差	%	≥-10						
糙面	公称厚度	mm	0.75	1.00	1.25	1.50	2.00	2.50	3.00
	平均厚度偏差	%	≥-5						
	厚度极限偏差（10个中的8个）	%	≥-10						
	厚度极限偏差（10个中的任意一个）	%	≥-15						

注 表中没有列出厚度规格及偏差按照内插法执行。

附表Ⅰ.2-4 外观质量

项目		要求
1	切口	平直，无明显锯齿现象
2	断头、裂纹、分层、穿孔修复点	不允许
3	水纹和机械划痕	不明显
4	晶点、僵块和杂质	0.6～2.0mm，每平方米限于10个以内；大于2.0mm的不允许
5	气泡	不允许
6	糙面膜外观	均匀，不应有结块、缺损等现象

附表Ⅰ.2-5　　普通高密度聚乙烯土工膜（GH-1型）

序号	项目		厚度指标/mm								
			0.30	0.50	0.75	1.00	1.25	1.50	2.00	2.50	3.00
1	密度	g/cm³	≥0.940								
2	纵横向拉伸屈服强度	N/mm	≥4	≥7	≥10	≥13	≥16	≥20	≥26	≥33	≥40
3	纵横向拉伸断裂强度	N/mm	≥6	≥10	≥15	≥20	≥25	≥30	≥40	≥50	≥60
4	纵横向屈服伸长率	%	—	—	—	≥11					
5	纵横向断裂伸长率	%	≥600								
6	纵横直角撕裂负荷	N	≥34	≥56	≥84	≥115	≥140	≥170	≥225	≥280	≥340
7	抗穿刺强度	N	≥72	≥120	≥180	≥240	≥300	≥360	≥480	≥600	≥720
8	炭黑含量	%	2.0～3.0								
9	炭黑分散性		10个数据中3级不多于1个，4级、5级不允许								
10	常压氧化诱导时间（OIT）	min	≥60								
11	低温冲击脆化性能		通过								
12	水蒸气渗透系数	(g·cm)/(cm²·s·Pa)	≤1.0×10^{-13}								
13	尺寸稳定性	%	±2.0								

注　表中没有列出厚度规格的技术性能指标要求按照内插法执行。

附表Ⅰ.2-6　　环保用光面高密度聚乙烯土工膜（GH-2S型）

序号	项目		厚度指标/mm						
			0.75	1.00	1.25	1.50	2.00	2.50	3.00
1	密度	g/cm³	≥0.940						
2	纵横向拉伸屈服强度	N/mm	≥11	≥15	≥18	≥22	≥29	≥37	≥44
3	纵横向拉伸断裂强度	N/mm	≥20	≥27	≥33	≥40	≥53	≥67	≥80
4	纵横向屈服伸长率	%	≥12						
5	纵横向断裂伸长率	%	≥700						
6	纵横直角撕裂负荷	N	≥93	≥125	≥160	≥190	≥250	≥315	≥375
7	抗穿刺强度	N	≥240	≥320	≥400	≥480	≥640	≥800	≥960
8	拉伸负荷应力开裂（切口恒载拉伸法）	h	—	≥300					
9	炭黑含量	%	2.0～3.0						
10	炭黑分散性		10个数据中3级不多于1个，4级、5级不允许						
11	氧化诱导时间（OIT）	min	常压氧化诱导时间≥100						
			高压氧化诱导时间≥400						
12	85℃热老化（90d常压OIT保留率）	%	≥55						
13	抗紫外线（紫外线照射1600h后OIT保留率）	%	≥50						

注　1. 表中没有列出厚度规格的技术性能指标要求按照内插法执行。

2. 第11项和第13项两项指标的常压OIT（保留率）和高压OIT（保留率）可任选一测试。

附表Ⅰ.2-7 环保用糙面高密度聚乙烯土工膜（GH-2T1、GH-2T2型）

序号	项目		厚度指标/mm						
			0.75	1.00	1.25	1.50	2.00	2.50	3.00
1	密度	g/cm^3	≥0.940						
2	毛糙高度	mm	≥0.25						
3	纵横向拉伸屈服强度	N/mm	≥11	≥15	≥18	≥22	≥29	≥37	≥44
4	纵横向拉伸断裂强度	N/mm	≥8	≥10	≥13	≥16	≥21	≥26	≥32
5	纵横向屈服伸长率	%	≥12						
6	纵横向断裂伸长率	%	≥100						
7	纵横直角撕裂负荷	N	≥93	≥125	≥160	≥190	≥250	≥315	≥375
8	抗穿刺强度	N	≥200	≥270	≥335	≥400	≥535	≥670	≥800
9	拉伸负荷应力开裂（切口恒载拉伸法）	h	≥300						
10	炭黑含量	%	2.0～3.0						
11	炭黑分散性		10个数据中3级不多于1个，4级、5级不允许						
12	氧化诱导时间（OIT）	min	常压氧化诱导时间≥100						
			高压氧化诱导时间≥400						
13	85℃热老化（90d常压OIT保留率）	%	≥55						
14	抗紫外线（紫外线照射1600h后OIT保留率）	%	≥50						

注 1. 表中没有列出厚度规格的技术性能指标要求按照内插法执行。

2. 第2项指标是在10次测试中，8次的结果应大于0.18mm，最小值应大于0.13mm。

3. 第12项和第14项两项指标的常压OIT（保留率）和高压OIT（保留率）可任选一测试。

附表Ⅰ.2-8 低密度聚乙烯土工膜（GL-1型）

序号	项目		厚度指标/mm								
			0.30	0.50	0.75	1.00	1.25	1.50	2.00	2.50	3.00
1	密度	g/cm^3	≤0.939								
2	纵横向拉伸断裂强度	N/mm	≥6	≥9	≥14	≥19	≥23	≥28	≥37	≥47	≥56
3	纵横向断裂伸长率	%	≥560								
4	纵横直角撕裂负荷	N	≥27	≥45	≥63	≥90	≥108	≥135	≥180	≥225	≥270
5	抗穿刺强度	N	≥52	≥84	≥135	≥175	≥220	≥260	≥350	≥435	≥525
6	炭黑含量	%	2.0～3.0								
7	炭黑分散性		10个数据中3级不多于1个，4级、5级不允许								
8	常压氧化诱导时间（OIT）	min	≥60								
9	低温冲击脆化性能		通过								
10	水蒸气渗透系数	$(g\cdot cm)/(cm^2\cdot s\cdot Pa)$	$\leq 1.0\times10^{-13}$								
11	尺寸稳定性	%	±2.0								

注 1. 表中没有列出厚度规格的技术性能指标要求按照内插法执行。

2. 第6项和第7项两项指标只适用于黑色土工膜。

附表Ⅰ.2-9 环保用线形低密度聚乙烯土工膜（GL-2型）

序号	项目		厚度指标/mm							
			0.5	0.75	1.00	1.25	1.50	2.00	2.50	3.00
1	密度	g/cm³	≤0.939							
2	纵横向拉伸断裂强度	N/mm	≥13	≥20	≥27	≥33	≥40	≥53	≥66	≥80
3	纵横向断裂伸长率	%	≥800							
4	2%正割模量	N/mm	≤210	≤370	≤420	≤520	≤630	≤840	≤1050	≤1260
5	纵横直角撕裂负荷	N	≥50	≥70	≥100	≥120	≥150	≥200	≥250	≥300
6	抗穿刺强度	N	≥120	≥190	≥250	≥310	≥370	≥500	≥620	≥750
7	炭黑含量	%	2.0～3.0							
8	炭黑分散性		10个数据中3级不多于1个，4级、5级不允许							
9	氧化诱导时间（OIT）	min	常压氧化诱导时间≥100							
			高压氧化诱导时间≥400							
10	85℃热老化（90d常压OIT保留率）	%	≥35							
11	抗紫外线（紫外线照射1600h后OIT保留率）	%	≥35							

注 1. 表中没有列出厚度规格的技术性能指标要求按照内插法执行。
2. 第9项和第11项两项指标的常压OIT（保留率）和高压OIT（保留率）可任选一测试。

2. 聚氯乙烯土工膜的产品标准

见附表Ⅰ.2-10和附表Ⅰ.2-11。

附表Ⅰ.2-10 聚氯乙烯土工膜技术指标（GB/T 17688—1999）

序号	项目			单层和双层聚氯乙烯指标	夹网聚氯乙烯指标
1	厚度平均偏差		%	±6（单层）；±10（双层）	±10
2	密度		g/cm³	1.25～1.35	1.20～1.30
3	纵横向拉伸强度		MPa	≥15/13	—
4	纵横向断裂伸长率		%	≥220/200	—
5	纵横向断裂强度		N/mm	≥40	—
6	纵横向断裂强力		kN/5cm	—	0.5～2.0
7	低温弯折性（-20℃）			无裂纹	
8	纵横向尺寸变化率		%	≤5	
9	CBR顶破强力		kN	按设计或合同规定	
10	耐静水压		MPa	按表Ⅰ2.7-10	
11	渗透系数		cm/s	$\leqslant 10^{-11}$	
12	透气系数		(cm³·cm)/(cm²·s·cmHg)	按设计或合同规定	
13	热老化处理	外观		无气泡，不黏结，无孔洞	
		纵横向拉伸强度相对变化率	%	≤25	—
		纵横向断裂伸长率相对变化率	%	≤25	—
		纵横向断裂强力相对变化率	%	—	≤25
		低温弯折性（-20℃）		无裂纹	

附表Ⅰ.2-11 聚氯乙烯土工膜耐静水压力指标（GB/T 17688—1999）

膜材厚度/mm	0.30	0.50	0.60	0.80	1.00	1.50	2.00
单层聚氯乙烯土工膜/MPa	0.50	0.50	—	0.80	1.00	1.50	—
双层聚氯乙烯复合土工膜/MPa	—	—	0.50	0.80	1.00	1.50	1.50
夹网聚氯乙烯复合土工膜/MPa	—	0.50	—	0.80	1.00	1.50	1.50

Ⅰ.3 复合土工膜

Ⅰ.3.1 概述

复合土工膜是以土工织物为基材，以聚乙烯土工膜、聚氯乙烯土工膜为膜材，经流延、压延、远线外加热复合等工艺制造而成的不透水材料。现已广泛应用于公路、铁路、市政、地铁、水利、防洪抢险、堤坝、排水沟渠等防渗工程，在工程中起到防渗、隔离、补强加固等作用。

复合土工膜由具有排水、过滤、防护功能的土工织物和不透水的土工膜组成。土工膜一般采用聚乙烯、聚氯乙烯等树脂材料制成。膜材厚度一般在0.2～1.0mm。土工织物一般为涤纶短纤、丙纶短纤、涤纶长纤纺粘、聚丙烯扁丝编织、丙纶长丝机织、涤纶长丝机织、裂膜丝机织等土工布、单位面积质量一般在100～400g/m^2。

Ⅰ.3.2 形式和分类

（1）复合土工膜按结构分为：一布一膜、两布一膜、一布两膜、两布两膜、三布两膜、多布多膜等复合土工膜。

（2）复合土工膜按基材类型分为：非织造复合土工膜、织造复合土工膜，其中非织造复合土工膜按基材分为短纤针刺非织造土工布、长丝纺粘针刺非织造土工布等复合土工膜；织造复合土工膜按基材分为长丝机织土工布、塑料扁丝编织土工布、裂膜丝机织土工布等复合土工膜。

（3）复合土工膜按膜材分为：聚乙烯（PE）、聚氯乙烯（PVC）、氯化聚乙烯（CPE）和热塑性聚烯烃（TPO）等复合土工膜。

（4）复合土工膜根据使用功能分为：防水隔断型、横向排水型、加筋型等类型。其中防水隔断型多为非织造复合土工膜，常用于水利防渗蓄水工程，盐渍土、冻土及地下水位较高地区的铁路路基工程；横向排水型亦多为非织造复合土工膜，常用于黄土、膨胀土等特殊岩土地区，及铁路路基基床加固、病害处理等工程中，为避免地表水下渗而铺设的兼具有竖向隔水、横向排水等功能；加筋型多为较高强度，低延伸率的织造复合土工膜，用于软弱地基、上部荷载较大或结构稳定需要等工程，起到隔断、隔水、加筋、排水等功能。

Ⅰ.3.3 产品的相关标准

《土工合成材料　非织造布复合土工膜》（GB/T 17642—2008）。

《铁路工程土工合成材料　第三部分：土工膜》（Q/CR 549.3—2016）。

Ⅰ.3.4 产品的技术指标

产品技术性能见附表Ⅰ.3-1～附表Ⅰ.3-4。

附表Ⅰ.3-1 非织造布复合土工膜技术指标（GB/T 17642—2008）

项目			标称断裂强度/(kN/m)							
			5	7.5	10	12	14	16	18	20
1	纵横向断裂强度	kN/m	≥5.0	≥7.5	≥10.0	≥12.0	≥14.0	≥16.0	≥18.0	≥20.0
2	纵横向标称强度对应伸长率	%	30～100							
3	CBR 顶破强力	kN	≥1.1	≥1.5	≥1.9	≥2.2	≥2.5	≥2.8	≥3.0	≥3.2
4	纵横向撕裂强力	kN	≥0.15	≥0.25	≥0.32	≥0.40	≥0.48	≥0.56	≥0.62	≥0.70
5	耐静水压力		按附表Ⅰ.3-2							
6	剥离强度	N/cm	≥6							
7	垂直渗透系数	cm/s	按设计或合同要求							
8	幅宽偏差	%	−1.0							

注 1. 实际规格（标准断裂强度）介于表中相邻规格之间，按线性内插法计算相应考核指标；超出表中范围时，考核指标由供需双方协商确定。
2. 第6项如测定时试样难以剥离或未到规定剥离强度基材或膜材断裂，视为符合要求。
3. 第8项标准值按设计或协议。
4. 实际断裂强度低于标准强度时，标准强度对应伸长率不作符合性判定。

附表Ⅰ.3-2 非织造布复合土工膜耐静水压指标（GB/T 17642—2008）

项目			指标							
耐静水压	膜材厚	mm	≥0.2	≥0.3	≥0.4	≥0.5	≥0.6	≥0.7	≥0.8	≥1.0
	一布一膜	MPa	≥0.4	≥0.5	≥0.6	≥0.8	≥1.0	≥1.2	≥1.4	≥1.6
	二布一膜	MPa	≥0.5	≥0.6	≥0.8	≥1.0	≥1.2	≥1.4	≥1.6	≥1.8

附表Ⅰ.3-3 有纺布复合土工膜技术性能（Q/CR 549.3—2016）

序号	项目		标称强度指标要求/(kW/m)				
			50	65	80	100	120
1	经向抗拉断裂强度	kN/m	≥50	≥65	≥80	≥100	≥120
2	纬向抗拉断裂强度	kN/m	按设计要求，无要求时不应小于0.7倍经向抗拉断裂强度				
3	断裂伸长率		经向小于或等于35%，纬向小于或等于30%				
4	CBR 顶破强力	kN	≥4.0	≥6.0	≥8.0	≥10.0	≥12.0
5	经纬向撕破强力	kN	≥0.6	≥0.8	≥1.0	≥1.2	≥1.4
6	耐静水压	MPa	按附表3.4-2				
7	剥离强度	kN/m	≥0.4				
8	幅宽偏差	%	±0.5				
9	单位面积质量	g/m^2	500	600	700	800	900
10	单位面积质量偏差	%	−5				

注 1. 实际规格介于表中相邻规格之间，按线性内插法计算相应考核指标；超出表中范围时，考核指标按设计要求确定。
2. 复合土工膜产品结构中基材与膜材的单位面积质量比例约为1∶1，采用其他比例时，第9项单位面积质量按设计要求确定。
3. 幅宽标准值按设计要求。

附表Ⅰ.3-4 热塑性聚烯烃复合土工膜（一布一膜）技术指标

序号	测 试 项 目		指 标 要 求		
1	断裂强力	kN/m	≥30	≥40	≥50
2	最大断裂强力处伸长率	%	≥20		
3	顶破强力（CBR法）	kN	≥3	≥6	≥9
4	梯形撕裂强度	kN	≥0.8	≥1.0	≥1.2
5	低温弯折性		−40℃，无裂纹		
6	耐静水压	MPa	≥1.5，120min不透水		
7	搭接剥离强度	N/50mm	≥250或片材破化		
8	热处理尺寸变化率（80℃，24h）	%	≤2.0		
9	膜材渗透系数	cm/s	$\leqslant 10^{-11}$		

注 其他技术要求由双方协商确定。

Ⅰ.4 钠基膨润土防水毯（GCL）

Ⅰ.4.1 概述

GCL是以钠基膨润土为主要原料，采用针刺法、针刺覆膜法或胶黏法加工制成的毯状防水材料。钠基膨润土又称之为钠基蒙脱石，它遇水可以膨胀24倍以上并经过针刺工艺形成非常稳定的胶状防水层。具有滤失量低和黏性高的特性。GCL是一种新型环保生态复合防渗材料，以其独特的防渗漏性能已在水利、环保、交通、铁道、民航等土木工程中得到广泛使用。典型应用案例有：垃圾填埋场的基础处理和封顶，人工湖、水库、渠道、河流、屋顶花园的防渗，地下室、地铁、隧道、地下通道等各类地下建筑物的防渗。

Ⅰ.4.2 形式和分类

GCL（土工合成材料膨润土防水毯）按生产工艺分为以下三种：

（1）针刺法钠基膨润土防水毯，是由两层土工布包覆钠基膨润土颗粒针刺而成，其中一层土工布为涤纶或丙纶短纤针刺非织造土工织物，规格常为200～220g/m²，另一层为聚丙烯扁丝编织土工布，规格常为120～140g/m²，用GCL-NP表示。如附图Ⅰ.4-1（a）所示。

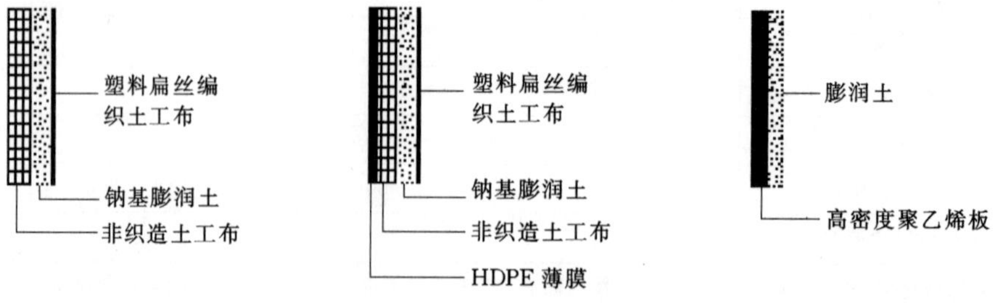

(a) 针刺法钠基膨润土防水毯 (b) 针刺覆膜法钠基膨润土防水毯 (c) 胶黏法钠基膨润土防水毯

附图Ⅰ.4-1 不同工艺生产的GCL

（2）针刺覆膜法钠基膨润土防水毯，是在针刺法钠基膨润土防水毯的非织造土工布外表面上复合一层高密度聚乙烯土工膜，用 GCL－OF 表示。如图Ⅰ.4－1（b）所示。

（3）胶黏法钠基膨润土防水毯，是用胶黏剂把钠基膨润土颗粒黏结到高密度聚乙烯板上，压缩生产的一种钠基膨润土防水毯，用 GCL－AH 表示。如附图Ⅰ.4－1（c）所示。

GCL 按膨润土的品种分为人工钠化膨润土，用 A 表示；天然钠基膨润土，用 N 表示。

GCL 常用规格：长度为 20m、30m 等；宽度为 4.5m、5.0m、5.85m、6m 等；单位面积质量为 4000g/m^2、4500g/m^2、5000g/m^2、5500g/m^2 等。

Ⅰ.4.3　产品的相关标准

《钠基膨润土防水毯》（JG/T 193—2006）。

《天然钠基膨润土防渗衬垫》（JC/T 2054—2011）。

Ⅰ.4.4　产品的技术指标

产品技术指标见附表Ⅰ.4－1～附表Ⅰ.4－3。

附表Ⅰ.4－1　　钠基膨润土防水毯技术指标（JG/T 193—2006）

项　目				GCL－NP	GCL－OF	GCL－AH
1	单位面积质量		g/m^2	≥4000，且不小于规定值		
2	膨润土膨胀指数		mL/2g	≥24		
3	吸蓝量		g/100g	≥30		
4	拉伸强度		N/100mm	≥600	≥700	≥600
5	最大负荷下伸长率		%	≥10		≥8
6	剥离强度	非织造布与编织布	N/100mm	≥40		—
		PE 膜与非织造布	N/100mm	—	≥30	—
7	法向渗透系数		m/s	≤5.0×10^{-11}	≤5.0×10^{-12}	≤1.0×10^{-12}
8	耐静水压		MPa	0.4，1h 无渗漏	0.6，1h 无渗漏	
9	滤失量		mL	≤18	≤18	≤18
10	膨润土耐久性		mL/2g	≥20	≥20	≥20

附表Ⅰ.4－2　　天然钠基膨润土防渗原料性能要求（JC/T 2054—2011）

项　目		技　术　指　标
0.2～2.0mm 颗粒含量	%	≥80
膨胀指数	mL/2g	≥22
膨胀指数变化率	%	≥80
滤失量	mL	≤18

附表Ⅰ.4-3 天然钠基膨润土防渗衬垫技术指标（JC/T 2054—2011）

项目				GCL-ZN	GCL-FN	JNL
1	单位面积膨润土质量		g/m^2	不小于规定值		
2	拉伸强度		N/100mm	≥600	≥700	≥800
3	最大负荷下伸长率		%	10～20		8～15
4	剥离强度	非织造布与编织布	N/100mm	≥40		—
		HDPE膜与非织造布	N/100mm	—	≥30	—
5	法向渗透系数		m/s	$\leqslant 5.0\times10^{-11}$	$\leqslant 5.0\times10^{-12}$	$\leqslant 1.0\times10^{-12}$
6	耐静水压		MPa	0.4，1h无渗漏	0.6，1h无渗漏	
7	穿刺强度		N	≤18	≤18	≤18
8	厚度		mm	20	20	20

Ⅰ.5 土 工 织 物

Ⅰ.5.1 概述

土工织物是一种透水性土工合成材料，按制造方法不同，分为有纺土工织物、无纺土工织物、湿法成网土工织物。现已广泛应用于水利、水运、公路、铁路、机场、环保、市政等基础工程建设领域，在工程中起到过滤、排水、隔离、加筋、防护等作用。

Ⅰ.5.2 形式和分类

土工织物按制造方法不同，分为有纺土工织物、无纺土工织物、湿法成网土工织物。

（1）有纺土工织物包括塑料扁丝编织土工布、裂膜丝机织土工布、长丝机织土工布主要用途为反滤用布、管袋模袋用布、复合用布基布。

塑料扁丝编织土工布，由塑料薄膜（挤出平膜）经纵向切割、拉伸成扁丝（纤维），再经编织工艺制成。

裂膜丝机织土工布，以塑料（主要是聚烯烃）薄膜经纵向切割、单纵向拉伸、定型、（裂扁丝）等工序制得的切割扁丝作为经、纬丝，按不同的织造方式，用不同类型的织机所织成的具有一定织物组织的机织土工布。

长丝机织土工布，采用熔体纺丝法或溶液纺丝法制成的合成纤维长丝（主要有丙纶、涤纶、锦纶、维纶、乙纶等）作为经丝、纬丝，按不同的织造方式，用不同类型的织机所织成的织物。

（2）无纺土工织物包括短纤针刺非织造土工布、长丝纺粘非织造土工布。

短纤针刺非织造土工布，由短纤维（涤纶、丙纶）按随机或定向排列制成的蓬松纤网，经机械加固，即刺针的穿刺加固作用，而制成的织物。

长丝纺黏针刺非织造土工布，以聚合物切片为原料，经纺丝、铺网、针刺加固而制成的织物。

短纤针刺非织造土工布、长丝纺黏针刺非织造土工布主要用途为过滤、排水、隔离、加筋、防护。

(3) 湿法成网土工织物包括聚酯玻纤非织造土工布。聚酯玻纤非织造土工布以短切聚酯纤维、玻璃纤维为主要原材料，经浆料制备、湿法成网、脱水、施胶、烘干固化、成卷等工艺制造而成。主要用途为路面防裂防止反射裂缝、建筑墙体防裂。

Ⅰ.5.3 产品的相关标准

《土工合成材料 短纤针刺非织造土工布》(GB/T 17638—2017)。

《土工合成材料 长丝纺粘针刺非织造土工布》(GB/T 17639—2008)。

《土工合成材料 长丝机织土工布》(GB/T 17640—2008)。

《土工合成材料 裂膜丝机织土工布》(GB/T 17641—2017)。

《土工合成材料 塑料扁丝编织土工布》(GB/T 17690—1999)。

《公路工程土工合成材料 有纺土工织物》(JT/T 514—2004)。

《公路工程土工合成材料 长丝纺粘针刺非织造土工布》(JT/T 519—2004)。

《公路工程土工合成材料 短纤针刺非织造土工布》(JT/T 520—2004)。

《公路工程土工合成材料 无纺土工织物》(JT/T 667—2006)。

《公路工程土工合成材料 土工布第2部分：聚酯玻纤非织造土工布》(JT/T 992.2—2017)。

《铁路工程土工合成材料 第5部分：土工布》(Q/CR 549.5—2016)

《垃圾填埋场用非织造土工布》(CJ/T 430—2013)

Ⅰ.5.4 产品的技术指标

产品技术指标见附表Ⅰ.5-1～附表Ⅰ.5-20。

附表Ⅰ.5-1 短纤针刺非织造土工布技术指标(GB/T 17638—2017)

项目			标称断裂强度/(kN/m)								
			3	5	8	10	15	20	25	30	40
1	纵横向断裂强度	kN/m	≥3.0	≥5.0	≥8.0	≥10.0	≥15.0	≥20.0	≥25.0	≥30.0	≥40.0
2	标称断裂强度对应伸长率	%	20～100								
3	顶破强力	kN	≥0.6	≥1.0	≥1.4	≥1.8	≥2.5	≥3.2	≥4.0	≥5.5	≥7.0
4	单位面积质量偏差率	%	±5								
5	幅宽偏差率	%	−0.5								
6	厚度偏差率	%	±10								
7	等效孔径 O_{90} (O_{95})	mm	0.07～0.20								
8	垂直渗透系数	cm/s	$k\times(10^{-1}\sim10^{-3})$，其中 $k=1.0\sim9.9$								
9	纵横向撕裂强力	kN	≥0.10	≥0.15	≥0.20	≥0.25	≥0.40	≥0.50	≥0.65	≥0.80	≥1.00
10	抗酸碱性能(强力保持率)	%	≥80								
11	抗氧化性能(强力保持率)	%	≥80								
12	抗紫外线性能(强力保持率)	%	≥80								

注 1. 实际规格介于表中相邻规格之间，按线性内插法计算相应考核指标；超出表中范围时，考核指标由供需双方协商确定。
2. 第4项～第6项标准值按设计或协议。
3. 第9项～第12项为参考指标，作为生产内部控制，用户有要求的按实际设计值考核。

附表Ⅰ.5-2 长丝纺粘针刺非织造土工布技术指标(GB/T 17639—2008)

项目			标称断裂强度/(kN/m)								
			4.5	7.5	10	15	20	25	30	40	50
1	纵横向断裂强度	kN/m	≥4.5	≥7.5	≥10	≥15	≥20	≥25	≥30	≥40	≥50
2	纵横向标准强度对应伸长率	%	40~80								
3	CBR 顶破强力	kN	≥0.8	≥1.6	≥1.9	≥2.9	≥3.9	≥5.3	≥6.4	≥7.9	≥8.5
4	纵横向撕裂强力	kN	≥0.14	≥0.21	≥0.28	≥0.42	≥0.56	≥0.70	≥0.82	≥1.10	≥1.25
5	等效孔径 O_{90} (O_{95})	mm	0.05~0.20								
6	垂直渗透系数	cm/s	$k\times(10^{-1}\sim10^{-3})$,其中 $k=1.0\sim9.9$								
7	厚度	mm	≥0.8	≥1.2	≥1.6	≥2.2	≥2.8	≥3.4	≥4.2	≥5.5	≥6.8
8	幅宽偏差	%	-0.5								
9	单位面积质量偏差	%	-5								

注 1. 规格按断裂强度,实际规格介于表中相邻规格之间时,按线内内插法计算相应考核指标;超出表中范围时,考核指标由供需双方协商确定。

2. 实际断裂强度低于标准强度时,标准强度对应伸长率不作符合性判定。

3. 第8项~第9项标准值按设计或协议。

附表Ⅰ.5-3 塑料扁丝编织土工布技术指标(GB/T 17690—1999)

项目			指标						
			20-15	30-22	40-28	50-35	60-42	80-56	100-70
1	经向断裂强力	kN/m	≥20	≥30	≥40	≥50	≥60	≥80	≥100
2	纬向断裂强力	kN/m	≥15	≥22	≥28	≥35	≥42	≥56	≥70
3	经纬向断裂伸长率	%	≤28						
4	经纬向撕裂强力	kN	≥0.3	≥0.45	≥0.5	≥0.6	≥0.75	≥1.0	≥1.2
5	CBR 顶破强力	kN	≥1.6	≥2.4	≥3.2	≥4.0	≥4.8	≥6.0	≥7.5
6	垂直渗透系数	cm/s	$10^{-1}\sim10^{-4}$						
7	等效孔径 O_{90} (O_{95})	mm	0.08~0.5						
8	单位面积质量	g/m^2	120	160	200	240	280	340	400
	允许偏差值	%	±10						
9	抗紫外线(强度保持)	%	按设计或合同要求						

注 用户有要求时,按实际设计值考核。

附表Ⅰ.5-4 长丝机织土工布技术指标(GB/T 17640—2008)

项目			标称断裂强度指标/(kN/m)										
			35	50	65	80	100	120	140	160	180	200	250
1	经向断裂强度	kN/m	≥35	≥50	≥65	≥80	≥100	≥120	≥140	≥160	≥180	≥200	≥250
2	纬向断裂强度	kN/m	按由协议规定,无特殊要求时,则按经向断裂强度×0.7										
3	标准强度对应伸长率	%	≤35(经向),≤30(纬向)										
4	CBR 顶破强力	kN	≥2.0	≥4.0	≥6.0	≥8.0	≥10.5	≥13.0	≥15.5	≥18.0	≥20.5	≥23.0	≥28.0

续表

项目			标称断裂强度指标/(kN/m)										
			35	50	65	80	100	120	140	160	180	200	250
5	等效孔径 O_{90}（O_{95}）	mm	0.05～0.50										
6	垂直渗透系数	cm/s	$k\times(10^{-2}\sim10^{-5})$，其中 $k=1.0\sim9.9$										
7	幅宽偏差	%	−1.0										
8	模袋冲灌厚度偏差	%	±8										
9	模袋长、宽度偏差	%	±2										
10	缝制强度	kN/m	≥标称断裂强度×0.5										
11	经纬向撕裂强力	kN	≥0.4	≥0.7	≥1.0	≥1.2	≥1.4	≥1.6	≥1.8	≥1.9	≥2.1	≥2.3	≥2.7
12	单位面积质量偏差	%	−5										

注 1. 规格按经向断裂强度，实际规格介于表中相邻规格之间时，按线性内插法计算相应考核指标；超出表中范围时，考核指标由供需双方协商确定。

2. 实际断裂强度低于标准强度时，标准强度对应伸长率不作符合性判定。

3. 第7项～第9项和第12项标准值按设计或协议。

附表Ⅰ.5-5　裂膜丝机织土工布技术指标（GB/T 17641—2017）

项目			标称断裂强度/(kN/m)								
			20	40	60	80	100	120	150	180	220
1	经纬向断裂强度	kN/m	≥20	≥40	≥60	≥80	≥100	≥120	≥150	≥180	≥220
2	断裂伸长率	%	≤25								
3	顶破强力	kN	≥2.0	≥3.6	≥5.2	≥6.8	≥8.2	≥9.7	≥12.1	≥14.5	≥17.7
4	单位面积质量偏差率	%	±5								
5	幅宽偏差率	%	−0.5								
6	厚度偏差率	%	±10								
7	等效孔径 O_{90}（O_{95}）	mm	0.07～0.50								
8	垂直渗透系数	cm/s	$k\times(10^{-1}\sim10^{-4})$，其中 $k=1.0\sim9.9$								
9	纵横向撕裂强力	kN	≥0.25	≥0.42	≥0.64	≥0.86	≥1.08	≥1.30	≥1.63	≥1.96	≥2.40
10	抗酸碱性能（强力保持率）	%	≥80								
11	抗氧化性能（强力保持率）	%	≥80								
12	抗紫外线性能（强力保持率）	%	≥80								

注 1. 实际规格介于表中相邻规格之间，按线性内插法计算相应考核指标；超出表中范围时，考核指标由供需双方协商确定。

2. 第4项～第6项标准值按设计或协议。

3. 第9项～第12项为参考指标，作为生产内部控制，用户有要求的按实际设计值考核。

附表Ⅰ.5-6 聚酯玻纤非织造土工布技术指标（JT/T 992.2—2017）

项目		标称断裂强度/(kN/m)					
		5	6	7	8	10	12
厚度	mm	≤1.2	≤1.2	≤1.3	≤1.3	≤1.4	≤1.4
纵向拉伸断裂强力	kN/m	≥10	≥12	≥14	≥16	≥18	≥20
横向拉伸断裂强力	kN/m	≥5	≥6	≥7	≥8	≥10	≥12
纵、横向断裂延伸率	%	<5					
CBR顶破强度	N	≥130	≥150	≥160	≥180	≥200	≥210
熔点	℃	230					
沥青吸收量	kg/m^2	0.85～1.3					
可浸渍性		无肉眼可见的白丝					
单位面积质量	g/m^2	140	160	180	200	220	240
单位面积质量偏差	%	±4		±3			
幅宽偏差	%	不允许有负偏差					

注 1. 规格按横向拉伸断裂强度，实际规格介于表中相邻规格之间，按线性内插法计算相应考核指标；超出表中范围时，考核指标由供需双向协商确定。
2. 单位面积质量也可根据设计由供需双方协商确定。

附表Ⅰ.5-7 无纺土工织物技术指标（JT/T 667—2006）

项目		规格型号									
		TCZ3	TCZ4	TCZ6	TCZ8	TCZ10	TCZ15	TCZ20	TCZ25	TCZ30	TCZ40
		TCN3	TCN4	TCN6	TCN8	TCN10	TCN15	TCN20	TCN25	TCN30	TCN40
		TCH3	TCH4	TCH6	TCH8	TCH10	TCH15	TCH20	TCH25	TCH30	TCH40
		TCC3	TCC4	TCC6	TCC8	TCC10	TCC15	TCC20	TCC25	TCC30	TCC40
		TDZ3	TDZ4	TDZ6	TDZ8	TDZ10	TDZ15	TDZ20	TDZ25	TDZ30	TDZ40
		TDN3	TDN4	TDN6	TDN8	TDN10	TDN15	TDN20	TDN25	TDN30	TDN40
		TDH3	TDH4	TDH6	TDH8	TDH10	TDH15	TDH20	TDH25	TDH30	TDH40
		TDC3	TDC4	TDC6	TDC8	TDC10	TDC15	TDC20	TDC25	TDC30	TDC40
纵横向拉伸强度	kN/m	≥3	≥4	≥6	≥8	≥10	≥15	≥20	≥25	≥30	≥40
CBR顶破强度	kN	≥0.5	≥0.7	≥1.0	≥1.2	≥1.7	≥2.5	≥3.5	≥4.0	≥5.5	≥7.0
纵横向梯形撕破强度	kN	≥0.10	≥0.12	≥0.16	≥0.2	≥0.25	≥0.4	≥0.5	≥0.6	≥0.8	≥1.0
纵横向拉伸断裂伸长率	%	25～100									
等效孔径 O_{95}	mm	0.07～0.3									

注 TCZ为长丝热扎无纺土工织物；TCN为长丝热粘无纺土工织物；TCH为长丝化粘无纺土工织物；TCC为长丝针刺无纺土工织物；TDZ为短纤热轧无纺土工织物；TDN为短纤热粘无纺土工织物；TDH为短纤化粘无纺土工织物；TDC为短纤针刺无纺土工织物；字母后面对应的数字为拉伸断裂强度。

附表Ⅰ.5-8 铁路工程土工合成材料 聚酯短纤无纺土工布技术指标（基本项）（Q/CR 549.5—2016）

序号	项目		标称强度性能指标/(kN/m)							
			2.5	4.5	6.5	9.5	12.5	16	19	25
1	纵、横向抗拉断裂强度	kN/m	≥2.5	≥4.5	≥6.5	≥9.5	≥12.5	≥16.0	≥19.0	≥25.0
2	纵、横向断裂延伸率	%	25～100							
3	纵、横向撕破强力	kN	≥0.08	≥0.12	≥0.16	≥0.24	≥0.33	≥0.42	≥0.46	≥0.6
4	CBR 顶破强力	kN	≥0.3	≥0.6	≥0.9	≥1.5	≥2.1	≥2.7	≥3.2	≥4.0
5	纵、横向握持强力	kN	≥0.18	≥0.26	≥0.34	≥0.5	≥0.7	≥0.95	≥1.1	≥1.3
6	厚度	mm	≥0.9	≥1.3	≥1.7	≥2.4	≥3.0	≥3.6	≥4.1	≥5.0
7	等效孔径 O_{95}	mm	0.07～0.20							
8	垂直渗透系数	cm/s	$1.0\times(10^{0}\sim10^{-3})$							
9	抗紫外线强度保持率	%	≥80							
10	单位面积质量	g/m²	≥100	≥150	≥200	≥300	≥400	≥500	≥600	≥800
11	单位面积质量偏差	%	±5			±4		±3		
12	幅宽偏差	%	±0.5							

注 规格按标称强度，实际规格介于表中相邻规格之间，按线性内插法计算相应考核指标。

附表Ⅰ.5-9 铁路工程土工合成材料 聚丙烯短纤无纺土工布技术性能（基本项）（Q/CR 549.5—2016）

序号	项目		标称强度性能指标/(kN/m)							
			5	8	11	20	24	28	34	50
1	纵、横向抗拉断裂强度	kN/m	≥5.0	≥8.0	≥11.0	≥20.0	≥24.0	≥28.0	≥34.0	≥50.0
2	纵、横向断裂延伸率	%	50～90							
3	纵、横向撕破强力	kN	≥0.15	≥0.24	≥0.35	≥0.42	≥0.5	≥0.58	≥0.65	≥0.9
4	CBR 顶破强力	kN	≥1.0	≥1.7	≥2.5	≥3.5	≥4.3	≥5.3	≥6.2	≥7.0
5	纵、横向握持强力	kN	≥0.3	≥0.6	≥0.9	≥1.3	≥1.7	≥2.0	≥2.4	≥3.0
6	厚度	mm	≥1.2	≥1.6	≥1.8	≥2.4	≥2.8	≥3.0	≥3.2	≥3.4
7	等效孔径 O_{95}	mm	0.07～0.20							
8	垂直渗透系数	cm/s	$\leqslant2.0\times10^{-1}$							
9	抗紫外线强度保持率	%	≥80							
10	单位面积质量	g/m²	≥100	≥150	≥200	≥300	≥400	≥500	≥600	≥800
11	单位面积质量偏差	%	±5			±4		±3		
12	幅宽偏差	%	±0.5							
13	土工袋缝合处抗拉强度	kN/m	—	≥6.5	≥9.0	≥16.0	—	—	—	—

注 1. 规格按标称强度，实际规格介于表中相邻规格之间，按线性内插法计算相应考核指标。

2. 土工袋采用聚丙烯短纤无纺土工布时，规格一般为8～20kN/m。

3. 表中第13项为土工袋考核项目，一般无纺土工布不考核。

附表Ⅰ.5-10 铁路工程土工合成材料 聚酯长丝无纺土工布技术性能（基本项）（Q/CR 549.5—2016）

序号	项目		标称强度性能指标/(kN/m)								
			4.5	7.5	10.5	12.5	15.0	20.0	25.0	30.0	40.0
1	纵、横向抗拉断裂强度	kN/m	≥4.5	≥7.5	≥10.5	≥12.5	≥15.0	≥20.0	≥25.0	≥30.0	≥40.0
2	纵、横向断裂延伸率	%	40～80								
3	纵、横向撕破强力	kN	≥0.14	≥0.21	≥0.28	≥0.35	≥0.42	≥0.56	≥0.70	≥0.82	≥1.10
4	CBR 顶破强力	kN	≥0.8	≥1.4	≥1.8	≥2.2	≥2.6	≥3.5	≥4.7	≥6.4	≥7.9
5	纵、横向握持强力	kN	≥0.3	≥0.6	≥0.9	≥1.2	≥1.4	≥1.8	≥2.3	≥2.8	≥3.7
6	厚度	mm	≥0.8	≥1.2	≥1.6	≥1.9	≥2.2	≥2.8	≥3.4	≥4.2	≥5.5
7	等效孔径 O_{95}	mm	0.07～0.2								
8	垂直渗透系数	cm/s	≤1.0×(10^0～10^{-3})								
9	抗紫外线强度保持率	%	≥85								
10	单位面积质量	g/m²	≥100	≥150	≥200	≥250	≥300	≥400	≥500	≥600	≥800
11	单位面积质量偏差	%	±5			±4			±3		
12	幅宽偏差	%	±0.5								
13	土工袋缝合处抗拉强度	kN/m	—	≥6.0	≥8.5	≥10.0	≥12.0	≥14.0	—	—	—

注 1. 规格标称强度，实际规格介于表中相邻规格之间，按线性内插法计算相应考核指标。
2. 土工袋采用聚酯长丝无纺土工布时，规格一般为7.5～20.0kN/m。
3. 表中第13项为土工袋考核项目，一般无纺土工布不考核。

附表Ⅰ.5-11 铁路工程土工合成材料 聚丙烯长丝无纺土工布技术性能（基本项）（Q/CR 549.5—2016）

序号	项目		标称强度性能指标/(kN/m)										
			9	11	15	19	22	25	28	34	40	45	
1	纵、横向抗拉断裂强度	kN/m	≥7.0	≥9.0	≥11.0	≥15.0	≥19.0	≥22.0	≥25.0	≥28.0	≥34.0	≥40.0	≥45.0
2	纵、横向断裂延伸率	%	40～100										
3	纵、横向撕破强力	kN	≥0.21	≥0.25	≥0.31	≥0.4	≥0.5	≥0.58	≥0.67	≥0.75	≥0.85	≥1.0	≥1.3
4	CBR 顶破强力	kN	≥1.1	≥1.4	≥1.7	≥2.3	≥2.9	≥3.3	≥3.8	≥4.2	≥5.4	≥6.2	≥7.8
5	纵、横向握持强力	kN	≥0.4	≥0.5	≥0.6	≥0.8	≥1.0	≥1.25	≥1.5	≥1.7	≥2.15	≥2.8	≥3.7
6	厚度	mm	≥1.0	≥1.2	≥1.5	≥1.9	≥2.2	≥2.6	≥3.0	≥3.3	≥4.0	≥4.5	≥6.0
7	等效孔径 O_{95}	mm	0.07～0.3										
8	垂直渗透系数	cm/s	≤1.0×(10^0～10^{-2})										
9	抗紫外线强度保持率	%	≥80										
10	单位面积质量	g/m²	≥100	≥125	≥150	≥200	≥250	≥300	≥350	≥400	≥500	≥600	≥800
11	单位面积质量偏差	%	±5				±4				±3		
12	幅宽偏差	%	±0.5										
13	土工袋缝合处抗拉强度	kN/m	—	≥6.0	≥8.0	≥10.0	≥13.0	≥15.0	—	—	—	—	—

注 1. 规格按标称强度，实际规格介于表中相邻规格之间，按线性内插法计算相应考核指标。
2. 土工袋用聚丙烯长丝无纺土工布时，规格一般为9～22kN/m。
3. 表中第13项为土工袋考核项目，一般无纺土工布不考核。

附表Ⅰ.5-12 铁路工程土工合成材料 长丝有纺土工布技术性能（基本项）（Q/CR 549.5—2016）

序号	项目		标称强度性能指标/(kN/m)										
			35	50	65	80	100	120	140	160	180	200	250
1	经向抗拉断裂强度	kN/m	≥35	≥50	≥65	≥80	≥100	≥120	≥140	≥160	≥180	≥200	≥250
2	纬向抗拉断裂强度	kN/m	按设计要求，无特殊要求时，则不小于经向抗拉断裂强度的0.7倍										
3	断裂延伸率	%	≤35（经向），≤30（纬向）										
4	经纬向撕破强力	kN	≥0.4	≥0.7	≥1.0	≥1.2	≥1.4	≥1.6	≥1.8	≥1.9	≥2.1	≥2.3	≥2.7
5	CBR顶破强力	kN	≥2.0	≥4.0	≥6.0	≥8.0	≥10.5	≥13.0	≥15.5	≥18.0	≥20.5	≥23.0	≥28.0
6	等效孔径 O_{95}	mm	0.07～0.50										
7	垂直渗透系数	cm/s	$1.0\times(10^{-1}\sim10^{-5})$										
8	抗紫外线强度保持率	%	≥70										
9	单位面积重量	g/m^2	≥140	≥200	≥260	≥320	≥390	≥460	≥530	≥600	≥680	≥760	≥950
10	单位面积质量偏差	%	±5										
11	幅宽偏差	%	±0.5										
12	模袋冲灌厚度偏差	%	±8										
13	模袋长、宽偏差	%	±2										
14	缝制强度	kN/m	土工模袋、土工管袋缝合处抗拉强度大于标称强度的0.8倍										

注 1. 规格按经向抗拉断裂强度，实际规格介于表中相邻规格之间，按线性内插法计算相应考核指标。
2. 土工模袋用长丝有纺土工布时，标称强度一般为60～160kN/m，土工管袋用长丝有纺土工布时，标称强度一般为80～250kN/m。
3. 第8项～第9项可不作为考核项。
4. 第12项～第14项为土工模袋、土工管袋的考核项目，一般有纺土工布不考核。

附表Ⅰ.5-13 铁路工程土工合成材料 扁丝有纺土工布技术性能（基本项）（Q/CR 549.5—2016）

序号	项目		标称强度性能指标/(kN/m)										
			20	30	40	50	60	80	100	120	140	160	180
1	经向抗拉断裂强度	kN/m	≥20	≥30	≥40	≥50	≥60	≥80	≥100	≥120	≥140	≥160	≥180
2	纬向断裂强度	kN	按设计要求，无特殊要求时，则不小于经向抗拉断裂强度的0.7～1.0倍										
3	经、纬向断裂延伸率	%	≤25										
4	经纬向撕破强力	kN	≥0.20	≥0.27	≥0.34	≥0.41	≥0.48	≥0.60	≥0.72	≥0.84	≥0.96	≥1.10	≥1.25
5	CBR顶破强力	kN	≥1.6	≥2.4	≥3.2	≥4.0	≥4.8	≥6.0	≥7.5	≥9.0	≥10.5	≥12.0	≥13.5
6	等效孔径 O_{95}	mm	0.07～0.5										
7	垂直渗透系数	cm/s	$1.0\times(10^{0}\sim10^{-4})$										
8	抗紫外线强度保持率	%	≥70										
9	单位面积重量	g/m^2	≥120	≥160	≥200	≥240	≥280	≥340	≥400	≥460	≥520	≥580	≥640
10	单位面积质量偏差	%	±5										
11	幅宽偏差	%	±0.5										

续表

序号	项目		标称强度性能指标/(kN/m)										
			20	30	40	50	60	80	100	120	140	160	180
12	土工管袋缝合处抗拉强度	kN/m	≥标称强度的0.8倍										
13	土工管袋长、宽偏差	%	±2										

注 1. 规格为经向抗拉断裂强度，实际规格介于表中相邻规格之间时，按内插法计算相应考核指标。
2. 土工管袋用扁丝有纺土工布时，标称强度一般为80～180kN/m。
3. 第9项～第10项可不作为考核项。
4. 表中第12项～第13项为土工管袋的考核项目，一般有纺土工布不考核。

附表Ⅰ.5-14 有纺土工织物技术指标（JT/T 514—2004）

项目		型号规格								
		WJ20	WJ35	WJ50	WJ65	WJ80	WJ100	WJ120	WJ150	WJ180
		WZ20	WZ35	WZ50	WZ65	WZ80	WZ100	WZ120	WZ150	WZ180
标称纵、横向拉伸强度	kN/m	≥20	≥35	≥50	≥65	≥80	≥100	≥120	≥150	≥180
纵、横向拉伸断裂伸长率	%	≤30								
CBR顶破强度	N	≥1.6	≥2	≥4	≥6	≥8	≥11	≥13	≥17	≥21
纵、横向梯形撕破强度	kN	≥0.3	≥0.5	≥0.8	≥1.1	≥1.3	≥1.5	≥1.7	≥2.0	≥2.3
垂直渗透系数	cm/s	$5\times(10^{-1}\sim10^{-4})$								
等效孔径 O_{95}	mm	0.07～0.5								

注 1. WJ为机织有纺土工织物，WZ为针织有纺土工织物。
2. 对不含炭黑或不采用炭黑作抗光老化助剂的土工有纺布，其抗光老化等级的确定参照执行。

附表Ⅰ.5-15 有纺土工织物抗光老化等级技术指标（JT/T 514—2004）

抗光老化等级	Ⅰ	Ⅱ	Ⅲ	Ⅳ
光照辐射强度为550W/m² 照射150h，拉伸强度保持率/%	<50	50～80	80～95	95
炭黑含量/%	—	2+0.5		
炭黑在有纺土工织物材料中的分布要求均匀、无明显聚块或条状物				

附表Ⅰ.5-16 公路工程土工合成材料长丝纺粘针刺非织造土工布技术指标（JT/T 519—2004）

项目		规格/(g/m²)							
		150	200	250	300	350	400	450	500
单位面积质量	g/m²	150	200	250	300	350	400	450	500
单位面积质量偏差	%	−10	−6	−5	−5	−5	−5	−5	−4
厚度	mm	≥1.7	≥2.0	≥2.2	≥2.4	≥2.5	≥3.1	≥3.5	≥3.8
厚度偏差	%	15							
宽度	m	≥3.0							
标称宽度偏差	%	−0.5							

续表

项目		规格/(g/m²)							
		150	200	250	300	350	400	450	500
纵、横向断裂强度	kN/m	≥7.5	≥10.0	≥12.5	≥15.0	≥17.5	≥20.5	≥22.5	≥25.0
纵、横向断裂伸长率	%	30～80							
CBR 顶破强度	kN	≥1.4	≥1.8	≥2.2	≥2.6	≥3.0	≥3.5	≥4.0	≥4.7
等效孔径 O_{90}（O_{95}）	mm	0.08～0.20							
垂直渗透系数	cm/s	$5\times10^{-2}\sim5\times10^{-1}$							
纵、横向撕破强度	kN	≥0.21	≥0.28	≥0.35	≥0.42	≥0.49	≥0.56	≥0.63	≥0.70

注 1. 规格按单位面积质量，实际规格介于表中相邻规格之间时，按内插法计算相应考核指标。
2. 采用聚酯材料制造的 150g/m² 长丝纺粘针刺非织造土工布用于沥青铺面用。

附表Ⅰ.5-17 公路工程土工合成材料短纤针刺非织造土工布技术指标（JT/T 520—2004）

项目		规格/(g/m²)						
		200	250	300	350	400	450	500
单位面积质量	g/m²	200	250	300	350	400	450	500
单位面积质量偏差	%	−8	−8	−7	−7	−7	−7	−6
厚度	mm	≥2.0	≥2.2	≥2.4	≥2.7	≥3.1	≥3.5	≥3.8
厚度偏差	%	15						
宽度	m	≥3.0						
标称宽度偏差	%	−0.5						
纵、横向断裂强度	kN/m	≥6.5	≥8.0	≥9.5	≥11.0	≥12.5	≥14.0	≥16.0
纵、横向断裂伸长率	%	30～80						
CBR 顶破强度	kN	≥0.9	≥1.2	≥1.5	≥1.8	≥2.1	≥2.4	≥2.7
等效孔径 O_{90}（O_{95}）	mm	0.08～0.20						
垂直渗透系数	cm/s	$5\times10^{-2}\sim5\times10^{-1}$						
纵、横向撕破强度	kN	≥0.16	≥0.20	≥0.24	≥0.28	≥0.33	≥0.38	≥0.42

附表Ⅰ.5-18 垃圾填埋场用非织造土工布产品规格与偏差（CJ/T 430—2013）

项目		指标/(g/m²)						
		200	300	400	500	600	800	1000
短丝单位面积质量偏差	%	±6						
长丝单位面积质量偏差	%	±5						
厚度	mm	2.0	2.4	3.1	3.8	4.1	5.0	6.5
厚度偏差	mm	±0.2	±0.2	±0.3	±0.3	±0.4	±0.5	±0.6
幅宽	m	≥4.0						
宽度偏差	%	±0.5						

附表Ⅰ.5-19 垃圾填埋场防渗、导排系统非织造土工布主要技术参数（CJ/T 430—2013）

项目		指标/(g/m²)						
		200	300	400	500	600	800	1000
断裂强度	kN/m	≥11.0	≥16.5	≥22.0	≥27.5	≥33.0	≥44.0	≥55.0
断裂伸长率	%	40～80						
顶破强力	kN	≥2.1	≥3.2	≥4.3	≥5.8	≥7.0	≥8.7	≥9.4
等效孔径 O_{90}	mm	0.05～0.20						
垂直渗透系数	cm/s	$k\times(10^{-1}\sim10^{-3})$ $k=1.0\sim9.9$						
撕破强力	kN	≥0.28	≥0.42	≥0.56	≥0.70	≥0.82	≥1.10	≥1.25
人工气侯老化断裂强度保留率	%	≥70						
人工气侯老化断裂伸长率保留率	%	≥70						

附表Ⅰ.5-20 垃圾填埋场覆盖非织造土工布主要技术参数（CJ/T 430—2013）

项目		指标/(g/m²)					
		200	300	400	500	600	800
断裂强度	kN/m	≥6.5	≥9.5	≥12.5	≥16.0	≥19.0	≥25.0
断裂伸长率	%	40～80					
顶破强力	kN	≥0.9	≥1.5	≥2.1	≥2.7	≥3.2	≥4.0
等效孔径 O_{90}	mm	0.05～0.20					
垂直渗透系数	cm/s	$k\times(10^{-1}\sim10^{-3})$ $k=1.0\sim9.9$					
撕破强力	kN	≥0.16	≥0.24	≥0.33	≥0.42	≥.46	≥0.60
人工气侯老化断裂强度保留率	%	≥70					
人工气侯老化断裂伸长率保留率	%	≥70					

Ⅰ.6 复合土工织物

Ⅰ.6.1 概述

以聚合物为原料制成的长丝机织土工布，或裂膜丝机织土工布，或扁丝编织土工布，与短纤针刺非织造土工布经针刺复合而成的土工织物。具有防护、加筋功能，主要用于软土地基加筋补强、路堤基底加筋等工程领域中。

Ⅰ.6.2 形式和分类

复合土工织物按产品结构分为：二层复合和三层复合。

复合土工织物按材质组成分为：长丝机织/短纤非织造复合土工布（FW/SNG）；裂膜丝机织/短纤非织造复合土工布（SWG/SNG）；塑料扁丝编织/短纤非织造复合土工布（GFW/SNG）；短纤非织造/长丝机织/短纤非织造复合土工布（SNG/FW/SNG）；短纤非织造/裂膜丝机织/短纤非织造复合土工布（SNG/SWG/SNG）；短纤非织造/塑料扁丝编织/短纤非织造复合土工布（SNG/SWG/SNG）。

复合土工织物按用途分主要为：软土地基加筋补强型和路堤基底加筋型，通过织物的高强低伸性能提高软土地基、路堤基底的承载力，减小沉降，增加地基稳定性。

复合土工织物产品规格：标称断裂强度为 30kN/m、40kN/m、50kN/m、60kN/m、70kN/m、80kN/m、100kN/m、120kN/m、140kN/m。

Ⅰ.6.3 产品的相关标准和技术指标

《土工合成材料 机织/非织造复合土工布》(GB/T 18887—2002)。

《铁路工程土工合成材料 第 5 部分 土工布》(Q/CR 549.5—2016)。

具体技术指标见附表Ⅰ.6-1 和附表Ⅰ.6-2。

附表Ⅰ.6-1 机织/非织造复合土工布技术指标 (GB/T 18887—2002)

项目				规格和指标								
				30	40	50	60	70	80	100	120	140
考核项	纵向断裂强度		kN/m	≥30.0	≥40.0	≥50.0	≥60.0	≥70.0	≥80.0	≥100.0	≥120.0	≥140.0
	横向断裂强度		kN/m	≥纵向强度标准值×0.8								
	标称伸长率	长丝类	%	≤30				≤35				
		裂膜丝类	%	≤25							≤30	
考核项	CBR 顶破强力		kN	≥3.1	≥4.2	≥5.2	≥6.3	≥7.3	≥8.4	≥10.5	≥12.6	≥14.7
	等效孔径 O_{90} (O_{95})		mm	0.065～0.200								
	垂直渗透系数		cm/s	$k\times(10^{-1}\sim10^{-3})$ 其中：$k=1.0\sim9.9$								
参考项	幅宽偏差		%	−1.0								
	单位面积质量偏差		%	−8								

注 1. 定负荷伸长率考核纵向和横向两个方向；定负荷值分别为纵向强力标准值和横向强力标准值。

2. 幅宽偏差和单位面积质量偏差，根据标称值考核复合后的产品。

3. 实际规格介于表中相邻规格之间时，按内插法计算相应指标；超出表中范围时，指标由供需双方协议。

附表Ⅰ.6-2 铁路工程土工合成材料 复合土工布技术性能（基本项）(Q/CR 549.5—2016)

序号	项目			标称强度性能指标/(kN/m)									
				30	40	50	60	70	80	100	120	140	160
1	纵向抗拉断裂强度		kN/m	≥30	≥40	≥50	≥60	≥70	≥80	≥100	≥120	≥140	≥160
2	横向抗拉断裂强度		kN/m	按设计要求，如没有特殊要求，由不小于经向强度的 0.8 倍									
3	定负荷断裂延伸率	长丝有纺类	%	≤30				≤35					
4		扁丝有纺类	%	≤28							≤30		
5	CBR 顶破强力		kN	≥3.0	≥4.5	≥5.5	≥6.5	≥7.5	≥8.5	≥11.0	≥13.0	≥15.0	≥18.0
6	等效孔径 O_{95}		mm	0.07～0.2									
7	垂直渗透系数		cm/s	$1.0\times(10^{0}\sim10^{-5})$									
8	抗紫外线强度保持率		%	≥80									
9	单位面积质量偏差		%	±5									
10	幅宽偏差		%	±0.5									

注 1. 规格为纵向抗拉断裂强度，实际规格介于表中相邻规格之间时，按内插法计算相应考核指标；超出表中范围时，指标由供需双方协议。

2. 延伸率考核纵向和横向两个方向，定负荷值分别为纵向抗拉断裂强度标准值和横向抗拉断裂强度标准值。

3. 第 9 项和第 10 项根据标称值考核复合后的产品。

Ⅰ.7 塑料排水带

Ⅰ.7.1 概述

塑料排水带主要是一种以聚乙烯、聚丙烯、聚氯乙烯、丙纶、涤纶、维纶等高分子聚合物为主要原料的单一或复合性材料，现已广泛用于建筑、公路、水利、水运、铁路、机场、军事、海洋、环保和农业等领域，在工程中可起到排水与加固、防渗与隔离等作用。

塑料排水带由具有纵向排水通道的塑料芯带和外覆透水滤布两部分组成。芯带一般采用聚乙烯、聚丙烯等树脂材料制成。透水滤布一般为涤纶短纤、涤纶长纤纺粘、维纶和丙纶等无纺土工布，单位面积质量一般在 70～150g/m^2。

Ⅰ.7.2 形式和分类

塑料排水带的芯带截面有多种型式，常见的有城垛式、口琴式和丁字式等。芯带起骨架作用，与滤布一起构成的纵向沟槽供通水之用，滤布的作用是滤土、透水。

塑料排水带按其带芯与外包滤布的形式不同分成分离式和整体式。分离式塑料排水带，是将外包滤布通过缝纫机将两者缝成一体。现在多为用胶水粘合成一体。整体式排水带，是将滤布热压在带芯上成为一体。

塑料排水带如果在打设到地下后可测量其深度的称可测深式排水带。可测深式中，在排水带上设置长度数值的称为数码测深式；在排水带中设置一根或者两根导线，在打设到地下后通过电量测量来测定深度的称为电量测深式；排水带内设置一根较粗钢丝，打设到地下后直接拔出钢丝来测量其打入深度的称为直拔测深式。

塑料排水带的宽度一般为 100mm，厚度 3.5～6mm，每卷长 100～200m，每米重约 125g。我国目前排水带的宽度最大达 230mm。

常用的塑料排水带，现在都为 100mm 宽，以厚度不同分成四个规格：A 型、B 型、C 型、D 型。

Ⅰ.7.3 产品的相关标准和著作

《水运中塑料排水板应用技术规范》(JTS 206-1—2009)。

《吹填土地基处理技术规范》(GB/T 51064—2015)。

《排水固结加固软基技术指南》(中国土木工程学会工程排水与加固专业委员会编写)。

Ⅰ.7.4 产品的技术指标

产品技术指标见附表Ⅰ.7-1～附表Ⅰ.7-3。

附表Ⅰ.7-1 塑料排水带技术指标 (JTS 206-1—2009)

项目				型号				备注
				A型	B型	C型	D型	
1	复合体	厚度	mm	≥3.5	≥4.0	≥4.5	≥5.0	
2	复合体	宽度	mm	≥100±2				
3	复合体	抗拉强度	kN/10cm	≥1.0	≥1.3	≥1.5	≥1.8	伸长率10%时
4	复合体	伸长率	%	≥4				
5	复合体	通水量	cm^3/s	≥15	≥25	≥40	≥55	侧压力 350kPa

续表

项目				型号				备注
				A型	B型	C型	D型	
6	滤布	纵向抗拉强度	N/cm	≥15	≥25	≥30	≥37	干态，伸长率10%时
7 8		横向抗拉强度	N/cm	≥10	≥20	≥25	≥32	湿态，水中浸泡24小时，伸长率15%时
9		垂直渗透系数	cm/s	$\geq 5\times10^{-4}$				水中浸泡24h
		等效孔径 O_{95}	mm	≤0.075				

注 1. A型排水板适用于打设深度小于15m。
2. B型排水板适用于打设深度小于25m。
3. C型排水板适用于打设深度小于35m。
4. D型排水板适用于打设深度小于50m。

附表Ⅰ.7-2　　塑料排水板技术指标（GB/T 51064—2015）

项目			规格			
			A型	B型	C型	D型
1	打高深度	m	≤15	≤25	≤35	≤50
2	塑料排水板抗拉强度	kN/10cm	≥1.0	≥1.3	≥1.5	≥1.8
3	纵向通水量	cm^3/s	≥15	≥25	≥40	≥55
4	滤膜抗拉强度（纵向干态）	N/cm	≥15	≥25	≥30	≥37
5	滤膜抗拉强度（横向湿态）	N/cm	≥10	≥20	≥25	≥32
6	滤膜渗透系数	cm/s	$\geq 5\times10^{-4}$			
7	滤膜等效孔径 O_{95}	mm	0.05～0.12			

附表Ⅰ.7-3　　塑料排水带技术指标（《排水固结加固软基技术指南》）

项目				规格			
				A型	B型	C型	D型
1	复合体	厚度	mm	≥3.5	≥4.0	≥4.5	≥6.0
2		宽度	mm	≥100±3			
3		拉伸强度	kN/10cm	≥1.4	≥1.6	≥2.0	≥3.0
4		伸长率	%	≥6			
5		通水量	cm^3/s	≥30	≥40	≥50	≥80
6	滤布	纵向干拉强度	N/cm	≥25	≥30	≥40	≥60
7		横向湿拉强度	N/cm	≥20	≥25	≥30	≥50
8		法向渗透系数	cm/s	$\geq 5\times10^{-3}$			
9		等效孔径 O_{95}	mm	≤0.100			

注 排水带伸入土层深度选择：A型≤10m，B型≤15m，C型≤25m，D型≥25m。

Ⅰ.8 复合排水板

Ⅰ.8.1 概述

复合排水板是由塑料排水板芯和复合透水土工织物两部分组成。具有过滤、排水、排气、隔震、支撑功能，现已应用于铁路、公路隧道排水、基床排水、墙背排水，建筑工程的种植屋面排水、地下室排水，垃圾填埋场、矿业防渗工程的渗沥液和地下水收集导排系统等。

Ⅰ.8.2 形式和分类

复合排水板按结构和形状分为复合型塑料立体防排水板、复合型毛细型排水板、复合型排水隔离垫。

(1) 复合型塑料立体防排水板的板芯是以高分子树脂为主要原材料，采用特殊的挤出压延工艺生产而成的封闭凸起的半圆状或半锥状凸起壳体，形成一种膜、壳连续，具有立体空间和一定支撑刚度，液体和气体可以在其内流动排泄的板材。复合透水土工织物一般为涤纶短纤针刺非织造土工布或丙纶短纤针刺非织造土工布。

塑料立体排水板芯的凸壳形状有半圆形、半锥形。板材厚度为0.8～2.0mm，凸壳高度一般为8～20mm，产品幅宽为2～4m，板材材质有HDPE、EVA等，复合透水土工织物的规格一般为150～200g/m^2。

(2) 复合型毛细型排水板的板芯是以PVC为原料，采用特殊的融熔挤出工艺，生产而成的一种密集型沟槽分布的排水板材。复合透水土工织物一般为涤纶短纤针刺非织造土工布或丙纶短纤针刺非织造土工布。

毛细型复合排水板的宽度≥1.0mm，板厚2.0～3.0mm，集水槽宽度0.3mm，长度根据客户需求。

(3) 复合型排水隔垫是以高分子聚合物熔融挤出乱丝堆缠形成立体网状结构为芯材，外覆透水滤布一般为涤纶短纤非织造土工布、丙纶短纤非织造土工布或长丝纺粘针刺非织造土工布。

复合排水隔离垫的排水板芯厚度为10～30mm，宽度为0.3～1m，长度根据工作用户需求订制。复合透水土工织物一般为涤纶短纤针刺非织造土工布、丙纶短纤针刺非织造土工布或长丝纺粘针刺非织造土工布。

Ⅰ.8.3 产品的相关标准

《高分子防水材料　第一部分：防水片材》(GB 18173.1—2012)。

《铁路隧道排水板》(TB/T 3354—2014)。

《公路工程土工合成材料　排水材料》(JT/T 665—2006)。

《塑料防护排水板》(JC/T 2112—2012)。

《铁路工程用土工合成材料　排水材料》(Q/CR 549.6—2016)。

Ⅰ.8.4 产品的技术指标

产品技术指标见附表Ⅰ.8-1～附表Ⅰ.8-7。

附表Ⅰ.8-1　异型片材的物理性能（塑料立体排水板）（GB 18173.1—2012）

项目				膜片厚度		
				<0.8mm	0.8～1.0mm	≥1.0mm
1	拉伸强度		N/cm	≥40	≥56	≥72
2	拉断伸长率		%	≥25	≥35	≥50
3	抗压性能	抗压强度	kPa	≥100	≥150	≥300
		壳体高度压缩50%后外观		无破损		
4	排水截面积		cm^2	≥30		
5	热空气老化（80℃×168h）	拉伸强度保持率	%	≥80		
		拉断伸长率保持率	%	≥70		
6	耐碱性［饱和 $Ca(OH)_2$ 溶液，23℃×168h］	拉伸强度保持率	%	≥80		
		拉断伸长率保持率	%	≥80		

附表Ⅰ.8-2　凸壳型排水板技术指标（TB/T 3354—2014）

项目				指标要求
1	抗压强度		kPa	≥80
2	拉伸强度		MPa	≥10
3	断裂伸长率		%	≥120
4	不透水性（0.3MPa/24h）			不透水
5	撕裂强度		kN/m	≥70
6	低温弯折性		℃	≤－35℃ 弯折无裂纹
7	加热伸缩量	延伸	mm	≤2
		收缩	mm	≤6
8	热空气老化（80℃×168h）	拉伸强度	MPa	≥9
		扯断伸长率	%	≥110
9	耐碱性［饱和 $Ca(OH)_2$ 溶液×168h］	拉伸强度	MPa	≥9.5
		扯断伸长率	%	≥110
10	人工候化	拉伸强度保持率	%	≥80
		扯断伸长率保持率	%	≥70
11	刺破强度	板厚1.0mm	N	≥200
		板厚1.2mm	N	≥300
		板厚1.5mm	N	≥350

附表Ⅰ.8-3　毛细型排水板技术指标（TB/T 3354—2014）

项目		单位	要求
1	不透水性（0.3MPa/24h）		不透水
2	抗压强度	kPa	≥300

续表

项目				单位	要求
3	拉伸强度		纵向	MPa	≥12
			横向	MPa	≥12
4	断裂伸长率		纵向	%	≥150
			横向	%	≥50
5	撕裂强度		纵向	kN/m	≥50
			横向	kN/m	≥50
6	低温弯折性				≤−20℃ 弯折无裂纹
7	热空气老化(80℃×168h)	拉伸强度	纵向	MPa	≥10
			横向	MPa	≥10
		扯断伸长率	纵向	%	≥70
			横向	%	≥40
8	耐碱性[饱和 $Ca(OH)_2$ 溶液×168h]	拉伸强度	纵向	MPa	≥11
			横向	MPa	≥11
		扯断伸长率	纵向	%	≥150
			横向	%	≥50
9	人工候化	拉伸强度保持率		%	≥80
		扯断伸长率保持率		%	≥70
10	刺破强度			N	≥200

注 沿开槽方向为纵向（或为长度方向）；表中拉伸强度与撕裂强度计算其厚度：厚度纵向按排水板总厚，横向按孔底板厚。

附表Ⅰ.8-4 复合排水隔离垫的技术指标（JT/T 665—2006）

项目		型号								
		DD30	DD40	DD50	DD60	DD70	DD80	DD100	DD120	DD180
纵向通水量	cm^3/s	≥30	≥40	≥50	≥60	≥70	≥80	≥100	≥120	≥180
纵向拉伸强度	kN/10cm	≥2								
延伸率	%	≥6								
抗弯折性能		180°对折 10 次无断裂								

注 DD30 代号中的“DD”表示排水材料，“30”表示纵向通水量为 $30cm^3/s$。

附表Ⅰ.8-5 塑料防护排水板技术指标（JC/T 2112—2012）

项目				指标
1	伸长率 10%时拉力		N/100mm	≥350
2	最大拉力		N/100mm	≥600
3	断裂伸长率		N	≥25
4	撕裂性能		N	≥100
5	压缩性能	压缩率为 20%时最大强度	kPa	≥150
		极限压缩现象		无破裂

续表

项目				指标
6	低温柔度			−10℃无裂纹
7	热老化（80℃，168h）	伸长率10%时拉力保持率	%	≥80
		最大拉力保持率	%	≥90
		断裂伸长率保持率	%	≥70
		压缩率为20%时最大强度保持率	%	≥90
		极限压缩现象		无破裂
		低温柔度		−10℃无裂纹
8	纵向通水量（侧压力150kPa）		cm^3/s	≥10

附表Ⅰ.8-6　毛细防排水板性能指标（Q/CR 549.6—2017）

序号	项目				指标
1	拉伸强度	纵向		kN/m	≥12
		横向		kN/m	≥5
2	平面通水量	基床排水（法向荷载150kPa）		L/(m·min)	≥4
		挡墙排水（法向荷载100kPa）		L/(m·min)	≥6
3	刺破强力			N	≥200
4	断裂伸长率	纵向		%	≥70
		横向		%	≥70
5	直角撕裂强力	纵向		N	≥60
6	低温弯折性				无裂纹
7	耐碱性（饱和 $Ca(OH)_2$ 溶液 23℃×168h）	拉伸强度	纵向	kN/m	≥11
			横向	kN/m	≥4
		断裂伸长率	纵向	%	≥60
			横向	%	≥60
8	人工候化	拉伸强度保持率		%	≥80%

注　毛细型防排水板沿开槽方向为纵向（或为长度方向）。

附表Ⅰ.8-7　复合排水隔离垫性能指标（Q/CR 549.6—2017）

序号	项目			厚度指标/mm					
				10		15		20	30
1	厚度偏差		%	≥0					
2	平面通水量（法向荷100kPa）		L/(m·min)	≥20	≥22	≥40	≥48	≥65	≥82
3	芯材	单位面积质量	g/m^2	≥1450	≥1650	≥1800	≥2250	≥2850	≥4050
		炭黑含量	%	≥2.0					
4	宽度偏差		%	±2					

Ⅰ.9 土工复合排水网

Ⅰ.9.1 概述

土工复合排水网为新型三维排水板材，是将经过特殊挤压形成纵向全断面排水通道的单位聚丙烯或聚乙烯网垫与两面分别一层针刺并经热处理的无纺土工布通过热粘合作用形成反滤、排水、保护的三维复合排水材料。广泛应用于水利工程、建筑工程、道路、路面工程、隧道管涵工程、垃圾填埋场工程、铁路工程、挡墙工程及运动场等领域的排水结构。

土工复合排水材料具有如下功能特点：

(1) 过滤性。内芯排水材料外复合非织造土工织物，提供了极好的分离砂层和垂直过滤功能，以防止砂土流失。

(2) 排水。水平加固交叉网结构在不同方向上形成了 6～20mm 高的排水通道。当其中某一点受到意外损坏时，相互独立的网能防止情况恶化，保证排水通道畅通无阻。

(3) 抗淤积。中间的聚丙烯排水材料结构提供了各个方向上的排水性能，如有一定的坡度，它能有效地排除土壤的水分。无纺土工布的保护提供了极强的抗淤积能力。

(4) 强度高。此种复合排水材料具有高拉伸和压缩强度以保证排水板不被土体压力压坏，是一种理想的加固及支撑材料。

(5) 耐久性。具有极好的化学稳定性、耐久性、防腐能力以及抗风化能力。

Ⅰ.9.2 形式和分类

根据排水通道的不同，主要有 W 形土工复合排水材料和 M 形土工复合排水材料。W 形土工复合排水材料排水通道为单一方向，其厚度一般为 4～10mm。M 形土工复合排水材料排水通道为多方向，其厚度一般为 10～22mm。如附图Ⅰ.9-1 和附图Ⅰ.9-2 所示。

附图Ⅰ.9-1 W 形土工复合排水材料

附图Ⅰ.9-2 M 形土工复合排水材料

根据结构的不同，主要有双肋土工复合排水材料和三肋土工复合排水材料。双肋土工复合排水材料纵向和横向有很高的排水能力。三肋土工复合排水材料中间有纵向排列的筋条，在高荷载下可防止无纺土工布嵌入排水通道保持高排水性能。如附图Ⅰ.9-3 和附图Ⅰ.9-4 所示。

附图Ⅰ.9-3 双肋土工复合排水材料

附图Ⅰ.9-4 三肋土工复合排水材料

Ⅰ.9.3 产品的相关标准

《垃圾填埋场用土工排水网》(CJ/T 452—2014)。

《铁路工程用土工合成材料 排水材料》(Q/CR 549.6—2017)。

Ⅰ.9.4 产品技术指标

产品技术指标见附表Ⅰ.9-1~附表Ⅰ.9-3。

附表Ⅰ.9-1 垃圾填埋场用土工排水网技术指标(CJ/T 452—2014)

项目		技术指标	
		土工排水网	土工复合排水网
密度	g/cm³	≥0.939	—
炭黑含量	%	2~3	—
纵向拉伸强度	kN/m	≥8.0	≥16.0
纵向导水率(法相荷载500kPa,水利梯度0.1)	m²/s	≥3.0×10⁻³	≥3.0×10⁻⁴
剥离强度	kN/m	—	≥0.17
土工布单位面积质量	g/m²	—	≥200

注 土工布技术指标应复合 GB/T 17639 的规定。

附表Ⅰ.9-2 铁路工程复合波形排水垫技术指标(Q/CR 549.6—2017)

序号	项目			厚度指标/mm					
				3.5	4.5	5.5	6.5	7.5	8.5
1	平面通水量(法向荷载100kPa)		L/(m·min)	≥12	≥26	≥32	≥34	≥42	≥50
2	芯材	单位面积质量	g/m²	≥340	≥390	≥450	≥580	≥680	≥900
		压屈强度	kPa	≥300					
		炭黑含量	%	≥2.0					

附表Ⅰ.9-3 土工复合排水材料W1061技术参数

测试项目	测试标准	单位	数值	公差
麦克排水垫				
厚度（2kPa）	GB/T 13761.1	mm	6.2	+/-10%
单位面积质量	GB/T 13762	g/m^2	670	+/-10%
纵向拉伸强度	GB/T 15788	kN/m	16.5	+/-10%
平面通水量	GB/T 17633	L/(m·s)		+/-30%
	水力梯度 i	0.03	0.1	1.0
两面柔性接触	20kPa	—	0.23	1.50
一面刚性、一面柔性接触	20kPa	0.20	0.35	1.61
	100kPa	0.15	0.28	1.30
	200kPa	0.10	0.22	1.18
反滤层				
结构：聚丙烯长丝无纺土工布，以下土工布指标均为与排水芯材热粘前的指标，应在热粘前任意抽取样品进行检测				
原材料：抗紫外线稳定的聚丙烯				
单位面积质量	GB/T 13762	g/m^2	120	+/-15%
厚度（2kPa）	GB/T 13761.1	mm	0.75	+/-20%
拉伸强度（双向）	GB/T 15788	kN/m	8.0	-1.3
CBR顶破强力	GB/T 14800	N	1400	+/-20%
动态穿孔	GB/T 17630	mm	33	+15
垂直渗透流量	GB/T 15789	L/(m^2·s)	100	-30%
等效孔径 O_{90}	GB/T 17634	μm	110	+/-50
排水芯材				
结构：挤压聚丙烯单丝形成具有相互平行、连续排水通道的三维排水网垫				
原材料：抗紫外线稳定的聚丙烯				
单位面积质量	GB/T 13762	g/m^2	430	+/-7%

注 目前暂无相关国家标准，行业标准、上表技术参数为企业标准，请参考使用。

Ⅰ.10 土工格栅

Ⅰ.10.1 概述

土工格栅作为加筋材料，是加筋土工程中起主导所用的材料。由于加筋土中土与加筋筋材以一定的方式组合，它在加筋土中往往起承受拉应力、约束土体的侧向变形的作用。当加筋土受力时，土颗粒之间要发生相对位移，使土与筋材表面产生了摩阻力（摩擦力、咬合力等），妨碍了土的变形。同时，它会使受拉的土工筋材两侧的土中应力分布均匀化。研究还表明：筋材的作用不仅限于筋材与土之间的基础面上，而且它周围一定范围内的土体也受到“间接加固”的作用而增强土的整体性和刚度。从而达到我们的工程目的，如收坡、加固等。土工格栅主要作用于土体的加筋，是加筋工程中的主要应用材料。主要的加筋工程有加筋土挡墙、加筋土坡、加筋土地基、土工合成材料桩承系统等。

Ⅰ.10.2 形式和分类

土工格栅种类有：拉伸土工格栅、经编土工格栅、玻纤土工格栅、塑料焊接土工格栅与钢塑土工格栅等。

拉伸土工格栅是在聚丙烯或高密度聚乙烯板材上先冲孔，然后进行拉伸而成的呈方形或长方形孔的格栅状材料。格栅分单向拉伸和双向拉伸两种，前者在拉伸方向上有较高的强度，后者在两个拉伸方向上都有较高的强度。

塑料焊接土工格栅与钢塑土工格栅是用加筋带纵横相连而成，经编土工格栅与玻纤土工格栅由纵横向高强材料用编织工艺制成。

土工格栅因其高强度和低伸长率而成为加筋的好材料，它埋在土内与周围土之间不仅有摩擦作用，而且由于土石料可嵌入其开孔中，具有较高的咬合力。

另有焊接聚酯土工格栅，即采用高强度、高韧性高分子模量聚酯纱线结合 PE 鞘套防护层形成条带焊接式土工格栅，为一种满足力学性能、化学耐久性及生物抗降解性的土工格栅。其系列产品如下：

（1）条带式单向土工格栅，强度较高，从 200kN/m 直到 1500kN/m。

（2）条带式双向土工格栅，强度从 40kN/m 直到 200kN/m。

（3）单向格栅内增加排水通道，用于对排水有要求或者填料不好的区域。

Ⅰ.10.3 产品的相关标准

《土工合成材料　塑料土工格栅》（GB/T 17689—2008）。

《玻璃纤维土工格栅》（GB/T 21825—2008）。

《交通工程土工合成材料　土工格栅》（JT/T 480—2002）。

《公路工程土工合成材料　土工格栅　第 1 部分：钢塑格栅》（JT/T 925.1—2014）。

《铁路工程土工合成材料　第 2 部分　土工格栅》（Q/CR 549.2—2016）。

Ⅰ.10.4 产品的技术指标

产品技术指标见附表Ⅰ.10-1～附表Ⅰ.10-12。

附表Ⅰ.10-1　聚丙烯、高密度聚乙烯单拉塑料格栅技术指标（GB/T 17689—2008）

项目			规格型号					
			TGDG35	TGDG50	TGDG80	TGDG120	TGDG160	TGDG200
拉伸强度		kN/m	≥35.0	≥50.0	≥80.0	≥120.0	≥160.0	≥200.0
2%伸长率时拉伸强度	A	kN/m	≥10.0	≥12.0	≥26.0	≥36.0	≥45.0	≥56.0
	B	kN/m	≥7.5	≥12.0	≥21.0	≥33.0	≥47.0	
5%伸长率时拉伸强度	A	kN/m	≥22.0	≥28.0	≥48.0	≥72.0	≥90.0	≥112.0
	B	kN/m	≥21.5	≥23.0	≥40.0	≥65.0	≥93.0	
标称伸长率	A	%	≤10.0					
	B	%	≤11.5					

注　A 栏为聚丙烯单向土工格栅，B 栏为高密度聚乙烯单向土工格栅。

附表Ⅰ.10-2　　聚丙烯双拉塑料格栅技术指标（GB/T 17689—2008）

项目		规格型号							
		TGSG 1515	TGSG 2020	TGSG 2525	TGSG 3030	TGSG 3535	TGSG 4040	TGSG 4545	TGSG 5050
经纬向拉伸强度	kN/m	≥15.0	≥20.0	≥25.0	≥30.0	≥35.0	≥40.0	≥45.0	≥50.0
经纬向2%伸长率时拉伸强度	kN/m	≥5.0	≥7.0	≥9.0	≥10.5	≥12.0	≥14.0	≥16.0	≥17.5
经纬向5%伸长率时拉伸强度	kN/m	≥7.0	≥14.0	≥17.0	≥21.0	≥24.0	≥28.0	≥32.0	≥35.0
经/纬向标称伸长率	%	≤15.0/13.0							

附表Ⅰ.10-3　　玻璃纤维土工格栅技术指标（GB/T 21825—2008）

规格	项目			
	经纬向网眼尺寸/mm	经纬向网孔中心距/mm	经纬向拉伸强度/(kN/m)	经纬向伸长率/%
EGA1×1（30×30）	≥19	25.4±3.8	≥30	≤4
EGA1×1（50×50）			≥50	
EGA1×1（60×60）			≥60	
EGA1×1（80×80）			≥80	
EGA1×1（100×100）			≥100	
EGA1×1（120×120）	≥17		≥120	
EGA1×1（150×150）			≥150	
EGA2×2（50×50）	≥9	12.7±3.8	≥50	
EGA2×2（80×80）	≥8		≥80	
EGA2×2（100×100）			≥100	

附表Ⅰ.10-4　　单双向拉伸和高强聚酯长丝经编土工格栅技术指标（JT/T 480—2002）

项目		规格/(kN/m)						
		20	35	50	80	100	125	150
拉伸强度	kN/m	≥20	≥35	≥50	≥80	≥100	≥125	≥150
2%伸长率时拉伸强度	kN/m	≥6（7）	≥10（12）	≥15（17）	≥24（28）	≥30（35）	≥37（43）	≥45（52）
5%伸长率时拉伸强度	kN/m	≥12（14）	≥20（24）	≥28（34）	≥45（56）	≥59（70）	≥78（86）	≥96（104）
标称伸长率	%	≤12（13）			≤13（13）		≤13（14）	

注　双向土工格栅经纬向指标相同，括号外为单向土工格栅，括号内为双向土工格栅。

附表Ⅰ.10-5　　单双向粘焊土工格栅技术指标（JT/T 480—2002）

项目		规格/(kN/m)						
		25	40	60	80	100	125	150
拉伸强度	kN/m	≥25	≥40	≥60	≥80	≥100	≥125	≥150
2%伸长率时拉伸强度	kN/m	≥10	≥20	≥22	≥35	≥55	≥60	≥85

续表

项目		规格/(kN/m)						
		25	40	60	80	100	125	150
5%伸长率时拉伸强度	kN/m	≥15	≥25	≥40	≥55	≥65	≥90	≥100
标称伸长率	%	≤10（12）			≤11（13）			
粘、焊接点极限剥离力	N	≥30						

注 双向土工格栅经纬向指标相同，标称伸长率指标中括号外为单向土工格栅，括号内为双向土工格栅。

附表Ⅰ.10-6 钢塑格栅的尺寸及偏差（JT/T 925.1—2014）

项目		指标要求及偏差	
单根条带宽度及偏差	mm	≥14	±1.5
单根条带厚度及偏差	mm	≥2.0	±0.1
纵横向网孔净空尺寸 D 及偏差	mm	60≤D≤180	±10
幅宽及偏差	m	≥3.0	±0.05
长度偏差	m	±0.5	

附表Ⅰ.10-7 钢塑格栅技术参数（JT/T 925.1—2014）

项目		规格型号						
		30-30	50-50	60-60	70-70	80-80	100-100	120-120
纵横向极限抗拉强度	kN/m	≥30	≥50	≥60	≥70	≥80	≥100	≥120
纵横向极限抗拉强度下伸长率	%	≤3						
连接点极限分离力	N	≥300				≥500		

附表Ⅰ.10-8 异型钢塑格栅技术参数（JT/T 925.1—2014）

项目		规格型号						
		50-30	60-30	80-30	80-50	100-50	120-50	180-50
纵向极限抗拉强度	kN/m	≥50	≥60	≥80	≥80	≥100	≥120	≥180
横向极限抗拉强度	kN/m	≥30	≥30	≥30	≥50	≥50	≥50	≥50
纵横向极限抗拉强度下伸长率	%	≤3						
连接点极限分离力	N	≥300		≥500				

附表Ⅰ.10-9 铁路工程土工合成材料 单向拉伸 HDPE 塑料土工格栅性能指标（Q/CR 549.2—2016）

项目			规格			
			GGR/HDPE/US80	GGR/HDPE/US120	GGR/HDPE/US160	GGR/HDPE/US180
外观尺寸	单位面积质量	g/m²	≥350	≥500	≥650	≥750
	内孔尺寸[a]	mm	A≤320，12≤B≤30			
	横肋宽度	mm	≥16			
	幅宽	m	1.0～1.5			

续表

项目			规格			
			GGR/HDPE/US80	GGR/HDPE/US120	GGR/HDPE/US160	GGR/HDPE/US180
力学性能	纵向抗拉强度	kN/m	≥80	≥120	≥160	≥180
	纵向2%伸长率时拉伸强度	kN/m	≥21	≥33	≥47	≥52
	纵向5%伸长率时拉伸强度	kN/m	≥40	≥65	≥93	≥103
	纵向标称伸长率	%	≤11.5			
	格栅连接强度[b]	kN/m	≥标称强度的90%			
耐久性能	炭黑含量与分布		炭黑含量≥2.0%，灰分≤1.0%，炭黑分布应均匀，分散表观等级不低于B级			
	蠕变折减系数[c]		2.2～3.0			
	抗紫外线强度保持率	%	≥90			

a A为土工格栅内孔长度，B为土工格栅内孔宽度。

b 土工格栅连接采用扁形HDPE连接棒。

c 环境温度20℃条件下，百年设计使用年限指标，蠕变实测时间≥1万h，并按照附录H推导蠕变折减系数。

附表Ⅰ.10-10 铁路工程土工合成材料单向拉伸PP塑料土工格栅性能指标（Q/CR 549.2—2016）

项目			规格			
			GGR/PP/US80	GGR/PP/US 120	GGR/PP/US 160	GGR/PP/US 200
外观尺寸	单位面积质量	g/m²	≥250	≥350	≥450	≥550
	内孔尺寸[a]	mm	*A*≤450，*B*≤30			
	横肋宽度	mm	≥16			
	幅宽	m	≥3.0			
力学性能	纵向抗拉强度	kN/m	≥80	≥120	≥160	≥200
	纵向2%伸长率时拉伸强度	kN/m	≥28	≥42	≥56	≥70
	纵向5%伸长率时拉伸强度	kN/m	≥56	≥84	≥112	≥140
	纵向标称伸长率	%	≤10.0			
耐久性能	炭黑含量与分布		炭黑含量≥2.0%，灰分≤1.0%，炭黑分布应均匀，分散表观等级不低于B级			
	抗紫外线强度保持率	%	≥90			

a *A*为土工格栅内孔长度，*B*为土工格栅内孔宽度。

附表Ⅰ.10－11　铁路工程土工合成材料双向拉伸塑料土工格栅性能指标（Q/CR 549.2—2016）

项目			规格		
			GGR/PP/BS30－30	GGR/PP/BS40－40	GGR/PP/BS50－50
外观尺寸	单位面积质量	g/m²	≥260	≥400	≥500
	内孔尺寸[a]	mm	20≤A≤50，20≤B≤50		
	幅宽	m	3.0～6.0		
力学性能	纵向抗拉强度	kN/m	≥30	≥40	≥50
	纵向2%伸长率时拉伸强度	kN/m	≥10.5	≥14	≥17.5
	纵向5%伸长率时拉伸强度	kN/m	≥21	≥28	≥35
	纵向标称伸长率	%	≤15.0/13.0		
耐久性能	炭黑含量与分布		炭黑含量≥2.0%，灰分≤1.0%，炭黑分布应均匀，分散表观等级不低于B级		
	抗紫外线强度保持率	%	≥90		

a　A 为土工格栅内孔长度，B 为土工格栅内孔宽度。

附表Ⅰ.10－12　铁路工程土工合成材料双向经编涤纶土工格栅性能指标（Q/CR 549.2—2016）

项目			规格				
			GGR/PET/BK 30－30	GGR/PET/BK 50－50	GGR/PET/BK 80－80	GGR/PET/BK 100－100	GGR/PET/BK 200－200
外观尺寸	单位面积质量	g/m²	≥120	≥170	≥270	≥330	≥670
	内孔尺寸[a]	mm	15≤A≤30，15≤B≤30				
	幅宽	m	3.0～6.0				
力学性能	纵横向抗拉强度	kN/m	≥30	≥50	≥80	≥100	≥200
	纵横向2%伸长率时拉伸强度	kN/m	≥10.5	≥17.5	≥28	≥35	≥70
	纵横向5%伸长率时拉伸强度	kN/m	≥21	≥35	≥56	≥70	≥140
	纵横向标称伸长率	%	≤8.0～13.0				
耐久性能	抗紫外线强度保持率	%	≥80				

a　A 为土工格栅内孔长度，B 为土工格栅内孔宽度。

Ⅰ.11 土工格室

Ⅰ.11.1 概述

土工格室按《土工合成材料应用技术规范》（GB/T 50290—2014）规定，由土工格栅、土工织物或具有一定厚度的土工膜形成的条带通过结合相互连接后构成的蜂窝状或网格状三维结构材料。

土工格室主要指由塑料片构成的蜂窝状材料。这种塑料土工格室，按《土工合成材料 塑料土工格室》(GB/T 19274—2003) 的规定，是由长条形塑料片材，通过超声波焊接等方法连接而成，展开后呈蜂窝状的立体网格。

格室张开后，填以土料，由于格室对土的侧向位移的限制，可大大提高土体的刚度和强度。它可用于处理软弱地基，增大其承载力；还可用于固沙和护坡等。

Ⅰ.11.2 形式和分类

塑料土工格室的类型有塑料土工格室和增强复合土工格室。

按材质分为：聚乙烯 (HDPE)、增强型（塑料片材中加入低伸长率的钢丝、玻璃纤维、碳纤维等筋材所组成复合片材）；

按连接方式分为：超声波焊接型、锁扣加强型土工格室，见附图Ⅰ.11-1。

按片材的结构分为：打孔型、无孔型。

按片材表面形式分为：光滑型、压纹型。

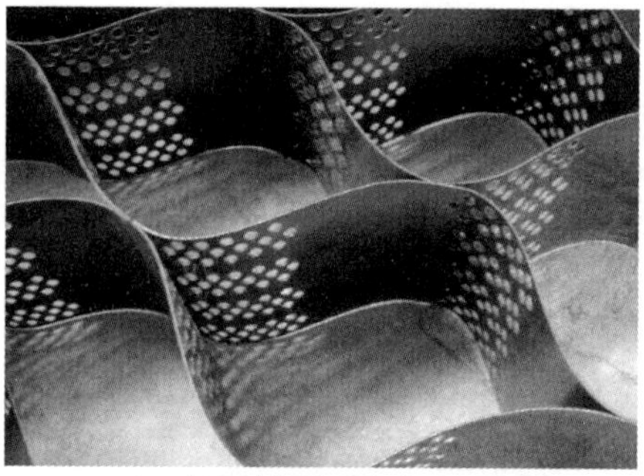
(a) 超声波焊接型打孔土工格室

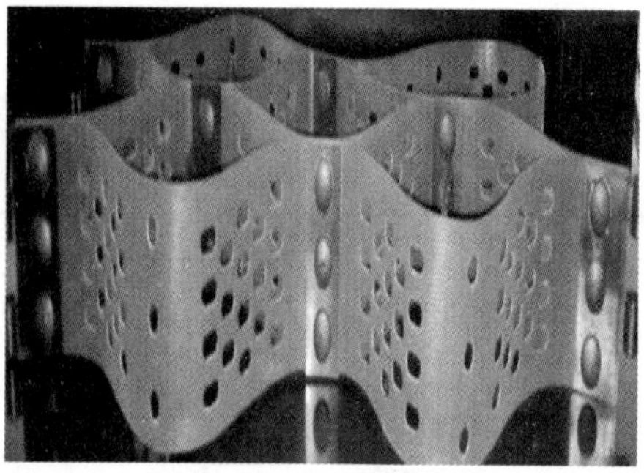
(b) 锁扣连接压纹型土工格室

附图Ⅰ.11-1 不同连接方式的土工格室

塑料土工格室，按其格室片厚度和高度及焊接间距不同有许多不同的规格。焊接间距的不同控制着蜂窝形状的大小，格室片的高度是蜂窝的高度。

格室焊接间距一般为 330～800mm。

格室高度规格有：50mm、100mm、150mm、200mm 和 300mm。

锁扣加强型土工格室常用的规格：100mm，150mm，200mm；焊距：300mm，400mm，500mm，600mm。

连接件或扣件连接型增强土工格室常用的规格：高度 100mm、150mm、200mm、300mm；焊距：400～800mm。

Ⅰ.11.3 产品的相关标准

《土工合成材料 塑料土工格室》(GB/T 19274—2003)。

《公路工程土工合成材料 土工格室》(JT/T 516—2004)。

《铁路工程土工合成材料 第1部分：土工格室》(Q/CR 549.1—2016)。

Ⅰ.11.4　产品的技术指标

产品技术指标见附表Ⅰ.11-1～附表Ⅰ.11-13。

附表Ⅰ.11-1　　塑料土工格室用材料的基本性能要求（GB/T 19274—2003）

项　　目			聚丙烯（PP）材料	聚乙烯（PE）材料
1	环境应力开裂 F50	h	—	≥800
2	低温脆化温度	℃	≤-23	≤-50
3	维卡软化温度	℃	≥142	≥112
4	氧化诱导时间	min	≥20	≥20

附表Ⅰ.11-2　　塑料土工格室尺寸偏差（GB/T 19274—2003）

序号	格室高 H/mm		格室片厚 T/mm	焊接距离 A/mm	
	标称值	偏差	标称值	标称值	偏差
1	H≤100	±1	≥1.1	330≤A<800	±15
2	100<H≤200	±2			

附表Ⅰ.11-3　　塑料土工格室技术指标（GB/T 19274—2003）

项　　目				PP 材质	PE 材质
1	外观			格室片应平整、无气泡、无沟痕。	
2	格室片的拉伸屈服强度		MPa	≥23.0	≥20.0
3	焊接处的抗拉强度		N/cm	≥100	≥100
4	格室组间连接处抗拉强度	格室片边缘	N/cm	≥200	≥200
5		格室片中间	N/cm	≥120	≥120

附表Ⅰ.11-4　　塑料土工格室的尺寸偏差（JT/T 516—2004）

序号	格室高度 H/mm		格室片厚 T/mm		焊接距离 A/mm	
	标称值	偏差	标称值	偏差	标称值	偏差
1	H≤100	±1	1.1	+0.3	340～800	±30
2	100<H≤200	±2				
3	200<H≤300	±2.5				

附表Ⅰ.11-5　　增强土工格室的尺寸偏差（JT/T 516—2004）

序号	格室高度 H/mm		格室片厚度 T/mm		焊接距离 A/mm	
	标称值	偏差	标称值	偏差	标称值	偏差
1	100	±2	1.5	+0.3	400～800	±2
2	150					
3	200					
4	300					

附表Ⅰ.11-6 塑料土工格室的力学性能（JT/T 516—2004）

项目				PP材质	PE材质
1	格室片单位宽度的断裂拉力		N/cm	≥275	≥220
2	格室片的断裂伸长率		%	≤10	≤10
3	焊接处抗拉强度		N/cm	≥100	≥100
4	格室组间连接处抗拉强度	格室片边缘	N/cm	≥120	≥120
5		格室片中间	N/cm	≥120	≥120

附表Ⅰ.11-7 增强土工格室的力学指标（JT/T 516—2004）

序号	型号	格室片单位宽度的断裂拉力/(N/cm)	格室片的断裂伸长率/%	格室片间连接处连接件的抗剪切力/N
1	GC100	≥300	≤3	≥3000
2	GC150			≥4500
3	GC200			≥6000
4	GC300			≥9000

附表Ⅰ.11-8 塑料土工格室的光老化等级（JT/T 516—2004）

光老化等级		Ⅰ	Ⅱ	Ⅲ	Ⅳ
紫外线辐射强度为550W/m² 强照射150h，格室片的拉伸屈服强度保持率①	%	<50	50～80	80～95	>95
炭黑含量②	%	—		≥2.0±0.5	

① 对于高速公路，一级公路的边坡绿化，才需要做紫外线辐射试验。其他情况该指标仅作参考。
② 采用其他抗老化外加剂的土工格室无指标要求。

附表Ⅰ.11-9 土工格室尺寸极限偏差（Q/CR 549.1—2016）

序号	格室高度 H /mm		格室片厚度 T /mm	结点距离 A /mm	
	标称值	极限偏差	标称值	标称值	极限偏差
1	$50\leqslant H<100$	±1	≥0.8	$165\leqslant A\leqslant 300$	±15
2	$100\leqslant H\leqslant 200$	±2	≥1.1		

附表Ⅰ.11-10 土工格室片性能指标（Q/CR 549.1—2016）

序号	项目		指标
1	抗拉屈服强度	MPa	≥20
2	屈服伸长率	%	≤15
3	直角撕裂抗力	N	≥120，格室厚度为0.8mm
			≥150，格室厚度为1.1mm
4	环境应力开裂时间	h	≥800
5	氧化诱导时间	min	≥20
6	炭黑分散度[a]		10个数据中三级不多于1个，四级、五级不允许

续表

序号	项　目		指　标
7	炭黑含量	%	≥2.0
8	抗紫外线强度保持率	%	≥80

a 抗紫外线试验和炭黑分散度试验仅适用于边坡绿色防护应用领域。

附表Ⅰ.11-11　焊接型土工格室性能指标（Q/CR 549.1—2016）

序号	项　目		指　标
1	剥离强度	N/cm	≥100
2	对拉强度	N/cm	≥190

附表Ⅰ.11-12　塑料螺栓连接型土工格室性能指标（Q/CR 549.1—2016）

序号	项　目		指　标
1	剥离强度	N/cm	≥100
2	对拉强度	N/cm	≥140
3	悬挂负重时间[b]	d	≥30
4	抗紫外线强度保持率[b]	%	≥80

b 用于铁路工程边坡绿色防护时，应做抗紫外线试验和悬挂负重试验。

附表Ⅰ.11-13　注塑连接型土工格室性能指标（Q/CR 549.1—2016）

序号	项　目		指　标
1	剥离强度	N/cm	≥160
2	对拉强度	N/cm	≥320
3	悬挂负重时间	d	≥15
4	光氧化性能[a]	%	≥80
5	组间抗拉强度	N/cm	≥120

a 对铁路工程的边坡绿色防护，应做紫外线辐射试验，其他用途该指标仅作参考。

格室组间抗拉强度说明（Q/CR 549.1—2016）：

组间抗拉强度不应小于土工格室连接处的对拉强度，组间连接形式见附图Ⅰ.11-2，按部位分为格室中间和格室边缘两种连接类型。附图Ⅰ.11-3为典型格室中间组间连接形式，附图Ⅰ.11-4为典型格室边缘组间连接形式。

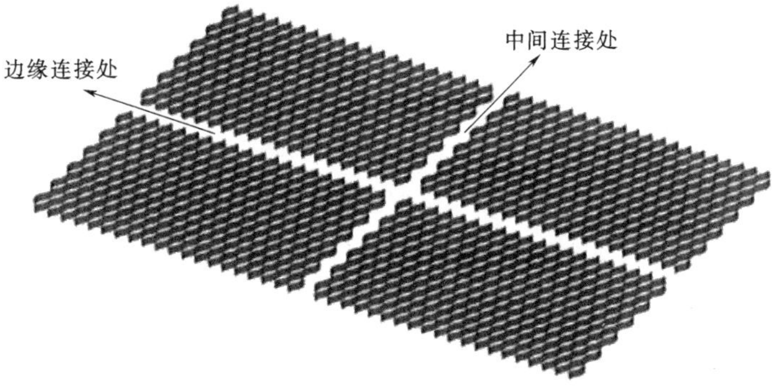

附图Ⅰ.11-2　组间连接形式示意图

附图Ⅰ.11－3 铆钉式组间连接（中间组间连接形式）示意图

附图Ⅰ.11－4 插销式组间连接（边缘组间连接形式）示意图

Ⅰ.12 土 工 网

Ⅰ.12.1 概述

土工网是以高密度聚乙烯（HDPE）或其他高分子聚合物为主要原材料，加入一定的抗紫外线助剂等辅料，经挤出成型的平面网状结构制品，或经挤出成网、拉伸、复合成型等工序制成的多层塑料三维土工网垫状制品。用于铁路、公路、水利、矿山、市政工程等领域，在工程中起到边坡防护、加固、排水、植被绿化、防止水土流失等作用。

Ⅰ.12.2 形式和分类

土工网按用途分为工程网、排水网、植被三维土工网垫、煤矿井下用塑料网假顶三大系列。

工程网系列按网孔尺寸大小分为分 CE121、CE131、CE151 三种规格，见附图Ⅰ.12－1。

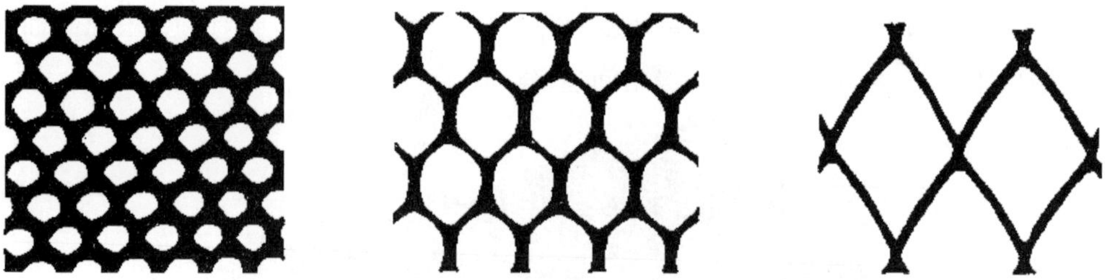

(a) CE121　　(b) CE131　　(c) CE151

附图Ⅰ.12－1 CE121、CE131、CE151 产品的网孔形状

土工排水网按结构分为两肋土工排水网和三肋土工排水网。两肋土工排水网是由两层各自平行的肋条按一定角度联结，形成具有排水通道的双层结构。三肋土工排水网由三层各自平行的肋条按一定角度联结，形成具有排水通道的立体网状结构。见附图Ⅰ.12－2。

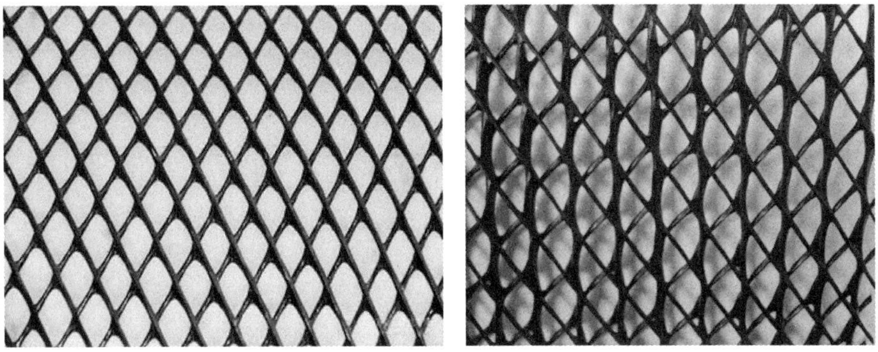

(a) 两肋土工排水网　(b) 三肋土工排水网

附图Ⅰ.12-2　排水网形状

植被三维土工网垫按层数分为二层、三层、四层、五层，分别用EM_2、EM_3、EM_4、EM_5表示。按形状分为凹凸泡面状、凹凸内芯状。见附图Ⅰ.12-3。

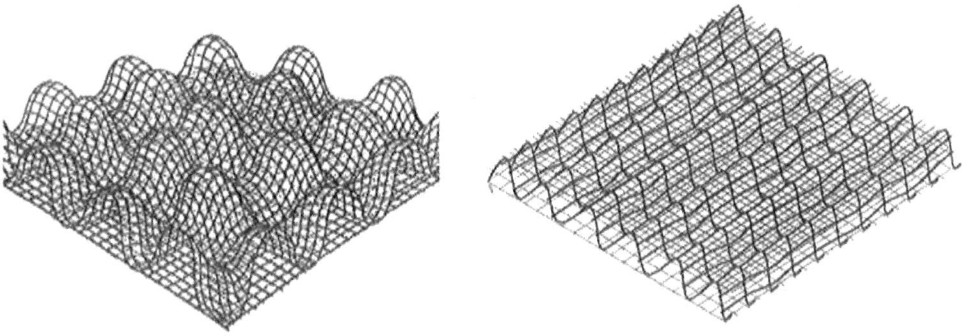

(a) 三维土工网垫(凹凸泡面状)　(b) 三维土工网垫(凹凸内芯状)

附图Ⅰ.12-3　三维土工网垫形状

煤矿井下用塑料网假顶，其网孔形状为六边形或“井”字形，网孔尺寸25～40mm，宽度为0.7～1.2m，长度为5～20m。

Ⅰ.12.3　产品的相关产品标准

《土工合成材料　塑料土工网》(GB/T 19470—2004)。

《土工合成材料　塑料三维土工网垫》(GB/T 18744—2002)。

《公路工程土工合成材料　土工网》(JT/T 513—2004)。

《垃圾填埋场用土工排水网》(CJ/T 452—2014)。

《煤矿井下用塑料网假顶带》(MT 141—2005)。

《铁路工程土工合成材料　土工网》(Q/CR 549.4—2016)。

《铁路工程用土工合成材料　排水材料》(Q/CR 549.6—2016)。

Ⅰ.12.4　产品的技术指标

产品技术指标见附表Ⅰ.12-1～附表Ⅰ.12-9。

附表Ⅰ.12-1 塑料土工网技术指标（GB/T 19470—2004）

项目		CE121	CE131	CE151	DN1	HF10
单位面积质量	g/m^2	730±35	630±30	550±35	750±35	1240±60
厚度 t	mm	—	—	—	≥6.0	≥5.0
网孔尺寸 $a\times b$	mm×mm	(8±1)×(6±1)	(27±2)×(27±2)	(74±5)×(74±5)	(10±1)×(10±1)	(10±1)×(6±1)
宽度偏差	m	+0.06 0				
长度偏差	m	+1 0				
拉伸屈服强度	kN/m	纵横向≥6.2	纵横向≥5.8	≥5.0	纵横向≥6.0	≥18
黑色土工网的炭黑含量	%	≥1				

附表Ⅰ.12-2 塑料三维土工网垫技术指标（GB/T 18744—2002）

项 目		EM_2	EM_3	EM_4	EM_5
单位面积质量	g/m^2	≥220	≥260	≥350	≥430
厚度	mm	≥10	≥12	≥14	≥16
宽度偏差	m	+0.1 0			
长度偏差	m	+1 0			
纵向拉伸强度	kN/m	≥0.80	≥1.4	≥2.0	≥3.2
横向拉伸强度	kN/m	≥0.80	≥1.4	≥2.0	≥3.2

附表Ⅰ.12-3 *n*层平面网组成的塑料平面土工网物理性能参数(JT/T 513—2004)

项 目		型 号						
		NSP2(*n*)	NSP3(*n*)	NSP5(*n*)	NSP6(*n*)	NSP8(*n*)	NSP10(*n*)	NSP15(*n*)
单位面积质量相对偏差	%	±8						
网孔中心最小净空尺寸	mm	≥4						
宽度	m	≥1						
宽度偏差	mm	+60						
纵横向拉伸强度	kN/m	≥2	≥3	≥5	≥6	≥8	≥10	≥15
纵横向10%伸长率下的拉伸力	kN/m	≥1.2	≥2	≥4	≥5	≥7	≥9	≥13
多层平网之间焊点抗拉力	N	≥0.8	≥1.4	≥2	≥3	≥4	≥5	≥8

附表Ⅰ.12-4 n层平面网k层非平面网组成的塑料三维土工网物理性能参数（JT/T 513—2004）

项目		型号						
		NSS0.8(n−k)	NSS1.5(n−k)	NSS2(n−k)	NSS3(n−k)	NSS4(n−k)	NSS5(n−k)	NSS6(n−k)
单位面积质量相对偏差	%	±10						
厚度	mm	≥10						
宽度	m	≥1						
宽度偏差	mm	+60						
纵横向拉伸强度	kN/m	≥0.8	≥1.5	≥2	≥3	≥4	≥5	≥6
平网与非平网之间焊点抗拉力	N	≥0.6	≥0.9	≥4		≥8		

附表Ⅰ.12-5 塑料土工网抗光老化等级（JT/T 513—2004）

光老化等级	Ⅰ	Ⅱ	Ⅲ	Ⅳ
辐射强度为550W/m²照射150h标称拉伸强度保持率/%	<50	50～80	80～95	>95
炭黑含量/%	—	2+0.5		
炭黑在土工网材料中的分布要求	均匀、无明显聚块或条状物			

注 对采用非炭黑做抗光老化助剂的土工网，光老化等级参照执行。

附表Ⅰ.12-6 垃圾填埋场用土工排水网技术指标（CJ/T 452—2014）

项目		指标			
宽度	mm	2000，3000，4000，5000			
宽度偏差	%	≥−0.5			
厚度	mm	5.0	6.0	7.0	8.0
厚度极限偏差	%	≥0			
密度	g/cm³	≥0.939			
炭黑含量	%	2～3			
纵向拉伸强度	kN/m	≥8.0			
纵向导水率（法向荷载500kPa，水力梯度0.1）	m²/s	≥3.0×10⁻³			

附表Ⅰ.12-7 煤矿井下用塑料网假顶带技术指标（MT 141—2005）

项目			160MS	180MS	200MS	220MS	240MS	260MS	280MS
1	外观质量		假顶带的外观应色泽均匀、花纹整齐、清晰，无明显杂质，不准有开裂损伤、穿孔等缺陷						
2	宽度公差	mm	假顶带宽度的公差为±0.5						
3	厚度公差	mm	假顶带厚度的公差为±0.1						
4	偏斜度	mm/m	假顶带的偏斜度应小于20						
5	单根拉断力	N	假顶带的单根拉断力应不小于2400						

续表

项目			160MS	180MS	200MS	220MS	240MS	260MS	280MS
6	单根拉断伸长率	%	假顶带的单根拉断伸长率应小于 25						
7	单根拉伸强度	MPa	≥160	≥180	≥200	≥220	≥240	≥260	≥280
8	表面电阻值	Ω	假顶带上、下两个表面的表面电阻算术平均值均应小于 1.0×10^9						
9	阻燃性	酒精喷灯燃性能	移去喷灯后，6 条试样的有焰燃烧时间的算术平均值应小于 3s，其中任何一条试的有焰燃烧时间单值应小于 10s。 从试样有焰息灭开始计时，6 条试样的无焰燃烧时间的算术平均值应小于 10 s，其中任何一条试的无焰燃烧时间单值应小于 30s						
		酒精灯燃性能	移去酒精灯后，6 条试样的有焰燃烧时间的算术平均值应小于 6s，其中任何一条的有焰燃烧时间单值应小于 12s。 从试样有焰息灭开始计时，6 条试样的无焰燃烧时间的算术平均值应小于 10 s，其中任何一条试的无焰燃烧时间单值应小于 30s						

附表Ⅰ.12-8　　塑料平面土工网的技术指标（Q/CR 549.4—2016）

项目			GNE/2D/ 3.5-FR	GNE/2D/4.0	GNE/2D/6.0
物理性能	单位面积质量	g/m^2	500±20	500±20	630±30
	网孔尺寸 $a\times b$	mm×mm	(38±3) × (38±3)	(38±3) × (38±3)	(27±2) × (27±2)
	幅宽	m	≥2.0		
	幅宽偏差	m	$_{0}^{+0.06}$		
	长度	m	≥30.0		
	长度偏差	m	$_{0}^{+1.0}$		
力学性能	纵、横向抗拉屈服强度	kN/m	≥3.5	≥4.0	≥6.0
燃烧性能	阻燃型平面土工网水平燃烧试验等级		不低于 HB75 级	—	—
耐久性	黑色平面土工网炭黑含量与分布		炭黑含量≥2.0%，炭黑分布应均匀，分散表观等级不低于 B 级		
	抗紫外线强度保持率	%	≥60		

附表Ⅰ.12-9　　塑料三维土工网技术指标（Q/CR 549.6—2016）

项目			GNE/3D/1.6	GNE/3D/2.2	GNE/3D/2.8-FR	GNE/3D/3.2	GNE/3D/4.0	GNE/3D/9.0
外观尺寸	单位面积质量	m^2	≥260	≥370	≥450	≥450	≥500	≥280
	厚度	mm	≥12	≥14	≥16	≥16	≥18	≥16
	结构	层数	底网：2 立体网：1	底网：2 立体网：2	底网：2 立体网：2	底网：2 立体网：2	底网：3 立体网：2	底网：1 立体网：1 面网：1
	成型方式		点焊	点焊	点焊	点焊	点焊	缝合

续表

项目			GNE/3D/1.6	GNE/3D/2.2	GNE/3D/2.8-FR	GNE/3D/3.2	GNE/3D/4.0	GNE/3D/9.0
外观尺寸	幅宽	m	≥1.5					
	幅宽偏差	m	+0.06 0					
	长度	m	≥30.0					
	长度偏差	m	+1.0 0					
力学性能	纵横向抗拉强度	kN/m	≥1.6	≥2.2	≥2.8	≥3.2	≥4.0	≥9.0
	回弹率	%	≥80					
燃烧性能	阻燃型三维土工网水平燃烧试验等级		—	—	不低于HB75级	—	—	—
耐久性	黑色三维土工网炭黑含量	%	≥2.0					
	抗紫外线强度保持率	%	≥60					

Ⅰ.13 排水管（软式透水管、塑料盲沟及其他排水体）

Ⅰ.13.1 概述

排水管用来排水，这里所说的排水管除了这个作用，还能在土体中集水并能滤土，从而可将土体中不需要水分排出的一种管子，这些管子部分或者全部用土工合成材料制成。

由于现代材料技术发展迅速，排水材料新产品不断出现，岩土工程中各种不同功能的排水能够方便实现，让工程施工方便迅速。

这类排水管，用于各类工程中暗沟排水；用于软弱土体排水加固工程。

这里介绍的是已经在工程中大量使用的这种产品。

Ⅰ.13.2 形式和分类

现在常用的能在土体中集水并能排水的排水管主要有三类：一类是软式透水管，二类是塑料盲沟，三类是打孔硬塑料管。

（1）软式透水管。软式透水管是以经防腐处理并外覆聚氯乙烯（PVC）或其他材料作保护层的弹簧钢丝圈作为骨架，以渗透性土工织物及合成纤维为管壁包裹材料组成的一种复合土工合成管材，见附图Ⅰ.13-1。

软式透水管兼有硬式排水管耐压与耐久性能，又有软式排水管的柔性和轻便特点，过滤性强，排水性好，可以用于各种排水工程中。但必须指出其具有的主要缺点，就是纵向的倒伏性。即管子在其侧向尚未固定状态下，纵向施加一个并不太大的剪切力，就可让管子倒伏。这就要求在施工过程中应有合理施工程序来保证管子不因施工而倒

附图Ⅰ.13-1 软式透水管

伏的措施。

塑料盲沟因其结构固定，不存在这一缺点，如果这一方面有特别要求者可用塑料盲沟。

（2）塑料盲沟。塑料盲沟是由丝瓜络式塑料芯体和外包滤布或滤网两部分组成。盲沟芯体有圆形和矩形两种，见附图Ⅰ.13-2。材料一般为聚丙烯、聚乙烯或其他可塑性塑料，对于有长期排水要求的塑料排水盲沟，应使用新料，不能使用塑料再生料。对于短期（时间少于6个月）排水的工程，可使用经检测对土壤、地下水、环境等无污染的塑料再生料。外包滤布为150～300g/m^2 的针刺土工布。

塑料盲沟也叫塑料盲管，亦称速排龙，其作用与软式透水管基本相同。

附图Ⅰ.13-2 塑料盲沟

（3）打孔硬塑料管。打孔硬塑料管，就是在塑料管上打上一定截面积的排水孔洞的塑料管。

打孔硬塑料管，与塑料盲沟类似，只是内部支撑骨架形式不同。

硬塑料管分为单壁波纹管和双壁波纹管以及普通管三类。

这些排水管体外必须包裹透水滤土的过滤材料，才能保证其滤土排水功能正常发挥。

Ⅰ.13.3 产品的相关标准和著作

《软式透水管》（JC 937—2004）。

《公路工程土工合成材料 排水材料》（JT/T 665—2006）。

《排水固结加固软基技术指南》（中国土木工程学会工程排水与加固专业委员会编写）。

Ⅰ.13.4 产品的技术指标

软式透水管，使用其专用滤布并组合成整体，也有相应技术要求。其他二类排水管，列出了常用的滤布技术指标要求，分别见附表Ⅰ.13-1～附表Ⅰ.13-5。

附表Ⅰ.13-1　　软式透水管技术指标（JC 937—2004）

项目		规格						
		FH50	FH80	FH100	FH150	FH200	FH250	FH300
外径	mm	50±2.0	80±2.5	100±3.0	150±3.5	200±4.0	250±6.0	300±8.0
钢丝直径	mm	≥1.6	≥2.0	≥2.6	≥3.5	≥4.5	≥5.0	≥5.5
保护层厚度	mm	≥0.30	≥0.34	≥0.36	≥0.38	≥0.42	≥0.60	≥0.60
耐压扁平率 应变1%	kN/m	≥400	≥720	≥1600	≥3120	≥4000	≥4800	≥5600
耐压扁平率 应变2%	kN/m	≥720	≥1600	≥3120	≥4000	≥4800	≥5600	≥6400
耐压扁平率 应变3%	kN/m	≥1480	≥3120	≥4800	≥6400	≥6800	≥7200	≥7600
耐压扁平率 应变4%	kN/m	≥2640	≥4800	≥6000	≥7200	≥8400	≥8800	≥9600
耐压扁平率 应变5%	kN/m	≥4400	≥6000	≥7200	≥8000	≥9200	≥10400	≥12000
经向拉伸强度	kN/5cm	≥1.0						
经向伸长率	%	≥12						
纬向拉伸强度	kN/5cm	≥0.8						
纬向伸长率	%	≥12						
圆球顶破强力	kN	≥1.1						
等效孔径 O_{95}	mm	0.06～0.25						
法向渗透系数	cm/s	≥0.1						

附表Ⅰ.13-2　长丝热粘排水体（速排龙）芯体技术指标（JT/T 665—2006）

项目		规格								
		DC0.5	DC1.0	DC1.5	DC3	DC5	DC10	DC15	DC20	DC25
纵向通水量	m^3/h	≥0.5	≥1.0	≥1.5	≥3	≥5	≥10	≥15	≥20	≥25
10%压应变时耐压力	kPa	≥100					≥70		≥50	
20%压应变时耐压力	kPa	≥180					≥110		≥90	
塑料丝抗弯折性能		180℃对折8次无断裂								
实体（管壁）孔隙率	%	≥70								

附表Ⅰ.13-3　　打孔硬塑料管（硬式透水管）管材尺寸指标

（排水固结加固软基技术指南）

外径/mm	不同环刚度要求下的壁厚/mm			允许偏差/mm	不圆度
	$2kN/m^2$	$4kN/m^2$	$8kN/m^2$		
50	2.0	2.0	2.4	0，+0.3	1.4
63	2.0	2.5	3.0	0，+0.3	1.5
75	2.3	2.9	3.6	0，+0.3	1.6
90	2.8	3.5	4.3	0，+0.3	1.8

附表Ⅰ.13-4 打孔硬塑料管（硬式透水管）力学指标（排水固结加固软基技术指南）

项目		技术指标			备注
落锤冲击试验（0℃）		TIR≤10%			特殊要求项
环刚度	kN/m^2	S2	S4	S8	
		≥2	≥4	≥8	

附表Ⅰ.13-5 排水管外包滤布技术指标（排水固结加固软基技术指南）

指标		规格/(g/m^2)			
		150	200	250	300
单位面积质量偏	%	−8	−8	−8	−7
厚度	mm	≥1.3	≥1.7	≥2.1	≥2.4
断裂强力	kN/m	≥3.5	≥5.0	≥7.0	≥8.5
断裂伸长率	%	25～100			
CBR顶破强力	kN	≥0.6	≥0.9	≥1.2	≥1.5
等效孔径O_{95}	mm	0.07～0.2			
垂直渗透系数	cm/s	$k\times(10^{-1}\sim10^{-3})$　$k=1.0\sim9.9$			
梯形撕裂强力	kN	≥0.12	≥0.16	≥0.20	≥0.24

Ⅰ.14 透水模板布

Ⅰ.14.1 概述

混凝土透水模板布又称渗透可控混凝土模板衬垫。是一种安装在混凝土模板内侧，以排出混凝土表层多余水分和空气，并截留混凝土表层颗粒的纤维结合体，一般由过滤层和透水层复合而成。

混凝土透水模板布的作用如下：

有效减少构件表面混凝土的气泡，使混凝土更加致密；

排出混凝土中部分水分而保持水泥颗粒，使数毫米深混凝土表面水灰比显著降低；

在构件表面形成一层富含水化硅酸钙的致密硬化层。可大大提高混凝土表面硬度，耐磨性、抗裂强度、搞冻性，使混凝土的渗透性、碳化深度和氯化物扩散系数也显著降低；

减少了混凝土内部与外办交换物质的可能，从而提高了构件的耐久性；

因模板布具有均匀分布孔隙，水能通过渗透和毛细作用经透水模板均匀排出，不形成聚集，这样有效减少砂斑、砂线等混凝土表面缺陷的产生。

混凝土透水模板布的保水作用，为混凝土养护提供了一个良好的条件，减少了细微裂缝的产生。

Ⅰ.14.2 形式和分类

透水模板布是改性高分子聚合纤维为主要原料经过特殊技术加工工艺生产而成。

现有产品比较单一。

Ⅰ.14.3 产品的相关标准

混凝土透水模板布现在已广泛使用，行业标准于2009年已颁布实施，并于2015年发行实施了修订版新标准。现行有效的交通行业标准是《混凝土工程用透水模板布》（JT/T 736—2015）标准。附表Ⅰ.14-1和附表Ⅰ.14-2是这一标准中的具体规定。

《混凝土工程用透水模板布》（JT/T 736—2015）。

Ⅰ.14.4 产品的技术指标

产品指标见附表Ⅰ.14-1和附表Ⅰ.14-2。

附表Ⅰ.14-1 外观要求（JT/T 736—2015）

疵点称名称		轻缺陷	重缺陷	说明
永久性折痕	mm	长度≤100	长度>100	/
边不良	mm	≤300时每50计一处	>300时每50计一处	边不良大于10起算
污染	mm	≤10	>10	以疵点最大长度计

注 成卷包装的透水模袋布不应有严重缺陷，轻微缺陷每 $100m^2$ 应不超过10个。

附表Ⅰ.14-2 基本项技术要求（JT/T 736—2015）

项目			技术要求
1	名义单位面积质量偏差	%	≤10
2	厚度	mm	平均厚度≥1.0，允许偏差小于±15
3	厚度压缩比	%	30～50
4	幅宽偏差	%	±1.0
5	吸水率	%	>90（20℃±2℃水中浸泡12h后）
6	等效孔径 O_{50}	μm	≤40
7	透气性	$m^3/(m^2 \cdot s)$	$1.0\times10^{-2}\sim2.0\times10^{-2}$
8	垂直渗透系统	cm/s	$1.0\times10^{-4}\sim1.0\times10^{-3}$
9	拉伸强力	N/20cm	>500（100mm/min拉伸速率下）
10	刺破强力	N	>300
11	梯形撕破强力	N	纵向≥300，横向≥250
12	最大负荷下伸长率	%	<115
13	抗紫外线性能	N/20cm	纵向>475，横向>450（96h照射后）
14	抗氧化性能	N/20cm	纵向>400，横向>350（96h，110℃烘烤后）
15	抗碱性能	N/20cm	纵向和横向>500（3d，60℃，NaOH饱和溶液）

Ⅰ.15 格 宾

Ⅰ.15.1 概述

格宾网又名石笼网，是一种新型生态格网结构，成功地应用于水利工程、公路和铁路等交通工程、地质灾害防治工程中，能使工程结构与生态环境的有机结合。

Ⅰ.15.2 形式和分类

产品分类：格宾网、赛克格宾、加筋格宾、雷诺护垫、加筋麦克垫。

外形可分为网垫、网箱、网兜和加筋土单元，见附图Ⅰ.15-1。

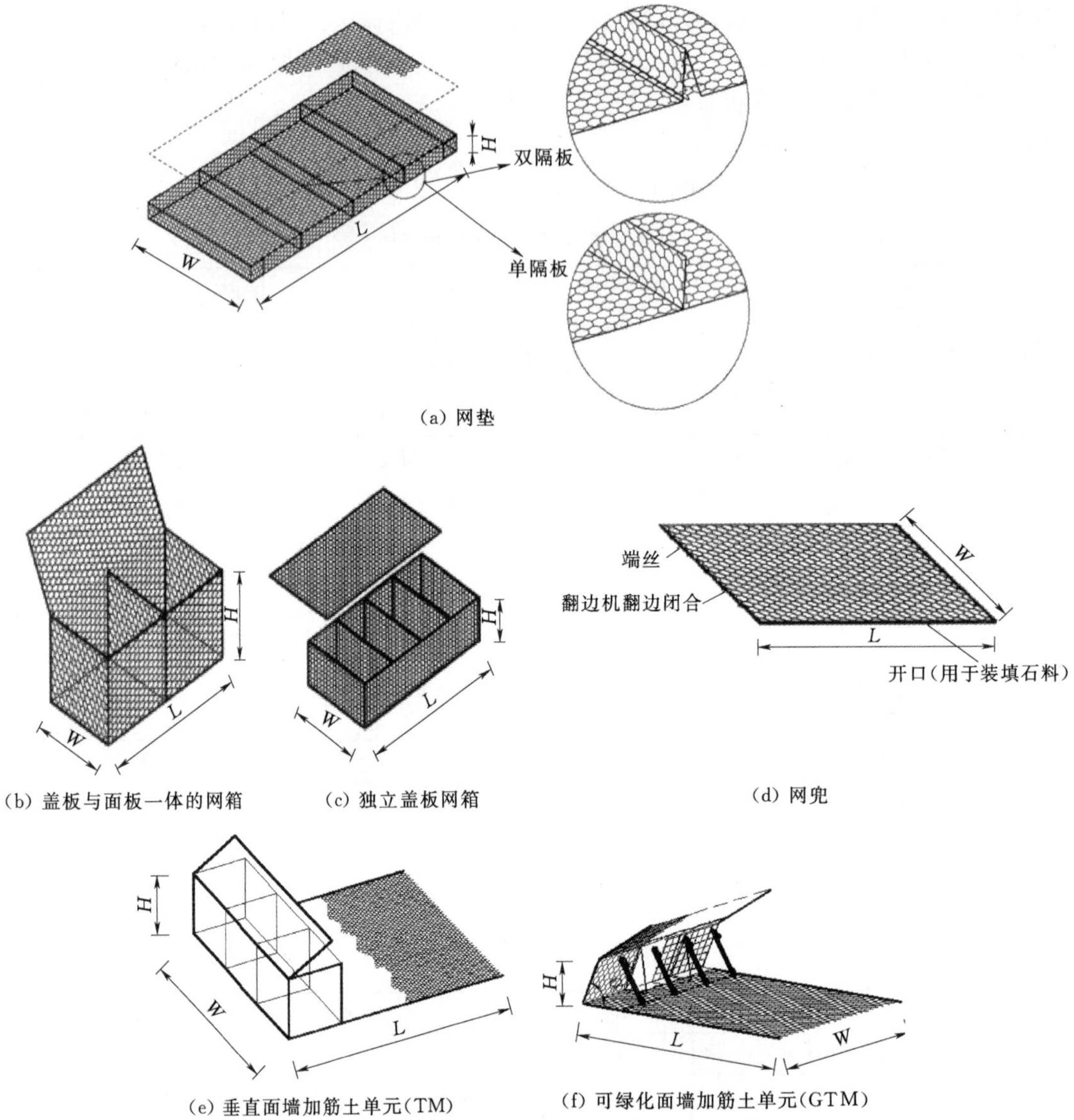

(a) 网垫

(b) 盖板与面板一体的网箱 (c) 独立盖板网箱 (d) 网兜

(e) 垂直面墙加筋土单元(TM) (f) 可绿化面墙加筋土单元(GTM)

附图Ⅰ.15-1 网垫、网箱、网兜和加筋土单元的外形

W—网兜网面宽度；L—网兜网面长度

网丝材质金属镀层类别有：镀锌钢丝、锌-5%铝-混合稀土合金镀层和锌-10%铝-混合稀土合金镀层；覆塑层类别有：PVC覆塑钢丝、PA6覆塑钢丝、POLIMAC覆塑钢丝等。

Ⅰ.15.3 产品的相关标准

《工程用机编钢丝网及组合体》(YB/T 4190—2018)。

《栅栏用钢丝和钢丝制品1 第3部分：工程用六边形钢丝网》(EN 10223-3)。

Ⅰ.15.4 产品规格与技术指标

(1) 网孔尺寸、网丝直径及应用要求见附表Ⅰ.15-1。

附表Ⅰ.15-1 网孔尺寸、网面钢丝直径及其应用

网孔规格	网孔 M /mm	网孔 M 的允许偏差 /mm	网面钢丝直径[a] /mm	产品类型
M6[c]	60	+8 0	2.0	网垫、卷网
			2.2	网垫、卷网
			2.4	卷网
			2.7	卷网、网箱
M8[c]	80	+10 0	2.2	加筋土单元[b]
			2.7	加筋土单元[b]、网箱、卷网、网兜
			3.0	网箱、卷网、网兜
			3.4	网箱、卷网
			3.9	网箱、卷网
M10[c]	100	+12 −4	2.7	卷网
			3.0	卷网

a 网面钢丝直径为原材料钢丝直径，钢丝直径允许偏差应符合 YB/T 4221—2016 要求。

b 用于生产加筋网箱的钢丝应经过有机涂层防腐处理。

c M6、M8、M10 等同于 ISO 21123 中的 6×8、8×10、10×12。

(2) 边丝、端丝要求。网面边丝和端丝的直径应大于网丝的直径，且应符合附表Ⅰ.15-2。

附表Ⅰ.15-2 网丝、端丝和边丝直径

网丝直径/mm	端丝和边丝直径[a]/mm	网丝直径/mm	端丝和边丝直径[a]/mm
2.0	≥2.4	3.0	≥3.9
2.2	≥2.7	3.4	≥4.4
2.4	≥3.0	3.9	≥4.9
2.7	≥3.4		

a 钢丝直径允许偏差应符合 YB/T 4221—2016 的规定。

网丝与端丝之间的翻边强度应不小于网面与网面之间的联结强度。

(3) 产品尺寸及偏差。网箱和加筋土单元的长度、宽度和高度允许偏差为±5%；网兜的长度和宽度允许偏差为±5%；网垫的长度和宽度偏差为±5%，厚度偏差为±2.5cm。卷网尺寸宽度方向允许偏差为±1M（M 表示网孔规格），长度偏差为 0～+1m。

(4) 外观要求。成品网面不应有断丝、破损、锈蚀（钢丝切断面除外）。

(5) 镀层要求。成品网面镀层应均匀、连续、表面光滑，不应有裂纹、漏镀的地方。

成品网面钢丝镀层重量应在织好的网面中取样进行测试，其最小镀层重量应符合附表Ⅰ.15-3 的规定；合同中应注明镀层组别，未注明时由供方确定；钢丝采用 PA6 作为有机涂层时，可以降低对金属镀层克重的要求，但应不低于 $60g/m^2$，具体克重由供需双方协商确定。

附表Ⅰ.15-3　　成品网面钢丝镀层重量

镀层钢丝直径 d /mm	镀层重量 /(g/m²)	
	Ⅰ组	Ⅱ组
1.80≤d<2.20	≥205	≥409
2.20≤d<2.50	≥219	≥437
2.50≤d<2.80	≥233	≥466
2.80≤d<3.20	≥243	≥485
3.20≤d<3.80	≥252	≥504
3.80≤d<4.40	≥262	≥523
d≥4.40	≥266	≥532

成品网面钢丝镀层中的铝含量应在织好的网面中取样进行测试，Zn-5%Al合金镀层中的铝含量应不小于4.2%，Zn-10%Al合金镀层中的铝含量应不小于9%。其他元素不作考核。

(6) 力学要求。网面裁剪后末端与端丝的连接处是整个结构的薄弱环节，为保证网面与端丝的连接强度，网面标称翻边强度应符合附表Ⅰ.15-4的要求，产品供应商应在质量证明书中提供产品的网面标称翻边强度值。

附表Ⅰ.15-4　　成品网面翻边强度要求

网孔型号	网面钢丝直径/mm	网面标称翻边强度/(kN/m)
M6	2.0	21
M8	2.7	35
M10	2.7	26

(7) 耐久性要求：

1) Zn-5%Al合金镀层钢丝产品在每2dm^3水中含0.2dm^3的SO_2环境中进行试验，在28个试验周期（1个周期为24h，在试验箱内曝露8h，在室内环境大气中曝露16h）的不连续试验后，网面样品上产生深棕色红锈的面积应不大于试样面积的5%。

2) Zn-5%Al合金镀层钢丝产品进行中性盐雾试验，在试验1000h后，网面样品上产生深棕色红锈的面积应不大于试样面积的5%。

3) Zn-10%Al合金镀层钢丝产品在每2dm^3水中含0.2dm^3的SO_2环境中进行试验，在56个试验周期（1个周期为24h，在试验箱内曝露8h，在室内环境大气中曝露16h）的不连续试验后，网面样品上产生深棕色红锈的面积应不大于试样面积的5%。

4) Zn-10%Al合金镀层钢丝产品进行中性盐雾试验，在试验2000h后，网面样品上产生深棕色红锈的面积应不大于试样面积的5%。

5) 镀锌钢丝的耐久性试验参照以上方法进行，技术要求由供需双方协商确定。

6) 有机涂原材料经过氙弧灯（GB/T 16422.2）照射4000h或Ⅰ型荧光紫外灯按暴露方式1（GB/T 16422.3）照射2500h后，其延伸率和抗拉强度变化范围，应不大于初始值的25%。

(8) 配件。绑扎钢丝、水平加强丝的材质与力学性能指标应与网丝一致。

C 型钉由镀锌、镀锌铝合金镀层或不锈钢钢丝制成，钢丝直径为 3.0mm，最小镀层重量为 255g/m²。其中，镀锌铝合金镀层钢丝的最小抗拉强度为 1720MPa，不锈钢钢丝的最小抗拉强度为 1550MPa。C 型钉最小拉开拉力值不低于 2.0kN。

Ⅰ.15.5 常用产品定型规格

常用产品定型规格见附表Ⅰ.15-5～附表Ⅰ.15-14。

附表Ⅰ.15-5 高为 1m 的盖板与基础面板一体的网箱常用参考定型规格尺寸

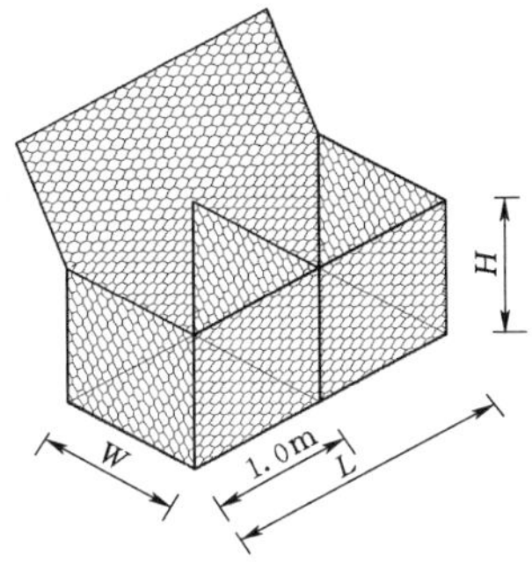

$L\times W\times H$/(m×m×m)	隔板数/个	参考容积/m³
1.5×1×1	—	1.5
2×1×1	1	2
3×1×1	2	3
4×1×1	3	4

附表Ⅰ.15-6 高为 0.5m 的盖板与基础面板一体的网箱常用参考定型规格尺寸

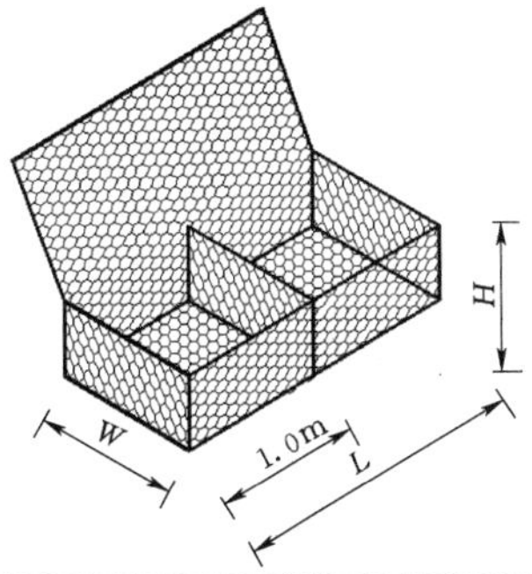

$L\times W\times H$/(m×m×m)	隔板数/个	参考容积/m³
2×1×0.5	1	1
3×1×0.5	2	1.5
4×1×0.5	3	2

附表Ⅰ.15-7 高为 1m 的独立盖板网箱常用定型规格尺寸

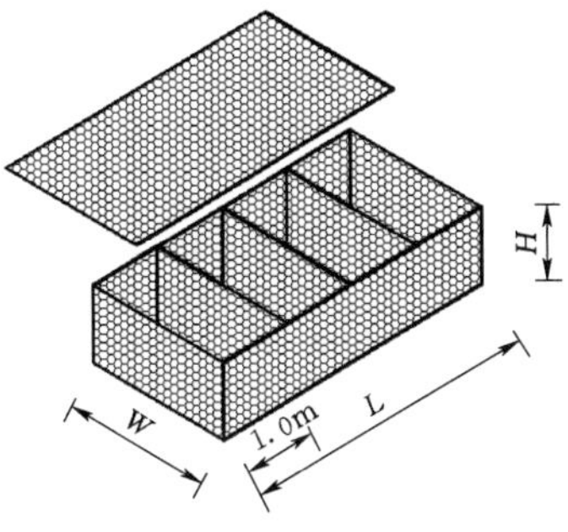

$L\times W\times H$/(m×m×m)	隔板数/个	参考容积/m³
3×2×1	2	6
4×2×1	3	8

附表Ⅰ.15-8 高为0.5m的独立盖板网箱常用定型规格尺寸

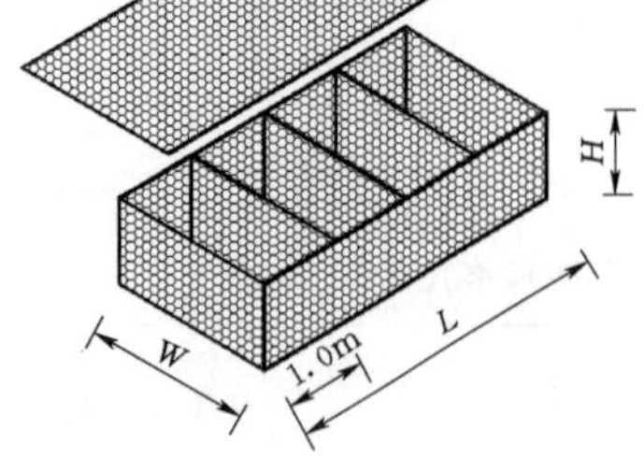

L×W×H/(m×m×m)	隔板数/个	参考容积/m³
3×2×0.5	2	3
4×2×0.5	3	4
5×2×0.5	4	5
6×2×0.5	5	6

附表Ⅰ.15-9 高为0.17m的网垫常用定型规格尺寸

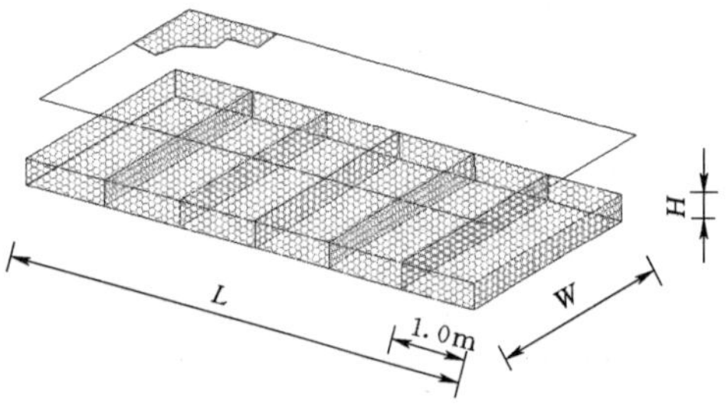

L×W×H/(m×m×m)	隔板数/个	参考容积/m³
3×3×0.17	2	1.53
4×3×0.17	3	2.04
5×3×0.17	4	2.55
6×3×0.17	5	3.06

附表Ⅰ.15-10 高为0.23m的网垫常用定型规格尺寸

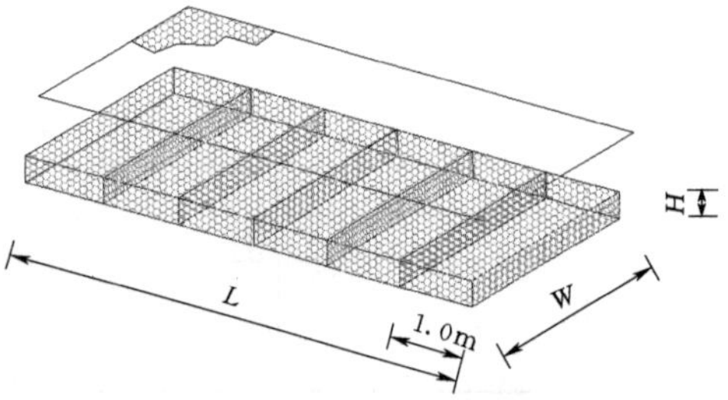

L×W×H/(m×m×m)	隔板数/个	参考容积/m³
3×3×0.23	2	2.07
4×3×0.23	3	2.76
5×3×0.23	4	3.45
6×3×0.23	5	4.14

附表Ⅰ.15-11 高为0.3m的网垫常用定型规格尺寸

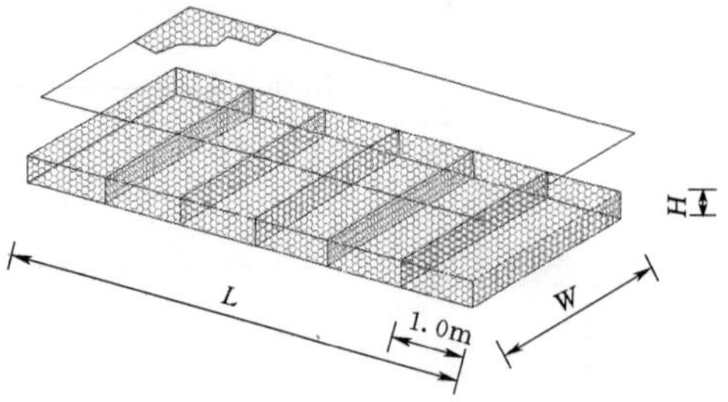

L×W×H/(m×m×m)	隔板数/个	参考容积/m³
3×3×0.3	2	2.7
4×3×0.3	3	3.6
5×3×0.3	4	4.5
6×3×0.3	5	5.4

附表Ⅰ.15－12　　网兜常用定型规格尺寸

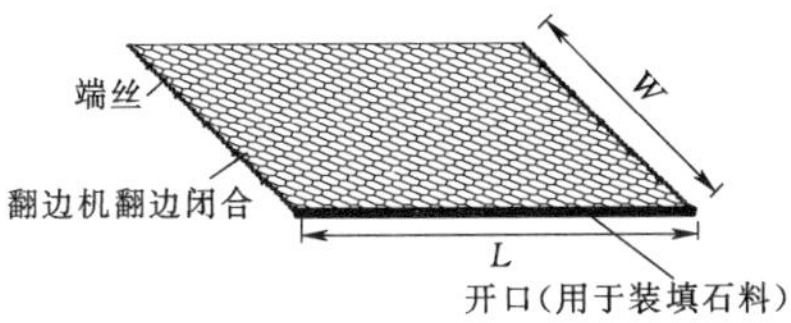

L/m	W/m	参考容积/m^3
2	1.5	1
3.5	2	3

附表Ⅰ.15－13　　垂直面墙加筋土单元常用定型规格尺寸

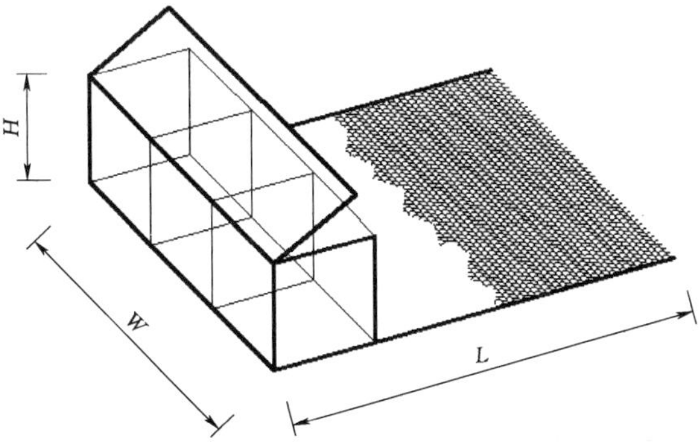

L/m	W/m	H/m
3	3	0.8，1.0
4	3	0.8，1.0
5	3	0.8，1.0
6	3	0.8，1.0

附表Ⅰ.15－14　　可绿化面墙加筋土单元常用定型规格尺寸

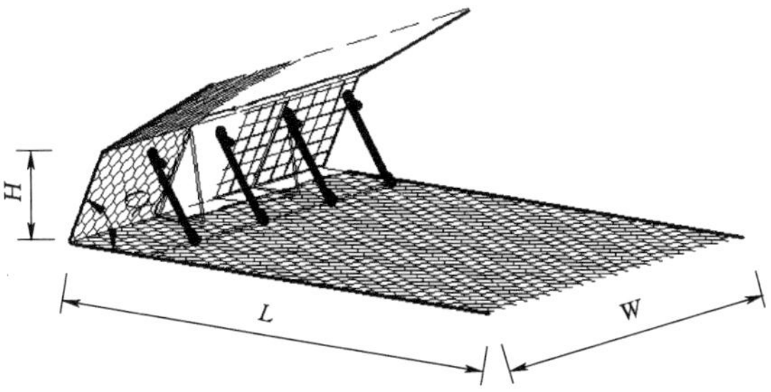

L/m	W/m	H/m	倾角 α/(°)
3	3	0.76	70
4	3	0.73	65
5	3		
6	3	0.58	45

Ⅰ.16　管　　袋

Ⅰ.16.1　概述

土工管袋是一种由高强机织土工织物制成的大型管袋及包裹体，其直径可根据需要变化，最大超过5m，长度可达数十米。通常用水力原理填充砂水混合物，用于取代砾石的海洋和水工结构。多用于海岸和航道的围堤工程。目前经过广大技术者的努力，已被应用到环境保护、农业领域，随着人们研究的深入，其应用领域会越来越广范。在工程中起着过滤、加筋、排水、隔离、脱水作用。

产品特点：高抗拉强度、独特高强缝制强度、高抗酸碱腐蚀性能（pH为2～13），专门用于填充后沉入海底，适用于较深的海域，水深范围从3m到15m。

Ⅰ.16.2 形式和分类

土工管袋按原料可分为聚丙烯长丝机织土工管袋、聚丙烯裂膜丝机织土工管袋。

土工管袋按结构可分为单层和双层两种形式，对于双层袋体来说一般外部采用高强度编织物，而内部采用渗透性高的编织物或非织造布。

土工管袋按用途可分为土工管袋、土工容器。

（1）土工管袋：由聚丙烯高强机织布制成的大型管袋，直径可超过5m，长度可达数十米。应用领域：沙滩防护、防波堤、防浪堤、围海造地、湿地再造、人工岛域、施工平台等。

（2）土工容器（土工包）：由聚丙烯高强机织布制成，可用于各种砂、土壤和矿渣废弃物的容纳和可控排水。灌满砂后，土工容器还可替代水利和海洋工程中的岩石填充物。应用领域：建造堤坝、修补决口、污染物处理、生态修复、纸浆和造纸业、淤泥脱水、污水处理厂污泥脱水、农业畜牧业污泥处理。

土工管袋采用的高韧高强机织布，其规格一般为标称断裂强度≥80kN/m；单位面积质量≥320g/m²。土工管袋工作原理：分为三步，第一步是充填，采用高强度且可渗透的土工织物制造成实际需要的袋体，然后充填泥浆进入袋体；第二步是排水，由于构成袋体的土工织物有细小孔洞，它可截留泥浆中的固体物，又可排出泥浆中的水分，这样可有效减少袋体中包容物的体积，袋体可重复进行充填，直到达到袋体材料容许高度，同时排出的水可回用；第三步是固结，在多次充填和排水后，袋体中留下来的细颗粒物体由于干燥作用会逐渐固结。

Ⅰ.16.3 产品的相关标准和著作

目前还无对口的产品标准，可参考Ⅰ.16.4节的技术指标要求。

Ⅰ.16.4 产品的技术指标

国内技术要求参考《土工合成材料　长丝机织土工布》(GB/T 17640—2008)标准，见附表Ⅰ.16-1。

附表Ⅰ.16-1　土工管袋用长丝机织土工布技术指标（GB/T 17640—2008)

项目			指标			
1	单位面积质量	g/m²	≤320	≤390	≤460	≤760
2	宽条拉伸强度（纵横向）	kN/m	≥80	≥90	≥120	≥200
3	断裂伸长率（纵横向）	%	≤35（经向），≤30（纬向）			
4	工厂缝合强度（纵横向）	kN/m	≥50	≥70	≥85	≥160
5	CBR顶破强力	kN	≥8.0	≥10.0	≥14.0	≥20.0
6	动态落锥破裂直径	mm	≥9	≥8	≥10	≥8
7	等效孔径 O_{90}	mm	0.2～0.6	0.2～0.6	0.2～0.6	0.2～0.6
8	渗透性 Q_{50}	L/(m²/s)	≥20	≥25	≥15	≥20
9	抗紫外线能力（500h光照后强度保持率）	%	≥90	≥90	≥90	≥90

Ⅰ.17 土 工 模 袋

Ⅰ.17.1 概述

土工模袋是由上下两层土工织物制成的大面积连续袋状土工材料，袋内充填混凝土或水泥砂浆，凝固后形成整体混凝土板，可用于河道护岸。模袋上下两层之间用一定长度的尼龙绳来保持其间隔，可以控制填充时的厚度。在现场用混凝土泵输入混凝土或砂浆，充填结束后收紧与封闭袋口，多余水量从织物孔隙中排走，可加快混凝土凝固速度。

Ⅰ.17.2 形式和分类

模袋按加工工艺的不同分为两类，机织模袋和简易模袋。前者是由工厂生产的定型产品，后者可用手工缝制而成。机织模袋按其有无排水点和充填后成型的形状分成四种，无反滤排水点模袋、有反滤排水点模袋、铰链块型膜袋、框格型膜袋。依次见附图Ⅰ.17－1。

附图Ⅰ.17－1　土工膜袋的四种不同形式

Ⅰ.17.3 产品的相关标准和著作

《土工合成材料　长丝机织土工布》(GB/T 17640—2008)。

《公路工程土工合成材料　土工模袋》(JT/T 515—2004)。

《土工合成材料工程应用 手册》(中国土工合成材料工程协会编写)。

Ⅰ.17.4 产品的技术指标

机织布国家标准 GB/T 17640—2008 的技术指标见附表Ⅰ.17－1。

附表Ⅰ.17-1 模袋布的技术指标（GB/T 17640—2008）

项目			指标/(kN/m)										
			35	50	65	80	100	120	140	160	180	200	250
1	经向断裂强度	kN/m	≥35	≥50	≥65	≥80	≥100	≥120	≥140	≥160	≥180	≥200	≥250
2	纬向断裂强度	kN/m	由协议规定，无特殊要求，则按经向断裂强度×0.7										
3	标准强度对应伸长率	%	≤35（经向），≤30（纬向）										
4	CBR 顶破强力	kN	≥2.0	≥4.0	≥6.0	≥8.0	≥10.5	≥13.0	≥15.5	≥18.0	≥20.5	≥23.0	≥28.0
5	等效孔径 O_{90}（O_{95}）	mm	0.05～0.50										
6	垂直渗透系数	cm/s	$k\times(10^{-2}\sim10^{-5})$，其中 $k=1.0\sim9.9$										
7	幅宽偏差	%	−1.0										
8	模袋冲灌厚度偏差	%	±8										
9	模袋长、宽度偏差	%	±2										
10	缝制强度	kN/m	≥标称断裂强度×0.5										
11	经纬向撕裂强力	kN	≥0.4	≥0.7	≥1.0	≥1.2	≥1.4	≥1.6	≥1.8	≥1.9	≥2.1	≥2.3	≥2.7
12	单位面积质量偏差	%	−5										

注 1. 规格按经向断裂强度，实际规格介于表中相邻规格之间时，按内插法计算相应考核指标；超出表中范围时，考核指标由供需双方协商确定。
2. 实际断裂强度低于标准强度时，标准强度对应伸长率不作符合性判定。
3. 第7项～第9项和第12项标准值按设计或协议。

交通部标准 JT/T 515—2004 模袋的技术指标见附表Ⅰ.17-2。

附表Ⅰ.17-2 土工模袋技术指标（JT/T 515—2004）

项目		单位	规格/(kN/m)								
			40	50	60	70	80	100	120	150	180
1	经纬向拉伸强度	kN/m	≥40	≥50	≥60	≥70	≥80	≥100	≥120	≥150	≥180
2	经纬向伸长率	%	≤30								
3	经纬向梯形撕裂强力	kN	≥0.9			≥1.0			≥1.1		
4	CBR 顶破强力	kN	≥5								
5	法向渗透系数	cm/s	$5\times10^{-2}\sim5\times10^{-4}$								
6	等效孔径 O_{95}	mm	0.07～0.25								

Ⅰ.18 加筋三维植被网

Ⅰ.18.1 概述

裸露的天然边坡、人工边坡，如山坡、河堤、公路铁路路堤边坡和水工堤坝边坡常受到风雨的侵蚀而导致水土流失，逐渐使坡面受到损害而破坏。为了解决此问题，常采用造价较高的砌石、混凝土板护面等刚性措施，这些措施不仅造价较高，而且形成的刚性裸露硬面层对环境破坏大，与周围环境不协调，对环保不利。实践经验告诉我们：当坡面水平或者比较平缓时，对于水流和风力等外在因素造成的水土流失现象，植被是很好的防护措施。但有时植被是不存在的，或者很难生长，例如刚施工完成的人工边坡、陡坡、岩质边坡，以及当水流对植被的牵引力大于植被的抵抗力时。加筋三维植被网以土工合成材料为基材，结合双绞合六边形金属网的高强度、高耐腐蚀性的优点，可以很好地解决这些问题。加筋三维植被网用于促进植被生长和加固表层土壤，典型的应用包括水利、高速公路、铁路、市政、建筑的边坡稳定工程和容易遭受侵蚀的任何坡体、垃圾填埋场封场等。

加筋三维植被网通过提供一个能促进植物在土工垫上生长的环境来增强土壤的抗侵蚀能力。防护早期土工垫是用于防护土坡避免受到风雨的侵袭，防止坡面土壤在植被生长之前被冲刷。之后当植被生长成熟时，其植物根部将土工垫固定于土壤之中，提供了一个极好的土壤加强力，使其能保护更陡的斜坡和控制更强的冲刷。在土壤覆盖层的应用中，土工复合物的加强结构在平滑的滑动面上提供了额外的结构功能，保障在长期的工作条件下达到平衡所需的力。加筋三维植被网的孔隙性结构能够消减雨水势能，防止对坡面造成冲刷。加筋三维植被网护坡作为一种开放性结构，坡后地下水能够自由排泄，避免了由于地下水压力的升高而引起的边坡失稳问题，同时还能抑制边坡遭受进一步的风化剥蚀。

Ⅰ.18.2　形式和分类

加筋三维植被网是以细的聚合物丝为原料，按一定方式缠绕而成的柔性垫，见附图Ⅰ.18-1，具有开敞式的三维空腔结构，孔隙率大于90%，同时通过专门的设备，将各种镀层如高尔凡（5%铝-锌合金＋稀土元素，满足EN10244-2，CLASS标准）、PVC塑料镀层等的双绞合六边形金属网复合到柔性垫中。加筋三维植被网具有两个方面的功能：一方面是给裸露的土体提供临时的防冲刷保护，帮助植被的生长；另一方面是给植被提供永久的加筋作用，提高其抗冲刷能力。

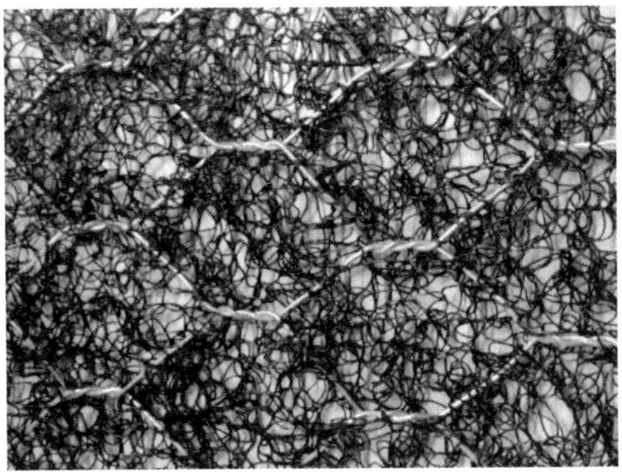

附图Ⅰ.18-1　加筋三维植被网

Ⅰ.18.3　产品的技术指标

产品技术指标见附表Ⅰ.18-1。

附表Ⅰ.18-1　　产品技术特征

加筋三维植被网型号		A	B	C	D
Ⅰ　聚合物指标					
聚合物材质		聚丙烯			
单位面积质量及公差（GB/T 13762）	g/m^2	450（±30）			
熔点（GB/T 1633）	℃	150			
密度（GB/T 1033）	kg/m^3	900			
抗UV性		稳定			

续表

加筋三维植被网型号		A	B	C	D
Ⅱ 加 筋 性 能					
加筋类型		镀高尔凡双绞合六边形钢丝网		镀高尔凡覆高耐磨有机涂层双绞合六边形钢丝网	
网孔型号（YB/T 4190）		M6	M8	M6	M8
钢丝直径（内径/外径）（YB/T 4190）	mm	2.2	2.7	2.2/3.2	2.7/3.7
覆塑层厚度（YB/T 4190）	mm	—		0.5	0.5
Ⅲ 力 学 性 能					
纵向拉伸强度（YB/T 4190）	kN/m	32	42	32	42
加筋麦克垫物理性能					
单位面积质量（GB/T 13762）	g/m²	1630（±163）	1850（±185）	1920（±192）	2130（±213）
空隙指数	%	>90			
厚度（2kPa）（GB/T 13761.1）	mm	16（±4）			
颜色		默认为黑色（绿色和棕色可供选择）			
卷长	m	25（0/+1%）			
卷宽	m	2（±5%）			
单卷面积	m²	50			

Ⅰ.19 防 汛 产 品

Ⅰ.19.1 概述

在抗洪抢险中用到的物品以及预防洪涝灾害所涉及的器材有很多，涉及土工合成材料的各类产品也有很多，这里所说防汛产品是指用土工合成材料制成的而且是特别专用的一些产品。

按上述规定选择，现有三个：防汛编织袋、防汛土工滤垫、防汛装配式围井。

Ⅰ.19.2 形式和分类

Ⅰ.19.2.1 防汛编织袋

防汛袋，现在实际使用中有防汛编织袋、防汛沙袋及遇水肿胀袋。

防汛编织袋是为防汛抢险专门制作的一种产品，其袋面间的摩擦系数大，袋布的透水性能好，抗顶破能力强。

防汛沙袋是以帆布材料或者麻布制作的防汛抢险产品，见附图Ⅰ.19-1，其袋面间的摩擦系数更好，质地更柔顺。

附图Ⅰ.19－1 防汛沙袋的两种不同扎口形式

遇水膨胀袋又称膨胀防洪袋、防汛麻袋、吸水膨胀袋，是一种储存方便，使用简单快捷的防水新产品，见附图Ⅰ.19－2，使用时方便简单，搬运方便。外皮由具有透水性能较好的麻袋做出，按不同用途做成不同规格形状的外层袋，内袋特制的吸水材料而构成。

每个袋仅300～800g，吸水后快速膨胀，体积扩大几十倍，重量迅速增至10～20kg，直径可达0.2～0.5m。适用于抢堵直径0.5m以下各种不规则形状漏洞。

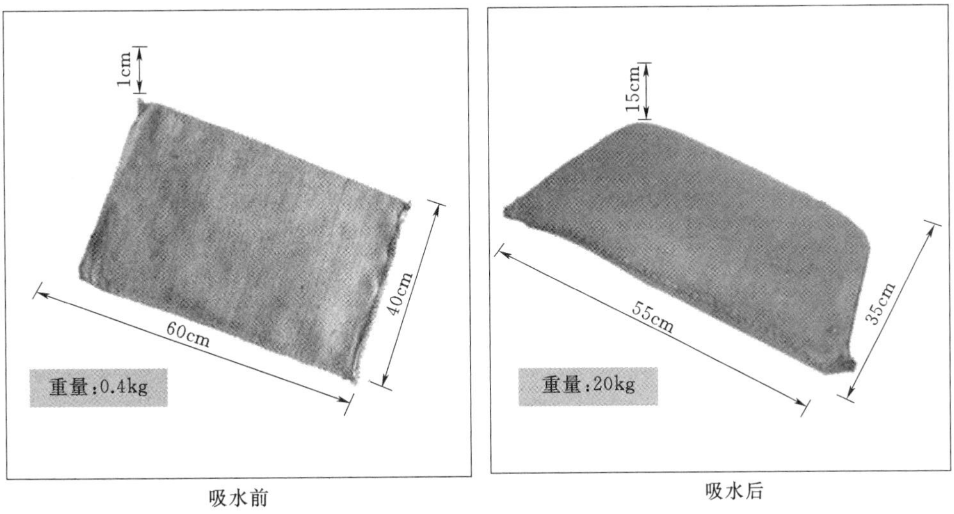

附图Ⅰ.19－2 遇水膨胀袋吸水前后变化

Ⅰ.19.2.2 防汛土工滤垫

防汛土工滤垫见附图Ⅰ.19－3，主要用于抢护堤坝管涌破坏险情，既可抢护单个管涌，也可抢护管涌群。实际抢险应用效果良好。

Ⅰ.19.2.3 防汛装配式围井

防汛装配式围井主要用于抢护堤坝管涌破坏险情，由单元围板组合而成，见附图

Ⅰ.19-4，既可抢护单个管涌，也可抢护管涌群，抢险效果良好。

附图Ⅰ.19-3 防汛土工滤垫

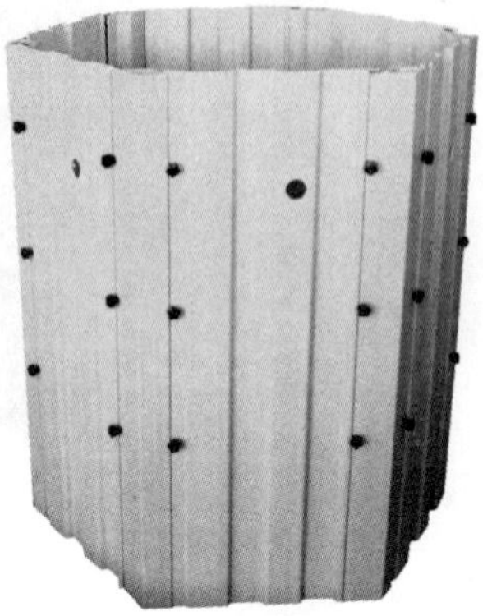

附图Ⅰ.19-4 防汛装配式围井

Ⅰ.19.3 防汛产品的相关标准

《防汛储备物资验收标准》(SL 297—2004)。

Ⅰ.19.4 防汛产品的技术指标

防汛产品技术指标见附表Ⅰ.19-1～附表Ⅰ.19-10。

附表Ⅰ.19-1 防汛编织袋产品常用规格（SL 297—2004）

项目		普通型		防老化型	
单袋质量	g	100	80	100	80
尺寸（长度×宽度）	cm	95×55	85×50	95×55	85×50
经纬密度	根/10cm	40×40～48×48		40×40～48×48	
色泽		白色（原色）		Ⅰ型（蓝色）；Ⅱ型（黑色）	

附表Ⅰ.19-2 防汛编织袋外观质量及允许偏差（SL 297—2004）

项目			要求
外观质量	跳丝		同处跳舞丝长度小于2cm
	断丝		同处经纬丝断缺之和少于3根
	缝合		不允许出现脱针、断线、卷折处未缝住
	色泽		明亮、不混杂
允许偏差	尺寸	cm	±1.0
	经纬密度	根/10cm	-2
	单袋质量	g	-3

附表Ⅰ.19-3　　防汛编织袋产品技术指标（SL 297—2004）

项目				技术要求
1	经向断裂强度		kN/m	≥18
2	纬向断裂强度		kN/m	≥16
3	经纬向断裂伸长率		%	≥15
4	缝向断裂强度		kN/m	≥7
5	等效孔径 O_{95}		mm	0.1～0.5
6	摩擦系数			≥0.3
7	CBR 顶破强力		kN	≥1.2
8	垂直渗透系数		cm/s	10^{-3}～10^{-2}
9	老化性能强度保持率	Ⅰ型（照射时间 96h）	%	≥80
		Ⅱ型（照射时间 200h）	%	≥75

附表Ⅰ.19-4　　防汛土工滤垫主要规格

规格型号		颜色	滤垫尺寸/m	有效孔径/mm	渗透系数/(cm/s)
1	NH-GF01（中砂）	绿色	1.4×1.4	0.25～0.35	$k>100$
2	NH-6F02（细砂）	黑色	1.4×1.4	0.15～0.28	$k>10^{-1}$
3	NH-GF03（粉砂）	黄色	1.4×1.4	0.07～0.15	$k>10^{-2}$

附表Ⅰ.19-5　　防汛土工滤垫外观质量和尺寸指标

项目				技术指标	允许偏差
1	复合固定点			16只（M10×35）	
2	席垫丝条			连续不断裂，丝条内无气泡，相互粘接牢固	
3	特制滤层	搭接宽度	cm	20	±1.0
4		厚度	mm	5	−0.5
5		单位面积质量	g/m²	300	−18
6	土工席垫	厚度	mm	10	±0.5
7		单位面积质量	g/m²	1400	−50

附表Ⅰ.19-6　　防汛土工滤垫物理力学指标

项目				指标	
1	特制滤层	垂直渗透系数	cm/s	细砂	$\geq 10^{-1}$
		孔径 O_{95}	mm	细砂	0.15～0.28
2	土工席垫	抗压强度	kPa	≥100	
		孔隙率	%	60～90	
		渗透系数	cm/s	≥10	

附表Ⅰ.19-7 防汛装配式围井主要规格

规格型号		尺寸（宽×高）/(mm)	单元围板重量/kg
1	WJ-01	1.0×1.0	16.0
2	WJ-02	1.0×1.2	17.5
3	HKJ-03	1.0×1.5	19.5

附表Ⅰ.19-8 防汛装配式围井之连接钢管规格

项目			指标
1	内径	mm	15
2	外径	mm	20.5
3	壁厚	mm	2.75
4	理论重量	kg/m	1.26

注 壁厚允许偏差+10%，-5%。

附表Ⅰ.19-9 防汛装配式围井外观质量和尺寸指标

项目				要求
1	外观质量	PVC 硬板		表面光滑、平直，不得有可见气泡和裂纹
2		角钢框架和连接钢管		喷漆应完整光洁，不得有裂纹、毛刺
3	允许偏差	围板尺寸	cm	±1.0
4		PVC 硬板尺寸（宽×高）	cm	±1.0

附表Ⅰ.19-10 防汛装配式围井之塑料硬板物理力学指标

项目			性能指标	允许偏差
1	密度	g/cm^3	≤1.5	—
2	厚度	mm	4.0	-0.2
3	拉伸强度	MPa	40	-2.0

Ⅰ.20 聚苯乙烯板块

Ⅰ.20.1 概述

聚苯乙烯板块，又称 EPS，是以聚苯乙烯聚合物为原料，加入发泡剂在生产过程中产生大量气泡制成的一种具有闭孔结构的硬质泡沫塑料。

EPS 的密度极小，即材质极轻，作为工程中使用的 EPS 表观密度一般在 15～30kg/m^3。它是由成形阶段聚苯乙烯颗粒的膨胀倍数决定，目前在道路工程中用作轻质填料的 EPS 密度为 20kg/m^3，为普通道路填料的 1%～2%。密度是 EPS 的一个重要指标，其各项力学性能几乎都与它的密度成正比关系。

EPS 的封闭空腔结构决定了其具有良好的隔热性，它用于保温材料最大的特点是其热传导率极低。

EPS 的空腔结构使水的渗入极其缓慢。保证了其吸水率很低。

EPS在水中和土壤中化学性质稳定，不会被微生物分解。

由于EPS质轻，可用它代替土料，填筑桥端的引堤，解决桥头跳车问题；如用它代替土料，对填筑的路基压力减轻，可减少沉降，防止或减少路基失稳。

由于EPS导热系数低，在寒冷地区，可用该材料板块防止结构物冻害。

Ⅰ.20.2 形式和分类

EPS材料见附图Ⅰ.20-1，按作用可分为建筑材料、保温材料和岩土工程材料三大类。

EPS的主要特点为：①质量极轻，可用于岩土工程中减载充填和运输设备中包装衬垫用；②保温性好，可用于各种建筑施工保温。

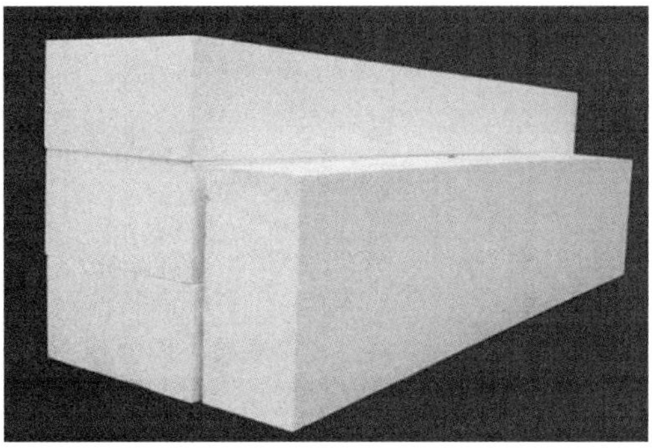

附图Ⅰ.20-1 EPS材料

Ⅰ.20.3 产品的相关标准

《通用软质聚醚型聚氨酯泡沫塑料》(GB/T 10802—2006)。

《绝热用模塑聚苯乙烯泡沫塑料》(GB/T 10801.1—2002)。

《绝热用挤塑聚苯乙烯泡沫塑料(XPS)》(GB/T 10801.2—2002)。

《公路工程土工合成材料 轻型硬质泡沫材料》(JT/T 666—2006)。

Ⅰ.20.4 产品的技术指标

产品技术指标见附表Ⅰ.20-1～附表Ⅰ.20-8。

附表Ⅰ.20-1 EPS产品的物理力学指标(GB/T 10802—2006)

项目		等级							
		245N	196N	151N	120N	93N	67N	40N	22N
25%压陷硬度	N	245±18	196±18	151±14	120±14	93±12	67±12	40±8	22±8
60%/25%压陷比		≥1.8							
75%压缩永久变形	%	≤8							
回弹率	%	≥35							
拉伸强度	kPa	≥100			≥90		≥80		
伸长率	%	≥100			≥130		≥150		
撕裂强度	N/cm	≥1.8			≥2.0		≥2.5		

附表Ⅰ.20-2 EPS产品的密度范围(GB/T 10801.1—2002)

类别		Ⅰ	Ⅱ	Ⅲ	Ⅳ	Ⅴ	Ⅵ
密度范围 d	kg/m³	15≤d<20	20≤d<30	30≤d<40	40≤d<50	50≤d<60	≥60

附表Ⅰ.20-3 EPS产品的规格尺寸和允许偏差（GB/T 10801.1—2002） 单位：mm

长度、宽度尺寸	允许偏差	厚度尺寸	允许偏差	对角线尺寸	对角线差
＜1000	±5	＜50	±2	＜1000	5
1000～2000	±8	50～75	±3	1000～2000	7
2000～4000	±10	75～100	±4	2000～4000	13
＞4000	正偏差不限，－10	＞100	供需双方决定	＞4000	15

附表Ⅰ.20-4 EPS产品的物理力学指标（GB/T 10801.1—2002）

项目			性能指标					
			Ⅰ	Ⅱ	Ⅲ	Ⅳ	Ⅴ	Ⅵ
静观密度		kg/m^3	≥15.0	≥20.0	≥30.0	≥40.0	≥50.0	≥60.0
压缩强度		kPa	≥60	≥100	≥150	≥200	≥300	≥400
导热系数		W/(m·K)	≤0.041		≤0.039			
尺寸稳定性		%	≤4	≤3	≤3	≤2	≤2	≤1
水蒸气透过系数		ng/(cm·s·Pa)	≤6	≤4.5	≤4.5	≤4	≤3	≤2
吸水率（体积分数）		%	≤6	≤4	≤2			
熔结性	断裂弯曲负荷	N	≥15	≥25	≥35	≥60	≥90	≥120
	弯曲变形	mm	≥20			—		
燃烧性	氧指数	%	≥30					
	燃烧分组	达到 B_2 级						

注 1. 断裂弯曲负荷或弯曲变形额个项符合指标要求即为合格。
2. 普通型聚苯乙烯泡沫塑料板材不要求。

附表Ⅰ.20-5 EPS产品的物理力学指标（GB/T 10801.2—2002）

项目		带表皮								不带表皮	
		X150	X200	X250	X300	X350	X400	X450	X500	X200	X300
压缩强度	kPa	≥150	≥200	≥250	≥300	≥350	≥400	≥450	≥500	≥200	≥300
吸水率（浸水96h）	%	≤1.5		≤1.0						≤2.0	≤1.5
导热系数（10℃/25℃）	W/(m·K)	≤0.028/0.030					≤0.027/0.029			≤0.033/0.035	≤0.030/0.032
尺寸稳定性（70℃±2℃，48h）	%	≤2.0		≤1.5			≤1.0			≤2.0	≤1.5

附表Ⅰ.20-6 EPS产品的规格系列（JT/T 666—2006）

类型	产品规格								
工厂发泡的泡沫板	SG0.1	SG0.15	SG0.2	SG0.25	SG0.5	SG1.0	SG1.5	SG2.0	SG3.0
现场发泡的泡沫板	SX0.1	SX0.15	SX0.2	SX0.25	SX0.5	SX1.0	SX1.5	SX2.0	SX3.0

附表Ⅰ.20-7 EPS产品的规格尺寸允差(JT/T 666—2006)

序号	项目		允许值	序号	项目		允许值
1	单位面积质量相对偏差	%	±2	4	工厂生产的泡沫板长度	m	≥1.5
2	厚度相对偏差	%	±5	5	对角线偏差	%	≤0.2
3	幅宽相对偏差	%	±3				

附表Ⅰ.20-8 EPS产品的技术指标(JT/T 666—2006)

项目		规格								
		SG0.1	SG0.15	SG0.2	SG0.25	SG0.5	SG1.0	SG1.5	SG2.0	SG3.0
		SX0.1	SX0.15	SX0.2	SX0.25	SX0.5	SX1.0	SX1.5	SX2.0	SX3.0
压应变10%时的耐压力	MPa	≥0.1	≥0.15	≥0.2	≥0.25	≥0.5	≥1.0	≥1.5	≥2.0	≥3.0
尺寸稳定性(-60~+90℃环境下)	%	≤±1								
吸水率(24h)	%	≤5								

Ⅰ.21 防风固沙产品

Ⅰ.21.1 概述

西部风沙地区道路沿线的防风固沙工程中有着实际用途。可应用于沙漠、戈壁、绿洲边缘等地区的公路、铁路、市政、封沙育林工程等项目中。

Ⅰ.21.2 形式和分类

防风固沙的产品很多,这里只介绍与合成材料相关产品。

一是阻沙沙障,二是固沙土工格室。

(1)阻沙沙障。由精密开孔网板、镀锌方管、镀锌钢板夹片、螺栓等固定、锚固连接扣件形成的一种高立式沙障,见附图Ⅰ.21-1。

附图Ⅰ.21-1 高分子板式阻沙沙障

通过1.5m高HDPE板高立式沙障的孔隙度降低风沙流的流动速度，通过高立式沙障的风阻作用，沙障后的涡旋气流将受到限制，降低沙粒的穿越能力，实现戈壁风沙流地区铁路路基平面防护有效的前沿阻沙功能。

产品特点：标准化材料、标准化配件、规范化施工、方便快捷、性价比高。

应用范围：西部风沙地区铁路沿线的前沿阻沙带。也可应用于沙漠、戈壁、绿洲边缘等地区的公路、铁路、市政、封沙育林工程等项目中。

配套组合功能：高分子板式阻沙沙障与组装式多周期固沙土工格配套使用，集减风、阻沙、固沙功能与一体，不仅可以有效减轻风沙流速，稳定地面沙粒，防止沙丘流动，起到减风防沙固沙作用，还可增添工程沿线靓丽风景。

技术指标：暂无相关的产品标准。工程设计指标为：产品使用寿命不少于15年，经历15年紫外线、温度交替、pH=10碱性环境后，其强度损失率不大于30%。

（2）固沙土工格室。一种三维立体结构的HDPE板固沙土工格室。现场采用镀锌钢管、镀锌钢板夹片、螺栓等固定、锚固连接扣件形成的一种集沙装置，见附图Ⅰ.21-2。

附图Ⅰ.21-2 组装式多周期固沙土工格室

结构原理：在1.5m高HDPE板高立式沙障（前沿阻沙带）降低风沙流的流动速度，实现戈壁风沙流地区铁路路基平面防护有效的前沿阻沙功能的基础上，利用三维立体结构的HDPE板固沙土工格格室空腔实现戈壁风沙流地区铁路路基平面防护有效的集沙功能。

产品特点：

1）运输方便，伸缩自如，1.0m×1.0m正方形，高度0.3m，每10m×10m为一个单元，施工效率提高10倍。

2）使用寿命长，可拆卸重复使用，是防沙治沙工程最简便的固沙装置；还可以和植物绿化固沙结合使用。

3）刚性立体三维结构具有限制侧向位移功能，固沙效果好。

应用范围：广泛应用于铁路、公路、市政、封沙育林等风沙防治工程中的集沙带。

配套组合功能：高分子板式阻沙沙障与组装式多周期固沙土工格配套使用，集减风、阻沙、固沙功能与一体，不仅可以有效减轻风沙流速，稳定地面沙粒，防止沙丘流动，起到减风防沙固沙作用，还可增添工程沿线靓丽风景，见附图Ⅰ.21-3。

附图Ⅰ.21-3 阻沙沙障和固沙土工格室在库格铁路试验段的应用

工程设计指标为：产品使用寿命不少于15年，经历15年紫外线、温度交替、pH=10碱性环境后，其强度损失率不大于30%。

Ⅰ.21.3 产品的相关标准

《铁路工程土工合成材料 第9部分：防沙材料》(Q/CR 549.9—2016)（该标准只针对HDPE平织防沙网、HDPE经编防沙网产品）。

《土工合成材料 塑料土工格室》(GB/T 19274—2003)。

塑料土工格室技术指标见附表Ⅰ.21-1～附表Ⅰ.21-3。

附表Ⅰ.21-1 塑料土工格室用材料基本性能要求 (GB/T 19274—2003)

项目			聚丙烯（PP）材料	聚乙烯（PE）材料
1	环境应力开裂 F_{50}	h	—	≥800
2	低温脆化温度	℃	≤−23	≤−50
3	维卡软化温度	℃	≥142	≥112
4	氧化诱导时间	min	≥20	≥20

附表Ⅰ.21-2 塑料土工格室尺寸偏差 (GB/T 19274—2003)

序号	格室高 H/mm		格室片厚 T/mm	焊接距离 A/mm	
	标称值	偏差	标称值	标称值	偏差
1	H≤100	±1	≥1.1	330≤A<800	±15
2	100<H≤200	±2			

附表Ⅰ.21-3 塑料土工格室技术指标 (GB/T 19274—2003)

项目				PP材质	PE材质
1	外观			格室片应平整、无气泡、无沟痕	
2	格室片的拉伸屈服强度		MPa	≥23.0	≥20.0
3	焊接处的抗拉强度		N/cm	≥100	≥100
4	格室组间连接处抗拉强度	格室片边缘	N/cm	≥200	≥200
5		格室片中间	N/cm	≥120	≥120

附录Ⅱ 有关排水反滤的研究成果

各章编写人员及单位

章节	编 写 人	编写人单位
Ⅱ.1	庄艳峰 邹维列	武汉大学
Ⅱ.2	唐 琳	哈尔滨工业大学（威海）

Ⅱ.1 EKG材料及电渗排水固结（研究成果）

Ⅱ.1.1 概述

对于含水率高、水力渗透性低的黏土、淤泥等细粒土的排水固结，常用的方法是真空预压和堆载预压。这两种方法以及淤泥脱水中常用的机械压滤法，都是在水力梯度作用下排水。但对于水力渗透性很小的黏土、淤泥，依靠水力梯度进行排水固结是很困难的。对于此类含水率高、水力渗透性低的细粒土，电渗法则可以高效快速地排水。

电渗排水固结是在直流电场的作用下，土体中的水分从阳极向阴极移动，并从阴极排出土体。电渗法的发现已有200多年的历史，因其“电渗系数与土颗粒粒径无关”的特点，尤其适用于黏土、淤泥的排水固结。但长期以来，电渗法却未能在实际工程中得到广泛应用，其中金属电极腐蚀和电渗能耗过高是阻碍电渗法应用的两个主要原因。

Ⅱ.1.1.1 EKG电极

为了解决电极腐蚀问题，英国Newcastle大学的C. J. F. P. Jones教授等于1996年提出了EKG（Eelectro - kinetic Geosynthetics）的概念，其字面意思是“电动土工合成材料”。EKG材料是一类能够导电的土工合成材料，它将电渗技术和传统土工合成材料的功能结合起来，为电渗法提供耐腐蚀且具有良好排水排气通道的电极。Newcastle大学也将这种新型的土工合成材料称为“活性土工合成材料”（Active Geosynthetics）。

从1996年以后的很长一段时间里，世界上却没有EKG的商业化产品问世，仅停留在概念性产品的层面。但近年来取得了根本性的进展，目前我国研制的EKG材料已成为性能良好的电渗电极，并已实现了工厂化量产，为电渗法在实际工程中的推广应用提供了现实性。

Ⅱ.1.1.2 电渗固结理论

1968年Esrig提出电渗固结理论，但其后电渗固结理论一直没有根本性的进展。

Esrig理论认为，电势梯度引起的水流和水力梯度引起的反向水流相互叠加，当二者达到平衡时，电渗排水停止。Esrig理论虽然被广泛接受，但却具有明显的局限性：

（1）Esrig理论无法解释一些已实验中观察到的电渗现象。例如，根据Esrig理论，当电极反向的时候，在反向之前建立起来的水力梯度将和电场同向，从而显著提高电渗效果。然而实验研究表明，实际上电极反向的效果是有限的：若是在电渗后期进行电极反向，电流并无明显提高；若在电渗前期就进行电极反向，尽管电流会有所提高，但是下降很快，且下降到比正向通电时更低的水平。

为此，为了能在Esrig理论框架内解释实验观测到的电渗现象，不少学者考虑各种电渗影响参数的非线性。然而由于所引入的非线性关系往往基于试验数据的拟合结果，并不能普遍适用，因此所提出的电渗固结理论的并不具备普适性，难以指导工程实践。

（2）Esrig理论缺乏对电渗固结中电学参数变化的描述，因而无法用于估算电渗电流、确定电源功率。因此，长期以来没有令人满意的电渗排水固结设计方法。

目前电渗固结理论有了新的进展。以下介绍庄艳峰的“电渗能级梯度理论”及依据该理论所提出的电渗设计方法。

Ⅱ.1.2 EKG材料与型式

为了从根本上解决电极腐蚀问题，EKG材料可由导电塑料制成。EKG材料应该具有足够的导电性，以保证不会有太多的电能被消耗在电极上并能够将电流分配到地基土体的深部。

Ⅱ.1.2.1 EKG材料

1. EKG材料的导电性

理想情况下，希望EKG材料的电阻为零，但是这是不可能的。EKG材料的导电性也没有金属材料那么好。EKG材料的优点是不会被腐蚀，不会像金属材料那样因为腐蚀而断开，或者因为附着氧化层而降低导电性。提高EKG材料导电性的困难在于成本和材料力学性能之间的矛盾。导电性越好的材料，价格越高。但导电性好的材料，也容易发脆，并且在模具中难以成型。

在EKG材料电阻不能忽略的情况下，消耗在电极上的能量是一种损耗。这样电渗的电能效率可以写为

$$\eta=\frac{1}{1+\frac{\pi l^{2}}{2D\delta}\frac{\rho_{电极}}{\rho_{土体}}} \qquad (附Ⅱ.1-1)$$

式中：η为电能效率，%；$\rho_{电极}$为电极电阻率，Ω·m；$\rho_{土体}$为土体电阻率，Ω·m；l为电极长度，m；δ为电极厚度，m；D为阴阳极的间距，m。

考虑一个常见的软黏土地基的排水固结。通常排水板的间距为1m左右，处理深度取10～20m，电极厚度约2mm，土体电阻率依含水率、干密度、化学成分的不同，可在10^{1}～10^{2}Ω·m数量级之间，则EKG材料的电阻率应不超过10^{-3}Ω·m，方能保证电能效率不低于80%。

上述EKG材料电阻率不超过10^{-3}Ω·m的要求，是早期的理论分析结果。但当时尚无能够满足此要求的导电塑料问世。近年来已有满足此电阻率要求的EKG产品。经过大

量的室内和现场试验，结果都表明 $10^{-3}\Omega \cdot m$ 是 EKG 材料导电性应该满足的最低要求。导电性能达不到 $10^{-3}\Omega \cdot m$ 的电极材料，难以达到理想的电渗排水固结效果。

2. EKG 材料的耐久性

EKG 材料中含有碳元素，这是使聚合物能够导电的主要元素。许多学者认为在电渗过程中，EKG 材料中的碳元素迁移到土体中，导致 EKG 电极的导电性下降。这种现象被称为“导电塑料的腐蚀”。

试验表明，对于湖相淤泥的电渗排水固结，在 1～3 个月时间内，电渗之后的 EKG 电阻率略有增大，但没有数量级上的变化；对于海相淤泥，由于含盐量高，电流很大，会造成 EKG 电极的损坏和失效。

由于电渗排水固结的处理周期通常都在 3 个月以内，因此要求 EKG 材料的耐久性至少应为 3 个月。即在 3 个月时间内，EKG 材料电阻率没有数量级上的变化。

Ⅱ.1.2.2 EKG 材料的型式

目前定型的 EKG 材料主要有两种：板状（E－board）和管状（E－tube）。

（1）板状。板状 EKG 材料如附图Ⅱ.1－1 所示。板状与普通排水板型式一样，只是它是由导电塑料制成的。板状的基板宽度为 100mm、厚度为 0.8mm，两面均匀设有若干平行的排水凹槽，排水凹槽宽度为 3mm，凹槽壁厚 0.8mm。板内埋设两根铜丝，铜丝直径为 1mm，铜丝所在位置上、下表面均有一个宽 6mm、厚 2.5mm 的弧面凸起。

附图Ⅱ.1－1 板状 EKG 材料

（2）管状。管状 EKG 材料如附图Ⅱ.1－2 所示。管状与板状一样，也是由导电塑料制成。导电管外径为 30～40mm，内径为 15～20mm，导电管内外壁上各沿圆周均匀间隔设置 6 个轴向导水槽，导水槽宽度 3～5mm。导电管壁内设有 2 根直径 1mm 的铜丝，对称分布于导电管壁内并轴向贯穿整个导电管。导电管壁上在开槽处设置排水孔，排水孔孔

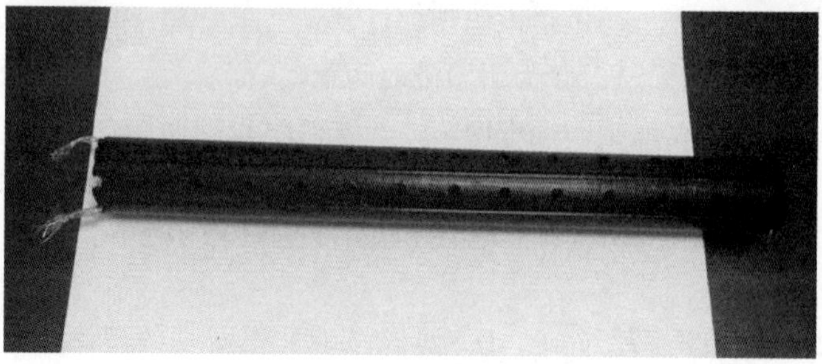

附图Ⅱ.1－2 管状 EKG 材料

径3～5mm，轴向间距10～20mm。

Ⅱ.1.3 电渗的能级梯度理论

能量守恒是自然界的基本原则之一，许多问题从能量的角度来看都是统一的。这个思想同样可以应用到土体固结问题中来，即将土体的固结排水过程看作是一个能量消耗和吸收的过程。工程中常用的几种固结排水方法实际上只是能量提供的方式不同而已：预压排水的能量由堆载的重力场提供；真空排水的能量由真空泵提供；电渗排水的能量则来自于外加电场。

电渗的能级梯度理论正是从能量的角度建立电渗排水固结方程。

Ⅱ.1.3.1 土体的能级密度

如附图Ⅱ.1-3所示，考虑单位体积的土体在两种不同加荷过程中所消耗的能量：①先施加 p_1，稳定之后再施加 p_2；②直接施加 p_2。这两种情况消耗的能量是不同的：第一种情况消耗的能量可以用两个矩形面积 e_0e_1CA 和 e_1e_2DE之和来表示；第二种情况消耗的能量可以用矩形面积 e_0e_2DB来表示。这说明不同的加荷过程所消耗的能量是不同的，其中最节省能量的路径是沿着 $e-\log p$ 曲线逐渐增大压力。这也说明为了使土体有效应力达到 p_2，至少需要 $e-\log p$ 曲线所包围的那部分面积的能量，低于这个能量值就无法使土体有效应力达到 p_2。

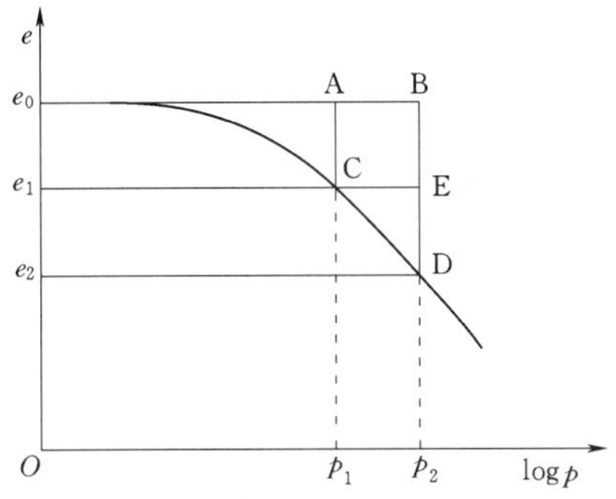

附图Ⅱ.1-3 使土体达到不同有效应力值的能耗示意图

因此，土体能级密度定义为：从有效应力为零的状态开始，使单位体积的土体达到某一有效应力值所需要施加的最小能量即为与该有效应力值相对应的土体能级密度，记为 E_s。

Ⅱ.1.3.2 能级梯度理论的基本方程

黏土在排水固结过程中，排水流速和土体能级密度之间符合如下方程：

$$\nabla\vec{q}=k_E\frac{\partial E_s}{\partial t} \tag{附Ⅱ.1-2}$$

式中：$\vec{q}$ 为排水流速矢量，m/s；E_s 为土体的能级密度，J/m^3；t 为时间，s；k_E 为能量系数，Pa^{-1}；∇为哈密顿算子。

只有当外加能量场的能级密度大于土体当前的能级密度时才能产生进一步的排水固结作用，排水流速符合如下方程：

$$\vec{q}=k_{qx}\frac{\partial(E_f-E_s)}{\partial x}\vec{i}+k_{qy}\frac{\partial(E_f-E_s)}{\partial y}\vec{j}+k_{qz}\frac{\partial(E_f-E_s)}{\partial z}\vec{k} \tag{附Ⅱ.1-3}$$

式中：E_f 为外加能量场的能级密度，J/m^3；k_{qx}、k_{qy}、k_{qz} 分别为 x、y、z 方向的流量系数，m^2/(Pa·s)；$\vec{i}$、$\vec{j}$、$\vec{k}$ 分别为 x、y、z 方向的单位向量。

外加电场是土体电渗固结的驱动力，电场的能级梯度沿3个正交坐标轴方向可分别表达为

$$\frac{\partial E_f}{\partial z}=\frac{k_{ez}}{k_{qz}}\frac{\partial \varphi}{\partial z} \tag{附Ⅱ.1-4}$$

$$\frac{\partial E_f}{\partial x}=\frac{k_{ex}}{k_{qx}}\frac{\partial \varphi}{\partial x} \tag{附Ⅱ.1-5}$$

$$\frac{\partial E_f}{\partial y}=\frac{k_{ey}}{k_{qy}}\frac{\partial \varphi}{\partial y} \tag{附Ⅱ.1-6}$$

式中：φ 为电势，V；k_{ex}、k_{ey}、k_{ez}分别为 x、y、z 方向的电渗系数，$m^2/(V \cdot s)$。

土体电导率与含水率的关系可表达为

$$G=f_G(w) \tag{附Ⅱ.1-7}$$

式中：G 为土体电导率，w 为土体含水率，$f_G(w)$ 是以 w 为自变量的函数，需要通过试验确定。

电流与电场的关系可表达为

$$\vec{j}=G \cdot \nabla \varphi \tag{附Ⅱ.1-8}$$

式中：$\vec{j}$ 为电流面密度矢量。

能级梯度理论的特点是通过能级密度来描述土体的电渗过程，但实际工程中真正关心的是含水率的变化，而且外加电场的分布情况也与土体含水率的分布情况密切相关，含水率和土体能级密度之间的关系可以表达为

$$\begin{aligned} w &= w_0-\frac{\gamma_w}{\gamma_{ds}}\int_0^t k_E \frac{\partial E_s}{\partial t}\mathrm{d}t \\ &= w_0-\frac{\gamma_w}{\gamma_{ds}}\int_{E_{s0}}^{E_{st}} k_E \mathrm{d}E_s \end{aligned} \tag{附Ⅱ.1-9}$$

式中：γ_w 为水的容重；γ_{ds}为干土的容重；w_0 为土体初始含水率。

综上，电渗能级梯度理论的基本方程如下：

$$\begin{cases} \nabla \vec{q}=k_E \dfrac{\partial E_s}{\partial t} \\ \vec{q}=k_{qx} \dfrac{\partial (E_f-E_s)}{\partial x}\vec{i}+k_{qy} \dfrac{\partial (E_f-E_s)}{\partial y}\vec{j}+k_{qz} \dfrac{\partial (E_f-E_s)}{\partial z}\vec{k} \\ \nabla E_f=\dfrac{k_{ex}}{k_{qx}} \dfrac{\partial \varphi}{\partial x}\vec{i}+\dfrac{k_{ey}}{k_{qy}} \dfrac{\partial \varphi}{\partial y}\vec{j}+\dfrac{k_{ez}}{k_{qz}} \dfrac{\partial \varphi}{\partial z}\vec{k} \\ G=f_G(w) \\ \vec{j}=G \cdot \nabla \varphi \\ w=w_0-\dfrac{\gamma_w}{\gamma_{ds}}\displaystyle\int_{E_{s0}}^{E_{st}} k_E \mathrm{d}E_s \end{cases} \tag{附Ⅱ.1-10}$$

Ⅱ.1.3.3 能级梯度理论的简化形式

土体能级密度可看做是一种广义的应力，量纲也是应力的量纲。最初土体能级密度是根据 $e-\log p$ 曲线定义的，但对于电渗排水固结，有另外一种简化的形式。

电渗电流可以表达为时间的负指数函数：

$$I=(I_0-I_\infty)\mathrm{e}^{-at}+I_\infty \tag{附Ⅱ.1-11}$$

式中：I 为电渗电流，A；I_0 为初始电流，A；I_∞ 为最终电流，A；t 为时间，s；a 为时间因子，s^{-1}。

土体能级密度可以表达为

$$E_s(t)=\frac{U(I_0-I_\infty)}{aV}(1-e^{-at}) \tag{附Ⅱ.1-12}$$

式中：$E_s(t)$ 为 t 时刻土体的能级密度，kPa；V 为土体体积，m^3；U 为电压，V。

则电渗排水流速（m/s）可用下式计算：

$$q=\frac{k_qU}{a\Delta x^2}\frac{(I_0-I_\infty)}{A}e^{-at} \tag{附Ⅱ.1-13}$$

式中：k_q 为流量系数，$m^2/(Pa\cdot s)$；Δx 为阴极和阳极之间的距离，m；U 为电压，V；A 为电流通过的面积，m^2。

电渗累积排水量（m^3）可用下式表示：

$$Q=\frac{k_qU(I_0-I_\infty)}{a^2\Delta x^2}(1-e^{-at}) \tag{附Ⅱ.1-14}$$

Ⅱ.1.3.4 能级梯度理论的关键参数

流量系数 k_q 和时间因子 a 是电渗能级梯度理论的两个关键参数。流量系数 k_q 反映了土体的透水性和能量在土体中累积的快慢，土体透水性越好或能量在土体中越不容易累积，流量系数越大；时间因子 a 反映的是电渗过程中电流消减的快慢，a 值越小电渗持续时间越长，但最终电渗的效果也越好。

相对于预压方法，电渗法速度很快。因此在实际电渗排水固结法中，时间长一点没关系，这样就希望 a 值小一点，以便有更好的处理效果。多次试验表明，a 值变化范围不大，不同土质、不同尺寸的场地，a 值基本上都在 $10^{-5}\sim10^{-6}s^{-1}$ 范围内。但参数 k_q 有变化范围较大，且存在着模型尺寸效应，其值大概在 $10^{-12}\sim10^{-15}m^2/(Pa\cdot s)$ 范围内变化。

Ⅱ.1.3.5 电渗的设计方法

EKG材料与传统塑料排水板型式一样，其布置和施工方法也与传统预压排水固结类似。本节仅介绍电渗法区别于传统预压法的设计内容。

(1) 电渗参数的室内测定。通过室内模型试验，确定前述电渗参数 k_q 和 a。模型尺寸可采用10cm×10cm×20cm，电极在10cm×10cm过流面积上满铺，电势梯度采用与实际工程中相同的电势梯度。根据用电安全性的要求，实际工程中采用的电压一般不超过80V；电极板的间距一般为0.5～1m，小于0.5m间距时施工不方便，电极可能在淤泥底部或表面碰在一起；因此模型试验中采用电势梯度在80～160V/m。

模型试验通电后，记录并绘制电流-时间曲线，可得到电流负指数消减函数，即式（附Ⅱ.1-11）。由于参数 a 与模型尺寸关系不大，因此式（附Ⅱ.1-11）得到的参数 a 即为实际的时间因子，实际工程中电渗电流将以类似的速率消减。

参数 k_q 可以通过最终排水量来确定。将 $t=\infty$ 代入式（Ⅱ.1-13）并整理，得

$$k_q=\frac{Q_\infty a^2\Delta x^2}{v(I_0-I_\infty)} \tag{附Ⅱ.1-15}$$

式中：Q_{∞}为最终排水量，m^3。

通过式（附Ⅱ.1-15）即可计算出 k_q 值。如前所述，k_q 存在较明显的尺寸效应，主要原因有如下两个方面：一是小模型中得到的最终排水量偏小，因为在排水总量本来就不大的情况下，电解、蒸发所占的比例就偏大；二是电流面密度偏大，实际工程中电极不是满铺的，而且多个回路之间互相影响，即实际工程中电流面密度会比模型试验中的小。所以，模型试验得到的 k_q 是值偏小的。

为了更准确地计算排水量，从而预估电渗处理之后土体含水率的减小以及沉降情况，可以通过扩大模型试验的尺寸获得更准确的 k_q 值，或者根据经验对小模型试验的 k_q 值进行修正。

（2）电源功率设计。电源功率设计的关键是正确估计电渗电流。在上述测定电流-时间曲线的模型试验中，可以得到初始电流面密度，由此实际初始总电流可用下式估算：

$$I_{0总}=Nj_0A \tag{附Ⅱ.1-16}$$

式中：j_0 为初始电流面密度，A/m^2；N 为实际电流回路数（无量纲）；A 为电流通过的面积，m^2。

实际工程中，初始电流面密度一般都很大，一般 $j_0=0.5\sim1A/m^2$。对于 10m 深，$1000m^2$ 的吹填淤泥，电流将达到 5000～10000A。如此大的电流，对于电源、电缆线的配备都是一个挑战，这也是限制电渗法大面积推广的一个重要因素。该问题的解决方案是对整个场地进行交替通电。这就要求对电源进行重新设计，尤其是对程控部分的重新设计。目前已有能够进行交替通电的电渗专用电源。

交替通电与同时通电相比，牺牲了处理时间，因此在估算出场地所需要的总电流之后，应该根据工期和成本的要求，综合考虑所需要的电源功率。

（3）排水量计算。实际工程中，场地是由多个回路组成，因此电流也应该采用所有回路的总电流。根据在现场对电流的监测，可以拟合出总电流表达式：

$$I_{总}=(I_{0总}-I_{\infty总})e^{-at}+I_{\infty总} \tag{附Ⅱ.1-17}$$

式中：$I_{总}$、$I_{0总}$、$I_{\infty总}$分别为场地的 t 时刻、初始和最终总电流，A。

因此电渗总排水量计算式为

$$Q=\frac{k_qv(I_{0总}-I_{\infty总})}{a^2\Delta x^2}(1-e^{-at}) \tag{附Ⅱ.1-18}$$

排水量的多少直接反映了电渗的效果，但现场排水量却难以测量。因此有必要在土体中埋设时域反射计（TDR）传感器对含水率的分布及随时间变化情况进行监测。通过含水率的监测，一是可以评估电渗排水固结的效果，二是可以通过含水率的变化计算出排水量，与式（附Ⅱ.1-18）的计算结果进行对照。由于 k_q 存在较明显的模型尺寸效应，因此可以通过对照，修正实验室测定的 k_q 值，从而更准确地计算最终排水量，预估电渗排水固结之后土体的含水率。

（4）固结停止时间和沉降。真空预压的停止时间通常是根据土体沉降是否稳定来判断。在电渗法中沉降也可以作为判断停止时间的一个指标。电渗法还有一个判断停止时间的指标，就是电流，当电流接近 $I_{\infty总}$ 的时候，电渗不再有效，应该停止。

在没有上覆荷载的情况下，电渗排水的体积大于因沉降所减少的体积，土体处于非饱和状态，因此不建议用钢弦式孔压计测孔压。这种孔压计用于饱和砂土真空预压下负孔隙水压力的测试是可以的，但对于非饱和黏土孔隙水压力测试是不适用的。

试验研究表明，对于自重沉淀固结之后的吹填淤泥，经电渗处理后，沉降量可达淤泥层厚度的10%～20%；若直接跟吹填之初的高程比较，则沉降量可达50%，甚至更高。

（5）电渗法主要设计步骤。综上所述，电渗法的主要设计步骤如下：

1）通过室内试验测定流量系数 k_q、时间因子 a 和初始电流面密度 j_0。

2）计算实际初始总电流，根据工期和成本的要求，确定电源功率和交替通电方案。这一项是电渗设计的主要内容。

3）根据电流-时间曲线，计算电渗完成所需的时间，加上交替通电所耗费的时间，得出电渗排水固结的工期。

4）用修正后的 k_q 计算出电渗总排水量，估计电渗之后土体的平均含水率，并估算电渗之后土体可能发生的最大沉降。

Ⅱ.1.4 工程实例

Ⅱ.1.4.1 场地概况

待处理场地面积为19m×15m，吹填有约5.8m深的湖相淤泥。电渗前土体的基本参数如附表Ⅱ.1-1所示，颗分曲线如附图Ⅱ.1-4所示。

附表Ⅱ.1-1 电渗前土体基本参数

比重	含水率 /%	干密度 /(g/cm³)	渗透系数 /(cm/s)	液限 /%	塑限 /%
2.61	62	1.03	3.0×10^{-7}	50	22

Ⅱ.1.4.2 电极排布和电渗过程

EKG电极按正方形布置，电极间距为1m。EKG电极沿窄边方向正负交替布置，整个场地分为8个回路。

通电时间分为两个阶段：

阶段一：290A稳流模式下通电233.57h（约10d）；50V稳压模式下通电28.55h（约1d）。

阶段二：80V稳压模式下通电215.02h（约9d）。

阶段一和阶段二之间有16d的间歇时间。

Ⅱ.1.4.3 电渗排水固结效果及讨论

（1）含水率。电渗排水固结结束之后，钻孔取样进行土性分析，取样点布置如附图Ⅱ.1-5所示。取样测试表明，土体平均含水率从电渗之前的62%降低到36%，钻孔取样测得的最小含水率为24%。沿东西、南北两个中间断面的等含水率曲线分别如附图Ⅱ.1-6、附图Ⅱ.1-7所示。从含水率分布情况来看，靠近西侧的含水率最高，靠近南侧的含水率最低。这个应该与现场的边界条件有关，靠近西侧的位置有一个水塘，而靠近南侧的位置是道路。

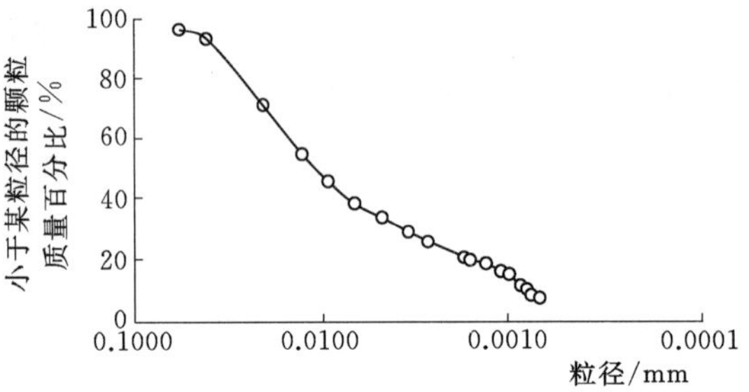

附图Ⅱ.1-4 土体颗分曲线

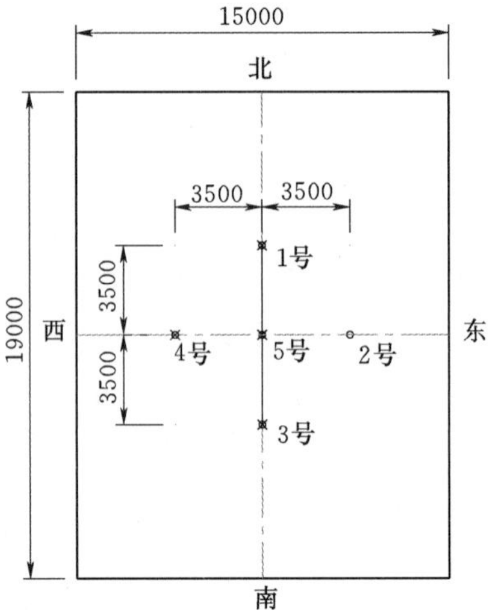

附图Ⅱ.1-5 场地钻孔取样点分布示意图（单位：mm）

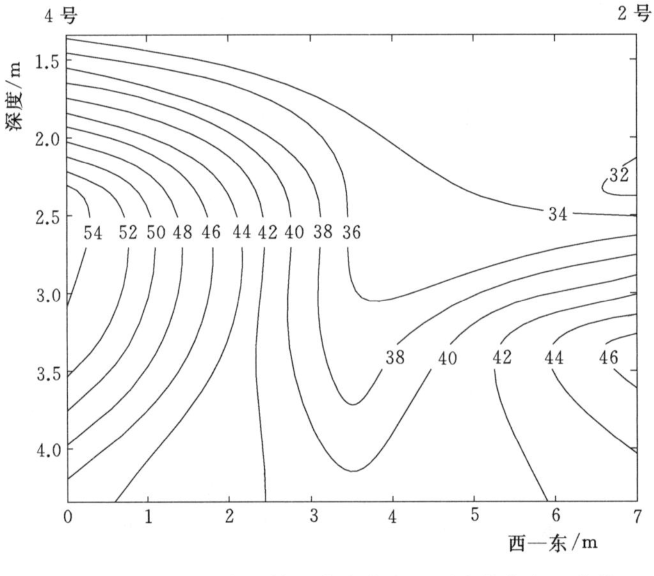

附图Ⅱ.1-6 东西断面等含水率曲线（图中数字为百分数）

（2）承载力。现场十字板剪切试验得到 $c_u=25$kPa。室内试验得到不同含水率土体的不固结不排水剪强度如附表Ⅱ.1-2 所示。静力触探结果表明电渗之后场地的承载力为 70kPa。

附表Ⅱ.1-2 不同含水率土体的 c_{uu} 值

含水率/%	30	35	40	42	45
c_{uu}/kPa	17.4	13.3	9.2	7.0	5.0

（3）能耗和电源功率。电渗能耗为 5.6kW·h/m^3，这个能耗是不高的，但是所需的

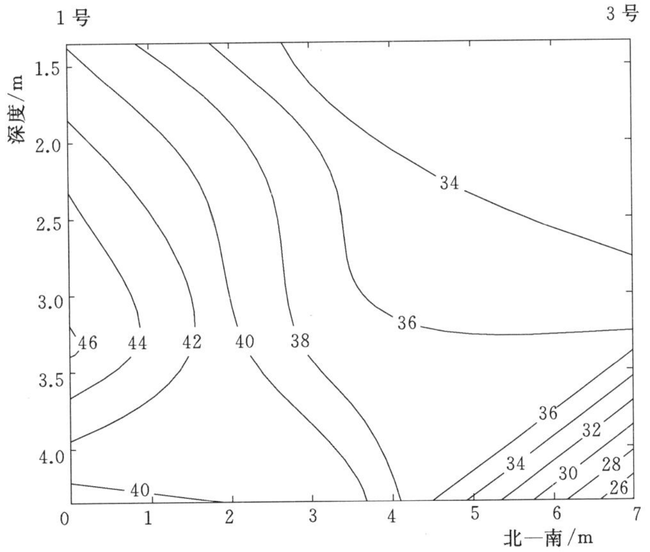

附图Ⅱ.1-7 南北断面等含水率曲线（图中数字为百分数）

电源功率为80kW，这个功率比真空预压高十多倍。

（4）与堆载预压对比。土体的固结系数 $C_v=0.0029\text{cm}^2/\text{s}$，压缩指数 $C_c=0.3611$。若采用堆载预压的方法，将土体含水率从62%降低到36%，需要132kPa的堆载（相当于6～7m高的堆土），且达到90%的固结度需要1139d（仅按未加排水板，一维单面排水固结计算）。

由此可见，电渗排水固结的速度比以水力梯度驱动的预压固结快很多。但为了达到快速固结的效果，电渗排水固结所需要的功率也比预压固结大很多。此外，电渗固结的体积压缩量不等于排水量，土体从最初的饱和状态逐渐变成非饱和状态，电渗固结的最终沉降量小于堆载预压固结。

参考文献

[1] Nettleton I M, Jones C J F P, Clark B G, et al. Electro kinetic geosynthetics and their applications [C] //6th International Conference on Geotextiles Geomembranes and Related Products. Georgia USA: Industrial Fabrics Association International, 1998: 871-876.

[2] 庄艳峰，邹维列，王钊，等. 一种可导电的塑料排水板 [P]. 中国专利：ZL201210197981.4，2012.

[3] 龚晓南. 地基处理技术及发展展望 [M]. 北京：中国建筑工业出版社，2014.

[4] Zhuang Y F. Challenges of electro-osmotic consolidation in large scale application [C] //Geosynthetics 2015. Portland, USA: IFAI, 2015: 447-449.

[5] Esrig M I. Pore pressures, consolidation, and electrokinetics [J]. Journal of the Soil Mechanics and Foundation Division, ASCE, 1968, 4 (SM4): 899-921.

［6］ 庄艳峰. EKG材料的研制及其在边坡加固工程中的应用［D］. 武汉：武汉大学，2005.

［7］ Yan－feng Zhuang，Rafig Azzam，Herbert Klapperich. Electrokinetics in Geotechnical and Environmental Engineering［M］. Germany：Mainz Publishing，2015.

［8］ Wei－lie Zou，Yan－feng Zhuang，Xie－qun Wang，et al. Electro－osmotic consolidation of marine hydraulically filled sludge ground using electrically conductive wick drain combined with automated power supply［J］. Marine Georesources & Geotechnology. 2017，（3）. DOI：10.1080/1064119X.2017.1312721.

Ⅱ.2 平面拉应变对土工织物孔径特征及反滤性能的影响（研究成果）

Ⅱ.2.1 概述

土工织物作为一种新兴反滤材料，具有允许水流通过，阻挡土粒迁移，消减冲蚀动力等作用。目前，土工织物在海洋、水利、土木工程领域得到广泛应用。例如，围海造陆工程中，使用土工织物管袋构筑围堰，如附图Ⅱ.2－1（a）；污染物治理中，常用土工织物包裹污染泥浆，或做垃圾填埋场衬垫，净化渗出水，如附图Ⅱ.2－1（b）；岸坡防护工程中，以土工织物制成“软体沉排”覆盖坡面，或构筑防洪防浪堤，如附图Ⅱ.2－1（c）。国内外大型工程建设中均有土工织物的应用，例如，韩国仁川大桥在土工织物构筑的施工平台上建成；我国天津海岸生态城使用土工织物处理污染淤泥，构筑人工岛；长江口整治工程中，土工织物“软体沉排”有效保护了堤岸工程及受冲刷区域的建筑物

（a）围海造陆

（b）污染底泥处理

（c）防浪堤

（d）土工管袋充填过程受拉

附图Ⅱ.2－1 土工织物工作状态（Geotube宣传册）

稳定。“十一五”期间：土工用合成材料纤维加工总量由2006年的453.8万t跃增到2010年821.7万t，行业年增长率为16%，其中非织造布年均增速为18.9%（東一鸣，2012）。2016年10月，国家海洋局和国家标准化管理委员会联合印发《全国海洋标准化“十三五”发展规划》，旨在加快完善海洋标准化体系，更好地服务于海洋强国和21世纪海上丝绸之路建设。土工织物轻质高强，经济实用，必将在未来海岸建设中得到更广泛地应用。

土工织物的厚度远小于其另外两个方向的尺度，其受力可视为平面应力状态。Giroud（1992）提出通过施加相互垂直、适当大小的两个力，可以模拟土工织物各种平面受拉状态。实际工程中，较高泵送压力、工作阶段堆载、土体沿堤岸下滑等作用，使管袋表面双向拉应变显著，如附图Ⅱ.2-1（d）。因此，土工织物反滤过程是在双向拉应变下完成的。纽约港污染淤泥处理中，土工袋顶部织物的纵向应变4%（拉力约为87kN/m），横向应变1.5%，底部最大应变5%（拉力约为114.16kN/m）（土工合成材料工程应用手册编委会，2000）。Rowe & Mylleville（1990）测得土工织物垂直堤岸走向的拉应变超过10%。

平面拉应变会改变土工织物的反滤性能，宏观上表现为保土、透水、防淤堵三种反滤性能的改变，微观上是由于拉应变改变了织物孔洞与土颗粒的相互作用。由于土工织物种类各异，受拉条件不同，双向拉伸改变孔径的规律差异很大，即受拉后有些织物孔径增大，有些织物孔径减小，有些织物在一定应变水平内孔径减小，超出该应变值孔径增大，导致工程中无章可循。不考虑拉应变对孔径的影响进行设计，若土工织物孔径受拉变大，会引起织物保土性能不足，在风浪作用下极易发生管涌、防护体掏空、决堤等灾害；若土工织物孔径受拉变小，充填土颗粒淤堵在管袋孔口，将影响管袋排水速率及袋体强度的形成，造成管袋或围堤内的积水不能及时排出，围堤内水压增大，诱发滑坡灾害。因此研究平面拉应变下土工织物孔径特征及反滤性能的变化尤为重要，相关研究结果可为土工织物的合理应用及反滤失效事故的防治，提供理论基础及决策依据。

Ⅱ.2.2 试验研究

Ⅱ.2.2.1 土工织物孔径及反滤性能平面受拉变化成果

目前试验研究涉及的土工织物包括生产及工程应用较多的有纺土工织物、针刺无纺土工织物及热粘无纺土工织物等。孔径参数测试方法涉及图像法、湿筛法、动力水筛法、干筛法等多种方法。反滤性能参数测试则通过简易渗透仪或标准梯度比渗透仪实现，测试的反滤参数包括透水量、渗透系数、漏土率、梯度比值*GR*（Gradient Ratio）等。研究涉及的土工织物平面受拉研究状态可分为单向拉伸、双向拉伸。

按织物种类将现有试验成果分为3类，包括条膜有纺织物、针刺无纺织物和热粘无纺织物。用T（Tensile）代表平面拉伸，O（Opening）代表孔径特征，F（Filtration）代表反滤性能。将前人的研究模式分类，“T→O”作用模式代表平面拉伸对孔径特征的影响，“T→F”作用模式代表平面拉伸对反滤性能的影响。分别用“应力控制O_{95}”“应变控制O_{95}”区分以“应力大小”或是“应变大小”为控制标准进行的孔径测试。试验研究成果归纳如附表Ⅱ.2-1。

附表Ⅱ.2-1 受拉时土工织物孔径、反滤性能研究成果

研究者	受力状况	测试类别	结果	实验方法	作用模式
条膜有纺织物					
Fourie and Kuchena (1995)	单向受拉	流速	减小	简易渗透仪	T→F
Fourie and Addis (1997)	双向受拉 1∶1	应力控制 O_{95}	减小	动力水筛法	T→O
Fourie and Addis (1999)	双向受拉 1∶1	应力控制 O_{95}	厚的减小，薄的增大	动力水筛法	T→O
Wu et al. (2008)	单向受拉	应变控制 O_{95}	增大	湿筛法	T→O
Wu et al. (2008)	单向受拉	*GR* 值	减小	淤堵试验	T→F
Edwards (2009)	双向受拉 4∶1	流速	增大	简易渗透仪	T→F
唐晓武，唐琳，佘巍 (2013)	单向受拉	开孔面积率、应变控制 O_{95}	增大	图像法	T→O
唐琳，唐晓武，佘巍 (2013)	单向受拉	流速、漏土率增大；*GR* 减小		淤堵试验	T→F
唐琳，唐晓武等 (2015)	双向受拉 1∶*n* ($n=1$，2，3，4)	开孔面积率、应变控制 O_{95}	增大	图像法	T→O
雷国辉等 (2015)	双向受拉 1∶1	透水率	增大	淤堵试验	T→F
针刺无纺织物					
Fourie and Kuchena (1995)	单向受拉	流速	减小	简易渗透仪	T→F
Fourie and Addis (1997)	双向受拉 1∶*n* 变化	应力控制 O_{95}	先减小后增大	动力水筛法	T→O
Fourie and Addis (1997)	双向受拉 1∶1	流速，应力控制 O_{95}	减小	简易渗透仪	T→F
Edwards (2009)	双向受拉 4∶1	流速	减小	简易渗透仪	T→F
Edwards (2009)	单向受拉	流速	减小	简易渗透仪	T→F
陈轮 & 童朝霞 (2003)	单向受拉	渗透系数、漏土率减小；*GR* 值增大		淤堵试验	T→F
佘巍 (2011)	单向受拉	应变控制 O_{95}	减小	动力水筛法	T→O
白彬等 (2015)	双向受拉 1∶1	应变控制 O_{95}	增大	干筛法	T→O
Wu&Hong (2016)	单向受拉	透水性先减小后增大，拐点出现在应变5%；孔径分布曲线减小（应变控制）		简易渗透仪 湿筛法	T→F T→O
Wu&Hong (2016)	双向受拉 1∶1	透水性先减小后增大，拐点出现在应变5%；孔径分布曲线减小（应变控制）		简易渗透仪 湿筛法	T→F T→O
热粘无纺织物					
Wu et al. (2008)	单向受拉	应变控制 O_{95}	增大	湿筛法	T→O
Wu et al. (2008)	单向受拉	*GR* 值	减小	淤堵试验	T→F
Edwards (2009)	双向受拉 4∶1	流速	增大	简易渗透仪	T→F
Rawal & Agrahari (2011)	单向受拉	孔径分布曲线	减小	图像法	T→O

由附表Ⅱ.2-1可见，现有试验研究成果对同种织物平面拉应变下的孔径及反滤性能变化，并未得出一致的结论。

（1）有纺织物。Fourie等（1997）早期采用动力水筛法试验的结果表明孔径随双向应力1∶1拉伸而减小。Fourie等（1999）后期采用动力水筛法测得：双向应力1∶1受拉使较厚条膜有纺织物W1（210g/m^2）的孔径分布曲线向孔径减小的方向移动，较薄织物W2（128g/m^2）孔径分布曲线向孔径增大的方向移动，如附图Ⅱ.2-2，其拉应力水平的变化通过增减砝码数量实现。Wu et al.（2008）湿筛及淤堵试验显示单向拉应变使有纺织物孔径变大、梯度比变小。Edwards（2009）采用简易渗透仪测得：双向应力1∶4受拉使通过条膜有纺织物的水流流速增大。Zhang等（2013）采用双向拉伸机，一个方向夹持不动，另一个方向进行拉伸，测得经向受拉使流速显著减小，最后趋于稳定，纬向受拉使流速持续增大。刘伟超（2013）开展室内土工管袋模型充填试验，土工管袋所受张力、底部压力和排水速率随充填的进行而增加，到一定程度后排水速率趋于稳定。佘巍（2012）、Tang等（2013）、唐琳等（2016）采用数字图像法测得无侧向约束的单向拉应变及双向拉应变1∶n（n=1，2，3，4）均使有纺织物开孔面积率增大，孔径分布曲线随应变增大向孔径增大的方向移动，如附图Ⅱ.2-3。雷国辉等（2015）采用淤堵试验测试了等轴双向拉伸作用下，有纺织物的透水率增大。

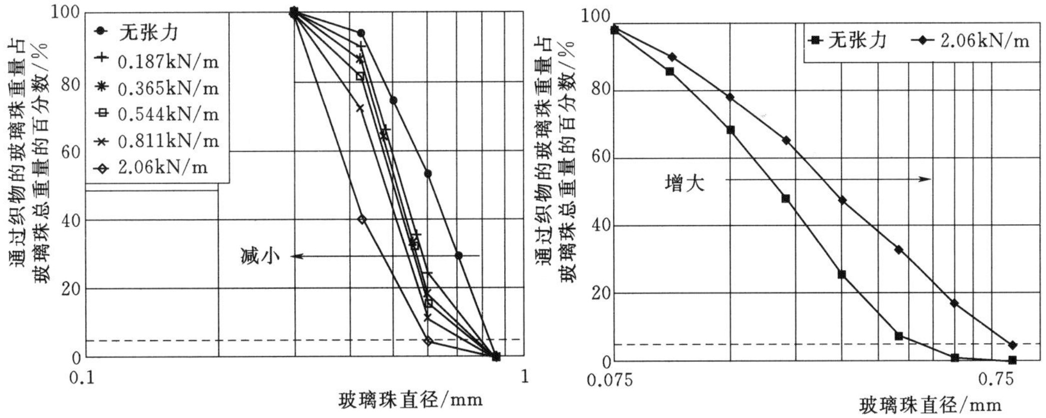

(a) 有纺织物 W1(210g/m^2)　　(b) 有纺织物 W2(128g/m^2)

附图Ⅱ.2-2　有纺织物W1、W2双向等应力拉伸下孔径变化不同（Fourie、Addis，1999）

有纺织物平面受拉孔径、透水率有些测试结果增大，有些减小，这种矛盾与织物受拉程度及条膜的形态变化有关。从无应力自然状态到初始张拉状态，织物表面张紧变平，垂直织物平面方向上的条膜纵向间隙减小，使有纺织物透水率减小，原理如附图Ⅱ.2-4。当有纺织物受到的拉应变水平使条膜变长变窄，这种变形造成的孔径增大效应远大于条膜变平造成的孔径减小，就会引起透水率增大，如附图Ⅱ.2-5。

据此原理分析，Fourie、Addis（1997、1999）在其等轴双向应变试验中，有纺织物最大应力达2.06kN/m，该应力水平达到试验中较厚有纺织物W1经向、纬向极限强度的4.6%和8.6%，导致随应力水平增大，织物孔径分布曲线向孔径减小方向移动，如附图Ⅱ.2-2（a）；而该应力水平达到较薄有纺织物W2经向、纬向极限强度的7.4%和

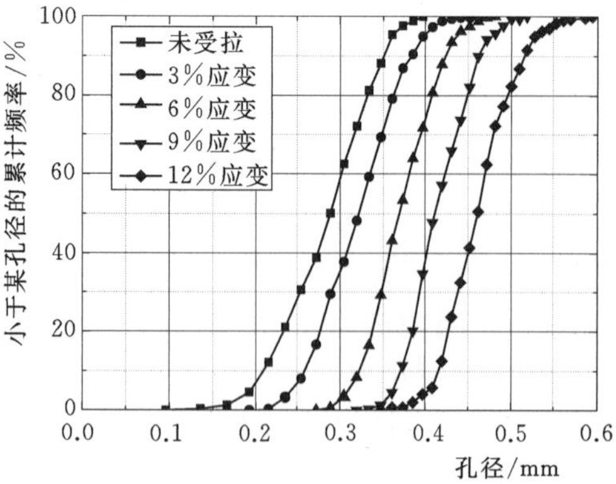

(a) W150

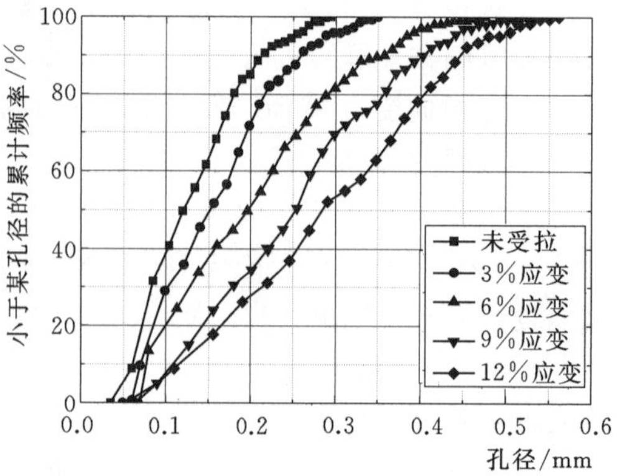

(b) W250

附图Ⅱ.2-3 单向应变下的W150、W250孔径分布曲线（Tang et al.，2013）

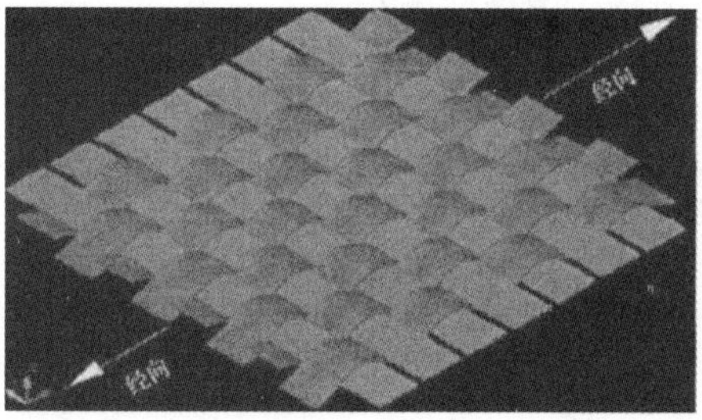

(a) 放松状态

(b) 承受张力

附图Ⅱ.2-4 有纺织物单向受较小拉应变孔径减小原理（刘伟超，2012）

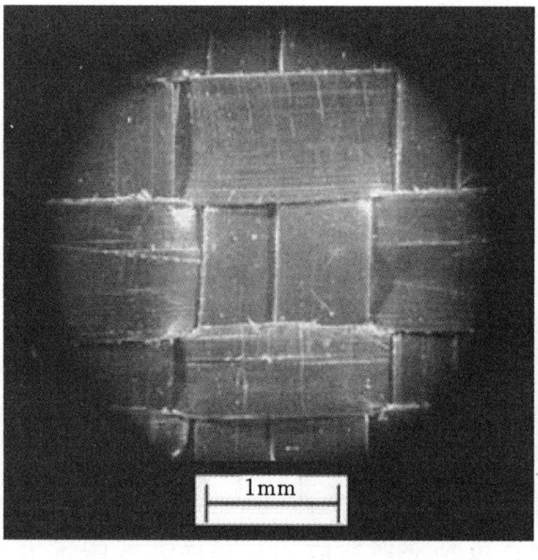

(a) 受拉前

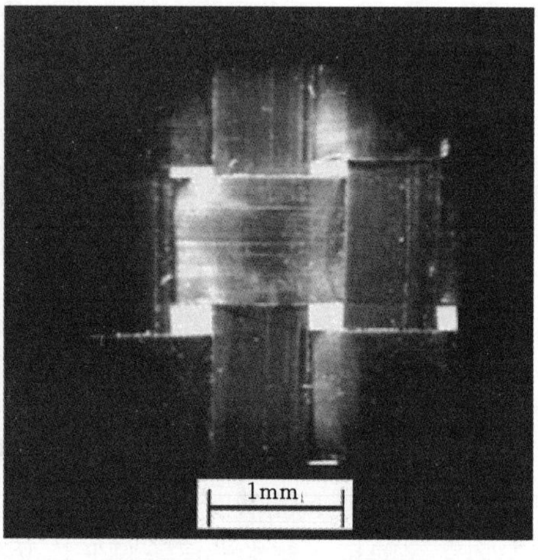

(b) 拉应变达20%条膜变窄变长

附图Ⅱ.2-5 有纺织物单向受较大拉应变孔径增大原理（Wu et al.，2008）

11.4%，此时2.06kN/m拉应力使较薄有纺织物孔径增大，如附图Ⅱ.2-2（b）。

（2）针刺无纺织物。单向受拉孔径变化测试结果多为减小：Fourie等（1995）和Edwards（2009）测得单向受拉使通过织物的流速变小；陈轮等（2003）测得单向受拉针刺无纺织物梯度比值增大，漏土率减小，均说明孔径减小，土工织物单位面积质量和厚度越大，拉应变对淤堵程度的影响也越大。Edwards（2009）提出这是由于无纺织物在无侧向约束条件下单向受拉，“颈缩”现象明显，造成织物纤维缠结点间距加大，纤维间距变狭窄，使可以透过织物的颗粒直径或透水率减小。

而双向受拉结果不一致：Fourie等（1997）采用动力水筛法测得：无应变状态无纺织物等效孔径为157μm；双向应力水平为0.19×0.37kN/m时，孔径变为137μm；0.54×0.37kN/m时，孔径变为159μm，即应力水平不同，孔径先减小后增大。Edwards（2009）采用简易渗透仪测得：双向应力1∶4受拉，使通过针刺无纺织物的流速减小。白彬（2015）采用防静电处理的干筛试验测得，等轴双向拉应变3%～10%作用下，针刺无纺织物孔径增大，测试中可观测到无纺织物被拉薄，透光增加。Wu等（2016）测得等轴双向应变逐渐增大，针刺无纺织物的透水率呈现先减小后增大的趋势，拐点出现在应变5%，但孔径分布曲线会一直随应变的增大而减小。对于双向受拉的孔径变化规律，由于测试条件各异，试验结果尚不统一。

（3）热粘无纺织物。Rawal等（2011）采用图像法测得孔径分布曲线随着单向拉应变的增大而减小，从而提出单向拉应变使纤维重新排布是导致孔径变化的原因。Edwards（2009）测试了单向及双向应力控制下，热粘无纺织物受拉后流速均增大。Edwards（2009）提出，热粘织物受拉，导致热粘点破坏，是孔径增大的原因。Wu等（2008）采用湿筛法测试单向受拉时热粘无纺织物表观孔径增加，如附图Ⅱ.2-6。

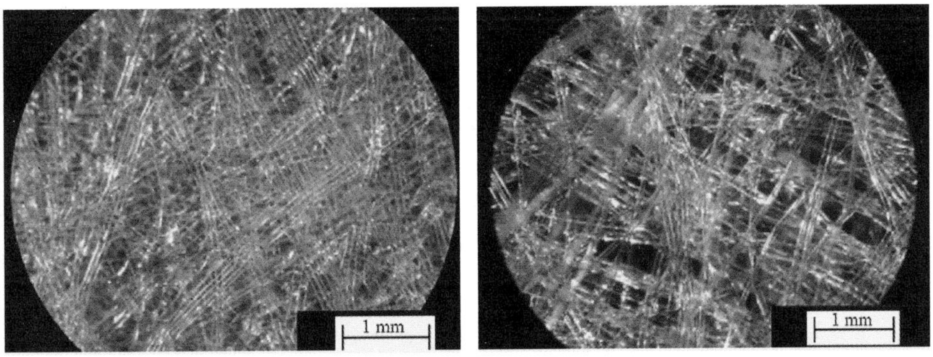

(a) (b)

附图Ⅱ.2-6 热粘无纺织物受拉前后（Wu et al.，2008）

Ⅱ.2.2.2 土工织物孔径测试方法及比较

孔径是反映土工织物反滤性能的重要参数。目前国内外对该参数的测定方法尚未标准化，不同的标准采用不同的测试方法，不同测试方法各有优劣之处，且对同一织物孔径的测试结果存在差异（S K Bhatia et al.，1994）。土工织物孔径的测定方法根据原理可分为直接法和间接法两大类。

（1）直接法就是直接对孔洞本身进行尺寸测量，例如显微镜法、图像分析法、数学模型法等。图像分析法由Rollin等（1977）发明，利用树脂充填织物孔隙，并用图像分析仪系统测量织物剖面（与织物平面垂直），然后用数学方法从测量结果中导出孔径分布曲线。随着现代数字成像显微技术和计算机处理技术的发展，直接测读法发展为数字图像分析法，它简化了测量过程及参数读取过程，极大地提高了测量精度。

无纺织物是纤维在垂直织物平面方向上的堆叠，排列随机，结构复杂，尤其是厚型无纺织物，孔洞形状不规则，孔的大小差异较大。直接测量法对较厚无纺织物孔径的测量具有一定局限性。普通光学显微镜只能聚焦在有限的纤维层上，难以同时捕捉整个厚度的纤维孔及孔径信息。三维成像技术有望解决无纺织物纤维及孔径的空间分布测试（Rawal et al.，2018）。对于厚度较薄的热粘无纺织物，容易在平面内直接成像，Rawal 等（2010，2011）采用此方法测试了较薄热粘无纺织物和针刺无纺织物的孔径分布及纤维排列方向；对于较厚无纺织物，采用图像法则需进行凝固切片、分层成像等复杂工艺完成，Aydilek（2000）用环氧树脂（epoxy - resin）对较厚针刺无纺织物进行饱和凝固，然后分别在平行和垂直织物平面的方向进行切片，运用图像法测试了无纺织物孔径。

土木工程中早期对有纺织物使用较多，由经、纬两个方向的纱线或条膜等材料织成的有纺织物，孔形状比较规则，一般可视为矩形孔（Rollin et al.，1977；Favre et al.，1990；Bhatia et al.，1993、1994）。因此，可直接使用显微镜、数码相机等对平面投影孔径进行测量。Aydilek（2004）运用图像法测试了无应变状态下的有纺织物孔径参数，包括开孔面积率、孔径分布曲线和特征孔径。唐晓武等（2013、2016）利用图像分析法研究了单向、双向拉应变下有纺织物孔径结构变化，见附图Ⅱ.2-7。庄艳峰等（2009）采用数码显微镜和图像分析软件测定了反滤系统渗透流失的土颗粒级配。目前，图像法在从微观到宏观尺度上揭示土工织物工作机理方面应用广泛。

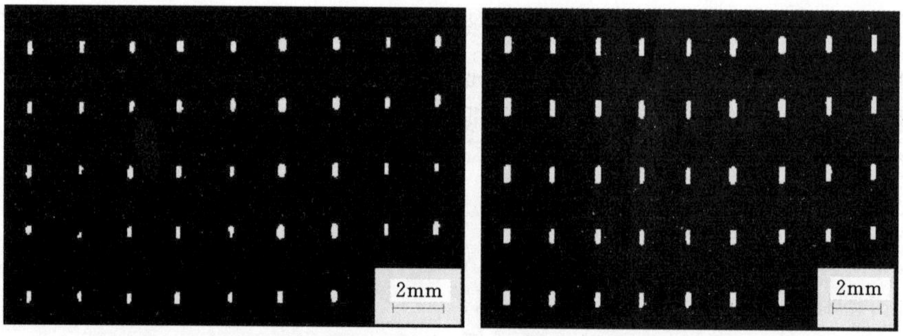

(a) ε=0%　　(b) ε=12%

附图Ⅱ.2-7 条膜有纺织物 W150 单向拉应变下孔径二值图（Tang et al.，2013）

（2）间接测量法作为简易可行的孔径测试方法，在工程测试中应用广泛。间接法包括：干筛法（ASTM D-4751），湿筛法（ENISO 12956），动力水筛法（CAN/CGSB-148.11），气泡点法（ASTM F-316），水银压入法（ASTM D-4404），吸引法和渗透法等，它们通过已知粒径的颗粒，或施加于孔的压力等参数间接标定孔径大小，因此称为间接法。

下面对几种具有代表性的间接法进行介绍：

1）干筛法（Dry sieving）。通过已知粒径的玻璃珠或标准砂，来标定织物孔径大小的测试方法。首先将标准砂（或玻璃珠）按照不同粒径级别分组；然后将需要测定的土工织物当做筛布嵌固在筛框上，用粒径范围连续的不同组标准砂逐级放在筛布上进行筛分。测定筛底盘中通过试样的砂粒重量，测算各孔径对应的筛余率。各级标准砂的平均粒径与筛余率的关系即孔径分布曲线。

在干筛的抗静电吸附方面，杨艳（2009）做了大量试验。试验结果表明，用静电消除剂处理后的织物进行干筛试验，可以有效消除静电效应，孔径分布曲线末端上折的现象消除，得到比较完整的级配曲线。干筛法对 0.08mm 以上孔径的测定值比较准确，对工程实际使用中需要测的 O_{95} 值影响不大。也可采用衣物柔顺剂处理土工织物，消除静电影响，此方法简单有效，适合推广。对于筛析颗粒的选择，例如石英砂，应先在显微镜下观察砂粒的矿物成分和形状，尽量选择形状规则圆滑的矿物颗粒，避免含片状或针状的云母和长石颗粒以及黏土矿物，这些颗粒会使试验结果的离散性加大。天然砂由于磨圆度好，其测试结果比标准砂的要好一些，说明粒料磨圆度越好，筛析结果准确度越大。

2）水银压入法（Mercury penetration method）。它是一种测定多孔材料孔径大小、孔隙体积，进而计算孔径分布的方法。除了孔径参数，此种方法还可计算比表面积、孔隙率和颗粒尺寸等。由于水银不能润湿固体表面，它需要在一定压力下才能挤入多孔材料的孔隙中（杨艳，2009）。孔径尺寸与压力成反比关系，水银被压入所需的压强（MPa）和毛细管半径 r(nm）的关系为 $r=764787.16/p$。因此，根据水银压入量可计算相应尺寸孔的体积分数，从而计算多孔材料的孔径分布曲线。

3）气泡法（Bubble point method）。基于液体在毛细管中上升的原理，根据测量气体逸出多孔材料所必需的压力差和流量求出孔径的一种方法。将试样用具有良好浸润性的液体浸润，再用不同大小压力的气体，将液体从试样微孔吹出。当气体压力达到液体在最大孔隙的毛细吸引力时，多孔性材料将允许液体通过（杨艳，2009）。气体压力越小，对应液体通过的孔径越大。因此，第一组气泡应在最大孔径处出现。测定第一个气泡出现时的压力差即可计算出最大孔径对应的等效毛细管直径。改变压力值连续操作，完整的孔径分布即可得到。

4）负压法（Negative pressure method）。负压法的测量原理与气泡法类似，是利用压力与孔径之间的关系，测出某一压力（气压）下织物的排水量，算出与负压相应的织物的孔径所占的比例（杨艳，2009）。土工织物在测定孔径多为无压状态，但是在实际使用中都为有压力状态。织物的孔隙结构会在受压下发生变化，负压法提供了一个测量有压状态下土工织物孔径的途径。田正宏等（2013）采用负压吸力平板仪，如附图Ⅱ.2-8，测试了用于提高混凝土排气渗水振捣效果的无纺织物——透水模板布（Controlled Permea-

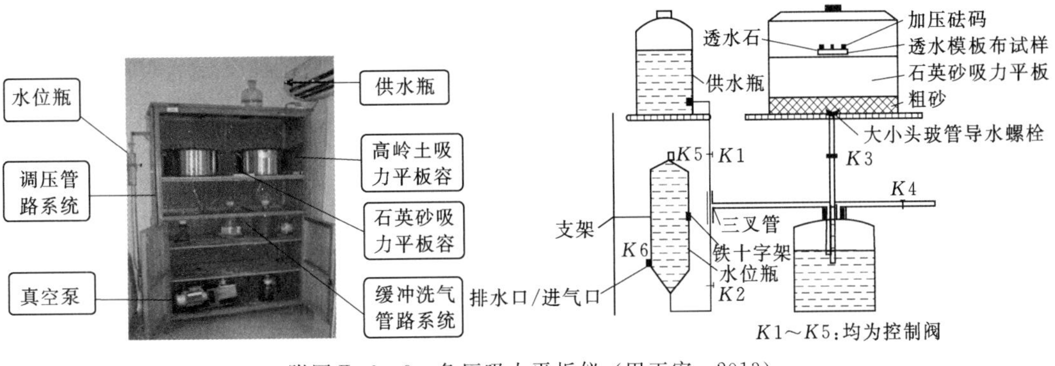

附图Ⅱ.2-8　负压吸力平板仪（田正宏，2013）

bility Formwork Liner, CPFL）的孔径分布曲线。

5）不同孔径测试方法对同一织物的孔径测试结果往往不同。Bhatia 等（1994）采用 6 种方法，对 22 种无纺织物，共 339 个试样的孔径分布曲线及等效孔径进行测定，其中干筛法 94 个，湿筛法 44 个，动力水筛法 9 个，气泡点法 50 个，水银压入法 40 个，图像分析法 60 个，不同方法的结果比较如附图Ⅱ.2－9 所示。

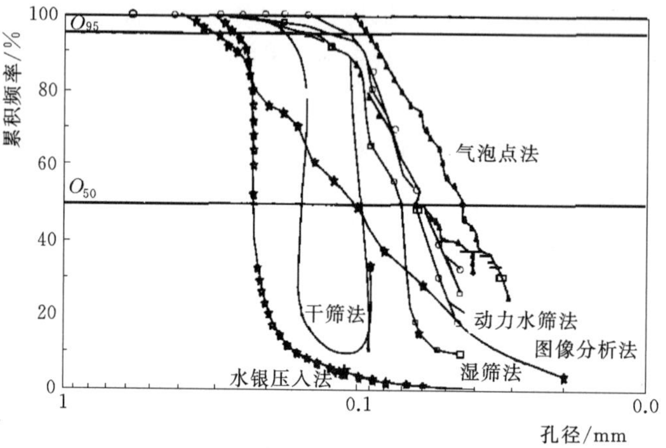

附图Ⅱ.2－9 不同孔径测试方法结果对比（S. K. Bhatia et al.，1994；杨艳译，2009）

通过对比不同孔径测试方法的结果可见，图像法、水银压入法、气泡点法能获得较完整的孔径分布曲线，曲线数据点较多。干筛法、湿筛法、动力水筛法测得的孔径分布曲线由于颗粒分级的限制，数据点有限。间接法测得的等效孔径 O_{95} 比图像法的测试结果往往偏小，这与筛析颗粒磨圆程度、静电效应等影响有关。当静电吸附产生时，干筛法测得孔径分布曲线将产生误差，曲线末端对应的小孔径部分上翘，说明静电吸附现象对细颗粒的试验结果影响显著（杨艳，2009）。

Ⅱ.2.3 孔径参数理论研究

Ⅱ.2.3.1 有纺织物孔径参数理论

目前针对有纺织物，已有无应变状态下的孔径参数计算理论及双向不等轴应变下的孔径参数公式。

（1）无应变状态。Dierickx（1999）分析了不同形态纤维的有纺织物开孔特点，提出无应变状态单个孔洞等效孔径的两种计算方法：一种是取与实际孔洞有相同面积 A 的圆形直径$\sqrt{4A/\pi}$，如附图Ⅱ.2－10（a）。假设孔洞为正方形，用$\sqrt{4A/\pi}$求出的圆形直径大于孔边长，这种算法求出直径对应的颗粒较难通过实际孔洞，使计算结果趋于偏大。

另一种是取与实际孔洞有相同面积的正方形边长$\sqrt{A}$，如附图Ⅱ.2－10（b）。由此可见，当孔为正方形，正方形的边长$\sqrt{A}$等于其内切圆直径，刚好允许直径为$\sqrt{A}$的球形颗粒通过孔。当孔为非正方形时，考虑到相同面积的各种图形，圆形周长最短，面积为 A 的非圆形孔径周长一定大于直径为$\sqrt{A}$的圆形周长。在实际工程压力及水动力等外力作用下，认为球形颗粒可以通过孔。这种算法求出的等效孔径更符合实际通过孔洞的颗粒直径。

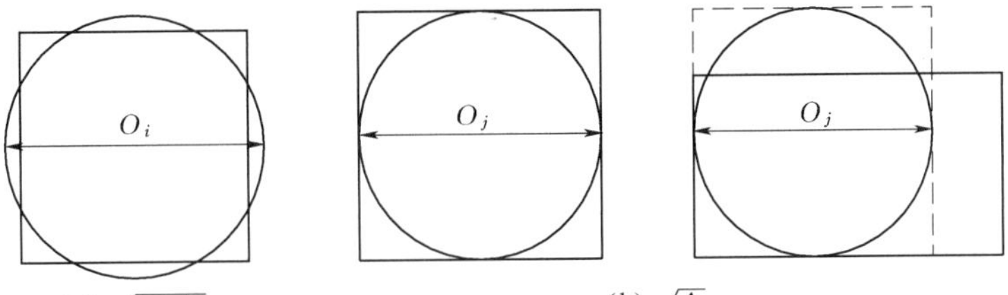

(a) $\sqrt{4A/\pi}$　　(b) $\sqrt{A}$

附图Ⅱ.2-10　等效孔径理论（Dierickx，1999）

（2）不等轴双向拉应变下单丝条膜有纺织物。佘巍等（2012）、Tang Xiaowu 等（2013）、唐琳等（2016）选取工程常用的单丝条膜有纺织物为研究对象，推导了不等轴双向拉应变下的单丝条膜有纺织物孔径参数公式。将单丝条膜有纺织物简化为单孔模型，如附图Ⅱ.2-11。假设经、纬向条膜垂直，未受拉的初始孔为正方形，设等效正方形孔边长为 b(m)，如附图Ⅱ.2-11（a），剖面结构如附图Ⅱ.2-11（c）。不等轴双向应变 ε_x、ε_y 分别作用在 X、Y 方向，孔变为矩形，如附图Ⅱ.2-11（b）。条膜宽度为 a(m)，条膜厚度 t(m)，条膜密度 ρ(kg/m^3)，织物单位面积质量 μ(g/m^2)。根据条膜变形计算出开孔面积率及理论孔径的变化。

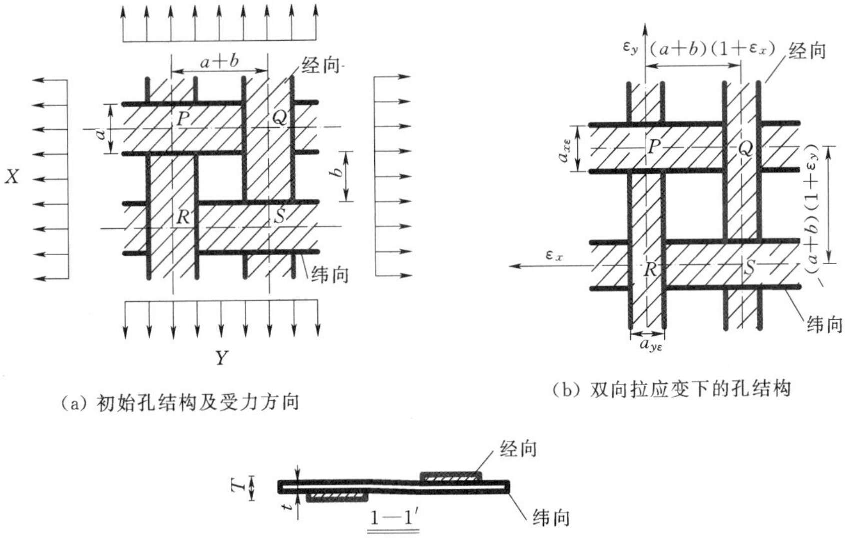

(c) 初始孔结构剖面方向

附图Ⅱ.2-11　有纺织物双向拉伸单孔模型（Tang et al.，2013）

1）开孔面积率（POA，Percent Open Area）是单丝有纺织物的特有参数，其值为织物开孔面积与总面积的比值。开孔面积率是反映有纺织物渗透性能的重要参数，开孔面积率越大，织物渗透性能越好。Giroud（2004）提出土工织物及土工膜泊松比随拉应变的变化公式如下：

$$\nu=\frac{1}{\varepsilon}\left(1-\frac{1}{\sqrt{1+\varepsilon}}\right) \qquad (附Ⅱ.2-1)$$

式中：ν 为泊松比；ε 为拉应变。

当假设有纺织物条膜是不可压缩材料，且其泊松比变化符合上式时，推导出的不等轴双向应变 ε_x、ε_y 下的开孔面积率 POA_ε^{bi}，即

$$POA_\varepsilon^{bi}=\left[1-\frac{\mu}{2t\rho(1+\varepsilon_x)\sqrt{1+\varepsilon_y}}\right]\left[1-\frac{\mu}{2t\rho(1+\varepsilon_y)\sqrt{1+\varepsilon_x}}\right] \quad (附Ⅱ.2-2)$$

式中：POA_ε^{bi} 为双向应变 ε_x、ε_y 下的开孔面积率；t 为条膜厚度；ρ 为条膜密度；μ 为织物单位面积质量；ε_x、ε_y 分别为作用在 X、Y 方向的不等轴双向应变。

公式中计算开孔面积率所需的参数均具有实际物理意义，且容易测量。

2）Dierickx（1999）提出取与实际孔径有相同面积的正方形边长 $\sqrt{A}$ 为孔径值。在此基础上，基于单孔模型推导不等轴双向应变 ε_x、ε_y 下的理论孔径变化公式，即

$$O^{bi}=a\sqrt{\left[\frac{2t\rho}{\mu}(1+\varepsilon_x)-\frac{1}{\sqrt{1+\varepsilon_y}}\right]\left[\frac{2t\rho}{\mu}(1+\varepsilon_y)-\frac{1}{\sqrt{1+\varepsilon_x}}\right]} \quad (附Ⅱ.2-3)$$

式中：O^{bi} 为双向应变 ε_x、ε_y 下的条膜有纺织物理论孔径；a 为条膜宽度。

通过将试验测得的有纺织物基本物理参数代入上式，即可预测任意不等轴双向应变 ε_x、ε_y 下，条膜有纺织物理论孔径 O^{bi} 的变化规律。但 O^{bi} 并不直接与有纺织物的某一特征孔径（例如，O_{95}、O_{50} 或 O_{30}）相对应，其变化曲线可用于预测工程中的孔径变化规律，其数值可作为实际孔径变化范围的参考。

3）理论公式的使用与局限性。开孔面积率 POA_ε^{bi} 及孔径 O^{bi} 理论解能够预测图像法试验测得的 POA 及 O_{95} 曲线的斜率及数值范围。无侧向约束的单向受拉条件下，有纺织物侧向应变微弱，可以忽略。因此在单向拉应变下，将受拉方向应变值代入公式，另一个方向的 ε 取值为 0，公式也有比较好的预测效果，如附图Ⅱ.2-12。但理论孔径 O^{bi} 公式以孔面积为计算指标，图像法试验结果同样基于以孔面积计算孔径的算法，所以试验与理论结果较接近。理论孔径 O^{bi} 无法反映不等轴双向应变对孔形态造成的影响，实际工程中，土颗粒形状各异，不同经向、纬向应变比值下孔洞长宽比变化不同，仍需通过淤堵试验及实际工程进一步完善此理论。

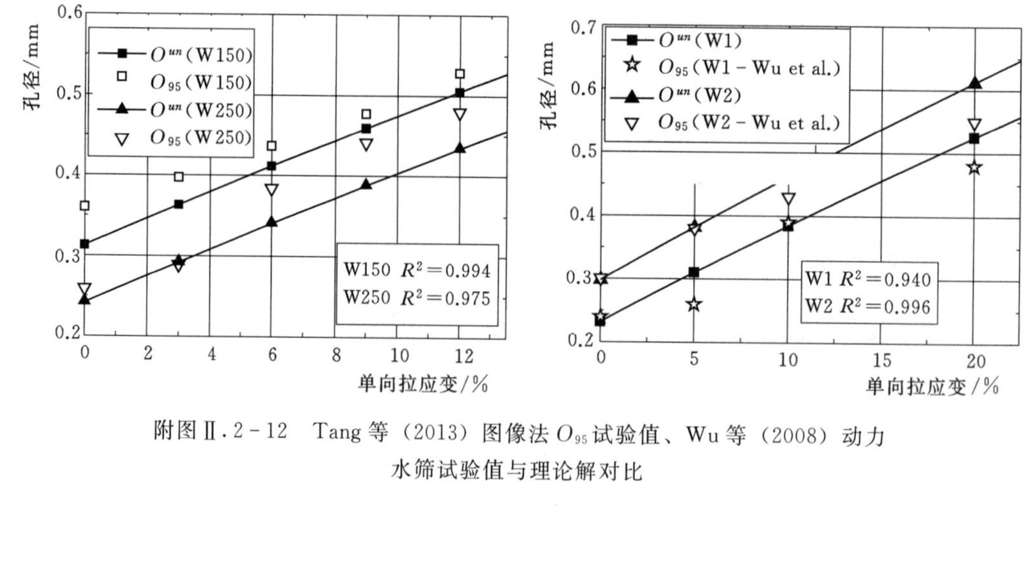

附图Ⅱ.2-12 Tang 等（2013）图像法 O_{95} 试验值、Wu 等（2008）动力水筛试验值与理论解对比

Ⅱ.2.3.2 平面拉应变下无纺织物孔径参数理论解

无纺织物是三维分层立体结构，通常结合分形几何学、概率统计等理论加以描述。目前已有的拉应变作用下无纺织物孔径变化理论解，从计算所得参数来看可分为两类，一类给出等效孔径 O_{95} 的变化结果，一类给出孔径分布曲线的变化结果。

1. O_{95} 变化的理论解

（1）无应变作用无纺土工织物等效孔径理论解（Giroud et al.，2000）。以无纺织物孔径几何形态为基础的等效孔径 O_{95} 理论解。一些作者提出了多方向纤维排列的简单的几何模型（Leflaive & Puig，1973，1974；Fayonx & Evon，1982）。这些模型都给出了可以通过纤维排列的球形颗粒直径值，该值与无纺土工织物的孔隙率 n、土工织物的厚度 t_{GT} 和纤维直径 d_f 相关。Evon（1982）将无纺织物多方向排列的纤维简化为几何模型，推导出计算能通过纤维排列的球体颗粒直径公式，在此基础上发展成无纺织物等效孔径 O_{95} 公式：

$$\frac{O_F}{d_f}=\frac{\delta}{\sqrt{1-n}}-1 \qquad \text{（附Ⅱ.2-4）}$$

式中：O_F 为能通过纤维排列的球体颗粒直径；d_f 为纤维直径；n 为孔隙率；δ 为测量参数。

公式中参数 δ 在 0.89 和 1.65 间变化。Giroud（1996）将 δ 取为 1 时的 O_F 定为无纺土工织物的最小过滤通道直径，即

$$\frac{O_{95\min}}{d_f}\approx\frac{1}{\sqrt{1-n}}-1 \qquad \text{（附Ⅱ.2-5）}$$

式中：$O_{95\min}$ 为无限厚无纺土工织物的过滤通道直径。

在给定的渗径中，颗粒可以通过土工织物的粒径受到它必须通过的最小孔径控制。土工织物越厚，运动颗粒越有可能遇到式（附Ⅱ.2-5）所定义的最小孔径。

最小孔径对无限厚的土工织物会出现，而最大孔径为无穷大，并且只对零厚度的土工织物才会出现。所以，对于零与无穷之间的任何厚度，O_{95}/d_f 的值由式（附Ⅱ.2-5）在分母上加上一个双曲线项 t_{GT}/d_f。该双曲线项必须满足以下条件：①对 $n=0$ 它必须为零，因为这一条件下 $O_F=0$；②如果土工织物单位面积的质量为无穷（$\mu_{GT}=\infty$），它必须为零，因为此时厚度为无穷而 $O_{95}=O_{95\min}$（Giroud，1996）。满足所有以上要求和条件的等式如下：

$$\frac{O_{95}}{d_f}=\frac{1}{\sqrt{1-n}}-1+\frac{\xi n}{(1-n)t_{GT}/d_f} \qquad \text{（附Ⅱ.2-6）}$$

式中：O_{95} 为等效孔径；ξ 为参数，无量纲；t_{GT} 为织物厚度。

式中 ξ 是通过试验数据得到的无量纲参数。Rigo（1990）等测试了 52 个针刺无纺土工织物样品的试验结果，当 Giroud 公式中参数 $\xi=10$ 时，针刺无纺土工织物理论结果与试验结果拟合效果最佳。（Giroud，2000）

（2）单向拉应变下无纺土工织物等效孔径理论解（佘巍等，2011）。佘巍等（2011）提出单向受拉状态下，无纺土工织物以下参数发生变化，包括织物土工织物厚度 t_{GT}、单位面积质量 μ_{GT}、孔隙率 n，这些参数变化导致等效孔径 O_{95} 在单向拉伸作用下发生变化。

基于平面应力假设，单向应变状态下的无纺织物等效孔径的理论解 O'_{95} 如下：

$$O'_{95}=\left[\frac{\sqrt{1+\varepsilon(1-2\nu_0)}}{\sqrt{1-n}}-1\right]\times d_f+\frac{10d_f^2}{(1-n)t_{GT}}[\varepsilon(1-2\nu_0)+n]\sqrt{\frac{1+\varepsilon}{1+\varepsilon(1-2\nu_0)}}$$

（附Ⅱ.2-7）

式中：ε 为单向拉应变；ν_0 为无纺织物初始泊松比，即零应变状态对应的织物泊松比；t_{GT} 为土工织物初始厚度；n 为织物初始孔隙率；d_f 为纤维直径。

此种理论解计算的无纺织物孔径随单向拉应变的增加而减小，与佘巍等（2011）通过动力水筛法测得的试验规律一致。其中织物厚度越大理论解与实际吻合越好。

2. 孔径分布曲线变化的理论解

无纺布是一种由纤维在平面方向排布构成的三维结构，可以看做纤维纵向（垂直织物平面方向）缠结的纵向多孔模型 Longitudinal porometry model（Faure et al.，1990）。这种模型是根据纤维排布规律预测无纺织物孔径分布曲线的基础。最早基于平面随机分割理论 Poissonian polyhedra theory，Faure 等（1986、1990）提出了多边形内切圆相对直径为 d 的累积概率 $G(d)$ 表达式，即小于等于孔径 d 的概率之和（Matheron，1972），公式如下：

$$G(d)=1-\left(\frac{2+\chi(d+D_f)}{2+\chi D_f}\right)^2 e^{-\chi d} \quad （附Ⅱ.2-8）$$

$$\chi=\frac{4\mu}{\pi T_g\rho_f D_f} \quad （附Ⅱ.2-9）$$

式中：$G(d)$为多边形内切圆相对直径为 d 的累积概率；d 为颗粒直径变量，μm；χ 为代表单位面积纤维总长度的当量值；T_g 为织物厚度，mm；D_f 为纤维直径，μm；μ 为无纺织物单位面积质量，g/m^2；ρ_f 为纤维密度，g/m^3。

Lombard 等（1989）同样用平面随机分割理论，获得通过无纺织物各层纤维颗粒直径 d 的累积概率表达式：

$$F_f(d)=1-[K(d)]^{T_g/2D_f} \quad （附Ⅱ.2-10）$$

式中：$F_f(d)$为通过无纺织物各层纤维颗粒直径 d 的筛余率，即织物中小于该孔径的累积概率；$K(d)$为多边形内切圆相对直径为 d 的过筛率。

由 d 及 $F_f(d)$ 可绘出孔径分布曲线。

其中 Faure 等（1986、1990）与 Lombard 等（1989）表达式之间的区别在于：通过无纺织物纤维的有效层厚度，前者认为纤维层厚是单层纤维直径 D_f，后者认为是双层纤维直径 $2D_f$。

Rawal 等（2010）早期考虑了结构中纤维排列方向对孔径的影响，将通过无纺织物纤维的有效层厚度当做双层纤维直径 $2D_f$，提出在未受拉应变时，无纺织物中小于孔径 d 的累积概率 $F_f(d)$。其计算公式如下：

$$F_f(d)=1-\left[\left(1+\omega d+\frac{\omega^2 d^2}{2}\right)e^{-\omega d}\right]^N \quad （附Ⅱ.2-11）$$

$$\omega=\frac{4V_f K_\alpha}{\pi D_f} \quad （附Ⅱ.2-12）$$

$$V_f=\frac{\mu}{\rho_f T_g} \quad (附Ⅱ.2-13)$$

$$K_\alpha=\int_{-\frac{\pi}{2}}^{\frac{\pi}{2}} |\cos\varphi| \chi(\varphi)\mathrm{d}\varphi \quad (附Ⅱ.2-14)$$

$$N=\frac{T_g}{2D_f} \quad (附Ⅱ.2-15)$$

式中：d 为颗粒直径变量，μm；ω 为尺度参数（无量纲），表征孔径的形状和尺寸；N 为织物中孔径结构的总层数（无量纲）；V_f 为纤维体积分数（无量纲）；K_α 为方向参数（无量纲）；φ 为纤维初始方向角，(°)；$\chi(\varphi)$为角度分布函数，即方向角为 φ 的纤维数与纤维总数之比。

其中，式（附Ⅱ.2-11）是孔径分布曲线基本公式。通过将孔径数列 d 代入公式求出对应的累积概率数列 $F_f(d)$。取孔径数列 d 为从 0 开始增长的等差数列，数列公差取为能完整绘出孔径分布曲线的值，数列 d 的最大值 $d_{\max}$要满足对应累计频率 $F_f(d_{\max})$ 达到 100%。以孔径数列 d 为横坐标，对应的累积概率数列 $F_f(d)$ 为纵坐标，即可绘出孔径分布曲线图。式（附Ⅱ.2-12）～式（附Ⅱ.2-15）是对式（附Ⅱ.2-11）中参数的计算。

式（附Ⅱ.2-11）中：$F_f(d)$ 为无纺织物中小于孔径 d 的累积概率。ω 为尺度参数（无量纲），表征孔径的形状和尺寸。N 定义为织物中孔径结构的总层数（无量纲），如公式（附Ⅱ.2-15）。在 Rawal 等（2010）无应变孔径分布曲线公式中，其取值为织物厚度 T_g 与两倍纤维直径 $2D_f$ 之比。T_g 为织物厚度（mm），D_f 为纤维直径（μm）。

式（附Ⅱ.2-12）是对尺度参数 ω 的计算：V_f 为纤维体积分数（无量纲）；K_α 为方向参数（无量纲）；D_f 为纤维直径（μm）。式（附Ⅱ.2-13）是对纤维体积分数 V_f 的计算：μ 是无纺织物单位面积质量（g/m^2），ρ_f 纤维密度（g/m^3）。

式（附Ⅱ.2-14）是对方向参数 K_α 的计算：K_α 是表征纤维排布方向的统计参数（无量纲）；φ 为纤维初始方向角（°）；$\chi(\varphi)$ 为角度分布函数，即方向角为 φ 的纤维数与纤维总数之比。将每根纤维投影到平面内，将纺织机械方向定为 0°，统计每根纤维与机械方向的夹角 φ（$-90°<\varphi<90°$），计算各个方向纤维的累积频率 $\chi(\varphi)$，对夹角余弦绝对值$|\cos\varphi|$与相应频率 $\chi(\varphi)$ 的乘积进行积分，得到方向参数 K_α。

后期，Rawal 等（2011）将无纺织物单向受拉当作平面应力问题，将无纺织物纤维有效层厚度当作单层纤维直径 D_f，推导出单向平面拉应变下，孔径分布曲线变化公式。为了与无应变公式区分，将单向应变下孔径 d 的累计概率表达为 $F_f(d)^{un}$。完整公式如下：

$$F_f(d)^{un}=1-\left[\left(1+\omega \mathrm{d}+\frac{\omega^2 d^2}{2}\right)\mathrm{e}^{-\omega d}\right]^N \quad (附Ⅱ.2-16)$$

$$\omega(\varepsilon)=\frac{4V_f(\varepsilon)K_\alpha(\beta_f)}{\pi D_f} \quad (附Ⅱ.2-17)$$

$$V_f(\varepsilon)=\frac{V_f}{(1+\varepsilon)(1-\nu\varepsilon)^2} \quad (附Ⅱ.2-18)$$

$$K_\alpha(\beta_f)=\int_{-\frac{\pi}{2}-\alpha}^{\frac{\pi}{2}-\alpha} |\cos\beta_f| \chi(\beta_f)\mathrm{d}\beta_f \quad (附Ⅱ.2-19)$$

$$N=\frac{T_g}{D_f} \tag{附Ⅱ.2-20}$$

式中：$F_f(d)^{un}$为单向应变下孔径d的累积概率；$\omega(\varepsilon)$为单向应变下的尺度参数；$V_f(\varepsilon)$为单向应变下的纤维体积分数；β_f为受拉力后的纤维重新排布的方向；$\chi(\beta_f)$为单向拉应变下纤维方向变化，重新排布后各个方向纤维的累积频率；$K_\alpha(\beta_f)$为单向拉应变下纤维方向变化后的方向参数。

其中式（附Ⅱ.2-16）为基本公式，式（附Ⅱ.2-17）～式（附Ⅱ.2-20）是单向应变下的各项参数。N定义为织物中孔径结构的总层数（无量纲），如式（附Ⅱ.2-20）。在Rawal等（2011）单向应变孔径分布曲线公式中，其取值为织物厚度T_g与单倍纤维直径D_f之比。式（附Ⅱ.2-17）、式（附Ⅱ.2-18）中，单向应变下的尺度参数$\omega(\varepsilon)$、纤维体积分数$V_f(\varepsilon)$均随单向应变ε发生变化。

式（附Ⅱ.2-19）中β_f为受拉力后的纤维重新排布的方向。由于单向拉应变下纤维方向变化，需计算重新排布后各个方向纤维的累积频率$\chi(\beta_f)$，对夹角余弦绝对值$|\cos\beta_f|$与相应频率$\chi(\beta_f)$的乘积进行积分，得到变化后的方向参数$K_\alpha(\beta_f)$。

由于热粘无纺织物较薄，各层纤维易于成像在同一平面内，Rawal等（2011）运用光学显微镜（Optical microscope）及数字图像处理软件（LEICA QWIN software）读取了每隔10°各方向纤维的频率分布直方图，计算了两种热粘无纺结构TB1、TB2的无应变状态的方向参数$K_\alpha(\beta_f)$分别为0.88和0.71。测得无应变作用下平面内各向同性随机分布的纤维，其方向参数为0.63。单向受拉状态下，方向参数增大，但数值仍是介于0到1之间。Rawal等（2011）测试了较薄的热粘无纺结构TB1、TB2在单向拉应变下4%、8%、12%下的孔径分布曲线，验证了其理论解的可行性。

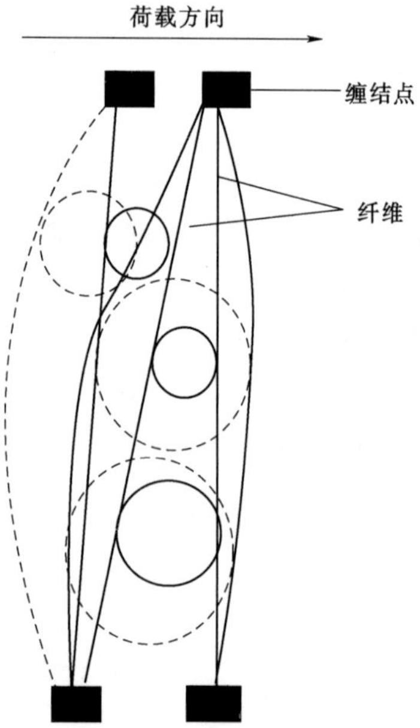

附图Ⅱ.2-13 单向拉应变加载在垂直纤维倾向的方向时，纤维受到剪切力，实线和虚线分别代表纤维受力前后（Rawal & Agrahari，2011）

Rawal等（2011）认为无纺织物不是各项同性的，纤维排列具有倾向性，例如倾向于机器方向。当单向拉应变加载在纤维倾向的方向时，侧向收缩明显，导致孔径减小。当单向拉应变加载在垂直纤维倾向的方向时，纤维受到剪切力，并向受力方向弯曲，引起孔径增大，如附图Ⅱ.2-13所示。

3. 两类理论解预测效果对比

唐琳等（2015）采用单向拉伸作用下干筛法，以及前人图像法、动力水筛法测试的针刺无纺织物、热粘无纺织物的O_{95}变化试验数据，对比了O_{95}系列及PSD系列两类理论解的预测效果，得出如下结论：两种公式均能比较好的预测单向拉应变下无纺织物O_{95}的变化规律。织物越厚，O_{95}系列理论解预测效果越好，这是由于此公式的基础$O_{95\min}$意为无限厚无纺土工织物的过滤通道直径，土工织物越厚，运动颗粒越有可能遇到理论所定义的最小孔径。PSD理论解的精确度取决于纤维方向参

数 K_a 及织物泊松比的精确测定。工程应用时，可综合考虑两类理论解预测 O_{95} 的变化斜率及数值范围：Rawal 理论解可以完整的预测整个孔径分布曲线随单向应变的变化规律，O_{95} 公式只能预测 O_{95} 随应变的变化规律，但计算简便易行，工程设计中大多只考虑 O_{95}，因此仍具有工程参考价值。两种理论解适用于干筛法、图像法、动力水筛法等多种孔径试验方法，同时适用于针刺无纺织物、热粘无纺织物的孔径预测。

Ⅱ.2.4　结语

在平面拉应变下，通过孔径及反滤性能试验测试得出如下结论及推测：有纺织物应变水平较低时，织物条膜间的纵向间隙被拉平，使通过织物的水流流速减小；应变水平较高，经纬向条膜产生明显拉应变时，平面孔径增加，通过织物的水流流速可能增加，此推测仍需大量试验验证。针刺无纺织物单向受拉孔径减小，流速、漏土率减小，梯度比值增加。不等轴双向应变水平下，针刺无纺土工织物孔径试验结果尚不统一，这与力的加载方向是否与纤维倾向方向一致有关，纤维重排布的状况会影响孔径的变化。热粘无纺织物受拉，取决于热粘点破坏及纤维重排布的情况。总之，土工织物在拉应变下的孔径变化复杂，需结合实际工程受力状态进行分析。

理论上基于单丝条膜有纺织物的平面结构，已有双向拉应变 ε_x、ε_y 下，条膜有纺织物开孔面积率及理论孔径 O^{bi} 的计算公式。无纺织物目前已有单向拉应变的 O_{95} 预测公式及单向拉应变下的孔径分布曲线公式。由于理论公式存在较多简化假设，虽能预测孔径受拉变化规律，但尚需通过大量工程及试验细化修正。

参考文献

[1] 土工合成材料工程应用手册编写委员会. 土工合成材料工程应用手册（第二版）[M]. 北京：中国建筑工业出版社，2000.

[2] 包承纲. 土工合成材料应用原理与工程实践 [M]. 北京：中国水利电力出版社，2008.

[3] Giroud J. P.（吴昌瑜、丁金华译.），粒状滤层与土工织物滤层 [C]. 全国第五届土工合成材料学术会议论文集，宜昌，2000：62－151.

[4] 王钊. 土工合成材料 [M]. 北京：机械工业出版社，2005.

[5] 束一鸣. 我国土工合成材料产业与技术进展 [C]. 上海：土工合成材料培训会，2012.

[6] 束一鸣，吴海民，林刚，等. 土工合成材料双向拉伸蠕变测试仪 [P]. 中国，201019026078. X.

[7] 吴海民，束一鸣，曹明杰，等. 土工合成材料双向拉伸多功能试验机的研制及初步应用 [J]. 岩土工程学报，2014，36（1）：170－175.

[8] 雷国辉，吴刚，姜红，等. 土工织物双向可拉伸多功能渗透实验装置 [C]. 第四届全国土工合成材料防渗排水学术研讨会. 南京，2015：140－144.

[9] 田正宏，冯雪，唐子龙，等. 透水模板布的孔径分布表征方法 [J]. 东华大学学报（自然科学版），2013，02：140－145.

[10] 田正宏，刘兆磊，张丹，等. 透水模板布孔径分布测试方法与理论研究 [J]. 建筑材料学报，2009，06：639－642.

[11] 陈轮，庄艳峰，许齐，等. 极限保土状态下的反滤机制试验研究 [J]. 岩土力学，2008，29（6）：

1455 - 1460.

[12] 庄艳峰，王钊. 土工织物的孔径测试方法 [J]. 长江科学院院报，2003，19 (3)：33 - 36.

[13] 庄艳峰，陈轮，许齐，等. 反滤系统渗透流失土颗粒级配的显微图像分析法 [J]. 岩土力学，2009，30 (2)：374 - 378.

[14] 刘伟超. 土工织物管袋充填特性及计算理论研究 [D]. 杭州：浙江大学，2012.

[15] 刘伟超，张仪萍，杨广庆. 土工管袋充填特性模型试验研究 [J]. 岩石力学与工程学报，2013，32 (12)：2544 - 2549.

[16] 杨艳. 土工织物等效孔径测定方法的分析 [D]. 天津：天津大学，2009.

[17] 佘巍，唐晓武. 用图像分析法研究有纺土工织物单向受拉时孔径的变化 [J]. 岩土工程学报，2012，34 (8)：1522 - 1526.

[18] 佘巍，唐晓武，张泉芳. 无纺织物单向受拉时孔径变化研究 [J]. 土木工程学报，2011，44：9 - 12.

[19] 唐琳，唐晓武，佘巍，等. 单向拉伸对土工织物反滤性能影响的试验研究 [J]. 岩土工程学报，2013，35 (4)：785 - 788.

[20] 唐琳，唐晓武，赵庆丽，等. 无纺织物单向拉伸孔径变化试验与理论预测对比分析 [J]. 岩土工程学报，2015，37 (10)：1910 - 1916.

[21] 唐琳，唐晓武，王艳，等. 不等轴双向拉应变下有纺织物孔径变化试验研究 [J]. 岩土工程学报，2016，38 (8)：1535 - 1540.

[22] ASTM D4751. Test Method for Determining the Apparent Opening Size of a Geotextile [S]. ASTM International, West Conshohocken, PA, USA.

[23] ASTM F316 - 03. Pore Size Characteristics of Membrane Filters by Bubble Point and Mean Flow Pore Test [S]. ASTM International, West Conshohocken, PA, USA.

[24] ASTM D4404 - 18. Determination of Pore Volume and Pore Volume Distribution of Soil and Rock by Mercury Intrusion Porosimetry [S]. ASTM International, West Conshohocken, PA, USA.

[25] Aydilek A H, Edil T B. Evaluation of woven geotextile pore structure parameters using image analysis [J]. Geotechnical Testing Journal, 2004, 27 (1): 99 - 110.

[26] Aydilek A H, Oguz S H, Edil T B. Digital image analysis to determine pore opening size distribution of nonwoven geotextiles [J]. Journal of Computing in Civil engineering, 2002, 16 (4): 280 - 290.

[27] Aydilek A H, Edil T B. Filtration performance of woven geotextiles with wastewater treatment sludge [J]. Geosynthetics International, 2002, 9 (1): 41 - 69.

[28] Bhatia S K, Smith J L, Christopter B R, et al. Interrelationship between pore openings of geotextiles and methods of evaluation, Kaurnaratne. GP 5th international conference on geotextiles geomembranes and related products [C]. Singapo: southeast asia chapter of the international geotextile society, 1994. 705 - 710.

[29] CANICGSB - 148. Method of Testing Geotextiles [C]. Filtration Opening Size of Geotextiles, 1991, 1 - 10, fifth draft, Method 10, Canada.

[30] Dierickx W. Opening size determination of technical textiles used in agricultural applications [J]. Geotextiles and Geomembranes, 1999, 17 (4): 231 - 245.

[31] Edwards M, Hsuan G. Permittivity of geotextiles with biaxial tensile loads [C]. 9th International Conference on Geosynthetics, Brazil, 2010, 1135 - 1140.

[32] EN ISO 12956, 1999. Geotextiles and geotextile - related products - Determination of the characteristic opening size [M]. European Committee for Standardization, Brussels, Belgium.

[33] Faure Y H, Gourc J P, Gendrin P. Structural study of porometry and filtration opening size of geotextiles [J]. Geosynthetics: microstructure and performance, 1990, 1076: 102 - 119.

[34] Fourie A B, Kuchena S M. The influence of tensile stresses on the filtration characteristics of geotextiles [J]. Geosynthetics International 1995, 2 (2): 455 - 471.

[35] Fourie A. B. , Addis P. C. The Effect of In - Plane Tensile Loads on the Retention Characteristics of Geotextiles [J]. Geotechnical Testing Journal 1997, 20 (2): 211 - 217.

[36] Fourie A B, Addis P C. Changes in filtration opening size of woven geotextiles subjected to tensile loads [J]. Geotextiles and Geomembranes, 1999, 17 (5): 331 - 340.

[37] Giroud J P. Biaxial tensile state of stress in geosynthetics [J]. Geotextiles and Geomembranes, 1992, 11: 319 - 325.

[38] Giroud J P. Poisson's ratio of unreinforced geomembranes and nonwoven geotextiles subjected to large strains [J]. Geotextiles and Geomembranes 2004, 22 (4): 297 - 305.

[39] Rawal A, Priyadarshi A. Tensile behaviour of nonwoven structures: comparison with experimental restults [J]. Journal of Materials Science, 2010, 45 (24): 6643 - 6652.

[40] Rawal A, Rao P V K. Effect of Fiber Orientation on Pore Size Characteristics of Nonwowen Structures [J]. Journal of Applied Polymer Scientists, 2010, 118: 2668 - 2673.

[41] Rawal A, Agrahari S K. Pore size characteristics of nonwoven structures under uniaxial tensile loading [J]. Journal of Materials Science, 2011, 46 (13): 4487 - 4493.

[42] Rawal A, Saraswat H. Pore size distribution of hybrid nonwoven geotextiles [J]. Geotextiles and Geomembranes, 2011, 29 (3): 363 - 367.

[43] Rawal A, Rao P V K, Kumar V. Deconstructing three - dimensional (3D) structure of absorptive glass mat (AGM) separator to tailor pore dimensions and amplify electrolyte uptake [J]. Journal of Power Sources, 2018, 384: 417 - 425.

[44] Rowe R K, Myleville B L J. Implications of adopting an allowable geosynthetic strain in estimating stability [C]. Proceedings of the Fourth International Conference on Geotextiles, Geomembranes and Related Products, Hague, 1990, 1: 131 - 136.

[45] Tang X W , Tang L , She W , et al. Prediction of pore size characteristics of woven slit - film geotextiles subjected to tensile strains [J]. Geotextiles and Geomembranes, 2013, 38: 43 - 80.

[46] Wu C S, Yung Shan Hong, Rui Hung Wang. The influence of uniaxial tensile strain on the pore size and filtration characteristics of geotextiles [J] . Geotextiles and Geomembranes 2008, 26 (2): 250 -262.

[47] Wu C S, Hong Y S. The influence of tensile strain on the pore size and flow capability of needle - punched nonwoven geotextiles [J]. Geosynthetics International, 2016, 23 (6): 422 - 434.

[48] Zhang Y P, Liu W C, Shao W Y, et al. Experimental study on water permittivity of woven polypropylene geotextile under tension [J]. Geotextiles and Geomembranes, 2013, 37: 10 - 15.